PBD 및 화재안전진단을 위한

구조재료의 내화성능 가이드

Guide Book for Fire-Resistive Performance of Structural Materials

일본건축학회 저

(사)한국시설물안전진단협회
번역출판위원회 역

2021

KISIA 사단법인 한국시설물안전진단협회

構造材料の耐火性ガイドブック

[총괄번역 및 검토자]

권영진 / 호서대 안전소방학부 교수

[번역 및 검토자]

이재영 / 동의대학교

김형준 / 한국건설생활환경시험연구원

류동우 / 대진대학교

윤웅기 / 동경이과대학

김봉찬 / 요코하마 국립대학

구인혁 / 호서대학교

서동구 / 한국건설기술연구원

신이철 / 방재시험연구원

[번역 출판 위원회]

[위원장]

박철 / ㈜다음기술단 대표이사

[위원]

음성우 / ㈜성우구조안전기술 대표이사
나경준 / 대한민국상이군경회 소장
곽수현 / ㈜지에스씨개발엔지니어링 대표이사
장정규 / ㈜한국종합안전 대표이사
신종현 / ㈜테라이엔씨 대표이사
안치호 / ㈜ 홍익기술단 연구원장
정석봉 / ㈜ 한림구조엔지니어링 대표이사
나도식 / ㈜크로스구조연구소 대표이사
우종열 / ㈜힐엔지니어링 대표이사
이주호 / ㈜위드이앤오 대표이사
설민영 / ㈜세종종합기술공사 대표이사
정웅원 / ㈜동서기술 대표이사

발간사

우리나라는 건설분야의 눈부신 발전에도 불구하고 1971년의 대연각호텔 화재사고, 2003년의 대구지하철 화재사고 등과 최근에 일어난 울산주상복합건물 화재사고는 귀중한 인명손실은 물론 국가적으로 불명예와 큰 손실을 가져왔습니다. 이러한 대형화재가 빈번히 일어나고 이에 따른 내화설계, 소방시설, 방역 · 배연기준 등이 하나하나 법제화 되어가고 있으나 화해(火害)를 조사, 진단하고 평가하여 보수 · 보강하는 진단분야는 아직 이렇다할 기술과 기준이 축적되고 정립되어 있지 않는 실정입니다.

이에, 우리 협회는 지난 2021년 1월에 발간한 일본건축학회의 「건축물의 화재안전진단 및 보수보강지침」에 이어 일본건축학회의 「구조재료의 내화성 가이드북」을 번역 편찬하여 화재 안전진단에 대한 학술적 기반과 방향을 제시하고자 합니다.

건축물의 화재진단은 강재와 콘크리트 외에 다양한 재료로 만들어져 있고 복잡한 구조, 외장재 등으로 구성되어 화재를 입은 부재의 보다 체계적인 조사가 필요하며 강재와 콘크리트의 팽창과 강도 저하에 따른 구조적 안정성 검토, X-ray 회절 분석, 전자주사현미경(SEM) 분석, 시차열분석 등을 통한 화해 등급 평가와 보수 · 보강범위 선정, 그리고 보수 · 보강설계와 시공에 이르기까지 더 많은 사례와 연구가 필요하다고 생각됩니다.

본 책자는 주로 철근콘크리트구조, 강구조, 목구조 및 알루미늄 합금과 더불어 신소재 및 강구조의 내화피복에 이르기까지 앞으로 진행될 건축법의 성능기반 구조내화설계 및 화재안전진단을 위한 기초적인 열특성과 이를 이용한 다양한 인명안전기준 자료와 시공지침을 제시하는 중요한 기초자료를 제시할 것입니다. 따라서 지난 1월에 발간된 『건축물의 화재안전진단 및 보수보강지침』과 관련하여 설계자, 시공자와 더불어 우리 시설물안전진단협회의 회원사 여러분들께도 매우 도움이 될 것으로 판단합니다.

따라서 이번에 발간되는 『PBD 및 화재안전진단을 위한 구조재료의 내화성능 가이드』 등 2권의 기술도서가 우리나라 건축물의 화재에 대한 진단, 유지관리, 보수 · 보강 분야에 종사하는 기술자, 연구자 및 일반인들에게도 실무와 교육에 이해의 폭을 넓히고 실질적인 길잡이가 될 수 있기를 기대하며 향후 우리가 우리기술로 보다 더 충실한 내용으로 업그레이드 될수 있기를 기대합니다.

그동안 코로나19로 어려운 상황에서도 우리 협회 전문위원으로서 책임 번역을 맡아주신 호서대학교 권영진 교수님과 번역진, 바쁘신 중에도 계획된 일정에 맞추어 출판과 감수를 해주신 출판위원회의 박철 위원장님과 나경준 부회장님, 위원님들께 깊은 감사드리며, 태림문화사 관계자 여러분께도 진심으로 감사드립니다.

2021년 2월

사단법인 한국시설물안전진단협회

회장 박 주 경

머리말

본 책자는 일본건축학회 방화위원회(위원장 萩原一郎)에서 2017년에 집필한『構造材料の耐火性ガイドブック』내용을 한국시설물안전진단협회(회장 박주경)에서 번역한 것으로 국내의 성능기반 화재안전설계와 화재안전진단 및 보수보강 기술에 대한 학술적 기반을 조성하는 것을 목표로 출판되었습니다. 책임번역자인 저는 그동안 우리나라의 성능기반 화재안전설계 및 시설물의 보수보강기술에 대하여 아직 학술적 기반이 갖추어지지 못한 것으로 판단하던 중 한국시설물 안전진단협회의 출판위원회 (위원장 박철)로부터 본책자와 지난달 발간된 일본건축학회의『건축물의 화해안전진단 및 보수보강지침』등 2권을 출판하기에 이르게 되었습니다.

본 책자는 주로 철근콘크리트구조, 강구조, 목구조 및 알루미늄 합금과 더불어 신소재 및 강구조의 내화피복에 이르기까지 화재안전설계 및 화재안전진단을 위한 기초적인 열특성과 이를 이용한 다양한 설계 자료와 시공지침을 제시하는 중요한 기초자료를 제시할 것이며 더 나아가 소방청 소방대응력 향상을 위한 연구개발사업("2020-NFA002-010")『화재 · 인명안전중심 특정소방대상물 평가 플랫폼 개발』의 연구활동 일환으로 수행된 결과물로서 전술한 화재안전설계 및 화재안전진단 이외에도 화재와 관련한 인명안전기준 등 학술적으로 연구하시는 연구자들에게도 매우 유용한 정보를 제공할 것으로 저는 판단하고 있습니다.

저는 그동안 10년이상 ISO TC 71, SC7의 화재피해를 입은 콘크리트구조물의 보수보강에 대한 국제 표준화를 담당하였고, 또한 소방법의 성능설계와 국토부의 화재연구단의 연구를 수행하여 왔습니다. 또한 최근에는 전술한바와 같이 소방청의 한국형 인명안전기준을 연구하면서 국내의 기술 또한 아직 정립되지 못한 상황이라고 판단하여 일본건축학회의 본 가이드북이 출판되기에 이르게 되었습니다. 향후 본 내용을 토대로 면밀하게 검토되어 한국의 상황을 고려한 화재피해를 입은 시설물에 대한 안전진단 및 보수보강지침과 국토부 건축법의 성능설계를 위한 설계자료집으로서 더나아가 한국형 인명안전기준을 위하여 더욱 업그레이드 되어 재탄생 할 수 있기를 바랍니다. 본 결실을 볼 수 있도록 다방면으로 지원하여 주신 박주경 회장님을 중심으로 박철 출판위원장님과 나경준 부회장님께 깊은 감사드리며 함께 고생하여 주신 공동번역위원님들과 태림출판사 관계자분들께 다시 한번 감사드립니다.

한국시설물안전진단협회 전문위원

호서대학교 안전소방학부

교수 권 영 진

저자서문

일본건축학회의『구조재료의 내화성가이드북』한국어판의 발행에 대하여

최근 라이프스타일과 니즈의 다양화 그리고 지속가능한 사회를 실현하기 위하여 건축물의 성능에 대한 고도화 및 다양화가 요구되고 있습니다. 이와 같은 상황에 대응하기 위하여 목질계 재료를 시작으로 다양한 구조재료나 구법 및 공법의 연구개발이 진행되고 있습니다. 또한 경제활동의 국제화에 따라 해외의 기준 · 규격과의 정합성을 도모하는 등의 체계가 이루어지고 있습니다. 이와 같은 배경으로부터 건축물에 대한 법령의 경우, 시방규정으로 대응하는 것은 매우 어려워지고 건축물이 만족 하여야 만하는 성능항목과 성능기준을 명확하게 하여 다양한 설계를 가능하게 하는 성능규정이 필요하게 되었습니다.

일본에서는 2000년 6월에 시행된 개정 건축기본법에 따라 건축물에 요구되는 내화성능을 예시시방으로 적합시키는 시방루트에 추가하여 성능검증방법을 사용하여 내화설계를 수행할 수 있는 성능루트가 정비되었습니다.

이러한 내화설계에 필요한 기술자료를 제공할 목적으로 일본건축학회 방화위원회의 재료 · 구조내화성소위원회(당시)에서는 건축에 사용되는 구조재료를 콘크리트 재료, 강 재료, 목질계 재료, 알루미늄 합금 및 신재료(FRP, 유리, 막재료 등)의 5개로 분류하고 화재 시 및 화재 후를 상정한 재료의 고온 성상에 관한 문헌조사를 행함과 동시에 조사에서 얻어진 관련지식의 계통적인 정비를 진행하였습니다.

2004년 11월에 그 활동성과를 집대성한『구조재료의 내화성 가이드북』(제1판)을 간행 하였고 그 후 새로운 정보의 추가와 구성을 재검토 하여 2009년 3월에『구조재료의 내화성가이드북』(제2판) 을 간행한 후, 2017년 2월에『구조재료의 내화성가이드북』(제3판)을 발간하게 되었습니다.

제3판에서는 종래의 구성을 변경하고 각종 재료별로 장을 만들어 콘크리트재료, 강재, 목질계 재료, 알루미늄 합금, 신 재료 그리고 철골계 구조의 내화피복으로 구성하고 있습니다. 이번 한국어판이 출판되는 것은 정말 기쁘게 생각하며 본 지침의 번역에 진력해주신 한국 호서대학교의 권영진 교수에게 감사드립니다. 본 가이드북이 한국의 많은 설계자, 기술자 및 연구자들에게 활용됨으로서 새로운 건축기술의 개발과 구조물의 화재 안전성의 향상 및 내화성능설계 분야를 한층 활성화하는데 기여되기를 기대합니다.

2021년 2월

동경이과대학 교수
日本建築學會 前 防火委員長
萩原一郎

목차

목차

제4장 목질계 재료 167

목차

목차

목차

01

총론

건축 구조물의 내화성은 화재 시의 구조재료의 고온 특성에 영향을 받는다. 구조재료의 최적인 적용을 위한 공학적 근거를 기초로 한 성능설계에 따라 요구되는 내화성능을 만족할 수 있다면, 각종 재료 및 구조공법을 건축물에 사용할 수 있다.

2000년 6월에 시행된 일본의 개정 건축기준법에서는 방내화 기술의 발전, 내화설계의 합리화 등의 사회적 요청에 따라 성능설계 개념을 도입한 성능규정이 도입되었으며, 그림 1.1에 나타낸 바와 같이 건축물의 내화설계에서 적합한 루트로서 루트A · 루트B 및 루트C의 3종류가 설정되었다. 루트 A는 예시 루트이며, 요구성능에 대한 내화구조의 시방, 즉 재료와 부재의 구성이 구체적으로 제시되었다. 2000년에 도입된 루트B · 루트C는 건축물의 내화성능을 성능설계에 따라 검증하는 성능 루트이다. 루트 A · 루트 B · 루트C의 어느 것에 있어서도 주요 구조부를 구성하는 부재에는 다음의 3가지 성능이 요구되지만 루트 A와 루트C에서는 이러한 성능을 만족하면 각종 재료를 주요 구조부의 구성 재료로 사용할 가능성이 넓어졌다.

- **비손상성** : 구조 내력 상 지장이 있는 손상을 일으키지 않는 것.
- **차 열 성** : 가열면 이외의 면의 온도가 가연물의 연소의 우려가 있는 온도 이상으로 상승하지 않는 것.
- **차 염 성** : 건축구조의 구획부재의 단면을 가열 할 경우, 화염이나 열기를 관통하거나 또는 뒷면에 발염이 발생하지 않을 것.

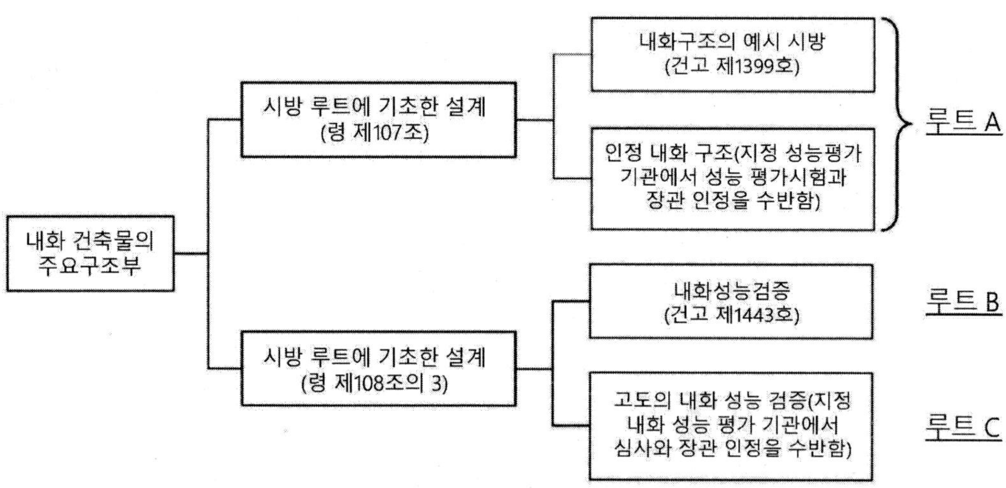

그림 1.1 일본 건축기준법에서 규정된 내화설계의 흐름

이처럼 부재에 요구되는 성능이 명시됨에 따라 콘크리트 재료나 강재뿐만 아니라 목질계 재료, 알루미늄 합금과 신자재를 내화 건축물, 대규모 건축물 등 주요 구조부의 재료로 사용하게 된 성능 루트의 도입으로 적용 가능한 구조재료 및 구조 형식의 종류가 기존보다 넓어진 배경에는 구조재료의 고온 특성과 관련된 연구 실적이 바탕이 되고 있음은 물론이다. 따라서 내화설계를 발전 · 활성화시키기 위해서는 구조재료의 고온특성에 관한 연구성과의 축적과 정리 및 보급이 담당하는 역할은 매우 크다.

한편, 구조재료에 한하지 않고 성능설계에 필요한 각종 재료의 고온특성데이터의 계통적인 정비가 미완성인 상태이지만 매일 새로운 지식 · 데이터를 얻을 수 있는 것이 현실이다. 콘크리트재료에서는 300N/rnm^{2}급의 초고강도 콘크리트, 강재에서는 장관인정을 받은 고강도 강재 등이 건축물에 적용되고 있다. 목질계 재료에서는 2000년의 건축기준법 개정 후에 목질계의 기둥 및 보 내화구조, 방화지역에서의 투바이포(2×4) 주택, 4층의 공동주택, 상업시설 및 호텔 등이 건설되게 되었다. 또한, 2014-2016년의 일본 건축기준법 등의 개정에 따라, 3000m^{2}을 넘는 대규모 목조건축물이나 학교 등의 특정건축물의 목조 3층의 건설, 및 직교 집성판(CLT)을 사용할 수 있게 되었다. 이와 같이, 목조 건축물의 가능성이 넓어지는 가운데, 내화 설계에 필요한 정보는 면밀하게 축적되고 있으나 알루미늄 합금과 신재료는 구조부재로 전개될 것으로 기대되는 반면 재료나 재질이 다방면에 걸쳐 있어 내화 설계에 관련된 재료 특성의 정비가 늦어지고 있다.

이러한 현황을 토대로 하여 새로운 성능설계에 근거한 내화설계의 발전 · 활성화, 나아가 새로운 재료나 구조공법의 개발이나 적용을 도모하기 위해서는 각종 구조재료의 고온 특성에 관한 기존 및 최신 연구 성과의 축적 · 수집 및 정식화 등 꾸준한 정보정비가 중요한 과제이다. 이러한 과제에 대한 대응이 본 가이드북이 담당하는 역할이다.

본 가이드북에서는 건축에서 사용되는 구조재료로서, 콘크리트 재료, 강재, 목질계 재료 및 알루미늄 합금으로 분류하여 서술하였으며, 향후 구조재료로서의 적용이 증가할 것으로 생각되는 신재료(FRP, 유리, 막재료 등)에 대해서도 서술하였다. 또한 건축구조물, 특히 강구조의 내화성 향상에 기여하는 각종 내화피복재료 공법에 대해서도 정리하였다.

본 가이드북은 「제1장 총론」, 「제2장 콘크리트 재료」, 「제 3 장 강재」, 「제 4 장 목질계 재료」, 「제5장 알루미늄 합금」, 「제6장 신재료」, 「제7장 철골계 구조의 내화 피복」으로 구성되어 있으며, 각종 구조 재료의 고온 특성에 대한 정보를 체계적으로 정비함과 더불어, 콘크리트 재료 · 목질계 재료 · 알루미늄 합금 · 신소재에 관하여는 재료 특성에 이외에 내화설계에 대해 간략하게 설명하였다. 또한 「부록」에서는 콘크리트 계 재료에 대한 시험 방법 및 폴리머 시멘트 모르타르, 강재와 내화피복에 관한 시험방법, 목질계 부재에 대한 시험방법 등에 대해 설명하였다.

02

콘크리트 재료

2.1 콘크리트계 구조물의 내화설계

2.1.1 일본의 내화설계법

지금까지, 콘크리트계 구조물은 소정의 부재치수 · 피복두께를 만족한다면 화재에 대하여 안전한 것으로 간주되어왔다. 건축기준법에서는 구조규정 (시행령 제3장)를 만족함과 더불어 2000년 건설성 고시 제 1399호를 만족하는 철근 콘크리트 구조부재는 내화구조로서 인정되어, 시행령 제107조에서 규정하는 내화시간(1 · 2 · 3시간)이상의 시방임을 확인하는 것이 종래의 내화설계의 일반적인 방법이었다(전술한 기준을 충족하지 못하는 철근 콘크리트 부재에 관하여는 내화성능평가시험에 따라 내화구조의 장관 인정을 취득할 수도 있다).

2000년 6월에 개정된 건축기준법이 시행되어 내화건축물의 기술적 기준에 성능규정이 도입되었다. 따라서 철근콘크리트 구조부재의 내화성능을 공학적으로 검증하여 부재시방을 설계자가 (시방규정에 따르지 않고) 설정할 수 있게 되었다. 종래의 시방규정에 의한 내화설계의 루트(절차)는 시방루트(루트 A)로서 남기고, 성능검증에 의한 내화설계의 루트를 성능루트(루트 B · 루트 C)로서 신설했다. 루트 B에 있어서의 성능검증은 「내화성능검증법」 (2000년 건설성 고시 제1433호)(이하, 본장에서는 고시에 의한 검증법을 「내화성능검증법」이라고 한다)에 따라 실시하고, 루트 C에서의 성능검증은 내화성능검증법 이외의 방법(실험, 해석 등의 고도검증)에 의해 행한다. 루트C에서는 지정된 성능평가기관에서 평가를 받아 국토교통장관의 인정을 취득한다. 루트B는 장관 인정이 필요 없고 직접 건축 주사(건축주사란 일본건축기준법 제4조의 규정에 따라 건축확인을 행하는 지방공공단체에 설치된 공무원을 지칭하며 본서에서도 건축주사로 칭함)의 확인을 받는다. 고시에 의한 내화성능 검증법의 주된 적용 범위는 다음과 같다[1).

(1) 보통 콘크리트 또는 경량 콘크리트 1종을 사용한 것.

(2) 하중지지부재에 대해서는 설계기준강도(이하 Fc)가 60N/mm^{2}이하인 것.

(3) 철근에 대한 피복 두께가 3cm (바닥의 경우는 2cm) 이상인 것.

콘크리트 설계기준 강도가 60N/mm^{2}이하로 제한되어 있는 주된 이유로서는, 고강도 콘크리트는 화재 시에 폭열의 발생이 위험시되기 때문이다. 구체적으로는 1) 큰 압축력을 부담하는 부재는 폭열의 가능성이 높고, 2) 고강도 콘크리트는 탄성계수가 크기 때문에 고온부에 생기는 열응력이 커지기 쉽고, 3) 콘크리트가 기밀하기 때문에 내부에서 증발된 수분에 의한 공극내압력의 상승에 의해 2차적인 응력이 발생하고, 폭열의 가능성이 보다 높아지는 것에 반해, 4)내화성능검증법에서는 폭열에 의한 단면결손을 고려할 수 있는 평가방법을 이용하지 않고 있기 때문이다.

최근, 도심부를 중심으로 30층을 넘는 초고층 철근 콘크리트조(이하, 초고층 RC조) 집합주택의 개발이 진행되고 있어, 설계기준강도가 60N/mm^{2}를 넘는 고강도 콘크리트를 적용할 기회가 증가하고 있다. 성능설계루트를 선택했을 경우, 내화성능검증법을 이용하는 루트B는 적용하지 못하고, 고도의 검증을 이용하는 루트C의 적용이 필요하다. 현재, 설계기준강도가 60N/mm^{2}를 넘는 고강도 콘크리트의 내화설계법은 확립되어 있지 않기 때문에 기본적으로는 내화실험에 기초한 평가가 요구된다. 한편, 시방설계 루트인 루트 A를 선택할 경우에는 내화실험에 의거해 지정된 성능평가기관의 기술인증 등을 받아 건물에 적용하는 경우가 많다. 어떠한 설계루트를 선택하는 경우라도 현황은 내화실험에 의거한 성능확인이 필요하다. 설계기준강도가 60N/mm^{2}를 넘는 고강도 콘크리트를 이용한 내화건축물에 대하여, 보다 일반적이며 신뢰성이 높은 검증방법을 확립하기위해서는 다음의 항목에 관한 연구가 향후 필요한 것으로 사료된다.

1) 고강도 콘크리트의 고온시에 있어서 물리적인 및 역학적 성질의 상세한 파악과 정식화.
2) 폭열의 메카니즘의 해명과 단면결손의 영향을 정량적으로 평가할 수 있는 방법의 확립.
3) 폭열에 의한 단면결손의 영향을 고려하여, 고강도 콘크리트의 고온강도와 온도의 관계로부터, 안전수준을 판단할 수 있는 화재시의 내력평가법의 확립.
4) 상기 3)의 화재시 내력평가법의 타당성의 검증에 사용 할수 있는 고강도 철근 콘크리트 부재의 재하 가열실험 결과의 축적.

내화성능검증법은 간이하게 철근콘크리트 구조부재의 내화성능을 검증할 수 있는 것이 특징이지만, 안전측의 설정으로 검증을 실시하고 있기 때문에, 설계조건 (요구내화시간, 단면, 부재길이, 배근, 하중 등)에 따라서는 구조설계로 정해지는 조건에서 시방변경이 필요한 경우가 있다. 예를 들어, 장시간의 내화성능이 요구되는 실(창고 및 점포 등의 가연물이 많은 실에서는 시방규정의 상한인 3시간을 상회하는 내화시간이 요구되는 것이 있다.)에는 피복두께를 늘려 대응하는 케이스를 볼 수 있다. 철근 콘크리트 구조부재의 내화성능을 보다 적절하게 평가할 수 있는 설계방법에 대한 요구는 높고, 다양한 연구가 진행되고 있다. 내화성능검증법에서는 철근콘크리트조(기둥 · 보 · 바닥 · 벽)의 검증방법이 나타나 있지만, 그 외의 콘크리트계 구조부재, 예를 들면, 프리스트레스 콘크리트 구조, 합성데크, 콘크리트 충전강관(CFT) 구조에 대해서는, 정식화된 검증방법이 정해져 있지 않고, 인정내화구조의 내화시간을 대체하여 검증할 수 밖에 없다. 철골철근 콘크리트(SRC)조에 대해서는, 시방규정으로 인정되는 내화 시간에 근거해 검증하는 것이 인정되고 있지만, 3시간을 넘는 내화성능이 요구될 경우에는, 검증할 수 없다는 과제도 있다. 철근콘크리트조 부재 이외의 콘크리트계 구조물에 대해서도, 내화설계법을 향후 정비할 필요가 있으며, 향후의 연구의 진전을 기대한다.

2.1.2 유럽의 내화 설계법

유럽의 경우에도 몇가지 방법의 내화설계법이 제안되고 있고, 가장 유명한 것으로서 유럽의 Eurocode가 있다. 여기에서는 일본화재학회지에 소개된 해설[2,3]을 인용하며 그 개요를 소개한다.

Eurocode는 EU각국의 건축 · 토목구조물을 대상으로 한 구조설계규준이며, 콘크리트 구조물을 비롯한 각종 구조를 대상으로 한 각 규정중 화재에 대한 구조설계의 개념이 정해져 있다. 내화설계의 순서는 그림 2.1.1에 모식적으로 나타낸 바와같이 크게 2개의 계통으로 나뉘며, 하나는 표준적인 화재를 열적 외력으로 하는 것을 전제로 한 시방적 계산 룰에 근거하는 것이고, 다른 하나는 일본의 내화성능검증방식과 마찬가지로 화재 공간의 특성을 반영한 열적 외력을 대상으로 하는 성능 계산법이다.

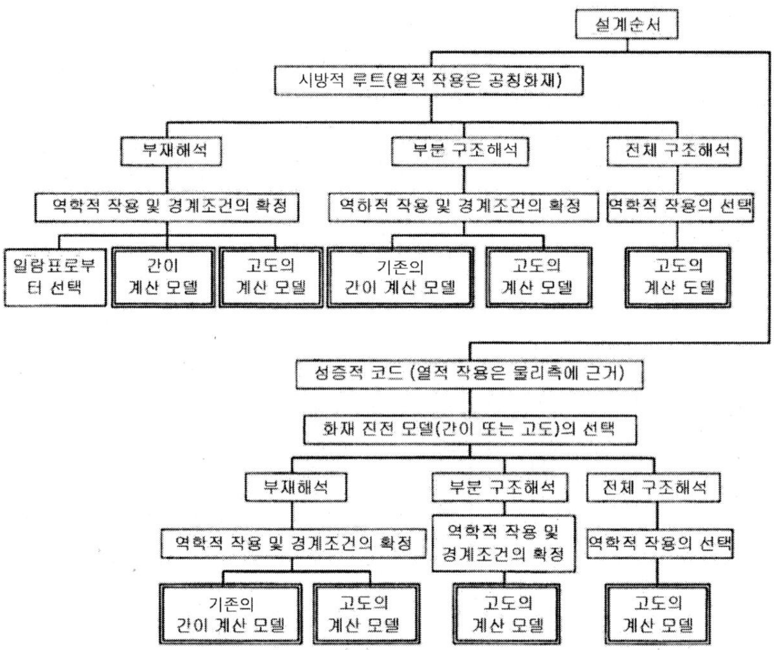

그림 2.1.1 Eurocode의 내화설계 순서에 대한 전체 개요 [3),4)]

또한 콘크리트 구조물을 대상으로 한 Eurocode2[4)]에서는 콘크리트와 철근 · PC강선 등 각종 재료에 대해 1200℃까지의 고온을 대상으로 한 재료물성값이 제시되고 구조부재에 대한 내화설계법이 규정되어 있다. Eurocode2에는 3개의 내화설계법(표 데이터법 · 간이계산법 · 고도의 계산법)이 규정되어 있으며, 또한 압축강도 80N/mm^{2}이상의 고강도 콘크리트에 대한 폭열억제대책이 명확하게 규정되어 있는 점이 특징적이다.

가장 간편한 방법인 「표 데이터법」에서는 요구되는 내화시간이나 하중레벨 등에 따라 구획부재에 대해서는 최소부재 두께를, 하중지지부재에 대해서는 최소단면치수법 및 최소 피복두께를 "표 데이터"로부터 선택하는 설계체계가 규정되어 있다. 참고예로서 주로 축력을 받는 경우의 철근 콘크리트조 기둥에 대한 "표 데이터"를 표2.1.1에 나타낸다.

즉, 상기 모든 내화설계 시나리오를 실행하는 경우에도, 「구조재료의 고온시에 있어서 역학적 성질의 정식화」가 특히 중요하다. 각종 재료의 고온시에 있어서 역학적 성질의 정식화에 대해서는 전술한 Eurocode에도 상술되어 있다. 또한 일본에서도 고온시 재료 특성의 정식화가 몇 가지 제안되고 있다. 본장 2.4 이후에서는 여러가지 실험결과를 토대로 하여 콘크리트를 중심으로 고온시의 역학적 성질의 정식화를 시도하고 있다.

표 2.1.1 Eurocode의 「표 데이터 법」의 일례 [3),4)]

내화시간 분	기둥 최소 폭 bmin/최소 피복두께 a(mm)			
	2면 이상의 가열			1면가열
	μ_{fi}=0.2	μ_{fi}=0.5	μ_{fi}=0.7	μ_{fi}=0.7
1	2	3	4	5
R30	200/25	200/25	200/32 300/27	155/25
R60	200/25	200/36 300/31	250/46 350/40	155/25
R90	200/31 300/25	300/45 400/38	350/53 450/40**	155/25
R120	250/40 350/35	350/45** 450/40**	350/57** 450/51**	175/35
R180	350/45**	350/63**	450/70**	230/55
R240	350/61**	450/75**	-	295/70

※주:
- 주로 축력을 받는 철근 콘크리트 기둥의 단면 제원
- 왼쪽 표에서의 「피복두께a」는 「콘크리트 표면으로 부터 철근단면의 중심위치까지의 거리」를 의미한다.
- 적용 콘크리트는 골재에 석영암을 사용한 밀도2,000~2,600kg/m^{3}의 보통콘크리트

**철근 본 수는 8본 이상
μ_{fi}= 화재하의 설계축력/상온시의 내력

인용 · 참고문헌

1) 2001 年版耐火性能検証法の解説及び計算例とその解説, 井上書院, 2001
2) 河野守 : ユーロコードにおける耐火設計 その1 概要と火災時の作用, 火災, Vol. 55, No.2, pp. 18-23, 2005. 4
3) 道越真太郎, 豊田康二 : ユーロコードにおける耐火設計 その2 コンクリート構造物の耐火設計, 火災, Vol. 55,No.2, pp. 24-29, 2005. 4
4) European Committee for Standardization (CEN): Eurocode 2 : Design of concrete structures - Part 1-2: General rules - Structural fire design, European Standard, CEN, Brussels, EN 1992-1-2, Dec. 2004

2.2 화학적 성질

시멘트 경화체는 시멘트 수화물 및 그 흡착수, 화합물로 구성된 세공 내에 존재하는 모관수(모세관의 물), 모세관보다 더 큰 공극에 존재하는 자유수로 이루어진 다공체이다. 콘크리트가 화재 시에 열을 받아 생기는 물성변화의 주요 요인의 하나로서, 이러한 상태가 다른 물 (결합수, 흡착수, 모관수, 자유수)의 탈수와 그에 따른 미세구조의 변화를 들 수 있다. 여기에서는 콘크리트가 화재 시에 있어서 고온을 받았을 때의 시멘트 수화물 및 미세구조의 변화에 대해 서술한다[1-9].

2.2.1 미수화 시멘트

포틀랜드시멘트의 주요 구성 광물은 $Ca_3SiO_5(C_3S)$, $Ca_2SiO_5(C_2S)$, $Ca_3Al_2O_6(C_3A)$, $Ca_4Al_2Fe_2O_{10}$ (C_4AF) 이다. 이들은 500℃ 이하에서는 분해되지 않으나 첨가 된 $CaSO_4 \cdot 2H_2O$ (이수석고)는 130℃ 부근에서 탈수되어 반수석고 더 나아가 160℃ 부근에서는 탈수되어 $CaSO_4$ (무수석고)로 된다.

2.2.2 수화 생성물

포틀랜드시멘트의 주요 수화생성물은 C-S-H(규산칼슘 수화물), $Ca(OH)_2$(포틀랜다이트), (AFt) $C_3A_3CSH_{32}$(에트링가이트), (AFm) C_3ACSH_{12}(모노설페이트) 등이다. 시멘트 경화체의 주성분인 C-S-H는 물성에 미치는 영향이 가장 크고, 결정도가 낮은 겔상으로 흡착수 및 그 조직내에 모세관수를 포함하고 있다. C-S-H 에서의 물은 반응이 진행됨에 따라 적어지는 경향이 있고, 강제건조 후의 H_2O/SiO_2 비율은 1.5전후로 알려져있다. 에트링가이트는 재령 초기에 잔존하는 알루미네이트계 광물과 반응하여 모노설페이트로 변화하기 때문에 장기 재령에서 국부적으로 밖에 존재하지 않는다.

포틀랜드 시멘트가 완전히 수화하는 데 필요한 물량은 시멘트 중량의 25~28%로 알려져 있다. 그 내역은 보통포틀랜드시멘트의 광물 조성에 따라 다음 식으로 계산된다.

$$C_3S(55\%) + 3H_2O \rightarrow C-S-H(C_{1.5}SH_{1.5}) + 1.5CH \quad (2.2.1) \text{ 식}$$

$$C_2S(23\%) + 2H_2O \rightarrow C-S-H(C_{1.5}SH_{1.5}) + 0.5CH \quad (2.2.2) \text{ 식}$$

$$C_3A(9\%), C_4AF(9\%) + CaSO_4 \cdot 2H_2O(2.5\%) + XH_2O$$
$$\rightarrow AFm[C_3AC((SO_4)_{0.5}(OH)]H + FH \quad (2.2.3) \text{ 식}$$

여기에서 수화물의 화학적 변화는 물의 탈수와 동반되는 것으로 알려지고 있고 문헌에 따르면 다소 온도폭이 있다. C-S-H는 100~300℃에서 탈수가 된다. 또한 포틀랜다이트는 450~500℃에서 탈수되어 CaO가 되나 300~400℃에서도 장시간 유지되면 서서히 분해되는 것이 보고되고 있다. 더 나아가 에트링가이트 및 모노설페이트는 300℃ 이하에서 단계적으로 탈수되는 것으로 일려지고 있고 포틀랜사이트 이외의 수화물의 대부분은 300℃ 이하에서 분해하고 결합수을 잃고, 흡착수, 모관수, 자유수 등을 탈수한다.

보통 포틀랜드시멘트 이외의 포틀랜드시멘트와 혼합시멘트에서 수화생성물의 구성비에 대해서도 큰 차이는 없으며, 보통 포틀랜드시멘트와 동일한 정도이다. 이러한 수화생성물은 양생 온도에서는 거의 변화하지 않는다. 다만, 100℃ 이상의 오토클레이브 양생에서는 수화생성물이 상이하고, 토버모라이트($C_5S_6H_5$), 조노트라이트($C_6S_6H_5$) 등이 주요 생성물이다.

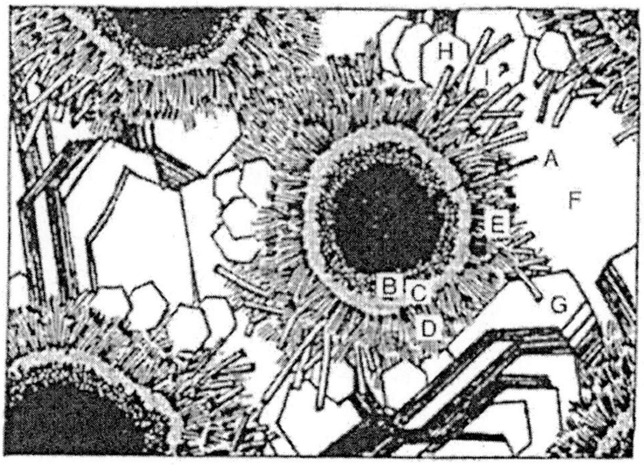

A : 미수화 시멘트 입자
B : C-S-H겔 type IV
C : C-S-H겔 type III
D : C-S-H겔 type I
E : 겔공극
F : 모세관 공극
G : 소석회 결정
H : 모노 설페이트
I : 에트링 가이트

그림 2.2.1 시멘트 경화체의 미세구조의 모식도 8)

2.2.3 각 수화물의 열적 성질

각 수화물의 온도 및 습도에 따른 영향을 표2.2.1에 나타낸다.

표 2.2.1 각 수화물의 온도 및 습도의 영향[9)]

수화물	온도 및 습도의 영향
이수석고 ($CaSO_4 \cdot H_2O$)	이수석고는 130℃부근에서 탈수하여 반수석고로, 160℃부근에서 더욱더 탈수하여 무수석고로 된다.
탄산칼슘 ($CaCO_3$)	CO_2 분압에 따라750℃~900℃에서 탈탄산화하여 CaO로 된다. CaO는 상온에서는 공기 중의 수분과 반응하여 $Ca(OH)_2$로 된다.
C-S-H (규산칼슘수화물)	시멘트 경화체의 주 성분으로 물성에 미치는 영향은 가장 크다. 미세한 저결정질의 흡착수 및 그 조직내에 모관수을 포함한다. 100~300℃에서 탈수하지만 C-S-H계 수화물의 개별의 상태를 명찰하게 구분할 수는 없다. 가열 후 잃어버린 결합수는 서서히 다시 수화에 의해 회복되지만, 탈수 온도가 다른 결합수 및 가열 온도에 따라 재수화에 의해 회복의 정도가 다르다.
포틀랜다이트 ($Ca(OH)_2$)	450~500℃에서 탈수하여 CaO가 되지만, 결정의 크기에 따라 분해 온도가 다르며 300~400℃에서라도 장시간 유지하면 서서히 분해한다는 보고가 있다.
에트링가이트 (AFt)$C_3A_3CSH_{32}$	대기에서의 시차열분석법(DTA)에서는 100℃ 이하 및 100℃, 160~180℃ 정도에서 큰 피크를 나타내며, 250~270℃ 정도에서 작은 피크를 나타내며, 점진적으로 탈수한다.
모노설페이트 (AFm)C_3ACSH_{12}	건조 시료를 DTA로 측정하면 50~150℃, 200℃ 그리고 300℃ 부근의 3 단계로 탈수한다. 탈수 된 생성물은 석고 아윈(C_4A_3S)과 CaO이다.
C_4AHx	C_4AH_X는 20℃ 이상의 온도에서는 서서히 C_3AH_6로 전화(질적으로 바뀌어 다르게 되는 현상)된다. 가열하면 50~100℃에서는 X=12, 110~170℃에서는 X=7, 그 후에는 서서히 탈수하여 300℃에서 X=4, 700℃ 이상에서 X=0이되며, C_4A_3와 CaO로 된다.
C_3AH_6	C_3AH_6는 알루미네이트 계 수화물 중에서는 가장 안정적이며, 20℃ 이상에서 C_4AH_X, C_2AH_X, CAH_X 등으로부터 전화하여 생성한다. 270~330℃ 에서 4.5몰의 물이 탈수하고, 550℃부근에서 나머지 물이 탈수하여 $C_{12}A_7$와 CaO로 된다.
CAHx	CAH_X는 알루미나 시멘트 수화물로서 생성한다. 실온에서는 CAH_{10}이다. 20℃이상의 온도에서 C_3AH_6로 전화된다. CAH_{10}을 가열하면 200~500℃에서 X=2가 된다. 마지막의 물이 손실되는 것은 600℃ 이상으로 사료된다.
C_2AHx	C_2AH_X도 알루미나 시멘트의 수화물로서 생성하여, 실온에서는 C_2AH_9으로 존재한다. 20℃에서 이상의 온도에서 C_3AH_6로 전화된다. C_2AH_6를 가열하면 300℃ 이하에서 모두 탈수하는 것으로 알려져있다.
11Å 토버모라이트 $C_5S_6H_5$	100℃ 이하의 온도에서 양생 한 시료에는 존재하지 않는다. 오토클레이브 양생 한 시료의 주 생성물으로서 160℃ 이상의 오토클레이브 양생에서는 서서히 조노라이트로 변화한다. 토버모라이트를 대기 중에서 가열하면 250~260℃에서 탈수하고 9Å 토버모라이트가 된다.
조노트라이트 $C_6S_6H_5$	고온에서 오토클레이브 양생을 할 때에 생성된다(180℃ 이상). 안정적인 침상결정으로서 790~800℃에서 탈수하고, 830~900℃에서 β-Wollastonite (규회석)으로 변화한다. 1000℃까지 큰 체적수축은 발생하지 않는다.

[주] 표에서의 표현을 일부 수정

인용 · 참고문헌

1) 田中弘文，戸谷陽一，斉藤　豊：セメント硬化体の加熱後の性質と再水和，セメント技術年報 36，pp.45-48，1982.5
2) 斉藤　豊，戸谷陽一，内田清彦：加熱および再水和過程におけるセメント硬化体の微構造変化，セメント技術年報 37，pp.73-76，1983.5
3) 近藤連一，後藤誠史，大門正機，保坂義公：セメントの水和におよぼす加熱養生の影響，セメント・コンクリート，No.321，pp.2-8，1973.11
4) 原田道昭，萩原義一，Van Hoaug Nguyen，浅賀喜与志，大門正機：エーライトー石英系水熱反応の速度と機構，窯業協会誌，Vol.90，No.1039，pp.123-129，1982.3
5) 萩原義一，原田道昭：オートクレーブ養生におけるセメントと骨材の反応について，セメント技術年報 35，pp.297-301，1981.5
6) 萩原義一，原田道昭：オートクレーブ養生単一鉱物モルタルにおける骨材表面反応と強度発現性，セメント技術年報 36，pp.124-127，1982.5
7) 長尾覚博，中根　淳：高温加熱されたコンクリートの力学特性と総細孔量との関係，大林組技術研究所報，No.43. pp.71-76，1991.8
8) 森田武：C^3クリップボード[コンクリート化学編]，セメント協会，pp.58-59，2013.1
9) 日本建築学会：火災とコンクリート，pp.11-13，2001

2.3 물리적 성질

고온 가열하에서 열정수의 각종 데이터는 열전도해석을 실시하기 위하여 매우 중요함에도 불구하고, 국내외를 통합하여 비교적 적으며, 특히 고강도 콘크리트 관련한 데이터는 매우 적다. 여기에서는 콘크리트의 고온 가열상태에서의 물리적특성으로 질량변화 · 열팽창계수 · 열전도율 · 열확산율 · 비열에 대해 설명한다. 또한, 최근에는 설계기준강도 Fc가 $60N/mm^2$이상의 콘크리트를 이용한 건축물이 증가하고 있지만, 이러한 콘크리트의 내화성능검증에 Fc가 $60N/mm^2$이하의 콘크리트의 열특성값을 이용할 수 있다는 보고도 있다[1)].

2.3.1 질량변화

골재의 종류가 다른 콘크리트(W/C=60% 일정)를 가열온도 200℃에서 장기가열(가열기간 3개월)했을 경우의 질량감소율을 그림 2.3.1에 나타내었다[2)]. 공시체의 가열전 양생은 재령 7일까지 20℃ 수중양생, 재령28일까지 20℃, RH 80%의 조건실을 이용했다. 질량감소율은 골재의 종류에 따라 다르며 천연골재(5~10%), 소성골재(10~15%), 인공경량골재(20%)의 순으로 흡수율이 높은 골재를 사용한 콘크리트일수록 질량감소율이 커진다고 말할 수 있다.

고강도 콘크리트가 고온 가열을 받은 경우의 질량변화(ϕ10×20cm)의 예를 그림2.3.2에 나타내었다[3)]. 가열냉각 방법은 시간당 150℃로 가열하여, 3시간동안 소정의 온도를 유지 한 후 자연냉각하였다. 가열 후의 질량변화는 물시멘트비가 클수록, 단위수량이 많을수록, 양생기간이 길어질수록 커지고 있다. 또한, 가열온도 200℃까지는 급격히 질량이 감소하고, 200℃이상에서는 약간 완만하게 감소한다. 600℃ 가열 후에서 약10% 정도의 질량감소를 나타내었다. 또한 시멘트의 종류에 의한 차이는 없다고 설명하였다.

요시다(吉田)등은 물결합재비 (W/C=0.65, 0.50, 0.40, W/B=0.35, 0.24, 0.18) 및 양생조건(건조, 기중, 일부습윤)을 요인으로 하여 온도상승에 따른 질량감소를 실험에 의해 측정하고있다. 결과의 일례를 그림2.3.3 및 그림2.3.4에 나타내었다[4)]. 양생조건의 영향으로 약 50~250℃의 구간에서 크게 나타났으며, 200℃에 있어서의 질량감소율로 비교하면, 절건에서 약0.4%, 기건 약2.5%, 습윤 약 5.0%였다. 또한, 물결합재비의 영향으로는 200℃부근까지는 큰 차이가 보이지 않지만, 그 이후에 W/C=0.65~0.40에 대해서는 질량감소율의 기울기가 완만하게 되어, 질량감소율에 차이가 나타났다. 한편, W/B=0.35~0.18에 대해서는 250℃까지 질량감소의 기울기는 변화하지 않고, 그 기울기는 완만하게 되지만, 물결합재비에 따른 큰 차이는 볼 수 없다고 설명하고 있다.

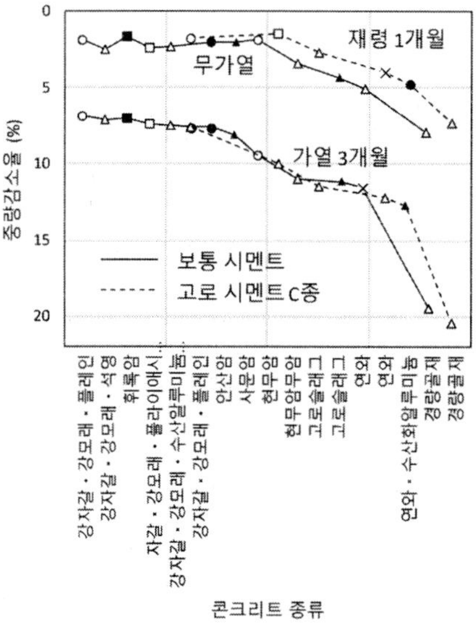

그림 2.3.1 골재의 종류가 상이한 콘크리트의 질량감소율 [2)]

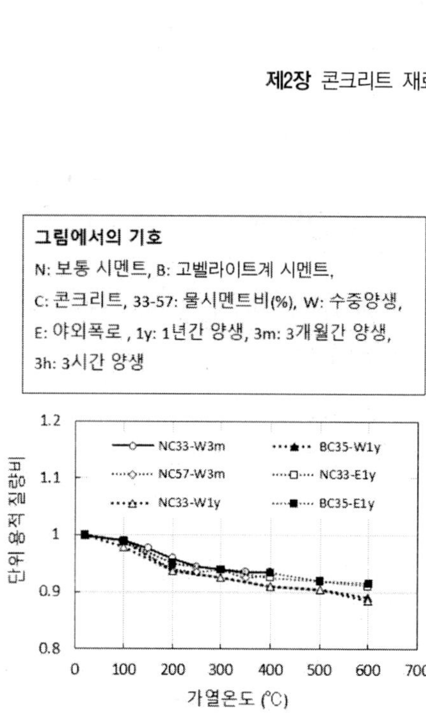

그림 2.3.2 가열온도와 단위용적 질량변화 [3)]

2.3.2 열팽창계수

콘크리트는 일반적으로 가열되면 팽창하며, 가열시의 팽창량은 콘크리트를 구성하는 재료에 의하여 지배된다. 시멘트 페이스트 및 골재의 경우 80~90℃까지의 온도에서는 모두 팽창하지만, 약 110℃ 이상이 되면 골재는 팽창하며, 시멘트 페이스트 부분은 수축으로 돌아선다. 이와같이 고온에서는 수분 손실에 의한 수축과 열팽창이 동시에 진행한다. 이 때문에 모르타르 및 콘크리트의 열팽창계수는 시멘트와 골재의 구성비 및 골재의 열팽창특성에 의해 크게 영향을 받는다. 상온에서 콘크리트의 열팽창 계수는 $7\sim12\times10^{-6}$/℃이다. 각종의 골재를 사용했을 때의 열팽창계수와 골재의 열팽창계수의 관계를 표2.3.1 및 그림2.3.5에 나타낸다[5)]. 콘크리트 및 모르타르의 열팽창계수는 혼입되는 골재의 열팽창계수와 거의 비례하고 있다. 한편, 콘크리트의 열팽창계수는 콘크리트의 골재 함량에 따라 상이하며 그림 2.3.6와 같이 골재 함유량이 적을수록 콘크리트의 열팽창 계수는 커지는 것으로 보고되고 있다[6)].

2.3.3 열전도율

열전도율은 물체 중을 흐르는 열의 속도를 나타내는 값이며, 1℃/m의 온도기울기를 갖는 단면적 1m^{2}의 물체를 1초에 통과하는 열량(W/(m · K))으로 표시된다. 콘크리트의 열전도율은 구성된 재료의 열전도율에 의해 결정되며, 시험시의 함수량, 골재종류, 배합, 시멘트의 종류, 온도와 공기량 등에 영향을 받는다.

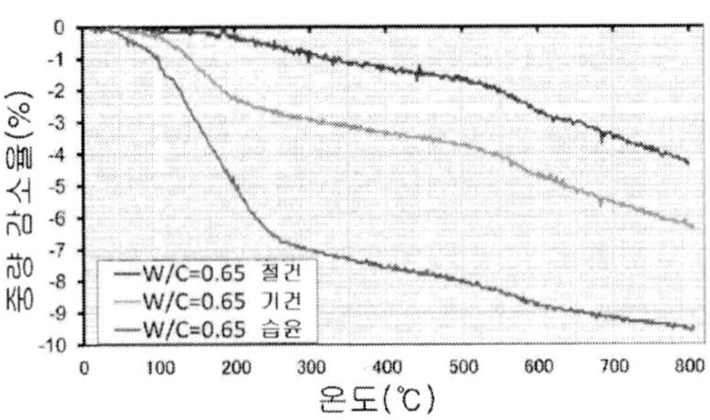

그림 2.3.3 양생조건과 질량감소율의 관계 [4)]

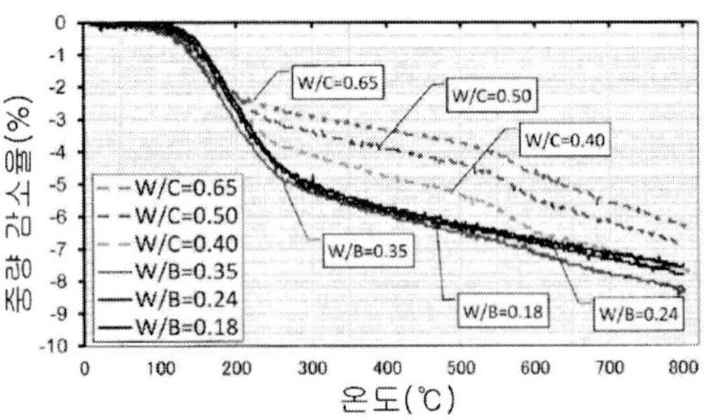

그림 2.3.4 물결합재비와 질량감소율의 관계 [4)]

표 2.3.1 각종 암석의 열팽창계수 [5)]$(\times 10^{-6}/℃)$

암석	계수	암석	계수	암석	계수
석회암	2.2~9.5	석영암	10.1~14.4	섬록암	7.7
사암	6.1~11.7	현무암	6.1~7.2	화강암	3.6~8.1
이암	7.4	석영조면암	4.1~8.3	편마암	6.5
규질점판암	9.7	안산암	6.8~8.1	편암	7.2~8.5
규암	8.1~10.1	분암	6.1	장석	0.9~17.5
차트	11.3	반려암	7.4	대리석	-1.6~4.5

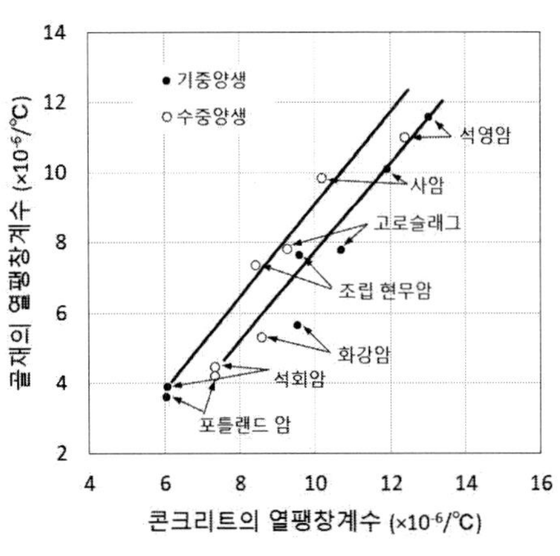

그림 2.3.5 골재와 콘크리트의 열팽창계수 [5)]

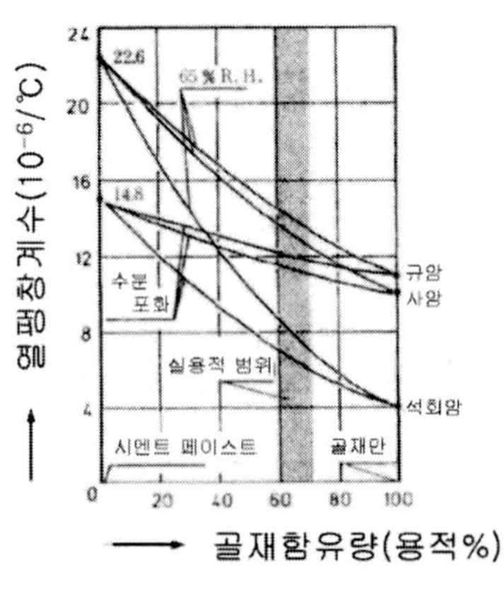

그림 2.3.6 골재함유량과 콘크리트의 열팽창계수 [6)]

하라다(原田)[7]의 실험에 의하면, 콘크리트의 열전도율은 온도상승과 함께 현저하게 감소하며, 700~800℃에서는 상온에서의 값의 50%정도가 된다고 보고하고있으며, 나가오(長尾) [8] 및 이(李)[9] 도 동일한 경향을 보고하였다. 이노우에(井上)들[10]의 실험에 의하면 그림2.3.7에 나타낸 바와 같이 500℃정도까지는 보통강도 콘크리트와 비교해 고강도 콘크리트의 열전도율이 큰 값을 나타내고, 가열 온도가 증가함에 따라 거의 직선적으로 작아지고, 상온 시의 20~30% 정도까지 작아지는 것을 보고하였다. 여기서, 시바(椎葉) 등의 보고로서 시멘트의 종류, 골재의 종류를 요인으로 했을 경우의 물시멘트비와 열전도율의 관계를 그림2.3.8에 나타내었다[11]. 이 결과로부터, 쇄석을 사용한 경우의 열전도율은, 대체로 1.3~1.6kcal/m · hr · ℃정도이다.

미치코시(道越)등[12),13)]은, 그림2.3.9에 나타낸바와같은 Eurocode2에 따르면, 콘크리트의 열전도율의 상한과 하한을 정하고 있고, 이 범위내에서 각국 독자적으로 결정한다고 소개하고 있다.

2.3.4 열확산율(온도전도율)

열확산율은 열전도율을 단위체적당 열용량(밀도×비열)으로 나눈 것이다. 열확산율은 온도전도율이라고도 불리며, 비정상열전도에서 중요한 물성치이며, 이 값이 큰 물체일수록 온도변화가 빠르다. 도쿠다와 쇼우타니(徳田 · 庄谷)[5),14)] 의 보고에 따르면 콘크리트에서 차지하는 골재량이 많을수록 열확산율은 증가한다고 설명하였다. 또한 열확산율이 높은 콘크리트를 얻는 방법으로서 골재의 최대 치수를 크게하거나, 열확산율이 큰 골재를 선정하거나, 입경이 큰 골재의 비율이 많아지는 입도로하는 것과 더불어 세골재율을 가능한 최소화하는 것 등을 지적하였다.

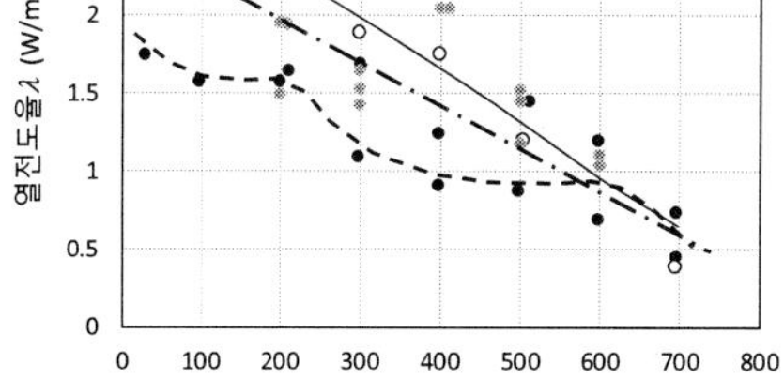

그림 2.3.7 가열온도와 열전도율의 관계 [10)]

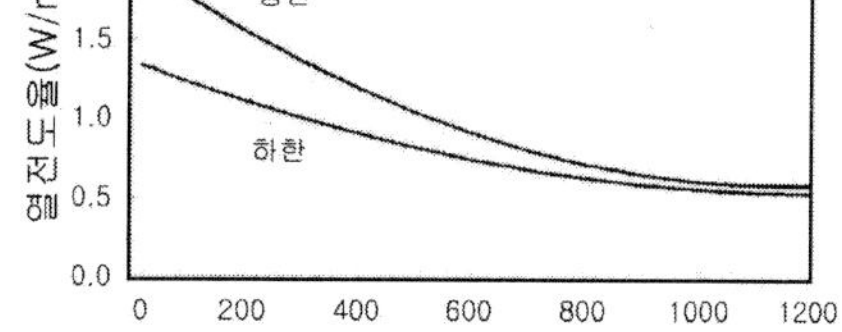

그림 2.3.9 가열온도와 열전도율의 관계 [12), 13)]

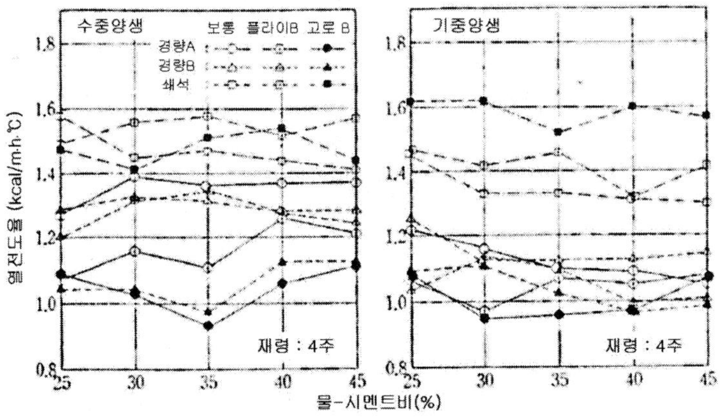

그림 2.3.8 물시멘트비와 열전도율 [11)]

또한 함수율은 열확산율 및 밀도에 큰 영향을 미치기 때문에 열확산율에 큰 차이가 나타나는 것은 200℃ 이하의 온도 범위이다. 이 이상의 고온에서는 실측 된 값이 서로 비교적 일치하고있다. 열확산율의 경우에는 콘크리트는 다르더라도 가열방법이 같다면 동일한 열확산율을 얻을 수도 있을 것으로 판단된다.

이노우에(井上)들[10)]의 실험에 의하면, 그림 3.1.2.5와 같이 열확산율은 보통강도 콘크리트의 경우에는 500~600℃로 가열시에 최저치를 보이나, 더 높은 가열온도에서는 증가하는 경향이 있다. 또한 고강도 및 초고강도 콘크리트에서는 500~600℃ 이후로는 증가하는 경향이 없음을 지적하고 있다.

2.3.5 비열

고온 가열시의 각종의 열정수는 문헌[3)~7),10),14)]에 근거하여 상온시에 비하여 저하되는 경향이 있고, 열전도율은 약40~50%, 열확산율은 약20~30%, 밀도는 약10~15% 저하하였다. 이 값을 바탕으로 비열을 계산하면 상온시와 같은 정도 또는 10~30%정도 저하하는 것으로 판단된다.

미치코시(道越)등 [12-13)]은, 그림 2.3.11에 나타내는 것처럼, Eurocode2에 따르면, 잠열의 영향을 고려한 모델로 되어 있다고 소개하였다.

콘크리트계 재료 (보통 콘크리트, ALC, 경량 콘크리트, 모르타르)의 고온 열정수 (열전도율, 비열, 열확산율)를 표 2.3.2에 나타내었다[15-16)]. 여기에 나타내는 열전도율은 동일 시료에 대하여 열선법, GHP법과 면상발열체법의 3가지 측정법으로 구하였다. 비열은 앞에서 설명한 열전도율과 면상발열체법에 의해 구한 열침입율 및 측정 전의 밀도로부터 계산한 값에 대하여 2차 회귀식으로 나타내었다.

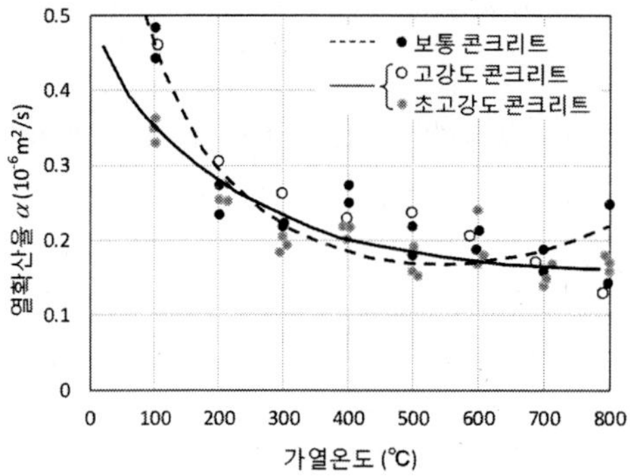

그림 2.3.10 가열온도와 열확산율의 관계 [10)]

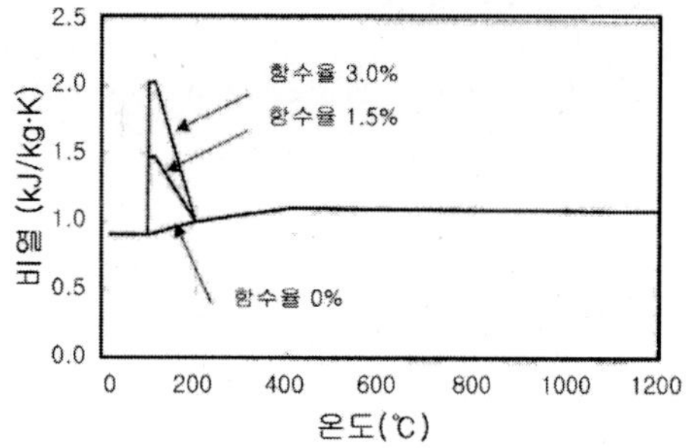

그림 2.3.11 가열온도와 비열의 관계 [12),13)]

표 2.3.2 콘크리트계 내화 피복재의 고온 열정수

―문헌15) 표5.4.3으로부터 인용―

재료	밀도 (kg/m^3)	함수율 (%)	방사율	열정수	열정수의 단위: 열전도율(W/m · K)(T의 단위는 ℃) 비열(J/kg · K)
보통 콘크리트	2,300	8	0.9	열전도율	$k = 4.42\times10^{-6}T^2 - 5.58\times10^{-3}T + 2.49$
				비열	$Cp = -6.73\times10^{-4}T^2 + 1.23T + 692$
ALC	510	10~14		열전도율	$k = 2.15\times10^{-7}T^2 - 9.0\times10^{-6}T + 0.151$
				비열	$Cp = -2.0\times10^{-4}T^2 + 0.12T + 1330$
경량 콘크리트	1,550 ~1,760	6~8		열전도율	$k = 3.11\times10^{-6}T^2 - 3.4\times10^{-3}T + 1.54$
				비열	$Cp = 13.4\times10^{-4}T^2 - 1.63T + 1214$
시멘트 모르타르	1,870 ~2,150	12		열전도율	$k = 2.47\times10^{-6}T^2 - 3.24\times10^{-3}T + 1.78$
				비열	$Cp = -5.49\times10^{-4}T^2 + 1.63T + 516$

[주] 표에서의 식을 일부 수정

인용 · 참고문헌

1) 黒岩秀介, 水野敬三, 道越真太郎, 小林裕：高強度コンクリートの高温時の熱伝導特性, 日本建築学会大会学術講演梗概集（北陸） A-2, pp.27-28, 2002.8
2) 山崎敞敏, 柿崎正義, 阿部保彦, 依田彰彦：長期間熱を受けるコンクリートの諸物性に関する研究, 鹿島建設技術研究所年報, No.24, 1976.6
3) 廣畑光生, 河辺伸二, 岡島達雄, 賀屋善行：高温加熱後の高強度コンクリートの力学的性質, コンクリート工学年次論文報告集, Vol.19, No.1, pp.625-630, 1997
4) 吉田 徹, 山下平祐, 平島岳夫：火災加熱を受けるコンクリートの重量変化, 日本建築学会大会学術講演梗概集（関東）, pp.67-68, 2015.9
5) 徳田 弘：コンクリートの熱的性質, コンクリート工学, Vol.22, No.3, pp.29-37, 1984.3
6) Dettling,H. : Die Warmedehnung der Zemente, Gesteine und von Beton (Thermal strain of cement stone, aggregate and concrete), Dissertation, TH Stuttgart, 1959.
7) 原田 有：高温度におけるセメントモルタルおよびコンクリートの熱伝導率の変化, 日本建築学会論文報告集, pp.1-8, 1954.9
8) 長尾覚博, 中根 淳：高温加熱されるコンクリートの熱伝導率, コンクリート工学年次論文集, Vol.12, No.1, pp.395-400, 1990
9) 李 柱国, 李 慶濤：高温加熱を受けたコンクリートの残存圧縮強度の推定方法, 日本建築学会技術報告集, Vol.17, No.37, pp.791-796, 2011.10
10) 土井文好, 太田福男, 斉藤辰彦：超高強度コンクリートの熱的性質に関する実験的研究, コンクリート工学年次論文報告集, Vol.15, No.1, pp.109-114, 1993
11) 椎葉大和, 本田 悟, 荒木 恵：各種セメントを用いた高強度軽量コンクリートの諸特性に関する基礎的研究, コンクリート工学年次論文報告集, Vol.13, No.1, pp.33-38, 1991
12) 道越真太郎, 豊田康二：ユーロコードにおける耐火設計 その2 コンクリート構造物の耐火設計, 火災（275号）, Vol.55, No.2, 2005.4
13) Eurocode 2, Design of concrete structures - Part 1-2: General rules - Structural fire design, CEN EN 1992-1-2:2004
14) 徳田 弘, 庄谷征美：コンクリートの熱拡散率に及ぼす配合諸条件の影響, 土木学会年次大会, 1973.10
15) 日本建築学会：鋼構造耐火設計指針, 2008
16) 国土開発技術研究センター：建築物の総合防火設計法（第4巻 耐火設計法）, 日本建築センター, 1989.4

2.4 역학적 성질

2.4.1 압축강도

고온시(화재시)의 콘크리트 압축강도를 측정(열간시험)한 문헌[1)~24)]의 실험조건을 표2.4.1.1에, 가열냉각후(화재종료후)의 콘크리트 압축강도를 측정(냉간시험)한 문헌[2), 28)~59)]의 실험조건을 표2.4.1.3에 나타냈다. 또한 열간시험에서 예열후에 압축시험을 실시한 문헌은 표2.4.1.2[25)~27)]에 나타낸다. 즉, 표 안의 상온시의 물성치에 대해서 인용문헌중의 수치의 기록이 없고 그림만 있는 경우에는 그림으로부터 값을 취득한 추정값을 기록하였다.

이러한 문헌 중에서 아베(安部) 등[2)]은 동일한 재료 및 배합의 콘크리트에 대해서 고온시 및 가열냉각 후의 콘크리트 압축강도와 온도의 관계를 측정하였고 그 결과를 그림 2.4.1.1에 나타낸다.

고온시의 압축강도는, 어느 배합에 있어서도 100℃에서 저하되어, 200~300℃에서 상온시의 강도와 거의 동등한 수준의 강도까지 재상승하였다. 그 후, 온도의 상승과 함께 압축강도는 저하되고, 고강도 콘크리트(FR60)는 400℃이상에서 급격하게 저하된다. 700℃에서는 모든 배합에 있어서도 거의 동등한 강도가 된다. 400℃이상에서의 강도 하락률은 압축강도가 높은 콘크리트 일수록 상온에서의 강도와 비교하여 저하율이 매우크다. 100℃에서의 강도저하의 원인으로 골재의 팽창과 동시에 유리수의 증발로 인한 시멘트 수화물의 수축이 생겨 자기변형 응력이 발생하므로 강도가 저하된 것으로 판단된다[2)]. 또한 100~300℃에 있어서의 강도변화에 대해서는 콘크리트를 구성하는 각 조성의 열팽창 변형율의 차이 및 고온증기에 의한 미수화 시멘트 입자의 수화 촉진 등이 이러한 복잡한 강도 특성에 영향을 주고 있는 것으로 추측되고 있다[2)].

한편, 가열냉각 후의 압축강도는 모든 배합에서 온도의 상승에 따라 서서히 감소하는 경향을 나타내고 있다. 가열시의 압축강도의 변화와 비교하면, 각 온도에 있어서의 강도는 약간 낮은 값이 되고 있어, 가열 냉각 후에서는 가열시뿐만 아니라 냉각 후에 있어서도 자기변형응력의 영향을 받고 있는 것으로 판단된다[2)].

다른 문헌에서도, 고온시 및 가열 냉각 후의 콘크리트의 압축 강도와 온도의 관계는, 대체로 전술한 대로이지만, 사용재료나 배합, 실험조건 등에 따라서 다른 경우가 있다. 다음에, 사용재료, 배합, 실험조건에 의한 압축강도에의 영향을, 고온시와 가열 냉각 후의 콘크리트로 나누어 설명한다. 또한 철근 콘크리트 구조 건축물의 내화설계에 필요한 고온시 및 가열냉각 후의 콘크리트 압축강도의 정식화를 시도한 결과에 대해서도 기술한다.

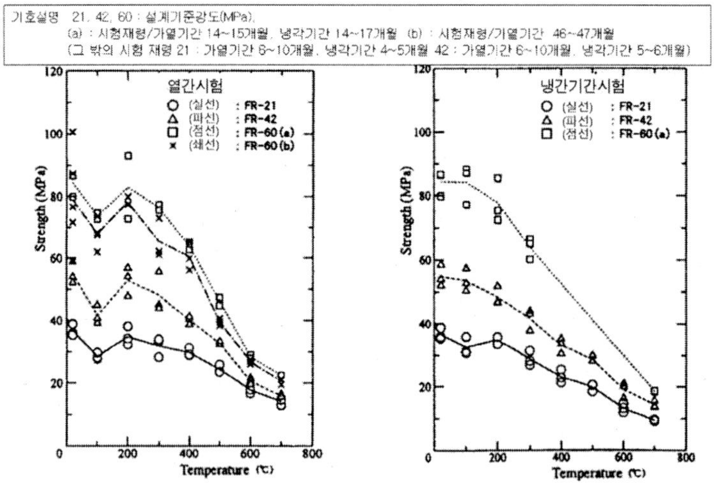

(a) 고온 시 (b) 가열 냉각 후

그림 2.4.1.1 압축강도와 가열온도의 관계 [2)]

표 2.4.1.1 고온 시 콘크리트의 압축강도를 측정한 문헌의 일람

문헌 No	혼화재		골재		W/C W/B [%]	a/C[*3] [질량%]	상온에서의 물성			승온속도	가열온도 [℃]	승온시의 재하하중	재하 제어	시험체 사이즈 [cm]
	시멘트[*1]	혼화재[*2]	산지·종류	Gmax [mm]			압축강도 [N/mm²]	정탄성계수 [kN/mm²]	압축강도 시의 변형[%]					
1)	N	-	강모래·강자갈	10	70	570	23	26.5	0.23	0.8~0.125℃/분 소정온도로 1.0~1.5시간 유지	상온, 100, 200, 300, 400, 500, 600, 700	-	매분 50~100kg /cm²	ϕ5x10
					45	390	47	30.5	0.26					
			팽창질석 (멜라사이트)	10	65	380	21	13.5	0.25					
					40	215	39	16.5	0.3					
2)	N	-	바다 쇄석 육지모래	15	58	603	35		0.22	100℃까지 0.8℃/분, 그 이후에는 1.25℃/분 목표온도 1~1.5시간 유지	상온, 100, 200, 300, 400, 500, 600, 700	-	크로스헤드 속도	ϕ5x10
					41	403	44.1		0.26					
					32	296	65.8		0.32					
3)	N	-	쇄석 산모래	20	30	287	88.1			2.5℃/분, 5.0℃/분, 7.5℃/분	상온, 100, 200, 300, 400, 500	-	JIS, 토목학회 규준 등	ϕ10x20 ϕ7.5x15
							91.5							
4)	H	-	쇄석 산모래	20	63	602	38	32.2	0.25	5℃/분	상온, 100, 200, 300, 400, 600	무재하	-	ϕ10x20
					34	343	88.2	42.7	0.28	2.5℃/분				
5)	N	-	쇄석 (석회암) 육지모래	20	50	527	54.5	25.6	0.239	2.5℃/분 소정온도로 4~8시간 유지	상온, 100, 200, 300, 400, 600	무재하	-	ϕ7.5x15
					40	411	68.9	27.1	0.297					
					30	290	88	34.5	0.284					
					25	251	105	34.5	0.323					
					20	184	125.9	37.1	0.37					
6)	N	-	쇄석 육지모래 산모래	20	57	596	36.4	26	0.23	1℃/분 100℃마다 3시간 일정온도를 유지	상온, 100, 200, 300, 400, 500, 600, 700	무재하	최대강도까지 1tf/min이후 변형율 속도 일정	ϕ7.5x15
7)	L	SF	쇄석 육지모래 산모래	20	35	175	70.5	30.4	0.32	1℃/분 100℃마다 3시간 일정온도를 유지	상온, 100, 200, 300, 400, 500, 600, 700		탄성역 1tf/min 탄성역 변형율 속도제어	ϕ7.5x15
					24	264	99.1	33	0.35					
					18	409	109.8	36.1	0.4					

(표계속)

문헌 No	혼화재: 시멘트*1	혼화재: 혼화재*2	골재: 산지·종류	골재: Gmax [mm]	W/C W/B [%]	a/C*3 [질량%]	상온에서의 물성: 압축강도 [N/mm²]	상온에서의 물성: 정탄성계수 [kN/mm²]	상온에서의 물성: 압축강도 시의 변형[%]	승온속도	가열온도 [℃]	승온시의 재하하중	재하 제어	시험체 사이즈 [cm]
8)	N	-	쇄석 쇄석 육지모래 산모래	20	37	373	68.4	27.5	0.3	1℃/분 100℃마다 3시간 일정온도를 유지	상온, 100, 200, 300, 400, 500, 600, 700	무재하	응력속도 1tf/min	ϕ7.5×15
				10		261		26	0.3					
9)	N	-	자갈 쇄석 강모래 산모래	10	36	340	63.5		0.26	100℃까지 0.8℃/분, 목표온도-20℃까지1.0℃/분, 그 후 0.5℃/분	상온, 100, 200, 300, 400, 500, 600, 700, 800		변위제어 1mm/min	ϕ5×10
					34	316	69.3		0.27					
					28	246	85.4		0.29					
		SF			26	243	97.6		0.27					
		SF			22	191	101		0.29					
10)	VKC		자갈 산모래		22.5		115		0.34	2℃/분 목표온도 2시간 유지	상온, 200, 400, 600, 800			ϕ10×20
11)	VKC	PP섬유 1.5kg/m³	안산암 쇄석 산모래 산모래	20	22.5	239	115 (pw=0%)			2℃/분 목표온도 2시간 유지	상온(20), 200, 400, 600, 800	2N/mm²의 압축응력, 늑근에 의한 횡구속 (pw=0.3, 0.6, 1.5%)	응력속도 약 0.1 N/mm²/sec	ϕ10×20
					30	343	95 (pw=0%)							
	N				50	503	52 (pw=0%)							
12)	N		경질사암 쇄석 육지모래	15	58	603	49.5	33	0.25	100℃까지 0.8℃/분, 목표온도-20℃까지1.0℃/분, 그 후 0.5℃/분, 목표온도 1~1.5시간 유지	상온, 100, 200, 300, 400, 500, 600, 700, 800	-	변위제어 /mm/min	ϕ5×10
13)	I (N)		Crushed limeston Natural river sand	12.7	68	510	31.1		0.64	7~8℃/분, 목표온도-5~10분 시간 유지	상온, 100, 200, 300, 400, 500, 600, 700, 800	무재하, 상온 압축강도의 40%의 압축 축력	변위제어	ϕ5.1×10.2
					32.7	385	62.8, 89		0.65					
14)	N		규암 (석영97-98%, 장석 2-3%) 호수 퇴적사	12	60	480	43.5-65.6 (15*15*15cm)	21.5	0.28	1.5℃/min, 로의 최대능력	상온, 130, 185, 265, 400, 540, 500, 650, 770	0.75*큐브 강도의 10~45%의 압축강도	응력속도 0.23, 0.057 N/mm²/sec	ϕ7.5×15
15)	N		화강암 쇄석, 모래	20	30	364	75.5	41.6		2℃/분 목표온도 1시간 유지	상온, 100, 200, 400, 600	무재하, 상온압축강도의 40%의 압축축력	변위제어 0~2 mm/min	ϕ7.5×15
		FA			30	355	75.2	23						
		MK			30	363	75.7	22.5						
					50	460	34.1	14.3						
16)	N	-	육지모래 산모래 쇄석 쇄석	10	37	261	83.2 (91일)	26.1 (91일)	0.42 (91일)	100℃까지 0.8℃/분, 목표온도-20℃까지1.0℃/분, 그 후 0.5℃/분	상온 (15,20), 100, 200, 300, 400, 500, 600, 700, 800	-	크로스헤드 속도 1mm/분	ϕ5×10
17)	VKC	-	쇄석 쇄석	20	23	233	131	43.9	0.34	2℃/분 목표온도 2시간 유지	상온, 200, 400, 600, 700	2N/mm²의 압축축력		ϕ10×20
18)	UFC(물+프리믹스 표준배합분체+강섬유)						185		0.36	2℃/분 목표온도 2시간 유지	상온, 100, 200, 400, 500, 600, 800	약 10N/mm²의 압축축력		ϕ7×14
19)	N	PP, Jute 섬유 0.075vol.%	화강암 쇄석, 해사	20	30	297	80	-	-	1℃/분	상온, 100, 200, 300, 400, 500	-	-	-

(표계속)

문헌	혼화재		골재		W/C W/B	a/C[*3]	상온에서의 물성			승온속도	가열온도	승온시의 재하하중	재하 제어	시험체 사이즈
No	시멘트[*1]	혼화재[*2]	산지 · 종류	Gmax [mm]	[%]	[질량%]	압축강도 [N/mm²]	정탄성계수 [kN/mm²]	압축강도 시의 변형[%]		[℃]			[cm]
20)	N	-	육지모래	-	65	669	35.5	27.7	-	1.5℃/분 목표온도 90분 유지	상온, 100, 200, 400, 500, 600, 800	-	응력속도 9.8kN/분	ϕ7.5×15
		-	쇄석 (경질사암)		50	497	51.4	28.9	-					
		-			40	381	64.8	32.9	-					
21)	N	-	화강암 쇄석, 해사	20	35	501	60 (목표강도)	-	-	1℃/분	상온, 100, 200, 300, 500, 700	무재하, 상온압축강도의 20, 40%의 압축축력	-	ϕ10×20
		SF	clay+coal ash계 경량골재 해사	13	33	373		-	-					
22)	N	-	화강암 쇄석, 해사	25	35	367	60 (목표강도)	-	-	50℃까지 0.77℃/분, 목표온도 도달전까지 1℃/분, 그 후 0.77℃	상온, 100, 200, 300, 500	무재하, 상온압축강도의 20, 40%의 압축축력	-	ϕ10×20
		-			42	425	40 (목표강도)	-	-					
		-			55	559	27 (표준강도)	-	-					
23)	N	-	경질사암 쇄석 쇄석+산모래	-	32	314	79.4 (4주), 91.6 (13주)	-	-	1℃/분	상온, 100, 200, 400, 500, 600, 800	무재하	응력속도 약 10kN/분	ϕ7.5×15
		PP		-	32	314	78.4 (4주), 91.9 (13주)	-	-					
24)	N	고로슬래그 미분말, SF, 무수석고	화강암 쇄석, 해사	13	12.5	170	180 (표준강도)	-	-	50℃까지 0.77℃/분, 목표온도 도달전까지 1℃/분, 그 후 0.77℃	상온, 100, 200, 400, 500, 700	무재하, 상온압축강도의 25%의 압축축력	KS F 2405, KS F 2438, EN 1992-1-2:2004 (E)	ϕ10×20
					14.5	199	130 (표준강도)	-	-					
		FA, SF			20	288	80 (표준강도)	-	-					

*1. N 보통포틀랜드 시멘트, H조강 시멘트, L저열 포틀랜드 시멘트, V1.C세성분(N · 슬랙 석고 · SF)계 시멘트, 1:Type 1 Portland Cement
*2. SF 시리카 흄, FA 플라이 애시, MK 메타 카올린, PP섬유 폴리프로필렌 단섬유*3골재 시멘트비
※문헌중에 기재가 없는 경우는 공란으로 했다

표 2.4.1.2 고온시의 콘크리트의 압축강도를 측정한 문헌의 일람(예열후에 압축시험을 실시한 경우)

문헌	혼화재		골재		W/C W/B	a/C[*3]	상온에서의 물성			승온 속도	가열온도	승온시의 재하하중	재하 제어	시험체 사이즈
No	시멘트[*1]	혼화재[*2]	산지 · 종류	Gmax [mm]	[%]	[질량%]	압축강도 [N/mm²]	정탄성계수 [kN/mm²]	압축강도 시의 변형[%]		[℃]			[cm]
25)	L	-	석회석 자갈 쇄석 석회석 자갈	-	30	309	108	43.0	-	100℃/시간	상온, 500	무재하	JIS A 1108	ϕ10×20
				-	32	335	101	41.0	-					
26)	N	-	경질사암쇄석, 쇄석 산모래, 석회암 쇄석	-	54	555	80	-	-	1℃/분	상온, 105, 200, 300, 500, 700	무재하	-	ϕ10×20
27)	N	-	쇄석(석회암)	-	49.8	464	31.4	26.9	0.25	0.5℃/분 목표온도 5시간 이상유지	상온, 100, 200, 300, 500, 600	무재하	-	ϕ10×20
		-		-	58.2	591	39.7	24.9	0.27					
		-	쇄석 쇄석(석회암)	-	36.5	363	80.5	32.8	0.34					
		-	모래 자갈 쇄석(석회암)	-	30.3	310	97.2	44.0	0.29					
	고강도용	-	모래 쇄석 쇄석(석회암)	-	20	194	137	47.0	0.34					

*1. N:보통포틀랜드시멘트, H:조강 포틀랜드 시멘트, L: 저열 포틀랜드 시멘트, VKC 세 성분(N, 슬래그 석고 · SF)계 시멘트, 1:Type 1 Portland Cement
*2. SF:실리카 흄 유무, FA:플라이 애시, MK:메타카올린, PP섬유: 폴리프로필렌 단섬유 *3. 골재 시멘트비
※문헌중에 기재가 없는 경우는 공란으로 했다.

표 2.4.1.3 가열냉각후의 콘크리트 압축강도를 측정한 문헌의 일람

문헌 No	혼화재 시멘트[1]	혼화재 혼화재[2]	골재 산지·종류	골재 Gmax [mm]	W/C W/B [%]	a/C[3] [질량%]	상온에서의 물성 압축강도 [N/mm²]	상온에서의 물성 정탄성계수 [kN/mm²]	상온에서의 물성 압축강도 시의 변형[%]	승온 속도	가열온도 [℃]	승온시의 재하하중	재하 제어	시험체 사이즈 [cm]
2)	N	–	쇄석 육지모래	15	58	603	35.1	–	0.22	100℃까지 0.8℃/분, 그 후 1.25℃/분 목표온도 1.5시간 유지	상온, 100,200, 300,400, 500,600, 700	–	크로스 헤드 속도	φ5×10
					41	403	44.1	–	0.26					
					32	296	65.8 (4주 강도)	–	0.32					
28)	N	–	쇄석 육지모래	20	50	527	36.5	28.7	0.189	약 100℃/시간	상온, 100, 200, 300, 400, 500, 600	–	JIS 토목학회 규준 등	φ10×20
					40	432	55.4	34.4	0.23					
					30	290	77.1	36.3	0.283					
					25	251	95.3	39.4	0.3					
		SF			20	202	108.3 (4주 강도)	40.7 (4주)	0.32					
29)	N	–	강자갈(화강암) 강모래	20	57	564	–	–	–	150℃/시간, 목표온도 3시간 유지	상온, 100, 150, 200, 250, 300, 350, 400, 500, 600	–	JIS 1108	φ10×20
					33	318	–	–	–					
	BL	–			35	343	–	–	–					
30)	N	–	경질사암 쇄석	–	60	612	43.7	36.9	0.35	100℃/시간	상온, 200, 400, 600, 800, 1000	무재하	응력속도 매초2-3kg/cm²	φ10×20
	BB	–	경질사암		31	291	75.2	31.8	–					
	BL	SF	석영편암 경질사암 쇄석	–	23	213	137.5	43.2	–					
31)	–	–	–		69	731	25.7	22.9	–	1℃/시간, 목표온도 1시간 유지	상온, 200, 350, 500	–	–	φ10×20
					44.5	442	42.1	27.1	–					
					35	336	56.6	35.5	–					
32)	–	–	경사암 강모래	15	50	535	47	319	–	30℃/시간, 목표온도 7일간 유지	상온, 100, 200, 300, 400, 500, 600, 700, 800, 900	–	–	φ5×10
			안산암 강모래			557	33	26	–					
			현무암 강모래			539	37	31.4	–					
			사문암 강모래			533	32	24.5	–					
			석회암 강모래			544	44	31.9	–					
			팽장혈암 강모래			402	38	23.5	–					
			팽장혈암 팽장혈암			341	31	15.2	–					
33)	BL	–	경질사암쇄석+ 육지모래	–	25	–	122	43	0.32	200-500℃: 100℃/시간, 목표온도 3시간 유지 600, 700℃: 200℃/시간, 목표온도 3시간 유지	상온, 200, 300, 400, 500, 600, 700	–	JIS A 1108	φ10×20
			경질사암쇄석 (*PP섬유)+육지모래	–	25*	–	117	41.9	0.34					
			석회암쇄석+ 육지모래	–	25	–	122	48.9	0.3					
34)	N	–	초경량 세·조골재 경량세골재	20	50	233	36.9	13.9		100℃/시간, 목표온도 24시간 유지	상온, 100, 200, 300, 400, 500, 600	–	–	φ10×20
					40	174	38.4	15.4						
					30	122	42	17						
			초경량 세·조골재		30	88	33.7	11.7						
35)	N	–	석회암쇄석 육지모래	20	30	325	72	38.7	0.23	100℃/시간, 목표온도 24시간 유지	상온, 100, 200, 300, 400, 500, 600	–	JIS 토목학회규준 등	φ10×20
			경화사암쇄석 육지모래	20	30	273	72	33.4	0.26					
36)	N	–	쇄석 육지모래	–	50	528	35	25.6		100℃/시간, 목표온도 24시간 유지	상온, 100, 200, 300, 400, 500, 600	–	JIS	φ10×20
					40	411	45	28.7						
					30	290	78	37.4						
					25	227	90	37.3						
37)	L	–	안산암쇄석 산모래 안산암쇄석 (*PP섬유)	–	50		30.1			2℃/분, 목표온도 3시간 유지	상온, 200, 350, 500, 600	–	–	φ10×20
					50*		33.6							
					38		50.3							
					38*		48.7							

(표계속)

문헌 No	혼화재 시멘트[1]	혼화재 혼화재[2]	골재 산지·종류	골재 Gmax [mm]	W/C W/B [%]	a/C[3] [질량%]	상온에서의 물성 압축강도 [N/mm²]	상온에서의 물성 정탄성계수 [kN/mm²]	상온에서의 물성 압축강도 시의 변형[%]	승온 속도	가열온도 [℃]	승온시의 재하하중	재하 제어	시험체 사이즈 [cm]
38)	N	-	쇄석(석회암) 富津産 육지모래		30	281	90.1			100℃/시간, 목표온도 24시간 유지	상온, 100, 200, 300, 400, 500, 600	-	JIS	φ10×20
	L				30	292	82.6							
	M				30	291	87.7							
39)	L	SF	경질사암쇄석 산모래 육지모래	20	16	145	155	44.3	-	1℃/분, 100℃ 마다 1-3시간유지, 목표온도 2-4시간 유지	상온, 100, 200, 300, 400, 500, 600, 700, 800	-	JIS A 1149	φ10×20 φ7.5×15
40)	SFC	PP섬유 (100m,12 mm, 0.3%)	경질사암쇄석 산모래	20	14	120	-	-	-	100℃/시간, 목표온도 24시간 유지	상온, 200, 400, 600	-	JIS	φ10×20
					17	154	-	-	-					
					20	186	-	-	-					
41)	SFC	PP섬유 (10mm)	안산암 쇄석 쇄사	20	15	120	175	47	-	목표온도-20℃마다 1.0℃/분, 그 후의 목표온도까지 0.33℃/분, 목표온도 3시간 유지	상온, 100, 200, 300, 400, 500, 600, 700, 800	-	JIS A 1149	φ10×20
42)	SFC	-	경질사암쇄석 경질사암쇄사	20	15	133	180	47.5	0.42	1.0℃/분, 100℃마디로, 100, 200℃는 3시간, 300, 400℃는 2시간, 500℃이상은 1시간 유지, 목표온도에서는 플러스 1시간 유지	상온, 100, 200, 300, 400, 500, 600, 700, 800	-	JIS A 1108	φ10×20
					25	250	135	45	0.37					
	L	SF	경질사암쇄석 산모래 육지모래	20	16	130	160	45	0.37					φ7.5×15
43)	N	-	쇄석(경질사암) 재생조골재 육지모래	20	30	277	94.9	40.4	-	100℃/시간, 60℃로 예비가열 3시간, 목표온도 24시간 유지	상온, 100, 200, 400, 600	무재하	-	φ10×20
					50	526	48.6	32.7	-					
44)	N		Lytag Fines	-	67		44.9	-	-	1℃/분, 3℃/분	상온, 50, 80, 100, 120, 200, 300, 400, 450,520 600	-	-	φ6.25×6.25
		SF	Lytag Coarse		73		45	-	-					
			Firebrick Fines Firebrick Coarse		63		57.5	-	-					
		Slag			60		50	-	-					
		SF			77		37.8	-	-					
45)	N	-	Crushed granite	-	66		28	-	-	2.5℃/분	상온, 400, 600, 800, 1000, 1200	-	-	φ10×20 □10x10x10
					57		47	-	-					
					35		76	-	-					
					31		79	-	-					
					28		94 (28day)	-	-					
46)	N	-	규질암쇄석 해사	20	50	513	40	-	-	5℃/분 목표온도150분 유지	상온, 200, 300, 450, 600, 750	-	-	φ10×20
					50	505	43.1	-	-	5℃/분 목표온도100분 유지	650			
					35	343	61.1	-	-					
47)	N	-	석회암 쇄석 석회암 쇄사	13	50	521	32.1	-	-	5℃/분 목표온도6-11시간 유지	상온, 150, 300, 400, 500, 600, 700	-	-	φ10×20
			석회암 쇄석 경질사암 쇄사	13	50	516	57.6	-	-					
			경질사암 쇄석, 해사	25	41	417	40.4	-	-					
48)	N	-	쇄사, 쇄사, 쇄석, 쇄석	20	69.6	769	22.1	22	-	0.5℃/분 목표온도1시간 유지	상온, 100, 200, 300, 500, 800	무재하	JIS A 1108	φ10×20
				20	57.2	597	31.4	25.2	-					
				20	48.3	490	39	27.3	-					
49)	N	-	쇄사, 쇄사, 쇄석, 쇄석	20	56.8	584	34.5	26.4	-	0.5℃/분 목표온도1시간 유지	상온, 100, 200, 300, 500, 800, 1000	무재하	JIS A 1108	φ10×20
50)	L	SF	경질사암쇄석 경질사암쇄사	-	17	148	176.6	45.1	-	100℃/시간 목표온도24시간 유지	상온, 100, 200, 400, 600	-	JIS, 토목학회 규준 등	φ10×20
				-	14	114	179.3	49.3	-					
51)	VKC	PP섬유 1.5kg/m³	쇄석 쇄사	-	25	247	138	38.9	-	2℃/분 목표온도 6시간 유지	상온, 400	-	-	φ10×h20, h10, h5, h2.5
52)	N	-	강모래 경질사암쇄석	-	50	525	47.8	43	-	100℃/시간 목표온도6시간 유지	상온, 100, 200, 400, 600	무재하	-	φ10×20
			석회석쇄사, 쇄석	-	50	533	44.7	38.5	-					
				-	30	307	73.8	29.3	-					

(표계속)

문헌	혼화재		골재		W/C	a/C[3]	상온에서의 물성			승온	가열온도	승온시의	재하	시험체
No	시멘트[1]	혼화재[2]	산지·종류	Gmax [mm]	W/B [%]	[질량%]	압축강도 [N/mm²]	정탄성계수 [kN/mm²]	압축강도 시의 변형[%]	속도	[℃]	재하하중	제어	사이즈 [cm]
53)	L	SF	산모래, 육지모래, 쇄석	-	16	130	154.9	44.3	-	1.0℃/분, 100℃마디로, 100, 200℃는 3시간, 300, 400℃는 2시간, 500℃이상은 1시간 유지, 목표온도에서는 플러스 1시간 유지	상온, 100, 200, 300, 400, 500, 600, 700, 800	-	JIS A 1108	ϕ10×20
	SFC		쇄사, 쇄석	-	14	112	173.9	49.9	-					
				-	15	133	176	47.4	-					
				-	25	250	136.6	44.7	-					
			산모래 쇄석	-	15	125	169.5	49.8	-					
				-	18	166	158.5	49	-					
				-	28	306	119.8	43.6	-					
			쇄사, 쇄석	-	14	115	177.7	47.7	-					
				-	14	115	181	47.6	-					
54)	M		산모래, 석회쇄사, 석회쇄석	-	31.3	309	86.6		-	1.0℃/분, 100℃마디로, 100, 200℃는 3시간, 300, 400℃는 2시간, 500℃이상은 1시간 유지, 목표온도에서는 플러스 2시간 유지	상온, 100, 200, 300, 400, 500, 600, 700, 800	-	JIS A 1108	ϕ10×20
				-	33	330	84.9		-					
	L		석회쇄사, 육지모래, 석회쇄석	-	30	309	78		-					
				-	32	335	78.6		-					
	N		산모래, 석회쇄석, 쇄석	-	33.1	327	78.5		-					
				-	32.6	321	79.2		-					
	N		산모래, 석회쇄사, 석회쇄석	-	33.7	337	72.2		-					
				-	33.2	331	72.9		-					
	N		산모래, 석회쇄사, 석회쇄석	-	34	343	81.3		-					
				-	33	330	84.7		-					
55)	M	PP섬유 1.0kg/m³	산모래 안산암 쇄석	-	29.4	280	113	43.6	-	2℃/분 목표온도 2시간 유지	상온, 200, 300, 400, 500, 600, 700, 800	무재하, 상온압축강도의 10, 20%의 압축축력	-	ϕ10×20
	VKC	PP섬유 1.5kg/m³		-	23	233	131	43.9	-					
	VKC	PP섬유 2.5kg/m³	안산암 쇄사 안산암 쇄석	-	15	132	150	44	-					
56)	L	SF10%정도 PP섬유	안산암 쇄사 안산암 쇄석	-	13	91	214	51.6	-	목표온도-20℃마다 1.0℃/분, 그 후의 목표온도까지 0.33℃/분, 목표온도 3시간 유지	상온, 100, 200, 300, 400, 500, 600, 700, 800	-	-	ϕ10×20
	M	SF10%정도 PP섬유		-	13	105	202	53.4	-					
57)	N	-	재생조골재 大井川水系産 강모래	-	50	508-522	43-47.5	28.2-31.3	-	100℃/시간 60℃로 예비가열 3시간, 목표온도 24시간 유지	상온, 100, 200, 400, 600	무재하	-	ϕ10×20
58)	N	-	쇄석 강모래	-	50	514	40.5	27.9	-	100℃/시간 60℃로 예비가열 3시간, 목표온도 24시간 유지	상온, 100, 200, 300, 400, 500, 600	무재하	-	ϕ10×20
			재생조골재 강모래			509	39	29.8	-					
59)	N	-	쇄석 쇄석 쇄사 쇄사 육지모래	-	57.2	588	34.3 (4주 표준), 38.9 (13주표준)	27.7 (4주 표준), 28.5 (13주표준)	-	0.5℃/분 목표온도를 1,12, 24, 72, 168시간 유지	상온, 100, 200, 300, 400, 500, 600, 700, 800	-	JIS A 1108	ϕ10×20

※1. N : 보통포틀랜드시멘트, BL : 고벨라이트계시멘트, BB : 고로시멘트 13종, L : 저열포틀랜드시멘트, M : 중용열포틀랜드시멘트, SFC : 실리카퓸혼입시멘트

※2. SF : 실리카퓸, Slag : 슬래그, PP혼입 : 폴리프로필렌단섬유

※3. 골재시멘트비

※문헌중에 기재가 없는 것은 공란으로 하였다.

(1) 고온시에 압축강도

(a) 사용재료에 의한 영향

① 결합재(시멘트)

슈나이더 등[60]에 의하면, 시멘트의 종류는 고온시의 압축강도에 큰 영향을 미치지 않고 다만, 보통포틀랜드시멘트 모르타르는, 500℃를 넘으면 고로슬래그 시멘트 모르타르나 트러스 시멘트 모르타르와 비교해, 급격하게 강도가 저하된다고 보고하였다.

② 골재

슈나이더 등[60]은 골재의 종류가 고온시의 압축강도에 크게 영향을 미친다고 설명하고 있으며, 그림 2.4.1.2와 같이 상온시의 압축강도에 대한 고온시의 압축강도의 비율(일반적으로, 압축강도 잔존비, 압축강도 잔존률, 압축강도비, 압축강도비율 등으로 불린다)로 비교하면, 석회암이나 팽창혈암을 이용한 콘크리트보다 규암을 이용한 콘크리트 쪽이 낮은 온도에서 강도저하가 발생하였다. 또한, 히라시마(平島) 등[61]은, 석회암을 이용한 콘크리트는, 사암이나 각락암을 이용한 콘크리트에 비해 상온시에 대한 고온시의 압축강도의 저하가 작다는 결과를 보고하였다. 한편, 경량골재에 관해서는, 후로무라(古村) 등[1]에 의하면, 보통 콘크리트보다 인공경량골재를 사용한 콘크리트 쪽이 고온시의 강도저하가 작다라는 결과를 보고하였다. 이(李) 등[21]도 마찬가지로, 경량골재는 보통골재 콘크리트와 비교하여 내력저하가 상대적으로 완만하게 된다고 보고하였다.

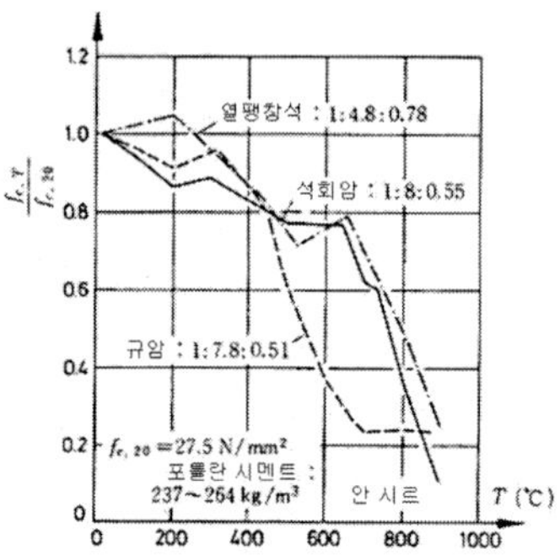

그림 2.4.1.2 골재종류의 차이에 따른 고온 시의 압축강도 잔존비 [60]

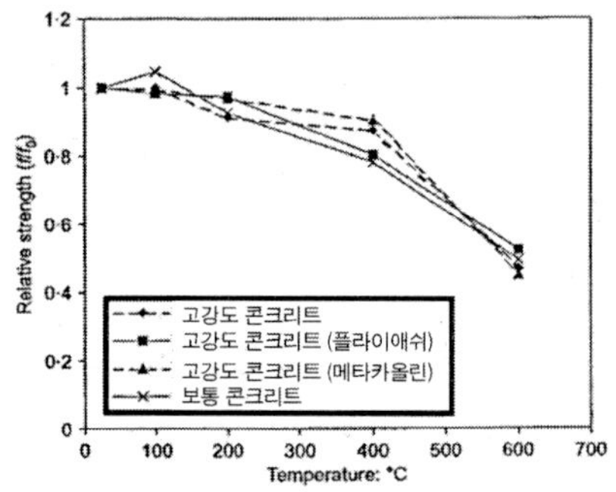

그림 2.4.1.3 혼화재의 차이에 따른 고온 시의 압축강도 잔존비 [15]

③ 혼화재료

기타, 혼화재에 관해서, 고강도 콘크리트 범위(물시멘트비 30%)에서는 있지만, 그림 2.4.1.3에 나타낸바와 같이, 플라이애쉬(치환율 30%)나 메타카오린(치환율 5%)을 혼화재로 사용해도, 보통 포틀랜드시멘트를 단독으로 사용했을 경우와 거의 차이가 없다는 보고가 있다[15]. 또한, 유동화제에 대해서, 300℃ 이후에 있어서 고온시의 콘크리트의 강도저하는 유동화제의 유무와는 관계없이 거의 차이가 없다는 보고가 있다[13].

④ 폴리프로필렌 섬유

최(崔) 등[19]은 그림 2.4.1.4와 같이, 물시멘트비 30%의 콘크리트에 폴리프로필렌 섬유 0.075vol.%를 혼입한 것과 혼입하지 않는 것으로, 상온~500℃의 범위의 고온시에 있어서 콘크리트 압축강도를 측정하여, 폴리프로필렌 섬유의 혼입여부가 콘크리트의 강도에 미치는 영향은 작다고 보고하였다. 미기타(右田) 등[23]도 마찬가지로, 물시멘트 대비 32%의 콘크리트에 폴리프로필렌 섬유 2.4kg/m^3를 혼입한 것과 혼입하지 않는 것으로, 상온~800℃의 범위의 고온시에 있어서 콘크리트의 압축강도를 측정해, 폴리프로필렌 섬유의 혼입의 유무가 콘크리트의 강도에 미치는 영향은 작다고 보고하였다.

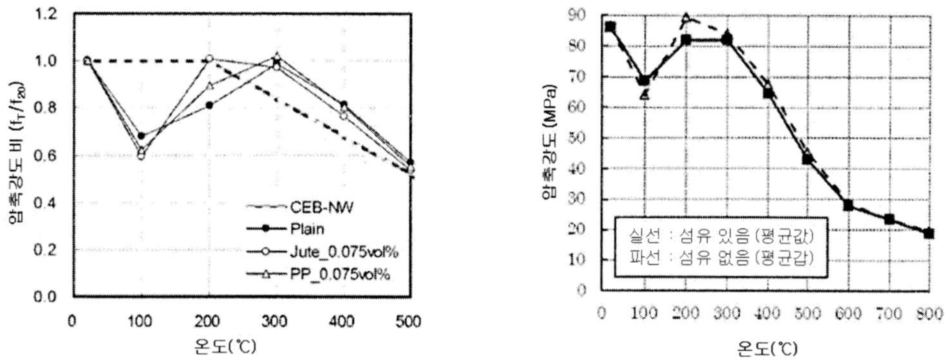

그림 2.4.1.4 폴리프로필렌 섬유의 유무에 따른 고온 시의 압축강도 잔존비 좌: 19), 우: 23)

(b) 배합에 의한 영향

① 물결합재비(물시멘트 비)

전술한 그림 2.4.1.1에 나타낸 바와같이 물결합재비가 낮으며, 상온강도가 큰 콘크리트일수록, 즉 고강도 콘크리트일수록 고온시의 압축강도의 저하는 큰 것으로 보고되고 있다[1-2]. 한편, 그림 2.4.1.5와 같이 압축강도 잔존비로서 비교하면, 물결합재비나 상온강도의 차이 (보통 콘크리트에서 고강도 콘크리트까지)에 의한 차이는 보이지 않는다라는 보고도 있다[7]. 또한 그 차이는 작으며, 물결합재비가 낮아질수록 고온시의 압축강도 잔존비는 작아지는 경향이 보인다는 보고도 있다[62].

② 기타의 배합조건

히라시마(平島) 등[61]은 조골재의 최대치수나 세골재율의 차이에 따른 큰 차이를 볼 수 없다는 결과를 보고하였다.

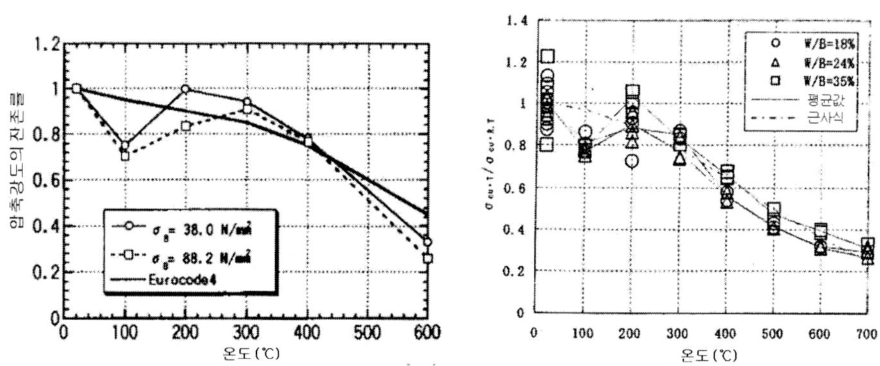

그림 2.4.1.5 물결합재비의 차이에 따른 고온 시의 압축강도 잔존비 좌: 4), 우: 7)

(c) 실험조건에 의한 영향

① 시험 재령

아베(安部) 등[12]은, 재령 약 14년의 콘크리트의 고온시에 있어서의 압축강도를 측정하여, 재령 6~10개월의 동일 콘크리트의 결과[2]와 비교하였다. 결과에 따르면, 재령 약 14년의 콘크리트의 가열온도에 의한 압축강도의 변화는, 재령 6~10개월의 콘크리트와 거의 같은 경향을 나타내지만, 가열온도가 800℃에 이르면 양자의 강도는 거의 동등하게 된다고 보고하였고 마쓰도(松戸) 등[16]은 재령 3, 6, 12개월에 따른 압축강도의 차이는 거의 없다고 보고하고 있다.

② 사전 재하의 유무

Castillo 등[13]은, 그림 2.4.1.6에 나타낸바와 같이, 상온시에 있어서 압축강도의 40%를 재하한 상태로 가열하여, 소정의 온도에 이른 후, 다시 재하하는 실험을 실시하였다. 300℃의 경우 사전재하의 조건 쪽이 고온시의 강도저하는 크지만, 400℃이상에서는 그 차이가 보이지 않았다. 또한, Y.F.Fu 등[15]도 유사한 실험을 수행하고 있으며, 그림 2.4.1.3은 비재하실험의 결과, 그림 2.4.1.7은 상온시에 있어서의 압축강도의 40%를 재하한 실험결과이다. 이것들을 비교하면, 재하실험 쪽이 비재하실험보다 강도저하는 작다. 이것은, 온도상승에 의해서 생기는 균열의 증가가 사전재하에 의하여 제어되기 때문이라고 판단되고 있다. 카토(加藤) 등[17]도 마찬가지로, 승온과정에서 상온시에 있어서의 압축강도의 20%를 재하한 실험을 실시하고 있으며, 재하실험이 쪽이 비재하실험보다도 강도저하는 작다고 하였다. 또한 이(李) 등[21]은 경량골재 콘크리트를 대상으로, 김(金) 등[22]은 물시멘트비 35~55%의 콘크리트를 대상으로, 최(崔) 등[24] 은 물시멘트비 12.5~20%의 콘크리트를 대상으로 상온시의 압축강도의 20, 40%를 재하한 상태로 고온하에 있어서의 압축강도시험을 실시하였다. 그 결과, 고온화에 대한 재하의 영향은 경량골재를 이용했을 경우는 고온에 의한 내력저하는 작아지며, 물시멘트비 35~55%의 경우에는 재하조건에 관계없이 거의 같은 경향을 나타내며, 물시멘트비 12.5~20%의 경우에는 300℃이하에서 재하에 의한 압축강도의 증가는 작지만 500℃이상에서는 증가율이 크다고 보고하였다.

③ 승온 속도

이치노세(一瀬) 등[3]은, 그림 2.4.1.8에 나타낸 바와같이, 승온속도가 2.5~7.5℃/min의 범위라면, 승온속도에 의한 고온시의 압축강도에의 영향은 거의 없다고 보고하였다. 또, 슈나이더 등[60]은, 콘크리트내의 온도기울기가 10℃/cm이하로 제어된다면, 승온속도의 영향은 거의 없다고 보고하였다.

④ 고온지속시간

카가에(抱) 등[26]은, 그림 2.4.1.9에 나타낸 바와같이, 200~500℃의 온도영역에서는 가열일수에 의한 압축강도 잔존비의 영향은 볼 수 없었으며, 이것에 대하여 105℃의 경우는 가열일수가 길어질수록 잔존비가 커지며, 가열 3일 이후에는 거의 일정하게 되며, 또한 700℃에서는 가열일수가 길어지면 서서히 잔존비가 작아진다라고 보고하였다. Mohamedbhai 등[63]은 고온지속시간이 1시간 이상이면 잔존강도가 지속시간의 영향을 받지만, 온도의 증가에 따른 이 영향은 작아지며, 수열로 인한 강도손실은 주로 최초 2시간 이내에 발생한다고 보고했다.

⑤ 시험체의 형태와 치수

그림 2.4.1.8에서 ϕ75x150mm의 공시체와의 ϕ100x200mm의 공시체의 결과[3]를 비교하면, 후자가 고온시에 있어서의 압축강도의 불균형은 크지만, 양쪽 모두 동일한 경향을 나타내고 있다.

⑥ 구속 상태

미치코시(道越) 등[64]은, 늑근으로 횡구속된 콘크리트의 고온시의 압축강도를 측정하였으며, 늑근에 의해서 횡구속된 콘크리트는, 고온에서도 컴바인드 효과에 따른 강도상승이 현저하게 인정되며, 낮은 물결합재비 일수록 강도상승은 크다고 보고했다. 토코요다(常世田) 등[65]은, 변형율이 일정하게 되도록 구속한 콘크리트의 고온시의 압축강도를 측정하였으며, 구속하지 않는 것과 비교하여 압축강도가 10~30% 증가하게 된다고 보고했다.

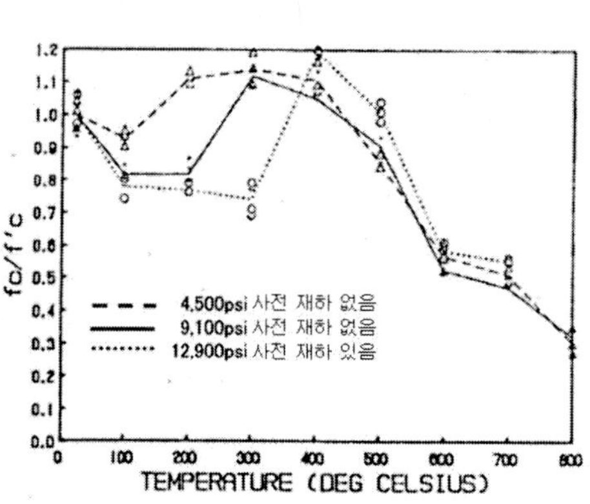

그림 2.4.1.6 사전 재하 유무에 따른 고온 시의 압축강도 잔존비[13]

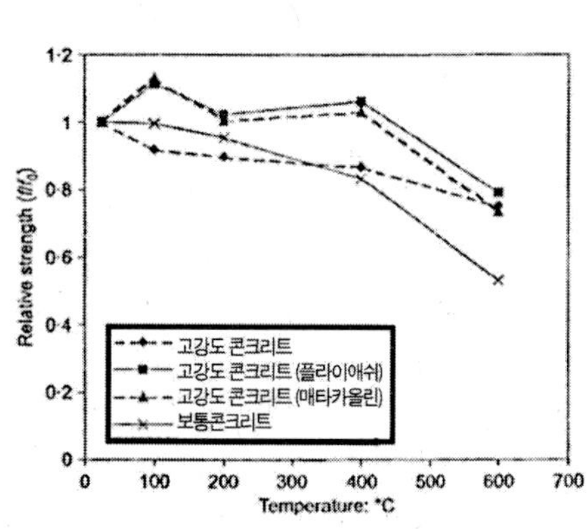

그림 2.4.1.7 사전 재하에서 고온 시의 압축강도 잔존비[15]

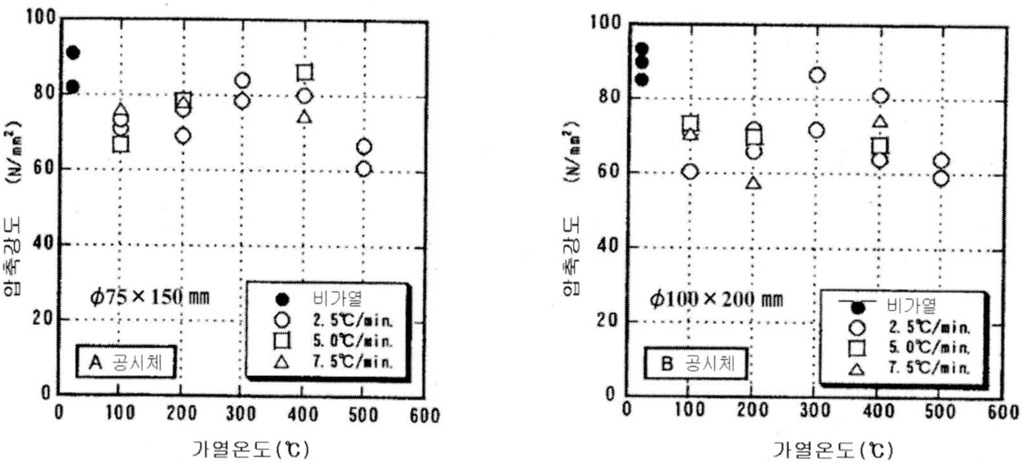

그림 2.4.1.8 승온 속도 및 시험체 치수의 차이에 의한 고온 시의 압축강도 [3]

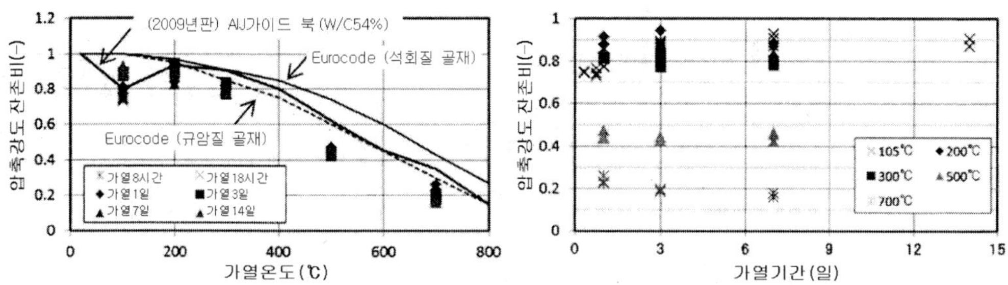

그림 2.4.1.9 가열온도 및 가열기간와 압축강도 잔존비의 관계 [26]

(2) 가열 냉각 후의 압축강도

(a) 사용재료에 의한 영향

① 결합재(시멘트)

슈나이더 등[60]에 의하면, 시멘트의 종류는 가열 냉각 후의 압축강도에 크게 영향을 주지 않는다고 보고했다(그림 2.4.1.10 왼쪽그림 참조). 그러나, 이치노세(一瀬) 등[38]은, 그림 2.4.1.1.10의 오른쪽 그림에 나타내는 것처럼, 시멘트의 종류에 따라서 약간 차이가 보이며, 가열 냉각 후의 압축강도 잔존비는 보통(N배합), 중용열(M배합), 저열(L배합) 포틀랜드 시멘트의 순으로 커지는 것으로 보고하였다. 이것은, 저발열형의 시멘트 쪽이 규산칼슘이 많기 때문에 수화의 진행이 늦고, 가열에 의해서 수화가 촉진되어 강도가 높아지는 것으로 추측하고 있다. 히로하타(廣畑) 등[29]도, 보통포틀랜드시멘트를 사용한 모르타르에 비해, 100~200℃ 에서는 고 베라이트계 시멘트 모르타르(BM35-S3h)가 가열 냉각 후의 강도는 증가한다고 보고했다(그림 2.4.1.11 참조).

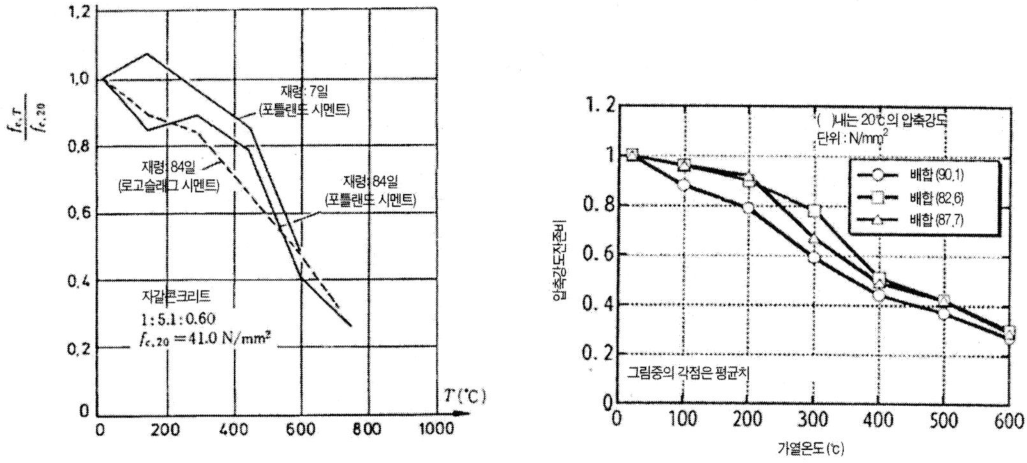

그림 2.4.1.10 시멘트 종류의 차이에 따른 가열 냉각 후의 압축강도 잔존비 [좌: 60, 우: 38]

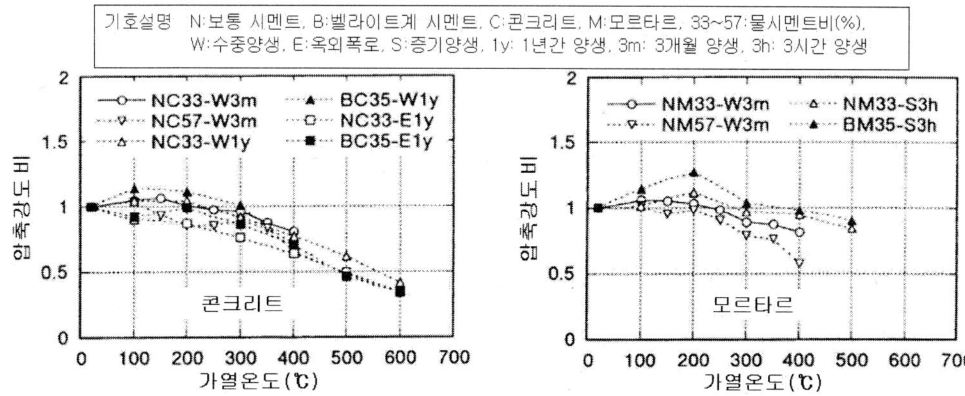

그림 2.4.1.11 시멘트 종류 및 양생조건의 차이에 따른 가열 냉각 후의 압축강도 비 [26]

② 골재

골재의 종류는 가열냉각 후의 압축강도에 크게 영향을 미치는 것으로 보고되고 있다. 안산암, 사문암을 사용한 콘크리트는 경사암, 현무암, 석회암을 사용한 콘크리트보다도 가열냉각 후의 강도 저하가 작다는 보고[32](그림 2.4.1.12 참조)나, 석회암 쇄석을 사용한 콘크리트는 경질사암쇄석을 사용한 콘크리트에 비해 가열냉각 후의 강도가 더 크다는 보고 등[33), 35), 40), 52] 이 있다. 한편, 경량골재를 사용한 콘크리트는, 고강도일수록, 고온 가열을 받은 것일수록, 가열 냉각 후의 강도 저하가 크다는 보고 [34]가 있다. 그 외 재생 조골재를 사용한 콘크리트에 관해서는, 가열냉각 후의 압축강도 잔존비는 보통 콘크리트와 비슷하다는 보고[43]가 있다. 카와베(河辺) 등은 목편이 혼입된 재생 조골재[57] 및 플라이애쉬를 혼입한 재생 조골재[58]를 사용한 콘크리트에 관한 고온 가열 후의 압축실험을 실시하여, 실험의 범위내에서는 목편 혼입에 따른 압축강도의 큰 감소는 보이지 않았으며, 또한 플라이애쉬를 포함한 콘크리트는 혼입하지 않은 콘크리트의 압축강도 잔존비를 상회하고 있다고 보고하였다.

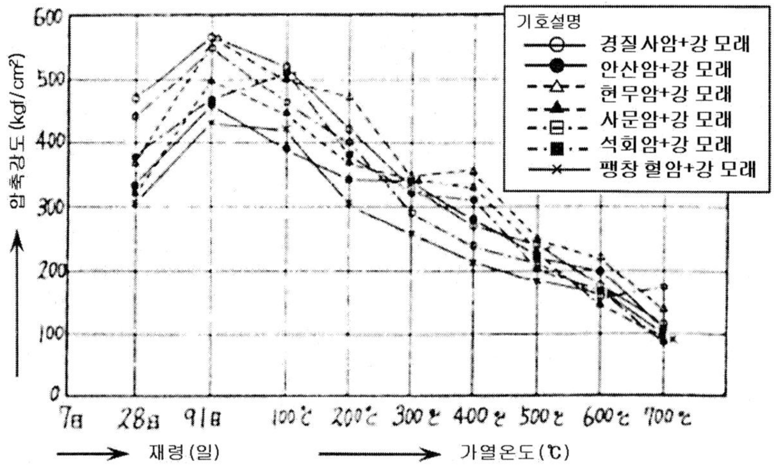

그림 2.4.1.12 골재 종류의 차이에 따른 가열 냉각 후의 압축강도 잔존비 [32)]

③ 혼화재료

혼화재의 유무 및 종류에 따른 가열냉각 후의 압축강도에 관해서는 보통포틀랜드시멘트만을 사용한 콘크리트에 비해 실리카 흄을 혼입(내할율 10%)한 콘크리트는 가열냉각 후의 강도저하에 큰 차이는 없지만 슬래그 혼입(내할율 65%)한 콘크리트는 가열냉각 후의 강도저하가 작다는 보고가 있다[44)].

④ 폴리프로필렌 섬유

미즈노(水野)등[77)]은, 물결합재비 38%와 50%의 콘크리트에 폴리프로필렌 섬유 1.0 kg/m^3를 혼입한 것과 혼입하지 않는 것으로, 가열냉각 후의 콘크리트 압축강도를 측정했다. 그림 2.4.1.13에 나타낸바와 같이, 폴리프로필렌 섬유가 완전 분해 및 기화되지 않은 200℃까지는 폴리프로필렌 섬유의 유무에 의한 압축강도차는 거의 볼 수 없지만, 200℃를 넘으면 약간의 압축강도차이가 보인다. 또한 폴리프로필렌 섬유가 완전하게 분해 · 기화되는 600℃에서도 압축강도 차이는 크지 않은 것을 보고하였다. 이(李)등 [66)]도, 물결합재비 20%의 콘크리트를 대상으로, 폴리프로필렌 섬유 1.5kg/m^3를 혼입한 것과 혼입하지 않는 것으로 압축강도를 측정하였으며, 섬유혼입 유무에 의한 압축강도 차이는 없다고 보고하였다.

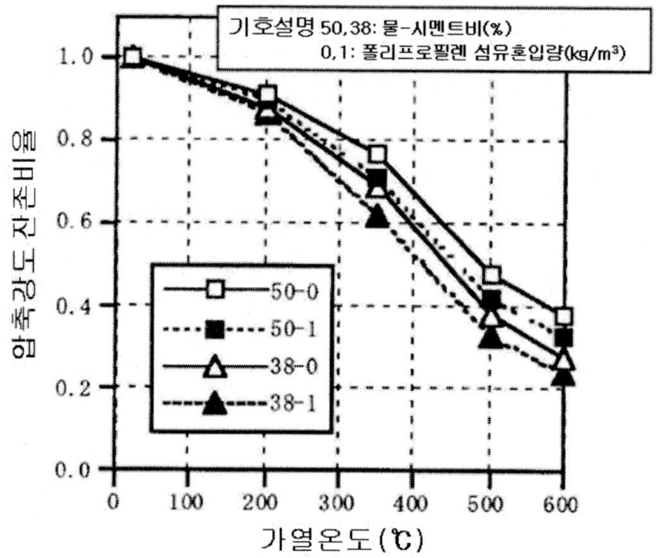

그림 2.4.1.13 폴리프로필렌 섬유의 유무에 따른 가열 냉각 후의 압축강도 잔존비 [37]

(b) 배합에 의한 영향

① 물결합재비(물시멘트 비)

앞에서 서술한 그림 2.4.1.1에서 나타낸바와 같이, 물결합재비가 작고 상온강도가 큰 콘크리트일수록 가열냉각 후의 강도저하는 크다고 보고되었다[2]. 한편, 압축강도잔존비를 보면 이치노세(一瀨) 등[28]은 그림 2.4.1.14에 나타낸 바와같이 물결합재비 20~30%의 고강도 콘크리트는 보통 콘크리트와 동등 이상인 것으로 보고하였다. 또한, 히로하타(廣畑) 등[29] 은, 그림 2.4.1.11에 나타낸바와 같이, 100~200℃ 에서는, 물결합재비가 낮을수록 가열 냉각 후의 강도저하는 작다고 보고하고 있다. 그 외, 설계기준강도 150N/mm^2 등급의 초고강도 콘크리트에 대해 가열 냉각 후의 압축강도를 측정한 결과가 보고되었다. 이치노세(一瀨) 등[40]은, 물결합재비 14%, 17%, 20%의 콘크리트에 대해 측정하였으며, 그림 2.4.1.1.15의 왼쪽 그림에 나타낸바와 같이, 가열온도 200℃ 에서는 3가지의 배합 모두 상온으로부터의 강도의 증진이 인정되지만, 그 후의 400℃, 600℃ 에서는 크게 저하한다고 보고했다. 고강도일수록 가열온도 200~300℃ 의 잔존강도가 상온강도보다 커지고 있는 현상에 대해서는 낮은 물결합재비일수록 미수화시멘트가 콘크리트 속에 많이 남아 있기 때문에 가열으로 콘크리트 속의 수화가 강제적으로 진행된 것으로 평가하였다[40]. 이 결과는 그림 2.4.1.14와 비교해도 거의 같은 경향이라고 할 수 있고, 또한 마츠도(松戸) 등[42]도, 그림 2.4.1.15의 오른쪽 그림에 나타낸 것과 유사한 결과를 얻었다.

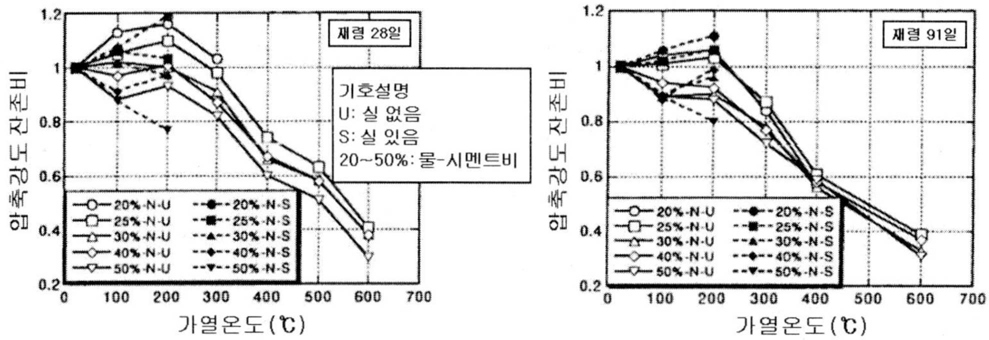

그림 2.4.1.14 물결합재비의 차이, 실 유무, 가열개시시간의 차이에 따른 가열 냉각 후의 압축강도 잔존비 [28)]

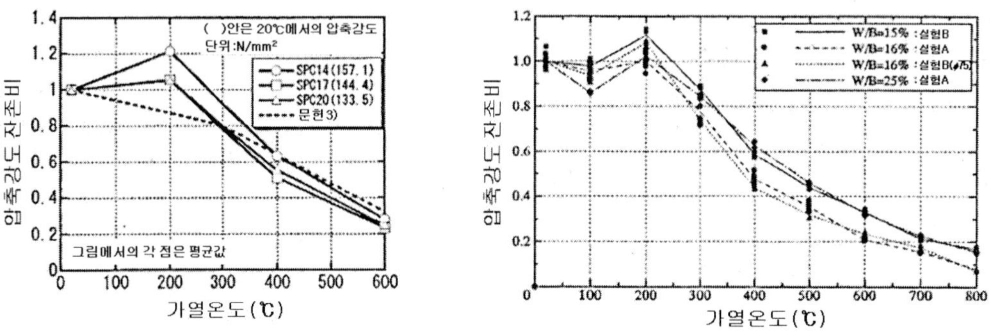

그림 2.4.1.15 초고강도 콘크리트의 가열 냉각 후의 압축강도 잔존비 [좌: 40), 우: 42)]

(c) 실험조건에 의한 영향

① 시험 재령

그림 2.4.1.14에서 나타낸바와 같이, 재령 28일부터 재령 91일이 100~300℃의 경우, 가열 냉각 후의 강도저하는 크지만, 400℃이의 경우에는 가열 냉각후의 강도저하는 동등하다고 보고했다[28)].

② 사전 재하의 유무

토코요다(常世田) 등[65)]은 응력이 일정하게 되도록 구속한 콘크리트의 가열 냉각후의 압축강도를 측정하였으며, 가열시의 경우와 마찬가지로 구속하지 않는 것에 비해 압축강도가 10~30% 증가한다고 보고했다. 카토(加藤) 등[55)]은 그림 2.4.1.16에 나타난 것처럼 가열 및 냉각중에 있어서 상온시의 압축강도의 10% 및 20%를 재하한 실험을 실시하였으며, 200℃에서는 승온중의 도입 축력이 클수록 압축강도가 낮으며, 그보다도 높은 온도에 있어서는 축력의 크기에 관계없이 대체로 같은 잔존강도가 나타난 것으로 보고하고 있다.

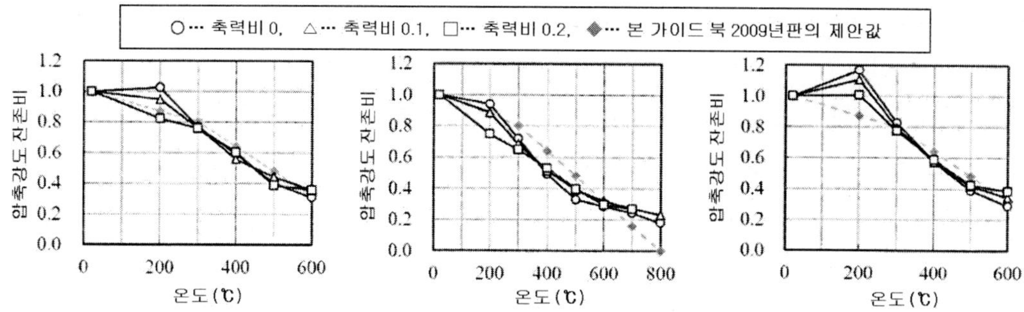

(a) 상온강도 113N/mm²　　(a) 상온강도 131N/mm²　　(a) 상온강도 150N/mm²

그림 2.4.1.16 사전 재하의 유무에 따른 압축강도 잔존비 [55)]

③ 가열 후의 냉각 조건

Zoldners[67)] 등은 그림 2.4.17에 나타낸바와 같이, 가열 후의 냉각조건으로서 물속에서 급랭했을 경우와 시간을 두고 냉각했을 경우로 나누어 압축강도를 비교하였으며, 400℃의 시험체를 물속에서 급랭하는 것은 시간을 두고 냉각했을 경우에 비해 잔존압축강도가 40%저하된다고 보고했다.

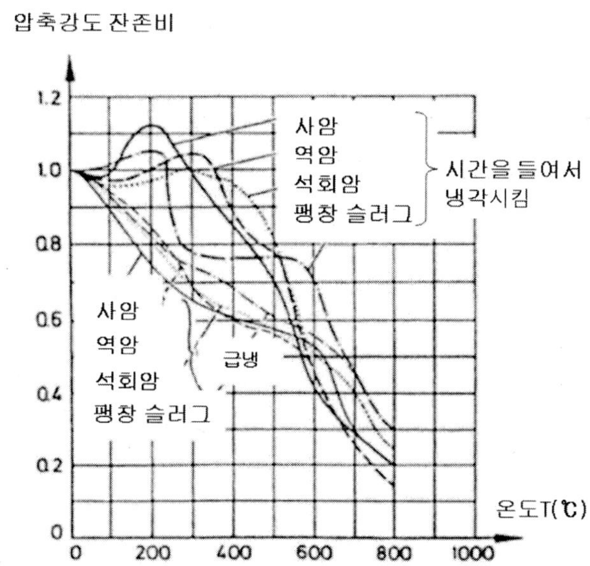

그림 2.4.1.17 냉각 조건에 따른 압축강도 잔존비 [67)]

④ 가열 후 경과일수

모리타(森田) 등[33]은, 물결합재비 25%의 고강도 콘크리트에 대해서, 소정의 온도까지 가열한 후, 천천히 냉각하여 온도 20℃, 습도 60%의 실내에서 기중양생한 공시체의 압축강도를 측정하였다. 가열 후의 경과일수와 압축강도의 관계를 그림 2.4.1.18에 나타낸다. 압축강도잔존비는, 가열 후 1일보다도 가열후 14일이 더 작아지고 있지만, 가열후 14일부터 91일까지의 사이에는 변화가 거의 없으며, 자연회복은 확인할 수 없었다. 니시다(西田)・마츠도(松戸) 등[39), 42)]도, 물결합재비 16%의 초고강도 콘크리트에 대해서, 소정의 온도까지 가열한 후, 서서히 냉각하여 표준양생한 공시체 및 온도 20℃, 습도 60%의 실내에서 기중양생한 공시체의 압축강도를 측정하고 있다. 그 결과 가열 후의 표준양생에 의한 2년간 양생정도의 양생에서는 명확한 압축강도의 회복은 보이지 않는다고 보고하였다. 미야모토(宮本)등[56]도, 물결합재비 13%의 초고강도 콘크리트에 대해서, 소정의 온도까지 가열한 후, 서냉하고 온도 20℃, 습도 50%에서 기중양생한 공시체의 압축강도를 측정하였다. 그 결과, 300℃ 이하의 공시체에서는 약간의 강도회복이 인정되지만, 양생기간에 따른 보통강도콘크리트와 같은 회복은 확인되지 않았다고 보고하였다. 또한 이(李)등[46]은 가열 후의 공시체에 규산나트륨을 주성분으로 하는 무기질수용액의 표면도포 또는 함침처리를 실시했을 경우의 공시체의 압축강도를 측정하고 있다. 가열후의 경과일수와 압축강도회복률의 관계를 그림 2.4.1.19에 나타낸다. 이 수용액의 사용에 따라서 압축강도의 회복을 향상시킬 수 있다고 보고하고 있다.

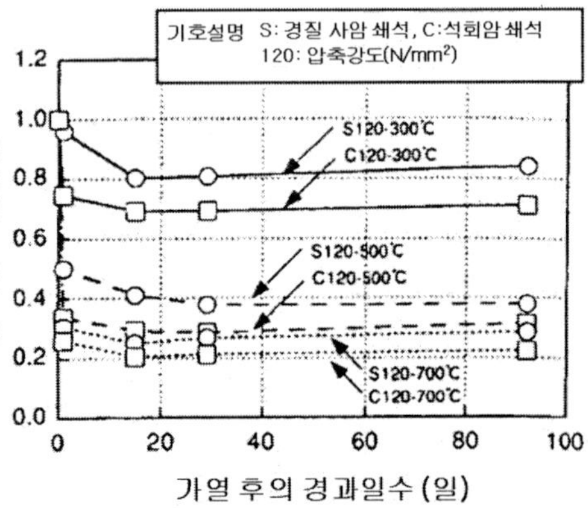

그림 2.4.1.18 가열 후 경과일수와 압축강도 잔존비 [33]

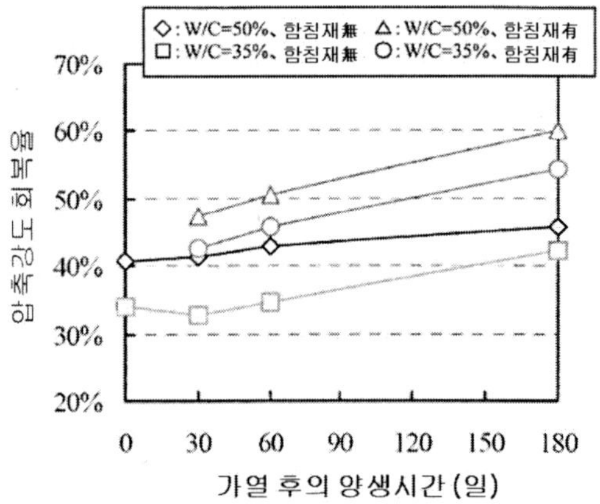

그림 2.4.1.19 가열 후의 경과일수와 압축강도 회복율 [46]

⑤ 가열중의 수분 확산 유무

이치노세(一瀨) 등[28]은 가열시의 폭로조건으로 가열중에 공시체로부터의 수분확산을 인정하는 무 피복상태와 가열중에 수분확산이 발생하지 않는 구성의 용기에 밀봉한 실링 상태를 설정하였으며, 압축강도를 측정하였다. 그림 2.4.14에서 검정색마크가 실링 상태의 결과이며, 흰색의 마크는 씰로 밀봉하지 않은 시험체의 결과이다. 이것으로부터 실링의 유무에 관계없이, 가열냉각 후의 압축강도잔존비는 동일한 경향을 나타내고 있음을 알 수 있다.

⑥ 가열전의 함수율 및 양생조건의 영향

그림 2.4.1.11에 나타낸 바와 같이 수중양생한 콘크리트의 경우, 가열냉각 후의 압축강도는 100~200℃에서 상온시보다 강도가 증가하나 200℃이상의 가열온도에서는 저하된다[29]. 한편, 비바람에 노출된 옥외에서 양생한 콘크리트에서는 가열온도의 상승과 함께 서서히 저하된다. 이는 수중양생된 콘크리트는 미수화수가 많이 포함되어 있어 가열과 함께 수화가 촉진되어 강도가 증진되기 때문이라고 평가된다[29].

⑦ 고온 지속 시간

마츠자와(松沢) 등[59]은, 그림 2.4.1.20에 나타낸바와 같이, 100~800℃의 고온 환경에서 1~168시간 노출된 콘크리트의 가열 냉각 후에 압축시험을 실시하였으며, 가열시간 24시간까지는 가열온도에 따라 강도의 증감이 다르며, 가열온도 100℃에서는 가열시간 24시간 이후도 강도가 증가하지만, 그 외의 가열온도에서는 일정한 값이 되는 경향이 있다고 보고하였다.

⑧ 시험체의 형상 및 치수

니시다(西田) 등[39]은, 그림 2.4.1.21에 나타낸바와 같이, ϕ75×150mm의 공시체와의 ϕ100×200mm의 공시체를 이용해 강도를 비교하였지만, 공시체의 형상에 따른 차이는 없다고 하였다. 또한 코바야시(小林)등 [51]은, 그림 2.4.1.22에 나타낸바와 같이, 공시체의 지경 D를 100mm로 고정하여, 높이 H를 200, 100, 50, 25mm로 했을 경우의 압축강도를 비교하고 있다. 압축강도의 H/D에의 의존성은, 강도의 수준뿐만 아니라 경험온도에 의존하는 무엇인가 별도의 요인에 지배되고 있을 가능성이 있으며, 고온에 의한 공시체의 조성의 변화, 단면마찰의 영향 등을 종합적으로 검토해 갈 필요가 있다고 보고하였다.

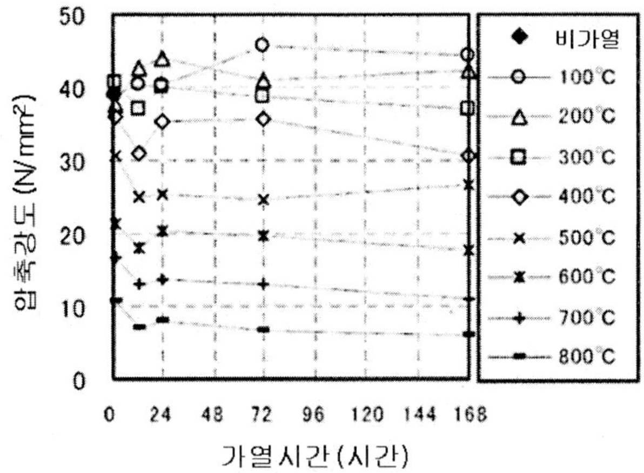

그림 2.4.1.20 압축강도와 가열시간의 관계[59)]

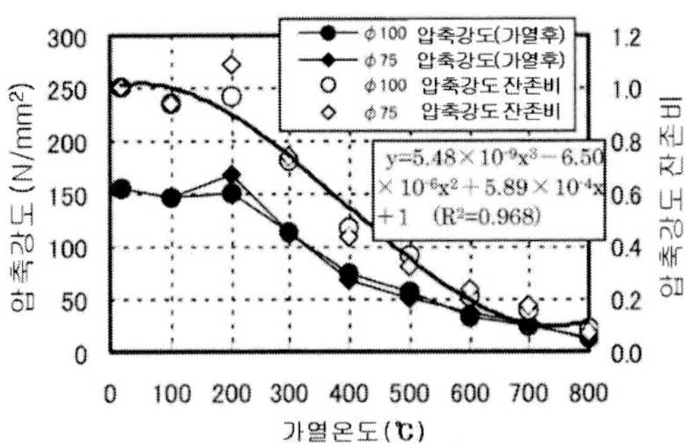

그림 2.4.1.21 가열온도와 압축강도의 관계[39)]

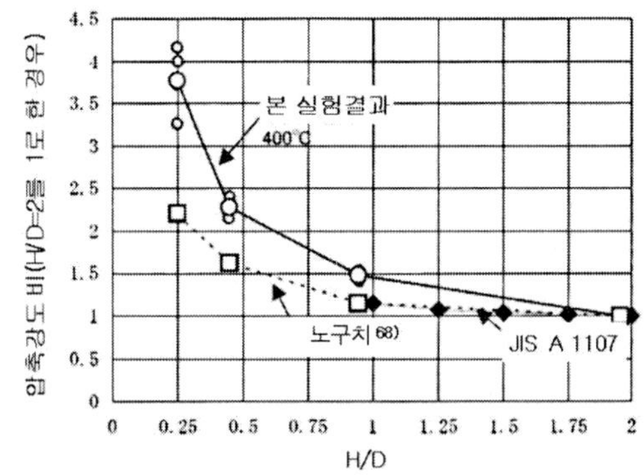

그림 2.4.1.22 H/D와 압축강도 비의 관계[51)]

(3) 압축강도의 정식화

(a) 고온 시 압축강도의 정식화에 관한 검토

고온 시 콘크리트의 압축강도에 관한 측정은 가열제어에 막대한 시간이 필요하며, 변형측정에 숙련된 기술이 필요하기 때문에 한정된 연구기관에서만 이루어지며, 그 데이터 수는 반드시 충분하다고는 말 할 수 없는 실정이다. 그림 2.4.1.23에 일본의 기존문헌[1)~8),10)~12),16),17),20),23)]을 통해 고온시의 압축강도의 측정결과를 조사하여 정리한 그래프를 나타내었다. 여기서 경량 콘크리트에 대해서는 보통 콘크리트나 고강도 콘크리트와 비교해서 고온시의 압축강도 잔존비가 크게 다르기 때문에 대상에서 제외시키고, 강섬유를 혼입한 고강도 콘크리트에 대해서도 혼입하지 않은 콘크리트에 비해 압축강도가 낮아지는 경향이 다르기 때문에 대상외로하였다. 또한 전술한바와 같이,

승온시에 재하하중이 압축강도 잔존비에 영향을 주는 결과가 보고되고 있기 때문에, 정식화에 대해서는 승온시에 재하를 실시하지 않은 것, 혹은 $2N/mm^2$정도의 작은 축력을 도입한 실험결과를 대상으로하여, 그것보다 큰 압축축력을 가한 실험결과는 대상외로 했다. 다만, 인용문헌중에 승온시 재하하중의 유무에 대해 기재가 없는 경우는 일본의 경우 승온시에 압축축력을 부여하지 않는 실험방법이 일반적이므로 정식화의 대상으로 했다. 또한 본가이드북의 2009년판에서는 고강도 콘크리트의 조골재에 콩자갈를 사용한 압축강도 잔존비를 동일한 그림속에 기재하고 있었지만, 다른 조골재의 결과에 비해 격차가 크기 때문에 대상에서 제외했다. 대부분의 결과에 있어서 콘크리트의 압축강도는 100℃로 크게 낮아져 200℃에서 상온강도 가까이까지 회복되었다. 그 이후로는, 300℃를 넘으면서 온도상승에 따라 강도가 저하되었다. 다만, 측정된 온도는 800℃까지이며 그것을 뛰어넘는 온도에 대해 측정한 결과는 대부분 없는 것으로 사료된다.

전술한 바와 같이, 고온시의 콘크리트의 압축강도는 골재의 종류에 영향을 받기 때문에, 오차가 매우 크고, 모든 콘크리트에 동일한 평가식을 적용하는 것은 어렵다. 또한, 물결합재비에 따라서 압축강도 잔존비가 다르다는 보고[62]도 있다. 그림 2.4.1.23에 나타난 기존의 데이터를 물결합재비와 압축강도 잔존비와의 관계로 정리하면, 그림 2.4.1.24와 같다. 그림 2.4.1.24의 회귀직선은 기존의 실험데이터를 최소자승법에 의해 선형근사한 것이다. 100~700℃의 범위에서는 물결합재비가 낮을수록(고강도일수록), 고온시의 압축강도 잔존비는 작아지는 경향을 볼 수 있다.

여기서, Eurocode[69]에 규정된 관계(표 2.4.1.4참조), 문헌62)에서 제안된 관계, 고온시의 압축강도를 정식화하고 있는 문헌7), 16), 70)의 제안식을 그림 2.4.1.23에 나타내었고, 기존데이터의 평균값도 나타낸다. Eurocode[69]에 규정되는 고온시의 압축강도 잔존비는 기존데이터의 평균값과 거의 같은 값을 나타낸다. 또한 고온시의 압축강도를 정식화하고 있는 문헌의 제안식은, 그 대부분이 기존데이터의 평균값보다 낮다. 이것은, 문헌7) 16)의 콘크리트의 물결합재비가 비교적 낮은(고강도이다) 것이기 때문이다.

이러한 점에서 고온시의 압축강도 잔존비는 골재의 종류 및 물결합재비의 차이를 고려하여 설정하는 것이 적절하다고 판단된다. 그러나 전술한 것처럼, 골재의 종류별로 압축강도 잔존비를 결정하는 것은, 경질사암 이외의 암종의 데이터수가 적기 때문에, 매우 어렵다. 따라서, 고온시의 압축강도 잔존비는, 100~700℃의 범위에 대해서는 물결합재비의 차이를 고려해 설정하여야 한다. 한편 800℃에 관해서는 최근 실험 데이터수가 증가하고 있지만, 아직 그 수가 적기 때문에 Eurocode[9]와 동일한 값인 0.15를 이용하는 것으로 하였다.

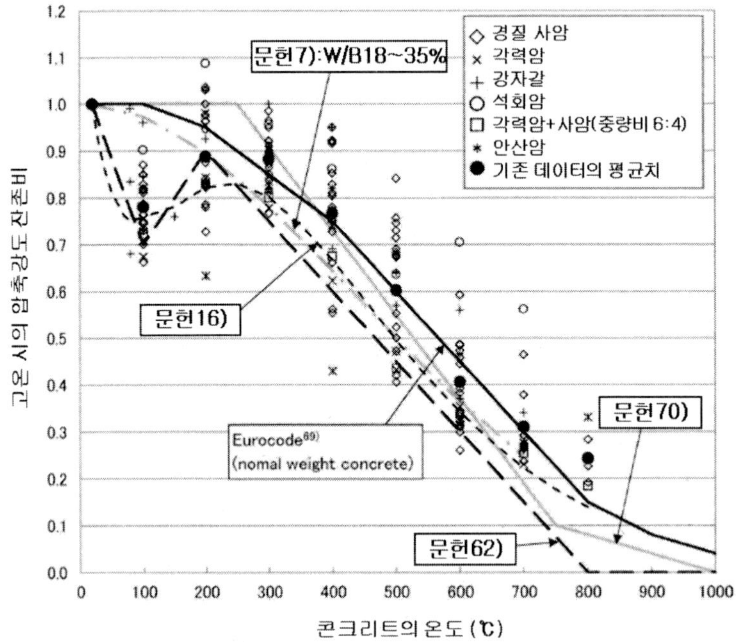

그림 2.4.1.23 기존의 데이터에서 고온 시의 콘크리트의 압축강도 잔존비

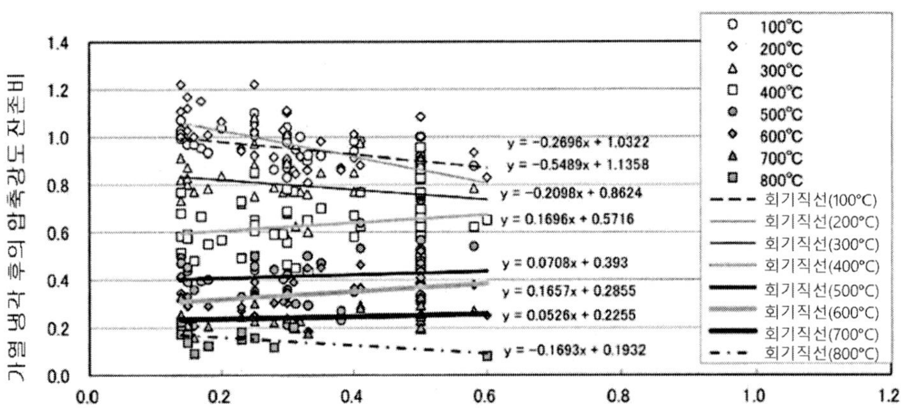

그림 2.4.1.24 기존의 데이터를 통한 고온 시의 콘크리트의 물결합재비와 압축강도 잔존비

콘크리트의 강도는 설계기준강도Fc를 기초로 평가되므로, 콘크리트의 고온시 강도$Fc(T)$는 설계기준강도Fc에 고온시 강도잔존비$\lambda_c(T)$를 곱하여 산정하는 것으로하는 문헌62)를 따라 $Fc(T)$를 (2.4.1.1)식으로 나타낸다.

$$Fc(T) = Fc \times \kappa_c(T) \qquad (2.4.1.1) 식$$

여기서, $Fc(T)$: 온도 T℃에서의 압축강도

T : 가열온도(℃)

Fc : 온도 20℃(상온)에서의 압축강도

$\kappa_c(T)$: 고온시의 압축강도 잔존비

그림 2.4.1.25에, 기존 데이터의 평균값으로부터 설정한 고온시의 강도잔존비의 제안값 ($\kappa_c(T)$)을 나타낸다.

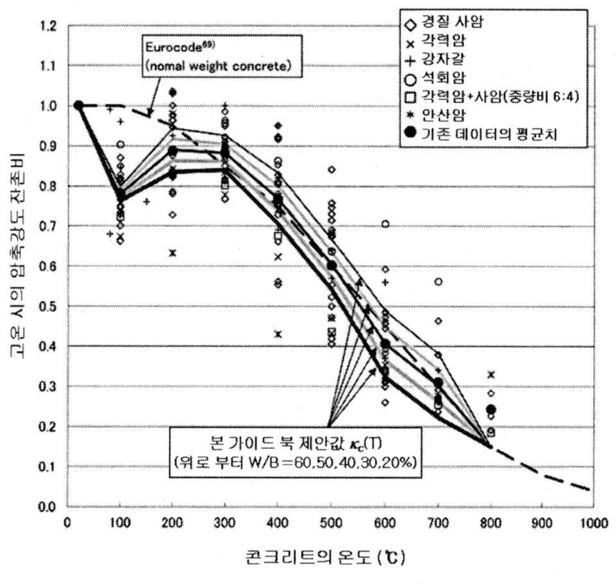

그림 2.4.1.25 기존의 데이터와 고온 시의 압축강도 잔존비의 제안값

(b) 가열 냉각 후 강도의 정식화에 관한 검토

가열 냉각후의 콘크리트의 압축강도에 관한 측정결과의 보고는, 고온시의 측정결과의 보고에 비교하여 많다. 그림 2.4.1.26에, 일본의 기존문헌 2), 28)~43),46),47),50),52)~55)에 의하여, 가열 냉각 후의 압축강도의 측정결과를 조사하여, 정리한 그래프를 나타낸다. 여기서, 경량 콘크리트에 대해서는, 고온시의 경우와 마찬가지로, 보통 콘크리트나 고강도 콘크리트와 비교해서 압축강도 잔존비가 다르기 때문에, 대상에서 제외했다. 또한 앞서 설명한대로, 승온시에 있어서의 재하하중이 압축강도 잔존비에 영향을 주는 결과가 보고되고 있기 때문에, 정식화에 대해서는 승온시에 재하를 실시하지 않은, 혹은 2N/mm^{2}정도의 작은 축력을 도입한 실험결과를 그 대상으로 하여, 그것

보다 큰 압축축력을 가한 실험결과는 대상외로 했다. 다만, 인용문헌중에 승온시에 있어서의 재하하중의 유무에 대해 기재가 없는 경우는 일본에서는 승온시에 압축축력을 부여하지 않는 실험방법이 일반적이기 때문에 정식화의 대상으로 했다. 대부분의 결과에 있어서 콘크리트 압축강도는 온도상승에 따라 300℃까지 약간 완만하게 저하되어, 300℃를 넘게되면 급격하게 저하되고 있다. 다만, 측정결과는 적지만 1000℃까지 측정한 보고도 있이며30), 45), 49), 그 결과에 의하면 1000℃의 가열을 받은 후에도 약간의 압축강도는 잔존하는 것으로 보고하였다.

가열냉각 후의 콘크리트 압축강도에 대해서도 골재의 종류에 따른 영향을 주로한 오차가 보이지만, 고온시의 경우에 비해 작다. 또한 고온시의 콘크리트 압축강도는 물결합재비와 잔존비와의 사이에는 상관성이 보이지만(그림 2.4.1.24 참조), 가열냉각 후에 대해서도 마찬가지로 압축강도와 물결합재비의 관계에 대해 정리하고, 최소자승법으로 회귀직선을 구하면 그림 2.4.1.27에 나타낸 바와 같이 콘크리트의 압축강도는 물결합재비와 잔존비와의 사이에 명확한 성향을 보이지 않는다.

여기서, Eurocode[69]에 규정된 관계(표 2.4.1.4 참조), 가열냉각 후의 압축강도를 정식화하고 있는 문헌[30), 31), 36), 39)]의 제안식을 그림 2.4.1.26에 나타내고 또한 기존 데이터의 평균값을 아울러 나타낸다. 가열냉각 후의 압축강도를 정식화하고 있는 문헌의 제안식은, 기존 데이터의 평균값에 가깝다. 이러한 점에서 가열 냉각 후의 압축강도 잔존비는 기존 데이터 전체의 평균값으로부터 설정한다.

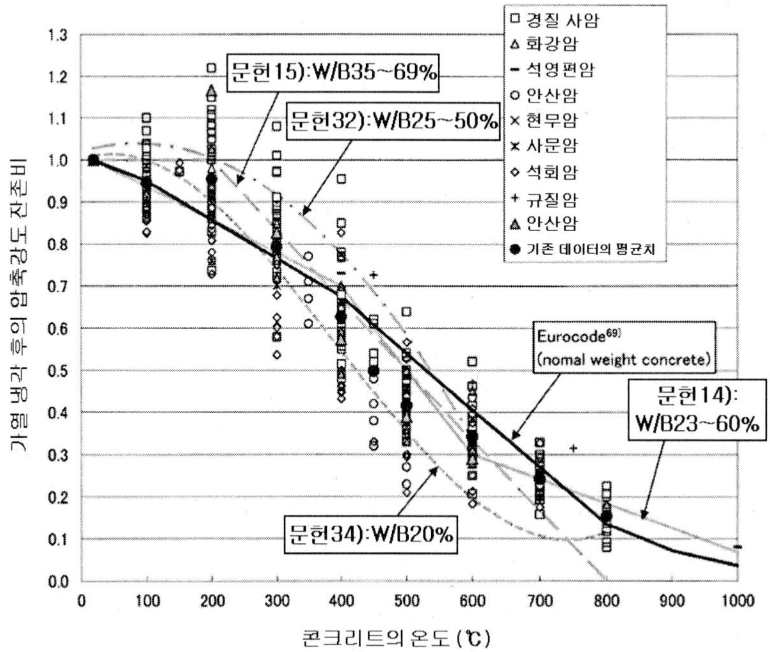

그림 2.4.1.26 기존의 데이터에서 가열 냉각 후의 콘크리트의 압축강도 잔존비

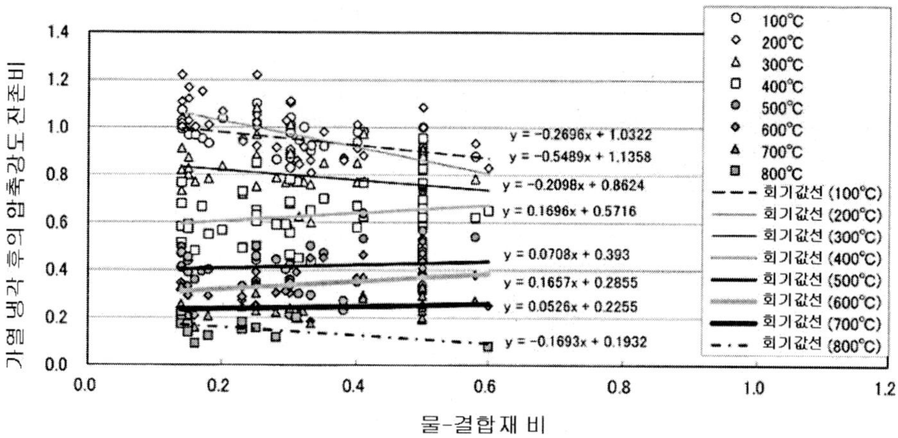

그림 2.4.1.27 기존의 데이터의 분석에 따른 가열 냉각 후의 콘크리트의 물결합재비와 압축강도 잔준비

산정식에 대해서는 고온시의 경우와 마찬가지로, 콘크리트의 가열냉각 후의 압축강도 $Fc_r(T_r)$를 (2.4.1.2) 식에 나타낸바와 같이 산정한다.

$$Fc_r(T_r) = Fc \times \kappa_{cr}(T_r) \qquad (2.4.1.2) \text{ 식}$$

여기서, $Fc_r(T_r)$: 가열냉각 후의 압축강도

T_r : 가열온도(℃)

Fc : 온도 20℃(상온)에서의 압축강도

$\kappa_{cr}(T_r)$: 가열냉각 후의 압축강도 잔존비

그림2.4.1.28에 기존데이터로부터 설정한 가열냉각후 강도잔존비의 제안값(κ_{cr}(T$_r$))을 나타낸다. $\kappa_{cr}(T_r)$은, 온도 T와 고온시의 압축강도 잔존비의 관계에 대해서(20℃, 1.00), (200℃, 0.93), (500℃, 0.45) (800℃, 0.15)를 연결하는 트리리니어의 꺽인선이다. 즉, 본 가이드북의 2009년판에서는, 제안값을 (20℃, 1.00), (300℃, 0.80), (800℃, 0.00)를 잇는 바이리니어의 절선으로 하고 있었지만, 600℃가 넘는 실험 데이터의 수가 증가함에 따라, 각 온도에 있어서 개략적인 평균값을 지나는 트리리니어의 절선을 본 가이드북의 제안값으로 하였다.

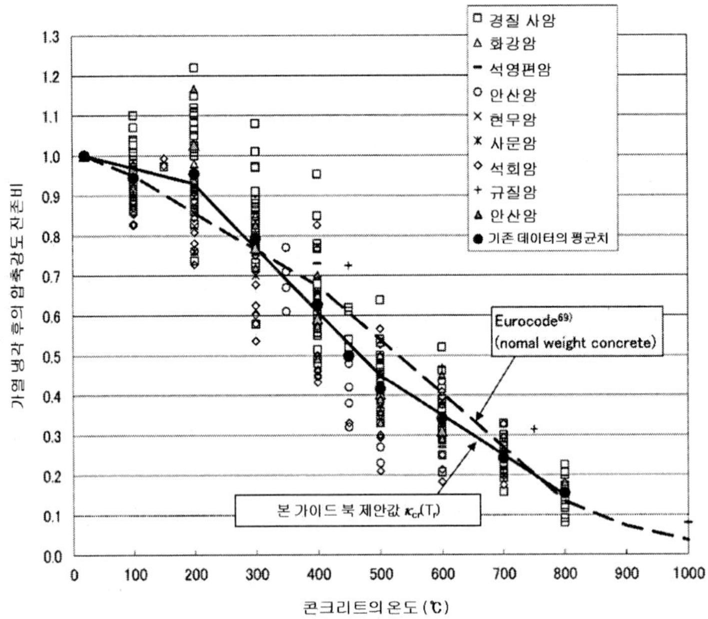

그림 2.4.1.28 기존의 데이터와 가열 냉각 후에 대한 압축강도 잔존비의 제안값

(c) 고온 시 및 가열 냉각 후에 대한 압축강도의 제안식

이상의 결과로부터, 고온시의 콘크리트 압축강도 $Fc(T)$는 (2.4.1.1)식에 따라, 가열냉각 후의 콘크리트 압축강도$Fc_r(T_r)$는 (2.4.1.2)식에 따라 산정한다. 또한, 경량콘크리트에 대해서는 일본의 데이터가 매우 적으므로, 보통 콘크리트 및 고강도 콘크리트를 대상으로 했다.

또한 본 압축강도의 제안식은 전술한바와 같이, 고온시에는 물결합재비와의 관련으로 가열 냉각후의 경우는 기존 데이터 전체의 평균값으로부터 설정했다. 또한 고온시에 관해서는 데이터수가 적으므로 800℃는 Eurocode[69]와 같은 값을 이용한다. 따라서 본 제안값를 사용할 때는, 그림 2.4.1.23~2.4.1.28에 나타내듯이 본 제안값을 웃도는, 혹은 밑도는 실험 데이터가 많이 존재한다는 것에 유의할 필요가 있다.

$$Fc(T) = Fc \times \kappa_c(T) \qquad (2.4.1.1) \text{ 식}$$

$$Fc_r(T_r) = Fc \times \kappa_{cr}(T_r) \qquad (2.4.1.2) \text{ 식}$$

여기서, $Fc(T)$: 온도 T℃의 압축강도

$Fc_r(T_r)$: 가열냉각 후의 압축강도

Fc : 온도 20℃(상온)에서의 압축강도

T, T_r : 가열온도(℃)

$\kappa_c(T)$: 가열냉각 후의 압축강도 잔존비

$\kappa_{cr}(T_r)$: 가열냉각 후의 압축강도 잔존비

표 2.4.1.4 압축강도 잔존비의 제안값

가열온도 T, T_r(℃)	고온 시		가열 냉각 후	
	Eurocode[69] (normal weight concrete)	제안값 $k_c(T)$	Eurocode[69] (normal weight concrete)	제안값 $k_{cr}/(T_r)$
20	1.00 [1.00]*	1.00	1.00	1.00
100	1.00 [0.95]*	0.09×W/B + 0.74	0.95	0.97
200	0.95 [0.90]*	0.27×W/B + 0.78	0.86	0.93
300	0.85 [0.85]*	0.21×W/B + 0.80	0.77	0.77
400	0.75 [0.75]*	0.32×W/B + 0.64	0.68	0.61
500	0.60 [0.60]*	0.31×W/B + 0.48	0.54	0.45
600	0.45 [0.45]*	0.41×W/B + 0.24	0.41	0.35
700	0.30 [0.30]*	0.40×W/B + 0.14	0.27	0.25
800	0.15 [0.15]*	0.15	0.14	0.15

*:표에서 [ ]는 본 가이드북 2009년판에 기재된 값이다. 2005년의 Eurocode[69] 수정에 따라 수정하였다.

2.4.2 탄성계수

탄성계수는 가열의 영향을 크게 받는 항목중 하나이다. 콘크리트가 가열되면 시멘트 페이스트의 수축 및 골재의 팽창에 의해 내부응력이 생겨 균열이 발생한다. 이 현상은 탄성계수를 저하시킬 수 있는 주요 요인으로 생각된다.

아베(阿部)등[2]은, 동일의 재료 및 배합의 콘크리트에 대해서, 가열온도 700℃까지의 범위에서, 물시멘트비 58%(기호 FR-21), 41%(FR-42), 32%(FR-60)의 콘크리트에 대해서 고온시(열간) 및 가열냉각 후(냉간)의 시험에 의한 탄성계수의 결과를 보고하고 있다. 그 결과에 따르면, 그림 2.4.2.1에 나타낸바와 같이, 고온시의 탄성계수는 100℃에서 급격히 저하하고, 100~200℃에서 완만하게 저하되고 있으며, 그 후 그 저하율이 더욱 증대하는 경향이 있다. 또한 고강도의 시험체일수록 탄성계수는 상온~300℃의 영역에서 높은 값을 나타내지만, 400~700℃사이에서는 일반적인 강도의 탄성계수와 거의 유사하다. 이 원인은, 고강도 콘크리트의 강도저하가 현저한 것이 영향을 미치고

있다고 보고하고 있다[2]. 가열 냉각 후의 탄성계수는 모든 콘크리트가 가열온도의 상승과 함께 거의 직선적으로 저하되며, 고강도 콘크리트일수록 높은 탄성계수를 나타내고 있다. 또한 고온영역에서는 고온시와는 달리, 고강도 시험체일수록 높은 값을 나타내고 있다. 이것은 고온시와 비교해 고온영역에서의 압축강도성상의 차이에 기인하는 것이라고 보고하고 있다.

다른 문헌에서도, 고온시 및 가열냉각 후의 콘크리트 탄성계수와 가열온도의 관계는 대체로 같은 경향을 나타내지만, 사용재료, 배합 및 실험조건에 따라서 다른 경우가 있다. 다음으로는 사용재료를 파라미터로 한 시험결과에 대해서, 고온시의 시험은 상온강도와의 비를, 가열냉각 후의 시험에 대해서는 가열전강도와의 비를, 잔존비로서 표기하여 설명한다. 또한 내화설계에 필요한 고온시 및 가열냉각 후의 콘크리트 탄성계수의 정식화를 시도한 결과에 대해 설명한다.

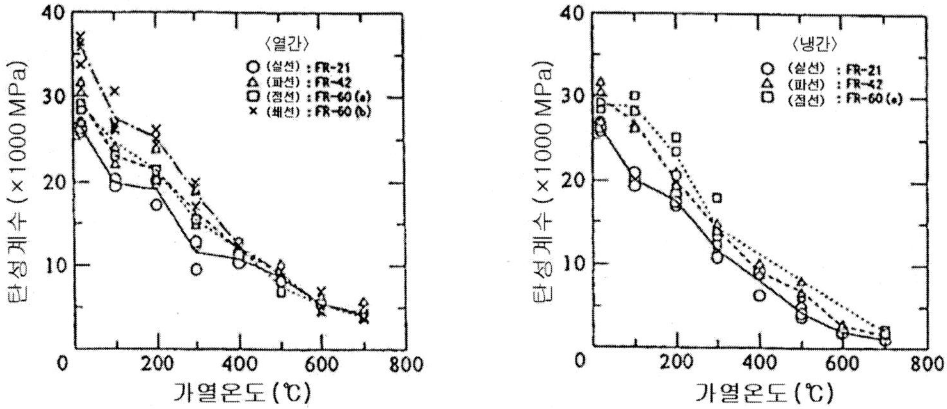

그림 2.4.2.1 탄성계수와 가열온도의 관계 [2]

(1) 고온 시의 탄성계수

(a) 사용재료에 따른 영향

① 결합재 (시멘트)

시멘트의 종류에 대해서는 보통포틀랜드시멘트, 고베라이트계 시멘트, 고로슬래그 시멘트, 트러스 시멘트, 알루미나 시멘트를 이용해 실험이 이루어지고 있으며, 보고되고 있다. 시멘트의 종류는 가열에 의한 탄성계수의 저하에 큰 영향을 미치지 않는다고 일부 보고되고 있지만, 데이터는 적다. 모르타르의 탄성계수에 대해서는, 가열온도가 증가함에 따라 거의 일직선상으로 저하하는 경향에 있으며, 500℃에 있어서는 상온시의 40% 정도까지 저하한다. U.Schneider[60]는, 시멘트의 종류가 온도와 탄성계수의 관계에 크게 영향을 미치지 않는다고 보고하였다. 100~300℃에서 고로슬래그 시멘트 모르타르는 보통포틀랜드시멘트 모르타르보다 일부분 탄성계수가 작아진다고 보고되었다. (그림 2.4.2.2 참조)

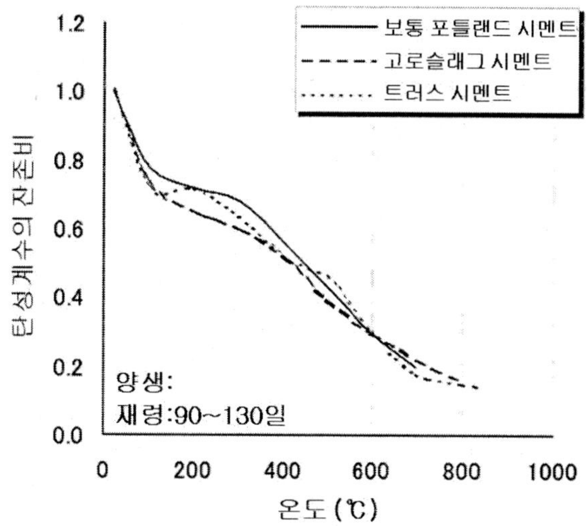

그림 2.4.2.2 시멘트의 종류에 따른 고온 시의 모르타르 시험결과 [60)]

② 골재의 종류

골재의 종류에 대하여는 보통골재(사암, 석회암, 규암, 안산암, 현무암, 사문암)와 경량골재(팽창혈암)를 이용하여 실험이 이루어지고 보고되었다. 일반적인 경향으로서 팽창혈암을 원료로 한 경량콘크리트는 가열에 의한 탄성계수의 잔존율이 크고, 석회암을 이용한 보통콘크리트는 가열에 의한 탄성계수의 잔존율이 적은 것으로 나타나고 있다.

U. Schneider[60)]는 골재의 종류가 고온시의 탄성계수에 큰 영향을 미친다고 하며, 팽창점토 콘크리트는 탄성계수의 잔존율이 큰 점, 규암 콘크리트는 탄성계수의 잔존율이 작은 점, 또한 각각의 문헌에서 결과가 다르다는 것을 보고하고 있다(그림 2.4.2.3, 2.4.2.4 참조). 한편, 히라시마(平島) 등[61)]은 콘크리트의 상온시에 대한 고온시의 탄성계수의 저하는 작다는 결과를 보고하였다.

또한 이(李) 등[21)]은 보통골재를 이용한 콘크리트보다 경량골재를 이용한 콘크리트 쪽이 고온시의 탄성계수가 높다라는 결과를 보고하였다.

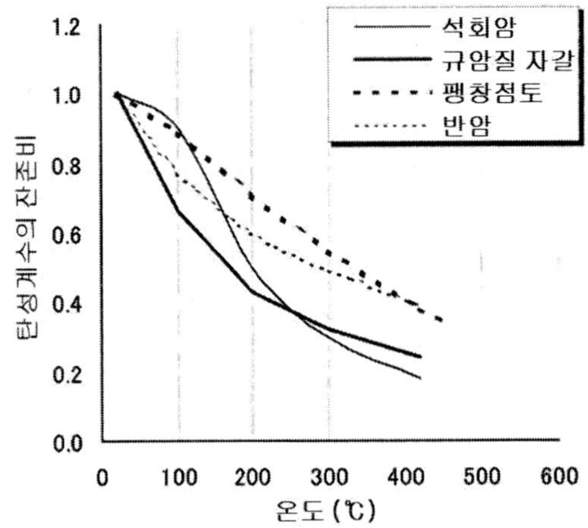

그림 2.4.2.3 골재 종류에 의한 고온 시의 콘크리트의 시험결과 [60)]

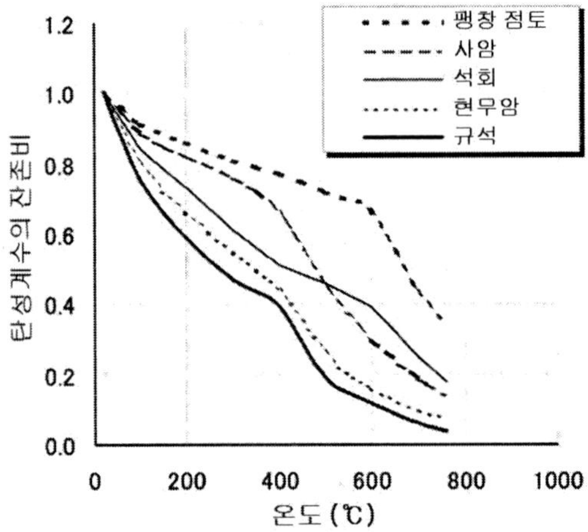

그림 2.4.2.4 골재 종류에 의한 고온 시의 콘크리트의 시험결과 [60)]

③ 기타

혼화제의 영향에 대해서 Carlos Catillo 등[13)]은 유동화제의 유무에 관계없이 고온시의 탄성계수의 잔존비는 거의 일치하는 결과를 보고하였다. 또한 Y.F.Fu 등 [15)]은 물시멘트비 30%의 고강도 콘크리트 범위이지만, 플라이애쉬(치환율 30%)나 메타카올린(치환율 5%)을 혼화재로 사용해도 보통포틀랜드시멘트 자체만을 사용한 경우와 큰 차이가 없다는 보고를 하고 있다.

미기타(右田) 등[23)]은 물시멘트비 32%의 콘크리트에 폴리프로필렌 섬유 2.4kg/m^3를 혼입한 것과 혼입되지 않는 것으로 구분하여, 상온~800℃범위 고온시 콘크리트 탄성계수를 측정하고 있다. 섬유를 혼입했을 경우 100~400℃로 섬유를 혼입하지 않을 경우보다 탄성계수가 작아지는 경향을 보였다고 보고 있다. 한편 최(崔) 등 [19)]은 물시멘트비 30%의 콘크리트에 폴리프로필렌 섬유 0.075vol%가 혼입된 것과 혼입되지 않는 것으로 구분하여, 상온~500℃ 범위의 고온에서 콘크리트 탄성계수를 측정하였다. 섬유를 혼입하지 않은 경우에는 100℃에서 상온의 75%, 200℃에서 상온의 62%로 저하됐으며, 섬유를 혼입한 경우에는 100, 200℃로 상온의 80% 이상을 유지하며, 300℃ 이상에서는 섬유의 혼입의 유무와 상관없이 저하하는 경향을 나타낸다고 보고하였다 (그림 2.4.2.6 참조).

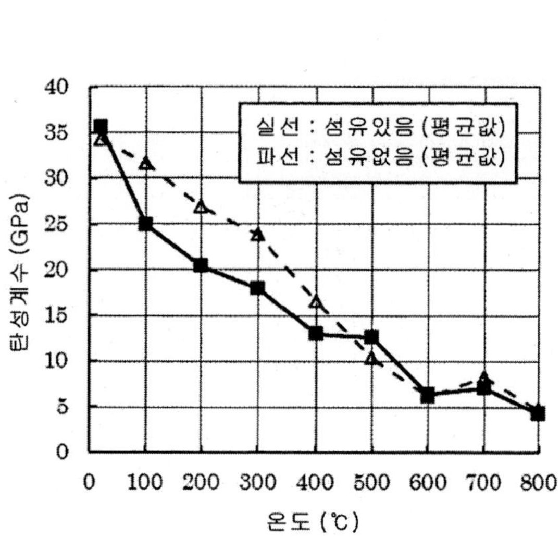

그림 2.4.2.5 폴리프로필렌 섬유의 유무에 따른 고온 시의 탄성계수 [23]

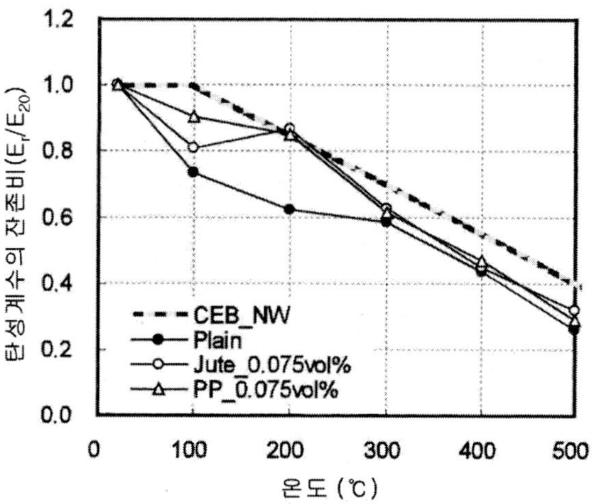

그림 2.4.2.6 폴리프로필렌 섬유의 유무에 따른 고온 시의 탄성계수의 잔존율 [19]

(b) 배합에 따른 영향

① 물결합재비 (물시멘트비)

그림 2.4.2.1에 나타낸 바와같이, 고강도의 시험체일수록 탄성계수는 상온~300℃의 영역에서 높은 값을 나타내고 있지만, 400~700℃의 사이에서는 거의 동일한 값이다. 히라시마(平島)[61] 등도, 상온 압축실험의 정리로서 물결합재비가 작은 콘크리트는, 상온시에 대한 고온시의 탄성계수가 작아지는 것을 나타내고 있다(그림 2.4.2.7참조). 그렇지만, 이치노세(一瀨)등[5]의 실험에서는, 물시멘트비가 작을수록 탄성계수 잔존비가 크다고 보고하였다(그림 2.4.2.8참조).

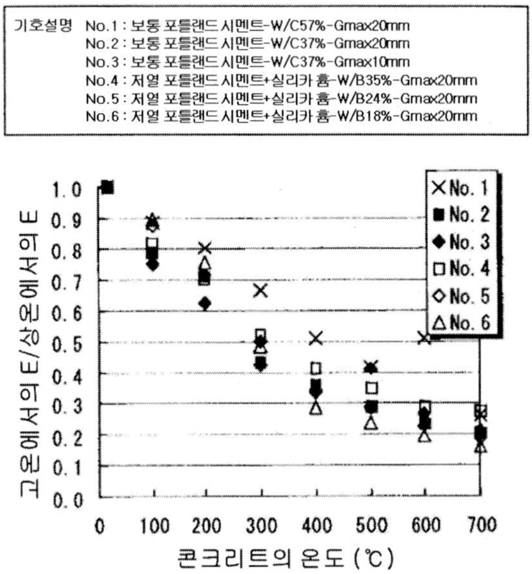

그림 2.4.2.7 고온 시의 탄성계수 잔존비 [61]

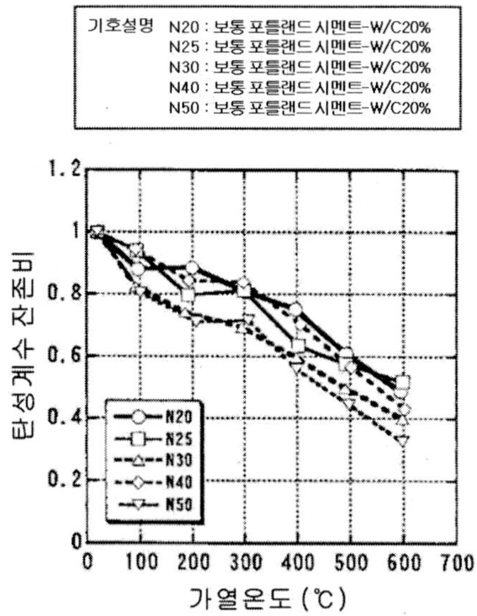

그림 2.4.2.8 고온 시의 탄성계수 잔존비 [5]

② 기타

히라시마(平島)등 [61]에 따르면, 정상온도 압축실험의 비교를 통하여, 조골재의 최대치수와 세골재율의 차이에 의한 고온시의 탄성계수의 차이는 보이지 않는다고 보고하였다.

(c) 실험조건에 따른 영향

① 시험재령

마츠도(松戸)등 [16]은, 고온가열시험의 재령을 3,6,12개월로 했을 경우의 할선탄성계수를 측정하여, 3~12개월의 범위에서는, 재령이 거의 영향을 주지 않는 것을 보고하였다.

② 사전재하 유무

카토(加藤) 등[17]은, 승온과정에서 상온시 압축강도의 20%를 재하한 실험을 실시한 경우, 재하실험이 비재하 실험보다 탄성계수의 저하는 작다고 하였다. 또한 이(李) 등 [21]은 경량골재를 이용한 콘크리트를 대상으로, 김(金)등 [22]은 물시멘트비 35~55%의 콘크리트를 대상으로, 최(崔) 등[24]은 물시멘트 대비 12.5~20%의 콘크리트를 대상으로, 상온시의 압축강도의 20~40%를 재하한 상태로 고온하에서 탄성계수를 측정하였다. 그 결과, 경량골재를 이용했을 경우는 300℃정도 이상에서 재하실험 조건의 탄성계수의 저하가 작은 결과를 나타났으며, 물시멘트비 35~55%의 경우에는 어느 온도에 있어서도 재하실험의 조건이 탄성계수의 저하가 작은 결과가 나타났고, 물시멘트

비 12.5~20%의 경우는 500℃ 이상에서 재하실험의 조건이 탄성계수의 저하가 작은 결과를 보고하였다.

③ 승온속도

이치노세(一瀨)등[3]은 물시멘트비 30%의 콘크리트를 이용한 가열시의 실험결과로부터 (그림 2.4.2.9 참조), 승온속도 2.5~7.5℃/min.의 범위에서 탄성계수에 영향이 없음을 보고하였다.

④ 공시체 치수

이치노세(一瀨)등[37]은 그림 2.4.2.9에 있어서, A공시체(φ75×150mm)와 B공시체(φ100×200mm)의 결과를 비교하여, 100℃에서는 φ75×150mm가 작아졌지만, 200℃ 이상에서는 대체적으로 유사한 수치를 나타내고 있다고 보고하였다.

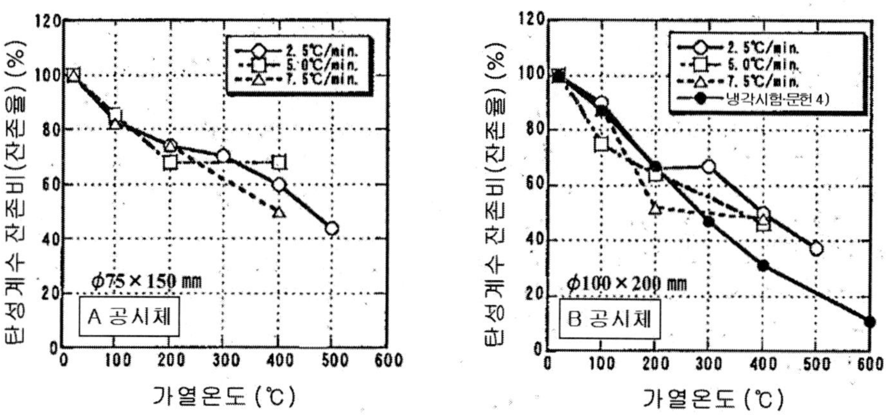

그림 2.4.2.9 승온속도 및 시험체 치수 차이에 의한 고온 시의 탄성계수의 잔존비(잔존율)[3]

(2) 가열 냉각 후의 탄성계수

(a) 사용재료에 따른 영향

① 결합재 (시멘트)

히로하타(廣畑) 등의 보고[29]에서는, 보통포틀랜드시멘트와 고베라이트계 시멘트를 비교하면, 콘크리트나 모르타르의 경우, 탄성계수의 잔존비는 차이가 보이지 않는다고 보고하였고(그림 2.4.2.10 참조) 또한, 하라다(原田)[71]는, 알루미나 시멘트를 이용한 콘크리트는, 보통포틀랜드시멘트를 이용한 콘크리트보다, 가열 후의 탄성계수의 저하가 크다고 보고하고 있다. 고강도 콘크리트에 있어서도, 이치노세(一瀨)등[38]의 보고(물시멘트비 30%)에 의하면, 시멘트 종류에 의한 탄성계수 잔존비의 차이는 볼 수 없었다(그림 2.4.2.11 참조).

기호설명 N:보통 시멘트, B:벨라이트계 시멘트, C:콘크리트, M:모르타르, 33~57:물시멘트비(%), W:수중양생, E:옥외폭로, S:증기양생, 1y: 1년간 양생, 3m: 3개월 양생, 3h: 3시간 양생

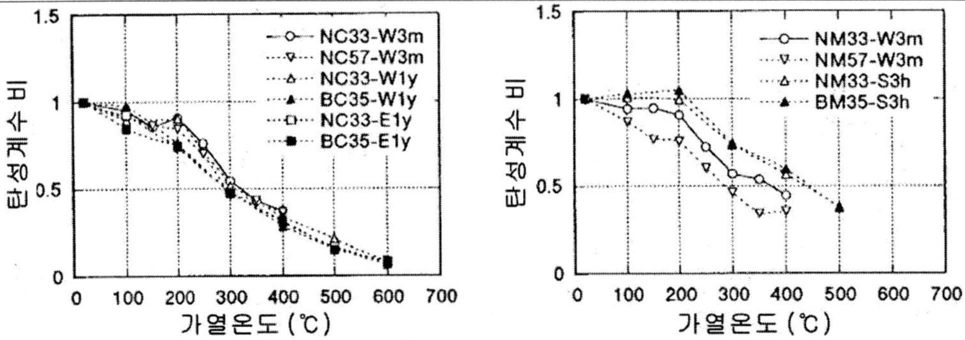

그림 2.4.2.10 시멘트 종류 및 양생에 따른 탄성계수의 변화 [29]

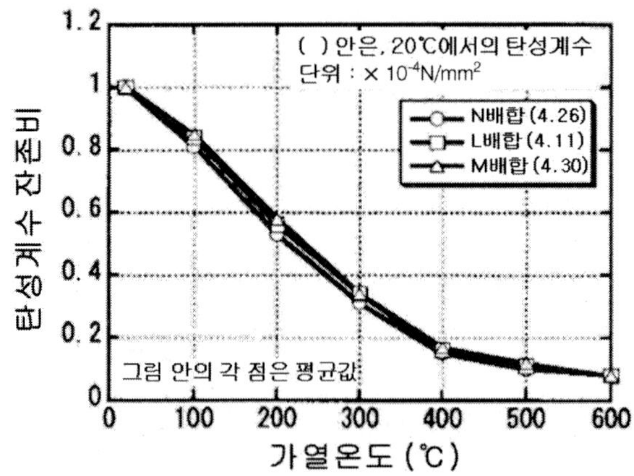

그림 2.4.2.11 시멘트 종류에 따른 탄성계수 잔존비 [38]

② 골재

하라다(原田)[71]는 경석을 이용한 콘크리트는 탄성계수의 잔존비가 크다는 점과 또한 사암질골재와 석회암질골재를 이용한 콘크리트는 탄성계수의 잔존비가 작다는 결과를 보고하고 있다 (그림 2.4.2.12 참조). 오쿠야마(奥山)등 [32]는, 석회암을 이용한 콘크리트는 탄성계수의 잔존율이 작다는 것과 팽창혈암2 (세골재 및 조골재 모두 팽창혈암)를 이용한 경량 콘크리트는 탄성계수의 저하율이 작다는 것과 또한 400℃와 500℃의 사이에서 급격하게 탄성계수가 저하하는 현상에 대해서, 시멘트 페이스트의 열열화에 의한 것이라고 보고하고 있다(그림 2.4.2.13 참조). 또한 석회암 쇄석을 이용한 고강도 콘크리트로는 경질사암을 사용한 콘크리트에 비해 가열냉각 후의 탄성계수 잔존비가 낮아지는 것[33), 52)]이나 석회암의 탄성계수 저하가 경질사암에 비해 400℃까지 큰 이유는 냉각시의 수축률이 석회암이 더 크기 때문이라고 평가하고 있다[35)]. 카와베(河辺) 등은 목편이 혼

입된 재생 조골재[57] 및 플라이애쉬를 혼입한 재생 조골재[58] 사용의 콘크리트에 관한 고온 가열 후의 정탄성 계수의 측정을 실시하여, 목편 및 플라이애쉬를 혼입하지 않는 것과 탄성계수의 잔존비 차이를 볼 수 없는 결과를 나타내었다(그림 2.4.2.14, 그림2.4.2.15 참조).

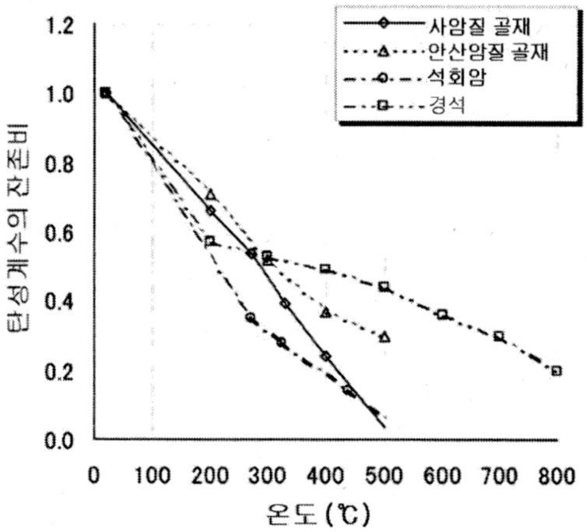

그림 2.4.2.12 골재 종류에 의한 가열 냉각 후 탄성계수 잔존비[71]

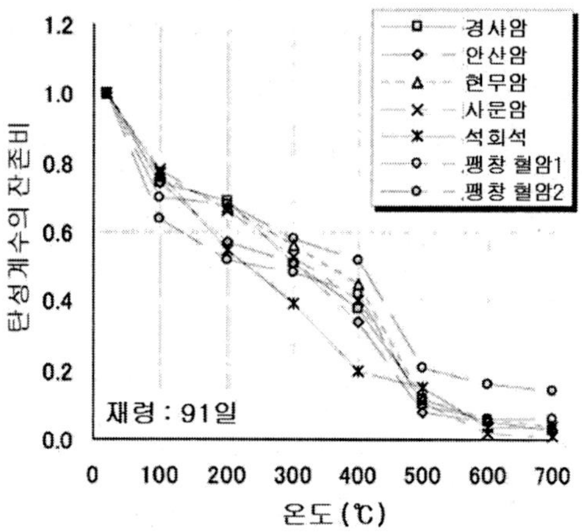

그림 2.4.2.13 골재 종류에 의한 가열 냉각 후 탄성계수 잔존비[32]

기호설명 13w:13주간 수중양생, 0:목재 혼입율 0%, 5:목재 혼입율 0.5%, 10: 목재 혼입율 1.0%, 15: 목재 혼입율 1.5%, 20:목재 혼입율 2.0%

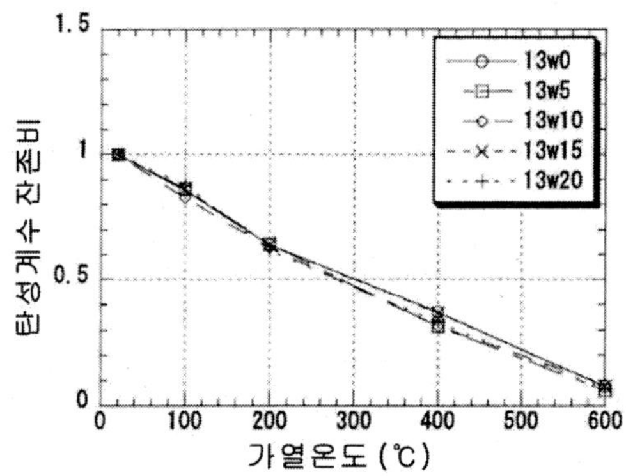

그림 2.4.2.14 목편 혼입율에 따른 가열 냉각 후의 탄성계수 잔존비의 영향[57]

기호설명 RHG:재생조골재, 4w: 4주간 수중양생, 8w:8주간 수중양생, 13w:13주간 수중양생, FA0%: 플라이애쉬 치환율 0%, FA30%:플라이애쉬 취환율 30%

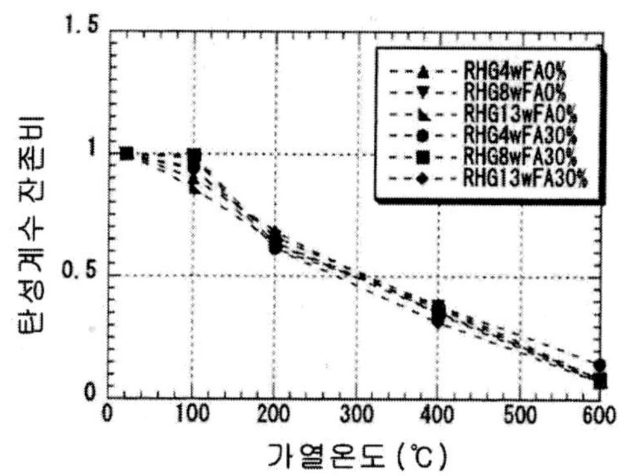

그림 2.4.2.15 플라이애쉬 치환율에 따른 가열 냉각 후의 탄성계수 잔존비의 영향[58]

③ 기타

설계기준강도 100N/mm²급의 초고강도 콘크리트에서는 폭열성상의 개선을 목적으로 유기섬유를 혼입하는 예가 증가하고 있다. 모리타(森田) 등[33]의 보고(폴리프로필렌 섬유)와 이치노세(一

瀨) 등[28]의 보고(비날론 섬유)에서는, 섬유의 혼입이 가열 냉각 후의 탄성계수 잔존비에 영향을 주지 않았다고 하였다.

(b) 배합에 따른 영향

① 물결합재비 (물시멘트비)

그림 2.4.2.10에 나타낸바와 같이, 히로하타(廣畑) 등의 보고[29]에서는 고강도 콘크리트의 가열 냉각 후의 탄성계수 잔존비(고온가열 후의 탄성계수/20℃ 의 탄성계수)를 시멘트의 종류, 물시멘트비(33%, 57%), 양생방법, 양생기간을 다른 조건으로하여 측정하였다. 콘크리트 탄성계수는 가열온도 상승과 함께 직선적으로 낮아졌으며, 특히 200℃ 에서 300℃ 의 가열온도에서 있어서 급격히 낮아졌다. 이것들에 의하면, 탄성계수 잔존율이 물시멘트비보다 큰 것이 약간 작게 되었다. 이노우에(井上) 등[72]은 물시멘트비 및 단위수량을 변화시킨 공시체를 대상으로 고온 가열시의 폭열 상황 및 가열으로 인한 압축강도 및 탄성계수의 변화를 조사하고 있다. 이것에 의하면, 가열 냉각 후의 탄성계수는 물시멘트비가 클수록 가열전에 대한 가열 후의 비율이 작아지는 경향을 볼 수 있었지만(그림 2.4.2.16 참조), 현저한 차이라고는 인정되지 않는다. 또한 이치노세(一瀨)등[28]도 물시멘트비 20~50%의 조건에서, 물시멘트비 20%를 제외하면 물결합재비가 작은 쪽이 탄성계수 잔존비가 커지는 결과를 나타내고 있지만, 이노우에 등과 같게 현저한 차이라고는 말할 수 없다(그림 2.4.2.17 참조).

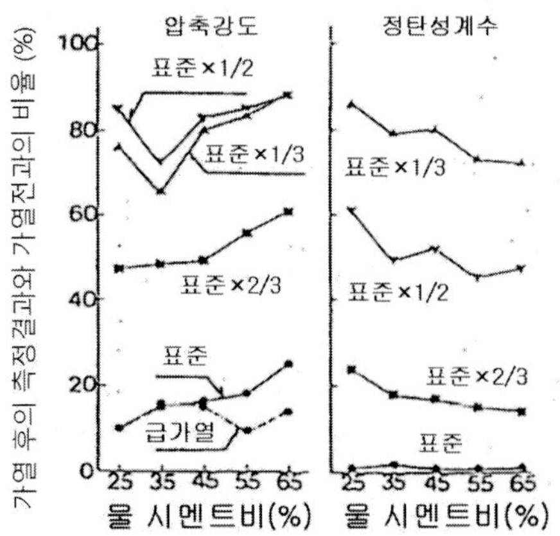

그림 2.4.2.16 가열 냉각 후의 압축강도 및 탄성계수 측정결과 [72]

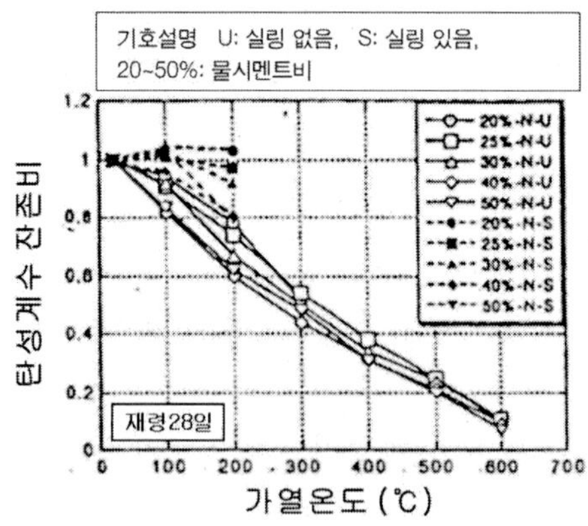

그림 2.4.2.17 탄성계수 잔존비 [28]

설계기준강도 150N/mm² 등급의 초고강도 콘크리트에 대해서 가열냉각 후의 탄성계수를 측정한 결과가 보고되었다. 이치노세(一瀬) 등[40] 은 물결합재비 14%, 17%, 20%의 콘크리트에 대해 측정하였으며(그림 2.4.2.18 참조), 통상강도 콘크리트와 마찬가지로 400℃, 600℃에서는 크게 저하된다고 보고하였다. 또한 마츠도(松戸)[42]등도 같은 결과를 얻고 있다(그림 2.4.2.19참조).

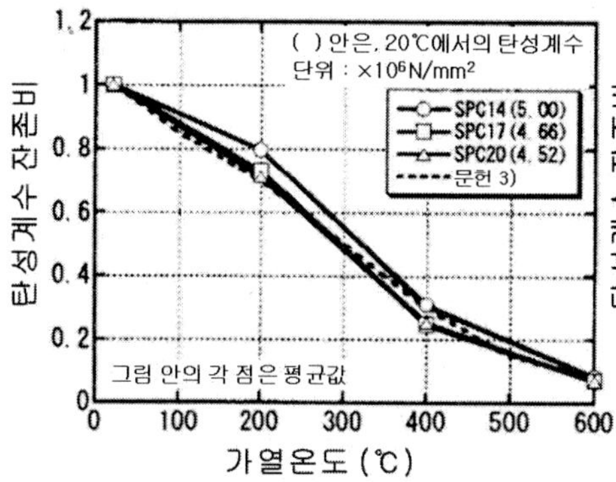

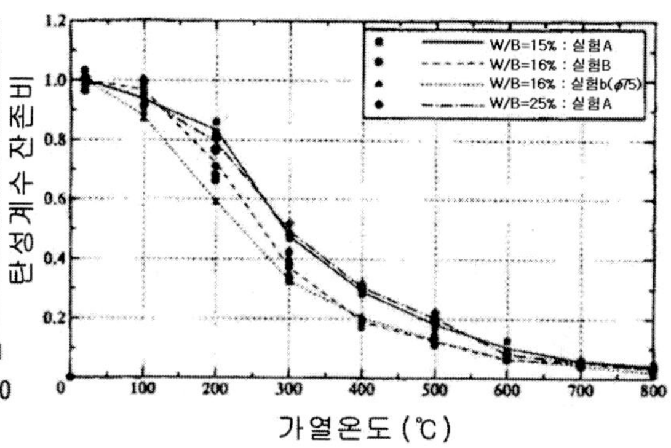

그림 2.4.2.18 가열 냉각 후의 탄성계수 잔존율 [72] **그림 2.4.2.19** 가열 냉각 후의 탄성계수 잔존비 [28]

(c) 실험 조건의 영향

① 사전재하 유무

카토(加藤) 등[55]은, 물결합재비 29.4, 23.0, 15.0%의 콘크리트를 이용하여, 가열 및 냉각중에는 상온시 압축강도의 10% 및 20%를 재하한 실험을 통하여, 200℃에서는 사전재하 유무에 의한 차이는 보이지 않지만, 300℃ 이상에서는 사전재하를 하는 편이 사전재하하지 않는 경우보다 10~20% 정도 증가한다고 하였다 (그림 2.4.2.20 참조).

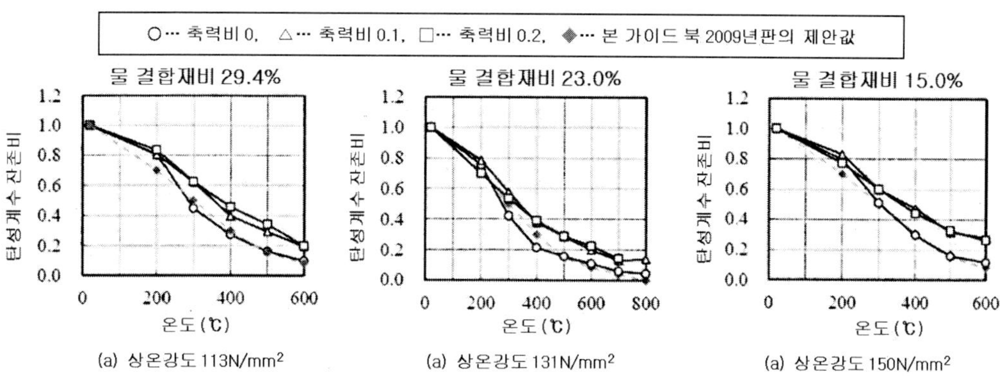

그림 2.4.2.20 사전재하 유무에 따른 탄성계수 잔존비 [55]

② 가열개시시기

이치노세(一瀨) 등[28]은, 가열개시재령을 28일과 91일로 하여 가열 냉각후의 시험에 의해 탄성계수를 측정하였다. 그 결과 탄성계수는 재령 28일과 91일 모두 가열온도의 상승에 따라, 직선적으로 저하하였으며, 탄성계수 잔존비로써 비교하면 같은 정도의 잔존비를 나타내고 있다고 설명하였다.

③ 가열 후 경과일수

모리타(森田) 등[33]은, 소정의 온도까지 가열한 공시체를 서서히 냉각한 후에 온도 20℃, 습도 60%의 실내에서 기중양생하여 탄성계수를 측정하고 있다. 탄성계수 잔존비는 가열후 경과일수 1일부터 91일 까지의 기간중에는 변화가 작고, 자연회복은 거의 볼 수 없었다(그림 2.4.2.21 참조). 니시다(西田) 등[39]은 물결합재비 16%의 초고강도 콘크리트에 대해서, 탄성계수 잔존비는 기중양생의 조건에서는 재령 6개월까지 거의 자연회복이 없었으나, 수중양생의 조건에서는 4~15%정도의 탄성계수 잔존비 회복이 확인되었다고 보고하였다. 미야모토(宮本) 등[56]은 물결합재비 13%의 콘크리트에 대해서, 소정의 온도까지 가열한 후, 서서히 냉각하여 온도 23℃, 습도 50%에서 기중양생한 공시체의 탄성계수를 측정하였으며, 300℃ 이하의 공시체에서는 탄성계수의 약간의 회복은 확인되지만, 보통강도 콘크리트와 같은 회복은 확인할 수 없었다고 했다. 이(李) 등[46]은 물시멘트 대비 50%와 35%의 콘크리트에 대해서 가열 후의 공시체에 규산나트륨을 주성분으로 하는 무기질 수용액의 표면도포 또는 함침처리를 실시한 공시체의 탄성계수를 측정하였으며, 이 용액의 사용에 의해 탄성계수의 회복률을 향상시킬 수 있다고 보고하였다(그림 2.4.2.22 참조).

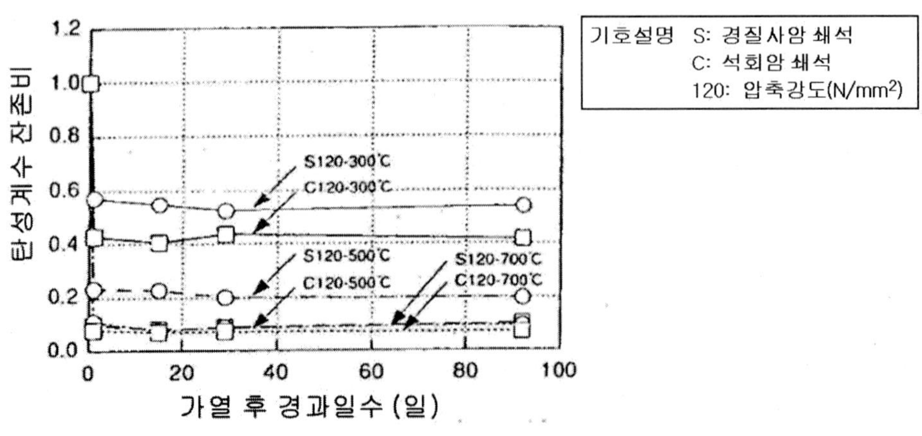

그림 2.4.2.21 가열 냉각 후의 경과일수와 탄성계수 잔존비 [33]

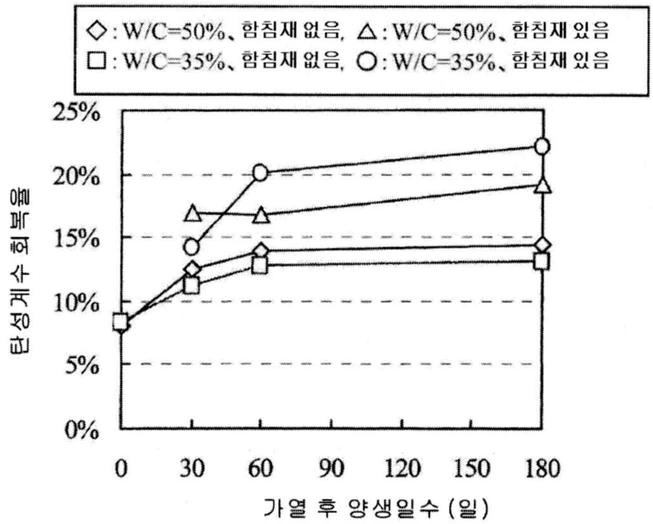

그림 2.4.2.22 가열 후의 경과일수와 탄성계수 회복율의 관계[46)]

④ 가열기간

키시타니(岸谷)등[73)]이 실시한 보통강도의 콘크리트의 결과(그림 2.4.2.23 참조)에 의하면, 탄성계수는 가열초기에 있어서 가열온도의 영향을 크게 받아 저하하지만, 이후 장기가열에 있어서의 변화는 작음을 나타내고 있다.

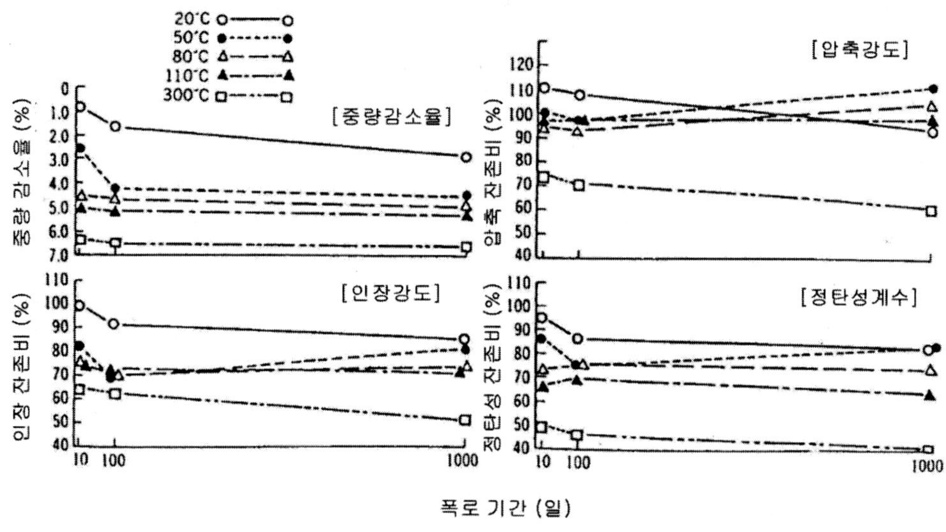

그림 2.4.2.23 가열기간의 영향[73)]

⑤ 가열 중의 수분 배출의 유무

씰의 유무가 탄성계수에게 미치는 영향은 그림 2.4.2.17에 나타낸 이치노세(一瀨)[28]의 연구가 있다. 그림 속의 검은색이 실링된 조건이며, 흰색이 실링이 없는 조건이다. 이에 따르면, 실링된 경우에는 실링이 없는 것과 비교해 가열 냉각 후의 탄성계수 잔존비의 저하는 작다. 또한 가열온도 200℃에서 씰이 있는 경우에는 물결합재비 20, 25%에서는 상온공시체와 동일한 정도, 물결합재비 30~50%에서는 0.8이상 탄성계수 잔존비를 보이고 있다.

⑥ 가열 전의 함수율의 영향(양생조건)

그림 2.4.2.10에 나타낸 히로하타(廣畑) 등 [29]의 실험에 따르면, 가열 전 양생을 수중 및 야외폭로로 만든 물시멘트 대비 33, 35%의 콘크리트의 탄성계수는 모두 가열온도 상승과 함께 낮아지는 경향을 보인다. 수중양생(W)과 야외폭로(E)를 비교하면, 야외폭로가 수중양생보다 훨씬 낮다. 오오타(太田) 등 [74]는 그림 2.4.2.24에 나타낸 바와같이 가열 후의 시험체 양생을 바꿔, 화재를 당한 고강도 콘크리트의 가열온도와 탄성계수의 관계를 검토하고 있다.

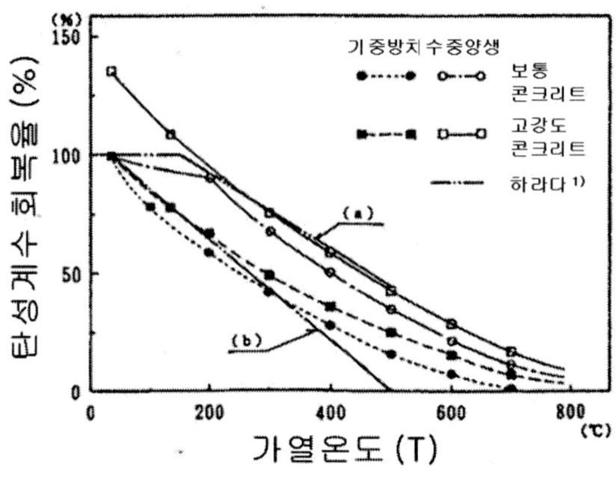

그림 2.4.2.24 가열 후의 탄성계수 회복율 [74]

⑦ 고온 지속 시간

마쓰자와(松沢) 등 [59]은 그림 2.4.2.25에 나타낸바와 같이, 100~800℃까지의 고온환경에서 1~168시간 노출된 콘크리트를 대상으로 가열냉각 후의 탄성계수 측정을 실시하였다. 탄성계수가 가열온도 100℃에서는 가열시간과 함께 저하, 가열온도 200, 300℃에서는 가열시간 24시간, 가열온도 400℃ 이상에서는 가열시간 1시간 만에 급격히 저하하여, 그 후는 거의 일정하다고 보고하였다.

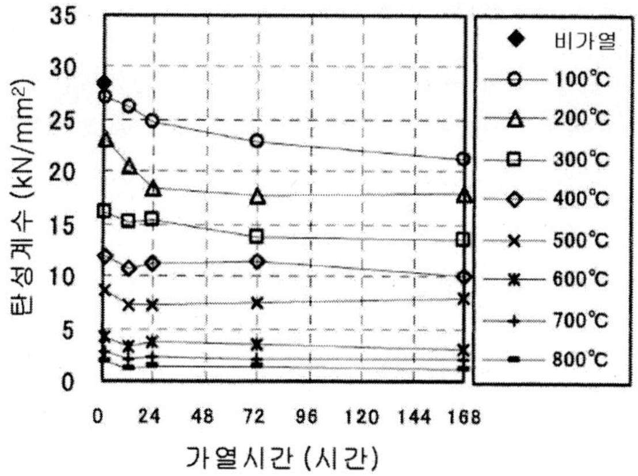

그림 2.4.2.25 탄성계수와 가열시간의 관계 [59)]

⑧ 시험체의 형상과 치수

니시다 등[39)]에 의하면, 그림 2.4.2.26에 나타내는 ϕ75x150 mm 및 ϕ100X200 mm의 공시체의 비교에서는, 양자의 탄성계수에 차이는 거의 볼 수 없다는 것을 보고하고 있다.

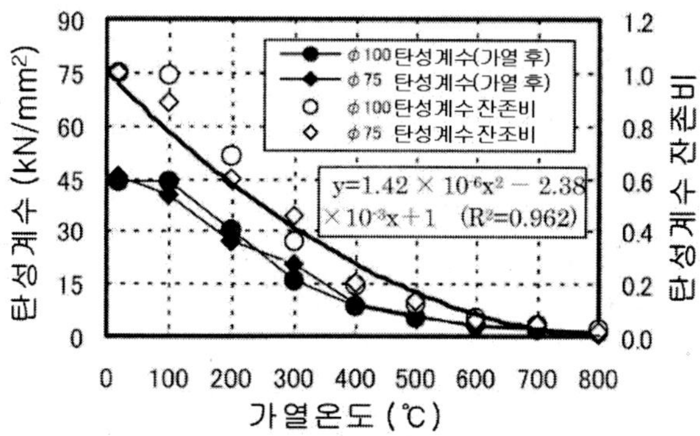

그림 2.4.2.26 가열온도와 탄성계수의 관계 [39)]

(d) 기타의 영향

① 가열 후 냉각의 영향

카와베(河辺) 등[75)]에 의하면, 가열 냉각의 방법이 탄성계수 잔존비에 영향이 있다고 보고하고 있다(그림 2.4.2.27 참조). 화재 시의 소화와 같이 급랭했을 경우는, 자연냉각보다 탄성계수 잔존비가 작아지고 있다. 또한, 자연냉각 후의 증기양생의 결과, 강도와 같이 탄성계수도 회복하고 있는 것을 나타내고 있다.

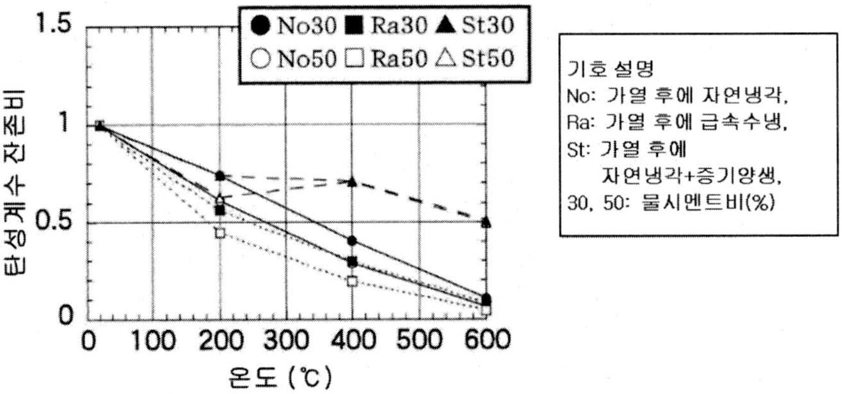

그림 2.4.2.27 양생에 의한 가열 냉각 후 탄성계수의 잔존비[75)]

② **단위용적질량의 영향**

이치노세(一瀨) 등[38)]에 의하면, 탄성계수는 가열 후의 압축강도 및 단위용적질량으로부터 추정 가능한 것으로 보고하였다. 그림 2.4.2.28에 실험값과 추정치를 나타낸다. 이것에 따르면, 시멘트 종류에 관계없이, 적절한 가열온도보정계수를 정함으로써, 가열 후의 단위용적질량과 압축강도를 통하여 탄성계수는 대략 추정 가능하다.

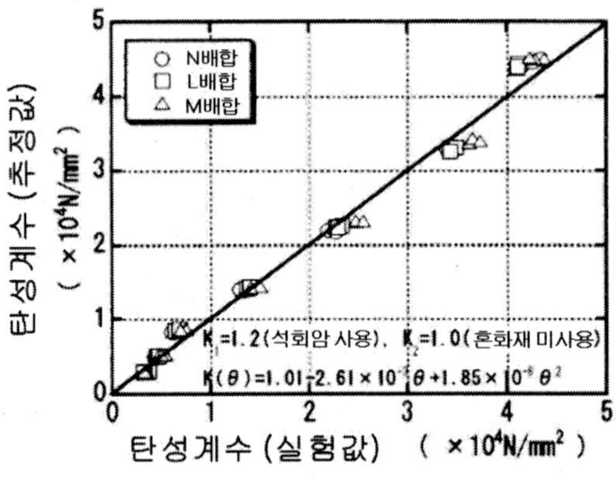

그림 2.4.2.28 탄성계수의 실험값과 추정값[38)]

(3) 탄성계수의 정식화

(a) 고온 시의 정식화 검토

고온의 콘크리트 탄성계수에 대한 자료는 압축강도만큼 충분하다고는 할 수 없다. 또한, 상온시에도, 탄성계수의 측정 자체의 격차나 골재 종류마다의 격차가 커서, 측정값을 똑같이 평가하기는 어렵다. 여기서는 전항의 표 2.4.1.1에 집계한 고온에서의 압축강도 측정시에, 탄성계수가 측정된 기존문헌[1)~3), 5)~12), 16), 17), 20), 23), 76)]에 대해 도표에서 데이터를 조사한 후, 정식화를 검토한다. 이러한 문헌데이터중 탄성계수는 압축강도의 1/3으로 평가한 것으로 한정했다. 경량골재를 사용한 데이터는 대상에서 제외하였으며, 강섬유 및 폴리프로필렌 섬유를 혼입한 고강도 콘크리트에 대해서도, 혼입되지 않은 콘크리트와 비교해 탄성계수의 저하의 경향이 다르기 때문에, 대상에서 제외했다. 더불어 압축강도와 마찬가지로 승온시에 있어서의 재하하중이 탄성계수 잔존비에 영향을 미치는 결과가 보고되고 있기 때문에, 정식화시에는 승온시에 재하하지 않거나 $2N/mm^2$정도의 작은 축력을 도입한 실험결과를 대상으로 하여, 그것보다 더 큰 압축력을 가한 실험결과는 대상 외로 하였다. 다만, 인용문헌 중에 승온시에 있어서의 재하하중의 유무에 대해 기재가 없는 경우에는 일본에 있어서는 승온시에 압축축력을 부여하지 않는 실험방법이 일반적이므로 정식화의 대상으로 했다. 또한, 본 가이드북의 2009년판에서는, 고강도 콘크리트의 조골재에 콩자갈을 사용한 탄성계수 잔존비를 같은 그림중에 기재하고 있었지만, 다른 조골재의 결과에 비해 편차가 크기 때문에, 대상에서 제외했다. 실험에 사용된 콘크리트의 물시멘트비 범위는 18~70%이다.

그림 2.4.2.29에, 고온시 콘크리트 온도와 탄성계수 잔존비의 관계를 나타낸다. 고온시의 콘크리트 탄성계수는 100℃로 급격히 떨어졌으며, 그 후에도 온도 상승에 따라 직선적으로 저하되었다. 그렇지만, 데이터의 편차가 200~600℃ 의 범위에서는 크고, 700℃ 이상에서는 편차가 작아지고 있다.

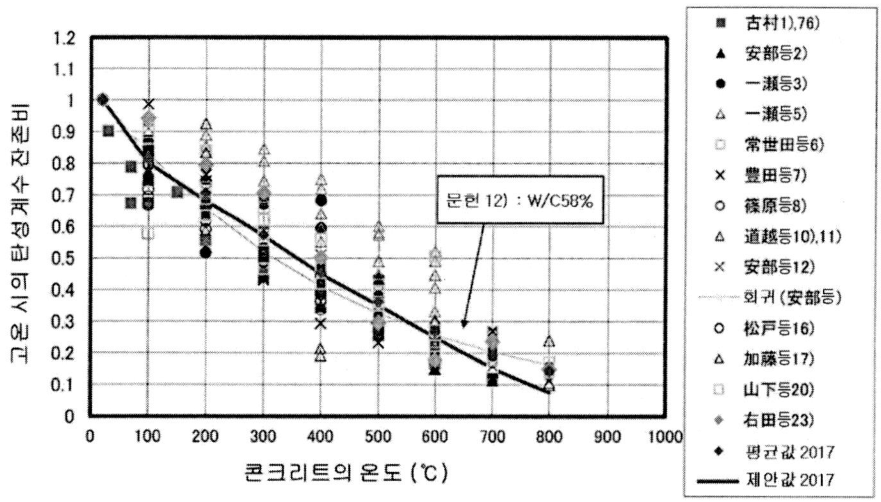

그림 2.4.2.29 고온 시 콘크리트의 온도와 탄성계수의 잔존비

그림 중에는 아베(阿部) 등 [12]에 의해 나타낸 회귀식을 나타내고 있다. 또한 각각의 온도에서 기존의 데이터의 평균값을 그림 속에 ◆ 마크로 나타내었다. 아베 등의 회귀식은 거의 기존 데이터의 평균값에 가깝다. 그 밖의 문헌에서는 회귀식을 제시하지 않았다. 따라서, 고온시의 탄성계수의 정식화는, 압축강도의 정식화의 경우와 같이, 데이터의 평균값을 이용해 정해, (2.4.2.1)식에 나타내는 것으로 한다.

$$E(T) = E(20) \times \kappa_e(T) \qquad (2.4.2.1)\text{ 식}$$

여기서, $E(T)$: 온도 T℃ 에서의 탄성계수

T : 가열온도(℃)

$E(20)$: 온도 20℃ (상온)에서의 탄성계수

$\kappa_e(T)$: 고온시의 탄성계수 잔존비

그림 2.4.2.29에 기존의 데이터로부터 산출한 고온시의 탄성계수 잔존비 제안값 $\kappa_e(T)$를 나타낸다. $\kappa_e(T)$는 온도(T)과 고온시의 탄성계수 잔존비의 관계에 있어서, (20℃, 1), (100℃, 0.80), (400℃, 0.45) (700℃, 0.15), (900℃, 0)를 연결시킨 절선이다.

(b) 고온 냉각후의 정식화 검토

가열냉각 후에도 고온시와 마찬가지로 전항의 표 2.4.1.3에 정리한 가열냉각 후의 압축강도의 측정시에 탄성계수가 측정된 문헌[2),28)~33),35), 36), 38)~42), 50), 52), 54), 55), 75)]에 대하여 도표에서 데이터를 조사한 후, 정식화를 검토한다. 가열냉각 후의 탄성계수의 데이터도 보통 콘크리트로 한정한다. 또한 앞서 설명한 대로, 승온시에 있어서의 재하하중이 탄성계수 잔존비에 영향을 미치는 결과가 보고되고 있기 때문에, 정식화에 대해서는 승온시에 재하를 실시하지 않은 것, 혹은 2N/mm^{2}정도의 작은 축력을 도입한 실험 결과를 대상으로 해, 그것보다 큰 압축축력을 준 실험 결과는 대상외로 했다. 다만, 인용문헌중에 승온시에 있어서의 재하하중의 유무에 대해 기재가 없는 경우는 일본에 있어서는 승온시에 압축축력을 부여하지 않는 실험방법이 일반적이므로 정식화의 대상으로 했다. 실험에 사용된 콘크리트의 물시멘트비 범위는 14~69%의 범위에 있다.

그림 2.4.2.30에 가열냉각 후 콘크리트와 탄성계수 잔존비의 관계를 그린 그래프를 나타낸다. 가열 냉각 후의 콘크리트의 탄성계수는 고온시와 비교하면 200℃까지 약간 저하가 완만하고, 그 후에도 온도의 상승에 따라 급격히 저하되며, 500℃ 이상에서는 저하가 완화된다. 또한 400℃까지는 데이터의 편차가 고온시의 탄성계수 잔존비와 같은 정도로 크지만, 500~700℃의 범위에서는 작아지는 결과로 되었다.

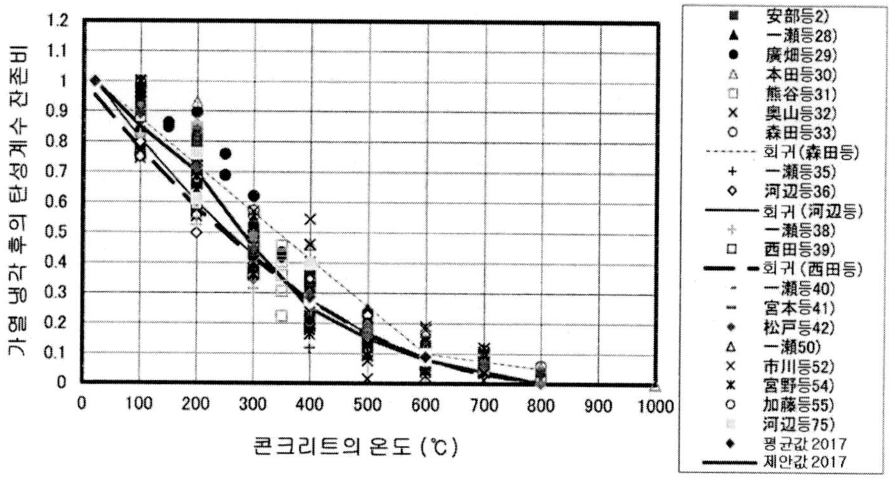

그림 2.4.2.30 가열 냉각 후의 콘크리트의 온도와 탄성계수 잔존비

$$E_r(T_r) = E(20) \times \kappa_{er}(T_r) \qquad (2.4.2.2) \text{ 식}$$

여기서, $E_r(T_r)$: 가열냉각후의 탄성계수

T_r : 가열온도(℃)

$E(20)$: 온도 20℃(상온)시의 탄성계수

$\kappa_{er}(T_r)$: 가열냉각후의 탄성계수 잔존비

그림 2.4.2.30에 기존의 데이터로부터 산출한 가열냉각 후의 탄성계수 잔존비의 제안치 $\kappa_{er}(T_r)$를 나타냈다. $\kappa_{er}(T_r)$은 온도(T)와 가열냉각 후 탄성계수 잔존비의 관계에서 (20℃, 1), (200℃, 0.70), (300℃, 0.45), (400℃, 0.25), (500℃, 0.15), (600℃, 0.08), (800℃, 0) 를 연결하는 절선이다.

고온시 및 가열냉각 후의 탄성계수 잔존비의 제안값를 표 2.4.2.1에 정리하여 나타낸다. 또한 고온시 및 가열냉각 후의 탄성계수는, 그 측정방법이 다양하므로 다양한 점이 있다. 그 때문에 그림 2.4.2.29 및 그림 2.4.2.30에 나타나듯이, 본 제안값를 웃돌거나 밑도는 실험데이터가 많이 존재한다는 것에 유의할 필요가 있다.

표 2.4.2.1 탄성계수 잔존비의 제안값

가열온도 T, Tr(℃)	고온 시 제안값 $\kappa_e(T)$	가열 냉각 후 제안값 $\kappa_{er}(T_r)$
20	1.00	1.00
100	0.80	0.85
200	0.68	0.70
300	0.57	0.45
400	0.45	0.25
500	0.35	0.15
600	0.25	0.08
700	0.15	0.04
800	0.075	0.00

2.4.3 응력-변형의 관계

본 항에서는 일정한 온도의 환경에서 단축재하를 행할 때 관찰되는 콘크리트의 응력-변형 관계에 대해 설명한다. 콘크리트를 재하하면 탄소성 거동을 나타나는데, 그 때에 재하한 응력과 발생한 재축방향 변형율의 관계를 그래프상에 플롯한 것을 응력-변형 곡선이라고 한다. 응력-변형 곡선은 다음과 같은 특징에 따라 결정된다.

- 곡선의 형상 (초기기울기, 응력-소성변형 관계, 하강곡선)
- 압축강도
- 압축강도 시의 변형

가열온도 및 물결합재비를 파라미터로 한 전체적인 보고예로서, 아베(阿部) 등[2)]에 의해 측정된 고온시 및 가열냉각 후의 응력-변형 곡선을 그림 2.4.3.1에 나타낸다. 고온시의 응력-변형 곡선은 300℃ 전후까지의 온도범위에서는 높은 수준의 응력까지 경사가 변하지 않는 직선적인 형상을 나타내지만, 그것을 웃도는 온도범위에서는 보다 둥근 형상을 나타내게 된다. 한편, 가열냉각 후의 응력-변형 곡선은 재하개시 시에 발생하는 변형이 커서 초기에는 아래가 볼록해지는 S자형의 형상을 나타내고, 가열온도가 높을수록 그 경향이 현저해진다. 모든 경우, 가열온도가 높아짐에 따라 압축강도는 2.4.1항에서 설명한 바와 같이 감소하여, 압축강도 시 변형은 증대된다. 다른 연구에 있어서도 대체로 비슷한 추세를 보이고 있지만, 압축강도나 탄성계수와 마찬가지로 콘크리트 종류와 실험방법의 의한 영향도 있다고 알려지고 있다.

이하, 사용재료 · 배합 · 실험조건에 의한 응력-변형율의 형상 및 압축강도시 변형에의 영향등을, 고온시와 가열냉각 후의 콘크리트로 나누어 기술하는 것과 동시에, 응력-변형 곡선의 정식화에 대해 서술한다.

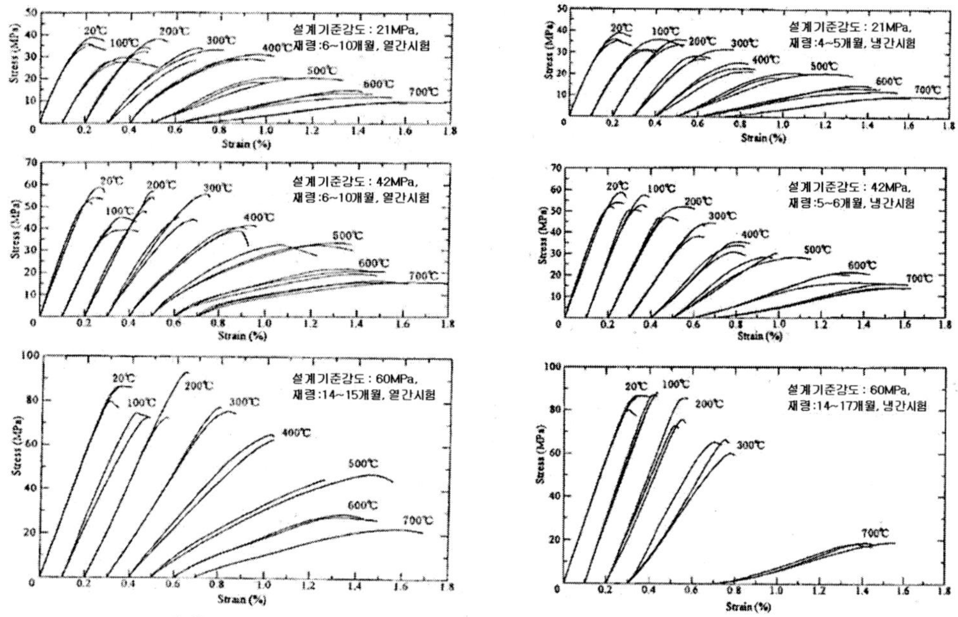

(a) 고온 시 (b) 가열 냉각 후

그림 2.4.3.1 고온 및 가열 냉각 후의 콘크리트의 응력–변형 곡선 (경질 사암 쇄석+육지 모래) [2]

(1) 고온 시의 응력–변형 관계

(a) 사용재료의 영향

슈나이더[60]는 고온 시 콘크리트의 응력-변형 곡선의 형상에 관해 압축강도나 탄성계수와 마찬가지로 주요한 영향요인은 골재시멘트비 및 골재의 종류이며, 시멘트 종류에 의한 영향은 비교적 작다고 하고 있다. 일본의 보고의 경우에도, 조골재에 경질사암을 사용한 콘크리트[2,4]와 석회암을 사용한 콘크리트 [77] 에서는, 응력-변형 곡선과 가열온도와의 관계에 있어서 어느 정도 다른 경향을 볼 수 있다 (특히, 가열 온도 400℃ 이상, 그림 2.4.3.1~2.4.3.3 참조). 또한, 시노하라(篠原) 등 [8]은 크기 ϕ75x150mm의 시험체를 이용하여 최대 조골재 치수 10mm와 20mm에서의 비교를 진행하였으며, 양자간에는 응력-변형 곡선에 명확한 차이는 없다고 보고하였다(그림 2.4.3.4 참조).

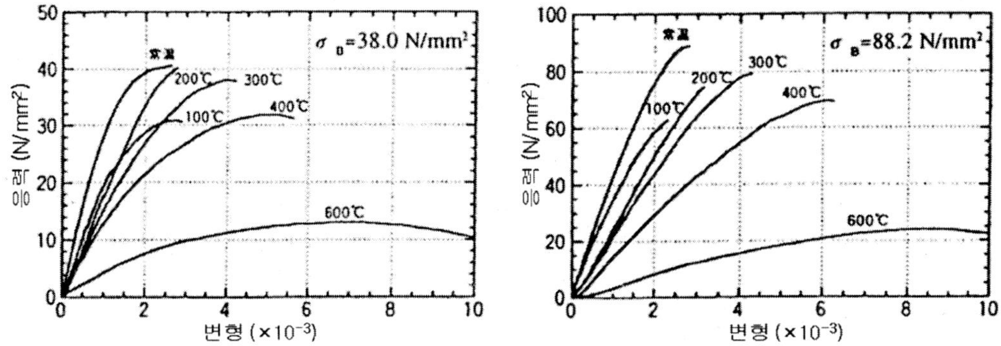

그림 2.4.3.2 고온 시의 콘크리트의 응력–변형 곡선 (경질 사암 쇄석+육지 모래) [4)]

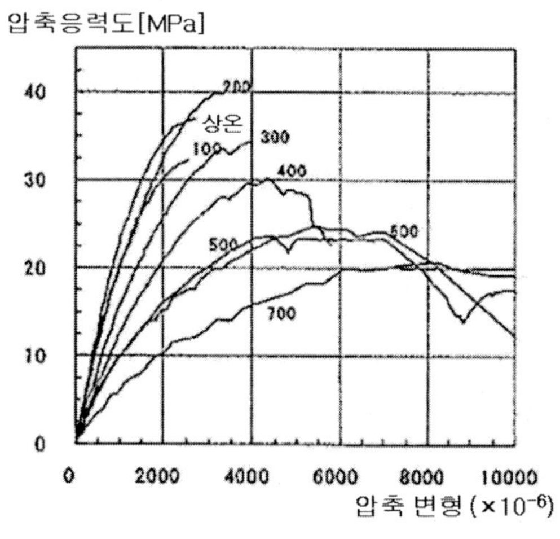

그림 2.4.3.3 고온 시의 콘크리트의 응력–변형 곡선 (석회암 쇄석+육지 모래) [77)]

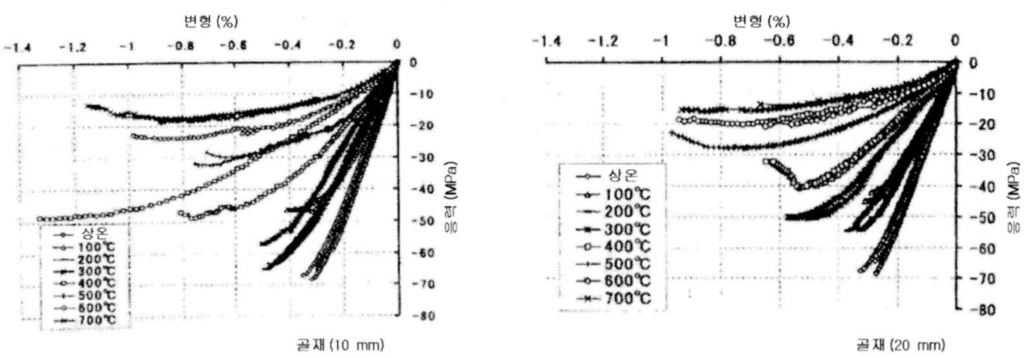

그림 2.4.3.4 골재 치수의 차이에 의한 고온시 콘크리트의 응력–변형 곡선 [8)]

압축강도 시 변형율의 발생량에 관해서도 골재의 종류에 의한 영향이 나타날 것으로 판단된다. 경질사암에 대해서는, 그림 2.4.3.5 및 그림 2.4.3.6에 나타낸바와 같이, 600℃까지는 가열온도가 높아짐에 따라 점증하지만, 600~700℃의 증가되는 비율이 비교적 작아짐을 나타내는 보고가 있다[2),7)]. 한편, 석회암 및 인공경량골재에 대해서는 그림 2.4.3.7 및 그림 2.4.3.8에 나타내듯이, 400~600℃로 보합을 나타내며 500~600℃ 이후 급격하게 증대하는 것을 나타낸 보고가 있다[6),1)].

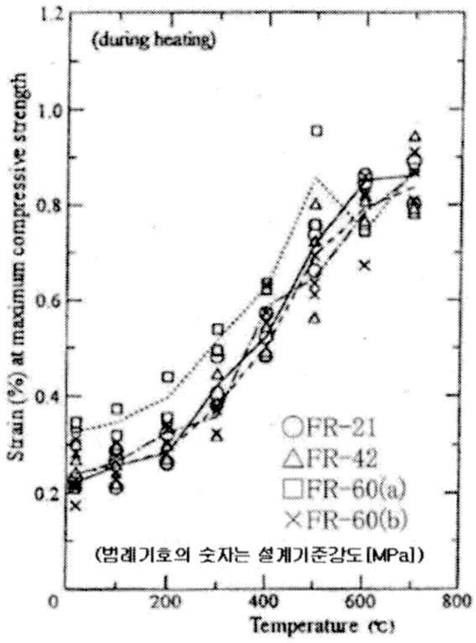

그림 2.4.3.5 고온 시의 콘크리트의 압축강도 시의 변형 [72)]

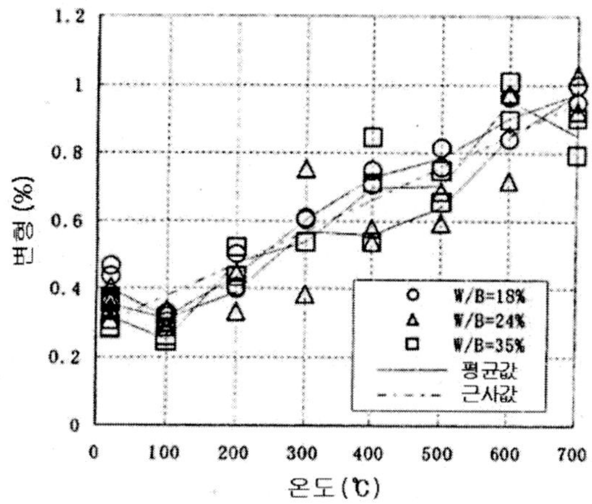

그림 2.4.3.6 고온 시의 콘크리트의 압축강도 시의 변형 (경질 사암 쇄석+육지 모래) [7)]

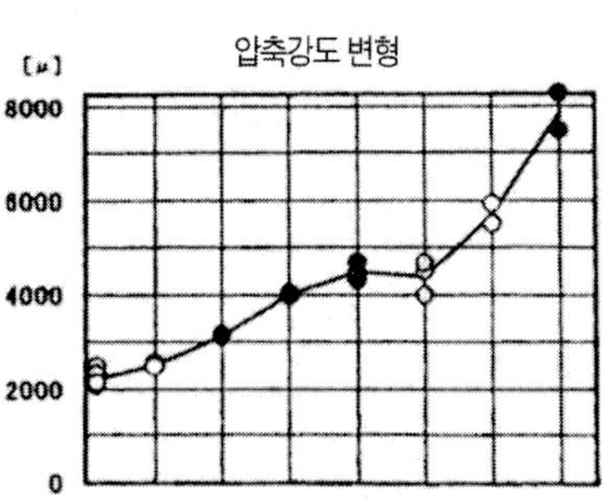

그림 2.4.3.7 고온 시의 콘크리트의 압축강도 시의 변형(석회암 쇄석+육지 모래) [6)]

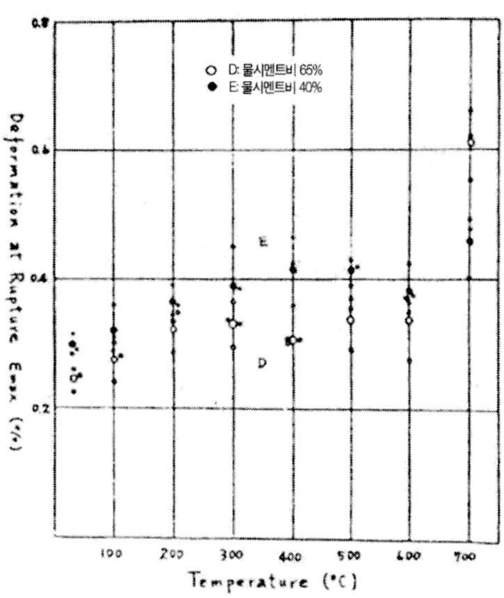

그림 2.4.3.8 고온 시의 콘크리트의 압축강도 시의 변형(인공 경량 골재(팽창 혈암) [1)]

(b) 배합의 영향

슈나이더[60]는 콘크리트의 물결합재비(또는 강도)는 응력-변형 곡선의 형상에 대해서 거의 영향을 주지 않는다고 보고하고 있다. 일본의 보고에서도, 그림 2.4.3.1, 그림 2.4.3.2 및 그림 2.4.3.9에 나타낸바와같이 [2),4),5)], 동종의 재료 배합이라면 물결합재비에 의하지 않고, 콘크리트의 응력-변형 곡선의 경향은 대체로 바뀌지 않는다. 또한 압축강도시 변형율의 발생량에 관해서도, 물결합재비나 강도의 차이에 의한 영향은 특별히 확인되지 않았다(그림 2.4.3.5, 그림2.4.3.6 참조[2),7)]).

한편으로 아베(阿部)[2),6)] 등은 500℃ 이상에서의 곡선기울기의 현저한 저하나 직선적이지 않게 되는 경향에 대해, 자유수, 흡착수 및 결합수의 빠른 배출에 따른 미세 공극의 증가 및 시멘트 페이스트 및 골재의 체적변화의 차이로 인해 생기는 내부응력 등이 복잡하게 작용하여 발생한 미세균열에 의한 것이라고 판단하였으며, 현상론으로서 시멘트 수화물의 존재가 응력-변형 곡선과 밀접한 관계가 있는 판단하고 있다.

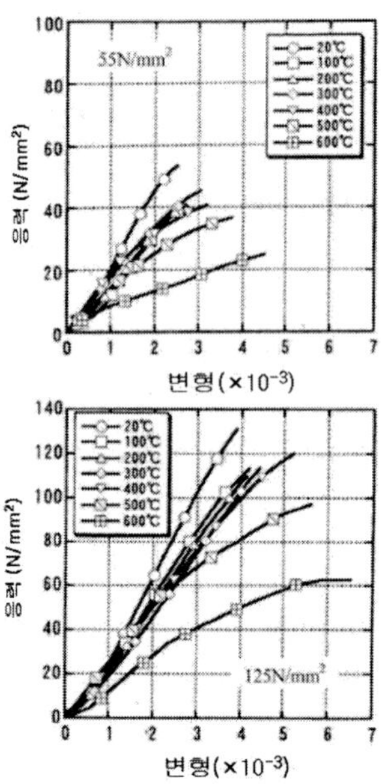

그림 2.4.3.9 고온 시의 각종 강도 시의 콘크리트의 응력 –변형 곡선 [5)]

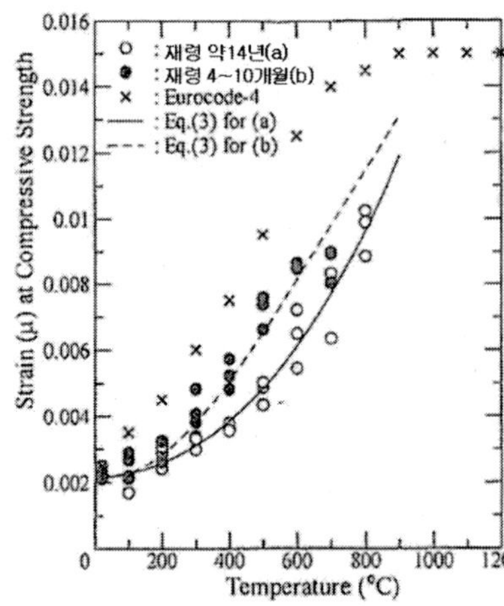

그림 2.4.3.10 재령이 압축강도 시의 변형에 미치는 영향 [12)]

(c) 실험 조건의 영향

① 재령

아베(阿部) 등[12]은 동일한 다량의 시험체를 이용하여, 재령 4~10개월과 재령 약 14년시의, 각각 고온시의 실험을 실시하였다. 그 보고에 따르면, 응력-변형 곡선의 형상에 재령의 영향은 보이지 않았지만, 고온시의 압축강도시 변형에 대해서는 재령이 긴 쪽이 발생량이 작다는 결과가 나타나고 있다 (그림 2.4.3.10 참조). 이에 대해 아베(阿部) 등은 시간경과에 따른 미수화 시멘트 입자의 수화반응 진행에 따른 시멘트 페이스트의 경화가 장기재령 시험체의 강성을 증가시켰기 때문으로 평가하고 있다. 한편, 마츠도(松戸)등 [78]은, 재령 3, 6, 12개월의 시험체로, 실험을 실시하고 있지만, 그 재령 범위에 있어서는, 응력-변형 곡선 및 압축 강도시 변형율에 재령에 의한 현저한 차이는 볼 수 없다고 보고하고 있다.

② 사전재하의 유무

Y.F.Fu 등 [15]는 사전재하로서 상온시에 있어서의 압축강도의 40%를 재하한 상태로 가열해, 소정의 온도에 이른 후, 다시 재하한 응력-변형 곡선에 대해 보고하고 있다 (그림 2.4.3.11참조). 또한 조우세타(常世田) 등[65]은 약 700℃까지 가열하는 동안 시험체의 신율이 제로가 되도록하는 구속력으로 사전재하를 실시해, 동일한 실험을 실시하고 있다 (그림 2.4.3.12 참조). 어느 보고에 있어서도 사전재하를 행했을 경우, 응력에 대해서 생기는 변형율이 작아지고, 응력-변형 곡선의 형상은 무재하의 경우와 비교해 크게 다른 것이 된다. 이것에 대해 조우세타(常世田) 등은 가열중에 구속력이 작용함으로써, 강도 및 탄성이 증가한 것으로 추정하고 있다.

③ 재하제어방법

응력-변형관계를 얻기 위한 시험시의 재하방법으로서, 응력속도제어와 변형속도제어의 2종류가 있다. 전자에서는 최대하중에 도달한 후의 강하곡선을 얻는 것이 어렵다. 후자에서는 압축시험기의 강성이 콘크리트의 강성을 충분히 웃돌아야만하며, 온도제어와의 양립 등으로 기술적으로 간단하지 않은 면도 있지만, 완전 제어할 수 있다면 그림 2.4.3.13에 나타나듯이 최대하중 도달 후의 강하곡선을 얻을 수 있다 [13]. 일본에서는 미야모토(宮本) [9]가 변형율 속도제어에 의한 단조재하 및 반복재하 시의 응력-변형율관계를 측정하였으며, 그 보고 내용의 일부를 그림 2.4.3.14에 나타낸다. 반복재하시의 응력-변형율관계는, 압축강도시 변형율에 이르는 근처까지는 단조재하의 그것과 거의 같지만, 압축강도시 변형율에 도달한 시점부터 응력이 저하되고 있다. 이에 대해 미야모토(宮本) 등은 반복하중의 하중을 제거할때에 공시체 내부의 손상이 확대될 것으로 평가하고 있다.

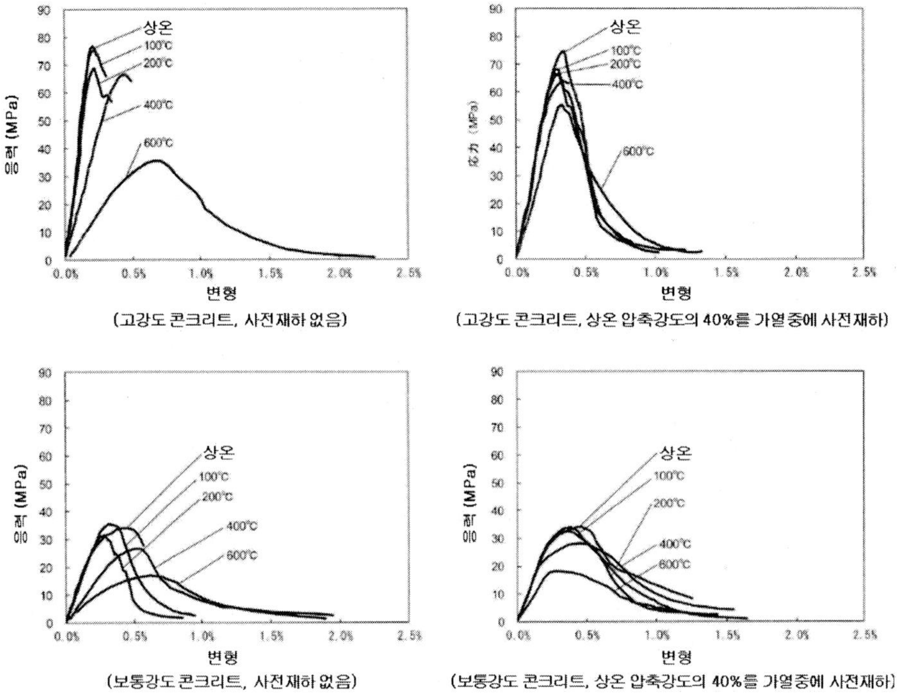

그림 2.4.3.11 고온 시의 응력-변형 곡선에 대한 사전 재하의 영향 [15)]

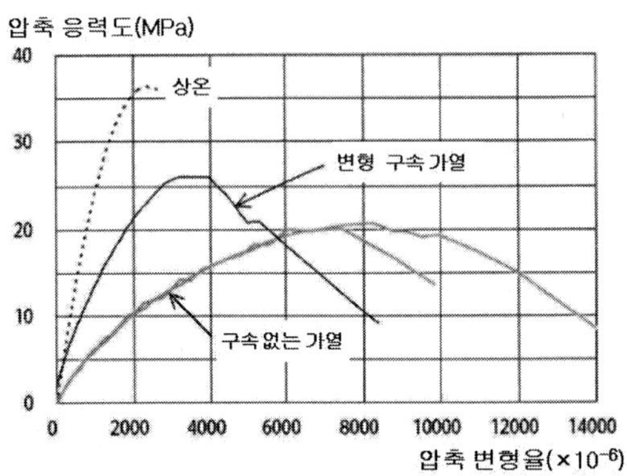

그림 2.4.3.12 고온 시(700℃)의 응력-변형 곡선에 대한 사전 재하의 영향 [65)]

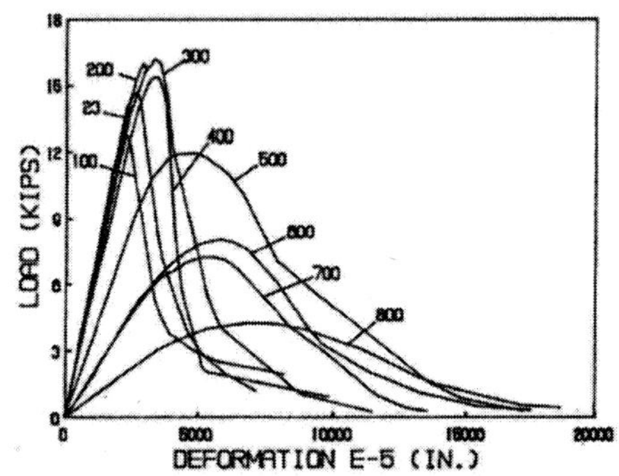

그림 2.4.3.13 변형율 속도제어에 의해 측정한 고온 시의 응력-변형 곡선(석회석 쇄석+강모래) [13)]

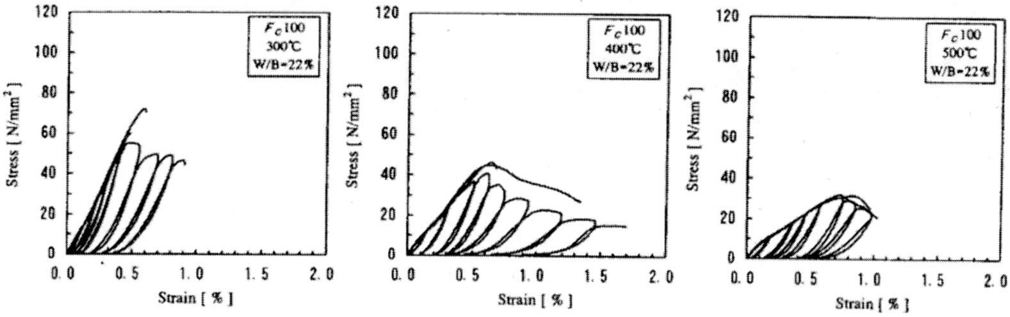

그림 2.4.3.14 변형 속도 제어에 의한 단조 재하 및 반복 재하시의 고온시의 응력-변형 곡선[9)]

④ 시험체의 치수

이치노세(一瀨)등의 보고[3)]에 따르면, 시험체 치수의 차이에 의한 응력-변형 곡선의 차이는 거의 볼 수 없다 (그림 2.4.3.15참조)고 보고하고 있다.

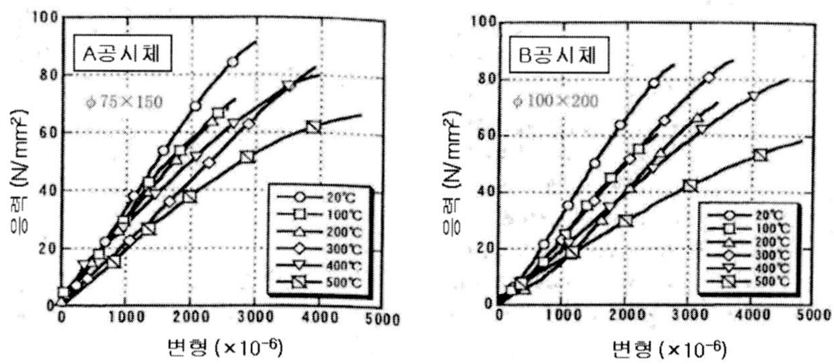

그림 2.4.3.15 시험체 치수 차이에 의한 고온 시의 콘크리트의 응력-변형 곡선[3)]

(d) 횡변형

미치코시(道越) 등[79)]은 물결합재비 22.5%, 30%, 50%의 콘크리트를 이용한 압축실험시, 가력방향의 축변형과 가력축에 직교하는 방향의 횡변형을 측정해 (그림 2.4.3.16 참조), 콘크리트의 3차원적인 변형 거동을 검토하였다. 그 과정에서 최대하중의 1/3에 해당하는 탄성계수 및 포아송비(횡변형/축변형)에 주목해, 포아송비는 물결합재비 30%, 50%에 대해 200℃로 저하하는 경향과 아울러 그 이후는 온도상승과 함께 증가하는 경향이 있다고 보고하고 있다.

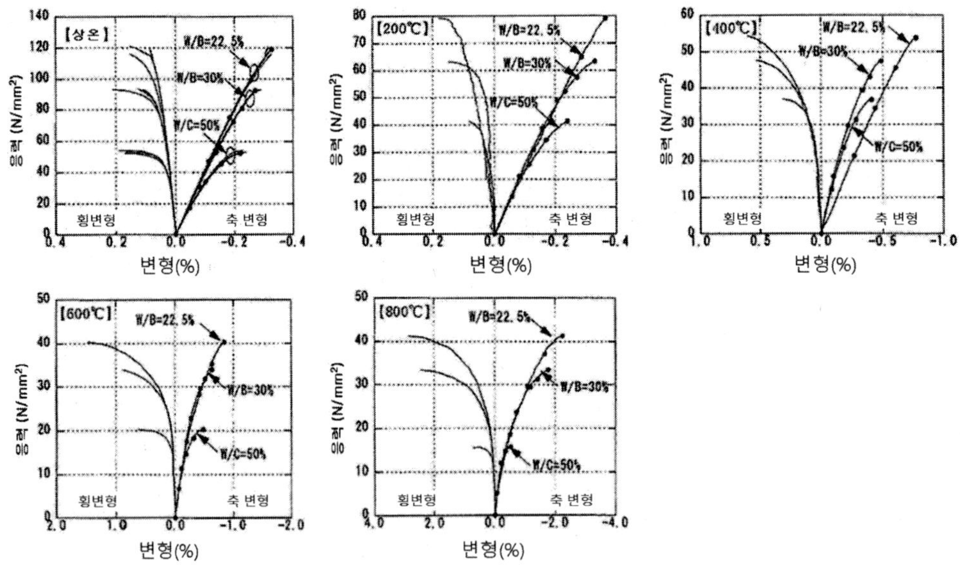

그림 2.4.3.16 고온 시의 콘크리트의 응력에 대한 축 변형과 횡 변형과의 관계 [79)]

(2) 고온 시의 응력–변형 관계

가열 냉각 후에 대해서도 대체적으로 고온시와 공통되는 경향이 관찰되고, 그 특징적인 사례들을 중심으로 기술한다.

(a) 사용재료에 의한 영향

모리타(森田) 등 [33)]은, 결합재에 중용열 포틀랜드 시멘트, 조골재에 경질사암 쇄석 또는 석회암 쇄석, 세골재에 육지모래를 사용한 물-결합재 대비 25%의 콘크리트에 대해서, 가열 냉각후의 응력-변형 곡선을 측정하였고, 그 결과를 그림 2.4.3.17에 나타낸다. 고온시의 경우와 마찬가지로 골재의 종류에 따라 응력-변형관계는 상이한 것으로 나타난다. 특히 석회암 쇄석을 사용한 콘크리트는 400℃와 500℃에서는 낮은 변형 영역에서 현저하게 아래쪽으로 볼록한 곡선으로 나타나고 있다. 이 경향은 그림 2.4.3.18에 나타내는 이치노세(一瀨)[35)]의 측정결과에서도 볼 수 있다. 또한 모리타(森田)등의 실험에서는, 경질사암 쇄석을 사용한 콘크리트의 경우, 콘크리트의 폭열저감에 유효한 폴리프로필렌 단섬유의 혼입(0.2 vol.%)의 유무도 파라미터로 하고 있다 (그림 2.4.3.17 참조). 이 결과를 보면, 폴리프로필렌 단섬유의 혼입에 의한 응력-변형율관계에의 영향은 크지 않은 것을 알 수 있다. 이 밖에 이치노세(一瀨) 등[28)]은 폭열방지용으로 비니론섬유를 혼입(0.5 vol.%)한 콘크리트에 대해 응력-변형관계를 측정하고 있으나 비닐론 섬유 혼입에 따른 차이는 확인할 수 없다고 설명하였다.

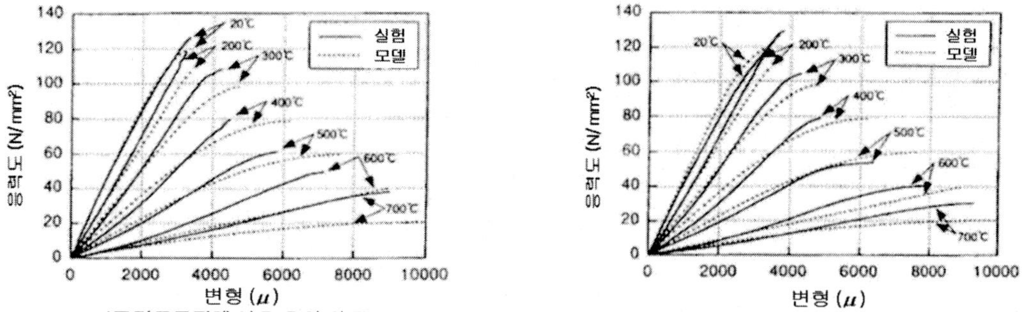

〈폴리프로필렌 섬유 혼입 없음〉 〈폴리프로필렌 섬유 혼입 있음〉

그림 2.4.3.17 (a) 가열 냉각 후의 콘크리트의 응력-변형 곡선 (경질 사암 쇄석+육지모래) [33]

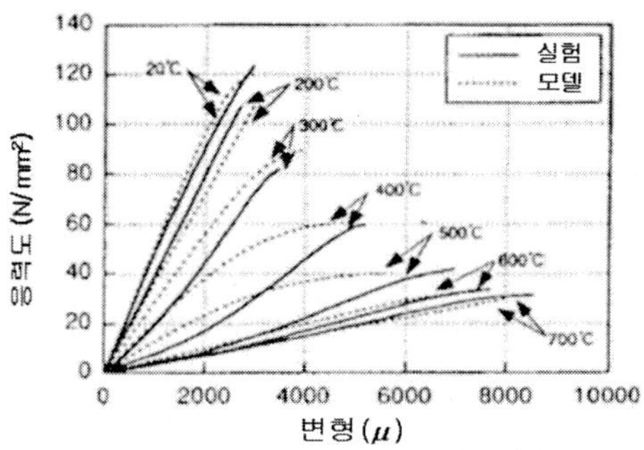

〈폴리프로필렌 섬유 혼입 없음〉

그림 2.4.3.17 (b) 가열 냉각 후의 콘크리트의 응력-변형 곡선 (석회암 쇄석+육지 모래) [33]

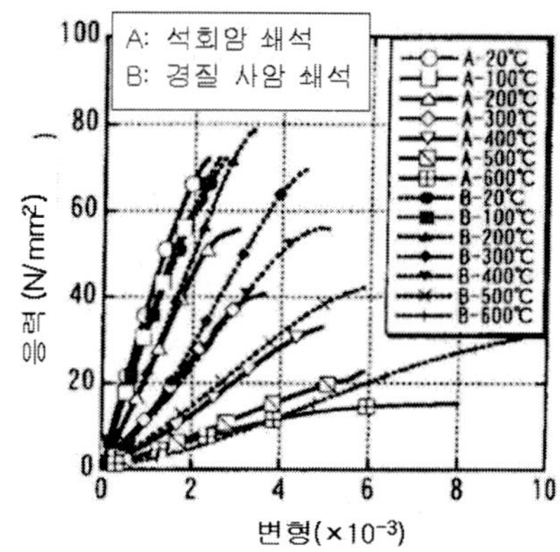

그림 2.4.3.18 가열 냉각 후의 콘크리트의 응력-변형 곡선 (경질 사암 쇄석+육지 모래) [35]

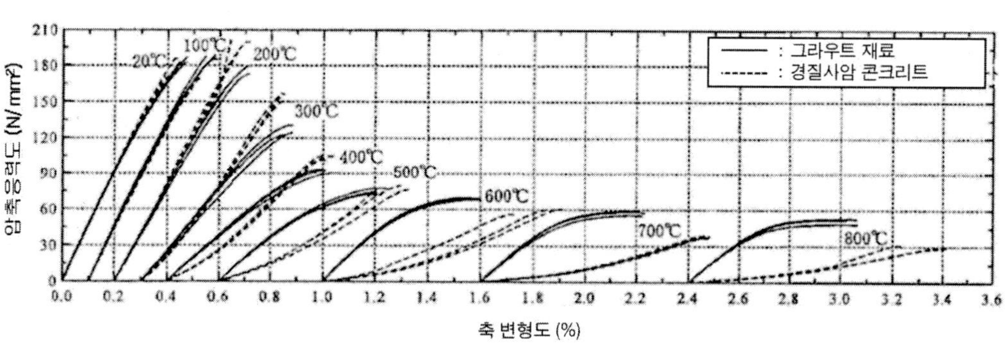

그림 2.4.3.19 가열 냉각 후의 고강도 무수축 모르타르의 응력-변형 곡선 [80]

또한 마츠도(松戸)등 [80]은, 고강도 무수축 모르타르 (그라우트 재료, 압축강도: 약 180N/mm^2) 에 대해서, 가열 냉각후의 응력-변형 관계를 측정하고 있다. 그림 2.4.3.19에서 나타낸 바와같이 응력-변형 곡선은 S자형을 나타내지 않고, 위로 볼록한 곡선으로 나타나고 있다. 이에 대해 마츠도(松戸) 등은 그라우트 재료의 경우 조골재가 없으므로, 모르타르와 조골재의 열팽창 차이로 인한 시험체 내부의 미세 균열이 발생하지 않았기 때문이라고 고찰하고 있다. 압축강도시의 변형은 400℃까지는 직선으로 증대되지만, 그 이후는 옆으로 기울어지는 경향이 나타나고 있다.

압축강도 시의 변형에 대해서도, 골재의 종류에 따른 영향이 나타났으며, 그림 2.4.3.20 및 그림 2.4.3.21에서 알 수 있듯이, 경질사암 쇄석을 사용한 콘크리트와 석회암 쇄석을 사용한 콘크리트에서는 300℃이상의 온도에서의 경향이 상이한 것이 보고되었다[33),35)]. 또한 폭열방지용으로 비닐론 섬유나 폴리프로필렌 섬유를 혼입해도, 압축 강도시 변형에 미치는 영향은 작은 것을 알 수 있다(그림 2.4.3.20, 그림 2.4.3.22 참조) [28)].

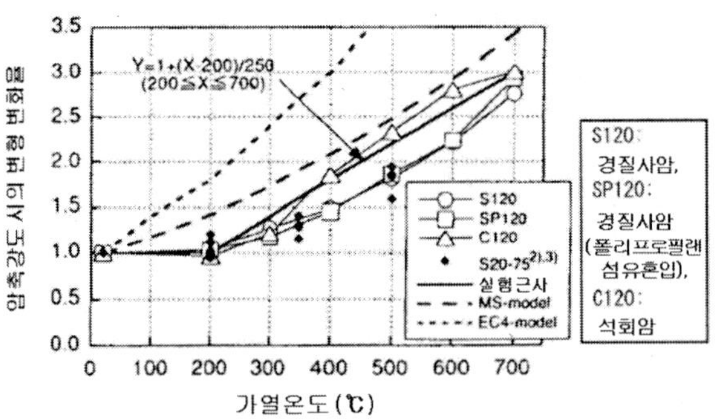

그림 2.4.3.20 골재의 종류나 섬유의 유무에 따른 가열온도와 압축강도 시의 변형의 변화율 [33)]

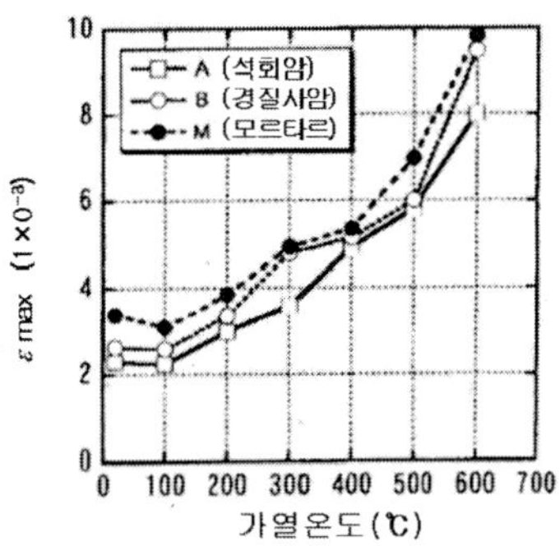

그림 2.4.3.21 골재의 종류에 의한 가열온도와 압축강도 시의 변형율의 변화율 [35)]

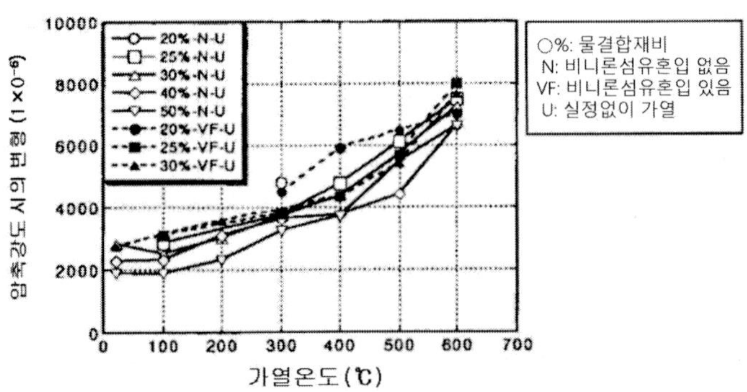

그림 2.4.3.22 섬유의 유무나 물결합재비에 차이에 따른 가열온도와 압축강도 시의 변형 [28)]

(b) 배합에 따른 영향

가열 냉각 후의 응력-변형 곡선은 전술한바와 같이 S자형을 나타내는 경향(그림 2.4.3.1 참조)이 있는데, 이에 대해 아베(阿部) 등[2]은 시멘트 페이스트 및 골재의 팽창수축, 온도기울기 등에 의해 야기되는 시험체 내부의 미세균열이 가열중뿐 아니라 냉각기간에서도 발생하고 있으며, 그 영향이 결과에 나타난 것이라고 고찰하고 있다. 그러나, 통상의 강도 영역 (W/C=58%)으로부터 고강도 영역 (W/C=32%)까지, 그 경향은 각 실험 결과에서 공통적인 결과로서, 이러한 실용적 범위에서의 물결합재비의 차이에 의한 응력-변형 곡선의 형상에 대한 영향은 거의 없다는 것으로 판단된다.

또한 압축강도 시 변형의 온도에 대한 발생량에 관해서도, 물결합재비의 차이에 의한 영향은, 그림 2.4.3.22에 나타낸바와 같이, 특별히 확인되지 않고 있다.

(c) 실험조건에 따른 영향

① 가열중의 수분배출의 유무

이치노세(一瀨) 등[28]은 부재 내부의 콘크리트를 상정하여, 가열중에 수분배출이 생기지 않도록 강제로 제작한 용기에 밀봉하여 봉함 상태로 한 시험체에 대하여, 100℃ 및 200℃에서의 응력-변형 관계를 측정하였다 (그림 2.4.3.23 참조). 봉함했을 경우, 200℃에 있어서도 곡선의 기울기가 거의 저하되지 않고, 상온시와 거의 같은 응력-변형 곡선을 나타내고 있다.

② 사전재하의 유무

조우세타(常世田) 등[65]은, 상온 압축강도의 15%, 30%, 45%의 사전재하를 실시한 다음, 가열 냉각후의 응력-변형 곡선을 측정하고 있다 (그림 2.4.3.24 참조). 사전재하의 영향은 고온시(그림 2.4.3.11, 2.4.3.12 참조)와 같지만, 사전재하를 실시한 경우에도, S자형을 나타내는 경향이 관찰되었다.

③ 가열 후의 양생

니시다(西田)등[39]은, 물결합재비 16%의 초고강도 콘크리트에 있어서, 가열 직후의 시험체의 응력-변형 관계와, 가열 후 6개월간 표준양생을 실시한 시험체의 응력-변형 관계를 측정하였다 (그림 2.4.3.25, 그림 2.4.3.26 참조). 쌍방의 응력-변형 곡선을 보면, 가열 후 양생을 하더라도 압축강도의 회복은 거의 인정되지 않지만, 압축강도시 변형에 대해서는 양생을 진행한 쪽이 확실히 적어지고 있다. 즉, 가열 후의 양생에 의해서 곡선의 기울기가 커짐으로서, 탄성계수가 회복되는 경향이 있고, 또한, 응력-변형 곡선의 형상에 관해서도, 양생후는 가열직후와 비교하여 S자형의 정도가 약해진다고 하는 차이가 나타나고 있다.

그 밖에 마츠도(松戸)등[42]도, 가열 후의 양생방법에 대해 기중양생과 수중양생을 비교하고 있다 (그림 2.4.3.27 참조). 기중양생의 경우, 가열온도 및 양생기간(28~730일)에 관계없이 양생 후의 응력-변형 곡선은 가열 직후의 곡선과 거의 차이가 없다. 한편, 수중양생의 경우, 200℃ 이상에서는 가열직후의 S자형의 곡선으로부터 직선적인 기울기, 또는 위로 볼록한 곡선으로 이행되고 있으며, 그러한 경향은 가열된 온도가 높고 양생기간이 길수록 현저한 것을 보고하고 있다.

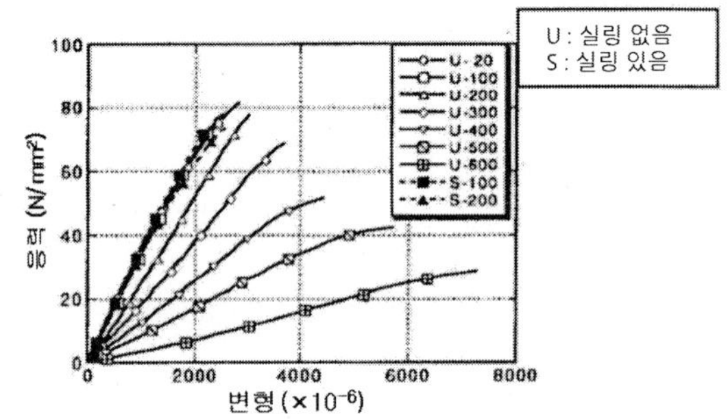

그림 2.4.3.23 실의 유무에 따른 가열 냉각 후의 콘크리트의 응력-변형 곡선[28]

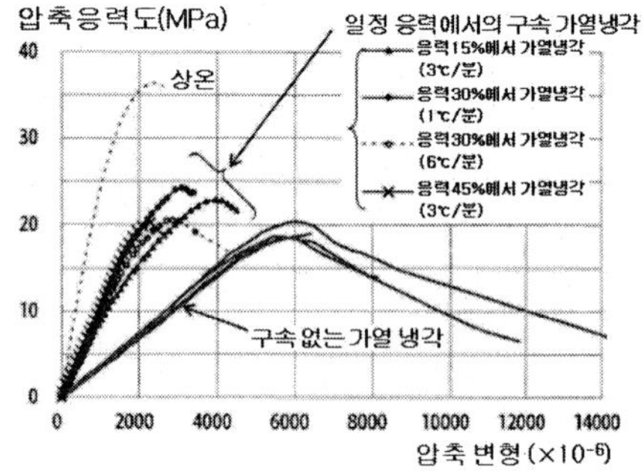

그림 2.4.3.24 가열 냉각 후(700℃)의 응력-변형 곡선에 대한 사전재하의 영향[65]

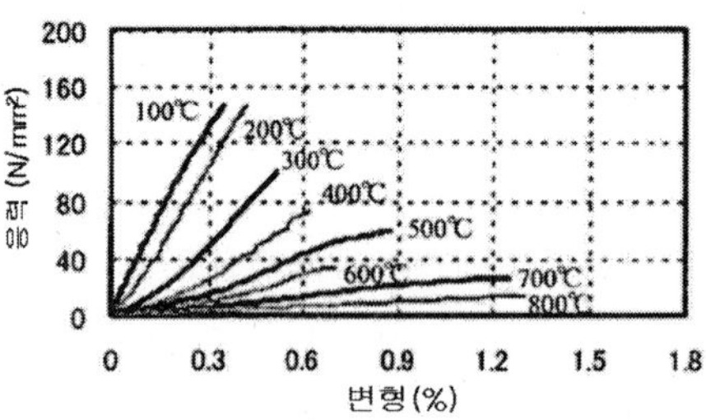

그림 2.4.3.25 가열 직후의 콘크리트의 응력-변형 곡선[39]

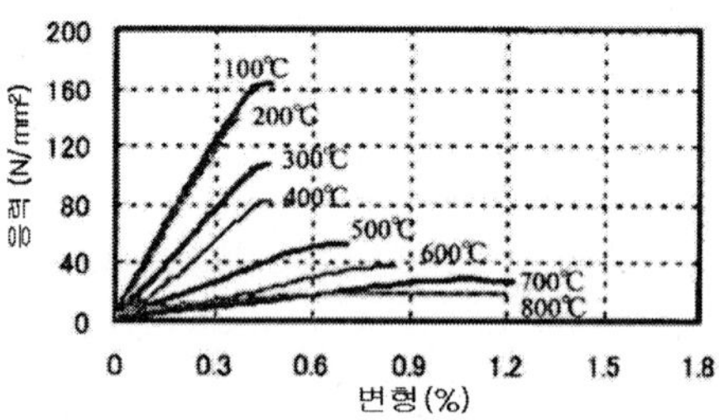

그림 2.4.3.26 가열 후 6개월간 표준양생한 콘크리트의 응력-변형 곡선[39]

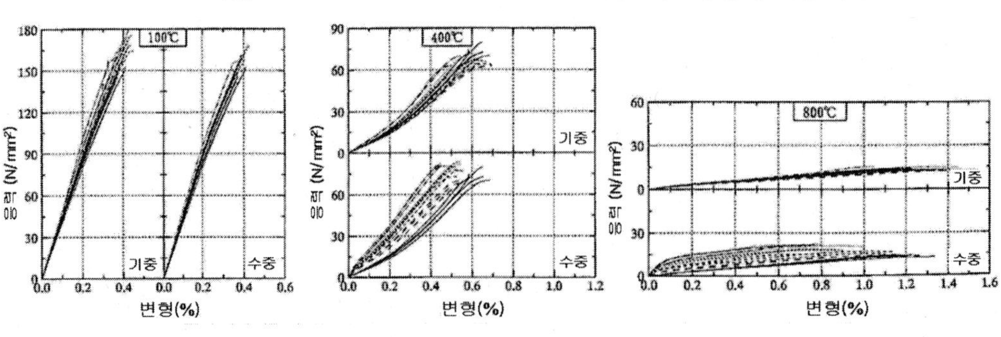

그림 2.4.3.27 가열 냉각 후의 응력-변형 곡선에 대한 가열 후의 양생조건의 영향[42]

④ 시험체의 치수

마츠도(松戸) 등의 보고[42]에 의하면, 시험체 치수의 차이에 따른 응력-변형 곡선의 차이는 거의 없는 것을 알 수 있다(그림 2.4.3.28 참조).

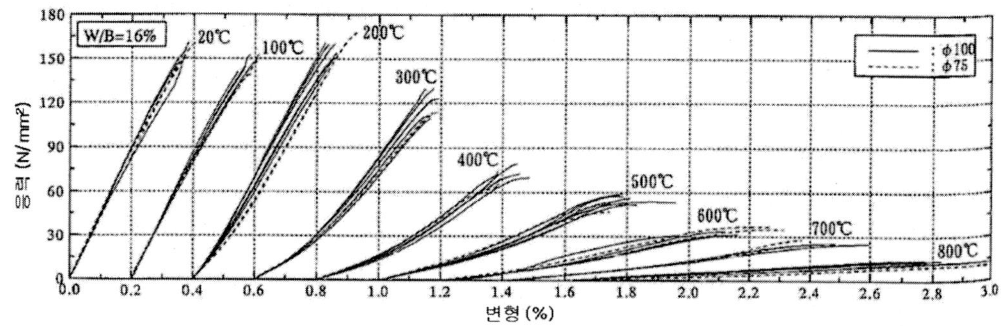

그림 2.4.3.28 시험체 치수의 차이에 따른 가열 냉각 후의 콘크리트의 응력–변형 곡선[42]

(3) 응력–변형 관계의 정식화에 대하여

(a) 고온 시의 압축강도에 대한 변형의 정식화 사례

그림 2.4.3.29에, 일본의 기존문헌[1),8),12),20),78),79)]에 따라, 고온에서의 압축강도 시 변형에 대하여 상온시부터 증가비를 측정결과로부터 조사하여, 콘크리트에 사용하고 있는 골재종류별로 정리한 그래프를 나타낸다. 대부분의 결과에서 압축강도시 변형은 차이가 있지만, 100℃에서는 상온에 비해 그다지 증가하지 않으며, 200℃부터 온도상승과 더불어 증가하는 경향을 보인다. 다만, 인공경량골재 (팽창혈암)를 사용한 콘크리트[1)]는 다른 콘크리트보다도 고온시의 증가비는 작다. 또한, 안산암을 사용한 콘크리트의 일부[79)]는 700℃에서 800℃로 있어서 증가비가 급증하고 있다.

그림 2.4.3.29에는 기존데이터[1)~8),12),20),23),78),79)]의 평균값 (인공경량골재의 데이터는 제외), 및 고온시의 압축강도시 변형율을 정식화하고 있는 문헌[7),12),78)]의 제안식에 근거한 증가비, 또는 "제안값"으로서 기존 데이터의 평균값에 근거해 정식화한 고온시의 압축강도에 대한 변형 증가비를 같이 나타내었다.

「2.4.1 압축강도」「2.4.2 탄성계수」와 마찬가지로, 고온시의 압축강도시 변형율은 (2.4.3.1)식으로 나타낼 수 있다.

$$\varepsilon_{cu}(T) = \varepsilon_{cu}(20) \times \kappa_{\varepsilon cu}(T) \qquad (2.4.3.1) \text{ 식}$$

여기서, $\varepsilon_{cu}(T)$: 온도 T℃의 압축강도에 대한 변형

T : 가열온도(℃)

$\varepsilon_{cu}(20)$: 온도 20℃(상온)의 압축강도에 대한 변형

$\kappa_{\varepsilon cu}(T)$: 온도 T℃ 시에 대한 상온시부터의 압축강도에 대한 변형 증가비

즉, 고온시의 압축강도시 변형 증가비 $\kappa_{\varepsilon cu}(T)$는 온도T와 $\kappa_{\varepsilon cu}(T)$의 관계에 대해서, (20℃, 1.0), (100℃, 1.0), (200℃, 1.1), (700℃, 3.0), (800℃, 3.8)을 연결하는 절선이다.

(b) 가열 냉각후에 대한 압축강도시 변형의 정식화 사례

그림 2.4.3.30에 일본의 기존문헌[2),28),30),31),33),35),42)] 에 따라, 가열냉각 후의 압축강도시 변형에 따라 상온시(가열전)로부터 증가비를 측정결과로부터 조사하여, 콘크리트에 사용하고 있는 골재 종류별로 정리한 그래프를 나타낸다. 고온시와 마찬가지로 압축강도시 변형율은, 100℃에서는 상온에 비해 크게 증가하지 않았고, 200℃부터 온도상승에 따라 증가하는 경향을 나타내고 있다.

그림 2.4.3.30에는 기존 데이터[2),28),30),31),35),42)]의 평균값 및 가열냉각 후의 압축강도시 변형 증가비를 정식화하고 있는 문헌[31),33)]의 제안식에 근거한 증가비 또는 "제안값"으로서 기존데이터의 평균값에 근거하여 정식화된 가열냉각 후의 압축강도시 변형 증가비를 함께 나타내었다.

고온시와 마찬가지로, 가열 냉각 후의 압축강도 변형은 (2.4.3.2) 식으로 나타낼 수 있다.

$$\varepsilon_{cur}(T_r) = \varepsilon_{cu}(20) \times \kappa_{\varepsilon cur}(T_r) \qquad (2.4.3.2) \text{ 식}$$

여기서, $\kappa_{\varepsilon cur}(T_r)$: 가열냉각후의 압축강도에 대한 변형

T_r : 가열온도(℃)

$\varepsilon_{cu}(20)$: 온도 20℃(상온)의 압축강도에 대한 변형

$\kappa_{\varepsilon cur}(T_r)$: 가열냉각후의 경우, 상온시(가열전)부터의 압축강도에 대한 변형 증가비

즉, 가열 냉각 후의 압축강도시 변형 증가비 $\kappa_{\varepsilon cur}(T_r)$는, 온도 T_r과 $\kappa_{\varepsilon cur}(T_r)$의 관계에 대해서, (20℃, 1.0), (200℃, 1.0), (800℃, 3.3)을 연결하는 절선이다.

고온시 및 가열냉각 후의 압축강도시 변형 증가비의 제안값을 표 2.4.3.1로 정리하여 나타낸다.

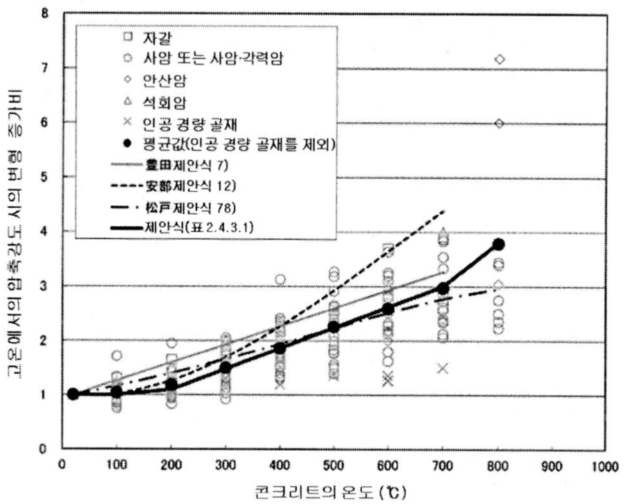

그림 2.4.3.29 기존의 데이터에서 고온 시의 콘크리트의 압축 강도시 변형 증가 비율

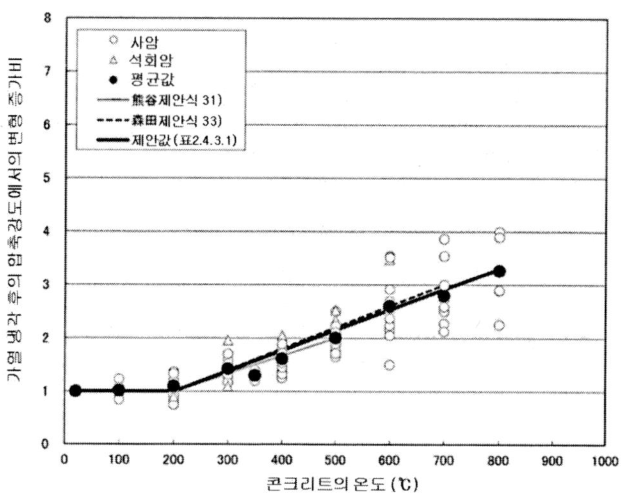

그림 2.4.3.30 기존의 데이터에서 가열 냉각 후의 콘크리트의 압축 강도시 변형 증가 비율

표 2.4.3.1 압축강도시 변형 증가비의 제안값

<table>
<tr><th>콘크리트 온도(℃)
T, Tr</th><th>고온 시의 증가비
$\kappa_{\varepsilon cur}(T_r)$</th><th>가열 냉각 후의 증가비
$\kappa_{\varepsilon cur}(T_r)$</th></tr>
<tr><td>20</td><td>1.0</td><td>1.0</td></tr>
<tr><td>100</td><td>1.0</td><td>1.0</td></tr>
<tr><td>200</td><td>1.1</td><td>1.0</td></tr>
<tr><td>300</td><td rowspan="4">직선보간식
$(3.80\times10^{-3}\times(T-200)+1.1)$</td><td rowspan="5">직선보간식
$(3.83\times10^{-3}\times(T_r-200)+1.0)$</td></tr>
<tr><td>400</td></tr>
<tr><td>500</td></tr>
<tr><td>600</td></tr>
<tr><td>700</td><td>3.0</td></tr>
<tr><td>800</td><td>3.8</td><td>3.3</td></tr>
</table>

(c) 응력-변형 곡선의 정식화

일반적인 콘크리트의 응력-변형 곡선의 정식화는, 아리나가(在永)[81], Popovics[82]등에 의해서 진행되었다. 또한, 고온시의 응력-변형 곡선의 정식화는 Anderberg 등 [14]에 의해서 이루어졌다. 가열냉각 후의 응력-변형 곡선에 대해서는 모리타(森田) 등 [33]이 골재의 종류에 따르지만, 가열냉각 후의 콘크리트 압축강도시 변형을 고온시의 응력-변형 곡선 모델에 적용함으로써, 전반적으로 근사가 가능한 것으로 보고하고 있다.

Eurocode (EN 1992-1-2: 콘크리트 구조물의 내화설계[83] 및 EN 1994-1-2: 강 콘크리트 복합구조물의 내화설계 [69]) 에서는, Popovics[82]에 의한 제안식인 (2.4.3.3) 식에 고온시의 압축강도 (고온시의 강도잔존비)와 압축강도시 변형율을 취하여, 내화설계에 이용하는 고온시의 콘크리트의 응력-변형 곡선을 규정하였다. Eurocode에서 규정하는 압축강도시 변형은, 2005년의 발행이래, 다음 항 2.4.4에서 해설하는 천이온도 크리프를 고려한 값으로 되어있으며, 본항에 나타낸 것과 같은 정상온도 압축시험에 근거한 값에 비해, 상당히 크게 설정되어 있다. (참고; 1994년의 원안단계에서는 보다 낮게 설정되었음.) Eurocode의 경우, 압축강도시 변형과 온도의 관계 및 고온시의 응력-변형 곡선[69]을 그림 2.4.3.31에 나타낸다. Eurocode에서는 온도에 관계없이 n을 일정하게 하고, 보통 콘크리트에 대하여는 n=3을 부여한다. 또한 최대하중 이후의 하강곡선은, 별도의 직선기울기로 규정하고 있다.

$$\sigma = \sigma_0 \frac{\varepsilon}{\varepsilon_0} \frac{n}{n-1+\left(\varepsilon/\varepsilon_0\right)^n} \qquad (2.4.3.3) \text{ 식}^{82)}$$

여기서, σ: 응력, ε : 변형, σ_0: 압축강도, ε_0 : 압축강도시 변형

n: 압축강도의 함수로서 주어지는 값

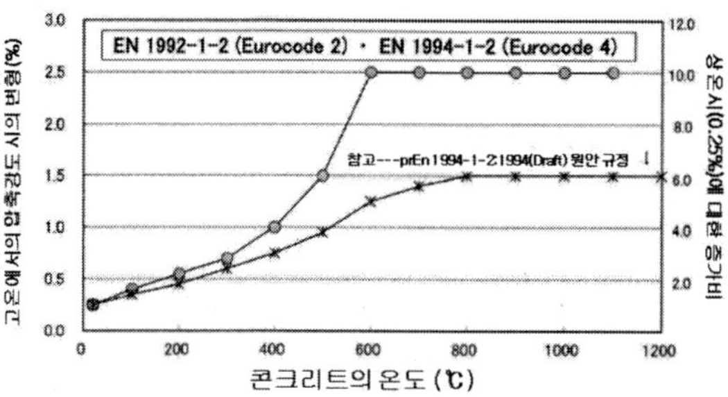

그림 2.4.3.31 (a) Eurocode에서 압축강도 시의 변형과 온도와의 관계 (보통 콘크리트) [69]

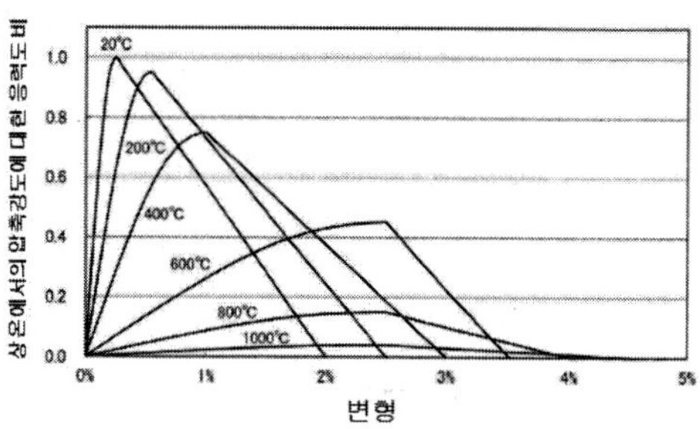

그림 2.4.3.31 (b) Eurocode에서 고온 시의 응력-변형 곡선 (보통 콘크리트) [69]

토요타(豊田)등 [7]은, Popovics식을 기본으로, 압축강도와 압축강도시 변형율을 온도의 함수로 나타냈으며, Eurocode와 같은 n=3을 이용해 고온시의 응력-변형 곡선을 수치화하고 있다. 그 계산결과와 실험결과와의 비교를 그림 2.4.3.32에 나타낸다.

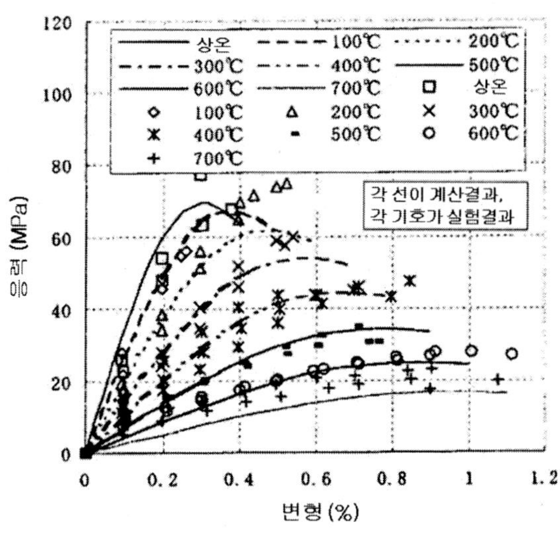

그림 2.4.3.32 Popovics식에 의한 응력-변형 곡선의 계산 값과 실험값 [7]

Popovics식의 n은, 그 값에 따라 응력-변형 곡선의 형상이 조정됨으로서, 이 n에 대하여 검토한 연구가 이루어지고 있다.

모리타(森田) 등[70]은 n은 온도와 가열중의 하중 수준에 의존성이 있다고 하며, 그림 2.4.3.33과 같은 관계를 보고하고 있다. 이 관계에 따르면, 응력 수준이 0의 경우에는, 보통 콘크리트에 관해서 관례적으로 이용되는 n=3보다도, 각 온도 전반에 걸쳐 n의 값은 작다고 보고하고 있다.

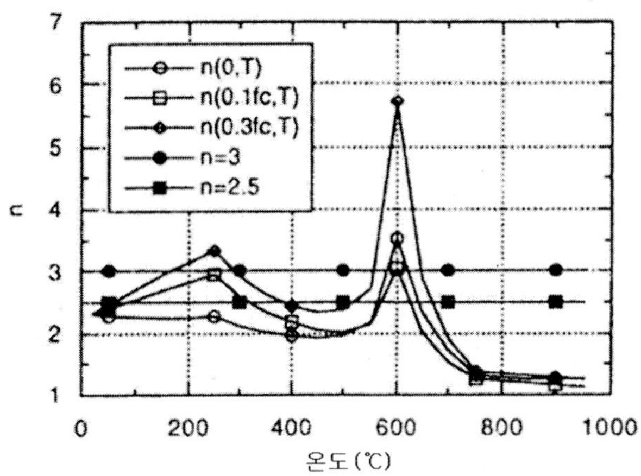

그림 2.4.3.33 n과 온도 및 하중 수준과의 관계 [70]

미야모토(宮本)등[9]은, 설계기준강도 60 N/mm^{2}급, 80N/mm^{2}급, 100N/mm^{2}급의 고강도 콘크리트에 대해서, 고온실험으로 얻은 응력-변형 곡선에 따라 압축강도 · 압축강도시 변형을 정하여, (2.4.3.4) 식으로 나타낸바와 같이 Popovics식의 n을 온도 T의 지수함수로 제안하고 있다. 그림 2.4.3.34는, 미야모토(宮本) 등이 진행한 실험값과 계산값의 비교를 나타낸 것이다. 각 온도에서 n을 조절함으로서, 실험값을 양호하게 근사 할 수 있다는 것을 나타냈다.

$$n = 10.7e^{-0.0015T} \qquad (2.4.3.4) \text{ 식}^{9)}$$

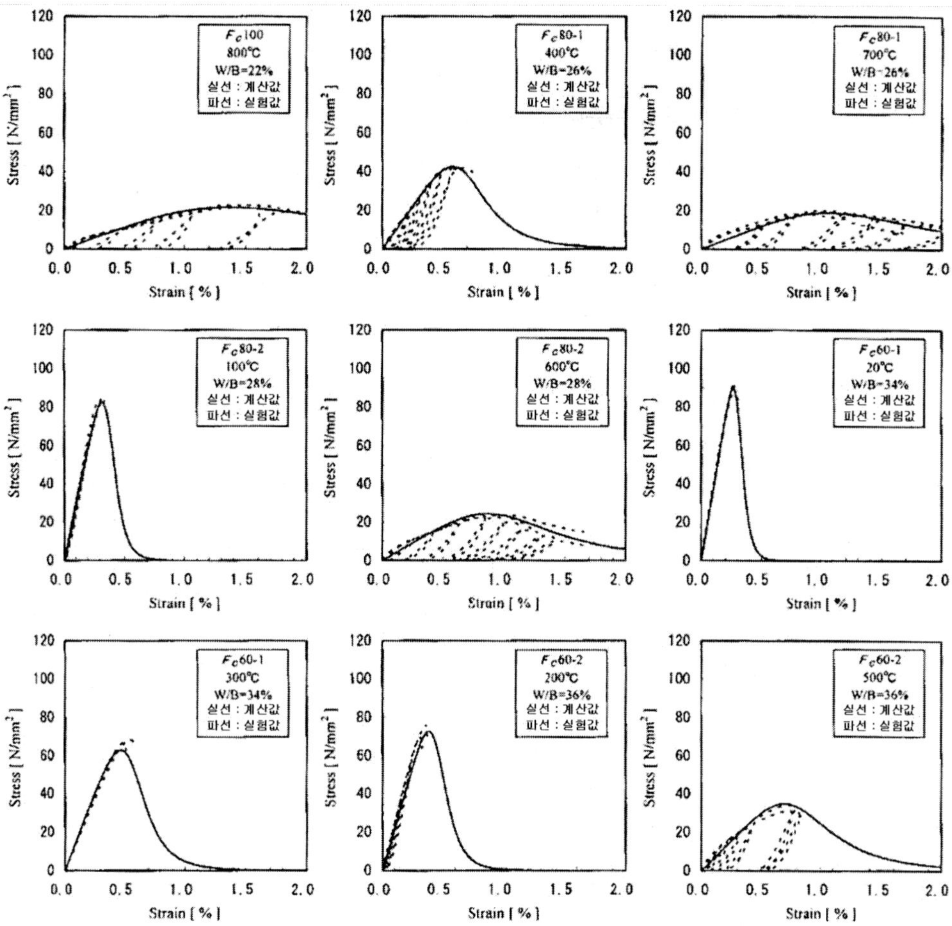

그림 2.4.3.34 Popovics식에 따른 응력–변형 곡선의 계산 값과 실험값 [9)]

2.4.4 압축응력하에서 온도 변화에 따른 변형

일정한 압축응력하에서 가열된 콘크리트 공시체의 온도 및 변형 이력을 측정하여 그림 2.4.4.1[84)]과 같이 변형-온도 곡선을 얻을 수 있다. 이와같이 얻어진 변형은 열팽창과 건조 수축 이외에 소성 변형을 포함한 압축 응력에 의한 기계적 수축 변형이 합쳐진 것으로 생각되며, 전변형(Total Strain)이라 불린다. 또한 응력 제로(무재하)상태의 가열시험중 변형측정에서 자유열변형(Free Thermal Strain)이 얻어진다.

일정한 응력에서 전 변형과 자유열변형의 차이는, 압축 응력에 의해 생긴 수축 변형이라고 말할 수 있지만, 전항 2.4.3에 나타낸 바와 같이 정상 온도 조건에서의 응력 변형 관계(고온시)와 비교하면 현저하게 큰 수축이되는 것으로 알려져 있다. 예를 들어 그림 2.4.4.2에 나타낸바와 같이 동일한 온도 응력 상태에 있어서도 가열후 재하한 경우 (A→B→D 및 A→C→E)와 재하후 가열한 경우 (A→F→G 및 A→F→H)와는 결과적으로 변형 총량에 차이가 나타나 후자가 보다 크게 수축되는 경향을 보인다.[85] 콘크리트 구조물의 화재시 변형 거동을 예측 계산할 때에는 전항 2.4.3에 나타난 바와 같은 정상 온도 상태에서의 응력 변형 관계와는 다른 것으로, 압축 응력에서 온도 변화에 의한 변형을 고려할 필요가 있다는 것을 알수 있다.

본 절에서는, 압축 응력에서 가열실험을 통해 전변형을 측정한 보고의 일예를 나타내었고 동시에, 이러한 고온 변형 거동을 공학적으로 처리하는 모델에 대해 서술한다.

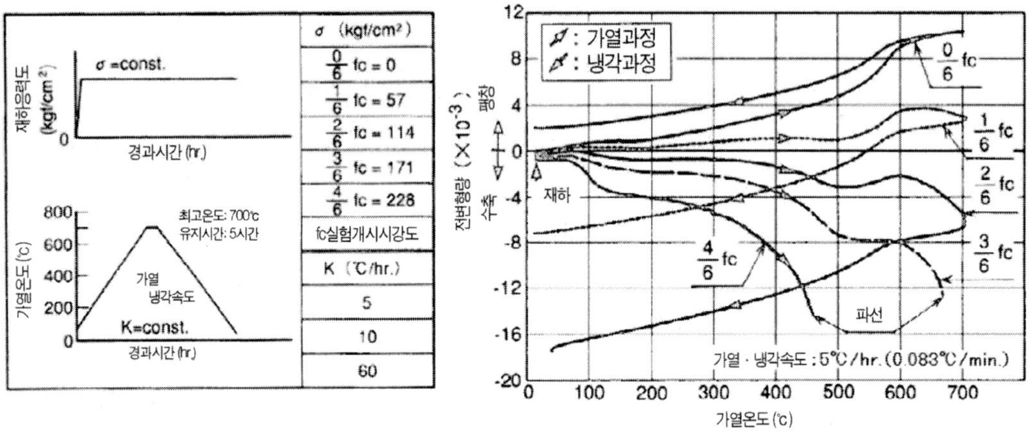

그림2.4.4.1 경질 사암 쇄석을 이용한 콘크리트의 변형 온도 곡선 (냉각과정 포함)[84]

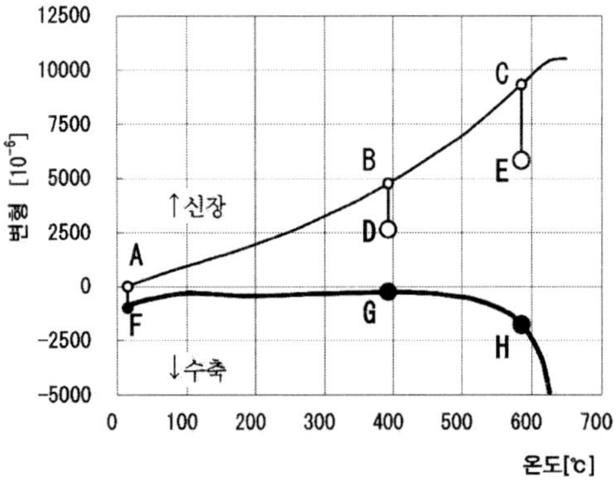

A→B→C : 압축응력이 없는 상태에서의 가열
B→D,C→E : 정상 온도 상태에서 상온 압축 강도의 60%를 재하
A→F : 상온에서 상온 압축 강도의 60%를 재하
F→G→H : 강도 60%의 압축 응력을 유지한 상태에서의 가열

※ D와 G, E와 H는 각각 동일한 온도 응력 상태이지만, 거기에 이르는 과정의 차이에 의해 변형의 양이 다르다.

그림 2.4.4.2 다른 재하 가열 과정의 전변형 (석회암 쇄석을 이용한 콘크리트 실험 결과에 따름)[85]

(1) 수축 변형의 발생 메커니즘

가열중 응력에 의한 수축 변형의 발생 메카니즘에 대해서, Hassen들의 보고[86] 에 정리된 여러 가지 학설을 여기에 인용 한다.

여기서 Hassen들은, 압축응력에서 가열시 특유의 수축 변형을 전이 온도 크리프 (Transient Thermal Creep)라고 부르고 있다. 이 천이 온도 크리프는 일정한 응력에서 전변형과 자유열 변형과의 차이에서 탄성 변형을 뺀 변형량이고, RILEM의 고온 콘크리트에 관한 전문위원회에 의해 정의되어 있는 천이 크리프 (Transient Creep)[87]와 동일하다. 천이 크리프는 냉각시에는 관찰되지 않았고, 최초가열시에만 발생하는 불가역적 현상이라고 정의하고 있다.

–Khoury 외[88) :

천이온도 크리프는 100℃ 이상에서 생기는 시멘트 페이스트와 골재의 열적 거동의 상충과 관련 있다. 즉, 천이온도 크리프는 팽창하는 골재가 시멘트 페이스트의 수축을 제한하는 결과로서 생긴다.

–Gawin 외[89] :

천이온도 크리프로서 관찰되는 현상은 C-S-H 상태에 생기는 물리적-화학적 변화 및 가열중 발생하는 미세 균열에 의해 일어난다. 천이온도 크리프는 열적인 손상이자 화학적 손상이기도 하다.

–Noumewe 외[90] :

결합수의 이탈에 따른 다공성 및 기공의 증가로 천이온도 크리프가 생긴다.

–Bazant 외[91] :

천이온도 크리프는 콘크리트의 건조 수축으로 모두 설명할 수 있다고 보고하고 있다.

–Schneider[92]:

천이온도 크리프 현상은 온도 상승에 의해서 콘크리트의 크리프가 활발화 하는 것으로서 설명할 수 있다. 그 원인은 내부 깊은 부분으로부터 수분 이탈에 있다.

공통된 인식으로서, 온도 상승시 발생하는 시멘트 페이스트의 수축 (건조 수축 또는 고온에서의 수화물의 탈수를 동반한 수축)이 일차적인 원인으로 생각되고 있다. 이 수축이 직접적 또는 간접적으로 천이 크리프로서 관찰된다. 그 과정에서 생기는 미세 균열, 기공량 증가, 수분의 이동 등 콘크리트 내부의 미세한 메니즘에 대해서는 다소 견해가 나뉘고 있다.

(2) 변형–온도 곡선

전 변형 측정 시험으로부터 얻어진 변형-온도 곡선은, 정상온도 상태에서의 압축 실험에 의해 얻어진 고온시 압축 변형으로부터는 예측하기는 어려우나, 콘크리트 구조물의 화재시 변형을 예측하는데 중요한 자료라고 할 수 있다. 그러나 온도가 상온에서 수백 도(℃)까지 변화하는 환경에서 콘크리트의 변형을 안정적으로 측정하는 것은 기술적으로 어려우므로, 전 변형 (변형-온도곡선)을 측정한 연구 보고는 비교적 적다. 또한 과거의 보고에서 전변형 측정 결과는 양의 차이가 크고, 전변형-온도곡선이 어떤 요인에 어느 정도 영향을 받는지는 부분적으로 밖에 해명되어 있지 않다.

예를 들어, 경질 사암을 이용한 콘크리트 (압축강도:38.0 N/㎟ 및 88.2 N/㎟)의 전변형에 대한 실험결과[4]를 그림 2.4.4.3에 나타낸다. 비교를 위해 정상 온도 상태에서의 압축 시험 결과도 보여주고 있다. 온도 상승시 전변형은 동일한 온도・응력에 비해 정상온도 상태에서의 압축변형보다 큰 수축을 포함한다.

전변형과 자유 열변형의 차이로 나타나는 응력에 기인하는 수축은, 응력에 거의 비례하여 생기는 것으로 알려져 있다.

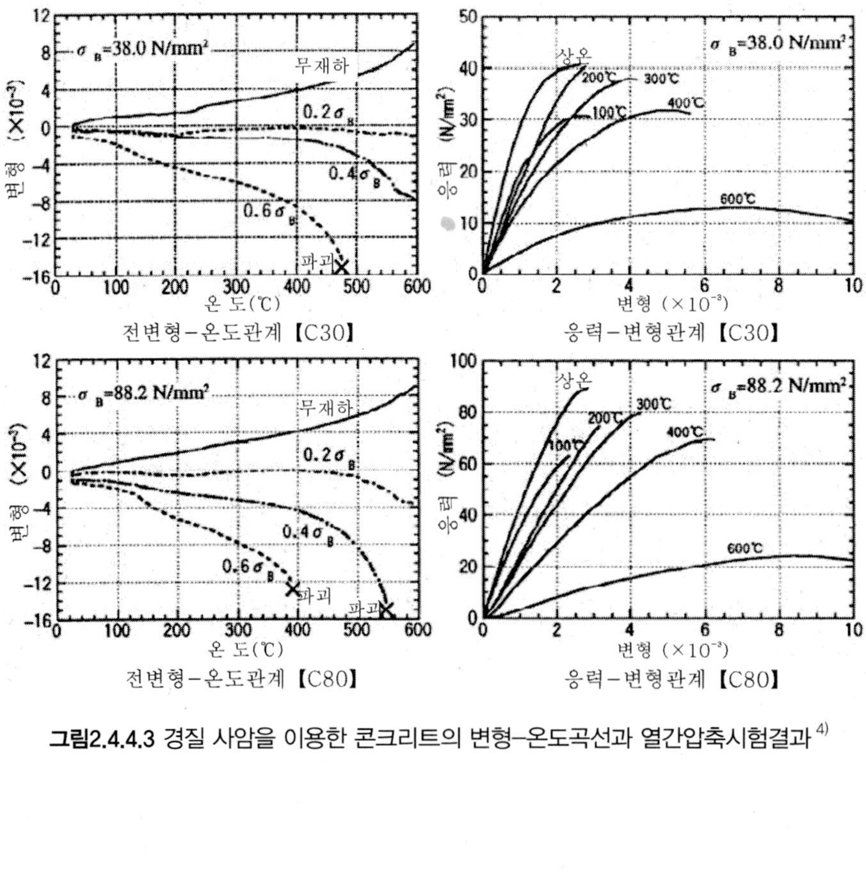

그림2.4.4.3 경질 사암을 이용한 콘크리트의 변형–온도곡선과 열간압축시험결과 [4]

(a) 사용재료에 따른 영향

① 골재의 종류

골재의 종류는 변형-온도 곡선의 형태에 영향을 미치는 주 요인이라고 평가된다.[60]

자유열변형은 골재의 종류에 따라 전혀 다른 것으로 알려져 있다. Schneider[60]에 의하면, 몰탈 및 콘크리트의 열팽창은 그림 2.4.4.4 및 그림 2.4.4.5에 나타낸 바와 같이, 경량 골재 〈현무암 · 석회암 〈 사암 〈 규암 순으로 크게 된다. 한편, 시멘트 페이스트에 대해서는 같은 그림에 표시된 것과 같이 100~200℃ 정도까지 열팽창을 보이지만, 그 이상의 온도에서는 결합수의 탈수에 따라 수축이 진행된다. 시멘트 페이스트의 수축과는 달리 골재가 팽창하는 것은 콘크리트의 고온시 기계적 성질에 복잡하게 영향을 주는 것으로 평가된다. 또한 그림 2.4.4.6에 나타낸 바와 같이, 최초 가열시에 생기는 자유열변형은 불가역적이고, 냉각 후는 원래 상태로 돌아가지 않으며, 팽창 또는 수축(골재 종류에 따른)상태로 남는다고 보고되고 있다.

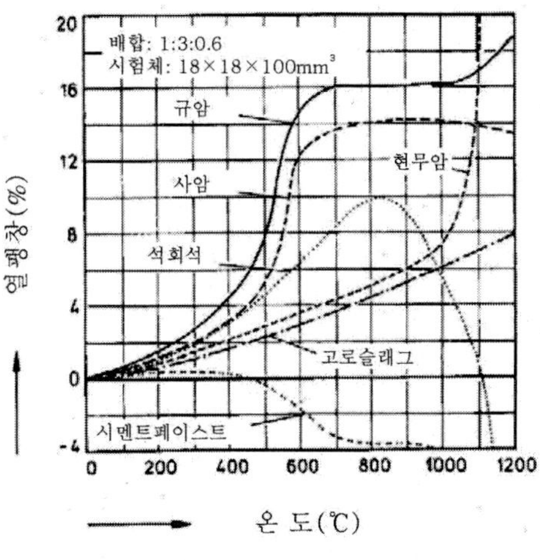

그림2.4.4.4 각종 시멘트 몰탈의 자유열변형[60]

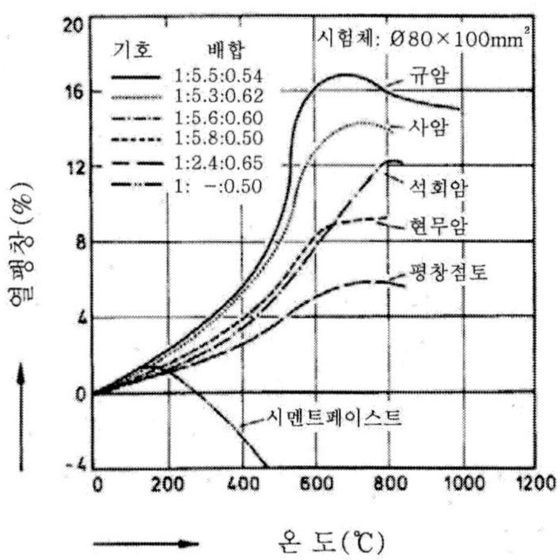

그림2.4.4.5 각종 콘크리트의 자유열변형[60]

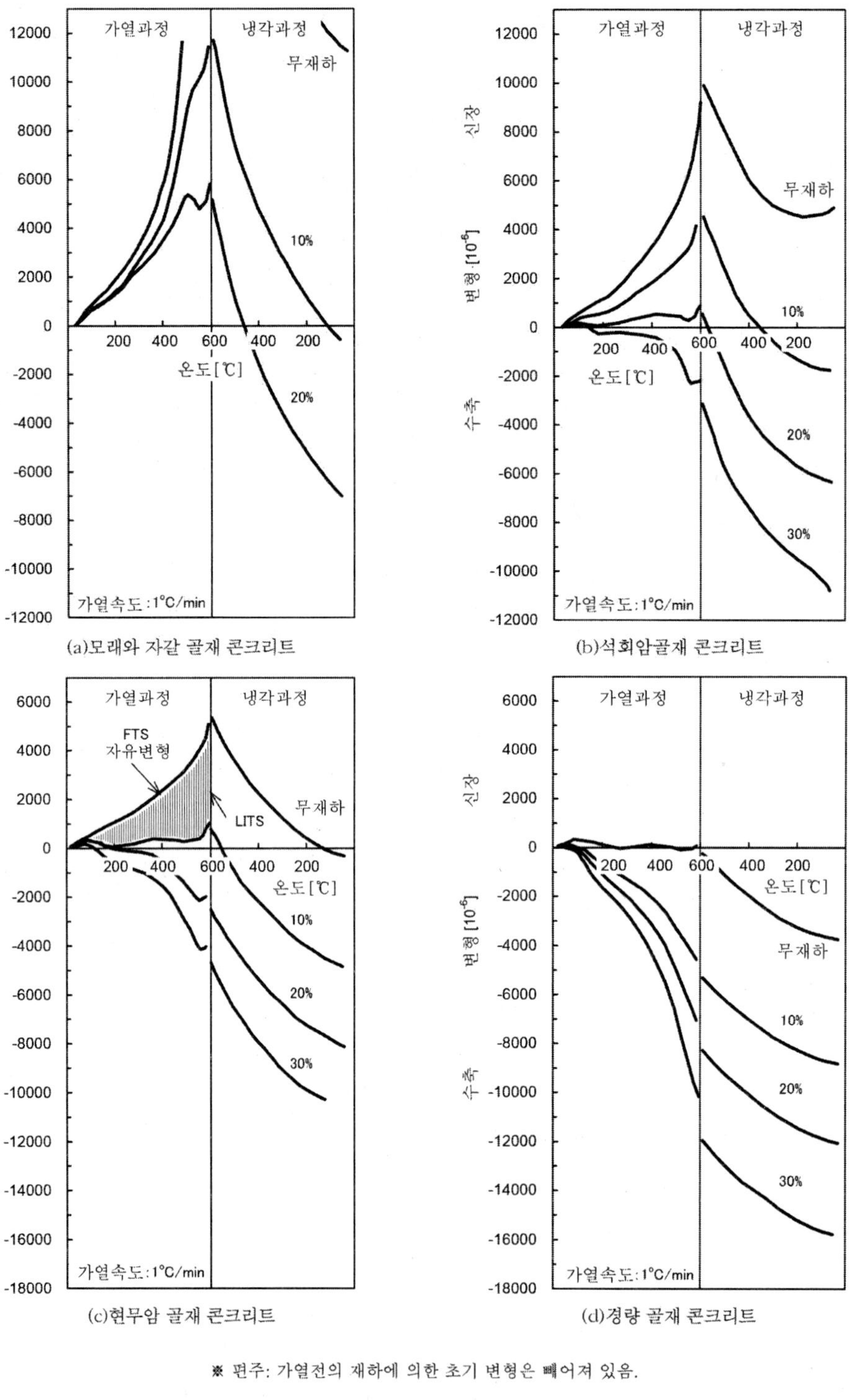

(a)모래와 자갈 골재 콘크리트

(b)석회암골재 콘크리트

(c)현무암 골재 콘크리트

(d)경량 골재 콘크리트

※ 편주: 가열전의 재하에 의한 초기 변형은 빼어져 있음.

그림2.4.4.6 각종 골재를 사용한 콘크리트의 변형-온도곡선 (냉각과정을 포함) [93]

압축응력에서 전변형에 대해서는, 자유열변형을 기준으로 검토하면 예측이 좋게 된다. Khoury 등은 골재 부피나 시멘트량 등의 배합을 통일한 후 각종 골재에 대해 비교 한 실험 결과 (그림 2.4.4.6 참조) 를 보고 하고 있지만, 자유열변형과 압축응력 에서 전변형의 증가 차이를 LITS (Load lnduced Thermal Strain)라고 정의하고 있다[93]. 또한 Khoury들에 따르면, 응력비(가열 중의 존재 응력도 / 상온에서 압축 강도) 당 LITS- 온도곡선은, 400℃ 정도까지 골재 종류에 상관없이 거의 동일한 것으로 보고하고 있다[93]. 한편 Schneider등은 전변형과 자유열변형과의 차이로부터 탄성 변형을 제외한 것인 천이 크리프를 예측하는데 골재 종류에 따른 특성을 고려함으로서, 응력 비율이 같으면, 규암질 골재〈석회질골재〈경량골재의 순으로 크게 된다고 보고하고 있다.[92]

② 골재 이외의 재료

폴리 프로필렌 섬유를 혼입한 콘크리트의 전변형은 미찌코시(道越)등[10], 미기타(右田)등[23] 에 의한 측정 결과가 보고되고 있다. 그리고 미기타(右田)등은 폴리프로필렌 섬유(직경 0.018mm, 길이 10mm)을 2.4kg/㎥ 혼입한 고강도 콘크리트는 혼입하지 않은 것에 비해 100℃ 이상에서 수축이 크게 발생하는 것을 보고하고 있다 (그림 2.4.4.7 참조).

강섬유를 혼입한 콘크리트는 그림 2.4.4.8과 같은 보고[60]가 있다. 한편, 다른 종류의 결합재(시멘트)가 변형-온도 곡선에 미치는 영향에 대해서, 비교 실험한 연구보고는 매우적다.

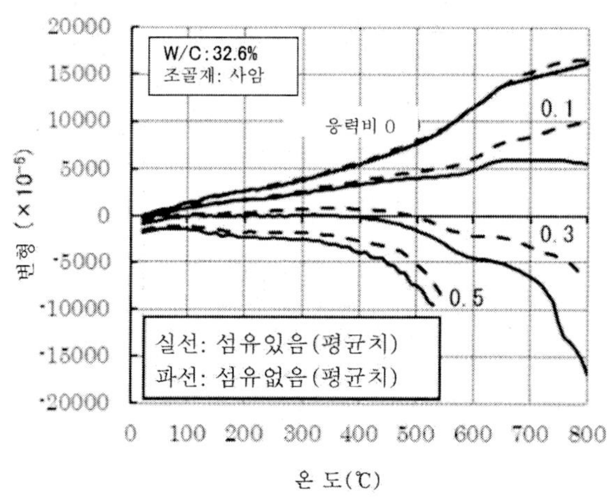

그림2.4.4.7 폴리프로필렌 섬유를 혼입한 콘크리트의 변형-온도곡선 [23]

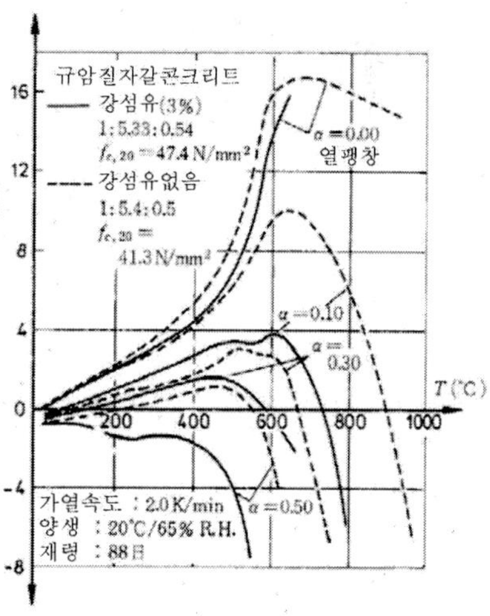

그림2.4.4.8 강섬유를 혼입한 콘크리트의 변형-온도곡선 [60]

(b) 배합에 의한 영향

① 물결합재비 (물시멘트 비)

물결합재비에 주목한 비교 실험이 일부 행해지고 있다. 그림 2.4.4.3에 나타낸 니와(丹羽)등의 실험 결과[4] (W/C:63% 및34 %) 외에 토요타(豊田)등[7] (W/B: 35%, 24% 및 18%), 미찌코시(道越)등[94] (W/B: 50%, 30% 및 22.5%), 최(崔)등[95] (W/B: 20%, 14.5% 및 12.5%), 야마시타(山下)등[20] (W/C: 65%, 50% 및 40%) 등의 연구 보고가 있다. 같은 응력비에서 비교를 한 경우, 니와(丹羽)등, 최(崔)등, 야마시타(山下)등 (그림 2.4.4.9 참조) 물시멘트비가 낮을수록 수축이 크게 발생하는 결과를 얻고 있다. 한편, 물결합 재비 35% 이하의 고강도 콘크리트를 대상으로한 토요타(豊田)등의 보고에서는 같은 응력 비율에 있으면 물 결합재 비가 전변형에 미치는 영향은 거의 없다고 보고하고 있다. 또한 미찌코시(道越)등은 실험 결과를 응력비에서 정리하는 것이 아니라 단위응력당 수축 변형량을 산정하여 비교를 실시하고 있고, 그 결과로 약 400℃까지 물시멘트비의 영향은 거의 없지만, 600℃를 초과하면 물결합재비가 높을수록 수축이 커지는 경향이 있다고 보고하고 있다 (그림 2.4.4.10 참조).

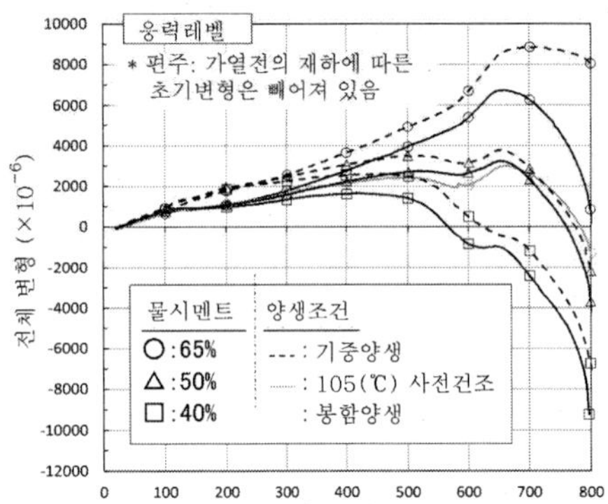

그림2.4.4.9 물시멘트 비 및 양생 조건이 다른 콘크리트의 전변형과 온도와의 관계 [20] (경질 사암을 이용한 콘크리트의 실험 결과에 따름)

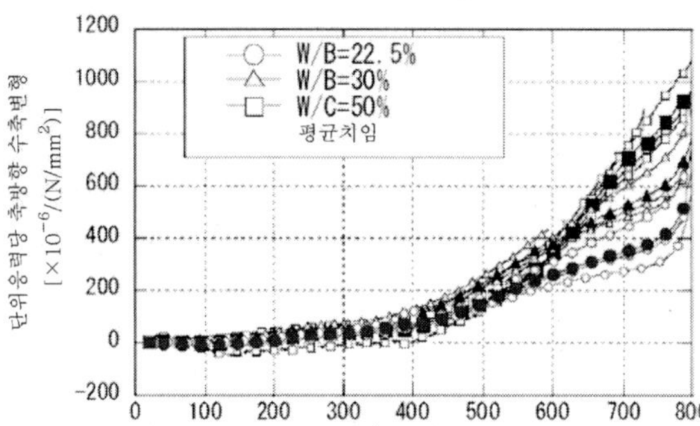

그림2.4.4.10 가열중에 응력에 따라 나타나는 수축 변형과 온도의 관계 (안산암쇄석을 이용한 콘크리트의 실험 결과에 따름) [94]

② 골재시멘트비

Schneider [60]에 따르면, 변형-온도곡선의 모양은 골재 시멘트비에 매우 크게 영향을 받고 변형-온도곡선은, 부배합일수록 응력에 의한 수축이 크게 나타난다고 보고하고 있다. 또한 자유열변형에 관해서는 300℃까지 부배합이 팽창이 크고, 그것보다 고온에서는 반대의 경향이 된다고 보고하고 있다.

(c) 양생조건에 의한 영향

Schneider에 따르면, 20~300℃의 범위에 있어서는, 변형-온도곡선은 함수량과 수분이동에 적지 않은 영향을 미치고, 기중 양생과 105℃에서 건조된 것은 수중 양생 된 것보다 작은 수축을 보인다고 보고하고 있다.[60] 또한 Khoury등[93] (W/C: 30% 및 32 %), 미기다(右田)등[23] (W/C: 32 .6 %), 야마시타(山下)등[20] (W/C: 65%, 50% 및 40%)은 105℃ 에서 사전에 건조한 것은 기중양생한 것 보다100~250℃ 정도로 수축이 작아지는 것을 보고하고 있고 (그림 2.4.4.9, 2.4.4.11 참조), 그 요인으로 건조수축[93]과 시멘트 수화물의 탈수 [23]의 차이에 의한 영향을 지적하고 있다.

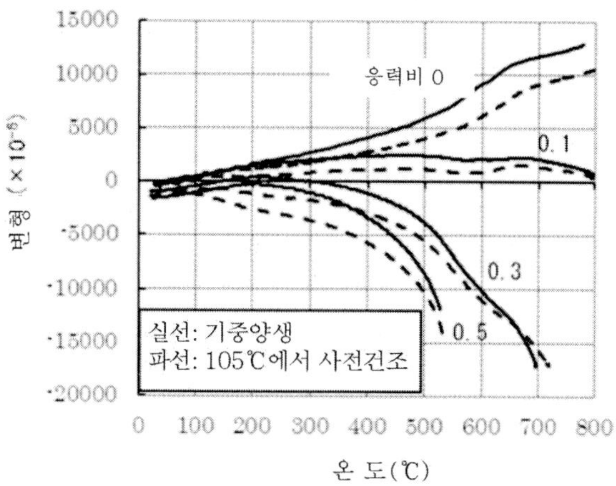

그림 2.4.4.11 양생 조건이 다른 콘크리트의 전변형과 온도와의 관계[23]
(사암쇄석을 이용한 콘크리트의 실험 결과에 따름)

(d) 실험 조건에 의한 영향

과거의 실험에 따르면, 가열 속도의 경우, 느린 것으로는 0.1℃/min[84], 빠른 것으로는 6℃/min[77),96)]의 범위에 있지만, 그 차이에 의한 변형-온도곡선에 미치는 영향은 작은 것으로 보고되어 있다[77),84),96)]. 가열 속도에 대한 비교 실험 예 [77)]를 그림 2.4.4.12에 나타내었다. 내부 온도 분포 측정 결과로부터 도출한 공시체 평균 온도로 정리되어 있다. 실험에서는 콘크리트를 제한된 시간으로 가열하기 때문에 공시체 내부에서 온도 차이가 발생하는 것은 불가피하다. 변형-온도곡선에서 참조되는 온도는 공시체 중에 있는 대표 온도이며, 실제 공시체 안에는 보다 온도가 낮은 부분 또는 높은 부분이 존재한다고 생각되고, 실험결과를 비교할 때는 주의해야 한다. 이러한 공시체 내부의 온도 분포는 가열 속도 뿐만 아니라 공시체의 크기 · 형상, 로 , 가력장비 등 장치의 구조에 따라서 다르다. 카네시로(兼城)등은, 전변형과 온도 관계에서, 승온 과정에서 공시체 내부에 온도 분포가 있는 상태에서는 가열 속도의 차이에 의한 차이가 보이지만, 승온 후 온도 유지를 행하는 온도 분포가 균일하게 되면, 가열 속도의 차이에 따른 큰 차이는 보이지 않게 되는 것을 보고하고 있다 (그림 2.4.4.13 참조) [96].

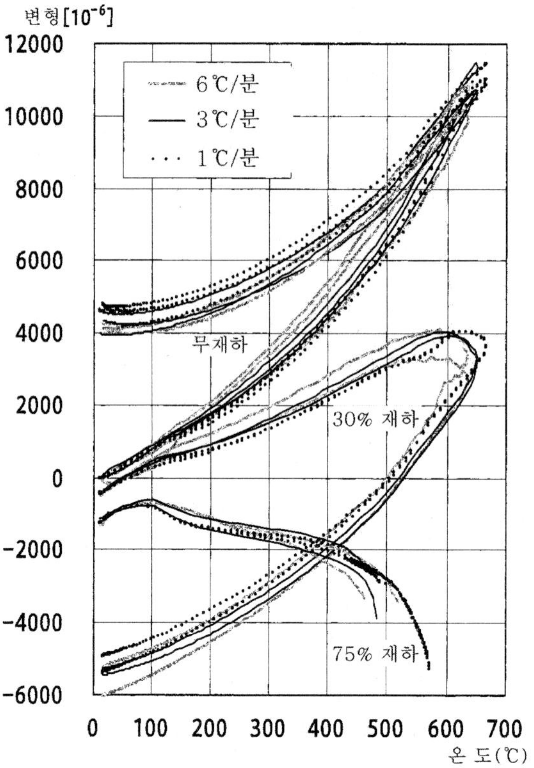

그림2.4.4.12 다른 가열속도에 의한 변형–온도곡선[77)]
(석회암 쇄석을 이용한 콘크리트 (W/C:57℃)의 실험 결과에 따름. 냉각 과정을 포함)

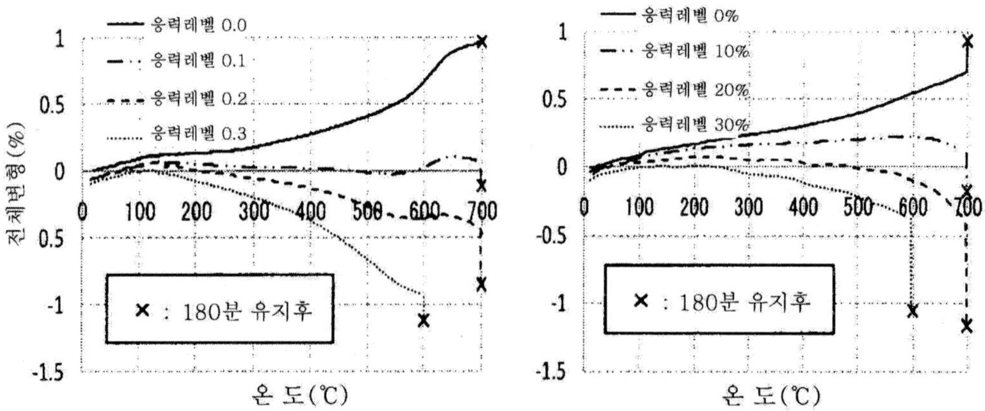

(a) 가열속도 1℃/분 (c) 가열속도 6℃/분

그림 2.4.4.13 다른 가열속도에 의한 변형–온도곡선[96)]
(사암 쇄석을 이용한 콘크리트 (W/B:24℃)의 실험 결과에 따름)

(3) 전변형의 모델화

(a) 변형 구성 모델과 용어의 해설

실험으로부터 얻어진 전변형은, 골재의 열팽창, 시멘트 페이스트의 수축, 광물의 결정 구조 변태, 응력에 의한 콘크리트의 가소성 (또는 점가소성) 적인 변형 등 다양한 현상이 결합된 결과로서 관찰되는, 외관상의 변형이다. 이것을 평가 예측하기 위해, 편의상 일부 변형 성분으로 나누어 생각하는 방법이 제안되어 있다. 다음은 대표적인 연구자가 제안한 구성 모델과 개념을 정리하였다.

① Anderberg 및 Thelandersson (**과도변형**) [14)]

고온에서 콘크리트에 발생하는 전변형은, 온도, 응력, 응력이력 및 시간으로 존재하고, 다음에 보이는 (2.4.4.1) 식과 같이 과도변형 (Transient strain)을 포함한 4개의 변형 성분의 합으로서 나타낸다.

$$\varepsilon_{tot} = \varepsilon_{th} + \varepsilon_{\sigma} + \varepsilon_{cr} + \varepsilon_{tr} \qquad (2.4.4.1)\text{ 식}$$

여기서, ε_{tot} : 전변형

ε_{th} : 자유열변형 (무재하의 온도 변화에 따라 나타나는 변형으로, 건조 수축을 포함)
[온도 T에 의존]

ε_{σ} : 응력변형 (정상온도 상태에서의 응력-변형곡선에 따름)
[응력이력σ_{hist}, 응력 σ 및 온도 T에 의존]

ε_{cr} : 정상 크리프 변형 (정상온도에서 일정한 응력에서 측정되는 시간에 의존하는 변형)
[응력 σ 온도 T 및 시간 t에 의존]

ε_{tr} : 과도 변형 (온도 상승시 압축 응력의 영향을 고려하기 위한 압축 변형 성분, 직접적으로 시험에서 얻을 수 없음)
[응력 σ 및 온도 T에 의존]

본 모델에 대해서는, 다음항에서 별도로 설명한다.

② Schneider와 **모리타(森田)(천이 크리프)** [70),92)]

고온에서 콘크리트에 발생하는 전변형은, 온도, 응력 및 응력 이력에 의존하고, 아래에 보이는 (2.4.4.2) 식과 같이 천이 크리프 (Transient Creep)을 포함한 4 개 (또는 (2.4.4.3) 식과 같이 3개)

의 변형 성분의 합으로 표시된다.

$$\varepsilon_{tot} = \varepsilon_{th} + \varepsilon_{el} + \varepsilon_{pl} + \varepsilon_{tcr} \quad (2.4.4.2) \text{ 식}$$

혹은

$$\varepsilon_{tot} = \varepsilon_{th} + \varepsilon_{\sigma} + \varepsilon_{tcr} \quad (2.4.4.3) \text{ 식}$$

여기서, ε_{tot} : 전변형

ε_{th} : 자유열변형 (무재하의 온도 변화에 의해 생기는 변형으로, 건조수축을 포함)
[온도 T에 의존]

ε_{σ} : 응력변형($\varepsilon_{el} + \varepsilon_{pl}$) (정상온도 상태에서의 응력-변형곡선에 따름)
[응력이력σ_{hist}, 응력 σ 및 온도 T에 의존]

ε_{el} : 탄성 변형
[응력이력σ_{hist}, 응력 σ 및 온도 T에 의존]

ε_{pl} : 소성 변형
[응력이력σ_{hist}, 응력 σ 및 온도 T에 의존]

ε_{tcr} : 천이 크리프 변형 (온도 상승시 압축 응력의 영향을 고려하기 위한 압축 변형 성분, 직접적으로 시험에서 얻을 수 없음)
[응력이력σ_{hist}, 응력 σ 및 온도 T에 의존]

천이 크리프는, 탄성 변형에 크리프 계수를 곱한 형태로 표현되고, 크리프 계수는 시간 (가열 속도) 에 의존하지 않고 온도 상승과 함께 증가한다고 보고하고 있다. Anderberg 들의 모델과 비교하면, 시간의 영향을 생략하고 정상 크리프를 천이 크리프에 포함된 형태로 되어 있다. 한편 응력이력의 영향에 대해서는, 가열 중에 받는 압축 응력이 클수록 탄성이 증가한다는 것으로, 각 기계적 변형 성분 (ε_{el}, ε_{pl}, ε_{tcr})의 응력에 대한 증분을 순차적으로 저감해서 계산하고 있다.

③ Khoury (LITS) [93)]

일정한 압축응력에서 발생하는 전변형의 증분과 자유열변형의 차이를 LITS (Loa d lnduced Thermal Strain)라고 칭한다. 수식으로 표현하면, 다음에 나타내는 (2.4.4.4) 식과 같다.

$$\varepsilon_{tot} - \varepsilon_{\sigma,0} = \varepsilon_{th} + LITS \quad (2.4.4.4) \text{ 식}$$

여기서, ε_{tot} : 전변형

$\varepsilon_{\sigma,0}$: 가열개시시의 응력 변형

ε_{th} : 자유열변형 (무재하의 온도 변화에 의해 생기는 변형으로, 건조수축을 포함)

[온도 T에 의존]

LIST : 압축 응력에 의한 열변형에 미치는 영향 [응력 σ (일정) 및 온도 (T)에 의존]

과도변형과 천이 크리프와의 차이로서, LITS은, 자유열변형 측정과 전변형 측정시험결과에 의해, 직접적으로 측정할 수 있다. Khoury들은, 응력 비율로 나눈 LITS를 온도에 대한 곡선으로 나타내고, 각종 골재를 사용한 콘크리트의 비교 검토를 실시하고 있다.

④ Eurocode 2 (**응력 변형 곡선에 삽입**) [83)]

콘크리트 구조 내화 설계에 관한 Eurocode 2에서는, 부재의 화재시 내력 평가에 이용하는 응력-변형 곡선 대해서, 콘크리트의 고온시 압축 강도시 변형을 통상의 실험 값과 비교해 상당히 큰 값으로 설정하고 있다. 본 Eurocode (2004년판) 중「응력-변형 곡선은 정상 온도 상태와 천이 온도 상태에서 양쪽의 실험 결과에 따라 정하고 있다」고 말한 의미의 설명으로부터 (2004년판에 따름) 이 응력-변형 곡선은, 천이 크리프 (과도 변형 + 정상 크리프)을 포함하고 있는 것으로 판단된다.

(b) Anderberg 및 Thelandersson 의한 모델 (과도 변형 모델) [14)]

구성 모델의 도출 및 응용에 관한 일례로 Anderberg 및 Thelandersson 의한 과도 변형 모델에 대해서 설명한다. 여기에서는 각종 변형의 측정에서 과도 변형의 정량화, 검증 계산에 이르는 구체적인 과정에 대해 Anderberg의 보고[14)]에 따른 형태로 기술한다. 또한 철근 콘크리트 기둥의 열응력변형 해석에 과도 변형 모델의 적용 사례를 소개한다.

그림 2.4.4.14나타낸바와 같이, 과도 변형 성분은, 전변형 중의 수축 성분이 대부분을 차지하고 전체적으로 변형에 크게 영향을 미치는 것으로 판단된다. 일본에서는 니와(丹羽)등[4)], 토쿄요다(常世田)등[6),97)], 토요타(豊田)등[7)] 에 의해서, 보통 강도의 초고강도 콘크리트에 걸쳐 과도 변형을 얻기 위한 실험이 실시되고 있다.

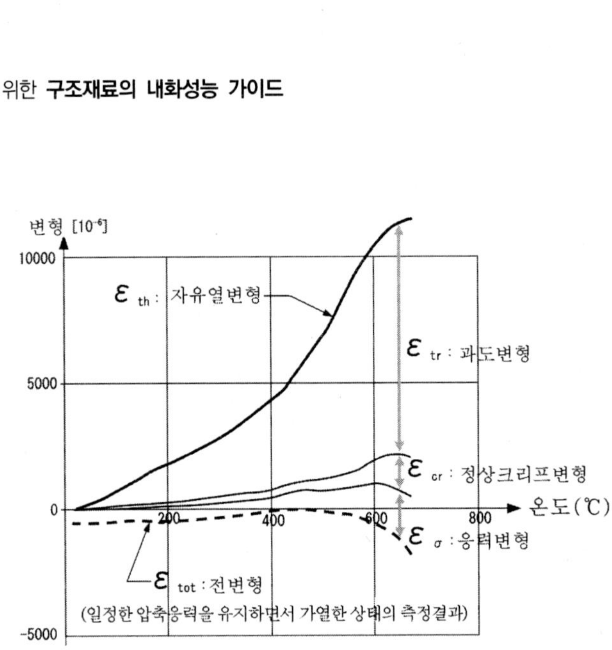

그림 2.4.4.14 과도 변형 모델의 각 변형 성분 [14)]

① 전변형 및 자유열변형

전변형 측정 (변형-온도 곡선의 측정)은, 상온시 압축 강도의 일정퍼센트를 재하한 상태에서 응력을 일정하게 유지하며 가열함으로서 이루어진다. 무재하의 전변형 측정 시험에서는 자유열변형이 얻어진다. 그림 2.4.4.15에 시험 순서 다이어그램 및 Anderberg들의 측정 결과를 나타낸다.

자유열변형-온도 곡선의 모양은, 일반적으로 비선형으로 콘크리트의 종류에 따라 상당히 다르다. 토요타(豊田)등은, 자유열변형-온도 곡선의 측정 결과에 대해, 다항식 근사로 수식화를 보고하고 있다[7)].

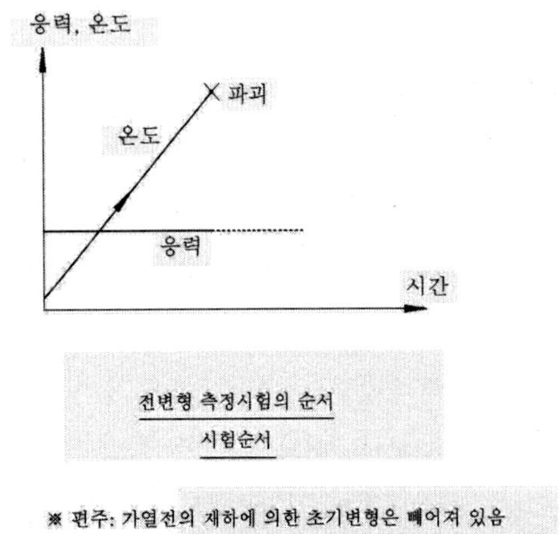

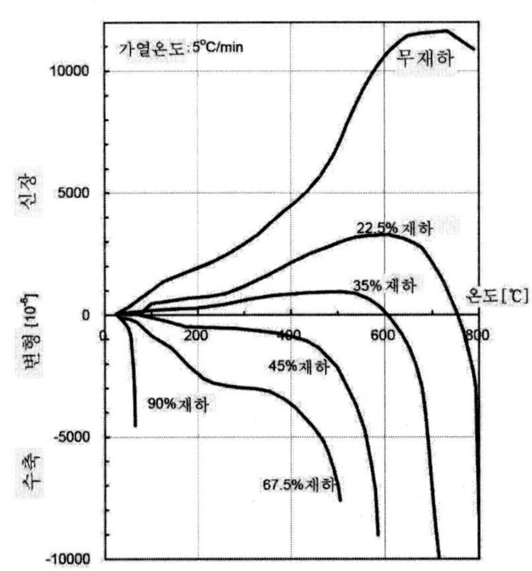

그림 2.4.4.15 전변형 측정 시험 (일정 응력에서의 가열시험) [14)]

② 응력 변형

정상 온도 상태에서 열간 압축 시험으로 얻은 응력 변형은, 응력에 의존하는 기계적 압축 변형이며, 온도 상승과 함께 증가한다. 그림 2.4.4.16에 시험 순서의 다이어그램 및 Anderberg들의 측정 결과를 나타낸다. Anderberg들은 각 온도에서의 응력 및 변형 곡선을 2 차 함수로 수식화하고, 포물선 모양으로 표현하고 있다. 승온 과정에서 압축 응력이 작용한 경우 (응력 이력이 있는 경우 그림 2.4.4.16 시험 순서 참조)는, 그 영향에 의해 탄성 계수가 높아지는 동시에 응력 변형의 발생이 적어지는 것 [65),70),92)]이 알려져 있다 그림 (2.4.4.17 참조).

Anderberg들은, 그 영향을 과도 변형 발생량에 따라 고려하여, 그림 2.4.4.18처럼 압축 강도시 변형은 과도 변형을 뺀 값, 또는 상온시의 값 중 큰 값으로 나타내고 있다.

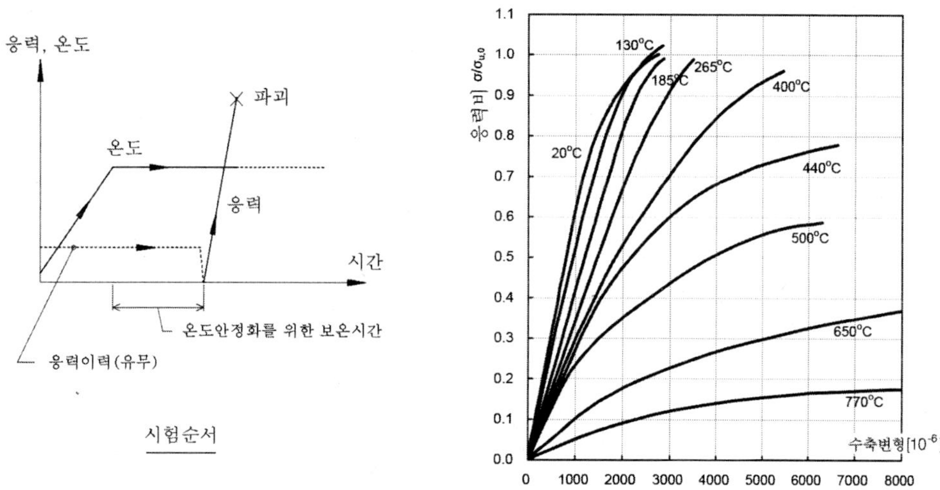

그림 2.4.4.16 응력 변형 측정 시험 (열간 압축 시험) [14)]

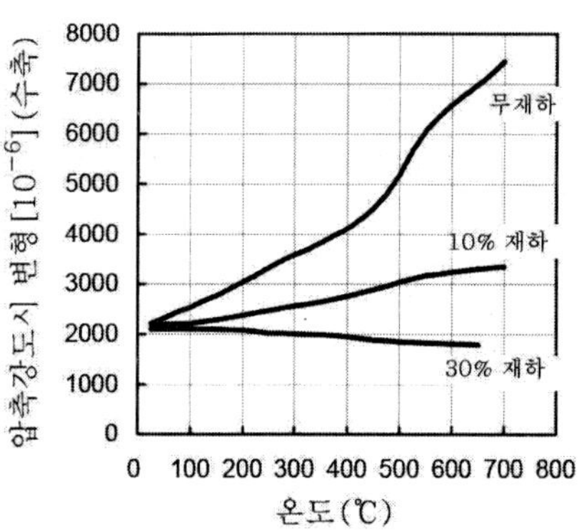

그림 2.4.4.17 응력이력이 있는 경우의 압축강도시 변형 [14)]

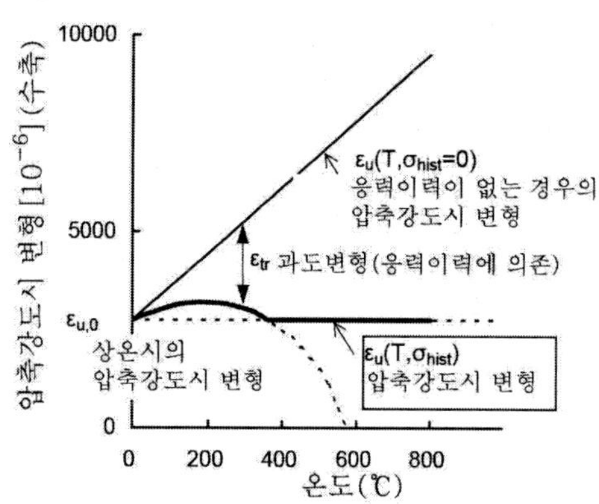

그림 2.4.4.18 압축강도시 변형에 관한 응력 이력의 고려 [14)]

③ 정상 크리프 변형

일정한 온도 · 일정한 응력에서 변형량의 경시변화를 측정함으로서 얻어지는 정상 크리프 변형은, 응력에 의존하는 기계적 압축 변형 성분이며, 온도 상승과 함께 증가한다. 또한 정상 크리프 변형은 시간적 영향을 고려하기 위한 유일한 변형 성분이다. 그림 2.4.4.19 시험 순서 다이어그램 및 Anderbe들의 측정 결과를 보인다. 일본의 경우, 정상 크리프에 관해서는 후로무라(古村)등[98], 토코요다(常世田)등[99], 야마시타(山下)등[100]의 실험보고가 있고, 정상 크리프 변형은 400~600℃ 이상의 온도에서 급격하게 커지는 것으로 보고하고 있다.

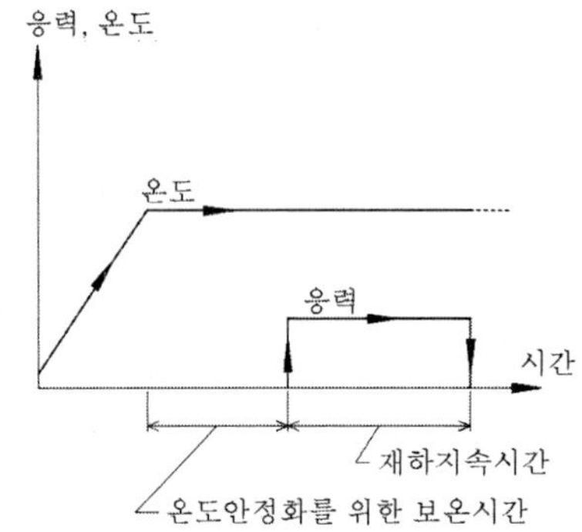

시험순서

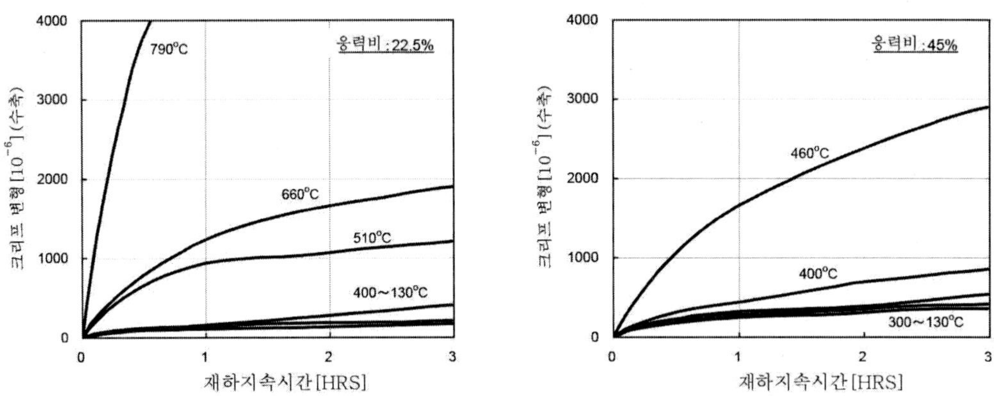

그림 2.4.4.19 정상 크리프 변형 측정 시험[14)]

Anderberg등은, 정상 온도 상태에서의 고온 크리프 시험에서 얻어진 정상 크리프 변형을 아래에 보이는 (2.4.4.5) 식과 같은 시간의 함수로 수식화 하고 있다[14)].

$$\varepsilon_{cr} = \varepsilon_{cr,t_r} \cdot \left(\frac{t}{t_r}\right)^p = \frac{\sigma}{\sigma_{u,T}} \cdot \beta_0 \cdot e^{k1(T-20)} \cdot \left(\frac{t}{t_r}\right)^p \qquad (2.4.4.5) \text{ 식}$$

여기서 ε_{cr} : 정상 크리프 변형

$\varepsilon_{cr,t_r} = \frac{\sigma}{\sigma_{u,T}} \cdot \beta_0 \cdot e^{k1(T-20)}$: 참조 시간의 정상 크리프 변형(시험결과 회귀식)

t : 재하 지속 시간

t_r : 참조시간 (Anderberg들의 경우, 3시간)

T : 콘크리트 온도[℃]

σ : 압축응력도

$\sigma_{u,T}$: 콘크리트 온도 T에서의 압축강도

$\beta_{0,}k1$: 시험결과에 의해 정해지는 정수 [콘크리트 종류, 참조시간에 의존]
(Anderberg들의 측정에 있어서는,
$\beta_{0,} = 0.53 \times 10^{-3}$, $k1 = 3.04 \times 10^{-3}[℃^{-1}]$)

p : 정상 크리프 변형 ε_{cr}과 재하지속시간 t와의 관계를 보이는 정수
(Anderberg들의 측정에 있어서는, $p = 0.5$)

과도 변형을 구하는 경우, 위의 (2.4.4.5) 식을 이용하여 승온 과정의 전변형에 포함된 정상 크리프 변형 성분을 산정한다. 그때, 그림 2.4.4.20에 보이는 변형 경화 영역[101]에 따라 각 시간 단계에서의 크리프 시간 곡선을 연결시켜, 승온 과정의 전변형에 포함된 정상 크리프 변형 성분을 산정한다.

그림 2.4.4.20은, 온도 T_i · 응력 σ_i의 크리프 시간 곡선 (곡선1)과, 온도 T_{i+1} · 응력 σ_{i+1}의 크리프-시간곡선(곡선 2)가 있고, 시간 t_i에서 곡선 1에서 곡선 2로 이동하는 과정을 보여주고 있다. 우선, 곡선 1에서의 시간 t_i에 있어서 크리프 변형 $\varepsilon_{cr,i}$를 구한다. 다음, 곡선 2에서 $\varepsilon_{cr,i}$에 상당하는 변형이 발생하는 시간 (등가시간) $t_{m,i}$를 구한다. 그리고 곡선 2의 등가 시간 $t_{m,i}$에서 $\Delta t_i (= t_{i+1} - t_i)$ 진행된 점까지의 곡선을, 시간 t_i에서 시간 t_{i+1}까지의 크리프 1시간 곡선으로 하고, 시간 t_{i+1}에 있어서 크리프 변형 $\varepsilon_{cr,i+1}$이 얻어진다. 이 작업을 반복하여 전변형 중 정상 크리프 변형 성분을 결정할 수 있다.

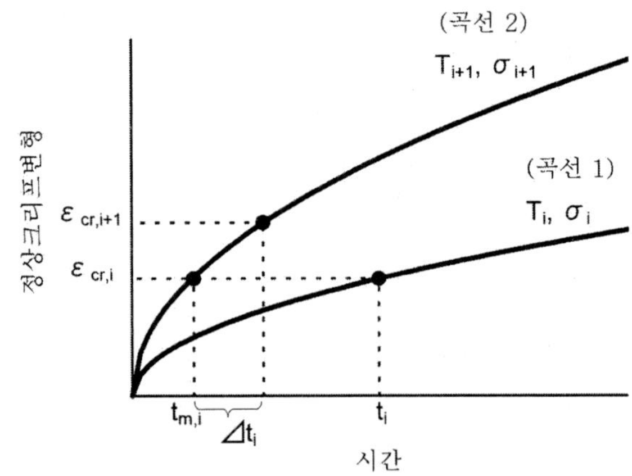

그림 2.4.4.20 변형 경화영역 [14)]

④ **과도 변형**

(2.4.4.1) 식을 아래에 보이는 (2.4.4.6) 식과 같이 바꿔 쓰면, 측정된 전변형에서 각 시간의 온도·응력에 따라 결정되는 각종 변형 성분을 뺀 나머지가, 과도 변형으로서 계산된다.

$$\varepsilon_{tr} = \varepsilon_{tot} - \varepsilon_{th} - \varepsilon_{\sigma} - \varepsilon_{cr} \qquad (2.4.4.6)\ 식$$

위의 (2.4.4.6) 식에 따라 과도 변형을 정량화 할 때, 응력 변형 성분에 대해서는, 정상 온도 상태에서의 시험결과를 바탕으로 수식화 한 것을 대입한다.

Anderberg등은, 과도 변형을 응력 비율로 나눈 값과 자유롭게 열변형과의 비례 관계 (그림 2.4.4.21 참조)에 착안하여, 과도 변형을 아래의 (2.4.4.7) 식으로 수식화 하고 있다[14)].

$$\varepsilon_{tr} = -k_2 \cdot \frac{\sigma}{\sigma_{u,0}} \cdot \varepsilon_{th} \qquad (2.4.4.7)\ 식$$

여기서, ε_{tr} : 과도 변형

ε_{th} : 자유열변형

σ : 압축응력도

$\sigma_{u,o}$: 상온시에 있어서 압축강도

k_2 : 과도변형계수[무차원의 정수, 콘크리트의 종류에 의존]

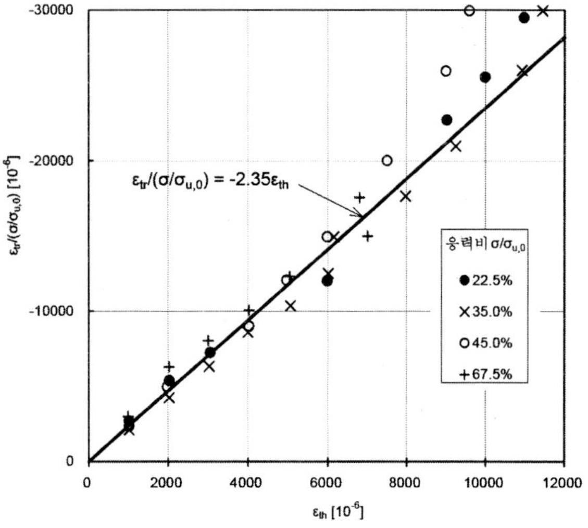

그림 2.4.4.21 자유열변형 ε_{th}**와 응력비로 나눈 과도변형** $\varepsilon_{th}/(\sigma/\sigma_{u,0})$**과의 관계**[14)]

이 과도 변형 계수는 압축 응력에서의 가열에 의한 변형의 지표로 되는 값이고, 콘크리트의 종류에 따라 변화하는 것으로 판단되고 있다. Anderberg들은 보통 강도의 석영 콘크리트 (물결합재비 60 %)에 대해, k_2 = 2.35 값을 나타내고 있다. 한편, 일본에서는 토코요다(常世田)들의 보통 강도 콘크리트 (석회암, 물 결합 재비 57 %)[97)]에서 = 1.30, 응력 이력에 의한 응력 변형 성분의 감소를 생략한 조건에서 토요타(豊田)들의 고강도 콘크리트 (사암, 물결합 재비 24%)[7)] 에서 k_2=4.03, 미기다(右田)들의 고강도 콘크리트 (사암, 물시멘트비 32.6%)[102)]에서 k_2=2.81와 같은 값이 보고 되고 있다. 또한, 이렇게 해서 얻어지는 과도 변형은, 응력 변형 및 정상 크리프 변형에 비해 전변형을 구성하는 변형중에서 매우 큰 비중을 차지한다(그림 2.4.4.14 참조). 따라서 Anderberg들은, 과도 변형을 고려한다면, 실용적으로는 정상 크리프 변형을 생략하여도 지장이 없다고 보고하고 있다[14)].

⑤ 실험결과와의 비교

과도 변형 모델 및 시험 결과에서 얻어진 과도 변형 계수의 타당성을 확인하기 위해 과도 변형 모델에 의해 계산되는 전변형을 측정값과 비교한 결과를 그림 2.4.4.2 2에 나타내었다. 또한 그림 2.4.4.23은, 가열 중에 공시체의 변형이 생기지 않도록 하고 구속력을 측정한 결과에 대해서, 과도 변형 모델에 의한 계산 결과와 조합한 것이다.

일본에서는 토요타(豊田)등[103)]이 이와 같은 구속력 측정 실험 및 재현 계산에 대해, 복수의 변형 구성 모델에 의한 검토 결과를 보고하고 있다 (그림 2.4.4.24 참조). 그 결과, 100℃ 미만에서는 과도 변형이 발생하지 않는다고 가정하여 계산한 수정 과도 변형 모델이 실험 결과와 잘 일치하고 있다.

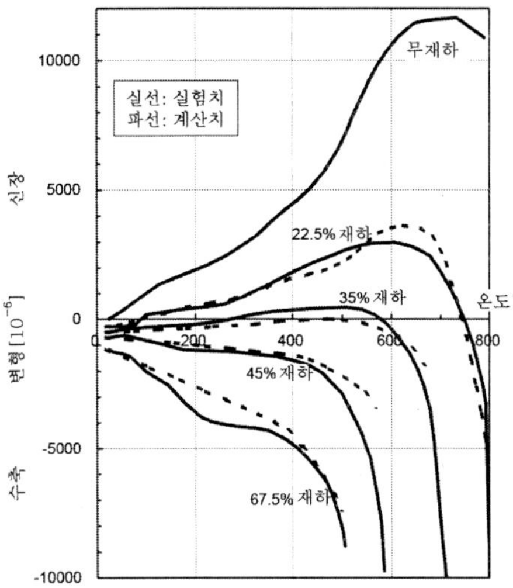

그림 2.4.4.22 전변형의 계산과 실험의 비교 [14)]

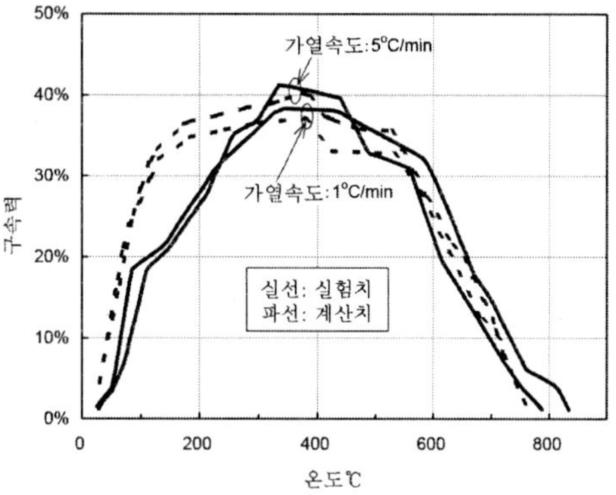

그림2.4.4.23 구속력 계산과 실험의 비교 [14)]

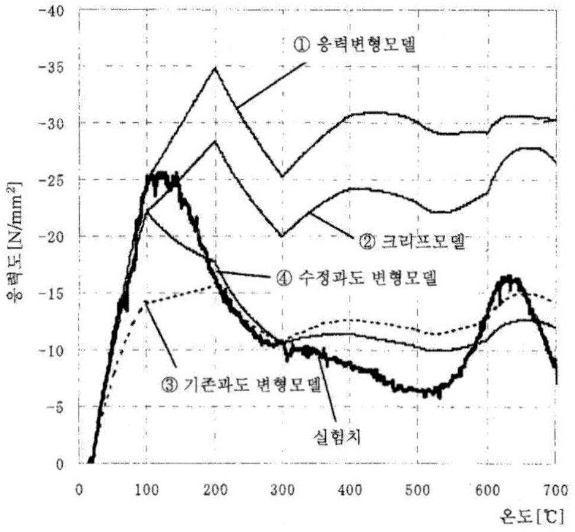

모델	변형 구성 영역
① 응력 변형 모델	$\varepsilon_{tot}=\varepsilon_{th}+\varepsilon_{\sigma}$
② 크리프 모델	$\varepsilon_{tot}=\varepsilon_{th}+\varepsilon_{\sigma}+\varepsilon_{cr}$
③ 기존의 과도 변형 모델	$\varepsilon_{tot}=\varepsilon_{th}+\varepsilon_{\sigma}+\varepsilon_{cr}+\varepsilon_{tr}$ $(\varepsilon_{tr}=-4.06\cdot\sigma/\sigma_{u0}\cdot\varepsilon_{th})$
④ 수정 과도 변형 모델	$\varepsilon_{tot}=\varepsilon_{th}+\varepsilon_{\sigma}+\varepsilon_{cr}+\Delta\varepsilon_{tr}$ $(\varepsilon_{tr}=-5.56\cdot\sigma/\sigma_{u0}\cdot\Delta\varepsilon_{th})$

ε_{tot} : 전변형. ε_{th}: 자유열변형. ε_{σ}: 응력변형.
ε_{cr} : 정상 크리프 변형. ε_{tr}: 과도 변형.
σ : 압축응력도. $\sigma_{u,0}$:상온시의 압축강도.
$\Delta\varepsilon_{th}$:100℃ 이후의 자유열변형 증분
$\Delta\varepsilon_{tr}$: 100℃ 이후의 과도 변형 증분

그림2.4.4.24 구속력 계산과 실험의 비교 [103)]

⑥ 열응력변형 해석에서의 적용 사례

토요타(豊田)등은, 과도 변형 모델에 따른 열응력변형 해석에 의해, 재하 가열 실험에서 철근 콘크리트 기둥의 축 방향 변형 거동을 추적하고 있다[104). 해석의 대상으로 한 재하 가열 실험은, 기둥 시험체에 일정한 압축 축력을 작용시킨 상태에서, ISO 834 표준 가열 온도 곡선에 의한 4시간 가열한 후 자연 냉각시킨 것이다[105). 기둥 시험체의 개요를 그림 2.4.4.25에 나타낸다. 시험체에 사용된 콘크리트의 물결합재비는 18%, 24% 및 35%이다. 열응력변형 해석은 직접 강성법에 근거한 계산방법에 의해, 과도 변형을 고려하지 않는 경우 (사례 1), 과도 변형 계수를 2.35[14)으로 한 경우 (사례 2), 수정 과도 변형 모델 (그림 2.4.4.24 참조)를 사용한 경우 (사례 3)의 3 케이스에 대해 실시하고 있다. 다만, 수정 과도 변형 모델에 있어서 과도 변형 계수는, 기둥 시험체에 사용된 것과 같은 재료 · 조합 (W/B:24 %)의 콘크리트 공시체에 의한 소재 실험에서 얻은 것이다[103). 그림 2.4.4.26은, 기둥 시험체의 축방향 변형량의 실험결과와 해석결과를 비교한 것이다. 과도 변형을 고려하지 않고 해석을 행한 경우, 계산된 값은 실험값에 대해서 팽창 방향으로 변형을 예측하는 반면, 과도 변형을 고려하면, 특히 수정 과도 변형 모델을 이용한 경우는, 실험 결과를 정밀하게 추적 할 수 있다고 보고되고 있다. 또한, 과도 변형을 고려한 해석에서는, 기둥 중앙부의 핵심 콘크리트가 부담하는 응력도가 커지기 때문에, 시험체가 더 빨리 붕괴하는 결과가 될 것으로 지적되고 있다.

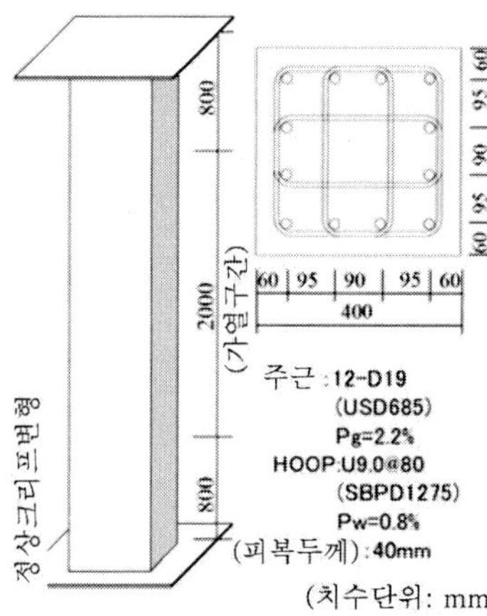

그림2.4.4.25 재하가열실험의 기둥 시험체 형상 [105)

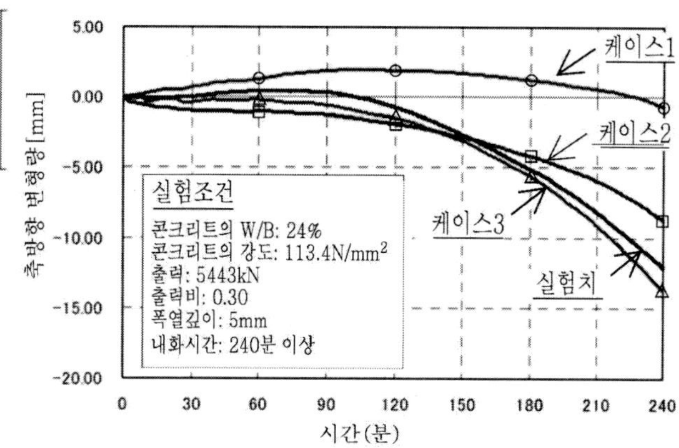

그림2.4.4.26 재하가열실험의 열응력변형 해석결과와 실험값의 비교 [104)

⑦ 기타

과도 변형 모델은, 컴퓨터에 의한 구조 해석을 전제로 개발된 것이다. 다른 구성 모델도 같지만, 정밀도 좋은 해석 결과를 얻기 위해서는 과도 변형 또는 이와 유사한 변형 성분을 적절하게 평가해야 할 필요가 있다. 또 해석 정밀도상, 과도 변형을 고려함과 동시에 자유 열 변형의 설정치에 대해서도 주의가 필요하다. 자유열변형은 전변형의 기본이 되는 변형 성분이며, 특히 과도 변형 모델에서는 과도 변형과 비례 관계에 있기 때문에, 그 영향은 크다고 할 수 있다.

2.4.5 철근과의 부착 강도

(1) 부착 강도와 가열 온도의 관계

철근과 콘크리트의 부착 강도는, 주로 두 재료의 계면에 존재하는 마찰과 접착력으로 인한 것이며, 콘크리트의 성능, 철근의 마디 간격과 높이 및 철근의 위치 (종근의 부착 강도는 횡근보다 큼) 등에 의존한다[106]. 콘크리트는 화염을 받으면 성능이 저하된다. 또한 철근은 콘크리트 비해 고온에서 열팽창률이 크다. 따라서 철근과 콘크리트와의 부착 강도가 저하하는 것으로 지적되고 있다[60]. 가열후 실온까지 냉각하여 얻은 부착 강도를 「냉간 부착 강도」, 열간에서 얻어진 부착 강도를 「열간 부착 강도」라고 여기에서 정의하고 있다. 이형봉강의 열간 부착 응력과 미끄럼 관계를 그림 2.4.5.1에 나타낸다[107]. 이 그림에서 온도의 상승에 따라 부착 응력이 작게 되고, 특히400℃부터 500℃ 사이에서는 현저하게 저하하는 것을 알 수 있다. 또한 잔존 열간 부착 강도와 가열 온도의 관계를 그림 2.4.5.2에 나타낸다[108]. 가열 온도가 높을수록 잔존 열간 부착 강도는 작다. Huang은 그림 2.4.5.2의 결과를 바탕으로 열간 부착 강도의 모델을 제안하고 있다[108].

이형봉강의 경우

$$\left.\begin{aligned} \tau_{\max,T} &= \tau_{\max,20}\left(1.0 - \frac{0.22}{360}(T-20)\right) \\ &\quad \text{for } 20\,^\circ\mathrm{C} \le T \le 380\,^\circ\mathrm{C} \\ \tau_{\max,T} &= \tau_{\max,20}\left(0.78 - \frac{0.75}{270}(T-380)\right) \\ &\quad \text{for } 380\,^\circ\mathrm{C} < T \le 650\,^\circ\mathrm{C} \\ \tau_{\max,T} &= 0.03\tau_{\max,20} \quad \text{for } 650\,^\circ\mathrm{C} < T. \end{aligned}\right\} \quad (2.4.5.1)\text{ 식}$$

원형강의 경우

$$\left.\begin{aligned} \tau_{\max,T} &= \tau_{\max,20}\left(1.0 - \frac{0.35}{180}(T-20)\right) \\ &\quad \text{for } 20\,^\circ\mathrm{C} \le T \le 200\,^\circ\mathrm{C} \\ \tau_{\max,T} &= \tau_{\max,20}\left(0.65 - \frac{0.27}{200}(T-200)\right) \\ &\quad \text{for } 200\,^\circ\mathrm{C} < T \le 400\,^\circ\mathrm{C} \\ \tau_{\max,T} &= \tau_{\max,20}\left(0.38 - \frac{0.35}{140}(T-400)\right) \\ &\quad \text{for } 400\,^\circ\mathrm{C} < T \le 540\,^\circ\mathrm{C} \\ \tau_{\max,T} &= 0.03\tau_{\max,20} \text{for } 540\,^\circ\mathrm{C} < T. \end{aligned}\right\} \quad (2.4.5.2)\text{ 식}$$

여기서, $\tau_{max,T}$: 열간부착강도, $\tau_{max,20}$: 20℃의 부착강도, T : 철근의 표면온도

한편, 가열후 이형봉강-콘크리트의 부착 응력과 미끄럼 관계에 미치는 가열 온도의 영향을 그림 2.4.5.3에 나타낸다[109].

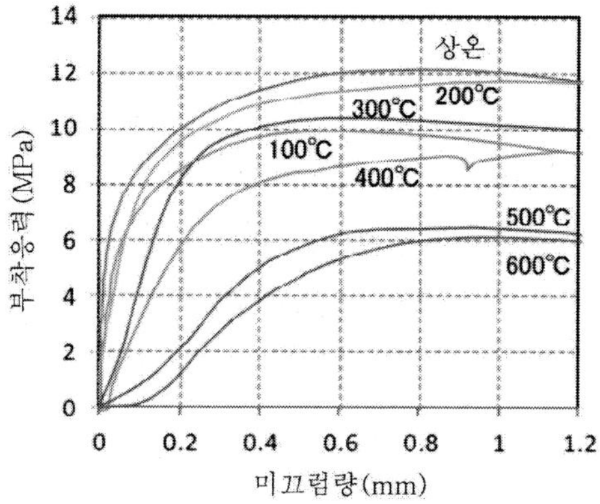

그림 2.4.5.1 열간부착응력과 미끄럼 양의 관계 [107]

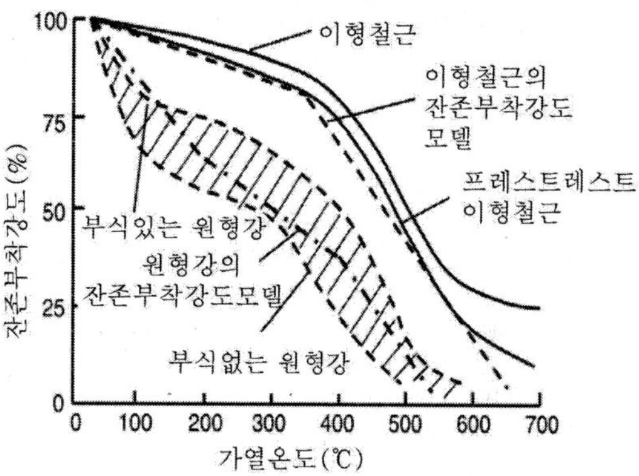

그림 2.4.5.2 잔존열간부착강도와 가열온도의 관계 [108]

또한, 각종 봉강의 잔존 냉간부착강도와 가열 온도의 관계를 그림 2.4.5.4에 나타낸다. 가열 온도의 상승에 따라 냉간부착강도와 강성은 저하한다. 냉간부착강도의 저하 정도는 봉강의 종류에 따라 다르다. 이형 봉강의 경우, 가열 온도가 500℃의 경우에는, 잔존냉간부착 강도는 60% 정도가 되지만, 원형강의 경우는 20% 이하이다.

(2) 부착 강도 저하의 영향 요인

(a) 철근의 종류와 표면 상태

그림2.4.5.2와 그림2.4.5.4에 나타낸바와 같이, 이형 봉강과 원형강의 부착 강도의 저하 경향은 다르고, 이형 봉강에 비해 원형강의 경우 저하 정도는 크다. 또한 이형 봉강의 경우에는 가열 온도가 400℃ 전후이면, 부착 강도는 크게 감소하기 시작하지만, 원형강의 부착 강도는 낮은 가열 온도에서 크게 저하된다. 또한, 부식된 원형강의 부착 강도의 수열에 의한 저하는, 녹슬지 않는 봉강보다 적다 (그림2.4.5.4를 참조). 이형 봉강의 리브 높이가 0.2mm 이상이 되면, 잔존 부착 강도에 미치는 리브 높이의 영향은 적다[60].

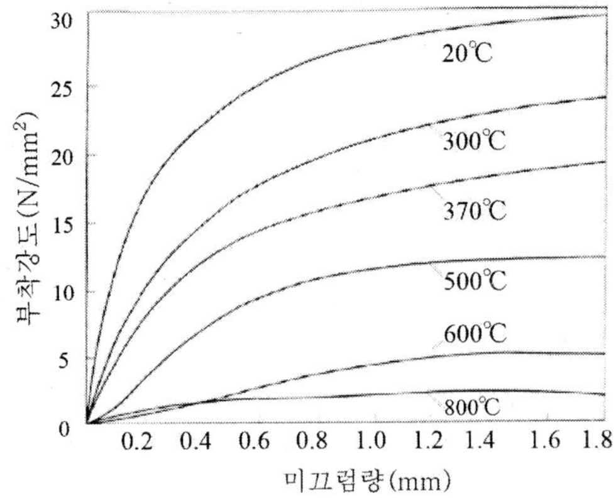

그림2.4.5.3 냉간부착응력과 미끄럼의 관계(이형철근) [109)]

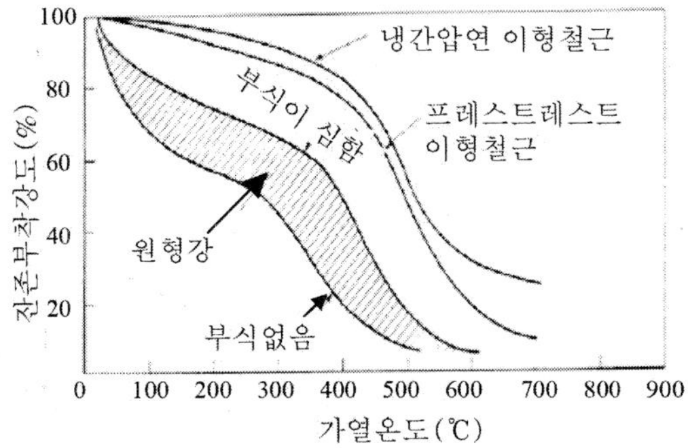

그림2.4.5.4 잔존냉간부착강도와 가열온도의 관계 [109)]

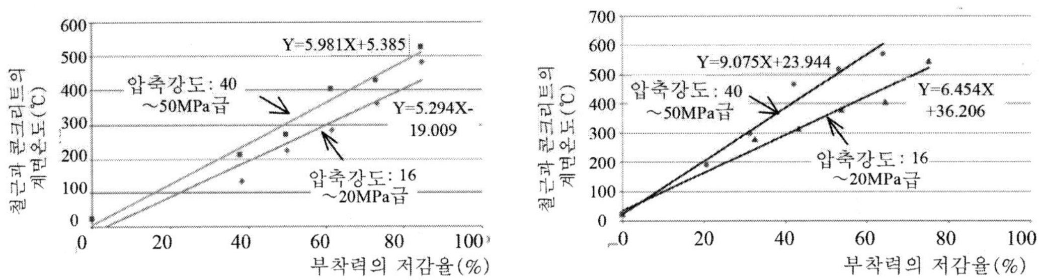

(a) 원형강 (b) 이형봉강

그림2.4.5.5 열간부착력의 저하에 미치는 압축강도의 영향 [110)]

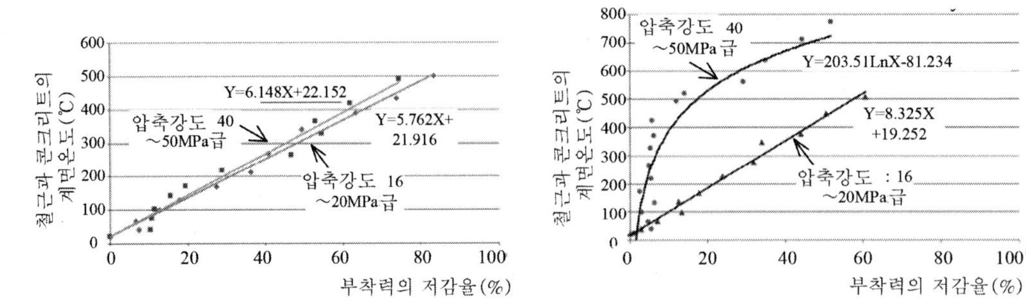

(a) 원형강 (b) 이형봉강

그림2.4.5.6 냉간부착력의 저하에 미치는 압축강도의 영향 [110)]

(b) 콘크리트의 강도

가열 전의 콘크리트의 압축 강도가 낮을수록, 500℃ 이하 가열시의 열간 접착력의 저하는 봉강의 종류에 관계없이 크다(그림2.4.5.5참조)[110]. 또한 가열온도가 500℃ 이하의 경우, 압축강도가 낮은 편이 냉간 부착 강도는 봉강의 종류에 관계없이 크다(2.4.5.6 참조)[110]. 그러나, 500℃ 이상 가열의 경우, 냉간 부착 강도의 저하 정도와 압축 강도의 관계는, 그림 2.4.5.7 과 같이 명확하지 않다[111].

한편, 마쯔도(松戸)등[112]은 그림 2.4.5.8 과 같이 물결합재비 15%의 초고강도 콘크리트를 이용하여 가열 냉각 후 인발 시험 결과를 보고하고 있다. 콘크리트 시험체는 한 변이 10cm의 입방체, 철근은 D16의 이형 봉강을 이용하고 있다. 이 보고에 의하면, 가열 온도가 400℃ 를 초과해 높아지면 부착 강도가 저하되는 경향이 있다. 다만, 가열 온도 400~500℃ 사이에서 파괴모드 (할렬, 미끄럼)가 상이하여지기 때문에, 파괴 모드에 따라 검토가 필요하다고 보고하고 있다.

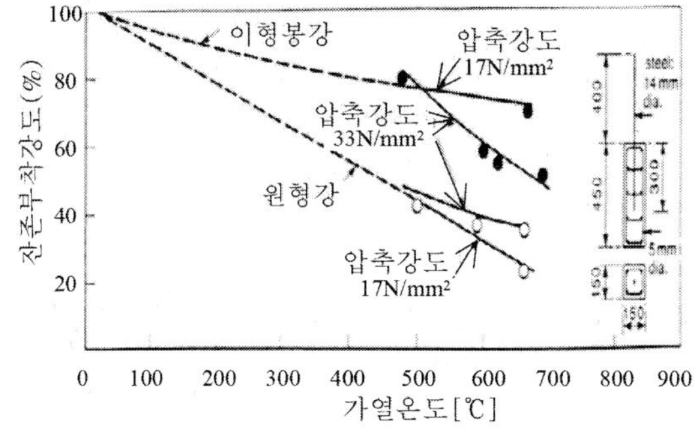

그림2.4.5.7 잔존냉간부착강도에 미치는 압축강도의 영향 [111]

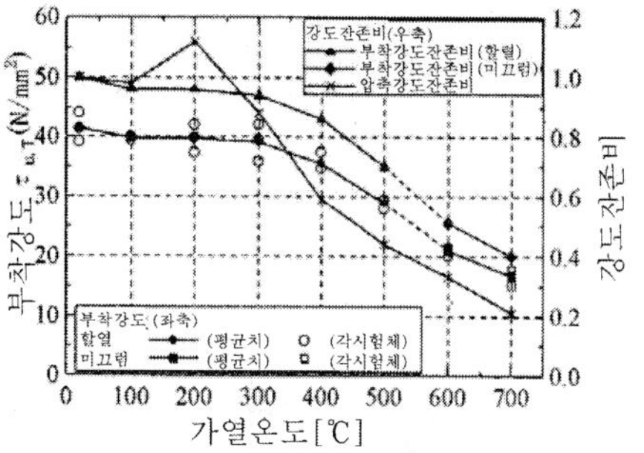

그림2.4.5.8 인발 시험결과 [112]

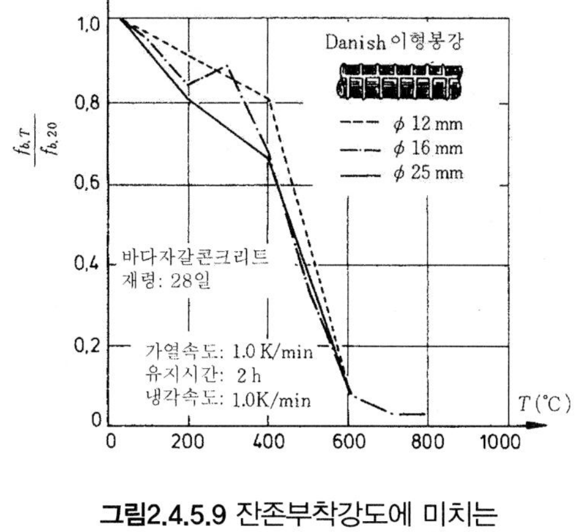

그림2.4.5.9 잔존부착강도에 미치는 이형봉강의 직경의 영향 [60]

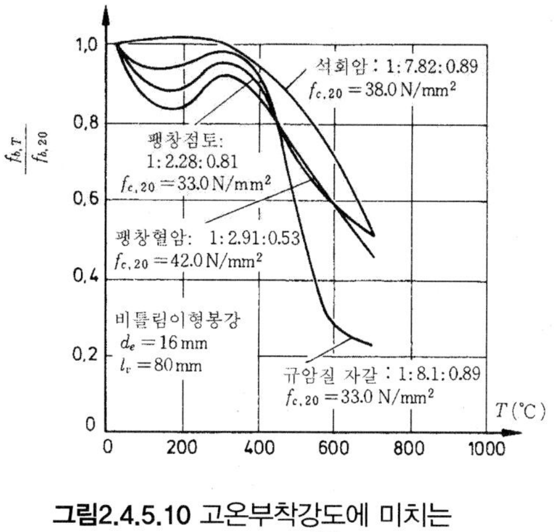

그림2.4.5.10 고온부착강도에 미치는 골재의 영향 [113]

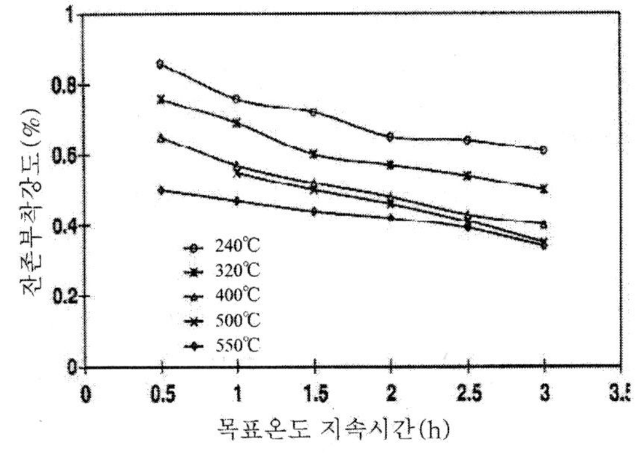

그림2.4.5.11 잔존냉간부착강도와 고온유지시간의 관계 [114)]

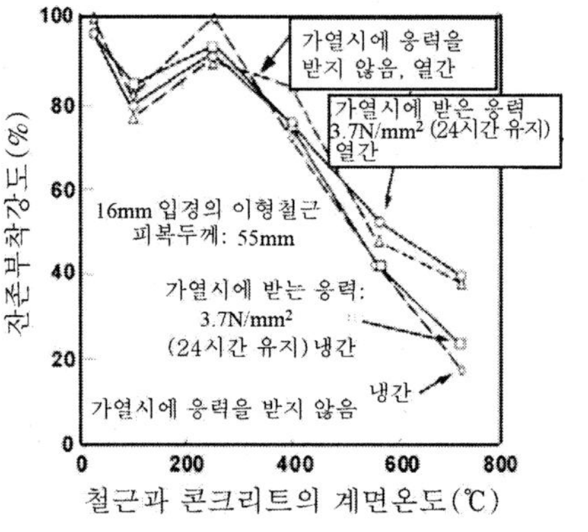

그림2.4.5.12 잔존부착강도에 미치는 가열시의 재하응력의 영향 [115)]

(c) 철근 지름

철근지름은, 봉강의 종류에 관계없이 냉간부착강도에 거의 영향을 주지 않는다.[106),60)] (그림 2.4.5.9를 참고)

(d) 골재의 종류

콘크리트에 사용한 골재의 종류에 따라 잔존냉간부착강도는 다르다(그림2.4.5.10 참고)[113)]. 가열온도가 400~700℃의 범위에서는 규암질 자갈보다 석회석 골재를 이용한 콘크리트가 잔존냉간부착강도는 높다.

(e) 고온지속시간의 영향

그림 2.4.5.11에 나타낸 대로 잔존냉간부착강도는 고온지속시간의 증가에 따라 감소하지만, 가열시간이 2시간을 넘으면 잔존률의 감소는 완화된다.[114)]

(f) 수열시 철근의 재하응력

그림 2.4.5.12는 가열시 이형봉강이 재하응력을 받는지 여부가 열간부착강도와 냉간부착강도의 잔존률에 미치는 영향을 나타낸 것이다.[115)] 가열온도가 500℃ 이하의 경우 응력유무의 영향은 명확하지 않지만, 500℃ 이상이 되면, 가열시의 재하응력의 유무에 따라 잔존 열간부착강도와 잔존냉간부착강도는 달라진다.

(g) 콘크리트의 피복 두께

콘크리트의 피복 두께가 클수록 그림 2.4.5.13에 나타낸 바와같이 잔존 열간 부착강도가 크다.[115)]

(h) 사이클 인발 재하의 영향

그림 2.4.5.14는 가열중에 사이클 인발재하(부착응력을 1~3.7N/mm^{2}의 사이로 변화) 시켜 잔존 열간부착강도에 미치는 영향을 나타낸 것이다. [115] 사이클 재하를 가하면, 열간부착강도가 저하하는 것으로 판단된다.

(i) 섬유 첨가의 영향

강섬유의 첨가는 콘크리트의 폭열을 방지하는 효과가 있어, 냉간부착강도를 증가시킨다. 특히 양 끝이 구부러진 강섬유(hooked steel fiber)를 첨가할 경우에는, 냉간부착강도의 증가효과가 높다. [116]

그 외 문헌117),118)은 아라미드 섬유나 탄소 섬유로 이루어진 FRP근과 콘크리트의 잔존 열간 부착강도는 이형 철근보다 낮은 것으로 평가된다.

(3) 재양생에 의한 냉간부착강도의 회복

가열된 콘크리트의 압축강도 및 세공량 등은 가열 후 재양생에 의해 어느정도까지 회복할 수 있다. [119] 이(李)등은 X선 회절분석, TG/DTA분석 및 질소 흡착에 의한 세공분포 측정 등에 의해 수열과 재양생에 의한 강도와 내부 구조의 변화가 시멘트의 수화생성물의 분해와 재양생에 기인한다고 설명하고 있다. [120)121] 강도와 기밀정도의 회복에 따라 가열후 철근과의 냉간부착강도가 상승한다. 이(李)등은 [122] 300~500℃로 가열한 후 수냉각 된 공시체의 1개월 수중재양생 또는 1개월 수중재양생+1~2개월 대기중 재양생 (합계 2개월이나 3개월 재양생)을 하여, 인발하중의 변화를 고찰하였다. 그 결과 (그림 2.4.5.15, 그림 2.4.5.16)에 나타낸바와 같이, 최대인장하중은 재양생에 의해서 가열 직후보다 증가하고, 재양생재령이 길수록 증가하고, 1개월 수중양생+2개월 대기중 양생후에 미수열된 경우와 비교하여 70~80%로 회복한 것을 알 수 있다.

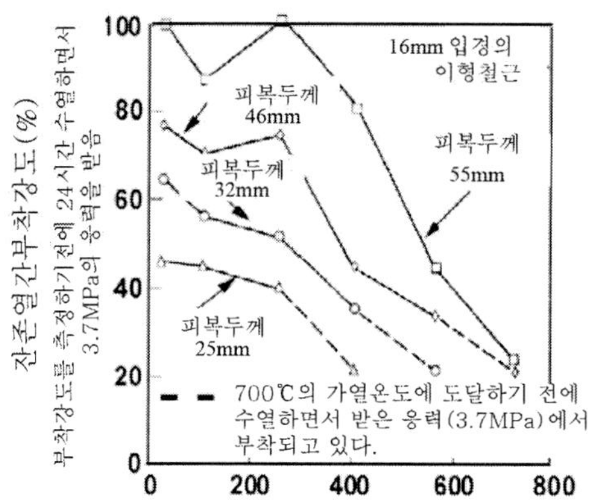

그림2.4.5.13 열간부착강도의 잔존율에 미치는 피복두께의 영향 [115]

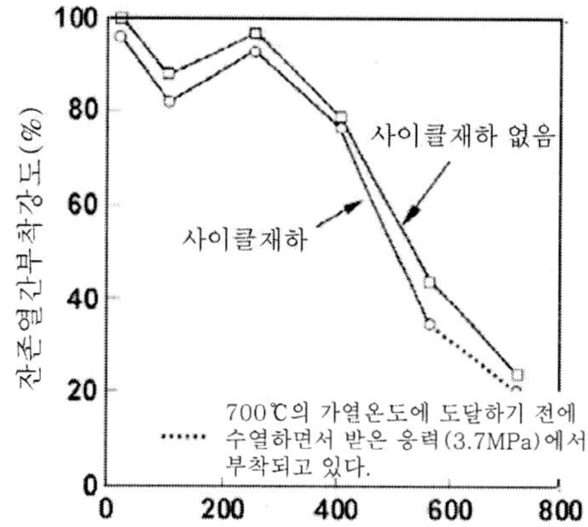

그림2.4.5.14 잔존열간부착강도에 미치는 사이클재하의 영향 [115]

한편, 가열후에 양생매트를 이용하여 1~3개월의 습윤양생을 실시했을 경우, 그림 2.4.5.17과 그림 2.4.5.18에 나타낸 바와같이 300℃와 400℃로 가열되어, 공기중 냉각된 공시체의 습윤양생후의 최대 인발하중(P_{mt})와 양생재령의 사이에 일차적인 관계가 보이지는 않지만, 500℃가열 · 공기냉각과 400℃와 500℃가열 · 수급냉각 공시체의 Pmt는 습윤양생재령과 함께 증가하는 경향이 나타났다[122]. 표면양생수의 공시체내부로의 침투난이도는 부착성능의 회복정도에 영향을 미치는 것으로 판단된다.

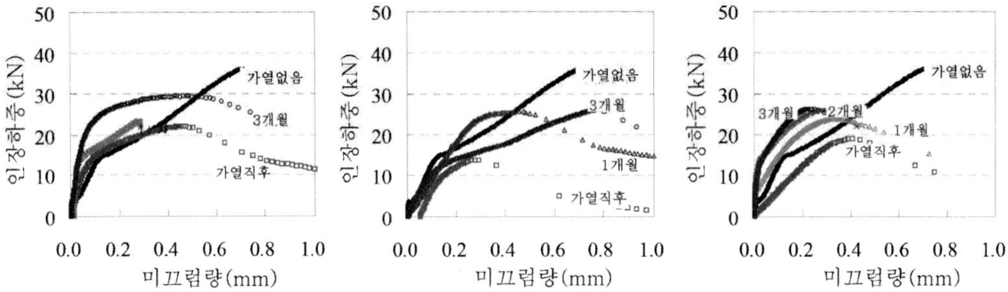

그림2.4.5.15 이형철근(D16)의 인발하중과 자유단처짐량의 관계(콘크리트의 압축강도가 38.1MPa) [122]

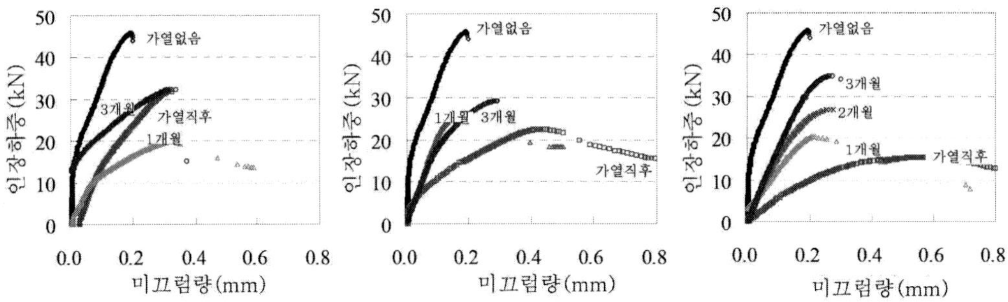

그림2.4.5.16 이형철근(D16)의 인발하중과 자유단처짐량의 관계(콘크리트의 압축강도가 54.3MPa) [122]

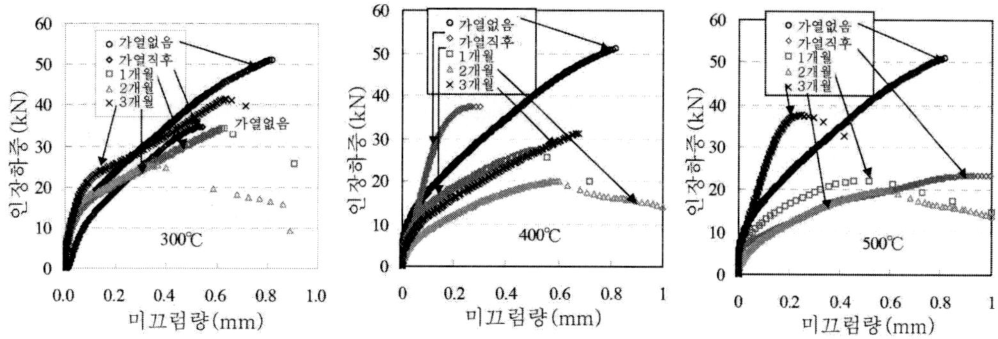

그림2.4.5.17 이형철근(D16)의 인발하중과 자유단처짐량의 관계
(콘크리트의 압축강도가 44.0MPa, 공기중냉각) 122)

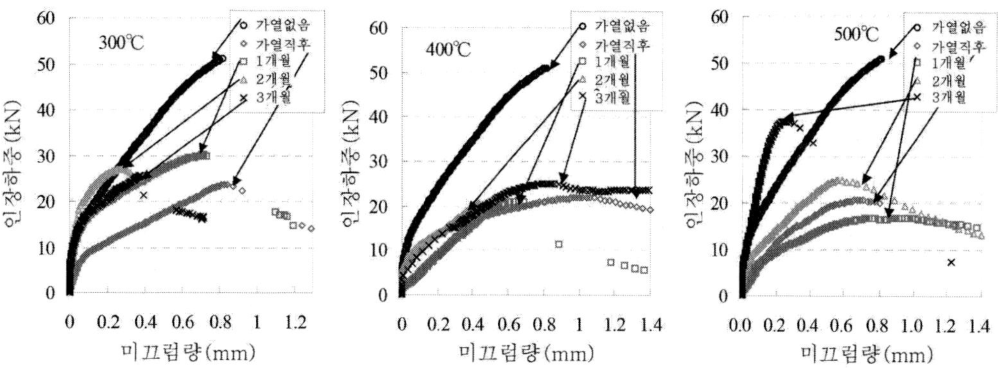

그림2.4.5.18 이형철근(D16)의 인발하중과 자유단처짐량의 관계
(콘크리트의 압축강도가 44.0MPa, 수중냉각) 122)

2.4.6 인장 · 휨강도

혼다(本田)[30]등은 물결합재비 23,31, 60%의 콘크리트에 대하여 600℃까지 가열후의 인장강도에 대해 검토하고 있다. 인장강도는 고온이 될수록 저하하여, 600℃가열에 의한 잔존률은 20℃의 0.3정도가 된다.

Sammy Y.N.Chan[45]등은 고강도 콘크리트 및 일반강도의 콘크리트에 대해 1200℃까지 가열을 받았을 경우의 인장강도의 저하에 대해 검토하고 있다. 그림 2.4.6.1에 나타낸 바와같이 인장강도의 저하가 압축강도보다 큰 것을 지적한 후, 이것이 가열로 인해 생긴 콘크리트 내부의 균열에 의한 것이라 평가하고 있다. 또한 A.N.Noumowe[124], P.A.Jahren[125],의 연구에서도 Sammy Y.N.Chan 과 거의 같은 결과를 얻고 있다.

카와베(河辺)등[36]은 물시멘트비 20~50%의 콘크리트에 대해 상온에서 가열온도 600℃까지의 인장강도에 대하여 그림 2.4.6.2와 같은 결과를 보고하고 있다. 이 결과 가열온도 600℃에서도 상온시의 25~35%의 인장강도가 남는 것으로 나타났다. 또한 가열온도와 인장강도 잔존비(상온시의 인장경도에 대한 각 가열온도에 있어서의 인장강도비)의 관계(그림2.4.6.3 참조)에서, 200℃에의 인장강도(σ_t (20))를 알수 있으면, 고온가열후의 인장강도(식 2.4.6.1 및 식 2.4.6.2)를 대체로 추정 할 수 있는 것을 나타내고 있다.[36]

$$\sigma_t(\theta) = \sigma_t(20) \times {}_r\sigma_t(\theta) \qquad (2.4.6.1)식$$

$${}_r\sigma_t(\theta) = 1.01 - 3.48 \times 10^{-4}\theta - 1.33 \times 10^{-6}\theta^2 \qquad (2.4.6.2)식$$

$\sigma_t(\theta)$: θ℃ 가열후의 인장강도(N/mm)^2

${}_r\sigma_t(\theta)$: θ℃ 가열후의 인장강도 잔존비

휨강도에 대해서도 카와베(河辺)등은 인장강도와 같은 실험을 실시하고 있으며, 그림2.4.6.4와 같이 물시멘트비가 작은 것일수록 높은 휨강도가 잔존되고, 가열온도600℃에서도 상온시의 15~30%의 휨강도가 잔존되는 것을 나타내고 있다. 또한 가열온도와 휨강도의 잔존비(상온시의 휨강도에 대한 각 가열온도시의 휨강도비)의 관계(그림2.4.6.5 참조)로부터 20℃의 휨강도 (σ_b (20))을 알수 있다면, 고온가열후의 휨강도(식2.4.6.3 및 식2.4.6.4)를 대략 추정 할 수 있다고 보고하고 있다.

$$\sigma_b(\theta) = \sigma_b(20) \times {}_r\sigma_b(\theta) \qquad (2.4.6.3)식$$

$${}_r\sigma_b(\theta) = 1.00 - 8.21 \times 10^{-7}\theta - 2.10 \times 10^{-6}\theta^2 \qquad (2.4.6.4)식$$

$\sigma_b(\theta)$: θ℃ 가열후의 휨강도(N/mm)^2

${}_r\sigma_b(\theta)$: θ℃ 가열후의 강도잔존비

카와베(河辺)등은 상기에 나타낸 인장강도, 휨강도와 압축강도와의 관계에 대해서도 정리하였다. 가열 후의 콘크리트의 압축강도(σ_c)와 인장강도(σ_t), 압축강도와 휨강도(σ_b)와의 관계를 각각 그림 2.4.6.6, 2.4.6.7에 나타내었다. 보통 강도의 콘크리트의 압축강도에 대한 인장강도비는 일반적으로 1/10~1/13, 휨강도비는 1/5~1/8로 알려지고 있지만, 가열후의 각각의 강도비는 더욱 작은 것을 알 수 있다. 또한 ACI식과 비교해도 실험치는 작다. 이는 가열 후의 압축강도에 비해 가열 후의 인장강도, 휨강도의 잔존비가 작다는 것을 나타낸다. 압축강도, 인장강도 및 휨강도의 관계실험식으로서 식 2.4.6.5 및 식 2.4.6.6을 나타내고 있다.

$$\sigma_t = 0.476 + 0.0435\sigma_c \qquad (2.4.6.5)식$$

$$\sigma_b = 1.08 + 0.0596\sigma_c \qquad (2.4.6.6)식$$

전술한바와 같이, 가열후에 있어서도 각 강도간의 상관성이 있으므로, 압축강도로부터 인장강도, 휨강도를 대략적으로 추정할 수 있다고 보고하고 있다.

마쯔도(松戸)등[123]은 그림 2.4.6.8에 나타낸 바와같이, 물결합제 비 15%,25%의 초고강도 콘크리트를 이용한 가열냉각 후의 인장강도의 보고를 하고 있다. 인장강도는 가열온도 100℃에서 약간 저하되나 200℃에서는 회복되는 경향을 보이고 있다. 이것은 가열 냉각 후에도 고온 증기로 콘크리트 안의 미수화 시멘트 입자의 수화가 촉진된 것 이라고 고찰하고 있다. 또한 가열온도 200℃ 이하의 경우에는 편차도 크나 300℃ 이상의 경우에는 가열온도 상승과 더불어 강도저하되고 편차도 작다고 보고하고 있다. 콘크리트의 가열온도와 인장강도, 휨강도에 대한 데이터는 압축강도에 비교하면 매우 적다. 또한 가열온도 100℃~300℃에서는 강도가 저하되는 것과 저하되지 않는 양상이 보고되고 있으므로 메카니즘의 검토를 포함한 향후 데이터의 축적이 필요하다.

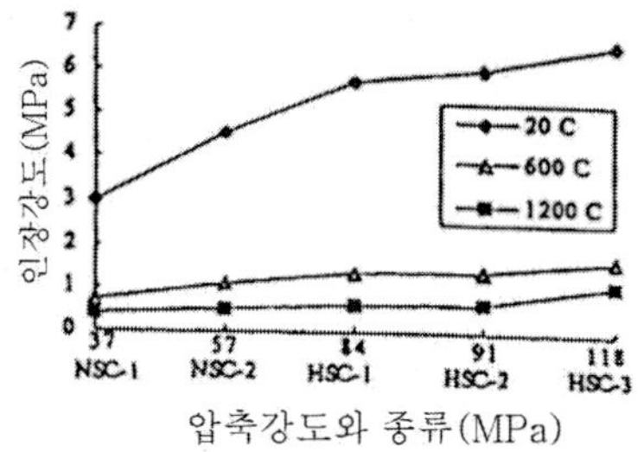

그림2.4.6.1 압축강도와 인장강도 [45)]

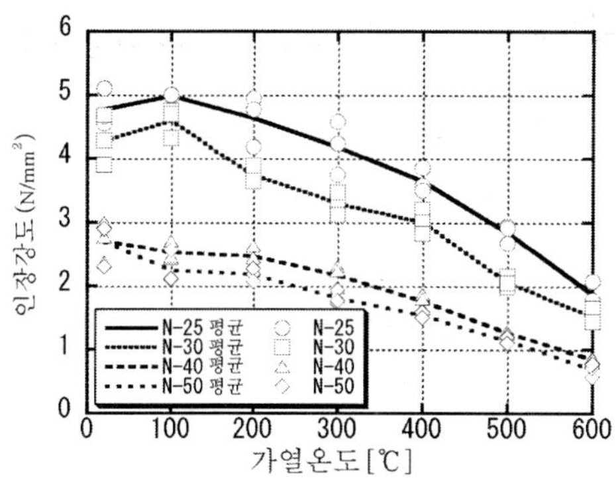

그림2.4.6.2 가열온도와 인장강도 [36)]

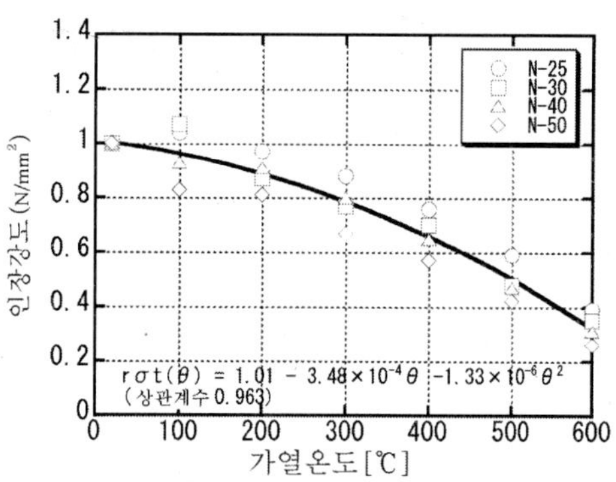

그림2.4.6.3 가열온도와 인장강도 잔존비 [36)]

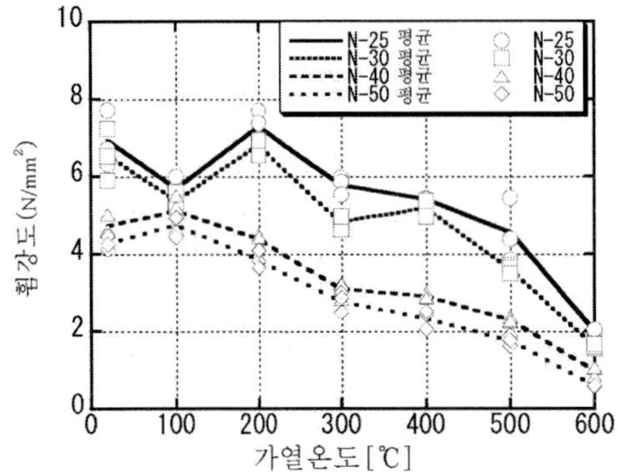

그림2.4.6.4 가열온도와 휨강도 36)

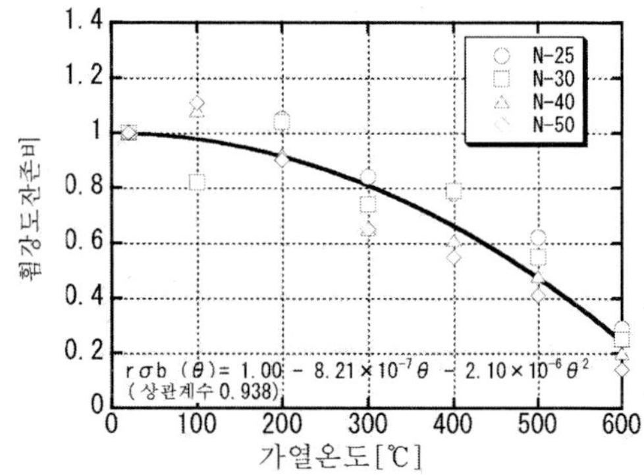

그림2.4.6.5 가열온도와 휨강도 잔존비 36)

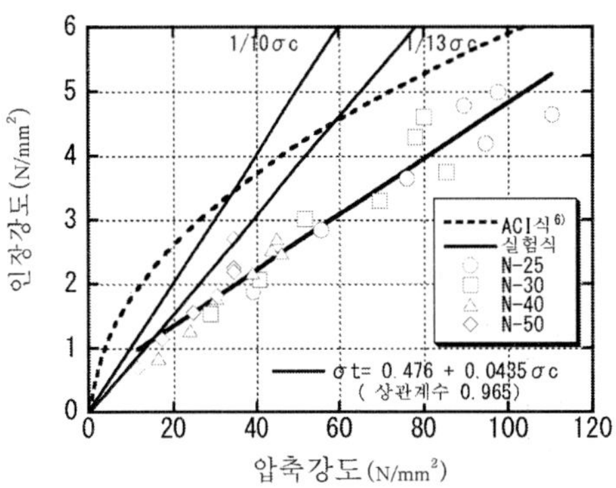

그림2.4.6.6 압축강도와 인장강도 36)

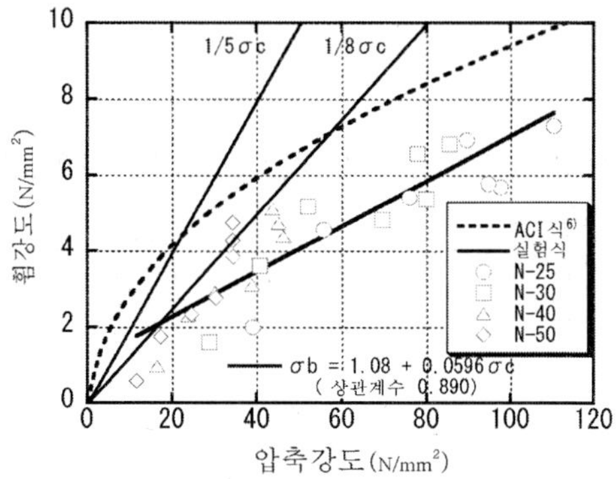

그림2.4.6.7 압축강도와 휨강도 36)

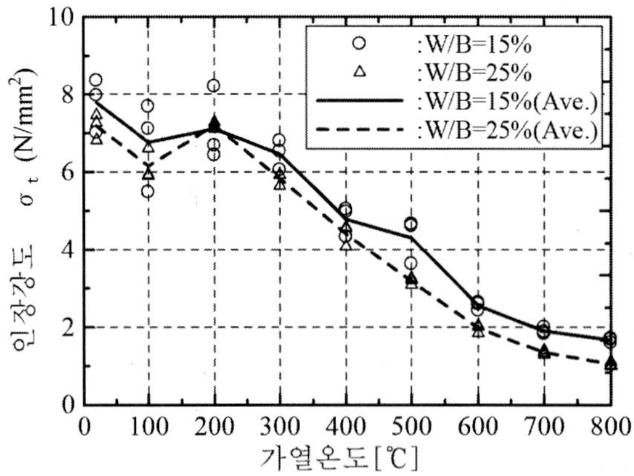

그림2.4.6.8 가열온도와 인장강도의 관계 123)

인용 · 참고문헌

1) 古村福次郎：高温度におけるコンクリートの力学的性質に関する研究（その 2），日本建築学会論文報告集，第 173 号，pp. 17-24，1970.7
2) 安部武雄，古村福次郎，戸祭邦之，黒羽健嗣，小久保勲：高温度における高強度コンクリートの力学的特性に関する基礎的研究，日本建築学会構造系論文集，第 515 号，pp. 163-168，1999.1
3) 一瀬賢一，長尾覚博，川口徹：高温加熱下における高強度コンクリートの力学的性質に関する研究，コンクリート工学年次論文報告集，Vol. 21, No. 2, pp. 1105-1110，1999.6
4) 丹羽博則，長尾覚博，江戸宏彰，上杉英樹，齋藤光：20℃～600℃までの高温載荷加熱を受けるコンクリートのひずみ挙動，日本建築学会大会学術講演梗概集（中国），pp. 249-250，1999.9
5) 一瀬賢一，長尾覚博，川口徹：高温加熱状態における高強度コンクリートの力学的性質に関する実験的研究，日本建築学会構造系論文集，第 557 号，pp. 23-28，2002.7
6) 常世田昌寿，豊田康二，織茂俊泰，菊田繁美，高橋孝二，堀昭夫，松戸正士，中込昭，平島岳夫，上杉英樹：普通コンクリートの過渡ひずみに関する実験的研究，日本建築学会 構造工学論文集, Vol. 48B，pp. 149-154，2002.3
7) 豊田康二，山下平祐，石田良平，近藤悟，菊田繁美，高橋孝二，井上超，松戸正士，中込昭，吉田正友，平島岳夫，上杉英樹：火災加熱を受ける超高強度コンクリートの力学的特性に関する実験的研究，構造工学論文集, Vol. 49B，pp. 367-374，2003.3
8) 篠原幸一，山下平祐，豊田康二，安部武夫，平島岳夫，上杉英樹：高強度コンクリートの高温下における力学的性質に関する実験的研究 －粗骨材寸法の影響－，日本建築学会大会学術講演梗概集（東海），pp. 173-174，2003.9
9) 宮本圭一，安部武雄：高温度における高強度コンクリートの力学的特性に関する研究，日本建築学会構造系論文集，第 574 号，pp. 227-234，2003.12
10) 道越真太郎，小林裕：高強度コンクリートの高温時における力学的性質，日本建築学会大会学術講演梗概集（北海道），pp. 79-80，2004.8
11) 道越真太郎：多軸拘束を受けるコンクリートの高温圧縮強度，日本建築学会大会学術講演梗概集（関東），pp. 9-10，2006.9
12) 安部武雄，大塚貴弘，小林裕，道越真太郎：高温度における普通強度コンクリートの力学的特性，日本建築学会構造系論文集 第 615 号，pp. 7-13，2007.5
13) Carlos Castillo，A.J.Durrani：Effect of Transient High Temperature on High-Strength Concrete，ACI Materials Journal，Technical Paper，Title no. 87-M7，pp. 47-53，1990.1
14) Yngve Anderberg，Sven Thelandersson：STRESS AND DEFORMATION CHARACTERISTICS OF CONCRETE AT HIGH TEMPERATURES，LUND INSTITUTE OF TECHNOLOGY LUND SWEDEN 1976 DIVISION OF STRUCTURAL MECHANICS AND CONCRETE CONSTRUCTION，1976.8
15) Y.F.Fu, Y.L.Wong, C.S.Poon and C.A.Tang：Stress-strain behaviour of high-strength concrete at elevated temperatures, Magazine of Concrete Research, 57, No. 9, pp. 535-544, 2005.11
16) 松戸正士，西田浩和，大塚貴弘，平島岳夫，安部武雄：高強度コンクリートの耐火性に関する研究(その 1)高温時における高強度コンクリートの力学的性質について，日本建築学会構造系論文集，第 624 号，pp. 341-347，2008.2
17) 加藤雅樹，道越真太郎，馬場重彰，今井和正，渡邉悟士：鉄筋コンクリート造長柱の耐火性能に関する研究 その 1 中心圧縮を受ける鉄筋コンクリート長柱の火災時座屈耐力，日本建築学会構造系論文集，第 708 号，pp. 345-355，2015.2
18) 馬場重彰，道越真太郎，小林裕：超高強度繊維補強コンクリートの高温時における力学的性質，日本建築学会大会学術講演梗概集（中国），pp. 191-192，2008.9
19) 崔景喆，金圭庸，尹敏浩，佐藤諒一，小澤満津雄，六郷恵哲，宮内博之，金武漢：Jute 繊維および PP 繊維を混入した高強度コンクリートの高温特性，日本建築学会大会学術講演梗概集（北海道），pp. 99-100，2013.8
20) 山下平祐，吉田徹，平島岳夫：火災時におけるコンクリートの全体ひずみに与える水分の影響，日本建築学会大会学術講演梗概集（関東），pp. 29-32，2015.9
21) 李泰圭，金圭庸，金榮善，金武漢：荷重条件と高温における高強度軽量コンクリートの力学的特性評価，コンクリート工学年次論文集，Vol. 32，No. 1，pp. 1145-1150，2010.6
22) 金圭庸，李泰圭，金榮善，金武漢：高温加熱と荷重載荷によるコンクリートの力学的特性，コンクリート工学年次論文集，Vol. 33，No. 1，pp. 1175-1180，2011.6
23) 右田周平，平島岳夫，前田孝一：高強度コンクリートの高温時力学的特性に及ぼすポリプロピレン繊維および水分の影響，コンクリート工学年次論文集，Vol. 34，No. 1，pp. 1126-1131，2012.6
24) 崔景喆，金圭庸，Nenad Gucunski，金武漢：高温加熱と荷重条件による超高強度コンクリートの力学的特性，コンクリート工学年次論文集，Vol. 36，No. 1，pp. 1324-1329，2014.6
25) 山田人司，梅本宗宏，高井茂光，鈴木好幸，松戸正士，梶田秀幸，宮野和樹：高温加熱した高強度コンクリートの力学的性質に関する実験的研究 その 2 予熱炉を用いた高温試験時の強度性状，日本建築学会大会学術講演梗概集（関東），pp. 17-18, 2011.8
26) 抱憲誓，抱憲誓，西村光太，宮本圭一，澤田祥平，門馬隆弘：700℃までの高温に曝されたコンクリートの力学特性の変化，日本建築学会大会学術講演梗概集（北海道），pp. 101-102，2013.8
27) 丹羽博則，宮本圭一，近藤史朗，道越真太郎，西村俊彦，仲宗根淳，住学，菊田繁美，堀伸輔，新上浩：耐火被覆 CFT 柱の耐火性能に関する研究(その 7 コンクリートの高温圧縮強度)，日本建築学会大会学術講演梗概集（関東），pp. 45-46，2015.9
28) 一瀬賢一，長尾覚博，中根淳：高温加熱を受けた高強度コンクリートの力学的性質に関する研究，コンクリート工学年次論文報告集，Vol. 19, No. 1, pp. 535-540，1997.6

29) 廣畑光生，河辺伸二，岡島達雄，賀屋善行：高温加熱後の高強度コンクリートの力学的性質，コンクリート工学年次論文報告集，Vol. 19, No. 1, pp. 625-630，1997.6
30) 本田義博，大岡督尚，藤巻敏之：高強度コンクリートの耐火性能に関する実験的研究（その 1 定常温度の一軸試験），日本建築学会大会学術講演梗概集（近畿），pp. 23-24，1996.9
31) 熊谷仁志，斎藤秀人，森田武：高温を受けた高強度コンクリート部材の力学的特性，コンクリート工学年次論文報告集，Vol. 14, No. 2, pp. 559-564，1992.5
32) 奥山治也，奥野亨，佐藤忠博，富英雄：コンクリートの耐熱性におよぼす骨材の影響に関する研究（その 1 高温加熱を受けた骨材およびコンクリートの性状の変化，その 2 20～300℃の高温に長期間さらされたコンクリートの諸性質），日本建築学会大会 学術講演梗概集（東北），pp. 217-220，1973.10
33) 森田武，西田朗，山崎庸行：高強度コンクリート（圧縮強度 120N/mm²）の加熱後の残存強度特性，日本火災学会研究発表会概要集，pp. 338-341，2000.5
34) 一瀬賢一，川口徹，長尾覚博：高温加熱後における高強度軽量コンクリートの各種強度特性，日本建築学会大会学術講演梗概集（関東），pp. 135-136，2001.9
35) 一瀬賢一，川口徹，長尾覚博：高温加熱を受けた高強度コンクリートにおける粗骨材の影響，コンクリート工学年次論文報告集，Vol. 24, No. 1, pp. 285-290，2002.6
36) 河辺伸二，一瀬賢一，川口徹，長尾覚博：高温加熱を受けた高強度コンクリートの強度特性に関する研究，コンクリート工学年次論文報告集，Vol. 25, No. 1, pp. 377-382，2003.7
37) 水野敬三，黒岩秀介，小林裕：有機繊維混入コンクリートの加熱冷却後の残存圧縮強度，日本建築学会大会学術講演梗概集（東海），pp. 259-260，2003.9
38) 一瀬賢一，川口徹，長尾覚博，河辺伸二：高温加熱後の高強度コンクリートの力学的性質に及ぼすセメントの影響，日本建築学会大会学術講演梗概集（東海），pp. 727-723，2003.9
39) 西田浩和，横須賀誠一，松戸正士，片寄哲務：超高強度コンクリートの構造体強度と高温加熱後の力学的性質，コンクリート工学年次論文報告集，Vol. 26, No. 1, pp. 393-398，2004.6
40) 一瀬賢一，堀長生：高温加熱を受けた超高強度コンクリートの力学的性質，日本建築学会大会学術講演梗概集（近畿），pp. 403-404, 2005.9
41) 宮本圭一，安部武雄：超高強度コンクリートの高温加熱後の力学的性質，日本建築学会大会学術講演梗概集（近畿），pp. 53-54, 2005.9
42) 松戸正士，西田浩和，片寄哲務，安部武雄：高温加熱後の超高強度コンクリートの力学的性質に関する実験的研究，日本建築学会構造系論文集，第 603 号，pp. 171-177，2006.5
43) 河辺伸二，岡田和寿，滝本憲太：再生粗骨材を用いたコンクリートの高温加熱後の力学的特性，コンクリート工学年次論文報告集，Vol. 29, No. 1, pp. 783-788，2007.7
44) R.Sarshar，G.A.Khoury：Material and environment factors influencing the compressive strength of unsealed cement paste and concrete at high temperature，Magazine of Concrete Research，45，No. 162, 51-61，1993.3
45) Sammy Y.N.Chan，Gai-fai Peng and John K.W.Chan：Comparison between high strength concrete and normal strength concrete subjected to high temperature，Material and Structure，Vol. 29，pp. 616-619，1996.12
46) 李柱国，李慶濤：高温加熱を受けたコンクリートの性能回復に関する研究，日本建築学会構造系論文集，第 666 号，pp. 1375-1382, 2011.8
47) 李柱国，李慶濤：高温加熱を受けたコンクリートの残存圧縮強度の推定方法，日本建築学会技術報告集，第 37 号，pp. 791-796, 2011.10
48) 松沢晃一，橘高義典：高温加熱の影響を受けたコンクリートの破壊特性，日本建築学会構造系論文集，第 680 号，pp. 1477-1483, 2012.10
49) 松沢晃一，橘高義典，刈田祥彦：コンクリートに埋め込まれた金属系アンカーの引抜き特性に及ぼす高温加熱の影響，日本建築学会構造系論文集，第 707 号，pp. 29-37，2015.1
50) 一瀬賢一：高温加熱を受けた超高強度コンクリートの各種力学的性質，日本建築学会大会学術講演梗概集（中国），pp. 1059-1060, 2008.9
51) 小林裕，馬場重彰，道越真太郎，黒岩秀介，陣内浩：高温を受けた高強度コンクリートの圧縮力学特性に及ぼす供試体形状の影響，日本建築学会大会学術講演梗概集（東北），pp. 157-158，2009.8
52) 市川博也，河辺伸二，岡田和寿，小林竜平：粗骨材と細骨材に石灰石を用いたコンクリートの高温加熱後の力学的特性，日本建築学会大会学術講演梗概集（北陸），pp. 1329-1330，2010.9
53) 松戸正士，佐藤幸博，高森直樹，西田浩和，佐々木仁，平島岳夫：高強度鉄筋コンクリート柱の加熱冷却後の耐力に関する実験的研究，日本建築学会大会学術講演梗概集（北陸），pp. 93-96，2010.9
54) 宮野和樹，梅本宗宏，高井茂光，山田人司，鈴木好幸，松戸正士，梶田秀幸：高温加熱した高強度コンクリートの力学的性質に関する実験的研究 その 1 加熱冷却後の強度性状，日本建築学会大会学術講演梗概集（関東），pp. 15-16，2011.8
55) 加藤雅樹，道越真太郎，馬場重彰，黒岩秀介，陣内浩：圧縮強度 100～150N/mm² 級高強度コンクリートの冷間圧縮強度試験，日本建築学会大会学術講演梗概集（東海），pp. 191-192，2012.9
56) 宮本圭一，安部武雄，西村光太，百瀬晴基，閑田徹志，桜本文敏：超高強度コンクリートの高温加熱後の力学的性質（Fc150 と Fc200），日本建築学会大会学術講演梗概集（東海），pp. 193-194，2012.9
57) 河辺伸二，岡田和寿，菊地剛広：木材片が混入した再生粗骨材を用いたコンクリートの高温加熱後の力学的特性，コンクリート工学年次論文集，Vol. 30，No. 1，pp. 513-518，2008.7

58) 河辺伸二，岡田和寿，菊地剛広，陳海峰：フライアッシュを混入した再生粗骨材を用いたコンクリートの高温加熱後の力学的特性，コンクリート工学年次論文集，Vol. 31，No. 1，pp. 763-768，2009.6
59) 松沢晃一，橘高義典：高温加熱の影響を受けたコンクリートの破壊特性に及ぼす加熱時間の影響，コンクリート工学年次論文集，Vol. 36，No. 1，pp. 1318-1323，2014.6
60) U.シュナイダー著，森永繁・山崎庸行・林章二訳：コンクリートの熱的性質，技報堂，1983
61) 平島岳夫，常世田昌寿，豊田康二，山下平祐，篠原幸一，上杉英樹：高温加熱を受けるコンクリートの力学的特性に関する実験結果の比較，日本建築学会大会学術講演梗概集（東海），pp. 135-138，2003.9
62) 日本建築学会，防火委員会，火災耐力設計小委員会：「シンポジウム　コンクリート系構造物の火災耐力」シンポジウム資料，2004.1
63) I,G.T.C. Mohamedbhai, "Effect of Exposure Time and Rates of Heating and Cooling on Residual Strength of Heated Concrete," Magazine of Concrete Research, 38(136), pp. 151-158, 1986.9
64) 道越真太郎，小林裕，黒岩秀介：横拘束されたコンクリートの高温時における圧縮強度に関する研究，日本建築学会構造系論文集，第 623 号，pp. 143-147，2008.1
65) 常世田昌寿，山下平祐：拘束力を伴って 700℃まで加熱されるコンクリートの熱間および冷間圧縮試験，日本建築学会大会学術講演梗概集（関東），pp. 5-6，2006.9
66) 李在永，原田和典，山崎雅弘，權寧璡：繊維混入が高強度コンクリートの加熱後の圧縮強度，弾性係数とポアソン比に及ぼす影響に関する実験，日本建築学会大会学術講演梗概集（北海道），pp. 105-106，2013.8
67) fib：Fire design of concrete structures – structural behavior and assessment. State-of-art report, fib Bulletin No. 46, 2008.7
68) 野口貴文，友澤史紀：高強度コンクリートの圧縮力学特性に及ぼす供試体寸法・形状の影響，日本建築学会構造系論文集，第 473 号，pp. 19-28，1995.7
69) Eurocode 4, Design of Composite Steel and Concrete Structures - Part 1-2: General Rules - Structural Fire Design, CEN EN 1994-1-2: 2005
70) 森田武，ウルリヒ　シュナイダー，ジーン　マーク　フランセン：高温時におけるコンクリートの機械的性質のモデル化，日本火災学会研究発表会概要集，pp. 106-109，1997.5
71) 原田有：建築耐火構法，工業調査会，1973.8
72) 井上明人，飛坂基夫，桝田佳寛：高強度コンクリートの耐火性の評価に関する研究，日本建築学会大会学術講演梗概集（中国），pp. 531-532，1990.10
73) 岸谷孝一，嵩英雄，押田文雄，大野定俊：300℃までの高温に長期間さらされたコンクリートの性状に関する実験的研究，セメント・コンクリート，No. 444，pp. 7-13，1984.2
74) 太田福男，斉藤辰彦，午来俊晴：高強度火害コンクリートの強度回復にともなう変形特性に関する研究（高強度火害後コンクリートの劣化回復特性に関する研究 その 2），日本建築学会大会学術講演梗概集（関東），pp. 1097-1098，1993.7
75) 河辺伸二，一瀬賢一，川口徹：高温加熱を受けたコンクリートの養生方法と力学的性質，コンクリート工学年次論文報告集，Vol. 26, No. 1, pp. 687-692，2004.6
76) 古村福次郎：高温度におけるコンクリート力学的性質に関する研究（その 3），日本建築学会論文報告集，第 174 号，pp. 1-7，1970.8
77) 常世田昌寿，山下平祐，豊田康二，平島岳夫，前田孝一，上杉英樹：普通コンクリートの高温時ひずみに対する加熱速度の影響，日本建築学会 構造工学論文集, Vol. 51B，pp. 395-400，2005.3
78) 松戸正士，西田浩和，大塚貴弘，平島岳夫，安部武雄：高温加熱時における高強度コンクリートの力学的特性について　高強度コンクリートの耐火性に関する研究（その 1），日本建築学会構造系論文集，第 624 号，pp. 341-347，2008.2
79) 道越真太郎，小林裕，黒岩秀介：圧縮力を受けるコンクリートの高温時におけるひずみ挙動，日本建築学会構造系論文集，第 621 号, pp. 169-174，2007.11
80) 松戸正士，西田浩和：高強度無収縮モルタルの加熱冷却後の力学的性質，日本建築学会大会学術講演梗概集（九州），pp. 19-20，2007.8
81) 在永末徳：単調載荷を受けるコンクリートの完全なる応力 - ひずみ曲線の表示式について　要素分布モデルを用いたコンクリートの応力－ひずみ曲線の解析　その 1，日本建築学会構造系論文報告集，第 365 号, pp. 1-8，1986.7
82) Sandor Popovics, A Numerical Approach to the Complete Stress-Strain Curve of Concrete, CEMENT and CONCRETE RESEARCH, Vol.3, pp. 583-599，1973.9
83) Eurocode 2, Design of concrete structures - Part 1-2: General rules - Structural fire design, CEN EN 1992-1-2: 2004
84) 山崎庸行：高温下（20～700℃）におけるコンクリートの熱変形挙動，日本建築学会大会学術講演梗概集，pp. 1159-1160，1991.8
85) 常世田昌寿：石灰岩骨材を用いた普通コンクリートの火災高温時における過渡ひずみに関する実験的研究，（財）建材試験センター　建材試験情報, pp. 27-34，2006.5
86) S. Hassen and H. Colina：Transient thermal creep of concrete in accidental conditions at temperatures up to 400ºC，Magazine of Concrete Research, 58, No. 4，pp. 201-208，2006.5
87) RILEM TC 129-MHT：Test methods for mechanical properties of concrete at high temperatures--Recommendations: Part 7: Transient Creep for service and accident conditions, Materials and Structures, Vol. 31, pp. 290-295, 1997.3
88) Khoury G. A., Grainger B. N. and Sullivan P. J. E.：Transient thermal strain of concrete: literature review, conditions within specimen and behaviour of individual constituents, Magazine of Concrete Research, 37, No. 132, pp. 131-144, 1985.9
89) Gawin D., Majorana C. E., Pesavento F. and Schrefler B. A.: Modelling thermo-hygro-mechanical behaviour of high performance concrete in high temperature environments, Proceedings of the Fourth International Conference on Fracture Mechanics of Concrete and Concrete Structures, pp. 199-206, 2001.5

90) Noumowe A. N., Clastres P., Debicki G. and Costaz J. L.: Thermal stresses and water vapour pressure of high performance concrete at high temperature, Proceedings of the Fourth International Symposium on the Utilisation of High Strength/High Performance Concrete, pp. 561-570, 1996.5
91) Bazant Z. P., Kaplan M. F.: Concrete at high temperatures, Material Properties and Mathematical Models, Longman House, 1996.3
92) U. Schneider : Concrete at high temperature – A general review, Fire Safety Journal, 13, pp. 55-68, 1988.4
93) Khoury G. A., Grainger B. N. and Sullivan P. J. E. : strain of concrete during first heating to 600°C under load., Magazine of Concrete Research, 37, No.133, pp. 195-215, 1985.12
94) 道越真太郎，小林裕，黒岩秀介：昇温時における圧縮コンクリートのひずみ挙動，日本建築学会大会学術講演梗概集（九州），pp. 65-66, 2007.8
95) 崔景喆, 金圭庸, 崔亨吉, 金武漢: 超高強度コンクリートの高温ひずみ特性を考慮した提案式の検討, コンクリート工学年次論文集, Vol. 37, No. 1, pp. 991-996, 2015.6
96) 兼城莉乃、豊田康二, 平島岳夫: 高強度コンクリートの高温時の力学的特性 その 1 加熱速度の影響, 日本建築学会大会学術講演梗概集（中国）A-2, pp. 181-182, 2008.7
97) 常世田昌寿ほか : An experimental study of transient strain for a concrete with limestone aggregate, International workshop "Fire Design of Concrete Structures- From Materials Modeling to Structural Performance", pp. 105-114, 2007.11
98) 古村福次郎ほか : Primary Creep of Concrete at Elevated Temperature, Report of the Research Laboratory of Engineering Materials, Tokyo Institute of Technology(東京工業大学工業材料研究所所報), No. 13, pp. 175-201, 1988.3
99) 常世田昌寿，豊田康二，平島岳夫，前田孝一，上杉英樹：700℃までの一定温度下におけるコンクリートのクリープに関する実験的研究，構造工学論文集, Vol. 50B, pp. 1-8, 2004.3
100) 山下平祐，篠原幸一，豊田康二，常世田昌寿，平島岳夫，上杉英樹：火災加熱を受ける超高強度コンクリートの力学的特性に関する実験的研究 その 3.高温クリープ実験，構造工学論文集, Vol. 54B, pp. 465-470, 2008.3
101) Thelandersson, S.: Mechanical Behaviour of Concrete under Torsional Loading at Transient, High-Temperature Conditions, Div. of Structural Mechanics and Concrete Construction, Lund Institute of Technology, Bulletin No. 46, Lund, Sweden, 1974.11
102) 右田周平, 井口真吾, 兼城莉乃, 松戸正士, 佐藤幸博, 佐々木仁, 平島岳夫: 鉄筋コンクリート造柱・鉄骨梁混合構造の耐火性 その 3 載荷実験に用いた高強度コンクリートの高温時力学的特性, 日本建築学会大会学術講演梗概集（東北）A-2, pp. 179-180, 2009.8
103) 豊田康二, 山下平祐, 常世田昌寿, 平島岳夫, 上杉英樹: 火災加熱を受ける 100N/mm² 級高強度コンクリートの過渡ひずみに関する実験的研究, 日本建築学会構造系論文集, 第 648 号, pp. 453-460, 2010.2
104) 豊田康二, 平島岳夫, 菊田繁美: 火災時における鉄筋コンクリート柱の軸変形挙動に及ぼすコンクリートの過渡ひずみの影響, コンクリート工学年次論文集, Vol. 32, No. 1, pp. 1127-1132, 2010.6
105) 菊田繁美, 平島岳夫, 吉田正友, 上杉英樹: 超高強度鉄筋コンクリート柱の耐火性に関する解析的研究, コンクリート工学年次論文集, Vol. 25, No. 2, pp. 187-192, 2003.7
106) D. J. Naus: The Effect of Elevated Temperature on Concrete Materials and Structures—A Literature Review, Research Report for U.S. Nuclear Regulatory Commission Office of Nuclear Regulatory Research, p. 49, 2005.11
107) 富永温子, 西山峰広, 坂下雅信: 高温におけるコンクリートと鉄筋の付着-すべり関係に関する研究, コンクリート工学年次論文集, Vol. 35, No. 1, pp. 1159-1164, 2013.6
108) Z. Huang: Modelling the Bond between Concrete and Reinforcing Steel in a Fire, Engineering Structures, 32, pp. 3660–3669, 2010.11
109) U. Diederichs, U. Schneider: Bond Strength at High Temperature, Magazine of Concrete Research, 33(115), pp. 75–83, 1981.6
110) Z. Bednarek, P. Ogrodnik: Testing Steel - Concrete Bond in Fire Conditions, Proc. of the 9th International Conference on Modern Building Materials, Structures and Techniques, Vilnius, Lithuania, No. 6, pp. 1152−1158, 2007.5
111) H. V. Reichel: How Fire Affects Steel-to-Concrete Bond, Building Research and Practice, 6(3), pp. 176–186, 1978.5
112) 松戸正士，西田浩和，片寄哲務：高温加熱後の超高強度コンクリートの力学的性質に関する実験的研究，日本建築学会大会学術講演梗概集（関東），pp. 13-14, 2006.9
113) H. Sager et al: High Temperature Behavior of Reinforcing and Prestressing Steels, Sonderforschungs-Bereich 148, Part II, pp. 51–53, Technical Universitat Braunschweig, Germany, 1980
114) C-H. Chiang, C-L. Tsai: Time-Temperature Analysis of Bond Strength of a Rebar After Fire Exposure, Cement and Concrete Research, **33**, pp. 1651–1654, 2003.10
115) P.D. Morley, R. Royles: Response of the Bond in Reinforced Concrete to High Temperatures, Magazine of Concrete Research, **35**(123), pp. 67-74, 1983.6
116) R.H. Haddad, R.J. Al-Saleh, N.M. Al-Akhras: Effect of Elevated Temperature on Bond Between Steel Reinforcement and Fiber Reinforced Concrete, Fire Safety Journal, **43**(5), pp. 334-343, 2008.7
117) T. Zin, H. Mutsuyoshi, A. Sumida, K. Tanabe: Investigation of Bond and Flexural Behavior of FRP Reinforced Concrete under High Temperature, コンクリート工学年次論文集, Vol. 26, No. 1, pp. 357-362, 2004.6
118) A. Katz, N. Berman, L. C. Bank: Effect of High Temperature on Bond Strength of FRP Rebars, Journal of Composites for Construction, 3(2), pp. 73-81, 1999.5
119) 鈴木将充, M. Henry, 加藤佳孝, 勝木太: 高温加熱を受けたモルタルの物理化学的性状に及ぼす再養生条件の影響, セメント・コンクリート論文集, Vol. 63 (2009), pp. 148-154, 2010.2
120) 李柱国, 北田達也, 杉原大祐, 流田靖博: 高温加熱を受けたコンクリートの性能回復に関する実験的考察, その 8. 内部構造の変化, 第 70 回セメント技術大会講演要旨, pp. 36-37, 2016.5

121) 李柱国, 北田達也, 杉原大祐, 流田靖博: 高温加熱を受けたコンクリートの性能回復に関する実験的考察, その 9. 化学組成の変化, 第 70 回セメント技術大会講演要旨, pp. 38-39, 2016.5
122) 李柱国・流田靖博：高温加熱を受けたコンクリートの再養生による性能変化と回復に関する研究–鉄筋との付着強度について, セメント・コンクリート論文集, Vol. 69 (2015), pp. 371-378, 2016.3
123) 松戸正士, 西田浩和, 片寄哲務：高温加熱後の超高強度コンクリートの引張強度と付着強度, コンクリート工学年次論文集, Vol. 29, No. 1, pp. 549-554, 2007.7
124) A.N.Noumowe, P.Clasters, G.Debicki, M.bolvin: High Temperature Effect on High Performance Concrete(70-600C) Strength and Porosity, ACI SP-145 Durability of Concrete, Third International Conference, pp. 157-172, 1994.5
125) P.A.Jahren: Fire Resistance of High Strength/Dense Concrete With Particular Reference to the Use of Condensed Silica Fume, ACI SP-114, pp. 1013-1049, 1989.5

2.5 폭열성상

2.5.1 폭열의 메커니즘

철근 콘크리트조는 일정한 피복이 있으면 내화구조로 인정된다. 그러나, 콘크리트는 고온에 노출되면 폭열을 일으킬 수 있다.[1](그림2.5.1 참조). 폭열로 인해 피복이 박락되면 철근의 온도상승이 빨라지기 때문에 폭열은 철근 콘크리트조 부재의 내화성능을 크게 좌우하는 요소이다. 폭열에는 몇 개의 패턴이 있어, 가열 초기부터 생겨 콘크리트의 표층부에 광범위하게 손상을 주는 격렬한 것과 부재의 모서리부나 골재 부분에 생기는 부분적인 것 등이 있다. Bailey[2]등은 폭열을 분류해서 각각의 성상에 대해 설명하고 있다. 표 2.5.1에 폭열의 분류를 나타내었다. 콕크리트의 폭열은 6가지로 분류 할 수 있다. 즉, 1)골재의 박리, 2)모서리부의 박리, 3)표층의 박리, 4)폭발적인 박리, 5)취약적인 박리, 6)냉각후의 박리 이다. 각각을 명확하게 구분하기는 어렵지만, 1)~3)은 화재의 초기에 발생하고, 4)~6)은 화재 후 경과된 이후부터 발생한다고 보고되고 있다. 콘크리트 폭열성상의 한 예를 사진 2.5.1 [3]에 나타낸다.

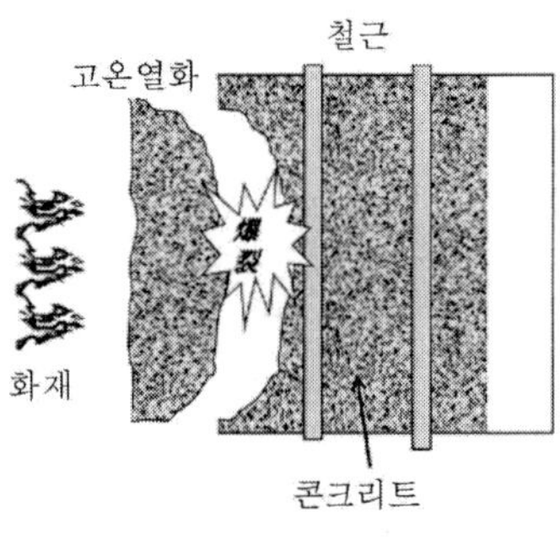

그림 2.5.1 폭열현상

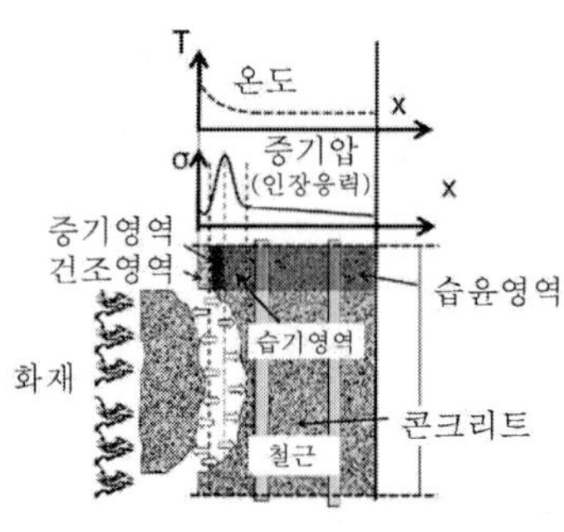

그림 2.5.2 수증기압설

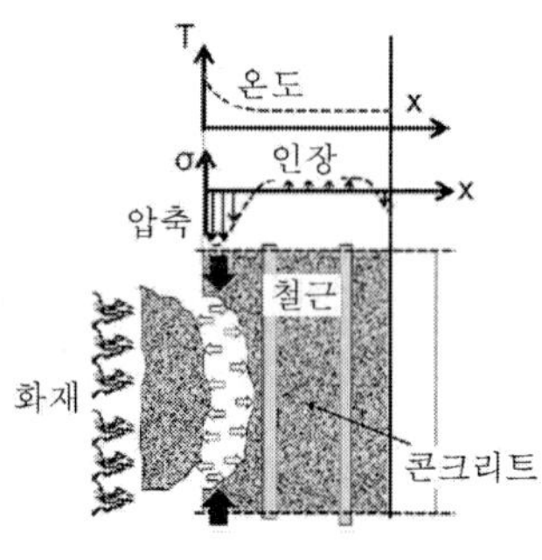

그림 2.5.3 열응력설

표 2.5.1 콘크리트 폭열의 종류 [2)]

현상	가열부터의 시간	폭열의성상	폭열음	영향정도	영향인자
1) 골재의 박리 (Aggregate spalling)	7-30분	골재의 할열	팝아웃	표면의 파괴	H,A,S,D,W
2) 모서리의 박리 (Coner spalling)	30-90분	심하지 않음	/	심대한 손상이 될 가능성 있음	T,A,ft,R
3) 표층의 박리 (Surface spalling)	7-30분	격렬함	크래킹	심대한 손상이 될 가능성 있음	H,W,P,ft
4) 폭발적인 박리 (Explosive spalling)	7-30분	격렬함	큰 충격음	심대한 손상	H,A,S,fs,G,L,O,P,Q, R,S,W,Z
5) 취약한 박리 (Sloughong-off spalling)	가열후, 콘크리트의 취약화후	심하지 않음	/	심대한 손상이 될 가능성 있음	T,fs,L,Q,R
6) 냉각후의 박리 (Post-cooling spalling)	가열후, 수분이 증발후	심하지 않음	/	심대한 손상이 될 가능성 있음	T,fs,L,Q,R,W1,AT

영향인자 : **A**: 골재의 열팽창, **D**: 골재의 열확산, **fs**: 콘크리트의 전단강도, **ft**: 콘크리트의 인장강도, **G**: 콘크리트의 재령, **H**: 가열속도, **L**: 하중, 구속, **O**: 가열특성, **AT**: 골재의 종류, **P**: 통기성, **Q**: 부재의 단면형상, **R**: 철근, **S**: 골재의 치수, **T**: 최고온도, **W**: 함수율, **Z**: 부재의 단면치수, **W1**: 흡수특성

주) 5),6)은 가열후의 거동이며, 인용문헌의 분류를 그대로 기재함.

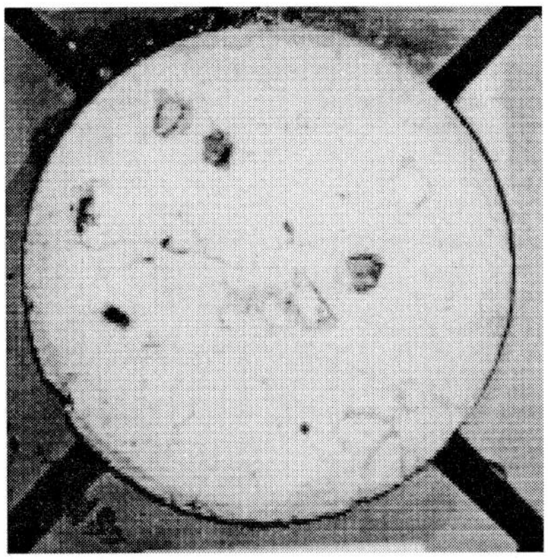

(a) 골재의 박리

(b) 모서리부분의 박리

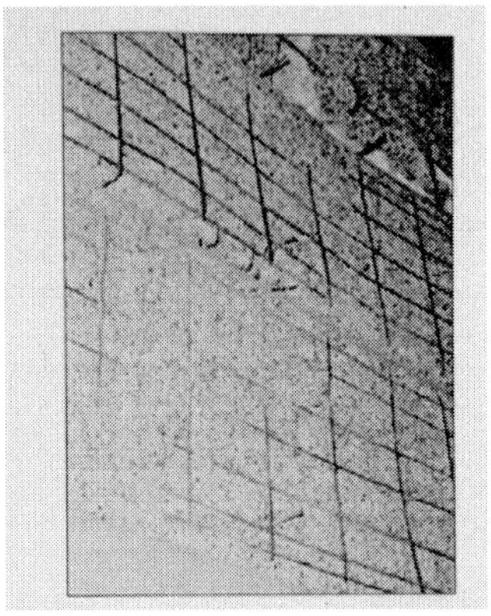

(c) 표면의 박리

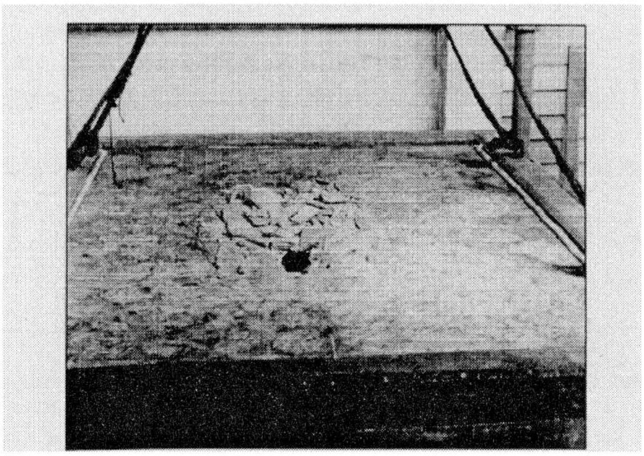

(d) 폭발적인 박리

사진 2.5.1 콘크리트의 폭열의 종류 [3)]

폭열의 원인에 관한 연구는 오래 전부터 이루어져 왔으며, Bazant[1)]에 의하면, 그 역사를 다음과 같이 소개하고 있다. 1966년에 Saito[4)]는 폭열의 주 원인은 열응력 이라고 지적했고, 1965년에 Harmathy[5)]는 폭열의 주된 원인은 콘크리트 안의 증기의 압력이라고 지적하였다. Meyer-Ottens[6)]는 1974년에 함수율의 영향에 관한 실험을 실시하여 2wt%이하의 함수율에서는 폭열이 생기지 않고, 보다 높은 함수율에서 폭열이 발생한다고 지적하였다. Christiaanse[7)]등은 1972년에 열응력과 함수량을 각각 독립시켜 생각할 수는 없다고 하여, 치밀하고 고품질인 콘크리트 쪽이 저품질인 콘크리트보다 폭열이 발생하기 쉽다고 보고하였다. Spengler[8)]은 1990년에 플라이애쉬의 함유율이 높은 콘크리트를 이용하여 빠른 승온속도로 가열실험을 실시한 후, 폭열은 150℃를 넘는 온도에서 발생한다고 보고하였다. 그 외 1970년대 전후에 활발한 검토가 이루어져 다음과 같은 특징이 제시되고 있다.

- 폭열은 내화시험의 초기에 생기기 쉽다.
- 폭열이 발생할 확률은 가열승온속도가 클수록 높아진다.
- 콘크리트의 함수율이 높을수록 폭열이 발생할 확률은 높아진다.
- 골재의 암종과 콘크리트의 배합이 폭열에 영향을 준다.
- 콘크리트부재의 형태와 크기도 중요한 요인이다.
- 외부에서 주어지는 하중에 의한 응력이 증가하면, 폭열을 발생할 가능성은 커진다.
- 프리스트레스트 콘크리트 부재는 도입프리스트레스가 클수록 폭열이 발생하기 쉽고, I형보의 얇은 웨브도 폭열을 일으키기 쉽다.
- 구조부재의 모서리 부분에대한 철근의 집중은 폭열의 위험성을 증대시킨다.

콘크리트의 폭열 메커니즘은 현시점에도 완전히 명확하지는 않지만, 크게 나누어 다음의 2가지 설이 있다. [9)] 하나는 가열측의 콘크리트 표면부터의 배수조건과 콘크리트의 투기성으로부터 그림 2.5.2에 나타낸 바와같이 콘크리트 표면 부근의 세공에 매우 큰 수증기압이 생겨 이것이 폭열을 일으킨 다는 것이다. 이 가설은 시험체를 건조시키면 폭열의 경향이 약해진다는 실험결과와 일치한다. 그러나, Noumowe[10)]등, 나가오(長尾)[11)]등, 모리타(森田)[12)]등에 의한 압력의 측정이나 해석 결과에서는 압력은 통상강도의 콘크리트에서는 1MPa, 고강도콘크리트에서는 2~3MPa 정도, 또는 그 이하이며, 폭열이 압력만으로 발생한다고는 생각하기 어렵다. 또 다른 쪽의 생각은 그림 2.5.3에 나타내는 것처럼, 가열에 의한 표층의 열팽창이 주위의 차가운 콘크리트에 구속됨으로써, 가열면과 평행한 압축열응력이 생겨 폭열을 일으킨다는 것이다. 급격하게 가열될 경우 내부와의 온도차가 커지기 때문에 표층부의 열응력이 커져 폭열이 발생하기 쉽다고 설명하고 있다. 부재의 함수율이 높은 경우도, 내부의 온도상승이 억제되기 위해서 내부온도분포가 급격한 기울기가 되어 급격한 가열의 경우와 유사한 결과가 된다. 수증기압은 폭열의 시작의 불안정성등에 영향을 주는 2차적인 역할이라고 생각하는 것이다. 사이또(斎藤)도, 문헌13),14)에서 폭열의 원인은 열응력에 의한 표층 콘크리트의 압축파괴이며, 수증기압에 의한 인장파괴는 아니라고 고찰하고 있다.

타니베(谷辺)[15)]등은 열응력설에 착안하여, 구속환경하의 콘크리트의 폭열성상에 대해 검토하고 있다. 즉, 강관을 사용하여 링 구속 공시체를 제작하여 개구부에 일면가열을 실시하고 있다. (그림 2.5.4 참조). 가열에 따른 열팽창변형과 링에 부착한 변형게이지에 의해 계측하여, 박육원통 이론을 이용하여 콘크리트내부의 구속응력을 계측하고 있다.(그림 2.5.5 참조)

최(崔)[16)]등은 압축강도가 30, 50, 70, 90, 110MPa의 콘크리트를 대상으로 각 기둥의 가열시험(그림 2.5.6 참조)을 실시하여 열팽창 변형과 증기압의 관계(그림 2.5.7, 2.5.8 참조)를 계측 하였다. 가열온도는 급속가열로서 ISO 834곡선과 저속가열로서 1℃/min 으로 하였다. 그 결과 저속가열시 수증기압의 발생이 급속가열에 비해 늦어진 결과로, 시험체내외부의 온도응력차가 작고, 폭열이 발생했다. 한편, 급속가열에서는 가열 초기에 수증기압이 상승하였고 더욱이 온도기울기도 크며, 온도응력이 커져 폭열이 발생하지 않았다. 또한 가열속도에 관계없이 콘크리트의 열팽창 변형이 0.002정도로 수증기압이 저하되는 현상이 확인되었다. 그림 2.5.9에 가열된 콘크리트의 수증기의 방출상황의 이미지를 나타내었다. 급속가열에서는 가열로 인한 열팽창 변형이 구속되어, 수증기압이 상승하면서 폭열이 발생한다고 보고하였다. 저속가열에서는 가열에 의한 열팽창 변형으로 균열이 발생하며, 이 균열에서 수증기가 방출되면서 폭열이 발생하지 않는다고 보고하였다.

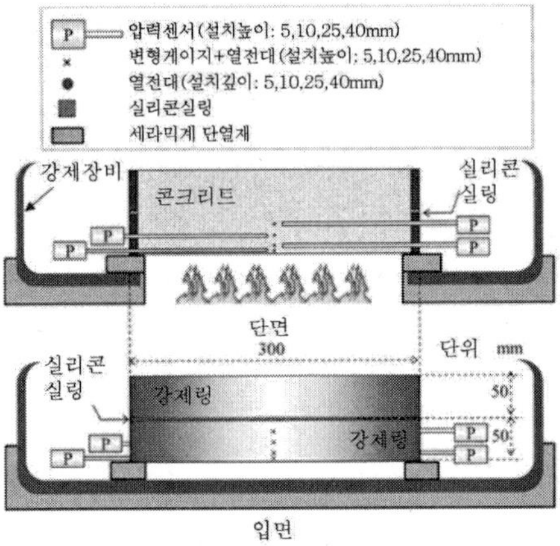

그림 2.5.4 링구속시험의 개요 15)

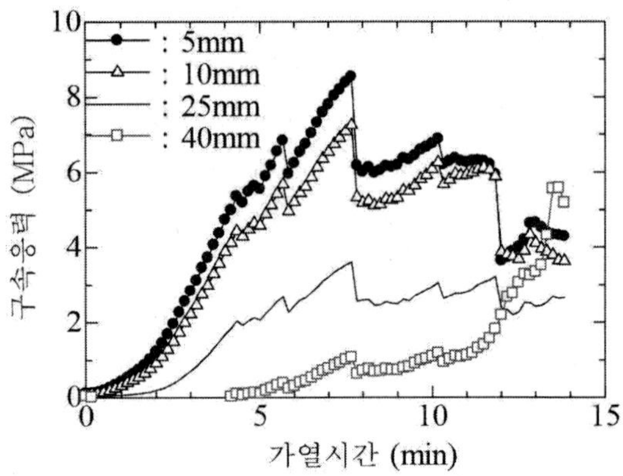

그림 2.5.5 구속응력 15)

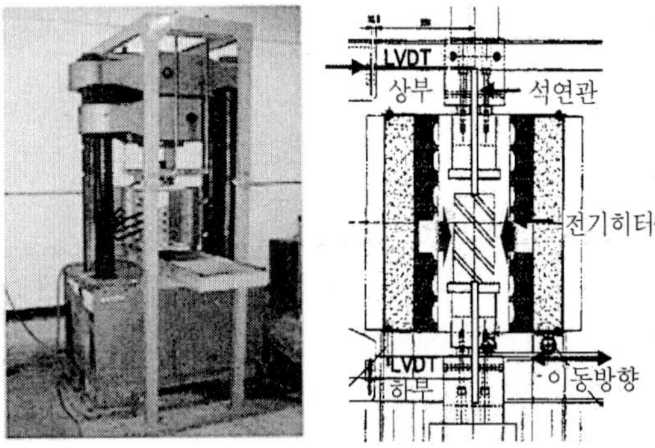

그림 2.5.6 가열재하 시험장치 16)

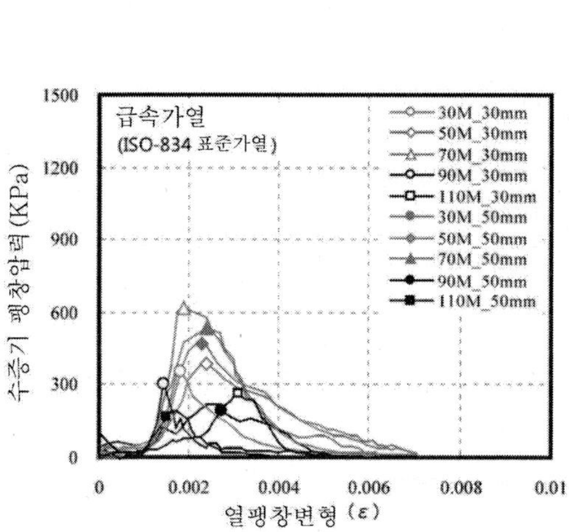

그림 2.5.7 수증기압과 열팽창변형
(급속가열의 경우)[16]

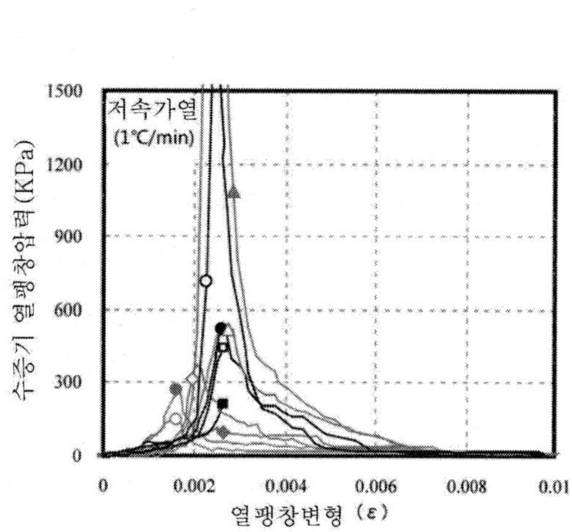

그림 2.5.8 수증기압과 열팽창변형
(저속가열의 경우)[16]

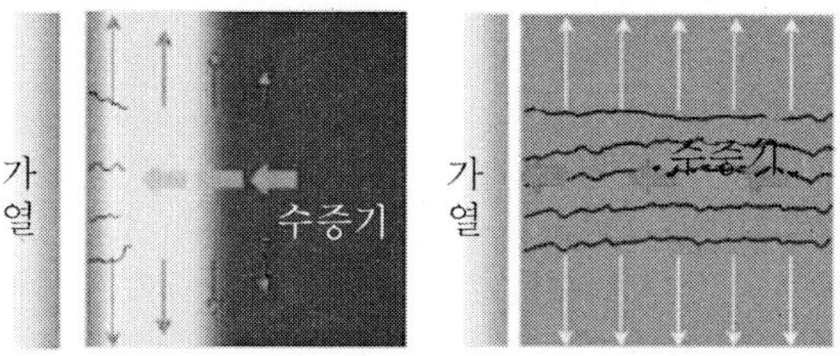

(a) 급속가열
(ISO-834 표준가열)

(b) 저속가열
(1℃/min)

그림 2.5.9 가열속도의 차이에 따른 폭열에 미치는 영향[16]

폭열을 억제하는 방법[2]으로서 유기섬유를 혼입하는 방법이 있다. (그림 2.5.10 참조). 유기섬유는 고온에서 소실되어 공동을 형성시킴으로서 폭열의 원인이 되는 수증기압과 열응력을 완화시킬 것으로 판단된다. 예를 들어 폴리프로필렌섬유는 170℃에서 융점을 나타내는 것으로 알려져 있다. 유기섬유의 폭열 억제 효과는 후술한다.

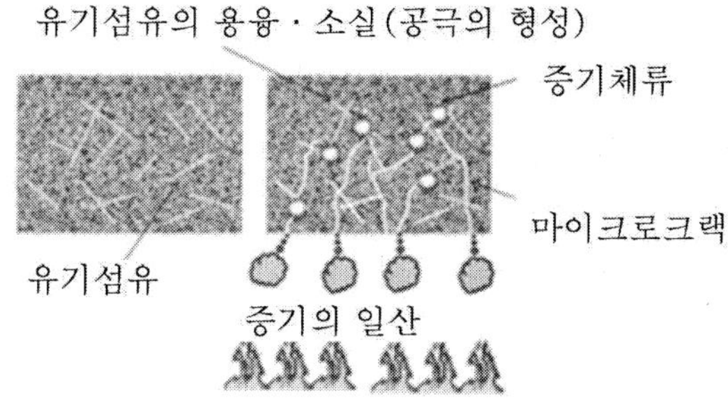

그림 2.5.10 유기섬유에 대한 폭열억제효과

2.5.2 재료 · 배합

(1) 물시멘트비 및 함수율의 영향

일반적으로 압축강도가 높을수록, 즉 물시멘트비가 작을수록 폭열이 발생하기 쉽고, 물시멘트비가 동일한 조건에서는 함수율이 높을수록 폭열이 발생하기 쉽다고 알려져있다.

이노우에(井上)[17]등은 원주 공시체를 이용하여 물시멘트비 및 함수율을 파라메터로 하는 실험을 실시하고 있다. 결과를 그림 2.5.11에 나타낸다. 물시멘트비가 작을수록, 함수율이 높을수록 폭열은 발생하기 쉬운 경향을 나타내며 물시멘트비 35% 이하의 범위에서는 함수율 4%이하에서도 폭열이 발생하고 있다.

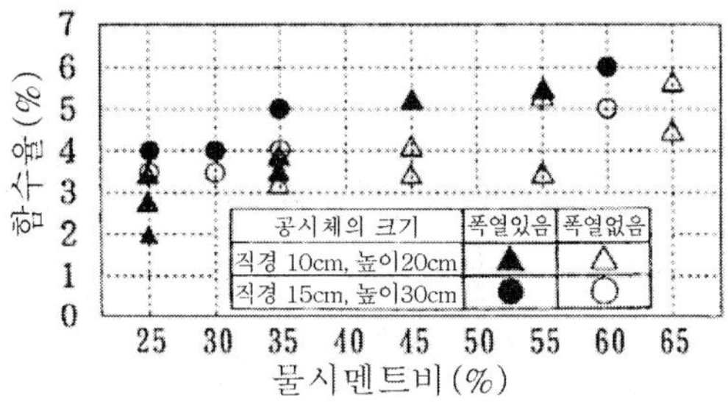

그림 2.5.11 물시멘트 및 함수율과 폭열이 관계[17]

(2) 골재 종류의 영향

일반적으로 골재의 종류는 폭열에 영향을 준다. 다음은 6가지 조사 예를 정리한 것이다.

타니베(谷辺)[18]등은 링구속시험 (ϕ300mm×h500mm×t8mm, 2단으로 쌓여진 강관에 콘크리트를 충전하여 1면 가열)에 의한 콘크리트의 폭열평가 시험법에 의해 ①조골재와 ②강도레벨의 영향을 검토하고 있다.(표2.5.2 참조). 그 결과 폭열 종료시간, 계속시간 및 최대, 평균 폭열깊이는 골재 종류 및 강도레벨마다의 차이가 인정되었다. (그림 2.5.12 참조). 폭열규모 (깊이, 시간)는 100MPa 레벨쪽이 70MPa레벨 보다 2배정도 커지는 경향을 보여 강도가 높을수록 폭열하기 쉽다는 기존의 의견과 비슷한 경향을 보였다. 조골재 종류에 대해서는 경질사암, 휘록응회암, 석회암 순으로 폭열 규모가 커지는 경향을 보였다.

모리(森)[19]는 가열을 받았을 경우 골재의 성질에 대해 개략적으로 설명하고 있다. 그 중 안산암과 현무암은 가열로 인한 팽창이 적으므로 내화성을 고려할 때 적합한 암종이라는 점과 더불어 사문암, 화강암, 점판암 등의 골재는 가열에 의해 손상된 것을 지적되고 있다.

이노우에(井上)[20]는 골재 종류를 변화시킨 고강도 콘크리트에서 직경15cm, 높이 30cm의 공시체를 제작하여, 표준가열곡선 (JIS A 1304)으로 가열시험을 실시하고 있다. 조골재의 종류는 경질사암, 석회암, 화강암, 석영편암, 안산암의 다섯 종류이다. 시험결과를 표 2.5.2에 나타낸다. 물시멘트비 30%, 함수율 4%의 조건으로 골재의 종류를 비교하면, 석회암, 화강암, 석영편암에서는 현저한 폭열, 안산암에서는 작은 폭열이 인정되고, 경질사암에서는 폭열을 일으키지 않고 있다. 그러나 경질사암을 이용한 콘크리트도 물시멘트비나 함수율에 따라서는 폭열이 발생하고 있어 골재의 암종에 따른 차이는 그다지 인정되지 않는다고 필자들은 결론을 내리고 있다.

사쿠라모토(桜本)[21]등은 골재의 종류를 변경시킨 고강도 콘크리트로 직경10cm 높이 20cm 공시체를 제작하여 표준가열곡선 (JIS A 1304)으로 가열시험을 실시하고 있다. 표 2.5.4.에 실험조건을 제시하였다. 조골재의 종류는 경질사암, 석영편암, 안산암, 석회암 등 4 종류이며, 콘크리트의 물시멘트비는 25%이다. 무근의 공시체에 더해, 공시체의 중심부에D19를 축방향으로 1본 삽입함으로써 표층부의 변형을 구속하고, 폭열을 일으키기 쉽게 한 철근구속이 있는 공시체에 대해서도 시험을 실시하고 있다. 결과를 표 2.5.5에 나타낸다. 경질사암을 이용한 콘크리트 폭열이 가장 경미하며, 그 다음으로 석영편암, 석회암, 안산암의 순서로 골재의 종류가 폭열성상에 미치는 영향이 크다고 지적하고 있다.

모리타(森田)[22]등은 골재의 종류를 바꾼 고강도 콘크리트로 직경15cm 높이 30cm의 공시체와 700*700mm 단면의 기둥시험체를 제작하여 표준가열곡선 (ISO 834)에서 가열시험을 실시하고 있다. 조골재의 종류는 경질사암A, 경질사암B(사암60%, 차트40%), 석회암의 3종류이다. 콘크리트의 물시멘트비는 25%로 일부에 폭열방지용 폴리프로필렌 섬유가 함유되어 있다. 소형공시체레벨의 시험결과를 그림 2.5.13, 기둥부재 레벨의 시험결과를 그림 2.5.14에 나타내었다. 필자들은 소형 공시체에서는 폭열 깊이에 조골재 종류의 영향은 볼 수 있었지만, 기둥부재 레벨의 시험체에서는 조골재의 영향은 명확하지 않다고 보고하고 있다.

쿠로이와(黒岩)[23]등은 골재의 종류를 변경시킨 고강도 콘크리트로 400×400mm 단면의 기둥시험체를 제작하여 표준가열곡선 (ISO 834)에서 재하가열시험을 실시하고 있다. 조골재의 종류는 안산암, 석회암, 경질사암의 3 종류로 콘크리트의 물시멘트비는 20%, 폭열 대책용으로 폴리프로필렌 섬유를 1.0kg/m^{3}혼입하고 있다. 재하하중은 콘크리트 강도의 30%상당이다. 어느 시험체도 폭열이 발생하고 있지만, 후프근의 노출은 인정되지 않으며, 필자들은 모두 4시간 이상의 하중 지지능력이 있었다고 보고하고 있다. 실험 결과를 자세히 보면, 육안에 의한 폭열의 지속시간은 경질사암이 가장 짧고, 철근의 온도 상승은 석회암이 가장 빠르기 때문에 폭열 정도는 경질 사암이 가장 경미하며, 이어서 안산암, 석회암의 순이었다고 보고하였다.

표 2.5.2 공시체의 종류 [18)]

강도 레벨	PP섬유 vol%	가열조건*	양생조건	조골재 종류		
				경질사암(AS)	휘록응회암(AG)	석회암(AL)
70MPa	0	RABT30	습포	70AS	-	70AL
	0	RABT30	건조	70AS-D	-	-
	0	ISO60	습포	70AS-I	-	70AL-I
100MPa	0	RABT30	습포	100AS	100AG	100AL
	0.2	RABT30	습포	100ASP	100AGP	100ALP

표 2.5.3 조골재 종류와 폭열의 관계(1) [20)]

골재의 암종	W/C(%)	함수율							
		0	1	2	3	3.5	4	5	6
경질사암	25.4	○	○	○	○	○	××	-	-
	30.0	○	○	○	○	○	○	-	-
	35.0	○	○	○	○	-	○	×	-
	59.9	○	-	○	○	-	○	○	××
석회암	29.9	○	○	○	○	○	××	-	-
회강암	29.9	○	○	○	○	○	××	-	-
석영편암	30.0	○	○	○	○	○	××	-	-
안산암	30.0	○	○	○	○	○	×	-	-

주) ○ : 폭열 없음
× : 작은 폭열 있음
×× : 현저한 폭열 있음

표 2.5.4 실험의 조건 [21)]

기호	사용골재	공시체수		배합	공시체	양생
		철근구속 없음	철근구속 있음			
S	경질사암	3본	3본	W/C=25% 실리카흄을 내할로 12% 혼합	10φ × 20cm 구속 있음은 중심에 D19 1본 삽입	20℃ 봉함
Q	석영편암	3본	3본			
A	안산암	3본	3본			
L	석회암	3본	3본			
SN	경질사암	3본	3본	W/C=60%		

표 2.5.5 조골재 종류와 폭열의 관계(2) [21]

종별		손상정도*	중량감소율 (%)	중량감소율 평균	종별		손상정도*	중량감소율 (%)	중량감소율 평균
철근구속 없음	S	○	8.3	8.5	철근구속 있음	S	○	8.6	10.1
		○	8.2				×	13.7	
		△	9.0				○	8.0	
	Q	△	9.8	8.4		Q	×	12.8	11.7
		○	7.7				△	9.9	
		○	7.8				×	12.5	
	A	××	23.6	19.2		A	××	33.7	30.7
		×	12.9				××	31.1	
		××	21.0				×	27.2	
	L	××	13.1	13		L	××	16.4	17.3
		×	9.9				××	15.0	
		××	16.6				××	20.5	
	SN	○	9.5	9.6		SN	○	8.8	8.9
		○	9.5				○	9.2	
		○	9.5				○	8.8	

* ○ : 거의 손상 없음　　△ : 일부 결손 있음
× : 거의 전면에 결손 있음　　×× : 파단 등 현저한 파손

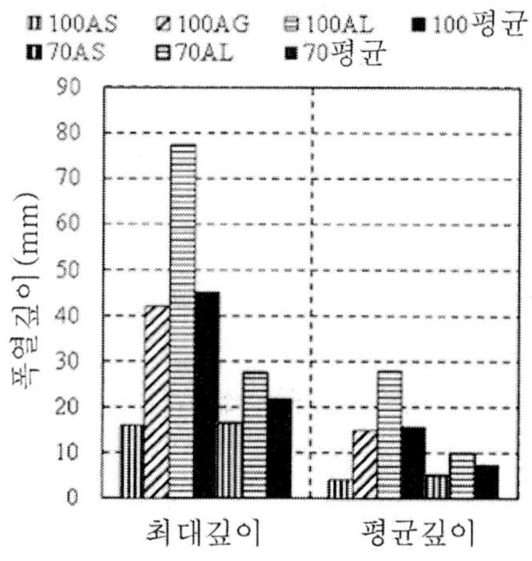

그림 2.5.12 폭열깊이 [18]

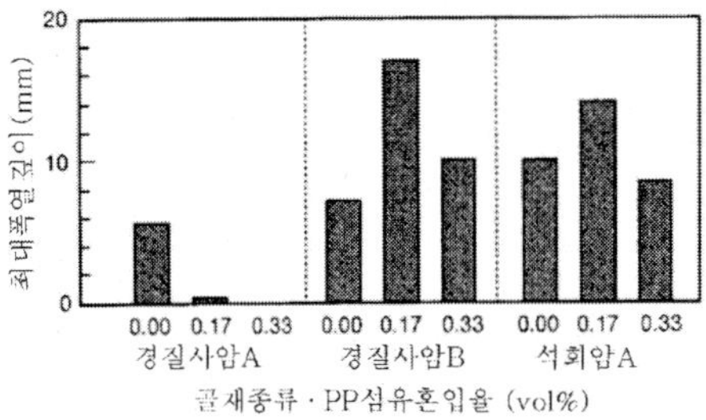

그림 2.5.13 조골재종류와 폭열의 관계 (3)[22)]

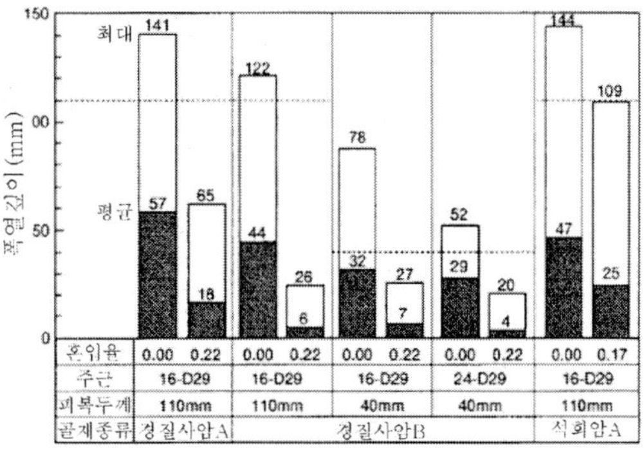

그림 2.5.14 조골재종류와 폭열의 관계 (4)[22)]

이상의 조사 결과를 표 2.5.6에 정리하였다. 경질사암을 이용한 콘크리트의 폭열이 가장 적은 것으로 나타났지만, 기존의 의견을 종합하면, 고강도 콘크리트에 사용할 수 있는 양질의 골재라면 큰 차이는 없는 것으로 정리할 수 있다. 또한 가열로 인해 손상되는 골재를 분별하는 시험 방법으로서는 일본건축학회『건축공사 표준 시방서 · 동해설 JASS5 철근 콘크리트 공사』(1993년판 이전의 것)의『조골재의 내화도 판정시험방법 키시타니(岸谷)위원안』이 있다.

표 2.5.6 조골재 종류와 폭열의 관계 일람

문헌 No.	필자들의 견해	폭열 작음←—→폭열 큼
19)	-	○ : 안산암, 현무암, × : 사문암, 화강암, 점판암
20)	조골재종류의 차이는 별로 인정되지 않는다.	경질사암〈안산암〈(석회암≒화강암≒석영편암)
21)	폭열성상에 미치는 영향은 크다.	경질사암〈석영편암〈석회암〈안산암
22)	기둥 부재 레벨의 실험에서는 명확하지 않다.	결질사암≒결질사암(차트40%)≒석회암
23)	일정량의 폴리프로필렌 섬유를 넣어 재하가열실험을 실시, 모두 충분한 하중지지능력이 있었다.	경질사암 = < 안산암 = < 석회암

(3) 혼화재료의 영향

일본건축학회 · 고유동 콘크리트연구 소위원회의 역학 · 내구성WG가 실시한 가열시험결과[24)]를 표 2.5.7에 나타낸다. 이 시험은 ϕ15×30cm의 원주공시체를 봉함양생, 재령 3개월의 시험체를 표준가열곡선(JIS A 1304)에 따라서 1시간 가열하여, 가열후의 폭열 상황을 기록한 것이다. 그 결과, 플라이애시 또는 분리저감재의 사용량이 많아지면 폭열이 발생하기 용이하여지는 경향이 인정되었다. 보통포틀랜드시멘트를 단일로 사용한 경우 또는 고로 슬래그 미분말로 시멘트의 일부를 치환했을 경우는, 분리저감제를 400g/m^{3}까지 사용해도 폭열은 인정되지 않지만, 분리저감제의 사용량을 700g/m^{3}로 했을 경우 및 분리저감제를 사용하지 않고 플라이애시를 사용한 경우에도 폭열이 나타나고 있다. 사용하는 혼화재 또는 분리저감제의 종류 및 사용량에 따라 폭열을 일으키는 경우가 있으며, 내화성이 요구되는 부재에서는 재료선정에 주의가 필요하다고 할 수 있다.

표 2.5.7 혼화재를 사용한 고유동콘크리트의 폭열 [21)]

종류	결합재 분체	수결합재비 (%)	혼화재등의 치환율 (%)	분리저감재 사용량 (g/m^3)	폭열된 공시체 수 (시험체 3개 중)
보통	보통포틀랜드시멘트	35	-	-	없음
		42			없음
		53			없음
		60			없음
고유동	보통포틀랜드시멘트	35	-	-	없음
		42		200	없음
				300	없음
		53		400	없음
				700	3개
	보통포틀랜드시멘트 + 플라이애시	35	15	-	1개
			30	-	없음
			30	-	1개
			45	-	없음
		39	30	150	2개
		42	15	300	1개
			30		2개
			30		3개
		47	30	450	2개
		53	15	700	3개
			30		3개
			30		3개
			45		3개
	보통포틀랜드시멘트+ 고로슬래그미분말	35	30	-	없음
			50		없음
			70		없음
		42	30	200	없음
			50		없음
			70		없음
		53	30	300	없음
			50		없음
			70		없음
	보통포틀랜드시멘트+ 석회석 미분말	35	42	-	없음
		42	30	200	없음

(4) 가열 조건의 영향

이노우에(井上)[17]의 연구에서는 그림 2.5.15에 나타낸 바와같이 가열 온도 곡선을 변화시켜 물시멘트비가 25~65%의 원주 공시체의 폭열 성상을 검토 하고 있다. 결과를 그림 2.5.16에 나타낸다. 표준가열 및 급속가열 한 경우에는, W/C = 25%, 35%의 공시체에서 폭열이 인지되었고, W/C=45~65%의 공시체에서는 폭열이 인지되지 않았다. 한편, 표준 가열 온도×1/3 (60분일 때 약 308℃)에서 가열 한 경우에는 모든 물시멘트비에서 폭열은 인지되지 않았다. 또한 가열이 완만할수록, 폭열 발생 시간이 늦어지는 등, 가열 속도를 저하시킴으로 인하여 폭열 현상을 감소시킬 수 있다. 한노(半野)[25]의 연구에서는 물결합재비가 32%의 콘크리트를 사용하여 내화 피복 시방이 다른 4 개의 시험체의 RABT곡선(가열 개시 5 분 후 화로 내 온도를 1200℃까지 상승)에 의한 가열 실험을 실시하였다. 결과를 그림 2.5.17에 나타낸다. 2개의 시험체에서는 콘크리트 표면 온도 350~375℃의 시점에서 폭열이 발생하였고, 다른 2개의 시험체에서는 최고 온도가 400℃ 이상에 달하였지만 폭열의 발생은 없었다. 이와 같은 결과로부터 폭열은 폭열 발생 온도 근처에서의 온도 상승 기울기에 의하여도 큰 영향을 받는다는 것을 알 수 있다.

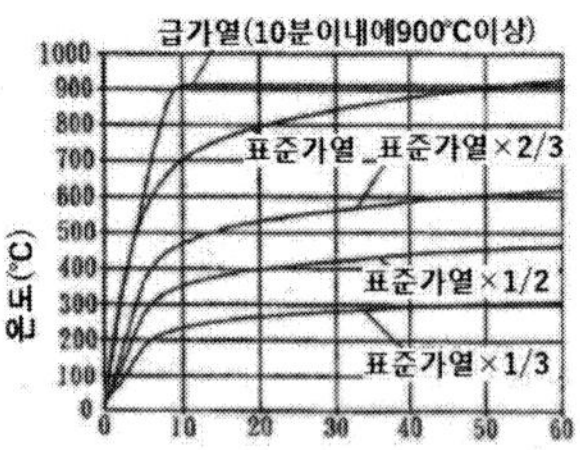

그림 2.5.15 가열조건 [17]

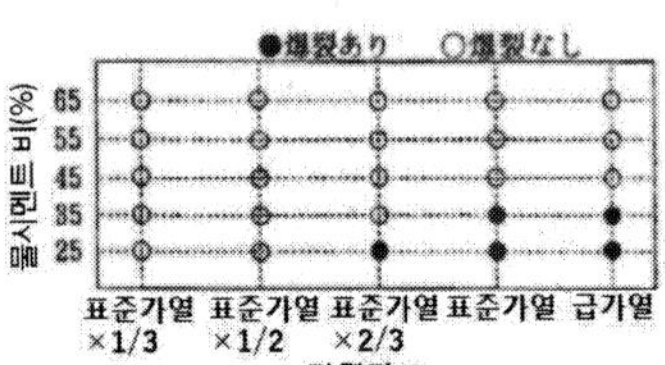

그림 2.5.16 가열조건과 폭열의 관계 [17]

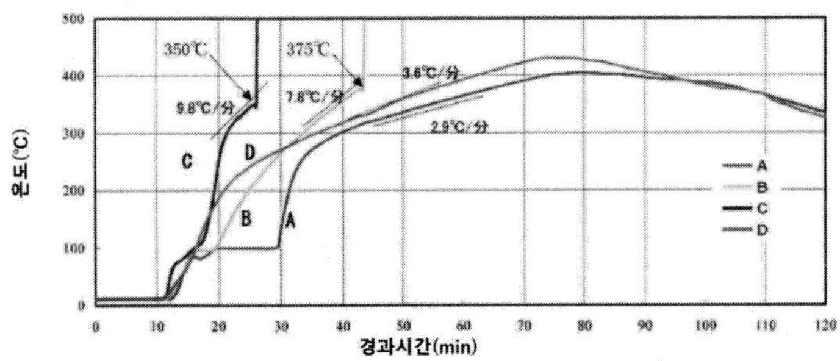

그림 2.5.17 가열조건과 폭열의 관계 [17]

(5) 유기 섬유의 효과

이미 Fc 150N/mm^{2}레벨의 고강도 콘크리트가 실제 구조물에 적용되고 있으며, 이러한 고강도 콘크리트의 대부분에는 유기 섬유를 혼입하는 등의 폭열 대책이 사용되고 있다. 유기 섬유는 고온에 의해 소실되어 공동을 형성하고, 폭열의 원인이 되는 수증기압 또는 열 응력을 완화시킨 다고 알려져 있지만(그림 2.5.10 참조), 이 폭열을 방지시키기 위한 유기 섬유의 필요량은 섬유의 종류, 직경, 길이 등에 따라 다르다. 모모세(百瀬)[26]의 연구에서는 Fc 150N/mm^{2}의 초고강도 콘크리트를 대상으로 한 폴리프로필렌(PP)섬유의 종류 및 혼입 양을 파악하기 위하여 ϕ150×300mm의 원주 공시체에 의한 내화 실험을 실시하여 폭열 정도에 끼치는 실험 요인의 영향에 대하여 검토하였다. 결과를 그림 2.5.18을 나타낸다. ① PP섬유 혼입 양의 증가와 더불어 폭열에 의한 손상이 작아진다. ② PP섬유는 길고 얇을수록 폭열에 의한 손상도는 작아진다. ③ 길이가 긴 PP섬유(20mm×48μm), 얇은 PP섬유(10mm×18μm)를 사용하면, W/B15%의 배합에서도 1.0kg/m^3의 혼입량으로 폭열을 방지할 수 있다 등의 결과를 얻을 수 있다.

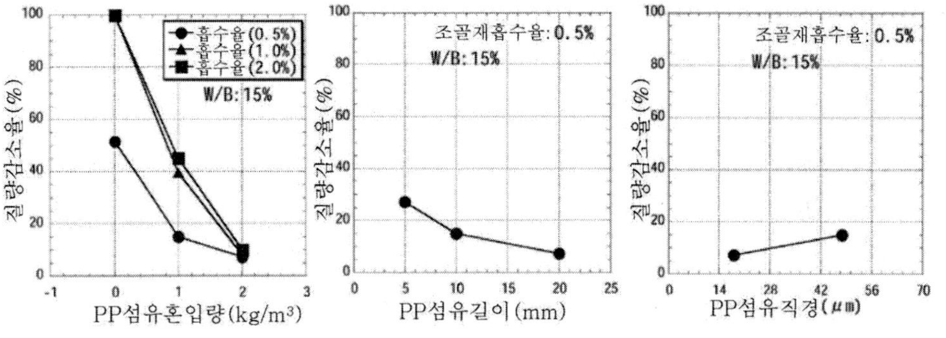

그림 2.5.18 폭열시의 손상도(질량)에 미치는 섬유혼입량, 섬유길이, 섬유 직격의 영향[26)]

2.5.3 부재에서의 폭열성상

철근 콘크리트조 부재의 폭열성상은, 부재의 형상 또는 크기, 부재에서 발생에서 발생되어지는 하중, 부재의 구속조건등에 좌우되는 것은 전술한 바와 같다. 본 장에서는 부재의 폭열성상에 관하여 (1)기둥, (2)보, (3)토목구조물(주로 터널부재)에 대하여 서술한다.

(1) 기둥

철근 콘크리트조 건축물에서 건물의 장기하중을 지탱하고 있는 기둥은, 화재시에 매우 중요한 부재중의 하나이다. 따라서 기둥의 관한 연구는 활발하게 이루어지고 있다. 여기에서는, (a)가열 실험에 의한 대단면 기둥의 폭열성상, (b)재하 가열 실험에 의해 하중을 받는 기둥의 폭열성상으로 분류하여 아래와 같이 정리한다.

(a)가열실험에 의한 대단면 기둥의 폭열성상

실대 크기의 철근 콘크리트 기둥을 이용한 가열 실험이, 미야모또(宮本)[27)]의 연구, 미찌코시(道

越)[28]의 연구, 모리타(森田)[22]의 연구에 의해 실시 되어지고 있다. 또한, 오자와(小澤)[29]의 연구, 모모세(百瀬)[30]의 연구, 요시노(吉野)[31]의 연구, 이도(井戸)[32]의 연구, 아베(安部)[46]의 연구에 의해 폴리프로필렌 섬유의 효과에 대해, 우메모또(梅本)[33]의 연구에 의해 강판 등에 의한 피복 효과에 대하여 실대 크기의 기둥 가열 실험을 통한 검토가 이루어지고 있다. 이러한 실험 결과를 표 2.5.8에 정리하여 나타낸다.

미야모또(宮本)[27]의 연구에서는 압축 강도가 약 100N/mm^{2}의 초 고강도 콘크리트를 이용하여 폭열에 대한 피복 두께(콘크리트의 표면에서 내부의 철근 표면까지의 최단 길이), 부재 단면 치수, 함수율의 영향 등에 대해 검토하였다. 강제 건조시킨 시험체 이외의 3개의 시험체는, 사진 2.5.2와 같이 주근을 노출할 정도로 현저하게 폭열이 발생했다. 한편, 강제 건조시킨 시험체의 전체 함수율은 다른 시험체와 다르지 않기 때문에 표층부의 함수율이 콘크리트의 폭열에 큰 영향을 미치고 있다. 폭열에 의한 단면 결손은 그림 2.5.19및 그림 2.5.20과 같이 부재 단면이 클수록, 두께가 작을수록 큰 경향이 보였다.

미찌코시(道越)[28]의 연구에서는 Fc 100N/mm^{2}정도의 콘크리트를 이용한 시험체의 가열 실험을 실시하고 있다. 실험 종료 후 시험체의 상황을 사진 2.5.3에, 시험체의 결손 깊이를 높이 방향으로 평균화 한 평균 결손 깊이를 그림 2.5.21에 나타낸다. 단면 치수가 큰 시험체일 수록 폭열에 의한 결손은 깊고, 단면 치수가 동일한 경우 콘크리트 강도가 낮은 시험체의 결손이 적었다.

모리타(森田)[22]의 연구에서는 콘크리트의 물시멘트 비 및 재령이 폭열 성상에 미치는 영향을 검토하고 있다. 실험 종료 후 시험체의 상황은 사진.2.5.4에, 폭열 깊이의 측정 결과를 그림 2.5.22에 나타낸다. 물시멘트 비가 낮을수록 폭열 정도는 크지만, 물시멘트 비 31.7%이상의 범위에서는 재령을 경과하면 폭열이 작아지는 경향이 나타났다. 또한, 피복 두께가 두꺼운 것이 폭열이 깊어지는 경향이 보였으며, 주근량이 폭열 깊이에 미치는 영향은 나타나지 않았다.

오자와(小澤)[29]의 연구에서는 Fc 100N/mm^{2}의 콘크리트에 대하여 지름48μm, 길이10mm의 폴리프로필렌(PP)섬유를 2kg/m^{3}혼입 한 것과 하지 않는 것, Fc 80N / mm^{2}의 콘크리트에 PP섬유를 1kg/m^{3}혼입 한 것과, 하지 않는 것에 대해, 조합이 약간씩 다른 3공장의 콘크리트로 시험제를 제작하여, 가열 실험을 실시하고 있다. 그 결과, 섬유 무 혼입 조건에서는 전부 폭열에 의해 띠철근이 노출되었고, PP섬유를 혼입한 조건에서는 철근의 노출을 방지 할 수 있다고 보고하였다.

요시노(吉野)[31]의 연구에서는 Fc 100N/mm^{2}를 초과한 물결합재비(W/B) 20%의 콘크리트에 직경48μm, 길이10mm, PP섬유0.1vol%와, W/B14%의 콘크리트에 직경48μm, 길이20mm, PP섬유 0.2vol% 혼입 한 2개의 시험체의 가열 실험을 실시하고 있다. 전자는 단면 결손율 5%정도의 폭열이 발생하였고, 후자는 폭열하지 않았다는 결과로 부터, PP섬유를 0.20vol%이상 혼입하는 것으로 대체로 폭열을 방지 할 수 있다고 보고하고 있다.

이도(井戸)[32]의 연구에서는 W/B30.0%, 22.5%, 17.0%의 콘크리트에 직경48μm, 길이10mm의 PP섬유를 각각 0.05, 0.10, 0.20vol%혼입 한 3개의 시험체의 가열 실험을 하고 있다. W/B30.0%에서는 1면에만 최대 깊이 20mm의 폭열, W/B22.5 %에서는 1면에만 소량의 표면 폭열, W/B17.0 % 에서는 3면에 폭열이 발생했지만 최대 깊이 14mm로, 띠철근의 노출까지는 발생 되지 않았다 라는 등의 결과로 부터 위와 같은 혼입양으로 폭열을 억제 할 수 있다고 보고하고 있다.

아베(安部)[46]의 연구에서는 W/B25.7%, 22.0%의 석회석 및 경질 사암 굵은 골재를 이용한 콘크리트에 직경48μm, 길이10mm의 PP섬유를 0.0~0.1vol%혼입 한 4개의 시험체의 가열 실험을 하고 있다. 문헌[56]에 비해 단면 치수의 차이에 의한 폭열 성상의 차이는 거의 없다고 보고하고 있다.

표 2.5.8 대단면 기둥의 폭열에 관한 실험 일람표

문헌 No.	시험체명	단면 [mm]	배근		피복두께[mm]	내화대책※3	시멘트※1	W/C W/B [%]	압축강도 [N/mm²]	조골재 ※2	시험재령 ※4	축력비 (%)	가열시간 [분]	폭열의 유무
			주근	횡보강근										
27)	400T50	□400	8-D25	2-D13@150	50	무	N+SF	25.0	106.0	TS	91	40전후	60	유
	400T70	□400			70									유
	600T70	□600			70							2.5정도		유
	400T50D	□400			50									무
28)	RC75	□750	12-D35 (SD390)	4-U11@100	40	무	VKC	22.0	119.0	TS	297	4.3	180	유
	RCC75					CB:2면, MOL:1면, FC:1면								유(GB,FC면)
	RC75*					무	M	28.0	98.6			3.8		유
	RC100	□1000	16-D41 (SD490)	4-U13@100			VKC	22.0	119.0			4.3		유
22)	SA27.5-2M	□700	12-D32 (SD345)	4-D13@100 (SD295A)	50	-	M	27.5	88.0	TS	2M	4.6	180	유
	SA27.5-1Y								118.0		1Y	-		유
	SA31.7-2M					무		31.7	92.4		2M	4.2		유
	SA31.7-1Y								112.0		1Y	-		유
	SA37.5-2M							37.5	77.3		2M	4.5		유
	SA37.5-1Y								82.9		1Y	-		무
	SA44.9-2M							44.9	59.5		2M	4.7		유
	SA44.9-1Y								74.4		1Y	-		무
	SA48.6-2M							48.6	52.8		2M	4.9		무
	SA48.6-1Y								62.5		1Y	-		무
	SA64.4-2M							64.4	21.2		2M	6.1		무
	SA64.4-1Y								24.3		1Y	-		무
	SA-0-16-110		16-D29 (SD345)		110	무		24.3	118.0	TS	2M	4.2		유
	SA-2-16-110					PP:100μm, 12mm, 0.22Vol%			111.0			4.2		유
	SB'-0-16-110					무			118.0			4.0		유
	SB'-2-16-110					PP:100μm, 12mm, 0.22Vol%			110.0			4.0		유
	SB'-0-16-40				40	무			154.0			4.3		유

(표계속)

문헌 No.	시험체명	단면 [mm]	배근		피복두께[mm]	내화대책※3	시멘트※1	W/C W/B [%]	압축강도 [N/mm²]	조골재 ※2	시험재령 ※4	축력비 (%)	가열시간 [분]	폭열의 유무
			주근	횡보강근										
	SB'-2-16-40					PP:100μm, 12mm, 0.22Vol%			151.0		1Y	4.3		유
	SB'-0-24-40		24-D29 (SD345)			무			154.0			4.3		유
	SB'-2-24-40					PP:100μm, 12mm, 0.22Vol%			151.0			4.3		유
	CA-0-16-110		16-D29 (SD345)		110	무		25.0	113.0	LS	2M	4.4		유
	CA-2-16-110					PP:100μm,12mm,0.17Vol%			98.3			4.5		유
33)	강판접착	□900	12-D38	2-D13@100	-	강판접착: 두께9mm	M+SF	20.0	140.2	LS	4M	6.0	180	무
	타입형 거푸집					PCa:2면, EP:2면								유(EP면)
29)	Fc100-A-0	□700	24-D29 (SD490)	4-13D@100 (Sd78)	40	무	SFC	20.0	125.0	TS LS	105	3.3	180	유
	Fc100-A-2					PP:48μm, 10mm, 2.0kgm³			118.0		73	3.5		유
	Fc100-B-0					무			146.0		139	3.5		유
	Fc100-B-2					PP:48μm, 10mm, 2.0kgm³			147.0		139	3.6		무
	Fc100-C-0					무		21.0	134.0		138	4.5		유
	Fc100-C-2					PP:48μm,10mm ,2.0kgm³			131.0		138	4.6		무
	Fc80-A-0					무	M	25.0	130.0		147	3.8		유
	Fc80-A-1					PP:48μm, 10mm, 1.0kgm³			125.0		147	4.0		유
	Fc80-B-0					무			127.0		139	4.2		유
	Fc80-B-1					PP:48μm, 10mm, 1.0kgm³			124.0		139	4.1		무
	Fc80-C-0					무			110.0		138	4.3		유
	Fc80-C-1					PP:48μm, 10mm, 1.0kgm³			110.0		138	4.4		무
30)	15-T-3	□1000	16-D41-8-D38	□-D16@100 ○-D13@100 □-D10@300	-	PP:-, 10mm, 3kg/m³	SFC	15.0	-	AN	약91	-	180	유
	15-T-2					PP:-, 10mm, 2kg/m³								유
	15-T-1					PP:-, 10mm, 1kg/m³								유
	20-T-2					PP:-, 10mm, 2kg/m³		20.0						유
	20-T-1					PP:-, 10mm, 1kg/m³								유
	15-T-1.5					PP:-, 10mm, 1.5kg/m³		15.0						유
	18-T1.0					PP:-, 10mm, 1.0kg/m³		18.0						무
	23-T-0.5					PP:-, 10mm, 0.5kg/m³		23.0						유

(표계속)

문헌 No.	시험체명	단면 [mm]	배근		피복두께[mm]	내화대책※3	시멘트※1	W/C W/B [%]	압축강도 [N/mm²]	조골재 ※2	시험재령 ※4	축력비 (%)	가열시간 [분]	폭열의 유무
			주근	횡보강근										
31)	RC12P10	□1000	16-D41 (USD685)	4-16D@100 (SBPD1275)	40	PP:48μm, 10mm, 0.10%	SFC	20.0	147.5	TS	300	3.7	240	유
	RC15P20					PP:48μm, 20mm, 0.20%		14.0	178.0			3.1		무
32)	80P05	□1000	16-D41	4-16D	40	PP:48μm, 10mm, 0.05Vol%	L+SF	30.0	87.9	TS	8M	4.0	180	유
	100P1					PP:48μm, 10mm, 0.10Vol%		22.5	118.7			3.2		유
	120P2					PP:48μm, 10mm, 0.20Vol%		17.0	142.2			2.4		유
46)	RC80L000	□1000	16-D41	4-D16@100	40	무	M	25.7	-	LS	285	4.7	240	유
	RC80L075					PP:48μm, 10mm, 0.075Vol%					278	4.9		유
	RC80S050					PP:48μm, 10mm, 0.050Vol%				TS	285	4.7		유
	RC100S100					PP:48μm, 10mm, 0.100Vol%	SFC	22.0			278	4.9		유

※1 시멘트 종류 : N-보통포틀랜드시멘트, M-중용열 포노레트랜드 시멘트, L-저열 포노레트랜드 시멘트, SFC-실리카퓸 시멘트, SF-실리카퓸, VKC-삼성분 혼합시멘트,

※2 굵은골재 종류 : TS-경질사암, LS-석회암, AN-안산암

※3 내화대책 종류 : PP-폴리프로필렌 섬유(직경, 길이, 혼입률(혼입양)), GB-석고보드, MOL- 모르타르 도포, FC-내화도료, PCa-프리캐스트 콘크리트 판, EP-압출판

※4 시험재령단위 : M-월, Y-년

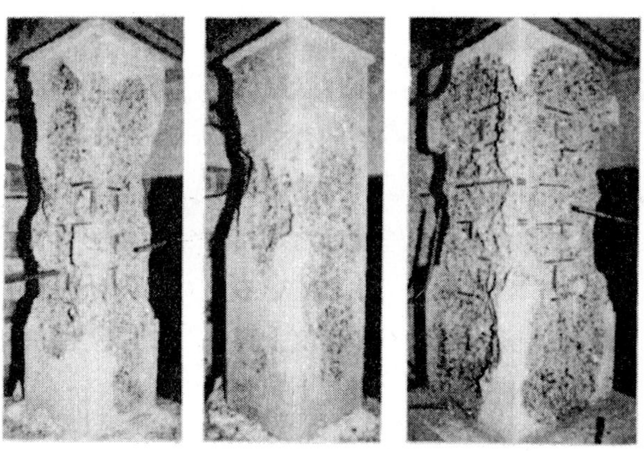

사진 2.5.2 가열후의 폭열성상 27)

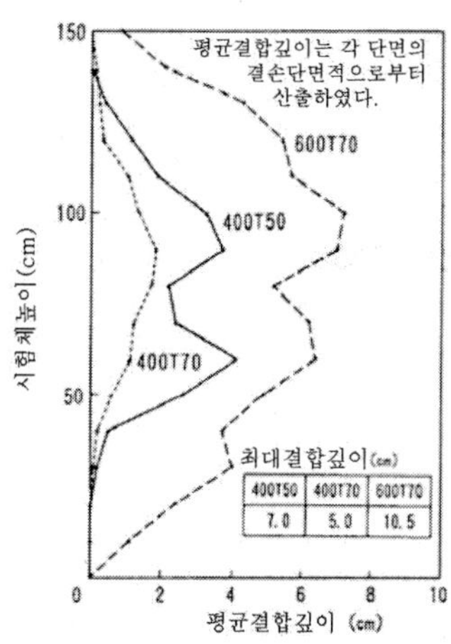

그림 2.5.19 평균결함깊이의 높이 방향분포 27)

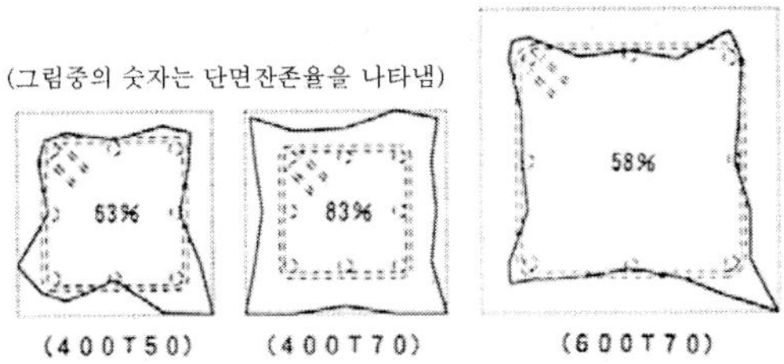

그림 2.5.20 최대결손위치에서 단면결손도 [27]

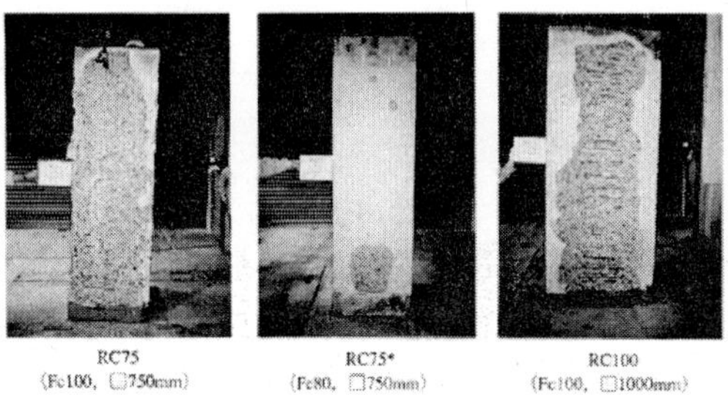

사진 2.5.3 가열후의 폭열상황 (2) [28]

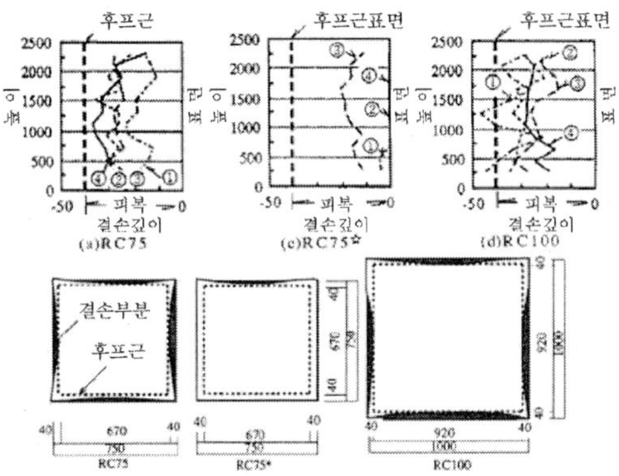

그림 2.5.21 평균결손깊이 [28]

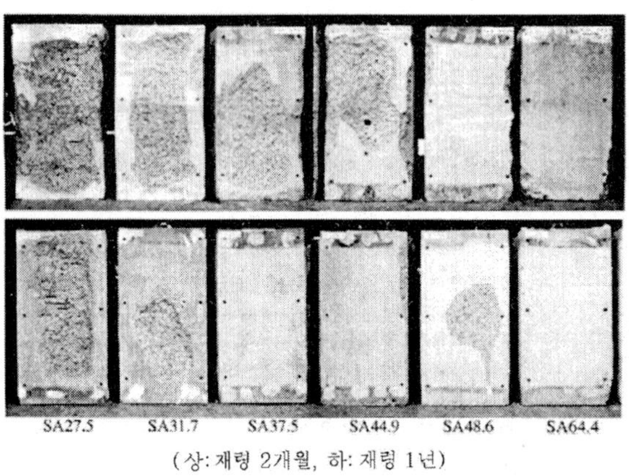

사진 2.5.4 가열후의 폭열상황 (3) [22]

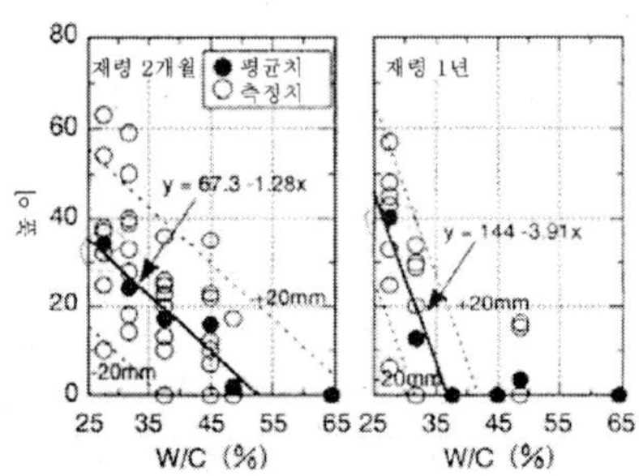

그림 2.5.22 폭열깊이의 측정결과 [22]

(b)재하 가열 실험에 의해 하중을 받는 기둥의 폭열성상

일반적으로 재하가열실험은 화재시의 축력유지성능을 확인하는 것을 주목적으로 실시 되어진다. 그러나, 폭열은 하중이나 구속 조건에도 영향을 받기때문에 많은 연구에서 재하 가열 실험의 결과로부터 하중을 받은 경우의 폭열 성상에 대하여 검토 하고 있다. 반대로 말하면, 기둥 부재에서 폭열여부 및 그 정도가 화재시 축력 유지 성능을 확보하는 하나의 요인이므로 그것을 방지 또는 제어하는 것을 목적으로 하는 연구도 많다. 이 때문에 철근 콘크리트 기둥 부재를 대상으로 한 재하 가열 실험을 검토하고 있는 연구에서는 폭열이 우려되는 고강도 철근 콘크리트 기둥이 주로 이용되고 있다. 고강도 철근 콘크리트 기둥의 재하 가열 실험을 하는 문헌에서의 실험 결과 일람을 표 2.5.9에 정리하였다.

마쯔도(松戸)[40]의 연구에서는 Fc가 80N/mm^{2}를 넘는 고강도 콘크리트를 이용한 기둥부재의 내화성능의 확인을 목적으로 하고, 콘크리트의 강도와 축력비를 조건으로 하는 5개의 시험체에 대하여 재하 가열 실험을 하고 있다. 사진2.5.5은 실험 후의 시험체 상황이다. 폭열은 콘크리트 강도가 높을수록 축력비가 클수록 두드러지는 경향을 나타냈지만, 최대 깊이도 전단 보강 철근에 이르는 정도로 멈추었고, Fc 100N/mm^{2}의 철근 콘크리트 기둥에서는 대체로 3시간 이상, Fc 80N/mm^{2}에서는 대략 4시간 이상의 내화 성능이 확인 되었다고 보고하였다.

이노우에(井上)[35]의 연구에서는 폴리프로필렌 섬유를 혼입한 고강도 콘크리트 기둥의 재하 가열 시험을 실시해, 폴리프로필렌 섬유의 혼입에 의한 폭열 방지 효과와 폭열에 미치는 재하 하중의 영향을 검토하고 있다. 사진2.5.6은 실험 후의 시험체의 상황을 나타내는 사진이다. 섬유 무혼입의 물결합재비 25%의 시험체는, 가열 개시 수 분후 부터 격렬하게 폭열이 개시되고, 30분안에 하중을 유지할 수 없게 된 것에 대하여, 폴리프로필렌 섬유를 혼입한 시험체는 폭열이 거의 발생하지 않았다. 또, 압축강도 1/4을 기준으로 재하한 시험체와 무 재하 시험체의 폭열 성상을 비교한 결과, 재하 하중의 유무가 시험체의 폭열성상에 미치는 영향은 없었다고 보고하고 있다.

후지나까 · 미쓰이(藤中 · 三井)[37]의 연구에서는 60~200N/mm^{2}의 고강도 콘크리트의 기둥 부재를 대상으로 재하 가열 시험을 실시해, 폴리프로필렌 섬유 및 강 섬유 혼힙에 의한 폭열 방지 효과를 평가하고 있다. 실험 결과로 부터 Fc 60은 폴리프로필렌 섬유를 혼입하지 않아도 폭열을 일으키지 않지만, Fc 80~200N/mm^{2}의 범위 에서는 폴리프로필렌 섬유를 혼입하지 않은 경우는 폭열이 발생하였다. 이것이 3시간의 보유 내화 시간을 만족하는 폴리프로필렌 섬유 혼입률은 Fc 80에서 0.055vol%이상, Fc 100에서 0.10vol%이상, Fc 130과 Fc 150에서는 0.33vol%이상으로 되며, Fc 180과 200에서는 0.33vol%정도로는 불충분하며, 강섬유의 혼입이 필요함을 언급 하였으며, 각 강도 레벨에서의 섬유 혼입률과 내화 시간의 관계(그림 2.5.23참조), 최대 폭열 깊이 및 평균 폭열 깊이와 내화시간의 관계(그림 2.5.24, 2.5.25참조)등을 보고하고 있다.

니와(丹羽)[45]의 연구에서는 80~180N/mm^{2}의 고강도 콘크리트의 기둥 부재를 대상으로 재하 가열 시험을 실시, 상기 조건(콘크리트 강도, 축력비, 폴리프로필렌 섬유 혼입량)의 검토와 더불어 띠 철근의 영향에 관해서도 검토하고 있다. 사진 2.5.7에 실험 후의 시험체 상황의 일례를 나타낸다. 실험의 결과로부터, 고강도 콘크리트에 섬유를 혼입하는 것으로 폭열에 의한 단면 결손이 저감되어 내화 성능이 비약적으로 향상되는 것과 띠철근을 배근함으로써 내화 성능이 배 이상으로 되는 것 등을 보고하고 있다.

또, 최근 마쯔도(松戸)[57], 니와(丹羽)[58]의 연구에 의해, 철근 콘크리트 기둥 부재를 포함한 골조를 상정 한 복합 가력 재하 가열 실험 보고도 있다.

니와(丹羽)[58] 의 연구에서는 Fc 80N/mm^{2}급의 고강도 콘크리트를 이용해, 화재층과 상층 사이에 스터브(Stub)을 설치한 시험체에 축력(중심압축)과 수평력(수평변위)을 주는 복합가력 재하 가열 실험을 실시하고 있다. 실험의 파라미터는 재하방법(중심압축의 상태 및 복합재하)와, 수평변위 부하속도 및 띠철근의 양이다. 실험결과, 중심압축 실험과 비교해 복합 재하실험 쪽이 내화 성능은 저하하는 것과 띠철근의 양이 내화 성능의 저하에 크게 영향을 주는 것 등을 보고하고 있다.

표 2.5.9 축소단면 기둥에 의한 재하 가열 실험 일람표

문헌 No.	시험체명	단면 [mm]	배근		피복[mm]	내화대책※3	시멘트 ※1	W/C W/B [%]	압축강도 [N/mm^2]	굵은골재 ※2	시험재령 ※4 (일)	축력비	붕괴시간 [분]	폭열의 유무
			주근	횡보강근										
35)	C25-0-1	□300	4-D16 (SD345)	2-D6@100 (SD295)	40	무	N+SF	26.0	96.2	TS	31~37	0.25	30	유
	C25-3-1					PP:-, 19mm, 3kg/m^3			86.4				-	유
	C55-0-1					무	N	55.0	37.3				-	무
	C55-1, 5-1					PP:-, 19mm, 1.5kg/m^3			34.0				-	무
36)	RC30-27	□300	12-D13 (SD390)	4-U7.4@100	40	무	VKC	22.0	119.0	TS	10M	0.27	176	유
	RC30-12					무						0.12	263	유
	RCC30-27					모르타르 20mm						0.27	213	유
	RC45-12	□450	12-D19 (Sd390)	4-U9.2@100		무						0.27	360<	유
38)	Rc24	□400	12-D16 (Sd345)	4-D6@100 (SD@295)	45	무	-	-	26.5	-	8M	0.32	279	무
	RC60-1		12-D16 (Sd390)	4-D6@75 (SD345)		무			73.1			0.29	201	유
	Rc60-2					강제건조						0.14	316	무
	Rc60-3											0.30	306	무
	Rc100		12-D16 (Sd490)	4-D6@60 (SD685)		무			105.6			0.33	163	유
39)	A27-1	□400	12-D19	4-U6.4@55	40	무	VKC	27.0	115.0	AN	57	0.30	121.5	유
	A27-2					PP:0.05mm, 20mm, 1.0kg/m^3			110.0		61		360<	무
	A27-3					PP:0.05mm, 20mm, 1.5kg/m^3			108.0		63		360<	무
	A20-1					PP:0.05mm, 20mm, 1.0kg/m^3		20.0	128.0		69		240<	유
	A20-2					PP:0.05mm, 20mm, 1.0kg/m^3			114.0	LS	67		240<	유
	A20-3					PP:0.05mm, 20mm, 1.0kg/m^3			114.0	TS	71		240<	유

(표계속)

문헌 No.	시험체명	단면 [mm]	배근 주근	배근 횡보강근	피복[mm]	내화대책※3	시멘트 ※1	W/C W/B [%]	압축강도 [N/mm²]	굵은골재 ※2	시험재령 ※4 (일)	축력비	붕괴시간 [분]	폭열의 유무
39)	A20-4	□400	12-D19	4-U6.4@55	40	PP:0.05mm, 20mm, 1.0kg/m³			131.0	AN	67		197.5	유
	A20-5					PP:0.05mm, 20mm, 1.5kg/m³			129.0		76		240<	유
	B30-1					PP:0.05mm, 20mm, 0.5kg/m³		30.0	102.0		57		226	-
	B30-2					PP:0.05mm, 20mm, 0.75kg/m³			103.0		59		240<	-
	B30-3					PP:0.05mm, 20mm, 0.75kg/m³			124.0		353		359.5	-
	B30-4					PP:0.05mm, 20mm, 1.0kg/m³			103.0		63		240<	-
	B18-1					PP:0.05mm, 20mm, 1.72kg/m³		18.0	136.0		65		159.5	-
	B18-2					PP:0.05mm, 20mm, 2.15kg/m³			140.0		115		240<	-
	B18-3					PP:0.05mm, 20mm, 2.15kg/m³			156.0		357	0.28	360<	-
	B18-4					PP:0.05mm, 20mm, 3.02kg/m³			136.0		113	0.30	240<	-
40)	C13N27	□400	12-D19 (USD685)	4-U9.0@80 (SBPD1275)	40	무	L+SF	18.0	126.5	TS	258	0.27	206	유
	C11N30							24.0	113.4		251	0.30	240<	유
	C11N35							24.0	113.4		272	0.35	240<	유
	C80N30							35.0	77.3		239	0.30	240<	유
	C08N44							35.0	77.3		266	0.44	240<	유
47)	No.2	□400	12-D19 (USD685)	4-U9.0@80 (SBPD1275)	40	무	L+SF	35.0	77.3	TS	238	0.30	240<	무
34)	A상	□700	12-D38 (USD490)	4-U13@100 (USD785)	40	내화도료:3,1mm	L+SF	20.0	115.0	TS	264	0.10	180	유
	A하					무								유
	B상					내화시트:3,1.5mm			119.0		258			유
	B하					석고보드:2,1장								유
	C상					케이칼판25mm:직,LGS			121.0		248			무
	C하					셀룰로즈섬유20,15mm								유:15m
	D상					경질세라믹:20,10mm			122.0		252			유:10m
	D하					모르타르:25,20mm								무
41)	CA25	□400	12-D38 (SD490)	4-D13@100 (USD785)	40	케이칼판:25mm	L	18.0	126.5	TS	273	0.30	180<	무
	CE20					경질세라믹:20mm					280			무
44)	무피복	□600	12-D25 (SD490)	4-D10@80 (SD785)	40	무	-	20.0	-	-	-	(0.25)	180<	유
	케이칼t25					케이칼판:25mm							180<	무
	케이칼t25					케이칼판:25mm							180<	유
42)	C12P00	□400	12-D19 (USD685)	4-U9.0@80 (SBPD1275)	35	PP무	SFC	20.0	147.5	TS	8M ~ 10M	0.27	177	유
	C12P05					PP:48μm, 10mm, 0.05Vol%			148.0			0.27	240<	유
	C12P10					PP:48μm, 10mm, 0.10Vol%			148.0			0.27	240<	유
	C12P20					PP:48μm, 10mm, 0.20Vol%			147.0			0.27	240<	무
	C15P00					강관압착		14.0	178.0			0.28	240<	무
	C15P10					PP:48μm, 20mm, 0.10Vol%			173.5			0.29	240<	유
	C15P20					PP:48μm, 20mm, 0.20Vol%			170.0			0.29	240<	무
	C15P30					PP:48μm, 20mm, 0.30Vol%			165.0			0.34	240<	무

(표계속)

문헌 No.	시험체명	단면 [mm]	배근 주근	배근 횡보강근	피복[mm]	내화대책※3	시멘트 ※1	W/C W/B [%]	압축강도 [N/mm²]	굵은골재 ※2	시험재령 ※4 (일)	축력비	붕괴시간 [분]	폭열의 유무
37)	Fc 060-00	□400	8-D19 (SD490)	2-D10@100 (SD345)	30	무	FB	34.0	82.7	TS	-	0.24	336	무
	Fc 060-05					PP:1mm, 19mm, 0.055Vol%						0.33	246	유
	Fc 060-10					PP:1mm, 19mm, 0.11Vol%						0.24	340	무
43)	Fc 80-00	□400	8-D19 (SD490)	D10@100 (SD345)	30	무	SFC	32.0	93.0	TS	365~390	0.29	180	유
	Fc 80-06					PP:48μm, 19mm, 0.055Vol%			91.0			0.29	-230	유
	Fc 80-11					PP:48μm, 19mm, 0.11Vol%			91.0			0.29	-270	유
	Fc100-00	□350	8-D16 (SD490)	D10@100 (SD345)		PP:48μm, 19mm, 0.00Vol%		25.0	113.0		365~390	0.29	-120	유
	Fc100-06					PP:48μm, 19mm, 0.055Vol%			113.0			0.29	180	유
	Fc100-11					PP:48μm, 19mm, 0.11Vol%			112.0			0.30	200	무
	Fc130-00	□350				PP:48μm, 10mm, 0.00Vol%	SFC	23.0	158.0	AN	180~205	0.25	60	유
	Fc130-11					PP:48μm, 10mm, 0.11Vol%			152.0			0.26	180	유
	Fc130-33					PP:48μm, 10mm, 0.33Vol%			153.0			0.26	230	무
	Fc150-00	□350				무		17.0	178.0		180~205	0.22	60	유
	Fc150-11					PP:48μm, 10mm, 0.11Vol%			175.0			0.23	90	유
	Fc150-33					PP:48μm, 10mm, 0.33Vol%			170.0			0.23	240	무
	Fc180-00	□350	12-D16 (USD685)	U6.4@50		무		15.0	189.0		180~200	0.21	60	유
	Fc180-22					PP:48μm, 10mm, 0.22Vol%			185.0			0.22	90	유
	Fc180-33					PP:48μm, 10mm, 0.33Vol%			185.0			0.22	148	유
	Fc180-22-S10				35	PP:48μm, 10mm, 0.22Vol% SF:0.6μm, 30mm, 1.0Vol%			187.0			0.21	240<	유
	Fc180-33-S10					PP:48μm, 10mm, 0.33Vol% SF:0.6μm, 30mm, 1.0Vol%			185.0			0.22	240<	유
	Fc200-00	□400	12-D19 (USD685)	U7.1@50		무		13.0	216.0		180~210	0.28	100	유
	Fc200-00-S05					SF:0.6μm, 30mm, 0.5Vol%			201.0			0.30	-	유
	Fc200-00-S10					SF:0.6μm, 30mm, 1.0Vol%			197.0			0.31	-	유
	Fc200-17-S05					PP:48μm, 10mm, 0.17Vol% SF:0.6μm, 30mm, 0.5Vol%			200.0			0.30	240<	유
	Fc200-33					PP:48μm, 10mm, 0.33Vol%			196.0			0.31	101	유
	Fc200-33-S05					PP:48μm, 10mm, 0.33Vol% SF:0.6μm, 30mm, 0.5Vol%			198.0			0.31	230<	유
	Fc200-33-S10					PP:48μm, 10mm, 0.33Vol% SF:0.6μm, 30mm, 1.0Vol%			201.0			0.30	240<	유
	Fc210-11-S05					PP:19μm, 10mm, 0.11Vol% SF:0.6μm, 30mm, 0.5Vol%		11.0	225.0			0.26	240<	유

(표계속)

문헌 No.	시험체명	단면 [mm]	배근 주근	배근 횡보강근	피복[mm]	내화대책*3	시멘트 *1	W/C W/B [%]	압축강도 [N/mm²]	굵은골재 *2	시험재령 *4 (일)	축력비	붕괴시간 [분]	폭열의 유무
45)	R80J33	□400	16-D16 (SD490)	4-D6@60 (SHD685)	40	무	L	25.0	106.0	TS	134	0.25	237	유
	R80J40					무					136	0.30	170	유
	R80J33V1					PVA:-, 6mm, 0.10Vol%					140	0.25	240〈	무
	R1000J33					무					141	0.28	91	유
	R1000J33H			2-D6@60 (SHD685)		무	SFC	20.0	118.0		144	0.28	42	유
	R100J15			4-D6@60 (SHD685)		무					151	0.13	240〈	유
	R100J33V1					PVA:-, 6mm, 0.10Vol%					146	0.28	149	유
	R100J33P2					PP:-, 3mm, 0.22Vol%					113		180〈	무
	R100J33P3					PP:-, 3mm, 0.33Vol%					119		181〈	무
	R120J33			4-S6@60 (KSS785)		무		17.0	136.0		152	0.29	81	유
	R120J33V1					PVA:-, 6mm, 0.10Vol%					154		128	유
	R120J15V1					PVA:-, 6mm, 0.10Vol%					157	0.13	240〈	유
	R150J33					무	M+ZSF	15.0	157.0	AN	155	0.32	66	유
	R150J15					무					157	.014	217	유
	R150J33P1					PP:-, 10mm, 0.11Vol%					160	0.32	240〈	무
	R150J40P1					PP:-, 10mm, 0.11Vol%					162	0.38	229	무
	R180J33		16-D16 (USD685)	4-RB6.2@60 (SBPD1275)		무					449	0.30	48	유
	R180J15					무					442	0.14	11	유
	R180J33P1					PP:-, 10mm, 0.11Vol%		13.0	200.0		413	0.30	180〈	유
	R180J33P2					PP:-, 10mm, 0.22Vol%					428		180〈	유
	R180J15P2					PP:-, 10mm, 0.22Vol%					435	0.14	180〈	유
	R180J33P3					PP:-, 10mm, 0.33Vol%					421	0.30	180〈	유
48)	RN120	□800	16-D32 (USD685)	2-:D13@100 2-:D10@100 (KSS785)	40	무	SFC	17.0	155.0	TS	332	0.20	196	유
	RV120				40	PVA,-, -, 0.15Vol%			148.0		307	0.12	180〈	유
	PC120				35	원심성형PCa			155.0		319	0.20	180〈	유
	RP120	□700	16-D29 (USD685)		40	PP:-, -, 0.11Vol%			153.0		313	0.26	180〈	유
	RN150	□800	16-D32 (USD685)			무	M+ZSF	14.0	186.0	AN	343	0.17	100	유
	Rp150					PP:-, -, 0.11Vol%			177.0		291	0.18	180〈	유
	PC150				35	원심성형PCa			186.0		326	0.17	180〈	유
49)	시험체1	□400	8-D19 (SD345)	2-D10@100 (SD295A)	30	무	N	36.4	63.0	LS	309	0.33	173	유
	시험체2										317	0.28	246	유
	시험체3										323	0.24	296	유
	시험체4							49.9	37.6		147	0.33	240〈	무
50)	No.1	□450	12-D19 (SD345)	3-D10@100 (SD295A)	-	PP:48μm, 20mm, 0.11Vol%	M	24.5	114.0	LS	196	0.23	240〈	무
	No.2					무			118.0		191	0.22	130	유
51)	PP01	□250	4-D19 (SD390)	2-D6@50	30	PP:-, -, 2.5kg/m³	VKC	14.0	191.0	AN	30W	0.10	134	유
	PP02											0.20	47	유
	PF01											0.10	153	유
	PF02											0.20	45	유

(표계속)

문헌 No.	시험체명	단면 [mm]	배근		피복[mm]	내화대책※3	시멘트 ※1	W/C W/B [%]	압축강도 [N/mm²]	굵은골재 ※2	시험재령 ※4 (일)	축력비	붕괴시간 [분]	폭열의 유무
			주근	횡보강근										
52)	No.1	400	4-D29 (SD490)	D13@100 (SD295A)	50	PP:-, -, 2.5kg/m³ SF:-, -, 15L/m³	-	12.0	271.0	-	-	0.07	216	무
	No.2					PP:-, -, 2.5kg/m³ SF:-, -, 10L/m³			273.0			0.15	-300	무
	No.3					PP:-, -, 2.5kg/m³ SF:-, -, 10L/m³			290.0			0.25	-264	무
	No.4	□400				PP:-, -, 2.5kg/m³ SF:-, -, 15L/m³			286.0			0.25	-190	무
	No.5					PP:-, -, 2.5kg/m³ SF:-, -, 10L/m³			295.0			0.20	221	무
53)	재하 가열용	□400	8-D22 (SD490)	3-UD10@75 (USB785) 3-S10@75 (KSS785)	35	PP:-, -, 10mm, 1.5kg/m³	HS-SF	20.0	110.0	AN	-	0.33	180	무
54)	H/D20-0.15	□250	4-D19 (SD490)	D6@50 (SD295A)	35	PP:0.048mm, 20mm, 1.5kg/m³	VKC	22.5	126.0	AN	3M~4M	0.15	220	무
	H/D20-0.20											0.20	192	무
	H/D20-0.33											0.33	142	무
	H/D14-0.20											0.20	194	무
55)	Fc70L-G1	□450	8-D19 (SD345)	3-D10@100 (SD295A)	40	무	M	25.0	125.5	TS	1Y7M	0.19	166	유
	Fc70L-G2							25.0	121.5	LS		0.19	173	유
	Fc70M-G3							27.0	122.4			0.19	135	유
	Fc80L-G2					PP:0.05mm, 10mm, 0.1Vol$		23.5	120.6			0.22	240〈	유
	Fc80L-G3							23.5	123.6			0.22	240〈	유
56)	C80L000	□400	12-D19	4-S10@90	35	무	M	25.7	107.7	LS	236	0.25	222	유
	C80L075					PP:-, 10mm, 0.0751Vol%			102.8		216	0.26	240〈	유
	C80L100					PP:-, 10mm, 0.01Vol%			104.8		250	0.25	240〈	무
	C80S000					무			114.2	TS	215	0.23	231	유
	C80S050					PP:-, 10mm, 0.05Vol%			123.1		218	0.22	240〈	유
	C100S100					PP:-, 10mm, 0.1Vol%	SFC	22.0	137.5		222	0.24	240〈	유

※1 시멘트 종류 : N-보통포틀랜드시멘트, M-중용열 포노레트랜드 시멘트, L-저열 포노레트랜드 시멘트, SFC-실리카퓸 시멘트, SF-실리카퓸, VKC-삼성분 혼합시멘트,
※2 굵은골재 종류 : TS-경질사암, LS-석회암, AN-안산암
※3 내화대책 종류 : PP-폴리프로필렌 섬유(직경, 길이, 혼입률[혼입양])
※4 시험재령단위 : M-월, Y-년

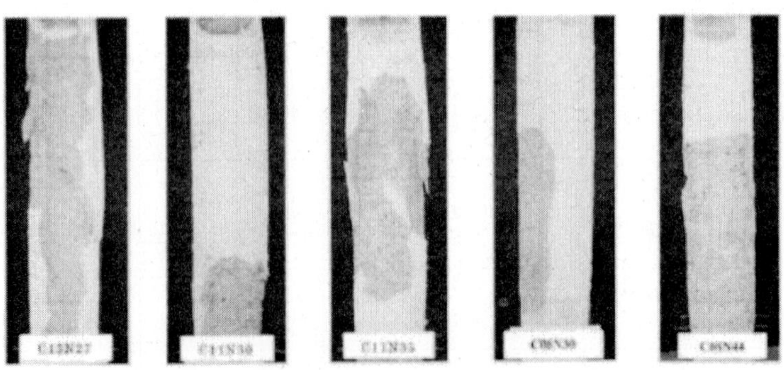

사진 2.5.5 재하 가열 실험 후의 시험체 상황 40)

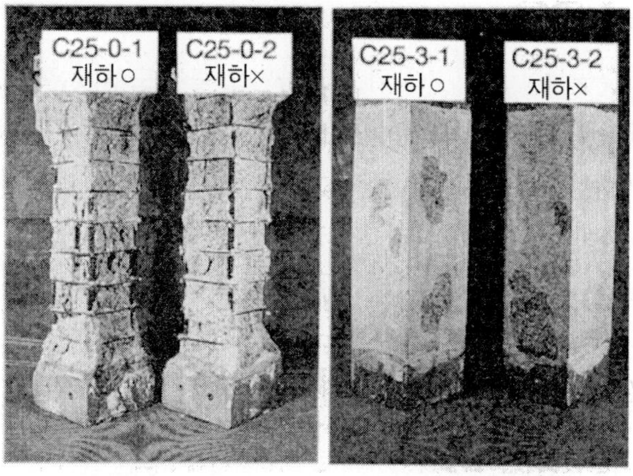

a) PP단섬유 무혼입　　　b) PP단섬유 혼입

사진 2.5.6 재하가열 및 가열 실험후의 시험체 상황[35)]

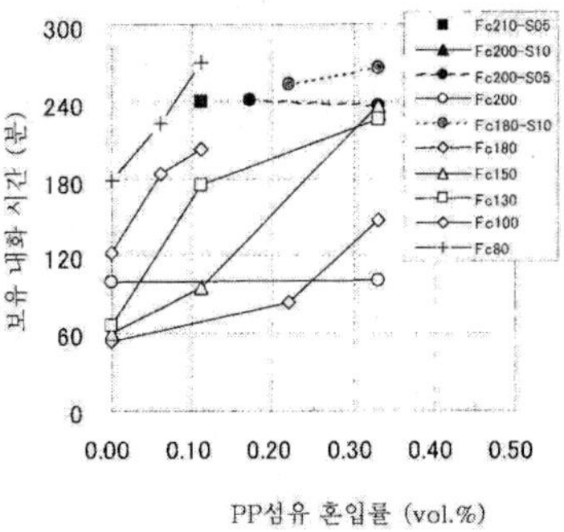

그림 2.5.23 보유 내화 시간과 PP섬유 혼입율[43)]

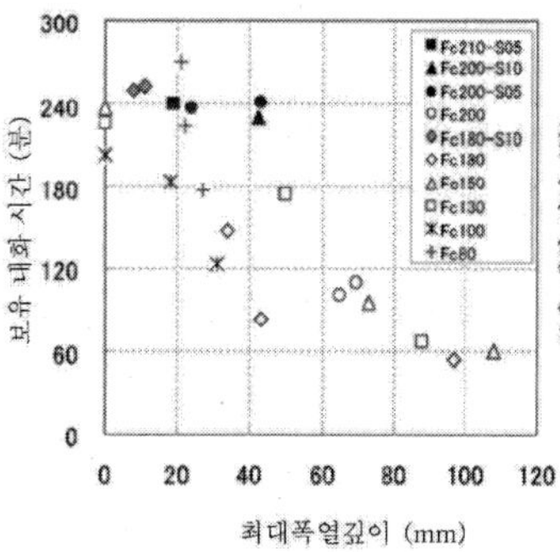

그림 2.5.24 보유 내화 시간과 폭열 깊이[43)]

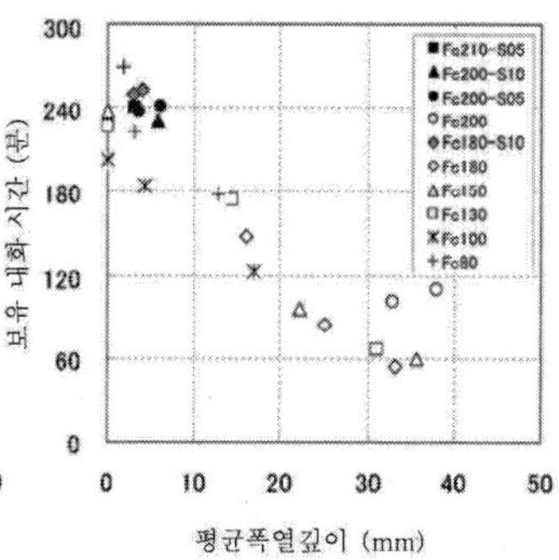

그림 2.5.25 보유 내화 시간과 평균 폭열 깊이[43)]

실험체의 시험후 상황										
폭열대책	무	유 (PVA-0.10vol%)	무	유 (PP-0.22vol%)	무	유 (PVA-0.10vol%)	무	유 (PP-0.11vol%)	무	유 (PP-0.33vol%)
Fc	80		100		120		150		180	

사진 2.5.7 실험후의 시험체상황 (폭열억제대책의 유무에 따른 비교)[45)]

(2) 보

철근 콘크리트조 건축물에서 보는, 기둥과 비교하면 압축 강도가 낮은 콘크리트를 사용하는 것이 일반적이지만 건물의 고층화에 따른 고강도화, 대형 스팬화에 의한 스트레스의 도입 등, 보 부재에 대해서도 폭열의 위험성이 고려 되고 있다. 고강도 콘크리트를 이용한 보 부재에 대해서, 모리타(森田)[59)]와, 오야마(大山)[65)]의 연구에서는 가열 실험을, 이시카와(石川)[60)]의 연구에서는 재하 가열 실험에 의한 내화 성능을 확인하고 있다. 또한, 후루자와・하야시(古沢・林)[61)]와, 바바・카토(馬場・加藤)[62)~64)]의 연구에서는 Prestress를 도입한 보 부재를 이용하여 재하 가열 실험에 의해 내화 성능을 확인 하고 있다. 이러한 연구들의 실험 결과 목록을 표 2.5.10에 정리한다.

모리타(森田)[59)]의 연구에서는, W/B27.5%의 콘크리트를 이용한 철근 콘크리트 보에 대해서, 강제 타입형 거푸집의 유무로 인한 폭열 성상 및 폭열 후의 온도 상승 성상에 대해 검토하고 있다. 강제 타입형 거푸집을 설치 한 경우에도 폭열을 발생시킬 가능성이 있지만 그 후의 온도 상승은 억제 되었다고 보고하고 있다.

오야마(大山)[65)]의 연구에서는 W/B31.0~53.3%의 콘크리트를 이용한 철근 콘크리트 교량을 모의한 시험체에 대하여, 함수율을 조건으로 하고, 가열곡선에 탄소수소곡선(HC곡선)을 이용해 폭열 성상을 검토하고 있다. 실험 결과, 콘크리트의 압축 강도 및 함수율이 각각 40N/mm^{2}이상 및 4%이상으로 폭열 현상이 확인 된 것(사진.2.5.8참조), 이전의 RABT 곡선을 이용한 경우와 비교하여 보면, 폭열 개시 시간이 빨라지는 것 등을 보고하고 있다. 또한, 콘크리트의 압축 강도별로 함수율을 조건으로한 콘크리트의 폭열 깊이의 예측식(그림 2.5.26 참조)을 제안했다. 상관계수는 0.89,0.69로 비교적 근사한 값을 나타내고 있다.

후루자와・하야시(古沢・林)[61)]의 연구에서는, 압축 강도가 40N/mm^{2}정도의 Prestress콘크리트 보의 재하 가열 실험을 실시, 화재시 및 화재후의 거동을 검토하고 있다. 동일 시방의 시험체3개에 대하여, IS0 834의 가열 곡선을 이용하여 실험을 실시 하였고, 모든 시험체에서 폭열이 발생 되었다고 보고하고 있다.

바바・카토(馬場・加藤)의 연구에서는, W/B 19.0~25.0%의 콘크리트를 이용한 복수 개구를 가지는 Pretension방식의 Prestress콘크리트 보의 재하 가열 실험[62)63)], 및 W/B20%의 환경배려형 콘크리트를 이용한 Prestress콘크리트 보의 재하 가열 실험[64)]에 대해 보고하고 있다. 어떠한 시험체에서도 폴리프로필렌 섬유를 1.5~3.0kg/m^3 혼입하는 것으로써 폭열은 발생하지 않았다고 보고하였다(사진.2.5.9 참조).

Type-D (CASE-3)

사진 2.5.8 실험 후의 시험체 상황 [65]

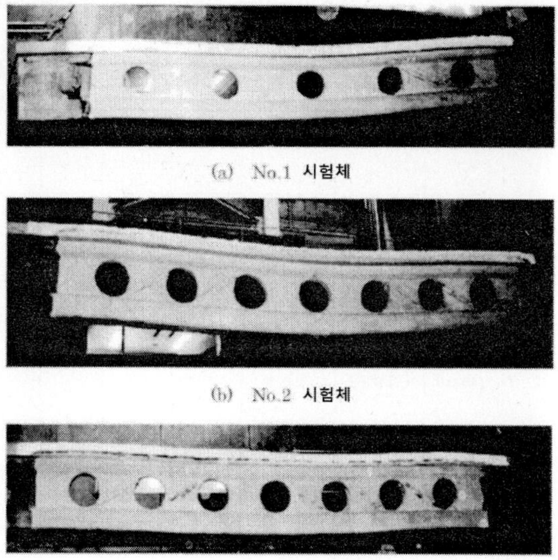

(a) No.1 시험체

(b) No.2 시험체

(c) No.3 시험체

그림 2.5.9 실험 후의 각각의 시험체 사진 [63]

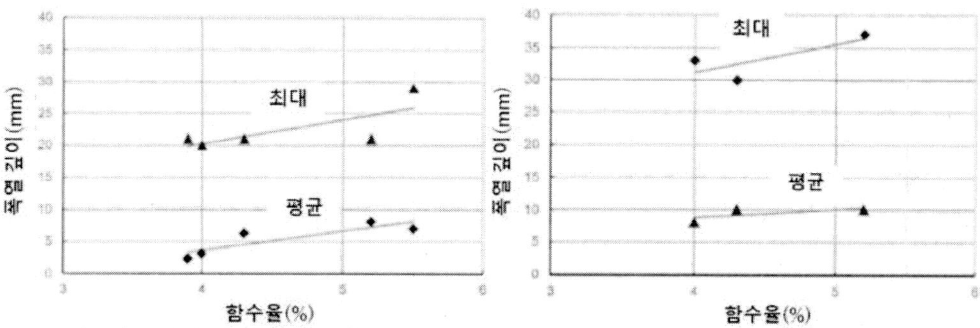

(a) 압축강도:50N/mm²~60N/mm² 범위

(b)압축강도:70N/mm² 범위

그림 2.5.26 폭열 깊이의 예측식 [65]

2.5.10 철근 콘크리트 보 부재의 대한 실험 결과 일람

문헌 No.	시험체명	단면 [mm]	시험체장 (가열시간) [mm]	배근		피복 두께 [mm]	내화대책 ※3	시멘트 ※1	W/C W/B [%]	압축강도 [N/mm²]	굵은 골재 ※2	시험재령 [일]※4	함수율 (%)	재하의 유무	가열 곡선	가열 (붕괴) 시간(분)	폭열의 유무
				주근	옆보강근												
59)	SEKFO	300×500	3600 (-)	상하:3-D19	2-D10@200	40	강제타입 형틀	L	27.5	110.4	TS	60	5.1	무	ISO834	180	유
	PLAIN						무			112.3		58	4.7				유
60)	FA55	300×550	5700 (5100)	상하:3-D19 (SD345)	2-D10@200 (SD295A)	40	무	N	55.0	24.8	FA	-	5.0	유	ISO834	180	무
	FA30							L	30.0	56.7			6.4				무
	NA55							N	55.0	28.0	TS		4.4				무
	NA30							L	30.0	60.0			3.9				무
61)	PC-07-1	250×350	5100 (4000)	상하:2-D10 (SD295) PC강철봉:2--21(C종1호)	2-D10@150 (SD295)	25	무	-	-	41.3	-	64	5.0	유	ISO834	209	유
	PC-07-2									42.6		73				60	유
	PC-07-3									42.7		80				30	유
62)	No.1	290×1000	6800 (6000)	상:2-D35, D38(SD390) 하:4-D38 (USD685)	2-D13@200 (SD295) 개구부 2-D13@70 (SD295)	-	PP:-,-,1.5 kg/m^3	N+HA	25.0	111.0	TS	4M	3.5	유	ISO834	216	무
	No.2									119.0			3.2			232	무
	No.3									106.0			3.4			97	무
63)	No.1	300×1000 I형 단면	6800 (6000)	상:4-D35, (SD390) 하:4-D41 (SD685)	D16@200 (SD345) 개구부 2-D13@100 (SD295)	-	PP:-,-,1.5 kg/m^3	H+HA	22.0	137.0	LS	10M	4.0	유	ISO834	260	무
	No.2									134.0						248	무
	No.3			상:4-D35, (SD390) 하:4-D36 (SBPD1080)			PP:-,-,2.0 kg/m^3		19.0	141.0						100	무
64)	PC3.0-N	500×750	7500 (6000)	상:6-D32, (SD390) 하:6-D41 (USD685)	2-U12.6@150 (SBPD1275)	-	PP:-,-,3.0 kg/m^3	N+SF+F +B	20.0	101.0	-	-	5.0	유	ISO834	처짐 속도가 크게 되기까지	무
	PC4.0-N						PP:-,-,4.0 kg/m^3			99.2			5.2				무
	RC4.0-N									99.2			5.2				무
	PC4.0-H									99.8			4.5				무
65)	Type-A:CASE-1	200×600	3300 (-)	상:3-D16 하:3-D16	상하:2-D16@200	40	무	H	53.3	39.8	-	48	6.0	무	HC	90	유
	Type-A:CASE-2									39.5		50	3.8				무
	Type-A:CASE-3									44.0		133	3.4				무
	Type-B:CASE-1								41.0	54.4		84	5.2				유
	Type-B:CASE-2									52.6		50	4.0				유
	Type-B:CASE-3									57.8		133	3.3				무
	Type-C:CASE-1								36.0	56.9		84	5.5				유
	Type-C:CASE-2									52.5		50	4.3				유
	Type-C:CASE-3									58.2		133	3.9				유
	Type-D:CASE-1								31.0	77.0		84	5.2				유
	Type-D:CASE-2									71.5		50	4.3				유
	Type-D:CASE-3									79.3		133	4.0				유

※1 시멘트 종류 : N-보통포틀랜드시멘트, L-저열 포노레트랜드 시멘트, SF-실리카퓸, HA-고강도혼화제, SF-: Silica fume, F- Fly ash, B-고로 슬래그 미분말, H-조강 볼트랜드 시멘트

※2 굵은골재 종류 : TS-경질사암, FA-fly ash를 주원료로 한 고강도 인공경량골재, LS-석회암

※3 내화대책 종류 : PP-폴리프로필렌 섬유(직경, 길이, 혼입률[혼입양])

※4 시험재령단위 : M-월, Y-년

(2) 토목 구조물

토목 구조물 중 화재시 폭열 성상을 검토해야만 하는 가장 중요한 부재는 터널부재이다. 터널의 부재에 대해서는 폭열 성상(내화성능)에 관한 검토는 많이 실시 되어왔다. 최근에는 우라노(浦野)[66], 모리타(森田)[67)69)], 이다(飯田)[68], 하야시(林)[71], 야시로 · 요시다 · 히사스에(屋代 · 吉田 · 久末)[70), 72)~74)]에 의해서 연구가 실시 되었다.

우라노(浦野)[66]의 연구에서는 물분체비(W/P)29.0%의 슬럼프 콘크리트 및 고유동 콘크리트를 이용한 RC세그먼트를 대상으로 강섬유의 혼입량 및 철근량을 조건으로 한 가열 실험을 실시하고 있다. 실험결과 강섬유로 보강할 경우 폭열 깊이가 적어지고, 철근을 격자상으로 배치함으로써 내화 성능의 향상이 기대 된다는 것 등을 보고하고 있다.

모리타(森田)[67)69)]의 연구에서는 W/C38.0%의 콘크리트를 이용한 개착터널의 정판부재를 상정한 시험체에 대하여 정휨 및 부휨의 상태에서 재하 가열 실험을 하고 있다. 실험 조건은 는 PP섬유 혼입 유무이다. 실험결과 PP섬유의 혼입 유무에 관계없이 시험체는 하중 지지 능력을 유지하고 있었지만, PP섬유를 1kg/m^3 혼입함으로써 폭열을 완전히 방지한 것 등을 보고하고 있다.

이다(飯田)[68]의 연구에서는 W/C38%의 콘크리트를 이용한 Prestress를 도입한 터널 부재에 대해 가열 실험을 하고 있다. 실험의 조건으로는 혼입하는 섬유의 종류와 양이다. 실험 결과, PP섬유를 0.05vol% 혼입함으로써 폭열방지가 가능하다고 보고하고 있다.

요시다(吉田)[70]의 연구에서는 콘크리트의 유동성, 혼화재, 강섬유의 유무, PP섬유의 혼입량 및 PP섬유의 종류를 조건으로 한 각종 콘크리트에 대해 가열 시험을 실시해, 강섬유 보강 고유동 콘크리트의 내폭열성에 대해 검증하고 있다. 실험 결과, 아스펙트비가 큰, PP섬유를 혼입함으로써, 폭열의 깊이를 억제할 수 있다고 보고하고 있다.(그림 2.5.27참조)

히사스에(久末)[74]의 연구에서는 W/C40~55%의 콘크리트를 이용한 터널 부재에 대해서, PP섬유의 혼입량을 조건으로 가열 실험을 하고 있다. 실험 결과, W/C55%의 콘크리트는 PP섬유를 혼입 하지않아도 폭열 저항성이 높다는 것, 물시멘트비가 작고 압축 강도가 증가 할수록 폭열 깊이 및 폭열 면적이 증가하는 것(그림 2.5.28 참조) 등을 보고하고 있다.

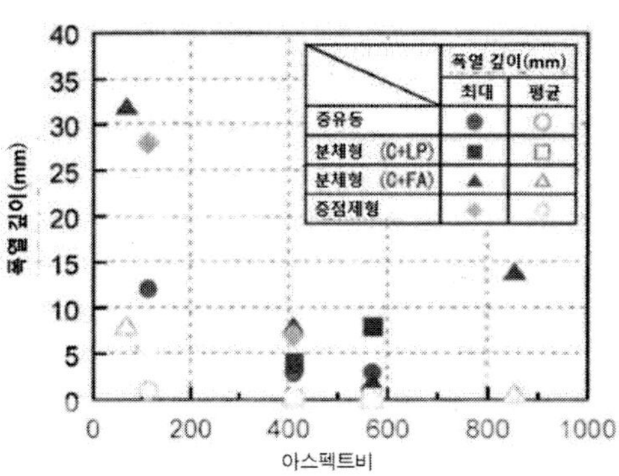

그림 2.5.27 아스펙트비와 폭열 깊이의 관계 [70)]

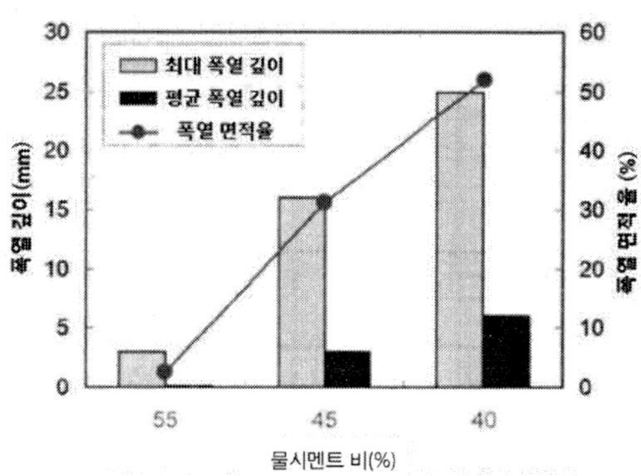

그림 2.5.28 물시멘트 비와 폭열 깊이의 관계 [74)]

표 2.5.11 터널 부재의 대한 내화 실험 결과 일람표

문헌 No.	시험체명	시험체 치수[mm]		배근		피복 [mm]	내화대책※3	시멘트 ※1	W/C W/B [%]	압축강도 [N/mm²]	굵은골재 ※2	시험재령 [일]	재하의 유무	가열 곡선	가열 시간 (분)	폭열의 유무
		두께	평균 치수 (가열면)	주근	횡보강근											
66)	1-a	300	1400×1000 (1000×600)	무	무	75	무	N+B	29.0	-	-	28	무	RABT	60	유
	1-b			무	무		무									유
	1-c			무	무		SF:,0.6mm,30,, m0.8Vol%									유
	2-a			D25@100	D13@200		무									유
	2-b			D25@100	D13@200		무									유
	2-c			D22@100	무		SF:,0.6mm,30,, m0.8Vol%									유
67)	PL-38	500	1160×6000 (1660×4000)	D19@145 (SD345)	D16@290 (SD345)	80	무	L	38.0	43.0	TS	-	유	ZTV	60	유
	PP-38						PP:,48μm,10mm , 1kg/m³			43.5						무
68)	N	300	750×3600 (-×-)	PC강을 원료로한 선15.2mm 상:2개 하:4개	2-D10@150~250(SD295)	-	무	-	35.0	-	-	-	무	RABT	60	유
	V-0.75						PVA:,-,-, 0.075Vol%									유
	V-1.50						PVA:-,-, 0.150Vol%									유
	P-0.5						PP:-,-,0.050Vol%									무
	P-1.0						PP:-,-,0.010Vol%									무
69)	PL-38	500	870×9400 (870×4000)	D19@145 (SD345)	D16@290 (SD345)	80	무	L	38.0	40.5	TS	-	유	ZTV	60	유
	PP-38						PP:,48μm,10mm,1kg/m³			39.8						무
70)	SL-B	200	500×1000 (-×-)	상하 D10@100 (SD295)	상하 D10@100 (SD295)	60	PP:17.5μm,2mm,0.2Vol% SF:-,-,0.6Vol%	-	-	-	-	-	무	RABT	60	유
	SL-C						PP:48.8μm, 20mm,0.2Vol% SF:-,-,0.6Vol%									유
	SL-C-SN						PP:48.8μm, 20mm,0.2Vol%									유
	SL-C-P4						PP:48.8μm, 20mm,0.4Vol%									유
	SL-D						PP:17.5μm, 10mm,0.2Vol% SF:-,-,0.6Vol%									유
	LP-C						PP:48.8μm, 20mm,0.2Vol% SF:-,-,0.6Vol%									유
	LP-D						PP:17.5μm, 10mm,0.2Vol% SF:-,-,0.6Vol%									유
	FA-A						PP:700μm, 10mm,0.2Vol% SF:-,-,0.6Vol%									유
	FA-C						PP:48.8μm, 20mm,0.2Vol% SF:-,-,0.6Vol%									유

(표계속)

문헌 No.	시험체명	시험체 치수[mm] 두께	평균 치수 (가열면)	배근 주근	횡보강근	피복 [mm]	내화대책[※3]	시멘트[※1]	W/C W/B [%]	압축강도 $[N/mm^2]$	굵은골재[※2]	시험재령 [일]	재하의 유무	가열 곡선	가열 시간 (분)	폭열의 유무
	FA-D						PP:17.5μm, 10mm,0.2Vol% SF:-,-,0.6Vol%									무
	FA-E						PP:17.5μm, 15mm,0.2Vol% SF:-,-,0.6Vol%									유
	VM-B						PP:17.5μm, 2mm,0.2Vol% SF:-,-,0.6Vol%									유
	VM-C						PP:48.8μm, 20mm,0.2Vol% SF:-,-,0.6Vol%									유
	VM-D						PP:17.5μm, 10mm,0.2Vol% SF:-,-,0.6Vol%									무
71)	C-3-1	400	1520×4200 (-×-)	상하 8-D19 (SD345)	상하 D13@150 (SD345)	65.5	PET:1.32g/cm³, 0.3Vol% PA:48μm,10m, 0.1Vol%	-	34.9	-	-	-	유	RABT	60	무
72)	-	500	1900×1700 (900×1300)	상하 16-D19	상하 15-D29	-	PP:17.5μm, 10mm,0.2Vol% SF:-,-,0.6Vol%	-	-	Fc48	-	-	유	RABT	60	무
73)	Ⅰ-저열 ①	200	500×1000 (-×-)	-	-	-	PP:17.5μm, 10mm,0.10Vol%	L	-	Fc40	-	-	무	RABT	60	무
	Ⅰ-저열 ②															무
	Ⅰ-저열 ③						PP:48μm, 20mm,0.10Vol%									무
	Ⅰ-저열 ④						PP:17.5μm, 10mm,0.08Vol%									무
	Ⅰ-저열 ⑤															무
	Ⅰ-저열 ⑥															무
	Ⅰ-고로 ①						PP:17.5μm, 10mm,0.10Vol%	BB								무
	Ⅰ-고로 ②						PP:17.5μm, 10mm,0.08Vol%									무
	Ⅰ-고로 ③															무
	Ⅱ-저열 ①	500	1700×1900 (-×-)	-	-	-	PP:17.5μm, 10mm,0.10Vol%	L					유			무
	Ⅱ-저열 ②															무
	Ⅱ-저열 ③						PP: 48μm,20mm, 0.10Vol%									무
	Ⅱ-고로 ①						PP:17.5μm, 10mm,0.10Vol%	BB								무

(표계속)

문헌 No.	시험체명	시험체 치수[mm]		배근		피복 [mm]	내화대책※3	시멘트※1	W/C W/B [%]	압축강도 [N/mm²]	굵은골재※2	시험재령 [일]	재하의 유무	가열 곡선	가열 시간 (분)	폭열의 유무
		두께	평균 치수 (가열면)	주근	횡보강근											
74)	①	200	500×1000 (-×-)	-	-	55	무	BB	55	30..1	-	-	무	RABT	60	무
	②								45	37.7						유
	③								40	48.3						유
	④						PP:17.5㎛, 10mm,0.05Vol%		55	34.2						무
	⑤								45	44.2						무
	⑥								40	48.6						무
	⑦						PP:17.5㎛, 10mm,0.10Vol%		55	33.1						무
	⑧								45	40.5						무
	⑨								40	49.1						무
	⑩						PP:48㎛, 20mm,0.05Vol%		45	39.4						무
	⑪						PP:48㎛, 20mm,0.10Vol%		45	42.3						무

※1 시멘트 종류 : N-보통포틀랜드시멘트, L-저열 포틀랜드 시멘트, SF-실리카퓸, BB-고로 시멘트 B종, B-고로 슬래그 미분말

※2 굵은골재 종류 : TS-경질사암

※3 내화대책 종류 : PP-폴리프로필렌 섬유(직경, 길이, 혼입률[혼입양]), SF-강섬유(직경, 길이, 혼입률[혼입양]), PVA-폴리 비닐 알코올 섬유(직경, 길이, 혼입률[혼입양]), PET-폴리 에틸렌 테레프 탈레이트 섬유(직경, 길이, 혼입률[혼입양]), PA-폴리 아세탈 섬유(직경, 길이, 혼입률[혼입양])

이상, 철근 콘크리트 부재의 폭열의 관한 최근 연구 결과를 아래와 같이 정리한다.

- 물결합재비가 작을수록 폭열이 발생되기 쉬우며 폭열 깊이 및 폭열 면적이 커진다.
- 면적 치수가 큰 부재일 수록 폭열에 의한 단면 결손은 커지게 된다.
- 피복 두께의 크고 작음이 폭열에 의한 단면 결손에 미치는 영향은, 문헌 마다 다른 결과를 나타내고 있기 때문에 명확하지 않다. 그러나, 폭열에 의한 단면 결손은 최대 띠근정도의 깊이 정도까지라는 결과의 연구가 많았고, 중심 압축을 받은 기둥에서는 코어 콘크리트에 의해 내력을 유지 할 수 있는 경우가 많았다.
- 부재에서 재하의 유무에 관해 비교해 보면, 폭열의 정도에서 차이는 보이지 않았다는 연구 보고가 있지만, 재하한 부재의 경우, 축력비가 클수록 폭열이 격렬해 진다는 연구 보고도 있어서 재하의 영향은 명확 하지 않다.
- 폭열이 발생하는 시간의 거의 가열 개시 후 5~30분정도였으며, 거의 60분 후에 는 종료되었다.
- 폭열 대책으로는 유기섬유의 혼입, 모르타르도료 및 규산 칼슘 판에 의한 피복, 강판압착 등이 유효했다는 연구 보고가 있었다. 유기섬유에 의한 대책의 경우 섬유 혼입량이 많은 시험체일수록 폭열이 발생하기 어려웠으며, 내화 시간은 길었다.
- 데이터의 수는 적었지만, 부재의 함수율이 크게 될 수록 최대 및 평균 폭열 깊이는 크게 되는 경향이 있었다.

인용 · 참고문헌

1) Zdenek P. Bazant and Maurice F. Kaplan : Concrete at High Temperatures, Longman, 1996
2) C.Bailey,G.A.Khoury:Performance of Concrete Structures in Fire,A cement and concrete industry publication, MPA-The Concrete Centre,2011
3) Connolly, R.J. : The spalling of concrete in Fires, PhD thesis submitted to Aston University, 1995
4) Saito, H : Explosive spalling of prestressed concrete in fire, In Fire Resistance of Prestressed Concrete, Proceedings of a symposium at Braunschweig, June 1965, Bauersverlag GmbH, Wiesbaden, p.80, 1964
5) Harmathy, T.Z : Effect of moisture on the fire endurance of building materials. Moisture in Materials in Relation to Fire Tests. ASTM Spesial Technical Publication No.385, ASTM, Philadelphia, pp.74-95, 1965
6) Meyer-Ottens, C. : Verhalten von Betonbauteilen im Brandfall. Beton, 24(4), 133-6, 24(5), 175-8, 1974
7) Christiaanse, A.E., Langhorst, A. and Gerritse, A. : Discussion on the fire resistance of light weidt concrete and spalling. STUVO report 12, Amsterdam, 1972
8) Spengler, A. : The performance of fly-ash concrete at elevated temperratures. BSc Thesis, No.8. Depeartment of Civil Engineering, University of Cape Town, 1990
9) Franz-Josef Ulm, Olivier Coussy and Zdenek P. Bazant : The "CHUNNEL" fire. I: Chemoplastic softening in rapidly heated concrete, / journal of engineering mechanics, pp.272-282, 1999.3
10) Noumowe, N. A. : Effect of high temperature (20-600℃) on concrete. The case of high performance concretes, PhD thesis, INSA de Lyon. Lyon. France (in French) , 1995
11) 長尾覚博，丹羽博則，江戸宏彰，川地武：火災時における高強度コンクリートの爆裂に関する一考察，日本建築学会大会学術講演梗概集，A-2，pp.41-44 ，1998.9
12) 森田武，山崎庸行，小畑政雄：高強度コンクリート梁の加熱実験 爆裂防止対策の検討と爆裂に関する一考察，日本火災学会研究発表会梗概集，pp.100-103，1998.5
13) 斎藤光：プレストレスコンクリート部材の爆裂について，日本建築学会論文報告集号外，p.688，1966.10
14) 斎藤光：火災時のコンクリート内部の水蒸気圧について，日本建築学会論文報告集号外，p.937，1967.10
15) 谷辺 徹，小澤 満津雄，鎌田 亮太，内田 裕市，六郷 恵哲：高温環境下での高強度コンクリートの耐爆裂性評価における爆裂発生指標の提案，土木学会論文集 E2，Vol. 70, No. 1 p. 104-117,2014
16) 崔 景喆，金圭庸，朴奎衍，金武漢：急速と低速加熱によるコンクリートの内部水蒸気圧力および爆裂特性，コンクリート工学年次論文集，pp.1165-1170，Vol.35，No.1，2013
17) 井上明人，飛坂基夫，棚池裕：高強度コンクリートの耐火性の評価および考察，日本建築学会大会学術講演梗概集 A-2, pp.45-48, 1998.9
18) 谷辺徹：高温下におけるコンクリートの爆裂発生指標とリング拘束試験方法，岐阜大学 博士論文，2013.9
19) 森実：骨材の性質・性能ー熱的性質・耐火性ー，コンクリート工学，vol.16，No.9，pp.36-40，1978.9
20) 井上明人，飛坂基夫，桝田佳寛：高強度コンクリートの耐火性の評価に関する研究 第2報 骨材の岩種および含水率の影響，日本建築学会大会学術講演梗概集 A，pp.739-740，1991.9
21) 桜本文敏，鈴木清孝，閑田徹志：超高強度コンクリートに関する開発研究 その5 小型供試体における耐火性状，日本建築学会大会学術講演梗概集 A，pp.479-480，1992.8
22) 森田武，西田朗，橋田浩，山崎庸行：火災時における高強度コンクリート部材の爆裂性状の改善に関する実験的研究，日本建築学会構造系論文集，No.544，P.171-178，2001.6
23) 黒岩秀介，小林裕，馬場重彰：ポリプロピレン繊維を用いた高強度ＲＣ柱の耐火性能，日本建築学会大会学術講演梗概集，A-2，pp.35-36，2001.9
24) 日本建築学会：高流動コンクリートの材料・調合・製造･施工指針（案）・同解説，pp.45-47，1997
25) 半野久光，田嶋仁志，川田成彦，谷上敦亨：RC セグメントの耐火性能に関する実験的検証，コンクリート工学年次論文報告集，Vol.24，No.1，pp.1719-1724，2002
26) 百瀬晴基，桜本文敏，柳田克巳：ポリプロピレン繊維を混入した設計基準強度 150N/mm² の超高強度コンクリートの耐火性に関する実験的研究，コンクリート工学年次論文報告集，Vol.25，No.1，pp.995-1000，2003
27) 宮本圭一，大内富夫，桜本文敏，鈴木清孝，閑田徹志：超高強度コンクリートに関する開発研究 その6 実大 RC 柱試験体における耐火性状，日本建築学会大会学術講演梗概集 A，pp.481-482，1992.8
28) 道越真太郎，西垣太郎，黒羽健嗣，杉田和直，水野敬三，黒岩秀介，後藤和正：超高強度コンクリートを用いたＲＣ柱の耐火実験，大成建設技術研究所報 第 28 号，pp.141-148，1995
29) 小澤貴史，太田達見，西田朗，森田武，山崎庸行：超高強度コンクリートの実用化と品質管理 その3 柱部材モデルの耐火性，日本建築学会大会学術講演梗概集 A-1，pp.529-530，2004
30) 百瀬春基，桜本文敏，宮本圭一，有田史絵：耐爆裂性能に優れた Fc150N/mm² の超高強度コンクリートの開発，鹿島技術研究所年報，第 52 号，2004.9
31) 吉野茂，濱田真，菊田繁美，高橋孝二，増田隆行，松戸正士，山田人司，西田浩和，梶田秀幸：超高強度材料を用いた鉄筋コンクリート柱の耐火性に関する研究 その 12 実大規模柱の加熱実験結果，日本建築学会大会学術講演梗概集 A-2，pp.81-82，2005

32) 井戸康浩，大内一之，梅本宗宏，松本勝則：高強度コンクリートを用いた鉄筋コンクリート柱の耐火性に関する研究，日本建築学会大会学術講演梗概集 A-2，pp.79-80，2007
33) 梅本宗宏，菊田繁美，千葉脩：超高強度コンクリート柱部材の爆裂対策に関する研究，日本建築学会大会学術講演梗概集 A-2，pp.19-20，2001.9
34) 梶田秀幸，野中英，杉野英治，梅本宗宏，小林利充，平島岳夫，吉田正友，上杉英樹，齋藤光：超高強度材料を用いた鉄筋コンクリート柱の耐火性に関する研究 その4 実大規模の載荷加熱実験の概要および無対策試験体の実験結果，日本建築学会大会学術講演梗概集 A-2，pp.91-92，2004
35) 井上秀之，山崎庸行，斎藤秀人，西田朗，熊谷仁志，渡部保：爆裂防止用ポリプロピレン短繊維を混入した高強度コンクリートの性状に関する研究 その4 柱試験体の耐火試験，日本建築学会大会学術講演梗概集 A，pp.337-338 ，1994.9
36) 谷田貝健，西垣太郎，黒羽健嗣，水野敬三，黒岩秀介，道越真太郎，斎藤光，上杉英樹，中村賢一：高強度(Fc=1000kgf/cm^2)RC柱の耐火性能に関する研究 その2 載荷加熱実験,日本建築学会大会学術講演梗概集 A-2，防火,海洋,情報システム技術,pp.75-76，1995
37) 藤中英生，三井健郎，米沢敏男，古平章夫：ポリプロピレン繊維を混入した高強度 RC 柱の耐火性能，日本火災学会論文集 vol.54，No.1，pp.17-23，2004
38) 茂木武，遊佐秀逸，臼井信行，近藤英之，阿部道彦，鹿毛忠継，福山洋：鉄筋コンクリート柱の耐火実験，日本建築学会大会学術講演梗概集 A-2，pp.85-86 ，2000.9
39) Kuroiwa, S. Kobayashi, Y. and Baba, S. "Fire Performance of Reinforced Concrete Columns Using High-strength Concrete with Polypropylene Fibers" Proceedings of 1st fib Congress, Session 11, Safety of Concrete Structures, Osaka, Japan, 129-134 ，2002
40) 松戸正士，吉野茂，若松高志，近藤悟，佐々木仁，平島岳夫，吉田正友，上杉英樹，齋藤光ほか：超高強度材料を用いた鉄筋コンクリート柱の耐火性に関する研究 その1～2，日本建築学会大会学術講演梗概集 A-2，pp.21-24 ，2002.8
41) 松戸正士，菊田繁美，高橋孝二，井上超，吉野茂，平島岳夫，吉田正友，上杉英樹，齋藤光：超高強度材料を用いた鉄筋コンクリート柱の耐火性に関する研究 その7 爆裂対策を施した鉄筋コンクリート柱の載荷加熱実験結果，日本建築学会大会学術講演梗概集 A-2，pp.97-99，2004
42) 松戸正士，濱田真，菊田繁美，高橋孝二，増田隆行，吉野茂，山田人司，西田浩和，梶田秀幸他：超高強度材料を用いた鉄筋コンクリート柱の耐火性に関する研究 その9～11，日本建築学会大会学術講演梗概集 A-2，pp.75-80，2005
43) 三井健郎，米澤敏男，小島正朗，三橋博三：設計基準強度 80～200N/mm^2 超高強度コンクリート柱の耐火性能に及ぼす有機繊維および鋼繊維の影響に関する研究，日本建築学会構造系論文集，第 75 巻，第 648 号，pp.461-468，2010.2
44) 森達哉，竹内博幸，起橋孝徳，河野政典，早川邦夫：被覆による高強度コンクリート爆裂防止法の研究 その1～2，日本建築学会大会学術講演梗概集 A-1，pp.405-408，2005
45) 丹羽博則，瀬川紘史，一瀬賢一，津田和明，長沼一洋：Fc80～180N/mm^2 級高強度コンクリートを用いた RC 柱の耐火性能 その1～2，日本建築学会大会学術講演梗概集 A-2，pp.253-256，2008
46) 安部弘康，浦川和也，梅本宗宏，右田周平，樋口優香，鈴木好幸，金森誠治：石灰石粗骨材を用いた高強度鉄筋コンクリート柱の耐火性に関する研究 その5 実大加熱実験結果，日本建築学会大会学術講演梗概集，防火，pp.61-62，2015
47) 梶田秀幸，野中英，近藤悟，小林利充，井上超，西田浩和，平島岳夫，吉田正友，上杉英樹：超高強度材料を用いた鉄筋コンクリート柱の耐火性に関する研究 その3 試験方法による影響，日本建築学会大会学術講演梗概集，A-2，防火,海洋,情報システム技術，pp. 241-242，2003
48) 丹羽博則，一瀬賢一，津田和明，長沼一洋：高強度コンクリートを用いた大断面 RC 柱の耐火性能，日本建築学会大会学術講演梗概集，A-2，防火,海洋,情報システム技術，pp.173-174，2009
49) 西村俊彦：石灰岩骨材を用いたＲＣ柱の耐火性能に関する実験的研究，日本火災学会研究発表会梗概集，pp.336-337，2009
50) 太田達見，橋田浩，森田武：石灰石骨材を用いた超高強度コンクリートの耐火性能，日本建築学会大会学術講演梗概集，A-2，防火,海洋,情報システム技術，pp. 67-68，2010
51) 道越真太郎，馬場重彰，坂本成弘：超高強度コンクリートを用いた RC 長柱の耐火性能，日本建築学会大会学術講演梗概集，A-2，防火,海洋,情報システム技術，pp.79-80，2010
52) 道越真太郎，加藤雅樹，馬場重彰，山本佳城，黒岩秀介，陣内浩，辻谷薫，吉田泰：300N/mm^2 級超高強度 RC 柱の耐火性能，日本建築学会大会学術講演梗概集，A-2，防火,海洋,情報システム技術，pp.19-20，2011
53) 村上裕貴，辻大二郎，出口嘉一，小島正朗，黒田萌，玉木伸二，依田和久，閑田徹志：高炉スラグ高含有セメントを用いた 100N/mm^2 級超高強度コンクリートの研究 (その 3)耐火性能の検討，日本建築学会大会学術講演梗概集，材料施工，pp.173-174，2013
54) 加藤雅樹，道越真太郎，馬場重彰，今井和正，渡邉悟士，中心圧縮を受ける鉄筋コンクリート造長柱の火災時座屈耐力 鉄筋コンクリート造長柱の耐火性能に関する研究 その1，日本建築学会構造系論文集 第 80 巻 第 708 号，pp.345-355，2015.2
55) 森田武，片山行雄，西田朗，高橋圭一，香田伸次，菅野光寿，西田浩和：高強度鉄筋コンクリート柱の耐火性に関する実験的研究，日本火災学会研究発表会梗概集，pp.118-119，2014.5
56) 木村仁治，右田周平ほか：石灰石粗骨材を用いた高強度鉄筋コンクリート柱の耐火性に関する研究 その3～4，日本建築学会大会学術講演梗概集，防火，pp.57-60，2015
57) 松戸正士，井口真吾，右田周平，兼城莉乃，佐藤幸博，佐々木仁，平島岳夫：鉄筋コンクリート柱・鉄骨梁混合構造の耐火性：その1～2，日本建築学会大会学術講演梗概集，A-2，防火,海洋,情報システム技術，pp.175-178，2009
58) 丹羽博則，瀬川紘史：複合加力を受ける高強度 RC 柱の耐火性能 その1～2，日本建築学会大会学術講演梗概集，A-2，防火,海洋,情報システム技術，pp.87-90，2010

59) 森田武，山崎庸行，小畑政雄：高強度コンクリート梁の加熱実験 －爆裂防止対策の検討と爆裂に関する一考察－，日本火災学会研究発表会梗概集，pp.100-103，1998.5
60) 石川嘉崇，早川光敬，安田正雪，加藤将裕：フライアッシュを主原料とした高強度人工軽量骨材を用いたコンクリートの耐火性能，日本建築学会構造系論文集，第 595 号，pp.1-8，2005.9
61) 林成俊，古沢陽子，谷昌典，原田和典，西山峰広：プレストレストコンクリート梁の高温時力学性状に関する実験的研究，日本建築学会大会学術講演梗概集，C-2，構造 IV，pp.913-916，2008
62) 馬場重彰，道越真太郎，坂本成弘，平島岳夫：複数開口を有するプレテンション方式プレストレストコンクリート梁の火災時耐力に関する研究，日本建築学会構造系論文集，第 76 巻，第 661 号，pp. 703-711，2011.3
63) 馬場重彰，道越真太郎，坂本成弘，平島岳夫：複数開口を有する I 形断面プレストレストコンクリート梁の火災時耐力，日本建築学会構造系論文集，第 77 巻，第 675 号，pp.1155-1162，2012.12
64) 加藤雅樹，馬場重彰，道越真太郎，陣内浩：環境配慮型高強度コンクリートを用いたプレストレストコンクリート梁の耐火性能 その 1～2，日本建築学会大会学術講演梗概集，防火，pp.383-386，2014
65) 大山理，栗田章光：コンクリートの爆裂深さの予測式の提案，コンクリート工学年次論文報告集，Vol.34，No.1，pp.1132-1137，2012
66) 浦野知子，林成卓，土橋浩，角田浩：鋼繊維補強コンクリートの耐火性能，コンクリート工学年次論文報告集，Vol.26，No.1，pp.321-326，2004
67) 伊藤学，中井勉，森田武，齋藤秀人：開削トンネルの耐火性能に関する検討 その 1 正曲げ状態における載荷加熱実験，日本建築学会大会学術講演梗概集，A-2, 防火,海洋,情報システム技術，pp.139-140，2005
68) 飯田良夫，遊佐秀逸，須藤昌照，藤井和俊，鈴木雅博，中瀬博一：有機繊維を混入した PS コンクリートの RABT 加熱による耐火性能評価，日本建築学会大会学術講演梗概集，A-2, 防火,海洋,情報システム技術，pp.143-144，2005
69) 志村敦，中井勉，森田武，齋藤秀人：開削トンネルの耐火性能に関する検討 その 2 負曲げ状態における載荷加熱実験，日本建築学会大会学術講演梗概集，A-2, 防火,海洋,情報システム技術，pp.15-16，2006
70) 吉田公宏，田中義広，川西貴士，屋代勉，小林一博：ポリプロピレン繊維混入鋼繊維補強高流動コンクリートセグメントの耐火性（その２），土木学会第 63 回年次学術講演会，5-278，pp.555-556，2008.9
71) 林裕悟，井上啓明，原忠，石川常夫：ＰＥＴ繊維混入ＲＣセグメント実物大耐火実験報告，土木学会第 63 回年次学術講演会，6-012，pp.23-24，2008.9
72) 屋代勉，木村勉，川西貴士，小林一博：高炉スラグ微粉末を用いた鋼繊維補強高流動コンクリートセグメントの耐火性，土木学会第 64 回年次学術講演会，Ⅳ-027，pp.53-54，2009.9
73) 屋代勉，田坂幹雄，香川敦，川西貴士：ポリプロピレン短繊維を現場添加したコンクリートの耐火性，土木学会第 66 回年次学術講演会，Ⅴ-079，pp.157-158，2011.9
74) 久末賢一，香川敦，屋代勉，川西貴士：水セメント比とポリプロピレン短繊維の混入率が爆裂抵抗性に及ぼす影響，土木学会第 66 回年次学術講演会，Ⅴ-080，pp.159-160，2011.9

2.6 내구성 등

2.6.1 중성화

콘크리트의 중성화는 경년에 따라 진행하는 것으로 알려져 있지만, 화재에 의하여 500℃ 이상의 가열을 받은 경우에도 중성화가 진행된다. 화재 후의 콘크리드의 중성화 깊이의 측정은 (2.6.1)식의 화학 반응을 이용하고 있다.

$$Ca(OH)_2 \rightarrow CaO + H_2O (500\sim580℃) \qquad (2.6.1)식$$

콘크리트가 가열을 받으면 500℃~580℃의 정도에서 콘크리트 안에 유리하고 있는 수산화 칼슘이 열분화되어, 알카리성이 감소하는 화학적 열화가 진행된다. 페놀프탈레인 1% 에틸렌 알코올용액을 사용하여 중성화 깊이를 측정하면, 붉은색을 나타내는 부분에 대해서는 수열 온도가 500℃이하인 것으로 추정할 수 있다(측정예로서 사진 2.6.1참조). 그러나, 공용기간이 장기간 경과한 콘크리트에 서는 중성화 진행이 경년 열화에 의한 것으로 판단 할지, 화재에 의한 것으로 판단 할지 판단이 어려워 진다. 이 경우에는 건전부의 콘크리트와의 비교를 통해 판단하는 것이 바람직하다.

또한, 화재의 영향을 받은 콘크리트의 수열 온도의 추정 방법으로는 화학적 방법으로서 시차열분석(DTA), UA스펙트럼법 등이 있지만, 요시다(吉田)[1]의 연구에서는 시차열분석은 소화 주수에 의해 콘크리트가 물을 흡수한 경우는 가역 반응을 일으키는 문제가 있다고 지적하고 있다.

이(李)[2)]의 연구에서는 그림 2.6.1과 같이 가열 온도가 300℃이하이면, 중성화 저항성은 가열 후의 공기중 자연 환경상태의 양생 기간과 같이 서서히 회복하지만, 450℃이상인 경우에는 중성화 저항성은 가열 후의 공기중 자연환경상태의 양생기간과 더불어 저하 한다고 보고하고 있다.

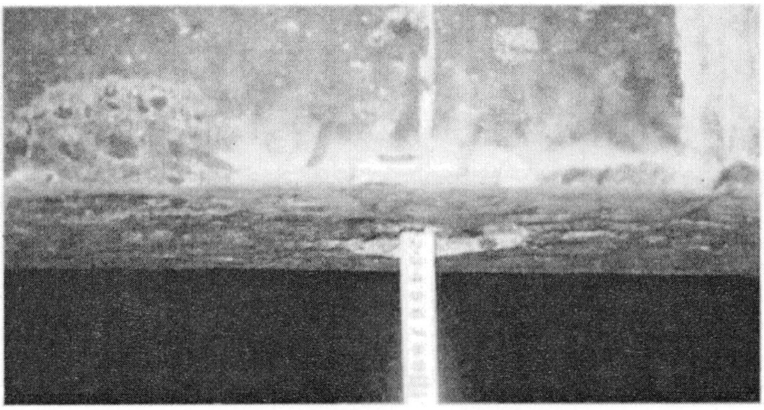

사진 2.6.1 화재 후의 중성화 깊이의 측정

2.6.2 염화물 이온침투성

박(朴)[2]의 연구에서는 고온의 영향을 받은 콘크리트의 염화물 이온의 이동 성상에 대하여 그림 2.6.2와 같이 가열을 받은 콘크리트와 가열을 받지 않은 콘크리트를 비교해 염화물 이온의 이동 계수가 크게되는 것을 보고 하였다. 또한, 그 경향은 물시멘트비가 작을 수록 현저하게 나타난다고 보고하고 있다.

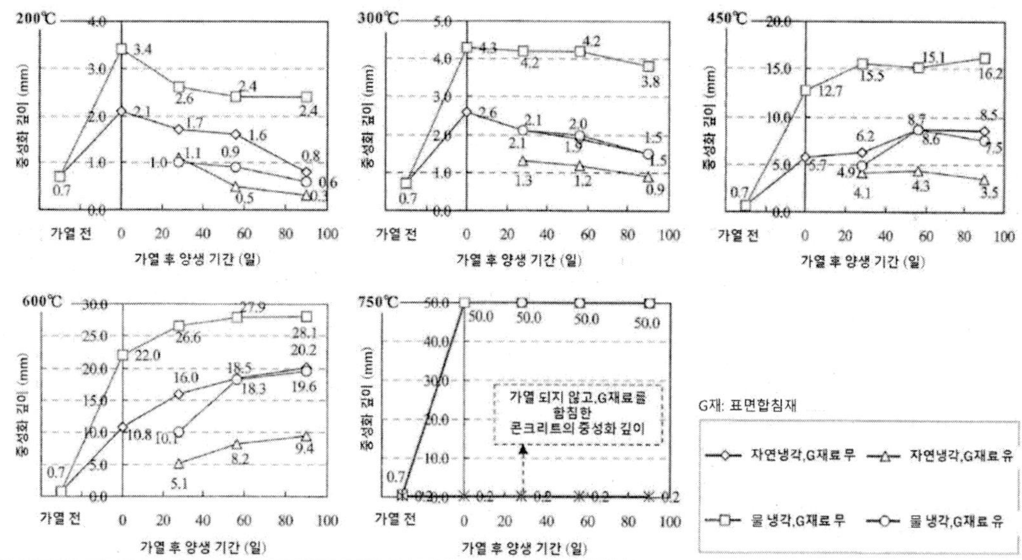

그림 2.6.1 가열 후 중성화 저항성과 양생 재령의 관계 [2]

사까모토(坂本)[4]의 연구에서는 폭열 대책으로서 폴리프로필렌(PP) 섬유의 첨가나 내화 피복을 한 콘크리트에 대한 화재 피해 후의 물질 침입 저항성을 염분 침투 저항에 의해 평가하고 있다. 그림 2.6.3의 형광 X선 분석 장치에 의한 정량 분석 결과 그리고 그림 2.6.4의 콘크리트 내부의 각 깊이 위치에 설치한 열전대를 이용해 계측한 최고 수열 온도의 결과로 부터 최고 수열 온도의 증가에 따라, 염화 물량이 증가하는 경향이 있음을 보고하였다. 또한, PP섬유를 첨가한 수준(AGP, ALP)에 대해서는, 최고 수열 온도의 저하와 같이 염화 물량의 감소율이 작았다는 결과로부터, 콘크리트 내부에서의 물질 침입 저항성이 저하되어 있을 가능성이 있고, 이것은, PP섬유의 융점이 170℃ 정도이기 때문에 콘크리트 내부로 PP섬유가 용융하여, 빈틈이 발생 된 것이 원인으로 판단하고 있다.

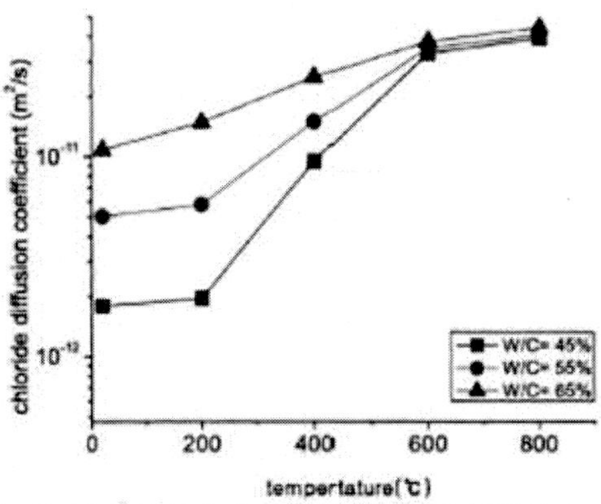

그림 2.6.2 가열 온도와 염화물 이온 이동계수 [3)]

2.6.3 동결융해저항성

이(李)[5)]의 연구에서는 그림 2.6.5와 같이 가열 후 물로 냉각한 후 부터 20℃R.H.60%의 공기중에서 1주부터 3개월동안 양생 한 콘크리트에 대하여 동결 융해 120 사이클 시점에서의 상대 동탄성 계수는 미 가열 콘크리트 보다도 작게 나타남으로서, 동결 융해 저항성이 저하 하는 것을 보고하고 있다.

2.6.4 길이변화율

이(李)[6)]의 연구에서는 가열 후의 냉각 방법과 그 후의 양생 방법을 변화 시킨 공시체를 이용한 가열 직후 부터의 길이 변화율에 차이를 검토하고 있다. 그 결과, 그림 2.6.6~2.6.7과 같이 가열 온도 및 물시멘트비에 관계없이 가열과 냉각 후 재 양생을 하면, 길이 변화율이 가열 직후보다 증가하였다. 이 경향은 가열 온도가 높을 수록 물시멘트 비가 클 수록 길이 변화율의 증가가 크게 나타났다고 보고하고 있다. 또한, 가열 온도 및 물시멘트 비와 관계없이 가열과 냉각 후에 공기중에서 양생한 것(그림에서 W→A, A→A) 보다도 수중 양생 한 쪽(그림에서 A→W)이 길이 변화율이 증가가 크다고 보고하고 있으나, 가열전의 길이 변화율의 차이에 대해서는 보고되어 있지 않다.

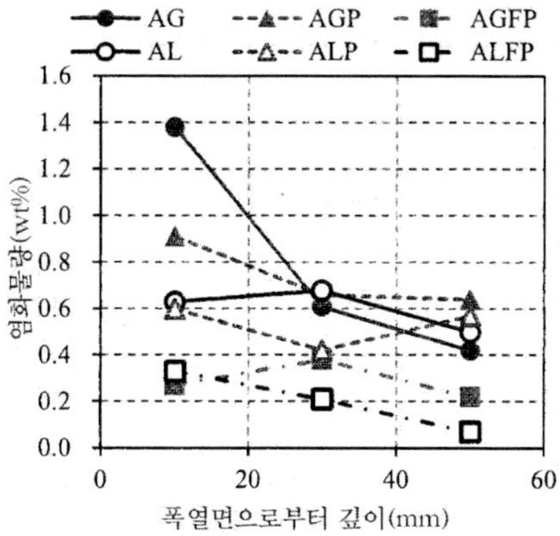

PP섬유 (Vol%)	내화피복 (mm)	조골재종류	
		휘록응회암	석회암
0	0	AG	AL
0.2	0	AGP	ALP
0	30	AGFP	ALFP

No.	W/C	단위량 (kg/m³)						
		W	C	S1	S2	G1	G2	SP.
AG	0.3	150	500	358	372	1169	–	9.5
AGP	0.3	150	500	358	372	1169	–	10.5
AGFP	0.3	150	500	358	372	1169	–	9.5
AL	0.3	150	500	358	372	–	1095	9.5
ALP	0.3	150	500	358	372	–	1095	10.5
ALFP	0.3	150	500	358	372	–	1095	9.5

그림 2.6.3 형광 X선 분석결과 [4)]

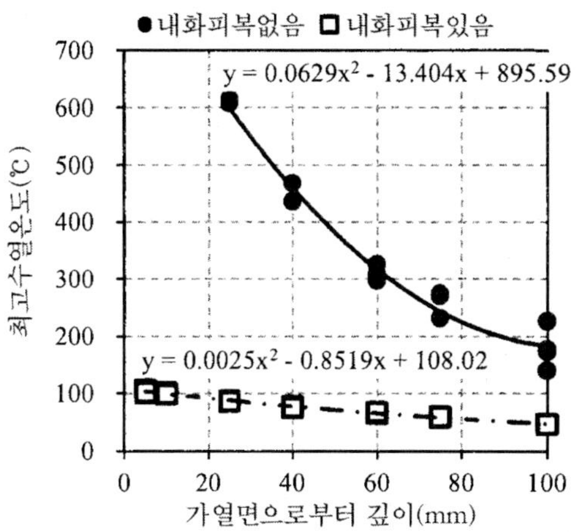

그림 2.6.4 콘크리트의 최고수열온도 [4)]

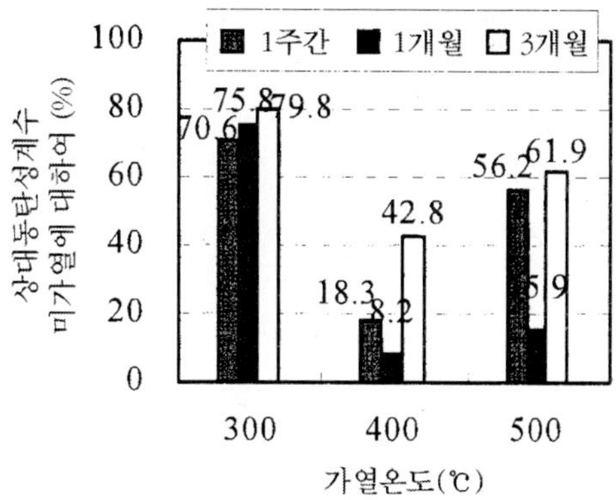

그림 2.6.5 동결융해 120사이클의 수열과 미수열 시험체의 상태 동탄성계수 [5)]

2.6.5 세공구조

고온 가열을 받은 콘크리트의 세공분포의 측정예는 그림 2.6.8~2.6.9과 같다. 세공양은 상온부터 가열온도 200℃까지는 세공반경 0.01~0.02㎛정도의 것이 증가하였다. 그러나 가열온도 300℃가 되면 급격하게 0.02~0.04㎛의 세공반경의 것이 많아지고, 세공반경 0.01~0.02㎛의 것이 감소한다. 가열온도의 상승에 따라 세공경이 큰쪽으로 분포가 이동하는 것을 나타내고 있다. 가열 온도 300℃에서 세공직경 및 세공양의 증가는 시멘트 겔의 붕괴가 영향을 미치고 있고, 가열 온도 500 ℃~600℃에서는 세공양의 증대와 포틀랜다이트[$Ca(OH)_2$]의 붕괴에 기인하는 것으로 평가하고 있다[7)].

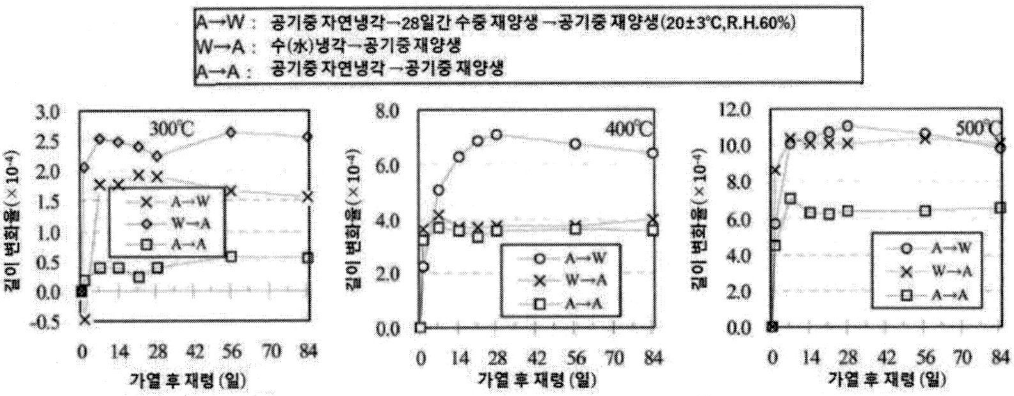

그림 2.6.6 가열 후의 길이 변화율(W/C60%) [6)]

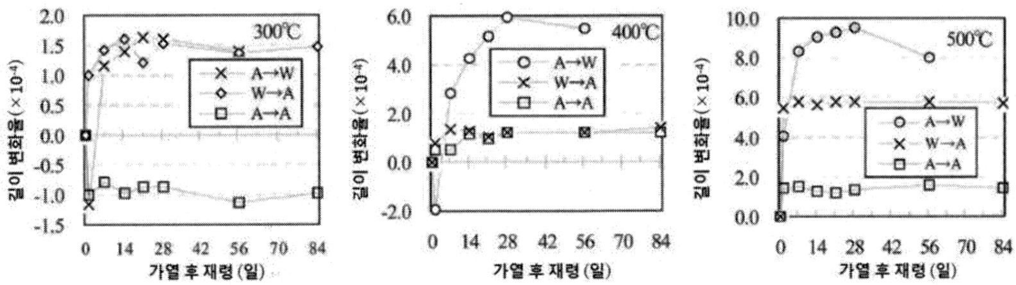

그림 2.6.7 가열 후의 길이 변화율(W/C=38%) [6)]

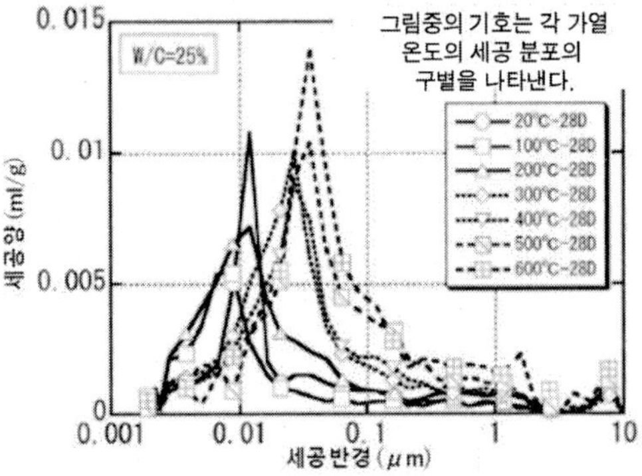

그림 2.6.8 세공 분포(W/C=25%) [7)]

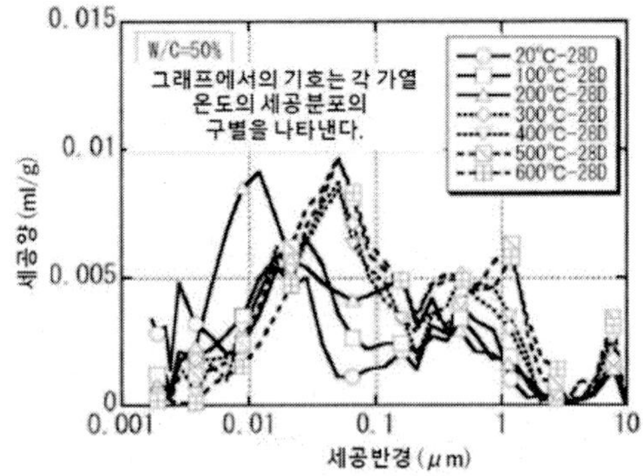

그림 2.6.9 세공 분포(W/C=50%) [7)]

이찌노세(一瀨)[8]의 연구에서는 그림 2.6.10과 같이 고온 가열을 받은 콘크리트 중 페이스트에서 총세공양을 측정하고 있고, 강도가 낮을수록, 가열 온도가 높을 수록 총 세공양이 커지는 것을 보고하고 있다. 또한, 이 실험 결과를 기초로 총 세공양을 시멘트 수화물에 대하여 환산 한 값을 공극율로 하고 강도 추정식으로서 많이 이용되어지는 Ryshkewitch의 식((2.6.2)식)을 이용한 검토를 실시하여, 그림2.6.11과 같이 공극율과 압축강도의 관계를 유도 하고 있다[7].

$$F=F_0\times\exp(-bV) \qquad (2.6.2)식$$

여기에서, F : 다공체의 압축강도,

F_0: 공극율이 0일때의 압축강도,

V : 공극율, b :정수

상온시의 공극율에 대한 가열 후의 공극율의 값을 공극비로 명명하고, 가열 온도와의 관계를 구하면(2.6.3)식과 같이 정리 할 수 있다. 이 공극비 와 상온시의 공극율로 부터 (2.4.6)식에 정리한 바와 같이 각 가열 온도에서 공극율을 추정할 수 있다.

$$V_r(\theta)=1.05+1.38\times10^{-3}\theta \qquad (2.6.3)식$$

$$V(\theta)= V_r(\theta)\times V(20)$$

$$=(1.05+1.38\times10^{-3}\theta)\times\{1.54\times10^{-2}+0.564\times(W/C)\} \qquad (2.6.4)식$$

여기에서 $V_r(\theta)$: 가열 온도θ℃ 에서의 공극비,

$V(\theta)$:가열 온도θ℃ 에서의 공극율,

$V(20)$: 20℃ 에서의 공극율,

W/C : 물시멘트 비

(2.6.4)식으로 구해지는 공극율과 실제로 측정한 공극율의 관계를 그림 2.6.12에 나타낸다. 공극율이 커지는 부분에서 계산값과 비교하여 실험값이 작게되는 경향이 보이지만 대체적으로 추정 가능한 것으로 판단된다.

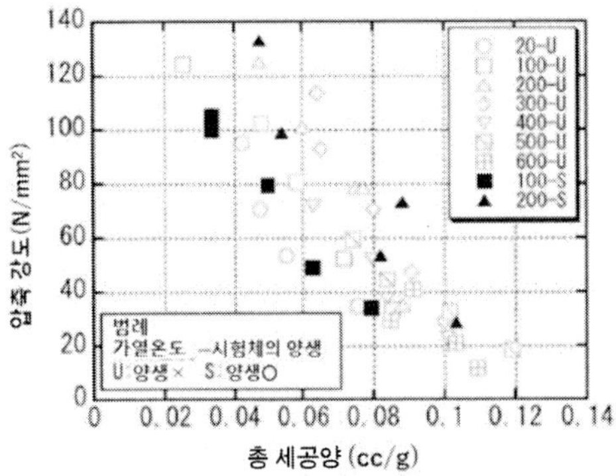

그림 2.6.10 총세공양과 압축 강도 [8)]

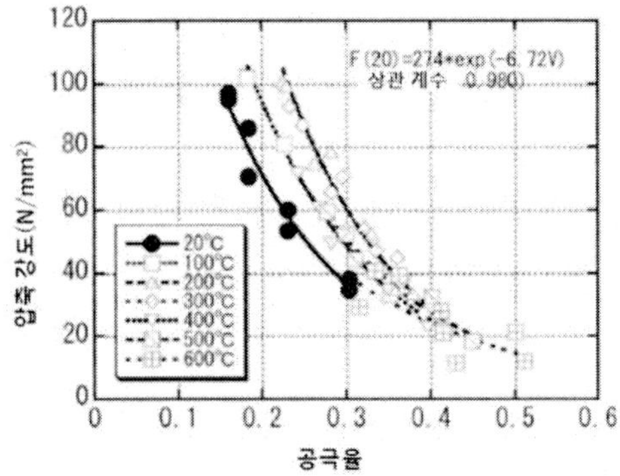

그림 2.6.11 공극율과 압축 강도 (가열온도 별) [7)]

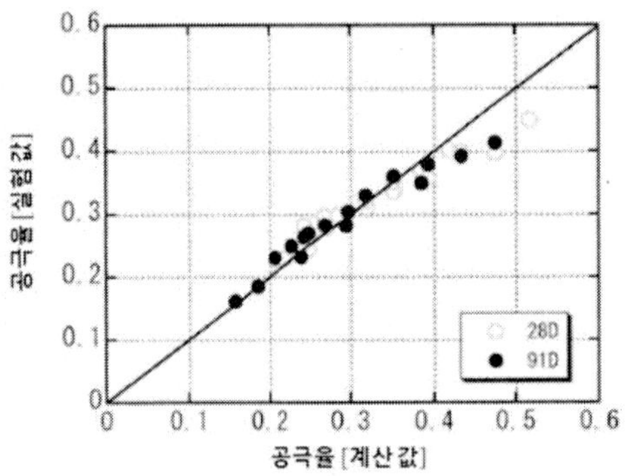

그림 2.6.12 공극율의 계산치와 실험치

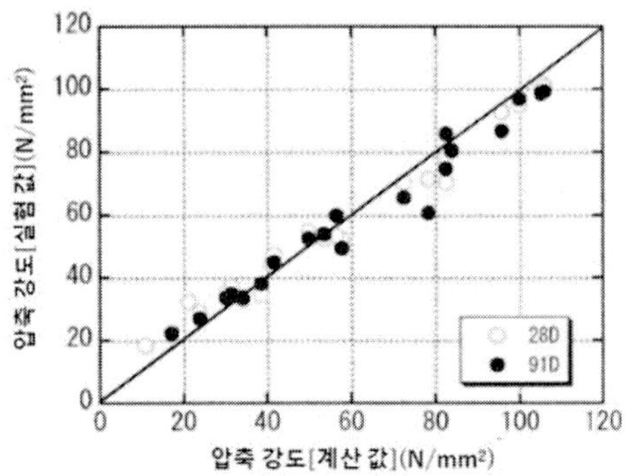

그림 2.6.13 압축 강도의 계산치와 실험치 [7)]

또한, 상온시 공극율과 압축 강도의 관계식에 근거하여 각 가열 온도에서의 압축 강도를(2.6.5)식과 같이 정한다. 또한, (2.6.6)식에 언급한 T(θ)는 가열온도 보정계수로 칭하고 실험값으로부터 구할수 있다.

$$F(\theta)= T(\theta)\times 274\exp\{-6.72\, V(\theta)\} \quad \text{(2.6.5)식}$$

$$T(\theta)=0.955+4.54\times 10^{-3}\theta+7.73\times 10^{-6}\theta^2 \quad \text{(2.6.6)식}$$

여기에서 $F(\theta)$: 가열온도 θ℃ 에서의 압축강도, $T(\theta)$: 가열온도 보정계수

(2.6.6)식으로 부터 구해지는 압축강도와 실제 측정한 압축 강도의 관계를 그림 2.6.13에 나타낸다. 압축 강도가 높은 부분에서 계산 값보다 실험 값이 낮은 경향의 결과가 보이지만 대체적으로 추정할 수 있는 것으로 보고하고 있다. 이상과 같이 Ryshkewitch의 식(2.6.2 식)을 기본으로하여 고온가열을 받은 콘크리트의 압축강도를 상온시의 콘크리트중의 공극률로부터 추정하는 방법이 보고되고 있다.

인용 · 참고문헌

1) 吉田正友：コンクリート系構造部材の火害診断手法に関する研究，大阪大学学位論文，1996.10
2) 李柱国, 李慶濤:高温加熱を受けたコンクリートの性能回復に関する研究, 日本建築学会構造系論文集 第 666 号, pp.1375-1382, 2011.8
3) 朴宰弘，呉相均，長谷川拓哉，千歩修：高温に曝されたコンクリートの塩化物イオン移動抵抗性と寿命予測，日本建築学会大会学術講演概要集(東北)，材料施工，pp.149-150，2009.8
4) 坂本摂，小澤満津雄，鎌田亮太，石塚遼，谷辺徹，六郷恵哲：高温履歴を受けたコンクリートの物質侵入抵抗性に関する研究，土木学会年次大会梗概集 69 巻，第 5 部門，pp.61-62，2014.9
5) 李柱国，流田靖博，杉原大祐：高温加熱を受けたコンクリートの性能回復に関する実験的考察 その 4.気中再養生による凍結融解抵抗性の変化，第 69 回セメント技術大会講演要旨，pp.76-77，2015.5
6) 李柱国，流田靖博，杉原大祐：高温加熱を受けたコンクリートの再養生による性能変化と回復に関する研究－質量，長さ，動弾性係数および超音波伝播速度について，セメント・コンクリート論文集，第 69 号，pp.363-370，2016.3
7) 一瀬賢一, 河辺伸二:高温加熱を受けた高強度コンクリートの圧縮強度の推定, 日本建築学会構造系論文集, 第 561 号, pp.17-21, 2002.11
8) 一瀬賢一，長尾覚博：高温加熱を受けた高強度コンクリートの力学的性質に関する実験的研究，日本建築学会構造系論文集，第 541 号，pp.23-30，2001.3

2.7 결언

화재시 및 고온 가열 조건하에서 콘크리트의 여러 가지 성상에 관한 국내외 문헌에 대해 조사·정리하였다. 화학적 성질, 물리적 성질, 역학적 성질, 폭열성상 및 내구성 그 외로 분류하여 결과를 정리한 결과, 광범위 하게 걸쳐 화재시 및 고온가열 조건하에서 콘크리트의 여러 가지 성상에 관한 특성을 파악할 수 있었다. 특히 2004년판 발간이후 「2.4.3 응력과 변형관계」, 「2.4.4 압축 응력의 조건하에서의 온도변화에 의한 변형(2004년판에서는 "과도변형")」, 「2.5 폭열성상」의 기술에 관련된 연구·보고가 많이 발표되어 있으며 이 부분에 대해서는 중점적으로 데이터와 내용을 추가했다. 그러나 아직 규명되지 않은 점도 많이 남아 있으므로 앞으로 더 많은 연구가 기대되고 있다.

한편, 콘크리트계 구조물의 내화 설계에 필요한 고온시 및 가열 냉각 후의 콘크리트 온도와 역학적 성질의 관계를 검토하고, 2016년판에서도 가능한 한 정식화를 시도하였다. 압축 강도 및 영계수에 관해서는 2004년판에서 기존 문헌을 정리하여 온도와의 관계식에 관하여 제안한 것을 이번 데이터 의 추가에 따라 수정하였다.

2009년 판에서는 고온시 및 가열 냉각 후 압축 강도시의 변형을 상온시에 대한 증가율로서 정식화를 시도하였다. 그 외에 역학적인 성질에 관해서는, 기존 문헌의 제안식을 나타내는 정도까지 정리하고, 새로운 식을 제안하는 것까지는 도달하지 않았다.

이것은, ①고온시의 실험에서는 하나의 데이터를 얻기에도 시간이 걸리는 것, ②변형측정에는 숙련된 기술이 필요하기 때문에, 한정된 연구기관에서만 행해지고 있는 것, ③시험체의 크기가 통일되어 있지 않은 것과 고온시 및 열 냉각 후의 시험 방법이 통일되어 있지 않기 때문에 직접적으로 데이터의 비교가 곤란하며, 데이터의 수도 충분하지 않은 것이 원인이다.

또한, 이번 개정에서는, 폭열에 대해서는 메커니즘의 설명에 대한 기술을 중심으로 추가하고, 부재 레벨에서는 기둥 부재 이외로 보 부재, 토목 구조물의 실험 데이터를 추가해, 부록에는, 콘크리트의 고온 시험 방법과 보수용 폴리마시멘트모르타르(PCM)의 고온시 특성을 추가했다. 이러한 점에서, 콘크리트 재료의 화재시의 성상에 관한 향후의 과제로는, 한 층더 새로운 데이터의 축적 이외에, 다음과 같은 사항등을 들 수 있다.

①고온시 및 가열 냉각후에서 시험방법의 표준화

②압축 응력 조건하에서의 온도 변화에 의한 변형의 설명 및 정식화

③폭열의 시기, 정도를 고려한 평가식의 제안

여기에서 ①에 대해서는 부록에 RILEM의 시험방법과 콘크리트의 고온 시험 방법을 소개하였으므로, 향후의 시험 방법에 대한 표준화할 경우에 참고 문헌으로서 유용할 것이다.

03

강재

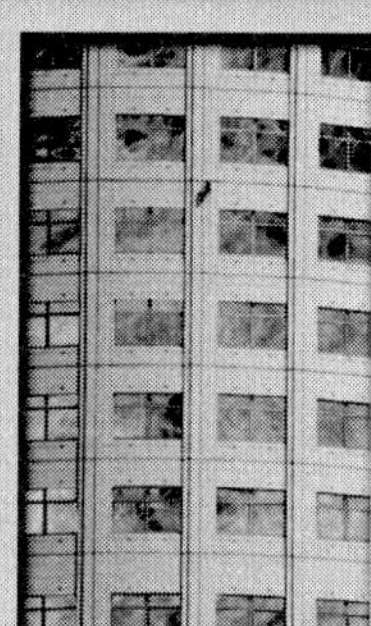

3.1 강의 제조방법과 규격

3.1.1 강의 제조방법

현재 「철」 이라고 불리는 금속은 보통 그 성분의 90wt%(중량%)는 금속 원소인 철 [Fe]로 이루어졌다. 금속 원소의 하나인 순수한 철은 순철 이라고 하며 제조가 어렵고 또한 실용성도 부족하다. 우리 주위에 있는 철은 보통 소량이나마 몇 가지 다른 원소를 함유하고 있다. 그 중에서도 탄소 [C], 규소 [Si], 인 [P], 유황 [S], 망간 [Mn]은 주요 5원소라 하며, 이들 원소를 포함한 합금이 실용화 되어 있다. 금속으로서의 철은 탄소의 함량이 적을수록 부드럽고 늘어나기 쉽다. 반대로 탄소가 많아지면 경도와 강도가 증대되지만 연성이 저하되어 취성화된다. 이와 같이 철은 탄소의 함량에 따라서 성질이 크게 변화하여 탄소 함유량이 0.035wt%미만인 것을 순철, 탄소 함유량이 0.035wt%에서 1.7wt%인 것을 강(철), 탄소 함유량이 1.7wt%이상인 것을 선철 이라 한다.

건축용도로 제공하는 철강재료는 위에서 기술한 강에서 각각의 용도에 적합한 성질 · 형상으로 개조한 것으로, 강의 제조방법에는 크게 2가지 방법이 있다. 하나는 철광석과 석탄(코크스)을 원료로 고로(용광로)에서 선철을 만들고 다시 전로로 정련하여 성분을 조정해 철강을 생산하는 방법으로 고로법 이라 불린다. 또 하나는 전기에 의해 원료인 철 스크랩을 녹여 성분을 조정하면서 철강을 생산하는 방법으로 전기로법이라 불린다. 고로법을 이용한 철강재료 제조 프로세스는 일반적으로 제선→제강→압연→제품의 공정을 거친다. 우선 탄소성분과 불순물이 많은 선철을 만든다(제선). 다음으로 탄소와 불순물을 대폭 저감시켜 강을 만든다(제강). 이어서 강을 늘여서 압연강재로 형성한다(압연). 철강제품에는 용융한 주강(주철)을 거푸집에 부어 만드는 주강품(주철품)이나 프레스 해머로 단조하는 단조품 등도 포함되는데 압연강재가 가장 많이 사용된다. 한편, 전기로법을 이용한 철강재료 제조 프로세스는, 선철을 만드는 설비를 갖추지 못하고 스크랩을 주원료로 한 전기로에 의한 제강→압연→제품의 흐름이 된다. 고로법과의 가장 큰 차이는 제선공정이 없다는 것이다. 다음은 현재의 제선, 제강, 압연의 각 과정을 간단히 소개한다.

a. 제선

제선이란 철과 산소의 화합물인 철광석을 환원 · 용융하여 선철을 만드는 공정이다. 이 공정에 사용되는 설비가 용광로(고로)이며, 전로법에는 이 공정이 없다. 고로에 의한 선철 생산의 전반적 구조를 그림 3.1.1에 나타냈다. 고로의 노체형상은 강판으로 덮여 있고 내부는 내화 벽돌로 둘러져 있다. 주요 제선 원료는 철광석과 열원 및 환원재가 되는 코크스이다. 그 밖에 불순물을 제거하는 용제로 사용되는 석회석과 쇳물의 유동성을 높이는 망간 광석 등이 첨가된다. 철광석은 제선 효율을 높이기 위해 쇳물을 다져 굳히는 소결등과 같은 사전 처리를 한다. 이것을 소결광 이라 한다. 원료탄도 그대로 사용되지 않고 고온 건류 해서 코크스로 바꾸어 소결광을 용해하는 열원 및 환원재로서 사용됨과 동시에 노체 통기 유지체로서의 역할도 수행한다. 이들 소결광이나 코크스는 석회석 · 망간광석 등의 원료와 적정하게 배합되어 노정에서 고로에 투입된다. 고로의 하부에 있는 날개구에서는 열풍이 들어와 코크스가 연소되어 날개구 부근의 노내는 2200~2500℃에 이른다. 코크스의 연소에 의해 발생하는 일산화탄소 [CO]가스는 소결광석 안의 산소를 빼앗아 환원(간접 환원)한다. 용해된 고온의 철분은 탄소를 흡수하는 성질이 있어서 코크스중의 탄소 [C]와 접촉하여 다시 환원(직접 환원)되어 저장부에 쌓인다. 한편, 석회석 [$CaCO_3$]은 소결광 제조시에 사용되며, 고온에서 산화칼슘 [CaO]과 이산화탄소 [CO_2]로 분해된다. 이 산화칼슘이 고로에 투입되어 광석내의 맥석이나 이산화규소와 화합하여 규산칼슘이 되어 흘러내린다. 이를 슬래그(광재)라 한다. 철이 슬래그보다 비중이 크므로 슬래그 아래에 가라앉는다. 이것이 선철이다. 이렇게 제선된 선철은 강철이나 주철의 원료로 사용된다. 선철 1톤을 만들려면 약1.6톤의 철광석이 필요하다. 그 외 코크스0.5톤, 물 30~60톤, 전력 60kWh 정도가 필요하다. 현재는 선철생산이 1일 1만톤을 넘는 초대형로가 일반적으로 이용된다. 이러한 대형고로는 로의 직경이 13~14m, 부대설비를 포함한 높이는 100m이상에 이른다.

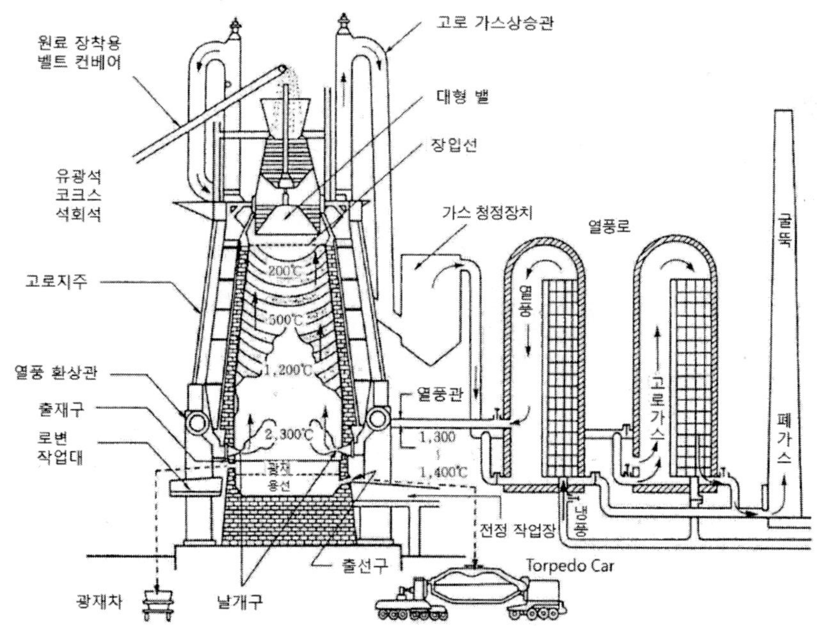

그림 3.1.1 고로 및 주변설비 [1), 2), 3), 4)]

b. 제강

선철은 탄소 함유량이 많고 인과 황 등의 유해한 불순물도 함유하고 있다. 이러한 선철의 탄소와 불순물을 줄여 제품가공이 가능하도록 강인한 성질을 부여한 것이 강이며, 이 강을 제조하는 것을 제강이라고 한다. 주요 제강 방법은 전로와 전기로를 이용하는 것이고, 전로는 쇳물, 전기로는 쇳조각을 주원료로 한다. 현재 일본에서 전로라고 불리는 것은 모두 순산소제강 전로(LD전로)이다. 그림 3.1.2(a)에 나타낸 바와 같이, 전로에서는 위쪽에서 산소를 취입하여 쇳물에 포함되어 있는 탄소와 불순물을 연소시켜 강을 제조한다. 이 공정은 탄소의 연소에 의한 작업이기 때문에 연료를 필요로 하지 않는다. 최근에는 쇳물을 교반하여 강의 순도를 높이기 위해 전로의 저면에서 동시에 산소나 탄산가스등 소량의 각종 가스를 불어넣는 상하취입전로법(그림3.1.2(b))이 우수한 제강법으로서 보급되고 있다. 마감시에 합금을 첨가함으로써 특수한 성능, 예를 들면 크롬[Cr]이나 몰리브덴 [Mo]등을 첨가함으로써 내화성능이 부여된다. 또한, 후술하는 압연시의 온도 이력이나 압력비 등으로도 강재의 특성을 바꿀 수 있다. 전기로에 의한 제강은 전극과 쇳조각 사이에 발생하는 아크열에 의해 쇳조각을 용해 · 정련하는 아크식(그림3.1.3)이 일반적이다. 용해로의 용적은 50~120톤 규모인 것이 많으며, 초대형은 200톤 클래스의 로도 있다. 현재 재활용 가능한 전로강의 생산 비율은 전체의 1/4정도이다.

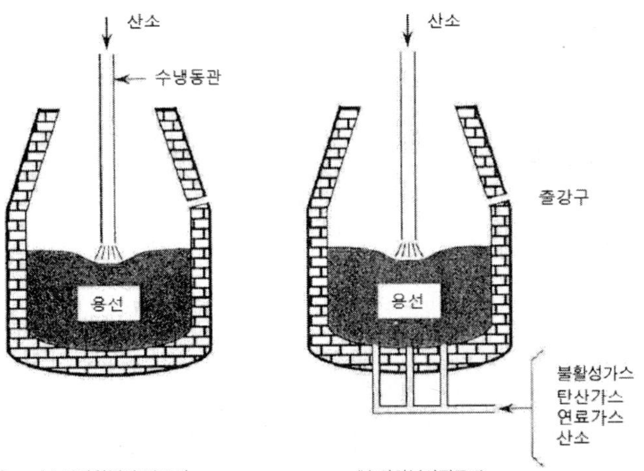

(a) 상방향분사 전로법 (b) 상하분사전로법

그림 3.1.2 LD 전로에 의한 제강 [5)]

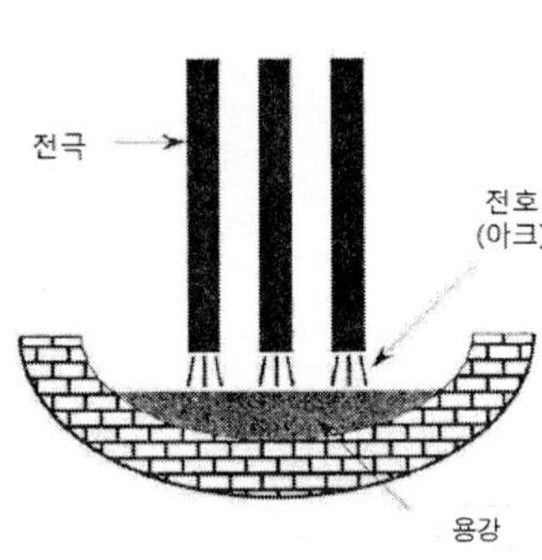

그림 3.1.3 전기로에 의한 제강 [5)]

철강제품에는 전술한 바와 같이 고로 프로세스에 의한 철광석의 1차 강재와 전기로 프로세스에 의한 스크랩의 2차 강재가 있는데 이것들은 일체적인 강재(스크랩)의 순환풀을 형성하고 있으며, 모든 철강제품은 이 순환풀을 통해 몇 번이고 순환이용되어 전체적으로 자원과 에너지의 절약으로 이어지고 있다.

그림 3.1.4는 압연까지의 철강제품 제조공정을 나타내고 있다. 고로에서 제선된 쇳물은 토페도카로 전로에 옮겨져서 강으로 정련된다. 전로와 전기로 등의 제강로에서 만들어진 쇳물을 Ladle에 받아 연속 주조법으로 강편으로 만들어 압연공정으로 보낸다. 강철의 질을 높이기 위해 불순물인 황, 수소, 산소, 질소 등의 성분을 제거하는 2차 정련은 Ladle에서 이루어진다. 또한, 강편은 최종 상품의 형태에 따라 슬래브(Slab), 블룸(Bloom), 빌릿(Billet)의 3종류로 나뉘어 생산된다.

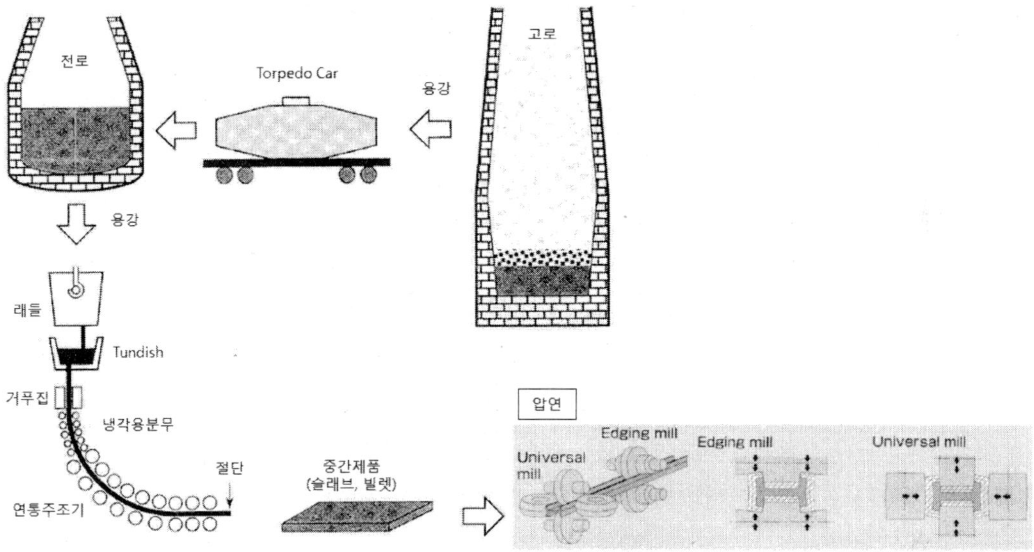

그림 3.1.4 철강제품의 제조공정 [5), 6)]

c. 압연

제강공장에서 제조된 강편을 누르고 늘려서, 다양한 모양 · 크기의 제강제품(형강이나 강판)이 만들어진다. 이 과정이 압연이며, 강편의 반제품을 압연라인에 통과시킴으로써 소정의 단면 형상으로 늘리거나 두께를 얇게하여 제품을 형성한다. 압연에는 반제품을 고온으로 가열하고 나서 실시하는 열간압연과 상온 상태에서 하는 냉간압연이 있는데, 건축 · 토목에 이용되는 강판이나 H형강, 철도용의 레일 등 다종다양한 제품은 주로 열간압연으로 만들어진다. 열간압연 함으로 강편이 응고할 때 생긴 거친 결정조직이 미세한 결정조직으로 다시 생겨나고, 그 결과 인장강도 등의 강도가 높아져서 샤르피 충격특성, 전연성이 큰 폭으로 향상된다. 참고사례로 H형강의 열간 압연 제조 흐름을 그림 3.1.5에 나타낸다.

또한, 최근에는 압연 공정에서 TMCP기술이 향상됨에 따라 건축 분야에서도 TMCP기술을 적용한 다양한 철강 제품이 생산되고 있다. 이 TMCP란 Thermo Mechanical Control Process(열가공제어)의 약자로, 강재의 사용재질 성능을 확보하기 위해 슬래브가열~압연~냉각의 각 공정의 온도 또는 압하율을 엄밀하게 관리하는 제조방법이다.

TMCP를 적용함으로써 낮은 탄소당량으로 높은 강도를 얻을 수 있고 기존의 제어압연법 또는 불림법에 비해 같은 강도라도 높은 용접성을 확보할 수 있는 것이 특징이다. 또한 건축 구조용 TMCP강재는 압연 온도를 엄밀히 제어함으로써 저항복비화를 가능하게 하고 더나아가 사각 초음파 탐상에서의 음향이방성도 문제가 되지 않도록 극히 작다.

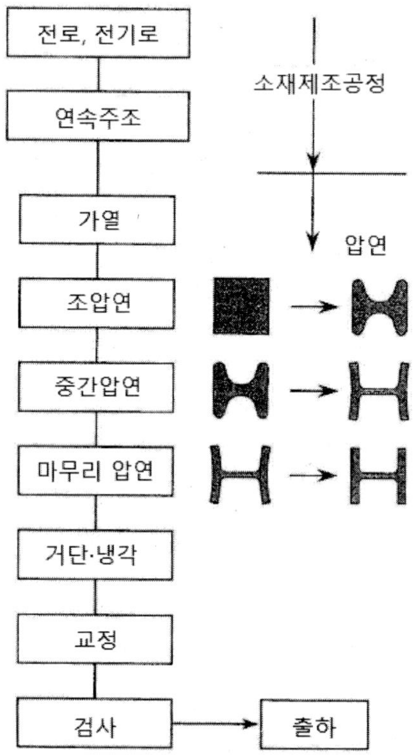

그림 3.1.5 열간압연 제조의 흐름 [5)]

3.1.2 강의 규격

a. JIS규격재

전술한 공정을 거쳐 다양한 종류와 형상의 강재가 만들어지고 있다. 또한, 강재의 성능을 보증하는 것으로 밀시트(Mill Sheet)(강재검사증명서)가 있다. 이것에는 JIS규격에 따른 치수, 원수, 질량, 검사번호, 인장시험치(인장강도, 상항복점, 변형, 충격치 등), 화학성분(주요5원소 등)의 제조 실적치가 기록되어 있다. 표3.1.1에 후술할 장관인정재, 스테인리스강, 주강을 포함한 대표적인 강재의 종류를 기재한다. 단, 표에 나와 있는 SM570은 일본건축기준법에 기준강도가 정해져 있지 않기 때문에 건축구조용 강재로는 거의 이용되고 있지 않다. 표에서도 알 수 있듯이 SS재, SM재, SN재 등의 일반강, 스테인리스강, 주강이나 후술하는 고력볼트, 철근 콘크리트용 봉강, PC강봉은 상온상태에서의 강도를 보증하고 있으며, 고온상태에서의 강도를 보증하는 것은 아니다. 따라서 실제 사용하는 강재에 대해서 고온시험을 실시하여 얻은 측정값을 이용해서 내화설계를 하는 것이 바람직하나 실제로는 어려우므로 본 안내서나 본회의 지침 등을 참고하기 바란다. 강구조의 내화설계가 보급되어 온 오늘날에는 강재의 고온강도에 대한 공적규격과 제조자에 의한 보증이 필요한 상황으로 전개되고 있다[7].

b. 장관인정재

현재 건축구조용 강재로서 일본건축기준법상 사용 할수 있는 강재의 종류는 전술한바와 같은 JIS규격재(국토교통장관이 지정하는 것에 한한다)와 국토교통장관의 인정을 받은 것(이후 장관인정재)으로 크게 나누어 2 종류가 있다. 장관인정재는 규격별, 제조회사별, 제조공장별로 인정되는 것으로 그 종류가 다양하기 때문에 표 3.1.1에는 비교적 일반적으로 사용되고 있는 다음과 같은 것에 한정하여 게재하였다.

(1) 건축구조용 냉간롤 성형 각형강관 BCR295 :일본철강연맹 제품규정 MDCR 0002(이하 BCR295)

(2) 건축구조용 냉간 프레스 성형 각형강관 BCP235,325 : 일본철강연맹 제품규정 MDCR 0003 (이하 BCP235,325)

(3) 건축구조용 고성능 냉간 프레스 성형 각형강관 BCP325T : 일본철강연맹 제품규정 MDCR 0012(이하 BCP325T)

(4) 건축구조용 TMCP강재 TMCP325, 355 : 일본철강연맹 제품규정 MDCR 0016(이하 TMCP325, 355)

(5) 건축구조용 고성능 550N/mm^2 강재 TMCP 385 : 일본철강연맹 제품규정 MDCR 0017(이하

TMCP385)

(6) 건축구조용 고성능 590N/mm^2 강재 SA440 : 일본철강연맹 제품규정 MDCR 0013(이하 SA440)

(7) 건축구조용 고강도 780N/mm^2 강재 H-SA700 : 일본철강연맹 제품규정 MDCR 0015(이하 H-SA700)

BCR295는 냉간에서 롤 포밍으로 성형되는 각형강관으로서 JIS규격재의 STKR400dp 건축구조용으로서 필요한 특성을 부가한 것이다. 현재는 중저층 철골 건축물에 주로 STKR대신 BCR이 많이 사용되고 있다. BCP235, BCP325, BCP325T는 후판을 프레스로 굽혀 가공성형하는 각형강관으로서, 평탄부는 가공을 받지 않으므로 원재의 후판과 같은 성질을 가지고 있다. 현재는 중층~고층 철골 건축물의 기둥으로 널리 보급되었다. TMCP강은 전술한 바와 같이 건축구조용으로서 뛰어난 특성을 가지고 있으며, 고층 · 대형 철골건축물의 주재료에 사용되는 용접조립상자형 단면의 스킨 플레이트에 널리 이용되고 있다. SA440은 건축의 고층화, 대형화에 수반하는 고강도 강재 사용 요구의 증가에 대응하기 위해 개발된 강재로, 다단열처리 프로세스로 제조(조질강)함으로써 고강도화와 함께 저항복비화 및 고인성화도 도모되고 있다. 용도로는 주로 초고층 철골 건축물의 주재료로 사용되는 용접조립상자형 단면의 스킨 플레이트로 사용된다. H-SA700은 항복점의 하한값이 700N/mm^{2}이며, 탄성한도 변형이 큰 강재이다. 이 특징을 이용하여 탄성구조용으로 개발된 것으로, 아직 실적은 적지만 앞으로 무손상 설계나 손상제어 설계에서 이용될 것으로 기대된다.

c. 내화강

내화강(FR강)은 일반적인 JIS규격재 (SN400,490, ; SM400,490 ; STK400,490 ; STKR400,490) 및 장관인정재 (BCP235,325,BCR295)에 대해 600℃에서의 항복내력(0.2% 옵셋(offset) 내력)이 상온 규격치의 2/3이상임을 보증한 강재이다. 고온시의 내력을 향상시키기 위해서 크롬 [Cr], 몰리브덴 [Mo], 니오브 [Nb], 바나듐 [V]등의 합금원소를 첨가하고 있다. 또한, SN재에서는 합금 원소의 첨가에 의한 용접성의 열화를 방지하기 위해서 탄소의 함유량을 저감하고 용접성 지표인 P_{CM}이 증가하지 않도록 합금 원소의 성분 설계를 하고 있다.

표 3.1.1 강재의 규격 일람 예(계속) 11),12)

	JIS규격	종류기호	상온: 항복점 또는 0.2%offset내력 N/mm² 하한/상한: 두께 6mm 이상 12mm 미만	두께 12mm 이상 16mm 미만	두께 16mm	두께 16mm 초과 40mm 이하	두께 40mm 초과 100mm 이하	인장강도 N/mm² 하한/상한	항복비 % 상한: 두께 6mm 이상 12mm 미만	두께 12mm 이상 16mm 미만	16mm	16mm 초과	신율 % 상한: 6mm 초과 16mm 이하	16mm 초과 50mm 이하	40mm 초과	샤르피충격 시험 흡수에너지 J 하한 [0℃]	Z방향 인장 시험조리개 % 하한: 3개의 평균치	전체의 평균치
일반강	G 3101	SS400	245/			235/	215/	400/510	-				17 iii)	21 iii)	23 iii)	-	-	
	G 3106	SM400A	245/			235/	215/	400/510	-				18 iii)	22 iii)	24 iii)	-	-	
		SM400B														27 iv)		
		SM400C														47 iv)		
		SM490A	325/			315/	295/	490/610	-				17 iii)	21 iii)	23 iii)	-	-	
		SM490B														27 iv)		
		SM490C														47 iv)		
		SM520B	365/			355/	335/	520/640	-				15 iii)	19 iii)	21 iii)	27 iv)	-	
		SM520C														47 iv)		
		SM570	460/			450/	430/	570/720	-				19 iii)	26 iii)	20 iii)	47 iv)	-	
	G 3136	SN400A	235/				215/	400/510	-				17 iii)	21 iii)	23 iii)	-	-	
		SN400B	235/	235/355 i)		235/355	215/335		-	80 ii)		80	18 iii)	22 iii)	24 iii)	27 iv)		
		SN400C			235/355 i)	235/355	215/335		-		80 ii)	80				27 iv)	25	15
		SN490B	325/	325/445 i)		325/445	295/415	490/610	-	80 ii)		80	17 iii)	21 iii)	23 iii)	27 iv)	-	
		SN490C			325/445 i)	325/445	295/415		-		80 ii)	80				27 iv)	25	15
	G 3444	STK400	235/					400/	-				23 iii)(세로방향 11,12호)			-	-	
		STK490	315/					490/	-				23 iii)(세로방향 11,12호)			-	-	
	G 3475	STKN400W	235/					400/540	-				23 iii)(관축방향 11,12,4호)			-	-	
		STKN400B	235/	235/385			215/365	400/540	-	80 ii)			23 iii)(관축방향 11,12,4호)			27 iv)		
		STKN490B	325/	325/475			295/445	490/640	-	80 ii)			23 iii)(관축방향 11,12,4호)			27 iv)	-	
	G 3466	STKR400	245/					400/	-				23 iii)(관축방향 5호)			-	-	
		STKR490	325/					490/	-				23 iii)(관축방향 5호			-	-	
	장관 인정	BCR295	295/	295/445			-	400/550	-	90			23 iii)	27 iii)	33 iii)	27 iv)	-	
	장관 인정	BCP235	235/	235/355			-	400/510	-	80			18 iii)	22 iii)	-	27 iv)	-	
		BCP325	325/	325/445			-	490/610	-	80			17 iii)	21 iii)	-	27 iv)	-	
	장관 인정	BCP325T	-	325/445			-	490/610	-	80			17 iii)	21 iii)	-	27 iv)	-	

i) 웨브 두께가 9mm이하의 H형강은 항복점 또는 내력의 상한은 적용하지 않는다.
ii) 웨브 두께가 9mm이하의 H형강은 항복비 상한을 85%로 하는 용접강관의 경우에는 항복비 상한을 85%로 한다.
iii) 두께 6mm 이상 16mm 이하 및 두께 16mm 이상 50mm 이하인 경우는 1A호 시험편, 두께 40mm 이상인 경우는 4호 시험편으로 한다.
SM570인 경우에는 5호 시험편으로 한다. 두께 20mm 이상인 경우에는 4호 시험편으로 할 수 있으며, 그 경우는 표 안의 40mm 초과 란의 수치로 한다.
BCR295의 경우는 5호 시험편으로 하는 「'두께 16mm 초과 50mm 이하」를 '두께 16mm 초과 22mm 이하'로 바꿔 읽고 '두께 40mm 초과'를 '두께 22mm 초과'로 바꾼다.
iv) 두께가 12mm를 넘는 강재에 적용하여 3개의 시험편의 평균값으로 한다. SM570인 경우에는 시험 온도를 -5℃로 한다.

표 3.1.1 강재의 규격 일람 예[11)]

	JIS규격	종류기호	상온													샤르피충격 시험 흡수에너지J 하한 [0℃]	Z방향 인장 시험조리개 % 하한	
			항복점 또는 0.2%offset내력 N/mm² 하한/상한					인장강도 N/mm² 하한/상한	항복비 % 상한				신율 % 상한					
			두께 6mm 이상 12mm 미만	두께 12mm 이상 16mm 미만	두께 16mm	두께 16mm 초과 40mm 이하	두께 40mm 초과 100mm 이하		두께 6mm 이상 12mm 미만	두께 12mm 이상 16mm 미만	16mm	16mm 초과	6mm 초과 16mm 이하	16mm 초과 50mm 이하	40mm 초과		3개의 평균치	전체의 평균치
일반강	장관 인정	TMCP325B	-				325/445	490/610	-			80	-		23iii)	27iv)	-	
		TMCP325C															25	15
		TMCP355B	-				355/475	520/640	-			80	-		21iii)	27iv)	-	
		TMCP355C															25	15
		TMCP385B	-	385/505				550/670	-	80			20iii)			70iv)	-	
		TMCP385C	-		385/505				-		80						25	15
	장관 인정	SA440B	-			440/540		590/740	-			80	-	26iii)		47iv)	-	
		SA440C															25	15
	장관 인정	H-SA700A	700/900					780/1000	-	98			16iii)	24iii)	-	47iv)	-	
		H-SA700B														47iv)		
스테인리스강	G 4321	SUS304A	235/ v)					520/	60				40(35)vi)			-	-	
		SUS304N2A	325/ v)					690/	60				35(30)vi)			-	-	
		SUS316A	235/ v)					520/	60				40(35)vi)			-	-	
		SCS13AA-CF	235/ v)					520/	60				40(35)vi)			-	-	
주강	G 5101	SC360	175/					360/					23vii)			-	-	
		SC410	205/					410/					21vii)			-	-	
		SC450	225/					450/					19vii)			-	-	
		SC480	245/					5480/					17vii)			-	-	
	G 5102	SCW410	235/					410/					21vii)			27iv)	-	
		SCW450	255/					450/					20vi)			27iv)	-	
		SCW480	275/					480/					20vi)			27iv)	-	

i) 웨브 두께가 9mm 이하인 H형강은 항복점 또는 내력의 상한은 적용하지 않는다.
ii) 웨브 두께가 9mm 이하인 H형강은 항복 대비 상한을 85%로 한다.
iii) 두께 6mm 이상 16mm 이하 및 두께 16mm 이상 50mm 이하인 경우는 1A호 시험편, 두께 40mm 이상인 경우는 4호 시험편으로 한다.
TMCP235, 355강인 경우에는 4호 시험편으로 한다.
TMCP385의 경우에는 4호 시험편으로 한다. 40mm 이하의 경우 1A호 시험편도 적용할 수 있으나, 그 경우는 15%로 한다. 또한 50mm 이하의 경우 5호 시험편도 적용할 수 있으나, 그 경우는 26%로 한다.
SA440의 경우에는 5호 시험편으로 한다. 4호 시험편도 적용할 수 있으나, 그 경우는 20%로 한다.
H-SA700의 경우는 5호 시험편으로 한다. 이 때, 판 두께 구분인 16mm는 20mm로 대체한다. 판 두께 20mm 이상인 경우는 4호 시험편도 적용할 수 있으나, 그 경우는 16%로 한다.
iv) 두께가 12mm를 넘는 강재에 적용하고, 3개의 시험편의 평균값으로 한다. H-SA700B일 경우에는 시험 온도를 -20℃로 한다.
v) 0.1% offset내력으로 한다.
vi) 괄호 밖의 값은 4호, 5호, 10호, 11호, 12A호, 12B호, 12C호, 13B호 시험편의 경우로 하고, 괄호 안의 값은 14A호, 14B호 시험편의 경우로 한다.
vii) JIS G 0307의 그림(a)에 의한다.

부재에 내화 피복을 하지 않아도 되는 강재에 대한 요구는 철골조의 건설이 활발해진 1965년대부터 있었다. 그러나 일본건축기준법은 화재시의 온도가 1000℃ 이상이 되는 것을 상정하고 있어 일반적인 건축 구조용 강재의 범위에서 이 온도영역까지 강도를 유지하는 강재를 개발하는 것은 곤란했다. 그 후 건설성 종합기술개발 프로젝트에 의해 [건축물의 종합방화설계법][8]이 제안되었다. 이 설계법에서는 건축물의 형상이나 용도에 맞춘 화재성상을 채택할 수 있으므로 가연물이 적은 공간 등에서 강재 온도가 비교적 저온으로 유지되는 상황을 설계에 반영할 수 있도록 하였다. 이를 계기로 철강 회사들은 고온강도를 향상시킨 내화강을 개발하여 상기의 설계법으로 내화설계하여 철골조의 무내화피복을 가능하게 하였다. 현재 내화강은 아트리움, 자주식 주차장, 외부철골 등에 많이 사용되고 있다.

내화강과 일반강의 화학 성분과 상온시의 기계적 성질의 일례를 표3.1.2, 3.1.3에 나타냈다. 또한 JIS규격도 나타냈다. 내화강의 상온시 기계적 성질은 일반강과 동등하다. 한편, 내화강은 일반강에 비해 합금원소를 첨가하고 있으므로 가스 절단면이 거칠어 질 수 있다. 절단면의 품질은 사용하는 가스압이나 절단속도 등에 대하여 적절한 조건을 선정할 필요가 있다.

내화강을 이용한 경우, 내화성능이 요구되는 부위는 강재뿐만 아니라 부재의 이음부에도 모재와 동등한 내화성이 요구된다. 즉, 용접접합부 및 고력볼트 접합부에도 고온특성이 요구되고, 이러한 요구성능을 만족하는 재료로서 내화강용 용접재료 및 고력볼트가 개발되고 있다.

표 3.1.2 화학성분의 예(단위%: 하한값/상한값)[9]

종류	종류기호	mm	C	Si	Mn	P	S	Ceq*	P_{CM}*
내화강	SM400-FR	16	0.11	0.22	0.72	0.008	0.002	0.33	0.18
	SM400-FR	32	0.11	0.21	0.72	0.008	0.001	0.33	0.18
	SM490-FR	16	0.14	0.28	0.93	0.008	0.001	0.43	0.23
	SM490-FR	32	0.13	0.30	0.98	0.012	0.001	0.43	0.23
일반강	SM490	16	0.15	0.38	1.52	0.018	0.005	0.43	0.24
JIS G 3106	SM400B	/100	/0.20	/0.35	0.6/1.4	/0.035	/0.035	-	-
	SM490B	/100	/0.18	/0.55	/1.6	/0.035	/0.035	-	-

*) SN400B,C, SN490B, C에 있어서는 Ceq 또는 P_{CM}중 하나의 상한규정을 만족시킬 필요가 있다.

Ceq=C+Si/24+Mn/6+Ni/40+Cr/5+Mo/4+V/14, P_{CM} C+Si/30+Mn/20+Cu/20+Ni/60+Cr/20+Mo/15+V/10+5B

표 3.1.3 기계적 성질의 예 (하한값/상한값) [9]

종류	종류기호	판두께 mm	항복점 N/mm^2	인장강도 N/mm^2	신율 %	항복비 %	샤르피 시험값 J
내화강	SM400-FR	32	325	455	31	71	200
	SM490-FR	16	385	540	24	71	210
일반강	SM490	16	367	534	26	69	106
JIS G 3106	SM400B	16초과 40이하	235/	400/510	22/	-	27/
	SM490B	16 이하	325/	490/610	17/	-	27/

d. 스테인리스강

스테인리스강은 철 [Fe]을 베이스로 하여 크롬 [Cr]또는 니켈 [Ni]을 포함한 합금강이다. Fe에 약 11%이상의 Cr을 첨가하면 녹이 잘 슬지 않게 된다. 이는 표면에 형성되는 Cr의 산화피막(부동태 피막)이 Fe의 산화작용을 막는 기능을 함과 동시에, 여러 부식요인으로부터 표면을 보호하기 때문이다. 또한, Ni의 첨가는 부동태 피막을 개선하고 강화시킨다. 또한, 몰리브덴 [Mo]등의 특수 원소를 첨가함으로써 내식성이나 기계적 성질이 다른 많은 종류의 스테인리스강이 제조되고 있는데, 일반적으로 스테인리스강의 기본성분 또는 금속조직에 따라 표 3.1.4와 같이 나눌 수 있다. 현재 구조재로 사용되고 있는 것은 오스테나이트계 스테인리스강으로, 그 대표강종인 SUS304A가 압도적으로 많이 사용되고 있다. 또한, 사용 환경에 따라 같은 오스테나이트 계의 SUS316A(고내식성)나 SUS304N2A(고강도)도 적용할 수 있다.

오스테나이트계 스테인리스강의 금속 결정 구조는 면심입방격자(오스테나이트)이다. 이것은 체심입방격자(페라이트)인 일반적인 탄소강과는 다른 결정구조이기 때문에 재료의 특성도 다른 점이 많다. 또한, 오스테나이트계 스테인리스강은 면심입방격자의 결정구조를 유지하기 위해서 제조과정에서 약 1050℃부터 급랭하도록 되어 있다. 강판이나 형강 등의 제품은 최종형상에 압연한 후에 열처리(고용화 열처리)와 산세척한다. 이 열처리를 통해 오스테나이트 스테인리스강은 모양과 제조사에 따라 재질의 차이가 작아 안정적인 품질을 확보할 수 있다. 단, 각형강관이나 냉간성형강의 경우는 성형 후의 열처리에 의해 치수정밀도의 확보가 어려워지기 때문에 성형 후의 열처리는 하지 않는다.

표 3.1.4 스테인리스강의 분류 [2)]

기본성분		대표강종류	금속 조직
크롬계	13 크롬계	SUS410S	마르텐사이트
		SUS410L	페라이트
	18 크롬계	SUS430	
크롬 · 니켈계	18-8계	SUS304	오스테나이트
		SUS316	

* SUS는 스테인리스강을 나타내는 기호로, Steel Use Stainless의 약자

구조 재료로 사용할 때 필요한 항복 내력은 탄소강과 크게 다르다. SUS 304와 SUS 304N2의 응력-변형률 관계를 탄소강과 비교한 것을 그림 3.1.6, 3.1.7에 일례로 나타낸다. SUS 304와 SUS 304N2의 응력-변형률 관계는 일반적인 탄소강에서 볼 수 있는 것과 같이 명료한 항복점이 나타나지 않고 라운드하우스형이 된다. 이것은 탄소강과 크게 다른 특성으로서, SUS 304이나 SUS 304N2의 경우 종래보다 항복점을 0.2% 옵셋(offset) 내력으로 규정하고 있다.

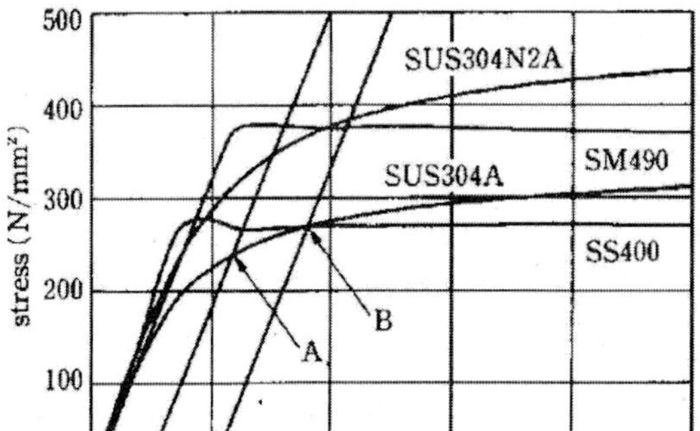

그림 3.1.6 항복점 근처의 응력 · 변형곡선의 일례 [10)]

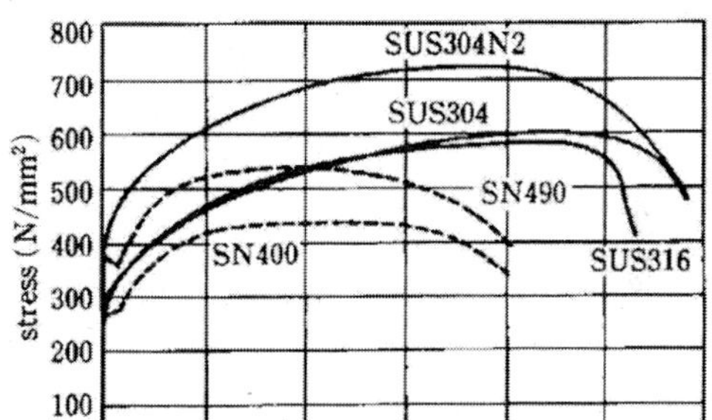

그림 3.1.7 스테인리스강과 탄소강의 인장 특성의 일례 [10)]

그러나 항복점은 강재의 기준 강도와 관계되는 중요한 특성이기 때문에 스테인리스강에서는 명백히 소성역이 되는 0.2% 옵셋(offset) 내력을 그대로 기준강도로 적용하기에는 문제가 있다. 특히 0.2% 옵셋(offset) 내력의 접선강성이 초기강성의 1/15정도로 저하되어버려 설계기준강도까지 좌굴하지 않도록 판폭두께비 제한을 설정하는 경우 비현실적인 값이 되어 버린다. 때문에 항복점을 0.2% 옵셋(offset) 내력으로 규정했던 기존 JIS의 기계적 성질에 관한 규정을 바꾸어 건축구조용으

로 이용 가능한 스테인리스강으로서 항복점에 0.1%offset내력을 이용한 JIS G 4321 [건축구조용 스테인리스강재]가 2000년 6월에 제정되어 규격화되었다. 규격의 종류는 SUS304A · SCS13AA-CF · SUS316A · SUS304N2A 이며, 통상 사용되는 JIS(JIS G 4304등)의 SUS304 · SUS316 · SUS304N2과 구별하기 위해 JIS규격 명칭의 말미에 [A]가 붙어있다. JIS G 4321[건축구조용 스테인리스 강재]에서 제정된 규격의 주요 내용을 표 3.1.1에 나타냈다.

재료의 기초적인 특성인 상온시의 비중, 선팽창계수, 열전도율, 비열, 자성에 대해서 오스테나이트계 스테인리스강(SUS304)과 탄소강(SN400)과 비교한 것을 표 3.1.5에 일례로 나타냈다. 스테인리스강은 일반 탄소강과 비교하여 상온시의 선팽창계수가 약 1.4~1.5배, 열전도율이 1/3이다.

또한 오스테나이트계 스테인리스강의 가공성 · 용접성은 비교적 양호하나 탄소강과는 다르므로 사용에 있어 주의가 필요하다.

표 3.1.5 SUS304과 SN400 주요 재료 특성의 일례

	항 목	오스테나이트계 SUS304	탄소강 SN400
물 성	비중[×100kg/m^3]	7.93	7.85
	선팽창 계수[×10^{-6}/℃]	17.3	11.7
	열전도율[W/m℃]	16.3	50
	비열[×1000J/kg℃]	0.50	0.46
	자성	없음	있음
기계적성질	탄성률[×1000N/mm^2]	193	205
	항복내력[N/mm^2]	255	275
	인장강도[N/mm^2]	590	430
	항복비	0.43	0.64
	신율(%)	60	28

e. 주강

주조품이란 필요한 형상, 치수를 가진 주형(일반적으로는 내열도가 높은 모래를 이용하여 제조)에 용융금속을 흘려 넣어 응고시킨 것이다. 철계의 주조품은 주강과 주철로 크게 나뉜다. 금속공학적으로 철-탄소만의 합금에서는 C함유량이 2%이상을 주철, 2%이하를 주강이라고 부른다.[2)]

주철은 용접이 곤란하기 때문에 건축기준법에서는 용접부의 허용 응력도가 규정되어 있지 않고 압축에 대한 허용 응력도만 규정되어 있다. 주강은 기둥과 보의 접합부품, 각형기둥과 원형기둥의 이형기둥접합부, 원심주조강관, 노출형 주각의 베이스플레이트 등에 사용되고 있다. JIS규격으로는 JIS G 5101(탄소강 주강품), JIS G 5102(용접구조용 스테인리스 강재), JIS G 5201(용접구조용 원심력 주강관), JIS G 4321(건축구조용 스테인리스 강관)이 2000년 건설성 고시 제 2464호(강재

등 및 용접부의 허용응력도 및 재료강도의 기준강도를 정하는 건)에 규정되어 있다.

탄소강 주강품의 SC410 · SC480과 용접구조용 주강품의 SCW410 · SCW480 · SCW550 · SCW620에 관한 JIS규격의 발췌를 표 3.1.1에 나타낸다. 이 중 2000년 2000년 건설성고시 제 2452호에서 허용 응력도 기준강도가 정해져 있는 것은 SC480(235N/m^2), SCW410(235N/m^2), SCW480 (275N/m^2), SCW490(315N/m^2)이며, 설계기준 강도는 판 두께별 강도 구분이 정해져 있지 않은 만큼 낮게 설정되어 있다.

f. 봉강 등 강종

건축 구조물에 이용되는 것으로서 봉강에서 제조되는 제품은 다종다양하다. 여기에서는 이하의 것을 다루고, 표3.1.6에 그 규격의 개요를 기술한다.

- 마찰접합용 고력 육각 볼트 : JIS B 1186(이하 고력볼트)
- 구조용 트루시아형 고력볼트 : JSS II 09 (일본강구조협회규격) (이하 트루시아볼트)
- 트루시아형 고력볼트 : 장관인정(이하, 초고력볼트)
- 철근 콘크리트용 봉강 : JIS G 3112(이하 철근)
- 세경 이형 PC강봉 : JIS G 3137(이하 PC강봉)

JIS B 1186에 규정되어 있는 고력볼트에는 품질종류로서 F8T, F10T, F11T의 3종류가 있는데 실제로 건축 구조물에 사용되고 있는 것은 F10T가 대부분이다. 이 밖에 시공관리의 간략화와 시공정밀도의 향상을 목적으로 개발된 토루시아볼트, 볼트개수의 저감을 목적으로 개발된 F14T 고력볼트, 주로 외부철골 등에 이용되는 F8T 용융아연도금볼트(JIS B 1186의 F8T에 준거)등도 건축구조물에 사용되고 있는데, 이들은 국토교통장관 인정제품이다.

현재 일반적인 철근콘크리트조에 이용되는 것으로 JIS G 3112에 규정된 철근은 그 대부분이 전로프로세스에 의해 제조된 것이다. 또한 PC강봉은 프레스콘크리트의 도입에 이용되는 고강도의 봉강이다. JIS G 3137에서는 화학성분이 상세하게 규정되어 있지 않기 때문에 제조자 및 제품별로 상세한 성분이 다르기 때문에 고온시의 특성은 편차가 클 가능성이 있다.

g. 용접재료

철골 건축물에 사용되는 용접 재료에는 여러 가지가 있다. 여기에서는 아래의 것을 다루면서 표 3.1.7에 그 규격의 개요를 기술한다.

(1) 연강용 피복 아크 용접봉 : JIS Z 3211(이하, 피복아크 용접봉)

(2) 연강 및 고장력강용 마그 용접 솔리드 와이어 : JIS Z 3312 (이하, 마그 용접 와이어)

(3) 탄소강 및 저합금강용 서브머지드 아크 용접 와이어 : JIS Z 3351(이하, SAW와이어)

(4) 연강 및 고장력강용 일렉트로 슬래그 용접 솔리드 와이어 및 플럭스 : JIS Z 3353(이하, ESW 와이어)

철골 건축물에는 피복아크용접(SMAW), 가스실드아크용접(GMAW), 서브머지드 아크용접(SAW), 일렉트로 슬래그용접(ESW)의 4가지 용접방법이 주로 사용된다.

SMAW는 간이용접방법으로, 주로 임시용접이나 보수용접 등에 사용되는 것이나, 근래에는 임시용접이나 보수 등도 후술하는 GMAW를 이용하는 경우가 증가하고 있으므로, 그 사용량은 감소하고 있다. 용접재료로는 피복아크 용접봉이 사용된다.

GMAW는 건축철골에서 가장 많이 사용되는 용접방법으로, 일반적으로 실드가스는 CO_2가 사용되므로 CO_2용접이라 불리기도 한다. 용접재료로는 마그용접와이어가 사용된다.

SAW의 주된 용도는 용접조립상자형 단면기둥의 각용접 및 용접조립 H형강 플랜지와 웹을 연결하는 용접이다. 용접재료로서는 SAW와이어와 합하여 실드 등을 목적으로 한 플럭스가 사용된다. 와이어에 관한 JIS는 Z3351에 규정되어 있으나, 품질에 관한 JIS는 Z3183에 규정되어 있다.

ESW는 용접조립상자형 단면기둥의 내다이어그램을 용접하기 위한 용접방법으로 4가지 용접방법 중 가장 용접입열이 큰 용접방법이다.

인용 · 참고문헌

1) 岡松眞之, 橋本潔, 望月晴雄, 窪田蔵郎ほか : 建築構造用鋼材の知識, 鋼構造出版, 1993
2) 日本鉄鋼連盟 建築専門委員会/建設用鋼材研究会 : 新しい建築構造用鋼材 第2版, 鋼構造出版, 2008
3) 江見俊彦 : 鉄鉱石が便利な素材になるまで ふぇらむ Vol.1, 1996
4) 日本鉄鋼連盟 : 鉄ができるまで, 1999
5) 井上一朗 : 建築鋼構造の理論と設計, 京都大学学術出版会
6) 新日本製鐵(株) 建材事業部 堺製鐵所 大形工場 : パンフレット
7) 日本建築学会 : 鋼構造耐火設計指針, 2008
8) 日本建築センター : 建築物の総合防火設計法 第4巻 耐火設計法, 1989.4
9) 鹿内伸夫, 和田肇, 石川博, 村木誠, 畠山耕太郎, 向井勝利 : 建築用耐火鋼材の開発, NKK技報 No.137, 1991
10) ステンレス建築構造設計基準作成委員会 : ステンレス建築構造設計基準・同解説第2版, ステンレス構造建築協会 2001
11) 日本規格協会 : JISハンドブック 鉄鋼Ⅰ 用語/資格および認証/検査・試験/特殊用途鋼/鋳鍛造品/その他, 2015
12) 日本規格協会 : JISハンドブック 鉄鋼Ⅱ 棒・形・板・帯/鋼管/線・二次製品, 2015
13) 日本規格協会 : JISハンドブック ねじⅡ 一般用ねじ部品/特殊用ねじ部品/その他, 2015
14) 日本規格協会 : JISハンドブック 溶接Ⅱ 製品, 2015

표 3.1.6 봉강의 규격 일람 예 [12),13)]

	JIS규격	종류의 기호	상온: 항복점과 0.2% offset내력 N/mm² 하한/상한	상온: 인장 강도 N/mm² 하한/상한	상온: 인장 시험편	상온: 신율 % 상한	상온: 면적 저하율 % 하한	고온 항복점 N/mm² 상한	굽힘성: 굽힘 각도(°)	굽힘성: 내측 반지름	
고력볼트	B 1186	F8T	640/	800/1000		16	45	-	-	-	-
		F10T	900/	1000/1200		14	40	-	-	-	-
	대신 인정	F10T	900/	1000/1200		14	40	-	-	-	-
	대신 인정	14T	1260/	1400/1490		14	40	-	-	-	-
철근콘크리트용 봉강	G 3112	SR235	235/	380/520	2호	20	-	-	180		공칭 지름의 1.5배
					14A호	22					
		SR295	295/	440/600	2호	18	-	-	180	지름 16mm 이하	공칭 지름의 1.5배
					14A호	19				지름 16mm 초과	공칭 지름의 2배
		SD295A	295/	440/600	2호에 준하는 것	16	-	-	180	D16 이하	공칭 지름의 1.5배
					14A호에 준하는 것	17				D16 초과	공칭 지름의 2배
		SD295B	295/390	440/	2호에 준하는 것	16	-	-	180	D16 이하	공칭 지름의 1.5배
					14A호에 준하는 것	17				D16 초과	공칭 지름의 2배
		SD345	345/440	490/	2호에 준하는 것	18	-	-	180	D16 이하	공칭 지름의 1.5배
					14A호에 준하는 것	19				D16 초과 D41 이하	공칭 지름의 2배

(표이어서)

표 3.1.6 봉강의 규격 일람 예 [12),13)]

	JIS규격	종류의 기호	상온					고온 항복점 N/mm² 상한	굽힘성		
			항복점과 0.2% offset내력 N/mm² 하한/상한	인장 강도 N/mm² 하한/상한	인장 시험편	신율 % 상한	면적 저하율 % 하한		굽힘 각도(°)	내측 반지름	
										D51	공칭 지름의 2.5배
		SD390	390/ 510	560/	2호에 준하는 것	16	-	-	180		공칭 지름의 2.5배
					14A호에 준하는 것	17					
		SD490	490/ 625	620/	2호에 준하는 것	12	-	-	90	D25 이하	공칭 지름의 2.5배
					14A호에 준하는 것	13				D25 초과	공칭 지름의 3배
세경이형PC봉강	G 3137	SBPDN 930/1080	930/	1080/		5	-	-	-	-	-
		SBPDL930 /1080					-	-	-	-	-
		SBPN1080 /1230	1080/	1230/		5	-	-	-	-	-
		SBPDL1080/ 1230					-	-	-	-	-
		SBPDN1275 /1420	1275/	1420/		5	-	-	-	-	-
		SBPDL1275 /1420					-	-	-	-	-

표 3.1.7 용접 재료의 규격 일람 예 [14)]

	JIS규격	종류번호	상온					고온	적용 강재 예
			내력i) N/mm² 하한/상한	인장강도 N/mm² 하한/상한	인장 시험편	신율 % 상한	샤르피 흡수 에너지%	항복점 N/mm² 하한/	
피복 아크 용접봉	Z 3211	E4303	330/	430/	JIS Z 3111에 의함	20	20[0℃]	-	SN400, SS400
		E4916	400/	490/	JIS Z 3111에 의함	20	27[-30℃]		SN490, SM490
마그 용접 와이어	Z 3312	YGW11	400/	490/670	JIS Z 3111에 의함	18	47[0℃]	-	SN490, SM490
		YGW18	460/	550/740	JIS Z 3111에 의함	17	70[0℃]		SM520, TMCP385
		G59JA1UC -3M1T	500/	590/790	JIS Z 3111에 의함	16	47[-5℃]		SA440
서브 머지 아크 용접용 재료	Z 3183	S502-H	390/	490/	JIS Z 3111에 의함	20	47[0℃]	-	SN490, SM490
		S584-H	490/	470/	JIS Z 3111에 의함	18	47[-20℃]		SM520
		S621-HK	500/	610/	JIS Z 3111에 의함	17	27[-5℃]		SA440
일렉트로 슬래그 용접	Z 3353	YES502	325/	490/	JIS Z 3111에 의함	20	40[0℃]	-	SN490, SM520
		YES602	450/	590/	JIS Z 3111에 의함	20	40[-5℃]		SA440

i) 항복이 발생했을 경우는 하항복점으로 하고, 그 경우 이외에는 0.2% 내력으로 한다.

3.2 강재료의 고온시 기계적 성질 및 열적 특성

3.2.1 강재의 분류

본 항에서는 아래의 강재를 대상으로 고온 시 기계적성질 및 열적 특성에 대해서 기술한다. 또한 일반강(이하의 a~i)에 대해서는 각 규격에서 강재의 종류가 더욱 세분화 되어 있으나, 본 항에서는 다음과 같이 크게 구분하였다.

a) 일반구조용 압연강재 SS400 (이하, SS400)

b) 용접구조용 압연강재 SM490 (이하, SM490)

c) 건축 구조용 압연강재 SN400 · SN490 (이하, SN400 · SN490)

d) 일반 구조용 각형강관 STKR400 (이하, STKR400)

e) 건축구조용 탄소강관 STKN490 (이하, STKN490)

f) 건축구조용 냉간 롤 성형 각형강관 BCR295 (이하, BCR295)

g) 건축구조용 TMCP 강재 (이하, TMCP 강)

h) 건축구조용 고성능 590N/mm^2 강재 8A440 (이하, SA440)

i) 건축구조용 고강도 780N/mm^2 강재 H-8A700 (이하, H-SA700)

j) 건축구조용 내화강재(이하 내화강)

k) 스테인리스강

l) 주강

상기 강재의 고온시 및 가열냉각후의 역학적특성에 관한 문헌[1)~35)]에 관한 정리를 표3.2.1~3.2.13에 나타냈다.

표 3.2.1 고온시 특성에 관한 문헌의 시험 조건 목록

문헌 No.	공시재 판 두께 (mm)	시험편 치수 (mm)	가열 온도(℃)	S-S 커브	탄성 계수	0.2% OS	1%시 응력	인장 강도	파단 신장	변형 속도 (%/min) 항복점 근처	항복점 이후	크리프	가열 냉각 후	고온 물성
1)	19~25	ϕ10	상온, 100, 200, 300, 350, 400, 450, 500, 550, 600			○		○	○	0.10~0.33	6~10		○	
2)	ϕ22	ϕ10	상온, 100, 200, 300, 400, 500, 600		○	○		○		0.1~0.3	10			
3,4)	25	ϕ10	상온, 100, 200, 300, 400, 500, 600	○	○	○						○		
5)			상온, 100, 200, 300, 400, 500, 600		○	○								
6)			상온, 300, 400, 500, 600		○	○								
7)	6,12	6,12	상온, 100, 200, 300, 400, 500, 600		○	○				3.0	7.5			
8)	13	ϕ6	상온, 100, 200, 300, 350, 400, 500, 600, 700, 800			○	○	○	○	0.5	7.5			
9)	13	ϕ8	상온, 100, 200, 300, 350, 400, 500, 600, 700, 800, 900			○		○	○	0.5	7.5			
10)			상온, 400, 500, 600, 700			○	○							
11)	13	ϕ6	상온, 300, 400, 500, 600, 700, 800				○	○		0.15	0.15			

(주) 0.2%OS: 0.2% 옵셋(offset) 내력, 1% 시 응력: 1% 변형시 응력

표 3.2.2 SM490 고온시 특성에 관한 문헌의 시험 조건 목록

문헌 No.	공시재 판 두께 (mm)	시험편 치수 (mm)	가열 온도(℃)	S-S 커브	탄성 계수	0.2% OS	1%시 응력	인장 강도	파단 신장	변형 속도 (%/min)		크리프	가열 냉각 후	고온 물성
										항복점 근처	항복점 이후			
1	19~15	ϕ10	상온, 100, 200, 300, 350, 400, 450, 500, 550, 600			○		○	○	0.09~0.45	5.2~10		○	
4),12)	22	ϕ10	상온, 100, 200, 300, 400, 500, 600	○	○	○						○		
5)			상온, 100, 200, 300, 400, 500, 600		○	○								
6)			상온, 300, 400, 500, 600		○	○								
7)	6, 12	6,12	상온, 100, 200, 300, 400, 500, 600		○	○				3.0	7.5			
13)			상온, 400, 500, 600, 700			○	○							
14)	4.5~9	4.5~9	상온, 100, 200, 300, 400, 500, 600, 700, 800, 900			○	○	○	○	0.3	10			
15)	16		상온, 300, 400, 500, 600, 700			○	○			0.3	7.5			
16)			상온, 300, 400, 500, 600, 700, 800		○	○	○	○		0.15	0.15			

(주) 0.2%OS: 0.2% 옵셋(offset) 내력, 1% 시 응력: 1% 변형시 응력

표 3.2.3 SN400의 고온시 특성에 관한 문헌의 시험 조건 목록

문헌 No.	공시재 판 두께 (mm)	시험편 치수 (mm)	가열 온도(℃)	S-S 커브	탄성 계수	0.2% OS	1%시 응력	인장 강도	파단 신장	변형 속도 (%/min)		크리프	가열 냉각 후	고온 물성
										항복점 근처	항복점 이후			
8)17)	6~40	6,ϕ10	상온, 100, 200, 300, 350, 400, 500, 600, 700, 800	○	○	○	○	○						
9)	8~21	ϕ6~10	상온, 100, 200, 300, 350, 400, 500, 600, 700, 800, 900			○		○	○	0.5	7.5			

(주) 0.2%OS: 0.2% 옵셋(offset) 내력, 1% 시 응력: 1% 변형시 응력

표 3.2.4 SN490의 고온시 특성에 관한 문헌의 시험 조건 목록

문헌 No.	공시재 판 두께 (mm)	시험편 치수 (mm)	가열 온도(℃)	S-S 커브	탄성 계수	0.2% OS	1%시 응력	인장 강도	파단 신장	변형 속도 (%/min)		크리프	가열 냉각 후	고온 물성
										항복점 근처	항복점 이후			
8)17)	6~60	6,ϕ10	상온, 100, 200, 300, 350, 400, 500, 600, 700, 800	○	○	○	○	○	○					
11)	20	ϕ6	상온, 300, 400, 500, 600, 700, 800				○	○		0.15	0.15			
15)	34		상온, 300, 400, 500, 600, 700				○			0.3	7.5			
18)	6,9	6,9	상온, 400, 500, 600			○	○	○	○	0.3	7.5			

(주) 0.2%OS: 0.2% 옵셋(offset) 내력, 1% 시 응력: 1% 변형시 응력

표 3.2.5 STKR400의 고온시 특성에 관한 문헌의 시험 조건 목록

문헌 No.	공시재 판 두께 (mm)	시험편 치수 (mm)	가열 온도(℃)	S-S 커브	탄성 계수	0.2% OS	1%시 응력	인장 강도	파단 신장	변형 속도 (%/min)		크리프	가열 냉각 후	고온 물성
										항복점 근처	항복점 이후			
19)	9	ϕ6	상온, 300, 350, 400, 450, 500, 600, 700, 800				○	○						

(주) 0.2%OS: 0.2% 옵셋(offset) 내력, 1% 시 응력: 1% 변형시 응력

표 3.2.6 STKR490의 고온시 특성에 관한 문헌의 시험 조건 목록

문헌 No.	공시재 판 두께 (mm)	시험편 치수 (mm)	가열 온도(℃)	S-S 커브	탄성 계수	0.2% OS	1%시 응력	인장 강도	파단 신장	변형 속도 (%/min)		크리프	가열 냉각 후	고온 물성
										항복점 근처	항복점 이후 (10%＜)			
15)	22	ϕ10	상온, 300, 400, 500, 600, 700, 800	○	○	○	○	○	○	0.3	0.3 (7.5)			

(주) 0.2%OS: 0.2% 옵셋(offset) 내력, 1% 시 응력: 1% 변형시 응력

표 3.2.7 BCR295의 고온시 특성에 관한 문헌의 시험 조건 목록

문헌 No.	공시재 판 두께 (mm)	시험편 치수 (mm)	가열 온도(℃)	S-S 커브	탄성 계수	0.2% OS	1%시 응력	인장 강도	파단 신장	변형 속도 (%/min)		크리프	가열 냉각 후	고온 물성
										항복점 근처	항복점 이후 (10%〈)			
20)	12	ϕ6	상온, 400, 500, 550, 600, 650	○	○	○	○	○	○	0.3	0.3			
21)	12,16, 19,22	ϕ6 ϕ10	상온, 300, 400, 500, 600, 700			○	○			0.3	0.3 (7.5)			

(주) 0.2%OS: 0.2% 옵셋(offset) 내력, 1% 시 응력: 1% 변형시 응력

표 3.2.8 TMCP의 고온시 특성에 관한 문헌의 시험 조건 목록

문헌 No.	공시재 판 두께 (mm)	시험편 치수 (mm)	가열 온도(℃)	S-S 커브	탄성 계수	0.2% OS	1%시 응력	인장 강도	파단 신장	변형 속도 (%/min)		크리프	가열 냉각 후	고온 물성
										항복점 근처	항복점 이후 (10%〈)			
22)	12	ϕ6	상온, 350, 450, 550, 650	○	○	○	○	○	○	0.3	0.3 (7.5)			
23)	19, 45, 50, 60	ϕ10	상온, 300, 350, 400, 450, 500, 600, 700				○	○		0.3	0.3 (7.5)			

(주) 0.2%OS: 0.2% 옵셋(offset) 내력, 1% 시 응력: 1% 변형시 응력

표 3.2.9 SA440의 고온시 특성에 관한 문헌의 시험 조건 목록

문헌 No.	공시재 판 두께 (mm)	시험편 치수 (mm)	가열 온도(℃)	S-S 커브	탄성 계수	0.2% OS	1%시 응력	인장 강도	파단 신장	변형 속도 (%/min)		크리프	가열 냉각 후	고온 물성
										항복점 근처	항복점 이후			
24)			상온, 400, 500, 550, 600, 650, 700			○	○			0.1				
25)		ϕ10	상온, 100, 200, 300, 400, 500, 600, 700, 800, 900, 1000		○	○	○			0.3	9			

(주) 0.2%OS: 0.2% 옵셋(offset) 내력, 1% 시 응력: 1% 변형시 응력

표 3.2.10 H-SA의 고온시 특성에 관한 문헌의 시험 조건 목록

문헌 No.	공시재 판 두께 (mm)	시험편 치수 (mm)	가열 온도(℃)	S-S 커브	탄성 계수	0.2% OS	1%시 응력	인장 강도	파단 신장	변형 속도 (%/min) 항복점 근처	변형 속도 (%/min) 항복점 이후 (10%<)	크리프	가열 냉각 후	고온 물성
26)	16	ϕ10	상온, 100, 200, 300, 400, 500, 600, 700, 800	○	○	○	○	○	○	0.3	0.3 (7.5)			○
27)	12, 16, 19	ϕ10	상온, 350, 400, 500, 550, 600				○			0.3	0.3 (7.5)			

(주) 0.2%OS: 0.2% 옵셋(offset) 내력, 1% 시 응력: 1% 변형시 응력

표 3.2.11 내화강의 고온시 특성에 관한 문헌의 시험 조건 목록

문헌 No.	공시재 판 두께 (mm)	시험편 치수 (mm)	가열 온도(℃)	S-S 커브	탄성 계수	0.2% OS	1%시 응력	인장 강도	파단 신장	변형 속도 (%/min) 항복점 근처	변형 속도 (%/min) 항복점 이후	크리프	가열 냉각 후	고온 물성
29)	16,35	ϕ10	상온, 100, 200, 500, 600, 700		○	○		○				○	○	○

(주) 0.2%OS: 0.2% 옵셋(offset) 내력, 1% 시 응력: 1% 변형시 응력

표 3.2.12 스테인리스강의 고온시 특성에 관한 문헌의 시험 조건 목록

문헌 No.	공시재 판 두께 (mm)	시험편 치수 (mm)	가열 온도(℃)	S-S 커브	탄성 계수	0.2% OS	1%시 응력	인장 강도	파단 신장	변형 속도 (%/min) 항복점 근처	변형 속도 (%/min) 항복점 이후 (10%<)	크리프	가열 냉각 후	고온 물성
32)	12	ϕ6	상온, 100, 200, 300, 400, 500, 600, 650, 700, 750, 800, 850, 900, 950, 1000		○	○		○	○	0.3	7.5	○	○	○
33)	19,25	ϕ10	상온, 300, 400, 500, 600, 700, 800	○		○	○	○	○	0.3	0.3 (7.5)			

(주) 0.2%OS: 0.2% 옵셋(offset) 내력, 1% 시 응력: 1% 변형시 응력

표 3.2.13 주철의 고온시 특성에 관한 문헌의 시험 조건 목록

문헌 No.	공시재 판 두께 (mm)	시험편 치수 (mm)	가열 온도(℃)	S-S 커브	탄성 계수	0.2% OS	1%시 응력	인장 강도	파단 신장	변형 속도 (%/min) 항복점 근처	변형 속도 (%/min) 항복점 이후	크리프	가열 냉각 후	고온 물성
34)		ϕ6	상온, 350, 550, 600	○	○	○		○	○	0.3	2.25			
35)												○		

(주) 0.2%OS: 0.2% 옵셋(offset) 내력, 1% 시 응력: 1% 변형시 응력

3.2.2 강재의 화학성분과 고온특성

강재의 고온 특성은 화학성분이나 압연방법(압연온도, 압하비 등)의 영향을 받아 그것들이 복합적으로 작용하여 고온특성이 결정되는 것으로 알려져 있다. 합금원소의 종류 및 첨가량에 따라 금속조직이 변화한다. 예를 들어 어떤 합금원소를 얼마나 첨가하는가에 따라 고온특성이 달라진다. 이러한 성상을 고려하여 강재의 고온시 강도를 고온인장시험에 의거하지 않고 화학성분으로 추정하는 방법이 검토되고 있어 문헌36)에 소개하였다.

문헌36)에서는 $T > 350$℃ 의 어느 온도에서 고온강도를 파악할 수 있다면 대상강재의 임의의 온도에서 고온강도를 추정할 수 있다고 되어 있고, 또한 600℃에서의 고온강도 추정식을 제안하고 있다. 600℃는 내화강의 강도보증온도이기도 하며, 소재의 고온강도를 판단하기 쉬운 시험온도로서 채용되고 있다. 추정식으로는 건축구조용 강재에서 고온강도에 유의미한 영향을 미치는 합금원소로서 Mn, Si, Mo, Nb, Cr, V의 6원소를 추출하여 표 3.2.16에 나타낸 데이터를 대상으로 600℃에 대해 1%변형시내력 ${}_{600}\sigma_{y1}$를 부여하는 회귀식(3.2.1)을 제시하였다.

$$ {}_{600}\sigma_{y1} = 20[Mn]+15[Si]+3400[Nb^*]+550[Mo^*]+45[Cr]+135[V]+100 $$

단, [X] : 성분 X 의 중량%농도

[Nb*] = min([Nb], 0.025)

[Mo*] = min([Mo], 2*min(0, [C]-[Nb])

Nb는 0.025wt%이상 포함해도 고온강도에 영향을 주지 않는 것으로 하고, Mo는 $M_{O2}C$로써 석출될 경우에 고온강도 향상에 기여하여 $M_{O2}C$로 존재할 수 있는 Mo를 유효한 것으로 한다.

Nb는 모두 NbC로 석출하고, 그 잔량인 C가 $M_{O2}C$가 될 수 있는 것으로 가정한다.

그림 3.2.1은 ${}_{600}\sigma_{y1}$에 대한 시험결과(세로축)와(3.2.1)식에 의한 계산결과(가로축)를 비교하여 나타낸 것인데, 다소의 차이는 있지만 실험결과와 (3.2.1)식에 의한 계산 결과는 좋은 상관관계가 얻어졌으며, 추정식으로서 (3.2.1)은 유용할 것으로 판단된다.

또한, 그림 3.2.1에는 (3.2.1)식을 이용해서 산정한 내화강(400N/mm^{2}급 및 490N/mm^{2}급)의 결과(그림중 ○로 표시)도 함께 나타냈다. 내화강은 고온강도의 향상을 도모하기 위해 특정 합금원소를 복합 첨가하고 있어 통상의 건축구조용 강재와는 성분을 달리하나, 내화강의 경우에도 좋은 상관관계를 나타내고 있으므로 폭넓은 (3.2.1)식의 유용성을 확인할 수 있다. 일반적으로 강재의 고온강도는 제조조건의 영향 외에 Ti, N등의 검사증명서에는 기재되지 않는 경우가 많은 첨가원소의 영향도 받지만, (3.2.1)식에 의하면 일반적으로 검사증명서에 기재되는 화학성분 함유량만을 이용해서 고온강도를 추정할 수 있다고 평가하고 있다. 본 검토는 강종이나 n수를 더 늘린 검토가 필요하지만, 본 방법은 시간이 상당히 필요한 고온인장시험에 따르지 않으므로 그 실용화가 기대된다.

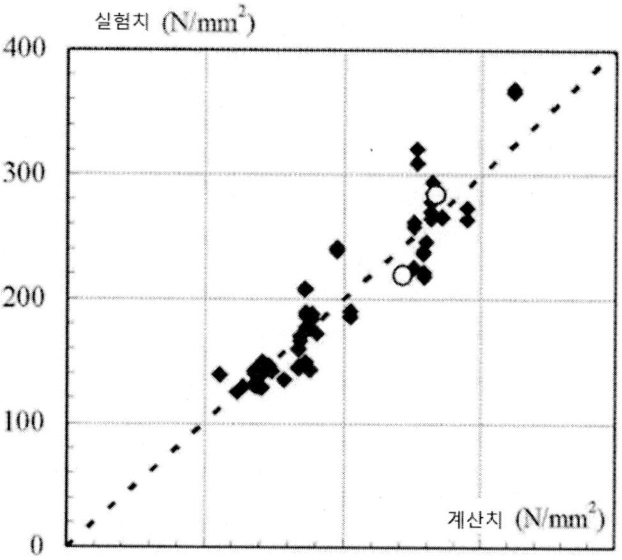

그림 3.2.1 1%유효내력@600℃ 비교 [36)]

표 3.2.14 중회귀 분석에 이용한 데이터 제원 [36)]

강도등급	판두께 (mm)	n수	[Mn] (wt%)	[Si] (wt%)	[Nb*] (wt%)	[Mo*] (wt%)	[Cr] (wt%)	[V] (wt%)
400N/mm^{2}급	22~32	3	0.78~0.95	0.20~0.21	0.000~0.001	0.000~0.011	0.005~0.028	0.001~0.003
490N/mm^{2}급	17~50	5	1.34~1.51	0.29~0.41	0.001~0.012	0.022~0.010	0.020~0.050	0.000~0.030
520N/mm^{2}급	19~95	11	1.25~1.55	0.30~0.35	0.000~0.011	0.000~0.010	0.020~0.020	0.000~0.001
550N/mm^{2}급	12~60	20	1.34~1.43	0.00~0.40	0.000~0.011	0.000~0.010	0.000~0.040	0.000~0.003
590N/mm^{2}급	25~80	16	1.44~1.55	0.01~0.25	0.010~0.120	0.010~0.150	0.020~0.300	0.001~0.050
780N/mm^{2}급	16~50	12	0.95~1.92	0.10~0.36	0.000~0.025	0.000~0.280	0.060~0.980	0.000~0.047

3.2.3 응력–변형관계

일반강의 응력-변형관계의 한 예로서 그림 3.2.2(a)에 SS400의 결과를, 그림 3.2.2(b)에 SM490의결과를, 그림 3.2.2(c)에 SN400의 결과를 나타냈다. 모든 결과가 거의 비슷한 경향으로 나타났다. 상온에서는 탄성계수 및 항복참이 명료하고 변형경화가 나타난다. 온도상승과 함께 탄성계수가 불분명해지고, 항복참이 명확하지 않으며 범위가 좁아져 300℃ 또는 400℃에서 항복참을 확인할 수 없게 된다. 또한 600℃ 이상에서는 변형경화가 확인되지 않았다. 냉간성형된 원형강관의 응력-변형관계의 한 예로서 그림 3.2.2(e)에 STKN490의 결과를, 냉간성형 각형강관의 응력-변현관계의 한 예로서 그림 3.2.2(f)에 BCR295의 결과를 나타냈다. 양쪽모두 냉간가공의 영향으로 상온에서도 항복참은 보이지 않고 이른바 라운드하우스 형태의 응력변형관계를 가지고 있다. 600℃ 이상이 되면 항복후, 응력-변형관계에 약간의 마이너스 기울기가 나타난다. 고강도강의 응력-변형관계의 일례로서 그림 3.2.2(g)에 TMCP385의 결과를, 그림 3.2.2(h)에 H-SA700의 결과를 나타냈다. TMCP강은 SN400이나 Sn490등의 일반강과 같은 경향을 나타내고 있으나, H-SA700은 항복비의 규격 하한값이 높기 때문에, 상온에서도 변형경화는 SN400이나 SN490등 보다 작고, 500℃ 이상이 되면 항복 후, 응력-변형관계에 약간의 마이너스 기울기를 볼 수 있다.

스테인리스강의 응력-변형 관계의 한 예로서 그림 3.2.3(a)에 SUS304A의 시험결과를, 그림 3.2.3(b)에 SUS304N2A의 시험결과를 나타냈다. 스테인리스강의 응력-변형관계는 전 온도영역에서 라운드하우스 형태로 이루어지며, 명확한 항복참은 보이지 않는다. 또한, 일반강에서는 500℃ 이상에서 소성화 개시 후의 경화 기울기가 보이지 않게 되는 경향이 있으나, 스테인리스강에서는 700℃ 근처까지 경화기울기가 나타났다.

용접구조용 주강품의 응력-변형관계의 한 예로서 그림 3.2.4(a)에 SCW550의 시험결과를, 그림 3.2.4(b)에 SCW620의 시험결과를 나타낸다. 주강의 응력-변형관계는 공표된 것이 적기 때문에 일반적인 경향은 파악할 수 없지만 어기서 나타낸 것은 일반강과 유사한 관계가 보인다.

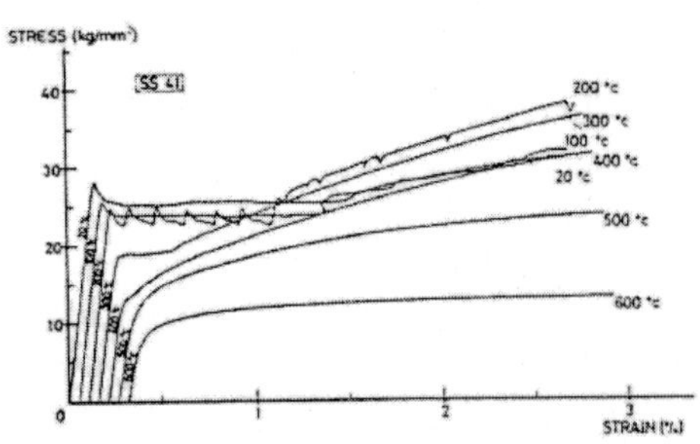

그림 3.2.2(a) SS400의 응력–변형 관계의 예 [3)]

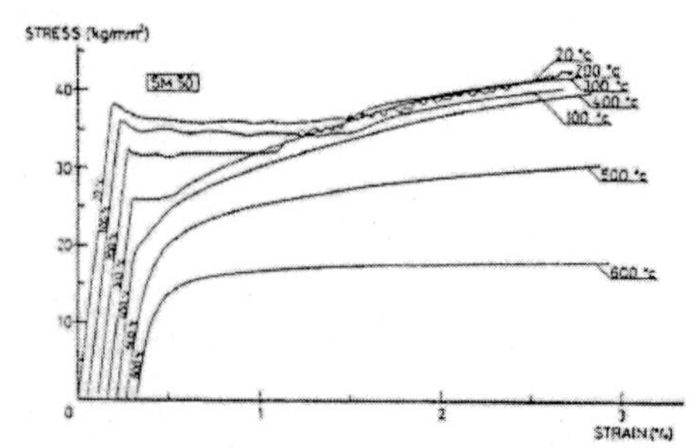

그림 3.2.2(b) SM490의 응력–변형 관계의 예 [12)]

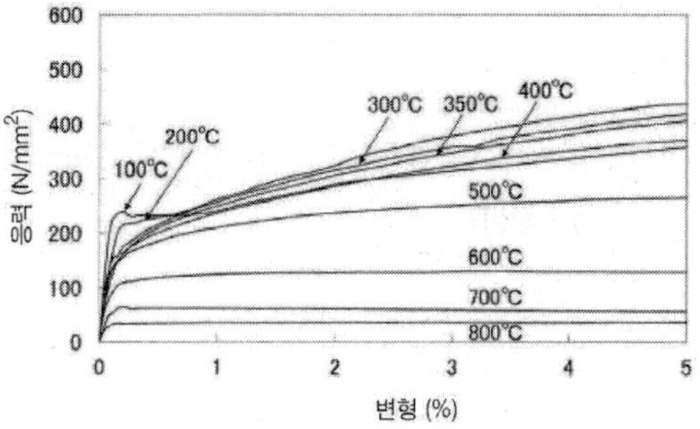

그림 3.2.2(c) SN400의 응력–변형 관계의 예 [17]

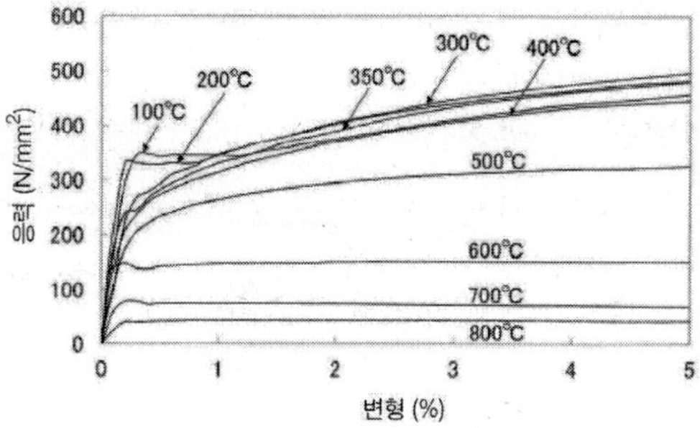

그림 3.2.2(d) SN490의 응력–변형 관계의 예 [17]

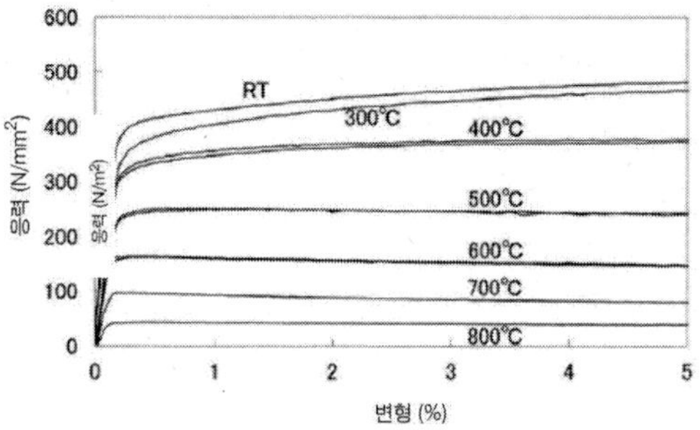

그림 3.2.2(e) STKN490의 응력–변형 관계의 예 [15]

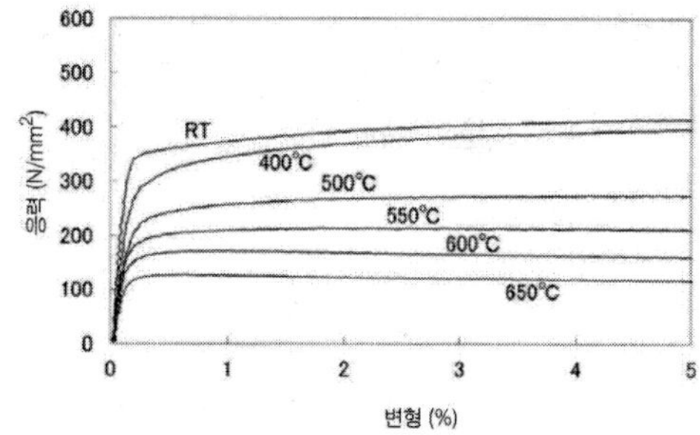

그림 3.2.2(f) BCR295의 응력–변형 관계의 예 [20]

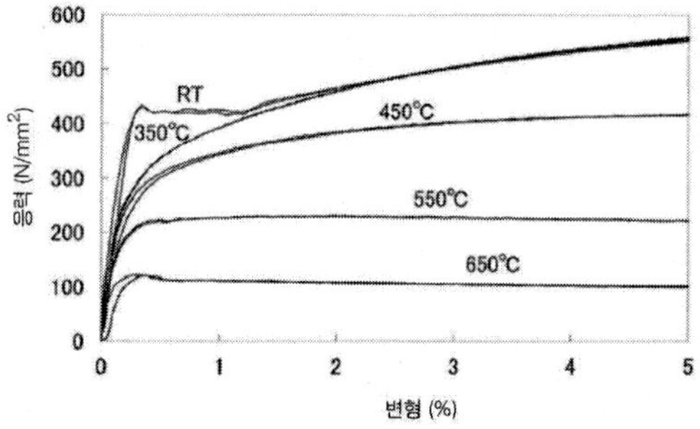

그림 3.2.2(g) TMCP385의 응력–변형 관계의 예 [22]

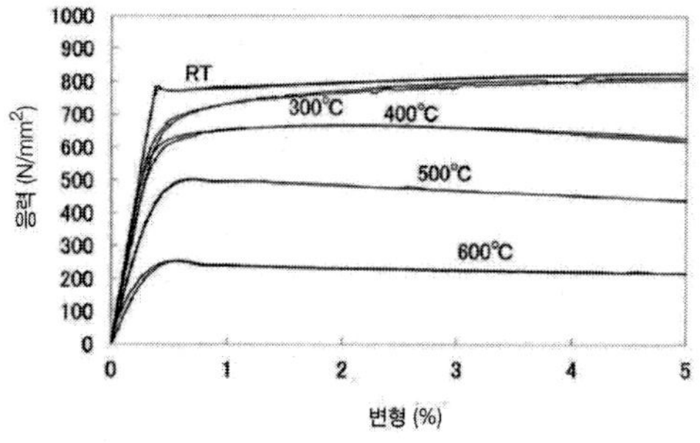

그림 3.2.2(h) H–SA700의 응력–변형 관계의 예 [26]

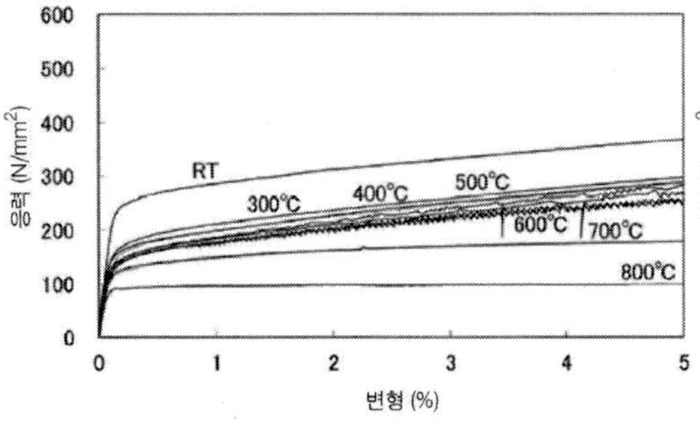

그림 3.2.3(a) SUS304A의 응력-변형 관계의 예 [33]

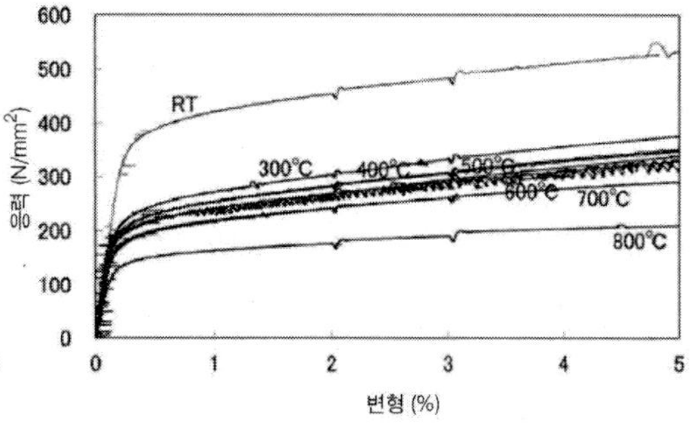

그림 3.2.3(b) SUS304N2A의 응력-변형 관계의 예 [33]

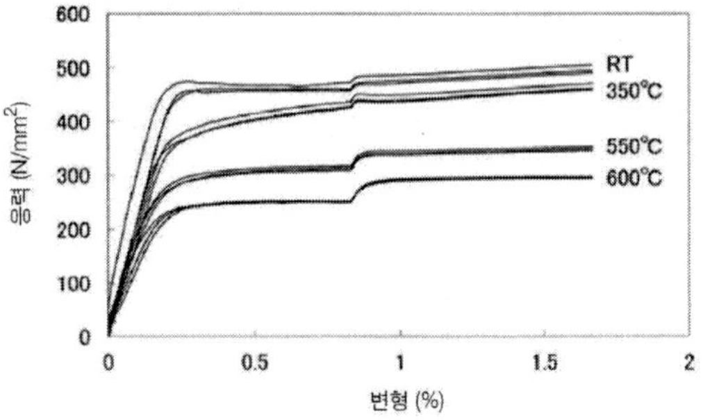

그림 3.2.4(a) SCW550의 응력-변형 관계의 예 [34]

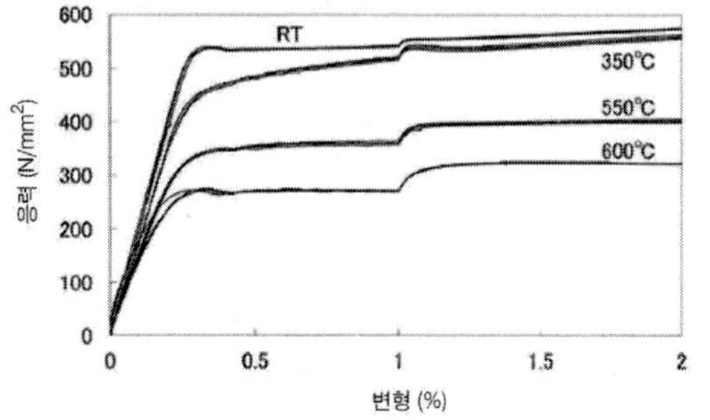

그림 3.2.4(b) SCW620의 응력-변형 관계의 예 [34]

응력-변형관계를 모델화(수식화)하는 연구도 시도되었으며 여기에서는 문헌37) 및 38)에서 제안된 모델화를 소개한다. 문헌 37)에서는 (3.2.2)식처럼 크리프식41)을 참고로하여 강재의 변형을 탄성변형ε_e, 소성변형ε_p, 크리프변형 ε_c의 합으로 표현하였다.

$$\varepsilon = \varepsilon_e + \varepsilon_p + \varepsilon_c = (\sigma / E_T) + (\sigma_k)^k + 10^A \sigma^B t^n \qquad (식\ 3.2.2)$$

여기서, ε : 강재의 변형, σ : 응력, E_T : T℃의 탄성계수, t : 재하시간

σ_k, k, A, B, n : 온도에 의해 정해지는 정수

σ_k및 k는 강종별 또는 각 온도에 따라 결정되는 정수이다. σ_k및 k는 T℃에서의 탄성계수를 부여하고 응력-변형관계상의 대표적인 임의의2점을 구하면 구해진다. 문헌37)에서는 0.2%항복응력도에 대응하는 점 및 변형2.5%에 대응하는 점을 대표적인 점으로 하여 σ_k및 k의 값은 100℃마다 600℃까지 부여하고 있다. 본 기법에 의한 모델화의 예로서 SS400의 경우를 그림 3.2.5(a)에 나타냈다.

문헌38)에서는 (3.2.3)식에 나타낸 식으로 강재의 고온시 응력을 표시하였다.

$$\sigma(\varepsilon) = \max\{\sigma_1(\varepsilon),\ \sigma_2(\varepsilon)\} \qquad \text{식 (3.2.3)}$$

여기서 $\sigma_1(\varepsilon) = \min\{E\varepsilon, \sigma_{yt}\},\ \ \sigma_2(\varepsilon) = f_1(\varepsilon) + f_2(\varepsilon),$

$$f_1(\varepsilon) = \frac{E_0\varepsilon}{\left\{1+\left(\frac{\varepsilon}{\varepsilon_0}\right)^n\right\}^{1/n}},\quad f_2(\varepsilon) = \frac{E_t\varepsilon}{\sqrt{1+\left(\frac{\varepsilon}{\varepsilon_2}\right)^2}}$$

$$E_0 = E - Et,\quad \varepsilon_0 = \sigma_2/E_0,\quad \varepsilon_2 = 0.05$$

$\sigma_1(\varepsilon)$에서는 고온시의 탄성계수E 및 항복강도 σ_{yt}에 따른 완전 탄소성거동을, Richard식[42]을 이용한 $\sigma_2(\varepsilon)$에서는 변형경화역이나 고온시의 곡선형의 응력-변형관계를 표현하고 있다. (3.2.3)식에 의해, 항복참과 변형경화가 나타나는 300℃까지의 거동 및 고온역에서의 곡선형 모델화가 가능하다. 본 수법에 의한 모델화의 예로서 SS400의 경우를 그림 3.2.5(b)에 나타냈다.

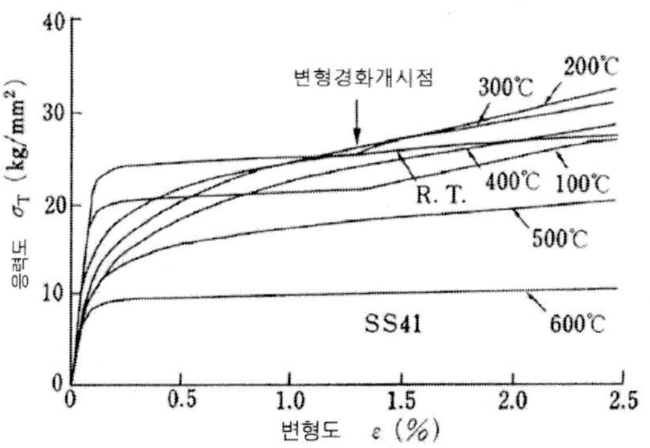

그림 3.2.5(a) 응력-변형 관계의 모델화의 예(SS400)[37]

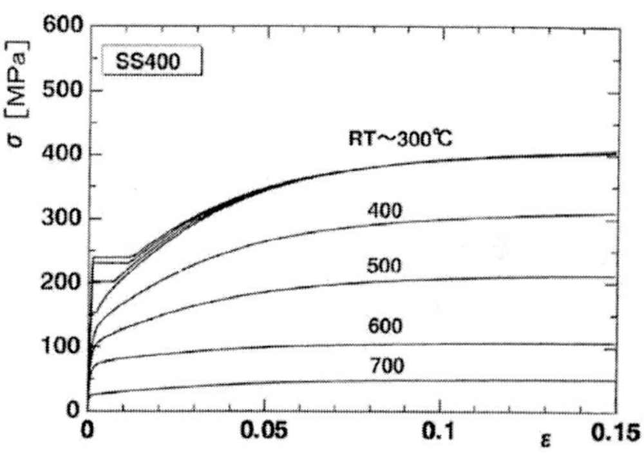

그림 3.2.5(b) 응력-변형 관계의 모델화 사례[38]

3.2.4 탄성계수

일반강의 고온 시 탄성계수에 대하여 그림 3.2.6(a)에 SS400의 결과를, 그림3.2.6(b)에SN400의 결과를, 그림 3.2.6(c)에 SM490의 결과를, 그림 3.2.6(d)에 SN490의 결과를, 그림 3.2.6(e)에 STKN490의 결과를, 그림 3.2.6(f)에 BCR295의 결과를, 그림 3.2.6(g)에 TMCP385의 결과를, 그림 3.2.6(h)에 SA400의 결과를, 그림 3.2.6(i)에 H-SA700의 결과를 나타냈다. 그림에 나타낸 방화 총프로젝트식, 유로코드식이란 각각 문헌37),39)에서 제시된 것이다. 또한, 기존시험데이터에서 얻은 탄성계수의 평균값과 표준편차를 표 3.2.15에 나타냈다.

표 3.2.15 탄성계수 평균값과 표준편차

		시험 온도								
		상온	100	200	300	400	500	600	700	800
SS400×10^5 (N/mm^2)	샘플수	8	5	5	8	8	8	8		
	평균치	2.08	2.04	2.02	1.93	1.74	1.41	1.22		
	표준편차	0.156	0.0724	0.109	0.181	0.0665	0.169	0.165		
SN400×10^5 (N/mm^2)	샘플수	1	1		1	1	1	1	1	1
	평균치	2.50	2.40		2.10	1.60	1.50	1.30	0.60	0.50
	표준편차	-	-		-	-	-	-	-	-
SM490×10^5 (N/mm^2)	샘플수	11	6	6	9	11	11	11	2	2
	평균치	1.93	1.99	1.90	1.83	1.72	1.45	1.21	1.23	0.78
	표준편차	0.150	0.152	0.146	0.107	0.113	0.137	0.206	0.0354	0.318
SN490×10^5 (N/mm^2)	샘플수	1	1	1		1	1	1	1	1
	평균치	2.15	2.10	2.30		1.90	1.70	1.30	0.65	0.25
	표준편차	-	-	-		-	-	-	-	-
STKN490×10^5 (N/mm^2)	샘플수	1			1	1	1	1	1	1
	평균치	2.20			2.10	1.80	1.65	1.40	0.90	0.45
	표준편차	-			-	-	-	-	-	-
BCR295×10^5 (N/mm^2)	샘플수	1				1	1	1		
	평균치	2.20				1.90	1.50	1.30		
	표준편차	-				-	-	-		
TMCP385×10^5 (N/mm^2)	샘플수	1			1	1	1	1		
	평균치	1.95			1.80(350)	1.65(450)	1.50(550)	1.10(650)		
	표준편차	-			-	-	-	-		
SA440×10^5 (N/mm^2)	샘플수	1	1	1	1	1	1	1	1	1
	평균치	1.94	2.03	1.80	1.86	1.42	1.29	0.77	0.35	0.58
	표준편차	-	-	-	-	-	-	-	-	-
H-SA700×10^5 (N/mm^2)	샘플수	2	2	2	2	2	2	2	2	2
	평균치	2.09	2.05	2.00	1.93	1.86	1.75	1.59	1.27	1.04
	표준편차	0.006	0.006	0.006	0.004	0.005	0.011	0.006	0.016	0.018

먼저, 고온시 탄성계수의 특정 방법에 관하여 기술한다. 측정방법은 크게 정적측정과 동적측정법이 있다. 측정방법에 관해서는 JIS Z 2280 (금속재료의 고온영률시험방법)에 규정되어 있다. 정적측정법은 정적인 하중에 의하여 얻어지는 응력-변형관계의 탄성변형영역에서 산출하는 방법으로 이전부터 널리 사용되고 있다. 동적 측정법에는 초음파 펄스법, 공진법이 있다. 본 항의 그림에서 수치가 게재되어 있지 않은 것에 대해서는 정적측정법으로서 응력-변형 관계로 표시하였다.

그림 3.2.31(a),(b)의 SS400 및 SN400에서는 온도와 함께 서서히 탄성계수가 저하되어 600℃에서 상온시에 대한 저하율은 약 0.6이다. 그림 3.2.31(c),(d)의 SM490 및 SN490에서는 상온~200℃까지는 거의 같은 값을 나타냈으나, 200℃이후 서서히 저하되어 600℃에서 저하율은 약 0.6이었다. 또한, SS400 및 SM490 모두 시험에 의한 편차가 크다. 그림 3.2.31(e)~(h)의 냉간성형된 강재나 고강도강에 관해서도 데이터 수는 적지만 같은 경향을 보인다. 단, H-SA700에 대해서는 600℃ 정도 이후의 고온 영역에서 다른 강종보다 큰 값으로 나타나는데, 이는 측정방법의 차이에 의한 것일 가능성이 있다. H-SA700은 횡진동법으로 계측하고, 그 외의 강종은 정적측정법으로 계측하고 있다.

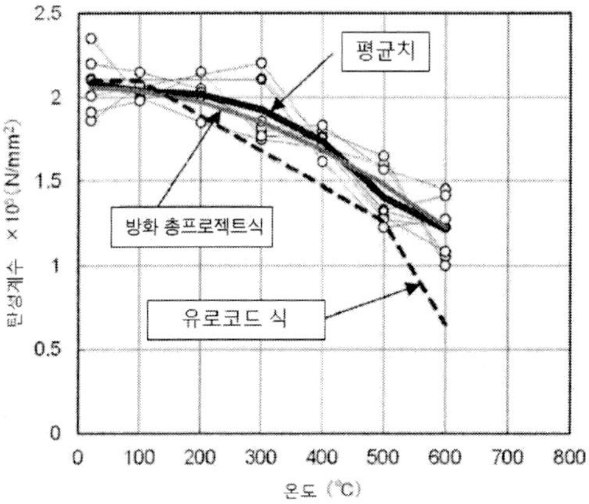

그림 3.2.6(a) SS400의 탄성계수 표 3.2.1참조)

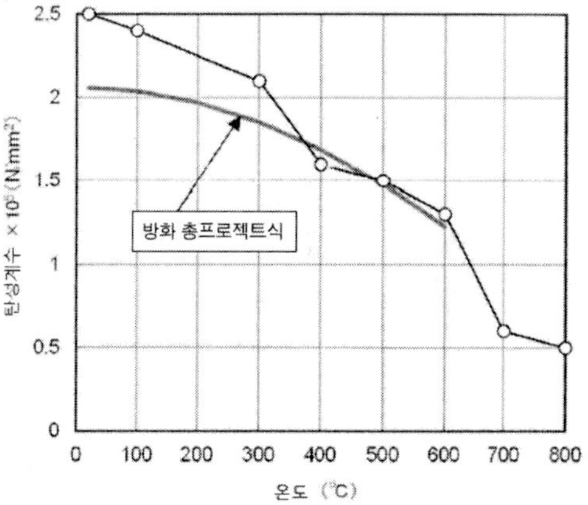

그림 3.2.6(b) SN400의 탄성계수 표 3.2.3참조)

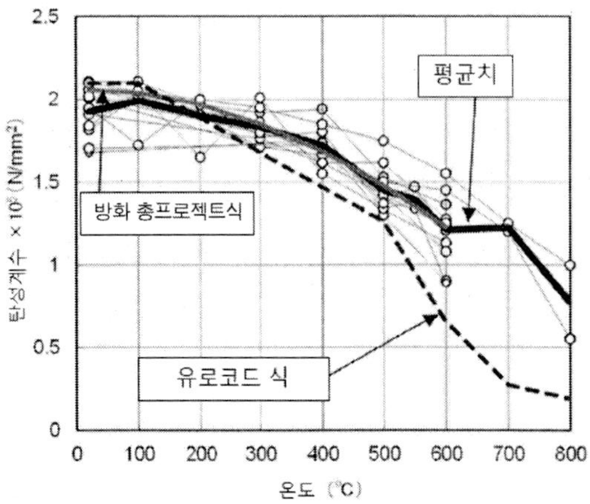

그림 3.2.6(c) SM490의 탄성계수 표 3.2.2참조)

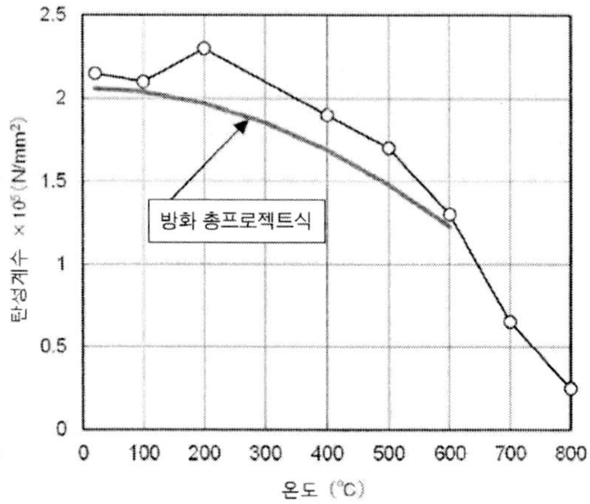

그림 3.2.6(d) SN490의 탄성계수 표 3.2.4참조)

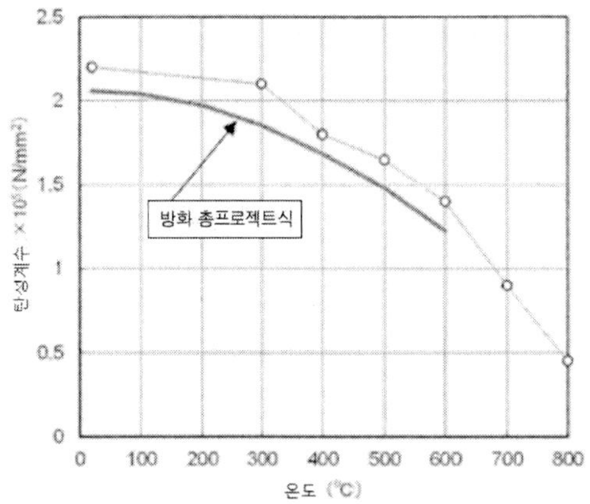

그림 3.2.6(e) STKN490의 탄성계수 표 3.2.6참조)

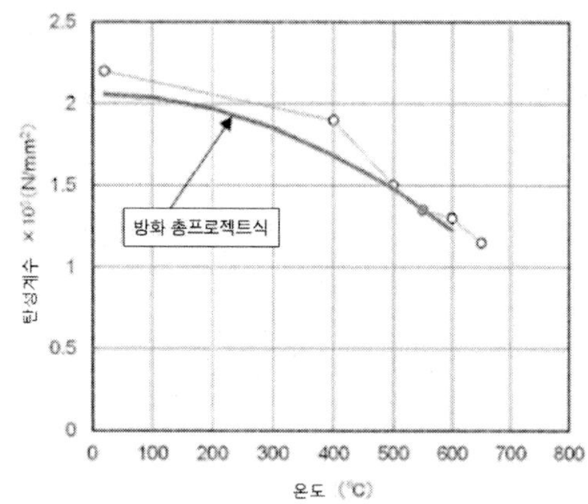

그림 3.2.6(f) BCR295의 탄성계수 표 3.2.7참조)

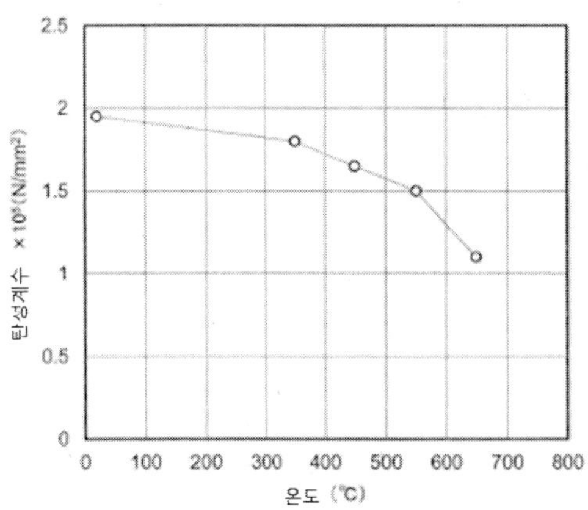

그림 3.2.6(g) TMCP385의 탄성계수 표 3.2.8참조)

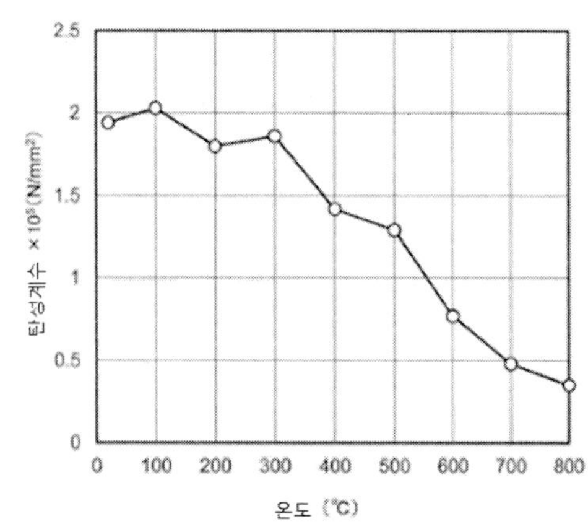

그림 3.2.6(h) SA440의 탄성계수 표 3.2.9참조)

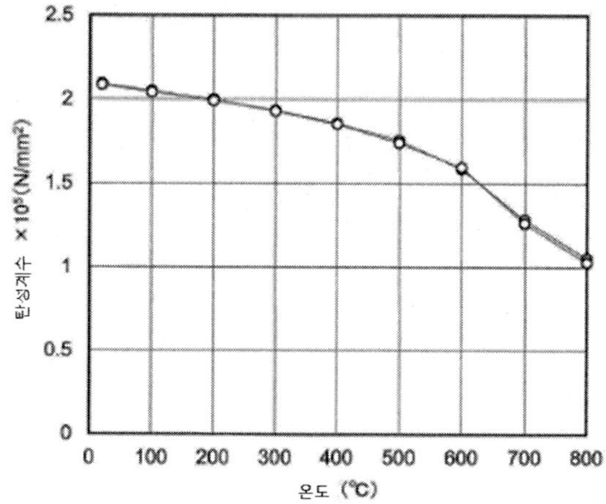

그림 3.2.6(i) H-SA700의 탄성계수 표 3.2.10참조)

내화강의 고온시 탄성계수의 온도의존성에 관하여 그림 3.2.7에 일례를 나타냈다. 탄성계수는 횡진동법 및 초음파펄스법으로 측정한 것이다. 대상강재는 SM490-FR로 판 두께16mm의 후강판이다. 그림에는 비교적 일반강인 SM490(판 두께 16mm)도 함께 나타내었다. 본 예에서는 내화강의 고온시 탄성계수는 일반강과 거의 동일하다.

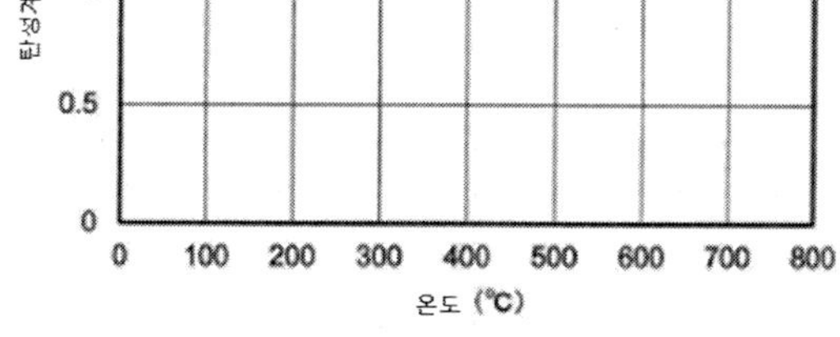

그림 3.2.7 내화강의 탄성계수 표 3.2.11참조)

스테인리스강의 고온시 탄성계수의 온도의존성에 관항 그림 3.2.8(a), 그림 3.2.8(b)에 일례를 제시한다. 탄성계수는 공진법으로 측정한 것이다. 일반강의 탄성계수가 600~700℃부근에서 급격히 저하하는 반면, 스테인리스강은 750℃까지 상온시의 약 70%를 유지하고 있다.

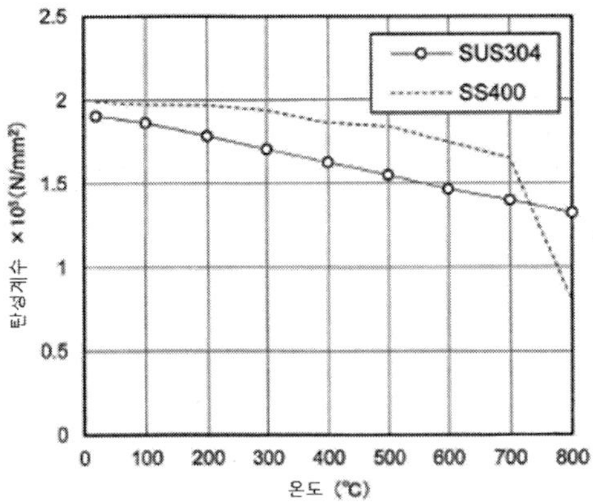

그림 3.2.8(a) SUS304의 탄성계수 표 3.2.12참조)

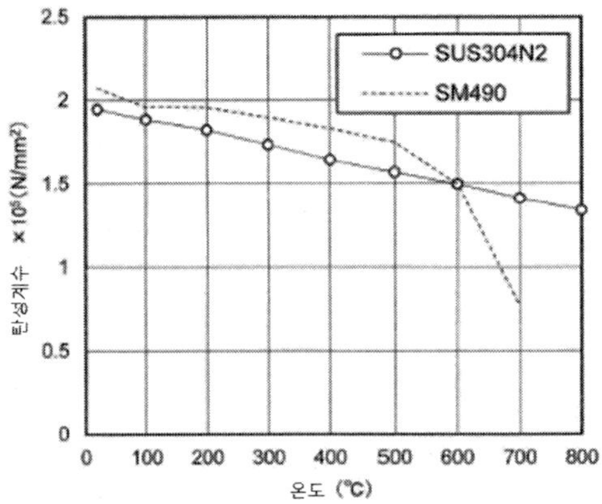

그림 3.2.8(b) SUS304N2의 탄성계수 표 3.2.12참조)

용접 구조용 주강품의 고온시 탄성계수의 온도의존성에 관하여 그림 3.2.9(a)에 SCW550의 결과를, 그림 3.2.9(b)에 SCW620의 결과를 나타낸다. 주강의 고온시 탄성계수는 일반강과 거의 같은 경향을 나타내고 있다.

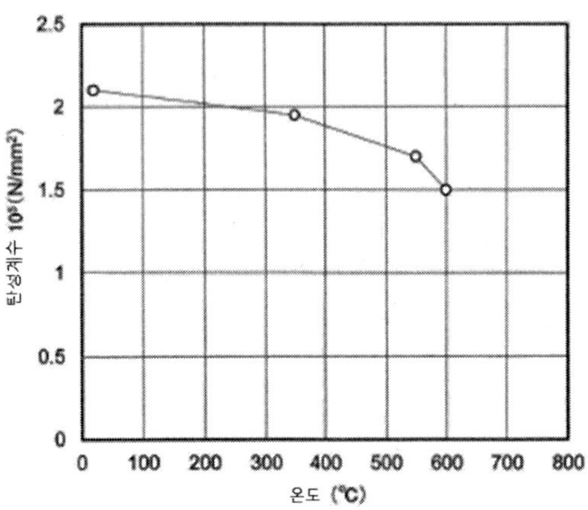

그림 3.2.9(a) SCW550의 탄성계수 표 3.2.13참조)

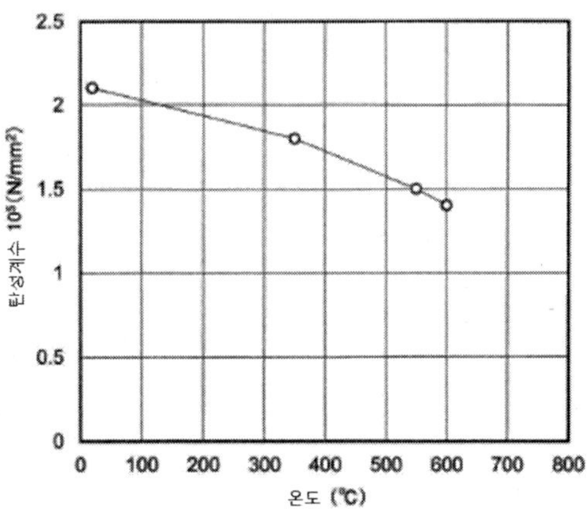

그림 3.2.9(b) SCW620의 탄성계수 표 3.2.13참조)

3.2.5 0.2% 옵셋(offset)내력

고온시의 항복강도 또는 0.2% 옵셋(offset)내력에 관해 그림 3.2.10(a)에 SS400의 결과를, 그림 3.2.10(b)에 SN400의 결과를, 그림 3.2.10(c)에 SM490의 결과를, 그림 3.2.10(d)에 SN490의 결과를, 그림 3.2.10(e)에 STKN490의 결과를, 그림 3.2.10(f)에 BCR295의 결과를, 그림 3.2.10(g)에 TMCP385의 결과를, 그림 3.2.10(h)에 SA440의 결과를, 그림 3.2.10(i)에 H-SA700의 결과를 나타냈다. 이러한 그림의 작성시 수치가 게재되어 있지 않은 것에 대해서는 응력-변형 관계로부터 도출하였다. 또한, 이 그림의 일부는 방화총프로젝트식의 값을 게재하였다. 방화총프로젝트식은 당시 시험데이터의 평균치에 따라 정해진 식이다. 또한, 이전의 고온 시험 데이터에서 얻은 0.2% 옵셋(offset) 내력의 평균값과 표준편차를 표 3.2.16에 나타냈다.

표 3.2.16 0.2% 옵셋(offset) 내력의 평균값과 표준편차

		시험온도								
		상온	100	200	300	400	500	600	700	800
SS400 (N/mm^2)	샘플수	19	10	12	18	19	19	19	5	4
	평균치	281	243	234	199	180	163	108	56	31
	표준편차	33	22	25	27	19	11	11	7	6
SN400 (N/mm^2)	샘플수	23	14	23	23	23	23	23	23	23
	평균치	292	269	267	209	1181	160	109	62	33
	표준편차	33	41	30	25	22	17	14	12	4
SM490 (N/mm^2)	샘플수	24	9	9	16	19	24	24	4	2
	평균치	372	331	308	274	259	224	151	65	37
	표준편차	30	35	26	29	34	26	25	14	4
SN490 (N/mm^2)	샘플수	12	10	10	10	12	12	12	10	10
	평균치	363	337	314	263	243	213	138	70	40
	표준편차	34	34	43	32	30	30	27	20	8
STKN490 (N/mm^2)	샘플수	1			1	1	1	1	1	1
	평균치	410			372	323	247	165	96	43
	표준편차	-			-	-	-	-	-	-
BCR295 (N/mm^2)	샘플수	8			7	8	8	8	7	
	평균치	388			374	325	231	140	65	
	표준편차	22			17	17	18	13	12	
TMCP385 (N/mm^2)	샘플수	1			1	1	1	1		
	평균치	420			316(350)	276(450)	211(550)	120(650)		
	표준편차	-			-	-	-	-		
SA440 (N/mm^2)	샘플수	2	1	1	1	2	2	2	2	1
	평균치	484	423	398	390	390	300	154	61	37
	표준편차	16	-	-	-	78	108	76	26	-
H-SA700 (N/mm^2)	샘플수	1	1	1	1	1	1	1	1	1
	평균치	773	747	712	694	628	492	249	72	42
	표준편차	-	-	-	-	-	-	-	-	-

SS400 · SN400 · SM490 · SN490모두, 0.2% 옵셋(offset) 내력은 온도가 상승함에 따라 대체로 직선적으로 저하된다. 각 실험결과에 편차가 나타났으나, 대부분의 실험결과는 방화총프로젝트식[37]에서 제안된 식을 상회하고 있다. 평균치의 결과로부터 고온시 강도저하 비율을 보면, SS400 · SN400 · SM490 · SN490에 큰 차이는 보이지 않는다.

냉간성형에 의해 제조된 원형강관 STKN490 및 각형강관 BCR295에 대해서도 0.2% 옵셋(offset) 내력은 온도상승과 함께 저하되고 있다. STKN490, BCR295모두 평균치는 방화총프로젝트식의 값을 상당히 웃돌고 있으며, 냉간성형에 의해 제조된 원형강관 및 각형강관에 방화총프로젝트식을 적용하면 대폭적인 안전측평가를 하게 된다. 고강도강에서도 0.2% 옵셋(offset) 내력은 온도상승과 함께 저하되고 있으나 데이터가 적기 때문에 현재 상태로서는 저하정도의 경향을 파악하기는 어려운 상황이다.

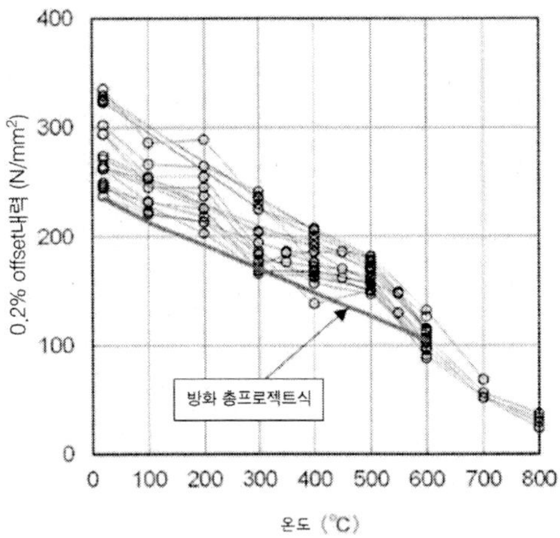

그림 3.2.10(a) SS400의 0.2% 옵셋(offset) 내력
표3.2.1 참고)

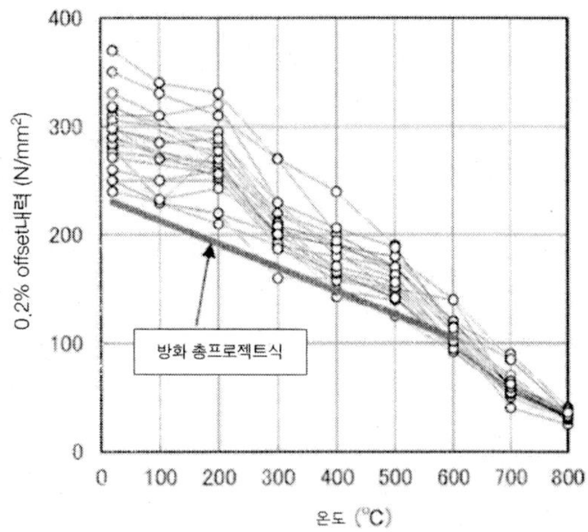

그림 3.2.10(b) SN400의 0.2% 옵셋(offset) 내력
표3.2.3 참고)

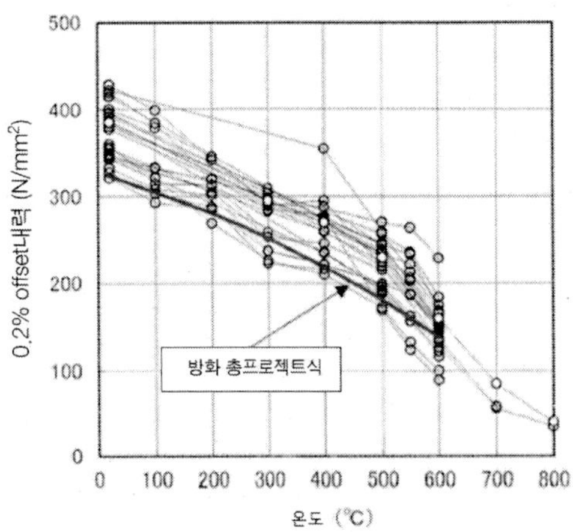

그림 3.2.10(c) SM490의 0.2% 옵셋(offset) 내력
표3.2.2 참고)

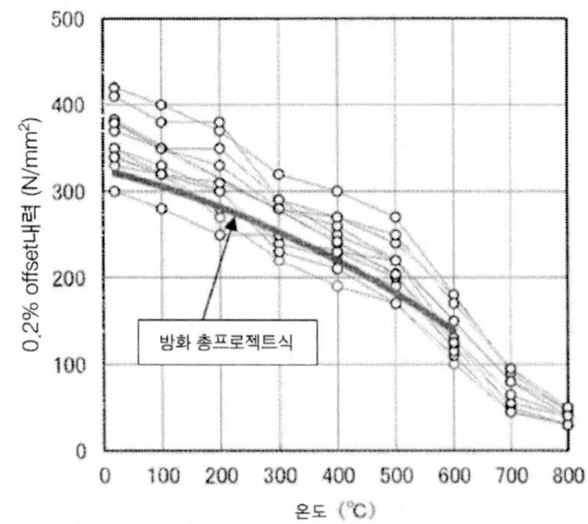

그림 3.2.10(d) SN490의 0.2% 옵셋(offset) 내력
표3.2.4 참고)

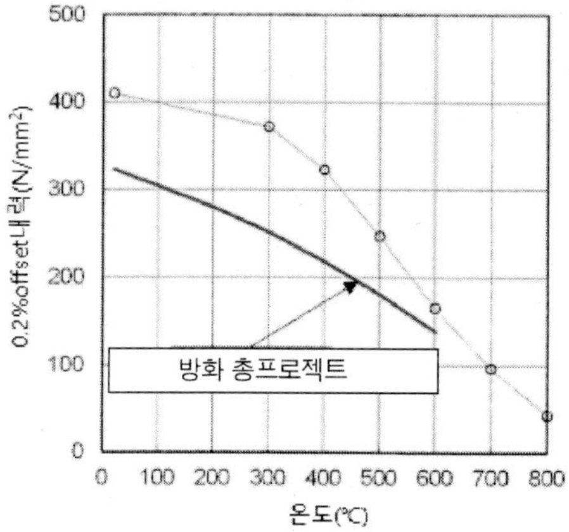

그림 3.2.10(e) SKTN490의 0.2% 옵셋(offset) 내력 표3.2.6 참고)

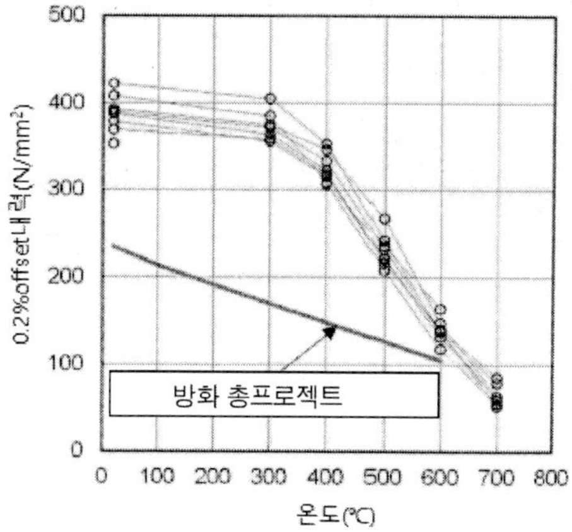

그림 3.2.10(f) BCR295의 0.2% 옵셋(offset) 내력 표3.2.7 참고)

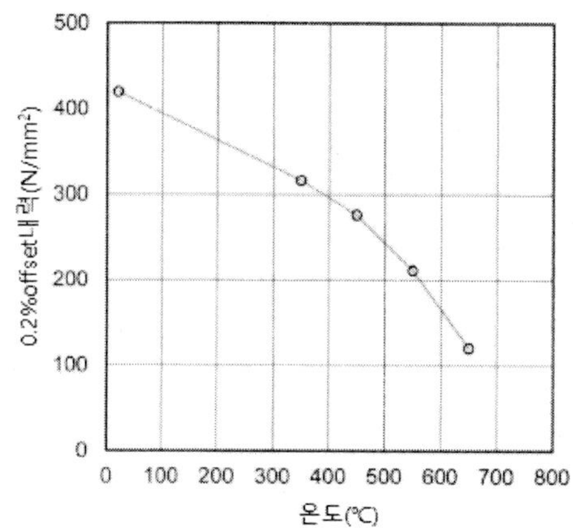

그림 3.2.10(g) TMCP385의 0.2% 옵셋(offset) 내력 표3.2.8 참고)

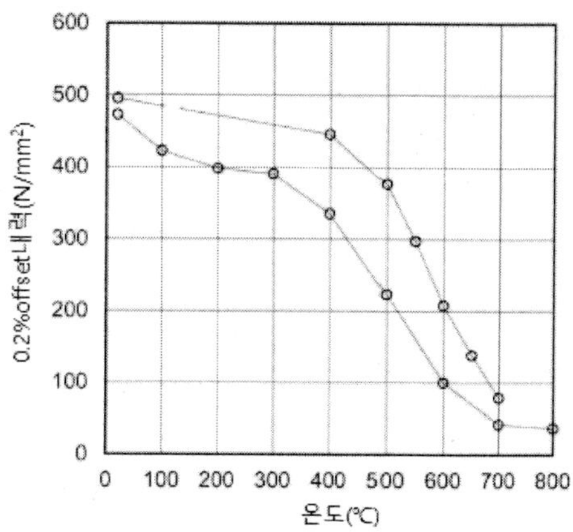

그림 3.2.10(h) SA440의 0.2% 옵셋(offset) 내력 표3.2.9 참고

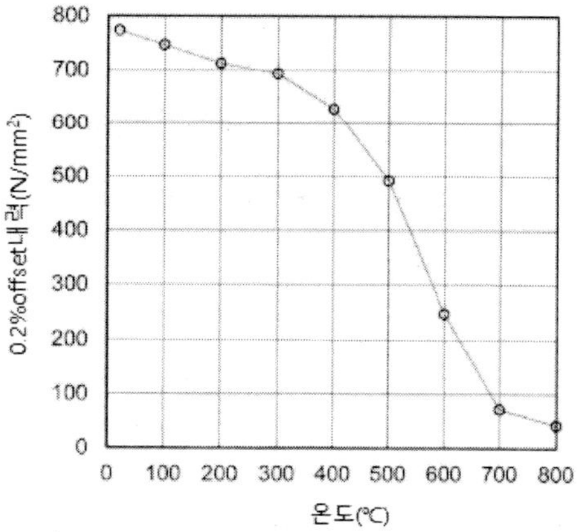

그림 3.2.10(i) H-SA7000의 0.2% 옵셋(offset) 내력 표3.2.10 참고

내화강의 항복내력(0.2% 옵셋(offset))의 온도 의존성의 일례를 일반강과 비교하여 그림 3.2.11에 나타냈다. 본 예에서 내화강은 일반강에 비해 500℃ 이후의 고온시에 항복내력이 높게 평가되고 있다.

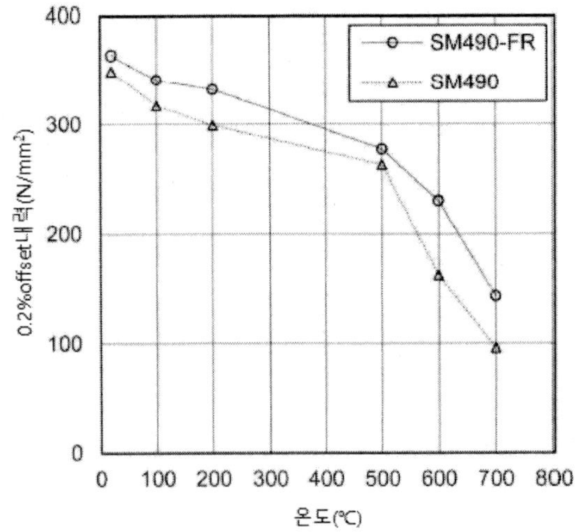

그림 3.2.11 내화강의 0.2% 옵셋(offset) 내력 [표3.2.11]

그림 3.2.12(a)에 SUS30A의 고온특성, 그림 3.2.12(b)에 SUS304N2A의 항복내력 0.2% 옵셋(offset)의 온도 의존성의 일례를 나타냈다. 또한, 이전의 고온시험 데이터에서 얻은 0.2% 옵셋(offset) 내력의 평균값과 표준편차를 표 3.2.17에 나타냈다. 이 그림들의 작성에 있어서 수치가 게재되어 있지 않은 것에 대해서는 응력-변형 관계로부터 표시하였다. 스테인리스강의 0.2% 옵셋(offset) 내력의 온도 의존성은 3단계로 구분 할 수 있다. 상온에서 300℃정도 까지는 약간 하락률이 크며, 300~700℃에서는 완만하게 떨어지고 있다. 700℃를 초과하면 다시 저하율이 커진다. 반면, 일반강의 SS400은 500℃이상에서의 저하가 스테인리스강보다 현저한 것을 알수 있다.

표 3.2.17 0.2% 옵셋(offset) 내력의 평균값과 표준편차(스테인리스강)

		시험온도								
		상온	100	200	300	400	500	600	700	800
SUS304A (N/mm^2)	샘플수	7	1	1	7	7	7	7	7	7
	평균치	265	210	179	166	157	146	138	121	93
	표준편차	13	-	-	27	20	17	18	15	17
SUS304N2A (N/mm^2)	샘플수	6	1	1	6	6	6	6	6	6
	평균치	395	324	272	237	223	205	201	190	152
	표준편차	13	-	-	36	24	19	17	13	21

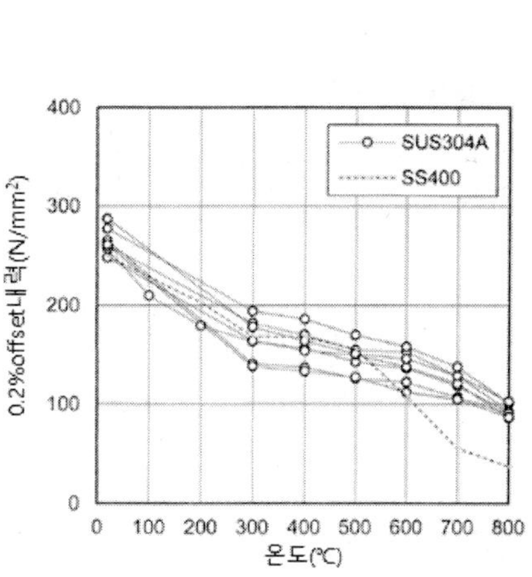

그림 3.2.12(a) SUS304A의 0.2% 옵셋(offset) 내력
표3.2.12 참고

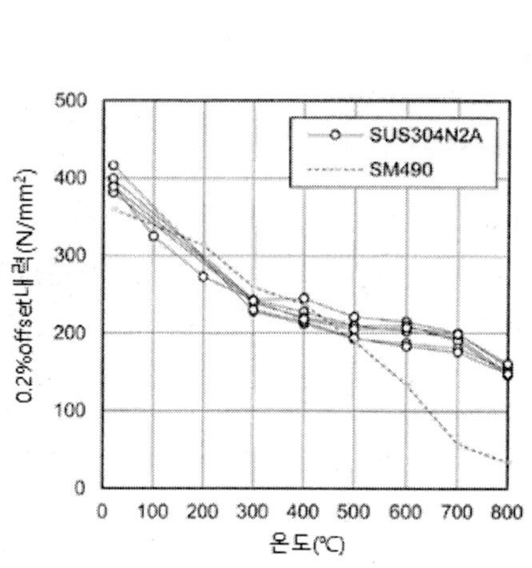

그림 3.2.12(b) SUS304N2A의 0.2% 옵셋(offset) 내력
표3.2.12 참고

용접 구조용 주강품의 고온시 0.2% 옵셋(offset) 내력의 온도 의존성에 대해서 그림 3.2.13(a)에 SCW550의 결과를, 그림 3.2.13(b)에 SCW620의 결과를 나타냈다. 양쪽모두 각 온도에서 비슷한 경향을 나타내고 있다.

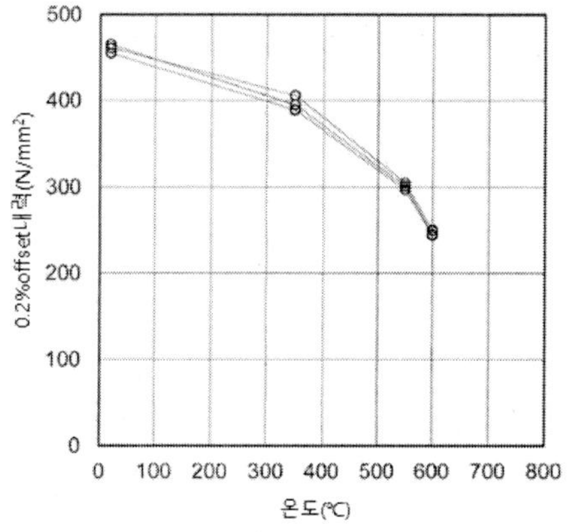

그림 3.2.13(a) SCW550의 0.2% 옵셋(offset) 내력
표3.2.13 참고

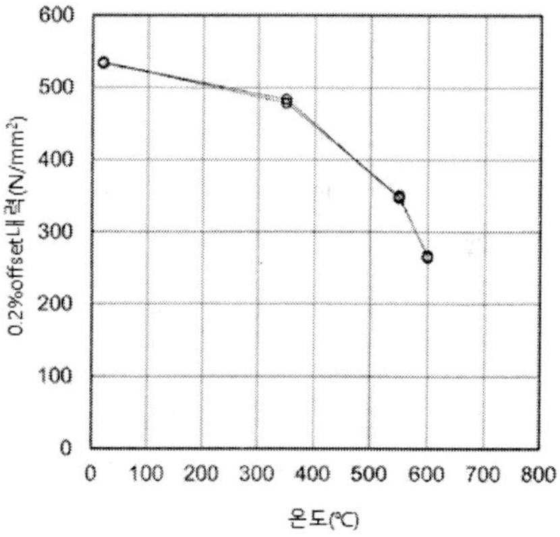

그림 3.2.13(a) SCW620의 0.2% 옵셋(offset) 내력
표3.2.13 참고

3.2.6 1%변형시 응력

1%변형시 응력은 철골프레임의 종국강도를 적절히 평가하기 위한 유효항복강도로서 문헌38) 등에서 사용되고 있으며, 내화설계의 기본 요소로서 평가되고 있다. 고온시의 1%변형응력에 대해 그림3.2.14(a)에 SS400의 결과를, 그림3.2.14(b)에 SN400의 결과를, 그림3.2.14(c)에 SM490의 결

과를, 그림3.2.14(d)에 SN490의 결과를, 그림3.2.14(e)에 STKR400의 결과를, 그림3.2.14(f)에 BCR295의 결과를, 그림3.2.14(g)에 STKN490의 결과를 그림3.2.14(h)에 TMCP385의 결과를, 그림3.2.14(i)에 SA440의 결과를, 그림3.2.14(j)에 H-SA700의 결과를 나타냈다. 또한, 기준강도에 대한 1%변형시 응력의 비율로서 그림 3.2.14(k)에 SS400, SN400의 결과를 그림 3.2.14(l)에 SM490, SN490의 결과를 나타냈다. 또한 기존의 고온시험 데이터에서 얻은 1%변형시 응력의 평균값과 표준 편차를 표 3.2.18에 나타냈다. 이 그림들의 작성시 수치가 게재되어 있지 않은 것에 대해서는 응력-변형 관계로부터 재정리하였다.

표 3.2.18 1% 변형시 응력의 평균값과 표준편차

		시험온도								
		상온	100	200	300	400	500	600	700	800
SS400 (N/mm²)	샘플수	10	3	5	9	10	10	10	6	5
	평균치	285	260	270	261	241	205	121	57	32
	표준편차	28	26	25	14	14	13	10	6	6
SN400 (N/mm²)	샘플수	23	14	23	23	23	23	23	23	23
	평균치	292	282	285	268	246	206	122	64	37
	표준편차	31	34	24	20	19	20	14	11	5
SM490 (N/mm²)	샘플수	18	2	2	10	14	20	20	6	2
	평균치	382	338	322	352	324	274	168	76	38
	표준편차	25	0	7	22	26	28	31	13	4
SN490 (N/mm²)	샘플수	14	10	10	12	14	14	14	12	11
	평균치	362	338	348	331	303	254	147	67	40
	표준편차	35	37	48	40	37	39	32	18	8
STKR400 (N/mm²)	샘플수	1		1	1	1	1	1	1	1
	평균치	373		413	428	362	252	159	74	40
	표준편차	-		-	-	-	-	-	-	-
BCR295 (N/mm²)	샘플수	8			7	8	8	8	7	
	평균치	404			403	345	236	138	64	
	표준편차	20			18	17	22	16	9	
STKN490 (N/mm²)	샘플수	5			5	5	5	5	5	5
	평균치	427			416	374	285	171	93	52
	표준편차	64			67	45	46	34	20	19
TMCP385 (N/mm²)	샘플수	5			4	4	4	4	4	
	평균치	425			426	395	303	173	69	
	표준편차	25			32	29	28	19	7	
SA440 (N/mm²)	샘플수	2	1	1	1	2	2	2	2	1
	평균치	491	454	465	472	445	327	163	63	46
	표준편차	6	-	-	-	78	120	75	22	-
H-SA700 (N/mm²)	샘플수	4	2	2	2	4	4	4	2	2
	평균치	792	766	755	739	672	566	307	81	45
	표준편차	10	4	4	6	21	49	48	10	2

그림 3.2.14에 나타낸 강구조 내화 설계 지침식, 유로코드식, 고시식이란 각각 문헌 38), 39), 43)에서 제시된 것이다. 강구조 내화설계지침식은 당시 시험 데이터의 평균값에서 표준 편차의 3배를 뺀 값을 바탕으로 정해진 식이다. 시험조건인 변형속도의 영향에 대해, 고온이 될수록 영향이 커지는 것이 지적되고 있다[1),15)]. 문헌14)의 1%변형시 강도에 대해서는 변형속도를 0.3%/분에서 10%/분으로 전환한 후에 얻은 데이터였기 때문에 변형속도를 전환하기 전의 그래프에서 보정하여 얻었다. 보정에 있어서는 변형속도 0.3%/분 까지에서 얻은 응력-변형곡선을 문헌37)의 방법에 따라 수식화하고 그 식에서 얻은 1%변형시 강도의 값을 사용하였다. 유로코드값은 2%변형 이후의 일정응력값을 나타내는 유효항복강도(effective yield strength)이며, 엄밀하게는 1%변형시 응력과 대응하지 않지만, 소성영역에 사용하는 강도로는 같기 때문에 비교대상으로 하였다. 강재온도상승속도 2~50℃/분의 경우를 적용범위로 한 값이다. 그림 3.2.14에서 강구조 내화설계 지침 및 고시에서의 제안식에서는 소재시험결과의 안전율을 고려하고 있는데 반해, 유로코드의 제안식에서는 소재 시험결과의 실제값을 주었다. SS400, SN400, SM490, SN490모두 편차는 있으나 온도와 함께 저하된다. 모두 400℃이후에 크게 저하되었으며 상온시의 값에 대하여 600℃에서는 30~40% 정도의 값이다. 300℃이상에서는 여기에서 나타낸 모든 실험 결과가 강구조 내화설계지침[38)]에서 제안된 식을 상회하고 있다. 평균값의 결과로부터 고온강도저하 비율을 보면, SS400, SN400, SM490, SN490모두 큰 차이는 보이지 않는다.

STKR400 · BCR295는 냉간성형으로 제조된 각형강관이나, 문헌19)에서는 「냉간가공의 각형강관의 내력은 상온강도가 높고, 일부분 높은 값을 나타내고 있으나, 고온역에서는 차이가 적다」고 기술하고 있다. 또한 STKN490은 냉간성형에 의해 제조된 원형 강관이지만, 문헌15)에서는 「STKN490의 시험데이터의 편차정도가 SN 및 SM재 보다 크다」는 것을 지적하고 있으며, 이 이유로 「여러제법의 재료가 동일규격안에 포함되어 있어 이것이 편차를 크게 한 요인으로 보인다.」고 기술하고 있다.

고강도강인 TMCP385, SA440 및 H-SA700에 대해서도 1%변형시 응력은 온도상승과 함께 저하되었다. 특히 300~400℃이후에 크게 저하되고 있지만 600℃에서는 상온시의 값에 대하여 30~40% 정도의 값으로 나타나고 있다.

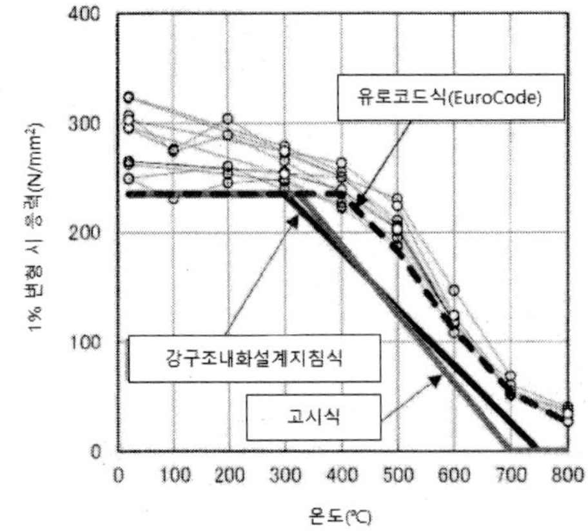

그림 3.2.14(a) SS400의 1% 변형 시 응력 표3.2.1 참고)

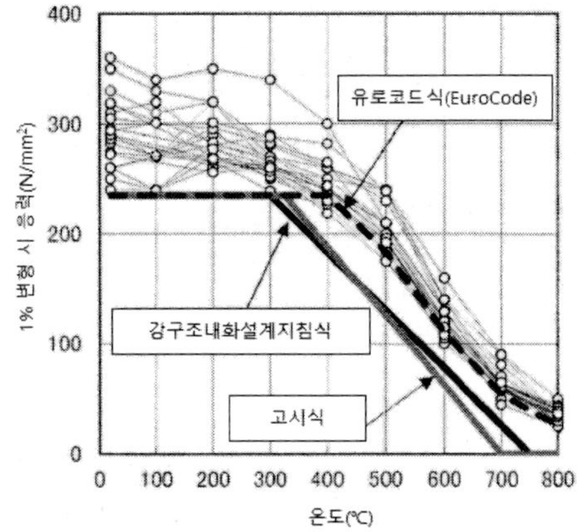

그림 3.2.14(b) SN400의 1% 변형 시 응력 표3.2.3 참고)

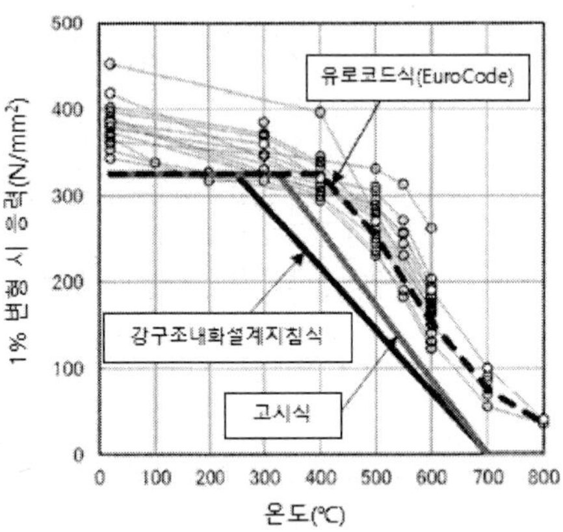

그림 3.2.14(c) SM490의 1% 변형 시 응력 표3.2.2 참고)

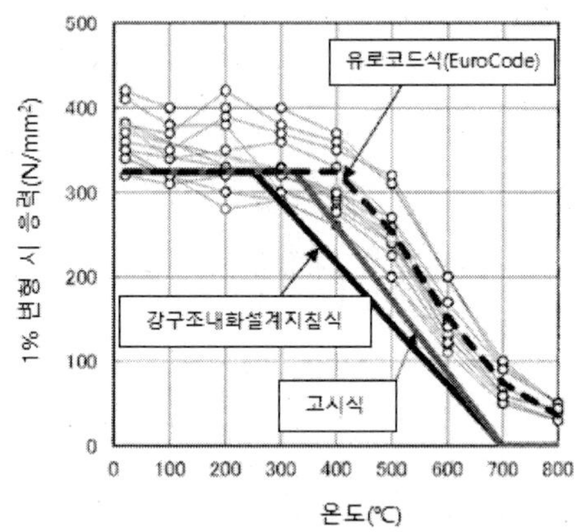

그림 3.2.14(d) SN490의 1% 변형 시 응력 표3.2.4 참고)

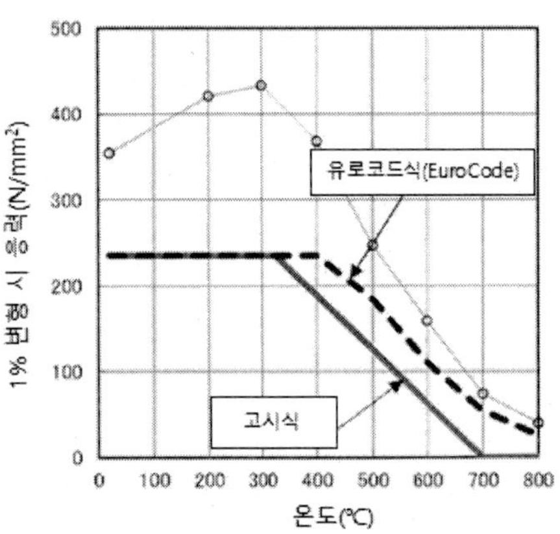

그림 3.2.14(e) STKR400의 1% 변형 시 응력
표3.2.5 참고)

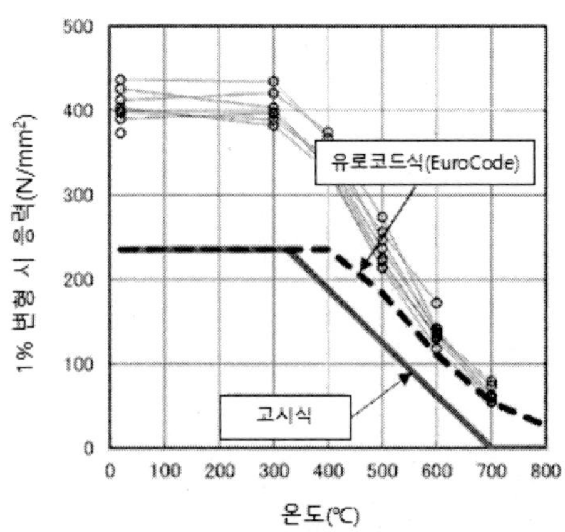

그림 3.2.14(f) BCR295의 1% 변형 시 응력
표3.2.7 참고)

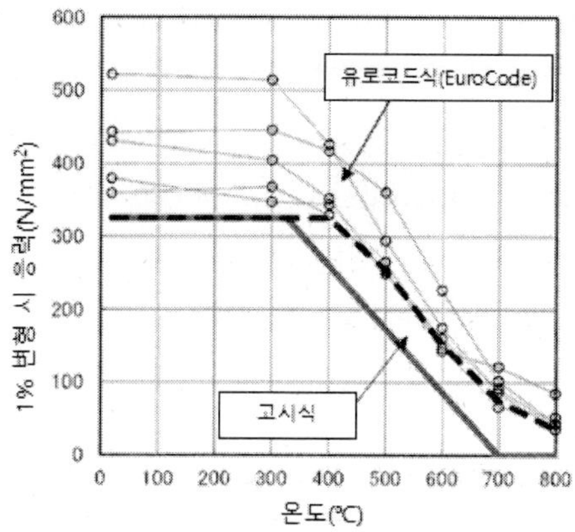

그림 3.2.14(g) SKRN490의 1% 변형 시 응력
표3.2.6 참고)

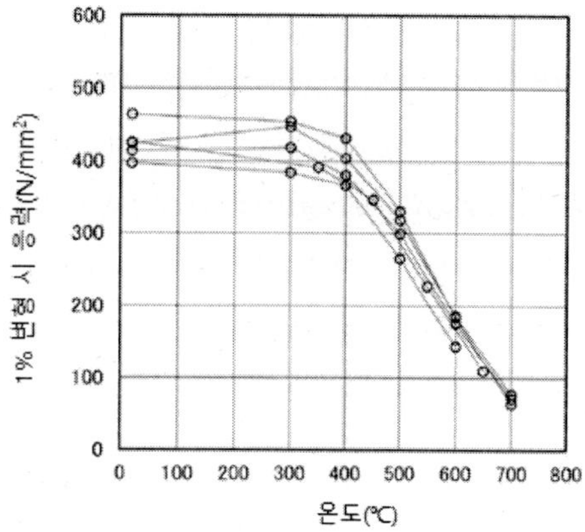

그림 3.2.14(h) TMCP385의 1% 변형 시 응력
표3.2.8 참고)

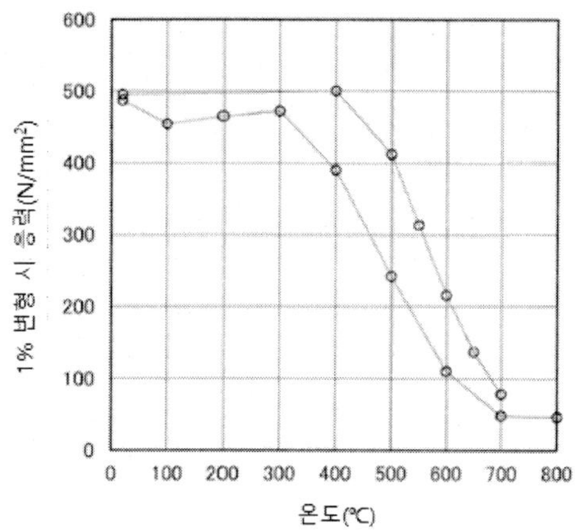

그림 3.2.14(i) SA440의 1% 변형 시 응력 표3.2.9 참고)

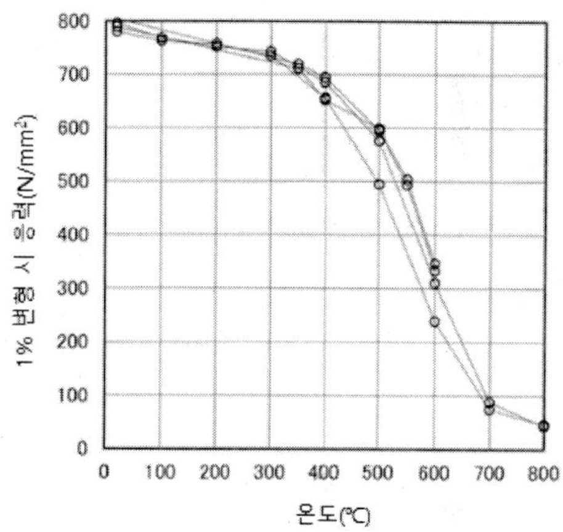

그림 3.2.14(j) H–SA700의 1% 변형 시 응력 표3.2.10 참고)

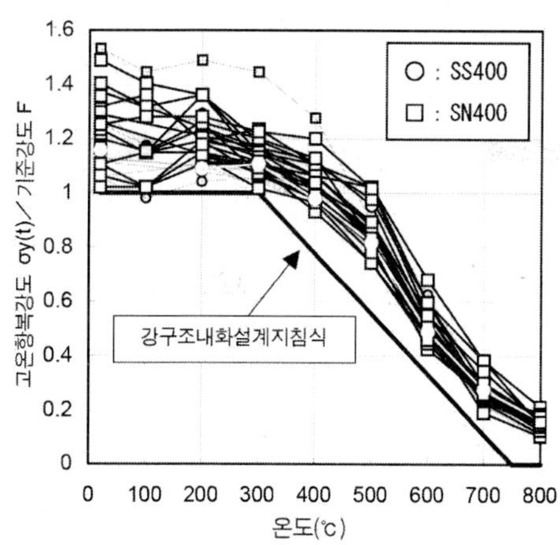

그림 3.2.14(k) 기준강도에 대한1% 변형 시 응력
(SS400,SN400)

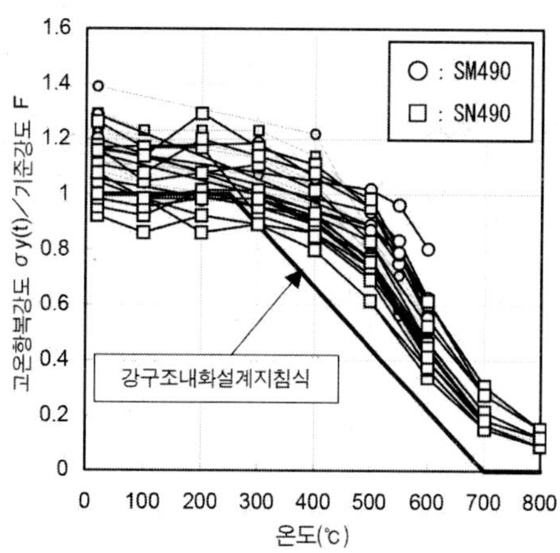

그림 3.2.14(l) 기준강도에 대한1% 변형 시 응력
(SM490,SN490)

스테인리스강의 고온에서 1%변형시 응력에 대하여 그림 3.2.15(a)에 SUS304A의 결과를, 그림 3.2.15(b)에 SUS304N2A의 결과를 나타냈다. 또한, 기존의 고온시험데이터에서 얻은 1%변형 시 응력의 평균값과 표준편차를 표 3.2.19에 나타냈다. 이 그림들의 작성에 있어서 수치가 게재되지 않은 것에 대해서는 응력-변형 관계로부터 재정리하였다. 스테인리스강의 1%변형시 응력의 온도 의존성은 3단계로 나뉘는 경향이 보인다. 상온에서 300℃사이의 데이터가 없기 때문에 그 사이는 알 수 없지만, 상온에서 300℃까지의 저하율이 크고, 300℃에서 700℃정도 사이에는 완만하게 떨어진다. 또한, 700℃를 넘으면 다시 저하율이 커지는 것을 알 수 있다.

표 3.2.19 1% 변형시 응력의 평균값과 표준편차(스테인리스강)

		시험온도								
		상온	100	200	300	400	500	600	700	800
SUS304A (N/mm^2)	샘플수	6			6	6	6	6	6	6
	평균치	298			196	186	177	166	144	100
	표준편차	14			27	22	19	20	12	6
SUS304N2A (N/mm^2)	샘플수	5			5	5	5	5	5	5
	평균치	436			276	257	244	233	221	172
	표준편차	19			15	15	14	16	9	7

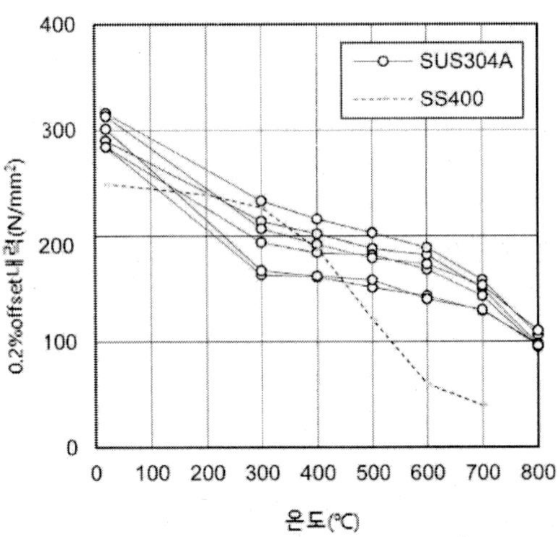

그림 3.2.15(a) SUS304A의 1% 변형 시 응력
표3.2.12 참고)

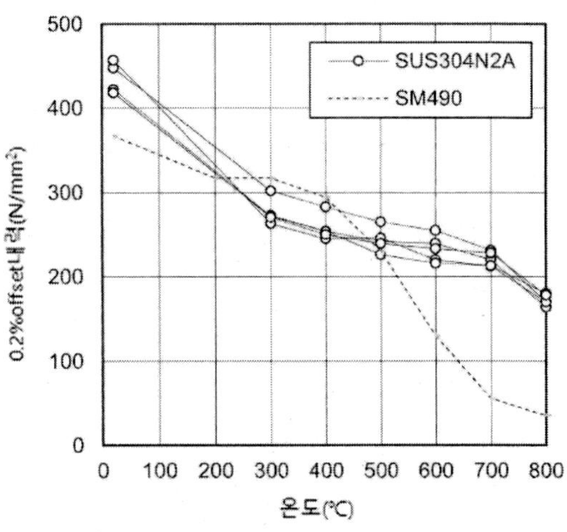

그림 3.2.15(a) SUS304N2A의 1% 변형 시 응력
표3.2.12 참고)

3.2.7 인장강도

일반강의 고온시의 인장강도에 대해서 그림 3.2.16(a)에 SS400의 결과를, 그림 3.2.16(b)에 SN400의 결과를, 그림 3.2.16(c)에 SM490의 결과를, 그림 3.2.16(d)에 SN490의 결과를, 그림

3.2.16(e)에 STKR400의 결과를, 그림 3.2.16(f)에 BCR295의 결과를, 그림 3.2.16(g)에 STKN490의 결과를, 그림 3.2.16(h)에 TMCP385의 결과를, 그림 3.2.16(i)에 H-SA700의 결과를 나타냈다. 이 그림들의 작성에 있어서 수치가 게재되어 있지 않은 것에 대해서는 응력-변형 관계로부터 재정리하였다. 또한, 기존의 고온시험 데이터에서 얻은 인장강도의 평균값과 표준편차를 표 3.2.20에 나타냈다.

표 3.2.20 인장강도 평균값과 표준편차

		시험온도								
		상온	100	200	300	400	500	600	700	800
SS400 (N/mm^2)	샘플수	17	7	9	11	11	11	11	6	6
	평균치	443	434	512	512	420	291	164	71	47
	표준편차	14	34	56	37	20	18	21	13	12
SN400 (N/mm^2)	샘플수	22	13	22	22	22	22	22	22	22
	평균치	446	444	522	515	423	296	166	84	55
	표준편차	15	38	45	22	19	25	19	12	7
SM490 (N/mm^2)	샘플수	20	6	6	7	9	14	14	3	2
	평균치	539	486	536	553	483	365	215	91	54
	표준편차	27	28	40	34	29	41	37	6	20
SN490 (N/mm^2)	샘플수	13	10	10	11	13	13	13	11	11
	평균치	535	496	527	561	499	355	199	100	70
	표준편차	34	31	54	51	38	36	36	17	7
STKR400 (N/mm^2)	샘플수	1		1	1	1	1	1	1	1
	평균치	461		461	516	425	278	159	75	48
	표준편차	-		-	-	-	-	-	-	-
BCR295 (N/mm^2)	샘플수	1				1	1	1		
	평균치	432				405	275	171		
	표준편차	-				-	-	-		
STKN490 (N/mm^2)	샘플수	1			1	1	1	1	1	1
	평균치	508			513	402	255	176	96	58
	표준편차	-			-	-	-	-	-	-
TMCP385 (N/mm^2)	샘플수	5			4	4	4	4	3	
	평균치	565			616	469	311	178	72	
	표준편차	25			13	19	20	16	8	
H-SA700 (N/mm^2)	샘플수	1	1	1	1	1	1	1	1	1
	평균치	827	820	837	819	668	499	271	76	48
	표준편차	-	-	-	-	-	-	-	-	-

SS400의 인장강도는 100℃근처에서 상온시 정도이며, 청열취성이 현저해지는 200~300℃에서는 상온시보다 증가한다. 300℃이후부터 온도가 상승함에 따라 저하되어, 700℃에서 강도 잔존율이 약 0.2가 될 때까지 거의 직선적으로 저하된다. 또한 SM490에서도 거의 같은 경향을 나타내지만, 100℃에서는 상온강도보다 저하되어 200~300℃에서 상온시보다 증가, 300~700℃까지 거의 직선적으로 저하된다. SN재에 대해서도 거의 SS재, SM재와 같은 결과가 나타났다. 100℃에서 상온 수치보다 저하되고, 200℃ 및 300℃에서 상온시의 수치보다 증가한다. 그 후, 온도와 함께 저하되어 700℃에서 거의 직선적으로 강도 저하율이 0.2가 될 정도로 저하된다.

냉간성형 각관인 STKR재에 대해서도 SS재・SM재・SN재와 거의 같은 결과를 나타내고 있으며, 300℃에서 최대치를 나타낸 후에는 온도와 함께 저하된다. BCR295에 대해서는 300℃의 데이터가 없기 때문에 이 경향은 알 수 없다.

고강도강인 TMCP385에 대해서는 SS, SM, SN과 같은 경향을 보이고 있으나, H-SA700에 대해서는 상온에서 300℃까지 거의 일정한 인장강도가 된다. 경향을 파악하기 위해서는 데이터의 확보가 요망된다.

JIS G 0567 (철강재료 및 내열합금의 고온인장시험방법)에서는 부하방법에 관하여 항복점 또는 내력을 요구하는 경우에는 0.3±0.2%/분, 그 후 파단에 이르기까지는 7.5±2.5%/분으로 규정하고 있다. 따라서 인장강도에 관한 값은 변형 속도가 전환된 후에 측정된 것이 많다. 500℃이후에 인장강도가 1%변형시 응력을 크게 웃도는 것은 변형속도의 영향[1)]에 의한 것이라고 판단된다.

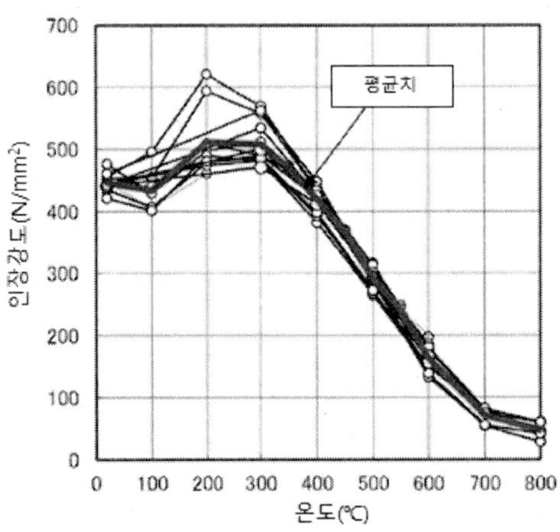

그림 3.2.16(a) SS400의 인장강도 표3.2.1 참고)

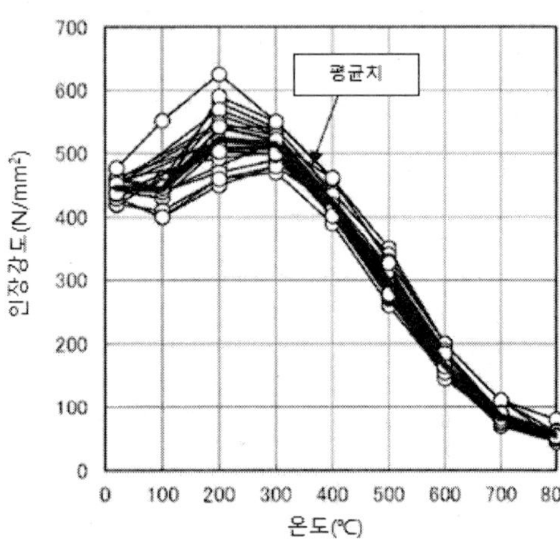

그림 3.2.16(b) SN400의 인장강도 표3.2.3 참고)

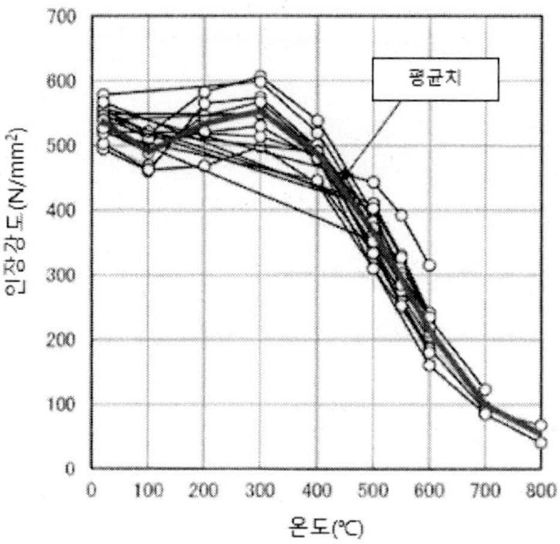

그림 3.2.16(c) SM490의 인장강도 표3.2.2 참고)

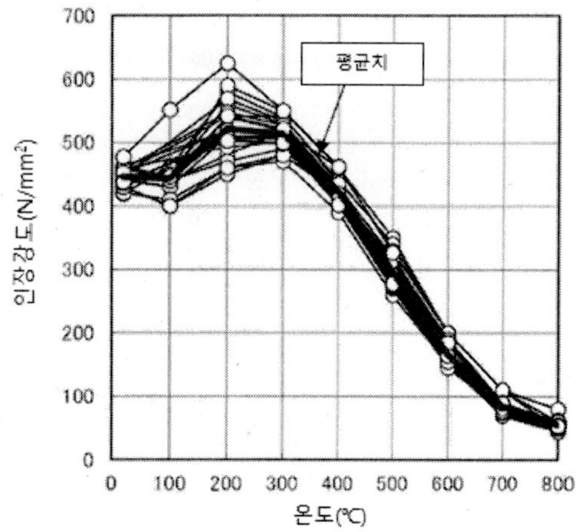

그림 3.2.16(d) SN490의 인장강도 표3.2.4 참고)

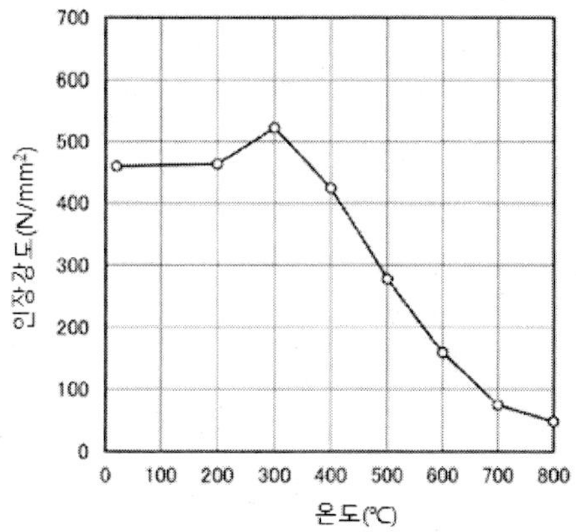

그림 3.2.16(e) STKR400의 인장강도 표3.2.5 참고)

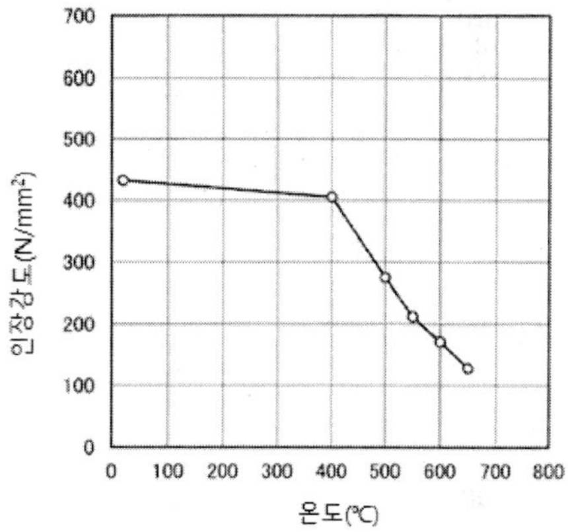

그림 3.2.16(f) BCR295의 인장강도 표3.2.7 참고)

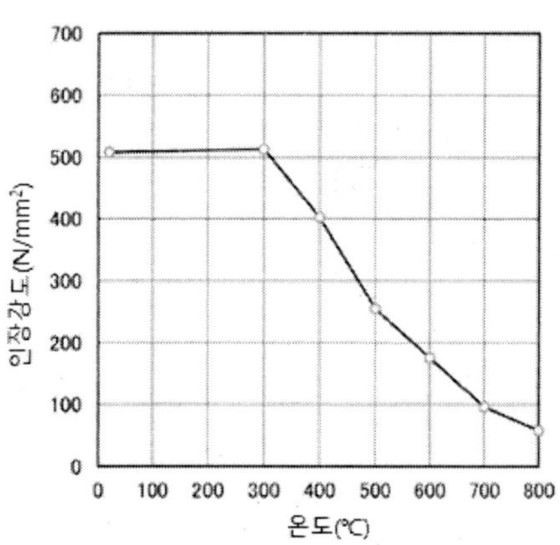

그림 3.2.16(g) STKR490의 인장강도 표3.2.6 참고)

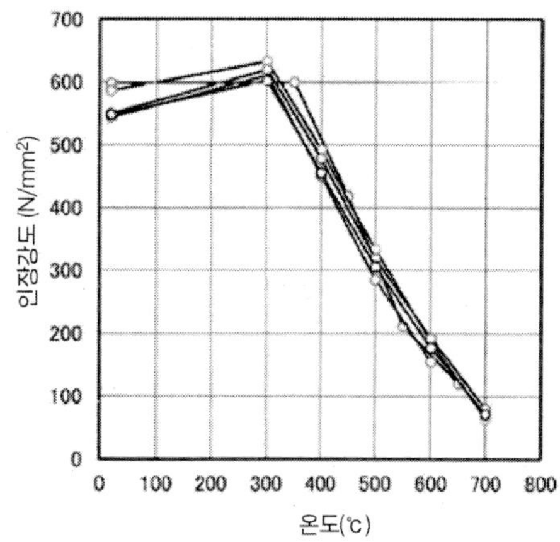

그림 3.2.16(h) TMCP385의 인장강도 표3.2.8 참고)

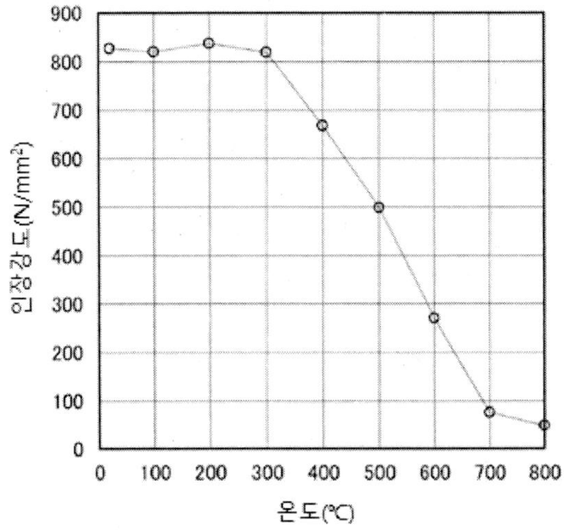

그림 3.2.16(i) H-SA700의 인장강도 표3.2.10 참고)

일반강과 내화강의 인장강도의 온도 의존성의 일례를 그림 3.2.17에 나타냈다. 본 예에서 내화강은 일반강에 비해 고온시에 인장강도가 우수한 것으로 평가된다.

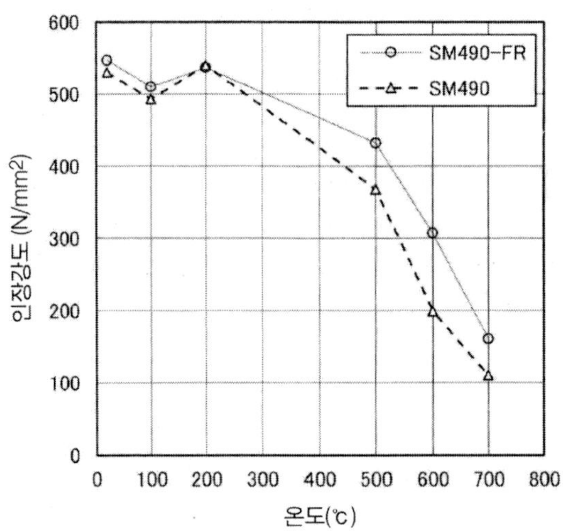

그림 3.2.17 내화강의 인장강도 표3.2.11 참고)

스테인리스강의 인장강도에 대해서 그림 3.2.18(a)에 SUS304A의 결과를, 그림 3.2.18(b)에 SUS304N2의 결과를 나타냈다. 또한, 기존의 고온시험 데이터에서 얻은 1%변형시 응력의 평균값과 표준편차를 표 3.2.21에 나타냈다. 이 그림들의 작성에 있어서 수치가 게재되어 있지 않은 것에 대해서는 응력-변형 관계로부터 재정리하였다. 스테인리스강의 인장강도의 온도의존성은 상온에서 200℃까지 급락하고, 200~400℃정도까지 일정치를 보인 후 다시 저하된다. 한편, 일반강은 300℃정도에서 변형시효효과에 의해 최대치에 이른 후 급격히 감소한다. 특히, 400℃이후에는 스테인리스강과 일반강이 큰 차이를 보였다.

표 3.2.21 인장 강도의 평균값과 표준 편차(스테인리스강)

		시험온도								
		상온	100	200	300	400	500	600	700	800
SUS304A (N/mm^2)	샘플수	7	1	1	7	7	7	7	7	7
	평균치	643	526	470	462	455	426	367	265	160
	표준편차	17	-	-	30	16	24	40	70	80
SUS304N2A (N/mm^2)	샘플수	6	1	1	6	6	6	6	6	6
	평균치	742	639	577	561	547	512	466	375	246
	표준편차	20	-	-	44	30	32	39	60	90

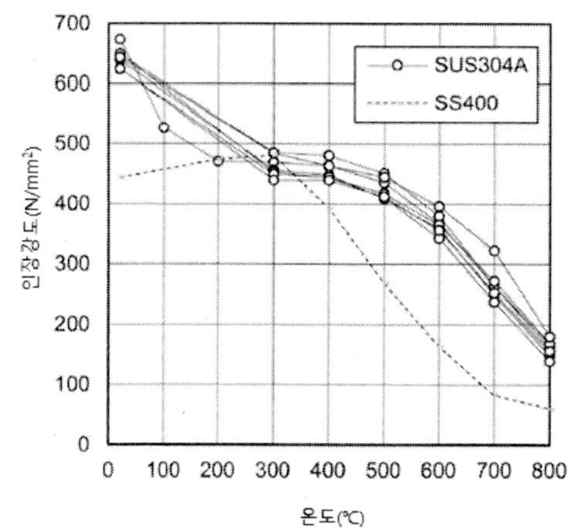

그림 3.2.18(a) SUS304A의 인장강도 표3.2.12 참고)

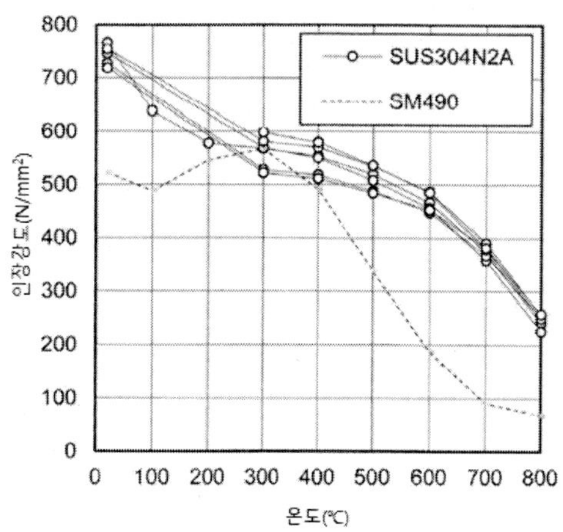

그림 3.2.18(b) SUS304N2A의 인장강도 표3.2.12 참고)

용접구조용 주강품의 고온 시에 인장강도의 온도 의존성에 대해서 그림 3.2.19(a)에 SCW550의 결과를, 그림 3.2.19(b)에 SCW620의 결과를 나타냈다. 두 개의 종류 모두 각 온도에서 비슷한 경향을 나타내고 있다. 200~300℃의 데이터가 없기 때문에 일반강에서 볼 수 있는 변형시효효과의 영향은 아직은 파악하기 어렵다.

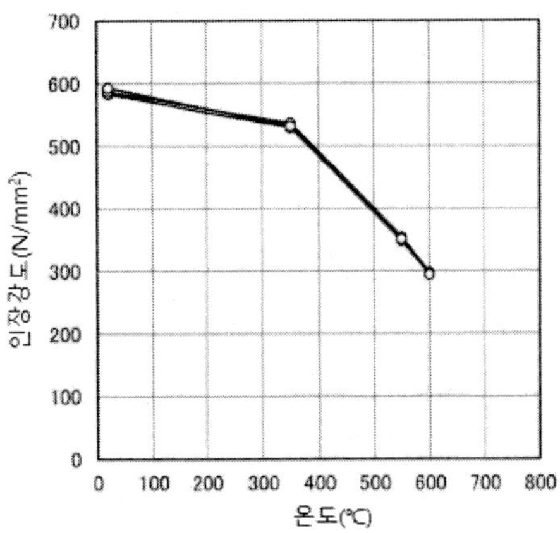

그림 3.2.19(a) SCW550의 인장강도 표3.2.13 참고)

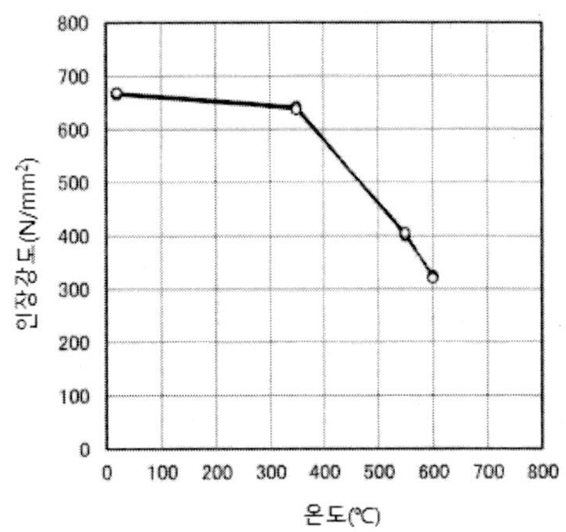

그림 3.2.19(b) SCW620의 인장강도 표3.2.13 참고)

3.2.8 파단신장

일반강의 고온 시 파단신장에 대하여 그림 3.2.20(a)에 SS400의 결과를, 그림 3.2.20(b)에 SN400의 결과를, 그림 3.2.20(c)에 SM490의 결과를, 그림 3.2.20(d)에 SN490의 결과를, 그림 3.2.20(e)에 STKN490의 결과를, 그림 3.2.20(f)에 BCR295의 결과를, 그림 3.2.20(g)에 TMCP385의 결과를, 그림 3.2.20(h)에 H-SA700의 결과를 나타냈다. 이 그림들의 작성에 있어서 수치가 게재되어 있지 않은 것에 대해서는 응력-변형 관계로부터 재정리하였다. 또한, 이전의 고온시험 데이터에서 얻은 파단신장의 평균값과 표준편차를 표 3.2.22에 나타낸다.

파단신장에 대해서는 청열취성이 현저해지는 200~300℃에서 최소치를 나타내고 그 후에 증가하는 것으로 알려져 있다[1]. 대부분의 강종에서 500~700℃에서 파단신장이 급증하고 있음을 알 수 있다.

표 3.2.22 파단신장의 평균값과 표준편차

		시험온도								
		상온	100	200	300	400	500	600	700	800
SS400 (%)	샘플수	8	6	8	8	8	8	8	5	5
	평균치	33.8	26.58	20.8	27.9	34.3	37.1	50.9	74.2	66.4
	표준편차	5.1	9.9	3.1	1.8	3.8	8.7	11.2	20.6	9.5
SN400 (%)	샘플수	9		9	9	9	9	9	9	9
	평균치	33.9		20.8	30.1	37.0	47.9	64.1	78.4	73.4
	표준편차	3.3		1.1	1.8	2.7	4.6	9.1	13.3	6.8
SM490 (%)	샘플수	11	9	9	9	1	1	1	3	1
	평균치	31.8	27.5	21.5	27.1	29.5	35.4	52.0	80.7	99.6
	표준편차	2.7	3.3	3.3	2.5	4.4	6.2	8.8	1.8	-
SN490 (%)	샘플수	2				2	2	2		
	평균치	30.2				35.5	36.8	52.8		
	표준편차	4.0				7.1	0.7	2.3		
STKN490 (%)	샘플수	1			1	1	1	1	1	1
	평균치	31.0			28.0	33.0	26.0	36.0	44.0	114.0
	표준편차	-			-	-	-	-	-	-
BCR295 (%)	샘플수	1				1	1	1		
	평균치	29.0				39.0	43.0	43.0		
	표준편차	-				-	-	-		
TMCP385 (%)	샘플수	1			1	1	1	1		
	평균치	24.1			26.8 (350)	23.6 (450)	28.0 (550)	35.5 (650)		
	표준편차	-			-	-	-	-		
H-SA700 (%)	샘플수	1	1	1	1	1	1	1	1	1
	평균치	18.6	16.8	15.4	24.2	18.6	21.4	30.4	46.6	105.4
	표준편차	-	-	-	-	--	-	-	-	-

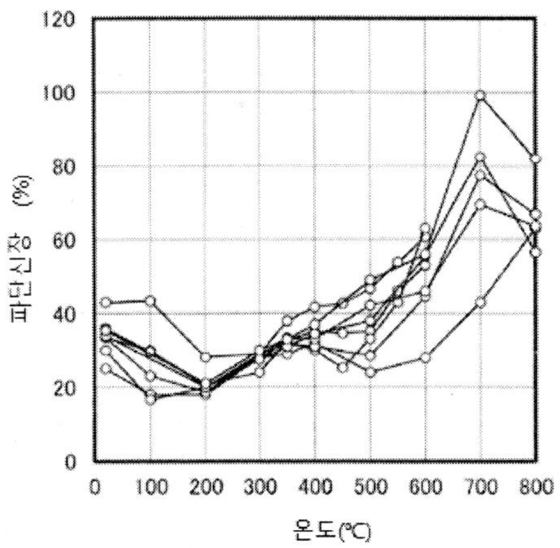

그림 3.2.20(a) SS400의 파단신장 표3.2.1 참고)

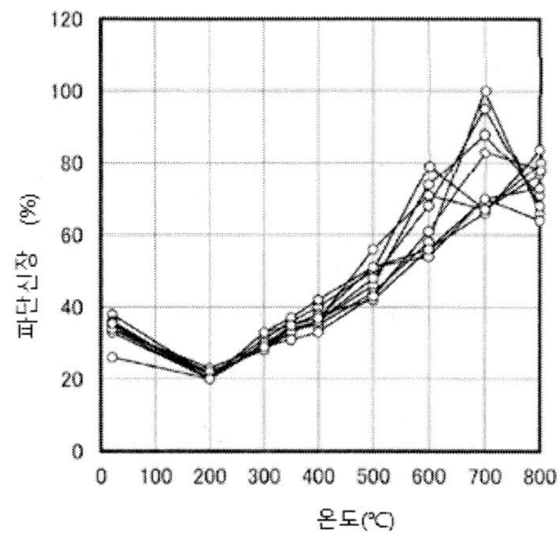

그림 3.2.20(b) SS400의 파단신장 표3.2.3 참고)

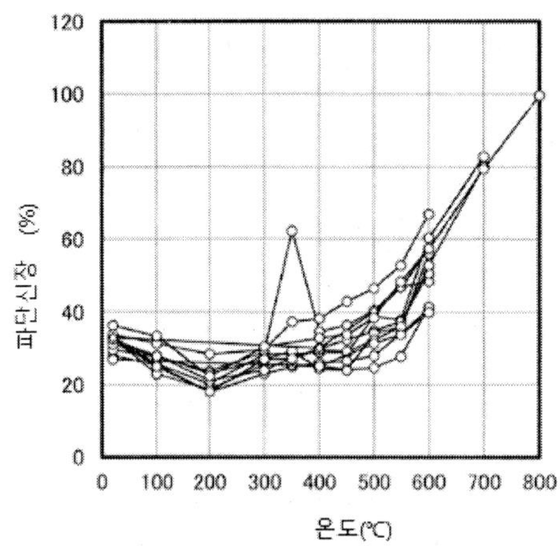

그림 3.2.20(c) SM460의 파단신장 표3.2.2 참고)

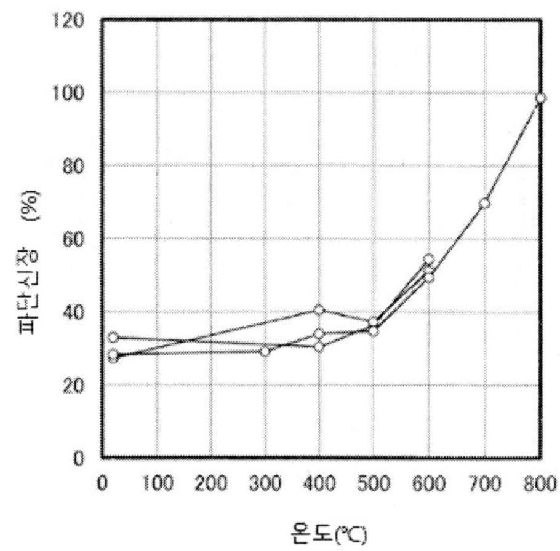

그림 3.2.20(d) SN490의 파단신장 표3.2.4 참고)

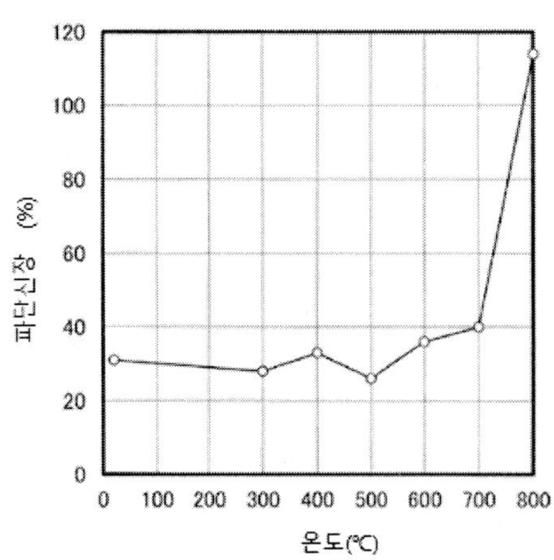

그림 3.2.20(e) STKN490의 파단신장 표3.2.6 참고)

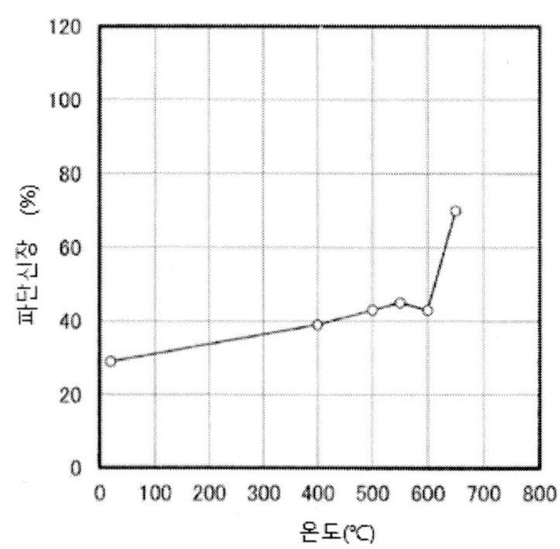

그림 3.2.20(f) BCR295의 파단신장 표3.2.7 참고)

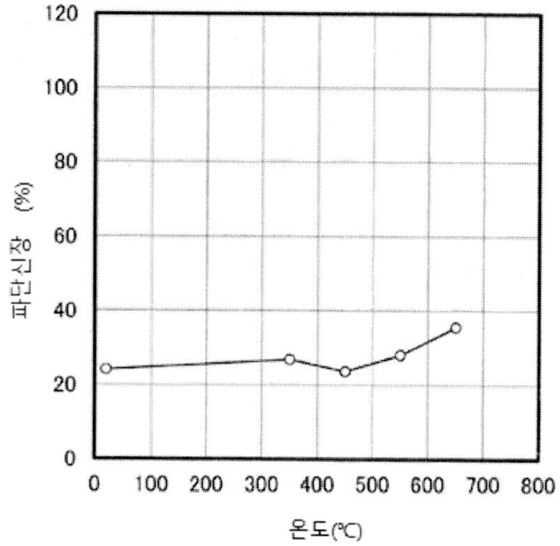

그림 3.2.20(g) TMCP385의 파단신장 표3.2.8 참고)

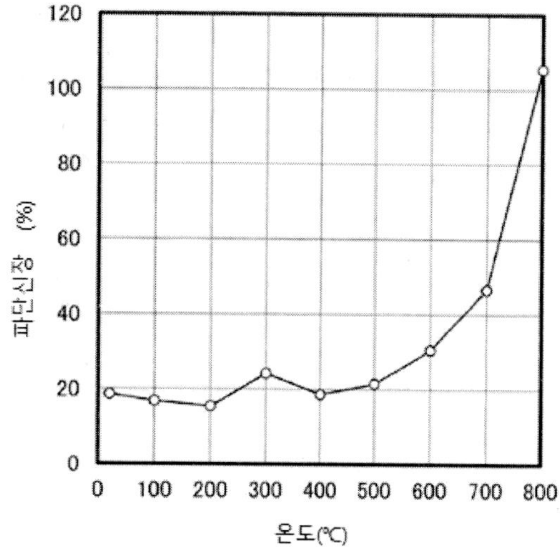

그림 3.2.20(h) H–SA700의 파단신장 표3.2.10 참고)

스테인리스강의 고온 시 파단신장에 대해서 그림 3.2.21(a)에 SUS304A의 결과를, 그림 3.2.21(b)에 SUS304N2의 결과를 나타냈다. 또한, 이전의 고온시험 데이터에서 얻은 파단신장의 평균값과 표준편차를 표 3.2.23에 나타냈다. 이 그림들의 작성에 있어서 수치가 게재되어 있지 않은 것에 대해서는 응력-변형 관계로부터 재정리하였다. 상온에서 300℃ 정도까지 파단신장은 저하되고 300℃ 정도에서 600℃ 정도까지 거의 일정치로 나타났으며 600℃ 정도에서 800℃ 정도까지 증대하는 경향이 보인다. 일반강과 비교하면 온도 의존성이 다른 양상을 띠고 있는 것으로 평가된다.

표 3.2.23 파단신장의 평균값과 표준편차(스테인리스강)

		시험온도								
		상온	100	200	300	400	500	600	700	800
SUS304A (N/mm^2)	샘플수	7	1	1	7	7	7	7	7	7
	평균치	65	55	42	42	43	41	40	52	75
	표준편차	2	-	-	5	2	3	2	11	19
SUS304N2A (N/mm^2)	샘플수	6	1	1	6	6	6	6	6	6
	평균치	54	44	37	39	41	38	37	41	48
	표준편차	6	-	-	3	3	2	2	4	7

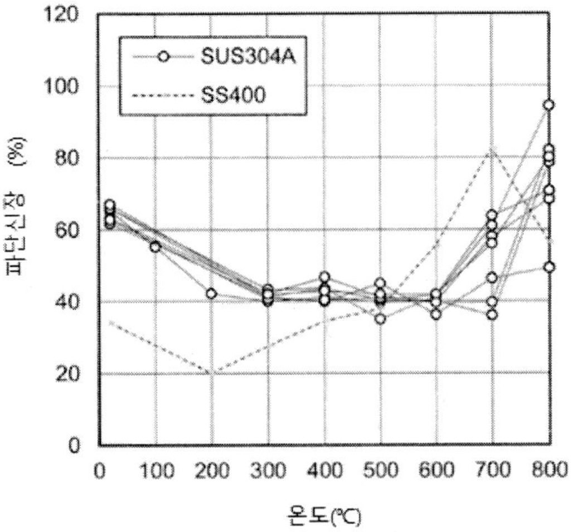

그림 3.2.21(a) SUS304A의 파단신장 표3.2.12 참고)

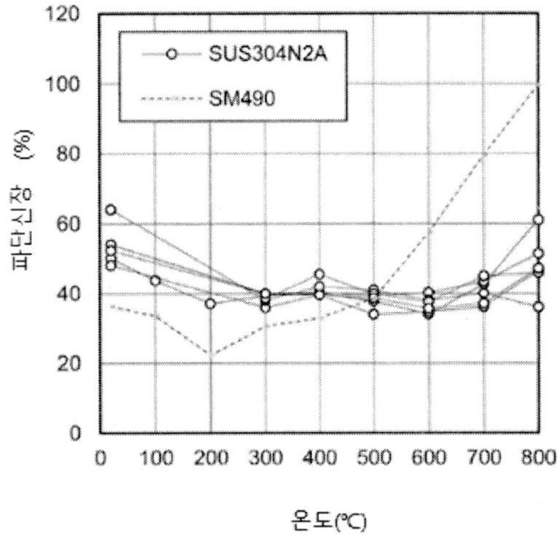

그림 3.2.21(b) SUS304N2A의 파단신장 표3.2.12 참고)

용접 구조용 주강품의 고온시의 파단신장에 대해서 그림 3.2.22(a)에 SCW550의 결과를, 그림 3.2.22(b)에 SCW620의 결과를 나타낸다. 600℃ 이후의 데이터가 없기 때문에 일반강과의 비교는 어렵지만, 상온에서 600℃에 걸쳐 파단신장의 증감은 나타나지 않고 있다.

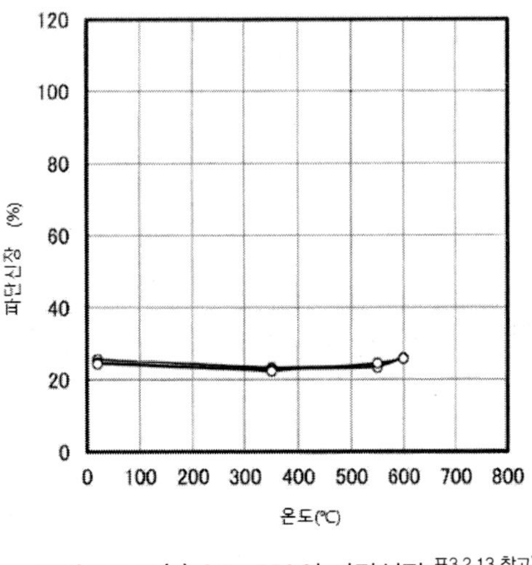

그림 3.2.22(a) SCW550의 파단신장 표3.2.13 참고)

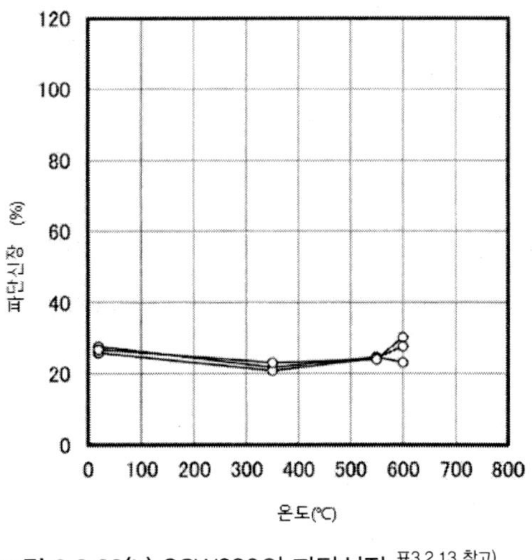

그림 3.2.22(b) SCW620의 파단신장 표3.2.13 참고)

3.2.9 크리프(CREEP) 특성

크리프 특성의 예로서 그림3.2.23(a)에 SS400의 350℃에서의 시험결과를, 그림3.2.23(b)에 SS400의 500℃에서의 시험 결과를, 그림3.2.24(a)에 SM490의 350℃에서의 시험결과를, 그림3.2.24(b)에 SM490의 500℃에서의 시험 결과를 나타냈다. 이 그림들은 두축 모두 대수표시(로그)로 표시하고 있다.

문헌 3), 12)에 의하면 「구조용 강재의 제1기 크리프에 대한 시간의 영향은 시험개시부터 30분 이내에 특히 현저하게 나타나며, 크리프의 변형은 450℃이상의 고온에서 현저하게 커진다」고 보고하고 있다.

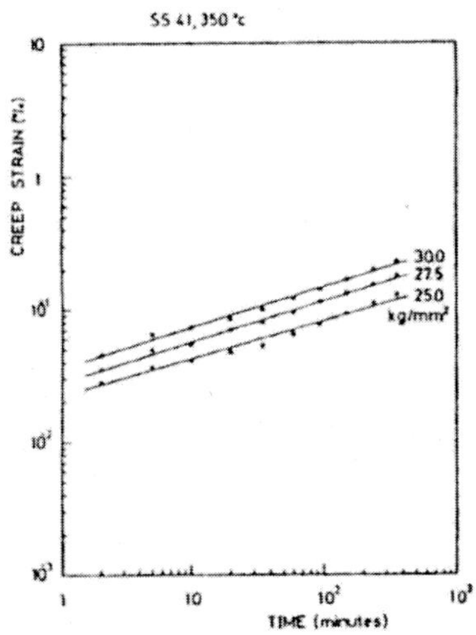

그림 3.2.23(a) 시험온도 350℃의 경우(SS400)
표 3.2.1참조)

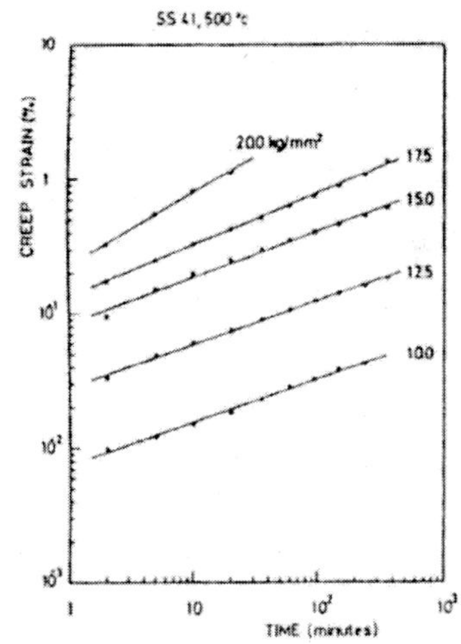

그림 3.2.23(b) 시험온도 500℃의 경우(SS400)
표 3.2.1참조)

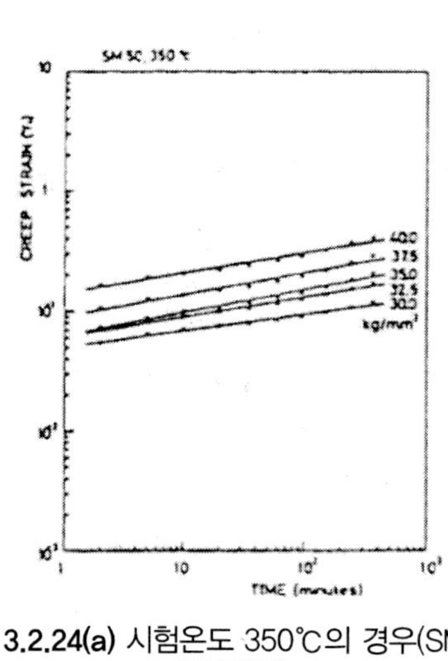

그림 3.2.24(a) 시험온도 350℃의 경우(SM490)
표 3.2.2참조)

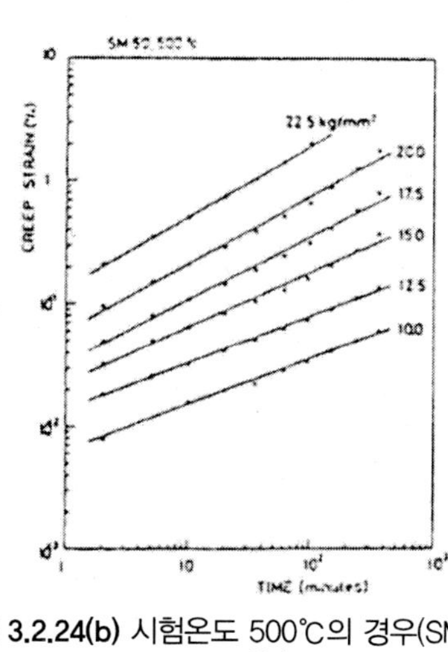

그림 3.2.24(b) 시험온도 500℃의 경우(SM490)
표 3.2.2참조)

그림 3.2.25에 내화강에 관한 크리프 시험 결과의 일례를 나타냈다. 그래프의 숫자는 시험편에 부하된 응력도이다. 일반강과 비교했을 경우, 동일응력 부하조건하에서는 내화강이 크리프변형이 적다.

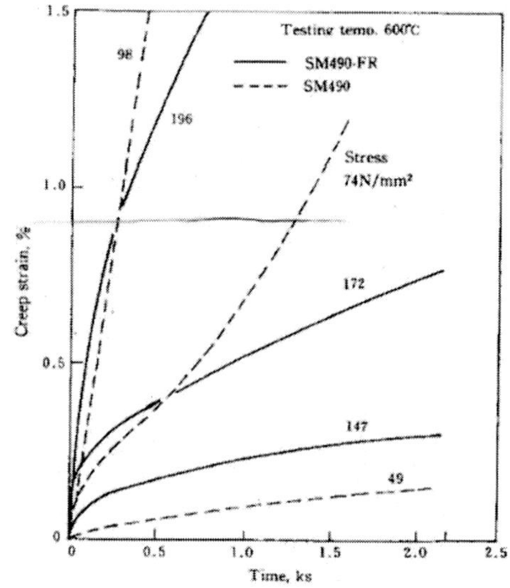

그림 3.2.25 고온시 단시간 크리프 특성의 일례 표 3.2.11참조)

그림 3.2.26에 스테인리스강의 크리프 시험결과의 일례를 나타내었다. 크리프변형이 크게 되는 온도는 일반강보다 높은 경향이 나타나고 있다.

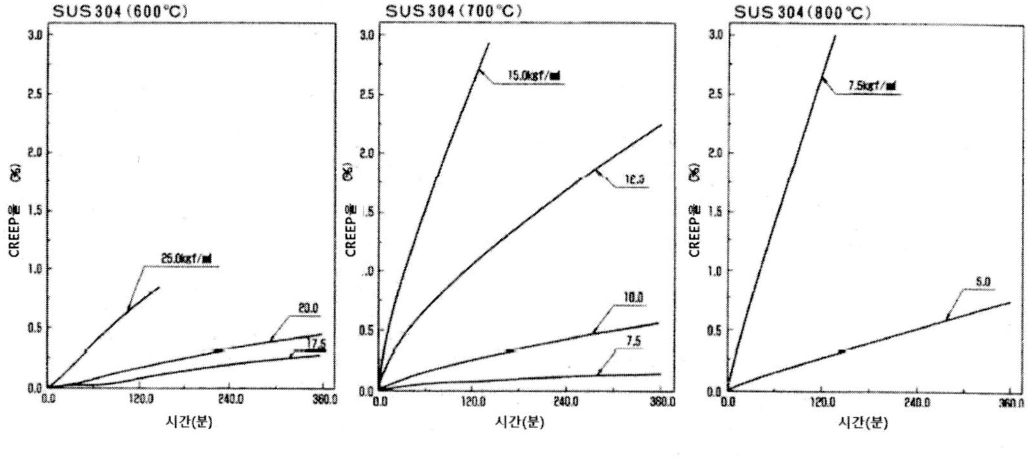

그림 3.2.26 스테인리스강의 크리프 특성의 일례 표 3.2.12참조)

그림 3.2.27(a)는 각각 SC42(SC410)의 크리프 파단강도, 응력-파단시간 관계를 나타내고 있다. 또한 표 3.2.24는 시험편의 제원 및 시험 결과를 나타내고 있다. 또한, 인장시험편의 표점간 거리는 50mm이고, 외경은 10mm이다.

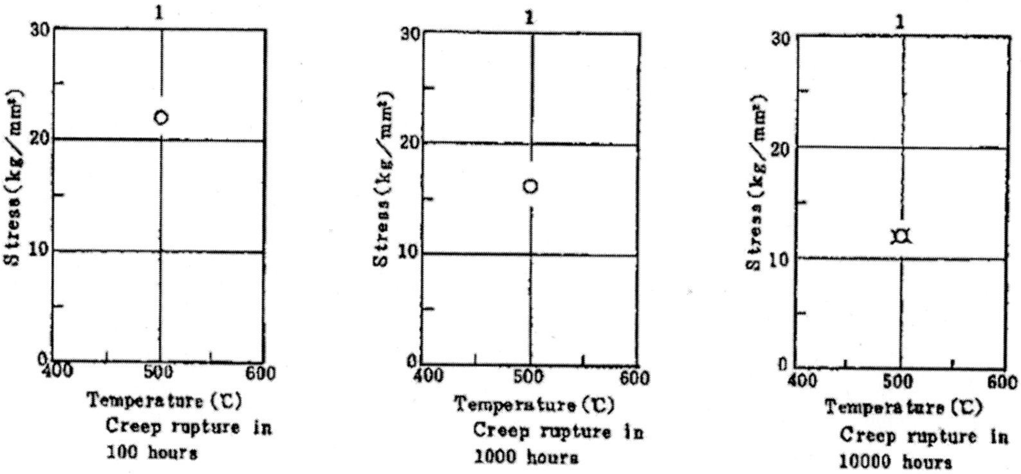

그림 3.2.27(a) SC42(SC410)의 크리프 파단 강도의 일례 표 3.2.13참조)

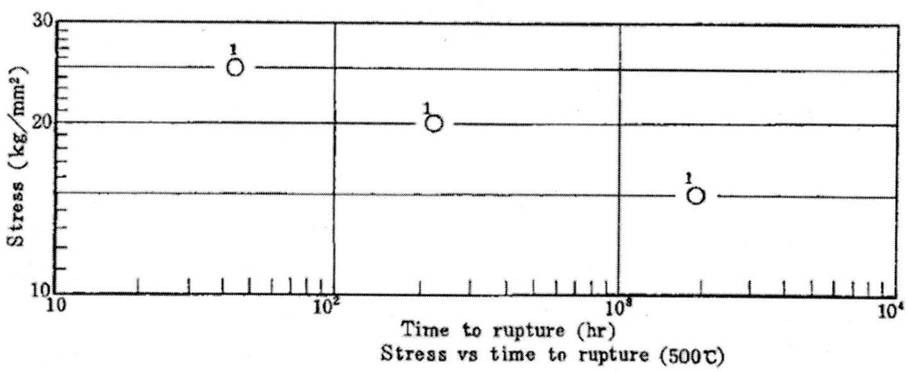

그림 3.2.27(b) SC42(SC410)의 응력–파단시간관계 표 3.2.13참조)

표 3.2.24 SC42(SC410)의 시험편 제원의 예

Material	Manufacturer	Source of Data
SC42		lshikawajima-Harima Heavy lndustrials Co., Ltd

Melting Process				Use or Product
Furnace	lngot Size	Melting Condition	Deocidation	
3 ton Electric Arc		Air		

Chemical Composition (wt. per cent)															
c	Si	Mn	P	S	Ni	Cr	Mo	Cu	V	Ca	Ti	Nb (+Ta)	W	AI	N
0.24	0.36	0.81	0.017	0.008											

Cast or Wrought	Heat Treatment	Grain Size Number
Casting (Recuction Ratio) (Forming Ratio)	920℃ 4-5 hr. F.C.	Austenite: Ferrite:

Sampling of Specimen from Product	
Shape and Size of Product	Location and Direction of Specimen Sampled from Product

Shape and Size of Creep-Rupture Specimen							
Gauge Length (mm)	Diameter (mm)	Dimension of Notched Specimen		θ	ρ(mm)	d/D	ρ/d
25	6.4						

Creep Testing Machine			
Type of Machine	Loading Capacity (ton)	Power of Furnace (kN)	Extensometer and the Sensitivity
Single (Lever Ratio)	3		
Type of Thermocouples	Calibration Method of Thermocouples and Results		
Remarks:			

3.2.10 가열냉각후의 기계적 성질

그림 3.2.28(a)에 SS400재의 가열냉각후 인장시험 결과를, 그림 3.2.28(b)에 SM490재의 가열냉각 인장시험 결과를 나타냈다. 또한, 가열냉각후 특성을 표 3.2.25, 3.2.26에 나타냈다. 강재는 변태점 온도(약720℃)를 넘으면 재질에 변화가 생겨, 항복점이 불분명해 진다. 같은 그림에서, 600℃ 이상에서 인장강도에 영향을 주어 700℃에서 인장강도는 약 90%로 저하된다. 여기서는 제한된 가열냉각조건에 의한 결과를 제시 하였으나, 가열을 받은 강재의 최고 온도나 가열시간, 냉각시간 등에 의해 강재의 조직은 변화하므로 이러한 조건을 변화시킨 시험 데이터의 축적이 요망된다.

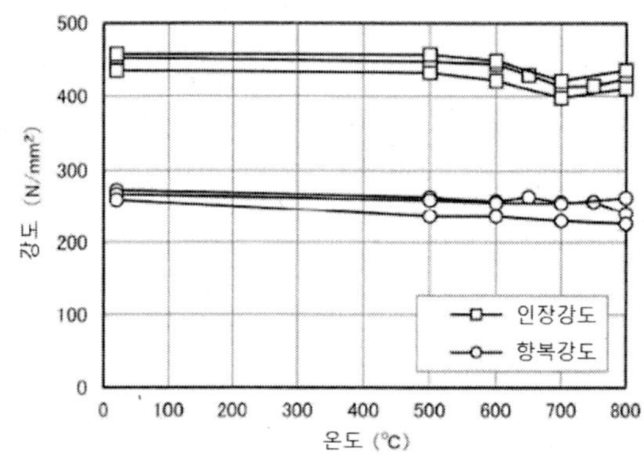

그림 3.2.28(a) SS400의 가열냉각시험 결과 표 3.2.1참조)

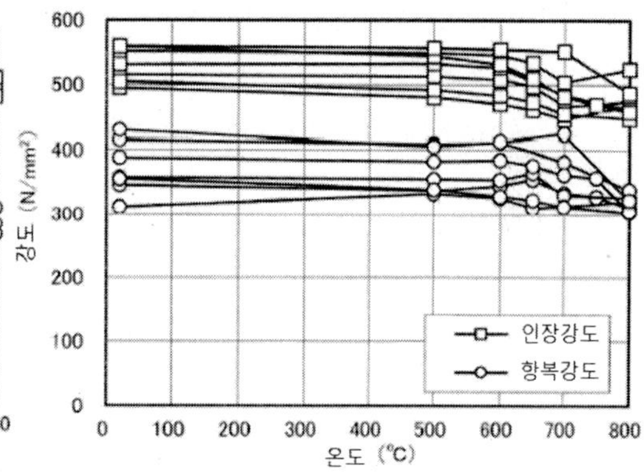

그림 3.2.28(b) SS490의 가열냉각시험 결과 표 3.2.2참조)

표 3.2.25 가열냉각 후 항복강도 평균값과 표준편차

		시험 온도								
		상온	100	200	300	400	500	600	700	800
SS400 (N/mm²)	표본 수	3					3	3	3	3
	평균치	266					253	250	247	243
	표준 편차	7					15	12	15	19
SM490 (N/mm²)	표본 수	7					7	7	7	7
	평균치	372					366	366	351	318
	표준 편차	41					33	37	41	13

표 3.2.26 가열냉각 후 인장강도 평균값과 표준편차

		시험 온도								
		상온	100	200	300	400	500	600	700	800
SS400 (N/mm^2)	표본 수	3					3	3	3	3
	평균치	448					445	438	410	423
	표준 편차	12					13	15	12	13
SM490 (N/mm^2)	표본 수	7					7	7	7	7
	평균치	531					524	517	484	474
	표준 편차	27					30	31	35	25

그림 3.2.29(a)에 내화강의 가열냉각후의 상온 항복 내력을, 그림 3.2.29(b)에 내화강의 가열냉각후의 상온 인장강도를 나타냈다. 또한, 그림 3.2.29(a)에는 가열냉각후의 고온시(600℃)항복내력도 함께 나타냈다. 대상강재는 SM490-FR로, 두께 35mm의 후강판이다. 재가열 후 상온시 항복내력 및 인장강도는 거의 변하지 않으며 안정된 강도 특성을 나타냈다. 또한, 재가열 후의 고온강도(600℃)에 대해서도 현저한 변화는 나타나지 않았다.

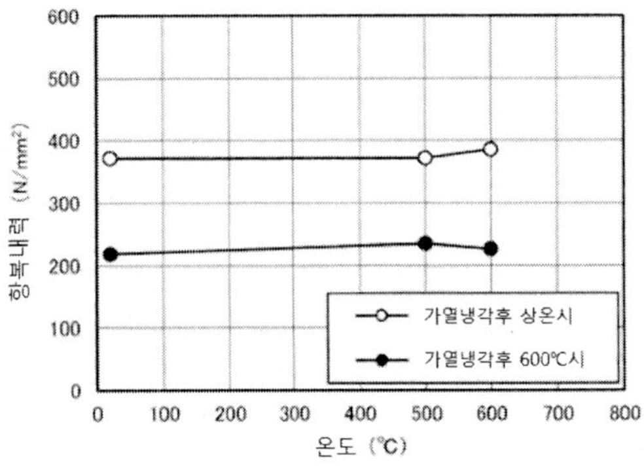

그림 3.2.29(a) 내화강 가열냉각 시험결과(항복 내력) 표 3.2.11참조)

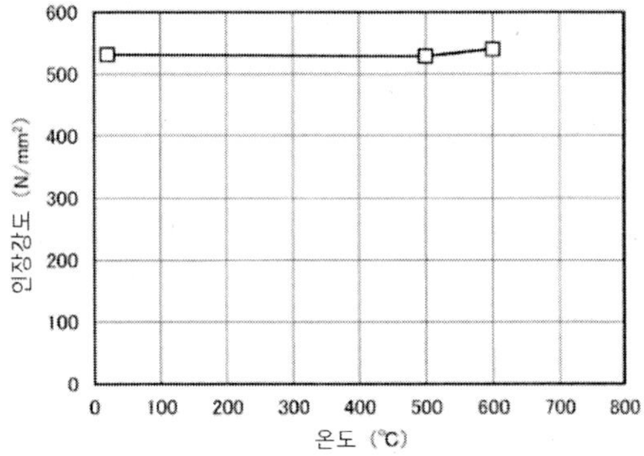

그림 3.2.29(b) 내화강 가열냉각 시험결과(인장강도) 표 3.2.11참조)

3.2.11 열팽창률

알반강의 선팽창계수와 온도의 관계는 문헌 37)에 그림 3.2.30에 나타내었다. 그림에 나타낸바와 같이 온도와 함께 선팽창계수는 증대한다. 또한, 참고사항으로 「유로코드3」에서의 열팽창 변형과 온도의 관계를 그림 3.2.31에 나타냈다.

그림3.2.32에 H-SA700에 대한 선팽창계수와 온도 관계를 나타냈다. 선팽창계수는 원주형시험편(4ϕ×20Lmm)을 이용하여 압축 하중법으로 측정하였다. 그림에는 방화총프로젝트식에서의 값을 나타냈다. 방화총프로젝트식은 당시 시험 데이터의 평균치에 따라 정해진 식이다. 700℃까지는 온도가 올라갈수록 선팽창 계수도 커진다. 그후 800℃가 되면 반전되어 작아지는 경향이 보인다.

그림3.2.33에 내화강에 대한 선팽창 계수와 온도 관계의 일례를 나타냈다. 선팽창 계수는 압축하중법으로 측정했다. 대상 강재는 SM490-FR로 두께16mm의 후강판이다. 그림에는 비교를 위해 일반강인 SM490(두께16mm)도 함께 나타냈다. 내화강의 열팽창률의 온도 의존성은 일반강과 현저한 차이는 나타나지 않았다.

그림 3.2.34는 스테인리스강의 열팽창 변형과 온도의 관계 예를 나타낸다. SUS304의 열팽창 변형은 일반강보다 크며 고온에서는 그 차이가 커지는 경향을 보인다. 따라서 탄소강보다 고온강도가 높아지지만, 고온시의 열팽창변형은 커지기 쉽다.

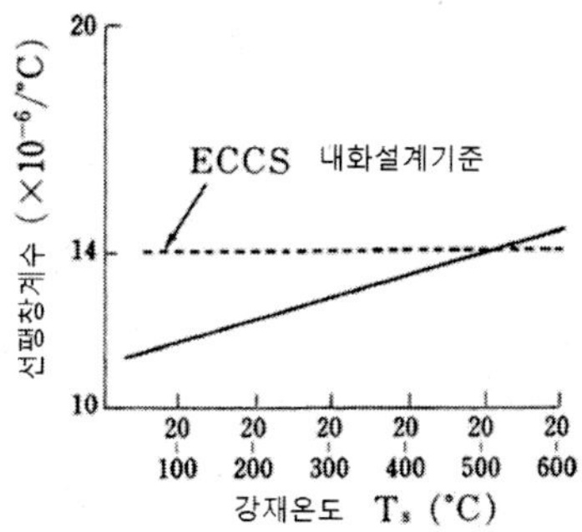

그림 3.2.30 선팽창계수와 온도의 관계 [37)]

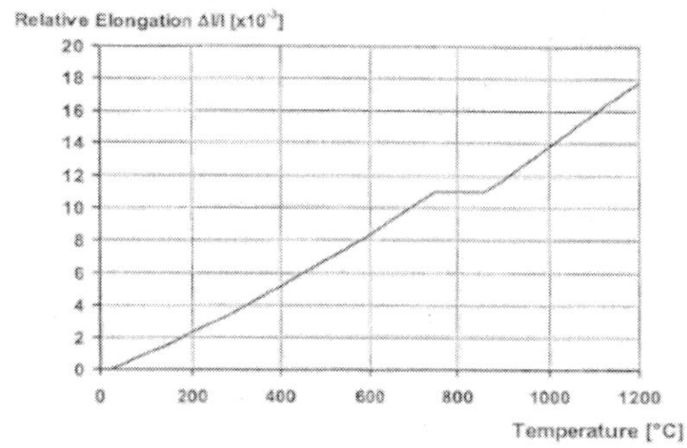

그림 3.2.31 열팽창 변형과 온도의 관계 [39)]

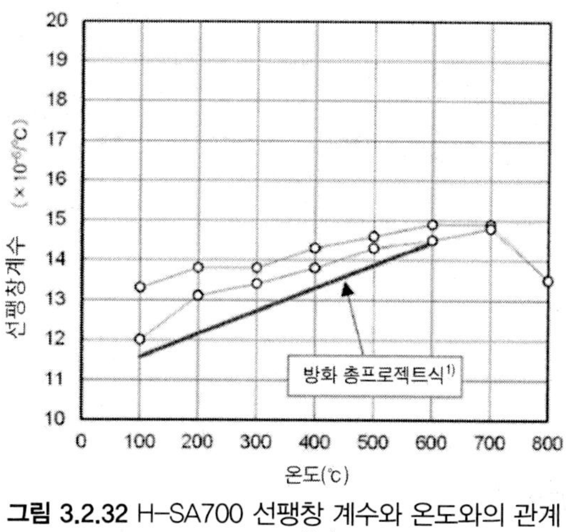

그림 3.2.32 H–SA700 선팽창 계수와 온도와의 관계
표 3.2.10참조)

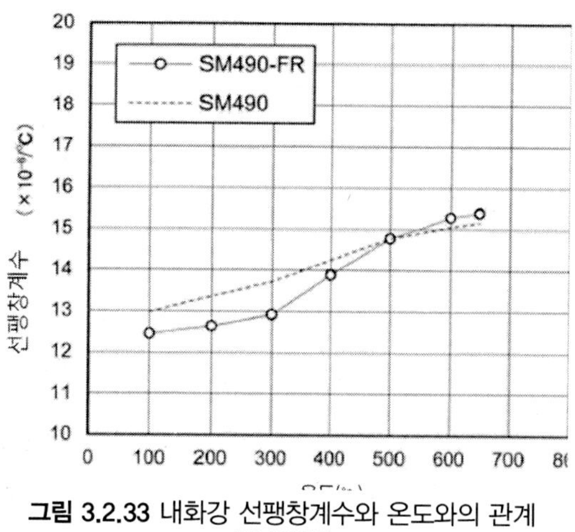

그림 3.2.33 내화강 선팽창계수와 온도와의 관계
표 3.2.11참조)

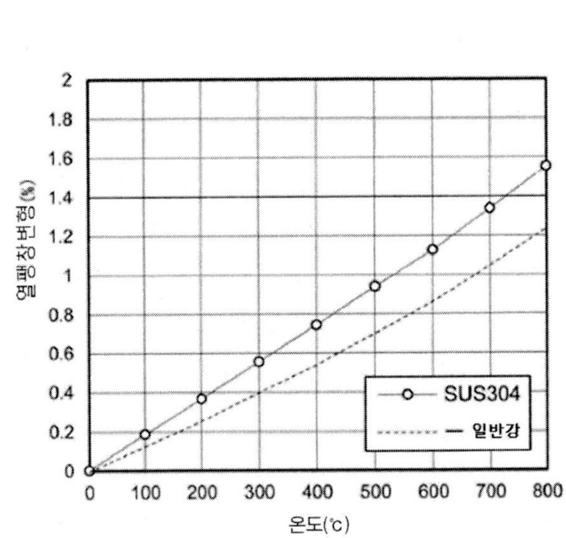

그림 3.2.34 SUS304 열팽창 변형과 온도관계 (표 3.2.12 참조)

3.2.12 비열

일반강의 비열과 온도의 관계는 문헌 370에 그림 3.2.35가 제시되어 있다. 그림에 나타난바와 같이 온도와 함께 비열은 증대한다. 또한 참고사항으로 「유로코드3」에서의 각종 관계를 그림 3.2.36에 나타냈다.

그림 3.2.37에 DCS법으로 측정한 SN400B, SN490B의 비열과 온도의 관계를 나타냈다. 그림 3.2.38에 H-SA700에 대한 비열과 온도의 관계를 나타냈다. 비열은 원판형 시험편 (10ϕ×2t mm)를 사용하여 Laser Flash법으로 측정하였다. 본 그림에는 방화총프로젝트식의 값을 게재하였다. 방화총프로젝트식은 당시 시험 데이터의 평균치에 따라 정해진 식이다. 열팽창률과 마찬가지로 700℃까지는 온도가 높아질수록 비열도 커지며, 이후 800℃가 되면 반전하여 작아지는 경향을 보인다.

그림 3.2.39에 내화강에 대한 비열과 온도의 관계 예를 나타냈다. 비열은 Laser Flash법으로 측정하였다. 대상강재는 SM490-FR로 두께16mm의 후강판이다. 그림에서는 비교를 위해 일반강인 SM490(두께16mm)도 함께 나타냈다. 내화강의 비열의 온도 의존성은 일반강과 현저한 차이는 나타나지 않았다.

그림 3.2.40에 스테인리스강에 대한 비열과 온도 관계의 예를 나타냈다. 그림에 비교를 위해 그림 3.2.35의 일반강(단위를 환산하여 같이 비교함)값도 함께 나타내었고, 스테인리스강은 일반강보다 비열이 작고, 온도 의존성도 적은 경향이 있다. 또한, 고온에서는 일반강 쪽이 더 커지는 경향이 나타난다.

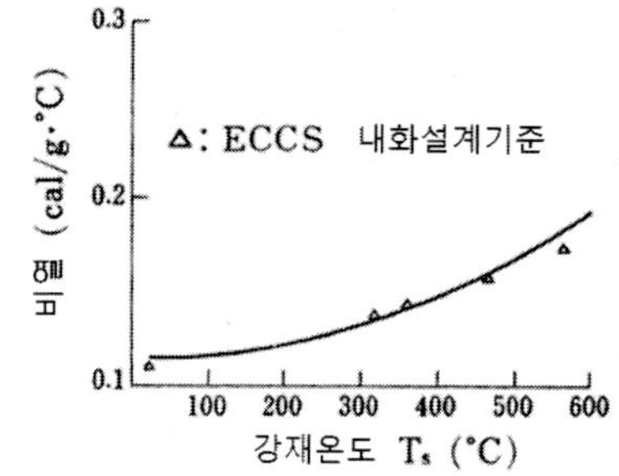

그림 3.2.35 비열과 온도와의 관계 37)

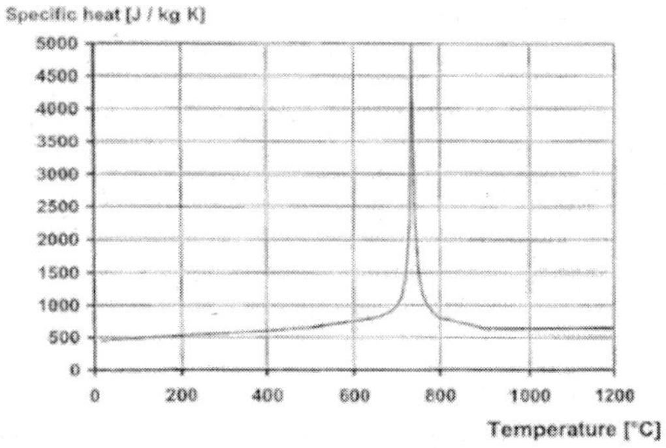

그림 3.2.36 비열과 온도와의 관계 39)

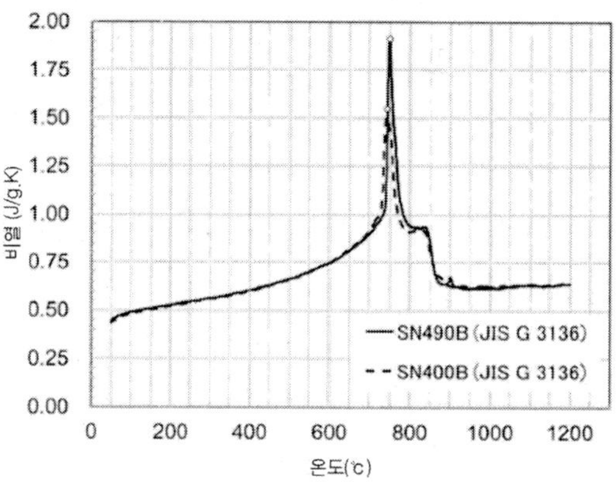

그림 3.2.37 SN재의 비열과 온도와의 관계 40)

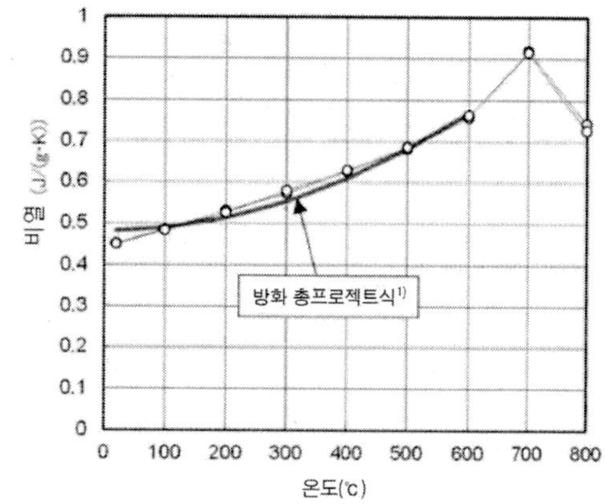

그림 3.2.38 H–SA700의 비열과 온도와의 관계 표 3.2.10참조)

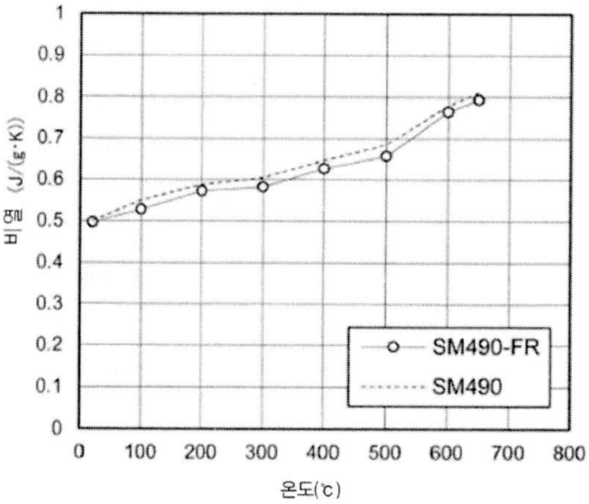

그림 3.2.39 내화강의 비열과 온도와의 관계 표 3.2.11참조)

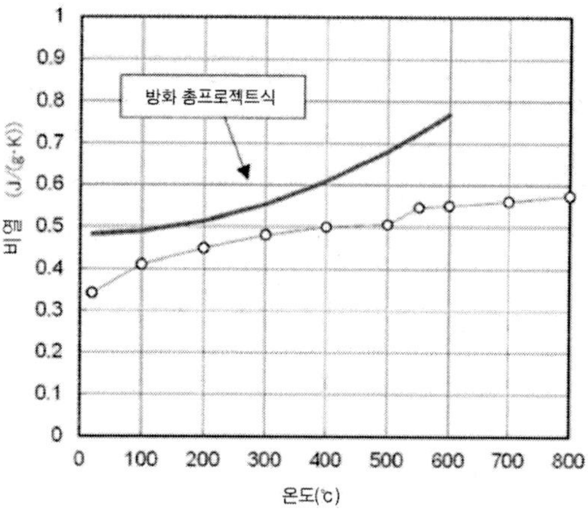

그림 3.2.40 SUS304의 비열과 온도와의 관계 표 3.2.12참조)

3.2.13 열전도율

일반강의 열전도율과 온도의 관계는 문헌37)에 그림 3.2.41이 제시되어 있다. 그림에 나타낸바와 같이 온도와 함께 열전도율은 감소한다. 또한, 참고적으로 「유로코드3」의 각종 관계를 그림 3.2.42에 나타냈다.

그림 3.2.43에 H-SA700에 대한 열전도율과 온도의 관계를 나타냈다. 열전도율은 원판형 시험편(10ϕ×2t mm)를 사용하여 Laser Flash법으로 측정하였다. 본 그림에서는 방화총프로젝트식의 값을 게재하였다. 방화총프로젝트식은 당시 시험 데이터의 평균치에 따라 정해진 식이다. 700℃까지는 온도가 높아질수록 열전도율이 작아지며, 이후 800℃가 되면 반전하여 커지는 경향을 보인다.

그림 3.2.44에 내화강에 대한 열전도율과 온도의 관계 예를 나타냈다. 열전도율은 Laser Flash법으로 측정하였다. 대상강재는 SM490-FR로, 두께16mm의 후강판이다. 그림에는 비교를 위해 일반강 SM490(두께16mm)도 함께 나타냈다. 내화강의 열전도율의 온도 의존성은 일반강과 현저한 차이는 나타나지 않았다.

그림 3.2.45에 스테인리스강에 대한 열전도율과 온도 관계 예를 나타냈다. 그림에는 비교를 위해 그림 3.2.41의 일반강(단위를 환산하여 같이 비교함)값도 함께 나타냈으며, 스테인리스강은 일반강과 달리 온도가 올라갈수록 열전도율이 커지는 경향이다. 또한 상온에서는 일반강 쪽이 크고, 고온이 될수록 그 차이가 작아지는 경향을 나타내고 있다.

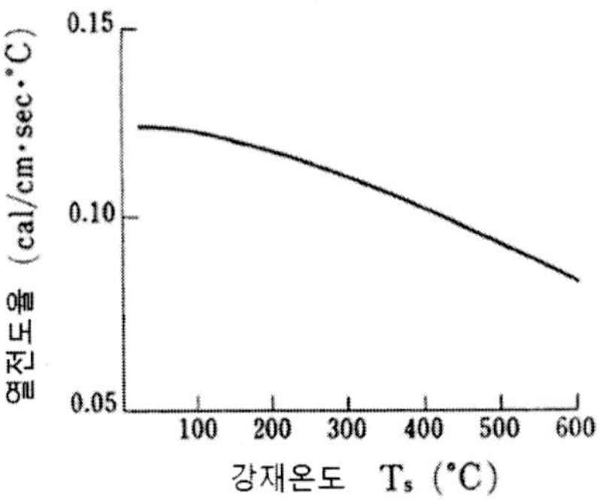

그림 3.2.41 열전도율과 온도와의 관계[37)]

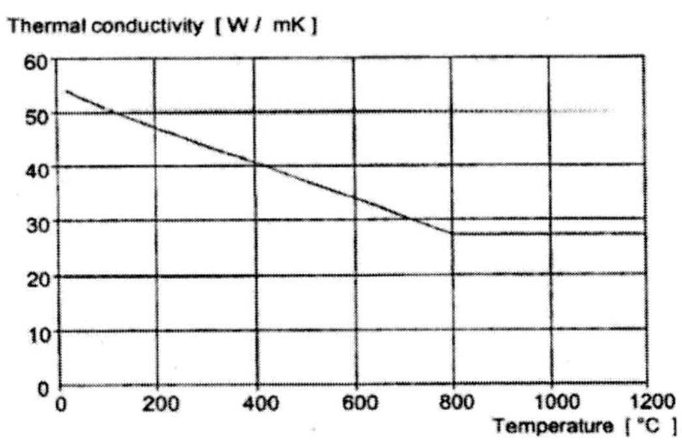

그림 3.2.42 열전도율과 온도와의 관계[39)]

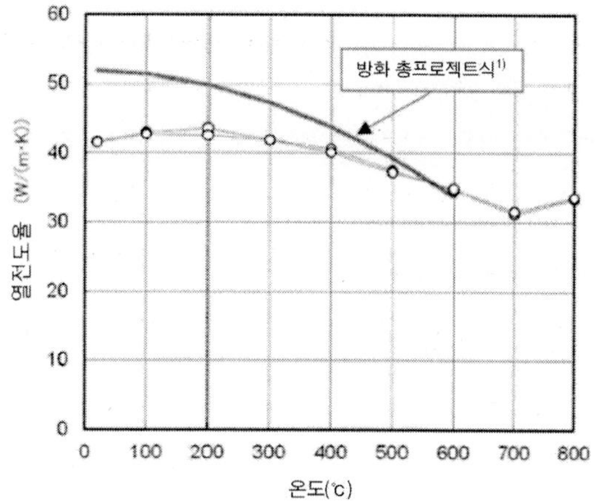

그림 3.2.43 H-SA700의 열전도율과 온도와의 관계 표 3.2.10참조)

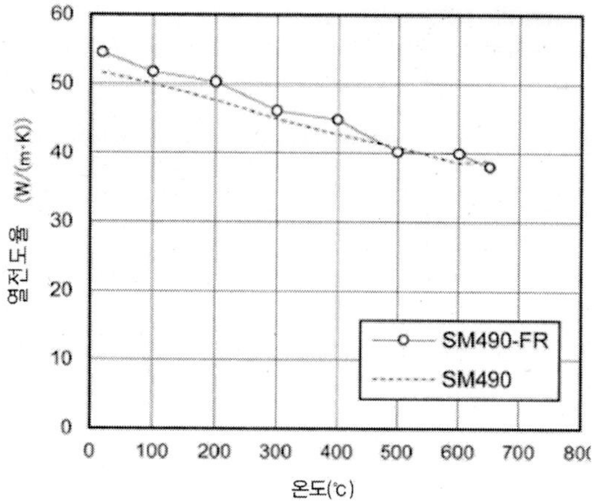

그림 3.2.44 내화강의 시험온도와 열전도율과의 관계 표 3.2.11참조)

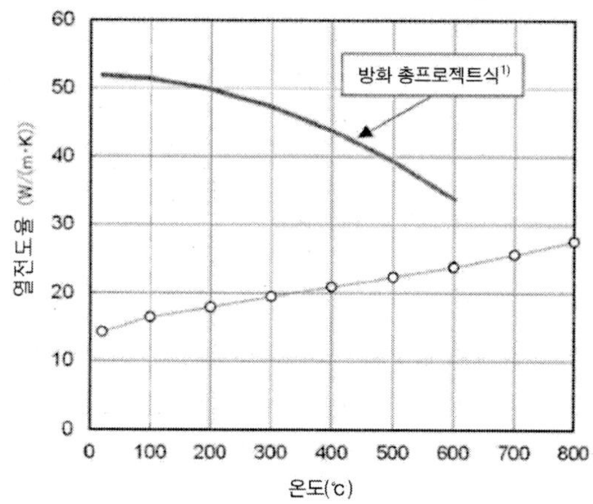

그림 3.2.45 SUS304의 열전도율과 온도와의 관계 표 3.2.12참조)

인용 · 참고문헌

1) 日本鋼構造協会 技術委員会 耐久性分科会 耐火委員会 高温強度班：構造用鋼材の高温時ならびに加熱後の機械的性質, JSSC Vol.4 No.33, 1968
2) 原田有, 古村福次郎：「高温度における建築用鋼材の力学的性質に関する研究」, 日本建築学会論文報告集, 第 185 号, pp.1-7, 1971.7
3) 藤本盛久ほか：Primary Creep of Structural Steel (SS41) at High Temperatures, 日本建築学会論文報告集, 第 296 号, pp.145-157, 1980.10
4) Fukujiro FURUMURA 他: A Uniaxial Stress-Strain Formula of Structural Steel at High Temperature and its Application to Thermal Deformation Analysis of Steel Frames, Report of the Research Laboratory of Engineering Materials of Tokyo Institute of Technology, No.11, 1986
5) 建設省建築研究所：「建築物の防火設計法の開発(耐火設計法の開発)」, 昭和 59 年度総合技術開発プロジェクト報告書, 1985.3
6) 建設省建築研究所：「建築物の防火設計法の開発(耐火設計法の開発)」, 昭和 61 年度総合技術開発プロジェクト報告書, 1987.3
7) 上杉英樹：「高層鉄骨架構の火災時の応力変形性状に関する研究」, 学位論文, pp.327-329, 1990.1
8) 建設省建築研究所, 日本建築センター：「防・耐火性能評価技術の開発(構造分科会)」, 総合技術開発プロジェクト No.6-4, pp.40-41,76-84, 1995.3
9) 建設省建築研究所, 日本建築センター：「防・耐火性能評価技術の開発(構造分科会)」, 総合技術開発プロジェクト No.7-4, pp.135-192, 1996.3
10) 岡部猛：漸増温度下の鋼柱の座屈強度に及ぼす高温クリープの影響評価, 構造工学論文集, Vol.43B, pp.367-376, 1997.3
11) 安田聡ほか：合成梁の高温耐力に関する実験的研究, 日本建築学会大会学術講演梗概集, A-2, pp.259-260, 2008.9
12) 藤本盛久ほか：Primary Creep of Structural Steel (SM50) at High Temperatures, 日本建築学会論文報告集, 第 306 号, pp.148-155, 1981.8
13) 岡部猛：「矩形断面を持つ鋼柱模型(SM490)の高温時の座屈強度」, 日本建築学会構造系論文集, 第 515 号, pp.169-176, 1999.1
14) 平島岳夫ほか：「高温時における鋼構造部材の耐力変形性能に関する研究」, 構造工学論文集, Vol.46B, pp.735-746, 2000.3
15) 雑喉良介ほか：建築構造用鋼材の高温特性, 日本建築学会大会学術講演梗概集, A-2, pp.113-114, 2000.9
16) 松石長之, 岡田忠義：「素材高温特性と部材高温圧縮強度の関係」, 鋼構造年次論文報告集 第 14 巻, pp.415-422, 2006.11
17) 本多孝行ほか：ＳＮ鋼材の高温特性調査, 日本建築学会大会学術講演梗概集, A-2, pp.15-16, 1999.9
18) 井出義人ほか：ＳＮ鋼材の高温時強度特性, 日本建築学会大会学術講演梗概集, A-2, pp.115-116, 2000.9
19) 遊佐秀逸：日本における耐火塗料の現状と今後の展望, 建築仕上技術, pp. 36-39, 2001.6
20) 雑喉良介ほか：被覆鉄骨柱の耐火性能に関する研究（その 1,2,3）, 日本建築学会大会学術講演梗概集, A-2, pp.17-22, 1999.9
21) 雑喉良介ほか：建築構造用鋼材の高温特性（その 1, 2, 3）, 日本建築学会大会学術講演梗概集, A-2, pp.207-212, 2009.8
22) 村上行夫ほか：建築構造用高強度鋼材を用いた部材の耐火性能（その 1, 2）, 日本建築学会大会学術講演梗概集, A-2, pp.43-46, 2013.8
23) 村上行夫ほか：建築構造用 550N/mm² 級鋼材を用いた柱部材の耐火性能, 日本建築学会大会学術講演梗概集, A-2, pp.271-272, 2012.9
24) 岡部猛：鋼構造新素材(SA440B)を用いた柱模型の高温時の座屈強度, 日本建築学会構造系論文集, 第 521 号, pp.169-176, 1999.7
25) 有田史絵ほか：高温度における高強度鋼材の力学的性質（その 1, 2）, 日本建築学会大会学術講演梗概集, A-2, pp.39-42, 2004.8
26) 村上行夫ほか：建築構造用高強度 800N/mm² 級鋼材の高温時材料特性, 日本建築学会大会学術講演梗概集, A-2, pp.213-214, 2009.8
27) 勝尾美香ほか：建築構造用高強度 780N/mm² 鋼材を用いた柱・梁部材の耐火性能, 日本建築学会大会学術講演梗概集, A-2, pp.15-16, 2015.9
28) 作本好文, 大橋守, 計良光一朗, 齋藤光：建築構造用耐火鋼材の高温強度特性, 日本建築学会構造系論文報告集, 第 427 号, 1991.9
29) 鹿内伸夫, 和田肇, 石川博, 村木誠, 畠山耕太郎, 向井勝利：建築用耐火鋼材の開発, NKK 技報, No.137, 1991
30) 藤野博, 人見潔, 橋本順次, 梅沢誠芳：建築構造用耐火鋼材 KSFR 鋼, 川崎製鉄技報, Vol.25, 1993
31) 鎌田芳彦, 深田康人, 中里卓三, 平山博巳, 川野和雄, 緒方龍二：耐火鋼, 住友金属, Vol.43-7, 1991
32) 作本好文, 中里卓三, 松崎明博：建築構造用ステンレス鋼の高温特性, 構造工学論文集, Vol.37B, pp.213-224, 1991.3
33) 志村保美：建築構造用ステンレス鋼の高温特性, ステンレス建築 No.23, pp.15-19, 2003.10
34) 山本将貴ほか：鋳鋼 SCW550・SCW620 の高温引張試験, 日本建築学会大会学術講演梗概集, A-2, pp.179-180, 2008.9
35) 日本鉄鋼協会：金属材料高温強度データ集 第三編 炭素鋼および鋳鉄編, 特別報告書 No.27, pp.341-342, 1977.12
36) 村上行夫ほか：建築構造用鋼の高温強度推定手法に関する研究, 日本建築学会大会学術講演梗概集, A-2, pp.203-204, 2014.9
37) 日本建築センター：建築物の総合防火設計法 第 4 巻 耐火設計法, 1989.4
38) 日本建築学会：鋼構造耐火設計指針, 1999
39) Eurocode 3: Design of steel structures Part 1-2:General rules- Structural fire design, prEN 1993-1-1, 2005.4
40) 鈴木淳一, 水上点睛, 林吉彦, 成瀬友宏, 岩崎秀幸, 小國勝男：建築構造用圧延鋼材の熱的特性と加熱後の金属組織の変化, 地震後火災を被った建築物の安全性・再使用評価方法の構築, 日本火災学会研究発表概要集, pp. 323-324,2016.5
41) J. Hult 著, 村上澄男訳：個体の力学シリーズ 4 構造物のクリープ, 培風館, 1973
42) Ralph M. Richard, M. ASCE and Barry J. Abbott: Versatile Elastic-Plastic Stress-Strain Formula, Journal of the Engineering Mechanics Division, Proceedings of the American Society of Civil Engineers, Vol.101, No. EM4, 1975.8
43) 国土交通省住宅局建築指導課ほか：2001 年版 耐火性能検証法の解説および計算例とその解説, 2001.3

3.3 고력볼트용 강재의 고온 시 기계적 성질

3.3.1 고력볼트용 강재를 이용한 접합부의 내화설계

앞에서 설명한 바와 같이 강재의 선팽창 계수는 크므로, 화재 시 강구조 골조에 큰 열팽창 변형이 나타난다. 이때 접합부가 취약하면 골조내의 열팽창변형이 고력볼트 접합부로 집중되어 그 접합부가 파단될 우려가 있다.

2001년의 WTC7빌딩의 화재에 의한 골조붕괴에서는 상기의 이유에 의해 볼트 접합부가 파단되어 접합부의 파단이 골조붕괴의 계기가 되었다고 지적되고 있다[22]. 강구조의 구조설계에서 접합부의 검토가 필수인 것처럼 내화설계에서도 접합부의 검토가 중요하다. 그러나 현행 내화성능평가시험은 부재단독의 내화성능을 평가하는 것으로 시방규정에 의거한 내화설계에서는 인정내화구조를 부재에 적용할 뿐 접합부의 검토는 일반적으로 이루어지지 않는다.

본회의 「강구조내화설계지침」[18]에서는 종국강도형 설계법을 채택하고 있다. 따라서 상온시와 마찬가지로 화재 시에도 고력볼트 마찰 접합 이음부(이하 고력볼트 이음부)가 파단되지 않도록 강골조가 화재 시 종국 상태에 이르렀을 때 고력볼트 이음부에 발생하는 단면력을 고온시 내력이 상회할 것을 요구하고 있다. 이는 일반강재 및 고력 볼트용 강재의 고온시 강도 잔존율에 의존하므로, 그 관계성에 따라 건설성고시 · 내화성능 검증법[21]에서는 철골부재의 상한 온도를 550℃로 함으로써 고력볼트 이음부에 대한 상세한 검토를 실시하고 있다. 단, 이는 보유내력 접합이 이루어진 고력볼트 이음을 상정한 것이며, 본래는 양단부의 핀 접합에서는 별도로 신중한 검토가 필요하다. 상기 지침에서는 골조내에 발생하는 발생열응력의 증대 및 고온 릴렉세이션에 의한 고력볼트의 긴장력 저하를 고려하여 화재 시 종국상태 전에서의 고력볼트 마찰접합 이음부의 미끄러짐은 허용하고 있다. 본 절에서는 상기 지침에 의거한 고력볼트용 강재의 고온시 기계적 성질에 관한 실험 데이터[1)~17)]을 소개한다. 담금질 · 템퍼의 열처리에 의한 조질고력강인 고력볼트용 강재는 일반강에 비해 기준강도에 대한 고온시의 강도 잔존율이 작다. 고력볼트용 강재는 템퍼온도(400℃ 정도)를 넘는 온도를 받으면 고온 시 강도 뿐만 아니라 가열 냉각 후 강도도 저하된다. 즉, 상온시에 강골조가 종국 한계상태에 이를 때까지 파단되지 않도록 설계된 고력 볼트 이음부에서도 화재 시 또는 가열 냉각 후에 이음부가 파단될 가능성이 있다. 한편, 고온시에는 고력 볼트용 강재의 변형 능력이 증대하여 화재 시에 이음부가 쉽게 파단되지 않는다는 실험 데이터도 있어 향후 이 규정이 재검토될 가능성도 있다.

본 절에서는 고력볼트 강재의 고온강도 특성에 더해 고온시 파단 특성에도 주목하여, 고력볼트용 강재의 고온시 기계적 성질을 소개한다. 또, 내화강용 고력볼트 및 스테인리스강용 고력볼트 등 고온시 강도 잔존율이 큰 강재가 개발되었으며, 더 나아가 자연파괴 문제를 극복한 초고력볼트

F14T도 실용화 되었다. 최근 이 초고력볼트 F14T의 고온시 기계적 성질도 보고되었기 때문에 본 개정판에서는 그 데이터도 추가하였다.

3.3.2 응력-변형 관계

강재의 고온 시 기계적 성질의 대부분은 JIS G 0567「철강재료 및 내열합금의 고온인장 시험방법」에 따라 취득된 것이며, 고력볼트용 강재에 대해서도 마찬가지이다. 고력볼트용 강재 F10T의 고온 시 응력-변형 관계의 예[13]를 그림 3.3.1에 나타냈다. 이 사례에서는 변형 5%시에 부하방법(이하, 변형속도)을 0.3%/분에서 4.28%/분으로 전환했기 때문에 변형속도 전환 직후의 응력 증가가 보인다. 또한, JIS시험에서는 부하방법 전환 후의 변형 속도는 5~10% 이고, 기존 결과는 7.5%/분의 예가 많았으나, 이 사례는 그 변형속도보다 약간 작은 예이다. 변형속도 전환 직후의 응력 증가는 고온이 될수록 현저하게 나타난다. 이러한 경향은 일반 강재들과 비슷하다. 강구조의 내화설계에서는 고력볼트용 강재의 고온 시 인장강도가 중요한데, 이 데이터의 대부분은 변형속도 전환 후의 최대 응력치에서 얻은 것이다. 그림 3.3.1에 나타낸 바와 같이 상온시~400℃에서는 연강과 같은 변형경화가 나타나지 않았고, 최대응력치에 도달한 후의 응력 저하가 현저하다. 한편, 500℃이후에는 최대응력치 이후의 응력저하가 비교적 완만하다. 파단 신장에 대해서는 일반강재와 마찬가지로 500℃이후에 급증한다.

내화강용 고력볼트 강재 F10T의 예[8]를 그림 3.3.2에 나타냈다. 이 응력-변형 관계는 시험시의 변형속도가 약 0.26%/분(크로스헤드 속도로 1mm/분)하에서 얻은 데이터이다. 그림 3.3.1의 F10T의 데이터에 비해 내화강용 고력 볼트의 고온 시 강도 잔존율이 큰 것은 명백하며 특히 400℃~700℃사이에서 차이가 큰 것을 알 수 있다.

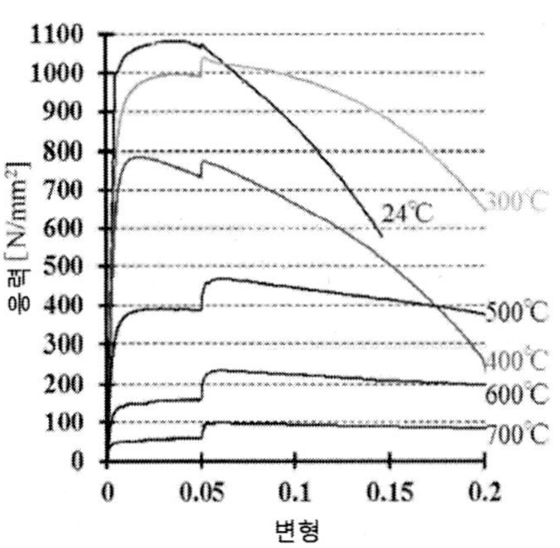

그림 3.3.1 F10T의 고온시 응력–변형관계 [17]

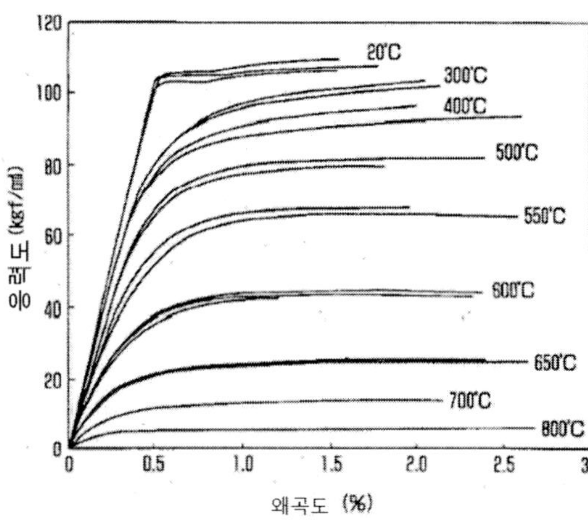

그림 3.3.2 내화강용 고력 볼트 고온시 응력–변형관계 [8]

3.3.3 인장강도

고력볼트용 강재의 고온 인장강도가 개제된 문헌을 표 3.3.1에 나타냈다. 전술한 바와 같이 강재의 고온 인장 시험에서는 변형 속도가 크게 영향을 미치므로 표 안에는 고온 인장 시험 시의 변형 속도도 병기했다. 고력 볼트 강재의 고온 시 인장강도는 그림 3.3.3에 나타냈다. F10T · S10T의 고온 시 인장강도는 300℃ 이후에 급격히 저하되고, 저하 정도는 1.2절에서 표시한 일반강보다 크다. 내화성능 검증법에서의 접합부 파단에 대한 상한온도 550℃의 잔존율은 기준 강도의 약 40%이다. 일본건축학회(AIJ)지침 및 Eurocode에서는 고력볼트의 인장강도에 대한 고온시 강도 저하율을 정하고 있다. AIJ지침에서는 JIS G 0567에 근거한 실험 데이터에 대해 $\sigma\ bu^{AV} - 3\sigma(\sigma\ bu^{AV}$는 인장강도의 평균치, σ는 표준편차)와 동일한 정도가 되도록 고력볼트용 강재의 강도 저하율이 설정되어 있다. F10T · S10T의 실험치에 대하여 굵은 실선으로 나타낸 AIJ지침은 대략 하한을 나타내고, 굵은 점선으로 나타낸 Eurocode는 평균적인 값을 나타내고 있다. 또한, 문헌12)에 의한 S10T의 데이터(그림 3.3.3 안의 ◆)는 변형속도 0.3%/분에 측정된 인장강도이며, 다른 데이터에 비해 값이 작다. 내화강용 볼트 · 스테인리스강용 볼트에서는 400℃ 이후 F10T · S10T에 대하여 높은 강도를 나타내고 있다. 특히, 스테인리스강용 볼트는 다른 볼트에 비해 600℃ 이후의 강도가 크다. F14T는 700℃까지는 F10T클래스의 내화강용 볼트를 웃도는 강도를 가지고 있으며, 기준 강도에 대한 고온 시 강도의 비도 F10T보다 크다.

표 3.3.1 고력 볼트용 강재의 고온 인장 시험에 따라 인장 강도가 파악된 문헌

문헌 No.	강재	공시볼트 명칭	시험편 지름 (측정부)	시험온도 [℃]	시험 시 변형속도 (인장 강도시)
4)	F8T, F10T, F11T,		10mm	상온, 200, 300, 350, 400 450 500	3%/분
8)	내화강용 볼트	M16	8mm	상온, 300, 400, 500, 550, 600, 650, 700, 800	3%/분
9)	스테인리스강용 고력볼트	M16	8mm	상온, 100, 200, 300, 400, 500, 600, 650, 700, 750, 800, 850, 900, 950, 1000	7.5%/분
10)	F10T	M20	6mm	상온, 300, 400, 500, 600, 750, 900	7.5%/분
11)	S10T	M22	12.5mm	상온, 200, 300, 400, 500, 550, 600, 650, 700	7.5%/분
12)	S10T	M20		상온, 400, 500, 600, 700	0.3%/분
13)	F10T	M20	10mm	상온, 100, 200, 300, 400, 500, 600, 700, 800	1.7%/분
15)	F14T	M16, M20, M22, M24	8mm	상온, 350, 500, 600, 650, 700, 800	JIS G 0567에 준거
17)	F10T	M20	6mm	상온, 300, 400, 500, 600, 700	4.28%/분

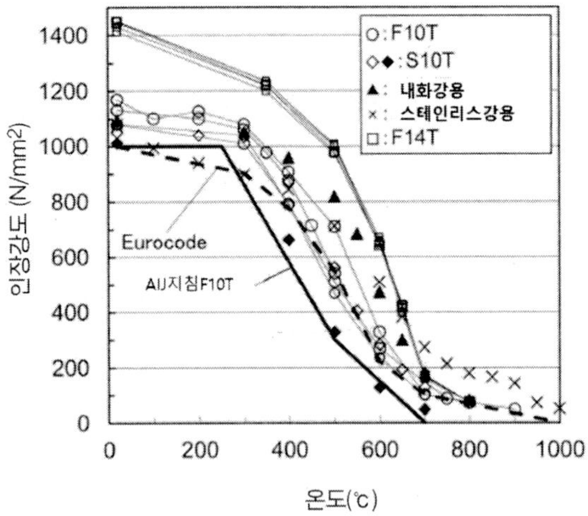

그림 3.3.3 고력볼트용 강재의 고온 시 인장강도

3.3.4 전단내력 및 전단 변형거동

여기에서 소개하는 고력볼트용 강재의 전단 내력은 고력볼트 마찰 접합부의 고온인장시험에서 얻어진 것이다. 관련 문헌을 표3.3.2에 나타냈다. 이들 시험에 이용한 고력볼트 마찰접합부 공칭의 최대전단내력[19](표3.3.2에 나타낸 $n \cdot q_{bu}$ 치)에 대한 고온시의 전단내력 (고력볼트 마찰접합부의 고온 인장시험으로 얻은 최대 하중에서 역산한 값)의 비를 그림 3.3.4에 나타냈다. 고력볼트의 1전단면당 최대내력은 일반적으로 그 최대인장내력의 0.6배로 평가되듯이 그림 3.3.에 나타낸 고온시 인장강도와 그림 3.3.4에 나타낸 고온시 전단내력은 대체로 상사관계에 있다. F10T 및 S10T는 온도 상승에 따른 전단 강도의 저하가 크다. 「강구조내화설계지침」[18]의 값은 전술한 바와 같이 인장강도의 고온 강도 잔존율이 낮게 설정되어 있으므로 F10T와 S10T의 실험치에 대해서도 작다. 한편, Eurocode[20]의 값은 F10T와 S10T의 실험값에 가까운 값이 되었으며, 이것도 고온 인장강도의 관계와 합치한다. 단, 고온시의 인장강도와 마찬가지로 전단 내력에 관해서도 이음부시험 시의 부하방법은 그 결과에 영향을 미친다. F14T · 내화강용 F10T · 스테인리스강용 F10T는 F10T · S10T에 비해 고온시의 전단내력 잔존비가 크다. F14T의 전단내력 잔존비는 500℃ 이후에는 내화강용 F10T와 동등하다. 스테인리스강용 볼트는 다른 볼트에 비해 600℃ 이후의 강도가 크다. 이러한 경향도 고력볼트용 강재의 고온 시 인장강도 결과와 대응하고 있다.

표 3.3.2 고력볼트 마찰 접합부의 일정 고온 하에 대한 인장실험으로 고력볼트의 전단내력이 파악된 문헌

문헌 No.	고력볼트 종류	호칭	전단면수× 한쪽면 볼트 갯수	$n \cdot q_{bu}$ [kN]	시험수 (고온)	시험 온도[℃] (부하방법[mm/분])	판재의 강종	판 두께[mm]	
								모재	첨판
8)	내화강용 F10T	M16	2면×2개	482	1~3	상온, 200, 250, 300, 350, 400, 450, 475, 500, 525, 550, 575, 600, 650, 700, 800	NSFR490A	25	13
9)	스테인리스 강용 F10T	M16	2면×2개	482	2	상온, 400, 500, 600, 650, 700, 750, 800	SUS304	32	16
11)	S10T	M22	2면×1개 (축부+ 나사부)	456	2~3	상온, 200, 300, 400, 500, 550, 600, 650	SM490A	25	12
14)	F10T	M16 M20	2면×1개 (축부+ 축부)	241 377	1 1~2	상온, 400, 500, 600, 700	SN490B	19	12
16)	F10T	M22	2면×2개 (축부+ 나사부)	1276	1~2	상온, 350, 500, 600, 650, 700, 800 (1.2mm/분)	SN490B-FR	36	16
17)	F10T	M20	2면×1개 (축부+ 축부)	377	1	상온, 400, 500, 700 (약 0.6mm/분)	SN490B	19	12

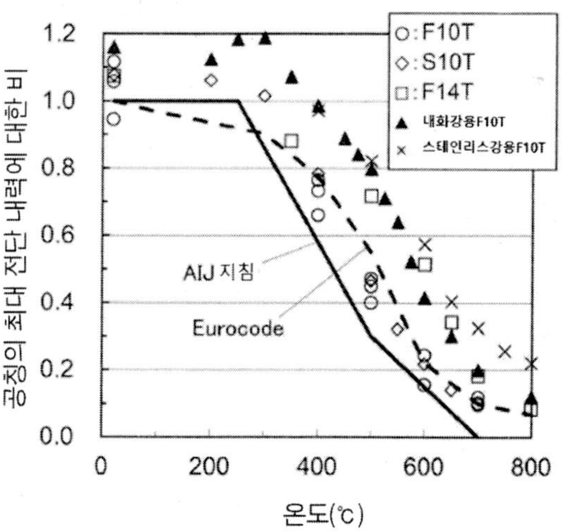

그림 3.3.4 고력 볼트용 강재의 고온시 전단 내력

전술한 고력볼트용 강재의 전단내력은 그림 3.3.5에 나타낸 바와 같이 고력볼트 마찰 접합부의 고온 인장시험 결과의 최대 하중에서 역산한 값이다. 이 그림 3.3.5(a)로부터 500℃ 이상의 온도 영역에서는 최대하중에 도달한 후에 완만하게 하중이 감소하여 고력볼트의 축지름과 같은 정도의

변위가 생길때 까지 파단이 발생하지 않는다. 즉, 화재로 인한 고온시에는 고력볼트가 전단에 대하여 쉽게 파산되지 않는 것이 명백하게 밝혀지고 있다. 고력볼트 마찰 접합부의 화재 시 변형 능력을 검토할 때는 그림 3.3.5에 나타낸 고력볼트의 전단변형 거동을 고려함으로써 보다 정확한 검토를 할 수 있게 된다. 그림 3.3.5(b)는 초고력볼트 F14T를 이용한 마찰접합 이음부의 고온 인장 실험에서 얻은 하중-변위 관계이다. F14T의 경우, 650℃ 이상에서는 최대하중의 0.4배 까지 하중이 저하된 시점에도 고력볼트가 파단되지 않았다고 보고되었다.

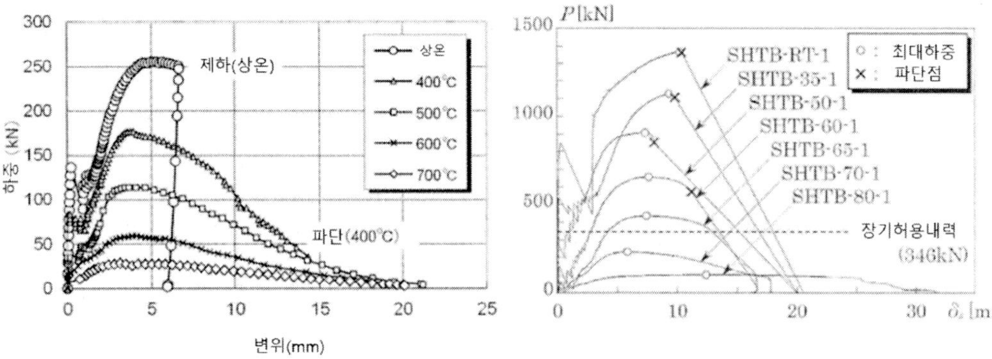

(a) F10T-M16, 2면 전단, 단측 볼트 개수 1의 결과[14]

(b) F14T-M22, 2면 전단, 단측 볼트 개수 2의 결과[16]

그림 3.3.5 고력볼트 마찰 접합 이음부의 고온인장 시험을 통해 얻은 고력볼트용 강재의 전단 변형 거동

3.3.5 고력볼트 마찰 접합부의 미끄럼 내력

여기에서 소개하는 고력볼트 마찰 접합부의 미끄럼내력은 전항과 동일한 고력볼트마찰접합부의 고온인장시험에서 얻은 미끄럼 하중이다. 관련 문헌을 표3.3.3에 나타냈다. 고력볼트 마찰 접합 이음부의 설계 미끄럼내력[19]에 대한 고온시 미끄럼 하중의 비(이하, 미끄럼 내력비)를 그림 3.3.6에 나타냈다. 고온시의 미끄럼 내력비는 F10T, S10T, F14T에서는 대체로 동등하다. 내화강용 볼트와 내열강 SNB7의 미끄럼 하중비는 크며, 스테인리스강용 볼트는 더욱 크다. 고온시의 미끄럼 내력 저하는 고력 볼트의 고온 릴랙세이션에 의해 초기 도입 축력이 저하됨으로서 생긴다[3]. F10T, S10T, F14T의 경우 400℃ 이상에서 미끄럼 하중이 설계 미끄럼 내력(미끄럼 내력의 규격치)을 밑돈다. 화재시에는 가열되는 보의 열팽창 변형이 구속됨으로써 이음부에도 큰 압축력(열응력)이 작용한다. 따라서 화재시에는 고력볼트 마찰이음의 미끄럼 내력이 저하되고, 조인트부에 큰 열응력이 생기기 때문에 이음부의 미끄럼을 방지하는 것이 어렵다. 종국강도형설계법을 채택하고

있는 「강구조 내화설계지침」[18]에서는 고력볼트 마찰 접합 이음부가 화재시의 미끄러짐은 허용하고, 그 후에 볼트의 전단접합 이음부로 이행한 뒤의 최대 내력에 주목하고 있다.

표 3.3.3 고력 볼트 마찰 접합부의 미끄럼 내력에 관한 문헌

문헌 No.	고력볼트	명칭	전단 면수	한쪽 편수	시험온도[℃]	판재의 강종	판두께	
							모재	첨판
2)	F10T, F11T	M20, M22	2	2	상온, 300, 400, 500	SS400, SM490A	32	16
3)	F10T	M20	2	2, 3	상온, 300, 350, 400, 450, 500	SM490A	22	12
4)	SNB7	M22	2	2	상온, 300, 350, 400, 425, 450, 475, 500, 525, 550	SM50YA, YB	25	13
6)	F10T	M22	2	2	상온, 150, 200, 250, 300, 350, 400, 450, 500	SM50YA, YB	25	13
8)	내화강용 볼트	M16	2	2	상온, 200, 250, 300, 350, 400, 450, 475, 500, 525, 550, 575, 600, 650, 700, 800	NSFR490A	25	13
9)	스테인리스 강용 고력볼트	M16	2	2	상온, 400, 500, 600, 650, 700, 750, 800	SUS304	32	16
11)	S10T	M22	2	2	상온, 200, 300, 400, 500, 550, 600, 650	SM490A	25	12
14)	F10T	M16, M20	1, 2	1, 2	상온, 400, 500, 600, 700	SN490B	19	12
16)	F14T	M22	2	2	상온, 350, 500, 600, 650, 700, 800	SN490B-FR	36	16

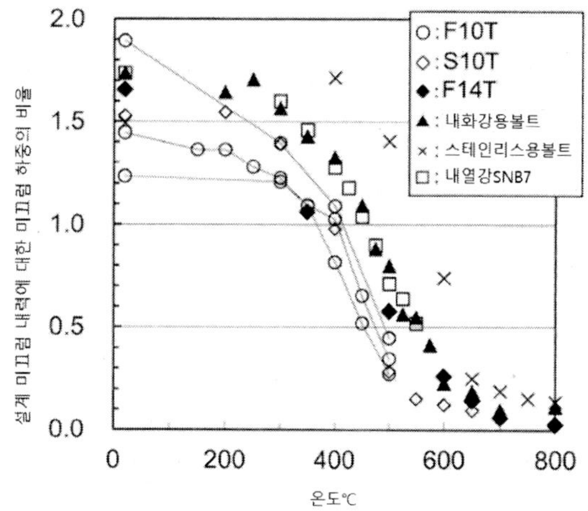

그림 3.3.6 고력 볼트 마찰 접합 이음부의 미끄럼 내력

3.3.6 가열냉각 후의 기계적 성질

가열냉각 후의 고력볼트 강재의 인장시험에 관한 문헌을 표 3.3.4에 나타냈다. 가열냉각후의 인장시험이란, 고력볼트를 소정의 온도까지 가열하여 일정시간 유지한 후에 상온하에서 실시하는 인장시험이다. 그림 3.3.7에 가열냉각후의 고력볼트 강재의 인장강도 실험 결과를 나타냈다. 그림 3.3.7에서 가로축은 가열시의 최고 온도이며, 일정시간 유지한 온도이다. 이 그림과 같이 400℃까지의 온도 기록에서는 일반강과 마찬가지로 고력볼트에서도 강도는 거의 저하되지 않는다. 그러나, 400℃ 이상이 되면 고온이 될수록 강도가 저하되어 700℃에서 강도가 반감된다. 화재 가열 후의 냉각 과정에서 강재보의 고력 볼트가 파단되는 이유는 가열 냉각후에 강도가 회복된 강재보에 큰 잔류 인장력이 작용하고, 그 인장력에 저항해야 할 고력볼트 이음부의 가열 냉각후 내력이 저하되기 때문이다. F10T와 내화강용 볼트를 비교하면, 고온 인장시험에서 나타나던 정도의 차이가 가열 냉각후에는 나타나지 않는다.

표 3.3.4 가열 냉각 후의 고력 볼트 강재의 인장시험에 관한 문헌

문헌 No.	강재	공시볼트 명칭	시험편 지름	최고 이력 온도
2)	F10T, F11T	M20		상온, 300, 400, 500
7)	내열강SNB7	M22	10mm	상온, 300, 400, 500, 600
8)	내화강용볼트	M16	8mm	상온, 300, 400, 500, 550, 600, 650, 700, 800
10)	F10T	M20	6mm	상온, 300, 400, 500, 600, 700, 800, 900
13)	F10T	M20	10mm	상온, 100, 200, 300, 400, 500, 600, 700, 800

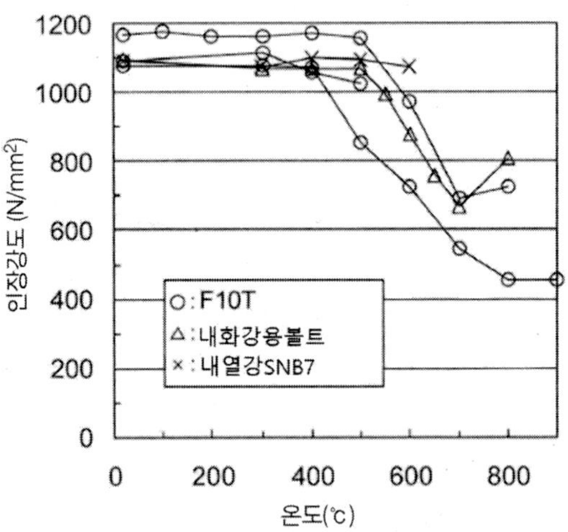

그림 3.3.7 고력 볼트용 강재의 가열 냉각 후의 인장 강도

가열냉각 후의 고력 볼트 이음부의 인장시험에 관한 문헌 및 온도별 데이터를 표 3.3.5에 나타냈다. 고력볼트 이음부의 가열 냉각 후 미끄러짐 내력을 그림 3.3.8에 나타냈다. 그림 3.3.6에 나타낸

고온시 미끄럼 내력과 마찬가지로 가열냉각 후의 미끄럼 내력도 400℃ 이후에 상온 규격치를 밑돈다. 따라서 400℃ 이상의 가열을 받은 고력볼트 마찰접합 이음부에 대해서는 고력볼트를 교체한 후 다시 체결할 필요가 있다.

고력볼트의 가열냉각 후의 전단강도는 그림 3.3.9와 같다. F10T에서는 500℃ 이후의 데이터는 없으나, 그림 3.3.7에 나타낸 가열냉각 후의 인장강도에 대응하여 500℃ 이상의 가열을 받으면 전단강도도 저하될 것으로 예상된다. 내화강용볼트도 500℃의 가열을 받으면 전단강도가 저하된다. 스테인리스강용 볼트는 600℃ 이상의 가열을 받으면 전단강도가 저하되자만 다른 볼트에 비해 저하도는 적다.

표 3.3.5 고력 볼트 마찰 접합 이음부의 가열 냉각 후 인장 실험에 관한 문헌

문헌 No.	고력볼트	호칭	전단면수	편측본수	시험온도(℃)	판재의 강종	판두께	
							모재	첨판
1)	F8T 클레스	ϕ19, ϕ22	2	1, 2	상온, 350, 450	SM490B	32	16
2)	F10T, F11T	M20	2	2	상온, 400, 500	SS400, SM490A	32	16
6)	F10T	M22	2	2	상온, 150, 200, 250, 300, 350, 400, 450, 500	SM50YA, YB	25	13
7)	내열강SNB7	M22	2	2	상온, 400, 425, 450, 475, 500, 525, 550	SM50YA, YB	25	13
8)	내화강용볼트	M16	2	2	상온, 200, 250, 300, 400, 500, 550, 600, 650, 700, 800	NSFR490A	25	13
9)	스테인리스강용 고력볼트	M16	2	2	상온, 400, 500, 600, 650, 700, 750, 800	SUS304	32	16

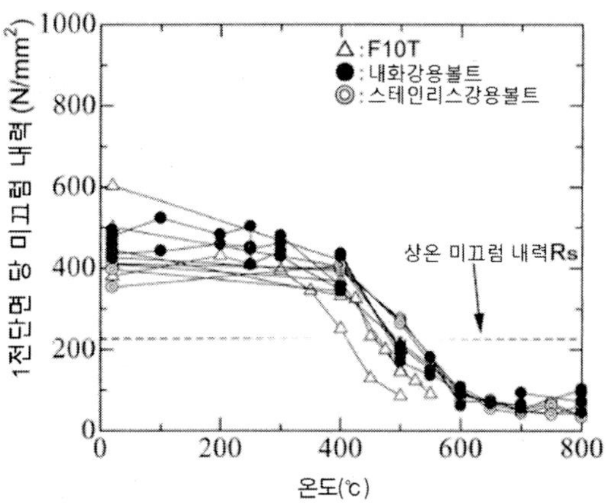

그림 3.3.8 가열냉각 후 미끄럼 내력

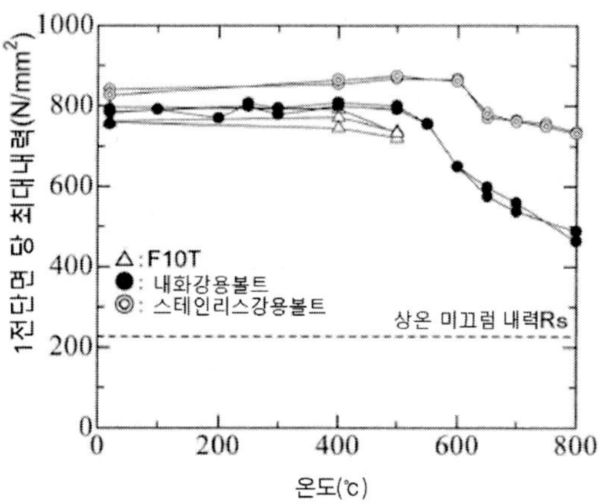

그림 3.3.9 가열 냉각 후 전단 강도

인용・참고문헌

1) 斉藤光，前川修二，安藤三郎：ボルト摩擦継手の耐火性に関する研究，日本建築学会大会学術講演梗概集，pp.891-892，1968.10
2) 田中淳夫，小久保勲，古村福次郎：高温加熱を受けた高力ボルト摩擦接合部の性状について，日本建築学会論文報告集，第 252 号，pp.45-56，1977.2
3) 田中淳夫，小久保勲，古村福次郎：高力ボルト摩擦接合継手の高温加力試験，日本建築学会論文報告集，第 286 号，pp.13-21，1979.12
4) Kozo Wakiyama and Akio Tatsumi : Evaluation of the Mechanical Properties at Elevated Temperature，日本建築学会論文報告集，第 308 号，pp.82-91，1981.10
5) 小久保勲，田中淳夫，古村福次郎：高温度における高力ボルト材の力学的性質（その 1 高温クリープ性状について），日本建築学会論文報告集，第 309 号，pp.21-28，1981.11
6) Fukujiro Furumura, Takeo Ave, Wha Jung Kim, Atsuo Tanaka, Syoji Satoo, Kyoichi Mushiga, and Eiji Suzuki : The Slip Load of High-strength Bolted Joints with Painted Surfaces at High Temperature，東京工業大学工業材料研究所所報，No.10, pp.135-157, 1985
7) Fukujiro Furumura, Takeo Ave, Yasuji Shinohara, Wha Jung Kim, Syoji Satoo, Kyoichi Musiga, Takasi Ninomiya, and Hiromi Ootakara : The Slip Behavior of Heat Resistant High-strength Bolted Joints at High Temperature，東京工業大学工業材料研究所所報 No.13, pp.121-150，1988
8) 作本好文，計良光一郎，古村福次郎，安部武雄：耐火鋼用高力ボルトの高温強度に関する実験的研究，日本建築学会構造系論文集,第 432 号，pp.119-128，1992.2
9) 作本好文，古村福次郎，安部武雄：ステンレス鋼高力ボルトの高温強度特性，構造工学論文集 Vol.39B，pp.405-413，1993.3
10) 古平章夫，藤中英夫，高田司：高力ボルトの高温時および加熱冷却後の強度，日本建築大会学術講演梗概集，A-2，pp.117-118，2000.9
11) 平島岳夫，織茂俊泰，菊田繁美，高橋孝二，堀昭夫，中込昭，松戸正士，吉田正友，山内泰之，中村賢一，上杉英樹，齋藤光：高力ボルト摩擦接合継手の高温時におけるせん断強度に関する実験，構造工学論文集 Vol.47B，pp.311-316，2001.3
12) 尾崎文宣，河野守：高温時における高力ボルト接合梁継手の曲げ強度，日本建築学会構造系論文集，第 589 号，pp.187-194，2005.3
13) 安部武雄，亀田暁子，濱田直之，藤本健太郎，平島岳夫，上杉英樹：高力ボルト継手の耐火性に関する実験的研究（その 1．高温度における高力ボルト素材の力学的特性，日本建築学会大会学術講演梗概集，A-2，pp.105-106，2006.9
14) 平島岳夫，濱田直之，尾崎文宣，安部武雄，上杉英樹：高温時における高力ボルトの剪断変形性状に関する実験的研究，日本建築学会構造系論文集 第 621 号，pp.175-180，2007.11
15) 木村慧，東清三郎，岡田忠義：超高力ボルト摩擦接合継手の高温引張耐力（その 1 高温引張試験），日本建築大会学術講演梗概集，A-2，pp.13-14，2010.9
16) 岡田忠義，木村慧，東清三郎：超高力ボルト摩擦接合継手の高温引張耐力（その 2 高温継手試験），日本建築大会学術講演梗概集，A-2，pp.15-16，2010.9
17) 平島岳夫，江嵜佑，安藤秀平：高温時における高力ボルト摩擦接合継手の変形性状，日本建築学会構造系論文集，第 79 巻，第 698 号，pp.541-548, 2014.4
18) 日本建築学会：鋼構造耐火設計指針 第 2 版，2008
19) 日本建築学会：鋼構造接合部指針 第 3 版，2012
20) Eurocode3: Design of steel structures – Part 1-2: General rules – Structural fire design, Annex D [informative] Joints, EN1993-1-2, pp.73-75, 2005.8
21) 国土交通省住宅局建築指導課ほか：2001 年版　耐火性能検証法の解説および計算例とその解説，井上書院，2001
22) National Institute of Standards and Technology, Final Re-port on the Collapse of World Trade Center Building 7, 2008

3.4 철근콘크리트용 봉강 · PC강봉 · PC강연선 · 고장력케이블 등

3.4.1 철근콘크리트용 봉강 등의 특징

본 항에서는 철근 콘크리트용 봉강(이하 철근), PC강봉, PC강연선 및 고장력 케이블(평행선 케이블의 버튼헤드 장착부)의 고온시 기계적 성질에 대해 기술한다.

3.4.2 철근콘크리트용 봉강의 응력-변형 관계

철근의 응력-변형 곡선에 관한 문헌의 시험조건 일람을 표 3.4.1에 나타냈다. 고온시의 응력-변형곡선은 강도 레벨이 높은 강 종류일수록 항복현상이 소실되는 온도가 낮은 경향을 나타낸다. 가열 냉각 후 시험에서는 600℃까지는 상온의 응력-변형 관계와 거의 일치한다.

표 3.4.1 철근의 응력-변형곡선에 관한 문헌의 시험조건 일람

문헌 No.	강재	제품 치수(시험체 치수)	가열 조건	재하 속도	가열온도(℃)
1	SB295, SD345, SD390, SD490, USD685	D16(JIS G 0567 II형 시험편 : 평행부 지름 8mm, 표점거리 40mm)	목표온도를 유지하고, 공시체온도를 동일하게하여 인장시험 실시	0.3%/min	상온, 100, 200. 300. 400. 500. 600. 800, 1000
2	SD490	D19 (JIS Z 2201의 2호편)	가열온도10℃/min 목표온도 1시간 유지 후, 가열냉각	$4.0N/mm^2$ · sec	200, 400, 600, 650, 700, 800, 1000
	USD685	D16 (JIS Z 2201의 2호편)			
3	USD685	D25(1형 시험편(1-10), 검사길이 50.8mm)	고온시시험: 시험온도 20℃까지 약 10℃/분, 그 후 시험온도까지 0.5℃/분, 시험온도1시간 유지 가열냉각후시험:시험온도 20℃까지1.0℃/분, 그 후 시험온도까지 약 0.33℃/분, 시험온도3시간 유지후 자연냉각		상온, 100, 200, 300, 400, 500, 600, 700, 800

고온시 철근의 응력-변형 곡선을 그림 3.4.1에 나타냈다[1]. 강도 레벨이 높은 강 종류 일수록 명확하게 항복현상이 소실되는 온도가 낮은 경향을 보이고 있으며, 명확한 항복점 또는 항복참이 인정되는 것은 SD295 및 SD345는 300℃, SD390은 200℃, SD490 및 USD685는 100℃이다. SD295와

SD345는 300℃에서는 명확한 항복점을 가지면서도 항복참이 거의 없고 400℃이상의 온도에서는 모든 강 종류에서 라운드하우스형의 응력-변형 곡선이 된다. 또, 변형경화는 각 강 종류 모두 400℃까지의 온도 영역에서는 크지만, 500℃이상의 온도 영역에서는 거의 발생하지 않는다.

가열 냉각 후의 응력-변형곡선을 그림 3.4.2에 나타냈다[2]. 온도 600℃까지는 비가열의 응력-변형 관계와 거의 일치하고 있으며, 확실한 항복참 및 변형경화를 보인다. 온도가 600℃를 넘으면 온도가 높아짐에 따라 항복점이 낮아지는 경향을 나타내지만, 1000℃까지 명확한 항복참을 유지한다. 또한, 650℃에서 800℃까지의 온도 범위에서는 온도가 높아짐에 따라 항복참이 길어지며, 변형 경화가 시작되는 변형값이 커지는 경향을 보인다.

USD685의 고온시 및 가열냉각후의 응력-변형곡선을 비교하여 그림 3.4.3에 나타냈다[3]. 고온시 시험에서는 200℃이상에서는 명료한 항복참이 없고, 600℃이상에서는 변형경화가 보인다. 가열냉각후 시험에서는 600℃까지는 상온의 응력-변형 관계와 일치하고 있다. 온도가 600℃를 넘으면 온도 상승과 함께 항복점이 저하되지만, 명확한 항복참이 있다.

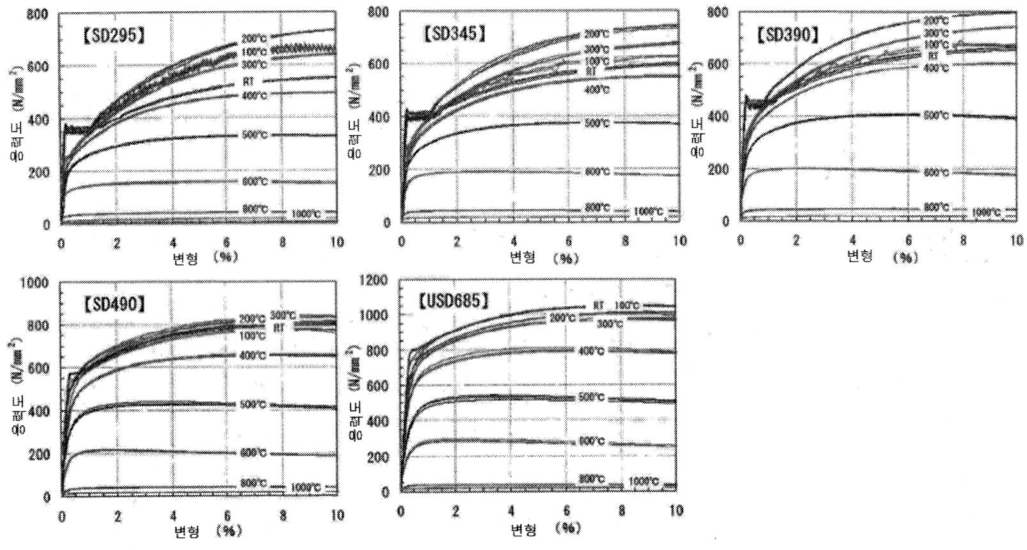

그림 3.4.1 철근의 고온 시 응력–변형 관계의 예 [1]

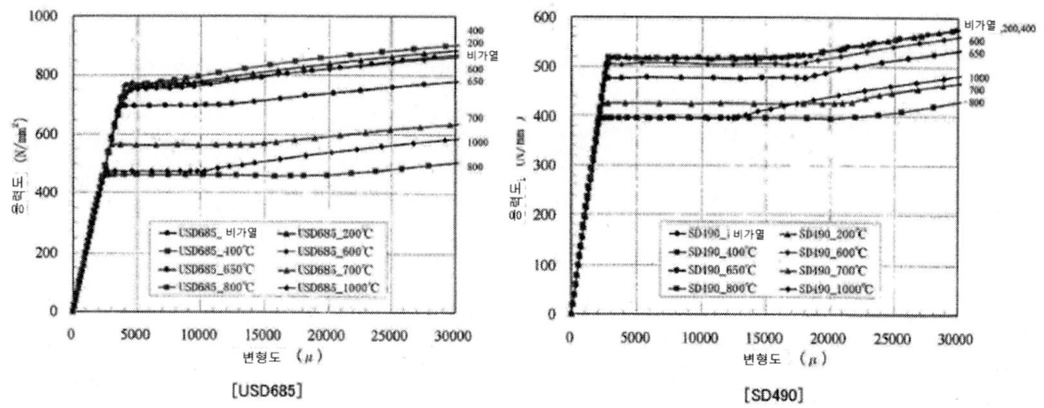

그림 3.4.2 철근의 가열 냉각 후의 응력–변형 곡선의 예 [2)]

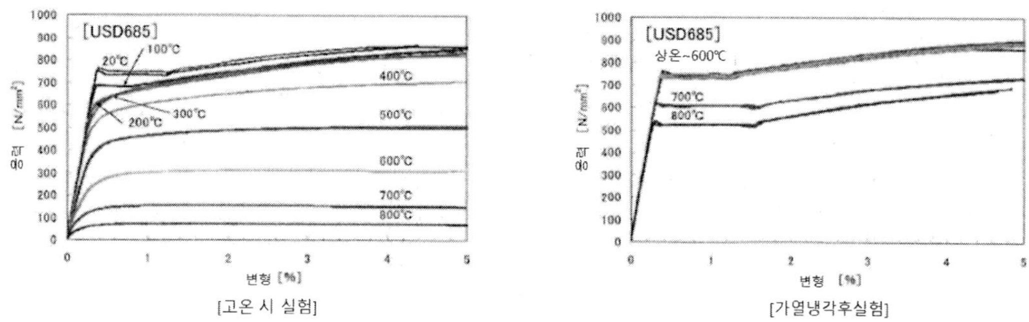

그림 3.4.2 철근의 고온 및 가열냉각 후 응력–변형 곡선의 예 [3)]

3.4.3 철근 콘크리트용 봉강의 기계적 성질

철근의 고온시 강도에 관한 문헌의 시험조건 일람을 표 3.4.2에 나타냈다. 이들 문헌에서 얻은 철근의 고온시 강도 특성을 종류별로 그림 4.4의 (a)~(g)에 나타냈다. 여기서는 데이터가 비교적 많은 것은 평균치를 제시하고, 유로코드와 비교하였다.

그림 3.4.4에 나타낸 결과에서 항복점(항복점이 나타나지 않을 경우에는 0.2% 옵셋(offset) 내력) · 인장강도 모두 강재온도가 상승함에 따라 저하되는 경향을 보였다. 유로코드의 값과 비교해서 인장강도는 400℃ 이상의 온도영역에서 유사하게 나타났다. 항복점은 모든 온도영역에서 대체로 유사한 경향을 나타내고 있다.

표 3.4.2(a) 철근의 고온시 기계적 성질에 관한 문헌의 시험조건 일람

문헌 No.	강재	제품 치수 (시험체 치수)	가열 조건	재하 속도	가열온도(℃)
1)	SD295, SD345, SD390, SD490, USD685	D16(JIS G 0567의 II형 시험편 : 평행부지름 8mm, 표점거리40mm)	목표온도를 유지하여 공시체 온도를 같게 한 후 인장시험 실시	0.3%/min	상온, 100, 200, 300, 400, 500, 600, 800, 1000

표 3.4.2(b) 철근의 고온시 기계적 성질에 관한 문헌의 시험조건 일람

문헌 No.	강재	제품 치수 (시험체 치수)	변형속도(%/분)		가열온도(℃)
			항복점근처	항복점이후	
4)	SR235(SR24)	22.0φ(10φ×50GL)	0.16~0.29	7.5	상온, 100, 200, 300, 350, 400, 450, 500, 550, 600
	SR295(SR30)	22.0φ(10φ×50GL)	0.19~0.22	7.5	
	SD345(SD35)	D25×10m D25×5m D25 25φ×4m D25 D25φ(10φ×50GL)	0.21~0.27 0.07~0.30 0.2 0.29~0.30 0.19~0.25 0.2	7.0~9.0 7.5~10.0 1.0 약 8.5 7.5 8.0	
	SD390(SD40)	D25×10m D25×5m D25 25φ×4m D25 D25φ(10φ×50GL)	0.21~0.29 0.04~0.30 0.2 0.29~0.30 0.20~0.24 0.2	6.7~9.6 7.1~10.0 10 약 8.5 7.5 8.0	
5)	SD390	D16(8φ×40GL)	JIS G 0567 에 준거		상온, 200, 300, 400, 600, 800, 1000
	SD490				
6)	USD685	D22(D22및10φ×50GL)	0.5		상온, 100, 200, 300, 400, 500, 600, 800, 1000
7)	USD685	D19(10φ×50GL)	0.3		상온, 200, 300, 400, 500, 600, 800, 1000
	SBPD1275	U9.0(5φ×25GL)			
8)	USD685	D41(20φ×30GL)	-		상온, 200, 300, 400, 500, 600
9)	SD345(SD34)	D25	(재하속도 2kgf/mm²/s)		상온, 200, 300, 400, 500, 600
	USD685-A	-			
	USD685-B	-			
	USD980	-			

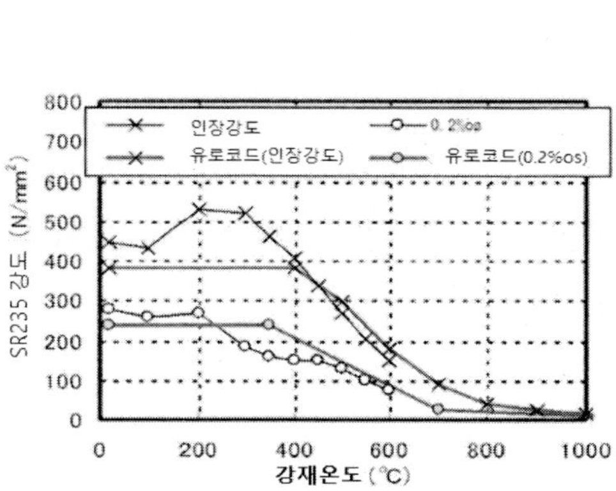

(a) SR235 고온시 강도[4)]

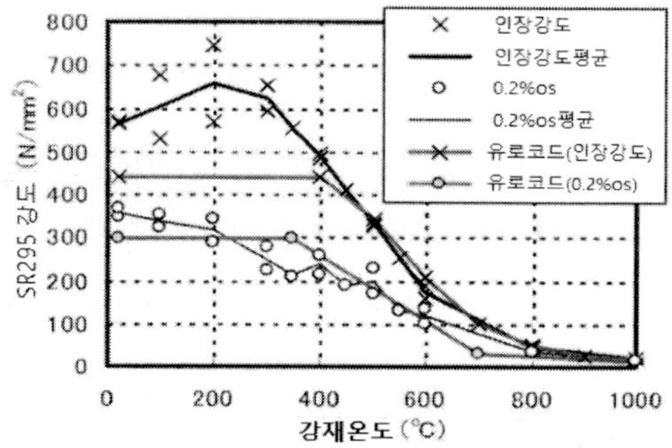

(b) SR295 고온시 강도 [1), 4)]

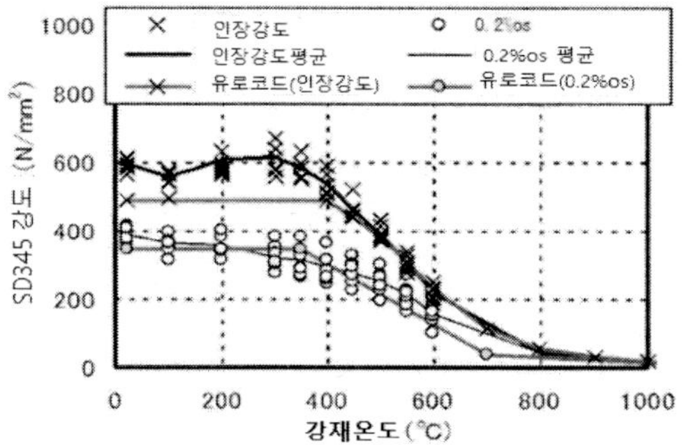

(c) SD235 고온시 강도 [1), 4), 5), 9)]

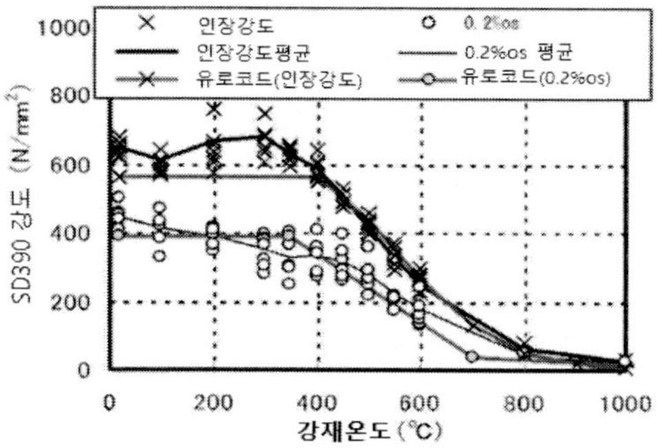

(d) SD390 고온시 강도 [1), 4), 5)]

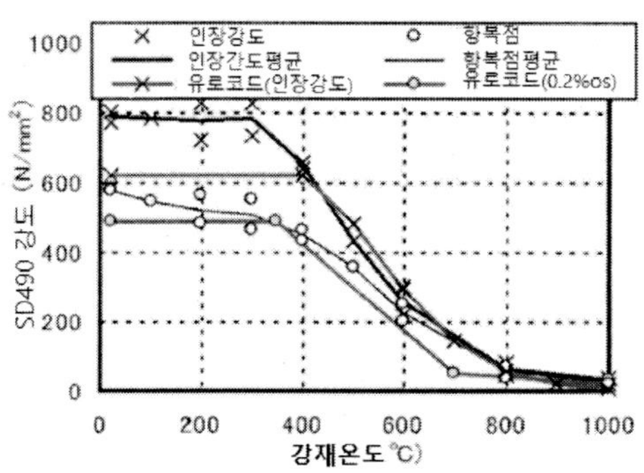

(e) SD490 고온시 강도[1), 5)]

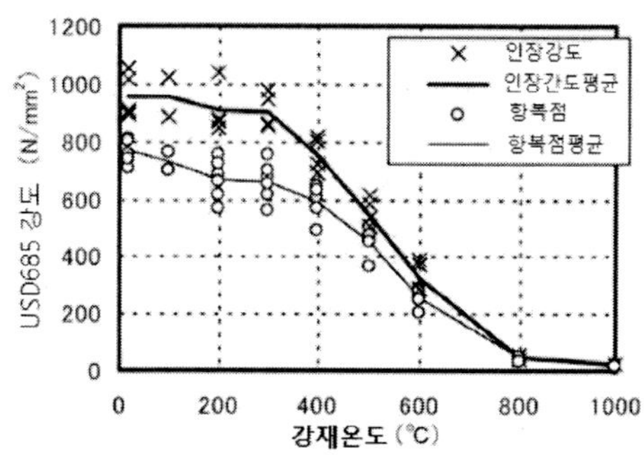

(f) USD685 고온시 강도[1), 6), 7), 8), 9)]

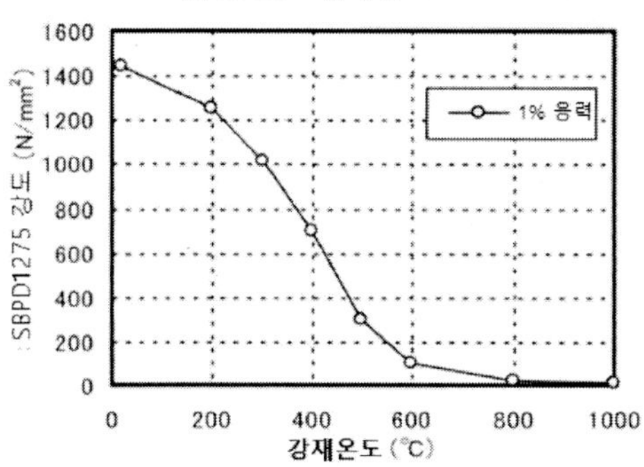

(g) SR235 고온시 강도[4)]

[범례 보완]
0.2%OS : 0.2% 옵셋(offset) 내력

그림 3.4.4 철근의 고온시 강도

철근의 고온시강도의 평균치를 표 3.4.3에 나타냈다. 철근의 고온시 탄성계수 및 파단신장의 실험결과를 그림 3.4.5에 나타냈다. 여기서 탄성계수는 시험초기의 직선부로 간주할 수 있는 범위의 측정 데이터를 직선 회귀하여 산출 하였으며 강 종류의 차이가 잔존비에 미치는 영향은 적을 것으로 추측된다. 파단신장은 각 강 종류 모두 100~200℃ 에서 극소치로 나타났다.

표 3.4.3 철근의 고온시 강도의 평균값(단위 : N/mm^2)

강재	SD295		SD345		SD390		SD490		USD685	
온도	0.2%OS	인장강도	0.2%OS	인장강도	0.2%OS	인장강도	0.2%OS	인장강도	0.2%OS	인장강도
(℃)	문헌1),4)		문헌1),4),5),9)		문헌1),4),5)		문헌1),5)		문헌1),6),7),8),9)	
20	357	564	387	593	444	651	578	785	767	952
100	336	603	360	559	412	608	545	779	731	953
200	314	656	355	605	387	665	521	773	664	905
300	249	622	317	615	351	680	504	779	656	895
350	210	553	310	583	329	629	-	-	-	-
400	235	490	295	537	332	584	448	650	587	749
450	189	408	277	461	314	503	-	-	-	-
500	198	329	250	387	278	415	358	433	451	545
550	129	250	210	306	224	329	-	-	-	-
600	117	172	159	220	181	247	224	259	258	325
800	34	43	41	45	45	64	54	61	44	47
1000	13	20	16	20	20	25	24	31	18	24

주) 0.2% OS : 0.2% 옵셋내력

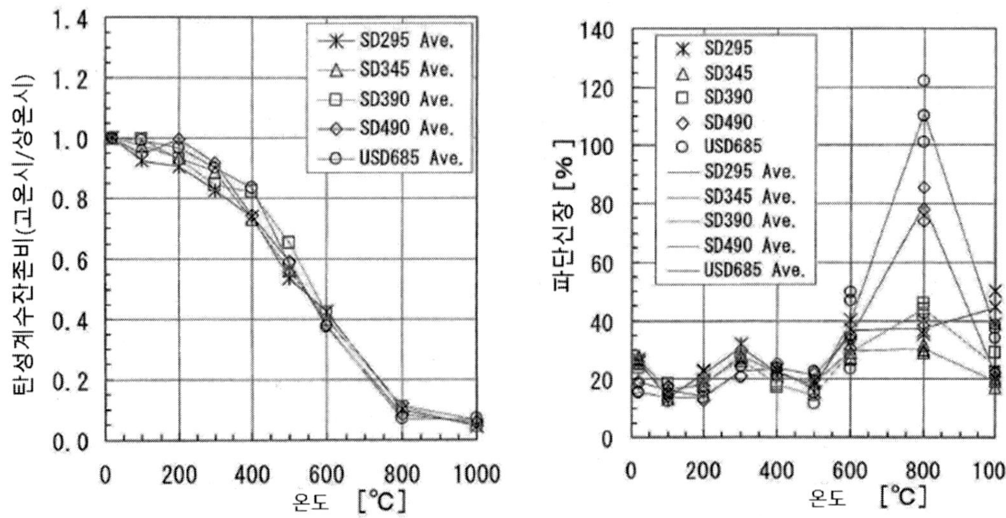

(a) 탄성계수잔존비　　(b) 파단신장

그림 3.4.5 철근의 고온 시 역학적 성질 [1)]

3.4.4 철근 콘크리트용 봉강의 가열냉각 후의 기계적 성질

철근의 가열냉각 후의 상온시 강도에 관한 문헌의 시험 조건 일람을 표 3.4.4에 나타냈다. 이들 문헌에서 얻은 철근의 가열냉각 후의 상온시 강도를 강 종류별로 그림 3.4.6의 (a)~(h)에 나타냈다. 여기서는 데이터가 비교적 많은 것에 대해서는 그 평균치를 도시하였다. SR235, SR295, SD345, SD390, SD490, USD685, USD785는 인장강도, 항복점 모두 강재 온도600℃ 이상에서 강도 저하가 확인 되었다. 또한, SBPD1275는 강재온도가400℃ 이상에서 강도 저하가 인정되었다.

표 3.4.4(a) 철근의 가열냉각후 상온시 기계적 성질에 관한 문헌의 시험조건 일람

문헌 No.	강재	제품 치수(시험체 치수)	재하속도	가열냉각조건	가열온도(℃)
2)	SD490	D19 (JIS Z 2201의 2호시험편)	$4.0 N/mm^2 \cdot sec$	가열속도는 10℃/min, 목표온도 도달후 1시간 유지, 그 후 로내에서 자연냉각	상온, 200, 400, 600, 650, 700, 800, 1000
	USD685	D16 (JIS Z 2201의 2호시험편)			

표 3.4.4(b) 철근의 가열냉각 후 상온시 기계적 성질에 관한 문헌의 시험조건 일람

문헌 No.	강재	제품 치수(시험체 치수)	재하속도 또는 변형속도		가열냉각조건	가열온도(℃)
			항복점근처 (kg/mm²/sec)	항복점이후 (%/분)		
4)	SR235 (SR24)	22.0ϕ(22.0ϕ×176GL)	1.55~2.53	45.5~59.4	목표온도 도달후 1시간 유지, 냉각 방법은 당시의 JIS Z 3701 (현 JIS Z 3700)에 따름	상온, 500, 600, 650, 700, 800
	SR295 (SR30)	22.0ϕ(22.0ϕ×176GL)	1.71~2.74	50.4~59.4		
	SR345 (SR35)	D25×10m(25ϕ×200GL)	0.67~0.76	12.8~23.6		
		D25×5m(25ϕ×200GL)	1.51~2.40	22.1~23.4		
		D25(D25ϕ×200GL)	0.35~1.28	18~24		
		25ϕ×4m(20ϕ×160GL)	0.7~2.3	-		
		D25(25.4ϕ×200GL)	1.19~2.10	42.3~59.4		
		D25ϕ(25ϕ×600GL)	0.73~0.88	24.2~34.4		
	SR390 (SR40)	D25×10m(25ϕ×200GL)	0.65~0.77	14.4~21.7		
		D25×25m(10ϕ×200GL)	1.70~2.72	22.4~30.0		
		D25(D25ϕ×200GL)	0.80~1.95	18~24		
		25ϕ×4m(20ϕ×160GL)	1.8~2.5	-		
		D25(25.4ϕ×200GL)	0.10~2.29	47.2~59.4		
		D25ϕ(25ϕ×600GL)	0.82~0.96	22.7~35.8		
8)	USD685	D41(20ϕ×30GL)	-		목표온도 도달후 1시간 유지, 공기중 냉각	상온, 400, 500, 600, 700, 800
9)	SR345 (SR35)	-	재하속도 2kgf/mm²/S		목표온도 도달후 1시간 유지, 공기중 냉각	상온, 400, 500, 600, 700, 800
	USD685-A	-				
	USD685-B	-				
	USD785	-				
	USD980	-				
10)	SBPD1275	U12.6 (JIS Z 2201의 2호 시험편)	시험방법은 JIS Z 2241에 따름		목표온도 도달 후 로내 냉각	상온, 280, 410, 525, 605, 745

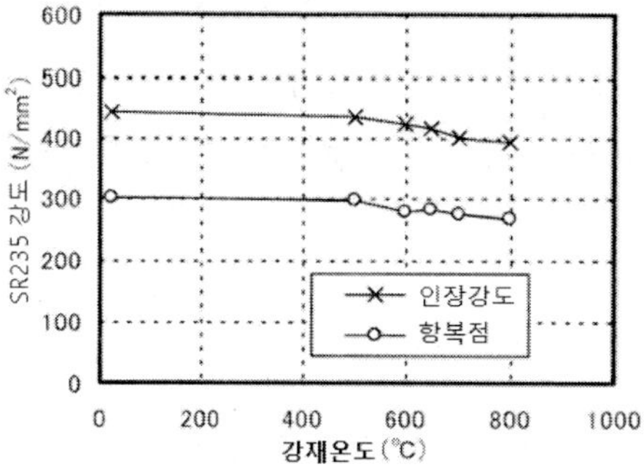

(a) SR235 가열냉각후 상온시 강도[4)]

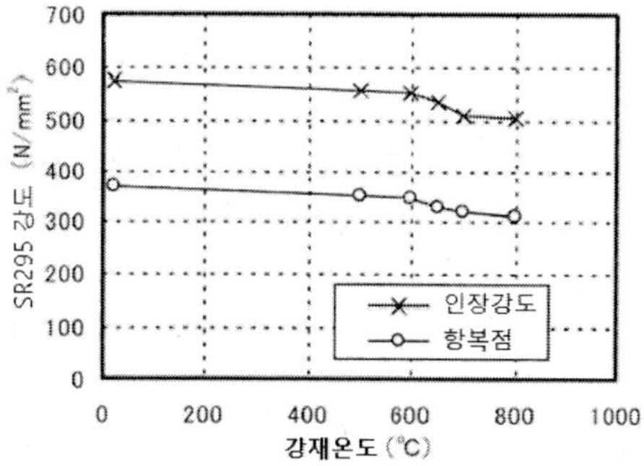

(b) SR295 가열냉각후 상온시 강도 [4)]

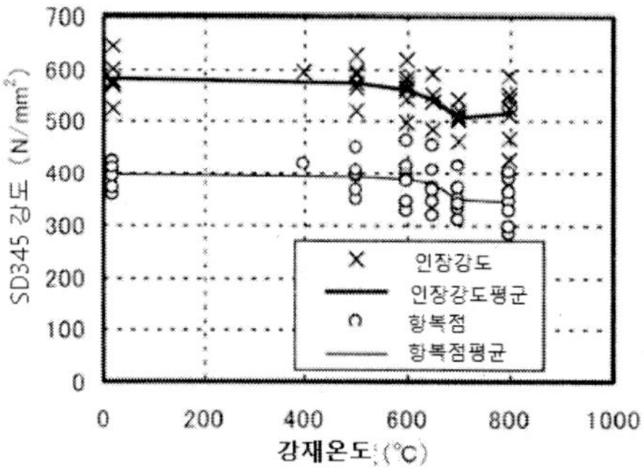

(c) SD235 가열냉각후 상온시 강도 [4), 9)]

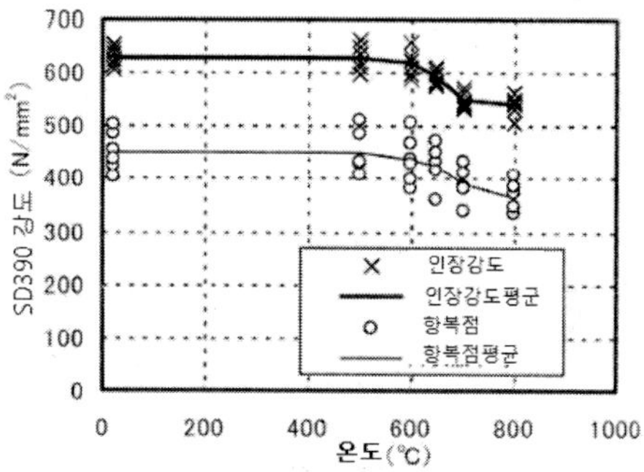

(d) SD390 가열냉각후 상온시 강도 [4)]

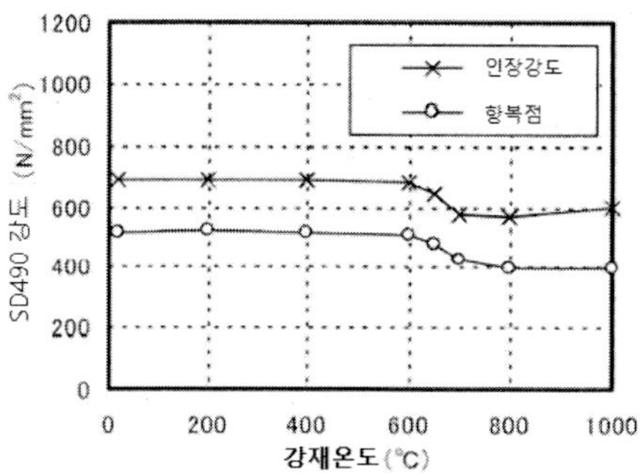

(e)SD490 가열냉각후 상온시 강도[2)]

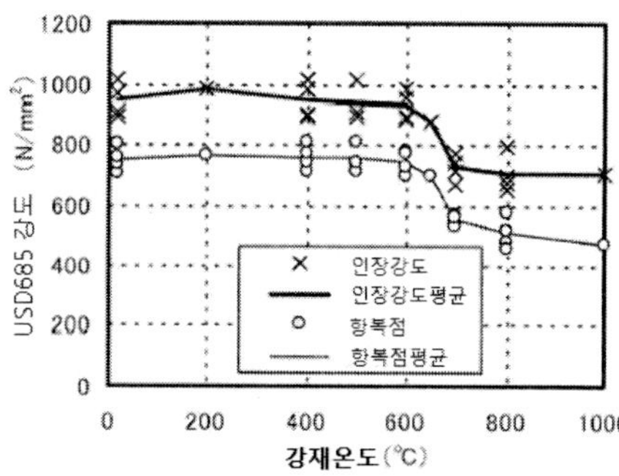

(f)USD685 가열냉각후 상온시 강도[2),8),9)]

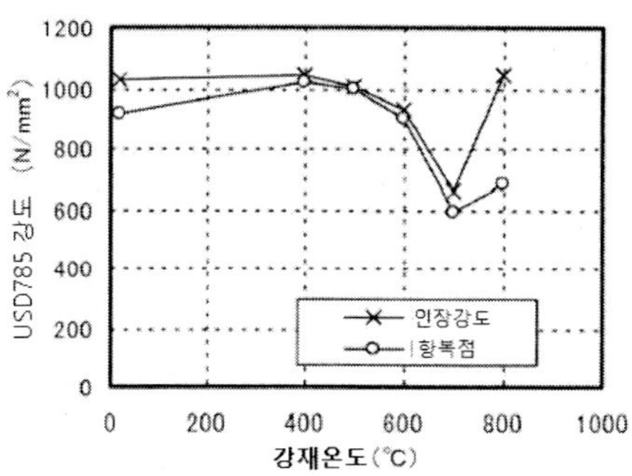

(g) USD785 가열냉각후 상온시 강도[9)]

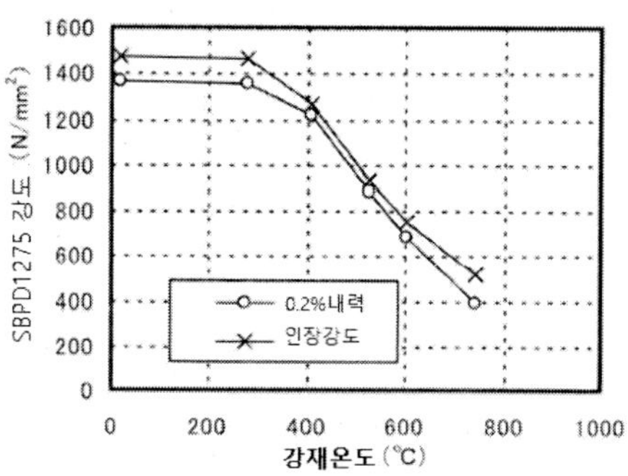

(g) SBPD1275 가열냉각후 상온시 강도[10)]

그림 3.4.6 철근의 가열 냉각 후의 상온시 강도

철근의 가열냉각 후의 상온시 강도의 평균치를 표 3.4.5에 나타냈다. 또한, 고강도 철근의 가열 냉각 후의 탄성계수 및 파단신장 · 연신율에 관한 시험 결과를 그림 3.4.7에 나타냈다. 탄성 계수는 100℃까지의 온도에 대해 전 조건에서 가열 전 상태로 회복된다. 파단신장 및 연신율은 600℃까지는 큰 변화가 보이지 않지만, 600℃를 넘으면 파단신장이 약간 증가한다.

표 3.4.5 철근의 가열 냉각 후의 상온시 강도 평균값 (단위:N/mm^2)

강재온도 (℃)	SD345		SD390		SD490		USD685	
	항복점	인장강도	항복점	인장강도	항복점	인장강도	항복점	인장강도
	문헌4),9)		문헌4)		문헌2)		문헌2),8),9)	
20	394	583	450	628	516	687	751	945
200	-	-	-	-	519	689	764	982
400	-	-	-	-	518	687	758	947
500	393	574	449	628	-	-	756	936
600	388	451	436	616	505	675	745	930
650	377	543	424	591	478	642	698	876
700	350	507	388	547	426	576	554	724
800	342	515	362	539	396	569	508	705
1000	-	-	-	-	396	593	474	702

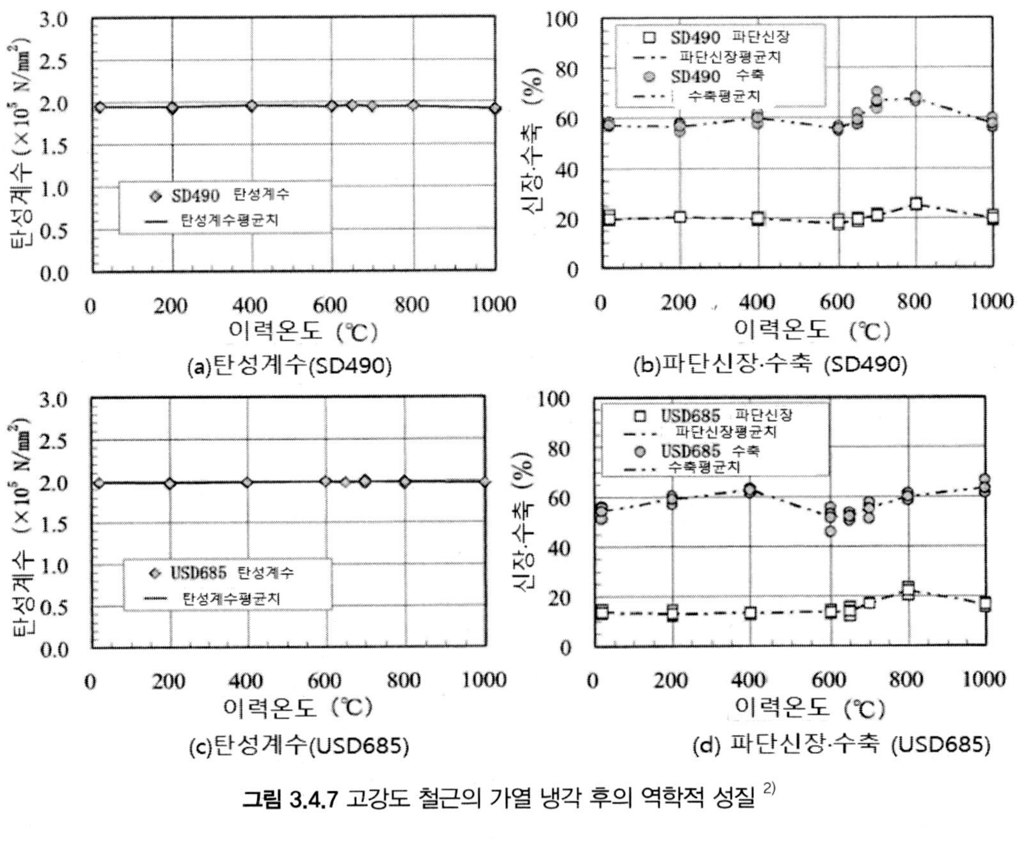

그림 3.4.7 고강도 철근의 가열 냉각 후의 역학적 성질 [2)]

3.4.5 PC강봉의 응력–변형 관계

PC강봉(SBPR1080/1230)의 고온시의 응력-변형곡선을 그림 3.4.8, 할선탄성계수를 그림 3.4.9에 나타냈다. 할선탄성계수는 최대하중의 0.5배의 응력이 되는 점과 원점의 사이를 잇는 직선의 기울기로 한다. 각 온도에 대한 응력-변현곡선, 탄성계수 모두 시험편의 굵기에 의한 영향은 거의 없다.

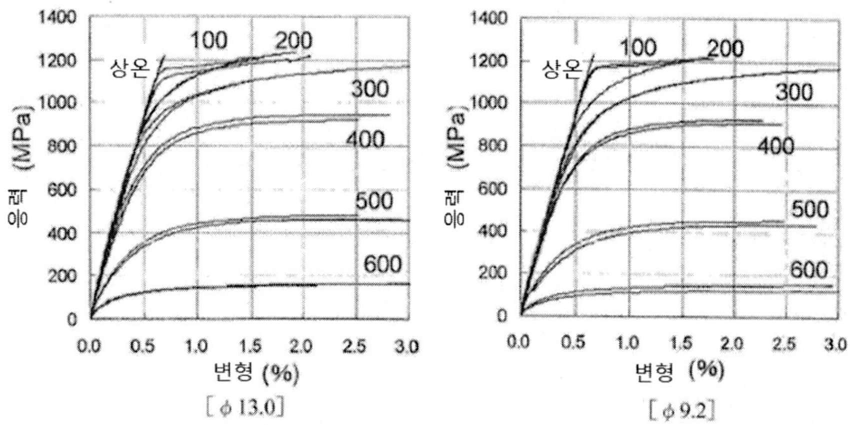

그림 3.4.8 PC강봉의 응력–변형관계 [11)]

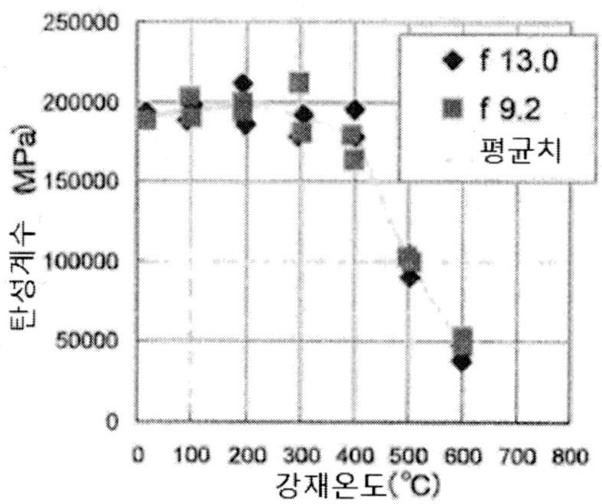

그림 3.4.9 PC강봉의 할선탄성계수 [11)]

3.4.6 PC강봉의 각종 내력 등

PC강봉의 고온 강도에 관한 문헌의 시험 조건 일람은 표 3.4.6과 같다. 이 문헌에서 얻은 PC강봉의 고온 시 인장강도를 강 종류별로 그림 3.4.10 (a)~(d)에 나타냈다. SBPR785/1030, SBPR930/1080, SBPR930/1180, SBPR1080/1230 모두 강재온도 상승에 따른 강도저하가 나타났으며, 특히 300~350℃을 넘으면 급격히 저하되는 경향을 확인할 수 있다. 또한, SBPR1080/1230의 고온시 강도 평균치를 표 3.4.7에 나타냈다.

표 3.4.6 PC 강봉의 고온시 역학적 특성에 관한 문헌의 시험조건 일람

<table>
<tr><th rowspan="2">문헌
No.</th><th rowspan="2">강재</th><th rowspan="2">제품 치수
(시험체 치수)</th><th colspan="2">변형속도(%/분)</th><th rowspan="2">가열온도(℃)</th></tr>
<tr><th>항복점근처</th><th>항복점이후</th></tr>
<tr><td rowspan="4">4)</td><td>SBPR785/1030
(인발2종)</td><td>23.0ϕ(10ϕ×50GL)</td><td>0.22</td><td>74</td><td rowspan="4">상온, 100, 200, 300, 350, 400, 450, 500, 550, 600</td></tr>
<tr><td>SBPR930/1080
(3종 SAE1047)</td><td>24.0ϕ(8ϕ×40GL)</td><td>0.2</td><td>10</td></tr>
<tr><td>SBPR930/1180
(열처리3종)</td><td>23.0ϕ(10ϕ×50GL)</td><td>0.22</td><td>74</td></tr>
<tr><td>SBPR1080/1230
(4종45C150Si)
(열처리4종)
(이형PC)</td><td>24.0ϕ(8ϕ×40GL)
23.0ϕ(10ϕ×50GL)
9.1ϕ(9.1ϕ×50GL)</td><td>0.2
0.22
0.22</td><td>10
74
74</td></tr>
<tr><td rowspan="2">11)</td><td>C종1호
SBPR1080/1230</td><td>13.0ϕ(전장 1700mm)</td><td colspan="2">0.5kN/sec</td><td rowspan="2">상온, 100, 200, 300, 400, 500, 600</td></tr>
<tr><td>C종1호
SBPR1080/1230</td><td>9.2ϕ(전장 1700mm)</td><td colspan="2">0.3kN/sec</td></tr>
</table>

표 3.4.7 PC강본의 고온시 강도 편균값(단위 : N/mm^2)

강재온도 (℃)	SBPR 1080/1230				
	항복점		인장강도		탄성계수
	문헌4)	문헌11)	문헌4)	문헌11)	문헌11)
20	1245	-	1361	1224	1.90×10^5
100	1091	1160	1297	1221	1.94×10^5
200	1023	1046	1300	1215	1.97×10^5
300	934	941	1236	1182	1.90×10^5
350	875	-	1090	-	-
400	777	777	979	926	1.79×10^5
450	614	-	794	-	
500	390	347	635	457	0.99×10^5
550	271	-	441	-	-
600	124	107	288	152	0.46×10^5

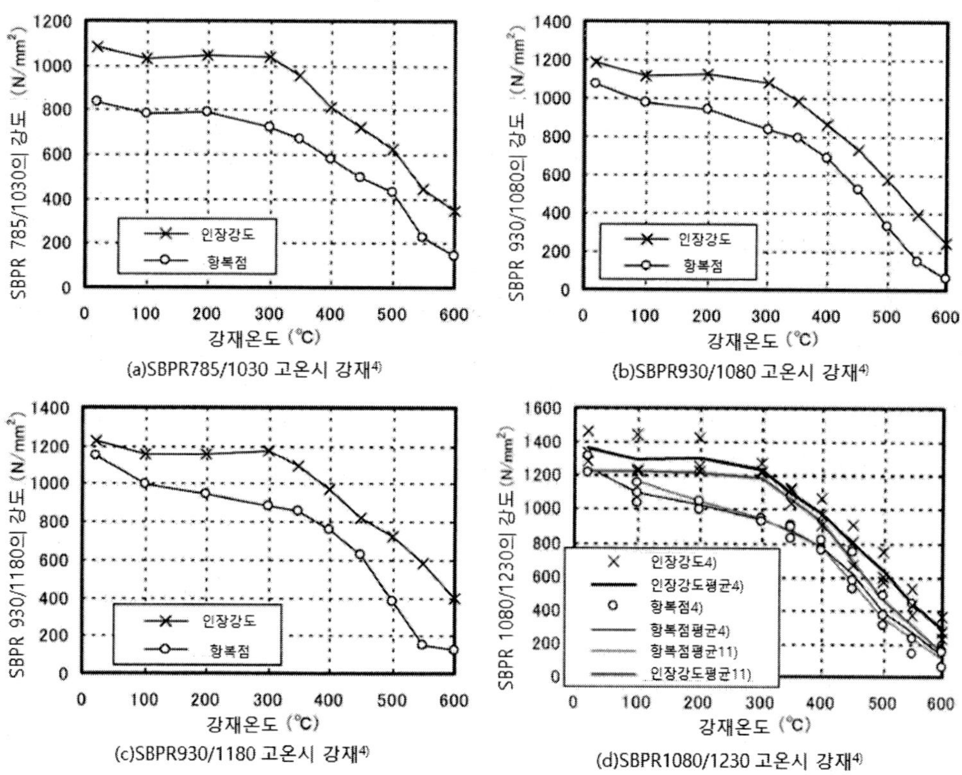

(a)SBPR785/1030 고온시 강재4)

(b)SBPR930/1080 고온시 강재4)

(c)SBPR930/1180 고온시 강재4)

(d)SBPR1080/1230 고온시 강재4)

그림 3.4.10 PC강봉의 고온시 강도

3.4.7 PC강봉의 크리프 특성

PC강봉의 크리프특성에 관한 문헌의 시험조건, 시험결과를 표 3.4.8, 그림 3.4.11에 나타냈다. 해당 문헌에서는 정상크리프시험(온도일정 재하), 비정상크리프시험(하중일정 온도상승)이 실시되고 있다. 그림 3.4.11과 같이 PC강봉의 정상크리프변형은 100℃까지는 작으나, 250℃를 넘으면 급격히 증가하여, 300℃에서 최대 778μ에 도달한다. 한편, 비정상크리프변형은 200℃에서는 그다지 증가하지 않지만, 300℃에서는 목표 온도에 도달한 후에도 크리프변형이 서서히 증가하여 최대1671μ에 도달한다. 또한, 해당 실험 결과는 크리프변형ϵ_P와 시간t에 의해 식 3.4.1과 같이 근사할 수 있다.

$$\log(\epsilon_P) = a + b\log(t) \qquad \text{식 (3.4.1)}$$

여기서 a와 b는 설정온도와 응력에 따라 정해지는 재료 정수로 표 3.4.9와 같다.

표 3.4.8 PC강봉의 크리프특성

문헌 No.	강재	제품 치수 (시험체 치수)	정상크리프시험		비정상크리프시험	
			가열온도(℃)	재하응력	가열온도(℃)	재하응력
12)	SBPR 1080/1230 2종1호	ϕ13mm (단면132.7mm^2) (시험구간:250mm) (크리프간격:1250mm) 항복응력f_y:1229MPa 인장응력 : 1296MPa 영계수 : 201000MPa	20	0.7 f_y	20	-
			100		100	0.7 f_y
			150		150	-
			200		200	0.7 f_y
			250		250	-
			300		300	0.7 f_y
			300	0.2 f_y	300	-

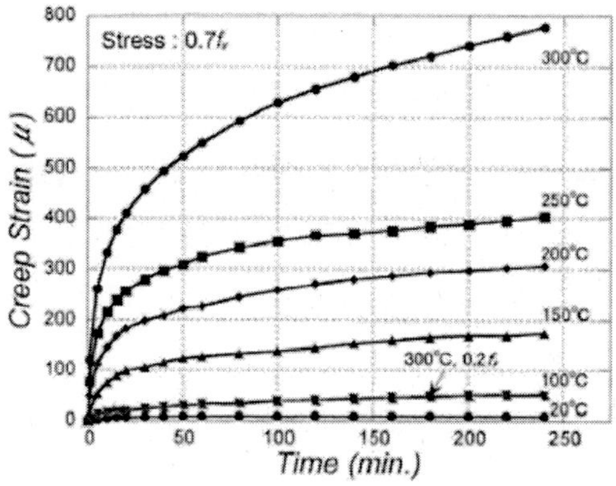

(a) 정상 크리프시험(시간과 변형의 관계)

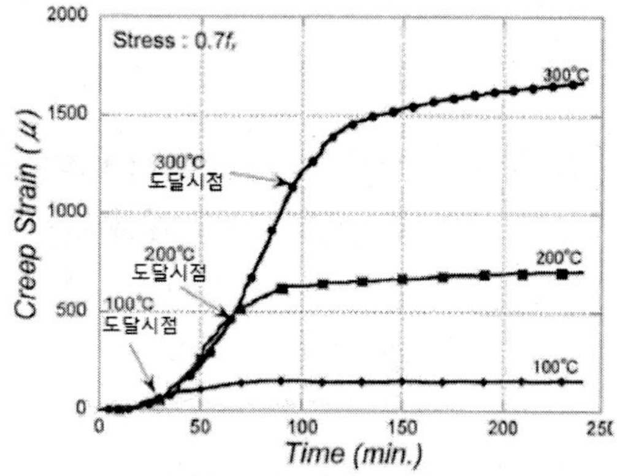

(b) 비정상 크리프시험(시간과 변형의 관계)

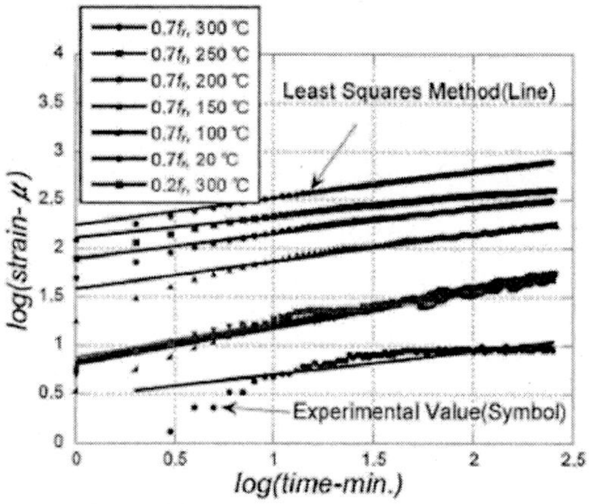

(c) 크리프 변형과 시간의 관계

그림 3.4.11 PC강봉의 크리프 특성

표 3.4.9 PC강봉의 크리프특성 재료 상수

온도(℃)	20	100	150	200	250	300	300
응력(MPa)	756(0.7 f_y)						216(0.2 f_y)
a	0.36	0.83	1.71	1.99	2.11	2.24	0.99
b	0.29	0.38	0.25	0.23	0.21	0.28	0.32

3.4.8 PC강봉의 가열 냉각 후 기계적 성질

PC강봉 및 PC강선의 가열냉각 후의 상온시 강도에 관한 문헌의 실험조건 일람을 표 3.4.10에 나타냈다. 이들 문헌에서 얻은 PC 강봉 및 PC강선의 가열냉각 후의 상온시 강도를 강 종류별로 그림 3.4.12 (a)~(f)에 나타냈다. SBPR1080/1230은 그 평균치를 표 3.4.11에 나타냈다. SBPR785/1030, SBPR930/1080, SBPR930/1180, SBPR1080/1230 모두 강재온도 500℃ 정도에서 강도 저하가 나타났다. PC강선은 300℃ 정도를 넘으면 그 지름에 관계없이 저하하는 경향을 보인다.

표 3.4.10 PC강봉의 가열 냉각 후 상온시 역학적 특성에 관한 문헌의 시험 조건 일람

문헌 No.	강재	제품 치수(시험체 치수)	재하속도 또는 변형속도		가열온도(℃)
			항복점근처 (kg/mm^2/sec)	항복점이후 (%/분)	
4)	SBPR785/1030 (인발2종)	23.0ϕ(23.0ϕ×80GL)	1	55	상온, 300, 350, 400, 450, 500, 600, 700
	SBPR930/1080 (3종 SAE1047)	24.0ϕ(22.5ϕ×180GL)	0.81~1.12	8~24	
	SBPR930/1080 (열처리 3종)	23.0ϕ(23.0ϕ×80GL)	1	55	
	SBPR1080/1230 (4종45C150Si) (열처리4종) (PC이형 35C150Si) (이형PC)	24.0ϕ(22.5ϕ×180GL) 23.0ϕ(23.0ϕ×80GL) D10(단면61.48mm^2×72GL) 9.1ϕ(9.1ϕ×80GL)	0.67~0.97 1 1.62~2.29 1	18~24 55 28~34 55	
	PC강선 (S35C) (SWRS-2A 2.9ϕ) (SWRS-2A 5.0ϕ) (SWRS-2A 7.0ϕ)	D10(단면61.48mm^2×72GL) 2.9ϕ×550(2.9ϕ×450) 5.0ϕ×550(5.0ϕ×450) 7.0ϕ×550(7.0ϕ×450)	1.10~2.19 0.5 1.4 0.8	28~34 10~20 10~20 10~20	

표 3.4.11 강봉의 가열냉각 후 상온시 강도의 평균값 (단위 : N/mm^2)

강재온도 (℃)	SBPR1080/1230	
	항복점	인장강도
20	1255	1374
300	1258	1371
350	1228	1335
400	1175	1281
450	1106	1209
500	1004	1103
600	762	868
700	568	684

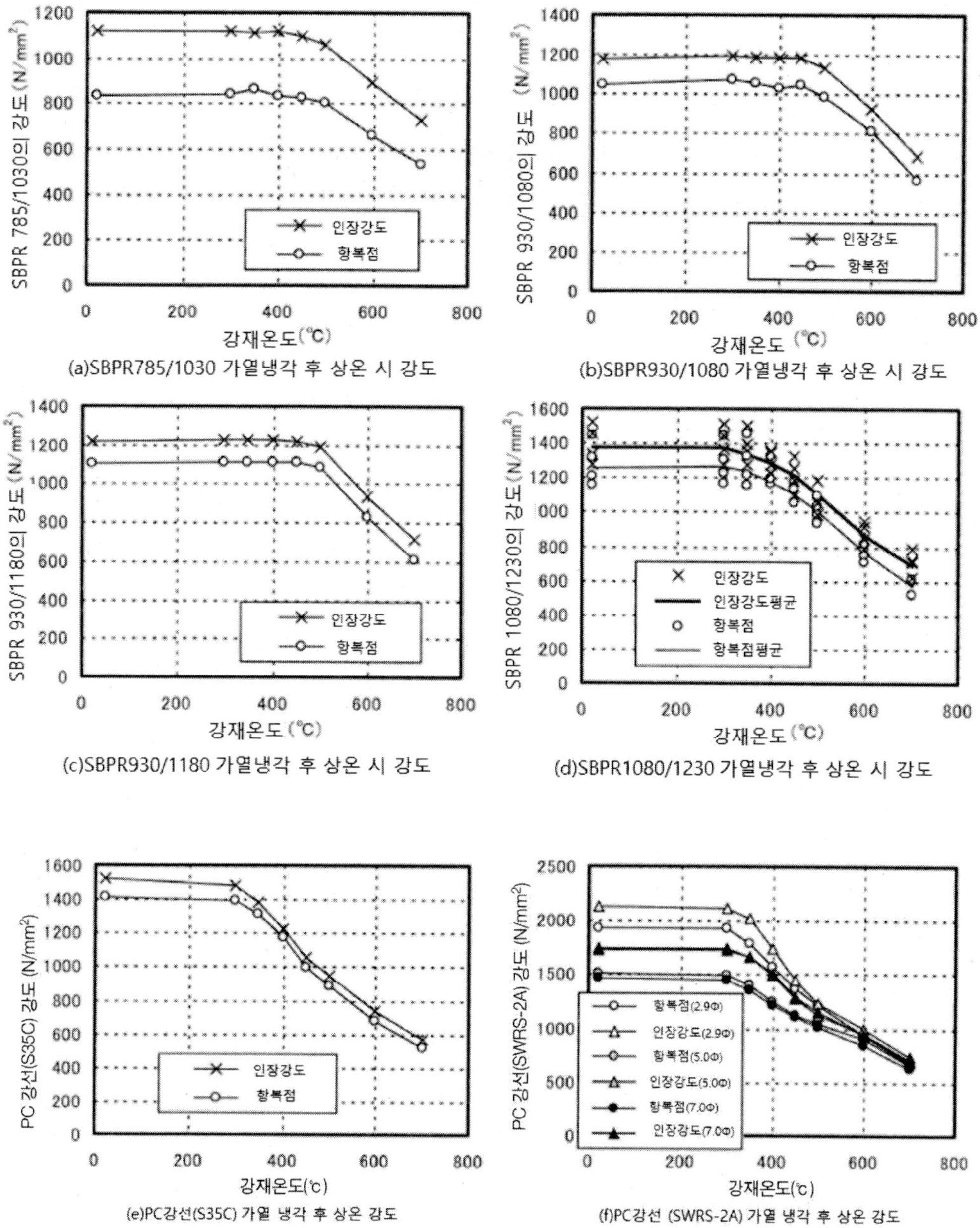

(a)SBPR785/1030 가열냉각 後 상온 시 강도

(b)SBPR930/1080 가열냉각 後 상온 시 강도

(c)SBPR930/1180 가열냉각 後 상온 시 강도

(d)SBPR1080/1230 가열냉각 後 상온 시 강도

(e)PC강선(S35C) 가열 냉각 後 상온 강도

(f)PC강선 (SWRS-2A) 가열 냉각 後 상온 강도

그림 3.4.12 PC 강선의 가열냉각 후 상온시 강도 [4)]

3.4.9 PC강연선, 고장력 케이블의 각종 내력 등

프리스트레스트 콘크리트의 장력 도입재로서 PC강연선의 고온시의 기계적 성질의 파악이 실시되었다[12),13)]. 그림 3.4.13, 표 3.4.12는 JIS G 3536에 규정된 PC강연선(SWPR7BL ϕ12.7mm)의 고온인장시험결과이다. 응력-변형 관계는 라운드하우스형이 되고 경화 기울기도가 적다. 영계수는 300℃까지는 급격히 낮아지지는 않지만 400℃를 넘으면 급격히 저하된다. 또한 0.2% 옵셋(offset) 응력도 400℃ 이상에서 열화가 현저하다. 인장강도는 200℃ 이상의 온도에서 대체로 선형적으로 저하된다.

화재 시 열팽창에 의하여 나타나는 응력은 압축력이므로 리프팅 구조로 사용되는 케이블에 생기는 열응력은 작고, 케이블에 작용하는 하중은 그 대부분이 장기하중이라고 평가된다. 따라서, 케이블을 이용한 건축물의 내화설계에서는 케이블이 보유하는 여력이 중요한 요인이 된다.

평행선 케이블의 단부는 버튼헤드 정착이라고 불리는 방법으로 정착된다. 버튼헤드 정착부에서는 소선단부가 냉간시에 크게 소성가공이 이루어지므로 고온시 내력이 크게 저하될 가능성이 있다[15)]. 이에 착안하여 직경7mm소선을 이용한 평행선 케이블 부재(P.W.S)의 버튼헤드 정착부의 고온 인장 실험이 실시되고 있다[16)]. 실험에 사용된 평행선 케이블의 소선은 JIS G 3502(피아노선 재질)에 규정된 SWRS82B를 신축 가공하고 아연도금 처리한 직격7mm의 강선이다. 상온시의 기계적 성질은 항복강도가 1156N/mm^2, 인장강도가 1568N/mm^{2}이다. 평행선 케이블 부재의 고온 인장 실험에서는 정착부의 파단 요인으로서 버튼헤드 정착부의 강재온도 · 케이블의 소선 개수 · 정격하중의 3개를 실험조건으로 하였다. 정격하중이란 1시간 가열동안 유지하는 하중이다. 실험에서 얻은 파단하중의 결과를 그림 3.4.14에 나타냈다.

그림 3.4.14에서는 버튼 헤드 정착부의 온도를 가로축으로 하여 상온 시 파단 하중에 대한 내력 비율을 세로축으로 하였다. P.W.S-19는 소선을 19개 이용한 케이블실험결과를 나타내고, P.W.S-31은 소선을 31개 이용한 케이블의 실험 결과를 나타낸다. 케이블의 소선 개수에 의한 차이는 크게 나타나지 않는다. 상온~200℃의 내력 저하는 완만하지만, 200℃ 이후는 거의 직선적으로 내력이 저하되어 500℃에서는 상온시의 1/4까지 내력이 저하되었다. 이 내력 저하의 상황은 직경 7mm의 아연도금소선 인장강도의 결과와 거의 일치한다. 1시간 열간재하시에 유지한 정격하중은 파단하중에 영향을 주지 않는다. 그림 3.4.14에서 냉각 후 내력이란 정격 하중을 유지한 상태에서 소정의 온도를 가한 케이블의 냉각 후 파단하중이다. 정격하중을 공칭 파단하중의 1/3로 한 실험의 냉각후 내력은 350℃ 이후에 저하된다. 또한 냉각 후 내력과 그 내력저하 개시 온도는 가열시의 정격 하중에 의존한다. 여기서는 케이블의 고온시 내력에 관한 48개의 데이터를 제시하였으나, 향후 데이터를 더 축적해 나갈 필요가 있다.

표 3.4.12 PC 강연선 (SWPR7BL ϕ12.7mm) 의 기계적 성질

문헌 No.	강재	제품 치수(시험체 치수)	가열온도 (℃)	인장하중 (kN)	인장강도 (N/mm^2)	0.2% 옵셋(offset) 응력 (N/mm^2)	영 계수 ($\times 10^5 N/mm^2$)
13)	PC강연선 (SWPR7BL)	ϕ12.7(단면98.71mm^2) (시험구간:300mm) (크리프간격:1600mm)	상온	182.5	1848.8	1844.0	2.11
			100	181.8 177.6	1841.7 1799.2	-	2.23 2.18
			200	172.5 173.3	1747.5 1755.6	-	2.24
			300	140.3 141.6	1421.3 1434.5	1294.6 1272.7	2.09
			400	101.8 104.7	1031.3 1060.6	-	2.06
			500	58.5 60.3	592.6 610.8	-	-
			600	26.6 26.1	269.4 264.4	-	-

변형속도는 불명, ×규격치 : 인장하중 183kN 이상, $E_p = 1.91 \times 10^5 N/mm^2$

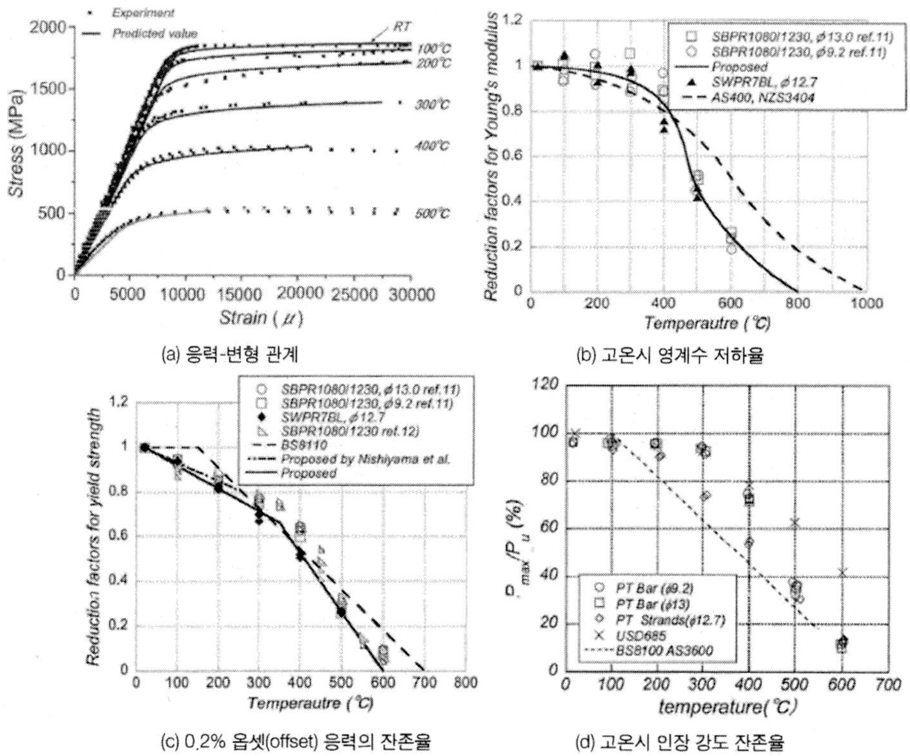

(a) 응력-변형 관계

(b) 고온시 영계수 저하율

(c) 0.2% 옵셋(offset) 응력의 잔존율

(d) 고온시 인장 강도 잔존율

그림 3.4.13 PC 스트랜드(SWPR7BLϕ12.7mm)의 기계적 성질 [13,14]

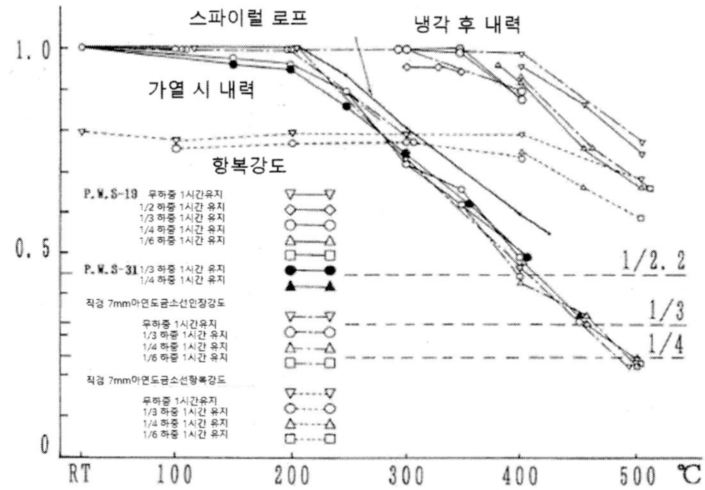

그림 3.4.14 평행선 케이블 버튼헤드 정착부에서의 고온파단강도 [16)]

3.4.10 PC강연선의 크리프특성

PC강연선의 크리프에 관한 문헌[14)]의 시험조건, 시험 결과를 표 3.4.13, 그림 3.4.15에 나타냈다. 해당 문헌에서는 정상크리프시험 (온도일정 후 재하), 비정상크리프시험 (하중일정 후 온도상승)이 실시되었다. 그림 3.4.15(a),(b)와 같이 PC강연선의 정상크리프시험시의 변형은 150℃까지는 작으나, 200℃를 넘으면 급격히 증가하여 250℃에서 최대 545μ에 달한다. 한편, 비정상크리프시험 시의 변형은 150℃에서는 그다지 증가하지 않지만, 200℃에서는 목표 온도에 도달한 후에도 크리프변형이 서서히 증가하여 최대 650μ에 달한다. 또한, 해당 실험 결과는 크리프변형 ϵ_{cr}과 시간 t에 의해 식 3.4.2에 따라 근사치를 구할 수 있다.

그림 3.4.15(c)는 PC강봉과 PC강연선에서 정상크리프시험시의 크리프변형과 온도 관계이다. PC강봉의 크리프변형은 100~200℃에서 선형적으로 증가하여 250℃이상에서 급증한다. 한편, PC강연선의 크리프변형은 150℃까지는 거의 증가하지 않지만, 200℃이상의 온도에서 급증한다. PC강봉과 PC강연선의 거동이 다른 것은 양쪽의 금속조직과 화학적 조성에 의한 것으로 보인다. PC강봉은 열처리에 의한 마르텐사이트조직(Si 1.61%), PC강연선은 냉간가공에 의한 퍼라이트 조직(Si 0.26%)이다.

$$\epsilon_{cr} = B \cdot \exp(-Q/T)\sigma^m t^n \qquad \text{식 (3.4.2)}$$

여기서 B,Q,m,n은 설정온도와 응력에 의해 정해지는 재료 정수로 각각 3.00×10^{-5}, 4.57×10^{3}, 3.37, 0.34이다.

표 3.4.13 PC강연선의 크리프특성

문헌 No.	강재	제품 치수(시험체 치수)	정상크리프시험		비정상크리프시험	
			가열온도(℃)	재하응력	가열온도(℃)	재하응력
14)	PC강연선 (SWPR7BL)	ϕ13mm (단면132.7mm^2) (시험구간:250mm) (크리프간격:1250mm) 항복응력f_y:1229MPa 인장응력 : 1296MPa 영계수 : 201000MPa	20	0.7 f_y	50	0.7 f_y
			100		100	
			150		150	
			200		200	
			230		250	
			250		250	0.5 f_y
			250	0.5 f_y	250	0.3 f_y
			250	0.3 f_y		

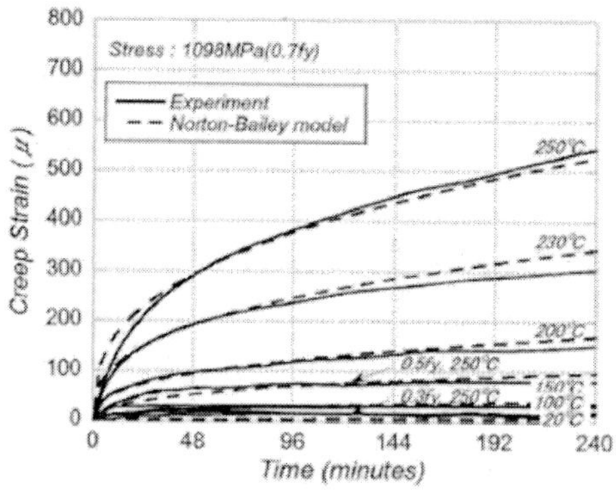

(a) 정상 크리프 시험(시간과 변형의 관계)

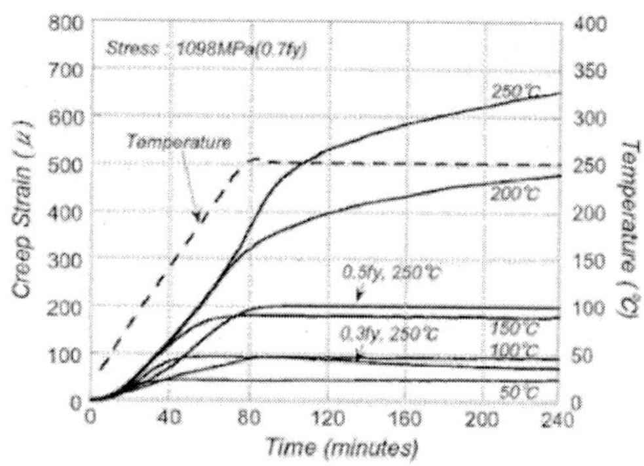

(b) 비정상 크리프 시험(시간과 변형의 관계)

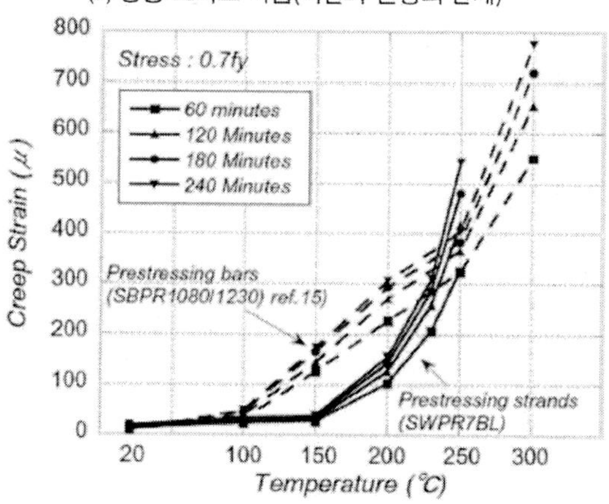

(c) 유지시간에 따른 크리프 변형과 온도 관계

그림 3.4.15 PC 강연선의 크리프 특성

인용 · 참고문헌

1) 丹羽博則, 長沼一洋:鉄筋コンクリート用棒鋼の高温時における力学的性質, 日本建築学会大会学術講演梗概集(関東), pp.11-12, 2006.9
2) 丹羽博則, 長沼一洋：高強度鉄筋の加熱冷却後の力学的性質, 日本建築学会大会学術講演梗概集（近畿）, pp.51-52, 2005.9
3) 宮本圭一, 安部武雄:高強度鉄筋の高温時および加熱冷却後の力学的性質, 日本建築学会大会学術講演梗概集(九州), pp.25-26, 2007.8
4) 日本鋼構造協会　技術委員会　耐久性分科会　耐火小委員会　高温強度班：特集　鉄筋コンクリート用棒鋼および PC 鋼棒・鋼線の高温時ならびに加熱後の機械的性質, JSSC, VOL.5, NO.45, pp.1-62, 1969
5) 長尾覚博, 江戸宏彰, 丹羽博則, 上杉英樹：鉄筋コンクリート用棒鋼の高温引張試験結果, 日本建築学会大会学術講演梗概集（東北）, pp.75-76, 2000.9
6) 馬場重彰, 小林裕, 道越真太郎:高強度鉄筋コンクリート用棒鋼の高温性能, 日本建築学会大会学術講演梗概集(北陸), pp.25-26, 2002.8
7) 松戸正士, 野中英, 杉野英治, 高橋孝二, 井上超, 吉野茂, 平島岳夫, 吉田正友, 上杉英樹：高強度鉄筋の高温引張試験, 日本建築学会大会学術講演梗概集（東海）, pp.175-176, 2003.9
8) 越路正人, 阿部康晴, 吉野次彦：高強度電炉鉄筋の開発に関する研究　その２）USD685 の高温時の特性, 日本建築学会大会学術講演梗概集（北陸）, pp.27-28, 2002.8
9) 清水秀夫, 小山清一：高強度・高品質鉄筋の開発に関する研究（その６：高温時の力学特性）, 日本建築学会大会学術講演梗概集（関東）, pp.103-104, 1993.9
10) 道越真太郎, 馬場重彰, 小林裕：火災加熱を受けた異形 PC 鋼棒の強度およびその推定法, 日本建築学会大会学術講演梗概集（東海）, pp.177-178, 2003
11) 伊藤清陽, 深野徹, 西山峰広, 原田和典:PC 鋼棒の高温下における引張試験, 日本建築学会大会学術講演梗概集(近畿), pp.49-50, 2005.9
12) 林 成俊 , 西山 峰広：PC 鋼棒の高温クリープに関する研究, 日本建築学会大会学術講演梗概集, C-2, pp.819-820, 2009
13) 林 真理子 , 谷 昌典 , 西山 峰広 , 原田 和典: PC ストランド高温下における引張試験, 日本建築学会大会学術講演梗概集, C-2, pp.837-838, 2007
14) 林 成俊 , 西山 峰広 , 原田 和典 , 谷 昌典：高温時における PC ストランドの力学的性状のモデル化に関する研究, 日本建築学会構造系論文集, 第 661 号, 639-647, 2011
15) JSCA：主集 耐火設計 3.5 平行線ケーブルの耐火性, structure No.51, 1994.7
16) 上杉英樹, 倉本真介, 国井聡, 水口茂, 齋藤光, 大山宏：平行線ケーブル部材におけるボタンヘッド定着部の火災時耐力, 日本建築学会構造系論文集, 第 479 号, pp.129-138, 1996.1

3.5 용접 이음부의 고온시 기계적 성질

용접 이음부의 고온시 기계적 성질로서 저탄소강 플래쉬버트 용접이음부의 고온강도 (상온～600℃), 연강용 피복 아크 용접봉 용착 금속의 고온강도 (상온~450℃), HT70아크 용접 이음부의 고온강도(상온～450℃)을 그림 3.5.1~3.5.3에 나타냈다[1]. 또한, 일반강(SM490) 및 내화강(SM490-NFR)에 사용하는 서브머지드 용접 재료의 고온시 0.2% 옵셋(offset) 내력(상온~650℃)을 그림 3.5.4에 나타냈다[2].

SN490B 강판용접 이음부에서 시험편을 잘라내어 고온인장시험을 실시 하였다[3]. 용접 재료는 「연강 · 고력강 및 저온용강용의 마그용접 및 미그용접 솔리드와이어」(JIS Z3312 YGW11), 「연강용 피복 아크 용접봉」(JIS Z3211 E4319)의 2종류에 대해 인장 시험이 실시 되었다. 표 3.5.1에 시험조건과 용접 이음부의 고온시 기계적 성질에 대한 일람을 나타냈다. 그림 3.5.5는 응력-변형관계, 그림 3.5.6은 고온시 변형 1%일때의 응력과 인장강도이다. JIS Z3312 YGW11을 이용한 시험편은 600℃정도 까지는 모재에서의 파단, JIS Z3211 E4319를 사용한 시험편은 용접부에서의 파단이 확인 되었다. 700~800℃의 온도에서는 모재와 용접부의 내력이 거의 같아진다. 일반적인 건축용강재 SN490B를 이용한 용접 이음부에 표준적인 용접 재료를 이용하면 적어도 600℃부근까지의 강도는 모재부에 의해 결정된다고 판단된다. 향후 건축용 강재의 용접 이음부에 관한 고온 실험 데이터를 더욱 축적할 필요가 있다.

표 3.5.1 용접 이음부의 고온시 기계적 성질

문헌 No.	강종	시험편 시험조건	온도 (℃)	0.2% 옵셋(offset) 내력 (N/mm²)	변형1%시 응력 (N/mm²)	인장강도* (N/mm²)	파단 신장 (%)	파단위치 (무차원값)**
3)	모재:SN490B 용접재: 연강, 고장력강 및 저온용 강철용 마그용접 및 미그용접 솔리드 와이어 (JIS Z 3312 YGW11)	H-10형 기점포함 원형시험편 표점거리50mm 변형속도: 0.3%min.⁻¹ (변형10%이하) 7.5%min.⁻¹ (변형10%초과)	23	404	405	542	9.9	0.22
			300	334	388	561	10	0.21
			400	306	362	464	8	0.24
			500	252	285	302	2.8	0.28
			600	163	166	172	0.7	0.32
			700	75	71	76	0.3	0.41
			800	40	42	43	0.6	0.44
	모재 : SN490B 용접재 : 연강용 피복 아크 용접봉 (JIS Z3211 E4319)		436	387	443	6.9	436	0.48
			308	365	518	9.5	308	0.48
			276	326	373	5.1	276	0.48
			221	233	239	3.3	221	0.48
			134	131	138	0.5	134	0.48
			73	66	71	0.4	73	0.48
			32	34	35	0.5	32	0.48

* 10% 변형중 최대치

** 파단위치에서 가까운쪽 기점까지의 거리를 파단 후의 표점간 거리로 나눈 무차원값

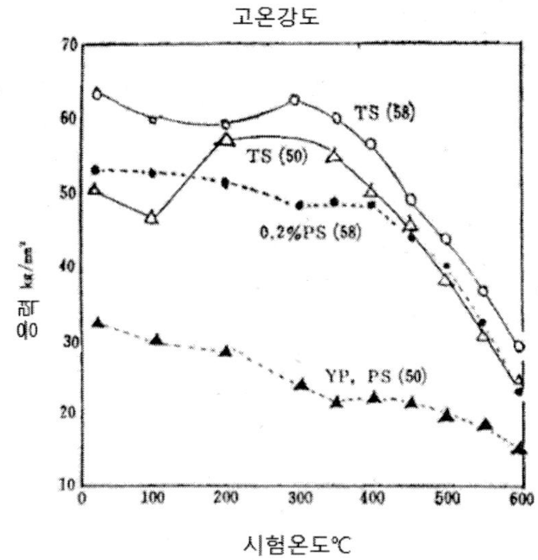

기호		강재	열처리
(58)	● ○	SM58	(담금질,뜨임)
(50)	▲ △	SM50	(노르말라이징)

그림 3.5.1 저탄소강 플래시버트 용접 고온 강도 [15)]

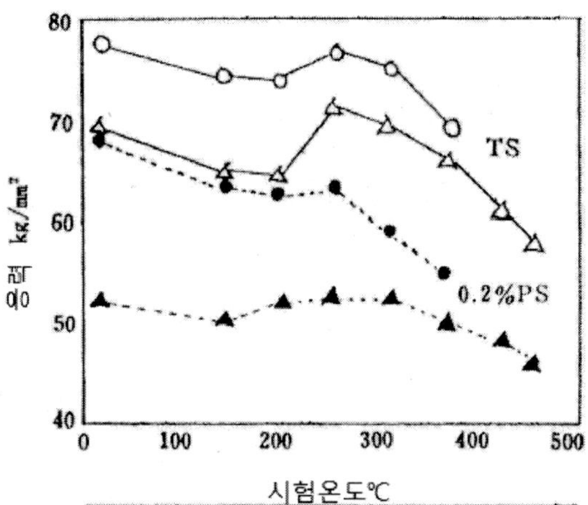

● ○	모재 (담금질, 뜨임)
▲ △	이음부 (용접만)

이음부의 파단장소는 불명

그림 3.5.2 HT70(WESHW63)의 모재 및 서브머지 아크 용접 이음부의 고온 강도 [15)]

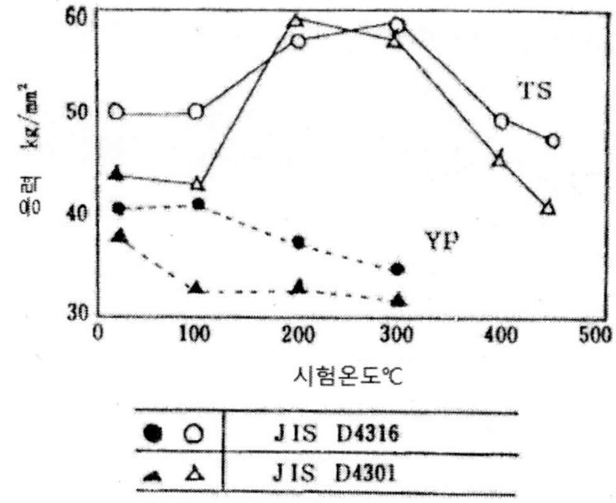

그림 3.5.3 연강용 피복 아크 용접봉 용착 금속의 고온 강도 [15)]

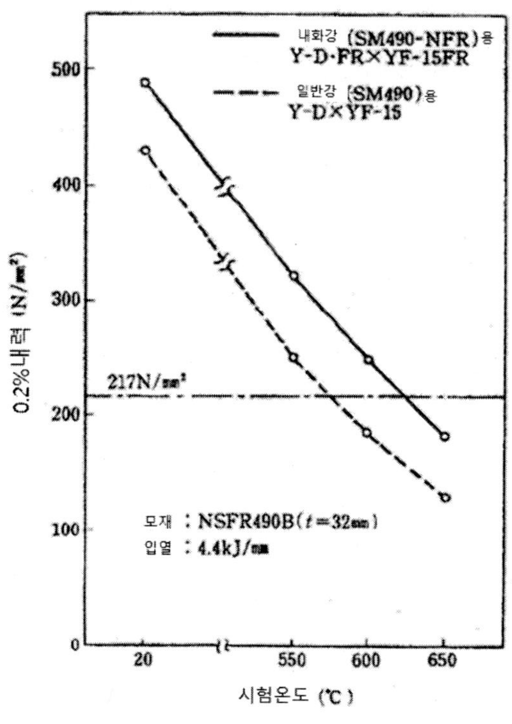

그림 3.5.4 내화강용 용접 재료와 일반 용접 재료의 고온 내력 비교 [2)]
(서브 머지드아크 용접)

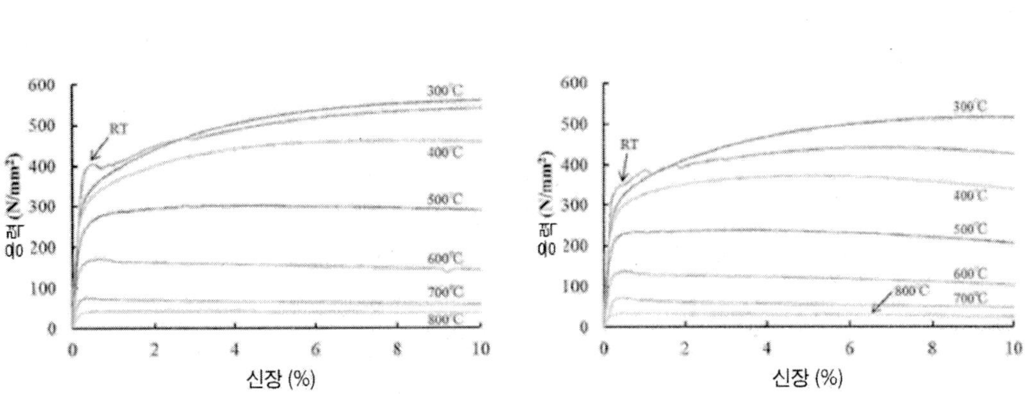

(a) YGW11 용접이음부 (b) E4319 용접이음부

그림 3.5.5 응력 변형 관계 3)

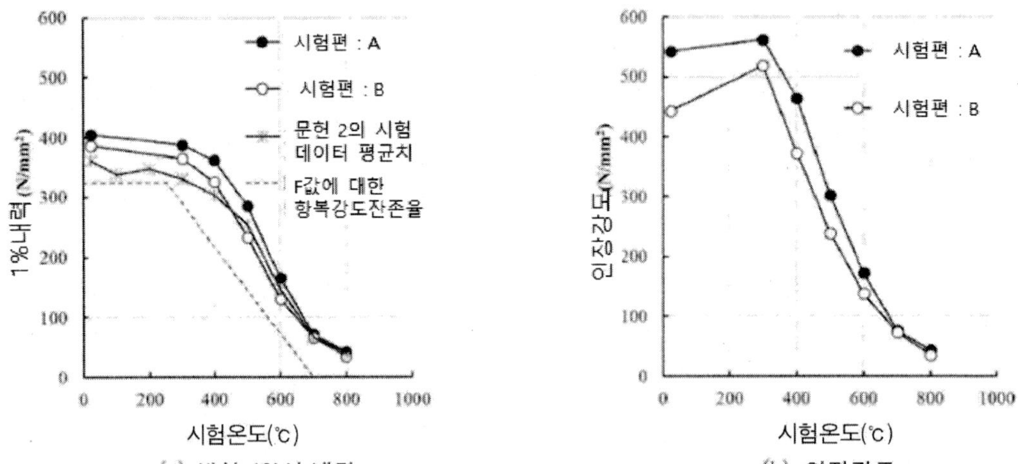

(a) 변형 1%시 내력 (b) 인장강도

그림 3.5.6 변형1%시 내력과 인장강도(A시험편: YGW11 용접이음, B시험편: E4319 용접이음부) 3)

인용 · 참고문헌

1) 日本鋼構造協会技術委員会安全性分科会耐火小委員会高温強度班構成：特集／構造用鋼材の高温時ならびに加熱冷却後の機械的性質, JSSC Vol.4, NO.33, pp.5-73, 1968
2) 山根国秀：耐火鋼の溶接, 溶接技術, 1993.8
3) 宮坂輝由, 河野守, 岡崎智仁, 鈴木淳一, 鈴木弘之：建築構造用鋼材溶接接合部の高温引張試験, 日本建築学会大会学術講演梗概集, pp.205-206, 2014.9

3.6 결언

본 장에서는 철골조 등의 내화설계에 필요한 강 재료의 고온시 및 가열 냉각 후의 기계적 성질, 열적성질에 대해서 기존의 실험 데이터를 정리하였다. 이 조사를 통해 인식된 향후의 과제 등을 다음과 같이 기술한다.

본 조사에서는 재료규격에 따라 응력-변형관계, 탄성계수, 각종 내력 · 강도, 크리프특성 등의 기계적 성질을 정리했다. 재료의 성분이나 열처리 등 제조방법이나 시험조건(시험체의 조건이나 변형속도 등)의 차이에 관한 정리에 대해서는 향후 데이터의 축적이 요망된다. 시험시의 변형속도에 관해서는 강재의 고온인장시험결과에 큰 영향을 미치므로 특히 주의가 필요하다.

일반강에 대한 데이터의 대부분은 판두께가 40mm 이하의 것이었고, 강관이나 열처리 강재 등의 데이터는 아직 적다. 40mm를 넘는 강재 · 데이터의 수가 적은규격의 강재 · 열처리 강재에 대한 시험 데이터 축적이 요망되며, 새롭게 실용화된 일본건축기준법 37조에 의거한 장관 인정 강재 등이 추가되었다. 한편, 내화강 · 스테인리스강의 고온시 기계적 성질에 대해서는 최근의 실험 데이터 축적은 적은 상황이다.

고력볼트용 강재에 대해서는 기존의 자료에 F10이나 F14T의 고온시 기계적 성질에 관한 정보가 추가되었고, 용접부의 강도에 관해서도 SN490B를 모재로 하는 용접 이음부에 관한 데이터가 추가되었다. 접합부에 관해서는 지속적인 실험 데이터의 축적이 필요하다.

보통강도의 철근과 PC강봉의 고온시 기계적 성질에 관해서는 크리프에 관한 데이터가 추가되었으나 그 이외에는 오래된 데이터가 많다. 또한 PC강연선의 데이터가 추가 되었지만 실험 데이터는 적은 상황이다.

04

목질계 재료

4.1 목질계재료의 분류

목질계재료란 일반제재를 포함하고, 목재를 원료로 한 건축재료를 광범위하게 의미한다. 목질계재료로는 목재를 소정의 형태 · 치수로 절단한 제재 외에 목재를 단판이나 마름판등 요소로 분해하여 접착제 등에 의해 재구성 한 목질재료로 불리는 재료가 많이 사용되고 있다. 그 대표적인 것이 합판이나 집성재이며, 축재, 면재로서 구조용, 조작용으로 다양한 용도에 사용되고 있다. 표4.1.1 및 그림4.1.1~4.1.4에 목질재료의 분류를 나타낸다. 축재계에서는 집성재, 세로이음재, 단판적층재(LVL), PSL(Parallel Strand Lumber), OSL(Oriented Strand Lumber)등이 면재계에서는 합판, 집성재, 파티클보드, 웨이퍼보드, OSB(Oriented Strand Board), 파이버보드 등이 있다. 또한, 최근에는 새로운 목질재료로서 직교집성판(CLT)에 대한 관심이 많다. CLT는 1990년대부터 유럽에서 발전해 온 새로운 목질재료로 근래에 유럽에서 수요가 급속히 증가하고 있다. 일본에는 2013년 12월에 직교집성판의 일본농림규격(JAS)가 제정되고, 2016년 3월 및 4월에 CLT를 이용한 건축물의 일반적인 설계방법 등에 대해서 건축기준법에 따른 고시가 공포 · 시행되면서 중고층 목조건축물 등의 새로운 목재수요의 창출에 기대되는 상황이다.

표4.1.1은 현재사용되고 있는 목질재료를 나타내고 있으나, 본 장에서 기술한 고온시 특성의 평가방법에 대해서는 집성재를 제외하고는 거의 정비되어 있지 않은 상태이다. 또한, 「4.2목질계구조의 방내화설계법」에서 기술한 바와 같이 일본에서는 구조용 제재, 구조용 집성재, 구조용 단판적층재, 직교집성판만 요구내화시간에 따른 연소대의 치수가 규정되어 있고(2000년 일본건설성고시 제1358호, 2005년 국토교통성고시 제253호), 준내화 건축물에는 연소대 설계가 가능하게 되었다.

인용 · 참고문헌

1) 木材活用事典編集委員会：木材活用事典, pp. 415-448, 産業調査会事典出版センター, 1994. 4
2) 林知行：木材の強度・材料特性・新材料, 建築技術, pp. 72-77, 2015. 4

표 4.1.1 목질재료의 분류

	구성	수종	종류	성질	용도	요소	JAS	JIS
합판	절삭에 의해 만들어진 넓은 면적의 얇은 단판(Veneer)을 겹쳐 붙이고 있다.	라완, 약밤나무, 미송, 삼나무, 자작나무 등	보통합판, 콘크리트형 프레임용합판, 특수합판, 구조용합판, 난연합판, 발판 판자합판, 방염합판, 파레트용합판	단판두께 · 강도설계자유성, 내구성, 넓은용도(강도를 요구하는 용도에도)	건축내외장, 콘크리트 형프레임, 발판합판, 구조용벽면재 바닥면재, 가구재료 등	단판	○	-
집성재	라미나(또는 소각재등)을 그 섬유방향을 서로 거의 평행하고, 두께, 폭 및 길이방향에 집성접착한 일반재.	각종소나무, 노송나무, 솔송나무, 삼나무, 너도밤나무, 들메나무등	조작용집성재, 화장보조작용집성재, 구조용집성재, 화장보구조용집성재, 구조용대단면집성재	치수안정성, 디자인, 가구설계의 자유성, 고강도, 고내구성	조작용으로는 계단부재, 카운터, 벽재, 문턱, 현관 단자 경계벽 등, 구조용으로는 목조건축 및 주택의 기둥이나 보, 대규모건축의 기둥이나 아치 등	마름판	○	-
세로이음재	제재를 축방향에 접착한 것. 제재의 단척재를 장척으로 하거나 비틀림이나 휨을 교정하는 마디 등을 제거하는 목적이 있다.		접착방법: 퍼거조인트(4.1.2참조). 명확한 구분은 없지만, 조작용 세로이음재, 구조용 세로이음재로 부르는 것이 일반적.	강도등은 제재와 거의 변하지 않지만, 접착제품이 있다고 해서 집성재와 같이 치수안정성은 기대할수 없다.	조작용 세로이음재는 일반적인 제재와 같다고 생각해도 좋다. 구조용 세로이음재는 일반적인 구조재로 단체로 이용하는 것이 불가능하다.		○	-
LVL (Laminated Veneer Lumber) 단판적층재	로터리 레이스 또는 스레이사 등에 의해 절단한 단판을 주로 그 섬유방향이 서로 거의 평행하고, 적층접착한 일반재.	라완(조작용), 삼나무, 미송, 솔송나무, 낙엽송 등	조작용LVL, 구조요LVL(3개의 등급으로 분류)	치수 · 형태 · 디자인자유도가 높고, 결점이 제거 또는 분산되고 있는 고강도, 약품처리가 용이하며, 목재의 장점이 손실되지 않음 등	조작용은 가구프레임재, 플래시문 프레임 · 심재, 계단세트 등. 구조용은 바닥보, 지붕보, まぐさ, 들보등의 건축구조용재나 발판 합판 등.	단판	○	-
CLT (Cross Laminated Timber) 직교집성재	ひき板또는 소각재를 그 섬유방향이 직교하도록 적층접착한 일반재.	노송나무, 낙엽송, 삼나무 등		치수안정성이 높고, 대판의 판넬로 이용할 수 있다. 또한, 단열 · 방음 내화성을 가진다.	구조용 벽면재, 바닥면재,	마름판	○	-
PSL(그림4.1.3) (Parallel Strand Lumber)	침엽수의 가닥(가름한절단편)이 축방향에 평행하게 적층접한된 고성능구조용 목질재료.	미송, 남부소나무	트러스조인트맥밀란사의 파라램(상품명:Parallam)만	마디가 제거되고, 중량부족과 세로이음부가 없으므로, 강도의 차이가 작고, 제품으로서 구조신뢰성이 매우 높다. 또한, 공극이 있기 때문에 약제처리가 용이.	직선적인 대단면구조용집성재와 마찬가지로 장대한 구조용부재이지만, 치수가 자유롭게 바꿀 수 있기 때문에 일반적인 보, 기둥, 창대로 사용해도 적합하다.	단판가닥	-	-
OSL(LSL · ESL)(그림4.1.3) (Oriented Strand Lumber)	PSL과 거의 같지만, PSL보다 짧은 가닥이 축방향에 배향되고 있다.	백양	트러스조인트맥밀란사의 틴바스트랜드런버LSL과 와이어하우저사의 ESL	조작 · 가구용재로 수입되기 시작한지 얼마 되지 않아 세부적인 성질은 알수 없음.	조작용LVL과 마찬가지로 가구나 창호등 OSL의 프레임재	가닥	-	-
파티클 보드	목재의 소편(칩, 플레이크, 웨이퍼, 가닥 등)을 주된 원재료로 접착재에 의해 성형열압한 판.	소경통나무, 각종 폐재	표 뒷면의 상태 · 휨강도 · 접착제 · 포름알데히드 방출량 · 난연성에 의한 구분으로 부르는 이름이 변한다.	두꺼운 판이 입수가능. 단열, 방음에 뛰어나다. 전단변형에 대해서는 강하지만, 굽힘에서는 구조용합판에 뒤떨어진다. 내구성, 특히 내수성에 유의할 필요가 있다.	조립식주택의 바닥밑 재료, 건식차음바닥용 판넬로서의 사용이 많음.	칩	-	JIS A 5908
웨이퍼 보드 (그림4.1.4)	웨이퍼 모양의 단편을 랜덤으로 배치하여 접착재를 이용하여 성판한 보드.	백양등 미 이용저질 광엽수	TypeR: 웨이퍼가 랜덤으로 배치 RypeO: 웨이퍼가 표층에서는 배향하고, 심층에서는 랜덤표면층에 직교하여 배향	종방향의 굽힘강도는 합판에는 뒤떨어지지만, 종방하의 휨강도 및 탄성율은 합판과 동등이상, 하지만, 두께팽창이 단점으로 또한, 내수성에 유의할 필요가 있다.	북미에서는 지붕, 바닥, 벽을 기초로서 활발하게 사용되고 있다.	웨이퍼	○	-
OSB(그림4.1.4) (Oriented Strand Board)	웨이퍼보드의 강도성능을 향상시키기 위해서 가닥모양의 단편을 배향한 층을 직교하도록 배치한 보드.	백양등 미 이용저질 광엽수	TypeR: 웨이퍼가 랜덤으로 배치 RypeO: 웨이퍼가 표층에서는 배향하고, 심층에서는 랜덤표면층에 직교하여 배향	종방향의 굽힘강도는 합판에는 뒤떨어지지만, 종방하의 휨강도 및 탄성율은 합판과 동등이상, 하지만, 두께팽창이 단점으로 또한, 내수성에 유의할 필요가 있다.	북미에서는 지붕, 바닥, 벽을 기초로서 활발하게 사용되고 있다.	가닥	○	JIS A 5908
파이버 보드	목재섬유를 주요원재료로서 성형한 판형제품의 총칭. 밀도에 따라 인슐레이션보드, MDF, 하드보드로 분류된다.	합판, 제재공장의 폐재, 침엽수, 광엽수, 칩은 거의 반반.	인슐레이션보드:밀도 0.35미만MDF: 밀도 0.35이상 0.80미만 하드보드: 밀도0.80이상	인슐레이션보드:단열성, 흡음성, 조습성에 뛰어나다 MDF: 두께별 제조가능. 하드보드: 판두께에 비해서 강도적성질이 뛰어나다.	건축기초재, 조작재, 가구목공	목재섬유	-	JIS A 5905

문헌1)의 기재를 바탕으로 작표

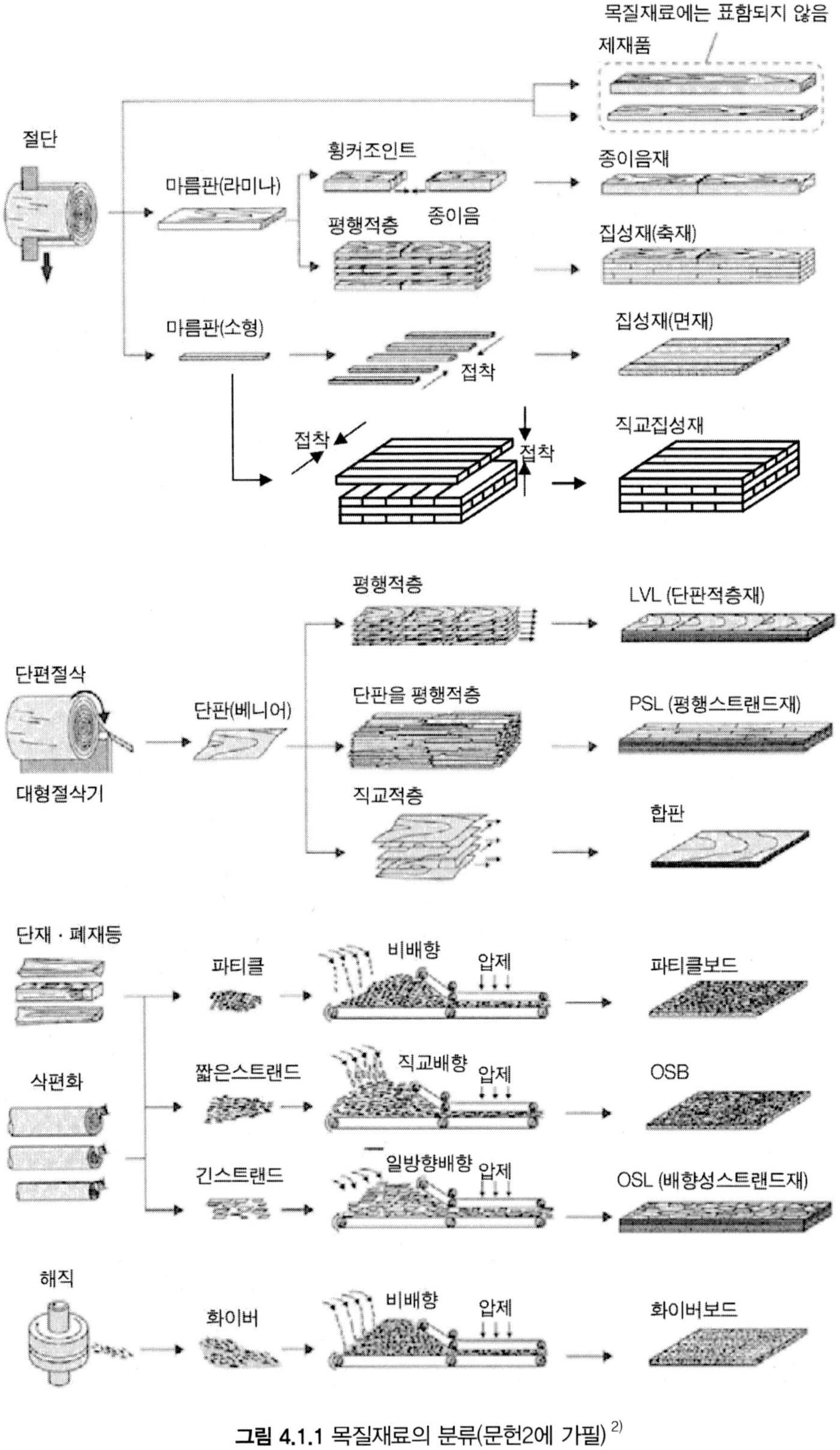

그림 4.1.1 목질재료의 분류(문헌2에 가필)[2)]

그림4.1.2 Finger cut [1)]

그림4.1.3 PSL(왼쪽)과 OSL(오른쪽) [1)]

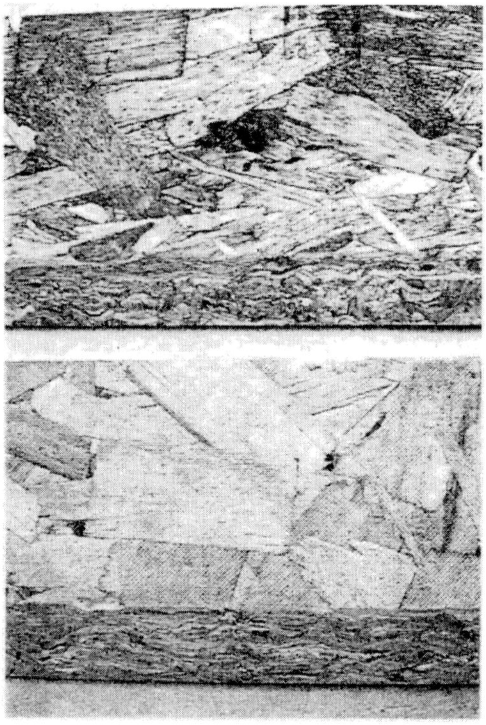

그림4.1.4 OSB(상)과 웨이퍼보드(하) [1)]

4.2 목질계구조의 방내화설계법

4.2.1 기본개념

목조건축물의 방내화성능이나 설계방법의 개요는 표4.2.1과 같이 분류할 수 있다. 목질계재료를 이용한 구조는 준내화구조 이하의 것에 대해서는 예시시방이나 장관 인정품이 다수 존재한다. 기본적으로는 불연재료 패널 등으로 피복한 내화구조부재를 사용하거나 연소대 설계(2000년 일본건설성고시 제1358호)를 채택함으로써 준내화건축물로 할 수 있다. 연소대 설계는 구조용 집성재와 구조용 단판적층재 외에 구조용 제재나 직교집성판에 대해서도 적용된다.

한편, 내화건축물의 설계에 대해서는 목질계의 구조재로 내화구조인정이 있는 것으로는 프레임벽공법[1)]이나 축조공법[2)]의 적용실적이 증대하고 있다. 또한, 집성재 기둥 · 보의 내화인정 취득건수도 증대하고 있으며, 실물건에도 적용되고 있다. 칸막이 벽, 외벽은 내화구조의 예시시방이 고시에 나타내고 있다. 덧붙여, 루트B, C에 의한 내화설계를 실시함으로써 목질계의 내화건축물로 하는 방법도 채택하고 있다.

표4.2.1 목조건축물의 방내화성능과 설계방법

방내화성능과 건물종별	설계방법
내화건축물	• 주요구조부를 내화구조로 한다.(루트A) 프레임조벽공법나 축조공법이 목조에서의 내화구조로서의 장관인정을 취득하고 있다[1),2)]. 또한, 연소정지층을 마련한 목질집성재 기둥 · 보의 인정도 볼 수 있다. 칸막이 벽, 외벽은 내화구조가 고시화되어 있다. • 내화성능을 검증한다(루트B, C)
준내화건축물	• 주요구조부를 준내화구조로 한다. 또한, 준내화건축물의 기술기준에 적합시킨다. • 연소대 설계 종래는 구조용집성재와 구조용단판적층재에만 적용이 되었지만, 구조용제재나 직교집성판에도 적용가능해지고 있다.
방화구조의 건축물	• 외벽이나 처마뒤를 방화구조로 한다.
준방화구조의 건축물	• 외벽을 준방화구조로 한다.

4.2.2 목조건축물에 요구되는 방내화성능

목조 건축물의 경우도 다른구조의 건축물과 마찬가지로, 건축기준법(이하「법」)에 의거하여 건축하는 지역(방화지역, 준방화지역, 22조 구역 및 그 이외의 지역)과 건축연면적에 따라 필요로 하는 방내화성능이 정해져 있다. 또한, 법21조에서는 일정높이 · 처마높이나 연면적을 넘는 대규모 목조건축물등에 대하여 법27조에서는 일정규모의 특수건축물에 대해 방내화성능을 요구하고 있다.

각 목조건축물에 요구되는 방내화성능은 내화시간으로 표시되어 있지만, 내화구조에 대해서는 준내화구조, 방화구조 및 방화구조에 준하는 구조(이하「준방화구조」)와는 내화성능의 개념이 다르다. 즉, 내화구조에 요구되는 내화성능은 법2조7호에 있어서 "통상의 화재가 종료하기 까지의 해당화재에 의한 건축물의 붕괴 및 연소를 방지하기 위하여 해당건축물에 필요로 하는 성능"으로 규정되어 있고, 한편, 준내화구조, 방화구조 및 준방화구조에 요구되는 준내화성능, 방화성능, 준방화성능은 "통상의 화재에 의한 연소를 억제하기 위하여 해당건물에 요구되는 성능"으로 규정되어 있다. 이 때문에 내화구조의 성능평가에서는 규정시간의 가열종료 후에도 성능이 유지되고 있는 것이 현행법에서는 필요로 되지만, 준내화구조 등에서는 가열종료시점에서 성능이 유지되고 있으면 좋고, 그 이후 성능에 대해서는 요구되지 않는다.

준방화지역에 건설가능한 목조건축물의 예로서, 연면적 500m^{2}이하의 목조3층 건축물, 연면적 1500 m^{2}이하의 45분 준내화구조의 목조건축물, 1시간 준내화구조의 목조3층 건물 공동주택의 건축개념도를 그림4.2.1~4.2.3에 나타낸다. 또한, 30분 내화성능이 요구되는 3000 m^{2}이하의 2층 대규모 목조건축물의 개념도는 그림4.2.4와 같다.

준내화구조에서는 연소대 설계가 가능하다. 기둥이나 보에 구조용 집성재, 구조용 단판적층재, 구조용 제재를 노출하여 사용하는 경우의 연소대의 양을 표4.2.2에 나타낸다. 또한, 2006년에 추가로 된 벽 · 마루 · 지붕에 구조용 집성재, 구조용 단판적층재, 직교집성판을 노출하여 사용하는 경우의 연소대의 양을 표4.2.3에 나타낸다. 더불어, 비내력의 외벽이나 칸막이 벽에 구조용 집성재, 구조용 단판적층재, 직교집성판을 사용하는 경우의 연소대는 최소의 판두께나 직교집성판의 경우, 연소대를 제외한 단면에 직교층과 평행층이 잔존하는 것 등, 별도규정이 마련되어 있다.

표4.2.2 요구내화시간에 따른 연소대의 크기(기둥 · 보) (단위mm)

준내화 성능	구조용 집성재	구조용 단판적층재	구조용 제재
30분	25	25	30
45분	35	35	45
1시간	45	45	60

표4.2.3 요구내화시간에 따른 연소대 크기(보 · 마루 · 지붕) (단위 mm)

준내화 성능	구조부위	구조용 집성재		구조용 단판적층재	직교집성판	
		라미나 두께	연소대	연소대	라미나 두께	연소대
30분	지붕	12	25	25	12	25
		(21)	(30)	(30)	(21)	(30)
45분	칸막이 벽 (내력)	12	35	35	12	35
		(21)	(45)	(45)	(21)	(45)
	외벽 · 내력	12	35	35	12	35
		(21)	(45)	(45)	(21)	(45)
	바닥	12	35	35	12	35
		(21)	(45)	(45)	(21)	(45)
1시간	칸막이 벽 (내력)	12	45	45	12	45
		(21)	(60)	(60)	(21)	(60)
	외벽 · 내력	12	45	45	12	45
		(21)	(60)	(60)	(21)	(60)
	바닥	12	45	45	12	45
		(21)	(60)	(60)	(21)	(60)

주: 수자의 상단은 접착제에 레졸시놀수지, 레졸시놀 · 페놀수지 접착제를 이용한 경우의 값. 하단의( )은 그것 이외의 접착제를 사용한 경우의 값.

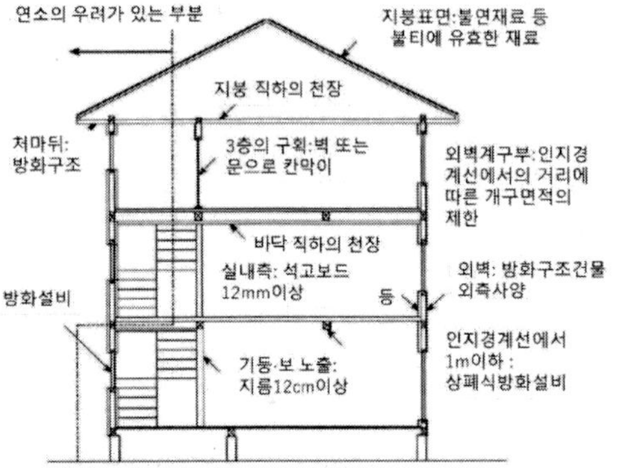

그림4.2.1 목조3층 건물 예 3),4)

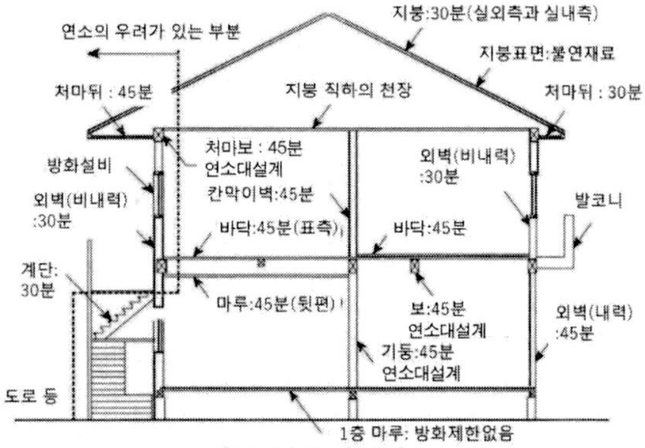

그림4.2.2 준내화구조목조 건축물 예 3),5)

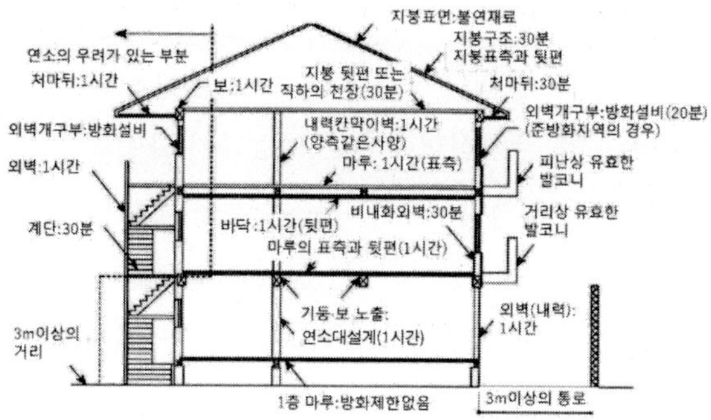

그림4.2.3 목조3층 공동주택의 예[3),6)]

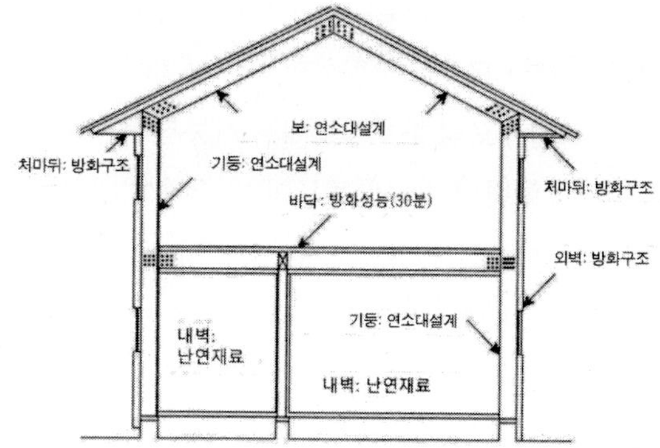

그림4.2.4 대규모 목조건축물 예[3),4)]

4.2.3 목조3층건물 학교의 실대 화재실험에 따른 새로운 지식[7),8),9)]

목조3층건물 학교등의 방화기준의 정비를 목적으로 3회 실대화재실험이 실시되었다. 실험용으로 설계한 건물을 사용하는 화재실험으로서는 국제적으로도 최대규모의 것으로 각각의 예비실험, 준비실험 및 본 실험으로 칭하고 있다. 실험건물의 시방을 표4.2.4에 나타낸다.

예비실험은 일반적 시방의 건축물에 대한 방화상의 문제점을 파악하는 것을 목적으로 실시되었다. 준비실험은 예비실험에 의해서 밝혀진 과제에 대해 부재실험이나, 교실규모의 화재실험으로 검토한 대책방법에 대해서 그 유효성을 확인하기 위해 실시되었다. 본 실험은 방화기준으로 상정하는 내용의 타당성을 검증하기 위해 실시되었다.

예비실험결과, 개구부 분출화염에 의한 상층연소, 내화구조의 방화벽을 넘는 연소확대(외벽으로부터의 화염진입과 특정방화설비의 탈락), 1시간 준내화구조 칸막이 벽 등의 조기탈락, 방화벽의 붕괴 등의 문제점이 나타났다.

표4.2.4 목조 3층건물 학교의 실대 화재실험 건물의 주요시방

실험명칭		예비실험	준비실험	본 실험
건물개요		특별한 대책을 실시하지 않는 일반적시방	본 실험보다 방화대책을 강화한 시방	방화기준을 상정한 시방
건물사양	구조	1시간 준내화구조		
	내장	목질마감	벽 · 천장불연	천장 준불연
	구획개구부	특정방화설비(동제)	특정방화설비(나무+규산칼슘보드)	특정방화설비(강제)
	차양 등	없음	있음	없음
	방화벽	1시간 내화구조	1시간 내화구조(자립성 보강), 2m돌출	1시간 내화구조(자립성 보강)

개구부 분출화염대책에 대해서는 내장재료의 불연화에 따라 창문에서 분출화염발생시간을 지연시키는 효과가 준비실험 · 본 실험에서 확인되었다. 차양 등에 의한 상층연소억제효과에 대해서는 교실규모의 화재실험에서 계통적인 검토가 이루어졌으며, 준비실험에서도 그 효과가 확인되었다. 방화벽의 강제방화문의 탈락에 대해서는 준비실험에서 열팽창이 적은 목질방화문의 사용에 의해 본 실험에서는 강제방화문의 벽 개구부를 보강함으로써 회피할 수 있는 것이 확인되었다. 1시간 준내화구조칸막이 벽 등의 조기탈락에 대해서는 접합부를 고안함으로써 회피할 수 있는 것이 본 실험 등에서 확인되었다.

일련의 실험들에서 얻은 성과는 2015년 6월 시행의 건축기준법 목조관계기준의 재검토에 반영되어 있다.

4.2.4 새로운 목질재료의 가능성

CLT(Cross Laminated Timber:직교집성판)은 치수안정성이 높고, 두께가 있으며, 높은 단열 · 차음 · 내화성을 가지는 새로운 목질재료로서 향후의 보급이 기대되고 있다. 그림4.2.5에 CLT패널을 나타낸다. CLT는 라미나의 각 층을 섬유방향이 서로 직교하도록 적층접착한 패널로 런던에 9층건물의 빌딩이 세워지는 등, 유럽과 미국에서는 이미 CLT를 이용한 구법에 의한 중층목조건축물이 건설되고 있다[10].

CLT구조의 연소대 설계에 관한 연구가 진행되고 있고, CLT를 구성하는 라미나의 수종 · 두께 · 층구성 · 접착재의 종류에 따른 탄화속도의 차이를 실험적으로 파악하여, 연소치수를 설정하기 위한 기초자료로 하고 있다. 또한, CLT패널을 이용한 재하가열시험을 실시하고, 패널부재에 대해서도 연소대 설계의 사고방식이 적용가능한 것을 확인하고 있다[11]. 같은 사고방식으로 LVL, 집성재 패널에 대해서도 연소대 설계의 검토가 진행되고 있다. CLT는 하중과 같은 섬유방향의 층이 하중을 지지하고, 직각인 섬유방향의 층은 별로 기여하지 않는다. 이 층은 연소층으로는 효과적이지만, 구조부재로서의 유효성은 작다.

CLT부재에 마감재가 시공되는 경우 마감재에 방화피복의 효과를 기대하면, 연소대치수를 줄인 경제적인 설계가 가능하다. 새로운 시도로서 준내화구조를 「연소대+방화피복」으로 실현하는 개념을 도입하고, CLT판넬표면에 피복재를 설치, 연소대를 저감하는 연구가 실시되고 있다. 그림 4.2.6은 실험결과의 일례이며, 수평부재의 하면에 강화석고보드 15mm를 붙인 CLT판넬의 표준가열시험결과에서 내부온도가 260℃에 도달한 시간을 나타낸 것이다. 평균 탄화속도를 매분1mm로 상정하면, 연소대가 43mm에 상응하는 것이 확인되고 있다[12].

그림 4.2.5 CLT판넬(일본CLT협회 홈페이지에서 인용)

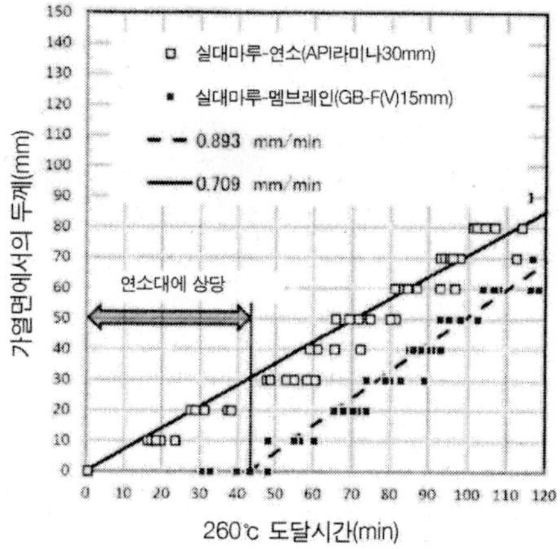

그림 4.2.6 CLT내 온도상승(강화석고보드15mm)

4.2.5 부위별 방내화구조규정

주요구조부인 기둥, 보, 벽, 바닥, 지붕, 계단에 대해서는 준방화구조, 방화구조, 준내화구조 및 내화구조 마다 표4.2.5에 나타낸 내화시간이 요구된다.

(1) 벽(내력벽, 비내력벽)

(a) 준방화구조

준방화구조는 표4.2.5에 나타낸 바와같이 20분의 내화성능이 요구되는 외벽의 구조이다. 불티에 의한 유소(類焼)를 막기 위해 지붕을 불연재료 등으로 하는 것을 특정행정청은 22조 구역으로 지정하고 있다. 이 지역내에 건축된 목조건축물의 연소의 우려가 있는 외벽에는 준방화구조가 요구된다. 그 대표적인 시방으로 그림4.2.7에 나타낸 바와 같이 실외측이 흙도벽(뒷면 도장)없이 벽 내부에 글라스울이나 록울단열재를 두께75mm 충전해서 실내측에 두께4mm이상의 목재, 합판, 구조용 판넬를 부착시키는 시방과 단열재를 충전하지 않고 9.5mm이상의 석고보드를 부착시키는 시방이 있다. 그 외의 예시시방은 2000년 일본건설성고시 제1362호(최종개정: 2004년 일본국토교통성고시 제787호로 일부개정)로 지정되어 있다. 이들의 준방화구조의 외벽측에 목재를 부착시키는 것은 가능하다. 2004년 고시개정에 따라 단면칠의 목조 간기둥 흙도벽이 준방화구조로 되었다.

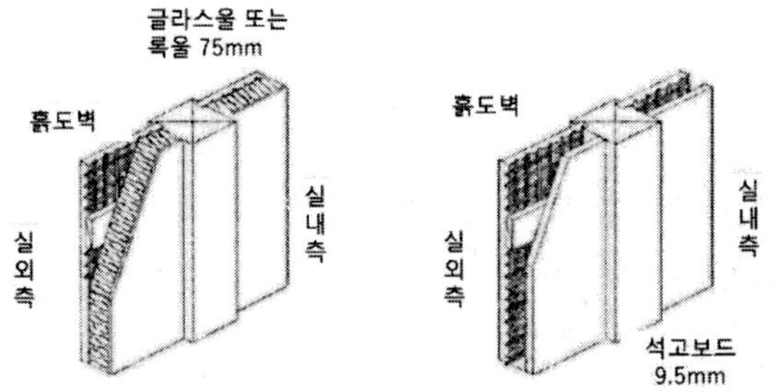

a) 단열재충전시방 b) 석고보드부착 시방예

준방화구조, 토벽외벽·건식내벽

그림4.2.7 준방화구조 시방예 [3)]

표4.2.5 건축부위와 각종 방내화구조의 요구내화시간 [3)]

부위				내화구조	준내화구조	방화구조	준방화구조
벽	칸막이벽	내력벽		1,2시간	45분,1시간		
		비내력벽		1시간	45분,1시간		
	외벽	내력벽		1,2시간	45분,1시간	30분	30분
		비내력벽	연소의 우려가 있는 부분	1시간	45분,1시간		
			연소의 우려가 있는 부분 이외의 부분	30분	30분		
기둥				1,2,3시간	45분,1시간		
바닥				1,2시간	45분,1시간		
보				1,2,3시간	45분,1시간		
지붕	지붕			30분	30분		
	처마뒤(외벽에서 방화상 유효하게 차열된 부위는 제외)		연소의 우려가 있는 부분	※	45분,1시간	30분	
			연소의 우려가 있는 부분 이외의 부분		30분		
계단				30분	30분		

※ 처마뒷면에 대한 요구내화시간이 정해져 있지 않기 때문에 외벽을 지붕까지 세워, 다락공간과의 사이를 방화상 유효하게 차단하는 등의 구조로 할 필요가 있다.

(b) 방화구조

준방화지역에 건축하는 건축면적 500m^{2}이하, 2층건물 이하의 목조건축물 등은 그 외벽이나 처마 뒷면이 연소의 우려가 있는 부분에 있는 경우, 2000년 건설건설성고시 제1359호(제정 2016년 국토교통성고시 제541호)에 나타낸 시방의 방화구조로 할 필요가 있다.

국토교통성고시로 지정되어 있는 시방사례를 그림4.2.8, 4.2.9에 나타낸다. 이 그림에 나타낸 바와 같이 토벽(뒷면 도장)에서는 실외측에 예비판을 도장할 수 있다. 또한, 기둥, 벽을 노출시킨

진벽구조로 하는 것도 가능하며, 석고보드나 슬레이트계 재료를 붙인 건식구조에도 진벽구조로 할 수 있다. 여기에, 2004년 고시개정에 따라 단면칠의 흙도벽도 방화구조에 추가 되었다.

종래는 방화구조의 외벽측의 재료시방에 따라 철골조나 목조별로 방화성능이 정해져있지만, 2000년 건축기준법령의 개정에 따라 방화구조는 외장재와 내장재를 포함한 벽으로서 평가하게 되었다. 따라서 고시에는 외벽측의 시방과 함께 내벽측의 시방을 만족할 구조로 하여야 한다. 그 대표적인 시방으로 실내측에 석고보드9.5mm 또는 글라스울 단열재를 충전하여 합판 등을 부착하고, 옥외측에 뒷면 도장벽(기둥이 노출된 구조)이나 20mm이상의 라스모르타르 칠이 있다. 이와 같이 평가방법이 변경됨으로서 로그하우스(통나무집)처럼 방화피복재가 없고, 구조부재와 방화피복재가 일체화된 벽구조에 대해서도 평가가 가능하게 되었고, 여기에 요구되는 성능도 차열성, 차염성 및 비손상성을 만족할 수 있으면 평가할 수 있으므로 외벽재료가 연소되는 로그하우스(통나무집)외벽에서도 방화구조의 평가대상이 되었다.

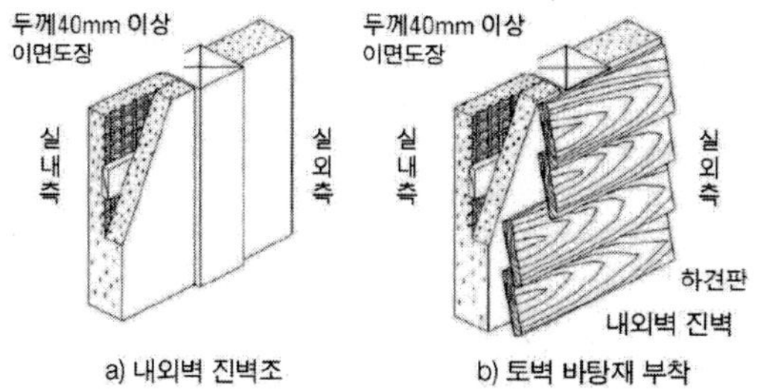

그림4.2.8 방화구조시방 예–흙바름진벽 3)

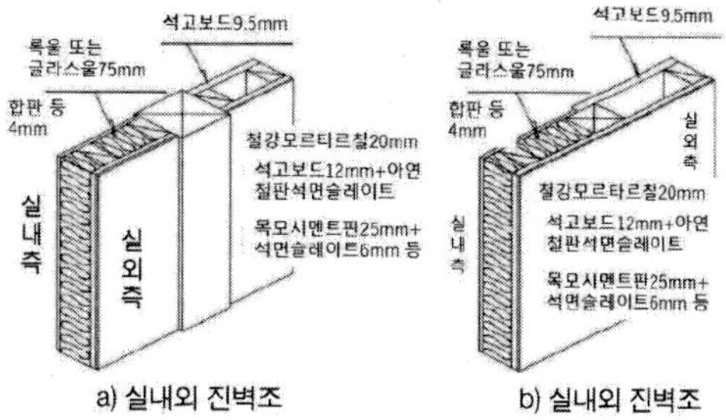

그림4.2.9 방화구조시방 예 건식벽 3)

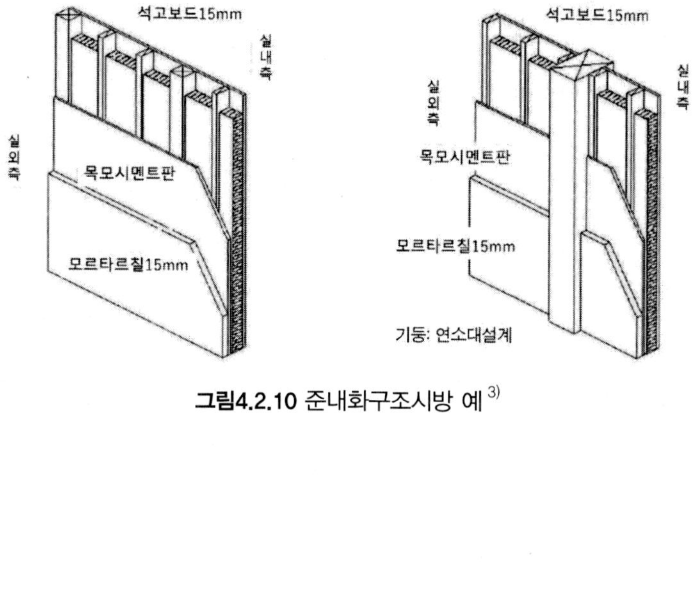

그림4.2.10 준내화구조시방 예 3)

(c) 준내화구조

준내화구조는 준방화지역으로 연면적이 500m^2을 넘는 건축물에 적용되어, 목조의 외벽, 칸막이 벽에 이용된다. 일반적인 시방은 2000년 일본건설성고시 제1358호에 규정되어 있으며, 칸막이벽으로는 양면이 두께15mm이상의 석고보드를 부착한 것이나 두께12mm이상의 석고보드와 두께9mm이상의 난연합판을 부착시킨것, 외벽으로는 실외측에 목모시멘트판에 두께15mm 이상의 모르타르를 도포하고, 실내측에 두께15mm이상의 석고보드를 부착시킨 것 등이 지정되어 있다(그림4.2.10참조).

처마높이9m, 용마루높이13m를 넘는 건축물이나 목조3층 공동주택에 대해서는 1시간 준내화성능을 가진 구조가 요구되고, 일반적인 시방으로 2005년 일본국토교통성고시 제235호(2000년 일본건설성고시 제1380호는 폐지)에 지정되어 있다. 칸막이 벽으로는 양면에 두께16mm이상의 강화석고보드를 부착한 것, 외벽으로는 실외측에 두께18mm이상의 경질 목편시멘트를 부착하고, 실내측에 두께12mm이상의 석고보드 2장 부착한 것 등이 지정되어 있다. 또한, 2016년 고시의 개정으로 벽에 대해서도 표4.2.3에 나타낸 연소대규정이 추가되었다.

(d) 내화구조

2000년 일본건설성고시 제1399호(2016년 국토교통성고시 제538호로 일부개정)에서 예시시방을 나타내고 있으며, 목조 칸막이벽과 외벽에 대해서도 강화석고보드2장 부착등의 시방이 2004년 고시의 개정으로 추가되었다. 또한, 목조에서도 지정성능평가기관에서 성능평가를 받아 국토교통장관의 개별인정을 얻는 것도 가능하며, 이전에 재래 축조구법, 프리훼브 축벽공법 및 목질계 프리훼브공법의 중요구조부에서는 국토교통장관인정을 취득하고 있다. 목질계구조의 내화성능확인시험에 요구되고 있는 사항은 요구내화시간, 재하가열을 실시할 것, 냉각과정에서는 재하만을 요구내화시간의 3배 이상 계속할 것, 또는 그 사이에 벽내부의 목질부의 연소는 인정되지 않는 것 등이다.

(2) 기둥

(a) 준내화구조

기둥의 주변에 두께15mm이상의 석고보드 등을 부착시키는 시방과 노출하여 이용하는 경우는 구조용집성재, 구조용 단판 적층재 및 구조용 제재의 재료에 따라 표4.2.2에 나타낸 연소대 설계가 필요하다.

(b) 내화구조

목질계의 내화구조는 고시에 의한 예시시방의 지정은 없지만, 요구내화시간, 재하가열한 후, 그 3배 이상의 시간을 재하한 대로 방치하여 연소가 멈추는 것을 확인할 수 있으면, 지정성능평가기관에서 성능평가를 받은 국토교통장관의 개별 인정을 받을 수 있다. 현 시점에서는 석고보드로 집성재 등을 피복한 것, H형강의 주위에 두께60mm이상의 집성재로 피복한 목질하이브리드구조[13),14)]나 모르타르를 적층한 구조[15),16)], 난연처리목재를 적층한 구조의 것 등[17-18)]이 인정되고 있다(그림4.2.11참조).

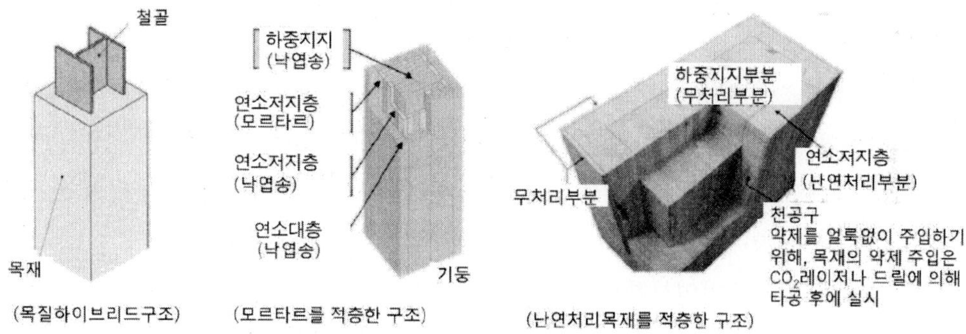

그림4.2.11 개별인정을 취득한 내화구조시방 예 [14),16),18)]

(3) 바닥

(a) 준내화구조

바닥에 대한 45분 준내화구조에서는 바닥의 표면측에 두께12mm이상의 합판을 깔고, 그 위에 두께9mm이상의 석고보드 또는 일본식 돗자리 판재 또는 두께30mm이상의 목재를 부착시키고, 바닥의 뒤쪽 또는 직하의 천장에 두께15mm이상의 석고보드를 부착시키는 시방이 2000년 일본건설성고시 제1358호에 의해 지정되어 있다. 1시간 준내화구조에서는 마루 뒤쪽에 두께12mm이상의 합판을 깔고, 두께12mm이상의 석고보드 또는 두께40mm이상의 목재 또는 일본식 돗자리 판재를 부착시키고, 바닥 뒤쪽 또는 직하의 천장에 두께12mm이상의 석고보드를 2장 중첩하여 부착하고, 암면 또는 글라스울을 천장 뒤에 충전하는 시방이 지정되어 있다(2005년 국토교통성 고시 제253호)(그림4.2.12참조). 또한, 바닥에 대해서도 2016년 고시의 개정으로 표4.2.3에 나타낸 연소대의 규정이 추가되었다.

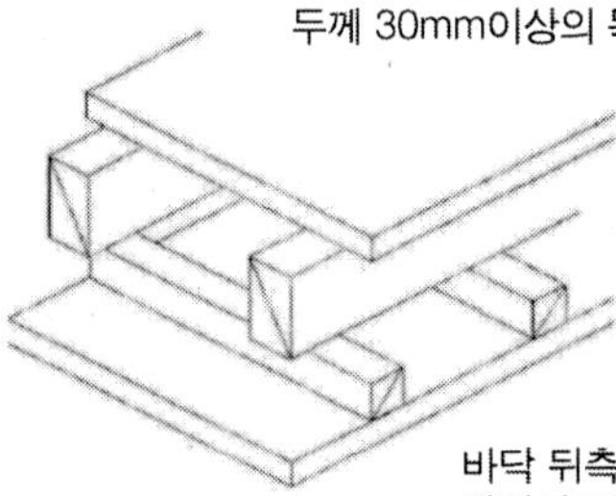

그림4.2.12 바닥구조, 45분 준내화시방 예[3)]

(b) 내화구조

목질계의 내화구조에 대해서는 고시에 의한 제시시방은 지정되어 있지 않다. 하지만, 2000년 일본건설기준법의 개정에 따라 내화성능이 평가되면, 장관의 인정을 받을 수 있게 되었다. 멤브레인 바닥구조에 대해서는 바닥의 하면측(천장면)으로 부터 가열에 의한 성능과 바닥 상면측으로 부터 가열에 의한 성능을 바탕으로 성능평가된다. 시험으로는 바닥의 하면측으로 부터의 재하가열시험과 상면측으로 부터의 가열시험 양쪽 방법이 요구되고 있다. 하면측으로 부터의 재하가열시험에서는 요구내화시간, 재하가열하고, 그 후의 냉각과정에서는 요구내화시간의 3배 이상의 시간동안 재하를 계속하고, 천장내부의 목질부재에 연소가 인정되지 않는 것이 내화성능으로 요구되고 있다. 상면측으로 부터의 가열시험에서는 요구내화시간, 가열하고, 그 후의 냉각과정에서는 요구내화시간의 3배 이상의 시간동안 천장내부의 목질부재에 연소가 인정되지 않는 것이 내화성능으로 요구되고 있다.

(4) 보

(a) 준내화구조

보의 주위에 두께 15mm이상의 석고보드 등을 부착시키는 시방과 노출하여, 이용되는 경우는 구조용집성재, 구조용 단판적층재 및 구조용 제재의 재료에 따라 표4.2.2에 나타낸 연소대 설계가 필요하다.

(b) 내화구조

목질계의 내화구조는 고시에 의한 지정은 아니지만, 성능평가를 받고, 국토교통장관의 인정을 얻을 수 있다. 현 시점에서는 석고보드로 집성재 등을 피복한 것, H형강의 주위에 두께60mm이상의 집성재로 피복한 목질 하이브리드구조나 모르타르를 적층한 구조, 난연처리목재를 적층한 구조의 것 등이 인정되고 있다.

(5) 지붕

①방화지역 또는 준방화지역내의 지붕재질에 대해서는 법63조로, 특정 행정처가 지정하는 구역내의 지붕재질에 대해서는 법22조로, 시가지에서 화재를 예상한 불티에 의한 화재의 확대를 방지하는 구조로 하는 것을 규정하고 있다. 지붕에 요구되는 성능은 법63조에서는 령136조의 2의 2에서 시가지에서 통상의 화재에 의해 법22조에서는 령109조의 5에서 통상의 화재에 의해 불티에 따른 발염 및 용융이나 균열이 생기지 않는 것을 규정하고 있다.

②준방화지역내에 있는 목조3층 건축물의 지붕 또는 직하의 천장은(령136조의 2) 1987년 건설성고시 제1905호에서 두께12mm이상+두께9mm이상의 석고보드 등을 부착한 구조로 하도록 지정되어 있다.

③준내화구조에서는 지봉 또는 직하의 천장은 30분 내화성능이 요구되며, 두께12mm이상의 강화석고보드, 두께9mm이상의 석고보드 2장부착 등이 2000년 일본건설성고시 제1358호에 지정되고 있다. 또한, 지붕에 LVL이나 CLT 등을 이용하는 경우에 대해서의 연소대에 대한 규정이 2016년 고시개정으로 추가되었다(표4.2.3참조).

④내화구조에서는 2000년 일본건설성고시 제1399호에 시방사례가 지정되고 있지만, 목질계재료의 지정은 없다. 30분 내화성능이 요구되고 있으며, 성능평가기관에서 성능평가를 받은 국토교통장관의 인정을 취득하면 사용할 수 있게 규정되었다.

(6) 처마뒷면

처마뒷면은 준방화지역에 건축하는 일반목조로 연소확대의 우려가 있는 부분에 해당하는 경우는 방화구조 외벽의 실외측 시방으로 할 필요가 있다. 방화지역에 있어서는 50m^{2}이내의 단층건물의 부속 건축물의 경우 , 같은 대응으로 준내화건축 등으로 하지 않을 수 있다. 준내화건축물에서도 연소확대의 우려가 있는 부분은 45분 또는 1시간 외벽의 실외측 시방과 같은 것으로서 그것 이외의 부분은 두께12mm이상의 경질목편시멘트판 등을 부착시킨 30분 내화성능으로 한다. 처마뒷면에 대해서는 내화구조의 기술기준(령108조의3)에는 요구되고 있지 않지만, 목질계 내화구조건축물에 있어서는 처마뒷면은 외벽의 연장으로 해석할 수 있기 때문에 외벽의 실외측 재료 시방을 이용함으로서 성능을 확보할 수 있다. 또한, 2004년 고시 개정에 의해 목재를 드러내고, 노출된 피복없는 시방의 처마뒷면이 45분 및 1시간의 준내화구조로 정해졌다(그림4.2.13참조).

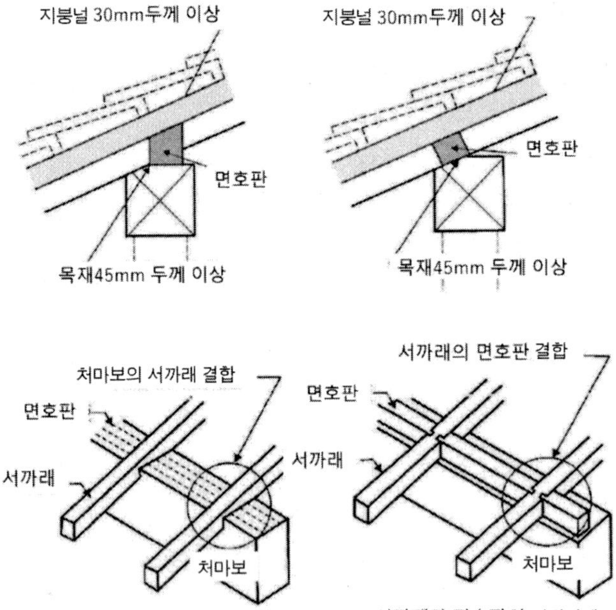

처마보와 서까래의 마감사례 서까래와 면호판의 마감사례

[불길의 진입을 유효하게 방지하는 시방 예]

그림4.2.13 목재표시 처마뒤쪽시방 예 [19)]

(7) 계단

준내화구조의 계단은 30분의 내화성능이 필요하다. 목질계 구조의 대표적인 예로서 그림4.2.14에 나타낸 바와같이 단판 및 보에 두께60mm이상의 목재를 또는 단판이 두께35mm이상의 목재로서 보의 측면에 두께12mm이상의 석고보드를 부착하고, 계단뒷면의 천장면에 두께12mm이상의 강화석고보드 등을 부착시키는 것이 2000년 일본 건설성 고시 제1358호에 지정되어 있다.

내화구조에 대해서는 2000년 일본건설성고시 제1399호에 철근콘크리트조나 철근콘크리트조 등의 예시시방이 지정되어 있으며, 목질계 내화구조의 계단으로 이용할 수 있다. 또한, 성능평가에 의해 30분 내화성능을 확보하는 것으로서 국토교통장관의 개별인정을 받을 수 있다.

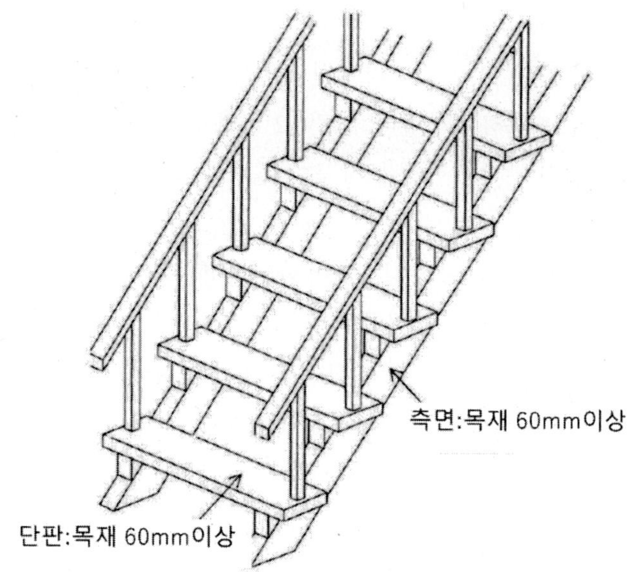

그림4.2.14 계단시방 예[3)]

4.2.6 접합부의 구조규정

기둥이나 보에 대해서는 대규모 목조건축물, 준내화건축물 등에는 연소대 설계를 실시하고, 이용하는 것이 가능하지만, 이들의 이음이나 접합부에 관해서는 노치부나 접합철물을 사용하게 됨으로서, 방화상의 약점이 되기 쉽다. 화재시의 가열에 대해 내력의 저하를 막는 접합부의 구조방법은 1987년 건설성고시 제1901호에 있어서 이하와 같이 규정하고 있다.

①이음 또는 접합부의 유효단면(연소대를 제외한 부분)이 존재응력을 전달할 수 있는 구조일 것

②이음 또는 접합부에 볼트, 드리프트핀, 못, 나사못 등을 이용하는 경우는 이들이 목재 그 외의 재료로 유효하게 피복되어 있는 것

③이음 또는 접합부에 강재의 첨판을 이용하는 경우는 해당 첨판이 삽입되거나 끼어지는 것이 필요하지만, 목재 그 이외의 재료에서 유효하게 피복되고 있는 경우는 매립 등을 생략할 수 있다. 또한, 압축력 만을 받는 경우는 노출하여 사용할 수 있다.

④이음 또는 접합부에 강재를 이용한 핀조인트로 하는 경우는 두께가 9mm이상일 것.

(1) 보 이음

그림4.2.15에 나타낸 바와같이 보측면의 상하에 접합용 강판을 이용하는 경우는 강판의 표면을 목재나 석고보드 등으로 피복하여야 한다. 그림4.2.16과 같이 상하에 강판을 끼워넣은 시방에서는 드리프트핀이나 볼트가 부재 속에 충분히 들어있는 경우는 머리부분의 방화피복은 생략할 수 있다.

그림4.2.17에 나타낸 바와같이 보의 상하면에 접합용 강판을 이용하는 경우는 강판부분을 내화시간에 따른 두께의 목재등 에 의한 피복을 행할 필요가 있다.

그림4.2.18에 나타낸 바와 같이 아치상부 접합부에서 두께9mm이상의 강판을 사용한 핀조인트로 상시하중에 대해서 재축방향의 압축력만 작용하는 경우는 접합부의 방화피복은 생략가능하며, 노출하여 사용할 수 있다.

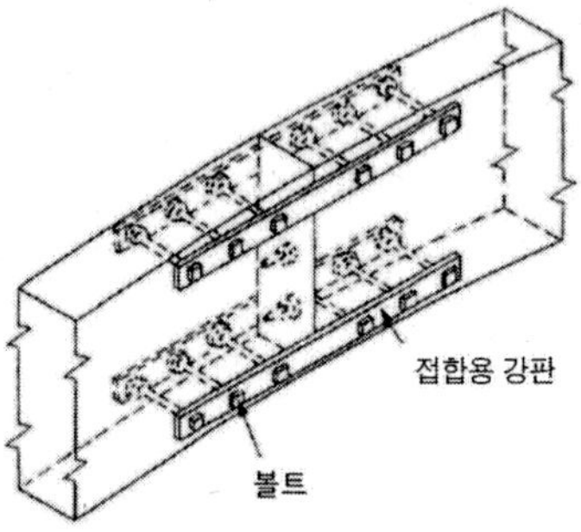

그림4.2.15 상하측면 접합용 강판접합 예 [20)]

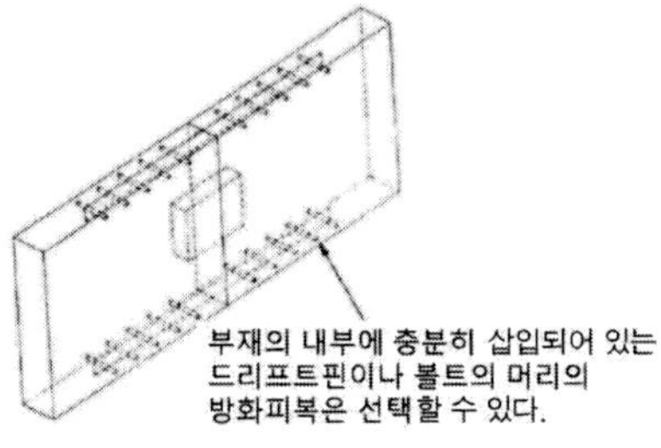

그림4.2.16 상하강판 삽입강판접합 예 [20)]

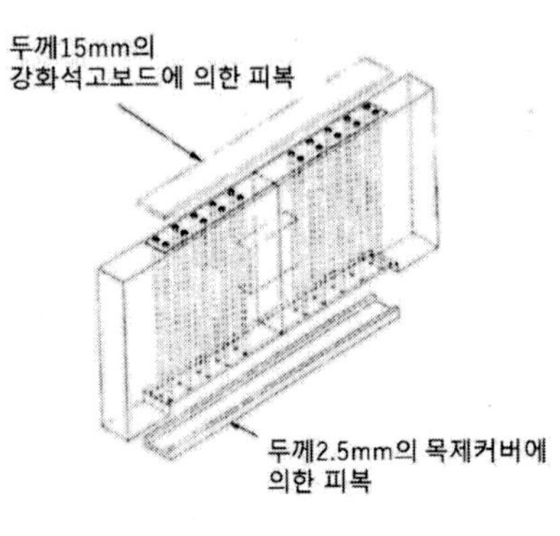

그림4.2.17 상하 접합용 강판 접합예 [20)]

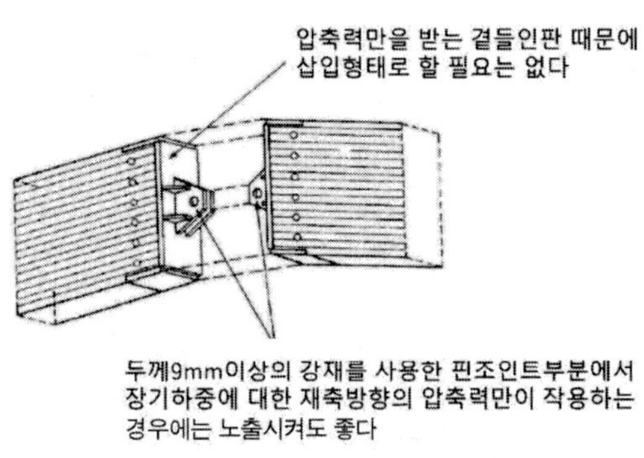

그림4.2.18 아치상부의 접합부 예 [20)]

(2) 기둥 · 보 접합부

보부분과 콘크리트 기둥의 접합부의 경우는 볼트두부가 가열되어 볼트에 접하는 목재가 소손되어도 보의 경우는 콘크리트기둥에 지지되어 있기 때문에 붕괴의 우려는 적다고 판단되므로, 볼트두부의 피복은 생략할 수 있다. 또한, 그림4.2.19, 4.2.20에 나타낸 바와같이 L형 철물, T형 철물에 의해 접합하는 경우는 볼트나 드리프트핀의 전단면이 목재표면에서 충분히 깊은 위치에 삽입되어 있으면, 접합치구의 두부부분을 피복할 필요는 없지만, 전단의 위치가 짧아서 화재의 영향을 받을 우려가 있는 경우는 나무마개등에 의해 피복할 필요가 있다. 또한, 접합철물부분도 노출부분은 요구되는 내화성능에 따른 두께의 목재나 방화피복재 등에 의해 피복을 행할 필요가 있다.

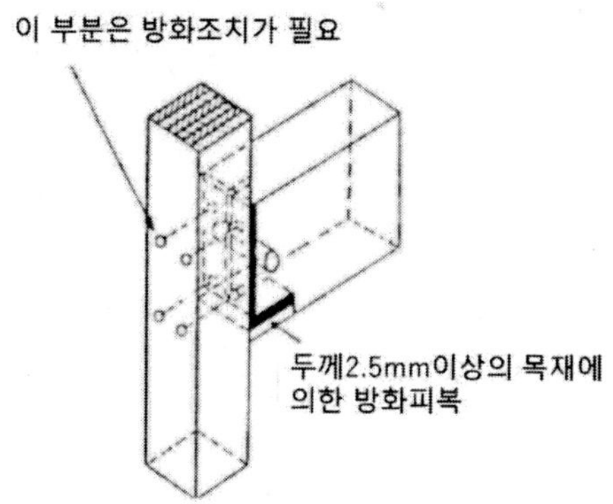

그림4.2.19 L형 철물 접합예 [20]

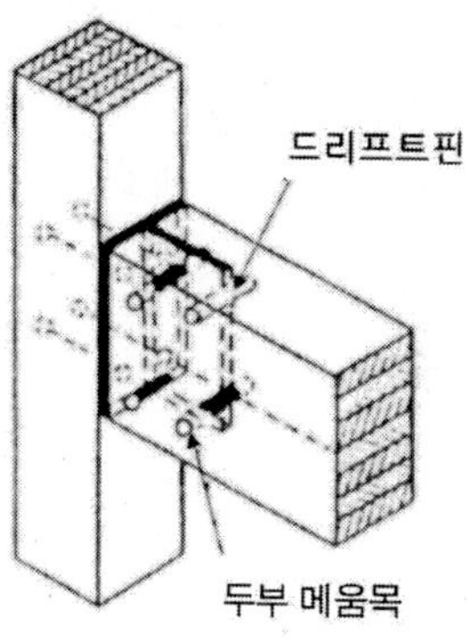

그림4.2.20 T형철물접합 예 [20]

(3) 주각부의 접합

주각부는 콘크리트의 토대에 그림4.2.21에 나타낸 바와 같이 철물로 접합하는 경우 목부재내부에 끼워진 형상으로 하지만, 강판의 첨판부분이 압축력만 받는 부분의 경우는 방화피복을 실시할 필요는 없고, 노출하여도 좋다. 또한, 그림4.2.22에 나타낸 바와 같이 토대에 직접 드리프트핀이나 볼트에 의해 접합하는 방법도 있으며, 볼트나 드리프트핀 두부는 노출하여 이용할 수 있다.

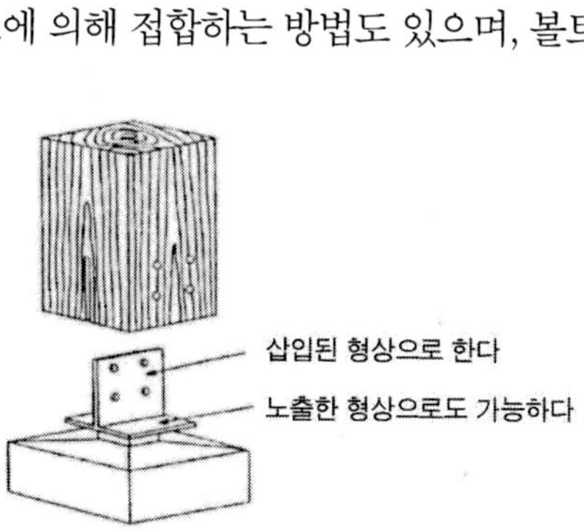

그림4.2.21 주각접합부 예(1) [20]

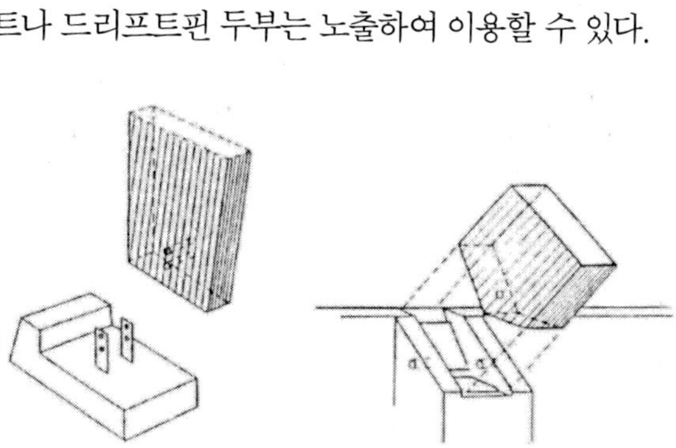

그림4.2.22 주각접합부 예(2) [20]

4.2.7 목조건축물의 방화연구의 경위

목조건축물의 화재성상에 관한 연구는 1933년부터 1943년에 걸쳐서 일련의 실대화재실험이 행해졌으며, 목조주택은 「화재온도는 높지만 그 계속시간은 짧다」라는 것이 목조건축물의 화재성상으로 정식화 되었다[21].

그 후 1950년 건축기준법의 제정에 의해 도시방화의 개념이 도입되고, 콘크리트조나 철골조의 내화구조 건축물의 연구가 주류가 되며, 목조에 대한 연구는 더이상 진전되지 못했지만, 북아메리카의 건축기술인 프레임 조벽공법이 일본에 소개되고, 또한 도입된 것을 계기로 목조부재의 연소실험과 실대 화재실험에 의한 방화성능의 개발연구가 활발해지고, 주요구조부 등의 부재시험에서 성능을 확인한 후에 실대화재실험을 통해 실증하는 것이 진행되었다. 목조주택의 주요 실대 화재실험은 표4.2.6, 4.2.7에 나타낸 바와 같이 1976년 이래 2013년까지 총16회 실시되고 있다[22].

표4.2.6 목조주택 등의 실대화재실험(1)

실험 년도	1976.7	1978.12	1979.1	1981년.3	1981.8	1984.9	1986.1	1986.1
건물 구조 형식	프레임조 벽공법	프레임조 벽공법	재래축조공법	재래축조공법	목질계공업화 공법	재래축조공법	재래축조공법	재래축조공법
건물 개요	총 2층건물	다락이용3층 연속주택	2층단독주택	총2층건물	다락이용3층 연속주택	총2층건물	2층내장대벽 시방	2층내장진벽 시방
연면적	공영주택형 (40m^2) 일반주택형 (50m^2)	101m^2 (1F:41, 2F:35, 3F:25)	93.5m^2 (1F:63, 2F:30.5)	79.5m^2	115m^2 (1F:50, 2F:39, 3F:26)	59.6m^2 (1F · 2F:29.8)	109m^2 (1F:62, 2F:47)	109m^2 (1F:62, 2F:47)
주요 내장 재료	석고보드 등	석고보드 등	라스보드 기초 섬유벽 석고보드등	석고보드 석고플라스터 등	석고보드 등 목제방화호	케이칼판 석고보드 등 목제방화호	석고보드 등 목제방화호	석고플라스터 마감 등 목제방화문 · 창
실험 실시 장소	사이타마현 노다시	치바현 우라야시시	도쿄도 고토구	이바라키현 츠쿠바시	아이치현 고난시	이바라키현 츠쿠바시	도쿄도 고토구	도쿄도 고토구
실시 주체자 등	국토개발센터, 건축연구소, 동경이과대 등	투바이포건축 협회, 건축연구소, 동경대 등	일본주택 · 목재기술센터, 건축연구소, 동경대, 산림종합연구소 등	건축연구소, 산림종합연구소 등	조립식건축 협회, 건축연구소 등	건축연구소	일본주택목재 기술센터, 건축연구소, 산림종합연구소, 동경대	일본주택목재 기술센터, 건축연구소, 산림종합연구소, 동경대
실시 목적	프레임조벽공법도입의 계기가 되는 전후 최초의 목조건축의 실대화재실험	다락이용 3층타운하우스 주택, 경계벽등 방화성능파악	주택금융공고 대출주거에 접합한 일반적인 시방의 목조주택의 화재성상파악	일반적인 단독주택의 방화예방법의 검토	다락이용하우스의 화재성상파악	방화총프로의 일환으로 화재성상예측의 검토를 실시	기둥 · 보를 방화재료로 피복한 대벽공법의 화재성상 파악	기둥 · 보 및 2층 바닥판을 노출한 목재 벽식공법의 화재성상파악
결과 개요	내화구조에 유사한 화재성상확인 각실방화의 검증	각실방화의 확인, 경계벽성능의 확인 등	건물내 연소경로의 확인, 방화적 약점부분의 파악 등	수리에 의한 각실구획의 화재성상실증	타운하우스의 각실방화성능 실증	방화피복재와 개구부에 의한 건물내 연소억제효과 실증	방화피복재와 개구부에 의한 건물내 연소억제효과 실증	구조재나 바닥재의 목재사용에 의한 화재성상확인
관련 성과	「불연구조」로 인정된다.	타운하우스의 방화설계에 관한 자료수집, 「성령간이내화구조」의 확정	앞으로의 방화설계에 대한 자료수집	앞으로의 방화설계에 대한 자료수집	타운하우스의 방화설계에 관한 자료수집	축조목조의 방화성능 향상을 위한 자료수집	축조목조의 방화성능 향상을 위한 자료수집	축조목조의 방화성능 향상을 위한 자료수집

표4.2.7 목조주택 등의 실대화재실험(2)

실험 년월	1987.1	1987.1	1987.12	1991.12	1996.3	2012.2	2012.11	2013.10
건물 구조 형식	재래축조공법	재래축조공법	프레임조벽 공법	프레임조벽 공법	프레임조벽 공법	축조 · 프레임 조공법	축조 · 프레임 조공법	축조 · 프레임 조공법
층수 건물 개요	3층 연립주택 제1층주택	3층 연립주택 제3층주택	총 3층 단독주택	3층 공동주택	3층 공동주택	3층 목조교사	3층 목조교사	3층 목조교사
연면적	99.4m^2 (1F · 2F:35, 3F:30)	99.4m^2 (1F · 2F:35, 3F:30)	198m^2 (1F · 2F · 3F:66)	268m^2 (1F · 2F · 3F:89)	각층 2호, 총6호 328m^2 (1F · 2F · 3F:109)	각층:약830m^2 연면적: 2,260m^2	각층:약310m^2 연면적: 약850m^2	각층:약310m^2 연면적: 약850m^2
주요 내장 재료	케이칼판 강화석고보드 목제방화호 등	석고보드 등 호 · 문일부개방	석고보드 등 강화석고보드 등	석고보드 등 강화석고보드 등	석고보드 등 창 일부개방	목재의 기둥 · 보사용 내장: 목재판부착	목재의 기둥 · 보사용 내장의 불연화, 차양의 설치 등	목재의 기둥 · 보사용 내장의 불연화, 차양의 설치 등
실험 실시 장소	도쿄도 고토구	도쿄도 고토구	츠쿠바시	츠쿠바시	츠쿠바시	츠쿠바시	기후현 게로시	기후현 게로시
실시 주체자 등	일본주택목재 기술센터, 건축연구소, 산림종합연구소, 동경대 등	일본주택목재 기술센터, 건축연구소, 산림종합연구소, 동경대 등	투바이포건축 협회, 건축연구소 등	주택생산단체 연합회, 건축연구소, 동경대 등	주택생산단체 연합회, 건축연구소 등	국토기술정책 종합연구소	국토기술정책 종합연구소	국토기술정책 종합연구소
그 외	3층건물 방화시방의 유효성 평가, 피난안전성 검증 등	호, 창개방에 의한 옥내연소현황의 검증	준방화지역에 건축할 수 있는 목조3층 주택의 기술기준검증	3층 공동주택 화재성상의 파악, 隣戸, 상층공동주택에서의 영향파악	시가지화재를 상정한 유소 · 연소현황의 파악	내장목질마감 3층 목조교사의 화재성상파악 (예비실험)	3층 목조교사의 화재대응책 (준비실험)	3층 목조교사의 화재대응책의 검증 (준비실험)
결과 개요	건축내연소방지의 확인, 목제개구부의 방화성능실증 등	개구부의 개폐에 따른 옥내연소현황의 확인과 중요성의 실증 등	건물내, 상층연소의 억제효과의 실증 등	실내방화, 개구부의 연소방지효과 실증 등	건물내 연소의 방화효과, 옆동건물로의 유소방지성능 실증	목질내장에 따른 화재확대현황의 확인, 방화벽의 성능파악	내장방화설계의 확인, 상층연소의 억제효과실증	내장방화설계의 확인, 상층연소의 억제효과실증
관련 성과	준방화지역에 건축하는 3층 연립주택에 관한 자료수집	준방화지역에 건축하는 3층 연립주택에 관한 자료수집	준방화지역에 건축하는 3층 단독주택의 고시공포	방화지역, 준방화지역이외에 건축 할 수 있는 목조3층 공동주택의 고시공포	준방화지역에 건축하는 목조3층 공동주택의 고시공포	건축기준법 제2조, 27조 개정에 따른 정령개정과 고시의 공포 ①목조3층 교사의 건축이 가능 ②3,000m^{2}을 넘는 목조건축물 등이 건축가능 ③목조로 1시간내화구조의 간이벽과 외벽시방의 고시공포		

1976년 프레임조 벽공법의 실대 화재실험은 약30년 만에 실시한 목조주택의 실대화재실험이며, 프레임조 벽공법 을 일본에 도입하는 계기가 되는 것으로, 공영주택형과 일반주택형이 실시되고[23), 이 결과는「불연구조」로서 자리매김되었다. 1978년에는 다락이용3층 연속주택(타운하우스)의 실대 화재실험이 실시되고, 그 결과로 주택금융공고(당시)의 「성령 간이내화구조」가 인정받게 되었다. 재래축조공법에서는 1979년 이후 1986년 까지 일반적인 시방의 건물, 방화개수시방이나 목제개구부를 설치한 시방 등의 방화성능을 확인하기 위해서 실대화재실험이 진행되었다. 목질계공업화 주택에 대해서는 1981년에 타운하우스 및 다락이용3층주택에 대한 실대화재실험이 실시되고, 각 실 방화를 위한 성능검증 등이 행해졌다[24)].

1987년에는 3층 연립주택형식의 실대화재실험이 재래축조공법(임야청 보조사업 「주택부재안전성능 향상 사업」) 및 프레임조 벽공법(건설성 종합기술개발 프로젝트「신목조건축기술의 개발」)로 행해졌고, 경계벽의 방화성, 내장마감의 종류와 방화성, 목제개구부재의 설치와 건물내 연소, 3층으로부터 피난에 관한 실험결과를 얻었다[25)]. 이런 개발결과에 따라 준방화지역에 목조3층 단독(연립을 포함) 주택을 건축할 수 있게 되었다. 또한, 동시에 대규모 목조건축물에 대해서 구조용집성재의 기둥 및 보를 노출하여 이용한 경우의 「연소대 설계」를 실시하면, 방화벽 설치 완화조치나 높이제한 완화조치가 가능한 건축기준법령의 개정과 건설성고시가 공포되었다(현재는 구조용단판적층재와 구조용 제재도 가능). 여기에 1990년 당시의 갑종방화문 및 을종방화문의 건설성고시가 개정되어 목제나 목질계의 문과 창문도 방화문으로로 인정하게 되었다.

1991년에는 3층 공동주택의 실대화재실험이 실시되었다[26)]. 실험건물은 프레임조 벽공법으로 실시되고, 지진 후의 화재에 대한 성능을 확인하기 위해서 변형을 준 구조실험 후에 실시되었다. 그 성과에 의해 「준내화구조」가 신설되어 방화지역, 준방화지역 이외의 지역에서 특수건축물로 이외의 지역에서 특수건축물인 목조3층 공동주택의 건물이 가능해졌다. 1995년에는 프레임조 벽공법을 이요하여 시가지에 목조3층 공동주택을 건축하는 것을 규정한 실대 화재실험이 행해졌다[27)]. 이 실험에서도 지진 후의 화재를 규정한 건물로 실험을 실시, 시가지에서도 유효한 것을 실증하고, 준방화지역에 목조 3층 공동주택이 건축할 수 있게 되었다. 2010년에 국토교통성으로 부터 목조3층 학교의 기준 검토방침이 표명됨으로서, 2011년도 부터 2013년도에 결쳐 목조3층 교사의 방화기준 작성에 관한 검토가 이루어졌다. 2012년에 목조3층 교사의 실대화재실험(예비실험)과 (준비실험)이 행해졌고, 2013년에(본 실험)[28-30)]이 이루어졌다. 1시간 준내화구조의 성능을 확보함과 동시에 내장방화설계의 효과, 연소방지, 방화벽이나 개구부 등의 방화성능이 확인되어, 그 결과는 2015년일본 건축기준법 시행령의 개정과 국토교통성고시의 공포에 반영되어 있다. 건축기준법 21조가 개정되어, 3,000m^{2}을 넘는 건축물을 건축할 수 있게 되었다. 여기에 건축기준법 27조의 개정에 의해 목조3층 교사의 건축이 가능해 졌으며, 또한, 상기의 공동연구의 일환으로서 목조내화구조의 검토가 행해져 2014년에는 칸막이벽과 외벽의 내화구조의 고시가 공포되었다.

인용·참고문헌

1) ツーバイフォー，社団法人ツーバイフォー協会，Vol.172，2008
2) 講習会修了者のための木造軸組工法による耐火建築物の設計・施工の手引き（平成 26 年改訂版），日本木造住宅産業協会，2014.3
3) 山田　誠：木質構造の防火，木を学ぶ会講習会テキスト，2003.10
4) 木造建築物等の技術基準・同解説，日本建築センター，1992
5) 準耐火建築物の防火設計指針，日本建築センター，1994
6) 3 階建て木造住宅の構造設計と防火設計の手引き，日本住宅・木材技術センター，1996
7) 長谷見雄二：木造 3 階建て学校防火基準検討事業の成果と今後の課題，日本火災学会誌，Vol.64，No.4，pp.10-15，2014.8
8) 安井昇，鍵屋浩司：木造 3 階建て学校実大火災実験の計画概要，日本火災学会誌，Vol.64，No.4，pp.16-21，2014.8
9) 鍵屋浩司，安井昇，成瀬友宏：木造 3 階建て学校実大火災実験結果の概要，日本火災学会誌，Vol.64，No.4，pp.22-27，2014.8
10) 原田寿郎：木質防耐火技術の研究動向，建材試験センター建材試験情報，Vol.51，pp.22-25，2015.1
11) 中野裕晶，鈴木淳一，水上点睛，成瀬友宏，安井昇，原崇之，河合誠，長谷見雄二，水上点睛，河合誠，塩崎征男，原田浩司：CLT パネルを用いた建築物の防耐火技術の開発(その 3～6)，日本建築学会大会学術講演梗概集（関東），pp.155-162，2015.9
12) 成瀬友宏：CLT による木造建築物の設計法の開発(その 3)　-防耐火性能の評価-，建築研究所講演会資料，2015.3
13) 白岩昌幸，川井孝明，遊佐秀逸，並木勝義，増田秀明，斉藤春重：木質系構造の耐火性能に関する研究（その 8 :燃え止まり柱部材の耐火性能），日本建築学会大会学術講演梗概集（北海道），pp.137-138，2004.8
14) 建築知識，pp.134-135，2007.7
15) 大橋宏和，堀長生，阿部裕，山口純一，岡日出夫，高橋晃一郎：燃え止まり性能を有する木質構造部材に関する研究（その 3　木製柱の載荷加熱実験），日本建築学会大会学術講演梗概集（関東），pp.89-90，2006.9
16) 長岡勉，大橋宏和，永盛洋樹：特集　大規模木造建築の開発　2　防耐火関連の技術開発，竹中技術研究報告，No.70，2014
17) 上川大輔，原田寿郎，宮林正幸，抱　憲誓，西村光太，宮本圭一，大内富夫，安藤恵介，服部順昭：難燃処理ラミナを用いた耐火集成材の開発 スギ集成材柱の 1 時間および 2 時間耐火性能，日本建築学会環境系論文集，75 (657), pp.929-935, 2010
18) 原田寿郎：スギ耐火集成材を使って都市に木造建築を，季刊森林総研，19，pp.14-15，2012
19) 安井昇，長谷見雄二：伝統的木造建築物の防耐火設計，建築技術，2005.7
20) 大断面木造建築物設計施工マニュアル　1988 年版，日本建築センター，1988
21) 日本火災学会編著，火災と建築，共立出版，2002
22) 山田誠：木造建築物の防火研究の経緯と防火法規の変遷，住宅と木材，　pp.18-29，2016.3
23) 有馬孝礼：我国の枠組壁工法に関する技術開発研究所研究の動き，建築研究資料，No.32，1981.2
24) 佐藤寛，岸谷 孝一，菅原 進一，斎藤 文春，上杉 三郎，野溝 久晃，吉田 正志，熊谷 敏男，小国 勝男，西脇 武，石川孝政，土田 恭義，遊佐 秀逸，尹 在煥：三階建工業化住宅（木質系）の火災実験（その 1-5），日本建築学会大会学術講演梗概集（東北），pp.2307-2316，1982.10
25) 鈴木弘昭，中村賢一，山名俊男，最上浤二，遊佐透逸，増田秀昭，松下敬幸，萩原一郎，長谷見雄二，山田誠，塚越功，増田秀昭：総 3 階建て 2×4 住宅実大家屋火災実験（その 1～5），日本建築学会大会学術講演梗概集Ａ（関東），pp.759-768，1988.10
26) 佐藤寛，岸谷孝一，菅原進一，三村由夫，鈴木弘昭，中村賢一，鈴木弘昭，吉田正良，鈴木孝明，関沢愛，高橋幸郎，佐藤寛，斎藤勇造，笹原邦夫，山田誠，山名俊男，柴澤徳朗，小國勝男，上杉三郎，須藤昌照，成瀬友宏，増田秀昭，棚池裕，仲谷一郎，田村政道，萩原一郎：木造三階建共同住宅の実大火災実験（その 1-11），日本建築学会大会学術講演梗概集Ａ（近畿），pp.1287-1308，1992.8
27) 長谷見雄二，三村由夫，中村賢一，林吉彦，阿部市郎，若松孝旺，泉潤一，福本雅嗣，斉藤一，北後明彦，萩原一郎，五頭辰紀，須川修身，赤羽根信行，茂木武，吉田正志，大宮喜文，山名俊男，木寺康，内山貴弘：市街地における木造 3 階建共同住宅の延焼防止に関する実大火災実験　（その 1-10），日本建築学会大会学術講演梗概集 A-2（近畿），pp.187-206，1996.9
28) 長谷見雄二，成瀬友宏，萩原一郎，安井昇，板垣直行，泉潤一，蛇石貴宏，加藤詞史，鈴木淳一，鍵屋浩司，仁井大策，林吉彦，山名俊男，五頭辰紀，岩見達也，吉岡英樹：木造 3 階建て学校の実大火災実験（予備実験）（その 1～14），日本建築学会大会学術講演梗概集（東海），pp.287-314，2012.9
29) 長谷見雄二，成瀬友宏，萩原一郎，安井昇，板垣直行，泉潤一，逢坂達男，加来照彦，鈴木淳一，鍵屋浩司，加藤詞史，樋口祥一，林吉彦，深井敦夫，堀英祐，増田秀昭，茂木武，田村隆雄，稲垣淳哉，岩見達也，山名俊男，五頭辰紀，仁井大策，蛇石貴宏，永井渉，関真理子，吉岡英樹，小松弘昭，土橋常登，石山智，加來千紘，赤根健司：木造 3 階建て学校の実大火災実験（準備実験）（その 1～23），日本建築学会大会学術講演梗概集（北海道），講演番号.3082-3104，2013.8
30) 長谷見雄二，成瀬友宏，萩原一郎，安井昇，板垣直行，泉潤一，逢坂達男，加来照彦，鈴木淳一，鍵屋浩司，加藤詞史，樋口祥一，稲垣淳哉，林吉彦，蛇石貴宏，堀英祐，田村隆雄，岩見達也，山名俊男，五頭辰紀，仁井大策，永井渉，関真理子，水上点睛，吉岡英樹，小松弘昭，橋本隆司，渥美良紀，石山智，加來千紘：木造 3 階建て学校の実大火災実験（本実験）（その 1-24），日本建築学会大会学術講演梗概集（近畿），講演番号 3127-3150，2014.9

4.3 목질내화구조의 현황과 문제점

4.3.1 시방규정(루트A)에 의한 내화설계

표4.3.1에 나타낸 것 중에 루트A의 설계루트이며, 장관이 인정한 「내화구조」부재를 이용하는 방법이다. 현재 표4.3.1의 3종류의 방법에 대해서 장관인정이 취득되어, 이미 3,500채를 넘는 건축실적이 있다. 이 3종류의 내화구조 방법 중에서도 방책1의 피복형이 더욱더 건축실적이 많고, 일본목조주택산업협회 (축조공법), 일본two-by-four건축협회 (프레임조 벽공법)들이 취득하고 있는 1시간 내화구조(지붕 · 계단은 30분)을 사용하여, 그림4.3.1과 같은 4층 건물 이하의 순목구조나, 하층계를 RC조 · 철골조 등의 2시간 내화구조로서 상층부 4층 이하를 목조로한 5~6층 건축물도 건설되었다. 또한, 최근 목조에 의한 2시간 내화구조의 장관인정이 취득되고 있으므로, 순목구조에 의한 5층 이상의 건축이 출현하기 시작할 것으로 예상된다.

표4.3.1 목조내화구조로 하는 방책의 일례

	방책1(피복형)	방책2(연소차단형)	방책3(철골내장형)
개요	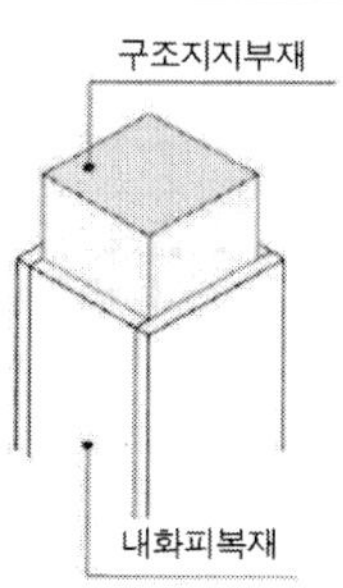	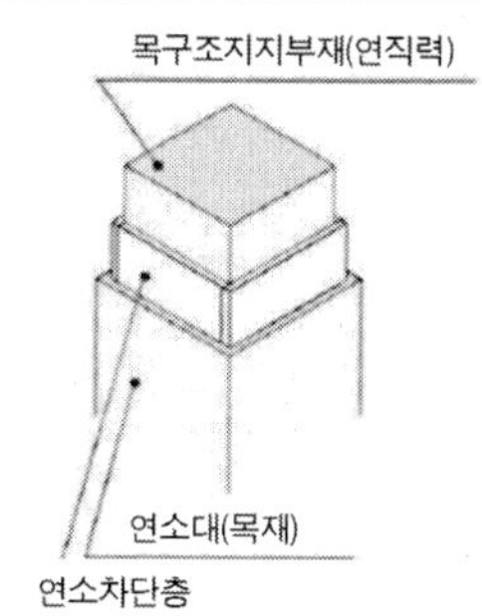	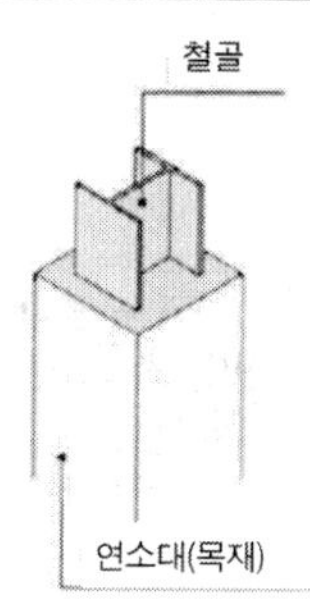
구조	목조	목조	철골조+목조
특징	목구조부를 내화피복하여 연소 · 탄화하지 않도록 한다	가열중은 연소대가 연소되고, 가열종료 후, 연소대차단층에서 연소가 중지된다	가열중은 연소대가 연소되고, 가열종료 후, 연소대 목재가 철골의 영향으로 연소정지하게 된다.
수종	제한없음	삼나무, 낙엽송 등	미국미송 · 낙엽송
부위	외벽 · 칸막이 벽 · 기둥 · 바닥 · 보 · 계단 · 지붕	기둥 · 보	기둥 · 보
실적	3,500동 이상	약8동	약6동

표4.3.2 주요구조부의 요구내화시간

<table>
<tr><th colspan="4" rowspan="2">부위</th><th rowspan="2">최상층에서 센 층수</th><th colspan="2">통상의 화재</th><th>실내측에서 화재</th></tr>
<tr><th>비손상성</th><th>차열성</th><th>차염성</th></tr>
<tr><td rowspan="9">벽</td><td rowspan="4">칸막이벽</td><td colspan="2" rowspan="3">내력벽</td><td>층수15이상 층</td><td rowspan="2">2시간</td><td rowspan="3">1시간</td><td rowspan="3">-</td></tr>
<tr><td>층수5~14층</td></tr>
<tr><td>최상층, 층수2~4층</td><td>1시간</td></tr>
<tr><td colspan="2">비내력벽</td><td>-</td><td>-</td><td>1시간</td><td>-</td></tr>
<tr><td rowspan="5">외벽</td><td colspan="2" rowspan="3">내력벽</td><td>층수15이상 층</td><td rowspan="2">2시간</td><td rowspan="3">1시간</td><td rowspan="3">1시간</td></tr>
<tr><td>층수5~14층</td></tr>
<tr><td>최상층, 층수2~4층</td><td>1시간</td></tr>
<tr><td rowspan="2">비내력벽</td><td>연소의 우려가 있는 부분</td><td>-</td><td>-</td><td>1시간</td><td>1시간</td></tr>
<tr><td>상기 이외</td><td>-</td><td>-</td><td>30분</td><td>30분</td></tr>
<tr><td colspan="4" rowspan="3">기둥</td><td>층수15이상 층</td><td>3시간</td><td rowspan="3">-</td><td rowspan="3">-</td></tr>
<tr><td>층수5~14층</td><td>2시간</td></tr>
<tr><td>최상층, 층수2~4층</td><td>1시간</td></tr>
<tr><td colspan="4" rowspan="3">바닥</td><td>층수15이상 층</td><td rowspan="2">2시간</td><td rowspan="3">1시간</td><td rowspan="3">-</td></tr>
<tr><td>층수5~14층</td></tr>
<tr><td>최상층, 층수2~4층</td><td>1시간</td></tr>
<tr><td colspan="4" rowspan="3">보</td><td>층수15이상 층</td><td>3시간</td><td rowspan="3">-</td><td rowspan="3">-</td></tr>
<tr><td>층수5~14층</td><td>2시간</td></tr>
<tr><td>최상층, 층수2~4층</td><td>1시간</td></tr>
<tr><td colspan="4">지붕</td><td>-</td><td>30분</td><td>-</td><td>30분</td></tr>
<tr><td colspan="4">계단</td><td>-</td><td>30분</td><td>-</td><td>-</td></tr>
</table>

피복형 이외에도 표4.3.1의 방책2의 개념을 이용한 집성재 기둥 · 보의 내화인정취득의 움직임도 활발하게 이루어져 연소차단층으로 봉상 모르타르를 사용한 집성재나 연소차단층에 난연약액을 주입한 집성재[1]를 이용한 기둥 · 보의 내화구조의 장관인정이 취득되고[2),3)] 있으며, 조금씩 동수를 늘리고 있다.

또한, 일본집성재공업협동조합에서는 방책3의 개념을 이용하며, 강재를 집성재로 싸서 안에 넣는 목재피복철골기둥 · 보의 내화인정(철골구조로 된다)을 취득하고 있으며, 적용실적도 있다[4)].

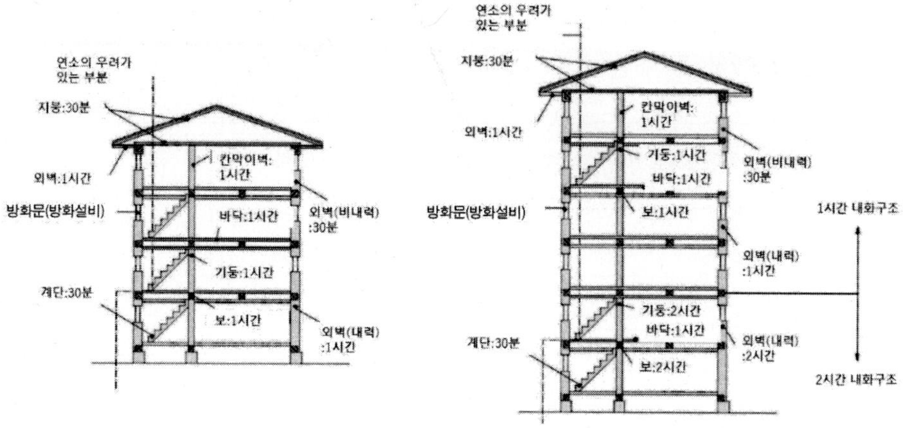

그림4.3.1 내화건축물(루트A)의 요구내화시간(왼쪽:4층건물의 경우, 오른쪽:6층건물의 경우)

4.3.2 성능규정(루트B, 루트C)에 의한 내화설계

표4.3.3 루트B에 의한 목조내화건축물 예

건물명칭	준공년	용도	소재지	구조방식
아케노베돔	2001	전천후형 체육관	효고현	지붕구조
선 돔 히나타		실내운동장	미야자키현	RC조+지붕목조
이치노헤정 커뮤니티 센터	2002	집회시설 등	이와테현	RC조+지붕목조
난꼬우쿠로이오		실내운동장	미야자키현	RC조+지붕목조
우드에너지 협동조합 집성재공장	2003	집성재공장	미야자키현	철골조+지붕목조
아야테루화돔	2004	실내스포츠연습장	미야자키현	목조일부RC조
텐루쿠구장 스탠드지지대	2005	관람석 지지대	미야자키현	RC조+지붕목조

표4.3.4 루트C에 의한 목조내화건축물 예

건물명칭	준공년	용도	소재지	구조방식
에히메현 무도관	2003	체육관	에히메현	RC조+지붕목조
아카타거점센터ALVE		집회실 · 호텔 등	아키타현	철골조 · RC조+지붕목조
아키타현립 종합 무도관	2004	체육관	아키타현	RC조+지붕목조
나무 꽃 돔		체육관	미야자키현	RC조+지붕목조
도코로자와시 체육관		체육관	사이타마현	RC조+지붕목조
아이라 종합운동공원 체육관		체육관	가고시마현	RC조+지붕목조
밀림공원 체육관	2005	체육관	아키타현	RC조+지붕목조
후타츠이마을 종합체육관		체육관	아키타현	RC조+지붕목조
코우치학예고등학교 창립50주년 기념 체육관	2007	체육관	고치현	지붕목조
일본방송협회 신아키타방송회관		방송국	아키타현	지붕목조
JR시코쿠고치역사	2008	역사	고치현	SRC조+지붕목조
노시로시립 후타츠이초등학교 체육관	2009	체육관	아키타현	RC조+지붕목조
목재회관		사무소	동경도	RC조+지붕목조
아키바산 공원현민 수영장	2013	수영장	와카야마현	RC조+지붕철골조 · 목조
이꽃 아레나	2015	체육관	시즈오카현	RC조+지붕철골조 · 목조
민나노모리 기후미디어코스모스		도서관 등	기후현	RC조 · 목조
(가명) 오조종합체육관	2016	체육관	나라현	철골조 · RC조+지붕목조

그림4.3.2 아케노베돔 [5)]

그림4.3.3 이치노헤 커뮤니티 센터 [6),7),8)]

그림4.3.4 JR 시코쿠 고치역사의 대형지붕구조 [9)]

지금까지 일본에서 루트B및 루트C를 선택한 성능설계에 의해 설계된 목조내화건축물 예를 표4.3.3과 표4.3.4에 나타낸다. 이들로부터 적용부위는 압도적으로 대공간의 지붕이 많은 것을 알 수 있다.

루트B의 내화성능검증을 이용하여 실현한 건축물 중 2개의 예를 그림4.3.2[5)]와 그림4.3.3[6),7),8)]에 나타낸다. 이들 두개의 건축물은 모두 하부구조를 목조 이외의 내화성능이 높은 것을 사용하여 실현하고 있다.

그림4.3.2에 나타낸 「아케노베돔」의 건축용도는 전천후형 운동장이며, 콘크리트골조의 위에 목조지붕을 가설한 구조로되어 있으며, 목조지붕은 바닥에서 5.7m떨어져 있다.

루트B에서는 아레나 같은 가연물밀도가 작은공간이 아니면 검증이 성립하지 않는 것으로 예상되고 있었지만, 그림4.3.3에 나타낸 이치노헤 커뮤니티 센터에서는 수납가연물 480MJ/m^2에서도 개구로서 대규모 채광창을 설치하는 등의 대책에 의해 실현하고 있다[6),7),8)]. 여기에 전시 갤러리 바닥면에서 목조부재까지의 거리가 가깝기 때문에 RC제 캣워크를 설치하는 등의 대책을 시행하고 있다.

다음 루트C에 의한 목조내화건축물의 예로서 JR 시코쿠 고치역사를 소개한다. 그림4.3.3의 홈

위에 큰지붕을 나타내지만, 이것은 도로상의 기단부 보다 지상 약5m까지 RC기둥을 세우고, 거기에서 대단면 삼나무 집성재 보를 아치형으로 놓은 구조형식의 가구이며, 높은 휨응력이 걸리는 부분은 H형강재를 사용하고 있다. 4.5m스팬 보는 연결보와 강관트러스로 연결되고, 홈 상의 지붕널에도 삼나무 집성재가 사용되고 있다. 본 건축물에서는 삼나무집성재가 「부분적으로 착화하지만 연소가 저지된다는」 것을 실험에 의해 실증하여 내화 건축물을 실현하고 있다[9)].

4.3.3 내화설계의 문제점

우선, 루트A에 의한 내화설계를 실시하는 경우 내화인정을 취득한 공법을 사용할 필요가 있다. 인정취득을 위한 시험에 있어서 목재가 외부에 노출하고 있는 부재의 경우 연소가 저지되지 않으면 안되는 성능이 요구된다. 이것을 실현하기 위해 기술적 어려움은 물론이거니와 검증하기 위한 시험방법의 명확화(예를들어 연소저지성능의 판정방법, 냉각과정을 어떻게 통일할 것인가)나 가열로의 차이를 어떻게 고려할까 등, 평가를 위하여 해결할 과제도 아직 많이 남아있다.

다음 루트B에 의한 목질구조의 내화성능검증에 관해서는 목재의 착화온도를 일률적으로 260℃로 설정되어 있고, 실 전체나 부재근처의 화재온도상승량이 260℃ 이하가 아니면 성립하지 않는다. 이와 같이 착화온도를 일률적으로 설정하고 있기 때문에 사용할 수 있는 용도나 부재가 한정된다.

- 외부에 개구부가 크고, 가연물밀도가 작은 아레나와 같은 공간이 아니면 적용이 곤란하다.
- 하부구조는 RC구조 등의 내화성의 높은구조로 할 필요가 있다(화재계속시간을 20분으로 억제하고, 부재근방화재온도로 결정되도록 해도 바닥면에서 5.55mm이상 떨어지지 않으면 NG 처리된다).
- 바닥면에 대해서는 내장제한이 없기 때문에 통상의 설계시방에서는 바닥면의 고정가연물량이 크게된다.

이 처럼 루트B에서는 바닥면으로부터 부재높이나 외벽의 개구면적을 크게 하거나 실용도로부터 결정되는 적재가연물량이나 내장재료로부터 결정되는 고정가연물량을 작게하는 등으로 할 필요가 있다(화재계속시간을 작게하기 위해). 따라서, 체육관의 보만을 목질화하는 등의 한정된 이용형태일 수 밖에 없다. 루트C에 의한 설계에서도 같은 상황에서 설계되는 경우가 많다.

향후, 목질내화구조의 내화설계의 합리화・고정밀화를 도모하기 위해서 부재공법의 내화성능 향상이 물론 필요하지만, 이하와 같은 방책에 대해서도 검토가 요망된다.

- 실태에 맞는 가열조건에 의한 착화온도 데이터를 정비하고 착화온도를 재검토한다.
- 화재시에 대한 부재표면온도의 정밀한 산정방법을 정비한다.
- 구조재용 살수설비 등의 설비적 대책을 고려한다.

4.3.4 목질재료 고유의 과제

(1) 목재의 균열과 내화성

함수율 변화에 따른 수축 등에 의해 목재에 균열이 생길수 있다. 집성재나 단판 적층재에서는 집성재라미나나 단판적층재의 단판은 미리 건조하여 함수율 15%이하로 된 것을 접착하기 때문에 주위의 습도변화에 대해서 표면의 균열은 생겨도 부재전체에 균열이 발생하는 것은 적다. 제재에서는 표면의 함수율과 목재내부의 함수율에 차가 발생하며, 균열이 발생할 수 있다. 일반적인 제재의 기둥에서는 큰 균열을 방지하기 위해 단면의 일부에 균열부를 넣지만, 균열부분이 직접가열되면 그림4.3.5 및 그림4.3.6에 나타낸 바와 같이 균열부부분의 연소는 일반부위 보다 커지게 된다[10]. 또한, 균열부의 폭과 깊이와 방내화성능과의 관계에 대해서는 낙엽송기둥재를 이용한 실험에서는[11] 홈깊이가 10mm에서는 홈폭의 영향은 거의 볼수 없고, 홈깊이가 30mm경우의 홈폭 3mm에서는 거의 영향이 없지만, 6mm를 넘으면 연소확대가 커지는 것이 인정되었다. 한편, 활엽수(느티나무)를 이용한 실험에서는 균열의 폭이 4mm이상의 경우에는 균열주변의 탄화속도는 최대 1.0mm/분 으로 다른부분 보다 빨라졌지만, 깊이방향으로 영향은 거의 보이지 않고, 대단면 부재에서는 균열이 전체의 탄화성상에 미치는 영향은 적다는 결과를 얻을 수 있다[12]. 이런한 결과로부터 그림4.3.6에 나타낸 중단면(30cm각)이하의 제재에서는 연소대 설계가 필요한 제재의 기둥은 균열부부분이 노출되지 않도록 벽내부에 정리되는 공법도, 독립기둥으로 노출하여 이용하는 경우는 균열부부분에 메움용목재를 실시하여 연소가 빨리 진행되지 않도록 조치를 하는 것이 필요하다. 또한, 접합부분의 경우 제재의 함수율이 높은 경우는 목재상부면으로 부터 균열이 발생할 우려가 있으며, 드리프트핀이나 볼트구멍까지 균열이 퍼지면 접합부분의 내력을 저하시킬 우려가 있다. 이와 같은 이유로 제재의 연소대 설계에서는 구조용 제재의 함수율을 15%이하로 하는 것이 정해져 있다. 다만, 균열 등이 발생하여도 접합부분의 내력을 저하시키지 않는 것이 확인되면, 함수율은 20%까지 허용된다(2004년 일본국토교통성고시 제331호).

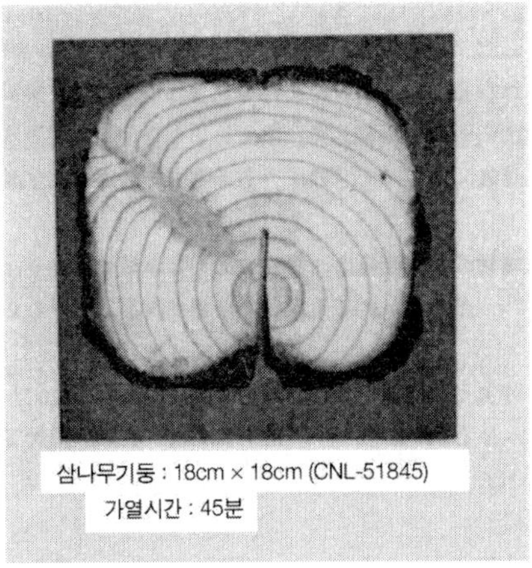

그림4.3.5 삼나무18×18cm, 45분 가열 후

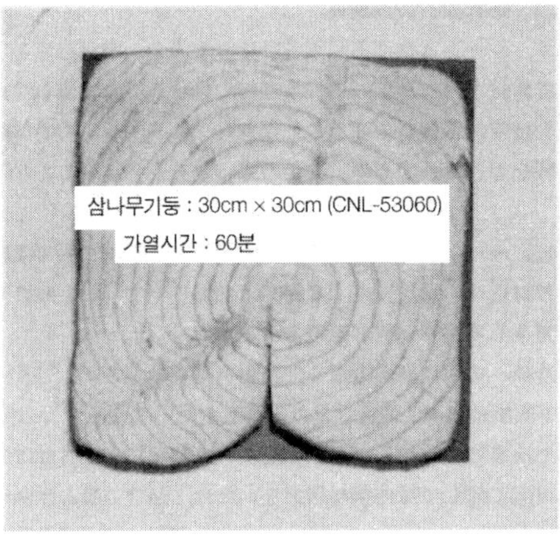

그림4.3.6 삼나무기둥 30×30cm, 60분 가열 후

(2) 접착제와 내화성

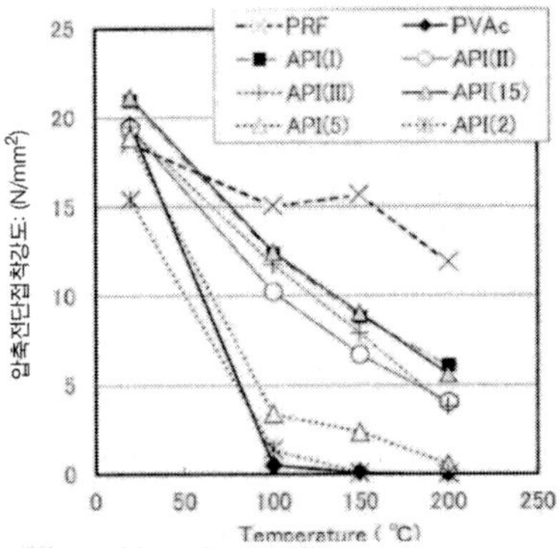

PRF : 레졸시놀 · 페놀수지접착제
API : 수성고분자 이소시아네이트수지접착제
(15)는 경화제 15부(통상), (5)5부, (2)2부사용
PVAc : 초산비닐수지접착제

그림4.3.7 접착제의 온도와 접착력 [13)]

구조용집성재나 구조용 단판적층재는 접착제에 의해 집성재 라미나나 단판을 적층접합하고 있지만, 이들에 사용되고 있는 접착제는 주로 레졸시놀수지나 페놀수지접착제가 사용되고 있다. 2007년에 집성재의 일본농림규격(JAS)이 개정되어 실외사용으로 내화성을 필요로 하도록 사용환경 A와 실내사용으로 내화성을 필요로 하는 사용환경 B가 설정됨과 동시에 레졸시놀수지접착제(RF) 및 레졸시놀 · 페놀수지접착제(PRF)이외에서도 내화성이 인정된 접착제의 사용이 가능해졌다. 따라서 종래 연소대 설계에 이용하는 것이 가능한 접착제는 레졸시놀수지접착제(RF) 및 레졸시놀 · 페놀수지접착제 (PRF)에 한정되고 있지만, 그 외의 접착제에서도 JAS에 있어서 동등성이

명확히되면 연소대 설계를 이용할 수 있다.

레졸시놀 · 페놀수지접착제(PRF), 수성고분자 이소시아네이트수지 접착제(API)와 초산비닐수지접착제 (PVAc)의 온도와 압축전단강도의 관계를 그림4.3.7[13]에 나타낸다. API의 첨자는 접착제의 종류를 표시하며, (15)은 (I)(II)(Ⅲ)와는 다른 종류로 경화제를 메이커지정의 15부 사용한 것, (5),(2)는 접착력이 저하된 시험체를 만들기 위해서 경화제를 각각 5부, 2부 밖에 사용하지 않았다. 각 접착제를 이용하여 라미나를 적층한 전나무집성재의 재하가열시험(45분)한 결과를 표4.3.5[13]에 나타낸다.

수성고분자 이소시아네이트 수지접착제의 내열성은 레졸시놀 · 페놀수지접착제보다도 낮지만 (I)(II)(Ⅲ)(15)에 대해서는 재하가열시험을 진행한 결과 연소대 설계를 실시하기 위해서는 충분한 접착성능을 갖고 있다. 그림4.3.8[13]은 상기 재하가열시험 시의 밑면으로부터 1층과 2층의 라미나의 사이의 온도의 추이를 나타내었고 집성재의 내화성능은 최외층 라미나의 탈락과 관계가 있는 것으로 평가된다.

표4.3.5 각종접착제를 이용하여 적층한 전나무 집성재의 재하가열시험결과 [13]

시험체	PRF-a	PVAc-a	API(I)-a	API(II)-a	API(III)-a	API(15)-a	API(5)-a	API(2)-a	PRF-b	PVAc-b
접착제	PRF	PVAc	API(I)	API(II)	API(III)	API(15)	API(5)	API(2)	PRF	PVAc
라미나 두께(mm)	22	22	22	22	22	22	22	22	13.4	13.4
적층수	14	14	14	14	14	14	14	14	23	23
시험체폭(mm)	150	150	150	150	150	150	150	150	150	150
보높이t(mm)	300	300	300	300	300	300	300	300	305	305
시험체 길이(mm)	5500	5500	5500	5500	5500	5500	5500	5500	5500	5500
하중(kN)	22.03	22.03	22.03	22.03	22.03	20.03	22.03	22.03	22.87	22.87
지점간거리(mm)	5100	5100	5100	5100	5100	5100	5100	5100	5100	5100
가열시간(min)	45	41	45	45	45	45	45	45	45	45
최대 처짐(mm)	33.3	76.2	43.2	39.2	43.7	54.0	43.2	49.2	47.2	74.6
탄화깊이 폭방향(mm)	27.8	28.7	30.6	30.0	28.6	30.6	30.6	33.0	31.6	32.4
보높이방향(mm)	30.0	54.7	32.0	30.7	33.7	32.0	32.7	37.3	32.7	61.7

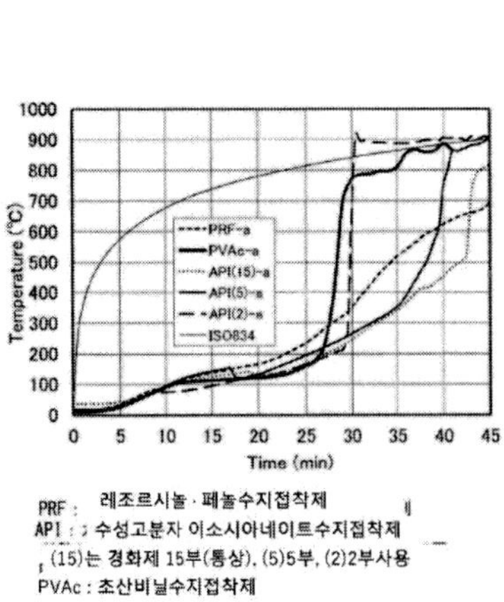

그림4.3.8 집성재 내부의 온도변화
(저면에서 1층과 1층의 라미나간)[13)]

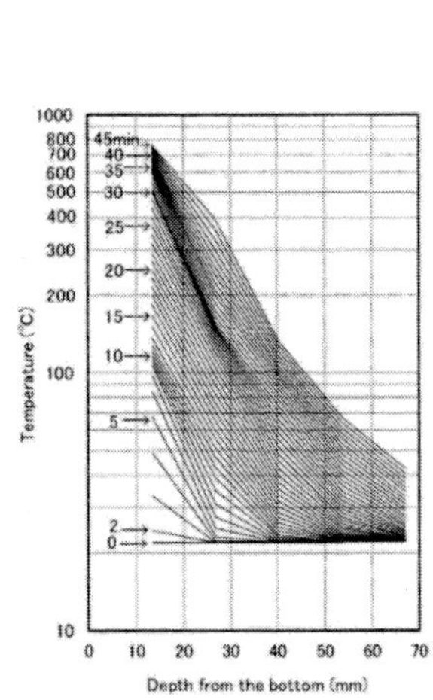

그림4.3.9 집성재의 저면에서 깊이방향의
온도분포 그림[13)]

시험체PRF-b의 밑면으로 부터의 깊이방향의 온도분포 그림은 그림4.3.9[13)]와 같다. 이 그림으로부터 예를들면 최외층 라미나의 두께가25mm의 경우 1층과 2층의 사이의 온도가 150℃에 도달하는 것은 25분, 200℃에 도달하는 것은 33분, 250℃에 도달하는 것은 38분, 300℃에 도달하는 것은 40분으로 추정할수 있기 때문에 라미나의 두께와 탈락하는 온도가 정해지면 최외층의 라미나가 탈락하는 시간을 예측할 수 있게 된다.

(3) 연소차단의 메커니즘 및 열전도해석

근래 산림자원이나 임업의 건전화 및 저탄소화에 의한 환경배려 등의 관점에서 내화구조의 요건을 충족하는 목질구조부재(이하, 내화목질구조부재)의 개발이 진행되어 대규모 목조내화건축물이 증가하고 있다[14)]. 목질구조에 있어서는 불연재료에 의한 구조와는 달리 최성기화재 후의 화재감쇠기(건물내부에 있는 가연물의 연소 후)에 있어서도 부재의 자기연소가 계속하여 내화성능이 떨어질 우려가 있다. 따라서, 목질구조부재의 내화성능평가시험에서는 소정의 가열시간까지의 성능뿐만 아니라 화재가열종료 후의 연소차단성능에 대해서도 요구되고 있다. 이것보다 내화목질구조부재에 관한 일본의 연구개발에서는 목질재료를 난연화 한 공법, 목질구조부재의 내부에 불연재료를 삽입한 공법 등, 화재가열종료 후 연소차단성능에 착안한 것이 많다[15),16)]. 이 연소차단에 대해서는 목재자신의 재료특성 및 내화시험에 있어서 제조건의 차이가 영향인자로 되기 때문에 가열종료 후의 방냉과정에서 연소차단성상을 파악하기 위해서는 그 메커니즘을 모델화하고, 영향인자를 고려한 열전도해석에 의해 검증이 중요하다. 하라다(原田)들은[17)] 지금까지 목질구조부재의 연소차단성상에 대해서 열전도방정식에 의한 온도예측에 연소반응을 넣어 예측하는 열전도해석 방법에 대해서 보고하고 있다. 그 보고에 의하면 부재단면의 온도분포는 (4.3.1)식에 나타낸 2차원 비정상의 열전도방정식으로 나타낼 수 있다고 보고하고 있다.

$$\rho c\frac{\partial T}{\partial t}=\frac{\partial}{\partial x}\left(\lambda_x\frac{\partial T}{\partial x}\right)+\frac{\partial}{\partial y}\left(\lambda_y\frac{\partial T}{\partial y}\right)-Q_{evap}-Q_{decomp}+Q_{glow} \quad (4.3.1)식$$

T :온도[K]

ρ :재료의 밀도[kg/m^3]

c :재료의 비열[J/(kg. K)]

λ_x :재료의 열전도율(x축방향)

λ_y :재료의 열전도율(y축방향)

Q_{evap} :함수의 증발에 의한 열흡수속도[W/m^3]

Q_{decomp} :휘발성 성분의 열분해에 의한 열흡수속도[W/m^3]

Q_{glow} :적열(숯의 산화)에 의한 열흡수속도[W/m^3]

(4.3.1)식에 대해서는 휘발성성분의 열분해 및 적열(탄의 산화)은 온도 및 잔량비에 따라 주어지고, 함수의 증발은 잠열흡수로 고려되고 있다. 하라다(原田)들의 열전도해석방법에 있어서는 가열종료 후 균열에 따른 수축이나 그 균열에 따른 열전달의 변화에 대해서도 고려되고 있으며, 목재의 가열종료 후 방냉과정에서 연소차단성상에 대해서 단지 물성치의 변화를 입력하는 것뿐만 아니라 수많은 실험데이터를 보다 상세하게 검토하면서, 목재의 연소차단성상을 해석에 피드팩하여 계산을 실시하는 것으로 구성되어 있다. 본 해석방법에 대한 자세한 내용은 문헌17),18) 등에 나타내고 있으므로 그것을 참조하기 바란다. 또한, 본 해석방법을 이용한 해석결과와 실험결과의 비교검토도 문헌17)에 보고되고 있다.

인용 · 참고문헌

1) 原田寿郎, 安藤恵介, 宮林正幸, 大内富夫, 上川大輔, 服部順昭：難燃処理層のシェル型配置によるカラマツ集成材柱の燃え止まり技術の開発, 木材学会誌, 54(3), pp. 139-146, 2008
2) 山口純一, 堀長生, 高橋晃一郎, 丹羽博則：耐火集成材（シグマウッド™）の開発, 大林組技術研究所報, No. 70, pp. 1-8, 2006
3) 岡日出男, 大橋宏和, 山口純一, 堀長生：モルタルを内蔵したスギ集成材の燃え止まりに関する研究, 日本火災学会論文集, 58(1), pp. 13-20, 2008
4) 耐火集成材[木質ハイブリッド集成材], 日本集成材工業協同組合
5) 日経アーキテクチュア, 2001. 7
6) Structure, 日本建築構造技術者協会, 2002. 1
7) 日経アーキテクチュア, 2003. 9
8) 耐火設計シンポジウム「実務者による耐火設計」 ～耐火設計のポイントと耐火部材の最新動向, 日本建築構造技術者協会 2002. 10
9) 土屋伸一：最新の木造耐火建築物の事例 JR 四国高知駅舎, 建築技術, 2005. 7
10) 製材耐火性能開発事業報告書, 日本住宅･木材技術センター, 2003. 7
11) 上杉三郎：溝加工したカラマツ柱材への「燃え込み」と耐火性能, 木材学会誌, 33 巻, 3 号 pp. 338-344, 1993
12) 保川みずほほか:大断面広葉樹(ケヤキ)製材による軸組柱の防耐火性能予測に関する研究, 日本建築学会構造系論文集, No. 685, pp. 633-638, 2013
13) 原田寿郎, 宮武敦, 上川大輔, 平松靖, 新藤健太, 井上明生, 宮本康太, 塔村真一郎, 秦野恭典, 宮林正幸：木材の接着強さの温度依存性と構造用集成材はりの耐火性能, 木材学会誌, 59(4), pp. 219-226, 2013
14) 原田寿郎, 日本建築学会・木質材料耐火性ワーキンググループ：木質材料の耐火性, 日本建築学会・防火委員会・構造材料耐火性小委員会・構造材料耐火性シンポジウム資料, pp. 35-50, 2013. 3
15) 宮本圭一, 抱憲誓, 西村光太, 服部順昭, 安藤恵介, 石垣弘之, 原田寿郎, 上川大輔, 宮林正幸, 大内富夫：耐火集成材の開発 その 7, ラミナの部分的薬剤処理により作製したスギ耐火集成材梁の載荷加熱実験, 日本建築学会大会学術講演梗概集, A-2, pp. 323-324, 2009. 8
16) 日本集成材工業協同組合 編著：集成材建築物設計の手引, p. 170, 大成出版社, 2012
17) 齋藤悠輔, 原田和典, 山口純一：火災時の加熱性状を考慮した木質部材の燃え止まり予測 燃え止まり発生機構の解明, 日本建築学会大会学術講演梗概集（中国）, pp. 293-294, 2008. 9
18) 茶谷友希子, 原田和典：カラマツ集成材の燃え止まり予測における赤熱反応速度と赤熱反応層の厚さの検討, 日本建築学会大会学術講演梗概集（九州）, pp. 1-2, 2016. 8

4.4 해외의 목조골조(기둥 · 보)의 내화설계법

4.4.1 개요

해외의 목질구조에 관한 내화설계법은 미국목재협의회(AWC)의 「화재에 의해 가열을 받은 목질부재의 내화성의 설계법」(TECHNICAL REPORT10)과 유럽표준화위원회(CEN)의「유로코드5 목질구조의 설계 파트1.2 내화설계」가 대표적이다. 이들의 초역에 대해서는 부록에 나타냈다.

미국목재협의회(AWC)의 「화재에 의해 가열을 받은 목질부재의 내화성의 계산법」은 화재에 의해 가열을 받은 목질구조재의 잔존단면을 구하고, 부재가 부담하는 하중(고정하중+적재하중)으로부터 화재시의 구조안전성을 평가하는 규정이다. 유럽표준화위원회(CEN)의「유로코드5 목질구조의 설계 파트1.2내화설계」에서는 화재 후 잔존단면으로부터 내화성을 평가하는 잔존단면법과 잔존단면의 강도와 강성의 저하를 고려하고, 구조안전을 평가하는 잔존성능법이 규정되고 있다. 이들은 모두 일본의 준내화구조로 규정되고 있는 기둥 · 보의 연소대 설계와 같은 개념이다.

적용할수 있는 목질구조재는 미국의 규격으로는 구조재의 종류나 수종에 의한 차이는 아니고, 탄화속도도 동일한 값이 사용되는 것에 대해서 유로코드에서는 구조용 제재나 구조용집성재가 비중이나 부재치수별로 탄화깊이를 요구하는 산정식이 규정되고 있다. 일본의 연소대 설계에 사용된 내화시간별 탄화깊이와 해외의 탄화속도의 규정에 따른 탄화깊이와를 비교하여 표4.4.1에 나타낸다.

표4.4.1 미국, 유럽 및 일본의 내화시간별 탄화 깊이 비교

	재료명	내화시간(min)	탄화깊이(mm)	비고
미국	구조용집성재	45	36.2	AWC Technical Report No.10(2003)
		60	45.7	
유럽	구조용집성재	45	38.5	Eurocode5 Part1.2(2000) 비중0.29이상
		60	49.0	
	제재	45	43.0	
		60	55.0	
일본	구조용집성재 구조용LVL	45	35.0	2000년 건고 제1358호 2000년 건고 제1380호
		60	45.0	
	제재	45	45.0	
		60	60.	

4.4.2 미국의 설계 예

미국목재협의회(AWC)의「화재에 의해 가열을 받은 목질부재의 내화성의 계산법」으로 부터 보와 기둥의 계산예를 소개한다.

(1) 보의 계산예

설계조건

스팬18피트, 부담폭6피트의 미송구조용 집성재, 설계하중은 고정하중 25psf, 적재하중 100psf. 횡좌굴을 방지하기 위해서 목제데크재가 보의 압축측에 못으로 고정되어 있다. 내화1시간에 요구되는 단면치수를 계산한다.

구조체크

① 보의 구조설계를 위한 최대 휨모멘트를 계산한다.

* 보의 하중을 산정

전하중 (25+100) × 6 = 750plf

* 최대휨모멘트의 산정

$M_{max} = (750 \times 18^2)/8 = 30,375$ ft-lbs

② 부재의 조건

* 휨응력도(F_b)가 2,400psi의 24F 육안등급 미송구조용 집성재, 단면수치는 $6\frac{3}{4}$ 인치 × $13\frac{1}{2}$ 인치를 선정.

* 단면계수의 산정

$S_s = b \cdot d^2/6 = (6.75)(13.5)^2/6 = 205.0\ \mathrm{in}^3$

③ 조정계수를 곱한 허용 휨응력도 산정

각 계수는 다음의 값으로 가정

하중계속계수 $C_D = 1.0$

고함수율하의 습윤계수 $C_M = 1.0$

온도계수 $C_t = 1.0$

보의 안정도계수 $C_L = 1.0$

구조용 집성재에 대한 형상계수 $C_V = 0.98$

$F_b' = F_b \cdot (C_D) \cdot (C_M) \cdot (C_t) \cdot$ (C_L과C_V의 낮은 쪽의 값) = 2,400×(1.0)×(1.0)×(1.0)×(0.98) = 2,343 psi (NDS* 5.3.1참조)[1)]

④ 허용 휨모멘트의 산정

$M' = F_b' \cdot S_s = (2{,}343) \times (205.0)/12 = 40{,}032\text{ft-lbs}$

⑤ 구조체크

$M' \geq M_{max}$ $40{,}032\text{ft-lbs} \geq 30{,}375\text{ft-lbs}$

내화성 체크

목제 보의 내화설계에서는 하중조건은 변하지 않는다. 따라서, 발생하는 최대휨모멘트도 변화없다. 내화성은 다음에 의해 산정한다.

① 3방향 가열을 받은 보의 단면계수의 산정

$S_f = (b-2a)(d-a)^2/6 = (6.75-3.6)(13.5-1.8)^2/6 = 71.9\ in^3$

② 조정계수를 곱한 허용응력도 산정

각 계수는 다음의 값으로 가정

하중계속계수 C_D = 적용없음

고함수율하의 습윤계수 C_M = 적용없음

온도계수 C_t = 적용없음

보 안정도계수 $C_L = 1.0$

구조용 집성재에 대한 형상계수 $C_V = 0.98$

$F_b' = F_b \cdot$ (C_L과 C_v의 낮은 쪽의 값) = 2,400 × (0.98) = 2,343psi (NDS* 5.3.1 참조)[1)]

③ 잔존단면의 허용 휨모멘트 산정

$M' = (2.85)\ F_b' \cdot S_f = (2.85)\times(2{,}343)\times(71.9)/12 = 40{,}010\text{ ft-lbs}$ (NDS* 16.2.2 참조)[1)]

④ 내화성 체크

$M' \geq M_{max}$ $40{,}010\text{ ft-lbs} \geq 30{,}375\text{ ft-lbs}$

간이적인 설계법 (부록표)

① 구조설계비율의 산정

구조설계비율 $r_s = M_{max}/M' = 30{,}375/40{,}032 = 0.76$

② 부록표 1B으로 부터 최대하중계수의 한계치를 선정하거나 다음의 식으로부터 산정한다.

$$R_s = \frac{2.85 \cdot S_f}{S_s \cdot D_D \cdot C_M \cdot C_i} = \frac{(2.85)(71.9)}{(205)(1.0)(1.0)(1.0)} = 1.0$$

③ 내화성의 체크

$R_s \geq r_s \quad 1.00 \geq 0.76$

(2) 기둥의 계산 예

설계조건

유효좌굴 길이 l_e가 168인치의 남부 소나무구조용 집성재의 기둥, 설계하중은 고정하중 P_{dead}가 6,000lbs., 적설하중P_{snow}가 16,000lbs., 내화1시간에 요구되는 단면수치를 산정한다.

구조체크

목제기둥재의 구조설계를 위한 최대 압축응력도 f_c를 계산한다.

① 기둥에 걸리는 축력의 산정

$P_{total} = P_{dead} + P_{snow} = 6{,}000+16{,}000 = 22{,}000$lbs

② 부재의 조건

* 섬유방향의 압축응력도 F_{ct}가 2,200psi, 영률이 1,700,000psi의 라미나조합#48의 서던파인 구조용 집성재로 단면치수가 8½" × 9 ⅝"를 선정

* 단면적 · 단면 2차 모멘트의 산정

$$A_s = b \cdot d = (9.625) \times (8.5) = 81.81 \text{ in}^2$$

$$I_s = b\, d^3/12 = (9.625) \times (8.5)^3/12 = 492.6 \text{ in}^4$$

③ 조정계수를 곱한 허용압축응력도의 산정

각 계수는 다음의 값으로 가정

하중계속계수 $C_D = 1.15$

고함수률하의 습윤계수 $C_M = 1.0$

온도계수 $C_t = 1.0$

$$E' = E \cdot (CM) \cdot (Ct) = 1{,}700{,}000 \times (1.0) \times (1.0) = 1{,}700{,}000 \text{ psi}$$

(NDS[1] 5.3.1참조)

$$F_{cE} = 0.148 \cdot E'/(l_e/d)^2 = 0.418 \times (1{,}700{,}000)/(168/8.5)^2 = 1{,}819 \text{ psi}$$

(NDS[1] 5.7.1.5참조)

$F^*_c = F_c \cdot (CD) \cdot (CM) \cdot (Ct) = 2{,}200 \times (1.15) \times (1.0) \times (1.0) = 2{,}530\ \text{psi}$

(NDS[1)]5.7.1.5참조)

구조용 집성재의 경우 c=0.9 (NDS[1)] 3.7.1.5참조)

$\alpha_c + F_{cE} / F^*_c = 1{,}819/2{,}530 = 0.7190$

$$C_P = \frac{1+\alpha_c}{2c} - \sqrt{\left(\frac{1+\alpha_c}{2c}\right)^2 - \frac{\alpha_c}{c}} = \frac{1+0.7190}{2\cdot(0.9)} - \sqrt{\left(\frac{1+0.7190}{2\cdot(0.9)}\right)^2 - \frac{0.7190}{0.9}}$$

$= 0.6186$ (NDS[1)]5.7.1.5참조)

$F_c' = F^*_c \cdot (C_p) = (2{,}530) \times (0.6186) = 1{,}565\ \text{psi}$ (NDS[1)]5.3.1참조)

④ 허용압축내력의 산정

$P' = F' \cdot A_s = (1{,}565) \times (81.81) = 128{,}043\ \text{lbs}$

⑤ 구조체크

$P' \geq P_{\text{load}}$ $\quad 128{,}043\ \text{lbs} \geq 22{,}000\ \text{lbs}$

내화성체크

목제기둥의 내화설계에서는 하중조건은 변화지 않는다. 따라서 생기는 최대압축력도 변화없다. 내화성은 다음에 따라 계산한다.

① 4방향가열을 받은 기둥재의 단면적A_f, 단면2차 모멘트I_f를 산정한다.

$A_f = (b-2a) \times (d-2a) = (9.625-3.6) \times (8.5-3.6) = 29.52\ \text{in}^2$

$I_f = (b-2a) \times (d-2a)^3/12 = (9.625-3.6) \times (8.5-3.6)^3/12 = 59.07\ \text{in}^4$

② 조정계수를 곱한 허용압축응력도의 산정

각 계수는 다음의 값으로 가정

하중계속계수 C_D = 적용없음

고함수률하의 습윤계수 C_M = 적용없음

온도계수 C_t = 적용없음

$F_{cE} = (2.03) \cdot 0.148 \cdot E'/(l_e/d)^2 = (2.030) \times 0.418 \times (1{,}700{,}000)/(168/8.5-3.6)^2$

$= 1{,}227\ \text{psi ft-lbs}$ (NDS[1)]16.2.2참조)

$F^*_c = (2.58) \cdot F_c = (2.58) \times (2,200) = 5.676 \text{ psi ft} - 1\text{bs}$

$\alpha_c = F_{cE} / F^*_c = 1,227/5,676 = 0.2162$ (NDS[1]16.2.2참조)

$$C_P = \frac{1+\alpha_c}{2c} - \sqrt{\left(\frac{1+\alpha_c}{2c}\right)^2 - \frac{\alpha_c}{c}} = \frac{1+0.2162}{2\cdot(0.9)} - \sqrt{\left(\frac{1+0.2162}{2\cdot(0.9)}\right)^2 - \frac{0.2106}{0.9}}$$

$= 0.2106$

$F_c{}' = 5,676 \times (0.2106) = 1,195 \text{ psi}$ (NDS[1]3.7.1.5참조)

③ **허용압축내력의 산정**

$P' = F_c{}' \cdot A_f = (1,195) \times (29.52) = 35,280 \text{ lbs}$

④ **내화성 체크**

$P' \geq P_{\text{load}}$ $35,280 \text{ lbs} \geq 22,000 \text{ lbs}$

간이적인 설계법(부록표)

① 구조설계비율의 산정

구조설계비율 $r_s = M_{\max}/M' = 22,000/128,043 = 0.17$

② 부표5A로부터 좌굴에 관한 최대하중계수의 한계치를 선정하거나, 다음의 식으로 부터 산정한다.

$$R_s = \frac{20.3 \cdot l_f}{l_s \cdot C_M \cdot C_t} = \frac{(2.03)(59.07)}{(492.6)(1.0)(1.0)} = 0.24$$

③ 내화성 체크

$R_s \geq r_s$ $0.24 \geq 0.17$

4.4.3 미국의 목조내화기준과 스프링클러장치에 의한 완화

(1) 구조형식에 의한 구분

미국의 건축코드인 IBC(2012년 판)에서는 6장에서 내화구조를 구성하는 재료나 부위별 내화성능에 따른 타입 I (A와B), 타입 II (A와B), 타입III(A와B), 타입IV 및 타입 V(A와B)의 5종류로 구분하고 있다. 타입 I 과 타입 II는 불연재료로 구성된 내화구조이며, 따라서, 목조에 대응하는 내화구조는 타입III(A와B), 타입IV 및 타입 V(A와B)의 3구분으로 분류되고 있다.

표4.4.2에 목조의 구분에 요구되는 부위별의 내화성을 나타낸다. 타입IV의 HT는 헤비팀버구조(중목구조)이다. 또한, 프레임조벽공법에 의한 대규모 다층 건축물은 타입 V(A)의 구조구분으로 분류된다.

표4.4.2 목조의 구조구분에 대한 부위별 요구내화성능
(IBC Chapter6 Table601 발췌)

(단위:시간)

건축부위(부재)	TYPE III		TYPE IV	TYPE V	
	A	B	HT	A	B
구조프레임	1	0	HT	1	0
내력벽					
외벽	2	2	2	1	0
칸막이벽	1	0	1/HT	1	0
비내력벽(외벽)	별표(TABLE602)에 따름				
비내력벽(칸막이벽)	0	0	602.4.6항	0	0
바닥(2차부재포함)	1	0	HT	1	0
지붕(2차부재포함)	1	0	HT	1	0

주) HT는 헤비팀버시방

(2) 건축물의 층수, 높이, 건축면적의 제한

① 용도그룹별 제한

건축물의 층수, 높이 및 1층 당 건축면적의 제한은 IBC 제5장의 표503에 각 내화구조에 대해 규정되어 있다. 표4.3.3에 목조의 구조형식구분인 3구분에 대한 용도별 건축물의 층수, 높이 및 건축면적(1층 당)의 제한값을 나타낸다.

② 스프링클러장치 설치에 의한 건축제한의 완화

용도별의 건축제한에 대한 IBC504.2항의 규정에서는 IBC903.3.1.1항의 자동스프링클러 장치(NFPA13 sprinkler systems)를 설치하는 것에 의해 층수는 +1층, 높이는 20피트(6,096mm)키울 수 있다. 공동주택 등 그룹R의 건축물에서는 IBC903.3.1.2항의 자동스프링클러 장치(NFPA13 sprinkler systems)를 설치한 경우 마찬가지로 층수와 높이의 완화가 인정받고 있지만, 층수는 4 최고높이는 60피토(18,288mm)를 초과할 수 없다. 면적에 대한 완화는 506.1항에 건축물의 주변환경(공지)과 스프링클러장치에 의한 면적완화의 계산식이 규정되어 스프링클러설치에서는 506.3항의 규정에 의해 단층의 경우300%, 그 외는 200%까지 늘릴수 있다.

미국에서는 집합주택용도의 중층대규모 목조건축물이 많이 건설되고 있다. 표4.4.4는 자동스프링클러 장치를 설치함으로써 완화된 건물주변이 공지가 있는 목조호텔 · 모텔(R-1)와 공동주택(R-2)의 건축제한을 정리한 예이다.

표4.4.3 용도별 건축물의 층수, 높이 및 건축면적의 제한

(IBC Chapter5 Table503발췌)

용도그룹	높이 (피트)	구조형식				
		TYPE III		TYPE IV	TYPE V	
		A	B	HT	A	B
		65	55	65	50	40
	층수(S) 건축면적(A)					
A-1 극장 · 영화관 등	S	3	2	3	2	1
	A	14,000	8,500	15,000	11,500	5,500
A-2 레스토랑 등	S	3	2	3	2	1
	A	14,000	9,500	15,000	11,500	6,000
A-3 도서관 등	S	3	2	3	2	1
	A	14,000	8,500	15,000	11,500	5,500
A-4 관객석이 붙은 실내풀장 등	S	3	2	3	2	1
	A	14,000	9,500	15,000	11,500	6,000
A-5 실외 스타지움	S	UL	UL	UL	UL	UL
	A	UL	UL	UL	UL	UL
E 교육시설	S	3	2	3	1	1
	A	23,500	14,500	25,500	18,500	9,500
I-1 복지시설 등	S	4	3	4	3	2
	A	16,500	10,000	18,000	10,500	4,500
I-2 병원 등	S	1	NP	1	1	NP
	A	12,000	NP	12,000	9,500	NP
M 상업시설	S	4	2	4	3	1
	A	18,500	12,500	20,500	14,000	9,000
R-1 호텔 · 모텔	S	4	4	4	3	2
	A	24,000	16,000	20,500	12,000	7,000
R-2 공동주택	S	4	4	4	3	2
	A	24,000	16,000	20,500	12,000	7,000
R-3 주거	S	4	4	4	3	3
	A	UL	UL	UL	UL	UL
R-4 그룹홈 · 케어하우스	S	4	4	4	3	3
	A	24,000	16,000	20,500	12,000	7,000

(면적A의 단위는 ft^2)

표4.4.4 자동스프링클러 장치에 의한 목조호텔 · 모텔(R-1)과 공동주택(R-2)의 제한완화

	TYPEⅢ		TYPEⅤ	
	A	B	A	B
최대층수	5	5	4	3
최대높이(ft)	85	75	70	60
최대면적(ft^2) 가능한층수	270,000	180,000	135,000	78,750
층당 면적(ft^2)	90,000	60,000	45,000	26,250
최대면적(ft^2) 단층구조의 경우	114,000	76,000	57,000	33,250
최대면적(ft^2) 2층구조의 경우	180,000	120,000	90,000	52,500

인용 · 참고문헌

1) National Design Specification for Wood Construction, 2001ed., (AF&PA),Washington DC.
2) Multi-Story Wood Construction, March 26, 2012 issue of Engineering News-Record

4.5 연소성상

4.5.1 열분해

목재를 가열하면, 우선 포함되어 있는 수분이 증발하고, 여기에 가열을 가하면 열분해가 시작되어 150℃부근의 온도에 도달하면 목재성분이 탈수반응을 일으키며, 재료표면에 갈색에서 흑갈색으로 변색되기 시작한다. 200℃를 초과하면 상당한 속도로 열분해가 진행되어, 수증기, 이산화탄소 등의 불연성가스와 일산화탄소, 메탄, 에탄, 수소, 알데히드 · 케톤류, 유기산과 같이 가연성가스를 발생시킨다. 열분해는 250℃를 넘으면 급속하게 진전되어 생성되는 가연성가스도 크게 증대한다. 목재는 셀롤로스, 헤미셀룰로스, 리그닌을 주성분으로 하고, 그 열분해는 이들이 각각 독립한 과정을 띠기 때문에 매우 복잡하다. 목재, 셀룰로스, 헤미셀룰로스, 리그닌의 열분해과정을 중량감소곡선(TG곡선) 및 그 중량감소 속도곡선(DTG곡선)에 의해 나타내면, 그림4.5.1 및 그림4.5.2[1)]와 같다(그림중에서, Xylan와 Glucomannan이 헤미셀룰로스에 해당한다).

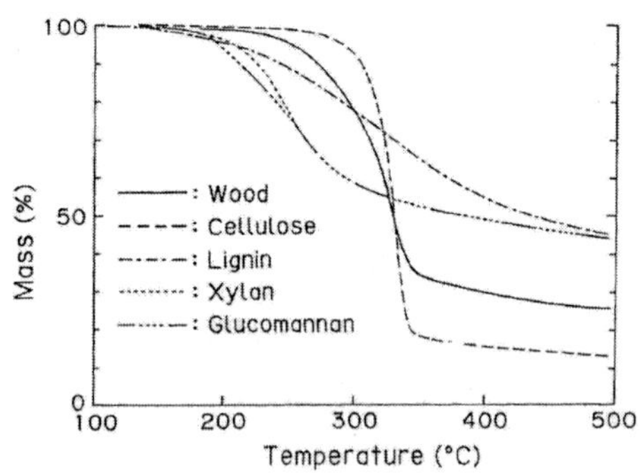

그림4.5.1 목재와 그 성분의 TG곡선 [1)]

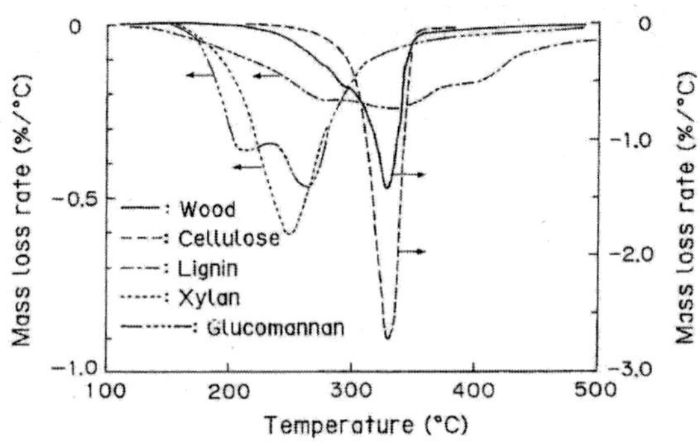

그림4.5.2 목재와 그 성분의 DTG곡선 [1)]

아키타(秋田)는 화학성분에 지배되는 목재의 열분해에 의한 중량감소거동을 (4.5.1)식으로 나타내고 있다[2)].

$$-\frac{dW}{dt} = \sum_i k_i w_i = \sum_i A_i e^{-E_i/RT} w_i \qquad (4.5.1)\text{ 식}$$

여기에서, W는 시간t에 존재하고 있는 분해가능한 목재시료의 중량, w_i는 분해가능한 목재성분 i의 중량, k_i는 열분해 반응속도상수, E_i는 열분해의 활성화에너지, R은 기체정수, T는 절대온도, A_i는 Arrhenius의 전치계수이다. 또한, 셀룰로스, 리그닌 및 헤미셀룰로스의 열분해속도는 (4.5.2)식에 따라 나타내고 있다.[2)]

$$-\frac{dW}{dt} = Ae^{-E/RT}w^n \quad (4.5.2)식$$

n은 반응차수로 일반적으로 1이지만 때로는 0의 값을 취할 수 있다. 활성화에너지는 셀룰로스는 대부분 26~60Kcal /mol의 광범위하게 분포하고 있다. 리그닌 및 헤미셀룰로스의 값은 셀룰로스의 값보다 작다.

4.5.2 착화

목재의 착화는 다음과 같이 분류할 수 있다[2].

- 목재의 착화
  - 고온영역
    - 발화 (auto-ignition)
    - 인화 (kindled-ignition)
    - 무염발화 (non-flaming-ignition
  - 저온영역 – 자연발화 (self-ignition)

목재가 고온으로 가열되어 착화되려면 다음의 조건을 필요로 한다[3].

①열분해생성물과 공기로 이루어진 가연성 혼합기층이 점화에 필요한 농도로 될 것

②가연성 혼합기층의 착화에 필요한 에너지가 공급될 것

인화는 도화등에 의한 발화에 필요한 에너지가 공급되고 있는 경우의 착화로 ①의 조건에만 지배된다. 발화는 ① 및 ②의 조건이 충족되어야 한다. 대류, 열전도, 또는 별로 강하지 않은 복사에 의한 가열에 있어서는 ①의 조건이 성립하고 나서 ②의 조건이 성립하기 때문에 발화는 목재자체의 온도분포와 온도변화에 의해서 규정된다. 강한복사 하에서는 ②의 조건이 선행하므로 ①의 조건이 발화를 지배하는 주요요인이 된다. 무염발화는 외부조건에 의해서 가연성 혼합기의 체류, 축적이 충분하지 않고, 홉합기의 발화에 충분한에너지가 주어지지 않는 조건 하에서 열분해에 의해서 생긴 숯의 활성표면에서의 산화반응에 의해서 생긴다. 저온발화는 단열적 환경에 놓인 목재가 장기간의 저온가열(100℃ 정도의 온도)에 의해서 내부에 축열하여, 착화에 이르는 현상이다. 목재의 경우는 무염발화가 가장 일어나기 쉽고, 다음으로 인화, 발화의 순서로 낮은온도에서 일어나고, 일반적인 목재의 발염연소는 시간적으로는 우선①의 조건이 만족하고, 다음으로 ②의 조건이 만족되는 경위를 따르게 된다. ISO에 규정된 착화성시험이나 콘칼로리미터시험에 있어서 착화는 도화존재 하에서의 착화이기 때문에 이 정의에 따르면 인화에 해당한다.

(1) 착화시간

그림4.5.3은 두께10mm의 목재시험체의 콘칼로리미터시험에서의 착화시간이다(가열조건은 50kW/m²)[4]. 이 그림으로 부터 목재의 착화(인화)시간은 밀도가 클수록 늦어지는 경향이 보인다.

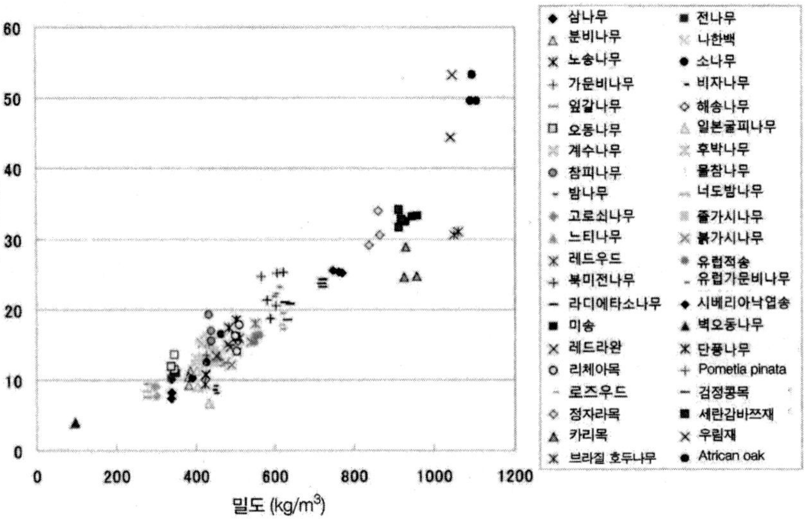

그림4.5.3 목재의 밀도와 착화시간의 관계(입사열강도50kW/m²)[4]

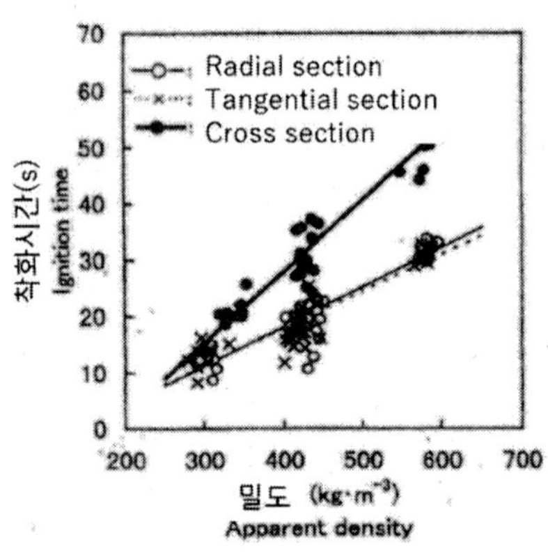

그림4.5.4 가열면과 착화시간(입사열강도40kW/m²)[8]

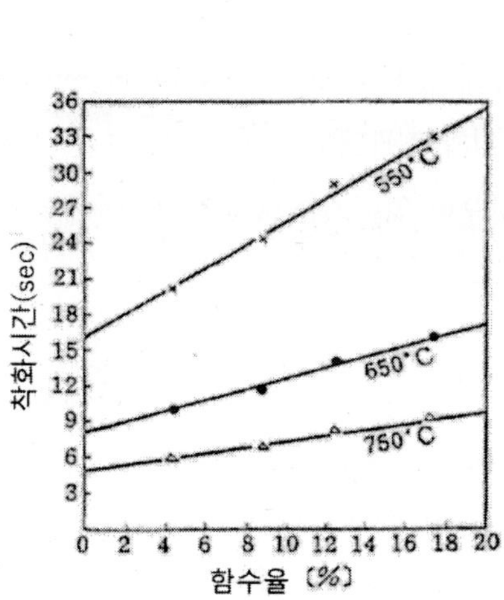

그림4.5.5 함수율과 착화시간(두께1.4mm의 삼나무판)[11]

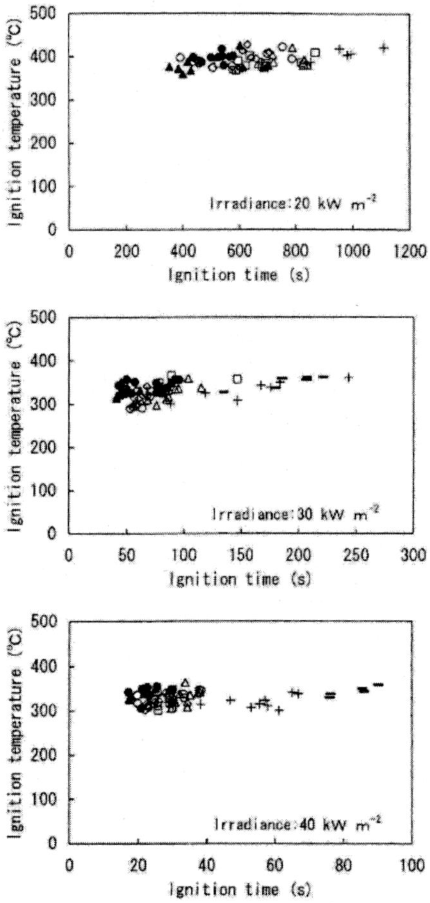

그림4.5.6 입사열강도와 착화온도[15]

목재의 착화에 관한 연구동향에 대해서는 Janssens[5]나 Babrauskas[6]의 총설에 상세하게 설명되었다. 착화시간(t_{ig}, 초)와 물성치와의 관계를 나타내는 간단한 이론식은 입사열을 받는 반무한고체의 열전도 방정식의 해법으로부터 얻어지는 (4.5.3)식[7] 이다.

$$t_{ig} = \pi k \rho c \left(\frac{T_{ig} - T_0}{2\delta I} \right)^2 \qquad (4.5.3)식$$

여기에서 k: 열전도율($kW \cdot m^{-1} \cdot K^{-1}$), ρ: 밀도($kg \cdot m^{-3}$), c: 비열($kJ \cdot kg^{-1} \cdot K^{-1}$), T_{ig}: 착화 시의 표면온도(K), T_0:실온(K), δ: 표면에서의 복사흡수율, I: 입사열강도($kW \cdot m^{-2}$). 착화시간을 구하는 실험식에는 복사강도와 시험체의 밀도를 파라미터로 하는 것이 다수 제안되며 (4.5.4)식[6]은 일례이다.

$$t_{ig} = \frac{130\rho^{0.73}}{(I - 11.0)^{1.82}} \qquad (4.5.4)식$$

또한, 하라다(原田)는 목재의 목구면(섬유방향에 직각으로 절단하는 면)을 가열한 경우 같은목재의 곧은결면 또는 판자면을 가열한 경우에 비해서 착화시간이 1.6~1.7배 정도 늦어지고(그림 4.5.4참조)[8], 목재의 열전도률에는 섬유방향과 섬유직각방향으로 이방성이 있고, 모든 경우 밀도와의 밀접한 관련이 있는 것에[9] 착안하고, 착화시간과 목재의 물성치, 입사열강도와의 사이에 (4.5.5)식의 실험식을 얻을 수 있는 것으로 나타났다[10].

$$t_{ig} = 14.4 \times 10^6 k\rho c / I^3 + 8.64 \qquad (4.5.5)식$$

또한, 착화에 필요한 최소의 입사열, 즉 착화한계 입사열은 12~15kW/m^2정도 인 것으로 알려져 있다[7].

함수율과 착화시간의 관계에 대해서는 그림4.5.5[11]에 나타낸 바와 같이 함수율의 클수록 착화시간이 늦고, 그 관계는 거의 직선적이다. 또한 가열온도가 낮을수록 함수율이 착화시간에 미치는 영향이 큰 것을 알 수 있다.

(2) 착화온도

목재의 발화온도에 대해서는 미리 가열 한 소정의 온도전기로중에 목재시험체를 삽입한 경우 400~480℃이라고 하는 실험결과[12]나 마지마(真島)들에 의한 각종의 목재실험결과(표4.5.1참고)[13]등 400~500℃정도로 하는 것이 많다. 또는 아키타(秋田)는 반무한고체의 표면이 정온 T_a(K)로 가열 된 경우의 열전도 방정식의 해를 이용하여, 가열시간t(s)에 발화시간 t_{ig}(s)를 대입하고 이

때 위치좌표x(m)와 온도T(K)의 관계를 12수종의 목재에 대해서 구하고, 표면에 극히 가까운 특정의 위치x_0가 특정온도T_{ig}(K)에 도달했을 때 발화가 일어나고, 이 온도는 수종에 관계없이 거의 490℃라고 결론을 내리고 있다[2)].

표4.5.1 각종 목재의 발화온도 [13)]

수종	겉보기 밀도 (g./c.c.)	발화점 (℃)	수종	겉보기 밀도 (g./c.c.)	발화점 (℃)
붉가시나무	0.97	441	자작나무	0.66	438
화양목	0.86	447	눈잣나무	0.53	445
느티나무	0.76	426	계수나무	0.50	455
밤나무	0.68	460	솔송나무	0.46	445
물푸레나무	0.67	416	소나무	0.42	430
벚나무	0.66	430	가문비나무	0.42	437

한편, 인화온도에 대해서는 목재가 급격히 가스화를 시작하는 온도는 270~280℃의 범위에 있을 것[1)], 마이크로버너를 구비한 전기로내에서 목재를 승온시키는 실험에서 로내온도가 240~280℃에 도달했을 때 인화한 결과가 보고되고 있으므로 240~290℃의 온도 범위에 인화온도는 있다고 평가된다. 이러한 결과를 근거로, 일본에서는 260℃를 목재의 화재위험온도로 하고 있다. 하지만, 화재초기의 연소성상의 파악을 목적으로 하는 콘칼로리미터나 ISO착화성시험장치를 이용한 나가오까(長岡)들[14)]와 키쿠치(菊地)[15)]의 실험에 의하면, 착화시의 목재표면의 온도는 착화 할때 까지의 시간이 길어질수록 (입사열강도가 낮을수록)높게 되는 경향이 보이고, 입사열강도20~50kW/m^{2}에서는 그 온도는 300~400℃이상으로 목재의 화재위험온도 260℃보다 높은 값을 나타내고 있다. 인화온도에 대해서 아키타(秋田)는 인화는 발화와는 달리 열적조건과는 관계없고, 목재의 표면 부근의 가연성혼합기체의 조성이 일정한 값에 도달 할 때 점화하는 것이기 때문에 인화시점의 온도는 본질적인 것은 아니라고 보고하고 있다[2)].

4.5.3 연소

목재의 연소는 발염(유염)연소, 훈소 및 적열연소로 구분된다. 목재의 연소에는 목재의 성분이나 함수율이 영향을 미칠 것으로 생각되지만, 목재중의 C,H,O의 삼원소 함유율은 수종, 변심재, 간지 등에 의해서 거의 변화지 않고, 탄소(c) 50%, 수소(H) 6%, 및 산소(O) 43%이다[16)]. 또는, 기건상태의 함수율은 약15%정도이다. 일본목재학회 연구분과회 보고서에 의하면, 대기중에서 목재를 가열했을 때의 온도와 목재의 변화의 관계는 표4.5.2과 같이 정리할 수 있다.

표4.5.2 상온가열하에서의 목재의 변화(대기중) [17)]

연소단계	목재온도℃	상태
(1) 초기가열 가열 (미착화)	100	건조에 의한 자유수의 방출. 화학반응 흔적정도로 진행, 변색
		결합수의 방출. 화학반응은 극히완만하고, 주로 흡열반응. 리그닌, 헤미셀룰로스의 유리전이점(130~190℃). 목재표면에서 탄화시작.
	150	장기가열에 의한 자기발열반응의 임계온도(150℃)→저온착화. 화학반응은 완만하지만, 흡열 · 발열의 양반응으로 된다. 헤미셀룰로스의 분해개시. 완만한 탄화로 진행, 소량의 기체방출
(2) 인화전 단계	225	장기가열에 의해 조성조건이 충족된 경우에 인화되지만, 일반적으로는 인화없음. 셀룰로스연화. 화학반응이 완만하게 진행.
	250	인화는 일반적으로는 발생 않는다. 열분해생성물생성, 혼합기체의 조성조건이 임계에 접근. 반응속도 260℃아하로 완만, 가스방출 260℃이상에서 급하게 진전됨.
(3) 인화	270	급격한 발열반응개시. 목재온도 급격하게 상승. 가스방출증대, 연기의 발생개시. 표면착화(surface ignition), 목재의 중량 61%까지 감소.
(4) 발염연소 (훈소 및 적열연소를 수반)	290	타르분생성, 가스방출증대, 목재표면에 불꽃형성. 탄화진행이 급하게 진전, 인화용이, 1차열분해생성물의 2차분해. 발열반응 급격하게 이루어짐
	350	가스방출최대에 도달(350~400℃). 열분해가스생성완료, 타르분생성→가스화. 연기발생완료(400℃). 2차열분해반응(발열에서 흡열반응으로). 목재의 중량감소가 급속하게 진행.
	400	2차열분해반응(흡열). 숯의 형성급. 타르분생성450℃까지. 목탄그라파이트화(400℃이상)
(5) 발화 적열연손 (인화 · 발화)	450	발화임계점에 도달. 가스의 방출 및 타르의 생성완료
	500	발화용이, 분해생성물잔류의 경우 숯과 2차반응. 적열연소에의한 숯의 (연소)소실(탄화). 목탄의 탄화(carbonization)1500℃까지 완결되지 않음.

4.5.4 화염전파

가연성고체의 일부가 착화되어 연소가 시작되면 발생한 열에너지가 근처로 전달되어, 열분해, 착화, 연소의 사이클이 연속적으로 반복된다. 이와같이, 가연물의 표면상에 화염이 연속적으로 퍼져가는 현상을 화염전파라고 칭한다. 화염전파는 그 전파되는 방향에 따라 수평화염전파와 상향화염점파로 구분된다. 화염선단의 이동속도를 화염전파속도라고 한다. 목재의 화염전파속도는 재료의 비열, 열전도 및 밀도에 대해서 역비례적인 관계가 있고, 특히 밀도의 영향이 크다[17]. 이 밖에 표면형상, 발열속도, 기류속도, 함수율 등에 따라 크게 영향을 받는다.

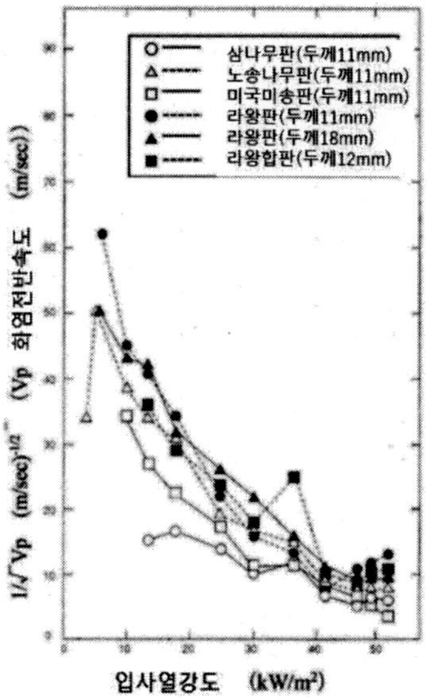

그림4.5.7 목재의 화염전파속도와 입사열강도와의 관계 [18]

표4.5.3 목재(판목면, 곧은결면가열)의 콘칼로리미터시험결과 [29)]

수종 일본재	밀도 (kg/m³)	착화시간 (초)	최대발열 속도 (제1피크) (kW/m²)	연소속도 (g/m²·s)	총발열량		수종 외국산재	밀도 (kg/m³)	착화시간 (초)	최대발열 속도 (제1피크) (kW/m²)	연소속도 (g/m²·s)	총발열량	
					5분간 (MJ/m²)	10분간 (MJ/m²)						5분간 (MJ/m²)	10분간 (MJ/m²)
삼나무	338~339	7.3~10.1	162~173	7.6~8.1	31.7~36.2	46.5~49.3	레드우드	339~346	11.4~13.6	172~187	7.6~7.7	29.1~30.1	46.2~46.7
전나무	339~350	10.2~11.3	166~193	7.7~8.3	33.5~34.1	47.8~49.9	유럽적송	404~435	6.7~11.3	173~180	9.5~10.1	38.7~40.2	60.4~67.8
분비나무	383~386	9.3~11.3	165~196	8.6~8.7	31.8~36.3	53.4~56.2	북미전나무	416~423	11.9~16.5	175~178	8.3~8.9	27.9~28.4	55.8~56.8
나한백 나무	402~414	12.8~15.2	173~177	9.2~9.8	32.9~36.9	57.4~58.1	유럽가문비 나무	429~445	15.5~15.9	185~197	8.1~9.5	28.8~29.8	54.7~55.4
노송나무	424~427	9.3~10.8	183~202	8.6~9.2	30.8~34.1	56.7~60.9	라디에타소 나무	434~441	15.5~19.2	154~165	10.7~11.0	34.5~35.6	56.3~57.7
소나무	392~465	10.2~16.5	147~180	10.1~12.0	31.6~40.1	57.5~69.5	시베리아 낙엽송	469~487	14.3~16.7	161~166	9.2~9.5	26.7~28.5	54.3~55.9
가문비나무	427~434	13.3~14.9	214~221	8.8~9.5	31.6~34.8	56.5~60.1	미송	489~494	14.9~16.1	165~172	8.7~9.2	24.5~26.5	58.8~60.7
비자나무	445~449	8.1~9.1	213~215	11.2~11.7	46.5~47.5	65.7~67.5	벽오동나무	97~98	3.8~4.1	145~151	3.3~3.4	15.3~15.6	18.1~18.8
잎갈나무	463~496	12.0~14.8	165~200	9.4~9.7	30.5~32.6	55.2~61.0	레드라완	453~486	13.5~15.1	178~188	9.1~9.4	27.2~28.6	52.9~57.6
해송나무	506~508	15.6~16.3	185~197	12.9~13.6	42.7~48.2	71.2~75.3	단풍나무	484~504	16.2~18.6	168~176	9.3~9.7	27.3~27.9	55.7~58.3
오동나무	273~281	7.4~9.4	190~194	6.9~7.2	31.2~34.7	42.0~46.8	리체아목	500~512	14.0~17.9	209~218	13.1~15.4	51.0~52.5	67.3~73.6
일본굴피나무	294~301	7.7~9.0	189~198	7.9~8.3	36.4~38.6	48.0~49.6	Pomet	605~624	20.5~25.3	165~174	9.9~10.2	28.2~28.5	69.3~70.9
계수나무	448~449	12.4~14.1	190~207	11.2~11.9	39.4~43.5	56.1~58.6	Pinata	616~619	17.2~19.5	213~224	11.6~11.8	32.0~34.1	72.3~75.0
후박나무	455~462	13.1~13.5	199~221	11.1~11.5	40.4~43.1	62.4~64.7	검정홍목	628~640	18.5~21.0	194~198	11.2~11.9	33.8~35.5	73.2~75.1
참피나무	476~506	12.1~14.0	196~216	15.3~15.9	57.1~59.8	70.5~73.5	정자라목	836~864	29.1~34.0	189~189	12.0~12.5	31.4~31.7	77.1~79.5
물참나무	512~554	15.5~18.1	205~224	14.2~14.5	47.7~52.4	70.8~75.5	세란감바쯔재	912~918	31.6~34.1	195~200	11.7~11.9	31.7~32.3	83.4~57.7
밤나무	550~564	15.4~16.4	221~233	11.0~11.8	33.0~34.7	60.0~63.0	카리목	924~956	24.6~28.9	183~187	12.2~12.6	34.3~35.0	83.2~85.4
너도밤나무	567~591	18.8~24.7	184~199	14.7~18.9	38.7~61.9	64.4~80.5	우림재	1040~1044	44.4~53.2	237~258	12.4~12.4	28.7~29.9	74.3~77.3
고로쇠나무	597~609	21.9~23.1	193~204	15.6~16.6	44.1~50.8	73.0~74.0	브라질 호두나무	1048~1058	30.5~31.1	229~233	17.6~18.1	42.8~43.4	118.7~125.4
졸가시나무	719~723	23.2~24.3	208~225	15.6~17.7	40.9~47.3	79.5~83.4	African Oak	1089~1103	49.5~53.2	184~196	14.6~15.0	31.8~32.7	95.1~97.0
느티나무	748~769	25.2~25.6	199~208	16.2~17.0	40.4~43.7	87.1~92.1							
붉가시나무	930~957	32.4~33.2	210~220	18.3~19.	38.9~42.3	98.7~104.4							

그림4.5.7[18)]은 ISO 5658-2에 규정되어 있는 화염전파성 시험을 다양한 목재에 대해 실시한 결과이며, 화염전파속도의 제곱근의 역수로 입사열강도와의 관계를 나타내고 있다. 이 그림에서 입사열강도가 동일하면, 화염전파속도는 비중의 큰 목재만큼 작아지는 경향이 있다는 것을 알 수 있다. 다른 실험에서는 두꺼운 목재일수록 화염전파속도가 작아진다는 결과가 보고되고 있다[19)]. 평탄한 벽면의 상향화염전파에 대해서는 재료의 착화성과 연소발열성으로부터 예측하기 위해서 모델이 몇가지 제안되고 있다[20,)21)].

4.5.5 발열속도

연소하는 재료에서 방출되는 단위시간, 단위면적당 열에너지를 발열속도라고 한다. 목재의 발열속도에 관한 연구는 1980년 이후 활발히 진행되고, 데이터가 축적되어 있다[22)-25)]. 목재의 발열속도를 예측하는 시도도 Fredlund[26)], Parker[27)], 하라다(原田)[10),28)]에 의해 행해지고 있다.

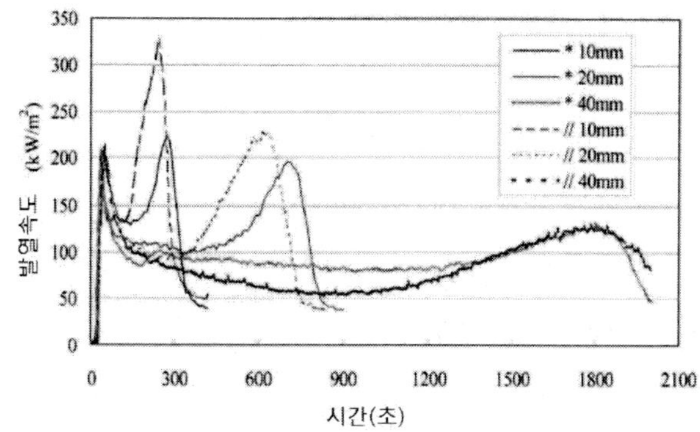

그림4.5.8 목재의 발열속도(콘칼로리미터시험) [19]

수종: 수송나무 * 판목면가열, 목구면가열

목재가 연소 할 때의 단위중량감소당 발열량은 유효연소발열량 Δhc,eff(MJ/kg)로 불리며, 콘칼로리미터에 의한 실험에서는 11~16MJ/kg 정도의 값을 취한다. 이 값은 수종에 따라 다르지만, Parker[27)]에 의하면, 셀룰로스, 만난, 크실란, 및 리그닌의 Δhc.eff의 평균치는 각각 13.8MJ/kg, 12.4MJ/kg, 10.7MJ/kg 및 14.7MJ/kg이며, 이것으로 부터 목재의 Δhc.eff는 리그닌 함유량이 많은 침엽수 쪽이 활엽수 보다도 값이 커지고 있다. 또한, 함수율의 영향을 받는다.

그림4.5.8에 두께가 다른 향나무재료의 판자면 및 목구면을 콘칼로리미터로 가열(입사열강도 50kW/m^2)했을 때의 발열속도를 나타낸다[10)]. 또한, 표 4.5.3은 일본재와 수입재 42수종의 목재(시험체 두께10mm)의 콘칼로리미터 시험결과(입사열강도 50kW/m^2)이다[29)].

하라다(原田)[28)]은 콘칼로리미터를 이용한 시험결과에서 목재의 발열속도는 착화 후 첫번째 피크 값을 나타내고, 그 후 서서히 속도가 감소하는 단계를 제 I 단계, 일정한 속도로 추이하는 단계를 제 II 단계, 여기서 다시 증가세로 돌아서 두번째 피크값을 나타내는 단계를 제III단계로 하는 3가지 단계로 구분할 수 있으며, 이 3단계로 나누어 분석을 행하고 있다. 또한, 두번째 피크가 출현했을 때의 시험체의 뒷면온도는 모든 수종에서도 300℃라고 보고하고 있다. 여기서, 목재의 발열속도를 결정하는 인자는 입사열강도, 시험체두께, 시험체밀도, 가열면의 종류(곧은결 널판, 판목, 목구면), 수종이라고 하고, 다양한 조건에서의 목재의 발열속도의 예측식을 제안하고 있다[10),28)].

4.5.6 탄화속도

(1) 기존의 연구

목재의 연소가 진행되면서 탄화한 부분과 미탄화 부분의 경계면인 탄화경계면도 뒷면을 향해서 진행된다. 탄화경계면이 뒷면에 도달하여, 연소부위에 탈락이 생기면 뒷면에 화재위험성이 커지게 된다. 또한, 탄화부분과 미탄화부분에서는 목재의 기계적강도가 현저하게 다르다[30]. 따라서, 건축재료의 화재안전성을 검토하는데 목재의 탄화속도는 중요한 인자로 간주되기 때문에 탄화속도에 관한 많은 연구가 행해지고 있다.

목재의 탄화경계면이나 탄화속도의 명확한 정의는 없으며, 연구자나 연구방법에 따라 다르다. 탄화속도는 직접적으로는 연소시험 실시 후 시험체에 형성되는 탄화층을 제거하여, 탄화경계면의 위치를 실측하고, 이 값에서 평균적인 탄화속도를 계산할 수 있다. 이 때 열분해가 생기고 있다고 생각되는 변색부분의 취급에 대해서 우에스기(上杉)[31]는 이 부분의 열분해가 불완전하기 때문에 탄화깊이에 포함하는 것은 적당하지 않다고 보고하였다. 간접적인 방법에는 시험체내부의 온도를 측정하는 탄화속도를 추정하는 방법이 있다. Schaffer[32]에 의하면 목재의 탄화경계면의 온도는 280~320℃의 범위에 있으며, 평균288℃이기 때문에 서양의 연구에서는 288℃를 탄화경계면의 온도로 하여, 시험체 내부에 장착한 열전대의 값이 288℃를 나타냈을 때 그 위치가 탄화면으로 간주하여 탄화속도를 계산하고 있는 것이 대부분이다. 탄화과정에 있는 목재의 급격한 밀도변화[33]나 열중량분석에서 얻는 목재의 급격한 중량감소가 300℃부근에서 생기고 있는 것을 고려하면 탄화경계면의 온도는 수종에 관계없이 300℃정도의 온도로 간주해도 차질이 없을 것이다. 다만, 일본에서는 화재안전상 260℃를 화재위험온도로서 방화성능이 평가되고 있기 때문에 260℃를 탄화경계면의 온도로 간주하여, 탄화속도가 계산되는 사례가 많다. 최근에는 콘칼로리미터의 개발에 따라 발열속도나 질량감소속도에서 탄화속도를 추정하는 방법이 제안되고 있다[22),34-35)].

탄화속도에 영향을 미치는 인자에는 가열속도, 수종, 밀도, 함수율, 가열면의 종류 등을 들수 있다[32]. 가열온도나 입사열강도와 탄화속도의 관계를 보면, 가열온도 또는 입사열강도가 커질수록 탄화속도는 빨라진다. 이 것은 이론적으로는 Arrhenius의 속도정의식 보다 분명하고, 실험식적으로는 가열온도나 입사열강도의 상승에 비례하여 탄화속도가 빠르게 된다고 하는 보고예가 있다[22),32)]. 목재의 밀도와 탄화속도의 관계에 대해서는 밀도가 큰 목재일수록 탄화속도가 작고, 밀도의 증가에 따른 탄화속도는 선형적으로 감소한다고 하는 보고가 많다[36)-38)]. Schaffer[39]는 가열속도, 밀도 및 함수율이 탄화속도v에 미치는 영향을 조사하고, 미송, 남부소나무 및 화이트참나무에 대해서 (4.5.6)식 및 (4.5.7)식의 실험식을 제안했다.

〈ASTM-E-119-61로 가열〉 $\nu = \frac{dx}{dt} = \frac{1}{2\{(A+BM)r+C\}}(\text{inch/min})$ (4.5.6)식

〈정온가열의 경우〉

$$\nu = \frac{dx}{dt} = \frac{(3.0-x)}{2\{(A+BM)r+C\}} exp\left(-\frac{E}{RT}\right)(\text{inch/min}) \quad (4.5.7)식$$

표4.5.4 (4.5.6)식 및 (4.5.7)식에 있어서 A,B,C,E/R의 값[39]

가열방법	수종	A	B	C	E/R
ASTM-E-119-61 로 가열	미송	28.726	0.578	4.187	-
	남부소나무	5.832	0.120	12.862	-
	화이트참나무	20.036	0.403	7.519	-
정온가열의 경우	미송	28.576	0.576	4.548	1564
	남부소나무	7.587	0.153	9.000	1744
	화이트참나무	19.563	0.394	7.789	1739

여기에서, M은 함수율(%), r은 비중, A,B,C는 정수, E는 열분해의 활성화에너지, R은 기체정수, T는 절대온도이다.

스가하라(菅原)[40]는 반무한고체를 가열 할 때의 내부온도를 구하는 수치해석에서 얻은 값을 하마다(浜田)[41]의 실험식과 비교하여 그 유의성을 검증하는 것과 동시에 단면적이 작아지면 시간에 비례하고, 탄화가 진행하는 것으로 볼 수 있다고 하고 있다.

연소시에 발생하는 탄화층의 영향을 고려한 모델로는 온도에 의한 목재의 밀도감소를 고려한 White들[42]의 모델, 에너지 이동을 탄화층과 미탄화목재로 구분하여, 탄화깊이를 구한 Hadvig[43]의 모델링 등이 있다. 콘칼로리미터의 개발에 의해 발열속도, 질량감소속도가 측정가능하게 되면서, 이들의 값에서 탄화속도를 구하는 시도도 이루어지고 있으며, Mikkola[34]은 탄화속도v(m/s)은 질량감소속도 m''(kg/m2 · s)를 밀도ρ(kg/m^3)로 나눈 것이며, 또한, m''는 탄화경계면을 통과하는 열에너지(kW/m^2)에서 계산할 수 있는 것으로서 탄화속도를 구하는 (4.5.8)식을 제안하고 있다.

$$\nu = \frac{dx}{dt} = \frac{m''}{\rho} = \frac{q_n}{\rho\left[c\left(T_p - T_0\right) + Q_v\right]} \quad (4.5.8)식$$

여기에서, T_p는 평균열분해온도(K), T_0는 초기온도(K), Q_v는 목재가 가스화하는데 필요한 열량(kJ/kg), c는 비열(kJ/kg · K)이다.

다음으로는 집성재나 제재의 탄화속도의 보고사례를 열거한다.

대단면집성재의 화재시의 탄화속도는 이마이즈미(今泉)[44], 나까무라(中村)[45], 우에스기(上

杉)[46] 외 다수의 연구자에 의해 기둥 또는 보의 연소시험결과에서 매분0.5~0.7mm이라고 보고되어 있다. 표 4.5.5[45]은 대단면집성재의 기둥 및 보의 탄화속도의 계측값을 나타낸 것이다. 이것들의 값은 내화시험 후에 잔존하는 단면의 치수에서 계산 된 것이다. 이결과를 바탕으로 일본의 건축기준법상의 취급에 대해서는 집성재의 평균탄화속도는 매분0.6mm로 되며, 건축물의 단면설계를 실시하는데 있어서 [연소대]등의 산출근거로 되고 있다.

표 4.5.6에 미국임산시험장의 「Wood handbook(1999년판)」[47]에 기재된 목재의 탄화속도를 나타낸다. 여기에서는 목재의 탄화깊이를 구하는 계산방법으로 선형모델과 비선형모델이 소개되고 있다.

표 4.5.5 대단면집성재 기둥 · 보의 평균탄화속도[45]

기둥				보			
시험체			탄화속도	시험체			탄화속도
수종	함수율(%)	기건비중	(mm/분)	시험체	함수율(%)	기건비중	(mm/분)
전나무집성재	8.5	0.42	0.60	미송집성재	9.7	0.59	0.63
전나무집성재	8.1	0.44	0.69	미송집성재	10.6	0.59	0.67
전나무집성재	6.6	0.44	0.63	미송집성재	10.1	0.47	0.66
전나무집성재	7.2	0.41	0.67	미송집성재	9.3	0.46	0.68
전나무집성재	6.7	0.43	0.66	전나무집성재	11.0	0.47	0.55
전나무집성재	6.0	0.41	0.58	전나무집성재	10.5	0.48	0.56
미송집성재	9.6	0.58	0.71	전나무집성재	10.9	0.47	0.57
삼나무집성재	15.2	0.42	0.74	삼나무집성재	13.6	0.41	0.59
-	-	-	-	삼나무집성재	11.0	0.48	0.60

목재의 함수율은 8%~9%로, 탄화속도는 탄화경계면의 온도를 288℃로 계산하고 있다.

선형모델에서는 (4.5.9) 식과 같이

$$t = C\ x_c \qquad (4.5.9)\text{식}$$

으로 탄화소요시간 C (min/mm)가 정의되고 있다.

비선형모델에서는 시간 t(min)과 탄화깊이 x_c(mm)의 관계는 (4.5.10)식으로 나타내고 있다.

$$t = m\ x_c^{1.23} \qquad (4.5.10)\text{식}$$

m은 탄화속도계수로 부르며, Wood Handbook에서는 (4.5.11)식에 의해 주어지고 있다.

$$m = -0.147 + 0.000564\rho + 1.21\mu + 0.532 f_c \qquad (4.5.11)\text{식}$$

여기서, ρ는 밀도, μ은 함수율, f_c는 탄화감소율이다.

열대산 활엽수의 탄화속도에 대해서는 J.M.Njankouo의 보고[48]가 있다(표 4.5.7참조). 여기에서는 시험체는 전체 폭 20mm×길이 250mm×두께62~90mm의 목재를 7단 겹쳐서 접착접합하고, 140mm×250mm×62~90mm로, 가열시험은 ISO 834에 의해 실시되고 있다. 탄화속도는 탄화경계면의 온도를 300℃로 일정한 깊이의 위치가 300℃에 도달하는 시간에서 계산 된 것이다.

삼나무 및 낙엽송의 대단면의 제재품(기둥, 보)의 탄화속도에 대해서는 2003도에 일본주택 · 목재기술센타가 실시한 [지역재를 활용한 신사업신사업 · 기업창출긴급대책사업]의 제재내화성능 개발사업 중에서 데이터가 정리되고 있으며[49], 표4.5.8에 그 결과를 나타낸다. 이 보고서에 따르면 함수율을 15%로 비중을 삼나무 0.330, 낙엽송 0.435으로 보정했을 때의 탄화속도는 삼나무 0.79mm/분, 낙엽송 0.74mm/분(20%의 안전율을 고려하면, 삼나무 0.95mm/분, 낙엽송 0.89mm/분)으로 정리되고 있다.

표 4.5.6 목재의 탄화속도(Wood Handbook기재)[47]

수종	밀도 kg/m^3	탄화감소율 f_c	탄화소요시간 C min/mm	탄화속도계수 M $min/mm^{1.23}$
침엽수				
남부소나무	509	0.60	1.24	0.56
적삼목	310	0.83	1.22	0.56
Red wood	343	0.86	1.28	0.58
엔데르망 블주스나무	425	0.82	1.56	0.70
활엽수				
참피나무	399	0.52	1.06	0.48
단풍나무	691	0.59	1.46	0.66
참나무	664	0.70	1.59	0.72
백합나무	504	0.67	1.36	0.61

표 4.5.7 열대산 광엽수의 탄화속도[48]

수종	함수율%	밀도kg/m^3	탄화속도mm/min
가문비나무1	9	480	0.62
가문비나무2	9	476	0.57
스티나무	13	421	0.71
참나무	10	557	0.59
아조베(엣키)1	13	1050	0.41
아조베(엣키)2	13	1040	0.41
아조베(엣키)3	13	1000	0.41
아조베(엣키)4	13	1060	0.47
웽제	13	923	0.49
느티나무1	13	863	0.36
느티나무2	13	836	0.43
느티나무3	11	833	0.49
아파종4	12	800	0.51
아파종5	20	968	0.37
피링가종	11	692	0.58
바후우종1	9	939	0.40

수종	함수율%	밀도kg/m^3	탄화속도mm/min
바후우종2	9	984	0.41
멜바우종	12	779	0.50
메란치1	10	522	0.54
메란치2	10	522	0.55

표 4.5.8 일본산 수종제재(기둥 · 보)의 탄화속도 [49)]

수종 · 종류 (단면치수)	가열 시간 (분)	함수율 (%)	절건 비중	탄화 속도 (mm/분)	탄화 깊이 (mm)	함수율 보정후 (MC=15%)		비중 · 함수율 보정후 (삼나무 0.330, 낙엽송 0.435) (MC=15%)	
						탄화속도 (mm/분)	탄화깊이 (mm)	탄화속도 (mm/분)	탄화깊이 (mm)
삼나무 기둥 (18cm×18cm)	45	15.3	0.34	0.78	35.1	0.78	35.3	0.79	35.6
삼나무 기둥 (24cm×24cm)	45	32.4	0.34	0.58	26.1	0.74	33.3	0.75	33.5
삼나무 기둥 (30cm×30cm)	45	46.4	0.32	0.61	27.5	1.07	48.0	1.05	47.4
삼나무 기둥 (30cm×30cm)	60	47.1	0.30	0.55	33.0	0.93	55.9	0.90	54.2
삼나무 보 (15cm×30cm)	30	13.3	0.32	0.80	24.0	0.78	23.4	0.77	23.2
삼나무 보 (15cm×30cm)	45	9.7	0.33	0.67	30.2	0.62	28.0	0.62	28.0
삼나무 보 (18cm×36cm)	45	18.0	0.35	0.76	34.2	0.80	36.0	0.81	36.6
삼나무 보 (24cm×40cm)	45	41.8	0.32	0.51	23.0	0.71	32.2	0.71	31.9
삼나무 보 (24cm×40cm)	45	41.8	0.32	0.47	21.2	0.73	28.5	0.63	28.3
낙엽송 기둥 (18cm×18cm)	30	19.3	0.65	0.66	19.8	0.70	21.0	0.81	24.4
낙엽송 기둥 (18cm×18cm)	45	19.3	0.65	0.64	28.8	0.68	30.6	0.80	36.0
낙엽송 기둥 (24cm×24cm)	45	19.7	0.63	0.56	25.2	0.59	26.7	0.67	30.1
낙엽송 기둥 (30cm×30cm)	45	24.6	0.60	0.59	26.6	0.67	30.2	0.76	34.0
낙엽송 기둥 (30cm×30cm)	60	24.6	0.60	0.50	30.0	0.56	33.5	0.62	37.1
낙엽송 보 (15cm×30cm)	30	15.9	0.45	0.65	19.5	0.66	19.7	0.66	19.9

수종 · 종류 (단면치수)	가열 시간 (분)	함수율 (%)	절건 비중	탄화 속도 (mm/분)	탄화 깊이 (mm)	함수율 보정후 (MC=15%)		비중 · 함수율 보정후 (삼나무 0.330, 낙엽송 0.435) (MC=15%)	
						탄화속도 (mm/분)	탄화깊이 (mm)	탄화속도 (mm/분)	탄화깊이 (mm)
낙엽송 보 (15cm×30cm)	45	15.9	0.45	0.54	24.3	0.55	24.5	0.55	24.7
낙엽송 보 (18cm×36cm)	45	10.8	0.60	0.61	27.5	0.58	26.1	0.64	28.8
낙엽송 보 (24cm×40cm)	45	48.1	0.56	0.55	24.8	0.91	40.9	1.04	46.7
낙엽송 보 (24cm×40cm)	60	48.1	0.56	0.48	28.8	0.74	44.6	0.83	49.8

(2) 최근연구

(a) 화재가열종료 후 방냉과정에서의 탄화속도

표준화재가열을 받은 대단면집성재의 탄화성능에 관한 실험적연구는 전술한 바와같이 일본내에서도 많이 실시되었고[44)-46),49),50)-52)], 목재의 탄화속도는 0.5~0.8mm/분의 범위에 있는 것으로 알려져 있다. 이들의 데이터에 기초하여 일본의 준내화구조를 대상으로 한 연소대 설계[53)]에서는 가열45분 후 탄화깊이를 35mm, 가열60분 후 탄화깊이를 45mm로 규정하고 있다. 유로코드5「목구조의 내화설계」[54)]의 잔존단면법에서는 탄화속도를 0.7mm/분으로, 여기에 7mm의 두께를 줄여 잔존단면을 산정하는 것으로 규정되어 있다. 이상, 표준화재가열을 받은 목질구조부재의 탄화성능은 대체로 명확하게 연구되고 있다.

한편, 표준화재가열 종료 후 방냉과정에서의 탄화성상을 단계적으로 조사한 연구에 대해서는 긴조(金城)등[55)]의 낙엽송구조용집성재 보(집성재의 접착제는 레졸시놀 · 페놀수지계)의 분할된 작은시험체에 의한 가열실험의 보고를 통하여, 가열종료 후 1시간 지나면 우각부를 제외하고는 탄화의 진행이 작아지는 것으로 보고하고 있다.

표4.5.9 시험체 잔존단면에서 산출한 탄화깊이(축방향)[55] (단위 : mm)

라미나 층	측정위치	보상단에서의 거리(mm)	가열개시부터의 시간				
			1시간	2시간	3시간	4시간	8시간
1	상면부	0	34.8	39.3	36.5	37.8	39.5
	중앙부	15	34.9	39.0	36.5	38.8	39.7
2	상면부	30	35.5	38.9	36.9	39.6	40.8
	중앙부	45	36.4	39.6	37.9	40.1	41.2
3	상면부	60	38.0	40.2	38.6	40.8	41.9
	중앙부	75	38.1	41.6	39.5	40.3	43.2
4	상면부	90	37.6	42.1	40.1	40.6	42.1
	중앙부	105	37.5	42.0	41.4	41.1	41.8
5	상면부	120	37.1	40.9	41.4	42.1	42.3
	중앙부	135	38.2	40.9	41.2	43.3	42.4
6	상면부	150	38.0	40.8	40.4	42.3	41.0
	중앙부	165	37.9	40.8	41.6	42.1	40.8
7	상면부	180	38.1	41.0	39.6	41.7	41.0
	중앙부	195	37.9	42.1	40.0	42.3	42.0
8	상면부	210	36.8	41.4	40.0	41.3	41.7
	중앙부	225	36.5	41.0	39.3	40.9	41.4
9	상면부	240	35.3	40.1	39.3	40.2	40.5
	중앙부	255	34.3	39.8	38.1	40.5	39.8
10	상면부	270	34.4	38.6	36.3	39.8	39.7
	중앙부	285	34.7	39.5	37.6	39.8	39.8
11	상면부	300	36.3	39.5	39.3	39.8	41.4
	중앙부	315	36.3	40.0	41.1	41.5	41.0
12	상면부	330	(36.1)	(40.9)	(42.6)	(43.3)	(42.5)
	중앙부	345	(36.6)	(42.4)	(50.0)	(47.2)	(45.8)
13	상면부	360	(38.9)	(55.5)	(63.1)	(59.9)	(58.6)
	중앙부	375	(49.2)	(84.7)	(105.0)	(105.0)	(90.7)
평균탄화깊이			36.6	40.4	39.2	40.8	41.1

※평균탄화깊이는 표의 괄호의 수치를 제외한 수치를 사용하여 산정

표4.5.10 시험체 잔존단면에서 산출한 탄화깊이(높이방향)[55]

단위(mm)

축방향중심으로부터 거리(mm)		가열개시부터의 시간				
		1시간	2시간	3시간	4시간	8시간
중심(0)		41.0	44.5	47.0	46.5	46.0
15	왼쪽	38.5	46.0	48.5	47.0	46.0
	오른쪽	42.0	45.5	48.5	47.0	47.0
30	왼쪽	38.0	49.0	50.5	50.0	50.0
	오른쪽	43.5	47.0	49.5	49.0	49.0
45	왼쪽	40.5	58.0	58.0	55.0	57.5
	오른쪽	46.5	53.0	54.0	57.0	53.5
50	왼쪽	42.0	62.5	64.5	60.0	60.5
	오른쪽	48.0	55.5	58.5	61.0	61.0
55	왼쪽	44.0	68.5	77.5	65.0	63.5
	오른쪽	41.0	57.5	63.5	69.0	66.0
60	왼쪽	(46.0)	(64.0)	(70.0)	(80.0)	(79.0)
	오른쪽	(55.5)	-	-	-	(80.0)
65	왼쪽	(51.5)	-	-	-	-
	오른쪽	(60.5)	-	-	-	-
평균탄화깊이		43.2	53.4	56.4	55.1	54.5

※평균탄화깊이는 표의 괄호의 수치를 제외한 수치를 사용하여 산정

표4.5.9, 4.5.10은 긴죠(金城)들의 보고[55]에 의한 시험종료 후 시험체 잔존단면으로 부터 탄화깊이를 계측한 수치이다. 실험은 6,000mm의 낙엽송구조용 집성재보의 시험체에서 길이 680mm의 시험체를 5개로 분활하여, 각각 가열종료 후 방냉시간을 바꾸어 시험체를 꺼내서 탄화깊이를 계측하고 있다. 표의 평균탄화 깊이에서 산정한 가열개시로 부터 1시간까지의 탄화속도는 보폭방향으로 0.61mm/분 이며, 보높이방향으로 0.72mm/분 이었다. 이것은 과거의 연구에 가까운 결과이다. 가열종료 후 방냉과정에서의 탄화속도는 가열중 탄화속도에 비해서 작고, 가열종료 후 1~2시간 경과 한 시점에서는 폭 방향으로 약 0.20mm/분~0.33mm/분, 높이 방향으로 약0.30mm/분~0.45mm/분으로 되었다. 가열종료 후 7시간 경과 시점에서는 폭방향으로 약 0.09mm/분, 높이방향으로 약0.11/분에서 대체로 0에 가까운 값으로 되고 있다. 탄화의 진행은 가열종료 후 서서히 진행이 늦어지는 경향을 볼 수 있지만, 탄화층 내측의 변색영역은 서서히 확대를 보이고 있었다. 가열전, 가열1시간 종료시, 가열개시 2,3,4, 및 8시간 후 시험체 단면의 상황을 그림4.5.9에 나타낸다.

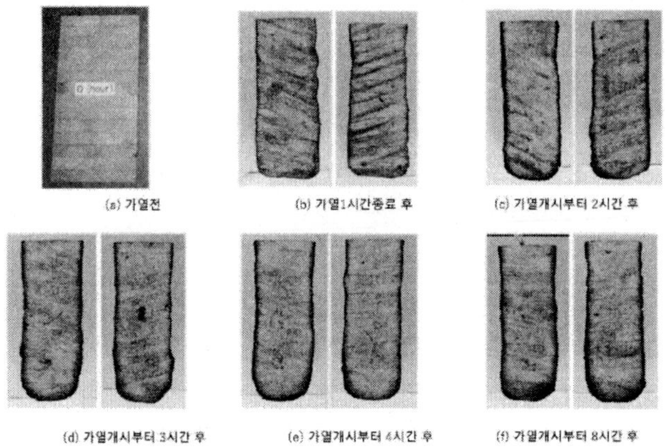

그림4.5.9 화재시 및 화재가열 종료 후의 방냉과정에서의 시험체단면의 탄화상황[55)]

(b) 표준화재가열 이외의 조건하에서의 탄화성상

최근에는 목재의 탄화성상에 대해서 표준화재가열 이외의 조건하에서의 가열실험도 실시되고, 유로1의 파라메트릭 온도시간곡선 (개구인자를 바꾸어, 고온단시간화재와 저온장시간화재를 재현)와 표준가열온도시간곡선에 의한 실험결과를 비교한 Lange들의 연구[56)], 내화성능검증법[57)]에서의 화재온도 상승계수가 집성재의 탄화성능에 미치는 영향을 조사한 노아끼(野秋)들의 연구[58)] 등, 실제의 건물화재를 상정한 경우의 탄화속도에 관한 데이터도 축적되어 가고 있다.

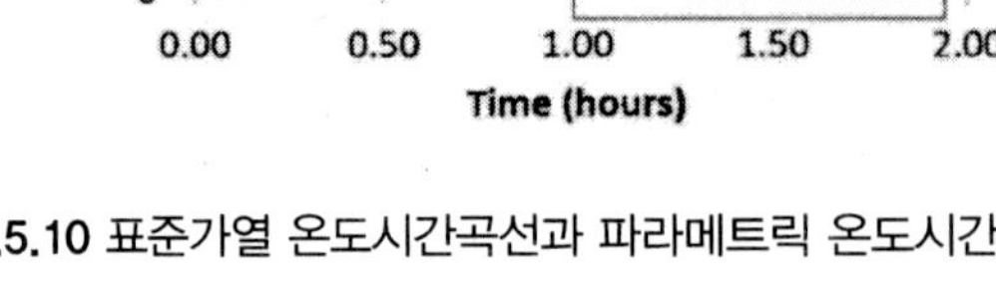

그림4.5.10 표준가열 온도시간곡선과 파라메트릭 온도시간곡선[56)]

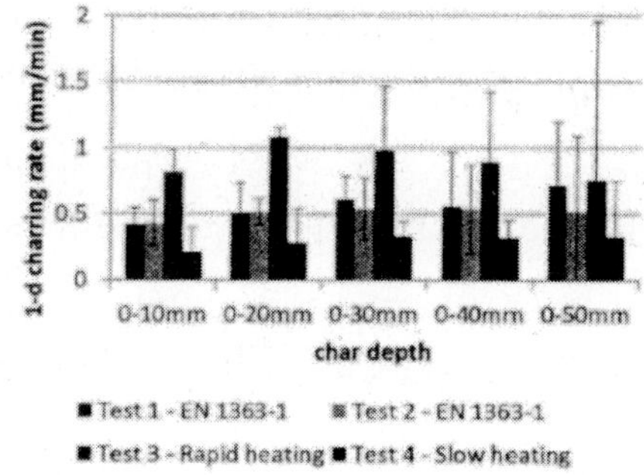

그림4.5.11 표준화재가열이외의 조건하에서의 탄화속도의 영향 [57)]

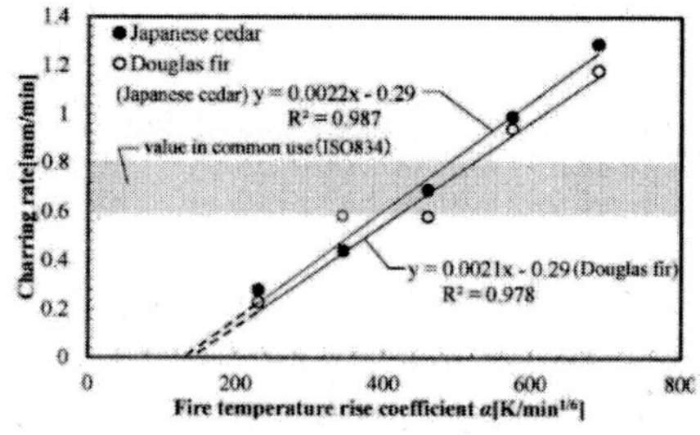

그림4.5.12 화재온도 상승계수와 탄화속도의 관계 [58)]

Lange들은 그림4.5.10에 나타낸 3개의 가열조건에 의해 실험을 실시하여, 각각의 케이스에 의한 탄화성상(탄화속도)의 차이에 대해서 보고하고 있다. 그림4.5.11에 나타낸 바와 같이 고온단기시간가열(Test3)의 경우는 가열초기단계에서 탄화속도가 상승하고, 탄화깊이 20mm도달시의 탄화속도가 약 1.1mm/분, 50mm의 경우에서도 0.7mm/분으로 되어 있고, 일반적인 탄화속도와 비교하여 진행이 빠르다. 그 한편으로, 저온 장시간가열(Test4)에서는 탄화깊이 10mm도달시 약 0.2mm/분, 그 이후에도 탄화속도는 약 0.3mm/분 정도로 비교적 탄화의 진행이 느리게 되는 것을 나타내고 있다.

표준가열의 경우 탄화속도는 재하 (Test1)와 비재하 (Test2)로 탄화속도에 차이가 있으며, 재하(Test1)의 경우는 탄화깊이 0에서 50mm까지로 약0.4mm/분에서 0.7mm/분 정도까지 상승하고 있는 반면, 비재하 (Test2)에 대해서는 탄화깊이 10mm에서는 약간 작아지고 있지만, 탄화깊이 50mm까지 변화는 거의 없고, 대체로 0.5mm/분 정도로 나타나고 있다.

노아끼(野秋)들은 그림4.5.12에 나타낸 바와 같이 화재온도 상승계수 와 탄화속도의 관계를 정리하고 있다[58]. 화재온도상승계수는 실내화재의 크기를 나타내는 인자로서, ISO 834표준가열온도는 $a = 460$이 된다. 그림 중의 실선은 탄화속도와 의 관계를 최소자승법으로 회귀시킨 직선이다. $a = 460$의 조건에서의 낙엽송 및 삼나무의 탄화속도가 각각0.58mm/분, 0.69mm/분으로 되고, 탄화속도의 관용치(0.6~0.8mm/분)에서도 대체로 일치하는 것을 나타내고 있다.

또한, $a = 230$의 탄화속도가 $a = 460$의 탄화속도의 절반, $a = 690$의 탄화속도가 관용치 $a = 460$의 탄화속도의 2배정도의 값으로 되어 있는 것을 알 수 있다. 따라서, a의 증가에 따라 탄화속도의 증가기울기는 커지는 경향을 볼 수 있지만, 노아끼(野秋)들의 실험조건의 범위에서는 선형회귀의 기여율 R^2가 0.98정도이며, 탄화속도는 a에 대하여 대체로 선형적으로 증가하는 것으로 볼 수 있다.

(c) 실대규모의 시험체에서의 탄화성상(실대화재실험)

실제의 건물화재가 발생하는 경우 내화로에 의한 내화시험과는 다르며, 건물의 실 용적, 수납가연물량 및 개구조건 등 다양한 영향인자가 건물을 구성하고 있는 구조부재의 탄화등에 영향을 미친다. 카쿠(加来)들[59]은 목조3층 건물학교의 실대화재실험에서 실험 종료후 시험체에서 채취한 단면 샘플보다 건물의 실마다의 축조재의 탄화상황에 대해서 검토한 결과를 보고하고 있다.

표4.5.11에 축조재의 탄화상황과 연소시간을 나타낸다. 카쿠(加来)들의 실험에서는 출화원(직원실) 및 출화실 직상의 교실에서는 점화로부터 연소개시까지 실온이 장시간에 걸쳐 100~450℃ 정도로 된 것을 보고하고 있다. 따라서 출화원 근처의 축조재는 100~200℃에서 약45분간, 게다가 그 후 200~450℃에서 26분간 예열을 받은 상황이고 출화원 직상의 교실에서는 플레시오버가 발생 후 100~250℃로 35분간 예열을 받았다고 보고되고 있다. 이러한 결과로부터 실화재에 있어서는 연소가 개시되기 전에 축조재의 함수율저하나 열분해 등의 탄화성상에 영향을 미칠 가능성이 있다고 보고하고 있다. 또한, 각층의 축조재의 최대탄화깊이는 1층에서 70mm, 2층에서 30mm 그리고 3층에서는 10mm정도로 보고하고 있다. 표4.5.11에서도 1층 출화원의 직원실 및 2층 보통교실에 대해서는 다른 실에 비해 탄화의 상황이 진행되고 있는 것을 알 수 있다.

표4.5.11 축조재의 탄화상황과 연소시간[59)]

층	실명	부재명 기둥	부재명 큰보	부재명 작은보	연소 시간(분)
1층	직원실 출화원부근 (재점화)	1C1 (69, 68; 계단실, 직원실)	1G7 (69, 69, 57; 직원실)	1B5 (43, 69, 63; 직원실)	66
	직원실 (남)	1C5 (66, 16; 남측옥외)	1G13 (38, 17; 남측옥외, 직원실)	1B24 (17, 23; 남측옥외)	1C5:56 1G13:48 1B24:54
	직원실 (북)	1C3 (55, 54, 46, 54; 직원실)	1G16 (52, 55, 53; 직원실)	1B12 (55, 41, 63; 직원실)	56
	복도	1C2 (25, 39; 북측옥외, 복도)	1G2 (39, 6; 복도, 북측옥외)	1B11 (21, 27, 19; 복도)	46
2층	보통교실 (남)	2C1 (20, 30; 계단실, 교실)	2G7 (29, 27, 20; 교실)	2B5 (27, 26, 17; 교실)	12
	보통교실 (북)	2C3 (18, 18; 오픈공간, 교실)	2G16 (6, 22; 교실)	2B10 (12, 17, 12; 교실)	11
	오픈공간	2C2 (18, 11, 21; 북측옥외, 오픈공간)	2G2 (23, 4; 오픈공간, 북측옥외)	2B9 (17, 15; 오픈공간)	10
3층	보통교실 (남)	3C1 (연소·손상없음; 계단실, 교실)	3G5 (4; 남측옥외, 교실)		4
	보통교실 (북)	3C3 (연소·손상없음; 오픈공간, 교실)			4
	오픈공간	3C2 (연소·손상없음; 북측옥외, 오픈공간)	3G2 (연소·손상없음; 오픈공간, 북측옥외)		연소없음

※1 부재치수(단위:mm) 기둥 220×650, 큰보 220×650, 작은보 220×350

※2 단면샘플 잘라낸 위치

기둥: 보아래 600mm, 큰보: 접합부 철물에서 50mm외측,

작은보: 샘플중앙

인용 · 참고문헌

1) 平田利美：木材およびセルルースの熱分解速度論，木材学会誌，41(10)，pp.879-886，1995
2) 秋田一雄：木材の発火機構に関する研究，消防研究所報告，9(1-2)，1959
3) 林業試験場監修：「新版木材工業ハンドブック」 pp.812-817，丸善，1973
4) 原田寿郎：コーンカロリーメーターによる木材の燃焼性評価，木材工業，59(10)，pp.454-457，2004
5) M. Janssens: Piloted ignition of wood: A review, Fire and Materials, 15, pp.151-167, 1991
6) V. Babrauskas: Ignition of wood: A review of the state of the art, Journal of Fire Protection Engineering, 12(3), pp.163-189, 2002
7) 田中哮義：建築火災安全工学入門，日本建築センター，1993
8) 原田寿郎：放射加熱による木材の炭化（第3報）燃焼に及ぼす加熱面の種類の影響と発熱速度の予測，木材学会誌，43(3)，pp.268-279，1997
9) 浦上弘幸，福山萬治郎：木材の熱伝導率に及ぼす比重の影響，京都府立大学農学部演習林報告，25，pp.38-45，1981
10) T. Harada: Time to ignition, heat release rate and fire endurance time of wood in cone calorimeter test, Fire and Materials, 25, pp.161-167, 2001
11) 秋田一雄：木材の着火性に関する研究（第 1 報)−木材の着火時間とそれに影響する因子−，火災学会論文集，3(1)，pp.1-3，1953
12) 日本木材加工技術協会：日本の木材，p.101，日本木材加工技術協会，1984
13) 真島ほか：理化学研究所彙報，10，p.299，1931
14) 長岡勉，辻本誠，古平章夫，上原茂男，菊地伸一：木材の密度と着火時間の関係，日本建築学会構造系論文集 No.559 pp.233-236，2002
15) 菊地伸一：輻射加熱を受けた木材の着火温度，木材学会誌，50(1)，pp.37-42，2004
16) 原口隆英ほか：木材の化学， p.1，文永堂，1985
17) 日本木材学会：日本木材学会研究分科会報告書 「木材の科学と利用技術 2. 防・耐火性能」，pp.136-154，1989
18) 建設省建築研究所：建設省総合技術開発プロジェクト「新木造建築技術の開発」報告書 No.62-2 防火分科会，1988
19) 中村賢一，山田誠：木造建築の防火設計，pp.41-43，産調出版，1998
20) J.G. Quintiere : The application of flame spread theory to predict material performance, Journal of Research of the National Bureau of Standards, 93 (1), pp.61-70, 1988
21) Y. Hasemi, M. Yoshida, N. Yasui : Upward flame spread along vertical charring materials: Model, model verification, and application to the evaluation of material fire safety performance, Proceedings of the first Japan Symposium on heat release and fire hazard, Tsukuba, pp.II-45-II-54, 1993
22) H.C. Tran ; R.H. White. : Burning rate of solid wood measured in a heat release rate calorimeter, Fire and Materials, 16 (4), pp.197-206, 1992
23) B. Östman; I.G. Svensson; J. Blomqvist : Comparison of three test methods for measuring rate of heat release, Fire and Materials, 9 (4), 176-184, 1985
24) H.C. Tran: Rates of heat and smoke release of wood in an ohio state university calorimeter, Fire and Materials, 12 (4), pp.143-151, 1988)
25) W.D. Gardner; C.R. Thomson: Ignitability and heat-release properties of forest products, Fire and Materials, 15 (1), pp.3-9, 1991
26) B. Fredlund: Modelling of heat and mass transfer in wood structures during fire, Fire Safety Journal, 20 (1), pp.39-69, 1993
27) J.W Parker: Prediction of the Heat Release Rate of Wood (Ph. D. thesis.), George Washington Univ., 1988
28) 原田寿郎：木材の燃焼性および耐火性能に関する研究，森林総合研究所報告，378，pp.1-85，2000
29) 森林総合研究所編：木材工業ハンドブック４訂版，pp.802-803 丸善，2004
30) E.L. Schaffer: State of structural timber fire endurance, Wood and Fiber, 9 (2), pp.145, 1977
31) 上杉三郎：放射加熱による合板の炭化，林業試験場研究報告，No. 340，pp.187-196，1986
32) E.L. Schaffer: Review of Information Related to the Charring Rate of Wood, FPL - 0145, 1966
33) B.E. Cutter, A. McGinnes Jr.: A note on density change patterns in charred wood [Hardwoods, softwoods], Wood and Fiber, 13 (1), pp.39-44, 1981
34) E. Mikkola: Charring of wood base material, Proceedings of the Third International Symposium on Fire Safety Science, Edinburgh, pp.47-556, 1991
35) T. Harada: Charring of Wood with Thermal Radiation II. Charring rate calculated from mass loss rate, Mokuzai Gakkaishi, 42 (2), pp.194-201, 1996
36) R.H. Nussbaum: The effect of low concentration fire retardant impregnations on wood charring rate and char yield, J. Fire Sci., 6 (4), pp.290-307, 1988
37) T. Ohuchi, K. Miyamoto: International Timber Engineering Conference, Tokyo, pp.87-91, 1990
38) J. König: The effect of density on charring and loss of bending strength in fire, Trätek. Rapport I 9210062, 1992
39) E.L. Schaffer: Charring Rate of Selected Woods - Transverse to Grain, FPL 69, 1967
40) 菅原進一：木材の炭化速度に対する考察，日本建築学会大会学術講演梗概集，北海道，pp.2109 -2110，1978
41) 浜田稔：木材の燃焼速度，火災，2 (3)，pp.106-107，1953

42) R.H. White, E.L. Schaffer: Application of CMA program to wood charring, Fire Technology, 14 (4), pp.279-291, 1978
43) S. Hadvig: Charring of Wood in Building Fires and Test Furnaces, The CIB-W14 Meeting in the Hague, 1982
44) 今泉勝吉：集成材の火災に対する安全性，木材工業，31 (11), pp.502-504, 1976
45) 中村賢一，宮林正幸：大断面木材の耐火性（1），木材工業，40 (12), pp.563-567, 1985
46) 上杉三郎：集成材の耐火性能（第3報）スギ大断面材の耐火時間，木材学会誌，40 (4), pp.424-428, 1994
47) USDA Forest Service, Forest Products Laboratory: Wood Handbook Wood as an Engineering Material, 17-11-17-16, Forest Products Society, 1999
48) Jacques Michel Njankouo, Jean-Claude Dotreppe, Jean-Marc Franssen: Experimental study of the charring rate of tropical hardwoods, Fire and Materials, 28 (1), pp.15-24, 2004
49) 日本住宅・木材技術センター：地域材を活かした新事業・起業創出緊急対策事業　製材耐火性能開発事業報告書，2003.7
50) 成瀬友宏，中村賢一，遊佐秀逸，増田秀昭，原田寿郎，山田誠，佐藤章：構造用製材の耐火性能 その1，スギとカラマツの炭化速度，日本建築学会大会学術講演梗概集 A-2 pp.11-12, 2004
51) 河原崎政行，戸田正彦，田坂茂樹：火災時におけるカラマツ集成材の炭化の進行と密度の影響，日本建築学会大会学術講演梗概集，A-2, pp.281-282, 2008
52) 中村賢一，最上浤二：構造用集成材の耐火性能実験，建築研究資料，pp.19-23, 1985
53) 昭和62年建設省告示第1902号，平成12年建設省告示第1358号および平成27年国土交通省告示253号
54) BS EN1995-1-2: Eurocode 5 Design of timber structures, Part1-2: General-Structural fire design, 2004
55) 金城仁，遊佐秀逸，堀尾岳成，平島岳夫，松本匠，齋藤潔：標準火災加熱を受けたカラマツ集成材梁の放冷過程における挙動 構造用集成材梁の耐火性に関する研究 その1，日本建築学会構造系論文集，第711号，pp.831-840, 2015
56) David Lange, Lars Bostrom, Joachim Schmid and Joakim Albrektsson, Charring rate of timber in natural fires, 8th International Conference on Structures in Fire, pp.521-528 , 2014
57) 2001年版 耐火性能検証法の解説および計算例とその解説，日本建築センターほか，pp.41-75, 2001
58) 野秋政希，大宮喜文，鈴木淳一：多様な火災加熱に曝される集成材の炭化性状および内部温度，火災温度上昇係数の変化の影響，日本建築学会環境系論文集，第706号，pp.989-998, 2014
59) 加來千紘，板垣直行，石山智，赤根健司，長谷見雄二，安井昇，成瀬友宏 萩原一郎：木造3階建て学校の実大火災実験（準備実験）（その21），実験後の軸組材の残存・炭化状況，日本建築学会大会学術講演梗概集（北海道），pp.203-204, 2013

4.6 고온시의 기계적특성의 변화

4.6.1 압축강도

고온시의 목재의 기계적특성에 대해서는 1940년대 부터 50년대에 걸쳐서, Kollmann들에 의해 광범위하게 연구되어 보고되고 있다. 이중 목재의 압축강도에 미치는 온도의 영향에 대해서는 그림4.6.1에 나타낸 바와같이 관계가 Kollmann에 의해 보고되고 있으며[1),2)], 지금까지 일본에서 출간된 다수의 문헌이 인용하고 있다[3)-5)]. 이에 따르면, 온도가 상승함에 따라 종압축강도는 선형적으로 저하하는 것을 알 수 있다.

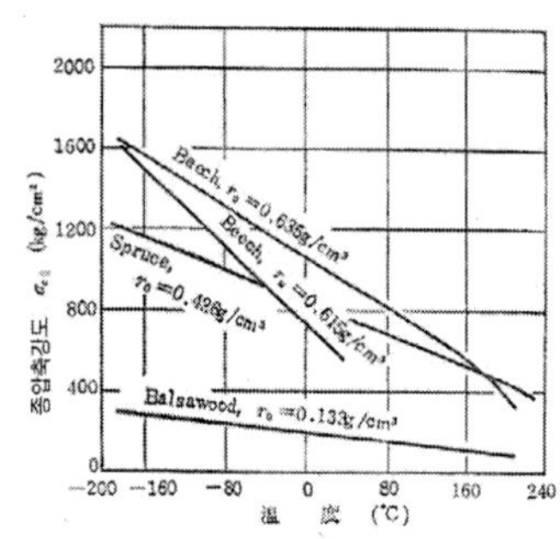

r_0 : 전건밀도 , r_u : 기건밀도

그림4.6.1 종압축강도에 미치는 온도의 영향 [3)]

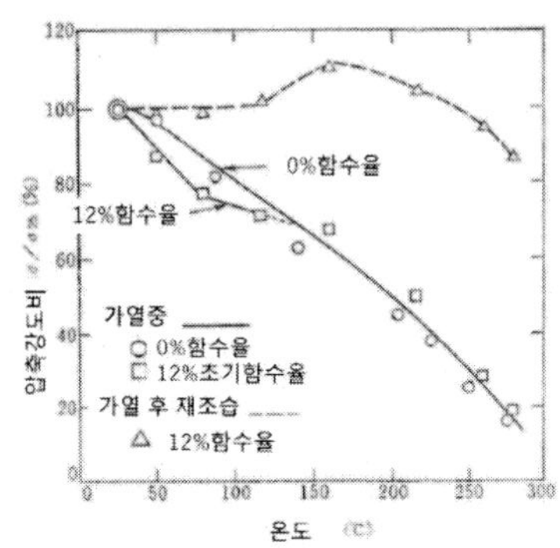

그림4.6.2 가열시 및 가열냉각 재조습 후 압축강도의 변화 [7)]

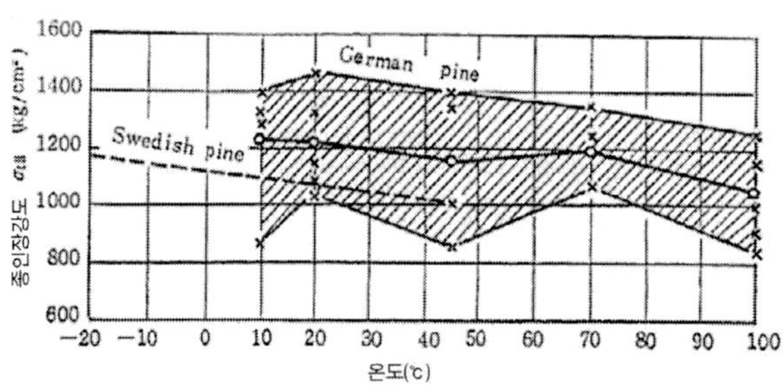

그림4.6.3 종인장강도에 미치는 온도의 영향 [3)]

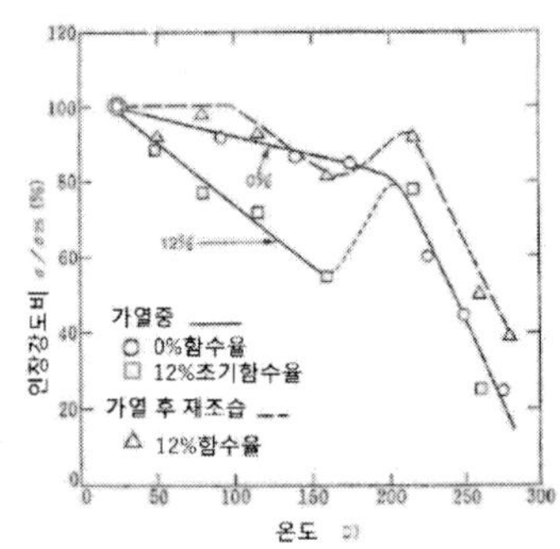

그림4.6.4 가열시 및 가열냉각 재조습 후 인장강도의 변화 [7)]

이 때, 전건재의 압축강도와 온도의 관계에 대해서는 (4.6.1)식이 주어지고 있다[2].

$$\sigma_{c\|2} = \sigma_{c\|1} - n(\theta_2 - \theta_1) \qquad (4.6.1)식$$

여기서, $\sigma_{c\|1}$, $\sigma_{c\|2}$은 각각 온도 θ_1, θ_2(℃) 때의 종압축강도(kg/cm^2)이다. 실험에서 온도 1℃당 강도의 변화량을 나타내는 온도계수 n(kg/cm^2 · ℃)는 전건밀도 r_0(g/cm^3)에 비례하여 (4.6.2)식이 제안되고 있다[2].

$$n = 4.76 r_0 \qquad (4.6.2)식$$

다음에 Schaffer는 목재의 종압축강도비와 온도는 그림4.6.2와 같은 관계가 있다고 보고하고 있다[6]. 실선이 가열시의 종압축강도비의 변화를 나타내고 있지만, 온도상승과 함께 직선적으로 저하하는 것을 알 수 있다.

4.6.2 인장강도

Kollmann에 의하면 종인장강도는 저함수율로는 온도의 영향을 받는 것이 적고, 그림4.6.3에 나타낸 바와 같이 거의 직선관계가 인정된다고 보고하고 있다[8].

또한, Schaffe는 그림4.6.4에 나타낸 바와 같이 보다 고온역까지의 목재의 종인장강도비와 온도의 관계에 대해서 보고하고 있다[6]. 이것에 따르면, 가열시의 종인장강도비는 목재온도가 약200℃까지는 완만하게 직선적으로 저하하지만, 그것을 넘으면 급격하게 저하하는 것을 알 수 있고 또한, 목재중의 수분이 가열에 의해 손실되는 것도 강도저하에 영향을 준다고 보고하고 있다.

4.6.3 전단강도

Kollmann에 의하면 목재의 전단강도는 0~40℃ 에서는 온도의 상승에 따라 거의 직선적으로 감소하고, 온도 1℃당 강도변화률은 약 0.53%라고 보고하고 있다[9),3)].

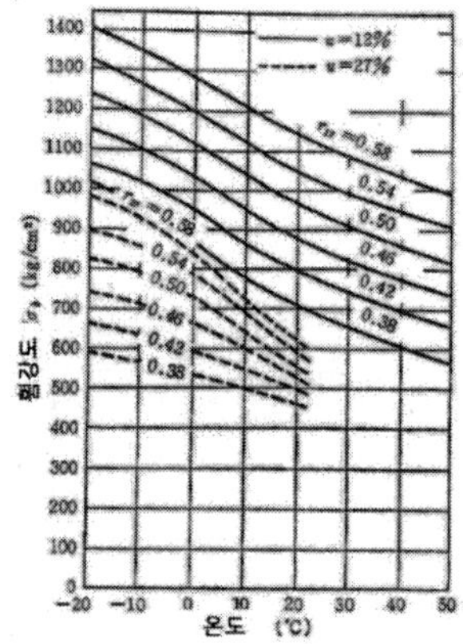

그림4.6.5 12%와 27%의 함수율을 갖는 Pine재에 대한 휨강도와 온도와 밀도와의 관계[31)]

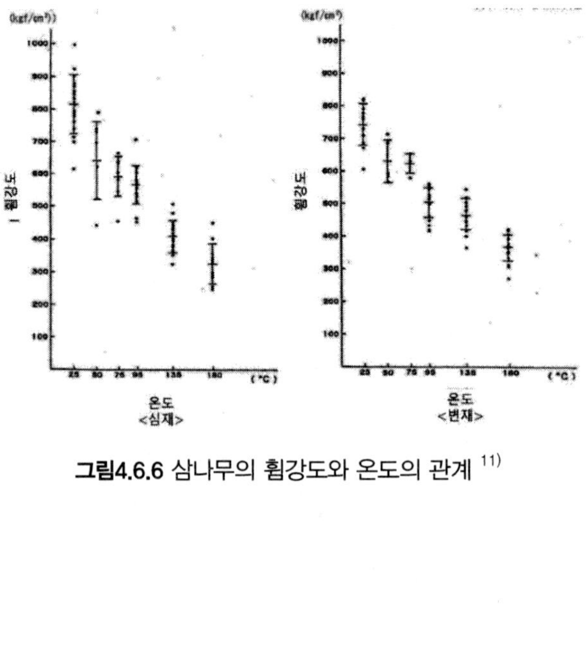

그림4.6.6 삼나무의 휨강도와 온도의 관계[11)]

4.6.4 휨강도

Thunell에 의해 휨강도에 미치는 온도의 영향에 대해서 그림4.6.5에 나타낸 관계가 보고되고 있다[9)]. 이 결과로부터 목재의 휨강도는 온도상승과 밀도의 감소에 따라 저하되는 것을 알 수 있다.

Sulzberger도 -20~60℃까지의 온도범위에서의 휨강도에 대해서 보고하고 있으며, 이 범위에서는 휨강도와의 직선관계를 가정할 수 있다고 보고하고 있다[10)]. 보다 고온역에 대해서 우에스기(上杉)는 삼나무재의 심재와 변재를 이용하여 25℃에서 180℃까지 가열하여, 휨강도를 구하고 있다[11)]. 그림4.6.6에 측정결과를 나타내었고, 심재, 변재모두 가열온도 상승과 함께 휨강도는 저하하고, 180℃ 가열시에는 실온시에 비해 평균값으로 약 40% 저하하고 있다.

또한, 카쿠(加来)들이 구한 함수율3%정도의 삼나무, 낙엽송, 미송, 느티나무의 상온, 100℃, 150℃, 200℃, 250℃의 휨강도를 표4.6.1에 나타낸다[12]. 또한, 가열냉각 후 강도를 표4.6.2에 나타낸다[12].

표4.6.1 삼나무, 낙엽송, 미송, 느티나무의 고온시 휨강도 [12]

	휨강도의 실험치(평균) (N/mm^2)					휨강도의 잔존률				
가열온도	상온	100℃	150℃	200℃	250℃	상온	100℃	150℃	200℃	250℃
삼나무	81.39	60.28	52.19	37.55	24.42*	1.00	0.74	0.64	0.46	0.30*
낙엽송	117.03	88.22	66.75	47.98	22.27	1.00	0.75	0.57	0.41	0.19
미송	121.66	73.31	70.71	59.26	30.29	1.00	0.60	0.58	0.49	0.25
느티나무	127.27	83.15	72.69	38.95	18.59	1.00	0.65	0.57	0.31	0.15

*250℃의 란에 표시한 삼나무의 값은 230℃에서의 측정결과를 나타낸다.

여기에, 스즈끼(鈴木)[13], 카쿠(加来)[14]는 삼나무와 느티나무의 고온시의 휨강도에 미치는 함수율의 영향에 대해서 표4.6.3에 나타낸 결과를 보고하고 있다.

표4.6.2 삼나무, 낙엽송, 미송, 느티나무의 가열냉각 후 휨감도 [12]

	휨강도의 실험치(평균) (N/mm^2)					휨강도의 잔존률				
가열온도	상온	100℃	150℃	200℃	250℃	상온	100℃	150℃	200℃	250℃
삼나무	81.39	82.52	82.61	78.11	70.88*	1.00	1.01	1.01	0.96	0.87*
낙엽송	117.03	118.74	119.78	101.25	46.50	1.00	1.01	1.02	0.87	0.40
미송	121.66	123.21	125.72	119.92	86.98	1.00	1.01	1.03	0.99	0.71
느티나무	127.27	120.48	113.16	99.70	55.27	1.00	0.95	0.89	0.78	0.43

*250℃의 란에 표시한 삼나무의 값은 230℃에서의 측정결과를 나타낸다.

표4.6.3 삼나무, 느티나무의 고온시 휨강도에 미치는 함수율의 영향 [13-14]

	삼나무(N/mm^2)				느티나무(N/mm^2)			
내부온도	상온	50℃	80℃	95℃	상온	50℃	80℃	95℃
함수율 5%미만	71.8	62.2	48.7	45.7	108.6	100.7	90.2	81.9
함수율 5%~30%미만	55.4	46.9	31.7	25.2	102.8	78.2	50.0	40.6
함수율 30%이상	44.0	37.3	23.1	17.6	88.1	58.8	32.3	32.2

4.6.5 휨탄성계수

목재의 휨탄성계수는 온도가 상승할수록 감소하지만, 일반적으로 그 관계는 예를들면 Thunell에 의해 얻은 그림4.6.7와 같이 직선적이지 않다[15].

또한, Gerhard에 의한 그림4.6.8에 나타낸 관계가 보고되고 있다[7]. 결과로부터 함수율이 0%의 경우는 200℃를 넘으면, 함수율이 12%의 경우는 180℃를 넘으면 휨탄성계수가 급격히 저하하는 것을 알 수 있다.

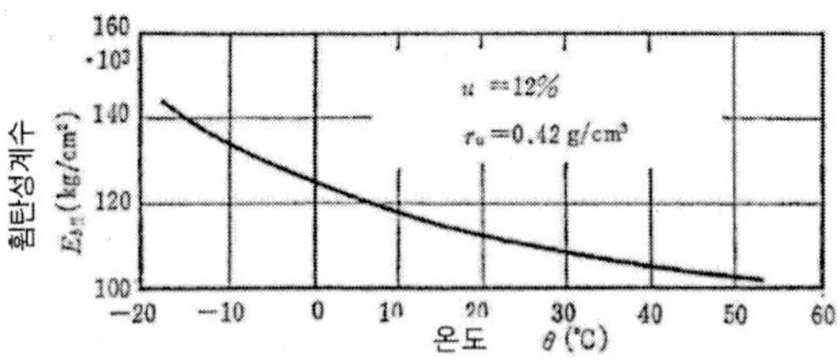

그림4.6.7 Swedish pine재의 휨탄성계수와 온도와의 관계[3]

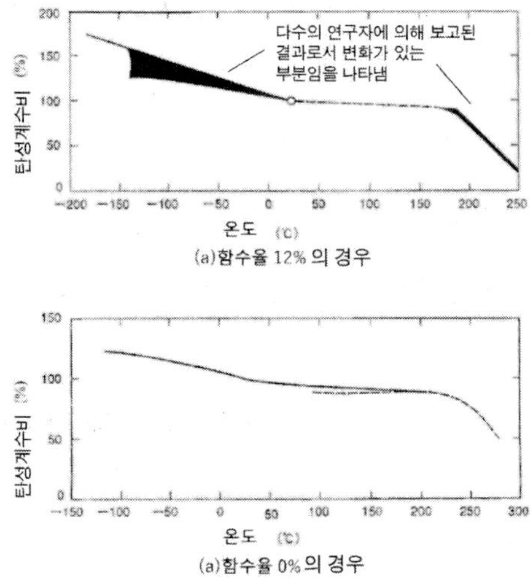

그림4.6.8 함수율이 0%와 12% 때의 섬유에 평행한 휨탄성계수와 온도와의 관계[7]

나카무라(中村)들은 집성재나 제재의 고온시의 휨시험에 의해 얻은 휨탄성계수와 휨파괴하중에 대해서 이들의 상온시의 값에 대한 비율(잔존율)로서 표4.6.4를 보고하고 있다[7]. 이것보다 탄성계수와 파괴하중의 각 온도에서의 평균적인 잔존율을 구하면 표4.6.5[7) 16)]로 되며, 탄성계수의 대략적인 잔존률은 상온~50℃에서는 100%, 50~150℃에서는 80%, 150~200℃에서는 70%로 되는 것을 나타냈다.

또한, 함수율 3%정도의 삼나무, 낙엽송, 미송, 느티나무에 대해서 카크(加来)들이 구한 상온, 100℃, 150℃, 200℃, 250℃의 휨탄성계수를 표4.6.6에 나타낸다[12]. 여기에 스즈끼(鈴木)[13], 카쿠(加来)[14]들에 의한 삼나무와 느티나무의 고온시의 휨강도에 미치는 함수률의 영향을 표4.6.7에 나타낸다.

표4.6.4 탄성계수와 파괴하중의 잔존률 [7]

수지 및 라미나접합체	가열온도(℃)	탄성계수와 파괴하중의 잔존률(%)[1]		
		탄성계수E[2]	탄성계수E′[3]	파괴하중
전나무집성재, 레졸시놀 수지접합제	50	91.1	82.2	87.9
	100	82.6	76.3	70.1
	150	83.2	71.8	67.7
	200	74.4	63.7	52.2
	250	52.4	44.5	36.3
전나무집성재, 레졸시놀·페놀공축합 수지접합제	50	84.5	-	64.3
	100	76.7	-	51.9
	150	71.7	-	44.9
	200	66.2	-	39.8
	250	37.3	-	20.9
미송집성재, 레졸시놀·페놀공축합 수지접합제	50	89.3	85.6	69.6
	100	-	-	-
	150	76.7	82.8	56.4
	200	-	-	-
	250	48.8	57.3	31.7
전나무제재	50	95.1	105.4	89.5
	100	75.2	78.0	59.9
	150	76.8	73.8	68.0
	200	72.8	64.2	45.9
	250	40.7	39.8	15.6

1) 상온시의 값을 100%로 함.(2~5개의 데이터의 평균값)
2) 전단처짐을 포함한 겉보기 휨탄성계수
3) 전단처짐을 포함하지 않은 순휨탄성계수

표4.6.5 탄성계수와 파괴하중의 각 온도에서의 잔존률 [7]

가연온도	탄성계수	파괴하중
상온	100	100
50℃	90	80
100℃	80	65
150℃	75	60
200℃	65	50
250℃	45	30

표4.6.6 삼나무, 낙엽송, 미송, 느티나무의 고온시 휨탄성계수[12)]

	휨강도의 실험치(평균) (N/mm²)					휨강도의 잔존률				
가열온도	상온	100℃	150℃	200℃	250℃	상온	100℃	150℃	200℃	250℃
삼나무	8067	6992	6713	5672	4313*	1.03	0.91	0.88	0.73	0.56
낙엽송	9868	9068	8011	6876	4157	0.99	0.92	0.82	0.70	0.43
미송	12018	10552	9961	9052	5980	1.01	0.88	0.83	0.76	0.50
느티나무	10516	9155	8503	5652	3283	1.00	0.87	0.81	0.53	0.31

*250℃의 란에 표시한 삼나무의 값은 230℃에서의 측정결과를 나타낸다.

표4.6.7 삼나무, 느티나무의 고온시 휨강도(N/mm²)에 미치는 함수율의 영향[13-14)]

	삼나무(N/mm²)				느티나무(N/mm²)			
내부온도	상온	50℃	80℃	95℃	상온	50℃	80℃	95℃
함수율 5%미만	8085	7741	7754	7391	7959	7627	7366	6975
함수율 5%~30%미만	8202	7250	6028	5103	8561	7615	5798	5101
함수율 30%이상	7736	6696	4866	3486	8841	7236	4061	3578

인용 · 참고문헌

1) Kollmann, F. : Technologie des Holzes und der Holzwerkstoffe I, Springer, 1951
2) Kollmann, F. : VDI-Forschungsheft, 403, VDI-Verlag, Berlin, 1940
3) 渡辺治人 : 木材理学総論, pp. 484, 590, 594, 農林出版株式会社, 1978
4) 木材活用事典編集委員会 : 木材活用事典, pp. 121, 122, 産業調査会, 1994
5) 林業試験場編 : 新版木材工業ハンドブック, pp. 176-179, 丸善, 1973
6) Schaffer, E. L. : State of structural timber fire endurance, Wood and Fiber, 9 (2), pp. 145, 1977
7) 中村賢一, 山田誠 : 木造建築の防火設計, pp. 36-40, 産調出版, 1998
8) Kollmann, F. and Schulz, F. : Versuche uber den Einfluss der Temperatur auf die Festigkeitswerte von Flugzeugbaustoffen, 2 Teilbericht, Reichsanstalt fur Holzforschung, Ber., pp. 131, 1944
9) Kollmann, F. : Über die Abhängigkeit einiger mechanischer Eigenschaften der Hölzer von der Zeit, von Kerben und von der Temperatur, Holz als Roh-und Werkstoff, 10 (7), pp. 269-279, 1952
10) Sulzberger, P. H. : The effect of temperature on the strength properties of wood, plywood and glued joint at various moisture contents. C. S. I. R. O., Div. For, Prod., 1948
11) 上杉三郎 : スギ材の 180℃以下加熱における曲げ性能, 木材学会誌, 38(11), pp. 985-994, 1992
12) 加來千紘, 長谷見雄二, 安井昇, 保川みずほ, 上川大輔, 亀山直央, 小野徹郎, 腰原幹雄, 長尾博文 : 火災加熱が木材の力学的性能に及ぼす影響ー加熱した針葉樹材および広葉樹材の高温時および加熱冷却後のヤング係数・曲げ強度の測定ー, 日本建築学会構造系論文集, 79(701), pp. 1065-1072, 2014
13) 鈴木達朗, 加來千紘, 長谷見雄二, 上川大輔, 安井昇, 亀山直央, 腰原幹雄, 長尾博文 : 木材の含水率が高温時の力学的性能に及ぼす影響 (その1) 広葉樹 (スギ) の高温時のヤング係数・曲げ強度の把握, 日本建築学会大会講演梗概集 A, pp. 135-138, 2015
14) 加來千紘, 鈴木達朗, 長谷見雄二, 上川大輔, 安井昇, 亀山直央, 腰原幹雄, 長尾博文 : 木材の含水率が高温時の力学的性能に及ぼす影響 (その2) 広葉樹 (ケヤキ) の高温時のヤング係数・曲げ強度の把握, 日本建築学会大会講演梗概集 A, pp. 121-122, 2015
15) Thunell, B. : Über die Elastizität schwedischen Kiefernholzes, Holz als Roh-und Werkstoff, 4 (1), pp. 15-18, 1941
16) 最上浤二, 中村賢一, 宮林正幸, 堀和成 : 構造用集成材の耐火性能(第6報), 日本建築学会大会学術講演梗概集 A, pp. 787-788, 1987

4.7 고온시의 열특성의 변화

4.7.1 열전도율

상온시의 목재의 열전도율은 밀도와 양의 상관이 있으며, 우라카미(浦上)등[1]은 목재의 밀도 (kg/m^3)과 열전도율k(W/m/K)의 사이에는 (4.7.1)식과 같이 실험식을 제안하고 있다.

$$k = 0.0174 + 1.86 \times 10^{-4} \rho \qquad (4.7.1)식$$

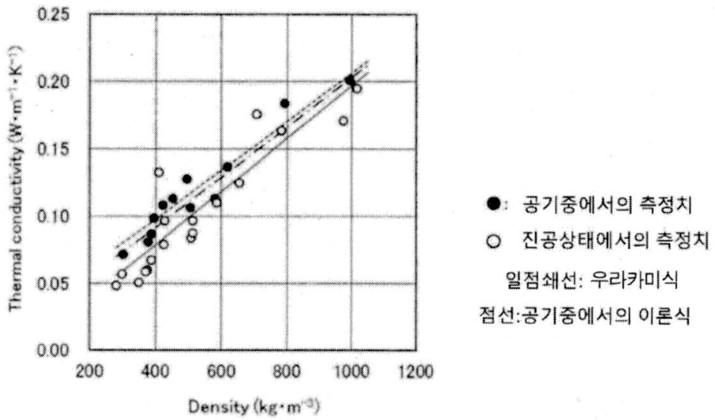

그림4.7.1 실온에서의 목재의 밀도와 열전도율의 관계 [2]

이 식으로부터 구해진 열전도율과 하라다(原田)등[2]이 레이저플래시 법에 의해 구한 값과는 대체로 일치하고 있지만, 목재를 세포벽 부분과 공극부분으로 부터 되는 구형모델로서 파악한 열전도율의 이론식과도 잘 일치한다(그림4.7.1참조).

또한, 목재의 열전도율에는 섬유방향과 섬유직각방향에서 이방성이 있고, 우라카미(浦上)들[1]은 섬유방향의 열전도율은 반경방향 및 접선방향의 열전도율에 비해 약2.5배 큰 것으로 보고하고 있다.

목재의 열전도율은 온도의 상승에 따라 거의 직선으로 증가하지만, 복사방향의 쪽이 접선방향이나 섬유방향 보다도 증분이 크다. Kollmann에 의하면, 온도1℃당 열전도율의 변화 $\Delta\lambda$(%)는 목재의 전건밀도 $r0$(g/cm^3), 즉 공극률μ와(4.7.2)식 및 (4.7.3)식의 관계가 있다고 보고하고 있다[3]. 식 중 λ_1, λ_2는 각각온도 θ_1, θ_2 때의 열전도율.

$$\Delta\lambda = 1.47\mu - 0.367 \approx 1.1 - 0.98r_0 \qquad (4.7.2)식$$

$$\lambda_2 = \lambda_1\left\{1-(1.1-0.98\,r_0)\frac{\theta_1-\theta_2}{100}\right\} \quad (-50℃ < \theta < 100℃) \qquad (4.7.3)\text{식}$$

또한, Kühlmann에 의하면, 목재의 함수율과 온도와 열전도율의 관계는 그림4.7.2와 같이 되고, 일정 온도에 대해서 열전도율은 목재함수율과 함께 거의 직선으로 상승한다[4)].

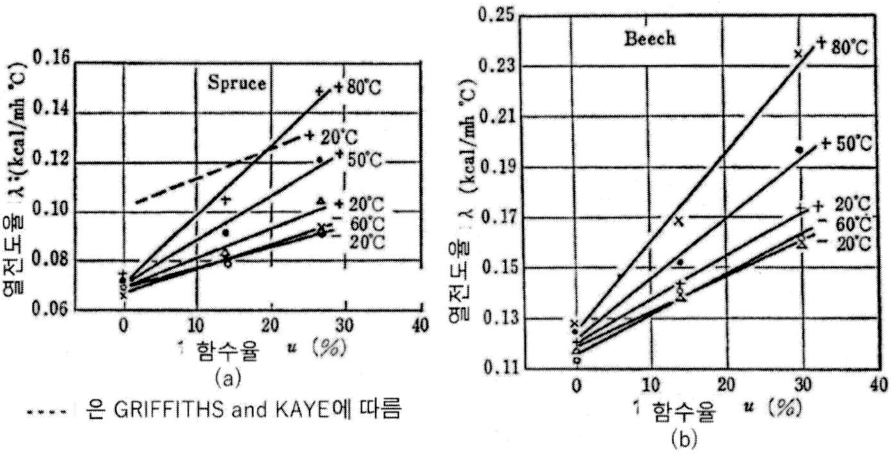

그림4.7.2 목재의 함수율과 온도와 열전도율의 관계[5)]

오우치(大內)는 보다고온역에 대해 각종 수종의 열전도율을 측정하고 있다[6)]. 보고에 따르면, 열전도율은 수종에 관계없이 100℃근방까지 선형적으로 증가하고, 이후 감소하는 경향이 있으며, 100℃근처를 축으로 거의 대칭의 형태로 되며, 같은 온도에서는 비중이 클수록 크다고 보고하고 있다(그림4.7.3참조).

한편, 레이저플래시법을 이용한 상온에서 270℃까지의 계측에 따르면 열전도율이 온도와 함께 증가하는 경향을 나타내는 보고사례도 있다 (그림4.7.4참조)[2)].

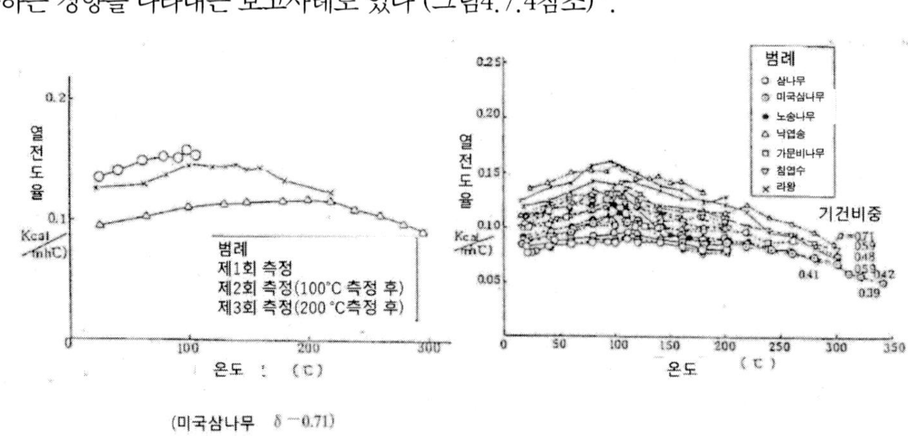

그림4.7.3 고온시 열전도율 측정 예[6)]

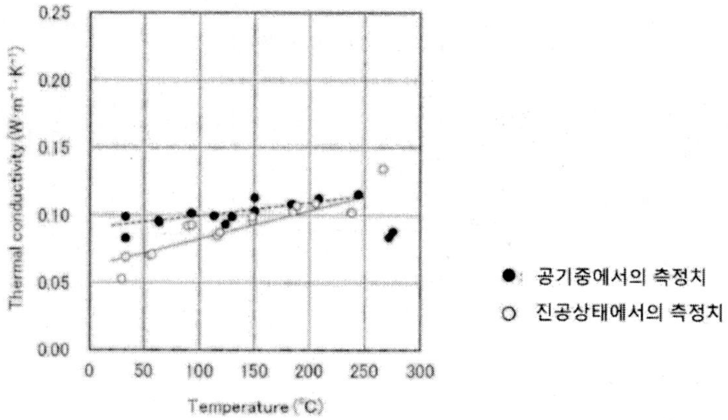

그림4.7.4 레이저플래시법에 의한 향나무 목재에서의 온도와 열전도율의 관계 [2)]

4.7.2 비열

목재의 비열은 수종, 비중, 변심재 종별에 따른 변화는 거의 없다고 보고되어 있지만, 함수율, 온도에는 의존한다.

Dunlap은 온도θ(℃)의 전건재의 진비열C_0(kcal/kg · ℃)을 (4.7.4)식에서 제안하고 있다[7)].

$$c_0 = 0.266 + 0.00116\theta \quad (4.7.4)식$$

이 식은 비중 0.23~1.10의 범위에 적합한 20종류의 목재에 대해서 0~100℃의 평균비열로 0.317~0.337, 전체의 평균으로 0.324로 구해졌다.

또한, 일반적으로 온도θ_1~θ_2(℃)의 전건재의 평균비열은(4.7.5)식으로 나타낼 수 있다[5)].

$$c_m = 0.266 + 0.00058(\theta_2 + \theta_1) \quad (4.7.5)식$$

하라다(原田)들은 레이저플래시법에 의해 실온에서 270℃까지의 목재의 비열을 측정하고, 수종(밀도)에 의한 차는 볼 수 없지만(그림4.7.5참조)[2)], 온도와 함께 증가하는 경향이 있다는 것을 보고하였다(그림4.7.6참조)[2)].

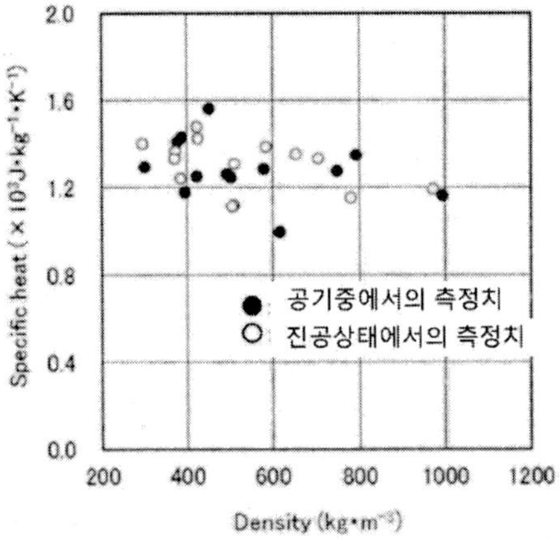

그림4.7.5 레이저플래시법에 의한 실온에서의 비열측정치 [2)]

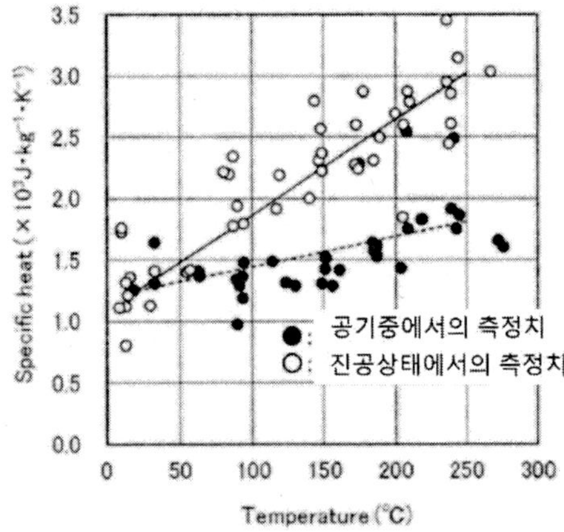

그림4.7.6 나한백, 노송나무, 오동나무, 너도밤나무 및 가시나무아속의 상온과정에서의 비열추이 [2)]

4.7.3 열확산율

미쯔히사(満久)은 열확산율로의 온도의 영향은 실제에는 무시할 수 있는 정도로, 그림4.7.7과 같이 100℃까지의 관계를 보고하고 있다[8)].

또한, 하라다(原田)들은 레이저플래시법에 의한 측정에서 상온에서 240℃까지는 거의 변화가 없고, 밀도가 작을수록 열확산율은 큰 값이 되는 것으로 나타났다(그림4.7.8참조)[2)].

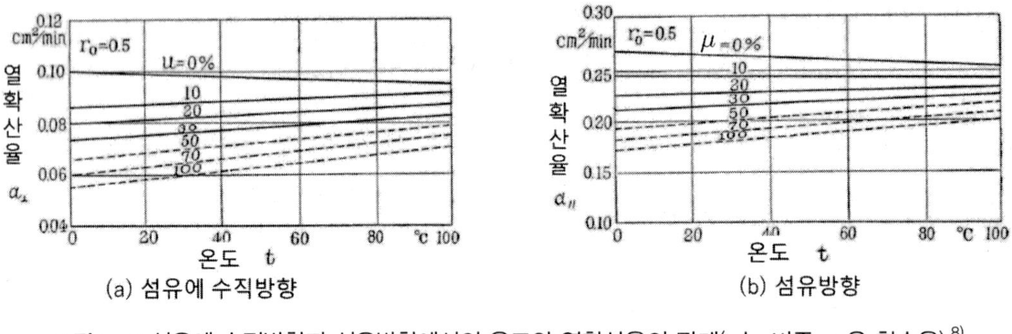

그림4.7.7 섬유에 수직방향과 섬유방향에서의 온도와 열확산율의 관계(r_0는 비중, μ은 함수율) [8)]

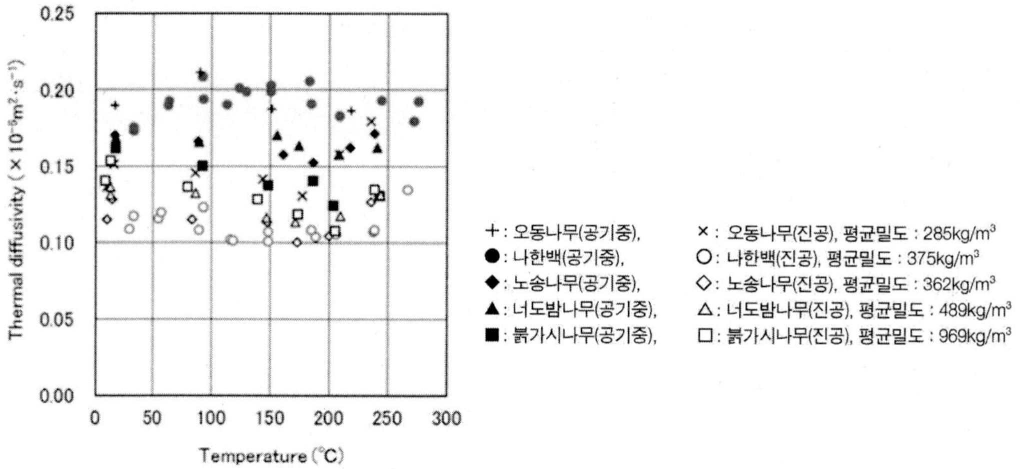

그림4.7.8 노송나무, 나한백, 오동나무, 너도밤나무 및 붉가시나무의 공기중 또는 진공상태에서의 승온과정에서의 열확산율 추이 [2)]

4.7.4 열팽창율

Weatherwax들은 일반적으로 온도가 높게 되면, 선열팽창률α는 커지지만, 목재에서는 온도변화가 좁은범위의 때는 α를 일정하다고 간주하여도 된다고 하였고[9)], 또한, 목재의 구조적 3주축의 방향(섬유방향a_1, 접선방향a_2, 복사방향a_3)에서의 선팽창이 다른 것으로 표4.7.1에 나타냈다[10)]. 이것으로부터 전건상태의 목재의 섬유에 평행방향의 선열팽창률((4.7.6)식)은 직각방향에 비해 현저히 작고, 접선방향((4.7.7)식)은 복사방향((4.7.8)식)에 비해 약간 크며, 또한, 섬유에 평행방향의 선열팽창률은 목재전건밀도와 전혀 상관이 없지만, 접선방향과 복사방향의 선열팽창률과 목재밀도와의 관계는 비례적이고, 같은 수종은 밀도가 커지면 선열팽창률이 크게 되는 경향이 있다고 보고하였다[5)].

•전건상태의 목재의 선열팽창률

섬유방향: $\alpha_{0l} = \left(3 \sim 4.5\times10^{-6}\right)\left({}^{\circ}C^{-1}\right)$ (4.7.6)식

접선방향: $\alpha_{0t} = \left(70\times10^{-6}\right)\rho_0\left({}^{\circ}C^{-1}\right)$ (4.7.7)식

복사방향: : $\alpha_{0r} = \left(50\times10^{-6}\right)\rho_0\left({}^{\circ}C^{-1}\right)$ (4.7.8)식

표4.7.1 목재의 1℃당 평균선 열팽창률(단위는 $℃^{-1}$)[5)]

수종		밀도r_0 g/cm^3	$\alpha t \cdot 10^6$		$\alpha r \cdot 10^6$		$\alpha l \cdot 10^6$	
			-50~+50°	0~+50°	-50~+50°	0~+50°	-50~+50°	0~+50°
활엽수	Sugar maple (Acer saccharum Marsh.)	0.68	35.3	37.6	26.8	28.4	3.82	4.16
	Balsa(Ochroma lagopus Sw.)	0.17	-	24.1	-	16.3	-	-
	Yellow birch (Betula lutea Michx.)	0.66	38.3	39.4	30.7	32.3	3.36	3.57
	Cottonwood (Populus deltoids Marsh.)	0.43	32.6	33.9	23.2	23.3	2.89	3.17
	Yellow poplar (Liriodendron tulipifera L.)	0.43	29.7	31.4	27.8	27.2	3.17	3.55
침엽수	Douglas fir (pseudotsuga taxifolia Britt.)	0.51	42.7	45.0	27.9	27.1	3.16	3.52
	Sitaka spruce (Picea sitchensis Carr.)	0.42	32.3	34.6	23.8	23.9	3.15	3.50
	Redwood (Sequoia sempervirens Endl.)	0.42	35.1	35.8	23.6	23.9	4.28	4.59
	White fir(Abies concolor Lindl. Et Gordon)	0.40	32.6	31.6	21.8	21.7	3.34	3.90

인용 · 참고문헌

1) 浦上弘幸, 福山萬治郎：木材の熱伝導率に及ぼす比重の影響, 京都府立大学農学部演習林報告, 25, pp.38-45, 1981
2) Toshiro Harada, Toshimitsu Hata and Shigehisa Ishihara: Thermal constants of wood during the heating process measured with the laser flash method, J Wood Sci, 44(6), pp.425-431, 1998
3) Kollmann,F.: Technologie des Holzes und der Holzwerkstoffe, Bd. 1,Springer Verlag, 1951
4) Kühlmann,G.: Untersuchung der thermischen Eigenschaften von Holz und Spanplatten in Abhängigkeit von Feuchtigkeit und Temperatur im hygroskopischen Bereich, Holz als Roh-und Werkstoff, 20 (7), pp.259-270, 1962
5) 渡辺治人：木材理学総論, pp.314-323, pp.328-339, 農林出版株式会社, 1978
6) 大内富夫：木材の高温時の熱伝導率, 日本建築学会大会学術講演梗概集 A, pp.785-786, 1987
7) 伏谷賢美, 岡野健編：木材の科学・2　木材の物理, p.198, 文永堂出版, 1991
8) 満久崇麿, 梶田茂編：木材工学, p.261, 養賢堂, 1961
9) Weatherwax,R.C.and A.J.Stamm: Wood Handbook, 72, U.S.Dept.Agric.For.Service, 1955
10) Weatherwax,R.C.and A.J.Stamm: The coefficients of thermal expansion of wood and wood products, U.S.For.Prod.Lab.Rpt., p.1487, 1946

4.8 목질계 재료의 난연처리

4.8.1 난연화 기구

(1) 연소의 프로세스와 난연화의 방법

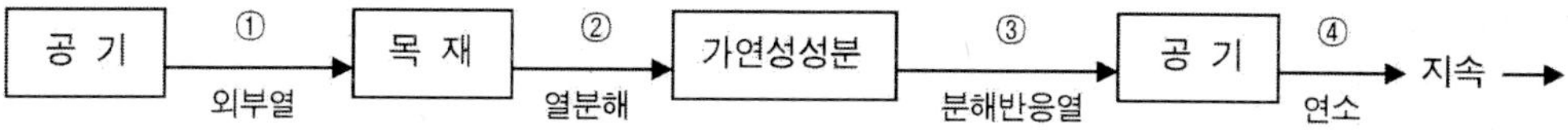

그림4.8.1 목재의 연소메카니즘

목질계재료의 난연화는 「가열 · 열분해 · 발열 · 연소」의 연소프로세스를 부분적으로 또는 전체를 지연 · 저지하는 것이다[1),2)]. 이 방법에는 물리적인 수단으로서 목재표면을 피복해 열에너지를 차단하는 방법, 또는 화학적 수단으로 목재에 주입된 단일 또는 혼합약제의 열에 의한 반응을 이용하는 방법이 있다.

[물리적 수단]

① 외부로부터의 열을 차단 : 무기재료 또는 금속에 의한 재료의 피복. 내화도료의 발포층 형성에 의한 단열. 차열, 차염효과 및 산소의 공급저지를 기대한다.

[화학적 수단]

② 목재의 탈수탄화를 촉진 : 인계, 질소계 약제에 의함. 인산염은 고상내에서 셀룰로스에 작용하여 고상내에서 가연성분인 수소를 물로 변화시킨 것과 동시에 또 하나의 가연성분으로 어느탄소를 탄화물로 함으로서 고상내로 가두기 때문에 기상에는 가연성분을 발생시키지 않는다는 기구이다. 질소계 약제는 인과의 병용에 의해 상승적으로 효과를 발휘한다.

③ 연속반응의 저지, 정지 : 할로겐계 약제는 발염 래디칼 연쇄반응의 래디컬을 할로겐래디칼에 의해서 트랩시킴으로서 소염시킨다.

④ 생성가스에 의한 희석 : 암모늄염, 탄산염, 질소화합물에서는 암모니아가스, 탄화가스, 질소계가스가 생성되어 단열, 희석, 피복의 효과로 온도저하나 연소를 억제한다.

(2) 방화약제

사용되는 약제는 연소억제의 화학적인 작용에 효과를 기대하는 것으로, 원소나 화합물에 따라 효과는 다르다[3]. 이들의 약제는 목재 및 목질재료에 사용하기 때문에 수용성인 경우가 많다. 이들의 대표적인 약제는 다음에 나타낸다.

(a) 방화약제의 작용

① 인계 방화약제

인은 고상 및 액상에서 효과가 있으며, 가열되면 인화합물→인산→메타린산→폴리메타린산과 분해하고, 인산층의 보호층의 형성과 탈수작용의 결과, 생성된 탄화층이 산소를 차단하는 효과를 발휘한다. 탈수작용은 강산의 포리메타린산에 의한 것으로, 수산기를 포함 셀룰로스, 산소함유 폴리머는 탄화물의 생성이 촉진된다. 이 작용은 열분해 시에 효과를 발휘하기 때문에 연소초기에 효과적이다.

② 질소계 방화약제

셀룰로스 재료에 대한 질소의 효과는 인의 효과에 비해 작고, 단독에서의 효과는 충분하지 않다. 그러나, 인과의 병용에 의해 탄화촉진효과를 상승적으로 발휘한다. 인산암모늄, 인산+요소, 인산+디시안디아미드, 인산메라미드 등이 있다.

③ 붕소계 방화약제

무기붕소계 화합물은 붕산(H_3BO_3), 붕사($Na_2B_4O_7 \cdot 10H_2O$: 붕산소다)가 있으며, 이들은 가열에 의해 탈수, 분해하고, 여기에 고온이 되어 용융하여 유리모양이 된다. 이 용융은 목재표면을 피복하고, 산소공급을 차단하는 것으로 연소억제의 효과를 나타낸다.

④ 할로겐계 방화약제

할로겐원소는 할로겐화 수소로 작용하여, 효과가 크고 [HO], [H]등의 래디칼을 보충, 반응하여, 연소의 연쇄반응을 정지시킨다. 이들은 연소가 기상으로 반응하는 것으로 고상, 액상에서 반응하는 인과는 크게 다르다.

할로겐화수소 중에서는 브롬화수소, 염화수소가 가장 안정된 화합물로 이용되고 있다. 인화합물과 함께 사용하면 고상 및 기상으로 상호 작용하여 연소억제는 상승효과를 발휘한다. 여기에, 소량의 안티몬(삼산화안티몬)첨가에 의해 할로겐의 효과는 커지게 된다. 이것은 할로겐화 안티몬을 생성하여 표면피복의 효과를 나타내는 것으로 알려져 있다.

(b) **대표적인 방화약제**

① **인계 화합물**

인산, 폴리 인산 + 멜라민 수지, 인산 암모늄, 인산 안모늄 + 황산 암모늄, 인산 암모늄 + 요소, 인산 암모늄 + 구아니딘, 인산 암모늄 + 디시 안디 아미드, 인산 암모늄 + 폴리에틸렌 글리콜, 인산 구아니딘, 인산 그 아닐 요소, 인산 멜라민, 폴리 인산 암모늄

② **할로겐화합물**

브롬화 암모늄, 염화 칼슘, 염화 아연 + 암모니아, 염화 안티몬, 염화 파라핀 + 산화 안티몬

③ **붕소계 화합물**

붕산, 붕산 소다 (붕사) 붕산 + 안티몬, 붕산 + 물 유리, 붕산 + 붕산 소다 + 인산 암모늄, 붕산 소다 + 인산 암모늄 + 염화 암모늄 붕산 소다 + 인산 암모늄 + 인산 나트륨

4.8.2 난연처리방법

대부분의 약제는 수용액으로 사용되지만, 용해도를 높이기 위해 알코올 등의 유기용매도 사용될 수 있다. 실제의 처리방법은 다음과 같이 분류된다[4].

- 솔이나 기계에 의한 표면에 도포 또는 뿜칠
- 침지

① **상온상압법**

흡수량Y는 (4.8.1)식으로 계산된다.

$$\log Y = a \log X + \log b \qquad (4.8.1)식$$

여기에 X는 침지시간, a는 목재와 약제에 의해 결정한 정수, b는 단위시간당 흡수량이다.

② **온냉욕법**

목재를 물에서 끓인 후 상온의 약제용액에 옮겨 약액을 침지한다. 온도가 상승하면, 목재 중의 공기가 방출 될 뿐만 아니라 목재의 공극이 확대되고, 관능기의 흡착성이 높아진다. 약액은 물과 치환되어 목재 안에 침투한다. 일단 목재내에 들어간 약제는 온도의 저하에 의해 내부에 폐쇄되거나 안정하게 흡착되기도 한다.

- 감압 · 가압처리법

목재를 용액에 침지한 후 가압하거나 감압하거나 또는 이들을 병용하는 등 여러 가지 방법이 있다.

4.8.3 방화재료의 분류

방화재료는 불연재, 준불연재, 난연재료로 구분된다[5]. 2000년에 시행 된 개정 건축기준법에 의해 시방서적인 규정에서 성능규정화를 목표로 법령의 재검토가 이루어졌다. 방화재료의 구분은 지금까지의 명칭이 답습되고, 기존의 지정재료에 대해서는 신청에 따른 이행조치가 취해졌다. 그러나, 성능규정화에 대응하기 위해 불연재료 · 준불연재료 · 난연재료에 대해 각각20분간, 10분간, 5분간의 불연성은 성능기준이 새롭게 제시되었다. 또한, 기존에는 시험방법이나 평가기준이 건설성고시에 정해져 있었지만, 현재는 성능평가기관이 건축기준법 등에 표시된 성능이 담보 할 수 있는 시험방법 및 평가기준을 업무방법서에서 정하고 있다. 그 평가방법의 일례를 표4.8.1에 나타낸다.

표4.8.1 방화재료의 종류와 그 성능평가방법

<table>
<tr><th>재료의 구분</th><th>불연재료</th><th>준불연재료</th><th>난연재료</th></tr>
<tr><td>요구성능</td><td>20분간 불연성</td><td>10분간 불연성</td><td>5분간 불연성</td></tr>
<tr><td>기술적기준</td><td colspan="3">① 연소하지 않을 것
② 방화상 유해한 변형, 용융, 균열 그 외의 손상을 일으키지 않을 것
③ 피난상 유해한 연기 또는 가스를 발생하지 않을 것(외부마감재용은 제외)</td></tr>
<tr><td>성능평가방법</td><td>불연성능시험</td><td>준불연성능시험</td><td>난연성능시험</td></tr>
<tr><td rowspan="3">발열성시험
(콘칼로리미터 시험)</td><td colspan="3">시험법: ISO 5660-1(입사열강도50kW/m^2), 시험체: 100100두께</td></tr>
<tr><td>가열시간:20분간</td><td>가열시간:10분간</td><td>가열시간:5분간</td></tr>
<tr><td colspan="3">① 가열시간의 총발열량이 8MJ/m^{2}이하 일 것
② 가열시간중, 방화상 유해한 뒷면까지 관통하는 균열 및 구멍이 발생하지 않을 것
③ 가열시간중, 최고발열속도가 10초 이상 계속해서 200kW/m^{2}를 넘지 않을 것</td></tr>
<tr><td rowspan="2">가스유해성시험</td><td colspan="3">시험방법: 1976년 건설성고시 제1231호(폐지)의 가스유해성시험에 준한 시험
시험체치수: 220×220mm×두께, 가열시간: 부열원에서 3분간, 다시 주열원을 더해3분간. 가열종료후 로내의 공기를 차단하고 15분까지 쥐의 행동정지시간을 측정.</td></tr>
<tr><td colspan="3">〈판정〉 쥐의 평균행동정지시간(Xs)가 6.8분 이상의 기준을 만족하면 합격
Xs=$\overline{X}-\sigma$, $\overline{X}$: 8마리의 쥐의 행동정지시간(정지하지 않는 경우는 15분)의 평균값
σ : 8마리 쥐의 행동정지시간(정지하지 않는 경우는 15분)의 표준편차</td></tr>
</table>

4.8.4 목재에 대한 난연처리의 구체적인 사례

하라다(原田)들[6)]은 목재에 대한 약액주입량과 착화시간, 최고발열속도, 및 총발열량의 관계를 소나무를 이용한 콘칼로리미터시험에 의해 검토하고 있다. 여기에, 일련의 연소시험에서 난연처리목재의 노출을 방지하기 위해서 약제주입한 목재 위에 두께 0.5mm의 무처리단판을 적층한 경우의 총 발열량에 미치는 영향에 대해서도 고찰하고 있다. 기재에 약제처리의 조건은 다음과 같다.

공 시 재 : 소나무
공시재의 수치 : 100×100×15mm, 밀도 440kg/m^3
방화약액 : 폴리인산 칼바메트
주입방법 : 감압 · 가압처리
측 정 : 콘칼로리미터에 의함

시험결과의 일부를 그림4.8.2~4.8.5에 나타낸다.

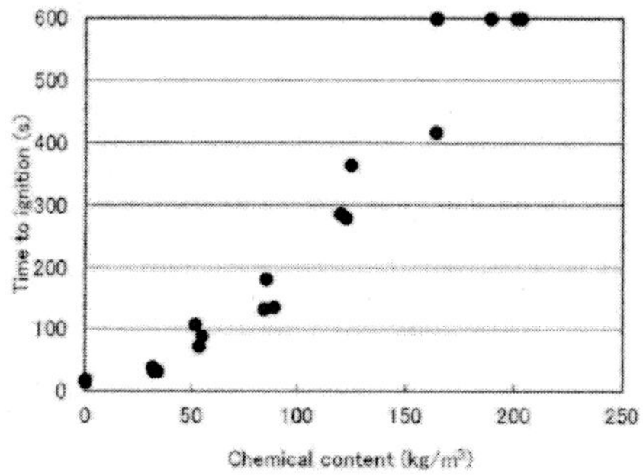

그림4.8.2 약제주입량과 착화시간 [6)]

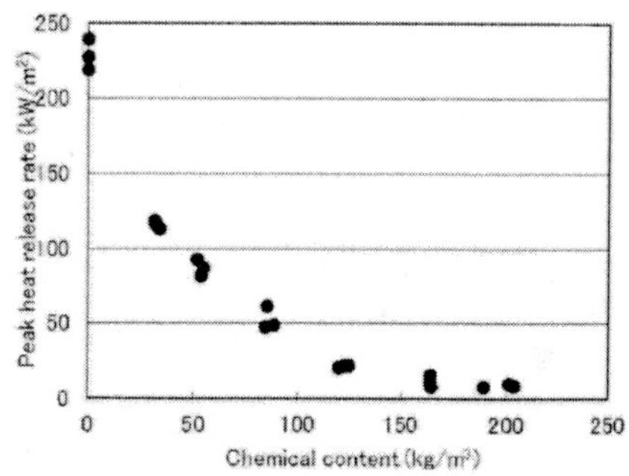

그림4.8.3 약제주입량과 최고발열속도 [6)]

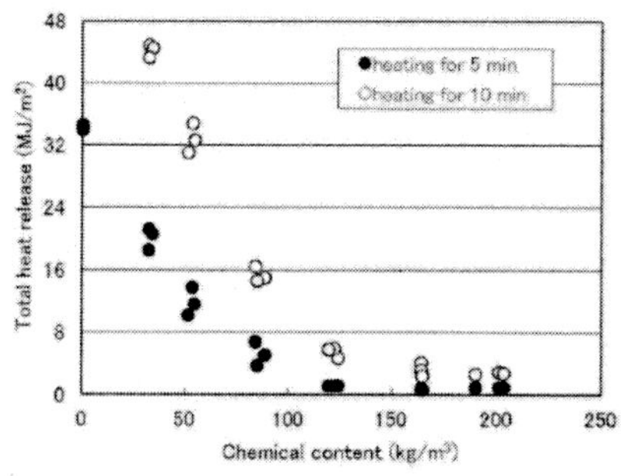

그림4.8.4 약제주입량과 총발열량(단판없음) [6)]

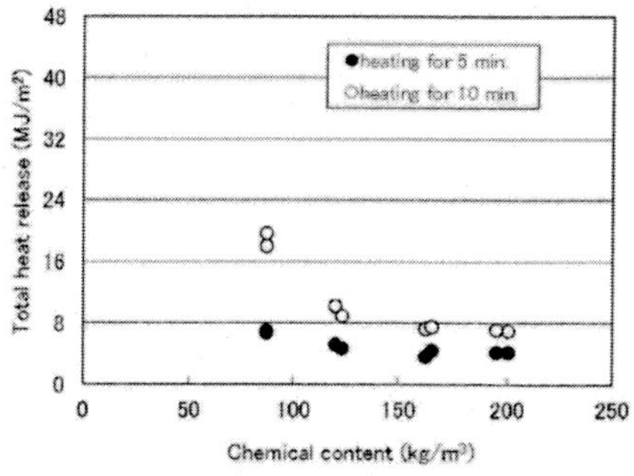

그림4.8.5 약제주입량과 총발열량(단판있음) [6)]

방화재료로는 표4.8.1과 같이 난연성능시험에서는 5분간, 준불연성능시험에서는 10분간의 가열시간 중의 총발열량이 8MJ/m^2이하 일 필요가 있다. 이 약제의 경우, 총 발열량의 조건을 충족시킬 수 있는 약제 필요량은 단판없는 경우, 난연재료로는 80kg/m^2정도, 준불연재료로는 120kg/m^2정도(그림4.8.4참조), 무처리의 단판을 적측한 경우, 각각 80kg/m^2, 160kg/m^2정도(그림4.8.5참조)로 추정된다.

천연나무단판을 무기재료(예를 들어 화산성유리질복합판)로 부착시킨 재료나 목모와 시멘트・펄라이트와 복합한 것 외에 어느정도의 두께를 갖는 목재에 난연약제를 주입한 것 등에서도 불연재료의 인정을 받는 목질계의 재료가 개발되고 있다. 천연나무단판을 장식용의 천연목판으로 사용하는 경우에는 그 두께는 0.2mm(중량100g/m^2정도)로 되어 있다. 또한, 약제주입에 의한 목재의 불연화로는 20분간 가열시험에서도 목재의 열분해를 어느정도 제어하여, 총 발열량을 8MJ/m^2이하로 억제 할 수 있는 약제를 선택하는 것이 중요하며, 인정을 받은 재료로는 붕사・붕산염계의 약제나 무기인산・질소계의 약제 등이 사용되고 있는 사례를 볼 수 있다[3]. 재료개발의 면에서는 가능한 한 얇은 소재로 되는 것이 바람직하지만, 뒷면까지 관통하는 균열이 발생하지 않는 것이나 목재자체의 열분해속도를 억제하는 의미에서 20mm정도의 두께는 필요하다고 평가된다. 또한, 인정되고 있는 재료에 대해서는 일본국토교통성의 홈페이지에서 「구조방법등의 인정에 관련된 장부」(http://www.mlit.go.jp/utakukentiku/uild/utakukentiku_ouse_tk_00042.html)를 참조하기 바란다.

4.8.5 난연처리 목질재료의 구조재료로서의 방화성능[7]

목질계재료의 구조재료로서의 방화성능은 비손상성, 차열성, 차염성에 의해 평가되지만, 난연처리목재를 판넬로 이용하는 경우를 상정하고 간편한 성능비교에는 가열시험시의 온도상승의 계측이 유용한 수단이 된다.

두께40mm의 목재와 합판에 대해서 방화약액처리를 한 것과 미처리의 것을 50kW/m^2로 가열(약800℃)했을 때의 목재내부의 깊이 33mm의 위치에서의 온도변화를 그림4.8.6에 나타낸다. 이 그림에서 알 수 있듯이 약액처리를 하지 않는 재료의 내부온도의 상승은 빠르다. 이 때문에 구조재료로서의 방내화성능의 수준에 따라 판두께, 약액의 주입량을 결정할 필요가 있다. 합판에서는 접착층이 방내화성능에 큰 영향을 미친다. 무처리의 합판에서는 멜라민계열의 접착제를 이용한 것은 접착유지력이 높기 때문에 연소하여도 접착층이 탈락하기 어렵다. 이에 대해 단열성이 있는 발포형 접착제는 낮은 온도에서 접착유지력을 잃고, 층간박리를 일으킨다(박리나 들뜸에 의한 탈락 등으로 차열성은 저하한다). 발포형 접착제는 단독으로는 효과를 기대할 수 없지만, 약제처리의 병용에 의해 멜라민계 접착제를 이용한 경우에 비해 방내화성능을 향상시 킬 수 있다.

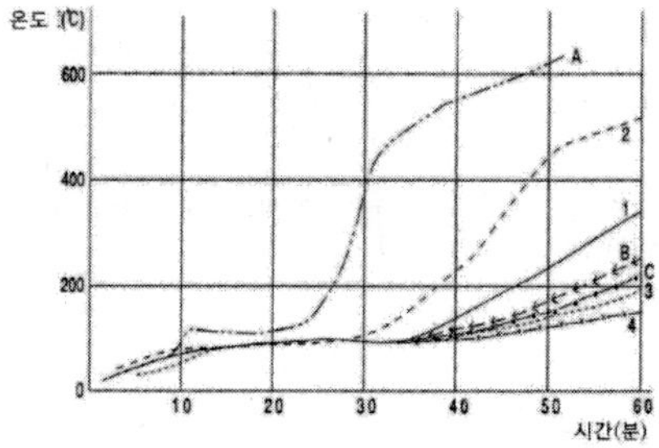

범례

기호	재료	난연처리 (주입)	접착제
A	라디에타 파인	—	—
B	〃	PAP 15% 액	—
C	〃	MP 22% 액	—
1	합판	—	멜라민계
2	〃	—	발포계
3	〃	MP 22% 액	멜라민계
4	〃	〃	발포계

그림4.8.6 두께40mm의 목질재료를 50kW/m^{2}으로 가열(약800℃) 했을 때의 재료깊이33mm의 온도변화[7)]

4.8.6 난연처리목재의 과제

(1) 난연약제 주입성의 차이

난연약제주입에 의한 목재의 난연화에서는 목재전체에 약제를 균일하게 주입 할 필요가 있다. 목재는 생물재료이며, 약제의 주입성은 균일하지 않다. 같은농도의 약제, 같은주입조건에 있어서도 수종에 따라 변재・심재 별에 따라 주입하는 목재의 치수에 따라 주입량은 다르다. 납엽송이나 미송은 주입하기에 매우 어려운 특징이 있다. 삼나무의 변재는 약제주입이 용이하지만, 심재에는 주입하기 어렵다. 치수에 관해서는 재료가 두꺼울수록 길이가 길수록 약제는 중심부분까지 도달하기 어렵다. 목표로 하는 약제량을 목재에 균일하게 주입하려면, 감압・가압법을 이용하는 것이 바람직하다. 다만, 수종, 심변재별, 치수를 갖춘 동일 로트의 재료라도 주입량에는 차이가 있으며, 현저하게 주입량이 적은 것이 있는 경우가 있는 것에도 유의해야한다. 인증재료에 소정량의 약제가 주입되지 않는 것으로 알려져 사회문제가 된 적이 있었지만, 약제주입량의 관리에 있어서는 주입장치로 넣는 목재전체가 아닌 하나하나의 목재에 대해서 주입전후의 질량을 측정하여 주입량을 확인하는 등 제품관리는 매우 중요하다.

(2) 약제의 백화

약제주입에 의한 목재의 난연화는 난연약제를 수용액의 형태로 주입하는 것이 일반적이다. 난연처리목재 중에는 친수성의 약제가 대량으로 존재하기 때문에 습도가 높은장소에서 사용하면, 약제가 흡습하여 표면으로 이동하고 표면에서 결정화 하는 경우가 있다(그림4.8.7참조). 약제에 따라서는 결정이 아닌, 점도가 있는 액의 경우도 있지만, 이러한 현상은 「백화」로 부르고, 난연처리목재에서의 클레임의 원인의 하나로 되고 있다. 대책으로는 백화되지 않는 약제의 개발이나 도장과의 조합등의 대책등이 강구되고 있다.

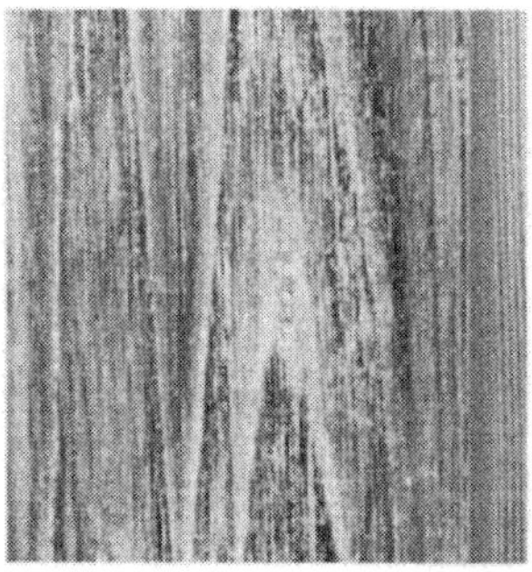

그림4.8.7 백화된 난연처리목재

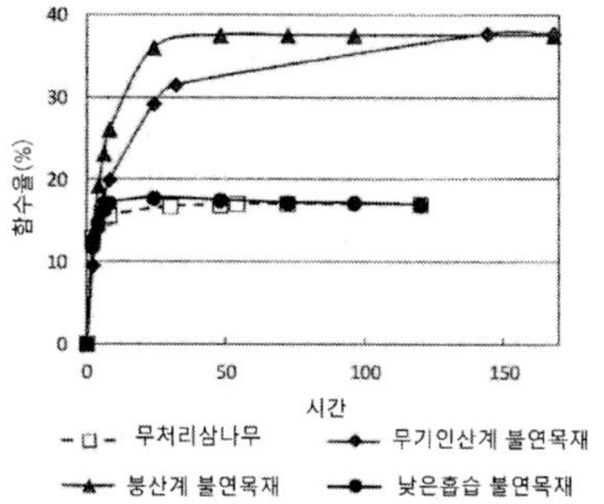

그림4.8.8 저흡습성 불연목재와 기존불연목재의 함수율비교 (30℃, 상대습도90%)[8)]

도장은 간편한 방법이지만, 약제와의 상성은 말할 것도 없고, 유기물질 도막의 경우, 콘칼로리미터시험에서 총발열량이 증가하는 것과 도막이 경년열화하는 것에 대한 주의가 필요하다. 약제를 석출하기 어려워 흡습성을 억제하는것에 성공한 사례에는 붕산 또는 인산구아니딘을 주제로 이용하여, 용해도를 높이는 조제에 탄산암모니움 또는 탄산수소 암모늄을 이용하는 방법, 코하쿠산 등의 유기산에 의해서 인산 구아니딘의 용해도를 개선함으로써 흡습성을 개선하려는 시도(그림4.8.8참조), 탄산질코늄에 의해 불연약제를 불용화하는 시도가 보고되고 있다[8)-10)]. 백화의 평가에 대해서는 일본주택·목재기술센터에서 AQ인정제도가 수립되고, 온도고습환경하에 시험체를 폭로한 후, 백화된 개소를 측정하는 등의 시험방법이 규정되고 있다[11)].

(3) 난연처리목재의 옥외사용

난연처리목재가 사용되는 사례도 많이 볼수 있지만, 비가 오는 장소에 사용되면 수용성의 약제가 빗물에 녹아 유출되며, 소요의 성능이 유지될 수 없을 위험성이 있다. 그림4.8.9는 두께8mm의 삼나무 변재에 변성 칼바밀폴리인산암모늄을 주성분으로 하는 난연약제A또는 인산구아니딘을 주성분으로 하는 난연약제 B를 주입하여 ①개량·반투명형 도료(갈색계), ② 반조막·반투명형(갈색계), ③조막·은폐형(백색계), ④조막·투명형, ⑤조막·은폐형(백색계)의 5종류의 도료(모두유성)를 도장 또는 무도장의 시험체를 촉진 내후성시험(웨더미터시험)에 제공 했을 때 시험시간과 약제의 잔존량의 관계를 나타낸 것이다[12)]. 그림4.8.10은 무도장시험체의 약제의 분포를 나타낸 SEM-EDXA분석(인 원소를 검출)결과이다[13)]. 그림 중 밝은 부분이 약제의 분포를 나타내고 있으며, 촉진내후성 시험전의 시험체(그림4.8.10의 왼쪽그림)에서는 세포내공의 많은 약제가 충전되어 있다. 이에 대해 1000시간 후의 시험체(그림4.8.10의 오른쪽 그림)에서는 세포벽에는 약제가 남아 있는 것의 세포내공의 약제가 없어져 있기 때문에 무도장에서는 목재의 세포내공에 주입되어 있는 약제가 시간의 경과와 함께 용출하고 있는 상황이 관찰된다.

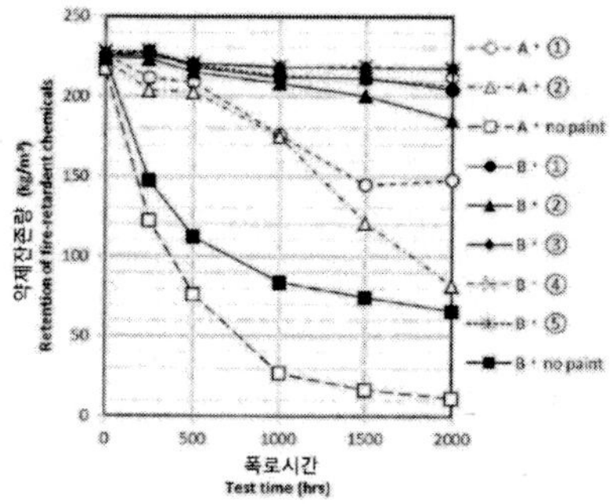

그림4.8.9 촉진내후성시험에서의 약제잔존량의 변화 [12)]

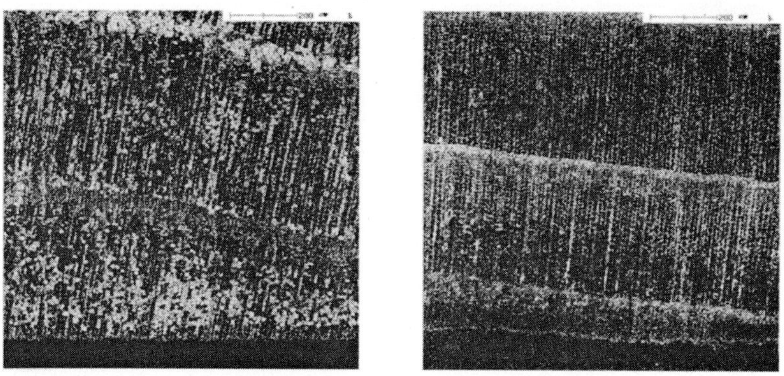

그림4.8.10 촉진내후성시험 후 난연처리목재의 SEM-EDXA분석결과(왼쪽에서 0시간, 1000시간 후) [13)]

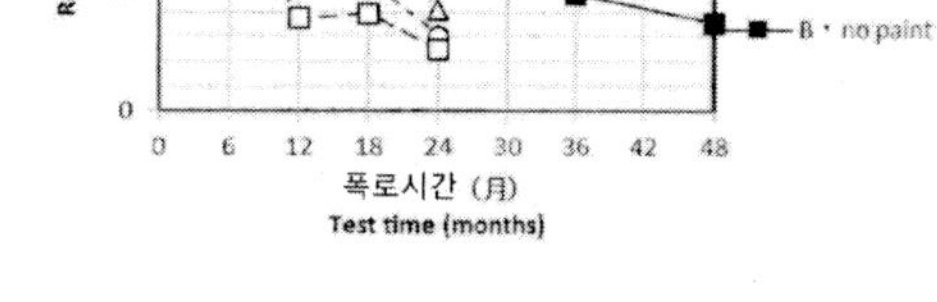

그림4.8.11 옥외폭로시험에서의 약제잔존량의 변화 [12)]

그림4.8.11은 전술과 비슷한 난연처리를 한 두께18mm의 삼나무변재시험체의 48개월 실외폭로시험에서의 약제잔존량의 변화를 나타낸 것이다[12]. 이 조합에서는 도장에 의해 어느정도 약제의 유출을 억제할 수 있었으나, 완전히 억제할 수 없었다. 실외에 사용하는 난연처리목재의 AQ인정도 정비되어 있지만, 이것은 백화가 생기지 않는 것을 인정하는 것으로 방화성능이 경년열화하지 않는 것을 보증하는 것은 아니다. 옥외내구성에 대해서는 개발한 재료에 대해서 실외폭로시험에 의한 검증이나 유지관리의 대응이 향후의 과제이다.

인용 · 참고문헌

1) 森林総合研究所編：木材工業ハンドブック　4訂版, pp. 834-837, 丸善, 2004
2) 日本火災学会：火災便覧　第3版, pp. 691-692, 共立出版, 1975
3) 日本木材保存協会：木材保存学入門　改訂3版, pp. 122-129, 日本木材保存協会, 2012
4) 日本建築学会：防火材料パンフレット, 日本建築学会, 1993
5) 原田寿郎：不燃・準不燃・難燃木材の選び方, 建築知識, pp. 98-100, 2004. 5
6) Toshiro Harada, Saburou Uesugi, Hironori Taniuchi: Evaluation of fire-retardant wood treated with poly-phosphatic carbamate using a cone calorimeter, Forest Products Journal, 53 (6), pp. 81-85, 2003
7) 木造建築研究フォラム：木造建築辞典（基礎編）, pp. 208-209, 学芸出版社, 1995
8) 伊藤貴文：吸湿性を抑えた不燃木材の開発と事例紹介, 木材工業, 70(11), pp. 517-520, 2015
9) 伊藤貴文：木材学会誌, 61(3), pp. 105-110, 2015
10) 津司知子, 阿部健一, 平井賢治：徳島県森林林業研究報告 No. 6, pp. 5-8, 2010
11) 木口実：優良木質建材認証（AQ）「塗装木質建材－白華抑制塗装木質建材」について, 木材保存, 40(5), pp. 212-215, 2014
12) 原田寿郎, 片岡厚, 松永浩史, 上川大輔, 亀岡祐史, 木口実：屋外暴露後の難燃処理塗装木材の耐候性と防火性能, 木材保存, 39(1), pp. 16-23, 2013
13) Toshiro Harada, Hiroshi Matsunaga, Yutaka Kataoka, Makoto Kiguchi, Junji Matsumura: Wheatherability and combustibility of fire-retardant-impregnated wood after accelerated weathering tests, Journal of Wood Science, 55(5), pp. 359-366, 2009

4.9 결언

목재는 구조재료중에서 화재시에 스스로 연소하는 약점이 있지만, 어느정도 단면이 크면 연소진행속도(탄화속도)가 추정가능하여, 남겨진 단면으로 내력을 유지할 수 있는 지를 평가할 수 있다. 즉 목질계구조의 내화설계는 화재시에 탄화하는 부분을 제외한 잔존단면으로 평가하는 이른바 연소대 설계가 종래로부터의 개념이며, 미국이나 유럽에서는 내화설계법으로 규격화되고 있다. 일본에서도 연소대 설계에 의한 개념은 준내화건축물에 적용되고 있다. 2000년에 시행 된 개정건축기준법에 의해 목질계재료가 있어도 착화하지 않거나 혹은 내화시험으로 연소차단 성능을 확인함으로써, 내화건축물로 적용할 수 있게 되었다. 그 결과, 프레임조 벽공법이나 재래 축조공법에서는 시방규정에 의한 내화건축물의 적용실적도 3,800건을 넘고 있다. 또한, 집성재에 의한 기둥·보의 내화구조의 장관인정취득도 활발화하여, 실제적으로 건설되기 시작했다. 여기에 1시간 내화구조에 더하여 2시간 내화구조의 인정취득에서의 도전도 진행되고 있다. 또한, 시방규정(루트A)뿐만 아니라, 이른바 루트B와 루트C로 불리는 성능검증법적 방법에 의해 설계된 목조 내화건축물의 실시예도 증대하고 있다. 목질계 구조의 내화설계는 전통적으로 연소대 설계로 진행되고 있고, 국내외에서 각종수종의 탄화속도에 관한 데이터가 지금까지 많이 축적되어 왔다. 또한, 최근 콘칼로리미터의 보급에 의해 착화시간이나 발열속도와 같은 연소에 관련된 데이터도 국내외에서 수많이 축적 되었다.

고온시 기계적특성이나 열특성이라는 분야에 관해서는 Kollomann들의 1940년~1950년대에 걸쳐 광범위한 연구 이후 큰 진전을 보진 못했지만, 최근 일본에서는 목질재료를 사용한 준내화구조와 내화구조가 개발되는 중으로 가열 후 냉각되었을 때의 탄화의 진행이나 휨강도의 잔존성이라는 시점, 사용되는 접착제의 종류가 집성재의 내화성능에 미치는 영향, 일본의 목질의 내화구조에서 요구되는「연소차단」에 대해서 메커니즘 해명을 위한 연구가 진행되고 있다. 집성재, 단판적층재(LVL), 파티클보드, OSB라는 기존의 목질재료에 가해져, 직교집성판(CLT)라는 새로운 목질재료가 개발되어 실용화를 위한 연구가 진행되고 잇지만, CLT의 중대규모 목조에서의 적용에 있어서는 그 구조성능은 물론 방내화성능의 검증과 내화성능 부여가 과제가 되고 있다.

난연약제를 주입한 목질방화재료는 불연재료, 준불연재료가 개발되고, 사용사례도 증가하고, 도시의 다양한 장소에서 볼 수 있게 되었다. 하지만, 흡습에 의한 약재가 표면에 석출하는 현상(백화)나 비가 걸치는 야외에서 사용할 때 약제의 유출등의 과제에 대한 대응은 향후의 과제이다.

2000년 개정된 건축기준법의 시행과 2010년의 공공건축물 등 목재이용 촉진법의 제정을 받은, 건축물에서의 목재의 이용은 점점 증가할 것으로 전망된다.「화재」에 견딜 수 있는 재료로서, 목질재료를 어떻게 고안하고, 이용할것인가에 대한 내용이 향후 중요이슈로 대두되고 있다.

05

알루미늄 합금

5.1 알루미늄 합금구조의 내화설계

5.1.1 개요

알루미늄 합금구조를 이용한 건축물에 있어서 내화설계법은, 시방규정인 루트A와 고도의 검증법에 의한 장관인정인 루트C가 해당한다. 루트A의 기술기준은, 일본 건축기준법 시행령 제107조에 규정되어있으며, 이 기준을 만족하는 것은 내화구조로 인정된다. 루트A가 나타내는 내화구조에는, 예시시방과 인정내화구조가 있으며, 전자는 장관이 인정한 것(고시 제1399호), 후자는 동시행령 제107조의 요구성능(비손상성, 차염성, 차열성)을 만족하는 것으로서 장관이 인정한 것이다. 알루미늄 합금은, 예시시방에는 없기 때문에, 후자의 인정내화구조로 한다. 이 인정내화구조에는, 경납알루미늄패널이 지붕 30분 내화구조인 장관인정을 취득하고 있으며, 최근에는 섬유혼입 규산칼슘 판 · 암면 단열재 충전에 의한 내력벽(외벽)이 장관인정을 취득한 사례도 있다.

한편, 알루미늄 합금은, 건축구조재로서의 고온시 특성 데이터도 근래 확보하고 있으며, 실내화재에서 비손상성이 요구되는 주요구조부에 적용할 수 있게 되었다. 표 5.1.1.1에는 알루미늄 합금 내화구조의 부위별 요구성능에 대한 적용사례의 유무를 나타내었다. 그러나, 실제로 적용하기에는 내화성능검증법(고시 제1433호)에 따른 루트B보다도 고도의 검증법에 의한 장관인정인 루트C로 검증할 필요가 있다. 따라서 현재로는 축구 경기장 지붕에 적용된 실리콘 접착제에 의한 알루미늄 허니컴 패널의 지붕 30분 내화구조(내화피복 무)만이 인정되었다.

표 5.1.1.1 알루미늄 합금 내화구조의 부위별 요구성능에 대한 적용사례의 유무

요구성능		내화구조상 중요한 부위(주요구조부) 및 방화구획상 중요한 부위								
		벽				기둥	바닥	보	지붕	계단
		내력벽		비내력벽						
		외벽	칸막이벽	외벽	칸막이벽					
실내화재	비손상성	○	○			○	○	○	●	○
	차염성	○							●	
	차열성				○		○			
실외화재	비손상성	○								
	차염성	○		●						
	차열성	○		●						

[주] ○표시는 적용가능하지만 사례는 없음 ●표시는 적용사례가 있음

5.1.2 알루미늄 합금 구조의 내화설계 현황

알루미늄 합금은 건축의 파사드를 담당하는 커튼월과 창문 새시 등에 적용되어 온 실적이 있으며, 소재로서의 매력도 매우크다. 알루미늄 합금의 매력이라면, ① 경량이므로 다루기 쉬움(시공성, 생산성), ② 자유도가 높은 단면형상(디자인성), ③ 다양한 표면마감(디자인성, 내후성), ④ 열화에 강함(내후성) 및 ⑤ 합금종류나 열처리방법에 따라 강철에 가까운 허용내력을 가짐(구조 디자인성), ⑥ 열전도율이 높은(집열에 따른 에너지 절약)점 등 다양한 장점이있지만, 알루미늄 합금의 가장 큰 특징은, 구조부재와 마감부재를 겸하는 것에 있다. 예를 들면, 개방형 대공간 건축(돔이나 경기장 지붕)의 지붕구조, 경쾌감을 얻을 수 있는 트러스 구조 지붕 및 편평도(flatness)를 얻을 수 있는 허니컴구조 지붕 등을 들 수 있다. 또한 디자인이나 시공성으로부터, 단독주택이나 소규모 점포 등에 적용하는 사례도 매년 증가하여, 더나아가빌딩의 내진개수에 따른 내진 브레이스(내진개수촉진법에 내화구조물의 규제는 적용되지 않는 등, 완화 규정이 있음)나 단독주택용 제진 브레이스 등 구조에 특화된 활용방법과 같이 그 적용 영역은 확장되고 있다. 이러한 용도는, 내화성능을 필요로 하는 것이 적으므로 결과적으로는 루트C에 따른 실시 예가 없는 상황이다. 상기에 예를 든 사례를 중심으로 아래에 알루미늄 건축의 설계 예를 그림 5.1.2.1~5.1.2.10에 나타낸다.

〈종류: 볼트러스 구조〉 〈준공: 2005년 3월〉 〈건설지: 이시카와현 가나자와시〉

본 돔은 가나자와역 동광장에 설치된 알루미늄 합금제 대지붕이다. 규격은, 스팬 80m, 내부길이 60m, 최대 높이 30m, 알루미늄 총 사용량은 800톤으로, 알루미늄 합금 구조로서는 일본 내 최대급이다. 대지붕은 SRC조 기둥에 의해 지지되어 보행자의 자유로운 왕래 확보를 위하여 개방공간으로 하고 있다. 대지붕은 알루미늄 합금제 볼조인트에 의한 입체 트러스구조이다. 주관재는 A6061-T6재를 외경ϕ155~227mm, 두께 7~25mm의 단면형상을 압출성형하여, 3m 그리드로 구성하였다. 외피는 라미네이트된 강화유리를 알루미늄 프레임이나 공명점지지철물로 지지되어, 입체 트러스 허브(절점)에 접합되어있다.

그림 5.1.2.1 모테나시 돔[1)]

〈종류: 감합트러스 구조〉 〈준공: 1993년 10월〉 〈건설지: 아키타현 노시로시〉

본 시설은 에너지엄 파크 동북전력의 PR관으로서, 발전소의 폐열을 이용한 식물온실이다. 돔 직경은 30m이고 높이는 22.3m이다. 구조는 알루미늄 시스템 트러스의 단층(싱글)구조이기 때문에, 빛의 투과성이 높아 온도가 높아도 높은 내구성을 얻을 수 있는 점이 특징이다. 건축기준법 제38조의 장관인정을 취득하고 있다(BCS-S1298).

그림 5.1.2.2 서던 돔 노시로[1)]

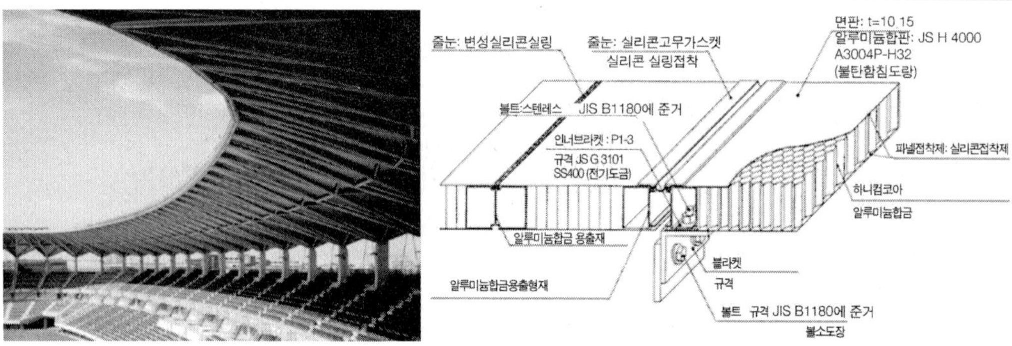

〈종류: 허니컴 지붕 내화구조〉 〈준공: 2005년 10월〉 〈건설지: 이시카와현 가나자와시〉

본 아레나는 축구전용 스타디움이다. 건축개요는, 건축면적 16000m^2, 건축높이 25m, 하부구조는 RC · SRC조, 상부구조는 S조이다. 관람석을 덮는 지붕의 면적은 13800m^{2}이며, 지붕의 대부분은 알루미늄 패널로 구성되어 있다. 이 허니컴 패널은, 5000개의 알루미늄박스에 의한 허니컴 코어에 3000개의 면판(두께 1.0mm, 1.5mm)를 양측에서 실리콘 접착제로 접착한 것이다. 본 스타디움은 관람석 내의 국소화재시, 지붕부 온도가 280℃정도까지 상승할 것으로 예상되지만, 본 건으로 채택하고 있는 실리콘 접착제는 동 온도정도에서는 강도저하가 적고 화재시 알루미늄 패널의 화재안전성을 실험과 해석으로 확인하고 있다.

그림 5.1.2.3 후쿠다전자 아레나[1)]

〈종류: 가동형 지붕구조〉 〈준공: 불명〉 〈건설지: 오카야마현 와케군 와케정〉

본 수영장은 서측 외벽면을 가동시켜 옥외로 개방할 수 있는 구조로 되어있으며, 건축기준법 제38조의 장관인정을 취득하고 있다(인정번호BCJ-S1314). 높이는 7.4m, 개구는 27m로 수평투영면적은 200m^{2}의 슬라이드 가동형의 돔구조이다. 면외방향은 알루미늄 합금 아치구조이고 면내방향은 알루미늄 합금 입체 라멘구조로 구성되어있다.

그림 5.1.2.4 모즈츠네칸의 온수 수영동 [2)]

〈종류: 가동지붕〉 〈준공: 2011년 3월〉 〈건설지: 카나가와현 오다와라시〉

본 시설은, 상업시설용 흡연 부스이다. 사이즈는 W3000mm × D2000mm × H2735mm로 소규모이지만, 이러한 알루미늄 건축에 의한 역사 내 흡연소나 편의점의 시공 예가 증가하고 있다.

그림 5.1.2.5 다이나시티 워크 내 흡연소 [1)]

〈종류: 레티스 패널구조〉 〈준공: 2005년 3월〉 〈건설지: 사가현 도스시〉

본 시설은 공장에 병설된 사무실이다. 가장 큰 특징은 1.2m × 1.2의 레티스로 구성된 연속 패널구조이다. 벽에 배치된 레티스패널은 구조이면서 페어글라스를 복합한 샤시기능과 내벽 기능의 역할도 한다.

그림 5.1.2.6 에코무 팩토리 [1)]

〈종류: 볼트러스구조 쉘터지붕〉 〈준공: 2008년 3월〉 〈건설지: 치바현 후나바시시〉

입구 캐노피는 알루미늄 합금제의 볼트러스구조에 유리지붕을 복합하였다. 해안지역에 위치하고 있기 때문에 내식성이 우수한 알루미늄 합금제 트러스를 채택하고 부재는 ϕ100×5t와 ϕ60×5t의 A6061T6재를 사용하였다.

그림 5.1.2.7 치바공업대학 시바조노캠퍼스 12호관 입구 캐노피 [1)]

〈종류: (라멘구조)〉 〈준공: 2005년 3월〉 〈건설지: 이시카와현 가나자와시〉

본 주택은 알루미링이라 불리우는 복합기능(구조부, 벽, 방사패널)을 가진 구조체를 중심으로 라멘 브레이스 구조로 구성되어있다. 알루미링부는 하나의 압출형재를 볼트로 연결하여 구성하며, 알루미늄형재의 이음부는 L형 플레이트를 매개로 접합하고 있다.

그림 5.1.2.8 알루미하우스 프로젝트 A-ring [3), 4)]

〈종류: 벽식구조(주택)〉 〈준공: 2004년 8월〉 〈건설지: 야마나시현 미나미코마군〉

본시설은 로프트형식의 올 알루미늄 구조의 오두막집이며, 건축면적은 57.42m^2으로 연면적은 75.19m^2이다. 지붕, 벽, 바닥은 ㄷ형 압출형재를 연결하여 구성하고 있다. 이 압출형재는 구조재임과 동시에 면으로서 외장재도 겸하고 있으며, 각각은 볼트에 의해 접합되어있다.

그림 5.1.2.9 알루미늄 오두막집 [5)]

〈종류: 내진개수 브레이스〉 〈준공: 2004년 8월〉 〈건설지: 이시카와현 우치나다정〉
본 교육시설은 알루미늄 합금부재에 의해 건축물의 내진보강을 실시한 사례이다. 건설지는 해안으로부터 300m의 거리에 있기 때문에, 부식에 대한 문제가 요구되고 있었다.

그림 5.1.2.10 우치나다정립 츠루가오카 초등학교 내진보강공사[1)]

5.1.3 고도의 내화성능검증을 실시할 때의 설계수순 예

여기서는 현 단계에서 성능규정에 준하는 고도의 내화성능검증(그림 1.1 루트C)를 실시하는 경우의 일반적인 내화설계 수순을 아래에 나타낸다. 알루미늄합금을 내력구조로서 사용한 구조물의 내화성능은, 화재성상예측, 부재의 온도예측, 골조 또는 부재의 화재시 응력변형 성상예측인 세 성상예측과 내화성능의 판정으로 구성된다.

(1) 정상해석

정상해석이란, 시간적인 변화를 고려하지 않고 상정된 가장 혹독한 조건의 화염온도와 부재가 도달하는 최고온도 T_m을 예측한다. 또한, 화재시의 응력・변형해석으로 부재의 좌굴온도 또는 골조의 붕괴온도 Ta를 예측하여, 부재 최고온도보다 높을 경우($T_m \leqq Ta$)에는 내화성능은 확보된다고 판정하는 것을 말한다. 정상해석의 내화설계 흐름을 그림 5.1.2.11에 나타낸다.

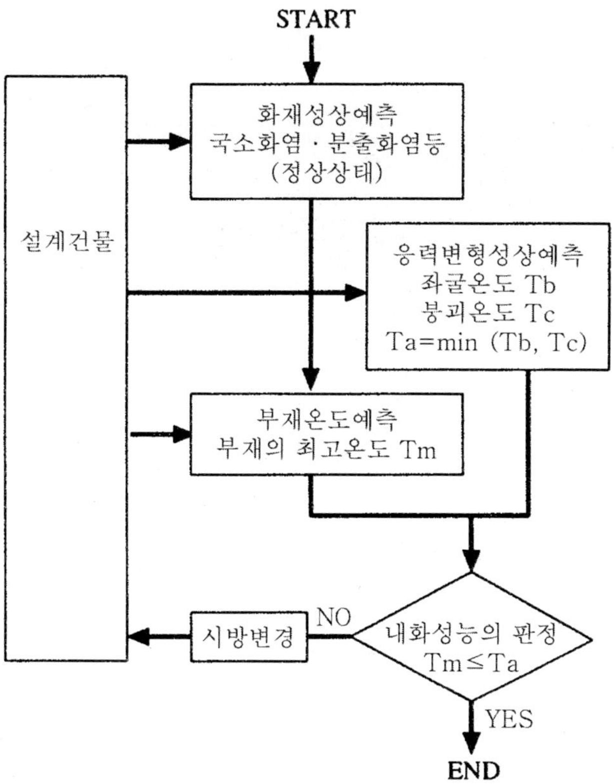

그림 5.1.2.11 정상해석의 내화설계 절차 [6)]

(2) 비정상해석

비정상해석이란, 화재성상예측과 부재의 온도예측에 대하여 시간 경과를 고려한 온도변화를 예측하는 것이다. 이를 위해 가연물의 양에 따라 결정되는 화재의 계속시간이나 부재의 열용량의 효과가 고려된다. 또한 화재시의 골조 또는 부재의 응력 · 변형성상에 대해서도 부재온도와 응력 · 변형의 관계가 상세하게 해석되어, 이들을 좌굴내력이나 한계변형량과 비교하여 내화성능의 평가를 실시한다. 해석을 위한 데이터베이스는 「알루미늄 건축구조물의 내화설계규준 · 동해설」[6)]에 나타나있다. 비정상해석의 내화설계 절차를 그림 5.1.2.12에 나타낸다.

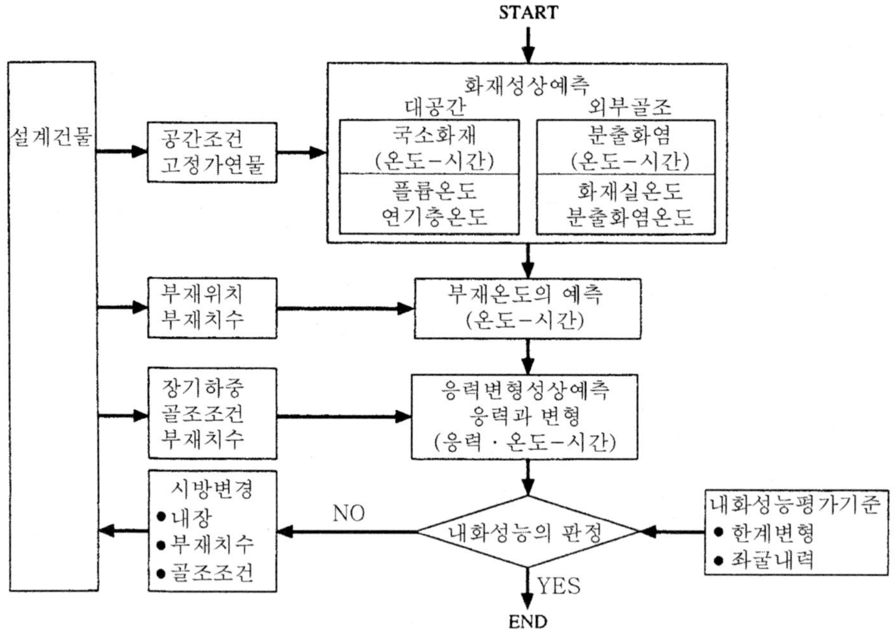

그림 5.1.2.12 비정상해석의 내화설계 흐름 [6)]

(3) 고도의 내화성능검증을 이용한 알루미늄 구조재의 고온시 특성

알루미늄합금의 고온시 특성의 한 예로서, 문헌6)에 제안되어있는 각종수치를 아래에 소개한다.

문헌4)에서는 선팽창계수 및 비열을 표 5.1.2.1의 수치로 제안하고 루트C 설계에 이용한 알루미늄합금과 열전도율을 표 5.1.2.2의 내용으로 제안하고 있다. 또한 고온시의 영계수의 저감률은 합금의 종류나 질에 관계없이 표 5.1.2.3의 값을 이용하는 것으로 하고 있다. 문헌6) 중의 고온시 응력 · 변형곡선의 상수(발췌)를 표 5.1.2.4에, 대표적인 알루미늄 합금의 고온시 응력 · 변형에 관한 4가지 그래프 예를 그림 5.1.2.13에 나타낸다.

표 5.1.2.1 선팽창계수 및 비열

선팽창계수	0.000024 1/K
비열	900 J/kg · K

표 5.1.2.3 영계수의 저감률

온도℃	상온	100	200	300	350
저감률	1.0	0.965	0.855	0.715	0.638

표 5.1.2.2 루트C에 사용한 합금과 열전도율

호칭*)	합금의 종류	열전도율 kW/m · K
AS110	A6063-T5	0.21
AS110A	A5083-0	0.12
AS110A	A5083-H112	0.12
AS165	A6063-T6	0.21
AS175	A5052-H34	0.14
AS210	A5083-H32	0.12
AS210	A6061-T6	0.17
AS210	A7N01-T5	0.14

*) 「알루미늄 건축구조설계규준 · 동해설」에 따른 호칭

표 5.1.2.4 응력 · 변형곡선의 상수(발췌)

호칭*)	합금의 종류	$\sigma_{0.2}$N/mm^2		$\sigma_{5.0}$N/mm^2	
		RT	350℃	RT	350℃
AS110	A6063-T5	110	16	123	13
AS110A	A5083-0	110	24	178	16
AS110A	A5083-H112	110	24	178	16
AS165	A6063-T6	165	24	182	18
AS175	A5052-H34	175	23	227	18
AS210	A5083-H32	210	27	276	14
AS210	A6061-T6	210	30	228	34
AS210	A7N01-T5	235	28	261	21

*) 「알루미늄 건축구조설계규준 · 동해설」에 따른 호칭

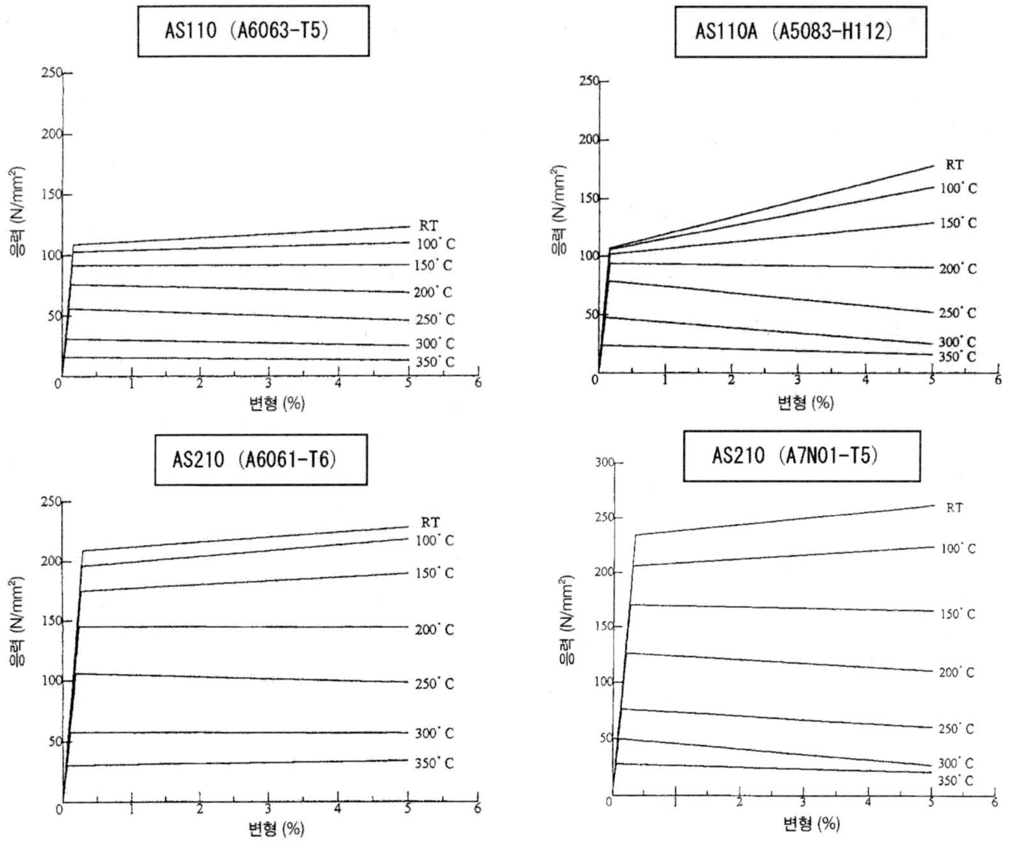

그림 5.1.2.13 대표적인 알루미늄합금의 응력 · 변형곡선 [6)]

(4) 고온시 데이터의 현황과 목적

알루미늄합금은 여러 가지 뛰어난 특성으로 일상적인 가정용품부터 건축 · 토목, 차량, 선박, 전기통신기기, 산업기계 등 폭 넓은 용도로 사용되며, 각각 용도에 맞추어 수많은 합금이 개발되어있다. 그러나 고온시의 데이터는 적으며, 건축구조재로 이용 가능한 5000계와 6000계합금으로 그 특성이 정리되어 고시에서 이용 가능한 재료로서 인정하고 있다.

그러나, 건축용 재료로서 이용되지 않은 다른 계 합금도 각각 뛰어난 특성을 가지고 있기 때문에, 이 합금의 특성을 잘 파악하여 사용함으로서 알루미늄합금의 활용범위는 더욱 넓어질 것으로 판단된다. 특히 내화성 데이터 및 고온시의 데이터는 아직은 충분하지 못한 상황으로서, 향후 발전성을 고려하여 다음 장에서는 가능한 많은 합금의 사례를 게재하였다.

인용 · 참고문헌

1) アルミニウム建築構造協議会ホームページ, アルミ建築構造物の紹介, http://www.aluminum.or.jp/cgi-bin/alken/cms/cms.cgi?mode=building」
2) 石井久史:アルミニウム合金梁ウェブ曲げ継手の火災時耐力に関する研究, 2008.9
3) 金沢工業大学ホームページ, ニュース , http://www.kanazawa-it.ac.jp/kitnews/2009/1188727_2282.html」
4) 日本建築学会北陸支部, 広報誌 Ah!, 35 号
5) アルミニウム建築構造協議会ホームページ, アルミの家の紹介, http://www.aluminum.or.jp/cgi-bin/alken/cms/cms.cgi?mode=house」
6) アルミニウム建築構造協議会:アルミニウム建築構造物の耐火設計規準・同解説

5.2 알루미늄합금의 분류

알루미늄은 여러 우수한 성질로 그 용도분야는 여러 방면이며, 생산량도 철다음인 일반적인 금속재료이다. 알루미늄합금의 주요한 성질은 첨가원소의 종류, 양에 따라 영향을 받고 사용되는 용도나 목적에 따라 매우 많은 합금이 개발되어있으며, 크게 그림 5.2.1.1과 같이 분류할 수 있다.

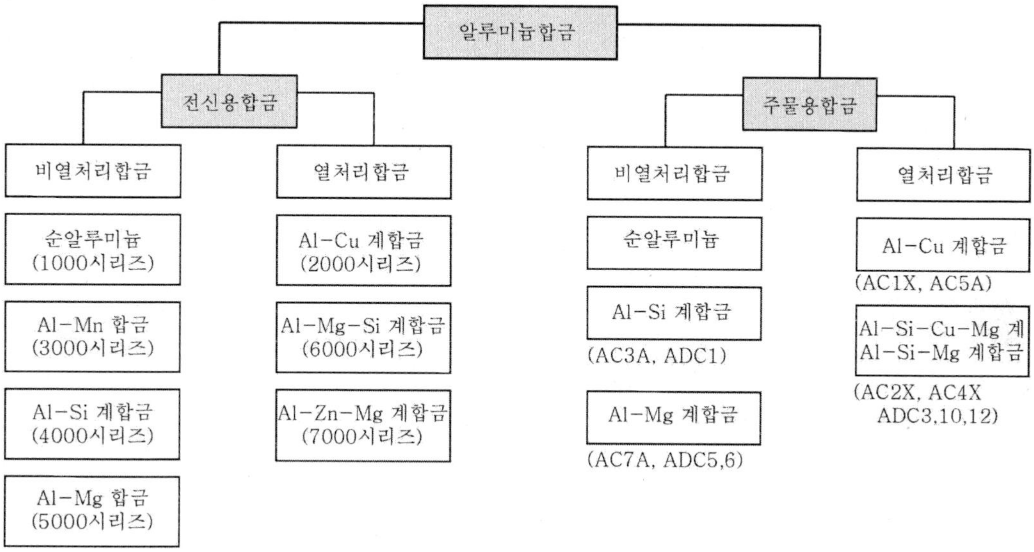

그림 5.2.1.1 알루미늄합금의 분류

5.2.1 전신용합금

(1) 전신용합금의 특징

건축 등의 분야에서 많이 사용되는 것은 전신용 합금이다. 본 절에서는 이에 대해 설명한다.

전신용 합금은 JIS 규격품으로서 각각 성분과 기계적 성질이 규정되어있으며, JIS규격으로 그 호칭이 결정된다. 그것은 아래와 같으며, 국제 알루미늄합금의 호칭에 맞추어 합금의 종류와 재질별 기호로 호칭을 붙여 분류하고 있다.

알루미늄합금 기호 읽는 법(전신재)

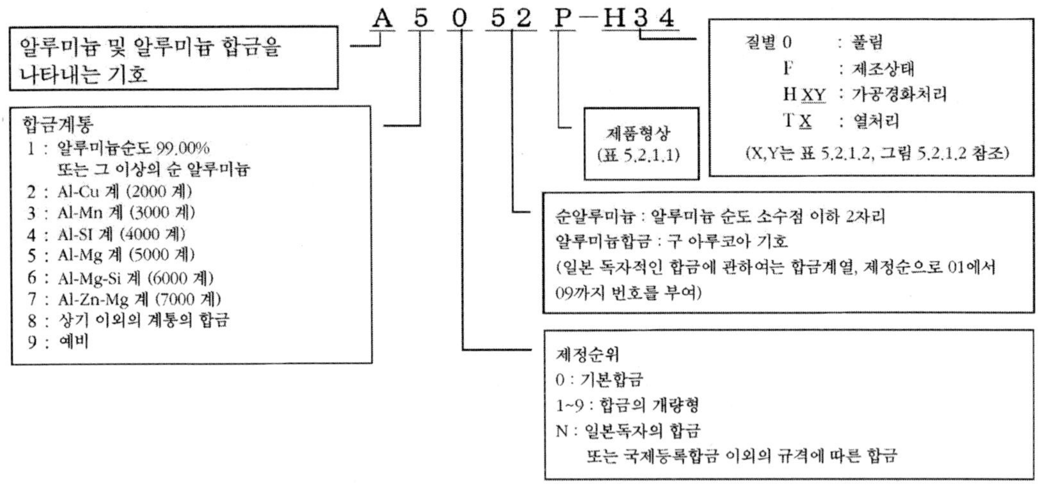

표 5.2.1.1 알루미늄합금의 제품형상 및 제조조건을 나타낸 기호

기호	기호가 나타내는 의미	기호	기호가 나타내는 의미
P	압연판, 조, 원판	TE	압출 이음부 없는 관
H	박스	TD	인발 이음부 없는 관
BE	압출봉	S	압출형재
BD	인발봉	FD	형단조품
W	인발선	FH	자유단조품

표 5.2.1.2 알루미늄합금의 재질별기호

1 기본기호

기호	정의
F	제조된 그대로인 것
H	가공경화된 것
G112	전신재의 경우 적극적인 가공경화를 가하지 않고, 제조된 그대로의 상태로 기계적 성질의 보증된 것을 나타냄
T	열처리에 의한 F.O.H 이외의 안정된 성질인 것
O	담금질에 의해 가장 부드러운 상태가 된 것.

2 HX_X의 세분기호 및 그 의미

기호	의미
H1	가공경화만 한 것
H2	가공경화 후, 적당히 연화 열처리한 것
H3	가공경화 후, 안정화처리를 한 것

3 HXY_Y의 세분기호 및 그 의미

기호	의미	참고
HX1	인장강도가 O와 HX2의 중간인 것	1/8 경질
HX2	인장강도가 O와 HX4의 중간인 것	2/8 경질
HX3	인장강도가 HX2와 HX4의 중간인 것	3/8 경질
HX4	인장강도가 O와 HX8의 중간인 것	4/8 경질
HX5	인장강도가 HX4와 HX6의 중간인 것	5/8 경질
HX6	인장강도가 HX4와 HX8의 중간인 것	6/8 경질
HX7	인장강도가 HX6와 HX8의 중간인 것	7/8 경질
HX8	단면감소율이 거의 75% 냉간가공할 때, 얻어지는 인장강도인 것.	경질
HX9		특경질

4 TX의 세분기호 및 그 의미

T1	고온가공하여 냉각 후 ⇒ 자연시효시킨 것
T2	고온가공하여 냉각 후 ⇒ 냉간가공 ⇒ 자연시효시킨 것
T3	용체화 처리 후 ⇒ 냉간가공 ⇒ 자연시효시킨 것
T4	용체화 처리 후 ⇒ 자연시효시킨 것
T5	고온가공하여 냉각 후 ⇒ 인공시효 경화처리한 것
T6	용체화 처리 후 ⇒ 인공시효 경화처리한 것

표 5.2.1.2의 질별기호는 조질의 종류를 나타낸다. 조질이란, 냉간가공, 용체화 처리, 시효(경화, 연화)처리, 담금질 등에 의해 강도, 성형성 그 외의 성질을 조정함으로서 소정의 성질을 얻는 것이다. 조질의 방법은 그림 5.2.1.2에 나타낸다.

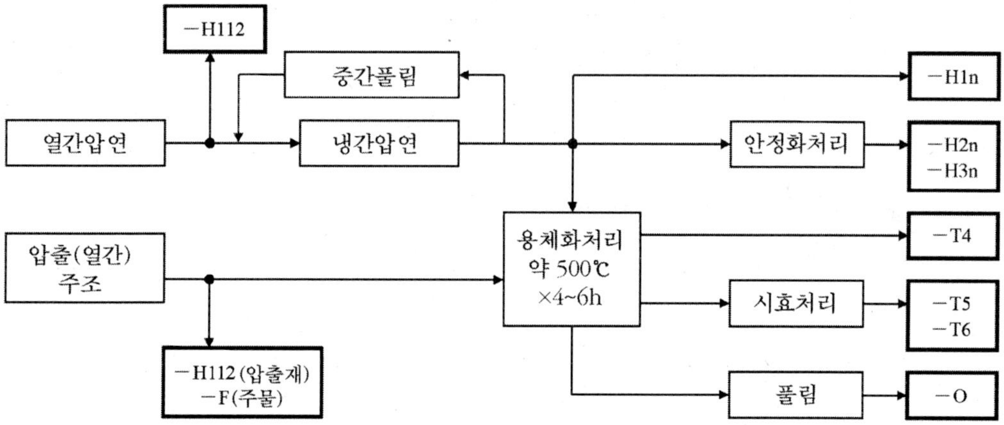

그림 5.2.1.2 조질방법과 질별기호 구분

(2) 전신용합금의 종류와 용도

전신용합금의 종류와 용도에 대하여 아래에 나타낸다. 또한 표 5.2.1.3에 전신용합금의 일반적인 성질을 나타낸다.

(a) 1000계 알루미늄합금(비열처리형 합금)

순도 99.00% 이상의 공업용 순알루미늄계 재료로, 가공성, 내식성, 용접성 등에 뛰어나지만, 강도는 약하다. 강도를 필요로 하지 않는 가전용품, 일용품, 전기기구, 공업용 탱크, 건축패널 등에 사용된다. 양극 산화처리(알루마이트)에 적합하며, 양호한 광택을 얻을 수 있다.

(b) 2000계 알루미늄합금(열처리형 합금)

듀랄루민(2017), 초듀랄루민(2024)로 알려진 재료. 강재에 필적하는 강도를 나타내며, 항공기용 재료나 볼트 등에 사용된다. 그러나, 내식성이 저하되어 표면에 방식을 목적으로 순알루미늄을 더해 압연한 피복재가 사용된다. 절삭성이 양호해 기계부품에 많이 사용된다. 용접성은 떨어지기 때문에 접합에는 리벳이나 볼트접합을 사용한다.

(c) 3000계 알루미늄합금(비열처리형 합금)

망간을 첨가하여 순알루미늄의 가공성, 내식성을 해치지 않고 강도를 높인 것으로, 기물이나 컬러 알루미늄, 지붕널, 도어 판넬, 알루미늄 캔 등 폭넓은 용도로 사용된다.

(d) 4000계 알루미늄합금(비열처리형 합금)

실리콘을 첨가하여 열팽창률을 억제하고, 내마모성을 개선한 것으로 단조 피스톤 재료로서 사용된다. 양극 산화처리 피막이 회색을 띠기 때문에 빌딩건축의 외장 패널로도 사용된다.

(e) 5000계 알루미늄합금(비열처리형 합금)

마그네슘을 첨가하여 강도를 높인 것으로 차량, 건재, 기물 등에 사용된다. 또한 내식성, 용접성도 양호하며 용접구조재로서 선박, 차량, 화학플랜트 등에 사용되고 있다.

(f) 6000계 알루미늄합금(열처리형 합금)

강도, 내식성, 용접성도 양호하여 양극 산화피막에 적합한 대표적인 구조용 재료이다. 단, 용접의 이음효율이 낮아 피스, 리벳, 볼트접합이 적절하다. 6063은 압출성이 좋으며, 커튼월이나 샤시 등 건재로서 많이 사용되고 있다. 6061-T6, 6082-T6은 SS400 강과 동등의 기준강도를 확보하고 있으며, 트러스, 철탑, 크레인 등에 사용된다. 6N01은 압출성이 좋고, 6063과 6061의 중간의 강도를 확보하고 있다.

(g) 7000계 알루미늄합금(열처리형 합금)

강도가 높고, 압출성, 용접성이 좋으며 용접구조재료로서 철도차량 등에 사용된다. 용접에 의한 열 영향부도 용접 후 자연시효에 의해 강도가 회복되며 좋은 이음효율을 얻을 수 있다. 단, 열처리가 적절하지 않으면 응력 부식 균열이 발생할 수 있기 때문에 주의가 필요하다.

표 5.2.1.3 전신용합금의 일반적 성질

합금종류	압출성	성형성	절삭성	용접성	양극산화피막	내식성
1000계	◎	◎	×	◎	◎	◎
2000계	×	×	◎	×	△	×
3000계	○	◎	×	◎	△	◎
4000계	△	○	○	△	△	△
5000계	△	○	△	◎	○	◎
6000계	○	△	△	◎	◎	◎
7000계	△	△	○	◎	○	△

[범례] ◎:최적 ○:적합 △:약간 부적합 ×:부적합

5.2.2 주물용 합금

(1) 주물용 합금의 특징

(a) 전신용 합금에 대한 주물용합금의 특징

주물용합금은, 알루미늄이 가진 경량성이라는 우수한 특성과 함께, 주물이 가진 형상자유도가 크다는 우수한 특성을 조합한 것이며, 자동차를 중심으로 하는 수송분야를 중심으로 많은 산업분야에 이용되고 있다. 건축관계 분야에서도 적극적으로 이용되고, 빌딩의 외벽패널, 대형 조형물, 대문 및 외장재, 그 외의 많은 용도로 이용되고 있다.

알루미늄합금의 전신재도 경량성으로는 주물과 동등하지만, 형상자유도에 있어서는 큰 차이가 있으며, 주물이 압도적으로 유리하다. 아래에 알루미늄합금에 대한 주물과 전신재와의 특징을 비교하여, 그 개요를 나타낸다.

〈주물, 전신재의 특징 비교〉

- 디 자 인 · 형상대응성: 주물은 복잡형상품을 짧은 공정으로 일체성형할 수 있다 전신재는 압출재와 같이 동일단면형상의 장편물이나 프레스 성형품과 같은 비교적 단순한 형상의 제품에 적합하다.
- 재료특성: 주물은 소성가공을 추가하지 않기 때문에 기계적 성질이 전반적으로 약간 낮은 경향이 있지만, 특히 연신값, 충격값 등에서 차이가 나타난다. 전신재는 전반적으로 기계적 성질이 우수하며 그 안정성도 좋다.
- 경 제 성 : 일반적으로 제조공정이 짧고 설비 코스트가 낮은 주물이 유리.

(b) 각종 주조방법

주물을 제조하는 주물법에는 다양한 방법이 있으며, 각종 주조법은 주형재질이나 주조압력에 의해 분류된다. 실재의 주물제조에 사용되고 있는 주조법 및 제품의 대표예를 아래에 나타낸다.

〈대표적 주조법〉

- 사형주조:
  - V프로세스(점결제 없음) - 건조사가 들어간 플라스틱 필름을 형틀에 밀어넣어 감압하여 성형(그림 5.2.2.1)
  - 생형법(점결제: 벤토나이트) - 점결제와 물을 섞은 모래를 형틀에 넣어 성형
  - 탄산가스형법(점결제: 규산소다) - 점결제를 섞은 모래를 형틀에 넣고 탄산가스와 반응시켜 경화
  - 쉘 몰드법(점결제: 페놀수지) - 점결제를 코팅한 모래를 가열한 금형에 소성
  - 콜드 박스법(점결제: 수지+경화제) - 점결제를 섞은 모래를 틀에 넣고 촉매가스와 반응시켜서 경화
  - 풀 몰드법(점결제 없음) - 제품형상으로 성형한 발포스티롤에 탕구를 내어 모래 속에 두고 주탕

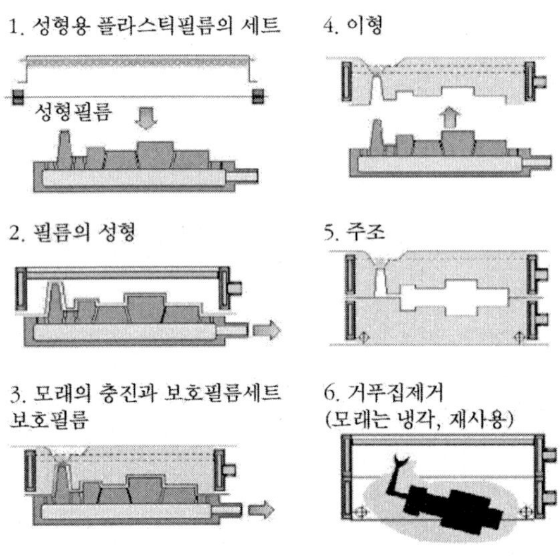

그림 5.2.2.1 V프로세스의 주조공정 [1]

그림 5.2.2.2 V프로세스에 의한 외벽의 예 [2]

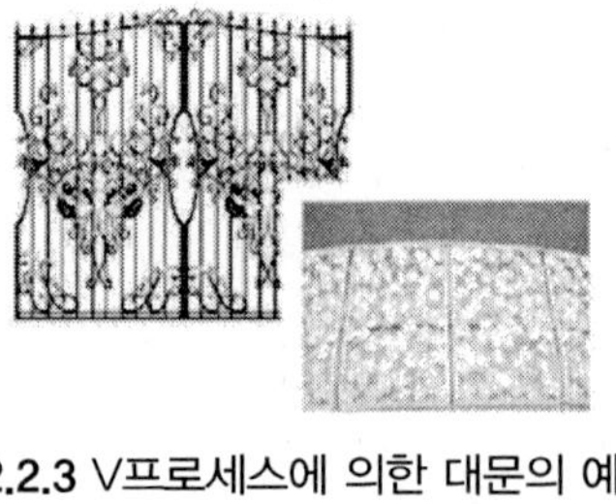

그림 5.2.2.3 V프로세스에 의한 대문의 예 [3]

• 금형주조

- 금형(중력)주조법 – 제품형상과 탕구 등을 음각한 금형에 쇳물을 중력(자연낙하)로 흘려 넣음(그림 5.2.2.4, 5.2.2.5)
- 저압주조법 – 금형 아랫방향의 주탕에 들어있는 밀폐용기 내를 기체가압하고 관을 통하여 틀에 쇳물을 밀어 올림(그림 5.2.2.6, 5.2.2.7)
- 다이캐스트법 – 고속(플랜저 속도수 m/s), 고압(40~100MPa)로 쇳물을 사출, 금형에 압입(그림 5.2.2.8~5.2.2.11)
- 고압주조법 – 저속(플랜저 속도로 1m/s 이하), 고압(약 40~100MPa)로 쇳물을 금형에 압입
- 반용융 · 반응고 주조법 – 재료를 고액공존상태로 하여 저속, 고압으로 금형에 압입

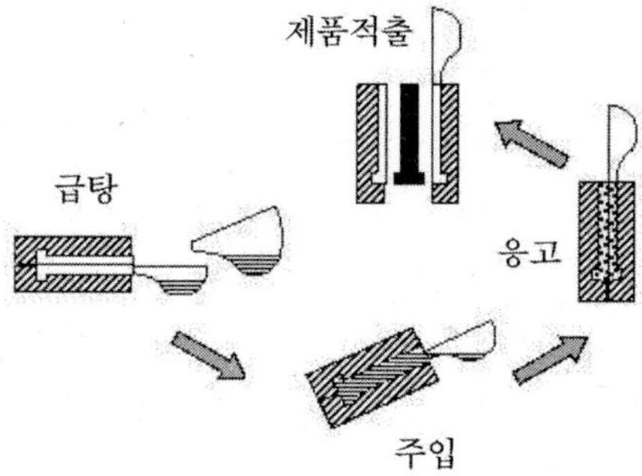

그림 5.2.2.4 가경식 금형 주조법 원리 [4)]

그림 5.2.2.5 금형주조품 [4)]

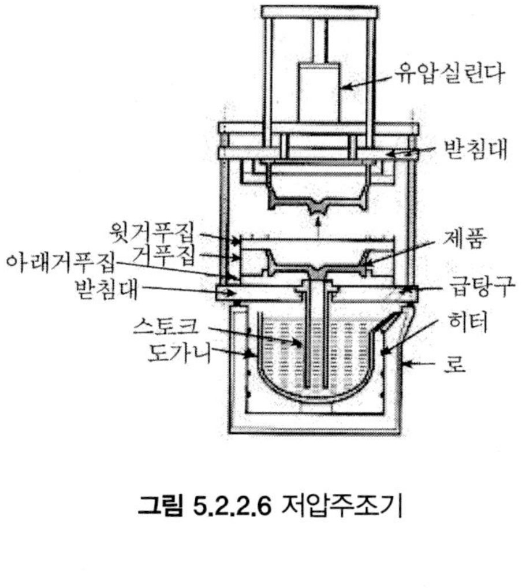

그림 5.2.2.6 저압주조기

그림 5.2.2.7 저압주조품 [4)]

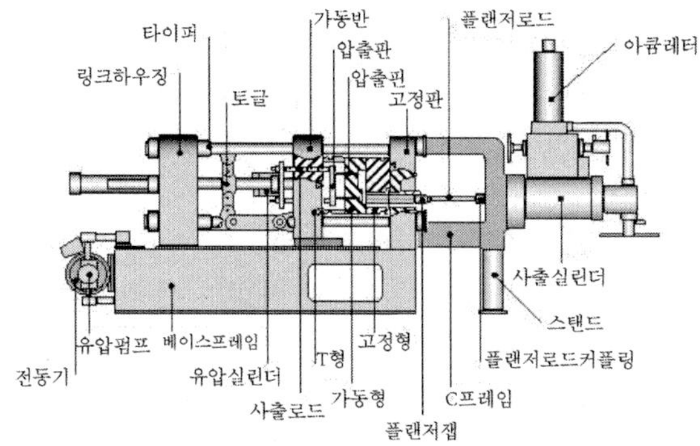

그림 5.2.2.8 다이캐스트 머신[5)]

그림 5.2.2.9 각종 다이캐스트 제품[6)]

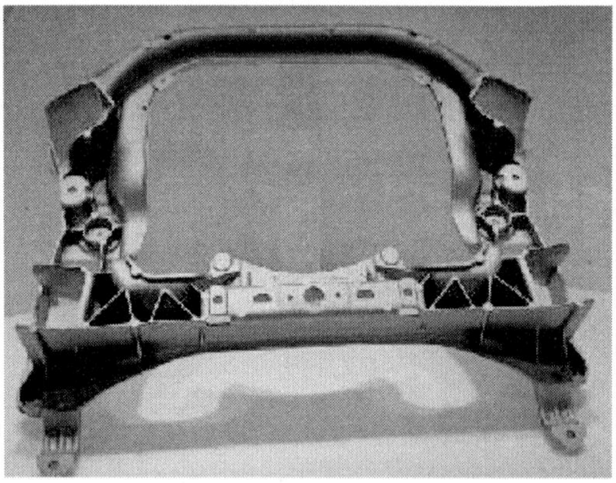

그림 5.2.2.10 고품질 다이캐스트[5)]

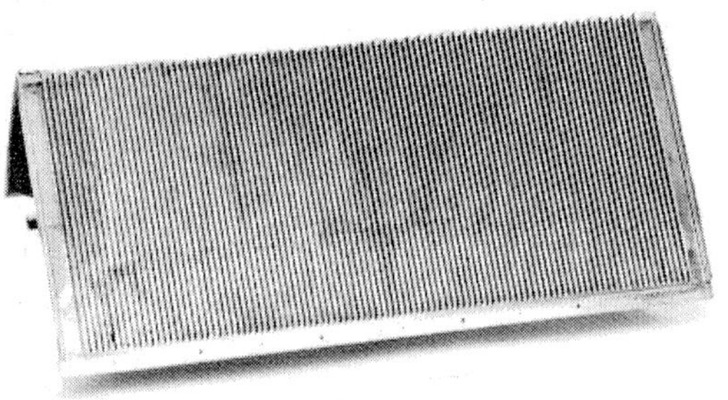

그림 5.2.2.11 에스컬레이터 부품[5)]

대형 건축 관계제품에는 일반적으로 사형주조가 사용된다. 길이 수 미터에 이르는 특히 대형제품에서는 감압에 의한 유동성의 향상을 얻을 수 있는 사형주조의 하나인 V프로세스가 사용되는 경우가 많다. 수십 센티미터 이하의 작은 물건으로, 생산개수가 많은 제품인 경우는 금형주조가 많이 사용되지만, 특히 수가 많은 경우(수 만개 이상)에는 생산성이 좋은 다이캐스트가 사용된다.

(c) 향후의 발전

알루미늄합금은 철이나 강보다는 융점이 낮기 때문에 많은 주조기술이 적용 가능하다. 그러나, 통계적으로 본 실제 생산의 상황으로부터는 전술한 바와 같이 다이캐스트, 금형주조, 저압주조 3 종류로 좁혀진다. 특히 생산성이 우수한 다이캐스트는 고품질 프로세스의 복잡함을 포함하여 향후 더욱 비율을 높여 갈 것으로 예상된다. 한편, 금형주조나 저압주조는 실린더 헤드로 대표되는 코어가 불가결한 제품이 있는 한은 계속사용될 것이다. 특히 금형주조는 기계, 금형과 함께 비교적 비용이 들지 않으면서도 냉각속도를 비교적 빠르게 할 수 있으며, 재료특성으로서는 우수한 제품을 생산하기 때문에 서서히 그 중요성이 증가할 것으로 판단된다.

건축관계 분야에서는, 초대형 주물제품에 있어서 대응력이 뛰어난 V프로세스가 향후에도 많이 이용될 것이지만, 통상적인 대형제품에 있어서는 각종 사형주조법이 이용될 수 있다. 비교적 소형이며 수량이 매우 많은 규격화된 제품에서는 향후에도 다이캐스트가 많이 사용될 것으로 판단된다 (그림 5.2.2.12). 주조법의 선택은 건축관계 분야의 주물로는 큰 문제이므로, 사전에 충분한 검토가 필요하다.

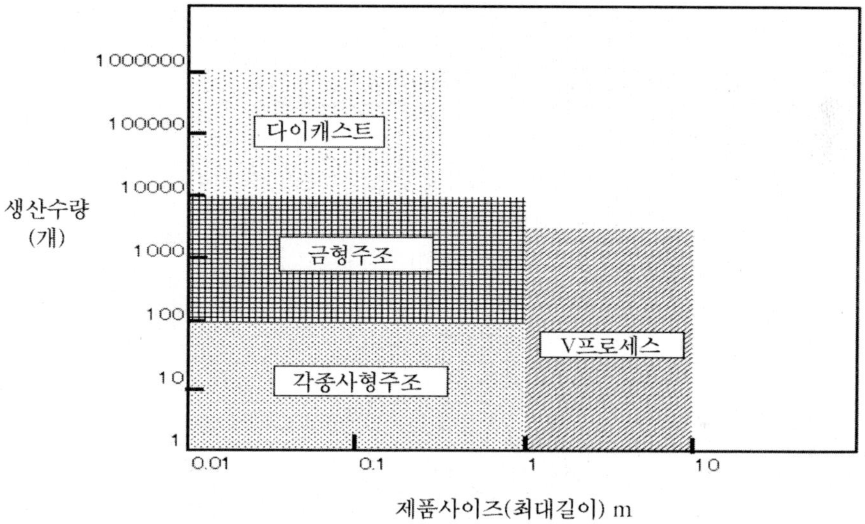

그림 5.2.2.12 각종 주조법의 적용범위 개념 참고예 [4)]

(2) 각종 주물용 합금의 종류와 특징

다이캐스트를 포함하여 각종 알루미늄합금 주물에 사용되는 합금에는 많은 종류가 있으며, 각각의 특징을 살려 이용되고 있다. 전술한바와 같이, 주물용 합금의 대부분은 자동차를 중심으로 하는 운송기기용 부품에 사용되고 있기 때문에, 자동차부품에 요구되는 기계적 성질이나 그 외의 여러 특성에 따라 합금특성이 다르다. 그러나 어떠한 경우에도 가능한 범위에서 주조의 용이성, 즉, '주조성'을 향상시키고 있다. 또한, 주물용 합금으로는 금형주조, 저압주조, 사형주조에 사용되어 「주물용 합금」과, 다이캐스트에 사용되는 「다이캐스트용 합금」으로 크게 2가지로 분류되며, JIS의 경우 별개의 규격이 준비되어있다. 금형으로의 용탕 유입속도가 빠른 다이캐스트에서는, 금형에 용탕이 눌어붙는 것을 방지하기 위하여 첨가되어있는 Fe의 함유율이 높은 것이 기본적인 차이이다. 이러한 합금을 표준적 금형 시험편에 주조하여 필요에 따라 열처리한 경우의 대표적인 특성을 표 5.2.2.1, 5.2.2.2에 나타낸다.

표 5.2.2.1 JIS 주물용 합금의 대표 예

합금 종류	합금조성	특징	사용 예	TP 기계적 성질 예			왼쪽편의 특성에 대응하는 조질
				σB	σ0.2	δ	
				N/mm²	N/mm²	%	
AC1B	Al-4.6Cu-0.25Mg-0.2Ti	고강도, 고인성, 주조성, 내식성 어려움	자동차 크랭크, 핸들 포스트	420	380	8	T6
AC2A	Al-5Si-3.8Cu	고강도, 주조성 좋음, 내식성 약간 어려움	실린더 헤드, 각종 자동차 부품	345	280	2	T6
AC2B	Al-6Si-3Cu	고강도, 주조성 좋음, 내식성 약간 어려움	실린더 헤드, 각종 자동차 부품	305	200	1	T6
AC3A	Al-11.5Si	유동성 좋음, 내식성 좋음, 강도 약간 어려움	인테이크 매니폴드, 각종 판넬	195	75	12	F
AC4A	Al-9Si-0.45Mg-0.45Mn	중강도, 인성 좋음, 주조성 좋음, 내식성 좋음	각종 기계부품	300	250	3	T6
AC4B	Al-8.5Si-3Cu	고강도, 주조성 좋음, 내식성 약간 어려움	실린더 헤드, 각종 자동차 부품	345	205	1	T6
AC4C	Al-7Si-0.3Mg	중강도, 인성 좋음, 주조성 좋음, 내식성 좋음	각종기계부품	285	225	7	T6
AC4CH	Al-7Si-0.35Mg	중강도, 고인성, 주조성 좋음, 내식성 좋음	휠, 각종 기계 부품	260	155	17	T6
AC4D	Al-5Si—1.3Cu-0.5Mg	고강도, 인성 좋음, 주조성 좋음	실린더 헤드, 엔진 부품	320	240	4	T6
AC7A	Al-4.5Mg	고내식성, 중강도, 고인성, 주조성 어려움	식품기계 부품, 선박용 부품	245	105	25	F
AC8A	Al-12Si-1Cu-1Mg-1.2Ni	고고온가동, 저열팽창, 내마모 좋음	4사이클용 각종 피스톤	335	310	1	T6
AC8B	Al-9.5Si-3Cu-1Mg-0.6Ni	고고온가동, 저열팽창, 내마모 좋음	4사이클용 각종 피스톤	335	315	1	T6

주1) 합금조성에 있어서 숫자는 표준적인 첨가량을 퍼센트로 나타낸 것.

주2) TP기계적 성질은 「경금속협회편, JIS 알루미늄합금 주물의 표준특성, 1987」을 참고하였음.

표 5.2.2.2 JIS 다이캐스트용 합금의 대표 예

합금 종류	합금조성	특징	사용 예	TP 기계적 성질 예			왼쪽편의 특성에 대응하는 조질
				σB	σ0.2	δ	
				N/mm²	N/mm²	%	
ADC1	Al-12Si-Fe	내식성, 주조성 양호, 내력 약간 낮음	프론트 패널, 홈 베이커리 안 솥	240	145	2	F
ADC3	Al-9.5Si-Fe	충격값, 고내력, 내식성 양호	호일캡, 엔진 마운트 브라켓	295	173	3	F
ADC6	Al-3Mg-0.6Mn-Fe	내식성 양호, 주조성 약간 어려움	핸드 레버, 모터보트 프로펠러	280	-	10	F
ADC12	Al-11Si-2.5Cu-Fe	기계적 성질, 피소성, 주조성 양호	각종 자동차용 엔진부품	296	186	2	F

주1) 합금조성에 있어서 숫자는 표준적인 첨가량을 퍼센트로 나타낸 것. Fe는 금형에 눌어붙음 방지용이며, 0.6~1.0%정도 첨가하는 경우가 많다.

주2) TP기계적 성질은 「경금속협회편, JIS 알루미늄합금 주물의 표준특성, 1987」을 참고하였음.

건축 관계분야에 사용되는 주물용 합금:

건축 관계분야에 사용되는 주물용 합금으로는 다음과 같은 특성이 중시되는 경우가 많다.

〈중시되는 특성〉

- 내식성: 실외에 사용되는 경우가 많기 때문에 부식되기 어려울 것
- 주조성(유동성): 박육, 대형 제품을 주조하는 경우가 많기 때문에, 유동성이 양호한 것
- 표면특성, 표면처리성: 광택이 좋은 것이나 알루마이트 등의 표면처리를 할 때의 색조가 좋은 것

이러한 요구특성으로 다음과 같은 합금이 사용되는 경우가 많다.

〈건축 관계분야에 많이 사용되는 합금〉

- AC3A: 건축용으로 사용되는 주물용 합금의 대표격, Al-Si 공정합금으로 ①, ②의 밸런스가 양호
- ADC1: 건축용으로 사용되는 다이캐스트용 합금의 대표격, Al-Si 공정합금으로, ①, ②의 밸런스가 양호
- AC7A: 내식성, 표면처리성이 좋은 Al-Mg계의 주물용 합금, ②의 주조성에는 난점이 있음.
- 기 타: 순 알루미늄은 내식성이 양호하고 독특한 광택을 얻을 수 있기 때문에 강도상의 문제가 거의 없는 모뉴먼트나 장식품 등에 사용되는 경우가 있다.

주물용 합금인 AC4CH도 양호한 내식성과 적당한 강도를 가지고 있기 때문에, 건축 관계분야에 사용되는 경우도 있다.

다이캐스트용 합금인 ADC3는 AC4CH와 비슷한 특성을 나타내며, 건축 관계분야에도 사용되는 경우가 있다.

이 외에, 알루마이트 처리 등에 의한 발색을 이용하여 디자인성을 추구한 합금도 이용되는 경우가 있다. 단, 이 경우에도 내식성의 확보는 불가결이라 할 수 있다.

인용 · 참고문헌

1) アスザック（株）ホームページ,「砂減圧鋳造法 V プロセス」より抜粋
2) アスザック（株）ホームページ,「施工例」より抜粋
3) アスザック（株）ホームページ,「アルミ鋳物大型門扉」より抜粋
4) 日本アルミニウム協会：アルミ化技術講習会資料
5) 日本ダイカスト協会：ダイカストって何？－DIE CASTING－2003, p.14
6) リョービ（株）ホームページ,「建築用品」より抜粋
（株）アルテックホームページ,「ALDREX」「VENTHOOD」より抜粋

5.3 알루미늄합금의 고온시 특성의 조사

5.3.1 전신용 합금의 고온시 특성의 조사결과

전신용 합금의 고온시 특성에 대해서 0.2% 내력, 0.2% 내력비(상온과 비교), 항복비, 인장강도, 연신의 기초적인 데이터를 게재하며, 일반적으로 사료되는 경향에 대해서 정리하여 나타낸다.

(1) 게제한 전신합금의 종류

대표적인 전신용 합금에 대해서 고온시 특성의 조사결과를 게제하였다. 게제한 전신용 합금의 종류를 표 5.3.1.1에, 화학성분을 표 5.3.1.2에 나타낸다.

표 5.3.1.1 게제한 전신용 합금의 종류

합금계	합금의 종류
1000	1100-O, 1100-H14, 1100-H18
2000	2014-T6, 2024-T6
3000	3003-H14, 3004-H34
4000	4032-T6
5000	5052-O, 5052-H34, 5083-O
6000	6061-T6, 6063-T5, 6063-T6
7000	7003-T5, 7075-T6, 7N01-T6

표 5.3.1.2 게제한 전신용 합금의 화학성분

종류 (합금 번호)	화학성분(%)									
	Si	Fe	Cu	Mn	Mg	Cr	Zn	Ti	그 외	Al
1100	0.95		0.05~0.20	0.05	-	-	0.10	-		99.00 이상
2014	0.5~1.2	0.70	3.9~5.0	0.40~1.2	0.20~0.8	0.10	0.25	0.15	Zr+Ti 0.20	나머지
3003	0.60	0.70	0.05~0.2	1.0~1.5	-	-	0.10	-		나머지
3004	0.30	0.70	0.25	1.0~1.5	0.8~1.3	-	0.25	-		나머지
4032	11.0~13.5	1.00	0.50~1.3	-	0.8~1.3	0.10	0.25	-	Ni 0.50~1.3	나머지
5052	0.25	0.40	0.10	0.10	2.2~2.8	0.15~0.35	0.10	-		나머지
5083	0.40	0.40	0.10	0.40~1.0	4.0~4.9	0.05~0.25	0.25	0.15		나머지
6061	0.40~0.8	0.70	0.15~0.40	0.15	0.8~1.2	0.04~0.35	0.25	0.15		나머지
6063	0.20~0.6	0.35	0.10	0.10	0.45~0.9	0.10	0.10	0.10		나머지
7003	0.30	0.35	0.20	0.30	0.50~1.0	0.20	5.0~6.5	0.20	Zr 0.05~0.25	나머지
7075	0.40	0.50	1.2~2.0	0.30	2.1~2.9	0.18~0.28	5.1~6.1	0.20	Zr+Ti 0.25	나머지
7N01	0.30	0.35	0.20	0.20~0.7	1.0~2.0	0.30	4.0~5.0	0.20	Zr 0.25, V0.10	나머지

(2) 전신용 합금의 고온시 특성

고온시 특성을 나타내는 전신용 합금각계의 재질 참고기준으로서는, 일반적으로 사용되고 있는 재질로 고온시 특성 데이터 수가 비교적 많은 것으로 하였다.

고온시 특성으로서 나타낸 데이터는 아래에 나타낸 바와 같으며, 출처마다 범례를 달았다. 출처명에 대해서는 표 5.3.1.3에 나타낸다. 다음 항 이후에 고온시 특성 그래프를 계별로 나타낸다. 또한 재질마다 사용례를 기술하였다.

표 5.3.1.3 출처

번호	출처명	범례
1	미국 알루미늄 공업회(AA)	○
2	미국 금속학회(ASM)	◇
3	경금속학회	□
4	알루미늄 핸드북	△
5	경금속용접구조협회(경용협)	×
6	Euro code 9	+
7	기타(알루미늄 협의회 등)	●

(a) 재질별로 정리한 데이터

이하의 a)부터 e)의 항목에 따라서 재질별로 전신용 합금의 고온시 특성을 정리한 것을 그림 5.3.1.1~5.3.1.17에 나타낸다.

a) 0.2% 내력

b) 0.2% 내력(무차원화한 것)

c) 항복비

d) 인장강도

e) 연신

(b) 계별로 정리한 데이터

이하의 a), b)의 항목에 따라서 계별로 전신용 합금의 고온시 특성을 정리한 것을 그림 5.3.1.18~5.3.1.19에 나타낸다.

a) 탄성계수

b) 크리프 강도

(c) 2% 내력 전체 데이터

전신용 합금의 고온시 특성은 재질별로 다르지만, 그 중에서 0.2% 내력에 관한 모든 데이터를 계별로 정리한 것을 그림 5.3.1.20~5.3.1.26에 나타낸다.

(a) 재료별로 정리한 데이터

명칭: 1100–O
토픽스: 순 알루미늄이기 때문에 강도가 낮지만, 성형성, 용접성, 내식성이 우수하다. 주요한 용도는 일반기물, 외장패널 등 건축 내외장, 각종용기, 전기기구 등이다.

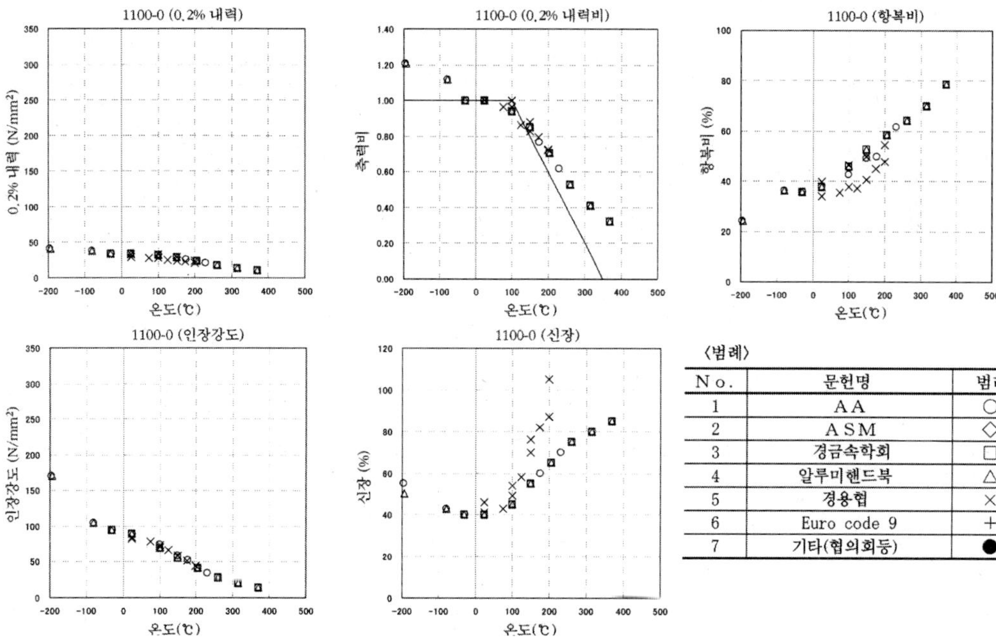

〈범례〉

No.	문헌명	범례
1	AA	○
2	ASM	◇
3	경금속학회	□
4	알루미핸드북	△
5	경용협	×
6	Euro code 9	+
7	기타(협의회등)	●

그림 5.3.1.1 1100–O의 고온시 특성

명칭: 1100–H14

토픽스: 순 알루미늄이기 때문에 강도가 낮지만, 성형성, 용접성, 내식성이 우수하다. 강도를 높이기 위해서 약간 냉간압연으로 가공경화한 재료로. 가공성이 좋은 외장패널 등 건축 내외장, 각종용기, 전기기구 등에 사용된다.

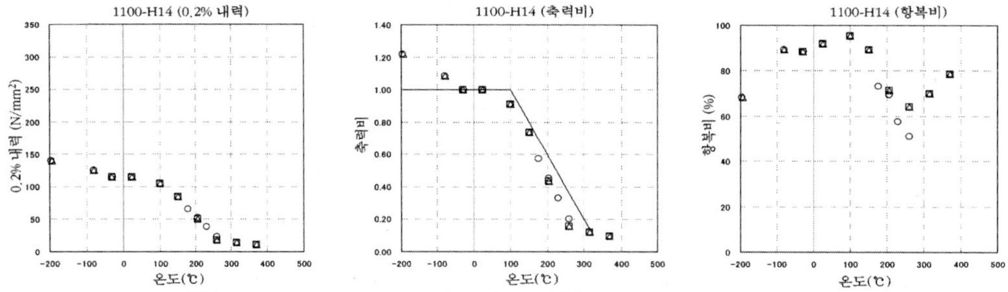

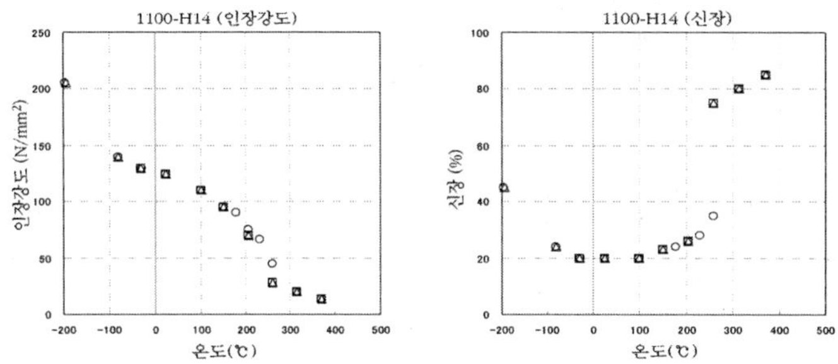

〈범례〉

No.	문헌명	범례
1	AA	○
2	ASM	◇
3	경금속학회	□
4	알루미핸드북	△
5	경용협	×
6	Euro code 9	+
7	기타(협의회등)	●

그림 5.3.1.2 1100–H14의 고온시 특성

명칭: 1100–H18

토픽스: 순 알루미늄이기 때문에 강도가 낮지만, 성형성, 용접성, 내식성이 우수하다. 냉간가공으로 강도를 가능한 높인 재료로. 일반기물, 외장패널 등 건축 내외장, 각종용기, 전기기구 등에 사용된다.

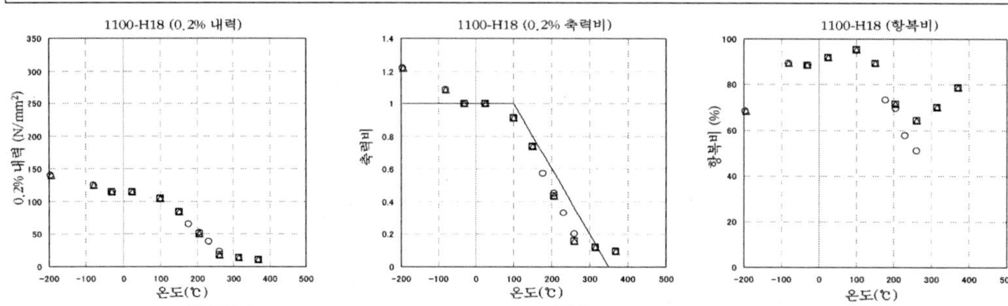

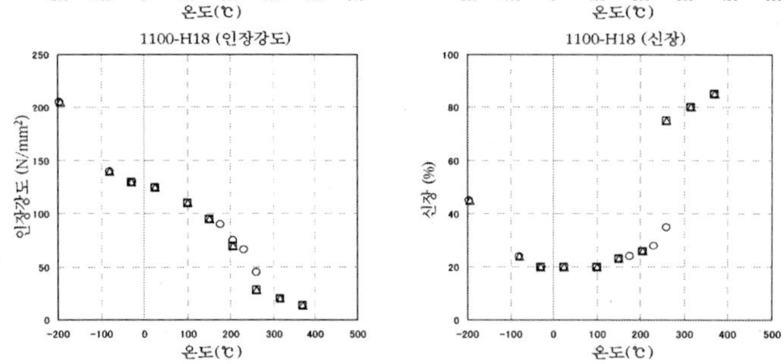

〈범례〉

No.	문헌명	범례
1	AA	○
2	ASM	◇
3	경금속학회	□
4	알루미핸드북	△
5	경용협	×
6	Euro code 9	+
7	기타(협의회등)	●

그림 5.3.1.3 1100–H18의 고온시 특성

명칭: 2014–T6
토픽스: 강도가 높은 열처리 합금이지만, 내식성이 좋지 않기 때문에 합판으로 사용된다. 주요한 용도는 항공기 재료, 각종 구조물 등이다.

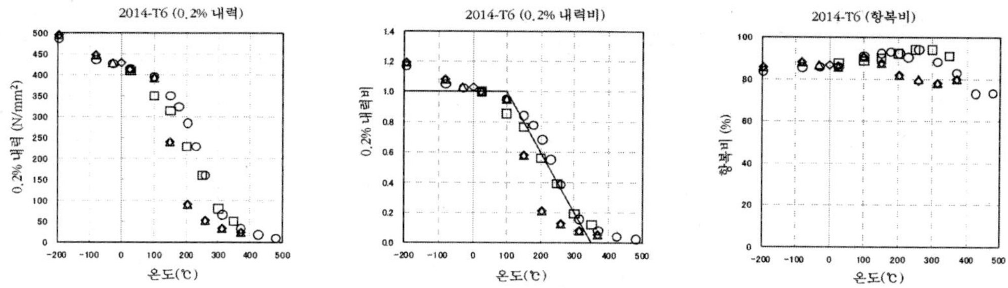

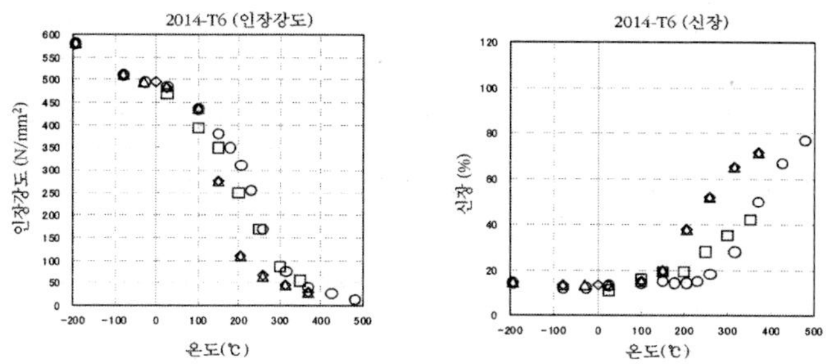

〈범례〉

No.	문헌명	범례
1	AA	○
2	ASM	◇
3	경금속학회	□
4	알루미핸드북	△
5	경용협	×
6	Euro code 9	+
7	기타(협의회등)	●

그림 5.3.1.4 2014–T6의 고온시 특성

명칭: 2024–T6
토픽스: 강도 높은 열처리 합금으로 절삭가공도 좋지만, 내식성이 좋지 않기 때문에 합판으로서 사용된다. 주요한 용도는 항공기, 각종 구조물, 스포츠 용품 등이다.

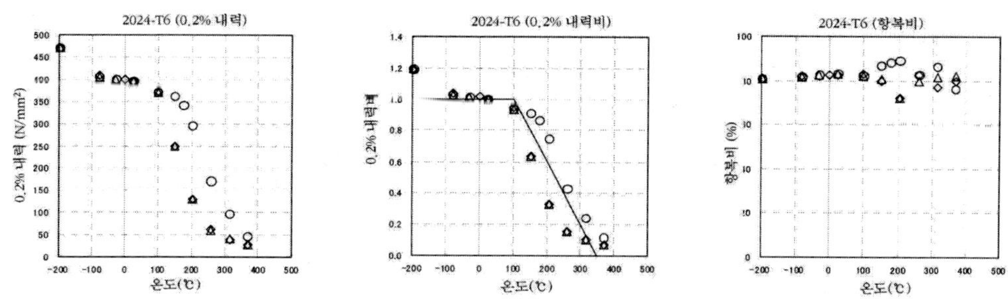

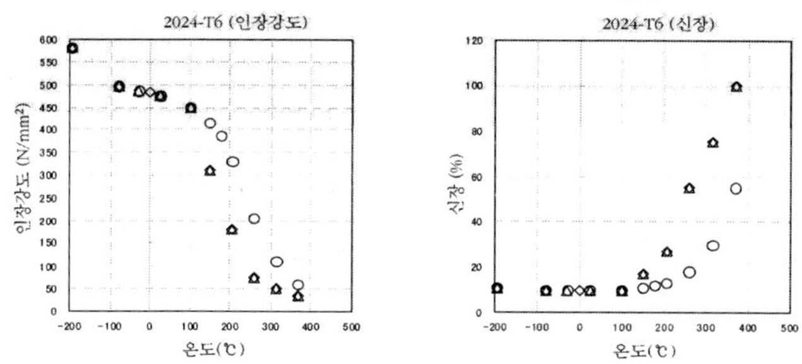

〈범례〉

No.	문헌명	범례
1	AA	○
2	ASM	◇
3	경금속학회	□
4	알루미핸드북	△
5	경용협	×
6	Euro code 9	+
7	기타(협의회등)	●

그림 5.3.1.5 2024–T6의 고온시 특성

명칭: 3003-H14

토픽스: 순 알루미늄보다 강도가 높고, 성형성, 내식성, 용접성이 우수하다. 주요한 용도는 외장패널, 지붕 등 건축외장, 일반기구, 공조기 핀, 용기 등이다.

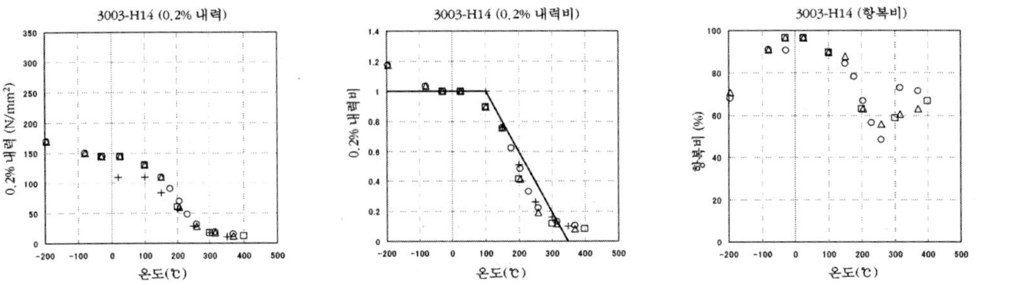

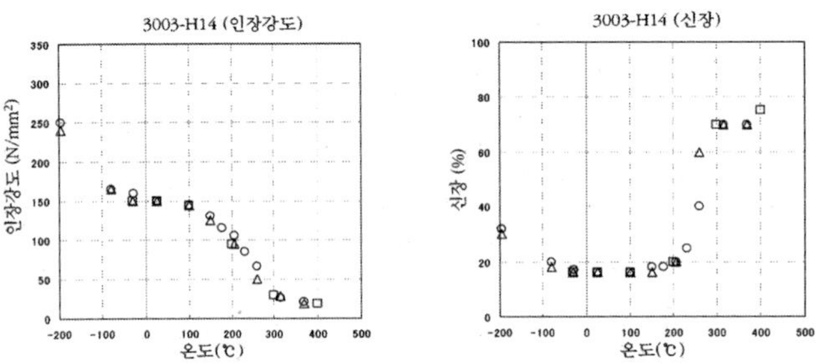

〈범례〉

No.	문헌명	범례
1	AA	○
2	ASM	◇
3	경금속학회	□
4	알루미핸드북	△
5	경용협	×
6	Euro code 9	+
7	기타(협의회등)	●

그림 5.3.1.6 3003-H14의 고온시 특성

명칭: 3003-H34

토픽스: 3003보다 강도가 높고, 성형성, 부식성이 우수하다. 주요한 용도는 지붕, 도어 패널 등 건축 내외장, 컬러 알루미늄, 음료캔 등이다.

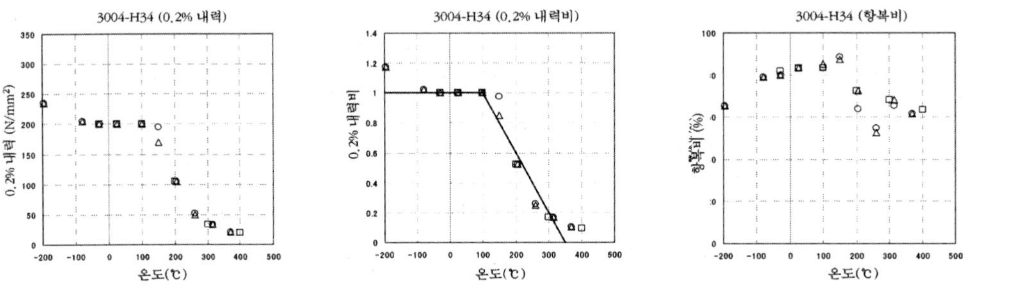

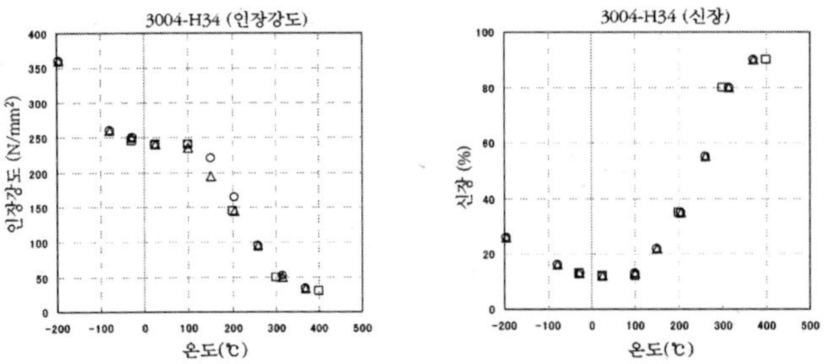

〈범례〉

No.	문헌명	범례
1	AA	○
2	ASM	◇
3	경금속학회	□
4	알루미핸드북	△
5	경용협	×
6	Euro code 9	+
7	기타(협의회등)	●

그림 5.3.1.7 3004-H34의 고온시 특성

명칭: 4032–T6
토픽스: 실리콘을 첨가하여 열팽창률을 억제하여 내마모성의 개선을 한 것으로, 단조 피스톤재료로서 사용된다. 양극 산화처리 피막이 회색을 띠기 때문에 빌딩 건축의 외장 패널로도 사용된다.

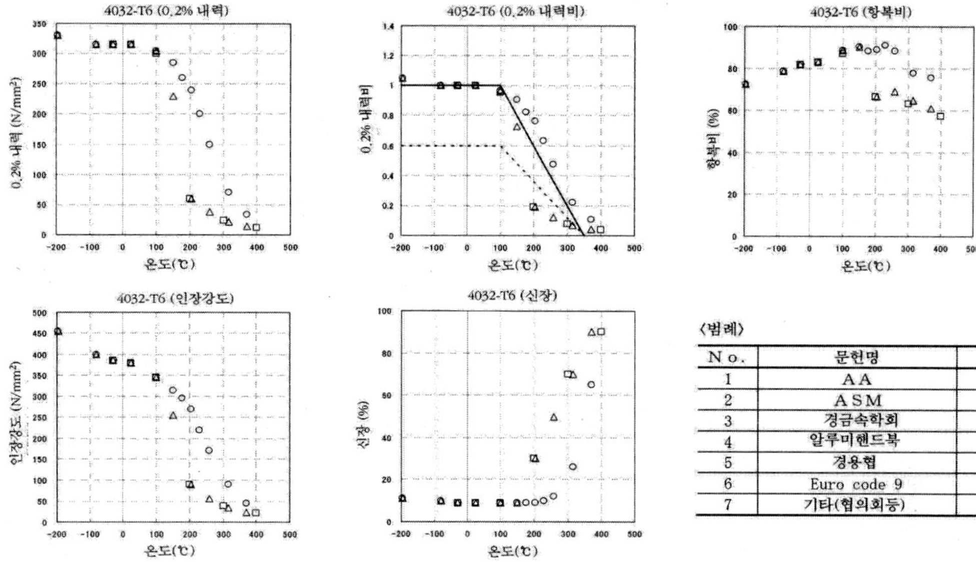

〈범례〉

No.	문헌명	범례
1	AA	○
2	ASM	◇
3	경금속학회	□
4	알루미핸드북	△
5	경용협	×
6	Euro code 9	+
7	기타(협의회등)	●

그림 5.3.1.8 4032–T6의 고온시 특성

명칭: 5052–O
토픽스: 중간 정도의 강도를 가진 대표적인 합금으로 내식성, 성형성, 용접성이 우수하다. 어닐링한 재료로 성형성, 용접성에 뛰어나며, 건재, 선박, 차량 등에 사용된다.

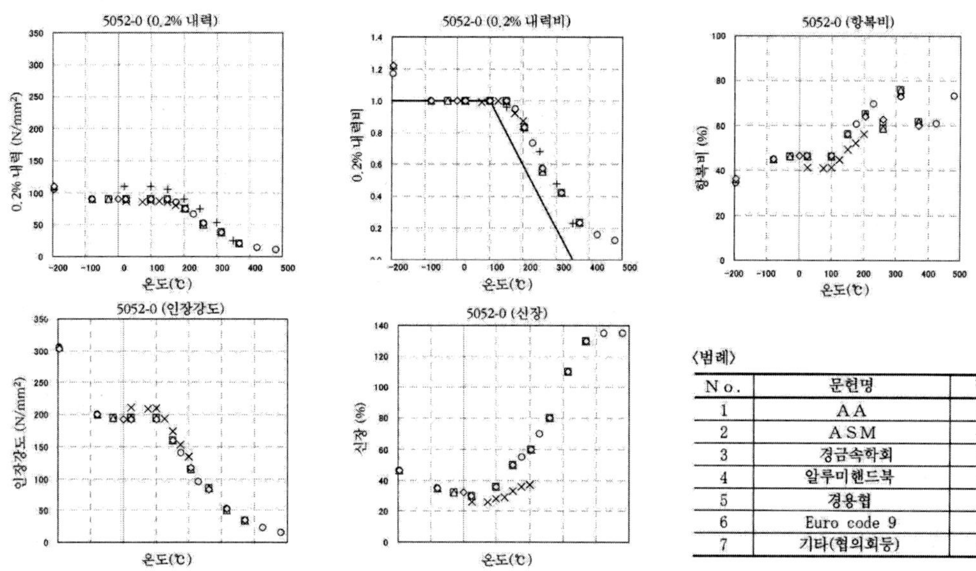

〈범례〉

No.	문헌명	범례
1	AA	○
2	ASM	◇
3	경금속학회	□
4	알루미핸드북	△
5	경용협	×
6	Euro code 9	+
7	기타(협의회등)	●

그림 5.3.1.9 5052–O의 고온시 특성

명칭: 5052-H34

토픽스: 중간 정도의 강도를 가진 대표적인 합금으로 내식성, 성형성, 용접성이 우수하다. 강도를 높이기 위해 냉간압연으로 가공경화 후 가공성을 좋게 하기 때문에 안정화처리를 한 재료로, 건재, 선박, 차량 음료캔 등에 사용된다.

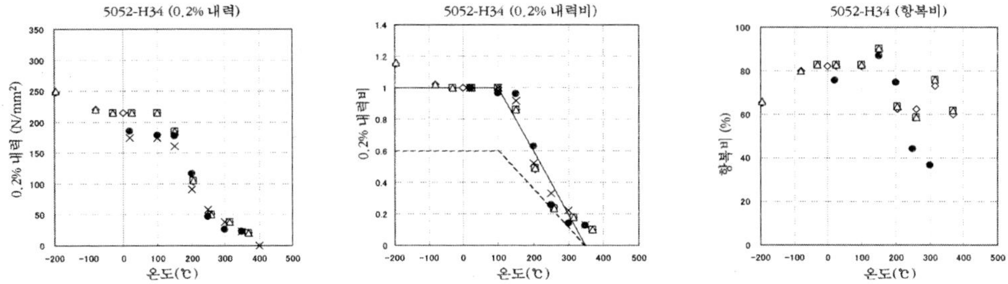

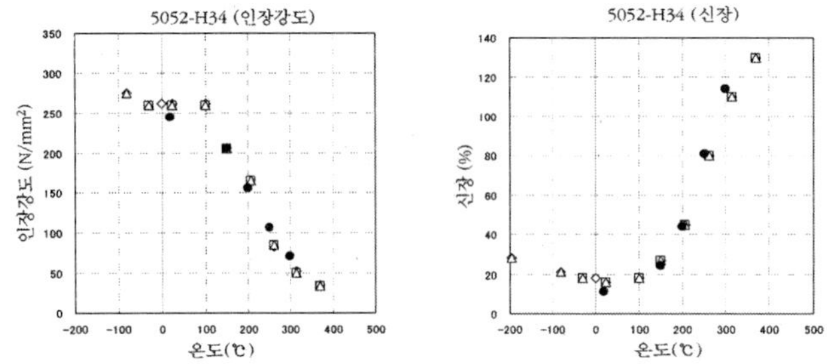

〈범례〉

No.	문헌명	범례
1	AA	○
2	ASM	◇
3	경금속학회	□
4	알루미핸드북	△
5	경용협	×
6	Euro code 9	+
7	기타(협의회등)	●

그림 5.3.1.10 5052-H34의 고온시 특성

명칭: 5083-O

토픽스: 비열처리 합금으로 강도가 높고 내식성, 용접성이 우수하다. 주요한 용도는 선박, 차량, 압력용기, 저온용 탱크 등이다.

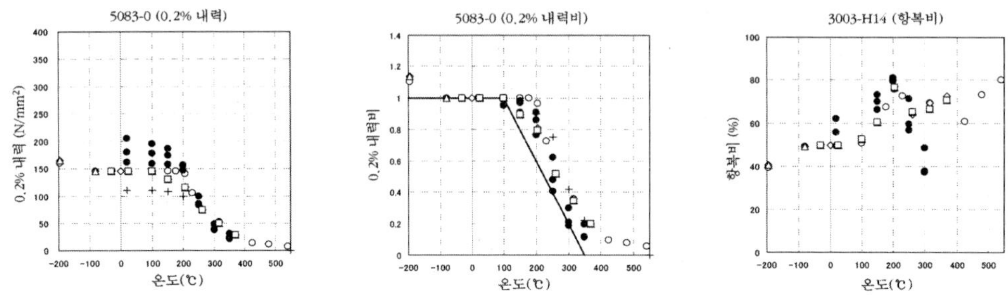

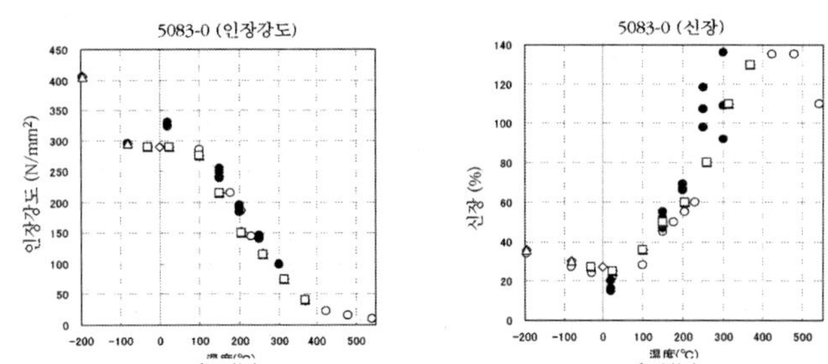

〈범례〉

No.	문헌명	범례
1	AA	○
2	ASM	◇
3	경금속학회	□
4	알루미핸드북	△
5	경용협	×
6	Euro code 9	+
7	기타(협의회등)	●

그림 5.3.1.11 5083-O의 고온시 특성

명칭: 6061–T6
토픽스: 열처리형 합금으로 내식성이 우수하다. 주요한 용도는 선박, 차량, 토목구조물 등이다.

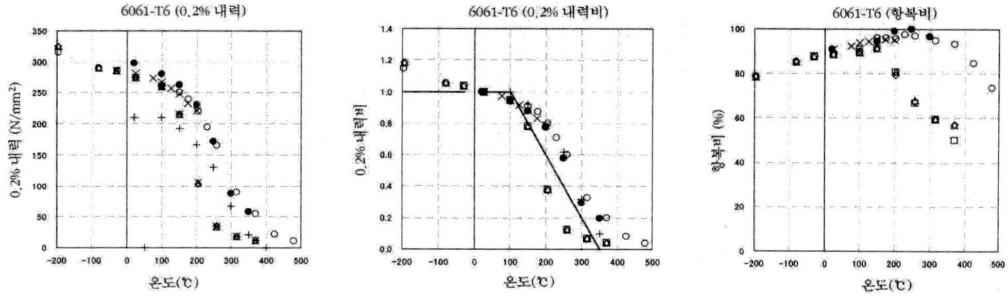

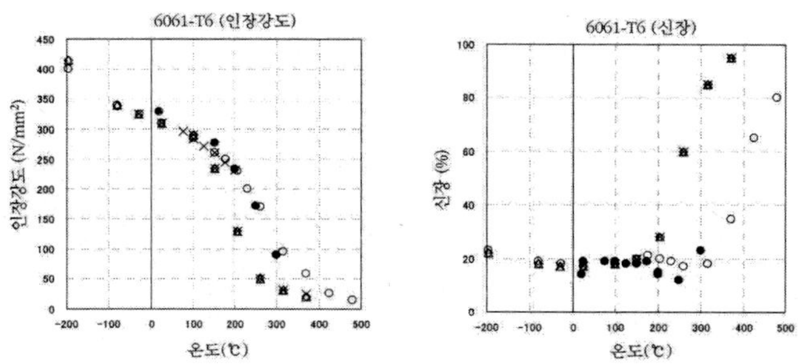

〈범례〉

No.	문헌명	범례
1	AA	○
2	ASM	◇
3	경금속학회	□
4	알루미핸드북	△
5	경용협	×
6	Euro code 9	+
7	기타(협의회등)	●

그림 5.3.1.12 6061–T6의 고온시 특성

명칭: 6063–T5
토픽스: 대표적인 압출용 합금으로 6061보다 강도는 낮지만, 압출성이 우수하여 용접성, 가공성도 좋다. 양극산화처리성도 좋다. 압출가공 냉각 후 인공시효 경화처리한 재료로, 건축용 도어 · 새시재, 토목용재, 가구, 가전제품 등에 사용된다.

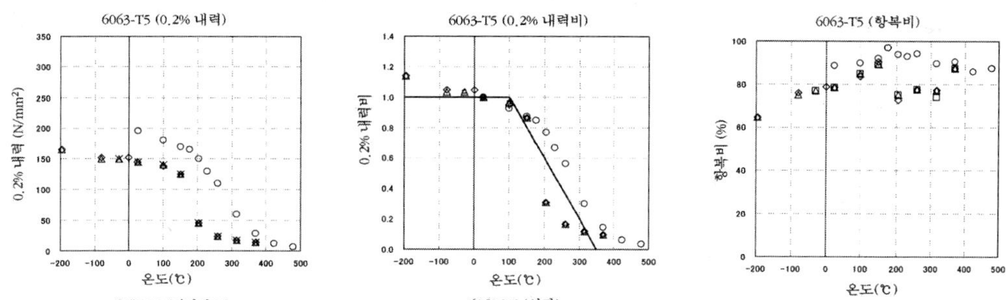

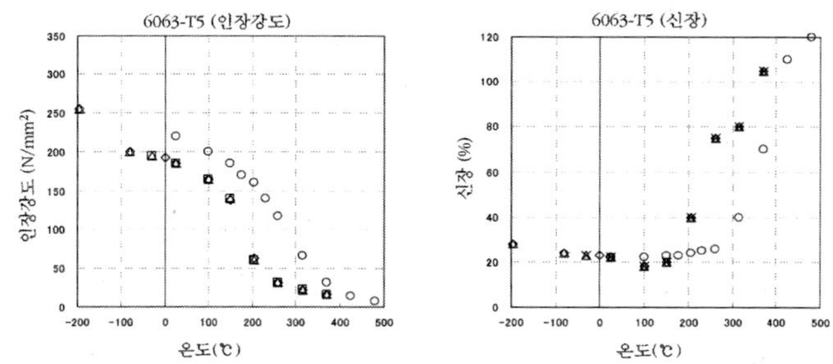

〈범례〉

No.	문헌명	범례
1	AA	○
2	ASM	◇
3	경금속학회	□
4	알루미핸드북	△
5	경용협	×
6	Euro code 9	+
7	기타(협의회등)	●

그림 5.3.1.13 6063–T5의 고온시 특성

명칭: 6063-T6

토픽스: 대표적인 압출용 합금으로 6061보다 강도가 낮지만, 압출성이 우수하고, 용접성, 가공성도 좋다. 양극 산화처리성도 좋다. 압출가공 후 용체화 처리를 하고 인공시효 경화처리한 재료로, 건축용 도어 · 새시재, 토목용재, 가구, 가전제품 등에 사용된다.

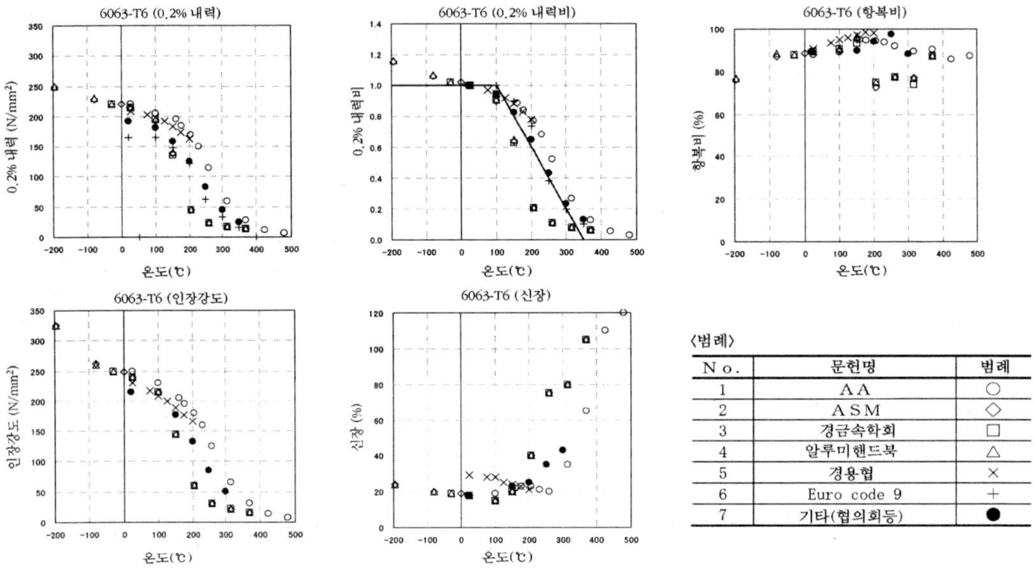

〈범례〉

No.	문헌명	범례
1	AA	○
2	ASM	◇
3	경금속학회	□
4	알루미핸드북	△
5	경용협	×
6	Euro code 9	+
7	기타(협의회등)	●

그림 5.3.1.14 6063-T6의 고온시 특성

명칭: 7003-T5

토픽스: 강도가 높고 압출성이 좋다. 주요한 용도는 오토바이 림, 차량, 용접구조물 등이다.

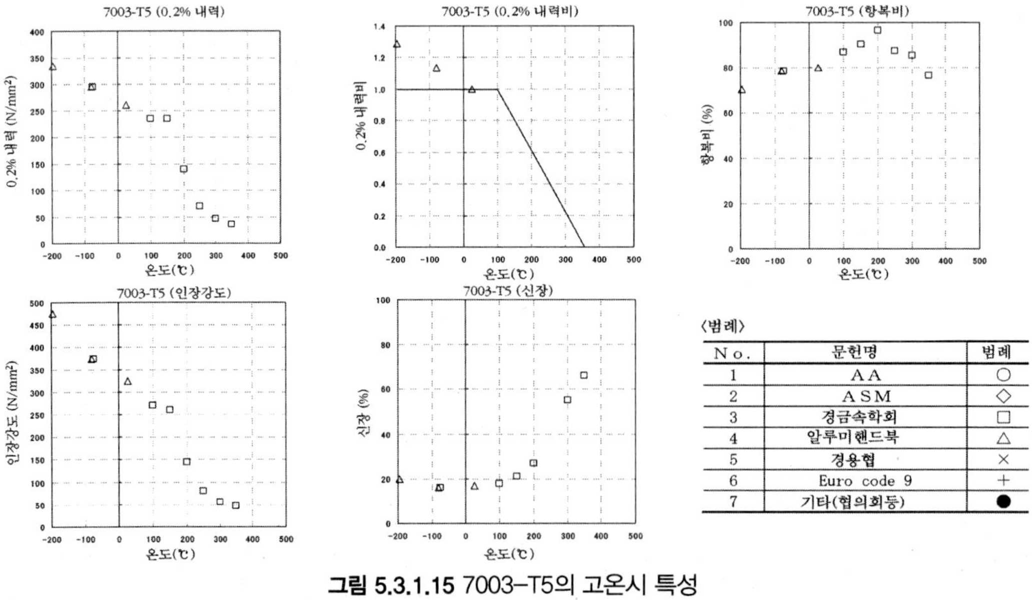

〈범례〉

No.	문헌명	범례
1	AA	○
2	ASM	◇
3	경금속학회	□
4	알루미핸드북	△
5	경용협	×
6	Euro code 9	+
7	기타(협의회등)	●

그림 5.3.1.15 7003-T5의 고온시 특성

명칭: 7075–T6
토픽스: 알루미늄 합금 중 최고의 강도를 가지지만, 내식성은 좋지 않기 때문에 합판으로서 사용된다. 주요한 용도는 항공기용재, 스포츠용품 등이다.

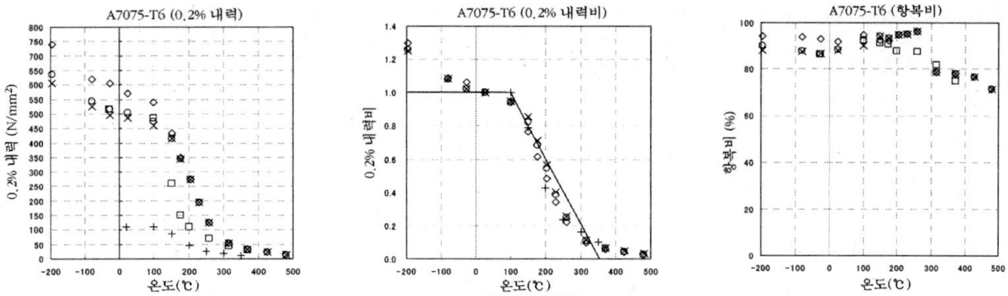

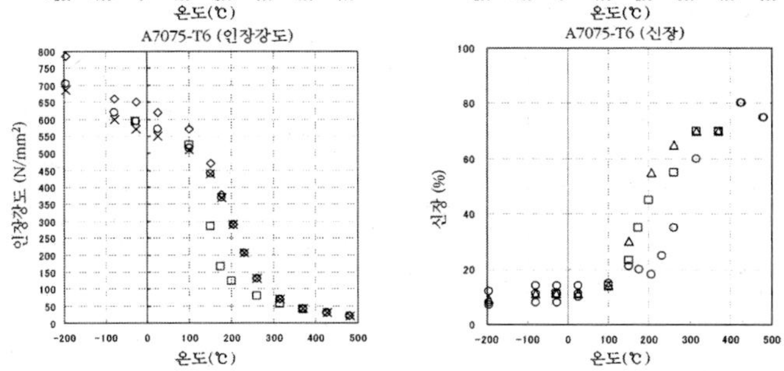

〈범례〉

No.	문헌명	범례
1	AA	○
2	ASM	◇
3	경금속학회	□
4	알루미핸드북	△
5	경용협	×
6	Euro code 9	+
7	기타(협의회등)	●

그림 5.3.1.16 7075–T6의 고온시 특성

명칭: 7N01–T6
토픽스: 강도가 높고, 더욱이 용접부의 강도가 상온방치에 의해 회복된다. 주요한 용도는 차량, 용접구조물 등이다.

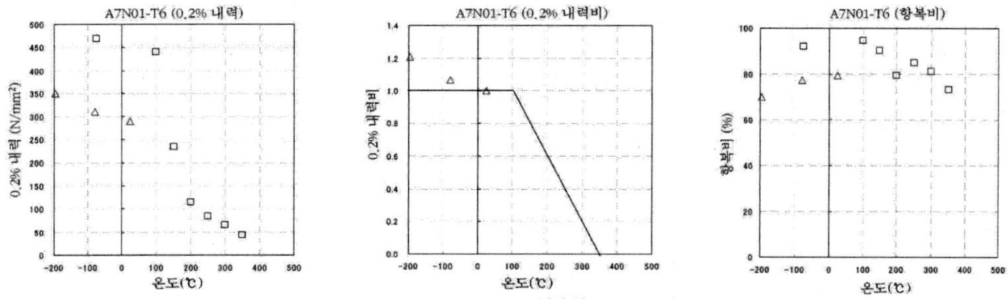

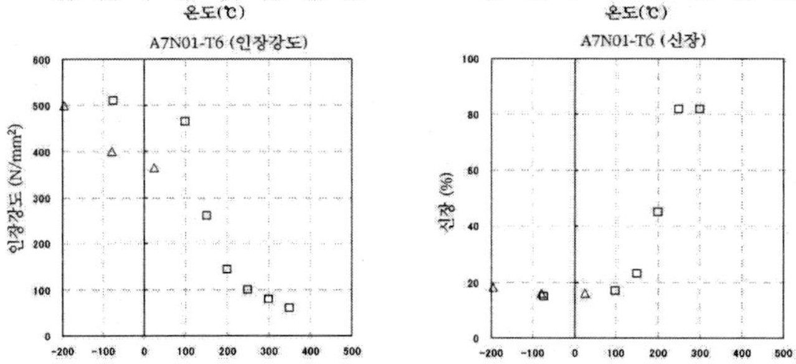

〈범례〉

No.	문헌명	범례
1	AA	○
2	ASM	◇
3	경금속학회	□
4	알루미핸드북	△
5	경용협	×
6	Euro code 9	+
7	기타(협의회등)	●

그림 5.3.1.17 7N01–T6의 고온시 특성

(b) 계별로 정리한 데이터

① 영계수

계별로 탄성계수의 고온시 특성을 정리한 그래프를 그림 5.3.1.18에 나타낸다.

〈범례〉

No.	문헌명	범례
1	AA	○
2	ASM	◇
3	경금속학회	□
4	알루미핸드북	△
5	경용협	×
6	Euro code 9	+
7	기타(협의회등)	●

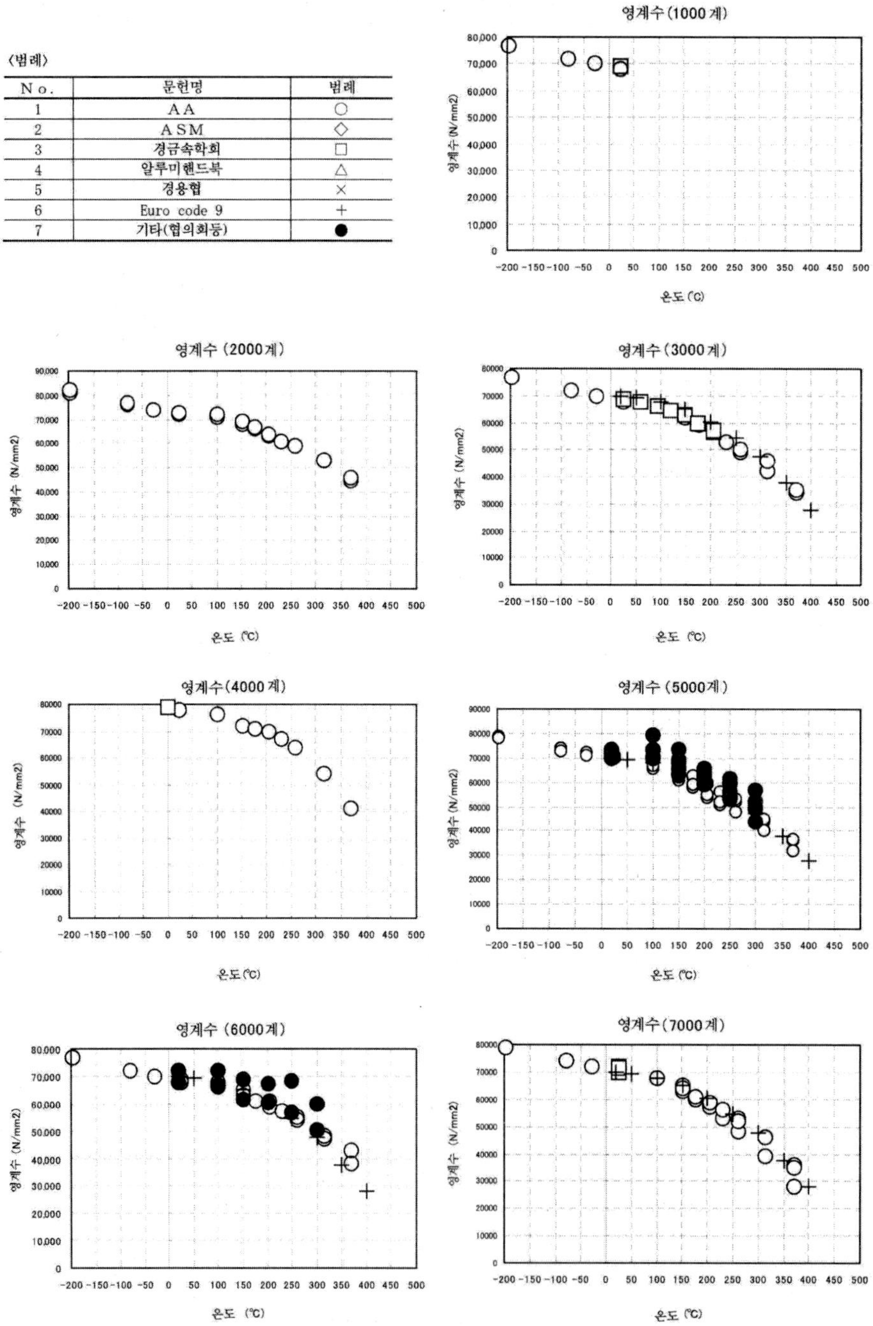

그림 5.3.1.18 영계수의 고온시 특성

② 크리프 강도

각 계별로 크리프 강도의 고온시 특성을 정리한 그래프를 그림 5.3.1.19에 나타낸다.

〈범례〉

No.	문헌명	범례
1	AA	○
2	ASM	◇
3	경금속학회	□
4	알루미핸드북	△
5	경용협	×
6	Euro code 9	+
7	기타(협의회등)	●

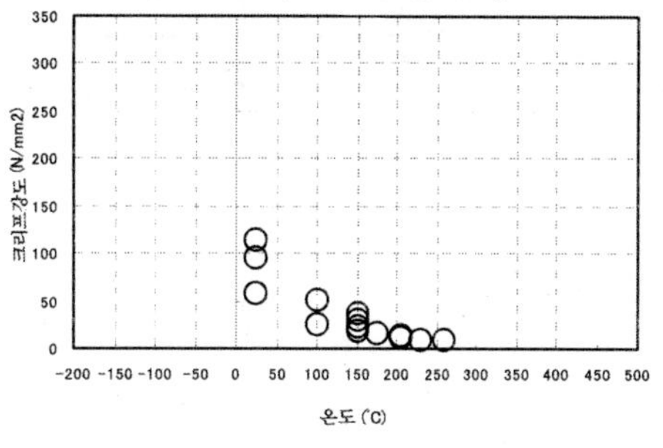

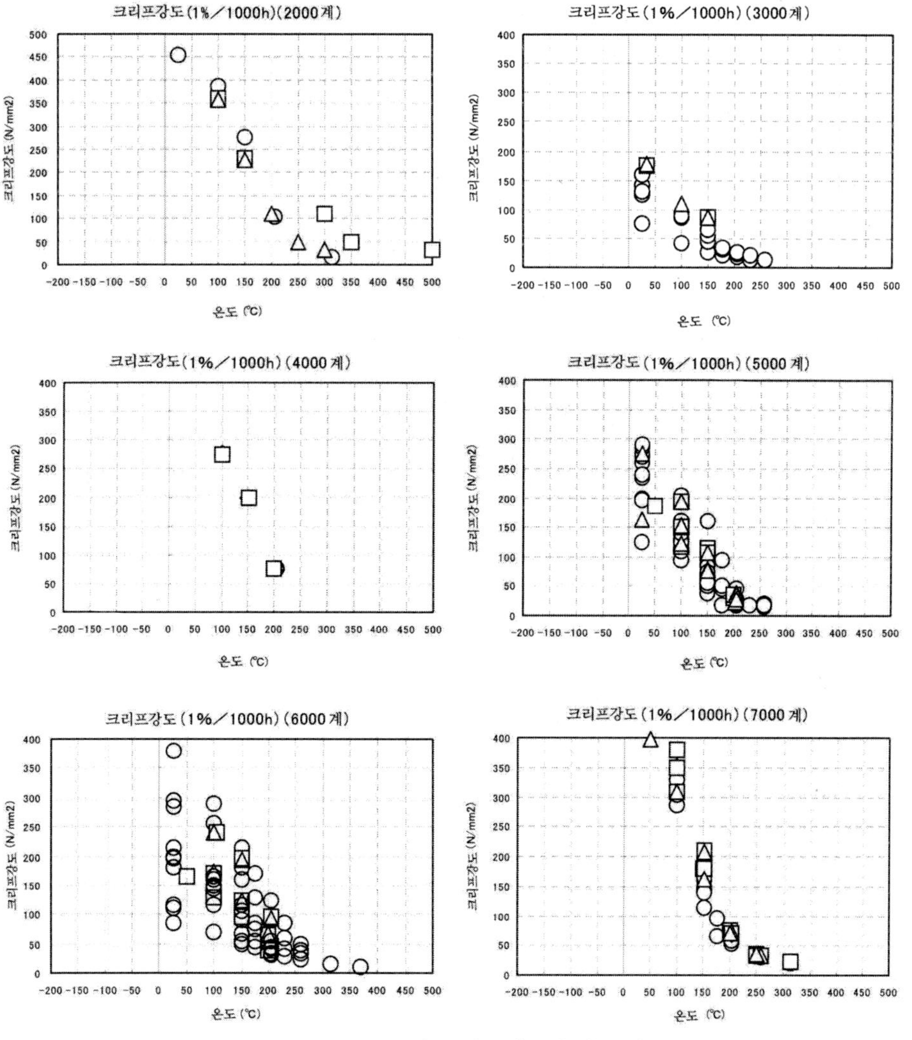

그림 5.3.1.19 크리프 강도의 고온시 특성

(c) 0.2% 내력 전체 데이터

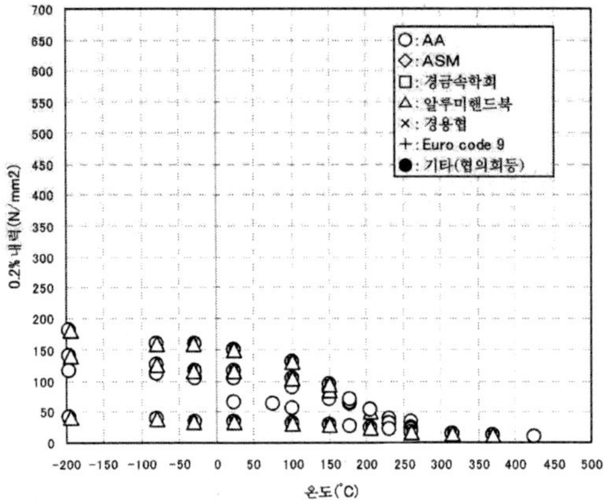

그림 5.3.1.20 0.2% 내력 전체 데이터(1000계)

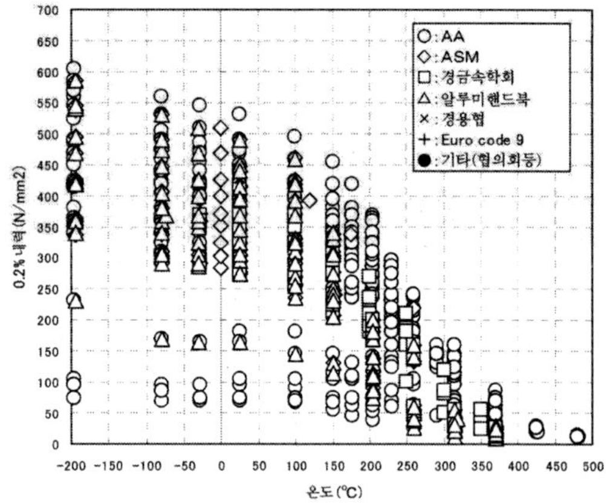

그림 5.3.1.21 0.2% 내력 전체 데이터(2000계)

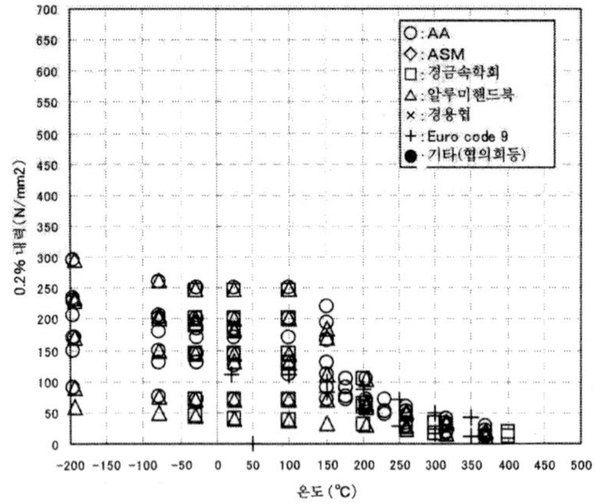

그림 5.3.1.22 0.2% 내력 전체 데이터(3000계)

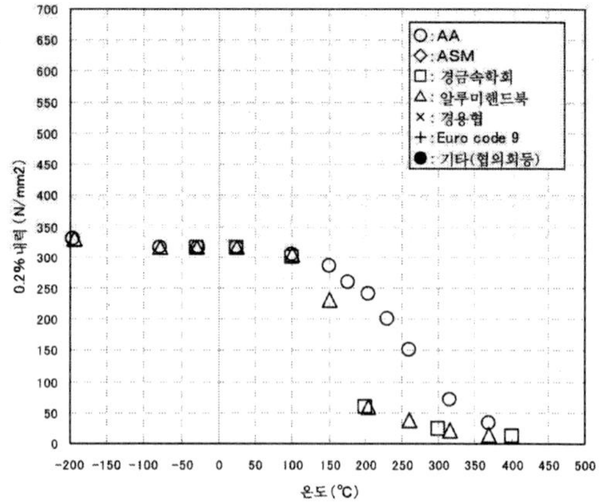

그림 5.3.1.23 0.2% 내력 전체 데이터(4000계)

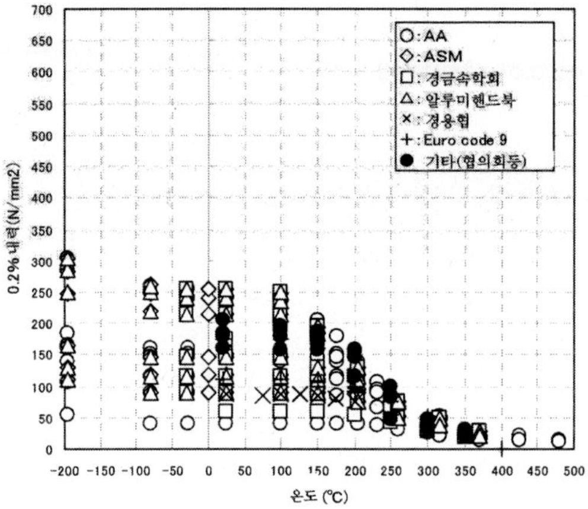

그림 5.3.1.24 0.2% 내력 전체 데이터(5000계)

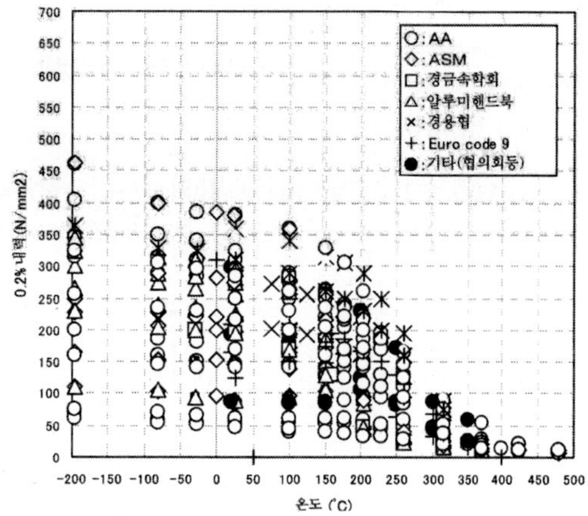

그림 5.3.1.25 0.2% 내력 전체 데이터(6000계)

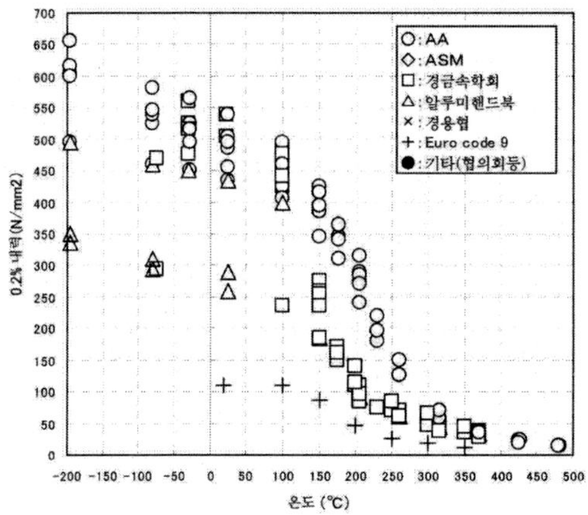

그림 5.3.1.26 0.2% 내력 전체 데이터(7000계)

(3) 고온시 특성의 경향

각 합금종의 그래프로부터 전반적인 다음의 경향이 나타났다.

(a) 영계수

그림 5.3.1.27에 나타낸 바와 같이, 저하률이 계에 관계없이 거의 일정한 관계이다.

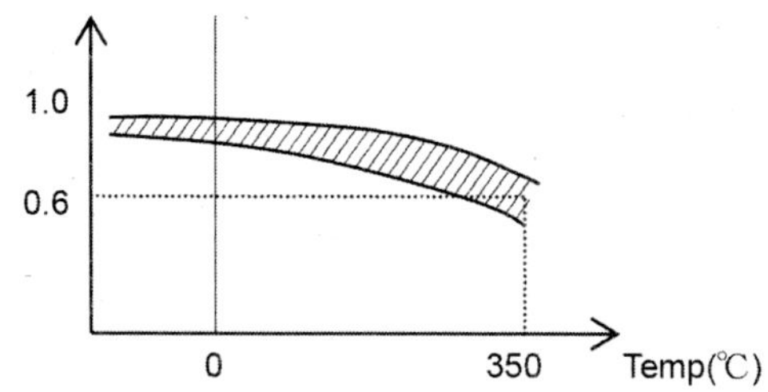

그림 5.3.1.27 영계수의 고온시 특성

- 고온시 영계수 저하율이 거의 일정하다는 것은 내화설계 상에서 변형이 문제가 되는 경우는 단면성능을 향상하는 방법에 의존한다는 것이 된다. 따라서, 먼저 고온시 변형문제를 해결한 후, 필요한 강도의 재료선택을 한다.
- 알루미늄 합금은 용도에 따른 다품종의 재료이며, 가공성이나 내식성 등 다른 요인도 많이 관계하지만, 강도향상 등을 고려하기 위하여 계별로 재질별의 재료가 있고, 상온시 0.2% 내력은 50~300N/mm^2 정도로 폭이 넓으므로 합금으로서의 선택 가능범위는 넓다.

(b) 항복비

강도라는 관점에서 고온시를 고려하는 경우, 계보다 재질별로 파악하면 특징이 나타난다. 아래에 재질별로 경향을 정리하면 재질별로 그림 5.3.1.28과 같은 경향이 나타났다.

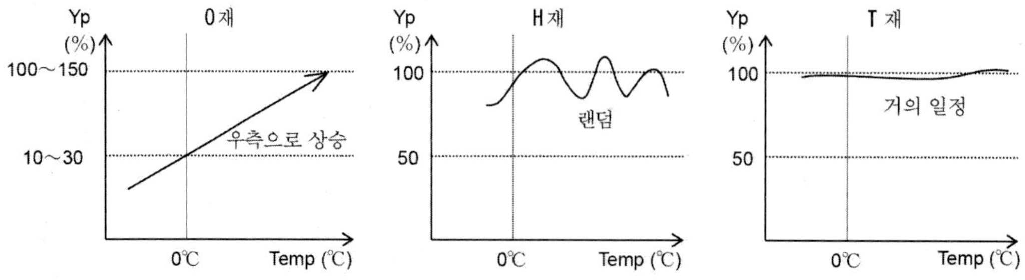

그림 5.3.1.28 항복비의 고온시 특성

- 일반적으로 항복비는 100% 이하(항복점 (0.2% 내력) ≦내력)이지만, 고온시의 신장이 크고 강도가 작은 알루미늄 합금에서는, 도중에 변형속도를 바꾸는 시험조건이나 고온시 크리프 영향고려하고, 더나아가 측정오차 등에 의해 100%를 넘는 시험결과가 많이 존재한다.
- 또한 각 재질별로 경향을 보면 O재는 온도상승에 따라 항복비가 상승하고, H재는 열처리시의 온도에 따라 항복비가 국소적으로 약해지는 점이 있으며, T재는 항복비가 온도상승에 따르지 않고 그다지 변화하지 않는 경향이 나타났다.

(c) 0.2% 내력의 고온시/상온시의 비(0.2% 내력비)

재질별로 상온~100℃에서 1.0, 350℃에서 0이 되는 절선(고시절선이라 칭함)과의 비교를 행하면 그림 5.3.1.29와 같은 경향이 나타난다.

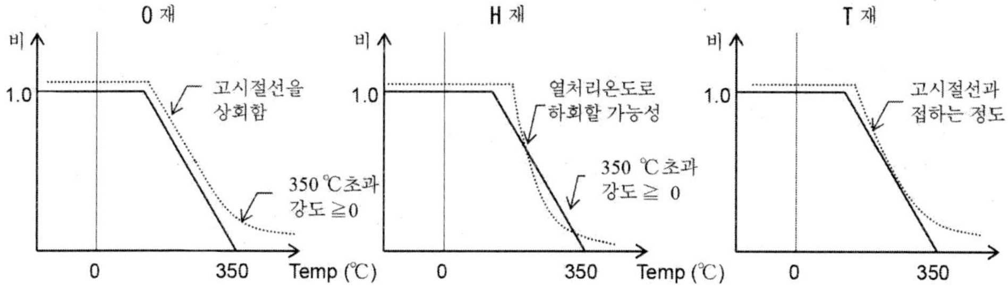

그림 5.3.1.29 0.2% 내력의 고온시/상온시의 비(0.2% 내력비)의 고온시 특성

- 고시안에서는 안전측으로 하기 위해서 상온~100℃에서 1.0, 350℃에서 0이 되는 절선을 가정하고 있다. O재와 T재는 모두 이 절선을 만족하고 있다. H재의 경우, 고시안에서는 상온시의 0.2%을 작게 설정하여 고시곡선을 만족하도록 하고 있다. H재의 각 그래프에는 참고로 100℃에서 0.6, 350℃에서 0이 되는 경우의 절선을 마련하고 있으며, 각 H재 합금으로 이 절선을 만족하고 있다.
- 시험결과에서는 0.2% 내력은 350℃ 이상의 고온에서도 존재하고 있다. 또한 역으로 빙점 아래에서의 0.2% 내력비가 1.0을 밑돌지 않는다는 결과도 많이 나타났다.

(d) 신율

질 별로 그림 5.3.1.30과 같은 경향이 나타났다.

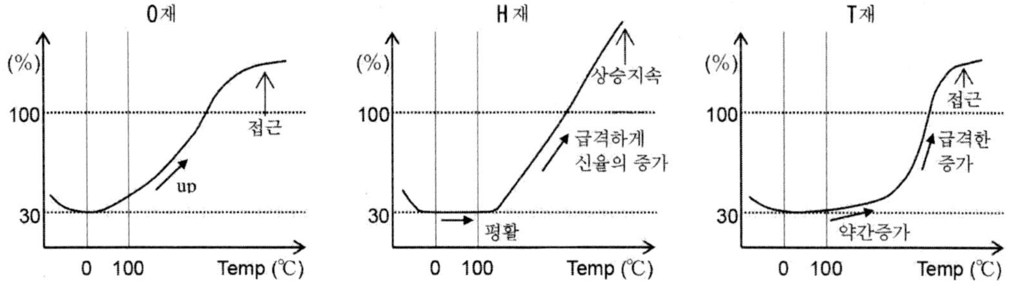

그림 5.3.1.30 신율의 고온시 특성

- O재와 T재는 신율 100%를 넘는 온도에서 신율이 둔화되고, 한계점에 도달하는 경향이 나타났다. 또한 T재는 열처리를 한 온도 부근에서 신율이 급격하게 증각하는 경향을 보였으며, O재는 서서히 신율이 증가해 가는 경향을 보였다.
- H재는 열처리를 한 온도부터 급속하게 거의 일정하게 신율이 증가하는 경향을 보였다.
- 어떠한 합금 종에 대해서도 고온시 신율은 100%보다 크게 나타나고 있다.

(e) 계별 크리프 강도 및 계별 0.2% 내력치

크리프 강도 · 0.2% 내력치를 계별로 살펴보면, 그림 5.3.1.31과 같이 300~400℃ 이후는 어느 정도 안정되는 경향이 보였다. 이에 따라 알루미늄 합금의 고온시 강도를 어디까지의 온도로 유효하게 하는가(상한온도)를 측정할 수 있다. 계 · 질에 따라서는 500℃ 정도에서도 강도는 0이 아니다.

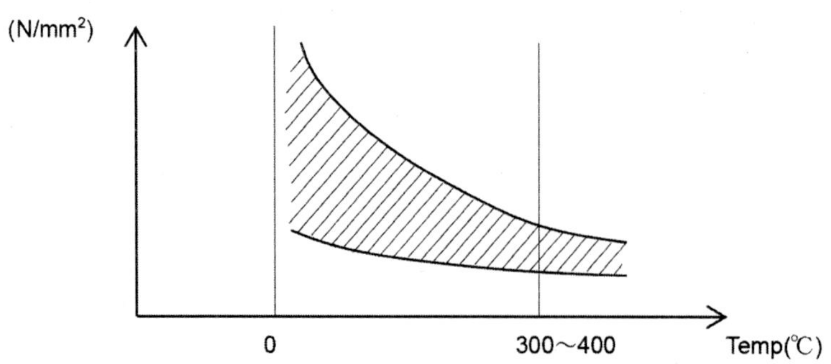

그림 5.3.1.31 계별 크리프 강도 및 계별 0.2% 내력치의 고온시 특성

(4) 결언

전신용합금은 그 첨가원소의 종류, 양에 따라 영향을 받으며, 매우 많은 합금이 있다. 또한 고온시의 물성도 시험법이 표준화되어 있지 않기 때문에 정식화가 가능한 상태가 아니다. 구조재료로 적용할 때 화재시에 있어서 고온물성의 평가라는 관점으로 시험법의 표준화와 데이터의 축적이 향후 과제이다.

5.3.2 주물용합금의 고온시 특성조사 결과

(1) 게재한 주물용합금의 종류와 고온시 특성

고온시 특성을 나타내는 주물용합금 재질의 선고기준으로서는 일반적으로 폭넓게 사용되고 있는 재질로, 고온시 특성 데이터수가 비교적 많은 것으로 하였다.

고온시 특성으로서 들 수 있는 데이터는 아래와 같고, 출처마다 범례를 마련하였다. 출처명에 대해서는 표 5.3.2.1에 나타낸다. 다음 항 이후에 고온시 특성 그래프를 계별로 나타낸다. 또한 재질별로 사용예 등을 토픽스로서 기술한다.

표 5.3.2.1 출처

번호	출처명
a	알루미늄합금의 실체강도
b	알루미늄합금 주물
c	JIS 알루미늄합금 주물의 표준특성
d	Properties of Cast Aluminum Alloys
e	Properties of Aluminum Alloys

(a) 재질 별로 정리한 데이터

이하의 a)부터 e)의 항목에 따라서 재질별 알루미늄합금의 고온시특성을 정리한 것을 그림 5.3.2.1~5.3.2.20에 나타낸다.

a) 0.2% 내력

b) 0.2% 내력(무차원화한 것)

c) 항복비

d) 인장강도

e) 신율

(b) 0.2% 내력 모든 데이터

알루미늄합금의 고온시 특성은 재질별로 다르지만 그 중에서 0.2% 내력 모든 데이터를 재질별로 정리한 것을 그림 5.3.2.21~5.3.2.24에 나타낸다.

(a) 재질 별로 정리한 데이터

명칭: AC1B-T4
토픽스: 내열성이 높고, 기계적 성질성이 우수하며, 인성, 절삭성도 좋지만, 내식성, 주조성에 어려움이 있다. 항공기부품, 유압부품, 자동차부품 등에 사용된다.

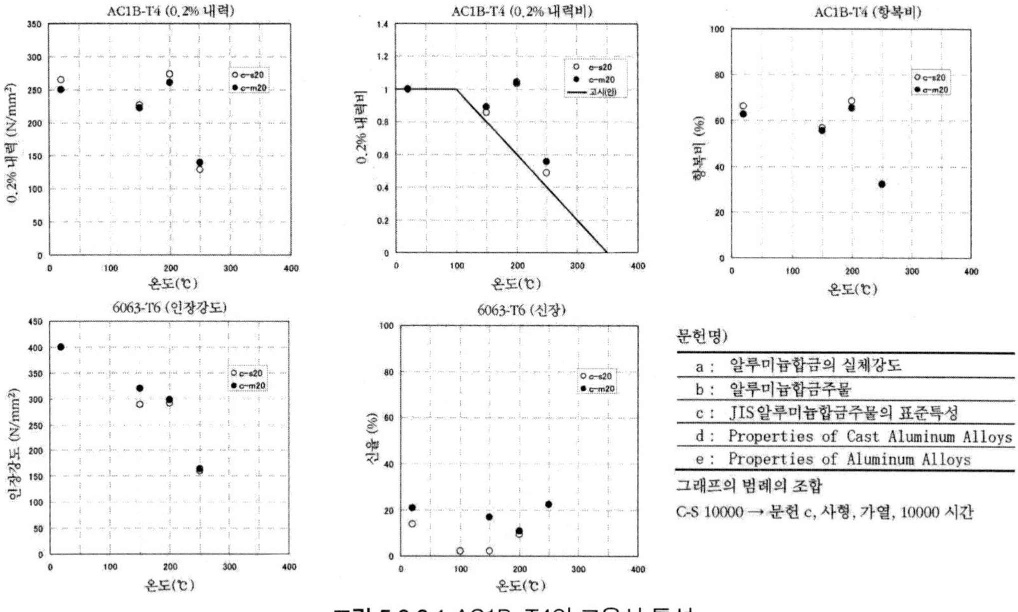

그림 5.3.2.1 AC1B-T4의 고온시 특성

명칭: AC1B-T6
토픽스: 내열성이 높고, 기계적 성질성이 매우 우수하며, 절삭성도 좋지만, 내식성, 주조성에 어려움이 있다. 항공기부품, 유압부품, 자동차부품 등에 사용된다.

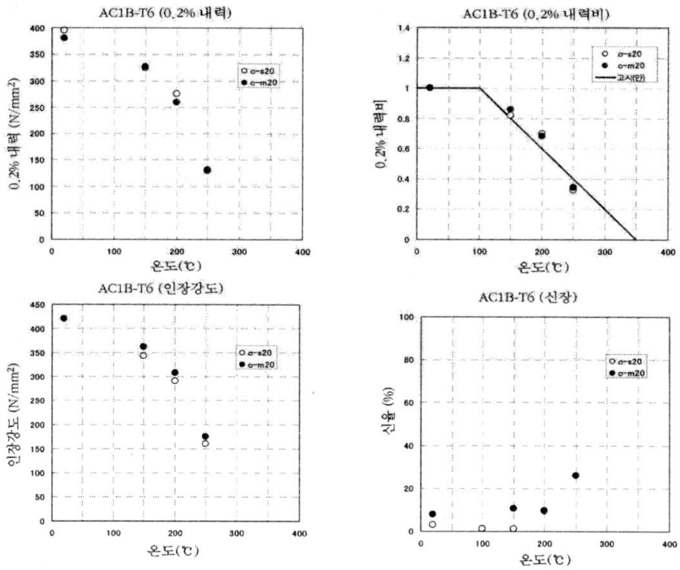

그림 5.3.2.2 AC1B-T6의 고온시 특성

명칭: AC4C-T6
토픽스: 기계적 성질이 양호하고, 인성도 있으며, 내식성, 주조성도 우수하기 때문에 각종 자동차부품, 유압부품 등의 산업기계 이외에도 많은 분야에 사용된다. 건축 관계부품에도 사용하기 쉽다.

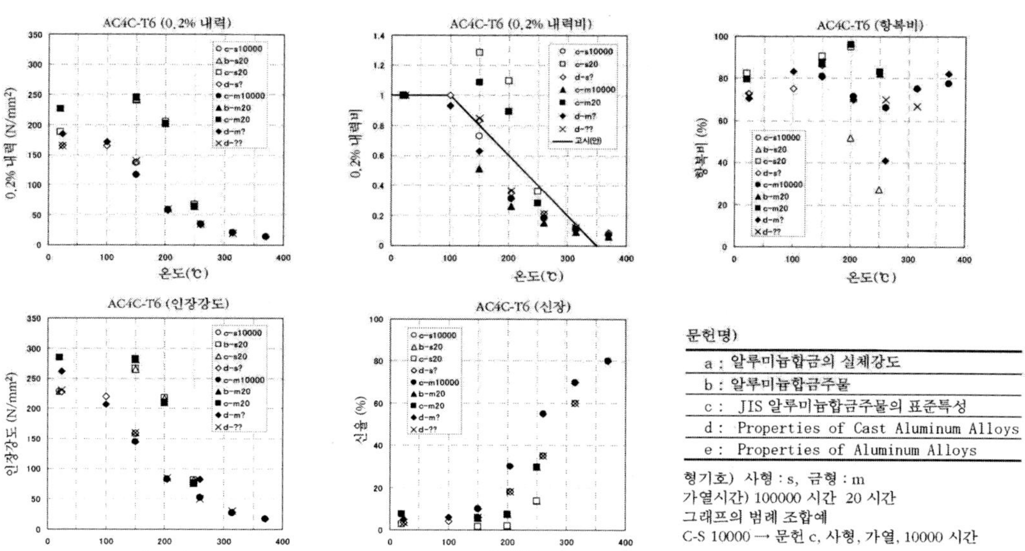

문헌명)

a : 알루미늄합금의 실체강도
b : 알루미늄합금주물
c : JIS 알루미늄합금주물의 표준특성
d : Properties of Cast Aluminum Alloys
e : Properties of Aluminum Alloys

형기호) 사형 : s, 금형 : m
가열시간) 100000 시간 20 시간
그래프의 범례 조합예
C-S 10000 → 문헌 c, 사형, 가열, 10000 시간

그림 5.3.2.3 AC4C-T6의 고온시 특성

명칭: AC4C–T7
토픽스: 기계적 성질이 양호하고 인성도 있으며, 내식성 주조성도 우수하기 때문에, 각종 자동차부품, 유압부품 등 산업기계 이외에도 많은 분야에서 사용된다. 건축 관계부품에도 사용하기 쉽다. T6처리품 보다 치수 안전성이 우수하다.

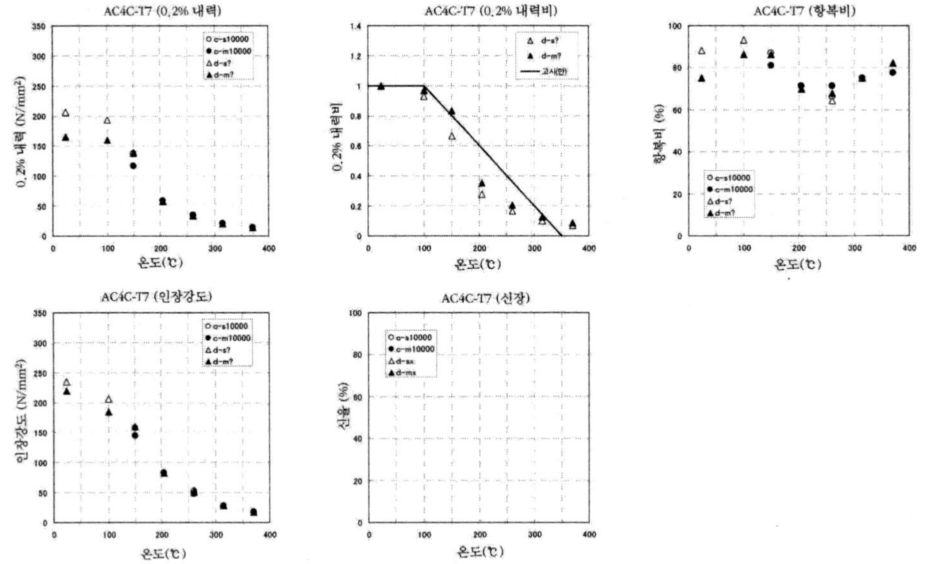

그림 5.3.2.4 AC4C–T7의 고온시 특성

명칭: AC4CH–T6, T61
토픽스: 기계적 성질이 양호하고 순도가 높으며 특히 인성, 내식성이 우수하기 때문에, 자동차용 휠, 언더캐리지 부품, 엔진부품, 브레이크 부품 등 폭넓은 분야에 사용된다. 고급주물에도 사용하기 쉽다.

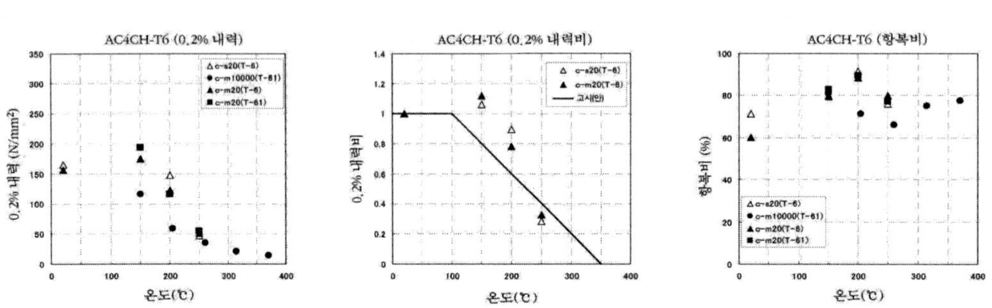

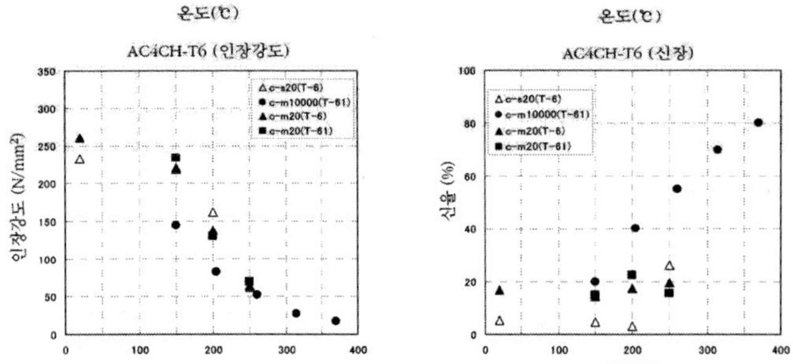

문헌명)

a : 알루미늄합금의 실체강도
b : 알루미늄합금주물
c : JIS 알루미늄합금주물의 표준특성
d : Properties of Cast Aluminum Alloys
e : Properties of Aluminum Alloys

형기호) 사형 : s, 금형 : m
가열시간) 100000 시간 20 시간
그래프의 범례 조합예
C-S 10000 → 문헌 c, 사형, 가열, 10000 시간

그림 5.3.2.5 AC4CH–T6/T61의 고온시 특성

명칭: AC4D–T51, F

토픽스: 내열성, 기계적 성질이 양호하고 주조성도 좋으며 자동차용 엔진부품, 항공기용 부품 등으로도 사용된다. F재로는 그다지 사용되지 않는다.

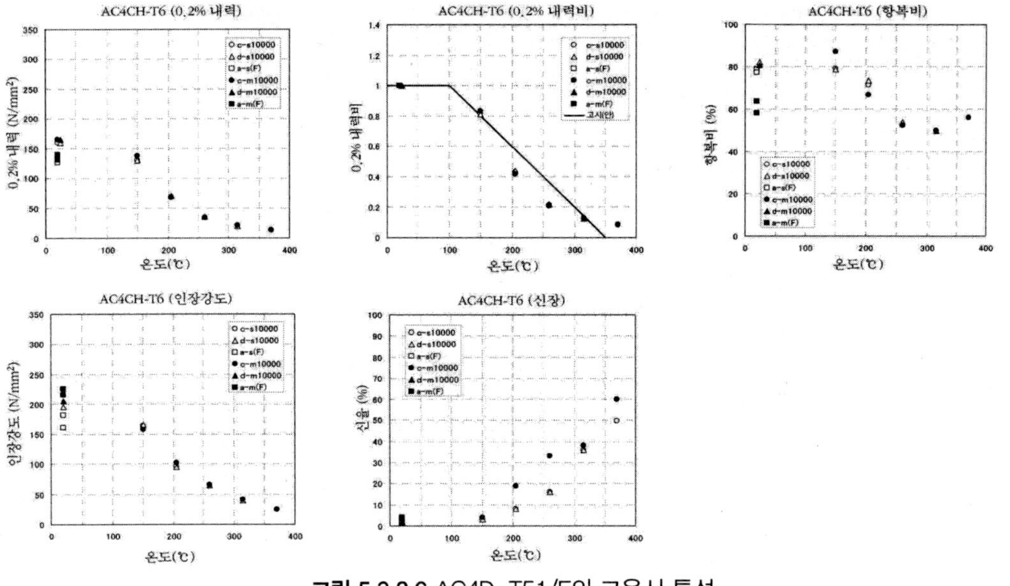

그림 5.3.2.6 AC4D–T51/F의 고온시 특성

명칭: AC4D–T6, T61

토픽스: 내열성, 기계적 성질이 양호하고 주조성도 좋으며 자동차용 엔진부품, 항공기용 부품 등에도 사용된다. F, T5처리품 보다 강도가 높다.

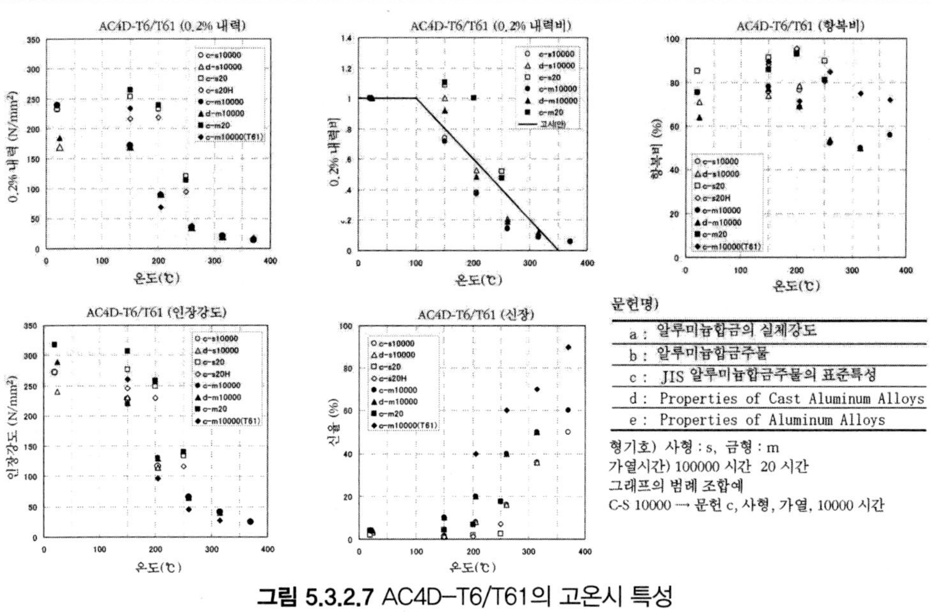

문헌명)

a :	알루미늄합금의 실체강도
b :	알루미늄합금주물
c :	JIS 알루미늄합금주물의 표준특성
d :	Properties of Cast Aluminum Alloys
e :	Properties of Aluminum Alloys

형기호) 사형 : s, 금형 : m
가열시간) 100000 시간 20 시간
그래프의 범례 조합예
C-S 10000 → 문헌 c, 사형, 가열, 10000 시간

그림 5.3.2.7 AC4D–T6/T61의 고온시 특성

명칭: AC4D–T71

토픽스: 내열성, 기계적 성질이 양호하고 주조성도 좋으며 자동차용 엔진부품, 항공기용 부품 등에도 사용된다. T6처리품 보다 치수안정성이 우수하다.

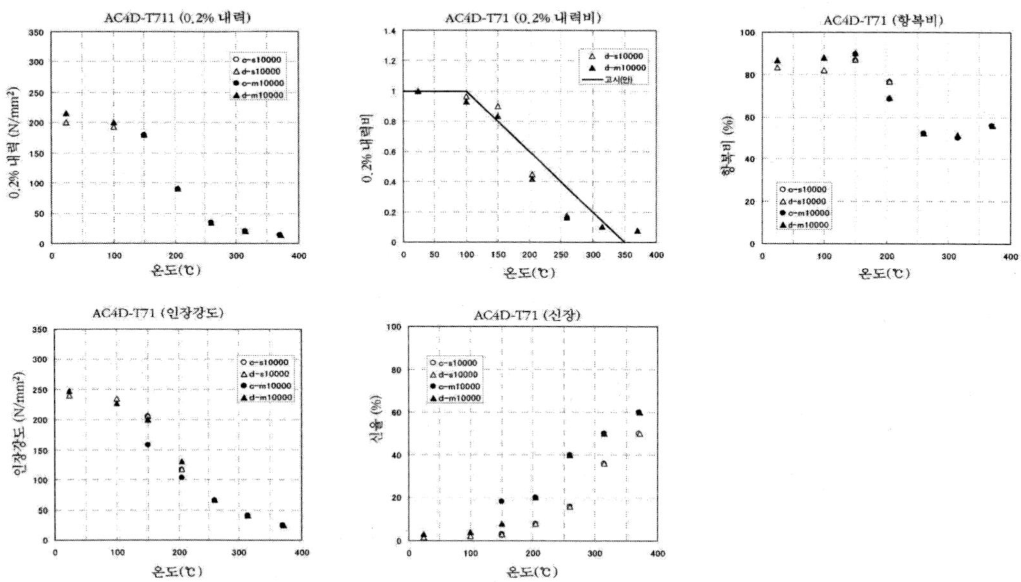

그림 5.3.2.8 AC4D–T71의 고온시 특성

명칭: AC5A–F

토픽스: 고온강도가 높지만, 주조성이 떨어진다. 항공기용 엔진부품 등에 사용되었지만, 현재는 그다지 사용되지 않는다.

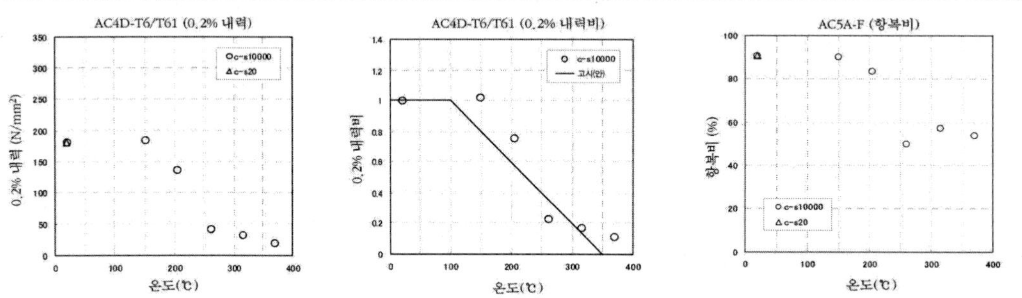

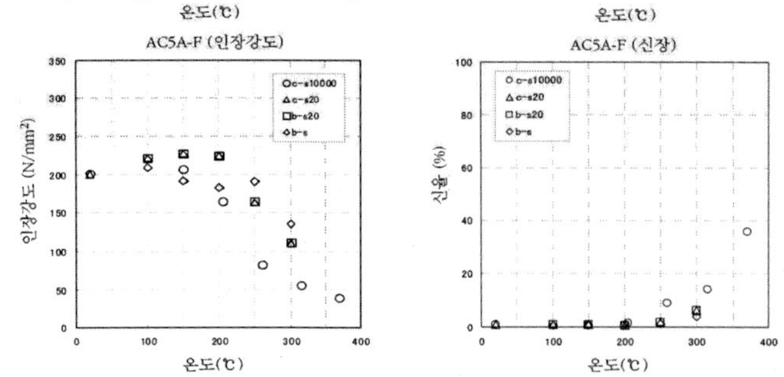

문헌명)

a : 알루미늄합금의 실체강도
b : 알루미늄합금주물
c : JIS 알루미늄합금주물의 표준특성
d : Properties of Cast Aluminum Alloys
e : Properties of Aluminum Alloys

형기호) 사형 : s, 금형 : m
가열시간) 100000 시간 20 시간
그래프의 범례 조합예
C-S 10000 → 문헌 c, 사형, 가열, 10000 시간

그림 5.3.2.9 AC5A–F의 고온시 특성

명칭: AC5A-T5
토픽스: 고온강도가 높지만 주조성이 떨어진다. 항공기용 엔진부품 등에 사용되었지만, 현재는 그다지 사용되지 않는다.

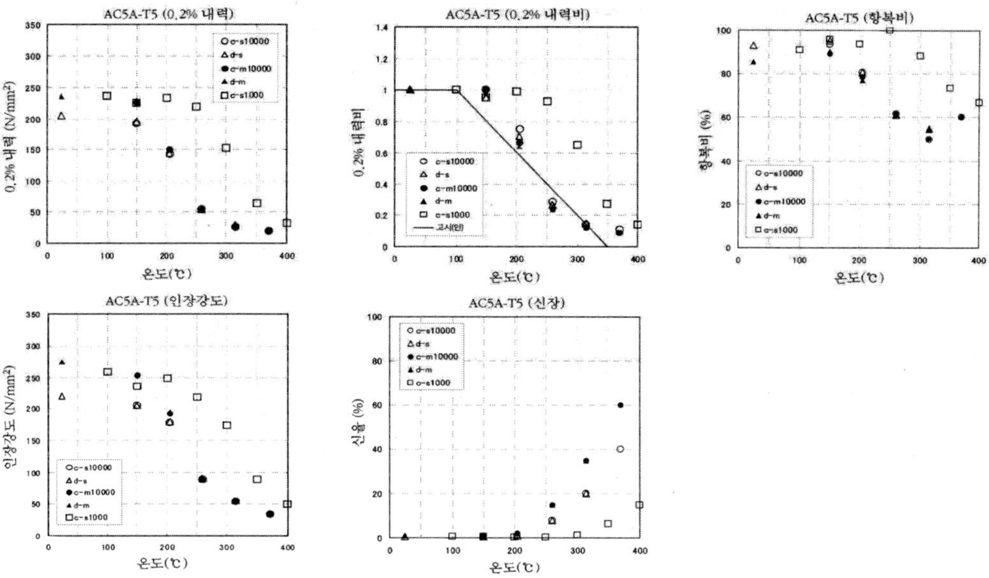

그림 5.3.2.10 AC5A-T5의 고온시 특성

명칭: AC5A-T6
토픽스: 고강도가 높지만, 주조성이 떨어진다. 항공기용 엔진부품 등으로 사용되었지만, 현재는 그다지 사용되지 않는다.

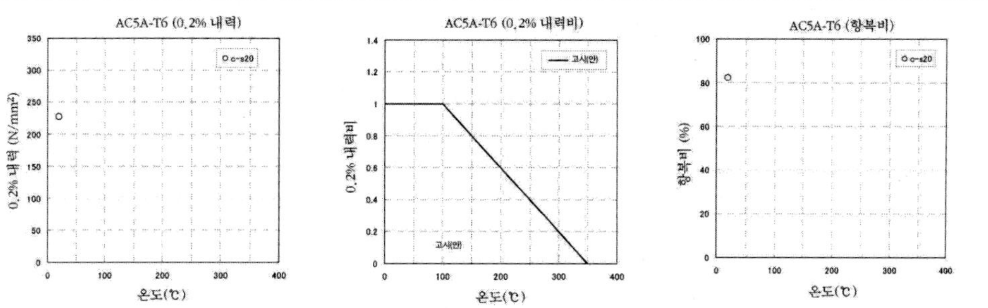

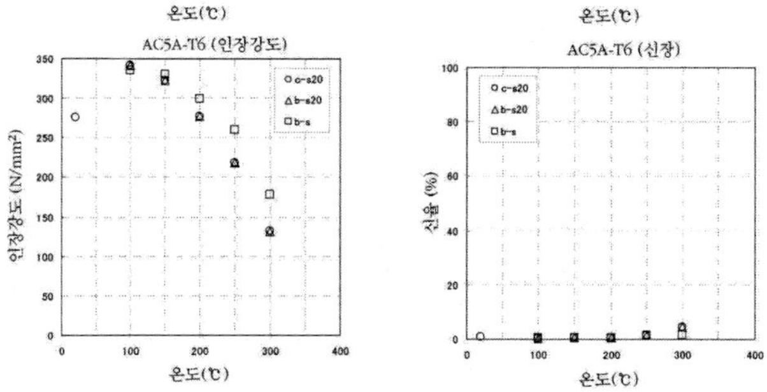

문헌명)

a : 알루미늄합금의 실체강도
b : 알루미늄합금주물
c : 알루미늄합금주물의 표준특성
d : Properties of Cast Aluminum Alloys
e : Properties of Aluminum Alloys

형기호) 사형 : s, 금형 : m
가열시간) 100000 시간 20 시간
그래프의 범례 조합예
C-S 10000 → 문헌 c, 사형, 가열, 10000 시간

그림 5.3.2.11 AC5A-T6의 고온시 특성

명칭: AC5A-T7

토픽스: 고온강도가 높지만 주조성이 떨어진다. 항공기용 엔진부품 등에 사용되었지만, 현재는 그다지 사용되지 않는다.

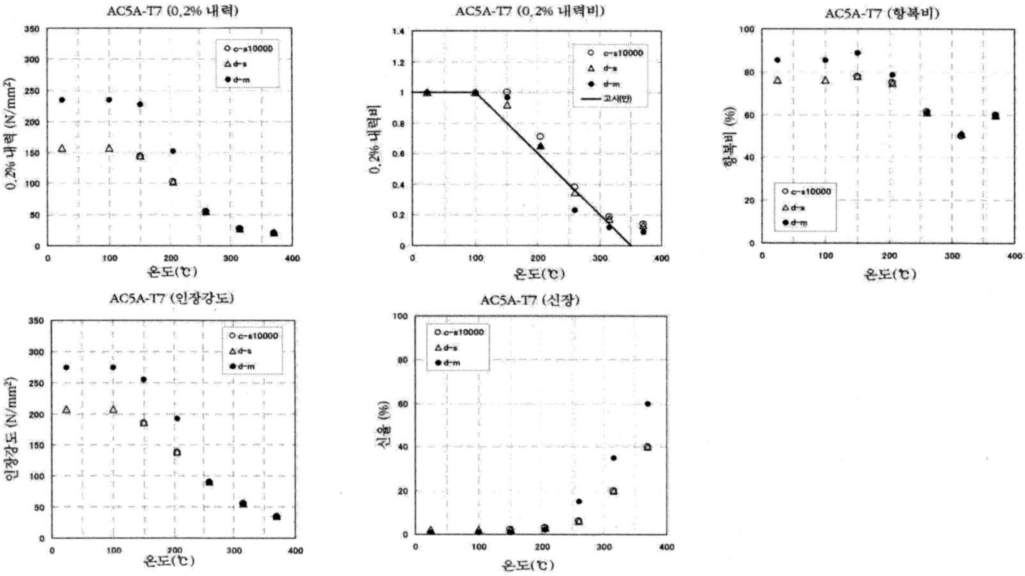

그림 5.3.2.12 AC5A-T7의 고온시 특성

명칭: AC7A-F

토픽스: 내식성이 매우 우수하며, 열처리를 하지 않아도(F재) 어느 정도의 기계적 성질을 얻을 수 있지만, 주조성에서는 어려움이 있다. 항공용 부품, 식품기계용 부품, 조각소재, 건축철물, 난간 등에도 사용된다 .

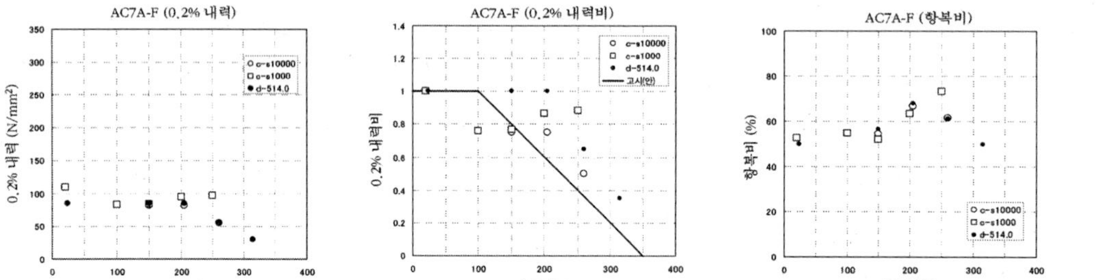

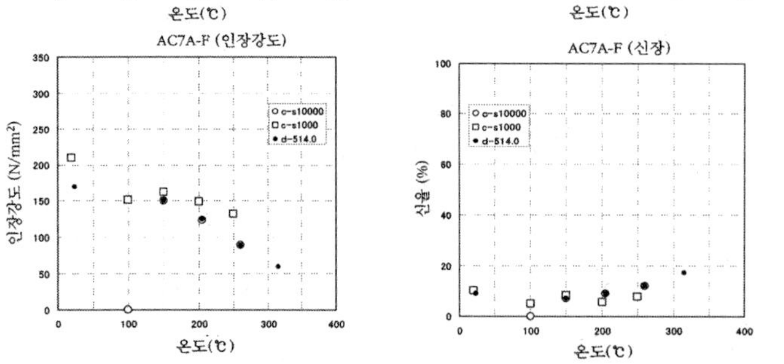

문헌명)

a : 알루미늄합금의 실체강도
b : 알루미늄합금주물
c : JIS 알루미늄합금주물의 표준특성
d : Properties of Cast Aluminum Alloys
e : Properties of Aluminum Alloys

형기호) 사형 : s, 금형 : m
가열시간) 100000 시간 20 시간
그래프의 범례 조합예
C-S 10000 → 문헌 c, 사형, 가열, 10000 시간

그림 5.3.2.13 AC7A-F의 고온시 특성

명칭: AC8A-F

토픽스: 내열성이 우수하고, 열팽창계수가 작으며, 내마모성, 기계적 성질도 우수하기 때문에 자동차용 피스톤의 표준적 재료가 되었다. 단, F재로의 사용은 거의 없다.

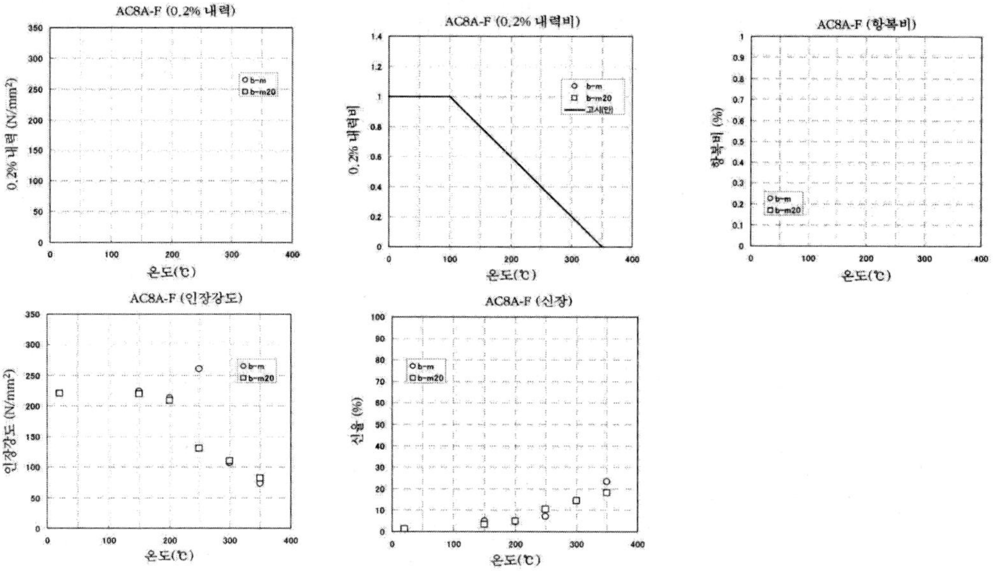

그림 5.3.2.14 AC8A-F의 고온시 특성

명칭: AC8A-T5

토픽스: 내열성이 우수하고, 열팽창계수가 작으며, 내마모성, 기계적 성질도 우수하기 때문에 자동차용 피스톤의 표준적 재료가 되었다.

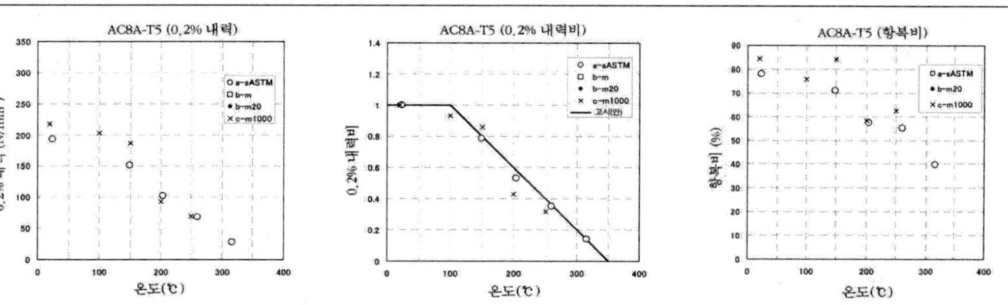

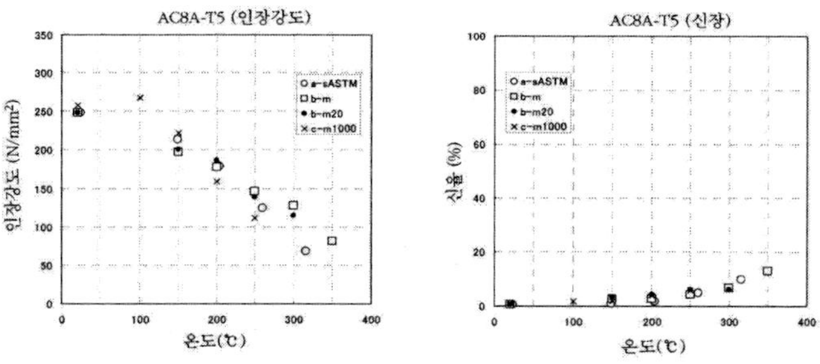

문헌명)

a : 알루미늄합금의 실체강도
b : 알루미늄합금주물
c : JIS 알루미늄합금주물의 표준특성
d : Properties of Cast Aluminum Alloys
e : Properties of Aluminum Alloys

형기호) 사형 : s, 금형 : m
가열시간) 100000 시간 20 시간
그래프의 범례 조합예
C-S 10000 → 문헌 c, 사형, 가열, 10000 시간

그림 5.3.2.15 AC8A-T5의 고온시 특성

명칭: AC8A–T6
토픽스: 내열성이 우수하고, 열팽창계수가 작으며, 내마모성, 기계적 성질도 우수하기 때문에 자동차용 피스톤의 표준적 재료가 되었다.

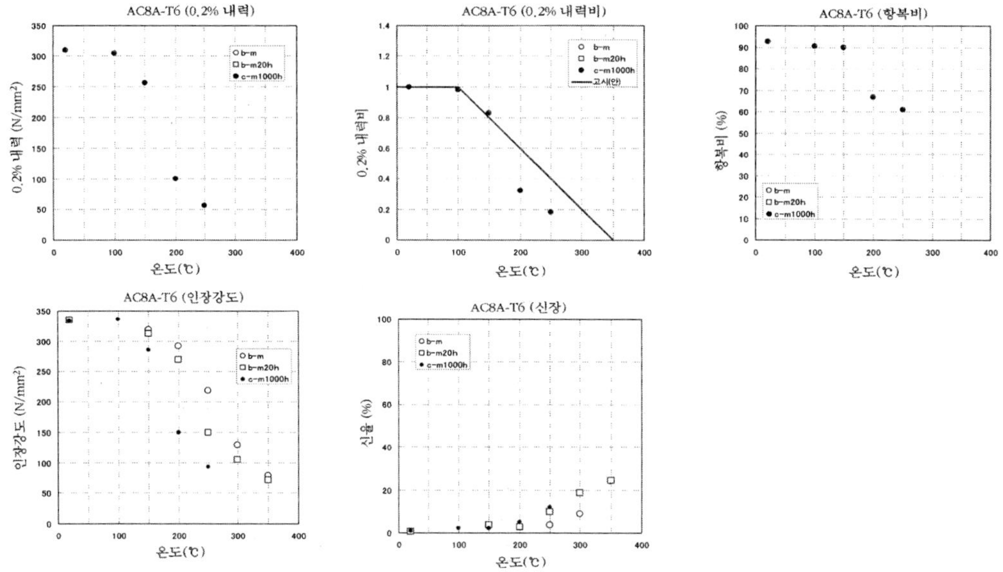

그림 5.3.2.16 AC8A–T6의 고온시 특성

명칭: AC8A–T7
토픽스: 내열성이 우수하고, 열팽창계수가 작으며, 내마모성, 기계적 성질도 우수하기 때문에 자동차용 피스톤의 표준적 재료가 되었다. T7처리품은 강도적으로 T6처리품에는 미치지 못하지만, 치수안정성이 우수하기 때문에 많이 사용되고 있다.

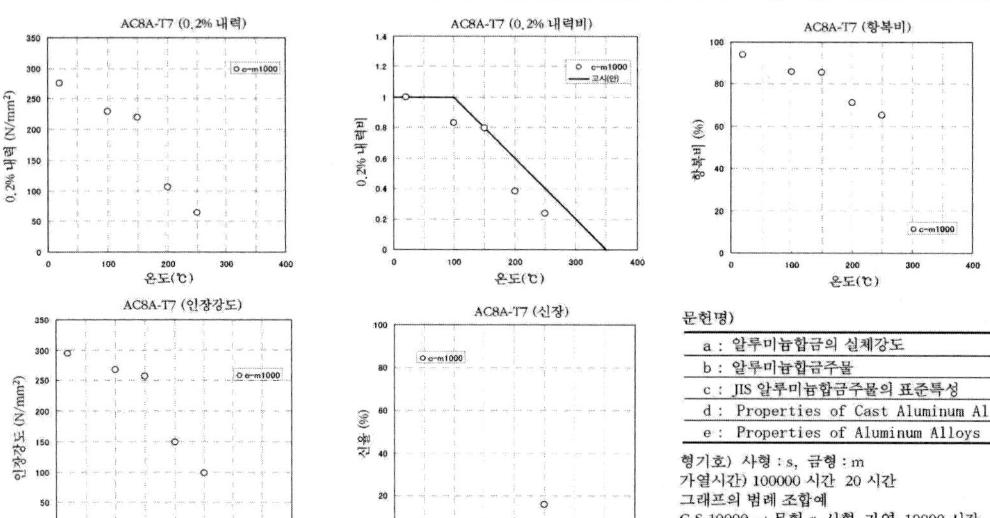

문헌명)

a : 알루미늄합금의 실체강도
b : 알루미늄합금주물
c : JIS 알루미늄합금주물의 표준특성
d : Properties of Cast Aluminum Alloys
e : Properties of Aluminum Alloys

형기호) 사형 : s, 금형 : m
가열시간) 100000 시간 20 시간
그래프의 범례 조합예
C-S 10000 → 문헌 c, 사형, 가열, 10000 시간

그림 5.3.2.17 AC8A–T7의 고온시 특성

명칭: AC8C–T5

토픽스: 내열성이 우수하고, 열팽창계수가 작으며, 내마모성, 기계적 성질도 우수하기 때문에 자동차용 피스톤이나 내마모부품에 사용된다. AC8A의 염가판으로서 사용되는 경우가 많다.

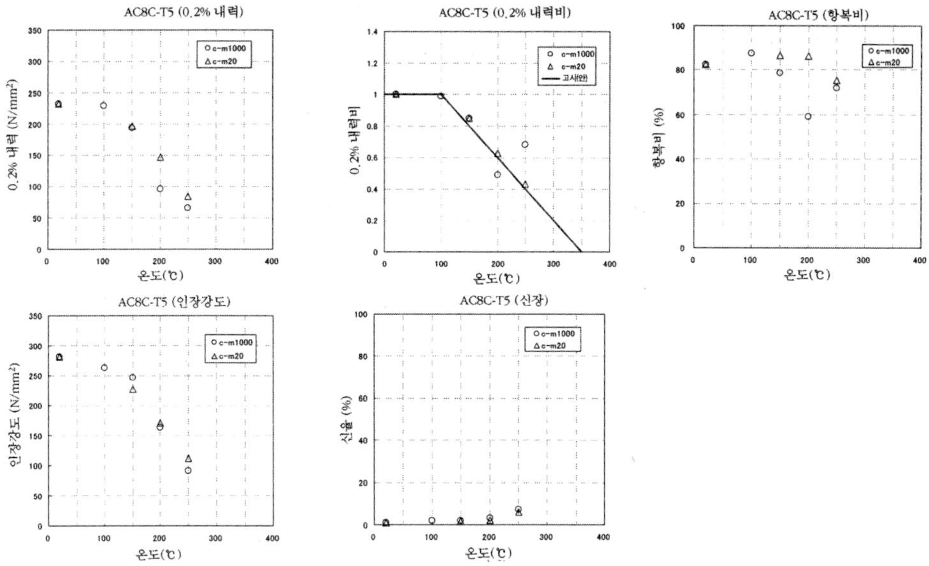

그림 5.3.2.18 AC8C–T5의 고온시 특성

명칭: AC8C–T6

토픽스: 내열성이 우수하고, 열팽창계수가 작으며, 내마모성, 기계적 성질도 우수하기 때문에 자동차용 피스톤이나 내마모부품에 사용된다. AC8A의 염가판으로서 사용되는 경우가 많다.

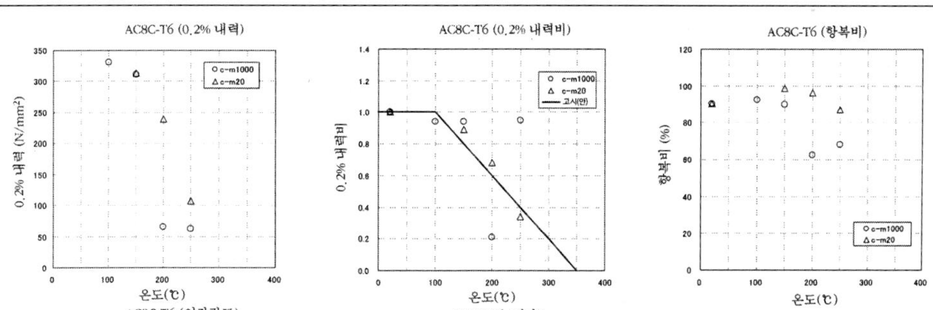

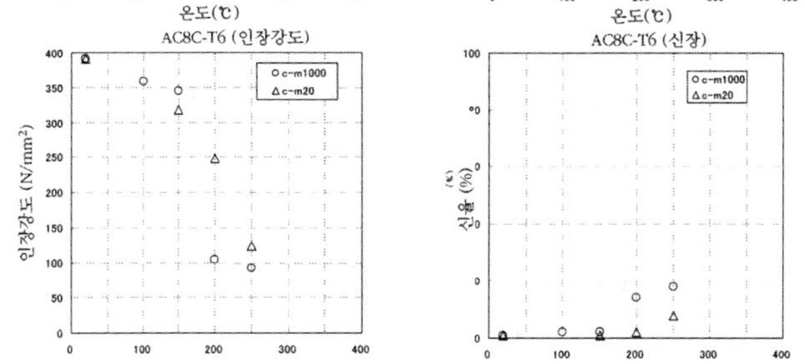

문헌명)

a :	알루미늄합금의 실체강도
b :	알루미늄합금주물
c :	JIS 알루미늄합금주물의 표준특성
d :	Properties of Cast Aluminum Alloys
e :	Properties of Aluminum Alloys

형기호) 사형 : s, 금형 : m
가열시간) 100000 시간 20 시간
그래프의 범례 조합예
C-S 10000 → 문헌 c, 사형, 가열, 10000 시간

그림 5.3.2.19 AC8C–T6의 고온시 특성

명칭: AC8C–T7

토픽스: 내열성이 우수하고, 열팽창계수가 작으며, 내마모성, 기계적 성질도 우수하기 때문에 자동차용 피스톤이나 내마모부품에 사용된다. AC8A의 염가판으로서 사용되는 경우가 많다. T6처리품보다 치수안정성이 우수하다.

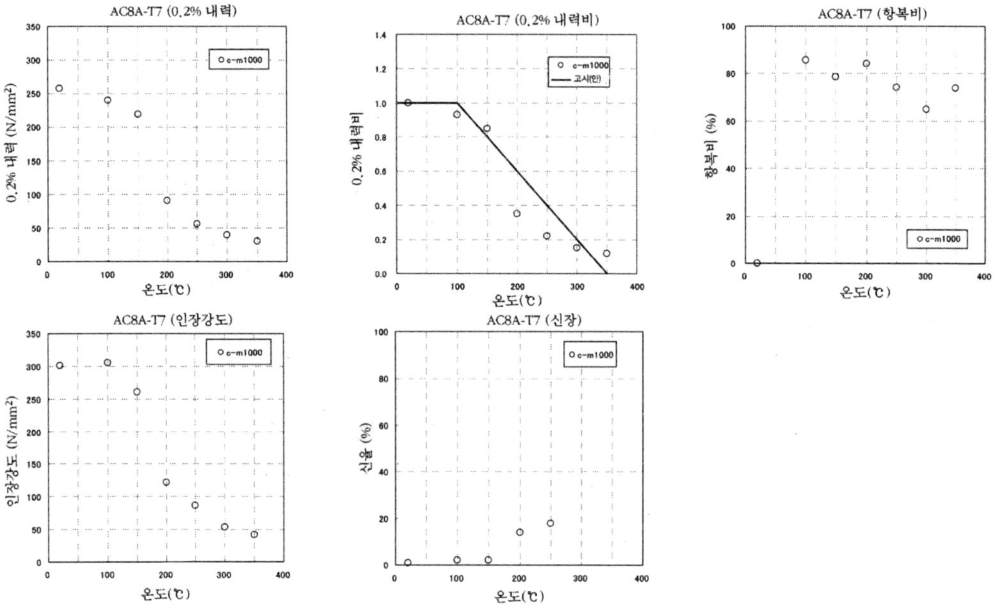

그림 5.3.2.20 AC8C–T7의 고온시 특성

(b) 0.2% 내력 모든 데이터

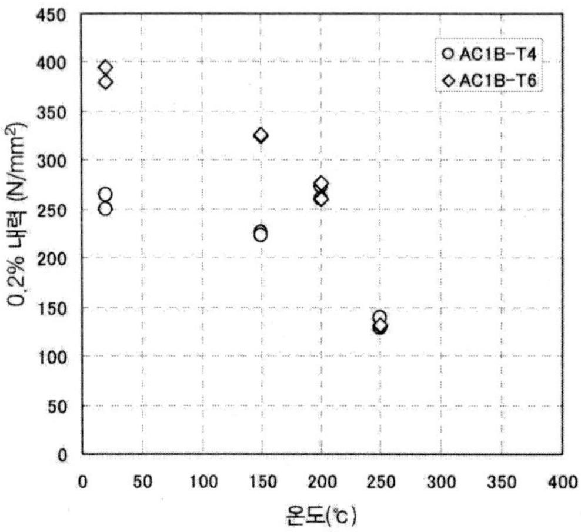

그림 5.3.2.21 0.2% 내력 데이터(ACl계)

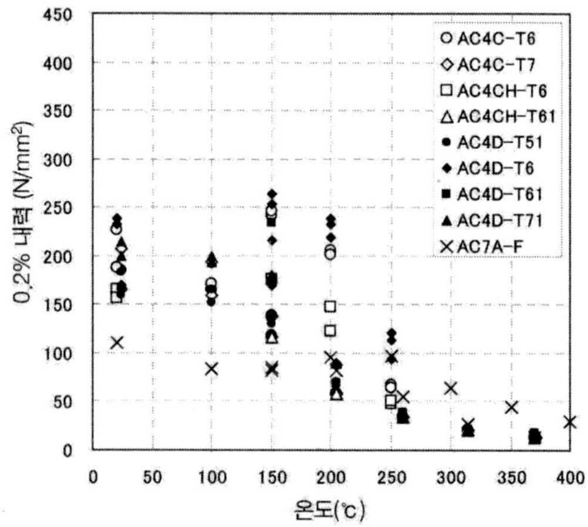

그림 5.3.2.22 0.2% 내력 데이터(AC4, AC7계)

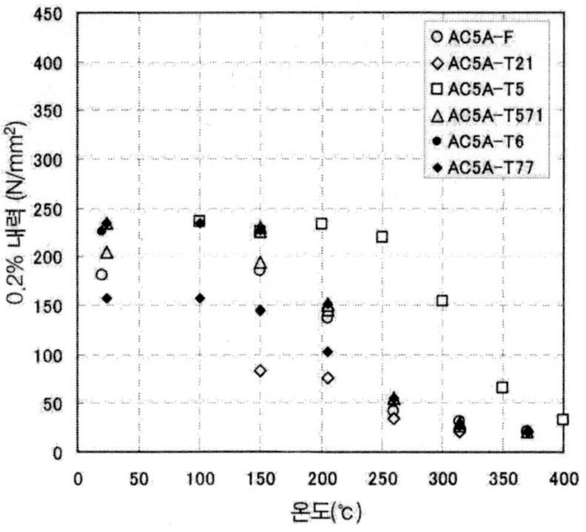

그림 5.3.2.23 0.2% 내력 데이터(AC5계)

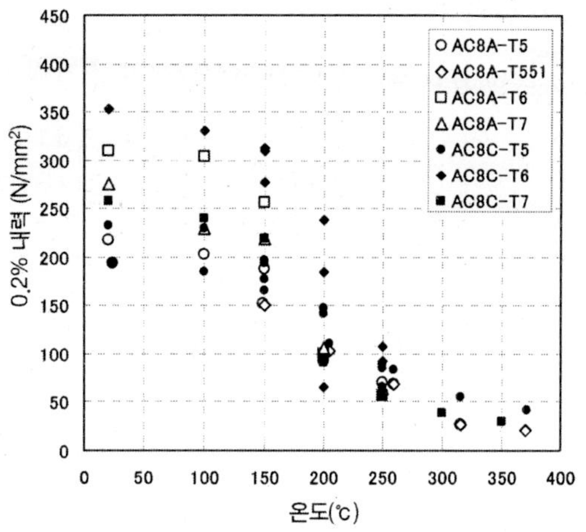

그림 5.3.2.24 0.2% 내력 데이터(AC8계)

(2) 고온시 특성의 경향

각종 합금의 그래프로부터 전반적으로 아래의 경향이 나타났다.

(a) 영계수

주물용 합금으로는 특히 정리되어있지 않지만, 전신용 합금과 유사하게 그림 5.3.2.25와 같은 경향이 보일 것으로 추정된다. 이것은 주물용 합금이어도 원소 AL의 양이 과반이상을 차지하고 있는 합금에서는 거의 일정한 관계에 있기 때문이다.

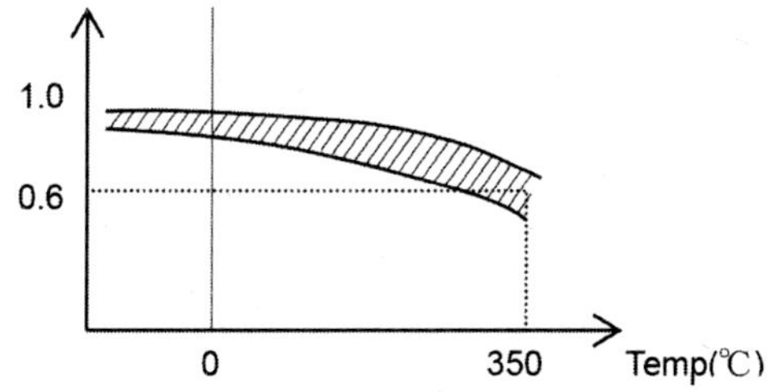

그림 5.3.2.25 영계수의 고온시 특성

(b) 항복비

주물용 합금으로는 합금종에 관계없이 그림 5.3.2.26과 같은 경향이 보인다.

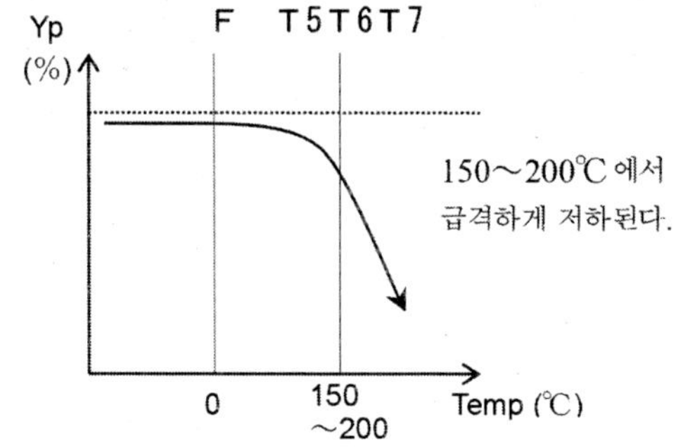

그림 5.3.2.26 항복비의 고온시 특성

• 주물용 합금은 전신재와 같이 주조시에 열과 힘을 동시에 가하는 "소성가공"에 의한 조직개선을 하지 않기 때문에, 주조 시의 냉각속도에 따른 조직개선, 혹은 주조 후의 열처리에 의한 조직개선 밖에 할 수 없다. 따라서, 고온이 되어 결정이 활발하게 움직이기 시작하는 온도에서는, 결정구조에 따른 강화메카니즘이 충분히 기능하지 않게 되며, 이 온도인 150~200℃ 부근에서 급격하게 항복점이 저하하는 경향이 있다. 전신재의 경우에도 소성가공에 의한 약간의 개선은 있지만, 특별히 큰 차이가 있다고 말하기 어려우며, 비슷한 온도에서 항복점이 저하하는 경향이 있다.

(c) 0.2% 내력의 고온시/상온시의 비(0.2% 내력비)

상온~100℃에서 1.0, 350℃에서 0이 되는 절선(고시절선이라 부름)과의 비교를 실시하면, 그림 5.3.2.27의 경향을 보인다.

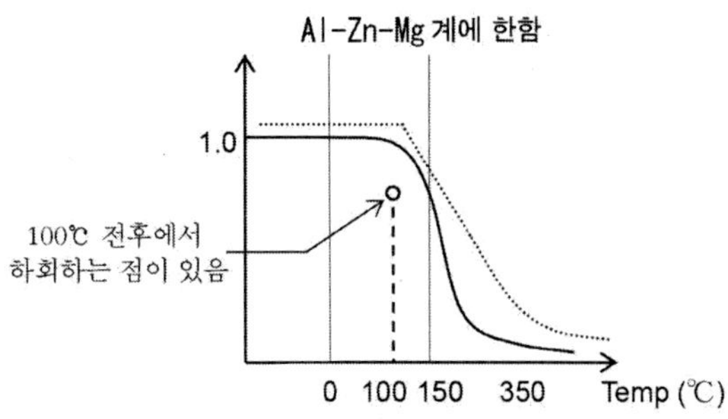

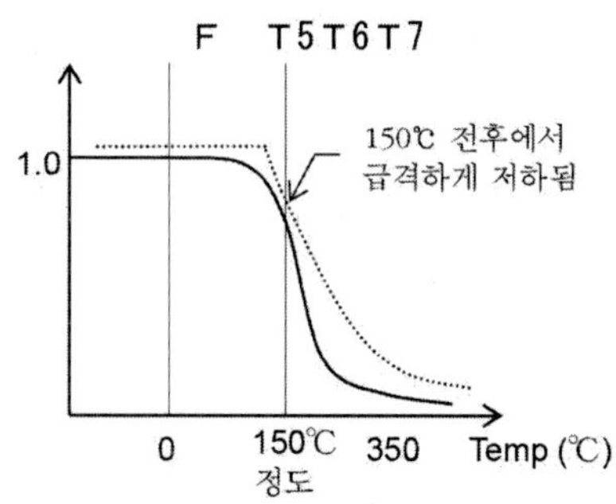

그림 5.3.2.27 0.2% 내력의 고온시/상온시 비(0.2% 내력비)의 고온시 특성

- 항복비와 유사하게 각 합금은 150℃부근에서 저하가 급격해지는 경향이 있다.
- Al-Zn-Mg계의 합금에서는 결정이 저온에서 움직이기 쉽기 때문에 100℃에서 밀도는 경우도 있다.

(d) 신율

신율에 대해서는 그림 5.3.2.28과 같은 경향이 나타났다.

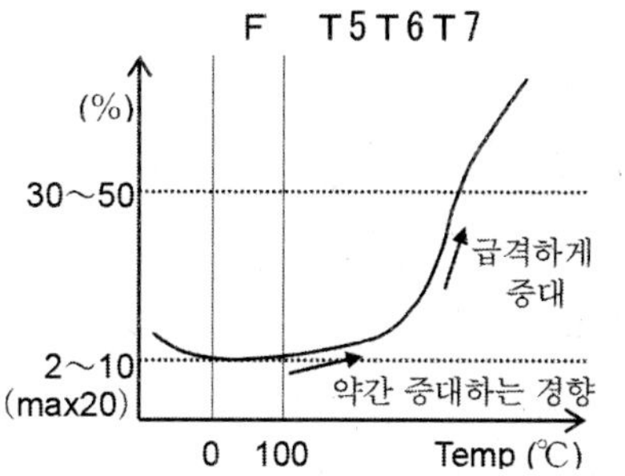

그림 5.3.2.28 연신의 고온시 특성

- 주물용 합금은 압연과 같이 응고 후에 열과 압을 가하여 조직을 개선하는 "소성가공"을 실시하지 않기 때문에, 결정조직이 거칠고, 일반적으로 신율은 작다. 상온에서도 최대로 20%정도, 고온에서도 50%정도가 최대라고 사료된다. 또한, 소성가공에 의한 개선효과가 큰 전신용 합금에 비하여, 주조시의 조직개선 이외에는 열처리에 의한 조직개선 밖에 할 수 없는 영향 때문에 신율이 매우 작아지는 경향이 있다.

(e) 사형과 금형의 차이에 대하여

각 합금의 항복비나 연신에 있어서, 사형과 금형에 큰 차이는 없지만, 특히 상온의 항복점이나 인장강도의 절대값은 금형 쪽이 큰 경향이 나타났다. 고온에서는 그 차이는 작고, 큰 차이가 없는 경향이 나타났다.

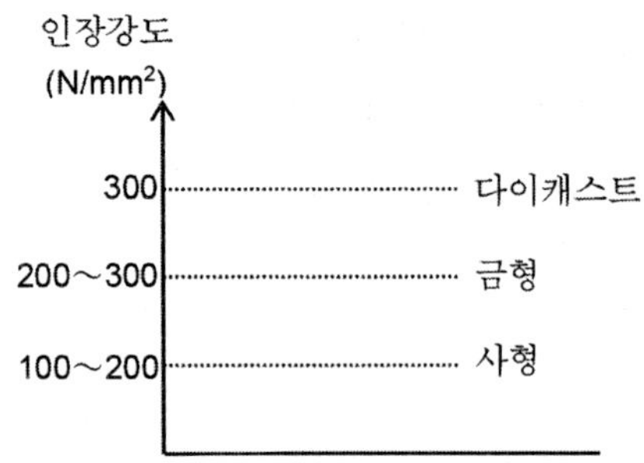

그림 5.3.2.29 형틀과 인장강도(상온시)의 수치 이미지

(4) 정리

각 주물용 합금의 고온시 항복비나 연신에 있어서, 어떤 일정한 경향이 보였다. 또한 사형과 금형은 상온강도에는 차이를 볼 수 있지만 고온시에는 그 차이가 감소하는 경향이 있었다.

각 주물용 합금의 고온 데이터는 건축이라고 하기 보다는 특정의 기계부품 등의 데이터 축적이 많은 것을 알 수 있었다. 건축구조재료에 적용하기 위해서는 고온시에 있어서 고온특성의 평가라는 관점으로 시험법의 표준화와 데이터의 축적이 과제이다.

5.4 알루미늄 합금부재의 열특성

5.4.1 전신용 합금부재의 열특성

알루미늄합금의 고온시 특성에 관한 기존 데이터는 단순한 소재의 데이터부터 부재특성 데이터까지 어느 정도 존재한다. 그 종류는 다음과 같다.

① 소재의 고온인장시험

② 전체 좌굴시험

③ 국부 좌굴시험

④ 접합부 시험

⑤ 피복부재 시험

일본건축학회 학술강연개요집에서는 문헌1)~12)가 참고가 된다. 각각 발췌하여 개요를 설명한다.

(1) 소재의 고온인장시험(문헌1), 2))

• 시험조건

문헌마다 약간 다르긴하지만, 기본적으로 시험체는 JIS Z 2201 14A 시험체를 사용하여 시험온도는 상온 · 100℃ · 150℃ · 200℃ · 250℃ · 300℃ · 350℃로 하고, 신율 5%까지 측정하고 있다. 또한 변형속도는 0.2%/분으로 실시하고 있다.

• 시험결과

기본적인 관계인 고온 인장시험에서의 응력-변형관계의 예(문헌1))을 그림 5.4.1.1에 나타낸다.

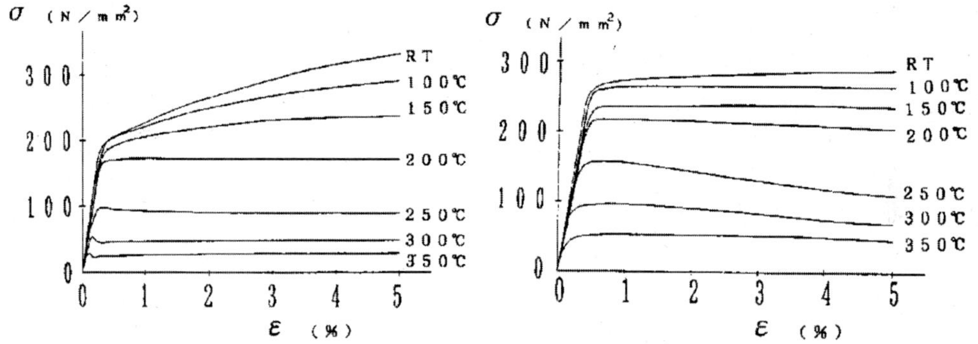

응력-변형의 관계 (A5083S-H112) 응력-변형의 관계 (A6061S-T6)

그림 5.4.1.1 응력–변형관계의 예 (문헌1))

알루미늄합금의 응력-변형관계는 스테인레스강과 비슷하게 명확한 항복점이 없는 라운드하우스형의 곡선이다. 또한, A6061-T6의 250℃에서는 항복 후의 음의 기울기가 나타났으나, 시험조건에 의한 것으로 사료된다. 모델화 시에는 이 음의 기울기를 무시하는 방법도 고려할 수 있다.

(2) 전체 좌굴시험(문헌3), 4))

• 시험개요

전체 좌굴시험을 실시함에 있어서 시험에 사용하는 소재의 인장시험 및 정식화를 문헌3), 4)에서 행하고, 문헌 4)에서는 전체 좌굴시험 및 전체좌굴 평가식 제안을 하고 있다.

• 소재의 인장시험

소재(6063-T5)의 고온 인장시험을 행하고 있다. 상온 · 200℃ · 250℃ · 300℃ · 350℃에서 변형 5%까지 가압하고 있다. 인장시험 결과(응력-변형관계)를 그림 5.4.1.2 및 그림 5.4.1.3에 나타낸다.

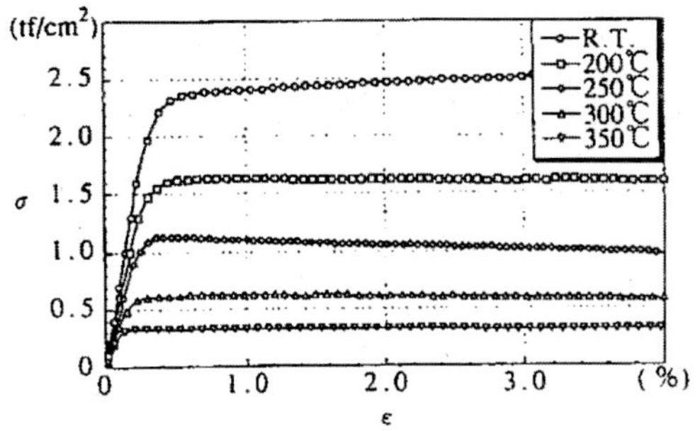

그림 5.4.1.2 소재의 응력–변형관계(인장시험 결과)

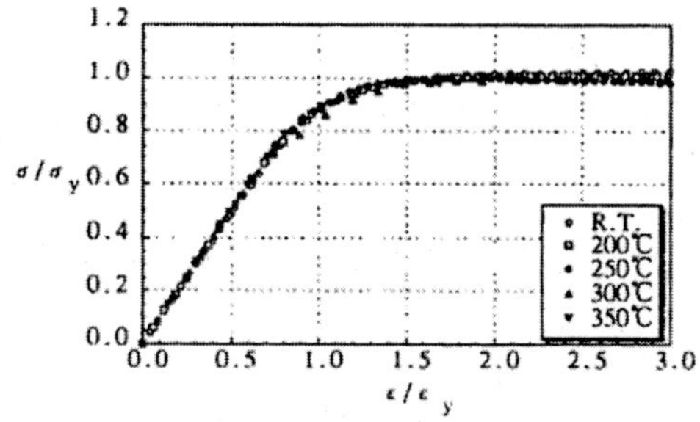

그림 5.4.1.3 소재의 응력–변형관계(무차원화)

이 인장시험 결과에 대해서 아래의 식의 구성방식으로 Menegotto-Pinto model(문헌 13))을 이용하여 응력-변형관계의 근사를 실시하고 좋은 근사가 얻어지고 있다.

$$\sigma = E\infty + \left[\frac{(E - E\infty)}{\left\{1 + (\epsilon/\epsilon_0)^R\right\}^{\frac{1}{R}}} \right] \epsilon \qquad (5.4.1.1)\text{ 식}$$

또한, 항복응력 · 영계수의 온도에 따른 저하율에 대해서도 근사식을 구하고 있다. 식은 다음과 같다.

$$E_T = E_{RT}\{1 - 5.92 \times 10^{-6}(T - T_{RT})^2\} \qquad (5.4.1.2)\text{ 식}$$

$$\sigma_{yT} = \sigma_{yRT}\{1 - 8.99 \times 10^{-6}(T - T_{RT})^2\} \qquad (5.4.1.3)\text{ 식}$$

E_T : T(℃)의 영계수
σ_{yT} : T(℃)의 항복응력
E_{RT} : 상온시의 영계수
σ_{yRT} : 상온시의 항복응력
T : 온도
T_{RT} : 실온

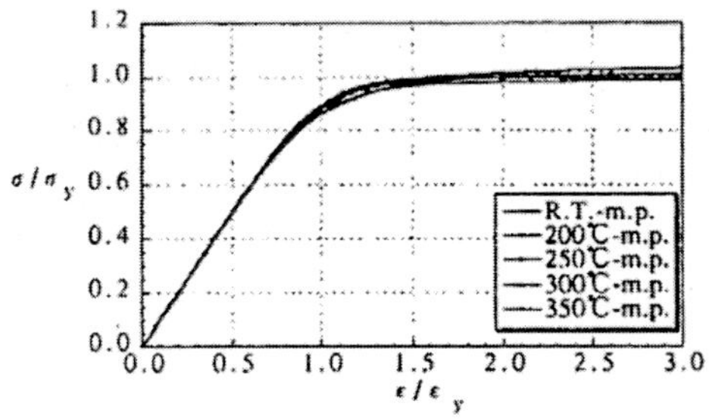

그림 5.4.1.4 Menegotto–Pinto에 의한 근사(무차원화)

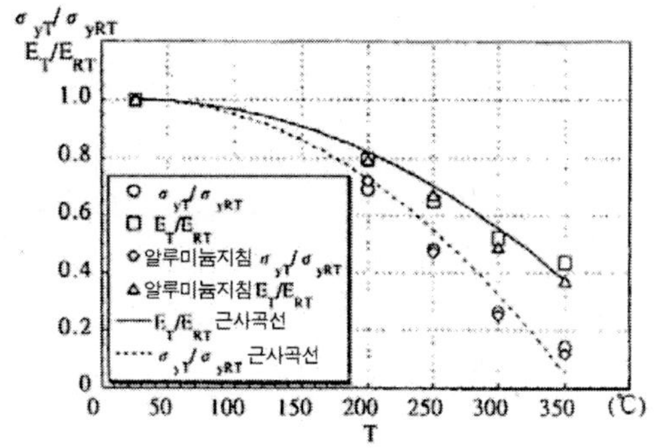

그림 5.4.1.5 영계수 및 항복응력의 근사곡선

- 전체 좌굴시험 (문헌4))

전체 좌굴시험은, 그림 5.4.1.6에 나타낸 시험장치에 의해 실시되고 있다. 시험은 시험체를 소요 온도(상온 · 200℃ · 250℃ · 300℃ · 350℃)까지 가열한 후 단조재하하여 실시하고 있다. 세장비는 45, 60, 75, 95, 120인 5종류이다. 시험장치를 그림 5.4.1.6, 시험결과를 그림 5.4.1.7에 나타낸다.

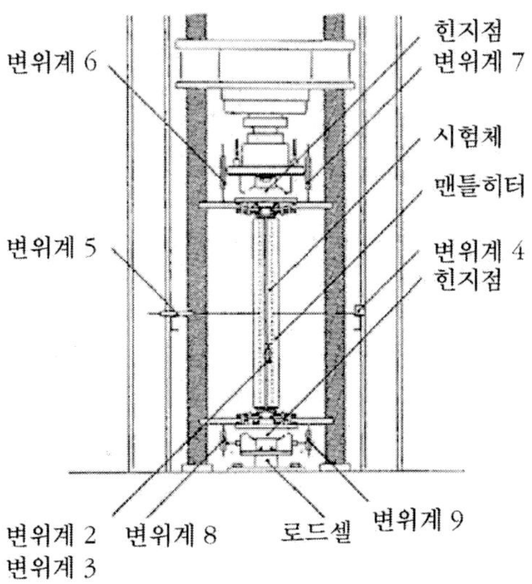

그림 5.4.1.6 시험장치

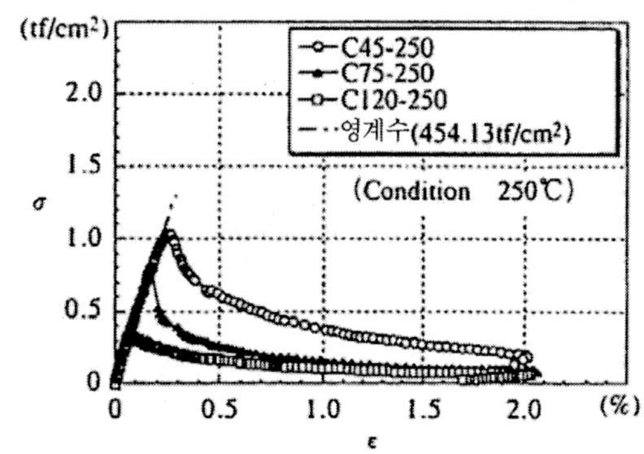

그림 5.4.1.7 시험결과

전술한 소재시험결과의 근사식을 이용하여 좌굴내력 평가식을 설정하고 전체 좌굴시험결과와 대응을 시도하고 있다. 평가식은 (5.4.1.4)식과 (5.4.1.5)식으로 하고 있다. 그림 5.4.1.8과 같이 평가식과 시험결과는 매우 좋은 대응이 되는 것을 알 수 있다.

$$\frac{\sigma_e}{\sigma_{yT}} = \frac{1}{\overline{\lambda}^2} \quad (\overline{\lambda} \geq \overline{\Lambda}\text{일 때}) \qquad (5.4.1.4)\text{ 식}$$

$$\frac{\sigma_P}{\sigma_{yT}} = 1 - 0.25\overline{\lambda}^2 \quad (\overline{\lambda} < \overline{\Lambda}\text{일 때}) \qquad (5.4.1.5)\text{ 식}$$

σ_e : 탄성역의 좌굴응력도

σ_P : 소성역의 좌굴응력도

$\overline{\lambda}$: 환산 세장비

I_K : 좌굴 길이

I : 단면 2차반경

E_r : T(℃)의 영계수

σ_{yT} : T(℃)의 항복응력

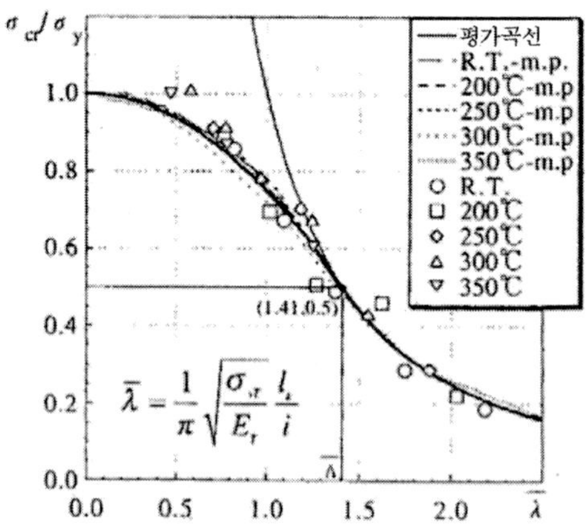

그림 5.4.1.8 시험결과 · 평가식의 대응(무차원화)

(3) 국부 좌굴시험(문헌5)6))

• 시험개요

문헌5)에서는 소재의 인장시험 및 국부 좌굴시험을 행하고, 국부좌굴 후의 잔여내력에서 착안하여 근사곡선의 설정을 실시하고 있다. 문헌6)에서는 단순골조의 붕괴온도산정을, 문헌 3)~5)에서 얻어진 근사곡선을 이용하여 유한요소법에 의한 해석과, 강구조 내화설계지침에 근거하여 비교검토를 실시하였다.

• 소재시험 결과 및 국부 좌굴시험 결과 (문헌5))

소재시험 결과에서 세로 탄성율과 항복온도에 대하여 근사를 실시하였다. 그 결과를 그림 5.4.1.9 및 그림 5.4.1.10에 나타낸다. 근사식은 (5.4.1.6)~(5.4.1.8)식으로 하고 있다. 또한 국부좌굴시험결과를 그림 5.4.1.11에 나타낸다.

$$\sigma_{yT}/\sigma_{yRT} = 1 - 1.5\times10^{-4}(T-25)^{1.5} \qquad (5.4.1.6)식$$

$$E_T/E_{RT} = 1 - 5.9\times10^{-6}(T-25)^2 \qquad (5.4.1.7)식$$

$${}_T T_y 100 + 250(1-\sigma_{yT}/\sigma_{yRT}) \qquad (5.4.1.8)식$$

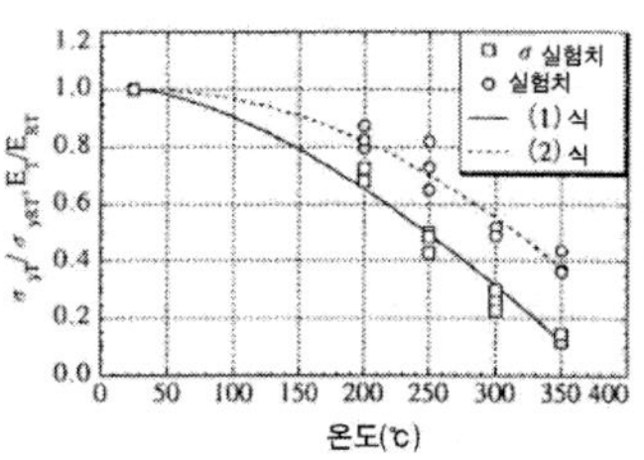

그림 5.4.1.9 영율의 실험치 대응

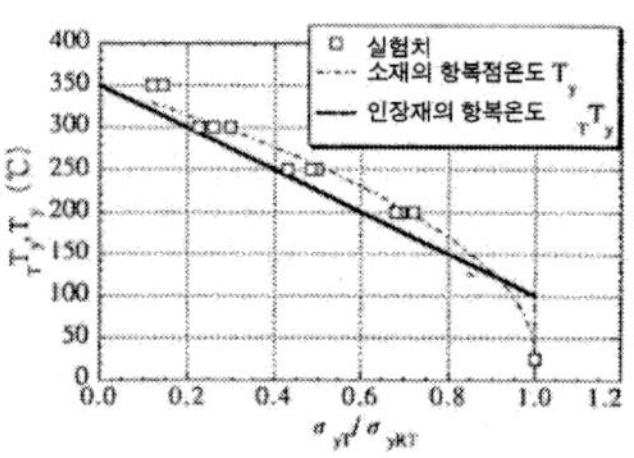

그림 5.4.1.10 항복온도의 실험치 대응

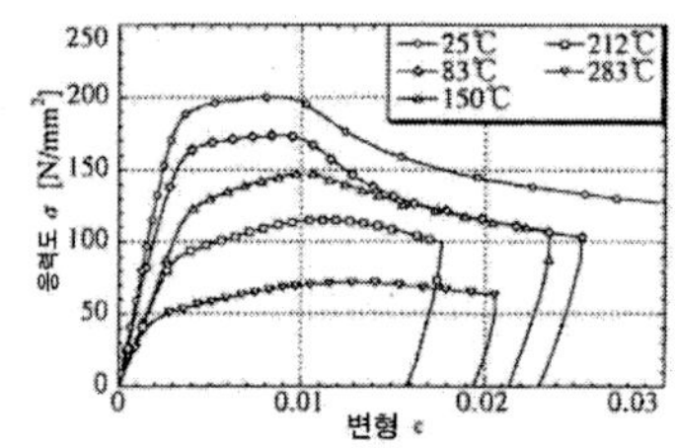

그림 5.4.1.11 국부좌굴시험 결과

국부좌굴 후의 잔여내력에 대하여, 폭 두께비 B/t와 σ0를 팩터로 한 정리를 실시하면, 온도에 관계없이 하나의 곡선에 근사하는 것을 알 수 있다. 근사식을 5.4.1.9 식 및 5.4.1.10 식에, 대응결과를 그림 5.4.1.12 및 그림 5.4.1.13에 나타낸다.

$$\text{H형 단면주 } \frac{B}{t}\cdot\frac{\sigma}{\sigma_0} = 8.0\times\epsilon^{\frac{1}{2}} \qquad (5.4.1.9)\ 식$$

$$\text{각형 단면주 } \frac{B}{t}\cdot\frac{\sigma}{\sigma_0} = 15.5\times\epsilon^{\frac{1}{2}} \qquad (5.4.1.10)\ 식$$

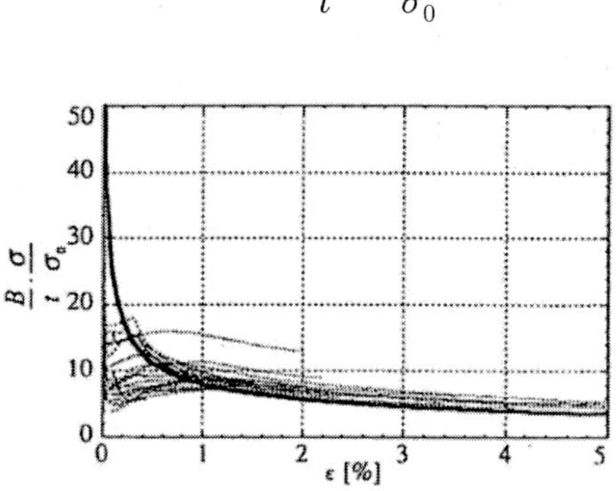

그림 5.4.1.12 고온 국부좌굴 후 거동(H형)

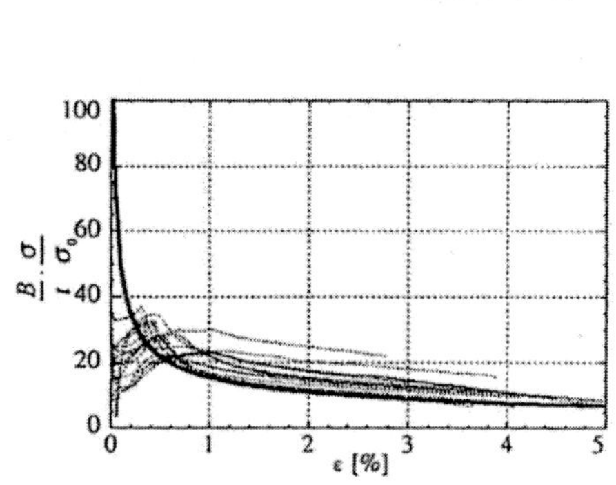

그림 5.4.1.13 고온 국부좌굴 후 거동(각형)

• 붕괴온도의 산정(문헌6))

그림 5.4.1.14의 단순골조에 대해 붕괴온도의 산정을 실시하고 있다. 산정은 문헌 3)~5)에서 얻어진 근사곡선을 이용하여 유한요소법에 의한 해석(정산해)과 강구조 내화설계 지침에 근거한 것(기본 붕괴온도)로 실시하고 있다. 검토결과를 그림 5.4.1.15에 나타낸다. 또한 그림 5.4.1.16에서 기둥 축력비와 세장비에 따른 기본 붕괴온도와의 비교(비교2)도 실시하고 있다. 그림 5.4.1.16 중, 점선은 문헌4)에서 얻어진 전체 좌굴식을 나타내며, 플롯은 정산해를 나타낸다. 이것으로부터 실선으로 나타내는(5.4.1.11)식의 근사식을 유도하고 있다.

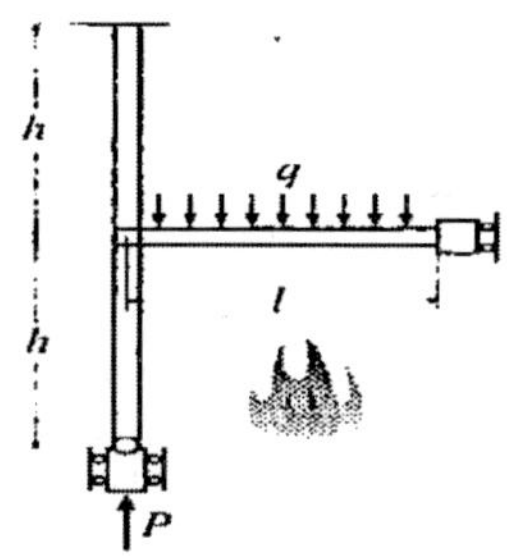

그림 5.4.1.14 붕괴온도 산정용 골조모델

$$T_{cr} = T' - 93.5\bar{p} \cdot (\bar{\lambda} - 0.1) \qquad (5.4.1.11)\ 식$$

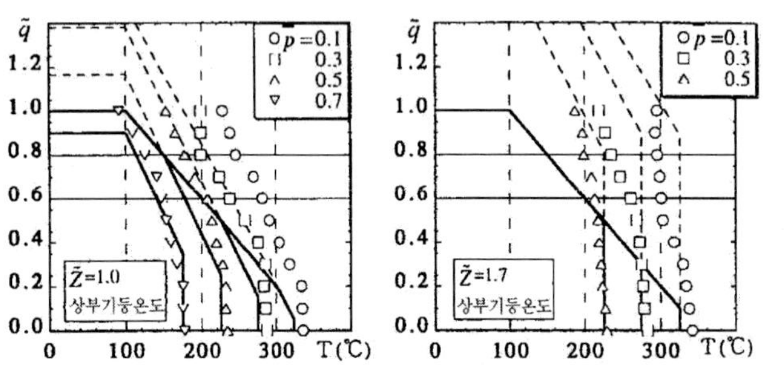

그림 5.4.1.15 해석에 따른 정산붕괴온도와 기본붕괴온도의 비교1

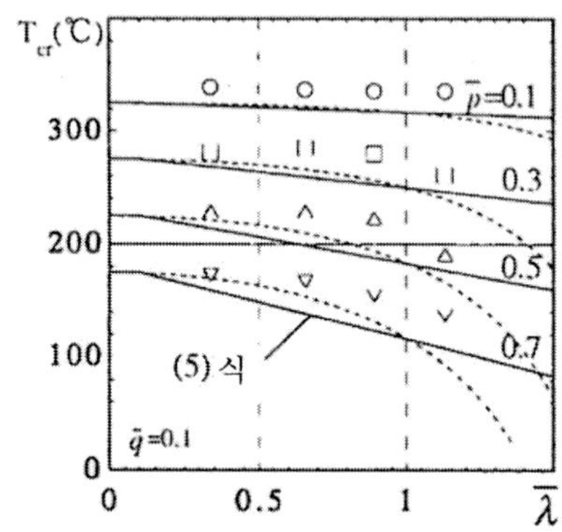

그림 5.4.1.16 기본붕괴온도와의 비교2

(4) 접합부 시험 (문헌7) 8))

• 시험개요

고력볼트 마찰 접합된 알루미늄합금의 인장시험에 의한 접합부의 고온시 내력평가를 실시하고 있다. 문헌 7)은 시험방법에 대해서, 문헌 8)에서는 시험결과와 미끄럼 계수의 관계에 대하여 기술하고 있다.

• 시험방법 (문헌7))

그림 5.4.1.17에 나타낸 시험체(A6061-T6, A6063-T6 두 종류)를 사용하여 그림 5.4.1.18에 나타낸 시험방법에 따라 상온 · 150℃ · 200℃ · 250℃ · 300℃ · 350℃의 6단계의 온도에 대해 시험을 실시하고 있다. 시험은 지정온도까지 상승 · 1시간유지한 직후에 실시하는 실험(열간가력시험)과 1시간 유지 후 대기에서 상온까지 냉각한 후에 실시하는 시험(가열냉각 후 가력시험)의 두 종류로, 실시하였고 또한 마찰접합은 용융아연도금 고력볼트 F8T · M16을 사용하여, 볼트 조임방법으로서 너트 회전법과 도입 축력을 계산하여 표준장력을 가한 방법의 두 종류를 설정하고 있다. 너트 회전법에서는 그림 5.4.1.19와 같이 60도를 넘으면 고력볼트 나사부가 항복하고 있는 것으로 평가된다. 또한 그림 5.4.1.20에 시험에서의 축력-온도관계와 시간-온도관계를 나타냈다.

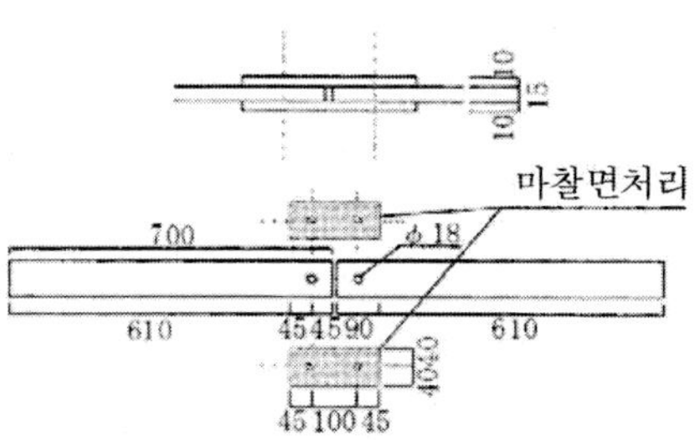

그림 5.4.1.17 시험체 형상

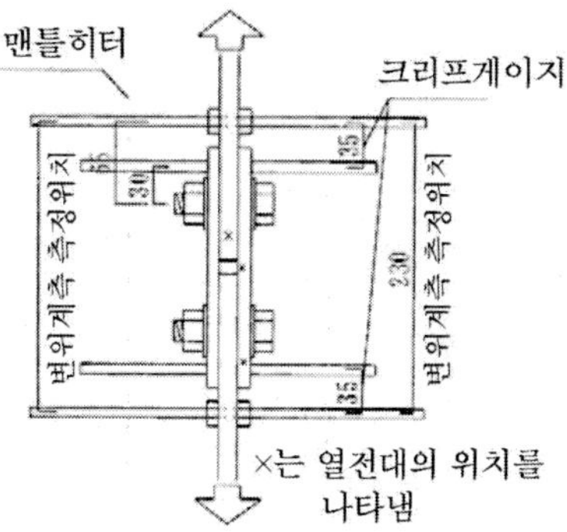

그림 5.4.1.18 시험방법

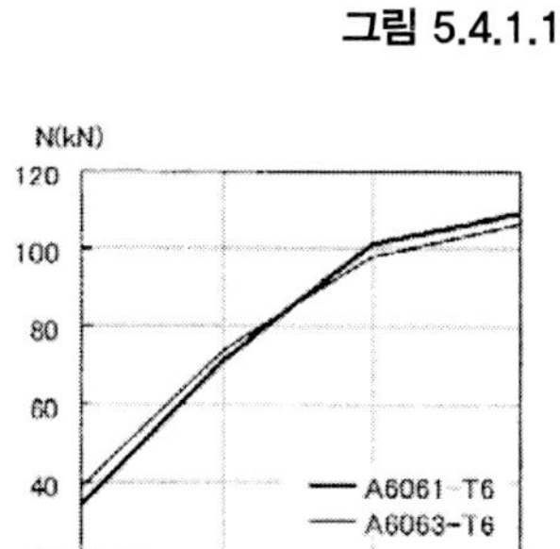

그림 5.4.1.19 축력-너트회전각 관계

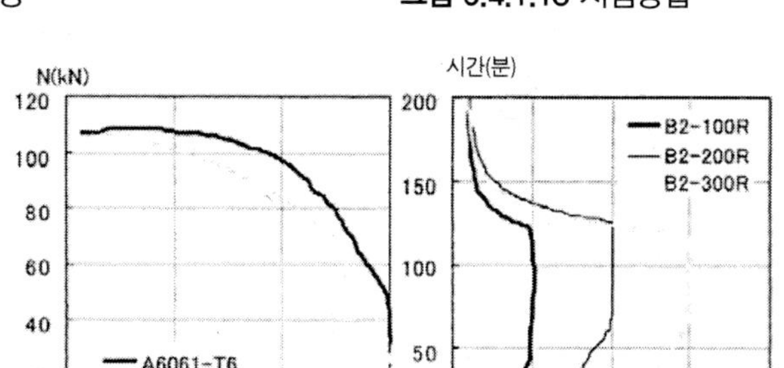

그림 5.4.1.20 축력-온도관계와 시간-온도관계

• 시험결과 (문헌8))

시험결과를 그림 5.4.1.21~5.4.1.25에 나타낸다. 하중-미끄럼 변위관계에서 열간가력 · 가열냉각 어느 쪽의 경우에서도 미끄럼 하중이 감소하는 경우가 보였다. 미끄럼 계수로 정리하면 그림 5.4.1.24~5.4.1.25에 나타낸 바와 같이 250℃ 부근에서 미끄럼 계수가 장기기준치를 하회하는 경우가 보였다.

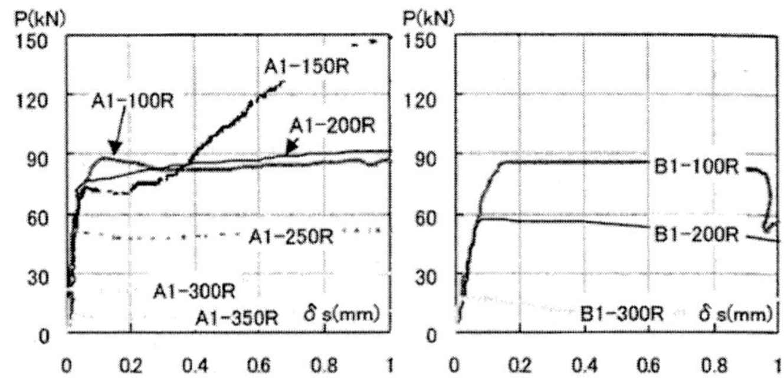

그림 5.4.1.21 하중–미끄럼 변위관계(가열냉각 후 가력)

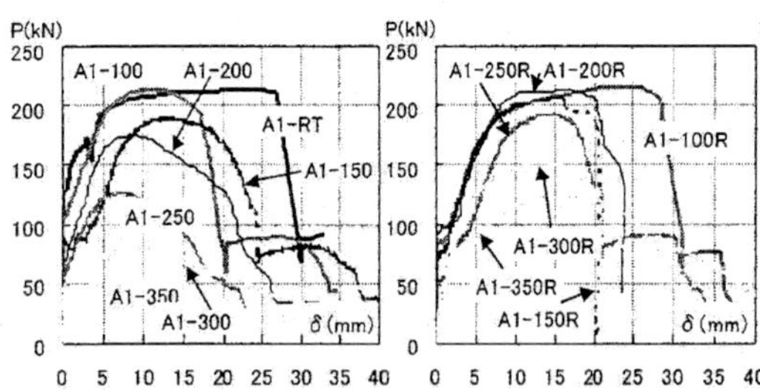

그림 5.4.1.22 하중–전체 변위관계

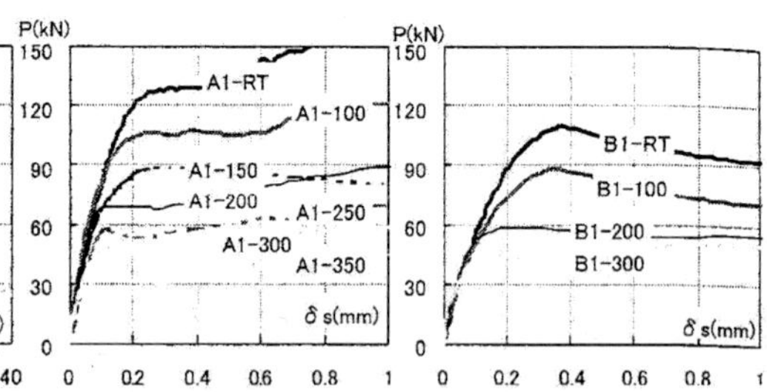

그림 5.4.1.23 하중–미끄럼 변위관계(열간가력)

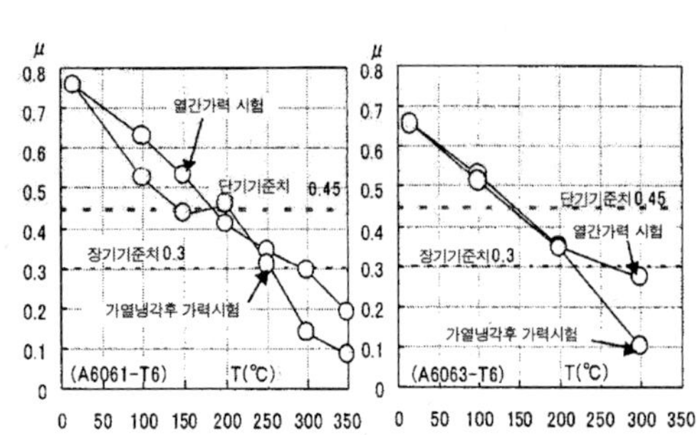

그림 5.4.1.24 미끄럼 계수–온도관계(너트 회전법)

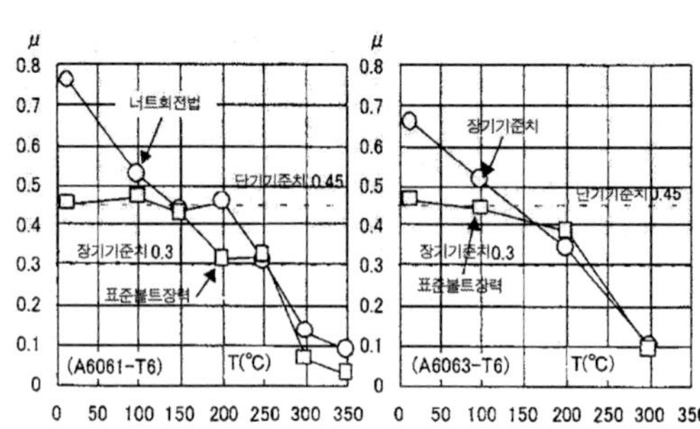

그림 5.4.1.25 미끄럼 계수–온도 관계(가열냉각 후 시험)

(5) 피복부재 시험 (문헌9)~12))

• 시험개요

그림 5.4.1.25에 나타낸 것과 같이 내화성능평가 중, 부재 온도상승 상정을 실시하기 위한 기초 데이터가 될 시험을 실시한 후, 계산식을 제안하고 있다. 시험은 열용량시험, 기둥의 재하가열시험, 보의 재하가열시험을 실시하고 있다.

• 열용량시험 (문헌9))

시험체를 그림 5.4.1.27에, 온도측정위치를 그림 5.4.1.28에 나타낸다.

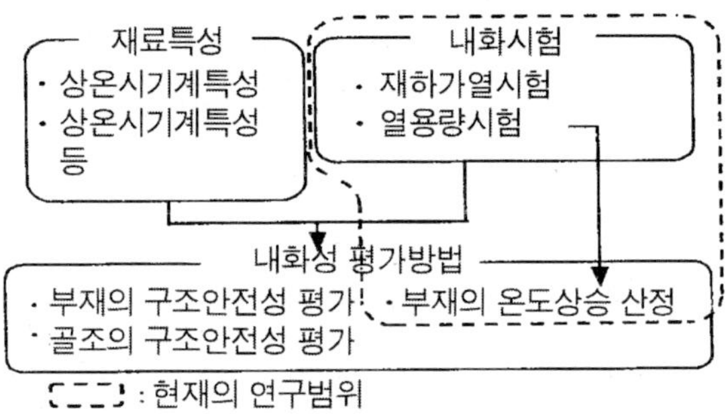

그림 5.4.1.26 시험개요

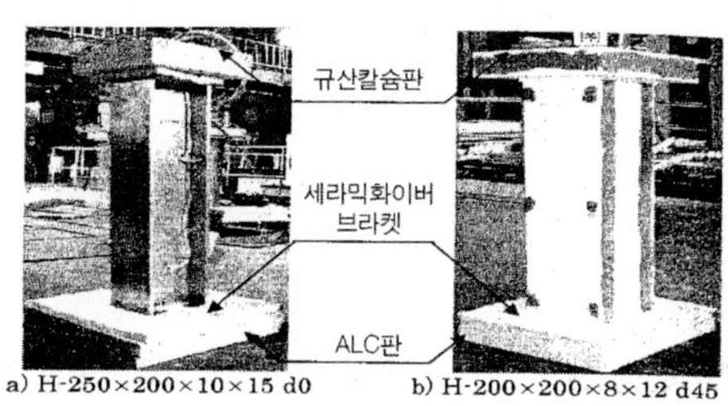

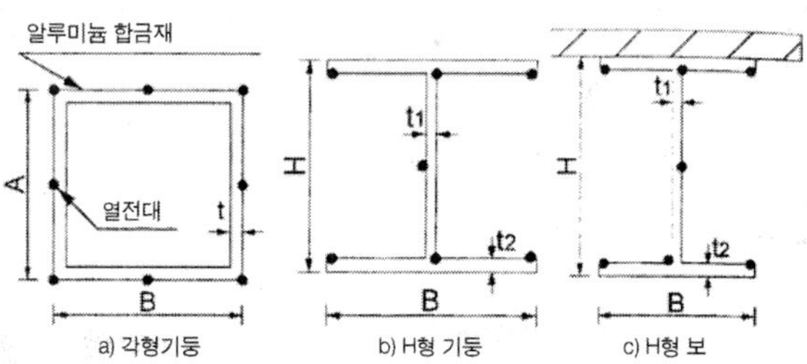

그림 5.4.1.27 시험체 형상

그림 5.4.1.28 열전대 부착 부위

시험체는 각형주 6종류 · H형주 7종류 · H형보 3종류를, 피복두께를 파라미터로서 설정하고 있다. 열용량시험은 ISO 834에 따라서 시험체가 350℃에 도달할 때까지(비재하) 가열하고, 가열종료 후에 시험체온도가 하강할 때까지 계측을 실시하고 있다. 부재 온도측정 결과와 350℃ 도달시간을 그림 5.4.1.29 및 그림 5.4.1.30에 나타낸다.

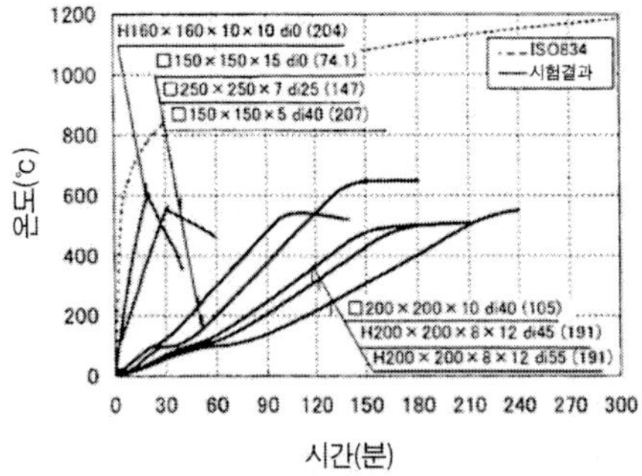

그림 5.4.1.29 부재 온도측정 결과

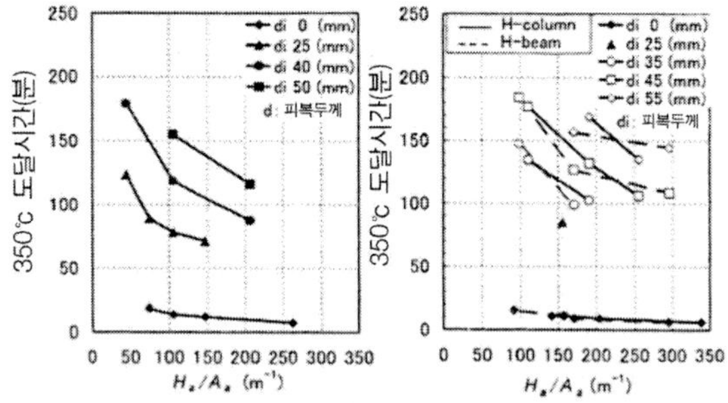

a) 각형기둥　　b) H형 기둥, H형 보

그림 5.4.1.30 350℃ 도달온도와 Ha/Aa

• 기둥 재하시험(문헌10))

그림 5.4.1.31에 시험체를 나타낸다. 시험체는 각형주 5종류 · H형주 5종류를, 피복 두께를 파라미터로서 설정하고 있다. 시험은 소정의 가력을 실시한 후, ISO 834에 따라 가열을 실시하고 있다. 시험은 시험체의 변형량이 h/100을 넘거나 변형 속도가 3h/100을 넘을 때까지 실시하고 있다. 부재 온도측정 결과와 도달시간을 그림 5.4.1.32~5.4.1.35에 나타낸다.

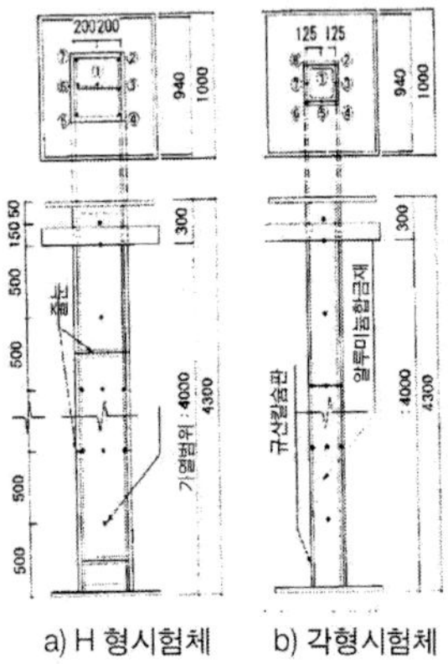

a) H 형시험체　　b) 각형시험체

그림 5.4.1.31 시험체

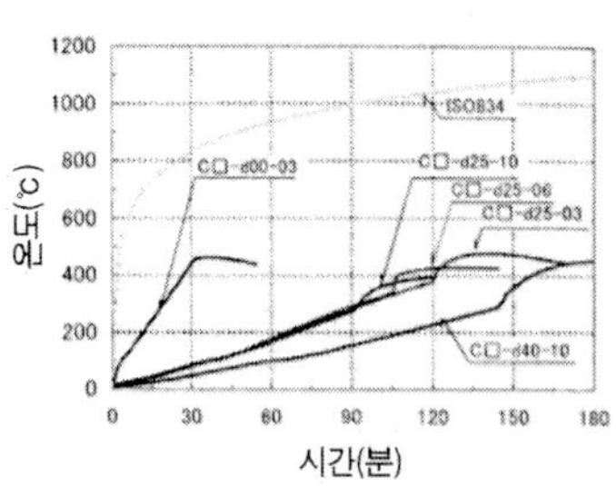

그림 5.4.1.32 부재 온도측정 결과(각형)

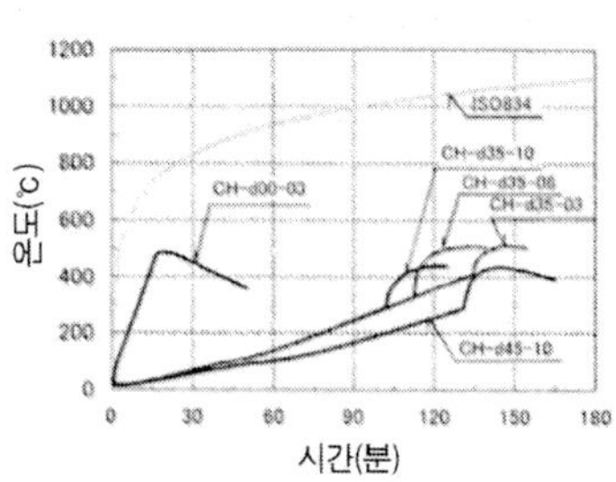

그림 5.4.1.33 부재 온도측정 결과(H형)

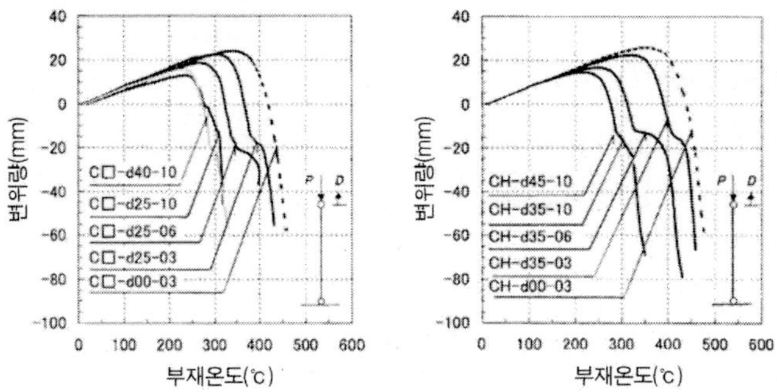

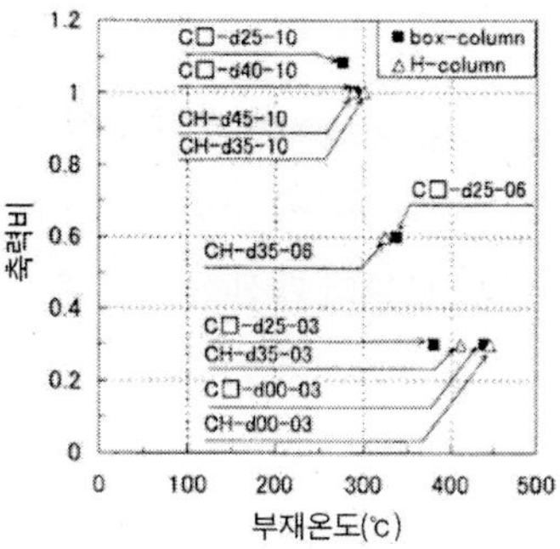

그림 5.4.1.34 부재 온도와 변형량(각형 · H형) **그림 5.4.1.35** 붕괴온도와 축력비

• 보의 재하가력시험(문헌 11))

그림 5.4.1.36에 시험체를 나타낸다. 시험체는 H형보 5종류를, 피복두께를 파라미터로서 설정하고 있다. 시험은 소정의 가력을 실시한 후 ISO 834에 따라 가열을 실시하고 있다. 시험은 시험체의 변형량이 $L^2/400d$를 넘거나, 변형속도가 $L^2/3000d$을 넘을 때까지 실시하고 있다. 부재 온도측정 결과와 도달시간을 그림 5.4.1.37~5.4.1.39에 나타낸다.

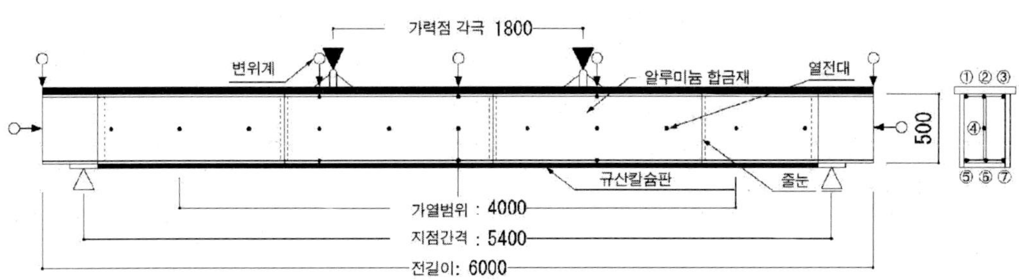

그림 5.4.1.36 시험체 형상

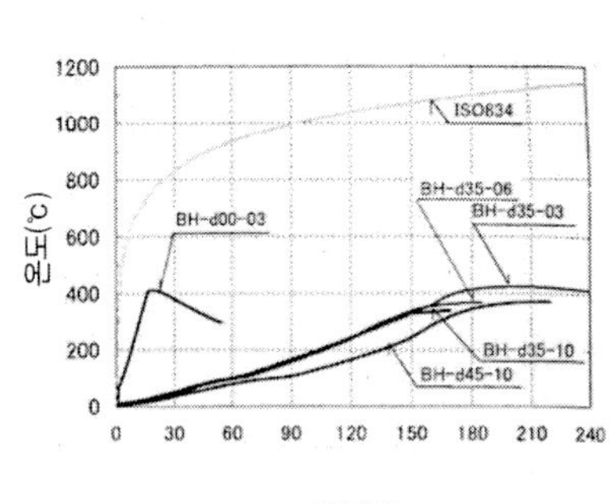

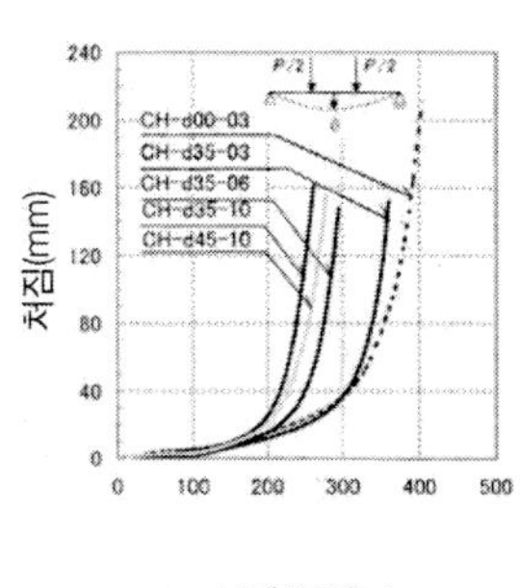

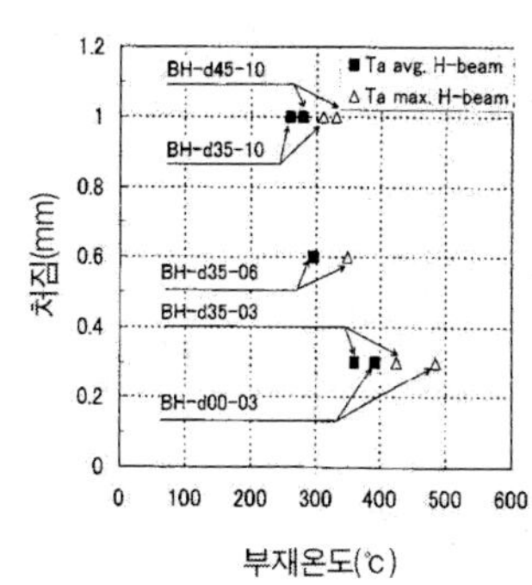

그림 5.4.1.37 부재 온도측정 결과(H형보) **그림 5.4.1.38** 부재온도와 처짐 **그림 5.4.1.39** 붕괴온도와 응력비

• 부재의 간이온도상승식의 제안 (문헌12))

그림 5.4.1.40의 온도상승 개시시간이나 수분증발시간에서 착안한 온도상승 모델을 사용하고, 각종 시험결과로 상승식의 제안을 시도하고 있다.

식으로부터 계산된 기본 온도도달속도, 온도상승 개시시간과 수분증발 시간, 열저항 계수, 시험결과와 계산치를 그림 5.4.1.41~5.4.1.44에 나타낸다.

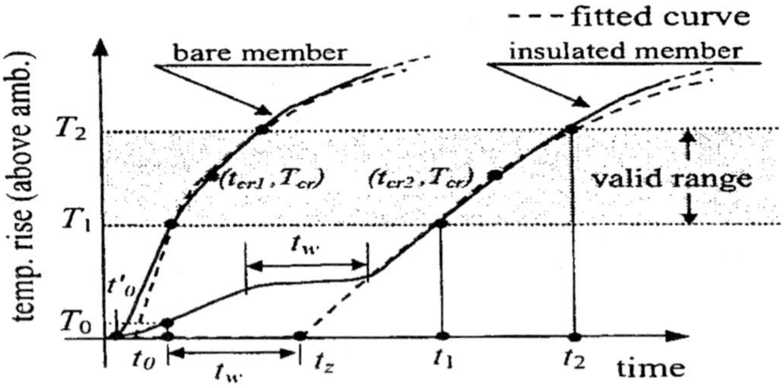

그림 5.4.1.40 온도상승모델

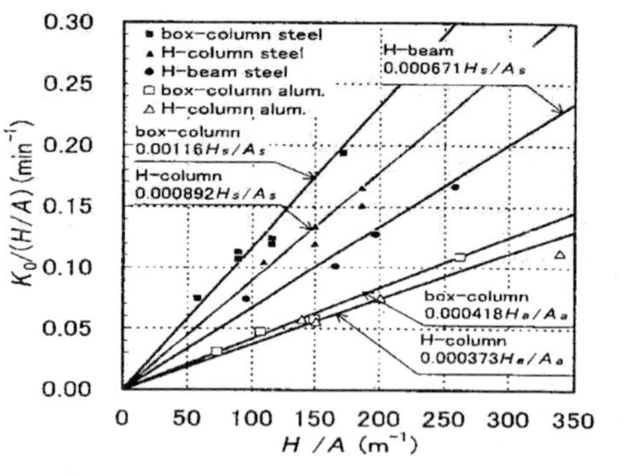

그림 5.4.1.41 기본 온도도달속도

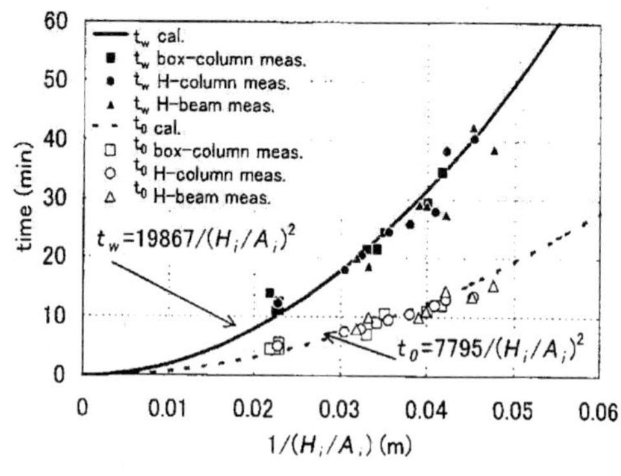

그림 5.4.1.42 온도상승 개시시간, 수분증발 시간

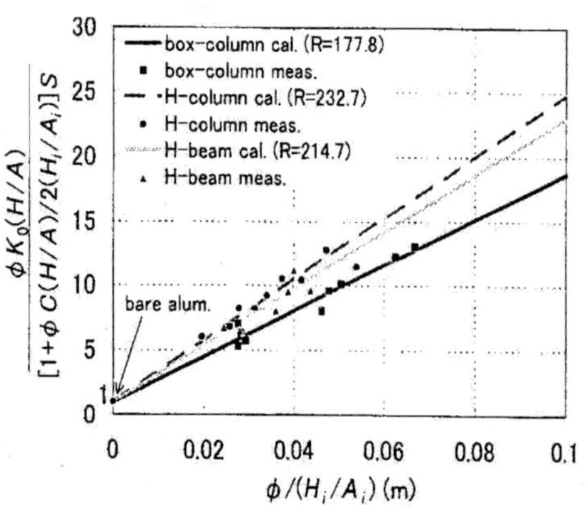

그림 5.4.1.43 열저항 계수

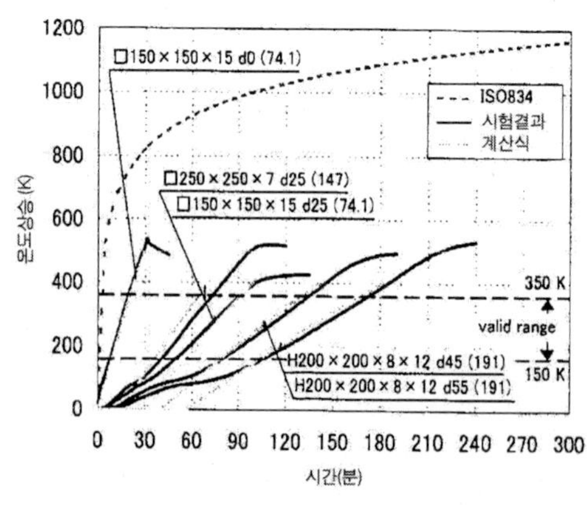

그림 5.4.1.44 시험결과와 계산치

이들에 설정한 계수를 계산식에 대입하여 시험결과와의 비교를 실시하였으며 양호한 대응을 보이는 것을 확인하고 있다.

인용 · 참고문헌

高温時引張試験

1) 本田薫，上杉英樹：金属系新素材・新材料の利用技術開発（建設省総合プロジェクト・新素材）その 92 アルミニウム合金の高温引張試験，日本建築学会大会学術講演梗概集，pp.1391-1392，1993
2) 田中勝巳，上杉英樹ほか：アルミニウム合金を用いた建築構造に関する研究（その 60）アルミニウム合金部材の高温引張試験,日本建築学会大会学術講演梗概集，pp.53-54，2001

高温時全体座屈

3) 田中勝巳，上杉英樹ほか：アルミニウム合金を用いた建築構造に関する研究（その 21）建築構造部材としてのアルミニウム合金圧縮部材の高温強度特性，日本建築学会大会学術講演梗概集，pp.709-710，1998
4) 堀川達弥，小野徹郎 ほか：アルミニウム合金を用いた建築構造に関する研究（その 22）建築構造部材としてのアルミニウム合金圧縮部材の高温強度特性，日本建築学会大会学術講演梗概集，pp.711-712，1998

高温時局部座屈

5) 森 洋一，小野徹郎ほか：アルミニウム合金を用いた建築構造に関する研究（その 34）アルミニウム合金部材の高温耐火特性 その１」,日本建築学会大会学術講演梗概集，pp.1005-1006，2000
6) 堀川達弥，小野徹郎 ほか：アルミニウム合金を用いた建築構造に関する研究（その 35）アルミニウム合金部材の高温耐火特性 その２,日本建築学会大会学術講演梗概集，pp.1007-1008，2000

高温時接合部性状

7) 猪熊敏成，中込忠男ほか：アルミニウム合金を用いた建築構造に関する研究（その 50）高温加熱を受けた高力摩擦接合実験（１），日本建築学会大会学術講演梗概集，pp.491-492，2001
8) 小坂康之，中込忠男 ほか：アルミニウム合金を用いた建築構造に関する研究（その 51）高温加熱を受けた高力摩擦接合実験（２），日本建築学会大会学術講演梗概集，pp.493-494，2001

被覆部材試験

9) 遊佐秀逸，河野 守ほか：アルミニウム合金を用いた建築構造に関する研究（その 56）アルミニウム合金材の耐火試験（試験目的および熱容量試験），日本建築学会大会学術講演梗概集，pp.45-46，2001
10) 大貫寿文，大宮喜文ほか：アルミニウム合金を用いた建築構造に関する研究（その 57）アルミニウム合金材の耐火試験（柱の載荷加熱試験」，日本建築学会大会学術講演梗概集，pp.47-48，2001
11) 鈴木信之，原田和典ほか：アルミニウム合金を用いた建築構造に関する研究（その 58）アルミニウム合金材の耐火試験（はりの載荷加熱試験），日本建築学会大会学術講演梗概集，pp.49-50，2001
12) 鈴木淳一，若松孝旺ほか：アルミニウム合金を用いた建築構造に関する研究（その 59）アルミニウム合金材の耐火試験（部材の簡易温度上昇算定式），日本建築学会大会学術講演梗概集，pp.51-52，2001

各種関係式

13) 日本建築学会：鋼構造耐火設計指針，2001

5.4.2 주물용 합금 부재의 열특성

순 알루미늄의 융점은 660℃이며 1400℃ 부근의 융점을 갖는 철강재료와 비교하면 사용할 수 있는 온도영역은 매우 낮다. 역으로, 저온특성을 보면 -50℃ 부근을 경계로 급격하게 취성이 증가하고 저온용 구조물로는 사용하기 어려운 철강재료에 비해 알루미늄은 절대온도 0도(-273℃)의 극저온에서도 전혀 문제가 없다. 이와 같이 알루미늄 합금은 고온시 특성은 철강재료에는 미치지 못하지만, 자동차의 엔진에 사용 가능한 정도의 고온시 특성, 내열성을 만족하고 있다. 이것은, 같은 온도에 장시간 둔 상태에서 비교한 경우의 고온시 특성으로서는 명확하게 알루미늄 합금이 뒤떨어지지만, 높은 열전도 특성을 가진 알루미늄 합금은 외부로부터의 냉각에 의해 대상 부위의 온도를 대폭 낮출 수 있기 때문에 상당한 내열성을 발휘 할 수 있기 때문이다.

건축의 경우, 내열성은 일반적인상태에서는 그다지 문제가 되지 않지만, 비상시에는 매우 중요한 문제이다. 건축용으로 알루미늄 합금을 사용하는 경우도, 그 고온시 특성을 정확하게 파악하고, 또한 전술한바와 같이 열전도 등과의 관계를 충분하게 이해하며, 충분히 안전을 확보할 수 있는 상태로의 이용이 필요하다고 할 수 있다. 여기서는, 주물용 합금의 고온시 특성을 충분히 이해할 수 있도록 다양한 시점에서 고온시 특성을 지배하는 요인에 대하여 검토 · 소개하는 것과 더불어 구체적 데이터를 제시한다.

(1) 실온에서의 기계적 성질에 미치는 여러 요인

주물용 합금의 기계적 성질은 각 합금의 표준적 특성으로서 금형 · 사형주물, 다이캐스트 등의 다양한 주물용 합금에 대하여 나타내는데, 실제 주물용합금의 기계적 성질은 제품마다, 또는 부위마다 다른 것이 일반적이다. 전신용 합금에 있어서는, 비교적 안정되어 큰 폭의 차이가 발생하지 않는 경우가 많지만, 주물용 합금의 경우에는 이러한 기계적 성질의 변동이 매우 많기 때문에 제조단계에서 충분히 유의해야하며 동시에 설계단계에서도 충분히 고려해야할 필요가 있다. 이하에 고려해야만 하는 요인에 대하여 기술한다.

• 실제 주물용 합금의 기계적 성질

주물용 합금의 기계적 성질은 부여된 조건범위 내의 이상적인 상태로 제조된 경우, 이에 의해 얻어진 조직에서 기대되는 기계적 성질이 이상적인 특성을 나타낸다. 반면 실제의 주조에서는 주조시에 발생하는 각종 주조결함에 의한 특성저하에 따라 기계적 성질은 이상적인 값보다 상당히 하회하는 경우가 많다.

• 기계적 성질의 강화요인

합금 조성의 최적화를 제외하고 주물용 합금의 기계적 성질을 강화할 수 있는 요인으로는 ①응고속도(냉각속도), ②조직제어, ③복합화, ④소성가공, ⑤열처리 등을 들 수 있다. 일반적인 주물에 관해서는 복합화나 소성가공은 제외된다. 또한 많은 다이캐스트 또는 건축용 소재의 경우에는 열처리를 적용하는 것이 곤란한 경우가 많다. 따라서, 실질적으로 이용할 수 있는 강화수법으로는 ①의 냉각속도의 향상과 ②의 조직제어의 적정화에 한정된다. ①, ②를 함께 종합적으로 표현하면 "미세 균일한 조직으로 함으로서 주물용 합금의 기계적 성질을 향상시킬 수 있다"고 정리된다. 앞서 기술한 사형주물의 기계적 성질은 냉각속도가 늦기 때문에 다이캐스트나 금형주물보다 뒤떨어지는 것은 이와 같은 이유에 따른 결과이다. 따라서 건축용 소재의 경우도 기계적 성질의 개선이 필요한 경우는 가능한 범위에서 냉각속도가 빠른 주조법을 이용하는 것이 바람직하다.

• 기계적 성질의 저하요인

기계적 성질의 저하는, ①공극에 기인한 결함, ②균열, ③물흐름 · 주탕불량, ④개재물의 혼입, ⑤편석 등에 의해 기인한다. 이러한 결함에 의한 영향은, 특히 연신, 충격치, 피로강도의 저하에 강하게 나타나며, 인장강도에도 상당히 영향을 미친다. 경도나 내력 등에 대해 영향은 비교적 적다. 자동차부품과 같은 신율, 충격치, 피로강도 등의 특성이 중시되는 제품에는 이러한 결함에 의해 기계적 성질이 저하되는 것이 큰 문제이다.

건축용 소재인 주물용 합금에 있어서는, 이러한 결함에 의해 기계적 성질의 저하가 직접문제가 되는 것은 비교적 적지만, 외관이나 표면처리특성의 저하에 의한 영향이 문제가 되는 경우가 많기 때문에, 결함의 제거에는 충분한 고려가 필요하다.

(2) 기계적 성질의 온도 의존성에 미치는 여러 요인

전신용 합금의 인장강도 및 내력은 온도와 함께 저하하며 200~300℃ 전후에서 급격하게 저하된다. 급격한 강도저하를 나타내는 온도영역으로는 유지시간의 영향이 크고, 단시간 유지에서는 저하는 완만하지만, 장시간 유지에서는 급격한 저하를 나타낸다(그림 5.4.2.1). 주물용 합금에 있어서도 유사하게 고온에 있어서 온도저하를 나타내지만, 유지시간과의 관계도 비슷하게 나타나기 때문에(그림 5.4.2.2), 고온시 특성을 검토할 경우에는 유지시간에 대해서도 충분히 고려할 필요가 있다. 통상시에도 장시간 고온에 폭로되고 있는 경우, 재료강도는 시간과 함께 상당히 열화되는 경우도 있기 때문에, 주물용 합금재료 주위의 온도환경에도 충분히 고려하여야 한다.

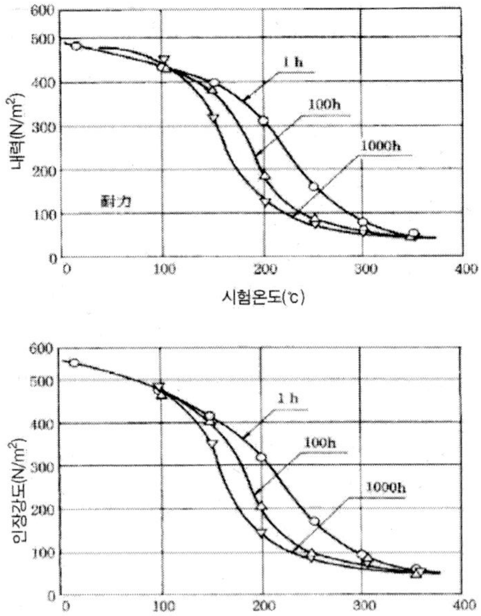

그림 5.4.2.1 2014–T6 압출봉의 고온시 특성 [1)]

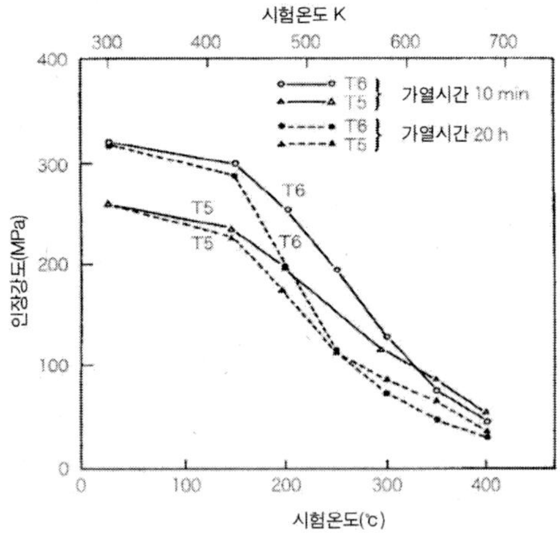

그림 5.4.2.2 AC8A의 고온시 특성 [2)]

이와 같이 일반 주물용 합금은 200~250℃ 이상의 고온에 노출되면 급속히 강도가 저하되기 때문에, 통기성을 양호하게 하여 온도상승을 적극적으로 억제하여 이 온도 이하에서 사용되는 경우, 강도 저하를 완화할 수 있다. 그러나 이와 같은 수단을 취할 수 없는 경우에는 고온연화특성이 대폭 개량되고 있는 섬유강화나 입자강화를 한 복합재료를 사용한 주조재료를 부분적으로 이용함으로서 고온에 대응할 수 있게 된다.

일반적으로 알루미늄 합금의 고온시 특성은, 통상은 300~400℃ 정도까지의 데이터가 제공되고 있다. 이 이상의 고온에서의 데이터는 측정이 곤란하기 때문에 매우 적다. 그러나 응고관계, 용접관계의 연구와 관련하여 용융점 전후까지의 더나아가 고온의 데이터가 확보된 예가 있다(그림 5.4.2.3).

400℃ 이상의 고온이 되면, 복합재료 등의 특수재료를 제외하고 대부분의 주물용 합금은 10~20MPa 이하의 인장강도 밖에 인정되지 않게 되며, 실온강도로 보면 수 퍼센트 이하의 강도잔존율이 된다. 더나아가 거의 강도가 인정되지 않는 온도는 합금 간의 차이는 있지만 용융이 시작되는 500~550% 부근이라 할 수 있다.

• 고온시의 기계적 성질저하 경향의 합금에 따른 차이

고온에 있어서 기계적 성질의 저하는 금속의 결정구조, 가공상태, 열처리 상태 등에 의해 다르며, 이에 따라 합금의 강도도 변화한다. 기계부품에 주물 합금의 대부분은 Al-Si계를 기반으로 하여 Mg나 Cu를 합금원소로서 첨가하는 것(열처리 합금이라 칭함)이 많다. 이와 같이 합금에서는 재료 강도를 위해서 "담금질", "템퍼" 등의 고용·석출을 이용한 열처리에 의해, 주물 그대로의 상태보다 대폭 높은 강도로 한 상태로 이용하는 경우가 많다. 그러나 이 경우에는 200~300℃ 부근의 온도가 되면 결정이 자유롭게 움직이기 쉽게 되며, 현저한 연화를 나타내는 경우도 많다. 이에 대해 열처리 조작의 영향을 받기 어려운 Al-Si 합금, Al-Mg 합금 등(비열처리 합금이라 칭함)에서는 열처리에 의한 강화는 기대할 수 없기 때문에, 200~300℃ 부근에서의 저하는 열처리 합금에서 볼 수 있을 만큼 급격하지는 않다.

300~350℃ 전후의 온도를 넘으면, 고용·석출에 의해 영향이 거의 없어지기 때문에, 열처리 합금, 비열처리 합금의 차는 거의 없어지며, 유사한 강도저하 경향이 나타낸다. 그러나 이 상태에서도 결정의 움직임을 저지하기 쉬운 정출물이 많이 존재하고 있는 등 금속조직이 대폭으로 개량되어있으며 강도저하가 완화되기 때문에 복합재료 등의 특수재료의 우위성이 인정되게 된다. 이와 같이 고온에서의 재료특성은 합금계, 조직, 열처리, 가공, 온도, 시간 등 많은 요인에 영향을 받기 때문에, 사용재료에 대해서는 사전에 충분히 확인할 필요가 있다.

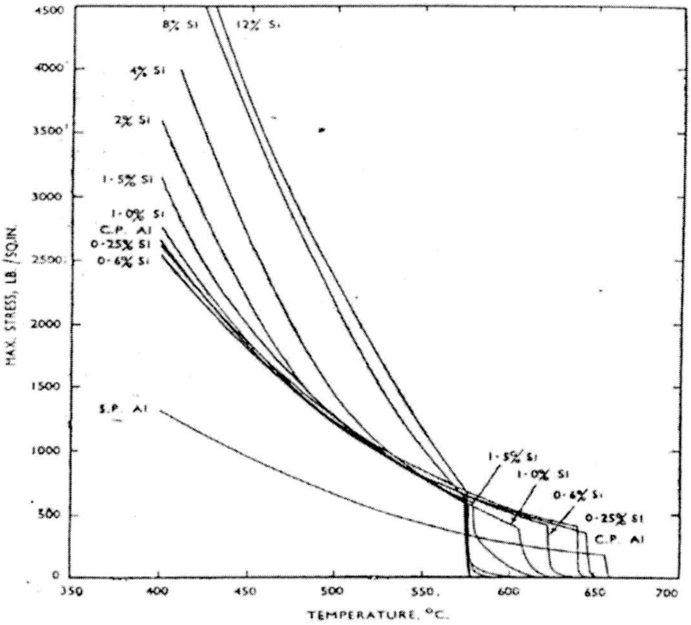

그림 5.4.2.3 Al–Si 2원소의 고온시 특성[3)]

(3) 전신용 합금과 주물용 합금의 고온시 특성의 차이

전신용 합금과 주물용 합금의 실온에 있어서 기계적 성질의 차이는 주조시의 소성가공 유무의 영향을 받아 특히 신율의 차이가 인정된다. 인장강도나 내력에 있어서의 차이는 특히 크다고 할 수 없는 경우가 많다.

200~300℃ 이상의 고온이 되면, 주물용 합금도 신율이 커지게 되기 때문에 전신용 합금과의 차이는 적어진다. 따라서, 건전한 주물용 합금과 전신용 합금의 재료특성을 전 온도범위에 대해서 비교하면, 실온에서의 신율의 차이가 가장 크다고 말할 수 있다. 주물용 합금에는 결함으로 인한 신율의 저하가 수반되는 경우도 적지 않기 때문에, 실제 제품에 대해 신율을 중심으로 하는 재료특성의 만족도를 충분히 확인하여야 한다. 이 점을 제외하면, 주물용 합금의 재료특성을 전신용 합금의 재료특성으로 유추하는 것도 의미가 있다고 평가된다.

인용 · 참고문헌

1) 日本アルミニウム協会：アルミニウムハンドブック 2001, p.43, 2001
2) 日本鋳造工学会：鋳造工学便覧 2002,p.477
3) A.R.E.Singer,S.A.Cottrell: J.Inst. Metals 1947,1035, pp.33-54

5.4.3 알루미늄 합금 구조부재의 열특성에 관한 최근의 연구

부재의 열특성에 관해서는 2000년대에 많은 연구가 수행되었으며, 이미 전 절에서 대표적인 부재실험 등의 성과개요를 보고하였다. 여기서는 부재의 열특성에 관하여 연구가 진행되고 있는 분야인 골조의 붕괴온도에 관한 연구, 접합부에 관한 연구, 2010년대가 되어 특히 진행된 피복을 한 부재의 내화성능에 관한 연구에 대하여 나타낸다.

(1) 알루미늄 합금 구조의 내화성능평가~부재의 내화특성과 그 신뢰도~에 의한 붕괴온도에 관한연구(문헌1))

전술(5.4.1장 ⑤ 문헌2), 3))한 내화피복시험 결과에 관한 연구의 연장으로 붕괴온도와 신뢰성 해석을 행한 연구, 전술한 기둥 · 보 부재의 내화 피복시험을 이용하여 분석을 행하였으며, 알루미늄 합금구조에서 골조의 붕괴온도 정산식(고시식의 제안)을 실시함과 동시에, 몬테카를로 시뮬레이션으로 신뢰성 해석을 추가한 연구.

각 부재 시험은 전술한바와 같고 여기에서는 붕괴온도 정산수법의 골자를 나타낸다.

• 알루미늄 합금구조의 한계부재온도 정산방법

먼저, 기존 실험결과로부터 항복강도저하율과 탄성계수 저하율을 이하와 같이 정하고, 응력변형 관계식을 정식화 한다.

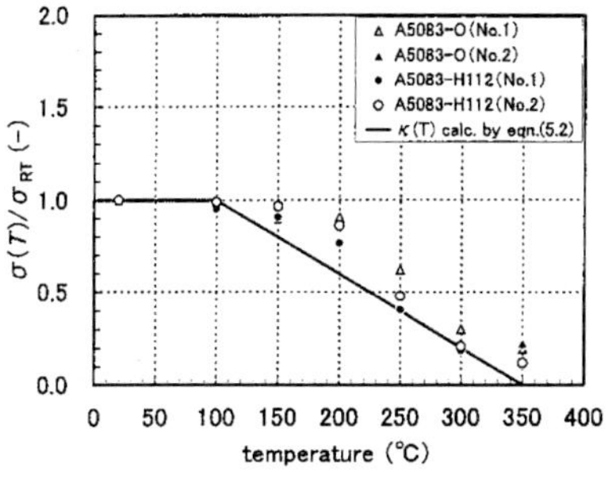

그림 5.4.3.1 항복강도 저하율(각 재료의 σ_{RT})

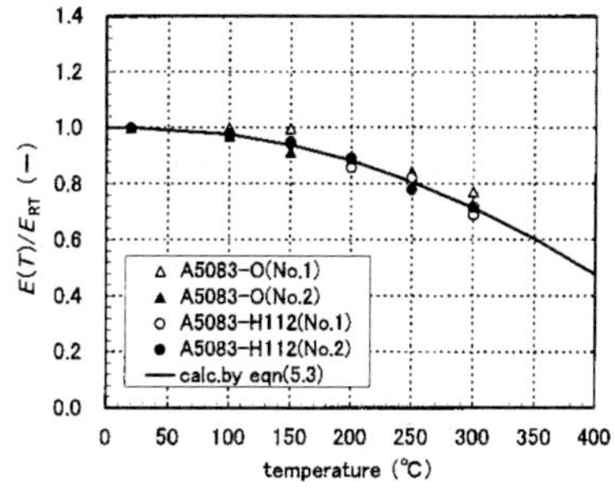

그림 5.4.3.2 탄성계수 저하율 (각 재료의 E_{RT})

$$\sigma = \frac{E_{0T} \cdot \epsilon}{\left\{1 + \left(\frac{\epsilon}{\epsilon_{0T}}\right)^{nT}\right\}^{\frac{1}{nT}}} + E_{pT} \cdot \epsilon \qquad (5.4.3.1)\text{ 식}$$

$$E_{0T} = E_T - E_{pT} \qquad (5.4.3.2) \text{ 식}$$

$$\epsilon_{oT} = \sigma_{0T}/(E_T - E_{pT}) \qquad (5.4.3.3) \text{ 식}$$

다음에 기둥의 한계부재 온도식, 보의 한계부재 온도식에 대하여 제안을 한다.

기둥의 전체 좌굴에 관한 식

$$T_B = \begin{cases} 350 - 250p \cdot \left(\dfrac{1+0.223\lambda_{eff}^2}{1-0.25\lambda_{eff}^2}\right) & (\lambda_{eff} \le \Lambda) \\ 350 - 250p \cdot \dfrac{\lambda_{eff}^2}{0.69} & (\lambda_{eff} > \Lambda) \end{cases} \quad \text{단, } T_B \ge 100℃ \qquad (5.4.3.4) \text{ 식}$$

기둥의 국부 좌굴에 관한 식

$$p_{\max} = \frac{p_{\max}}{\sigma_y A} = \begin{cases} \dfrac{A\sigma_y}{4}\dfrac{t}{B}\left\{\left(\sqrt{\dfrac{6.25}{\epsilon_1}}+3\right)+\left(\sqrt{\dfrac{6.25}{\epsilon_0}}+3\right)\right\}+P_1(A/2, B/t) & (B/t > 28) \\ \dfrac{A\sigma_y}{4}\dfrac{t}{B}\left\{\left(\sqrt{\dfrac{6.25}{\epsilon_1}}+3\right)+1\right\}+P_2(A/2, B/t) & (B/t \le 28) \end{cases}$$

(5.4.3.5) 식

$$\text{각형: } p_{\max} = \begin{cases} 20.7\dfrac{t}{B} & (B/t > 28) \\ 0.552 + 3.88\dfrac{t}{B} + \left(\dfrac{5.56}{B/t-3}\right)^2 & (B/t \le 28) \end{cases} \qquad (5.4.3.6) \text{ 식}$$

$$\text{H형(강축): } p_{\max} = \begin{cases} (1.56a_f + 7.09a_w)\dfrac{t_f}{B_f} & (B_f/t_f > 10) \\ a_f + 5.58a_f\dfrac{t_f}{B_f} + \left\{0.604 + \left(\dfrac{2.83}{B_f/t_f - 1.08}\right)^2\right\}a_w & (B_f/t_f \le 10) \end{cases}$$

(5.4.3.7) 식

$$\text{H형(약축): } p_{\max} = \begin{cases} (14.2a_f + 6.77a_w)\dfrac{t_f}{B_f} & (B_f/t_f > 10) \\ \left\{1.21 + \left(\dfrac{4.00}{B_f/t_f - 1.08}\right)^2\right\}a_f + 6.77a_w\dfrac{t_f}{B_f} & (B_f/t_f \le 10) \end{cases}$$

(5.4.3.8) 식

여기서, B/T : 각형단면(중공)의 폭 두께비

B_f/t_f : H형 단면의 플랜지 반폭 분의 폭 두께비

$p_{\max}$: 무차원화 축 내력 주): $p_{\max}$ 〉 1이 되는 경우는, $p_{\max}$ = 1로 한다.

a_f : H형 단면의 플랜지 단면적과 전체 면적과의 비($= A_f/A$)

a_w : H형 단면의 웨브단면적과 전체 면적과의 비($= A_f/A$)

보의 붕괴온도에 관한 정식화

$$Tb_{cr} = 350 - \frac{500}{\left(1 + \frac{Z_{pBy}}{Z_{pBx}}\right)} \frac{q}{4M_{pRT}} \quad (5.4.3.9) \text{ 식}$$

(2) 알루미늄 합금 구조 골조의 화재시 구조안정성(붕괴온도에 따른 검증방법) (문헌4))

고온시의 재료 항복강도 저하율 및 세로 탄성계수 저하율을 정의하고, 고시의 기둥 압축과 보 휨에 알루미늄 등의 금속구조로 사용되는 경우가 많은 인장이나 휨 압축에 관해서도 정식화를 추가하여 한번에 내화설계가 가능하도록 한 제안.

• 알루미늄 합금의 강도 · 탄성계수 저하율의 정의

먼저 기존 실험결과로부터 각 저하율을 이하와 같이 정한다.

표 5.4.3.1 고온시 $_{T}F$값 및 $_{T}F_{w}$값의 저감률κ(T)

온도 (℃)	RT	100	150	200	250	300	350
저하율 (β)	1.000	0.965	0.918	0.855	0.789	0.715	0.638

표 5.4.3.2 고온시 탄성계수의 저하율 β

온도 (℃)	RT	100	150	200	250	300	350
5000계 H112	1.000	0.982	0.935	0.852	0.708	0.425	0.216
6000계 T5, T6	1.000	0.940	0.836	0.691	0.506	0.278	0.144
7000계 T5, T6	1.000	0.880	0.725	0.530	0.321	0.207	0.120
본론	1.0	1.0	0.8	0.6	0.4	0.2	0.0

• 각 응력상태에 따른 붕괴온도의 정의

각 상태에 따른 붕괴온도 산정식을 이하와 같이 정의하고 있다. 이 산정식에 따른 붕괴온도와 가구골조의 열응력 탄소성해석에 따른 붕괴온도(정산식)을 비교하여, 대체로 양호한 일치를 보이고 있다. 또한 스팬수에 따른 변화[5], 입체 트러스에 따른 검증[6]도 추가하여 각 식의 신뢰성을 증가시키고 있다.

- 인장력을 받은 부재의 붕괴온도 산정식

$$T_{cr} = 100 + 250 \times \left(1 - \frac{\sigma}{a}\right) \qquad (5.4.3.10) \text{ 식}$$

T_{cr} : 붕괴온도(℃)

σ : 잔존 응력도(N/mm^2)

a : (상온시의) F값 또는 Fw값 (N/mm^2)

- 전체 좌굴인 경우의 붕괴온도 산정식

$$T_{cr} = 100 + 250 \times \left(1 - \frac{b\sigma}{(c-\lambda)\times 10^2}\right) \qquad (5.4.3.11) \text{ 식}$$

T_{cr} : 붕괴온도(℃)

σ : 잔존 응력도(N/mm^2)

λ : 부재의 세장비,

b,c : 계수 표 5.4.3.3 계수 b,c 참조

표 5.4.3.3 전체 좌굴인 경우의 계수 b,c의 값 (괄호는 용접부를 나타냄)

합금명	F값(N/mm^2)	λ'	λ≤λ'		λ>λ'	
			b	c	B	C
A5083-O, A5083-H112	110(110)	144	163(163)	204(204)	327(327)	263(263)
A5052-H112	110(65)	144	163(359)	204(265)	327(719)	263(343)
A5052-H34	175(65)	144	81(359)	161(265)	163(719)	209(343)
A5083-H32	210(110)	104	62(163)	147(204)	124(327)	191(263)
A6063-T5	110(50)	144	163(533)	204(302)	327(1070)	263(391)
A6063-T6	165(50)	117	89(533)	166(302)	178(1070)	215(391)
A6N01-T5	175(100)	114	81(188)	161(214)	163(377)	209(276)
A6N01-T6	210(100)	104	62(188)	147(214)	124(377)	191(276)
A6061-T6	210(110)	104	62(163)	147(204)	124(327)	191(263)
KA6082-T6	240(110)	97	51(163)	138(204)	101(327)	178(263)

- 국부 좌굴인 경우의 붕괴온도 산정식

$$T_{cr} = 100 + 250 \times \left(1 - \frac{\sigma}{d}\right) \qquad (5.4.3.12) \text{ 식}$$

T_{cr} : 붕괴온도(℃)

σ : 잔존 응력도(N/mm^2)(단, σ〉d인 경우는 σ=d로 한다)

d : 상온시 국부 좌굴후의 잔여내력

F값 (Fw값)×$p_{\max}p_{\max}$: 국부 좌굴에 기인하는 내력저하 계수로, 표 5.4.3.4 에 나타낸 값(「강구조 내화설계지침」 일본건축학회 2001년)과 같은 수치)

표 5.4.3.4 $p_{\max}$ 값

단면형상	$P_{\max}$
정방형 박스형	B/t〉28일 경우: $20.7\times\dfrac{t}{B}$ B/t≦일 경우: $0.552+3.88\times\dfrac{t}{B}+\left(\dfrac{5.56}{B/t-3}\right)^2$
H형 (강축)	Bf/tf〉10일 경우: $(15.6a_f+7.09a_w)\times\dfrac{t_f}{B_f}$ Bf/tf≦10일 경우: $A_f+5.58a_f\times\dfrac{t_f}{B_f}+\left\{0.604+\left(\dfrac{2.83}{B_f/t_f-1.08}\right)^2\right\}\times a_w$
H형 (약축)	Bf/tf〉10일 경우: $(14.2a_f+6.77a_w)\times\dfrac{t_f}{B_f}$ Bf/tf≦10일 경우: $1.21\left\{1.21+\left(\dfrac{4.00}{B_f/t_f-1.08}\right)^2\right\}\times a_f+6.77a_w\times\dfrac{t_f}{B_f}$
중공원통	D/tc〉38.7일 경우: $\dfrac{35.6}{D/t_c+10.6}$ D/tc≦38.7일 경우: $0.72+0.89\theta_0$ 단, θ_0은 $\cos\theta_0=1.67-\left(\dfrac{35.9}{D/t_c+5.28}\right)^2$ 을 만족하는 0 이상 π 미만의 각도

[주] B_f/t_f: H형 단면 플랜지판 반폭 분의 폭 두께비, B/t: 정방형 상자형 단면의 폭 두께비, D/t_c: 중공원형 단면의 지름 두께비

$P_{\max}$〉1인 경우, $P_{\max}$=1로 하며, $a_f=A_f/A$, $a_w=A_w/A$, 여기서 A_f, A_w, A는 각각 H형 단면주 플랜지, 웨브 및 전체의 단면적으로 한다. 단, 각 폭 두께비의 범위는 내진설계 상의 규정치[1]와 동일하게 한다.

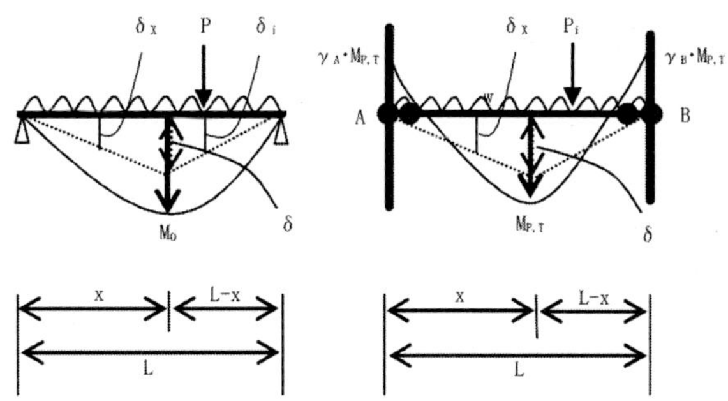

(a) (b)

• 휨 모멘트만을 받는 부재의 붕괴온도 산정식

$$T_{cr} = 100 + 250 \times \left(1 - \frac{M}{M_{P,RT}}\right) \qquad (5.4.3.13) \text{ 식}$$

$M_{P,RT}$: 상온시에 있어서 전소성 모멘트

M : 부재에 발생하는 휨 모멘트에서 부재 양단조건을 포함한 아래 식

$$M = M_0 \frac{\frac{1}{x} + \frac{1}{L-x}}{\left(\frac{1}{x} + \frac{1}{L-x}\right) + \frac{\gamma_A}{x} + \frac{\gamma_B}{L-x}} \qquad (5.4.3.14) \text{ 식}$$

γ_A, γ_B: 양단 고정도(고정:1, 핀:0), M_0: 단순 보에서의 휨 모멘트, L: 부재 길이,

x: 단순 보에서의 휨 모멘트 최대점까지의 거리 (위 그림)

• 휨과 축력을 받는 부재의 붕괴온도 산정식

$$T_{cr} = 100 + 250 \times \left(1 - \frac{M}{M_{P,RT}} - f\right) \qquad (5.4.3.15) \text{ 식}$$

M, $M_{P,RT}$는 3-3-1과 동일, f는 압축과 휨의 경우는

$$\begin{cases} T_{cr} = 100 + 250\left(1 - \frac{M}{M_{RT}} - \frac{b\sigma}{c-\lambda}\right) \cdots \text{ 장주좌굴} \\ T_{cr} = 100 + 250\left(1 - \frac{M}{M_{RT}} - \frac{\sigma}{d}\right) \cdots\cdots \text{ 국부좌굴} \end{cases} \qquad (5.4.3.16) \text{ 식}$$

인장과 휨의 경우는 다음과 같다. $T_{cr} = 100 + 250\left(1 - \frac{M}{M_{RT}} - \frac{\sigma}{a}\right) \cdots$ 인장

(5.4.3.17) 식

(3) 접합부 실험 보 접합부 (문헌7)~ 문헌10))

• 실험 개요

보 접합부는 새로운 접합형식으로서 웨브휨이음의 연구보고가 있다. 문헌7), 8)에서는 H형 단면의 싱글 웨브(이하: SW) 및 더블 웨브(DW) 단면을 이용한 웨브휨이음에 의한 고온시 휨 내력을 확인하고 있다. 또한 문헌9)에서는 웨브휨이음에 있어서 휨 전달기구가 지렛대 작용에 의한 것을 명확히 하고 있으며, 문헌 10)에서는 웨브휨이음에 있어서 고온시 휨 내력에 관한 수치해석을 실시하고 지렛대작용에 의한 전달비율을 확인하고 있다.

• 실험방법 (문헌7), 8))

문헌7), 8)에서는 그림 5.4.3.3에 나타낸 시험체(A6063S-T5)를 사용하였으며, 상온, 100℃, 20

0℃, 250℃, 300℃ 및 350℃로 6온도에 대하여 휨 내력 실험을 실시하고 있다(DW형은 상온, 200℃ 및 300℃). 실험은 리하이기구부착 휨 실험설비에 실험체와 전기로를 설치하고 온도가 안정된 상태에서 자키로 재하하고 있다. 웨브휨이음의 휨 변형성능에 영향을 미치는 요인으로서 모재의 단면형상, 볼트 배열, 이음판의 길이 및 온도를 들 수 있다(그림 5.4.3.4). 또한 마찰접합은 용융아연도금 고력볼트 F8T · M16을 이용하고 있다.

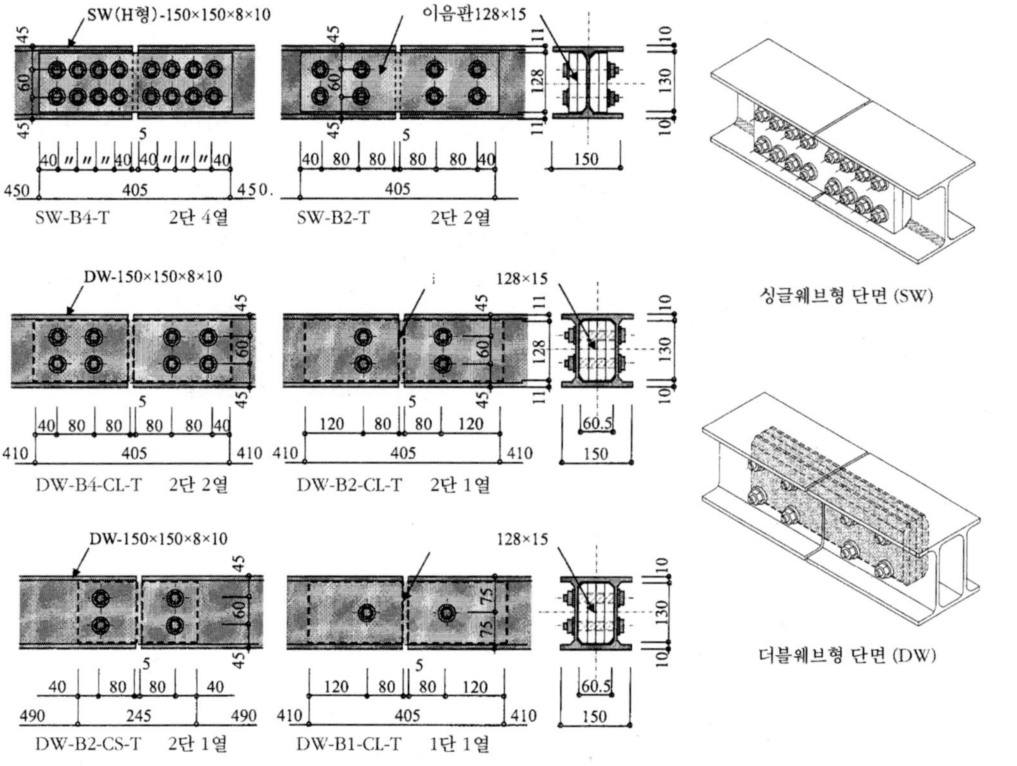

그림 5.4.3.3 알루미늄 합금 보 웨브 휨이음에 관한 실험조건

• 실험결과 (문헌7), 8))

문헌7)의 실험결과를 그림 5.4.3.4에 나타낸다. H형 단면보에서는 상온~250℃까지는 이음없는 최대 휨 내력의 70%였지만, 300℃ · 350℃에서는 이음없는 것과 동등한 최대 휨 내력을 확보하였다. 내력 저하에 관한 요인의 하나로서, 웨브하단 볼트 공결손부의 지압에 따른 선단빠짐파단이 발생하고, 웨브두께 부족인 것으로 판명했다.

반면, 문헌8)의 실험결과를 그림 5.4.3.5에 나타낸다. DW 단면 보에서는 이음판 길이 245mm인 것을 제외하고, 온도에 의존하지 않고 이음없음과 동등한 최대 휨 내력을 가졌다. 이음판 길이

245mm인 것은 이음없음의 최대 휨 내력의 70%정도였고, 이음판의 길이가 최대 휨 내력에 큰 영향을 미친다. 또한 볼트배열을 영향요인으로서 고려하였지만, 볼트 배열 1단1열과 2단2열에서는 동등한 최대휨내력을 가지고 있었으며, 볼트배열에 따른 차이는 작았다.

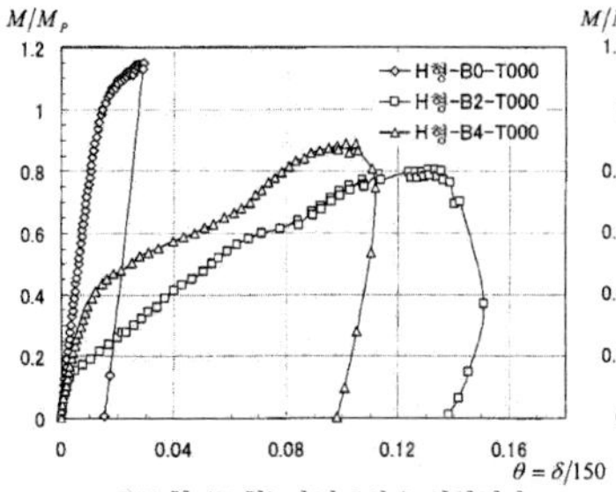

SW 형 (H 형) 단면보상온 실험결과

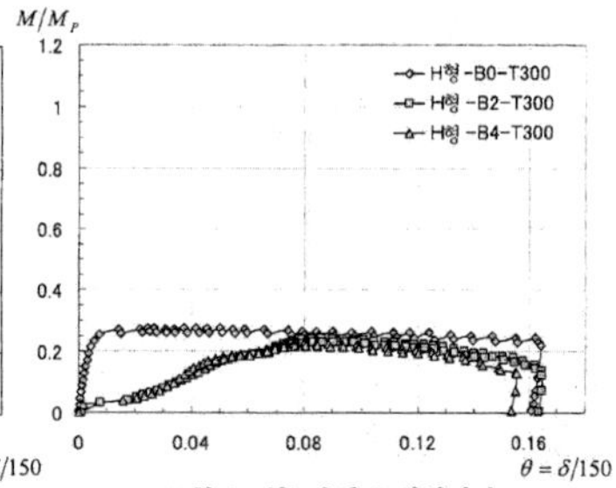

SW 형 (H 형) 단면보 실험결과

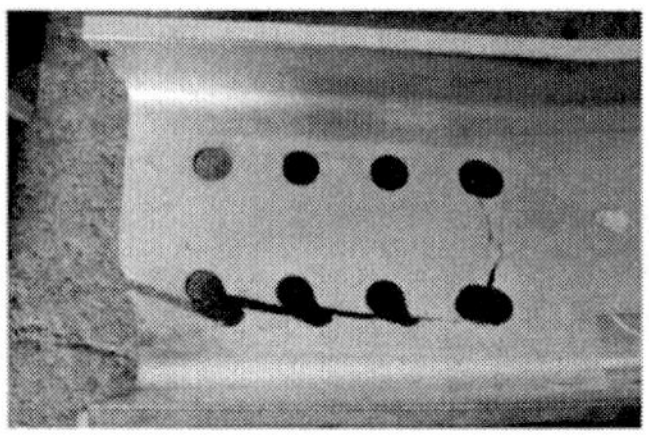

SW 형 (H 형) 단면보 2단 4열 100℃

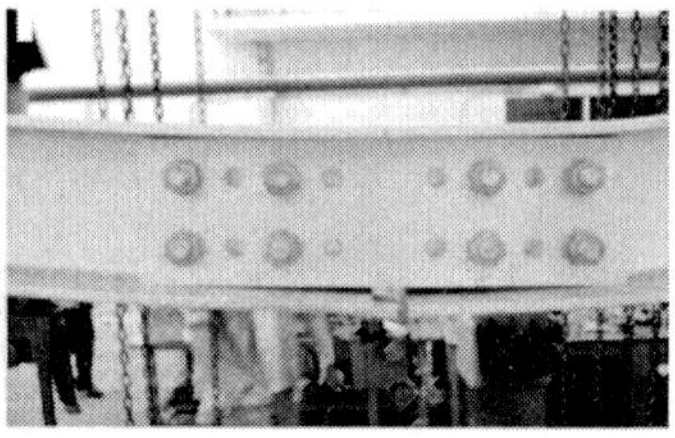

SW 형 (H 형) 단면보 2단 2열 상온

그림 5.4.3.4 H형 단면 보의 실험결과와 실험 후의 상태

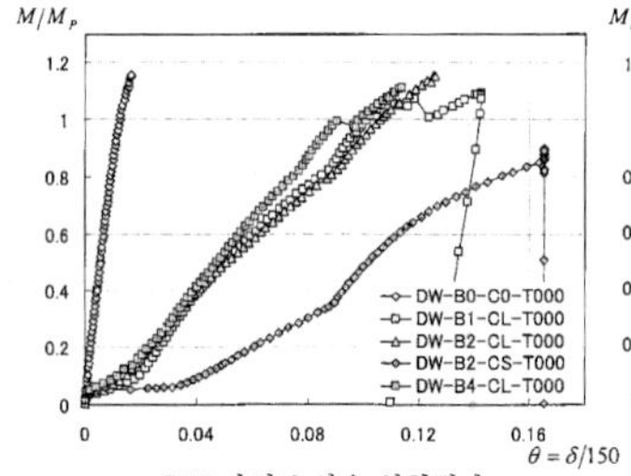

DW 단면보 상온 실험결과

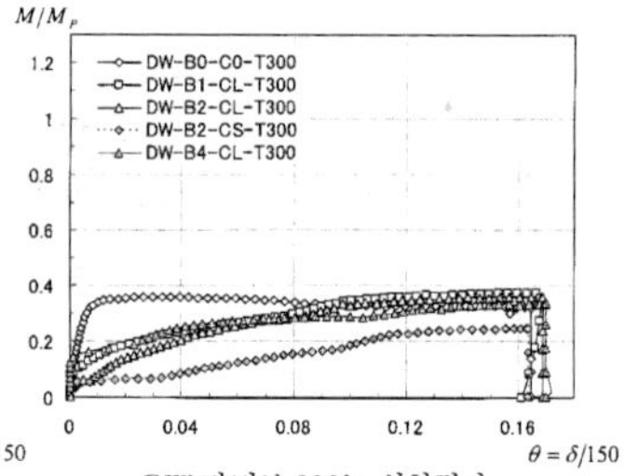

DW 단면보 300℃ 실험결과

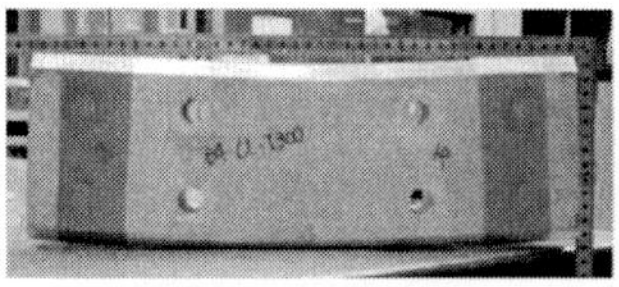

DW 단면보 2단 2열 300℃

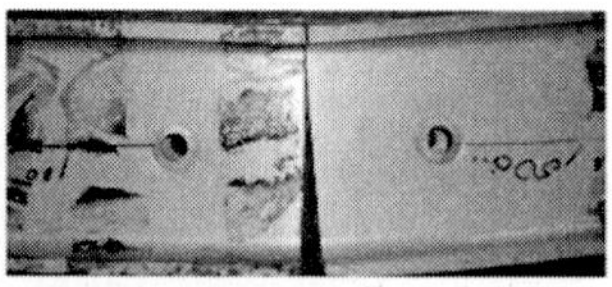

DW 단면보 2단 1열 300℃

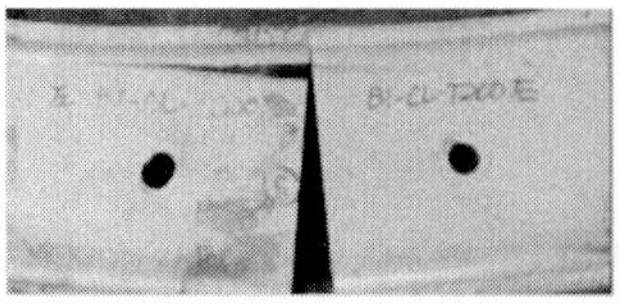

DW 단면보 1단 1열 200℃

DW 단면보 1단 1열 200℃

그림 5.4.3.5 DW 단면 보의 실험결과와 실험 후의 상태

• 수치해석 등 결과 (문헌9), 10)

실험결과로부터 본 연구에서는 마찰에 의한 휨 전달을 기대하지 않고, 볼트에 따른 웨브에서의 지압에 더해 이음판과 보 플랜지 간의 충돌로 인한 지렛대 작용의 영향을 검토하고 있다(그림 5.4.3.6). 이때의 모델을 그림 5.4.3.7에 나타낸다. 실험결과로부터 웨브휨이음의 최대 휨 내력에 대하여 이음판과 플랜지 간에 있어서 지렛대 작용의 부담비율을 대략적으로 정량적으로 평가한 결과, 60~90%로 높은 부담비율인 것을 보고하고 있다(그림 5.4.3.8).

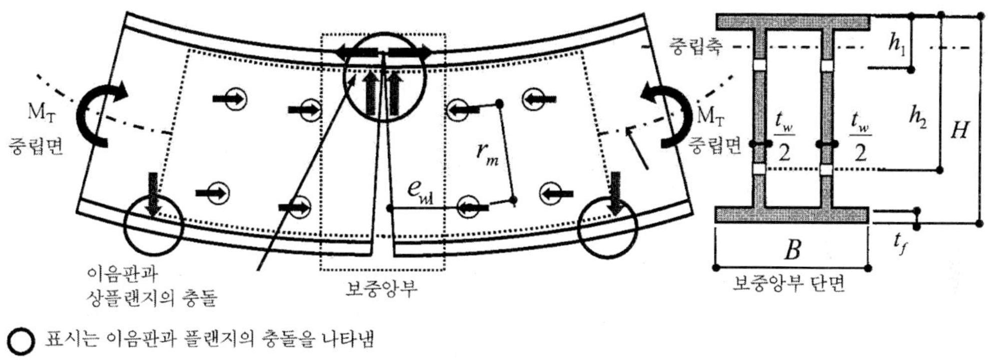

그림 5.4.3.6 이음부에 있어서 지렛대 반력 · 지압력의 발생 장소

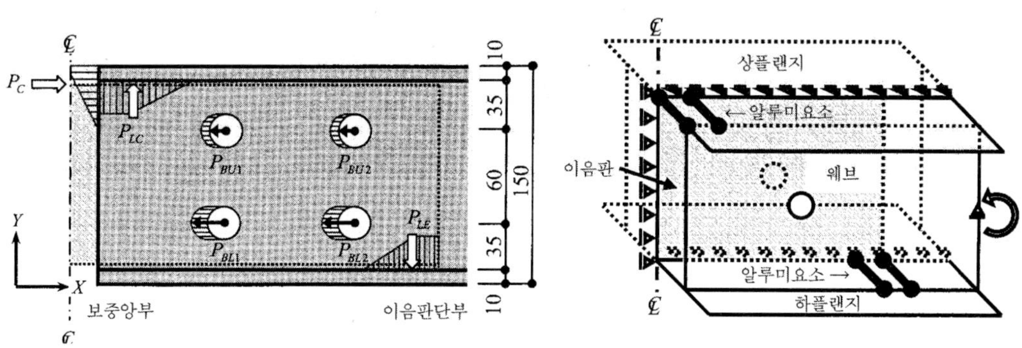

그림 5.4.3.7 웨브휨이음부의 전달 모델(좌), 동해석 모델(우)

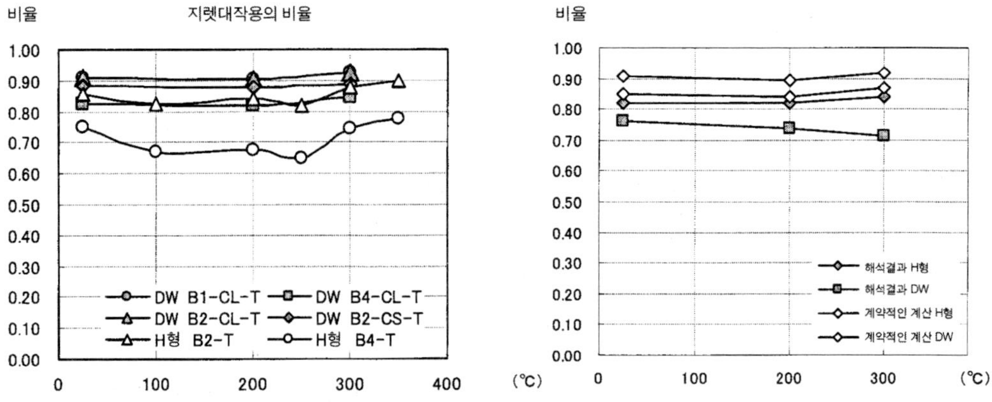

실험결과로부터 개략적으로 정량화한 지렛대 작용의 비율　　　해석으로 정량화한 지렛대 작용의 비율

그림 5.4.3.8 계산한 지렛대 작용의 비율

또한, 유한요소해석 프로그램을 작성하여 지렛대 작용의 부담비율에 대하여 해석을 실시한 결과, 실험결과로부터 부담비율을 정량화한 것과의 차이는 적고, 지렛대 작용에의한 부담률이 70~90%인 것을 알 수 있었다(그림 5.4.3.8). 즉, 알루미늄 합금 보의 웨브휨이음에 대한 휨 모멘트의 전달은, 지렛대작용, 지압 및 마찰로 결론지었고, 지렛대 작용에 의한 휨 모멘트의 전달은 최대 휨 내력의 60~90%인 것을 명확하게 제시하였다.

(4) 비등 수냉식에 의한 알루미늄 합금 기둥 · 보 부재의 제안 및 내화성능에 관한 연구 (문헌 11), 12))

기둥 · 보 부재의 내부에 물을 충전하고 증기가 빠질 수 있도록 감압밸브를 설치한다. 화재시에는 내부 물의 대류 및 증발잠열에 의해 100℃의 정체시간을 길게 하는 것으로서 부재의 보유내화시간을 길게 하는 효과를 고려한 실험적 연구.

- 실험조건

물 충전이 가능한 폐단면의 횡보강재를 배치한 시험체(기둥 200□, 보 B200×H250)를 사용하고, 표준가열로 1시간의 실험을 실시한다. 측정은 로내의 온도 및 시험체 표면 온도를 측정하였다. 각 시험 사진을 그림 5.4.3.10에 나타낸다.

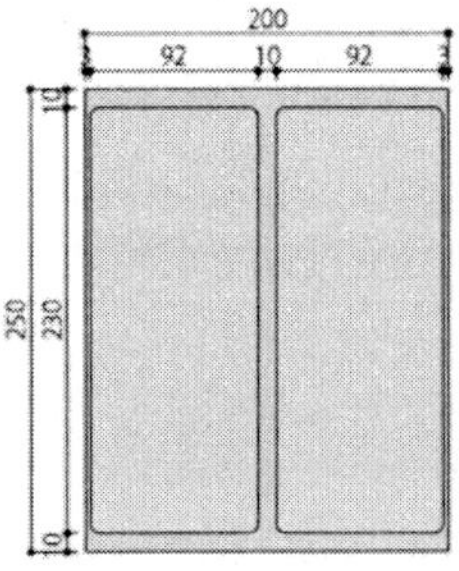

Fig.1 보부재단면

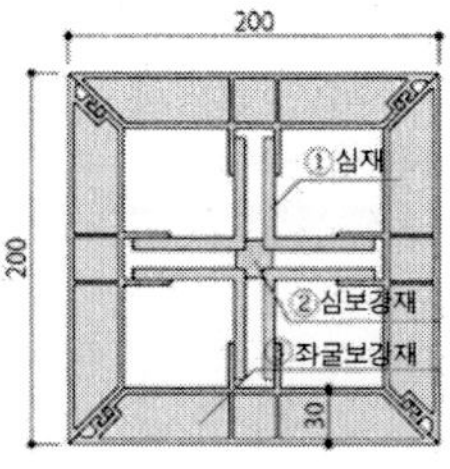

Fig.2 기둥부재단면

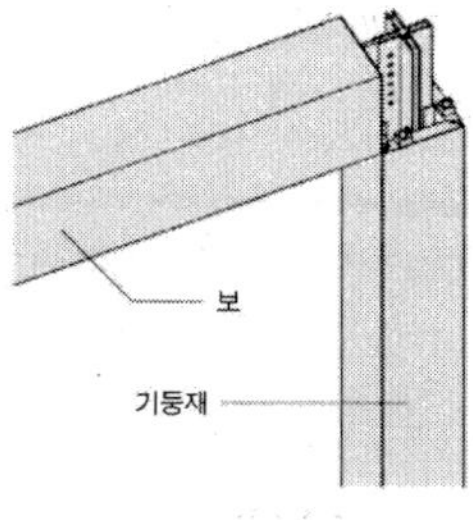

Fig.3 접합방법

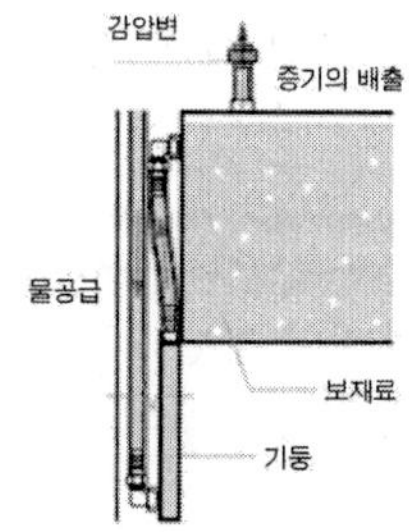

Fig.4 화재시의 물의 유입

그림 5.4.3.9 부재단면(Fig.1~Fig.4)

Pic.1 보재료 시험방법

Pic.2 기둥재료 시험방법

그림 5.4.3.10 시험체 사진(Pic.1, 2)

• 시험결과

시험결과는 다음과 같다. 100℃의 정체구역이 현저하게 나타난다. 이 외에도 열유속과 과열도의 관계도 분석하고, 열전달식을 산정하고 있다. 내부 수량의 조정이나 감압밸브의 조정에 의해 필요한 내화성능을 부가시킬 수 있다.

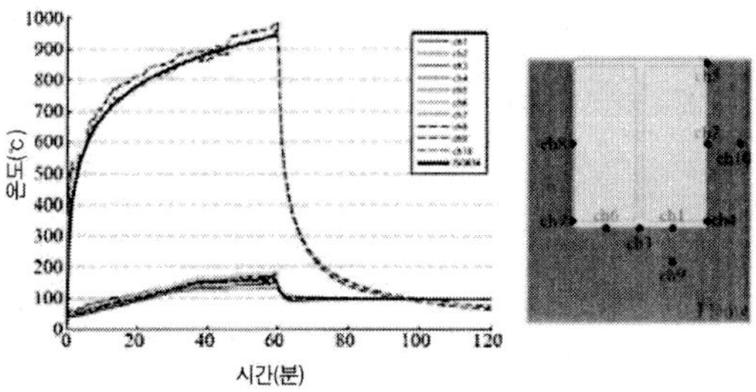

Fig.5 보재료 가열시험 결과 및 열전대위치

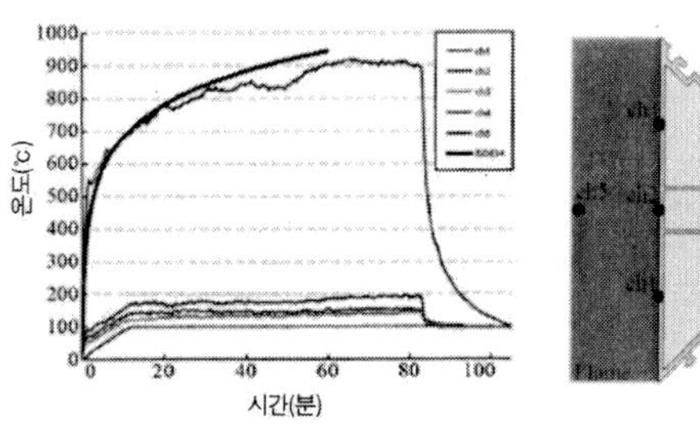

Fig.6 기둥재 가열시험결과 및 열전대위치(부재중앙)

그림 5.4.3.11 각 부재의 시험결과(Fig.5, 6)

(5) 알루미늄 합금 구조부재의 내화피복에 관한 실험적 연구 (문헌 13), 14))

알루미늄 합금 부재에 다양한 내화피복을 하고 벽로에서 1시간 가열을 실시한 실험.

• 실험조건

7가지의 시험체로 각 1회 1시간의 가열시험. 시험체 1은 중공의 더블스킨 압출형재(그림 5.4.3.12 형상1), 시험체 2는 각 파이프를 묶은 부재(그림 5.4.3.13 형상2)로서, 시험체 1과 2는 무피복으로 가열시험을 실시했다. 시험체 3과 4는 외부 피복형으로, 3은 규산 칼슘판(철골조 1시간 내화 기둥용), 4는 저온발포형인 내화도료를 도표한 시험체. 시험체 5, 6, 7은 표면 피복은 하지 않고 내부충전만을 한 시험체로, 5는 옥상녹화 등에 사용되는 보수세라믹스를 분쇄하여 채운 것, 6은 시판으로 구입한 가루 석고를 물과 석고의 비율로 60%의 수량으로 혼합하여 채운 것, 7은 식용 매시드 포테이토 파우더에 표준사용량의 2배 많이 물에 녹여 채운 것이다. 시험체 3, 4, 5, 6, 7은 모두 형상 1과 같이 벽식의 로에서 1시간 표준가열을 실시하였다.

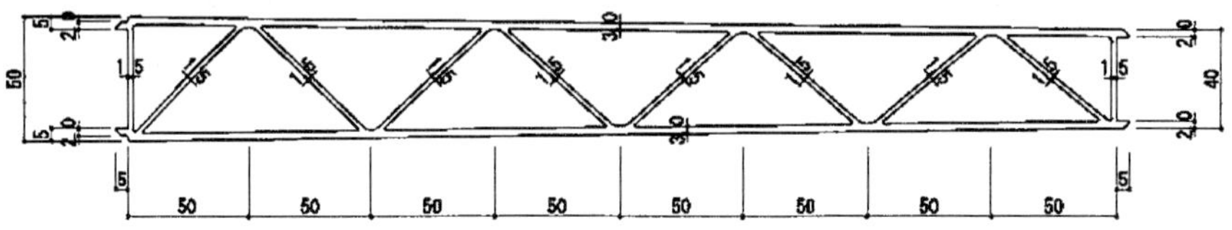

그림 5.4.3.12 시험체 1(형상 1)

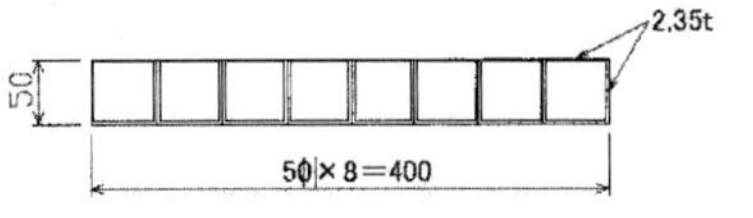

그림 5.4.3.13 시험체 2(형상 2)

그림 5.4.3.14 시험체 사진 (좌: 시험체1, 우: 시험체 2)

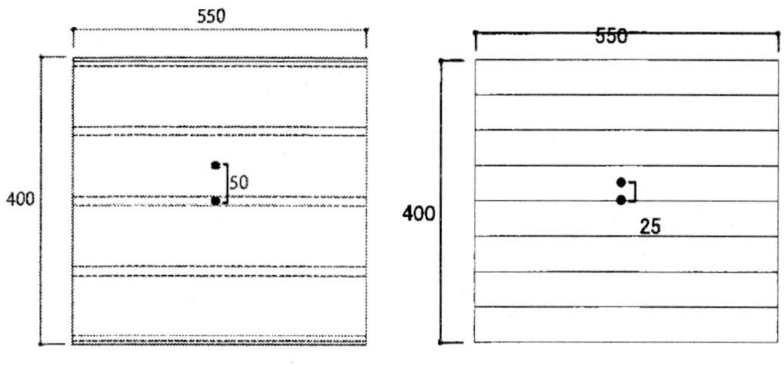

그림 5.4.3.15 열전대 위치(좌: 시험체1, 우: 시험체 2)

표 5.4.3.5 시험체 일람

시험체 번호		형상	피복, 충전재	표면	보수 후 중량g	보수 중량 g
1	AE-1-NT	1	없음	통상	-	-
2	AE-2-NT	2	없음	광택	-	-
3	AE-3-CS	1	규산 칼슘판	피복	-	-
4	AE-4-RP	1	저온발포 내화도료	피복	-	-
5	AE-5-PC	1	보수 세라믹스	통상	9334	2050
6	AE-6-MT	1	석고	통상	16782	4570
7	AE-7-MP	1	매시드 포테이토	통상	13471	7425

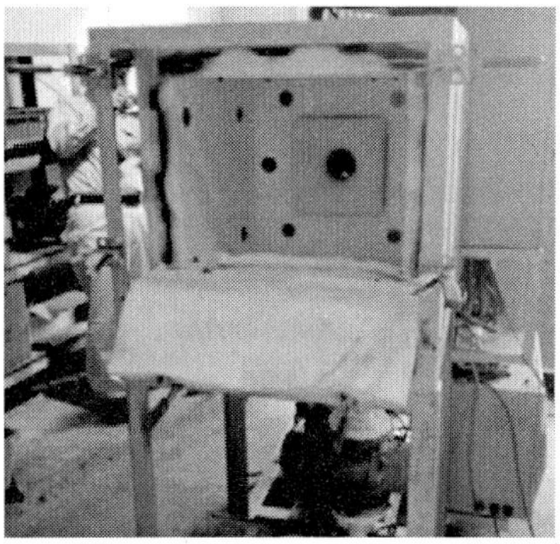

그림 5.4.3.16 시험사진

• 시험결과

시험 전후의 시험체 사진을 그림 5.4.3.17~5.4.3.25에 나타낸다.

그림 5.4.3.17 시험체 자체(시험체 1)
시험결과(가열면)

그림 5.4.3.18 시험체 자체(시험체 2)
시험결과(가열면)

그림 5.4.3.19 규산 칼슘판 피복(시험체 3)
시험결과

그림 5.4.3.20 내화도료(시험체 4) 시험결과
(발포층은 모두 부착잔존. 시험후에 중앙부 절삭)

그림 5.4.3.21 보수 세라믹스(시험체 5)
실험 전 충전상황

그림 5.4.3.22 보수 세라믹스(시험체 5)
실험상황

그림 5.4.3.23 석고 충전(시험체 6) 실험상황
(증기가 나오지만 내용물 분출 없음)

그림 5.4.3.24 석고 충전(시험체 6)
실험 후 단면상황

그림 5.4.3.25 매시드 포테이토
(시험체 7) 실험 후 단면상황

각 시험결과 개요를 표 5.4.3.6에, 시험체자체 · 외부 피복형 부재 · 내부 충전형 부재의 온도시간관계를 그림 5.4.3.26~5.4.3.28에 나타낸다.

표 5.4.3.6 시험결과 개요

종별	No.	특징	시험결과 개요		고찰
			최고온도	외관 등	
시험체 자체	1	△형 일체	39분 후 형재 용융의 징조. 43분 후에 가열면은 750℃부근에 도달하고 시험완료.	일부 융해 장소 있음	-
	2	ㅁ형 연결	가열면 60분 후 610℃, 67분 후에 형재 용융의 징조, 68분 후 700℃정도로 시험 종료	융해 장소 없음	-
외부 피복	3	규산 칼슘판	가열면 63분 후 최고 356℃, 뒷면 65분 후 최고 316℃	몇 군데 금 박리 등 없음	규산칼슘판에서는 30분 후 뒷면 온도 154℃이고, 30분의 내화벽 성능은 있음
	4	도료	가열면 60분 후 최고 605℃, 뒷면 61분 후 최고 523℃	미발포 없음	도료는 30분 후 뒷면 온도 342℃지만 발포 온도의 조절을 행할 여지가 있음
내부 충전	5	보수 세라믹스	가열면 60분 후 최고 484℃, 뒷면 61분 후 최고 348℃	충전재 분출없음	보수세라믹스는 45분 후 뒷면 온도 210℃이고, 45분도 충분히 가능함
	6	석고	가열면 60분 후 최고 258℃, 뒷면 61분 후 최고 133℃	충전재 분출없음	석고는 60분 후 표면온도 133℃로 현 시방에서도 60분에 충분히 가능함
	7	매시드 포테이토	가열면 60분 후 최고 371℃, 뒷면 61분 후 최고 212℃	충전재 분출있음	매시드 포테이토는 60분 후 뒷면 212℃로 충전재 분출을 제외하면 60분 충분히 가능함

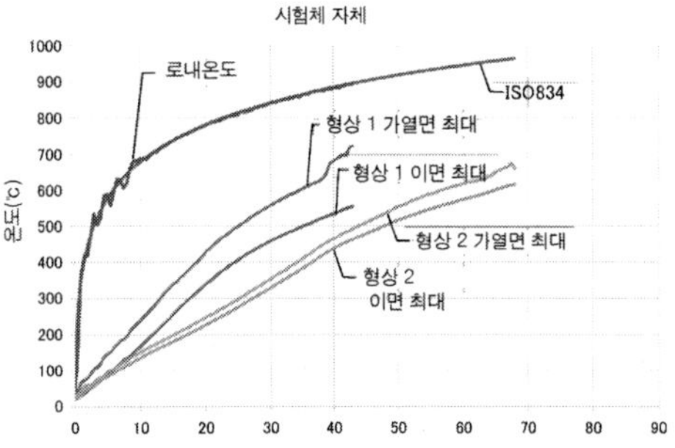

그림 5.4.3.26 시험체 부재의 시험결과

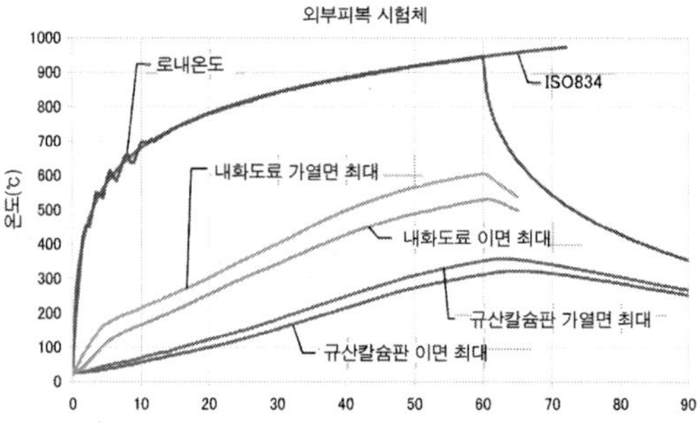

그림 5.4.3.27 외부피복 부재의 시험결과

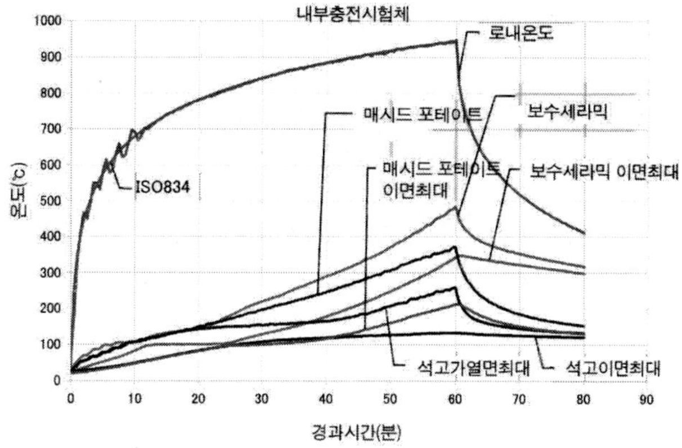

그림 5.4.3.28 내부충전 부재의 시험결과

각 가열시험을 실시한 결과는 다음과 같다.

- 표면의 복사율은 온도상승의 크고 작음에 영향을 미친다.
- 저온발포성 내화도료는 1시간 후에도 박리 없는 성능이 확인되었지만, 향후 단열성능의 확보가 중요하다.
- 내부충전형 피복은 매우 높은 내화성능을 발휘할 수 있는 것이 확인되었다. 1시간 내화벽에 필요한 시험시의 용융 등의 외견과 뒷면 온도차 160℃ 이하로 본다면, 석고는 본 실험 시방에서 이미 1시간 내화벽의 성능이 있는 것으로 예상할 수 있다. 매시드 포테이토에 대해서는 내부 충전재의 분출, 보수 세라믹스에 대해서는 보수량, 각각 조정에 의해 1시간 내화벽도 충분히 가능성이 있다. 특히 내부충전형 피복은 성능이 높은 것으로 나타났지만, 그 온도제어의 효과는 소재의 수분 저유량과 증발(탈수)에 의한 반응열에 의존한다. 향후 한층 더 실험이나 열전도 해석 등을 실시하여 새로운 피복의 실현을 기대할 수 있다.

(6) 표준화재를 받은 내화충전형 알루미늄 합금벽의 단열성능(문헌15), 16))

전술의 알루미늄 합금 부재의 벽식로에 의한 가열실험 중, 내부충전형 부재에 대해서 수량을 변화시켜 온도측정 부위도 증가시켜 가열실험을 실시함

- 실험조건

그림 5.4.3.29에 나타낸 시험체 형상으로 표 5.4.3.7에 나타낸 합계 12시험체의 1시간 가열시험을 실시하였다. 시험체 형상은 중공의 더블스킨 압출형재(전술의 그림 5.4.3.12와 같은 형상1)을 사용하고, 시판으로 구입한 식용 매시드 포테이토 파우더를 물에 풀어 채운 것, 석고가루를 물에

혼합하여 채운 것, 옥상녹화 등에 사용되는 보수 세라믹스를 분쇄하여 채운 것등 3종류로 실시하였다. 각각 수분량을 2종류 준비하여, N수를 2로 하고 있다. 가열방법으로는 그림 5.4.3.32에 나타낸 바와 같이 4시험체를 동시가열하여 1시간 가열시험을 실시하였다.

표 5.4.3.7 시험체 일람

No		물/분말 중량비	시험체	알루미늄 중량g	충전 후 중량g	종료 후 중량g
1	매시드 포테이토	400	2	3432	9108	6121
		600	2	3803	9801	6568
2	석고	60	2	3703	13173	10050
		80	2	3581	12451	8970
3	보수 세라믹스	분말만	2	3855	7785	※3
		분말+쇄립	2	3629	7351	※3

※1: 중량은 각 시험체 2체 중 가열로 중앙부터의 시험체를 기입함.

※2: 매시드 포테이토의 종료 후 중량에는 분출한 부분도 포함.

※3: 보수 세라믹스는 1시간 전에 가열 측 알루미늄이 용융하기 때문에 계측하지 않음.

그림 5.4.3.29 시험체 사진

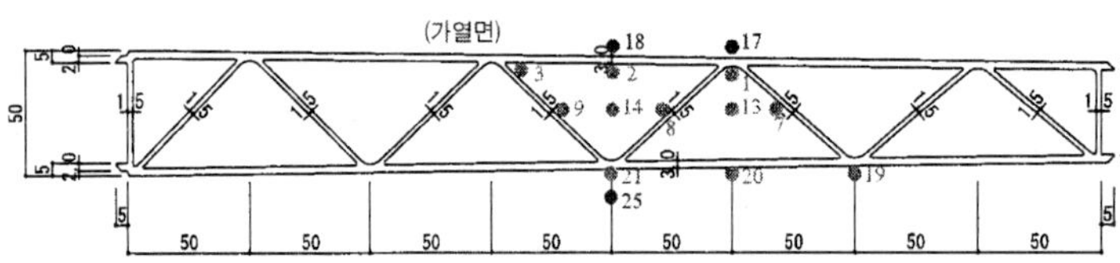

그림 5.4.3.30 시험체 형상과 열전대 위치

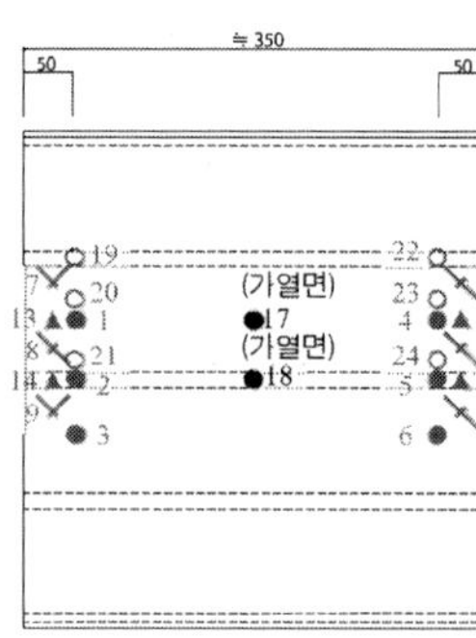

그림 5.4.3.31 열전대 위치 (○가열면 ●뒷면 ×중간부분을 나타냄)

그림 5.4.3.32 시험로(좌) 시험체 설치(우)

• 시험 결과

시험 전후의 사진을 그림 5.4.3.33~5.4.3.35에 나타낸다.

그림 5.4.3.33 매시드 포테이토 충전(좌: 가열면, 우상: 측면가열 전, 우하: 측면가열 후)

그림 5.4.3.34 석고충전 (좌: 가열면, 우: 측면가열 후)

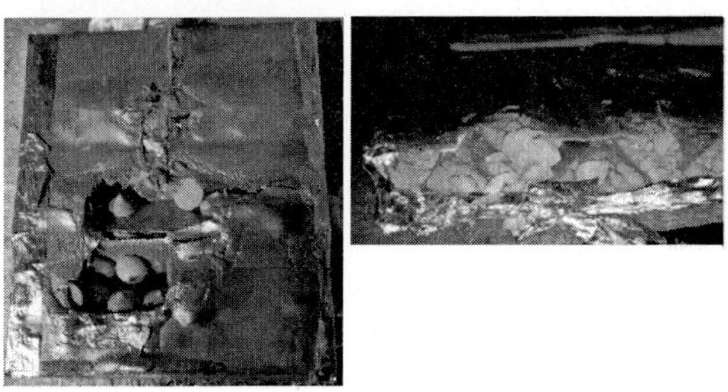

그림 5.4.3.35 보수세라믹스의 충전
(좌: 가열면, 우: 측면가열 후)

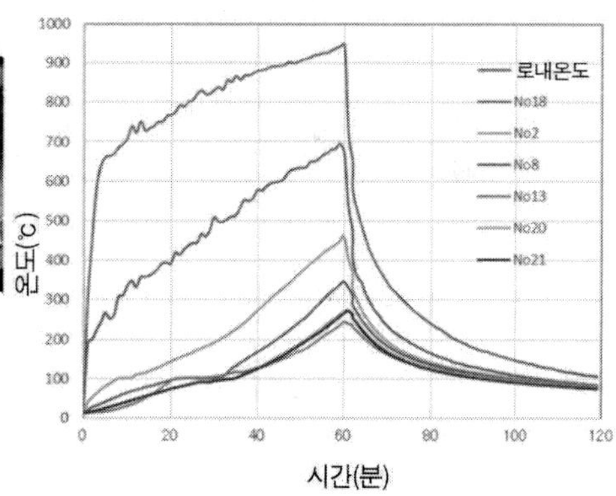

그림 5.4.3.36 매시드 포테이트 충전 시험체
온도–시간관계

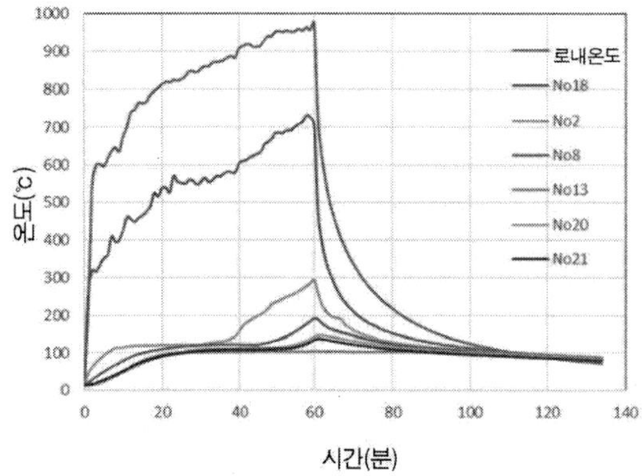

그림 5.4.3.37 석고충전 시험체 온도–시간관계

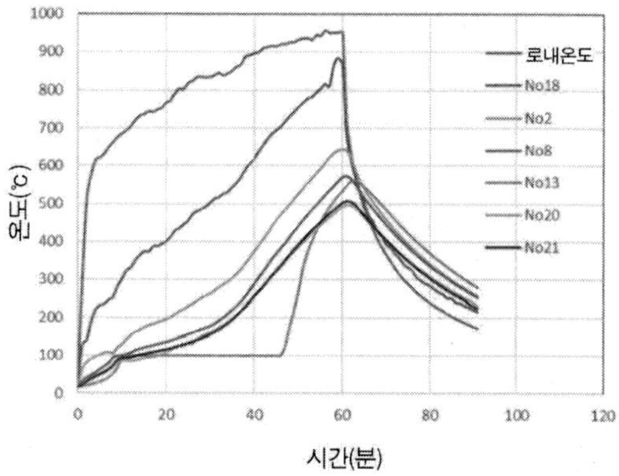

그림 5.4.3.38 보수 세라믹스 충전시험체 온도–시간관계

각 시험결과를 그림 5.4.3.36~5.4.3.38에 나타낸다. 열전대 위치는 그림 5.4.3.31에 나타낸 열전대 번호의 18, 2, 8, 13, 20, 21의 순으로 그래프화를 실시했다. 매시드 포테이토 충전에서는 1시간 후에 270℃ 정도의 뒷면온도, 석고 충전에서는 1시간 후에 150℃ 정도의 뒷면온도, 보수 세라믹스에서는 59분후에 가열면이 용융했지만 뒷면 최고온도는 500℃정도였다. 100℃ 전후의 증발잠열을 빼앗는 구간은 각 시험체에서 보이지 않았지만, 가장 내부수량이 많은 매시드 포테이트보다 석고의 구간길이가 길고, 단순하게 수량의 크고 작음이 아닌, 내부충전재와 금속과의 접착면에서 열을 흡수하는 메카니즘이 중요할 것으로 판단된다.

인용 · 참고문헌

1) 鈴木淳一，アルミニウム合金構造の耐火性能評価－部材の耐火性能とその信頼度－，東京理科大修士論文，2012.3
2) 鈴木信之，原田和典　ほか：「アルミニウム合金を用いた建築構造に関する研究（その 58）アルミニウム合金材の耐火試験（はりの載荷加熱試験）」，日本建築学会大会学術講演梗概集，pp.49-50，2001
3) 鈴木淳一，若松孝旺　ほか：「アルミニウム合金を用いた建築構造に関する研究（その 59）　アルミニウム合金材の耐火試験（部材の簡易温度上昇算定式）」，日本建築学会大会学術講演梗概集，pp.51-52，2001
4) 染谷朝幸，森田武，飯嶋俊比古，大内富夫，上杉英樹，「アルミニウム合金構造架構の火災時構造安定性（崩壊温度による検証方法）」，構造工学論文集 Vol.47B，2001.3
5) 染谷朝幸，森田武，飯嶋俊比古，大内富夫，上杉英樹，「アルミニウム合金構造架構の火災時構造安定性（その２：多スパン火災の場合の崩壊温度による検証）」，日本建築学会大会オーガイナイズドセッション，2002.8
6) 染谷朝幸，森田武，飯嶋俊比古，大内富夫，上杉英樹，「アルミニウム合金構造架構の火災時構造安定性（その３：立体トラス構造での崩壊温度による検証）」，日本建築学会大会オーガイナイズドセッション，2003.8
7) 平山実枝子，石井久史，平島岳夫，上杉英樹，「アルミニウム合金Ｈ形断面梁のアルミニウムＨ 形断面梁のウェブ曲げ継手に関する火災時曲げ耐力実験」，構造工学論文集，Vol.52B，pp.401-pp408，2006.4
8) 石井久史，平島岳夫，上杉英樹，「アルミニウム合金Ｈ形ダブルウェブ断面梁のウェブ曲げ継手に関する火災時曲げ耐力実験」，構造工学論文集，Vol.53B，pp.197-pp206，2007.4
9) 石井久史，平島岳夫，上杉英樹，「アルミニウム合金梁ウェブ曲げ継手の火災時耐力に関するてこ作用の影響」，日本建築学会技術報告集，第 28 号，pp.477-pp482，2008.6
10) 石井久史，「アルミニウム合金梁ウェブ曲げ継手の火災時耐力に関する研究」，千葉大学博士論文，2008.9
11) 御所園武,山田俊亮,新谷眞人,沸騰水冷式アルミニウム合金柱・梁部材の提案および耐火性能評価に関する研究，日本建築学会大会学術講演梗概集，2014.9
12) 新谷眞人,下田亮太,水冷式耐火構造のアルミニウム合金構造への適用に関する研究，日本建築学会大会学術講演梗概集，2011.9
13) 染谷朝幸,石井久史,大久保昌治,浦川和也,武蔵栄一,野中徹,小堀健,北岡山治,アルミニウム合金構造部材の耐火被覆に関する実験的研究，構造工学論文集，Vol.59B，pp.263-270，2013.3
14) 染谷朝幸,渡邉健太,平島岳夫,内部充填型アルミニウム合金壁の火災時における断熱性（その１　解析方法），日本建築学会大会学術講演梗概集，2014.9
15) 染谷朝幸,浦川和也,石井久史,大久保昌治,泉正史,標準加熱を受ける内部充填型アルミニウム合金壁の断熱性能（その１　実験概要），日本建築学会大会学術講演梗概集，2015.9
16) 渡邉健太,染谷朝幸,平島岳夫,標準加熱を受ける内部充填型アルミニウム合金壁の火災時における断熱性能（その２　伝熱解析に基づく検討），日本建築学会大会学術講演梗概集，2015.9

5.5 결언

알루미늄합금 구조에 있어서도 내화건축물이 필요한 경우가 있다. 내화건축물로 만들기 위해서는 재료의 고온시 특성과 부재로서의 고온시 특성을 파악하고 건축물로서 내화성을 만족하게 해야만 한다.

본 장에서는 건축뿐만 아니라 많은 용도로 사용되는 알루미늄 합금재료의 고온시 기계적 성질을 조사하였고, 부재의 고온시 특성에 대해서는 주요한 기존실험의 개요와 함께 최근 연구되고 있는 피복부재의 고온시 특성에 대해서도 개요를 정리하였다. 이러한 데이터를 종합적으로 나타내고 있는 책은 거의 없다.

본 장 서두에서는 현재의 내화설계법에 대해서도 기술하였다. 내화건축물로 만들기 위해서는, 건축기준법에서 가리키는 시방의 부재를 조합하는 방법(루트A)로 하거나, 본 서의 데이터 등을 이용하여 화재시에도 건축물이 붕괴하지 않는 것을 공학적으로 나타내는 방법(루트C) 중 어느 하나를 선택할 수 있다. 현재로는 루트A 부재가 지붕부재만 있는 점, 루트C에서는 검증이 번거롭고 복잡한 점 등으로 알루미늄 합금을 이용한 내화 건축물은 매우 적다.

루트C 검증방법의 정비도 물론 필요하지만, 루트B 베이스의 붕괴온도 설정방법도 연구되고 있기 때문에, 고시(루트B)의 제정은 알루미늄합금 구조를 이용한 건축물 보급에 절대적으로 필요할 것으로 사료된다.

또한, 내화성능을 확보한 루트A부재를 증대시킴으로서, 알루미늄합금 건축의 다양성을 늘리는 것이 급선무라 사료된다. 이 상황에서도 알루미늄 합금의 표면의 디자인성이나 내식성의 우수한 점에서 착안하여, 표면은 그대로의 상태로 부재내부에 열흡수 · 단열을 하는 재료를 충전하여 내화성능을 가진 부재에 관한 연구를 찾아볼 수 있다. 현재의 상황으로는 파악하기 어려우나 향후 내화성능을 확보한 부재는 알루미늄 합급에 그치지 않고 많은 가치가 양산될 가능성이 있다고 사료된다. 이러한 연구가 진행됨에 따라 알루미늄 합금을 이용한 더욱 풍부한 건축표현이 증대하기를 기대한다.

06

신재료

6.1 신재료의 내화 설계법

내화 건축물의 주요 구조부에 신재료를 채택하는 방법은 표6.1.1에 나타낸 것처럼 2가지가 있다. 첫째는 지정성능평가기관이 실시하는 내화 시험에 합격하여 내화구조로서 국토교통장관의 인정을 부재로서 취득하는 방법이다. 단, 비손상성이 요구되는 구조부재에 신재료를 사용하는 경우, 내화시험시의 재하하중이나 합격여부 판정의 근거가 되는 재료의 허용 응력도나 재료의 허용온도를 정할 필요가 있어, 이러한 결정에 상당한 시간이 소요된다.

두 번째는 건물 전체의 내화성능을 성능설계에 의해 검증하고, 개별건물마다 국토교통장관의 인정을 취득하는 방법으로, 실험 데이터 등에 근거하여 화재시의 안전성을 검증할 필요가 있다. 또한, 이 방법은 건물내 모든 실의 용도를 특정하여 화재의 지속시간을 추정하고, 부재의 보유내화시간이 이를 웃돌고 있음을 검증할 필요가 있다.

전술한 방법은 현행법에 적합한 것이다. 또한, 현재의 법 기준에 적합하지 않은 설계법이 있어도 기술의 발전이나 공학적 지식의 집적을 토대로 한 다음, 본회와 같은 학 협회가 설계법을 구축함으로서, 그것들을 법체계에 도입할 수도 있다.

표 6.1.1 내화건축물의 주요 구조부에 신재료, 신구법을 사용할 경우의 절차

구분	내용	
부재	• 지정 성능 평가 기관에서 업무방법서에 의거하여 부재 내화시험을 실시하여 내화구조로서 국토교통장관의 인정을 받는다. • 구조부재의 경우에는 내화시험에 앞서 허용응력도 또는 부재의 허용온도를 정할 필요가 있다.	
	부재종류	시험방법
	구조부재	재하가열시험 : 장기허용응력도를 가한 상태에서 가열하여 비손상성을 판정한다. 가열시험 : 부재의 허용온도를 판정한다.
	구획부재	가열시험 : 차염성, 차열성을 판정한다.
건물 전체	• 개별건물 별로 지정성능 평가 기관에서 심사를 받아 국토교통장관의 인정을 취득한다.	

내화 건축물은 화재종료후에도 도괴하지 않고 자립해야 하기 때문에 가연성의 재료를 구조부재로 이용하는 경우에는 일단 인화하여도, 화재종료후에는 연소정지되어 그 후에도 하중을 계속 유지하여야 한다. 연소정지되는 것을 해석에 의해 추정하는 것은 어렵기 때문에 실질적으로는 실험에 의해 연소정지되는 것을 확인하게 된다.

연소정지를 검증할 수 없는 경우에는 2층 존 모델에 의한 주변온도의 계산, 화염의 높이 계산, 플룸축상의 온도에 의한 화재성상 예측 결과 가 발생해도 재료는 착화온도에 도달하지 않고, 더나아가 인화온도에 이르지 않더라도 재료의 온도상승에 따른 강도저하에 의해 하중지지능력을 상실하지 않음을 검증할 필요가 있다. 가연성 재료를 구조부재에 이용하는 경우는 인화온도, 재료의 온도와 강도의 관계를 미리 실험이나 기존의 정보에 근거하여 파악해 두는 것이 중요하다.

또한, 신재료를 건축물에 이용하기 위해서는 내화성능 이외에도 품질, 구조, 내구성에 대하여 건축 기준법이 요구하는 성능에 적합하지 않으면 안된다. 일본 국토교통성은 신재료의 법적 취급에 관하여 현재 표6.1.2에 나타낸 운용을 실시하고 있으며 이미 실적도 있다.

표 6.1.2 신재료의 법적 처리 (http://www.mlit.go.jp/jutakukentiku/build/information/20031030a.pdf)

특수한 건축 재료를 사용하는 개별 건축물에 관계된다. 건축기준법 시행령 제36조 제2항 제3호 및 제4항의 국토교통장관 인정의 운용에 대하여 (2003년 10월 30일)
특수한 건축 재료를 사용하는 건축물에 관한 취급에 대해서, 종래의 원칙으로서 고시에 의한 일반화가 필요하단 원칙을 운용해 왔기 때문에 실적이 별로 없어 신재료를 사용한 건축물을 실현하기 위해서는 시간 · 어려움이 지나치다는 등의 지적이 있었다. 여기에서 개별의 건축물을 대상으로 건축기준법시행령 제36조 제2항 제4항의 국토교통장관의 인정의 운용에 대하여 다음과 같고, 기술개발의 성과를 보다 원할하게 도입을 추진하는 것으로 한다.

[운용의 정리에 대해서]

- 건축기준법상 일반적인 건축재료를 사용한 구조에 대해서는 건축재료의 품질(법 제37조), 구조방법(시행령 제3장 제2절~제7절), 구조계산(시행령 제3장 제8절)의 관점에서 규제가 이루어 지고 있다. 시행령에 정해져 있는 것 이외의 건축재료는 다음과 같이 고시의 개정이나 제정에 따라 보다 일반적으로 사용이 가능하도록 대응해 왔다.

[고시로 시방 등을 정하여 일반화]

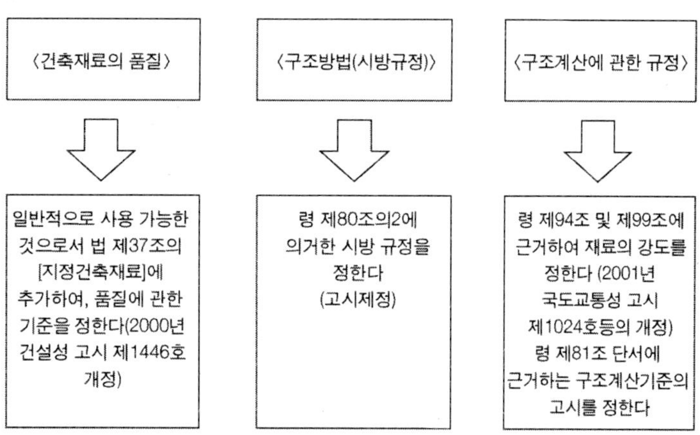

• 특수한 건축재료로 건축재료의 품질에 관한 규정, 시방 규정, 구조 계산에 관한 규정이 정해져 있지 않은 것을 개별 건축물에 이용한 때에는 상기와 같이 고시로 시방 등을 일반화 하는 것 외에 다음과 같은 루트로 실현 할 수 있도록 한다.

[개별 프로젝트 단위로 령 제36조 제2항 제3호 또는 제4항의 국토교통장관의 인정을 취득]

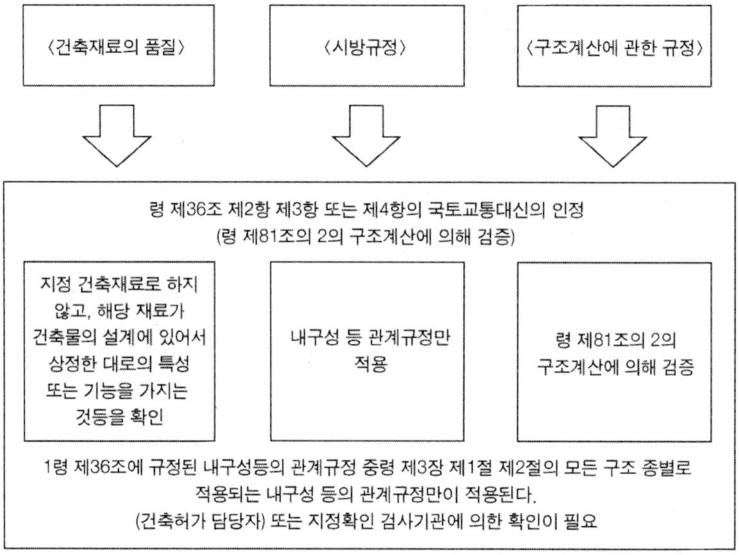

6.2 섬유 보강 플라스틱 (FRP)

6.2.1 개 요

섬유 강화 플라스틱(FRP)은 플라스틱을 다양한 섬유로 보강・강화시킨 재료로서, 경량, 성형성, 내식성등에 이점이 있다. 또한, 사용 목적에 따라 적절한 재료를 선정함으로써, 자유롭게 강도나 강성을 설계할 수 있는 특징이 있으므로 스포츠 용품, 차량, 항공기, 인공위성, 건축분야에서는 욕조, 고가수조, 지붕이나 발코니의 방수층 등 다양한 분야에 이용되고 있다.

FRP는 열에 대해 약하다고 생각되기 쉽지만, 가혹한 열 환경하에서도 이용된다. 예를 들어 우주공간에 떠있는 인공위성에도 FRP는 이용되며, 태양광의 직사광선에 노출된 부분에서 150℃ 그늘에서는 -150℃가 된다. 또한, 노출된 FRP는 대기권 진입 시 1200℃에 이르지만 탄화된 표면이 단열층으로 되어 마치 준내화건축물처럼 내부를 지킬 수 있고 적절한 재료 선택에 의해 내열성을 확보할 수 있다.

지붕의 방수층에 사용되는 FRP는 가열하면 연소되기 때문에, 건축기준법 제63조 및 제22조의 지역의 건축물 지붕에 사용될 경우에는 불티에 대해 일정한 연소확대가 발생하지 않도록 해야 한다. 이 지역의 목조지붕 FRP방수층에는 방내화 인정에 관한 지정성능평가기관에서 실시한 불티시험에 합격하여 국토교통장관의 인정을 취득한 것을 사용해야 한다. 콘크리트 구조의 지붕의 방수층에 FRP를 사용하는 경우에는 종전에는 목조 지붕의 방수층과 같이 국토교통장관의 인정을 취득한 것을 체용할 필요가 있었지만, 국주지 제 3807호 (2015년 1월 21일)에 일본건축학회 「건축공사 표준 시방서・동 해설 JASS8 방수공사」의 M-101방수용 방수용 폴리에스테르 수지, M-102 방수용 유리 매트의 규격에 적합한 FRP방수는 2000년 건설성 고시 제 1365호의 도막방수공법에 해당된다는 견해가 나와 국토교통장관의 인정은 불필요해졌다.

FRP를 내화 건축물의 주요 구조부에 하중지지부재로 사용할 경우에는 화재가 발생해도 가연물로부터 이격거리를 충분히 확보하고, FRP가 고온에 노출되지 않으며, 하중지지능력을 상실하지 않는 것을 실험 등으로 검증하여, 품질, 구조, 내구성의 규정에 따라야 한다.

FRP는 섬유와 플라스틱 기재인 수지의 종류에 따라 무수한 조합이 있는데 여기서는 대표적인 것에 대해서 기술한다.

6.2.2 제 법

FRP성형법은 표 6.2.1[1]에 나타나낸바와 같이 다종다양하며 섬유 소재와 생산량에 따라 선택된다.

표 6.2.1 FRP 성형법의 종류[1]

성형법	특 징	적용소재	용도 예
FW	섬유배열의 자유도 고섬유 함유율	장섬유	로켓 모터케이스, 압력용기, 골프샤프트 등의 파이프
인발성형	양산성 한방향 강화에 유리	장섬유 (매트, 꼬인 끈)	섬유기계부품, 장대 등의 선단, 스포츠 용품, 안테나, 전선도구
핸드레이업	설비불필요	크로스, 꼬인 끈 매트, 프리프레그	CFRP의 부품보강(선체, 차체, 수지형), 라이닝
백성형(오토클레이브성형)	균일가압성형	프리프레그(UD, 크로스, 매트 등)	항공, 우주기기부품, 두꺼운 파이프
프래스성형(트랜스퍼성형)	가장일반적	프리프레그 SMC, BMC	각종 판형 성형물 라켓, tone arm
시트락핏성형 (테이프락핏 성형)	파이프 상태 성형	프리프레그	파이프형 스포츠용품 각종 섬유 기계부품, 로켓 노즐
사출성형 압출성형	복잡한 형상 성형성 양산성 대	파레트 BMC	오디오부품, 새시 부품, 사무기 부품 등
스탬핑 성형	양산성 고속성형	FRTP, 프리프레그 (스탬퍼 블루시트)	개발중
레진 인잭션 성형	작업성	파이버, 매트	개발중

6.2.3 열 적 성 질

(1) 비열

복합재료의 비열 C_c 는 복합항이 성립되어 식 6.2.1로 나타낼 수 있다.

$$C_c = C_f \cdot \rho_f \cdot V_f + C_m \cdot \rho_m \cdot V_m \qquad (6.2.1)\text{ 식}$$

여기서, C : 비열, ρ : 비중, V : 단위부피당 차지하는 비율

첨자 f : 섬유, 첨자 m : 수지(매트릭스)

섬유, 수지 각각의 비열C는 재료에 따라서 다르지만, 일반적으로$C \times \rho$는 양자 모두 1.2~2.1J/(m^3 · K)의 범위에 있으며, 복합재료로서의 비열도 거의 이 범위에 있다. 표 6.2.2에 섬유, 수지의 비열[2)]를 나타내었다.

표 6.2.2 섬유, 수지의 열적 성질 (273~323K) [2)]

재 료		비 열 J/(kg · K)	열전도율 W/(m · K)	선열팽창률 10^{-6}/K
강화섬유	E 유리	0.80×10^3	1.04	4.9
	S 유리	0.75×10^3	1.04	4.5
	R 유리	0.75×10^3	1.05	4.0
	고강도 카본	0.71×10^3	24	-0.3
	고탄성 카본	0.71×10^3	105	-0.8
	아라미드	1.21×10^3	2.5	-2.0
수지	폴리에스틸렌	1.63×10^3	0.18	75
	애폭시	1.47×10^3	0.23	60
	폴리에틸렌	1.51×10^3	0.20	110
	폴리프로필렌	1.51×10^3	0.21	85
	나이론66	1.67×10^3	0.21	90
금속	고 장력 강	0.46×10^3	15	13
	Ti 합금	0.59×10^3	6	9
	Al 합금	0.88×10^3	150	23

표 6.2.3 FRP의 열전도율 선팽창계수 및 열수축률[2]

재 료		방향	열전도율 W/(m · K)	선 팽창율 10^{-6}/K	열수축률 %
한방향 강화봉	GFRP	평행	0.8	7	0.10
		직각	0.4	23	0.55
	CFRP (고강도)	평행	10	-0.5	-0.01
		직각	1.0	25	0.60
	AFRP	평행	1.5	-1.5	-0.03
		직각	0.6	30	0.75
교차 적층판	GFRP	연층	0.7	11	0.25
		관층	0.5	25	0.60
	CFRP (고강도)	연층	7	2.5	0.05
		관층	1.5	35	0.95
	AFRP	연층	1.2	3	0.05
		관층	0.7	60	0.50
실리카분 충전		-	0.4	30	0.70

열 수축률은 300K → 4.2K, 나머지는 273~323K

(2) 열전도율

수지의 열전도율은 거의 동일하나, 섬유의 경우는 크게 다르다. 단방향 강화 복합재료의 열전도율 λ_L(섬유방향에 평행) λ_T(섬유방향에 수직)에는 식 6.2.2, 식 6.2.3에 나타내는 근사식이 성립된다.

$$\lambda_L = \lambda_f \cdot V_f + \lambda_m \cdot V_m \qquad (6.2.2)\ 식$$

$$\lambda_T = \frac{1-(1-(\lambda_f/\lambda_m)K)V_f}{1+(K-1)V_f} \qquad (6.2.3)\ 식$$

여기서, $K = (5\lambda_m + \lambda_f)/3(\lambda_m + \lambda_f)$

수지의 열전도율은 표 6.2.2에 나타낸 바와 같이, 거의 동일하지만 섬유의 열전도율은 수지보다 크고, 섬유의 종류에 따라 다르다. 그 결과 표 6.2.3과 같이 섬유평행방향의 열전도율이 수직방향보다 커진다. 그림 6.2.1[3]에 에폭시수지에 각종 섬유를 이용한 단방향 강화 FRP의 열전도율의 온도의존성을 나타낸다.

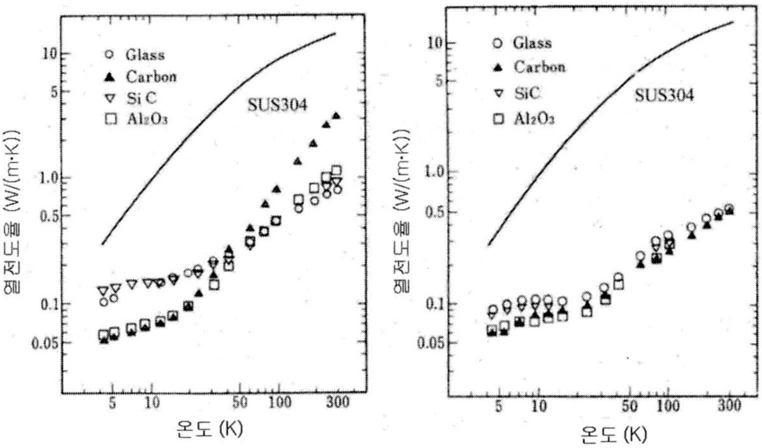

섬유수평방향　　　　섬유수직방향

그림 6.2.1 에폭시 수지를 이용한 단방향 FRP의 열전도율[3)]

(3) 선팽창계수

FRP는 역학적으로 이방성이며 선팽창계수도 표 6.2.3에 나타낸 것처럼 이방성을 나타낸다. 단방향강화재의 선팽창계수 α_L(섬유방향에 평행), α_T(섬유방향에 수직)은 근사적으로 식 6.2.4, 식 6.2.5가 성립된다.

$$\alpha_L = (E_f \cdot \alpha_f \cdot V_f + E_m \cdot \alpha_m \cdot V_m) / (E_f \cdot V_f + E_m \cdot V_m) \quad (6.2.4)\text{ 식}$$

$$\alpha_T = (1 + V_m)\alpha_m \cdot V_m + (1 + V_f)\alpha_f \cdot V_f - \alpha_L(\nu_f + \nu_m \cdot V_m) \quad (6.2.5)\text{ 식}$$

여기서, E : 영률, ν : 포아송 비

또한, 단방향강화재의 선팽창계수 α와 체적 팽창률 β의 사이에는 거의 6.2.6식이 성립한다.

$$\alpha_L + 2\alpha_T = \beta_f \cdot V_f + \beta_m \cdot V_m \quad (6.2.6)\text{ 식}$$

마찬가지로 크로스적층판도 근사적으로 식 6.2.7에 성립된다.

$$2\alpha_L + \alpha_T = \beta_f \cdot V_f + \beta_m \cdot V_m \quad (6.2.7)\text{ 식}$$

(4) 강도특성

FRP를 고온 하에서 사용할 경우 수지의 내열성이 FRP의 내열성을 지배한다. 그림 6.2.2(a), (b), (c)[4]에 각종 수지를 이용한 FRP의 휨강도, 휨탄성률의 온도특성을 나타낸다. 그림 6.2.2로부터 페놀수지는 내열성이 우수한 것을 알 수 있다. FRP를 건축물의 주요 구조부에 적용하는 것을 목적으로 FRP파이프의 고온 특성에 대해 선구적으로 행해진 연구 사례를 소개한다다.

요네마루(米丸)등[5]은 내열성이 뛰어난 페놀수지를 매트릭스에 이용한 탄소섬유강화플라스틱(CFRP)파이프에 대해서, 열간의 인장과 압축, 지압(면압)시험을 실시하여, 200℃에 대한 강도 저하율은 모두 20%인 것을 밝혀 냈다. 그림 6.2.3에 시험결과를 나타낸다.

하기오(萩尾)등[6]은 섬유에 E유리를 이용하여, 수지에 변성 아크릴수지를 이용한 FRP(GFRP)파이프의 가열간 인장,압축 시험을 실시하여, 인장 영계수는 250℃ 까지 거의 저하되지 않고, 압축 영계수는 175℃에 상온의 80%로 저하하는 것을 밝혀 냈다. 그림 6.2.4에 실험결과를 나타낸다.

그 외의 연구로서, 사또우(佐藤)등[7]은 경량이면서 고강도이고 내부식성등의 특징이 있는 FRP로드를 강재를 대신하는 콘크리트 부재의 보강재로 이용하는 경우를 상정하여, 고온하의 부착강도 시험을 실시하고 있다. 탄소섬유나 아라미드 섬유와 에폭시수지를 조합했을 경우의 FRP의 부착강도는 100℃에 상온의 50%, 200℃에 상온의 20%까지 저하하지만, 페놀수지 같은 내열성 수지와 조합함으로써, 부착강도는 100℃에 상온의 70%, 200℃에 상온의 60%로 개선되는 것을 밝혀냈다. 그림 6.2.5에 실험결과를 나타낸다.

전술한 바와 같은 데이터는 성기화재가 발생하지 않고, 즉, 직접 화염에 노출되지 않지만, 고온의 연기층에 의해 가열되는 경우의 구조 안전성을 검토할 경우 유용한 자료로 평가된다.

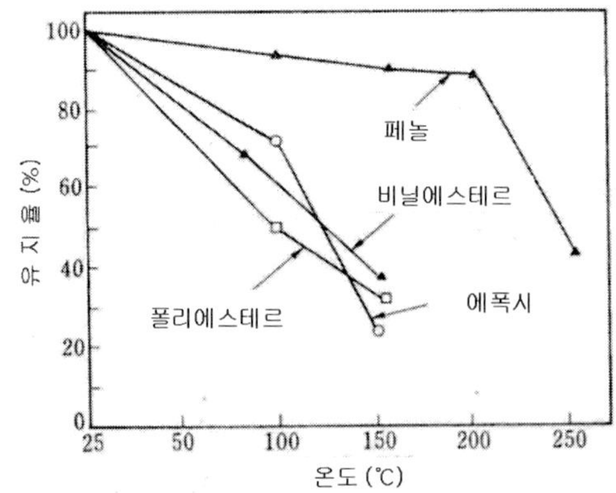

그림 6.2.2 (a) 각종수지를 이용한 FRP의 휨 강도 유지율 [4]

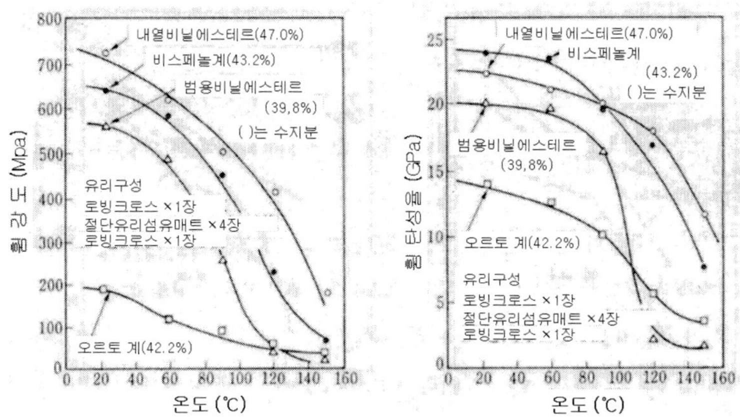

그림 6.2.2 (b) 각종수지를 이용한 FRP의 휨 강도[4)]

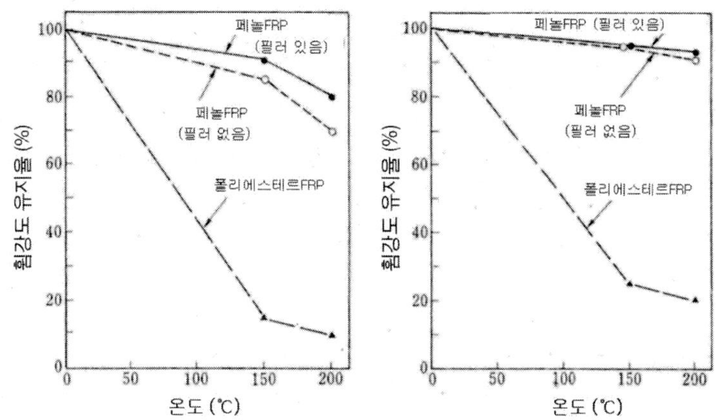

그림 6.2.2 (c) 각종수지를 이용한 FRP의 휨 강도 유지율[4)]

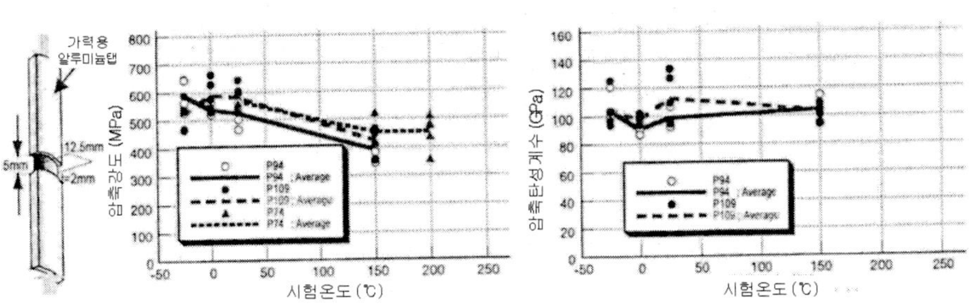

그림 6.2.3 (a) CFRP의 압축강도와 압축탄성계수 [5)]

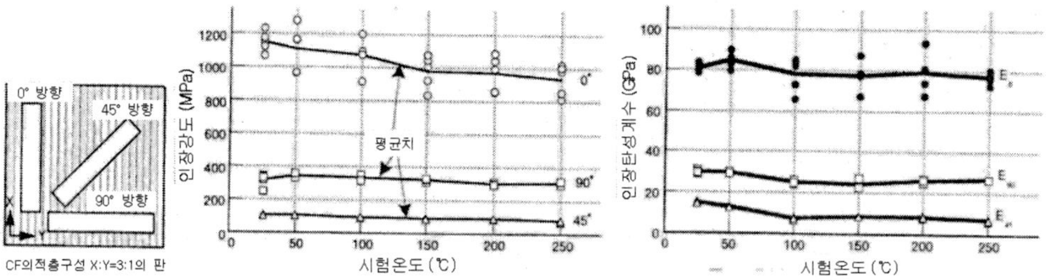

그림 6.2.3 (b) CFRP의 인장강도와 인장탄성계수 5)

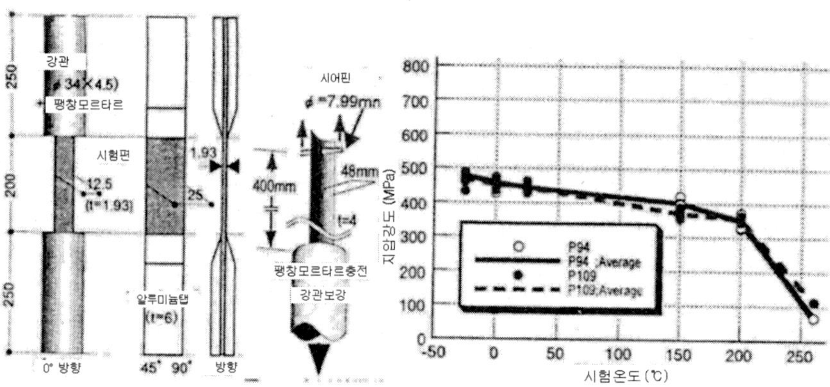

그림 6.2.3 (c) CFRP의 지압강도 5)

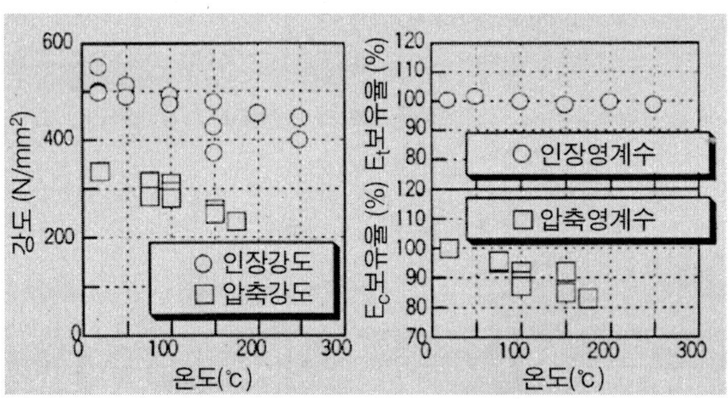

그림 6.2.4 GFRP의 인장강도, 압축강도 6)

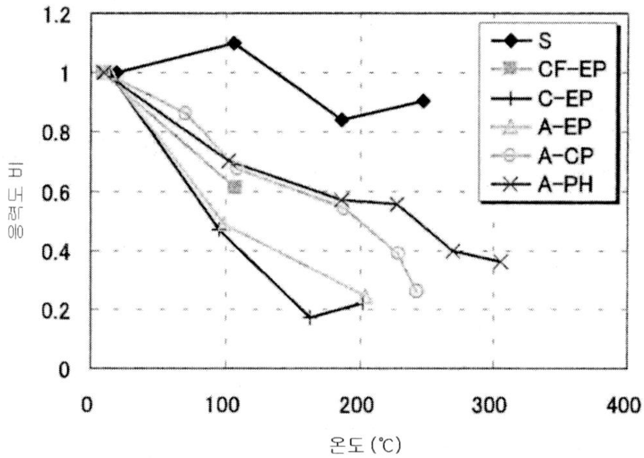

그림 6.2.5 각종수지를 이용한 FRP의 부착강도[7)]

(5) 부재거동

성기화재를 대상으로 한 FRP부재의 거동에 대해서는 오우치(大内)등[8)]의 연구가 있다. 오우치(大内)등은 그림 6.2.6에 나타낸 유리섬유강화페놀 수지를 이용한 지붕재의 재하 가열 시험을 실시하여, 가열중 FRP는 연소가 진행되어 탄화한 것의 가열 정지와 함께 타다 남은 건전부가 하중을 지지하여, 방내화성능 시험 · 평가 업무 방법서에 정해진 처짐규정, 이면온도규정 모두 내화구조의 지붕에 요구되는 성능을 보유하는 것으로 나타났다. 그림 6.2.7에 시험결과를 나타낸다.

세카와(瀬川)등[9)]은 CFRP판을 철근콘트리트 보 부재의 보강재로 사용할 것을 가정하여 ISO 834 표준 가열곡선에 따라 1시간의 재하가열시험을 실시하고 있다. CFRP판은 그림 6.2.8에 나타낸 내화피복에 의해 온도상승이 억제되어 최고온도 70℃ 정도이며, 가열중 및 가열 종료 후에 보강재로서의 성능을 유지하고 있다. 그림 6.2.9에 시험결과를 나타내었다.

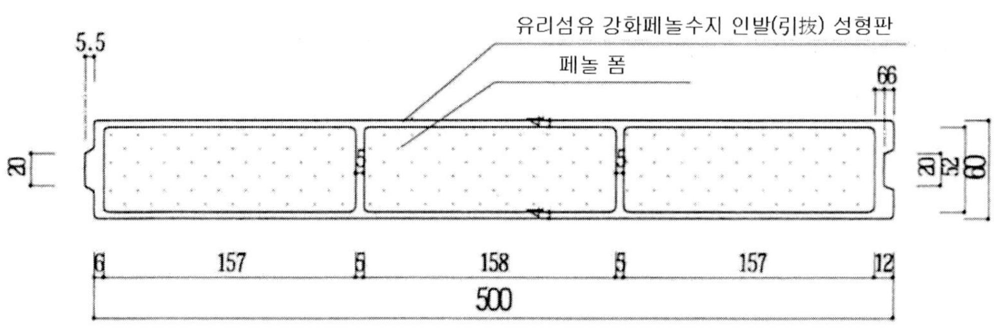

그림 6.2.6 FRP 지붕의 시험체 형상치수 (치수단위: mm)[8)]

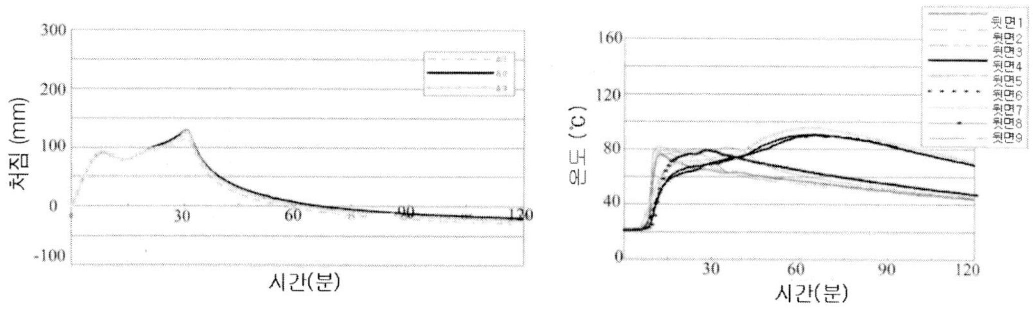

그림 6.2.7 FRP 지붕의 시험결과 [8)]

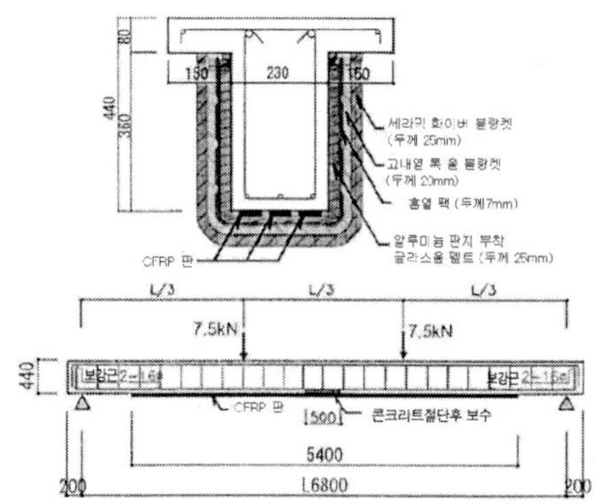

그림 6.2.8 CFRP로 판보강한 RC보의 시험체형상치수(단위: mm) [9)]

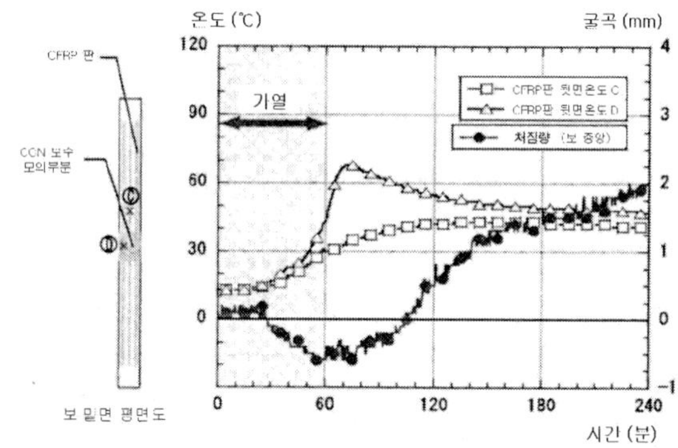

그림 6.2.9 CFRP로 판보강한 RC보의 시험결과 [9)]

6.2.4 결언

FRP를 구성하는 섬유와 수지는 각각 다양한 종류가 있으며, 그 조합은 무수히 많지만, 고온시의 데이터가 파악된 것은 본 항에서 소개한 극히 일부의 FRP에 지나지 않는다. FRP를 건축물에 사용할 경우에는 그 재료마다 고온 시험을 실시하고, 부재 혹은 골조로서 그 내화 성능을 만족하는지 파악하여야 한다.

인용・참고문헌

1) 新素材ハンドブック, p. 117, 表 7.2, 丸善, 1988
2) FRP 構造設計便覧, 強化プラスチック協会, p. 47, 1994
3) FRP 構造設計便覧, 強化プラスチック協会, p. 48, 1994
4) FRP 構造設計便覧, 強化プラスチック協会, pp. 49-50, 1994
5) 米丸啓介, 藤崎忠志, 杉崎健一, 中辻照幸, 鈴木弘之, CFRP パイプを構造材料に適用するための基礎的研究, 日本建築学会構造系論文集, 第 542 号, pp. 195-202, 2001. 4
6) 萩尾浩也, 内海良和, 村岡宏, 高橋晃一郎, 堀長生, 大島現, GFRP を用いた大空間トラスの開発 その 1 GFRP の材料特性, 日本建築学会大会学術講演梗概集 (東北), pp. 963-964, 2000. 9
7) 佐藤なお, , 睦好宏史, 田邊一仁, 角田敦, FRP を補強筋に用いたコンクリート部材の耐熱性状に関する研究, コンクリート工学年次論文集, Vol. 25, No. 1, pp. 329-334, 2003
8) 大内富夫, 中川裕章, 佐々木正治, フェノール FRP の建築への適用 －フェノール FRP 部材の耐火性能－, 日本建築学会大会学術講演梗概集 (北海道), pp. 159-160, 2004. 8
9) 瀬川紘史, 丹羽博則, 村岡宏, 堀口勉, 小田正章, CFRP 板で補強された RC 部材の耐火被覆工法 (その 2 床スラブ・梁部材の耐火性能確認実験), 日本建築学会大会学術講演梗概集 (東北), pp. 171-172, 2009. 8

6.3 유리

6.3.1 개 요

건축용 판 유리로는 통상 플로트판 유리가 사용 되지만, 화재로 인해 발생한 화염과 연기를 일정 시간 차단하는 성능이 필요한 부위에서는 이하의 방내화 성능을 가진 판유리가 사용된다.

(1) 망입 판 유리

망입 판 유리는 예전부터 가장 널리 알려져 있다. 망입 판 유리는 플로트 판 유리(소다석회 유리) 안에 철제 망을 넣는 것으로 화재 시에 유리가 파손 되어도 철제 망이 유리 파편의 탈락을 방지하고, 방화성능(차염성)을 확보하는 유리로 방화설비, 특정 방화설비로서 이용된다. 망입 판 유리는 일본 공업규격(JIS R 3204)의 범위 내에서 생산 · 관리되고 있지만, JIS R 3204에 규정되어 있는 방화성능을 만족시킬 수 있으면 된다는 판단에 따라, 망의 철선 굵기 및 그물 간격은 제조사 측 판단에 맡기고 있다. 망입 판 유리는 일반 건축용 판 유리에 비해 주변부의 강도가 약하고 유리와 망의 열팽창 차에 따른 균열이나 온도차에 의한 열균열에 대한 충분한 검토가 필요하다. 또한 부식을 방지하기 위해 절단부분에 방청처리가 필요하며, 빗물이 침투할 수 있는 설치 공법은 피해야 한다.

(2) 내열 판 유리

내열 판 유리에는 내열강화유리, 저팽창 방화유리, 내열 결정화 유리 의 3종류가 있으며, 모두 특정 방화설비에 이용된다. 화재에 의한 열에 대해서 파괴되지 않는 유리를 설계하기 위해서 「유리에 발생하는 열응력 이상으로 특수강화 처리등에 의해 강도를 부여하는 방법」과 「유리 자신의 조성을 바꾸어 선팽창계수를 작게 하는 방법」의 2가지 방법이 있다. 내열강화유리가 전자, 저팽창방화유리, 내열결정화 유리가 후자이다. 각각의 특징은 다음과 같다.

(a) 내열 강화 유리

내열 강화 유리는 통상의 건축용 판 유리로 사용되는 플로트판 유리에 특수한 엣지가공이나 특수한 열강화 처리를 실시한 소다석회 유리로, 플로트판 유리의 약 5배에서 6배, 일반 강화 유리의 약 2배의 강도를 가지는 초강화유리로, 화재시 유리면 내부의 온도차에 의한 열응력에 고강도로 저항하는 것으로 방화성능을 확보하는 유리이다. 또한 조성을 바꾸지 않고 강도만을 부가하고 있어 재활용도 가능한 친환경적인 유리이기도 하다. 또한 내열강화유리는 망입판유리와 동등이상의 방화성능을 갖지만 각 기업이 취득한 특정 방화설비 개별인정의 범위 내 및 (사)커튼월 방화개구부 협회가 취득한 방화설비 인정범위 내의 사용을 한정하고 있으므로, 법규상 30분 내화지붕 등에 사용할 수 없다. 내열강화유리의 취급은, 강화유리와 동등한 특징을 가지며 파손되었을 경우에는 강화유리와 같이 작은 알갱이 모양의 파편이 되며 열처리의 영향에 의한 반사영상의 왜곡이 커지므로, 강화유리의 사용에 준하는 것이 바람직하다. 또한 주변온도가 상시 반복되어 200℃를 넘는 부위에는 고강도성능이 손상되므로 사용할 수 없다.

(b) 저 팽창 방화 유리

저 팽창 방화 유리는 소다석회 유리에 비해 석회를 줄인 붕규산염 유리로 엣지를 특수 연마 처리 후에 열처리 한 것으로, 열 팽창률은 소다석회유리의 약 1/3의 3.3×10^{-6}/℃로 작기 때문에 화재 시의 유리면 내의 온도 차에 의해 발생하는 열응력이 낮고 화재시 잘 파손되지 않는다는 점에서 방화성능을 가진 유리이다. 파손되었을 경우에는 통상의 소다석회유리와 같은 형태로 파손된다. 또한 절단 및 천공작업등이 어렵고, 휨가공, 제조후의 절단 및 가공은 불가하다.

(c) 내열 결정화 유리

내열 결정화 유리는 특수한 금속산화물을 함유하여 결정성을 가진 유리로 열팽창률은 거의 제로로 800℃상태에서 냉수를 뿌려도 깨지지 않을 만큼 내열성이 높아 방화설비, 특정 방화설비에 이용된다. 강화유리가 아니기 때문에 제조후의 절단, 가공이 가능하다. 내열결정화 유리의 거동에 관해서는 카쯔라(桂)[1]등 이나 타무라(田村)[2]등에 의해 연구되고 있다.

(3) 내화 적층 유리

내화적층 유리는 투명한 판유리와 무기질의 함수겔을 적층한 것으로, 평상시에는 투명하지만, 화재시 가열되면, 함수갤이 백탁화 되어 불투명해 지고, 발포하여 단열층을 형성하므로 열전도와 복사열을 차단하여 비가열면의 온도도 200℃까지 억제 할 수 있다[3]. 이 때문에 차열성은 통상의 내화 칸막이벽과 동등하므로 유리이지만 화재시의 피난 경로의 안전 확보나 연소 확대 방지에 효과적이다.

6.3.2 유리의 특성

건축용 판 유리의 여러 성질은 다음과 같다.

(1) 판 유리의 조성[4)]

표 6.3.1 건축에 사용되는 판 유리 (소다 석회 유리)의 조성

성분	실리카 SiO_2	산화 알루미늄 Al_2O_3	산화철 Fe_2O_3	산화칼슘 CaO	산화 마그네슘 MgO	알칼리 Na_2+K_2O
조성(%)	70~72	1.0~2.0	0.07~0.15	8~12	1.0~4.0	13~15

(2) 판 유리의 일반적 성질[5)]

표 6.3.2 건축에 사용되는 판유리 (소다 석회유리)의 일반성질

굴절률	반사율(수직입사)	열용량 (비열)	선팽창계수	열전도율
약 1.52	약 4% (한쪽면)	837J/(kg · K)	$8.5\text{~}9.0 \times 10^{-6}$/℃	1.00W/(m · K)

연화온도	비중	모스경도	탄성률	포아송 비
720~730℃	약 2.5	약 6.5	7.16×10^4MPa	0.23

(3) 유리의 강도

표 6.3.3 건축에 사용되는 판유리 (소다 석회유리)의 강도 단위 (MPa)

유리 품종	호칭 두께 (mm)	평균파괴응력도		장기허용응력도		단기허용응력도	
		면 내	가장자리	면 내	가장자리	면 내	가장자리
프로트	12, 15, 19	36 ~ 41	35	7.8	6.9	20	18
면 · 선 입망판	6, 8, 10	37	20	7.8	3.9	20	9.8
배 강도	6, 8, 10	78	71	29	25	44	35
강화	12, 15, 19	140	130	74	69	88	79

(4) 유리의 특성온도와 온도 · 점도곡선

유리의 점도는 고온이 되면서 저하한다. 그림 6.3.1은 유리의 점도곡선의 일례이다. 특정 점도에 대응하는 온도는 유리의 종류에 따라 다르지만, 같은 작업공정은 거의 일정한 점도 또는 점도범위에서 이루어지므로, 이에 대응하는 온도를 점도에 대한 특성온도로 하여, 작업의 기준으로서 실

용적으로 널리 이용되고 있다. 유리의 성형 · 가공의 기준으로 특정 점도에 대응하는 온도(특성온도)에는 이하의 것이 있다.

① 유동점 : 점도가 $\log\eta = 5.0$ 일 때의 온도.

② 연화점 : 점도가 $\log\eta = 7.6$ 일 때의 온도. 이 온도로 유리는 급속히 변형유동을 개시한다.

③ 서냉점 : 점도가 $\log\eta = 13.0$ 일 때의 온도. 이 온도로 유리는 변형을 개시한다.

④ 변형점 : 점도가 $\log\eta = 14.5$ 일 때의 온도. 서냉범위의 하한온도로 이 이하의 온도에서는 유리내의 변형을 제거 할 수 없다.

⑤ 작업온도범위 : 유리의 성형작업에 적합한 점도범위 내에서 $\log\eta = 4.0 \sim \log\eta = 7.6$ 범위의 온도대를 말한다.

⑥ sag 점 : 점도가 $\log\eta = 10.0 \sim \log\eta = 11.0$ 범위에 있을 때의 온도. 수평으로 놓여진 유리봉을 일정한 가열 속도로 가열했을 때 스스로의 무게로 급격히 구부러지기 시작하는 온도를 말한다.

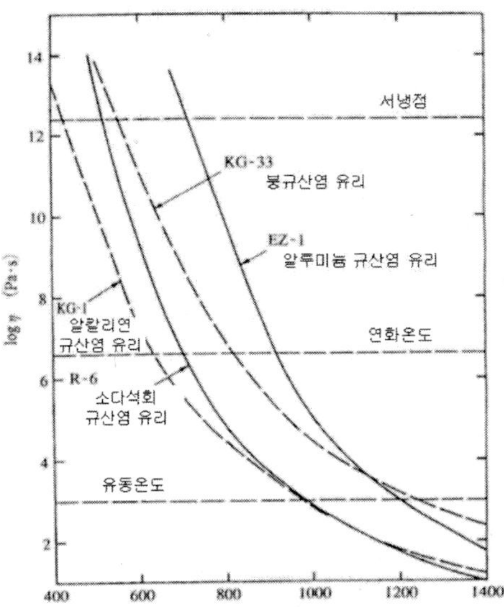

그림 6.3.1 일반적인 유리의 온도~점도곡선[6)]

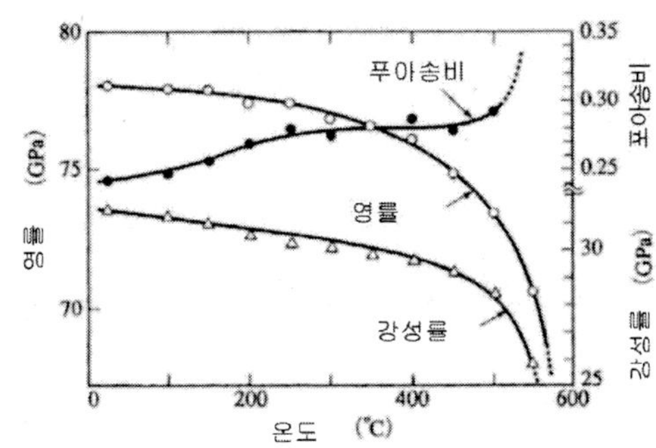

그림 6.3.2 소다석회 유리의 온도~탄성계수 · 강성률 · 포아송비[7)]

(5) 유리의 열간탄성계수[7)]

소다석회 유리의 열간 역학적 성질을 그림 6.3.2에 나타낸다. 온도 상승과 함께 400℃까지는 영률, 강성률(탄성률)은 완만하게 저하되고, 400℃를 넘으면 크게 저하된다.

(6) 유리의 열 강화 처리

유리는 그림 6.3.3에 나타낸 열 처리를 하면, 강도가 높아지고 내열성도 향상된다. 열처리된 유리가 파손 되었을 경우에는 작은 입자 상태가 된다. 또한 열 처리된 유리는 제조 후 절단이 불가능하다.

급 가열시 : 유리 표면측은 늘어나고 유리의 중심부는 늘어나지 않는다. 따라서 유리 표면이 중심부보다 늘어나 압축력을 받고, 중심부는 표면측으로부터 당겨져 인장력을 받는다.

급 냉각시 : 유리 표면측은 수축 · 경화되고 있으나, 중심부는 서서히 냉각에 의해 수축경화된다. 따라서 유리의 표면측은 중심부의 냉각수축과 함께 압축력을 받고, 중심부는 냉각수축이 표면측에서 구속되어 인장력을 받는다.

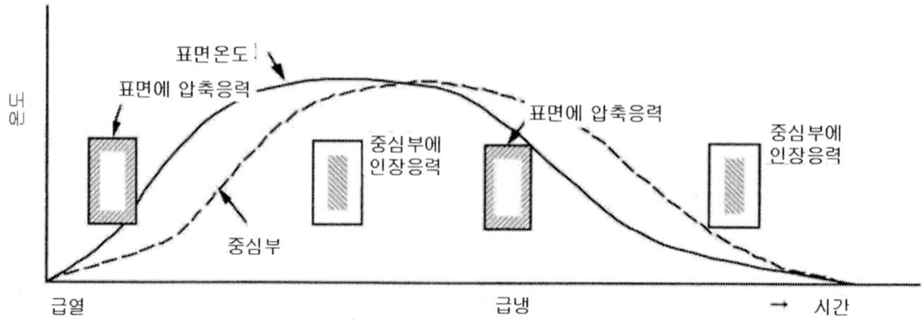

그림 6.3.3 유리의 급열급냉에 의해 생기는 온도차와 응력상태

6.3.3 화재가열을 받은 유리의 성능

(1) 필름 부착 플로트 유리

필름 부착 플로트 유리에 대해서는, 쇼오코쿠(小国)등[8], 이케하타(池畠)등[9], 나가오까(長岡등)[10]이 가열실험을 실시하여, 필름을 부착함으로써, 가열 초기에는 유리 조각의 낙하를 방지하는 효과가 있다고 보고하고 있다. 여기에서는 나가오까(長岡)등의 실험을 소개한다. 나가오까(長岡)등[10]은 필름 부착 유리의 붕괴시간 평가법을 제안하는 목적으로 투명 비산방지 필름을

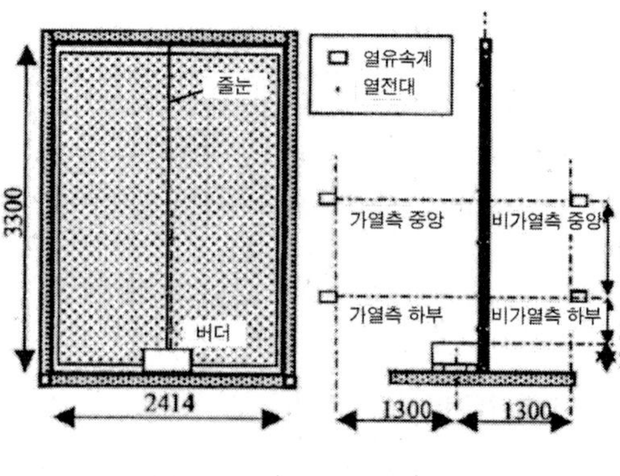

그림 6.3.4 국부가열시험체[10]

부착한 유리 파티션의 가열 시험을 실시하고 있다. 가열시험은 ISO834 가열곡선에 의한 전면가열 시험과 버너에 의한 국부가열시험이다. 전면가열시험에 사용한 시험체는 높이 2500mm, 폭 2414mm의 프로트 유리를 일반적으로 판매되고 있는 유리 파티션의 틀에 설치하여, 줄눈이나 씰을 내화 시방으로 한 것이다. 이 시험에 의하면, 필름 부착 유리보다 먼저 틀에 유해한 변형은 발생하지 않았고, 유리에 균열이 발생하여도 필름의 접착력이 유효한 동안은 유리가 붕괴 · 탈락되지는 않으며, 가열 6분40초에 유리가 붕괴해 낙하했다고 보고하고 있다. 국부가열시험에서는 그림 6.3.6에 나타낸 높이 3300mm, 폭 2414mm 사이즈의 투명비산방지 필름 부착 유리 파티션을 $Q=0.1129\times t^2$ (kW)의 화원 (최대406kW) 으로 10분간 가열하여, 유리는 국부가열에 의해 크게 면의 바깥쪽 방향으로 변형되어 줄눈부를 중심으로 한 화염형상에 다수의 균열이 생겼지만, 줄눈에 틈 등은 발생하지 않았다. 유리가 붕괴 또는 틀에서 빠지지는 않았다. 유리에 균열이 발생할 때는 큰 소리가 나지만, 필름의 효과로 비가열측에 파편가루 등의 비산은 없었다고 보고하고 있다.

(2) 망입 유리

망입유리에 대해서는 이케하타(池畠)[11)]등 히로타(広田)[12)]등이 가열실험을 실시하고 있다. 이케히타(池畠)등은 표 6.3.4에 나타낸 것처럼 망입 유리의 치수를 주요 파라미터로 하여 가열시의 거동을 보고하고 있다. 이케히타(池畠)등에 의하면 망입유리에 균열이 발생하는 것은 가열후 1분, 그 후 가열 약 7분까지 단락적으로 균열이 발생하며, 고무제 설치블록의 연소에 의해 유리가 하부로 미끄러져 약 28~44분 사이에 망입유리가 연화되어, 비가열면측으로 깨어져 탈락된다.

히로티(広田)등은 지진에 의한 균열이 망입유리의 차염성능에 미치는 영향을 파악하기 위해 강제적으로 표 6.3.5에 나타낸 면내변형을 가해, 균열을 발생 시킨 후, 가열시험을 실시하고 있다. 면내변형을 가한 경우는 압축판 구석 부분에 균열이 발생하고, 인장판에는 균열 및 망형태의 파단은 없다. 가열시험에서는 인장변형을 가하지 않은 케이스1의 시험체는 가열 약 52분에 망입유리가 탈락하여, 인장변형을 가한 케이스4 시험체에서는 약 46분에 망입유리가 탈락한 것으로 보고하고 있다.

(3) 강화유리

개요에서 설명한 내열 강화 유리에는 미치지 못하지만, 건축용 판유리에 비교하여 고강도인 강화유리는 일정한 내열성능을 기대 할 수 있다. 판매시설의 출구 등에 사용되는 유리 리브 구법의 강화 유리 리브를 박판기둥 으로 사용하는 경우에는, 화재시 직접 화염에 노출되는 것이 아니라 350℃ 정도의 화재 연기에 의해 가열될 것으로 상정된다. 따라서 화재시 고온의 연기에 노출된 상태를 상정한 열간조건하의 좌굴성능에 관한 실험보고[13)]의 일례를 소개한다. (그림 6.3.5)

표 6.3.4 망유리 시험체[11)]

시험체명	유리 노출면 치수		두께 (mm)	샤시 재질	화재온도 상승계수 α
	폭(mm)	높이(mm)			
890-6.8-St-460	890	890	6.8	스틸	460
2000-6.8-St-460	2000	2000	6.8	스틸	460
940-6.8-Al-410	940	930	6.8	알루미늄	410
1000-10-St-460	1000	1000	10	스틸	460

표 6.3.5 철망 유리 시험체에 부여한 변형각[12)]

케이스	순변형각
1	-
2, 3	약 1/40
4	1/600, 1/300, 1/200, 1/150, 1/120, 1/100, 1/75, 1/60, 1/50, 1/40, 1/30

강화 단판 유리의 경우 350℃의 고온 분위기 하에서 탄성계수의 저하도 몇 %정도 낮고 유리 단독체의 좌굴성능의 현저한 저하는 없지만 담금질 상태가 되어 냉각 후의 표면 도입 압축응력도는 25%정도 저하된다. 한편, 맞댐 유리의 경우, 유리 사이에 사용한 유기재료인 중간막이 연화·용해하기 때문에 고온상태에서는 현저하게 좌굴성능이 저하된다. 또한, 중간막의 연소에 의한 유리파손 및 연소 가스의 발생을 고려하여야 한다. (그림6.3.6)

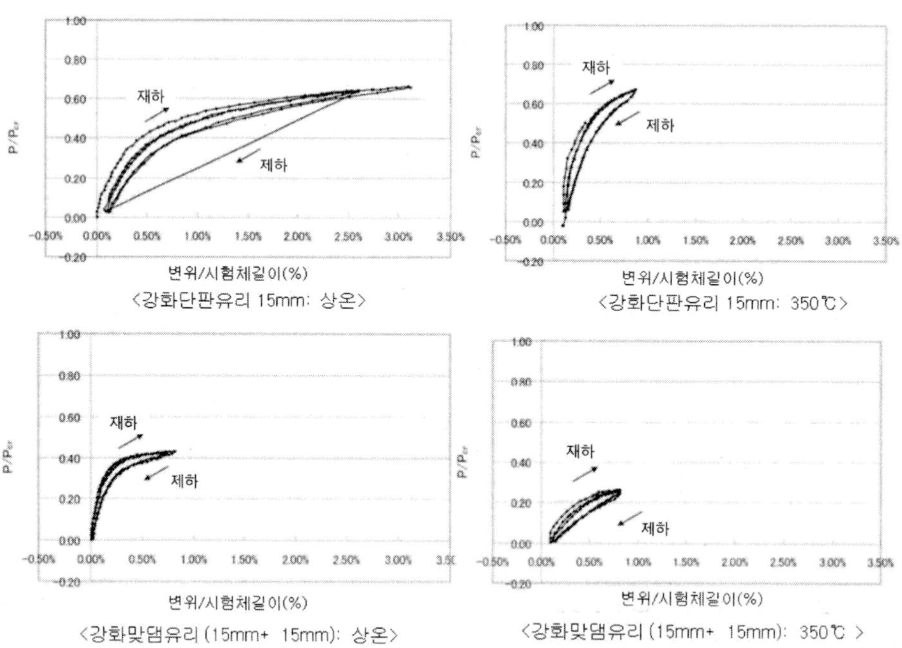

그림 6.3.5 고온환경에서의 하중–변위의 관계[13)]

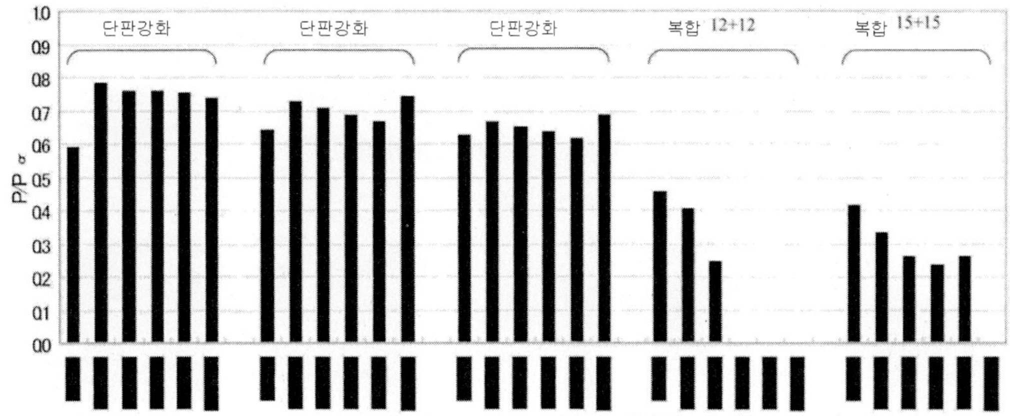

그림 6.3.6 유리별 좌굴하중(전 시험결과)[13]

(4) 내열강화유리

스즈끼(鈴木)등은 내열강화유리의 차염성능의 판정기준을 구축하기 위해서 여러 가지 가열 실험을 하고 있다.[14), 15), 16), 17)] 내열강화유리의 차염 성능은 테두리의 변형이나 유리의 연화보다 유리의 열 균열이 크게 영향을 준다고 보고하고 있다. 열 균열이 발생하기 쉬운 조건이란, 유리 중앙과 엣지의 온도차가 커지는 경우(그림6.3.7 참조)로 유리의 겹침부분의 폭이 큰 경우나 테두리의 재질이 강제인 경우이다. 또한 유리의 표면도입 압축응력이 높으면, 유리중앙과 엣지의 온도차가 커지더라도 열 균열이 발생하기 어렵다고 보고하고 있다.

(5) 내화적층유리

내화적층유리의 내화성능에 관해서는 타카하시(高橋)[3)]에 의해 연구개발이 이루어져, 충분한 차열성능을 갖는 것으로 나타나 현재는 1시간내화칸막이벽으로 장관인정을 받은 것도 있다. 참고로서 방화설비(20분)의 방화시험상황을 사진 6.3.1, 6.3.2에 1시간 내화적층유리의 내화시험상황을 사진 6.3.3, 6.3.4 에 나타낸다.

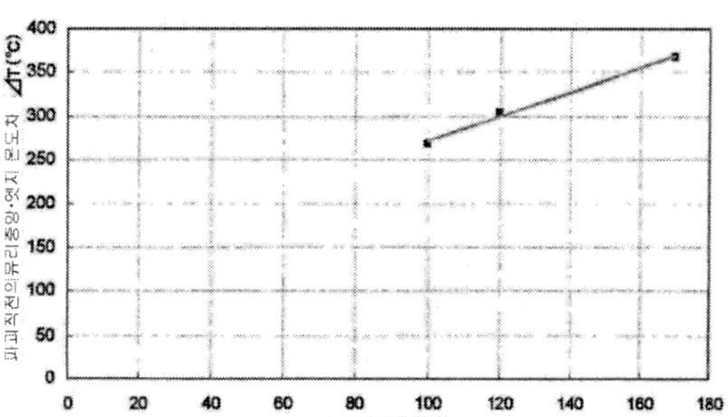

그림 6.3.7 표면도입압축응력과 파괴직전의 유리중앙과 엣지의 온도차[15)]

사진에 나타난 것처럼 내열강화유리등의 각종 방화유리와 비교하면 내열적층유리는 가열되면 불투명해지면서 복사열을 차단하여 비가열면 측의 온도도 200℃ 정도까지 억제할 수 있으므로 화재시 피난경로의 안전성에 매우 효과적이다. 향후의 방화계획 · 피난 계획에 대해 화재시의 방화구획에 이러한 높은 열효과를 발휘할 수 있는 부재의 사용이 요망된다.

사진 6.3.1 방화설비(내열강화유리20분)의 시험 중 상황

사진 6.3.2 방화설비(내열강화유리20분)의 시험 後 상황

사진 6.3.3 1시간 내화적층유리의 시험 중 상황

사진 6.3.4 1시간 내화적층유리의 시험 후 상황

6.3.4 판 유리와 방화관련 법규

유리에 관해서는 기존에 외벽의 연소의 우려가 있는 부분이나 건축물 내부의 방화 구획등을 대상으로 하여, 을종방화문, 갑종 방화문 으로서 법규 정비가 이루어져 왔지만, 2000년 6월의 건축기준법 개정으로 표 6.3.6에 나타내듯이 을종방화문은 방화설비, 갑종 방화문은 특정 방화설비로 명칭이 변경되었다.

건축기준법 제2조 제9호의 2에 규정하는 방화설비(구 을종 방화문)에 요구되는 성능은 동 시행령 제109조의 2로 규정되어 있으며, 통상의 화재로 인한 화열이 가해진 경우 가열 개시 후 20분간 해당 가열면 이외의 면에 화염이 나오지 않도록 되어 있다. 특정방화설비(구 갑종방화문)에 요구되는 성능은 동 시행령 제 112조 제1항에 규정된 것처럼, 통상의 화재로 인한 화열이 가해진 경우에 가열개시후 1시간 동안 해당 가열면 이외의 면에 화염이 나오지 않도록 되어 있다.

表 6.3.6 판유리 관련 법규

명 칭	내 용	관련 조문
방화설비 (구 을종방화문)	철 및 망입 유리로 만들어진 것	2000년 건설성고시 제 1360호 제1조 제2호의 2
	장관 인정	건축기준법 68조의 26(구조방법으로 인정)
특정 방화설비 (구 갑종방화문)	장관 인정	건축기준법 68조의 26(구조방법으로 인정)

(2) 개별인정 및 통칙인정 방화문의 현황

신법으로 이행됨으로서 (20006월), 구법으로 인정되던 개별인정품이나 통칙 인정품은 폐지되고, 개정 법 시행 후 2년간의 유예기간 후에 서류절차만으로 서류절차만으로 신법으로 이행 했다. (예외 제외)

예 : 내열 판 유리 강제 붙박이창(구법 : 감종방화문 제0511호 →신법 : EA-9117)

(3) 지붕의 톱 라이트

지붕의 톱 라이트에 판유리를 사용하는 경우, 판유리에는 지붕과 동일한 성능이 요구된다. 요구성능은 시행령 제107호의 1-3에 규정되어 통상의 화재에 의한 화열이 30분 동안 가해질 경우 화염이 나오는 원인이 되는 균열, 그 외 손상이 발생하지 않을 것으로 되어 있다. 이에 해당하는 것으로써, 망입유리가 2000년 건설성고시 제 1399호 제5-3에 정해져 있다. 또한 망입유리 이외의 유리를 내화구조의 지붕(톱 라이트)에 채용하는 경우, 성능평가 기관이 규정하고 있는 방내화성능시험 · 평가 업무 방법서에 따른 내화 시험에 합격할 필요가 있다. 내화시험에서는 65kgf/m^{2}의 하중을 가한 상태로 가열 하기 때문에 내화시험을 실시하여도 유리의 고온시 강도를 높이지 않는 한 합격은 어렵다. 또, 내화구조의 지붕으로 인정되고 있는 망입유리도 65kgf/m^{2}의 하중을 가한 내화시험을 실시했을 경우, 요구성능을 발휘하지 못할 가능성이 높다. 한편, 톱 라이트의 수요는 많기 때문에 향후, 그 면적을 한정한 후, 무재하 가열 실험에 의해 차염성을 확인하고, 지붕(톱 라이트)의 인정을 취득 할 수 있는 성능평가법의 검토가 요망된다.

(4) 칸막이 벽 (비 내력벽)

내력벽 칸막이 벽에 요구되는 성능은 건축기준법 시행령 제107조의1-2에 규정되어 있으며, 통상의 화재에 의한 화열이 1시간 가해진 경우에 해당 가열면 이외의 면의 온도가 해당 면에 접한 가연물이 연소될 우려가 있는 온도로서 국토교통장관이 정하는 온도 이상(2000년 건설성고시 제1432호)으로 상승하지 않는 것으로 하며, 내화적층 유리가 이 성능을 만족한다.

(5) 결언

유리의 내화성능은 망입유리나 내열 판유리에 대해서는 장관인증의 취득을 목적으로 하여 지금까지 많은 내화시험이 실시 되고 있다. 이들은 어느 일정 시간의 가열에 대해 합격여부를 판단하는 것이었으므로 언제 균열이 생기는가 등의 성능의 한계가 파악된 적은 적다. 향후, 여러 성능의 한계를 파악함으로써 균열 발생 시간 등의 예측방법과 같은 성능파악기술의 확립이 요망된다.

인용 · 참고문헌

1) 桂忠弘，菅原進一，田村政道，佐藤歩：超耐熱結晶化ガラスの防火性能の実験的検証，日本建築学会大会学術講演梗概集 A-2, pp.179-180，2003.9
2) 田村政道，野口貴文，劉高育，澤田正弘，橋部吉夫：耐熱結晶化ガラスの防火性能の実験的検証（その 2　壁炉による実大部材試験），日本建築学会大会学術講演梗概集，A-2，pp.21-22，2004.8
3) 高橋一郎：ガラスと防火区画に関する実験的研究，日本建築学会大会学術講演梗概集，A-2，pp.219-222，2001.9
4) 日本建築学会：ガラスの建築学，p.70，学芸出版社，2003
5) 日本建築学会：ガラスの建築学，p.207，学芸出版社，2003
6) ガラス工学ハンドブック，p.174，朝倉書店，2010
7) ガラス工学ハンドブック，p.174，朝倉書店，2010
8) 小国勝男，長谷見雄二，馬渡勝昭：飛散防止フィルム張りフロート板ガラスの放射加熱実験，日本建築学会大会学術講演梗概集 A，pp.1245-1246，1993.9
9) 池畠由華，道越真太郎，中村正寿，小林裕，西村光太，桑名秀明，宮本圭一：初期火災時のフロートガラスの挙動に関する実験的研究　ガラスの構成条件や加熱条件の違いが及ぼす影響，日本建築学会環境系論文集，667 号，pp.751-760，2011.9
10) 長岡勉，竹市尚広：フィルム貼りガラスパーティションの評価法の提案，日本建築学会大会学術講演梗概集，A-2，pp.267-268，2009.8
11) 池畠由華，道越真太郎，中村正寿，小林裕，大内富夫，栗岡均，宮本圭一，桑名秀明：盛期火災時の網入ガラスの挙動に関する研究，平成 20 年度日本火災学会研究発表会概要集，pp.116-117，2008.5
12) 広田正之，野竹宏彰，森田武，近藤史朗，松山賢，沖永誠治，鈴木淳一： 網入りガラス防火設備の強制変形を考慮した実大加熱実験，日本建築学会大会学術講演梗概集，A-2，pp.29-30，2013.8
13) 久田隆司：強化板ガラスを用いた薄板柱の座屈荷重に関する実験的研究，千葉大学学位論文，2006.1
14) 鈴木一幸，久田隆司，佐藤明憲 ，田原雅貴，渡部紀夫，遊佐秀逸，金城仁：遮炎性能を有する耐熱強化ガラスの性能判定基準 ：その 1 単板耐熱強化ガラスの試験概要，日本建築学会大会学術講演梗概集，A-2，pp.239-240，2012.9
15) 久田隆司，鈴木一幸，佐藤明憲 ，田原雅貴，渡部紀夫，遊佐秀逸，金城仁：遮炎性能を有する耐熱強化ガラスの性能判定基準 ：その 2 単板耐熱強化ガラスの試験結果，日本建築学会大会学術講演梗概集，A-2，pp.241-242，2012-.9
16) 久田隆司，鈴木一幸，佐藤明憲 ，西川晋司，渡部紀夫，遊佐秀逸，金城仁：遮炎性能を有する耐熱強化ガラスの性能判定基準 ：その 3 複合品評価と網入板ガラスとの比較 概要，日本建築学会大会学術講演梗概集，A-2，pp.33-34，2013.8
17) 鈴木一幸，久田隆司，佐藤明憲 ，西川晋司，渡部紀夫，遊佐秀逸，金城仁：遮炎性能を有する耐熱強化ガラスの性能判定基準:その 4 複合品評価と網入板ガラスとの比較 結果，日本建築学会大会学術講演梗概集，A-2，pp.35-36，2013.8

6.4 막재료

6.4.1 재료의 구성

일반적으로 막재료는 그림 6.4.1과 같이 직포의 양면 및 내부에 수지를 코팅 또는 함침시킨 유연한 섬유 보강 복합 재료이다. 직포는 주로 막재료의 역학적 특성을, 코팅재는 방수성, 내구성등의 물리적·화학적인 특성을 분담하고 있다.

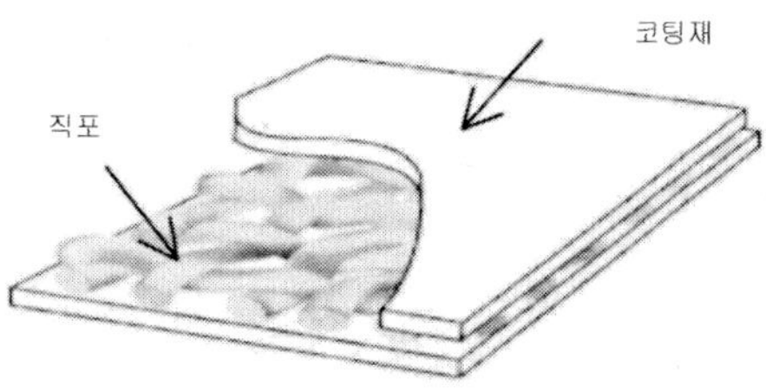

그림 6.4.1 재료구성도

현재 주로 사용되고 있는 막재료의 재료 구성은 유리섬유직포에 4플루오르화 에틸렌수지(PolyTetra FluoroEthylene 이하 PTFE) 또는 염화비닐수지(PolyVinyl Chloride 이하 PVC)를 코팅한 것, 또는 폴리에틸렌 섬유직포에 PVC를 코팅한 것이다. 또한, 최근에는 환경을 고려한 직포, 수지제의 막재료도 개발이 진행되어, 몇 개는 실용화 되고 있다.

6.4.2 주요 막재료의 특성 및 구성재료

(1) 유리 직포

(a) 유리섬유의 화학적 조성

막재료로 사용되고 있는 유리 섬유는 E유리로 불리는 무알칼리 유리이다. 그 조성을 표 6.4.1에 나타내었다.

표 6.4.1 E 유리 섬유의 조성

성분	SiO_2	Al_2O_3	CaO	MgO	B_2O_3	Na_2O+K_2O
	실리카	산화 알루미늄	산화칼슘	산화 마그네슘	산화붕소	알칼리
조성 %	52~56	12~16	15~25	0~6	8~13	0~1

(b) 유리섬유의 제조 과정

그림 6.4.21)과 같은 다이렉트 멜트법(DM법) 또는 마블 멜트법(MM법)으로 제작되고 있다. 다이렉트 멜트법은 유리 소지를 탱르 로에서 대량으로 용해하여 부싱(bushing)에 직접 인도하여 방사하는 방법이다. 마블 멜트법은 고온에서 용해한 유리 소지를 일정 직경의 마블(유리구슬)로 성형하고, 이를 재용해시켜 방사하는 방식이다.

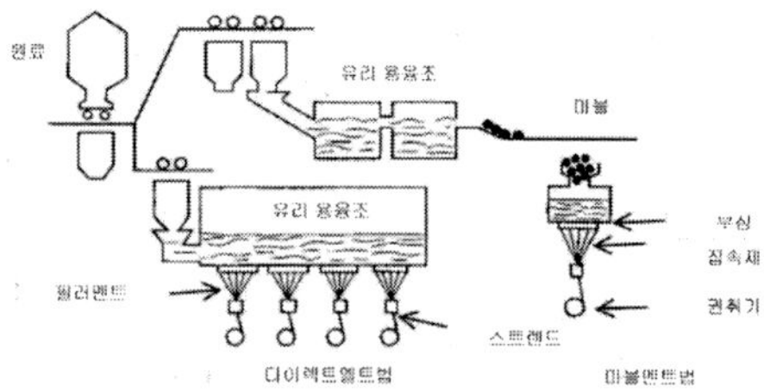

그림 6.4.2 유리화이버 제조법 [1)]

(c) 유리 섬유의 특징

유리섬유는 표 6.4.2에 나타낸 일반적 특성 외에 아래의 특징이 있다.

- 기계적 특성 : 인장강도가 높고 강도비(강도/밀도)가 크다. 또한 탄성계수, 비탄성계수(탄성계수/밀도)가 커서 치수안정성이 양호하다.
- 열적 특성 : 내열성이 크고, 불연성이다.
- 화학적 특성 : 흡습성이 적어 약품성에 우수하다. 또한 내 풍화성이 양호하다.
- 전기적 특성 : 전기 절연성이 양호하다.

표 6.4.2 유리 섬유의 일반 특성

항목	단위	일반특성
[기계적 특성]		
비중	-	2.54
인장강도 23℃	GPa	0.98~3.43
인장 탄성률	GPa	68.6~83.3
파단신율	%	3~4
[열적특성]		
융점	℃	1300℃ 이상에서 방사
비열	kJ/kg · K	0.82(덩어리 형태로 측정)
연화온도	℃	840
열전도율	W/m · K	0.98(덩어리 형태로 측정)
선 팽창계수	$\times 10^{-6}$/℃	5.0
인화온도	℃	-
발화온도	℃	-

(2) 폴리에스텔 직포

(a) 폴리에스텔 섬유의 화학적 조성

막재료로 사용되고 있는 폴리에스텔 섬유에는 포화 폴리에스텔 및 불포화 폴리에스텔이 있으나, 여기서는 포화 폴리에스텔 중에서도 잘 알려져 있는 폴리에틸렌 테레프탈레이트(PET)에 대해 나타내었다.

포화 폴리에스텔은 주 사슬(main chain)에 에스텔 결합 $(-\underset{\parallel \atop O}{C}-O-)$ 을 가지고, 결합 분자중에 불포화 결합을 가지지 않는 직사슬모양 폴리에스텔이다.

(b) 폴리에스텔 섬유 제조 과정

폴리에스텔, 특히 폴리에틸렌 테레프랄레이트(PET)에 대해서는 직접중합법이 가장 널리 시행되고 있다. 고순도 테레프탈산와 에틸렌글리콜을 230℃ 전후의 가압하에서 반응시켜, 얻어진 비즈(β-히드록시에틸)테레프탈레이트를 중축합하여 얻을 수 있다.

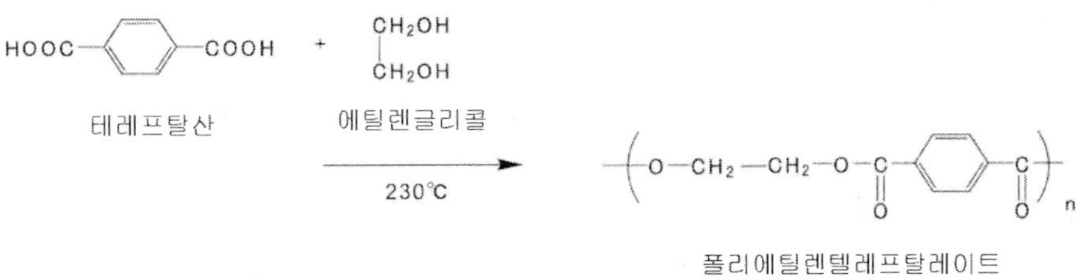

고분자 섬유의 방사란, 고분자를 용해 · 용융 등에 의해 점성 액체상태로 하여 세공에서 압출하여 섬유를 형성시키는 공정을 나타낸다. 방사법에는 용융방사법(melt spinning)과 용액방사법(solution spinnging)이 있고, 폴리에스텔 섬유를 주로 그림 6.4.32)과 같은 용융방사법이 사용된다.

용융상태의 고분자를 노즐에서 밀어내어 섬유모양으로 만들고 즉시 냉각하여 고체화 시킨다. 이 방사법은 연신을 행하여 분자의 배열도를 높이는 공정이 필요하다.

(c) 폴리에스텔 섬유의 특징

폴리에스텔 섬유의 인장강도는 다른 범용 폴리머에 비해 매우 뛰어나며, 적당한 신뢰도를 갖는다. 또한, 열적 성질에 있어서 열 열화에 대해 우수하며, 강산 강염기를 제외한 내약품성에 대해서도 우수하다. 이 외에 치수안정성, 기계적 성질, 전기적 성질이 뛰어나 절연파괴전압이나 절연성질이 높다. 주된 용도로는 무 연신필름으로 시트 형태로 성형 또는 식품용기 및 절연재료가 있다. 폴리에스텔 섬유의 일반적인 특성을 6.4.3에 나타낸다.

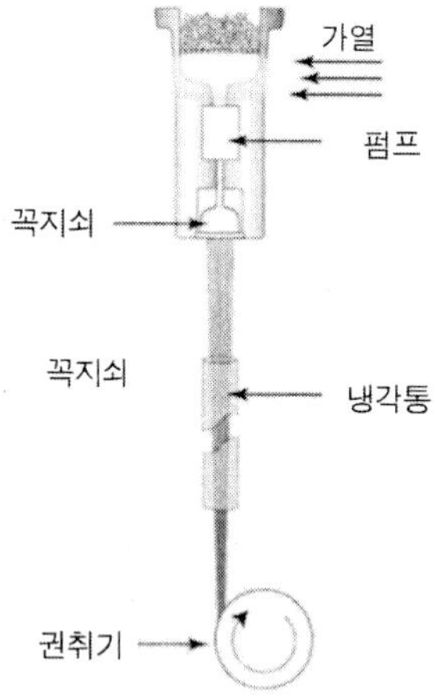

그림 6.4.3 용융방사의 공정도 [2)]

표 6.4.3 폴리에스테르 섬유의 일반 특성

	단위	일반특성
기계적 특성		
비중		1.39
인장강도 23℃	MPa	490~980
인장 탄성률	MPa	1960~7840
파단신율	%	13~25
열적 특성		
융점	℃	255~260
비열	kJ/kg · K	0.28
연화온도	℃	230~240
열전도율	W/m · K	0.08~0.167
선 팽창계수	$\times 10^{-6}$/℃	15
인화온도	℃	348~399
발화온도	℃	483~488

(3) PTFE 코팅제

(a) PTFE의 화학적조성

막재료로 사용되고 있는 코팅재인 PTFE는 탄소와 불소로 이루어진 화합물로, 아래와 같은 구조가 된다.

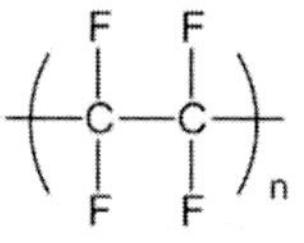

(b) PTFE의 제조과정

PTFE의 제조는 플루오르화칼슘(CaF_2)을 원료로 하여 아래와 같은 반응식으로 제조된다.

• TFE 모노머 (테트라플루오르에틸렌)

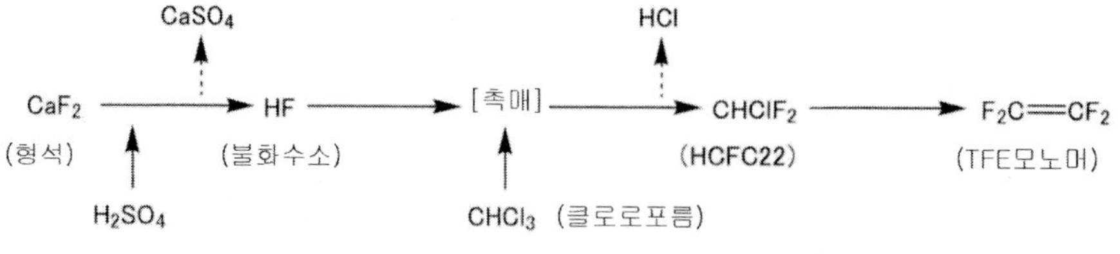

• PTFE (4플루오르화 에틸렌수지)

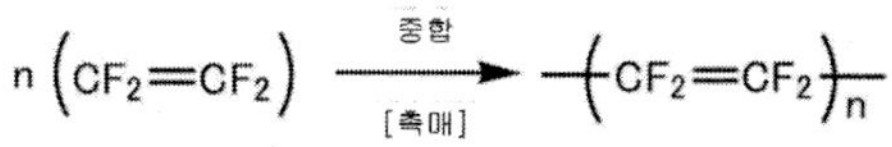

(c) PTFE의 특징

PTFE는 6.4.4에 나타낸 일반특성을 가지고 있으며 그 외 다음과 같은 특징이 있다.

표 6.4.4 PTFE의 일반특성

	단위	일반특성
기계적 특성		
비중	-	2.13~2.20
경도	로크 울	R20
마찰계수	-	0.1
흡수율 24h	%	0.01
인장강도	MPa	20~35
인장 탄성률	GPa	0.4~0.6
파단신율	%	200~400
휨 탄성률	GPa	0.53~0.58
열적특성		
융점	℃	327
비열	10^3J/kg · K	1.0
사용 온도 범위	℃	-200~260
열전도율	W/m · K	0.23
선팽창계수	$\times 10^{-5}$/℃	10
인화온도	℃	-
발화온도	℃	530
임계 산소 지수	%	95 이상
연소 발열량	kJ/g	약 4.2

• 내약품성 : 용융 알칼리금속 및 고온 고압의 불소가스 이외에는 모든 공업 제품에 대해서 불활성이다.

• 내 열 성 : 최고연속 사용온도는 260℃이다. 융점은 327℃이다.

• 전기특성 : 유전률, 유전정접이 고체물질중 최소로, 매우넓은 주파수로 안정되어 있다.

• 비점착성 : 다른 물질이 붙기 힘은 매우 특이한 성질을 가지고 있다. 점착성물질로도 부착하기 어렵고 이형성이 뛰어나다.

• 저마찰성 : 고체 중 최소의 정마찰계수 ($\mu s = 0.04$)를 가지고 있다.

• 내 후 성 : 훌륭한 내후성을 가지고 있으며, 야외에서 장시간 사용해도 열화되지 않는다.

• 난 연 성 : 한계산소지수(LOI)가 95%이상의 난연재료이다.

• 순 수 성 : PTFE는 화학적으로 불활성이며, 매우 순수하다. 첨가제는 전혀 들어있지 않다.

(4) PVC 코팅재

(a) PVC의 화학적 조성

막재료로 사용되는 코팅재인 PVC는 비닐클로이드모노마로 구성되며, 아래와 같은 구조를 갖는다.

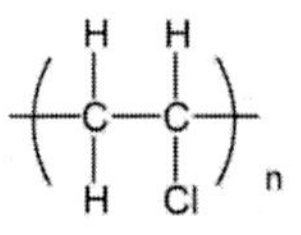

(b) PVC의 제조과정

에틸렌과 염소에서 이염화에틸렌(EDC)을 합성하여, 이것을 열분해하여 PVC 모노마를 얻는다. 얻어진 모노마를 현탁중합하여 PVC를 얻는다.

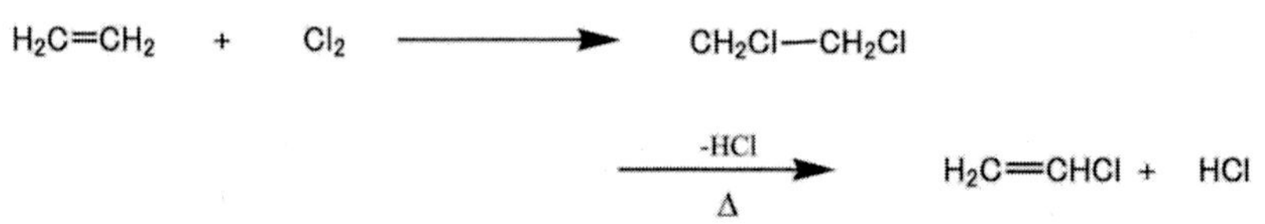

(c) PVC의 특징

PVC는 가소제와의 혼합으로 분자간 힘의 조정이 가능하기 때문에 경질 이외에도 연질재료로서도 사용되고 있다. 이러한 PVC의 폭넓은 특성에 더해 뛰어난 내약품성 · 내후성 · 난연성을 가지며, 이러한 성질을 이용해 토목 건축 · 전력용 부재로서, 또한 저산소통과성, 접착가공성이 좋은 점 등은 원예자재나 식품 포장재 등 매우 광범위하게 쓰인다. 표 6.4.5에 PVC의 일반적 특성을 나타낸다.

표 6.4.5 PVC 의 일반특성

	단위	일반특성
기계적 특성		
비중	-	1.2~1.3
경도	셰어 A	40~80
마찰계수	-	0.4
흡수율 24h	%	0.5~1.0
인장강도	MPa	10~20
인장 탄성률	GPa	2~12
파단신율	%	200~400
휨 탄성률	GPa	-
열적특성		
융점	℃	200~220
비열	10^3J/kg · K	1.25~2.09
사용온도범위	℃	-25~70
열전도율	W/mK	0.126~0.167
선팽창계수	$\times 10^{-5}$/℃	5~25
인화온도	℃	390
발화온도	℃	450
한계산소지수	%	40~45
연소 발열량	kJ/g	약 18

(5) 막재료의 일반적 특성

막재료는 직포에 사용하는 섬유 및 조직(섬유의 크기나 섬유밀도)에 따라 기계적강도, 그 외 특성치가 다르며, 코팅재료와 결합하여 많은 종류의 막재료가 생산되고 있다. 때문에 특성과 제각각으로 모두를 기재하는 것은 어렵다. 구성재료인 직포와 코팅재료의 조합과 그 특성을 표 6.4.6에 나타낸다. 또한 이 수치들은 구성 재료에 따라 달라지기 때문에 막재료 각각에 고유의 특성치가 있다. 사용할 때에는 사용하는 막재료의 특성을 충분히 확인하고 설계할 필요가 있다.

표 6.4.6 막재료의 일반 특성

	직포		유리섬유 직포		폴리에스털 직포
	코팅재		PTFE	PVC	PVC
두께	mm	-	0.8	0.55	0.63
질량	g/m^2	-	1300	785	760
면사의 두께	dtex	-	2700	1350	1100
면사온도	개/2.5cm	수직계	25	25	25
		수평 계	19	25	25
인장강도 (실온)	N/3cm	수직계	4900	3120	2300
		수평 계	4400	3070	2330
인장강도	N/3cm	수직계	4800 (150℃)	2996 (60℃)	2119 (60℃)
		수평 계	4300 (150℃)	2761 (60℃)	2108 (60℃)
영률 (실온)	kN/m	수직계	1,300	2,120	470
		수평 계	900	1,340	298
푸아송 비 (실온)	-	수직계	0.86	0.59	0.38
		수평 계	0.55	0.37	0.24
열전도율	W/m · K		0.167	0.126~0.167	0.126~0.167
선 팽창 계수	$\times 10^{-5}$/℃	수직계	5.9	-	-
		수평 계	13.3	-	-

(6) 막재료의 열적 특성

(a) 막재료의 열분해곡선

각 막재료의 열분해 곡선을 그림 6.4.4에 나타낸다. 폴리에스텔 직포에 PVC를 코팅한 막재료는 200℃를 넘을 무렵부터 열분해가 시작되어, 600℃에서는 탄화물만이 남아 거의 분해된다. 한편, 유리섬유 직포에 PTFE를 함침한 막재료는, 500℃부근에서 PTFE의 분해가 시작되어 600℃를 넘더라도 유리 섬유 직포가 남아 있는 것을 알 수 있다.

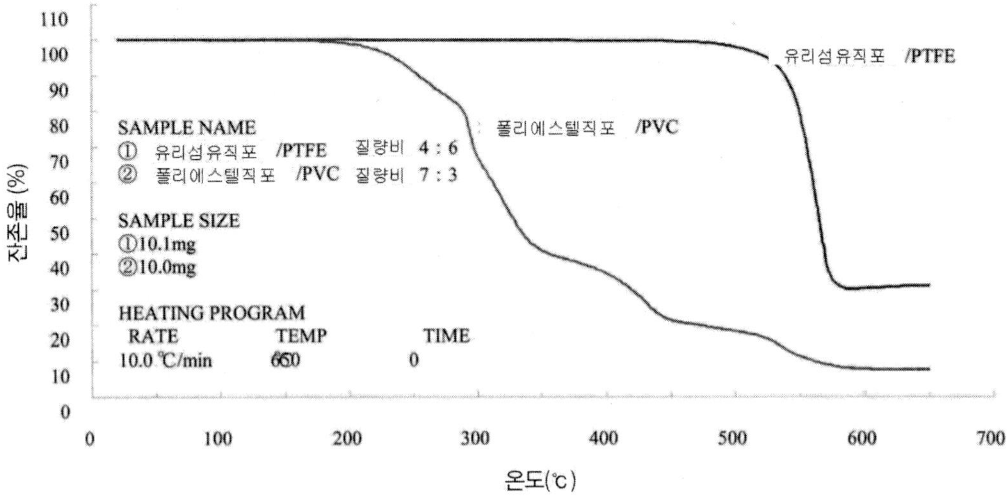

그림 6.4.4 PTFE & PVC막재료TG 곡선

(b) 막재료의 착화성능시험 및 표면시험

표 6.4.7[1)]에 나타낸 것과 같은 재료구성의 막재료를 사용하여 ISO 5657에 의한 착화시험 및 기준법 개정 전의 건설성고시 제1828호에 의한 표면시험을 실시 한 바 있다. 착화성 시험은 인근 화원에서 복사열을 받아 착화하는 것을 상정하여 복사에 의한 각 재료의 착화성의 난이도를 파악 할 수 있다. 또한 표면 실험에서는 막재료의 총 발열량을 파악 할 수 있다.

착화성능시험에 관해서는 그림 6.4.5(a)[3)]와 그림 6.4.5(b)[3)]에 시험 결과를 나타낸다. 동일계의 코팅재료라도 구성이 다르면 착화의 한계치, 착화의 경향이 크게 다르다. 또한 PVC코팅 막재료는 자기 소화성이 있는 삼재나 노송재 등의 목재보다 열 분해하기 쉬우므로, 착화하기 쉽고 특히 불화비닐리덴수지(PVDF)코팅의 막재료(GP7)가 착화하기 쉬운 결과가 나타난다. 그러나 PTFE코팅막재료는 대부분의 재료에 대해 4W/cm^{2}이상이 되지 않으면 착화하지 않는다.

표 6.4.8[3)] 및 그림 6.4.6[3)]에는 표면시험에 의해 얻어진 시험결과를 나타낸다. 표 6.4.7[3)]에 나타낸 막재료는 모두[온도 · 시간면적]은 작지만 가열시의 [중량감소]와[단위중량당 발열량]의 곱으로 구한 [총발열량] 및 [발연량]은 크게 다르다.

발연성에 대해서는 그림6.4.4[3)]에 나타낸 것처럼 PVC계 전체의 경향으로 보면 연소에 의한 중량감소에 비해 발연량이 크지만, PTFE계에서는 연소에 의한 중량감소가 증가해도 발연량은 그다지 증가하지 않는 결과가 나오고 있다.

표 6.4.7 착화시험에 사용한 막재료의 구성 [3)]

항목		GP1	GP2	GP3	GP4	GP5	GP7	GO09	GO10	GO11	GO12	GO13
연사		유리	유리	유리	유리	유리	유리	유리	유리	유리	유리	유리
코팅		PVC	PVC	PVC	PVC	PVC	PVDF	PTFE	PTFE	PTFE	PTFE	PTFE
중량 g/m^2	기포	409	433	325	365	375	580	600	480	580	440	300
	코팅	439	669	565	495	565	339	908	790	570	548	214
	제품	848	1102	890	860	940	919	1508	1270	1150	988	514
두께(mm)		0.63	0.93	0.61	0.71	0.63	0.7	1.1	0.77	0.6	0.75	0.43

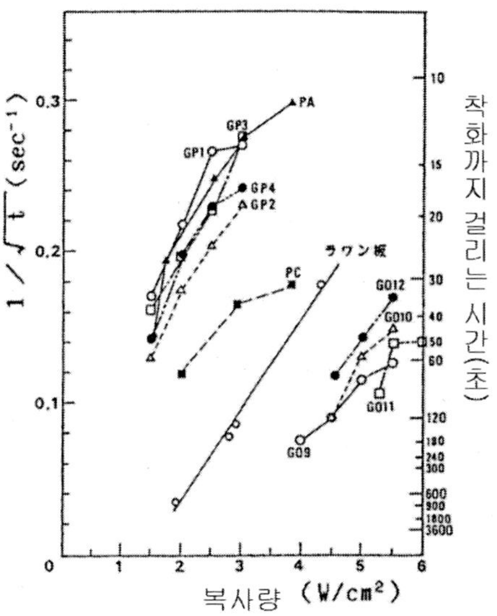

그림 6.4.5 (a) 가열강도와 착화시간 [3)]

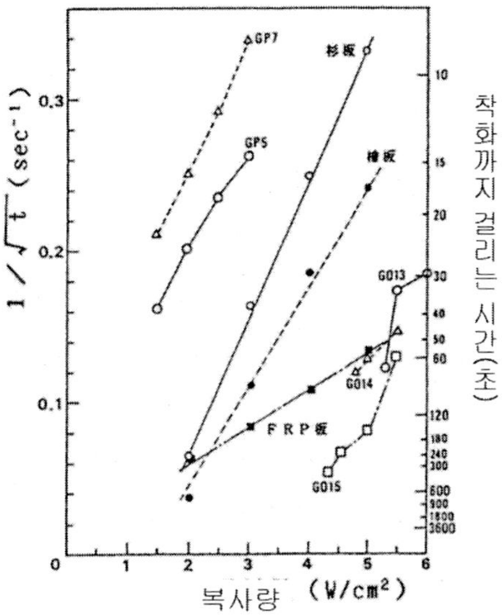

그림 6.4.5 (b) 가열강도와 착화시간 [3)]

표 6.4.8 막재료 표면 시험 데이터[3)]

No.	품명	감소량 : g	CA	CA/g	총발열량 cal
1	GP 1	19.0	93.0	4.9	81,985 *
2	GP 2	26.9	167.7	6.2	116,074 *
3	GP 3	11.9	74.3	6.2	51,349 *
4	GP 4	17.6	90.0	5.1	75,944 *
5	GP 5	24.2	73.6	3.0	104,423 *
7	GP 7	14.9	22.0	1.5	64,294 *
9	GO 9	10.6	1.5	0.1	10,642 *
10	GO 10	3.6	1.0	0.3	3,614 **
11	GO 11	16.2	1.5	0.1	16,265 **
12	GO 12	12.4	5.0	0.4	12,450 **
13	GO 13	24.7	2.5	0.1	24,799 **

총발열량(cal) 은 (감소량) × (단위g당의 발열량 : *또는 **)
*4,315(cal/g), **1,004(cal/g)

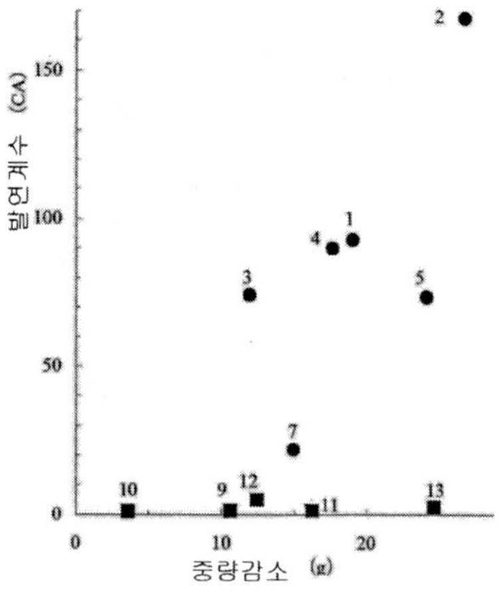

그림 6.4.6 표면시험시의 발열량[3)]

(c) 막재료의 발열성 시험

표 6.4.9[4)]에 나타낸 것처럼 재료구성(기포는 모두 유리섬유 직포)의 막재료를 사용하여 ISO 5660에 의한 발열성방법(콘칼로리 법)에 의해 시험을 실시한 결과가 있다. 이것은 2000년 건축기준법 개정에 의해 새로운 방화 재료의 평가법으로 도입되었다.

시험은 수평으로 둔 시험체(10×10cm)의 상부에서 콘 형의 히터에 의해 복사가열(50kW/m^2)하여, 전기스파크 점화원에 의해 착화 시켜 이때 발생하는 연소 가스를 분석하여 산소의 소비량으로부터 발열량을 측정한다.

시험시간은 불연재료 20분, 준불연재료 10분, 난연재료 5분으로 그 사이의 최고 발열속도가 200kW/m^{2}이하, 총 발열량이 8MJ/m^2 이하로 되어 있다.

이번 결과에서는 그림 6.4.7[4)]로부터 PVC의 경우 제품질량이 850g/m^2 이하정도라면 준불연재의 규격을 만족시키고, 표 6.4.10[4)] 로부터는 PVDF의 경우 불연재료의 규격을 만족시키는 것이 있음을 알 수 있다.

표 6.4.9 막재료 시험체[4)]

기호	코팅제	질량 [공칭값] (g/m²)	시험체질량 (g/m²)	시험체두께 (mm)
P-01	PVC	780	805	0.53
P-02		780	792	0.51
P-03		785	783	0.53
P-04		785	791	0.53
P-05		800	804	0.52
P-06		864	829	0.58
P-07		850	749	0.49
P-08		866	838	0.55
P-09		890	875	0.59
P-10		926	908	0.58
P-11		925	972	0.64
F-01	PVDF	985	951	0.56
F-02		1020	1029	0.59

표 6.4.10 막재료의 발열성 시험결과[4)]

기호	질량시험체 (g/m²)	최고발열속도 (kW/m²)	200kW 지속 시간 (s)	합계발열량 (MJ/m²)		
				5분 난연	10분 준불연	20분 불연
P-01	805	227.5	5.6	6.79	7.12	7.84
		208.2	3.6	6.11	6.47	6.54
P-02	792	170.0	-	5.92	6.48	7.45
		172.8	-	6.31	7.33	8.67
P-03	783	187.1	-	6.32	6.70	7.08
		199.4	-	6.59	7.00	7.40
P-04	791	161.9	-	6.47	7.03	7.79
		199.5	-	6.79	7.36	8.31
P-05	804	181.2	-	6.74	7.54	8.78
		151.9	-	6.93	7.53	8.18
P-06	829	197.8	-	6.58	7.59	8.25
		205.1	4.8	6.97	7.91	8.41
P-07	749	179.0	-	5.47	6.26	7.55
		183.7	-	5.09	5.77	6.69
P-08	838	235.9	8.8	7.24	7.71	8.13
		235.1	8.6	7.55	7.97	8.38
P-09	875	158.9	-	7.93	8.75	9.14
		177.8	-	8.35	8.85	9.15

기호	질량시험체 (g/m^2)	최고발열속도 (kW/m^2)	200kW 지속 시간 (s)	합계발열량 (MJ/m^2)		
				5분 난연	10분 준불연	20분 불연
P-10	908	218.1	4.5	8.00	8.86	10.35
		206.1	2.3	7.59	8.58	9.31
P-11	972	215.6	4.6	8.60	9.33	9.97
		229.7	7.9	9.50	10.14	10.45
F-01	951	58.4	-	6.03	6.86	8.10
		41.5	-	5.24	5.79	6.53
F-02	1029	29.6	-	4.22	4.55	4.80
		28.2	-	4.20	4.48	4.81

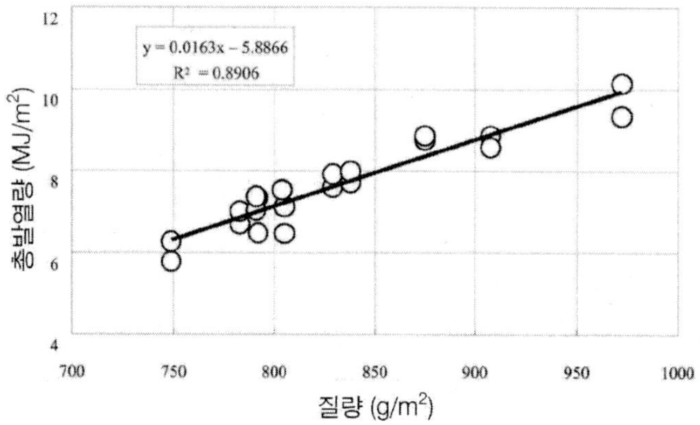

그림 6.4.7 PVC의 질량과 총발열량–준불연 10분간 합계[4)]

6.4.3 환경을 고려한 막재료의 특성 및 그 구성재료

2000년경부터 환경을 고려한 막재료의 개발이 진행되고 있다. 여기서 말하는 "환경을 고려한"은 폐재료 또는 사용 후의 막재료가 용이하게 재활용 될 수 있는 것, 온난화가스 배출량 저감에 공헌하는 것 등을 들 수 있다.

이 중 몇가지 특징을 소개한다.

(1) 올레핀계 수지에 의한 막재료

올레핀계 수지들로 이루어진 합성 섬유사를 사용한 직포에 올레핀계수지를 코팅한 막재료는 섬유와 코팅재가 단일 소재로 되어 있기 때문에 열을 가하는 것만으로 서로 용해되어 간단하게 수지 페렛이나 시트를 재생 할 수 있다. 다시말하면, 재료 리사이클이 가능한 막재료이다.

(a) 기포로 사용하는 섬유[5), 6)]

폴리에틸렌 또는 폴리프로필렌처럼 에틸렌이나 프로필렌 등의 올레핀 중합으로 생성된 폴리머를 주성분으로 형성한 합성섬유를 올레핀 섬유라고 부른다.

- 폴리에틸렌 섬유 : 폴리올레핀의 일종인 폴리에틸렌을 원료로 하는 섬유로, 물보다 가볍다. 또한 전기적성질, 내약품성, 내한성, 내 충격성 등에도 뛰어난 성질을 갖는다. 더욱이, 흡습성, 투습성이 낮기 때문에 습윤시의 물성 저하도 거의 없다. 로프 등의 고강도를 필요로 하는 산업 자재용 섬유 소재로 널리 사용되고 있다.
- 폴리프로필렌 섬유 : 폴리올레핀의 일종인 플리프로필렌을 원료로 하는 섬유로 합성 섬유 중 가장 비중이 낮아 내약품성이 뛰어나고, 습윤시에서도 거의 물성이 저하되지 않는다. 폴리에틸렌에 비해 가늘게 선을 뽑기 쉽고 촉감도 뛰어나 많은 용도로 사용된다.

표 6.4.11에 폴리에스테르 섬유와 이러한 올레핀섬유의 성능을 비교하고 있다. 인장강도, 내후성 등 사용상의 물성에는 큰 차이가 없다. 하지만, 비중은 올레핀 섬유 쪽이 낮으며 열적 특성은 폴리에스텔 쪽이 더 높다는 것을 알 수 있다. 모두 연화점이 100℃ 이상이기 때문에 정상적인 경우 막재료로서의 사용에 문제는 없다.

(b) 코팅재에 사용하는 수지[9)]

표 6.4.13에 폴리염화비닐(PVC)과 폴리올레핀(PO)인 폴리에틸렌(PE), 폴리프로필렌(PP), 실리콘 수지(Si)를 비교하였다. 일반적으로 폴리에틸렌은 다음의 특성이 있다.

- 인장, 인열, 충격강도등의 기계적 특성이 뛰어나다.
- 내열, 내한성이 좋다.
- 강성이 있고, 탄력이 있다.
- 내유, 내 스트레스 크레킹, 히트씰 성이 좋다.
- 방습, 방수성이 좋다.
- 저온에서도 유연하다.

또한 비교적 저온에서 연화용융하며, 용융된 상태에서 늘어나 필름으로 가공하기 쉽다.

내후성에 관해서는, PVC에 비해 PO는 떨어지지만 자외선 흡수제의 배합에 의해 향상이 가능하다. 난연성에 관해서도 방염제의 배합을 통해서 동등한 능력을 얻을 수 있다.

표 6.4.11 막재료의 기포에 사용되는 섬유의 성질[7),8)]

	삼베(마)	폴리에틸렌(저압법)	폴리프로필렌		폴리에스텔	
			보통	고강도	보통	고강도
인장강도(gf/d)	5.6~6.3	5.0~9.0	4.5~7.5	7.5~9.0	4.3~6.0	6.3~9.0
습윤시 인장강도(gf/d)	5.8~6.6	5.0~9.0	4.5~7.5	7.5~9.0	4.3~6.0	6.3~9.0
신율(%)	1.5~2.4	8~35	25~60	15~25	20~40	7~17
비중	1.5	0.94~0.96	0.91		1.38	
열의 영향 및 연소상태	130℃, 5시간 가열로 황변, 200℃에 분해	연화점 : 100~115℃ 용해점 : 125~135℃ 용해되면서 서서히 연소(재는 거의 남지 않음)	연화점 : 140~160℃ 용해점 : 165~173℃ 용해되면서 서서히 연소(재는 거의 남지 않음)		연화점 : 238~240℃ 용해점 : 255~260℃ 용해되면서 서서히 연소. 녹은 후 식으면 흑갈색 덩어리가 됨. 스스로 연소 하지 않음	
내후성	강도는 거의 저하하지 않음	강도는 거의 저하하지 않음	강도는 거의 저하하지 않음		강도는 거의 저하하지 않음	
산의 영향	황산에 팽윤하고, 초산에 담황색이 된다	염산, 황산에 강도는 거의 저하되지 않음	염산, 황산, 질산에 강도는 거의 저하되지 않음		35%염산, 75%황산, 60%질산에는 강도는 거의 저하되지 않음	
알칼리의 영향	팽윤하지만 손상되지 않음	50% 가성 소다 용액에는 강도는 거의 저하되지 않음	50% 가성 소다 용액, 28%암모니아 용액에는 강도는 거의 저하되지 않음		10%가성소다 용액, 28%암모니아 용액에 강도는 거의 저하되지 않음	
그 외 화학약품의 영향	산화재에 대한 저항성이 약하다	거의 변화하지 않음	거의 변화하지 않음		일반적으로 양호한 저항성 있음	
벌레 · 곰팡이의 영향	벌레에 저항성 있지만, 곰팡이에 침해됨	완전 저항성 있음	완전 저항성 있음		완전 저항성 있음	

(c) 발열성 시험

기포 및 코팅재에 올레핀계 수지를 사용한 막재료에 대해, ISO 5660에 의한 발열성 시험 (콘칼로리미터법)의 결과를 표 6.4.12에 나타낸다.

표 6.4.12 올레핀계 막재료의 발열성 시험결과 (시험시간 20분)

시험체질량(g/m^2)	시험체두께(mm)	최대발열속도(kW/m^2)	200kW 지속시간(s)	총발열량(MJ/m^2)
759	0.98	126.38	-	18.2

총 발열량이 $8MJ/m^2$를 넘는 것 및 기포, 수지 모두 연소해서 탄화되므로 이 막재료가 건축기준법으로 규정되는 불연재료가 될 수는 없지만, 염화비닐수지 코팅 폴리에스텔 섬유포(C종 막재료)와 동등의 성능(JISA 1322에 규정된 방염2급 합격)을 확보하고 있는 것은 확인 되고 있다.

(2) 케나프 식물 섬유를 기포에 사용한 막재료

(a) 케나프의 특징

케나프는 아욱과의 한해살이풀로 성장력이 뛰어나고, 이산화탄소 고정량이 많아 환경 보전 식물로 주목 받고 있다. 자동차 분야의 내장이나 타이어 커버, 컴퓨터의 키보드 휴대전화의 바디재 등으로 이용되고 있다. 또한, 비목재의 종이 원료로도 많이 이용되고 있다.

표 6.4.13 막재료의 코팅에 사용되는 수지의 성질[10),11),12)]

시험항목	시험방법	단위	연질 폴리염화비닐 (PVC)	폴리에틸렌 (PE)	폴리프로필렌 (PP)	실리콘수지 (Si)
성형수축률	-	%	1~5	1.5~5	1~2.5	-
비중	ASTM D 792	-	1.16~1.35	0.918~0.932	0.9~0.91	1.05~1.23
인장강도	ASTM D 638	N/cm^2	1100~2500	840~3200	3200~34200	549~684
신율	ASTM D 638	%	160~240	100~650	200~700	100
투명성	-	-	반투명~불투명	투명~불투명	반투명~불투명	투명
흡수율 (24h)	ASTM D 570	%	0.15~0.75	〈0.01	0.01~0.03	0.12
내산·내알칼리성	ASTM D 543	-	강산에 조금 침해됨	산화성 산에 침해됨	산화성 산에 침해됨	극히 미약하게 침해됨
내약품성 (유기용제)	ASTM D 543	-	케톤, 에스테르, 방향족 탄화수소에 용해 또는 팽윤	-	80℃ 이하에서 견딤	용제에 침해됨

시험항목	시험방법	단위	연질 폴리염화비닐 (PVC)	폴리에틸렌 (PE)	폴리프로필렌 (PP)	실리콘수지 (Si)
연속허용온도	-	℃	60	75	-	204
단락시 허용온도	-	℃	120	140	-	-
연소성	ASTM D 635	-	지연~자기소화성	매우느림	느림	자기소화성
수분	ASTM E 96	-	우수	우수	우수	-
햇빛의 영향	ASTM D 1435	-	양호	약간불가~양호 (안정제로서)	약간불가~양호 (안정제로서)	양호

또한, 케나프는 바이오매스(재생가능한 유기성 자원)이기 때문에 카본뉴트럴 재료이다. 즉, 화석자원으로 이루어진 합성 섬유에 비하면, 육성 과정에서 이산화탄소를 흡수하고 있기 때문에 매우 환경부담이 적은 소재라 할 수 있다. 또한 케나프에는 셀룰로스가 많이 포함되어 있기 때문에 사용 후의 막재료를 종이로 재활용 할 수 있다는 것이 큰 특징 중 하나이다. 케나프섬유의 물성은 표 6.4.11에 나타낸 삼과 거의 같다. 인장강도는 고강도 타입의 폴리프로필렌이나 폴리에틸렌과 비교하면 낮지만, 이들과 혼직하는 등의 방법에 의해 기포로서 충분한 강도를 얻을 수 있다. 더욱이, 이 기포에 염화비닐수지나 우레탄 수지 등의 코팅을 실시함으로서 실용적인 막재료로서의 성능을 얻을 수 있다.

사진 6.4.1 케나프

사진 6.4.2 케나프 섬유사와 케나프 섬유 막재료

사진 6.4.3 사용이 끝난 케나프 섬유 막재료를 종이로 재활용한 예 (봉투)

(b) 발열성시험

케나프섬유사와 폴리에스텔 섬유사를 혼직시킨 기포에 폴리우레탄을 코팅한 막재료에 대해 ISO 5660에 의한 발열성 시험 (콘칼로리미터법)의 결과를 표 6.4.14에 나타낸다.

표 6.4.14 케나프 섬유 막재료의 발열성 시험 결과 (시험시간 20분)

시험체 No	시험체질량 (g/m^2)	시험체 두께 (mm)	최대발열속도 (kW/m^2)	200kW 지속시간 (s)	총발열량 (MJ/m^2)
1	859	0.98	211.19	9.5	11.49
2	861	0.98	185.82	-	11.24

이 막재료도 올레핀계 막재료와 마찬가지로 건축기준법으로 규정된 불연재료가 되지는 않지만, 염화비닐수지 코팅 폴리에스텔 섬유포(C종 막재료)와 동등한 성능(JISA 1322에 규정된 방염 2급 합격)을 확보하고 있는 것은 확인되고 있다.

(3) 실리콘 수지를 코팅재료로 이용한 막재료

(a) 실리콘 수지의 특징

실리콘 수지는 실록산 결합을 주골격으로 한 고분자화합물이며, 내열성, 내한성, 내후성 등이 뛰어나고, 일용품 등에도 널리 사용되고 있다. 유감스럽게도 실리콘 수지를 코팅한 막구조 건축물용 막재료는 일본에서는 제조되지 않고 있지만(2016년 기준) 해외에서는 시판되고 있으며, 건축물에 적용된 사례가 있다.

실리콘수지는 막재료로 사용되는 코팅재료로서 사플루오린화 에틸렌 수지에 이어 장수명이 기대된다는 점과 할로겐 원소를 포함하지 않기 때문에 폐기처리시에 환경에 대한 부하가 적은 점이 특징이다. 비교적 저렴하고 장수명인데다 환경부하가 적은 막재료가 될 가능성이 있어, 향후 일본에서의 제품화가 기대된다.

(b) 발열성 시험

유리 섬유기포에 실리콘수지를 코팅한 해외에서 시판되는 막재료에 대해 ISO 5660에 의한 발열성시험(콘칼로리미터법)의 결과를 표 6.4.15에 나타낸다.

표 6.4.15 실리콘 수지 막재료의 발열성 시험 결과 (시험시간 20분)

시험체 두께 (mm)	시험체질량 (g/m^2)	최대발열속도 (kW/m^2)	200kW 지속시간 (s)	총발열량 (MJ/m^2)
0.22	425.3	64.17	-	4.32
0.80	1286.2	114.47	-	9.56

시험 결과가 나타내는 대로 코팅재의 질량을 적절히 조정하면, 불연재료로 할 수도 있다. 인장강도나 내후성 등 건축용 막재료에 요구되는 다른 성능과 함께 제품화를 검토할 필요가 있다.

6.4.4 막구조용 필름

일반적인 막재료와 같은 직포를 가지지 않는 수지제의 필름재료가 유럽을 중심으로 건축물에 많이 사용되고 있다. 2006년 월드컵(독일)이나 2008년 올림픽(베이징) 시설에 사용된 것으로 알려지면서 최근 일본에서도 주목받고 있다. 현재 건축물에 사용되고 있는 필름 재료는 에틸렌 · 사불화에틸렌 공중합(Ethylene/Tetra FluoroEthylene 이하 ETFE) 수지제인 것이 일반적이다. ETFE필름은 불소수지를 주 원료로 만들어져 높은 투광성(투명성)과 내후성, 내열성을 가지고 있는 것이 큰 특징이다. 표 6.4.16에 투명성을 가진 주요 건축재료의 특성 비교를 나타낸다. 또한 ETFE필름은 수지에 안료를 섞어 착색하거나 필름 표면에 도장을 칠하는 것도 용이하며 외관의 연출이나 내부 공간의 조광에 이용되는 경우도 많다.

사진 6.4.4 ETFE 필름을 이용한 건축물의 해외사례 엠파이어 시티 · 카지노 욘커스(미국 뉴욕) (사진제공: 태양공업주식회사)

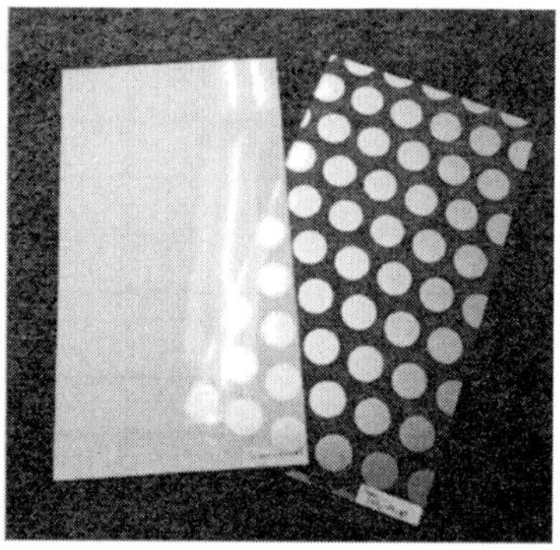

사진 6.4.5 착색된 필름(좌)과 물방울 마크가 있는 필름(우)

표 6.4.16 투명성을 가진 주요 건축재료의 성능비교[13)]

	ETFE(필름)	폴리카보네이트(판)	PVC(필름)	보통 판 유리(판)
내후성	양호	좋지 않음 (내후처리 가능)	좋지 않음	극히 양호
광선 투과율	95%	89%	95%	80%
열팽창률	6.0 X 10^{-5}	7.0 X 10^{-5}	5.0~10.0 X 10^{-5}	8.5 X 10^{-6}
인장파단강도	40~60 N/mm^2	56~70 N/mm^2	45~63 N/mm^2	30~90 N/mm^2
신율	400%	105%	200%	-
비중	1.75	1.2	1.4	2.5
두께	50~500 μm	2~15 mm	50~200 μm	3~19 mm
변형 추종성	극히 양호	비교적 양호	양호	좋지 않음
내 충격성	양호	극히 양호	양호	좋지 않음

	ETFE(필름)	폴리카보네이트(판)	PVC(필름)	보통 판 유리(판)
자기정화성	양호	좋지 않음	나쁨	좋지 않음
내열성(융점)	260~270℃	220~230℃	180℃	720~730℃ (연화점)
방화성	방염	방염	방염	불연

(1) 발열성시험[14)]

ETFE필름을 건축물에 사용할 때는 일반적인 막재료와 마찬가지로 필름은 항상 장력을 부여 받아 안정된 형태로 만들 필요가 있다. ETFE필름의 경우 재료의 특성상 필름을 복층으로 하여 내부의 공기압을 높임으로써 장력을 주는 쿠션방식을 이용하는 경우가 많다. 따라서 발열성 시험에서도 이 점을 고려하여 필름1장과 필름3장으로 실시하였다. 이하에 ETFE필름 (두께 200㎛ 1장 및 3장)에 관해 ISO 5660에 의한 발열성시험(콘칼로리미터법)의 결과를 표 6.4.18에 나타낸다.

ETFE필름의 총발열량은 작지만 기포가 없는 수지만의 구성이기 때문에 건축기준법에 규정된 불연재료, 준불연재료, 난연재료는 되지 않는다. 또한 ETFE필름(1장)은 JIS A 1322에 규정된 방염 1급에 합격하는 것이 확인되고 있다.

표 6.4.17 ETFE 필름의 발열성 시험 결과 (시험시간 20분)

시험체 No	시험체 두께	필름 매수	최대발열속도 (kW/m²)	200kW 지속시간 (s)	총발열량 (MJ/m²)
1	200	1	76.3	-	2.1
2	200	1	82.4	-	2.1
3	200	1	80.9	-	2.8
1	200	3	144.8	-	5.1
2	200	3	186.4	-	5.2
3	200	3	144.5	-	5.0

(2) 지붕의 방화성능 [14)]

ETFE필름을 이용한 지붕(3층 쿠션방식)이 건축기준법 제 63조 및 동 시행령 136조의 2의 2 제1호 (방화지역 또는 준방화지역내의 건축물의 지붕(불연성의 물품을 보관하는 창고 등))에 적합한 성능을 가지고 있는가를 확인하기 위해서 실시한 성능평가시험(불티시험)의 결과를 이하에 나타낸다.

- 시험내용　(재)건재시험센터가 정한 [방내화 성능시험 · 평가업무방법서]의 지붕판재의 불티성능시험 · 평가방법에 의거한 시험
- 시험체　그림 6.4.8 참고
- 시험결과　표 6.4.18 참고
- 시험조건　사진 6.4.4 참고

시험결과, 해당지붕은 불티가 지붕재료를 관통하지만(옥내에 도달하는 방화상 유해한 용융, 균열 그 외의 손상 있음), 화염이 확대되지는 않는(방화상 유해한 발염 없음) 것이 확인되어, 전술한 성능을 가지고 있는 것에 대하여 국토교통장관의 인증을 취득하고 있다.

또한, 2015년의 건축기준법 개정에 의해, 이 성능에 적합한 건축물의 용도인 [불연성의 물품을 보관하는 창고, 그 외 이에 준하는 것] 으로서 일정의 조건을 충족한 [극장, 영화관, 연예장, 관람장. 공회당 및 집회장을 주된 용도로 제공하는 거실] 과 [아트리움, 그 외의 대규모 공간을 통행용으로 제공하는 용도]의 2건이 추가되어 ETFE필름등을 사용 가능한 건축물의 용도가 확대되었다. (2016년 국토교통성 고시 제 693호 및 2016년 6월1일 국주지제 669호 건축기준법의 일부를 개정하는 법률 등의 시행에 대해서 (기술적조언) 별지 참조)

전술한 지붕의 방화성능이 인정된 것 이외에 ETFE필름은 건축기준법 제37조에 의거한 지정 건추재료로도 인정되었지만 건축물의 주요 부분에 적용될 경우에는 다음과 같은 점에 주의가 필요하다.

- 구조안전성능 : ETFE필름의 구조방법에 관한 기술적 기준, 구조계산방법 등이 정비되어 있지 않은 상태(2016년 6월 현재) 이기 때문에 개별 장관인정을 취득할 필요가 있다.
- 내화성능 : ETFE필름을 사용한 지붕, 벽은 내화구조가 되지 않기 때문에 내화건축물로 하지 않으면 안되는 건축물에 사용하는 경우에는 건축물 개별 장관인정이 필요하다. (6.4.5절 참고).

ETFE필름에 관한 법령 및 기준등은 현재 정비되고 있다. 건축물에 사용을 검토할 경우는 항상 최신정보를 확인 할 필요가 있다.

표 6.4.18 ETFE 필름을 사용한 지붕의 불티 실험 결과

시험체	A1	A2	A1	A2
경사각도	15°	15°	30°	30°
시험체의 연소에 의한 화염확대	없음	없음	없음	없음
판정	합격	합격	합격	합격

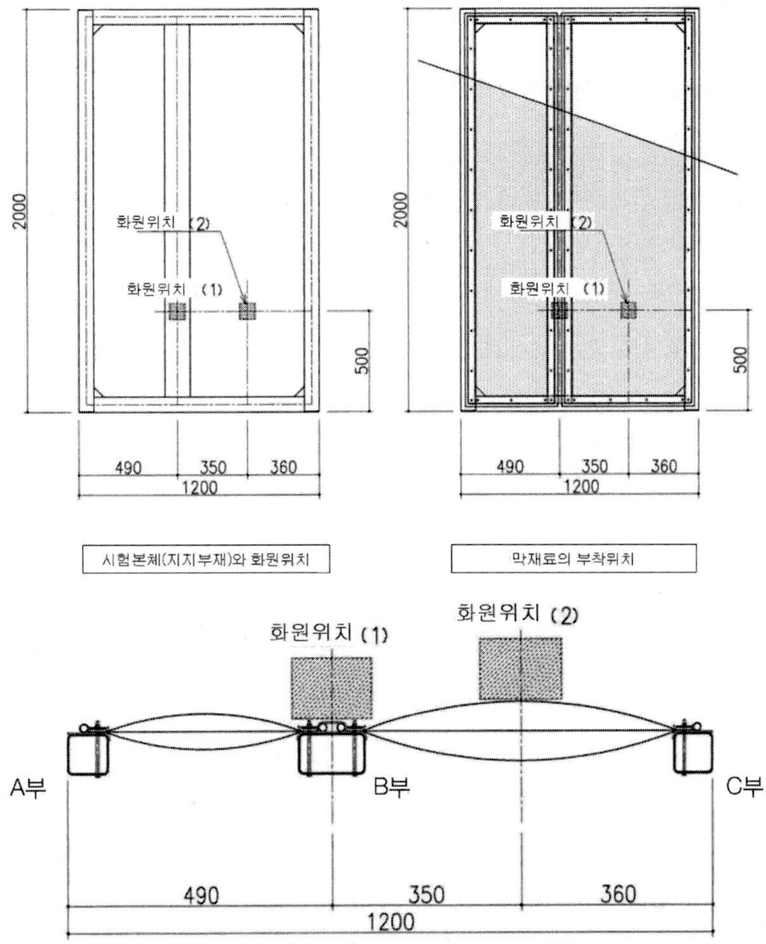

그림 6.4.7 ETFE필름을 이용한 지붕의 불티시험 시험체

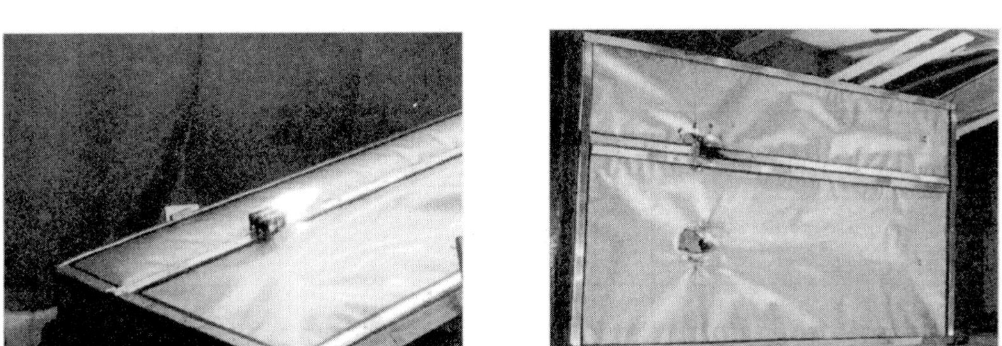

그림 6.4.6 ETFE필름을 이용한 지붕의 불티시험 상황(프린트된 필름을 사용한 시험)

6.4.5 막재료와 방화관련 법규[15)]

(1) 막재료의 방화성능

기존에는 막구조 건축물에 사용되는 막재료는 그 구성재에 따라 A~C 종으로 분류되고, 그에따라 방화 성능도 정해져 있었다. 그러나 건축기준법의 성능규정에 따라 현재는 각 막재료의 상표나 품번별로 방화성능을 인정받고 있다. 때문에 막재료 선정시에는 막재료 메이커에 해당 막재료의 방화성능(인정취득상황)을 확인할 필요가 있다. 표 6.4.19에 막재료 등의 종별 방화성능인정의 대략적인 상황을 나타내었다. (2016년 6월 현재) B종 막재료, C종 막재료는 인정내용이 다른 상표, 품번의 것이 존재하기 때문에 주의해야 한다.

또한, 최신 정보는 (사)일본막구조협회 홈페이지(http://www.makukouzou.or.jp/)에서 확인이 가능하다.

표 6.4.19 막재료등의 인정 취득 상황

	불연재료	준불연재료	법 63 조 (령 136조 2의2)		법 22 조 (령 109조 5)	
			제1,2호	제1호	제1,2호	제1호
A종 막재료	○	←	←	←	←	←
B종 막재료	○	←	←	←	←	←
	—	○	—	←	○	○
	—	—	—		○	○
C종 막재료	—	—	—	○	—	←
	—	—	—	—	—	○
막 구조용 필름	—	—	—	○	—	←

○ : 인정 있음 ← : 왼쪽 란의 인정으로 대응 가능 — : 적용하지 않음

A종 막재료 : 유리섬유 기포에 PTFE를 코팅한 것
B종 막재료 : 유리섬유 기포에 PVC등을 코팅한 것
C종 막재료 : 폴리에스텔섬유 기포에 PVC등을 코팅한 것
막 구조용 필름 : ETFE 수지 등을 필름형태로 한 것

(2) 막구조의 내화 건축물

개정 건축법에 따라 내화건축물에 대한 적합 확인 루트는 다음과 같은 3가지가 규정되어 있다.

(ⅰ) 주요 구조부가 모두 내화 구조인 것 (루트 A)

(ⅱ) 정령에서 정하는 기준에 적합한 것임을 내화성능검증법에 따라 확인한 것(루트 B)

(ⅲ) 정령에서 정하는 기준에 적합한 것으로써 국토교통장관의 인정을 받은 것(루트 C)

(ⅰ) 에 대해서는 막구조의 주요 구조부는 내화 구조가 아니기 때문에 적용 할 수 없고 (ⅱ) 는 [지붕은 내화 구조일 것]이 조건이기 때문에 막구조는 대상외가 된다. 따라서 내화건축물로 하지 않으면 안되는 건축물에 막구조 부분을 설치하는 경우에는 (ⅲ)의 장관인정(개별)을 받거나 다음 항목(3)에 해당하는 것이 필요하다.

(3) 막재료를 지붕에 사용한 건축물의 주요 구조물 구조

내화 건축물로 하지 않으면 안되는 건축물에 막구조 부분을 설치하는 것이 가능한 구조방법에 대해 다음과 같은 사항이 인정되고 있다.

- 인정번호 : NFNN-9931
- 인정을 한 구조방법 또는 건축재료의 명칭 : 막재료를 지붕에 이용한 건축물에서의 주요 구조부의 구조방법
- 피 인정자 : 막구조 시공회사 23사
- 적용범위 : 건축물의 지붕의 전부 또는 일부를 2000년 건설성고시 제 1446호에 규정하는 막재료를 이용한 2002년 국토교통성 고시 제 666호에 적합한 구조로 한 건축물
- 인정된 구조방법 또는 건축재료의 내용 : 표 6.4.20과 같다.

표 6.4.20 인정된 구조방법 또는 건축재료의 내용

<table>
<tr><th colspan="3">용도</th><th>바닥에서 막재료등 까지의 높이</th><th>막재료의 제한</th><th>막구조 부분과 막구조부분 이외의 구획</th></tr>
<tr><td rowspan="7">개방형</td><td>①</td><td>수영장 테니스 연습장, 스케이트장, 기타 이와 동등이상의 화재 발생 위험이 적은 스포츠 연습장</td><td rowspan="3">2.7m 미만 부분에 설치하지 않음</td><td rowspan="3">바닥에서 높이 5m미만은 불연재료</td><td rowspan="8">내화구조의 벽·바닥 혹은 특정방화 설비로 방화구획하고, 막구조부분 이외의 부분의 벽과 막재료 등의 부분이 접하는 경우는 막재료 등의 부분으로부터 상부 90cm이내의 외벽의 개구부에는 방화설비(법 제2조 제9호)를 설치할 것. 단, 막구조 부분이 개방형 중 왼쪽 표의 ①,②,③일 경우이며, 막구조부분 이외의 부분 중 막구조 부분에 인접하는 부분을 통로, 수납가연물이 적은 로비나 기타 이와</td></tr>
<tr><td>②</td><td>통로, 휴게소, 기타 이와 동등 이상의 화재 발생 위험이 적은 용도</td></tr>
<tr><td>③</td><td>자전거 주차장</td></tr>
<tr><td>④</td><td>작업장</td><td rowspan="4">5m 미만 부분에 설치하지 않음</td><td rowspan="4">불연재료</td></tr>
<tr><td>⑤</td><td>공연·이벤트용 광장</td></tr>
<tr><td>⑥</td><td>관람장</td></tr>
<tr><td>⑦</td><td>정류소·오토바이 주차장</td></tr>
<tr><td>폐쇄형</td><td>①</td><td>수영장 테니스 연습장, 스케이트장, 기타 이와 동등이상의 화재 발생 위험이 적은 스포츠 연습장</td><td>2.7m 미만 부분에 설치하지 않음</td><td>바닥에서 높이 5m미만은 불연재료</td></tr>
</table>

용도			바닥에서 막재료등 까지의 높이	막재료의 제한	막구조 부분과 막구조부분 이외의 구획
	②	통로 · 수납가연물이 적은 로비	5m 미만 부분에 설치하지 않음	불연재료	동등하게 화재 발생의 우려가 적은 용도로 제공하는 경우는 제외한다.
	③	체육관			

※ 용어의 정의나 상세한 조건은 인정서 별첨에 기재되어 있다.

6.4.6 결언

막재료는 비교적 많은 열적 특성 데이터가 취득되고 있기 때문에 화재성상 예측결과, 막재료의 온도를 알면 착화유무, 용융 여부를 판단할 수 있지만 막재료에 요구되는 방내화상의 성능수준에 대해서는 구체적이지 못한 부분이 있기 때문에 향후 면밀한 검토가 요망된다.

인용 · 참고문헌

1) グラスファイバーその材料としてのポジション，日東紡績株式会社，p. 11
2) 高分子化学序論（第2版）化学同人，p. 310，1981
3) 鈴木弘昭，五頭辰紀，膜構造用膜材料の熱特性：日本建築学会大会学術講演梗概集（近畿），pp. 807-808，1987. 10
4) 五頭辰紀，河野守：膜材料の発熱性に関する考察，日本建築学会大会学術講演梗概集（東海），pp. 303-304，2003. 9
5) 繊維の化学，pp. 118-121，三共出版，1978
6) 繊維の百科事典，pp. 940-943，丸善，2002
7) 繊維学会編：繊維便覧　第2版，pp. 12-13，1994
8) 三訂版　繊維，pp. 6-15, pp. 53-59，東京電機大学出版局，1986
9) プラスチック技術マニュアル，pp. 8-2-8-3, 理工学社，1989
10) 大阪市立工業研究所プラスチック読本編集委員会 プラスチック技術協会共編：プラスチック読本
11) プラスチックフィルム-加工と応用-，pp. 300-308，技報堂出版，1995
12) 新版プラスチック材料読本, pp. 401-424, 工業調査会，1987
13) 膜構造研究論文集 2005, p. Ⅱ-3, 日本膜構造協会
14) 建材試験情報, vol. 52，pp. 2-6, 建材試験センター, 2005. 1
15) 膜構造の建築物・膜材料等の技術基準および同解説編集委員会編：膜構造の建築物・膜材料等の技術基準及び同解説，p. 6, pp. 102-111，2003

6.5 면진장치

6.5.1 면진구조와 면진장치의 개요

(1) 면진구조와 면진장치

면진구조란 건물 등의 구조물을 지반의 진동으로부터 격리시켜 건물에 큰 힘이 작용하지 않도록 하는 구조로, 대부분은 건물의 기초부와 상부 구조물의 사이에 면진장치를 설치한 구조로 하고 있다. 면진장치에는 아래와 같은 특성이 필요하다.

- [절연기능] : 지진의 진동이 건물에 전해지지 않게 격리 기능
- [지지기능] : 지진의 흔들림을 받아도 항상 안정적으로 건물의 하중을 지지하는 기능
- [감쇠기능] : 지진의 에너지를 흡수하여 흔들림의 폭을 줄이는 기능
- [복원기능] : 지진 후에 건물이 원위치로 돌아가기 위한 기능

면진장치로는 적층고무계 지승, 미끄럼계 지승, 굴림 지승, 각종 댐퍼 등이 있으며, 상기의 요구성능을 실현하기 위해 부재를 단독 또는 조합하여 사용하고 있다.

이들 면진장치 중 적층 고무계 지승은 얇은 고무와 강재를 교대로 중첩하는 구조에 의해 건물 중량을 지지하면서 지진시에는 고무가 부드럽게 변형되는 부재, 미끄럼계 지승은 사불화에틸렌 수지 등이 사용되어 건물 중량을 지지하면서 지진시에는 미끄럼이 생기는 부재, 굴림계 지승은 강구 등을 사용하여 건물 중량을 지지하면서 지진시에 굴곡이 생기는 부재, 댐퍼는 건물 중량을 지지하지 않지만, 지진시에는 변형 에너지를 흡수해 진동폭을 저감하는 부재로 납이나 강재의 변형에 의해 에너지를 흡수하거나 오일이나 점탄성체 등을 봉입하여 이들의 유동저항에 의해 에너지를 흡수하는 것이 있다.

지승계는 건물중량을 지지하는 기능과 부재 자신이 변형하는 기능을 가지고 있으며, 댐퍼계는 변형에너지를 흡수하는 기능을 가지고 있다. 댐퍼계 부재는 건물의 중량을 지지하지 않기 때문에 주요 구조부에는 해당되지 않는다. 지승계 부재는 주요 구조부에 해당하므로 내화성능을 파악 할 필요가 있다.

(2) 면진장치의 설치장소

면진장치는 기초 또는 중간층에 설치되며 기초면진은 지하층을 포함한 건물 전체를 면진화 하는 방법으로 기초를 이중으로 하여 면진장치를 설치한다.

중간층 면진은 지하층 또는 지상층 기둥에 면진장치를 부착하는 방법으로 면진층보다 하부층에

는 강한 흔들림(큰 가속도)를 받지만, 면진층보다 상층부에 전달되는 지진력이 작아진다.

(3) 면진 장치에 방화 피복을 설치 할 수 있는 법적 근거

건축기준법 제2조 5에서 주요 구조부는 벽, 기둥, 마루, 보, 지붕, 계단으로 규정되며, 기초는 제외되어 있다. 따라서 기초면진의 경우에는 법규상 내화 구조로 할 필요는 없지만 기초부분에 가연물이 존재하고 면진장치가 화재가 발생할 가능성이 있는 경우는 화재안전상 내화피복을 설치하는 것이 바람직하다. 중간층 면진의 경우에는 면진장치가 기둥으로 간주되기 때문에 주요 구조부에 해당하여 내화구조 인증을 취득한 구조를 채택하거나 기술적 기준에 적합할 필요가 있다.

중간층 면진의 시공 예로서 전용 면진층으로서 면진장치만 설치되어 있는 케이스, 또는 면진장치가 설치되어 있는 층을 주차장이나 창고 등으로 용하고 있는 케이스가 있다. 후자의 경우 면진장치 주위에 가연물이 놓여져 있기 때문에 면진장치가 화재에 노출될 가능성이 높아진다.

6.5.2 적층 고무계 지승의 내열성에 대하여

(1) 면진용 적층 고무계 지승의 개요

적층고무계지승은 그림 6.5.1과 같이 강판과 고무를 번갈아 적층하고 가황접착된 구조로, 이로 인해 연직 방향의 힘에 관해서는 고무의 횡변형이 강판으로 구속됨에 따라 높은 강성과 내력을 얻을 수 있고, 수평방향의 힘에 관해서는 고무 부분의 전단변형은 구속되지 않기 때문에 낮은 강성과 큰 변형능력을 얻을 수 있다. (그림 6.5.2)

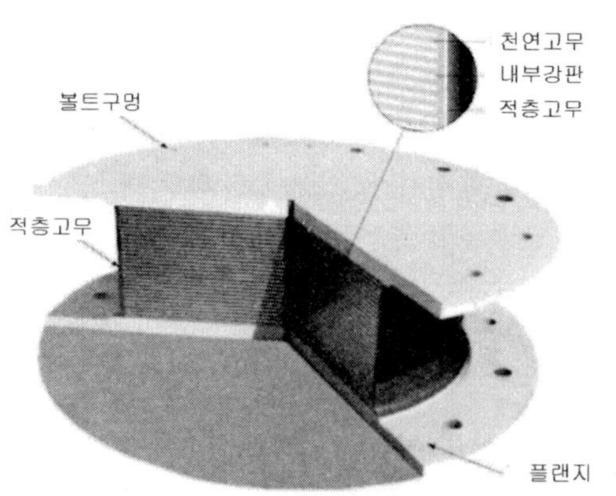

그림 6.5.1 적층고무계 지승의 일례(천연고무계 적층고무 지승)

적층 고무계 지승은 주로 강재와 고무로 구성되어 있다. 고무는 가연물일뿐 아니라 고온영역에서 기계적 특성이 변화하므로 적층고무계 지승의 내화성능은 고무의 성상을 파악하는 것이 중요하다.

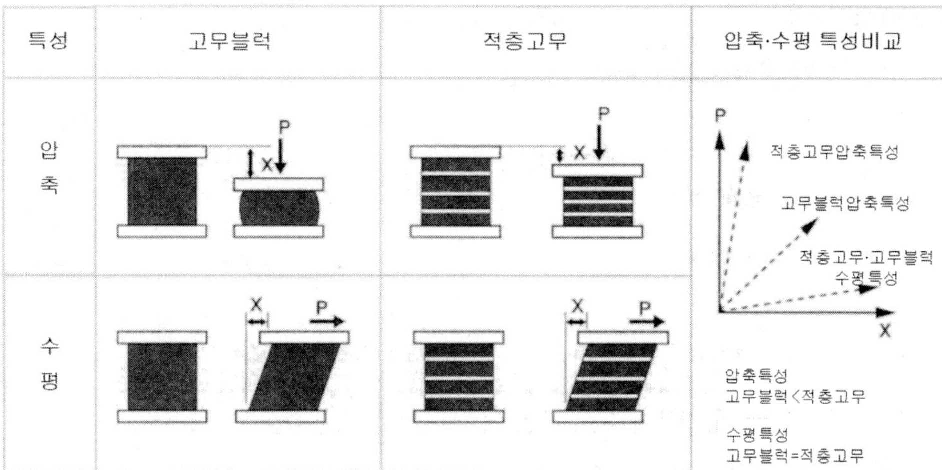

그림 6.5.2 적층고무계 지승의 원리

(2) 고무재료의 탄성률의 온도의존성

고무재료는「큰 가역변형이 가능」,「다른 고체에 비해 탄성률이 매우 낮음」,「외력을 제외하면 순식간에 변형이 소실된다」, 등의 특성 (고무탄성)을 가지고 있다. 그림 6.5.3에 고무재료의 일반적인 탄성률의 온도 의존성을 나타내었다. 고무의 탄성률 변화를 분류하면 저온측에서「유리상 영역」,「[전이영역」,「고무상영역」,「분해영역」이 된다. (가교되지 않은 고무는 (고무상영역) 대신「유동영역」). 전술한 고무탄성은「고무상영역」에서 발현된다. 고무탄성은 고무 분자의 운동 (마이크로-브라운 운동)에 의해 발현된다. 마이크로-브라운 운동은 고온측에서는 활발해지고, 저온측에서는 활발해지지 않는다. 일정온도 이하에서는 마이크로-브라운 운동은 동결됨에 따라 고무탄성이 사라진다.

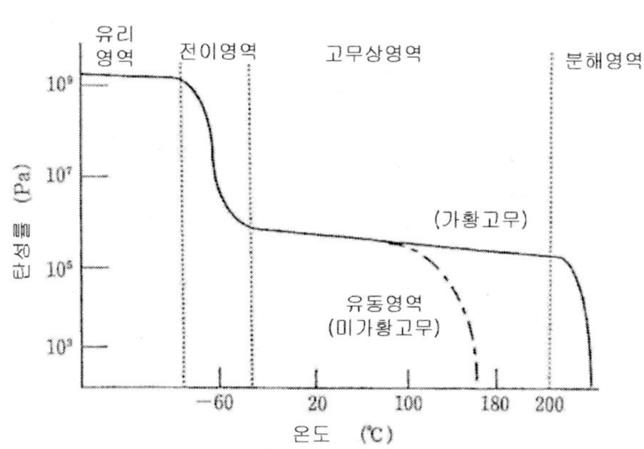

그림 6.5.3 고무재료의 탄성률의 온도의존성 (개념도)[1)]

고무가 고온이 되어 분해 영역에 도달하면 열분해를 일으킨다. 미가황고무는 긴 분자 사슬이 서로 얽혀있는 상태이며, 가황고무는 분자사슬이 서로 가교되어 3차원 그물구조가 되어 있다. 가황고무와 미가황고무의 특성이 다른 것은 이 때문이다. 고무상 영역에서의 일례로서 천연고무의 고무상 영역의 인장특성의 온도의존성을 그림 6.5.4에 나타낸다.

(3) 고무재료의 열분해 곡선

고무재료가 공기중에서 가열되면 분해에 의해 발생하는 가스가 공기중의 산소와 혼합되어 "분해연소"를 한다. 대기중에서 천연고무를 가열했을 때의 중량변화(열분해곡선)의 일례를 그림 6.5.5에 나타낸다. 분해는 200℃부근에서 시작되어 300~400℃에서 본격적적으로 분해되어 600℃ 부근에서 분해가 종료된다.

고무재료는 가열되어 온도가 높아지면 분해되는 성상을 가진다. 적층 고무계 지승은 큰 고무 덩어리로 간주 할 수 있기 때문에 바로 전체가 연소되지는 않을 것으로 생각된다. 단, 화재 등에 의해 장시간 고온에 노출 될 경우 온도상승에 의해 고무부가 분해되어 손상을 입을 가능성이 있다. 주요 고무재료의 유리전이점과 사용가능 온도범위(목표)를 표 6.5.1에 나타낸다.

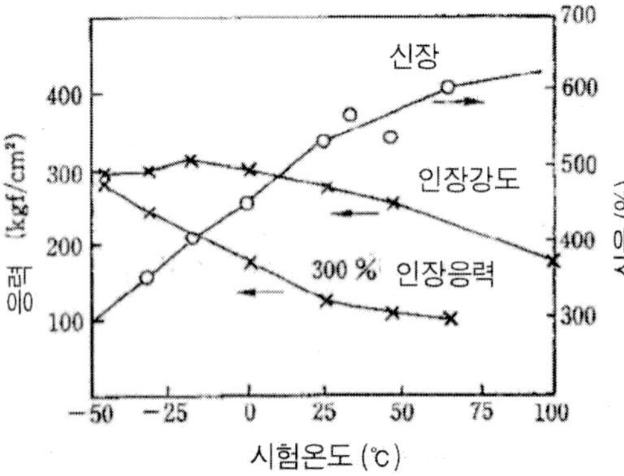

그림 6.5.4 천연고무 인장특성의 온도의존성[1)]

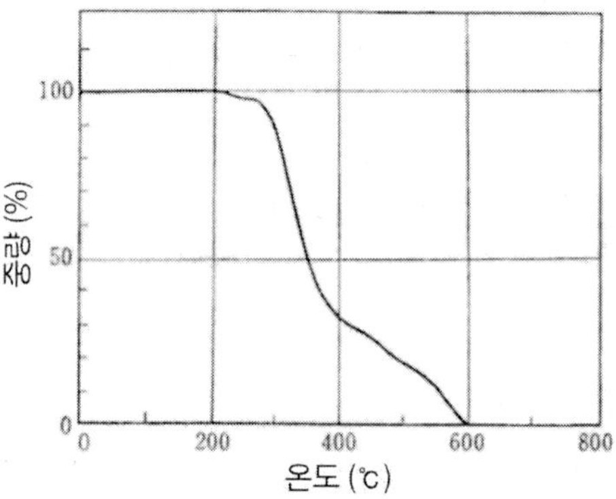

그림 6.5.5 고무의 열분해곡선[2)]

표 6.5.1 각종 고무 재료의 유리 전이점과 사용가능 온도 범위[3)]

고무재료	유리 전이점 (℃)	사용가능 온도의 기준 (℃)
천연고무 (NR)	-73	-75 ~ +90
스티렌 · 부타디엔 고무 (SBR)	-64 ~ -59	-60 ~ +100
크로르프렌 고무 (CR)	-45	-60 ~ +120
부틸 고무 (HR)	-71	-60 ~ +150
에틸렌 프로필렌 고무 (EPDM)	-60 ~ -50	-60 ~ +150
실리콘 고무 (Q)	-112	-120 ~ +280

[주] 상기는 참고값이고, 고무의 특성은 배합에 따라 변화한다.

(4) 고무재료의 내화성

고무 재료는 면진용 적층 고무와 같이 구조재료 쓰이는 경우 외에 탄성 및 유연성을 활용하여 실링제 등 보조적으로 사용되는 경우도 있다. 일반적으로 사용 온도가 높은 고무재료는, 실리콘 고무와 불소고무이다. 표 6.5.2에 이들 실리콘 고무 및 불소고무와 천연고무의 특성비교를 나타낸다.

(5) 적층 고무계 지승 단위체의 가열시험

적층 고무계 지승은 화재 등으로 고온이 되었을 경우 고무부분의 열분해로 적층고무계 지승에 손상이 생길 가능성이 있다.

다음에 소개하는 것은 적층 고무 계열의 가열시험 결과의 보고예이다. 이들 시험에서는 적층고무계 지승에 내화피복을 설치하지 않은 상태에서 JIS A 1304 표준가열곡선에 준거한 가열을 실시하여 적층고무계 지승 각 부에 있어서 온도분포나 표면상태의 관측을 실시한 것이다.

그림 6.5.6은 직경 670의 적층고무의 시험 결과이다. 그림 6.5.6에서 분 경과 후에는 적층고무의 외주부의 온도가 400℃에 이르고 있다. 80분 경과후에는 중심부 부근도 400℃가 되었다. 이 시험에서는 적층고무 상하의 RC블록을 강봉으로 죄어서, 설계축력상당의 압축력을 준 상태에서 실시하고 있어, 하중지지능력을 상실한 시간이 어느 정도인지는 알 수 없다.

표 6.5.2 각종 고무재료의 특성[4)]

고무의 종류 (ASTM 약어)		천연고무	실리콘 고무	불소고무
성질	비중	0.91 ~ 0.93	0.95 ~ 0.98	1.80 ~ 1.82
가황고무 기계성질	JIS경도 (도)	10 ~ 100	30 ~ 90	50 ~ 90
	인장강도 (kg/cm^2)	30 ~ 300	40 ~ 100	70 ~ 200
	신율	100 ~ 1000	50 ~ 500	100 ~ 500
	반발탄성	◎	◎	△
	인열강도	◎	△ ~ ×	○
	압축영구변형	◎	◎	○
	내마모성	◎	△ ~ ×	◎
	내 굴곡균열성	◎	○ ~ ×	○
가황고무 물리성질	내열성 (최고사용온도℃)	120	280	300
	내한성 (취화온도℃)	-50 ~ -70	-70 ~ 120	-10 ~ -50
	내노화성	○	◎	◎
	내염성	×	○ ~ ×	◎
가황고무 내유, 내약품성	가솔린 · 경유	×	△ ~ ×	◎
	벤젠 · 톨루엔	×	△ ~ ×	◎
	트리클렌	×	○ ~ ×	○
	알콜	◎	◎	◎
	강산	△	△	◎
	약산	○	○	◎
	강 알칼리	○	◎	×
	약 알칼리	○	◎	△

◎ : 우수 ○ : 양호 △ : 가능 × : 불가능

※ 상기는 참고값이며, 고무의 특성은 배합에 따라 변화한다.

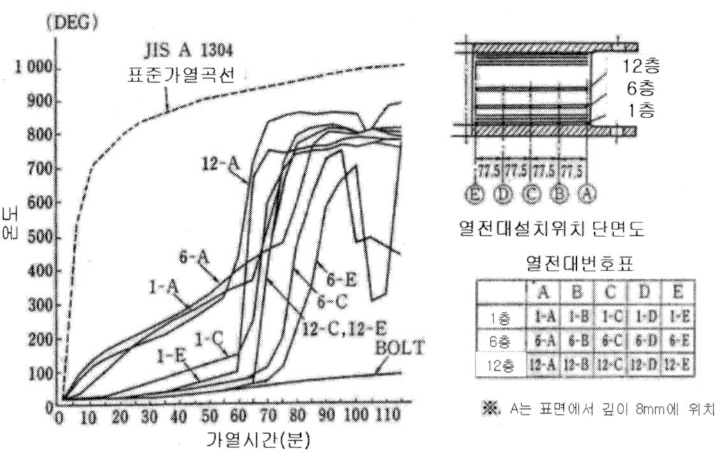

그림 6.5.6 ϕ 670적층고무의 내화시험 (내화피복없음)[5)]

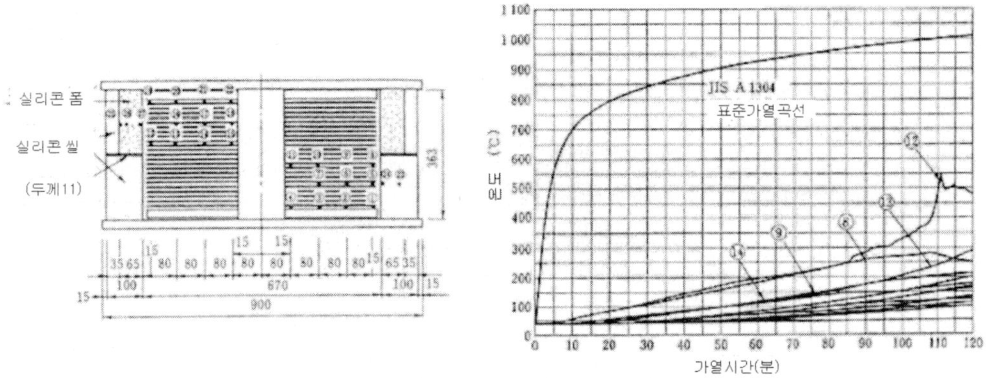

그림 6.5.7 ϕ 650적층고무의 내화시험(내화피복없음)[6)]

그림 6.5.7은 직경 650mm의 적층고무의 가열시험결과이다. 이 시험에서는 적층고무에 일정한 축력을 재하한 상태로 가열하여, 개시 110분후에 시험을 중단하였다.

그림 6.5.8은 1000mm 및 직경 1600mm 의 적층고무의 가열시험 결과이다. 이 시험에서는 적층고무에 일정축력을 재하한 상태로 가열을 실시하였다. 가열을 개시하면, 먼저 피복고무 표면에 균열이 발생하여 인화온도(420℃)에 이르자 착화가 발생하였다. 더 가열을 계속하자 고무의 연화에 의해 적층강판이 수평방향으로 이동하여 최종적으로는 상부강판 프랜지가 면외로 회전하여 하중지지능력을 상실하였다. 직경 1000mm의 시험체에서는 하중지지능력을 상실한 시간은 가열개시부터 115분후, 1600mm에서는 3.5시간 이상이었다.

적층 고무계 지승이 직접 화재에 노출된 경우는 화재발생 후 몇 시간 정도로 하중 지지능력이 상실되어 버린다. 중간계면진구조에 있어서 적 층고무계 지승을 화재로부터 보호하기 위한 일반적인 대책으로는 내화피복이라 불리는 보호장치를 적층 고무계 지승에 설치하여 화재에 의한 열로부터 보호하는 구조를 채택하고 있다.

또한 고온하에서의 적층 고무계 지승의 온도상승예측 해석도 실시되고 있으며[8)] 이러한 예측 기법은 화재시의 적층 고무의 하중지지상실까지의 시간의 예측에 대해 유용한 방법이다. 열전도 해석에 필요한 고무의 물성치 등은 문헌[9)]을 참고하기 바란다.

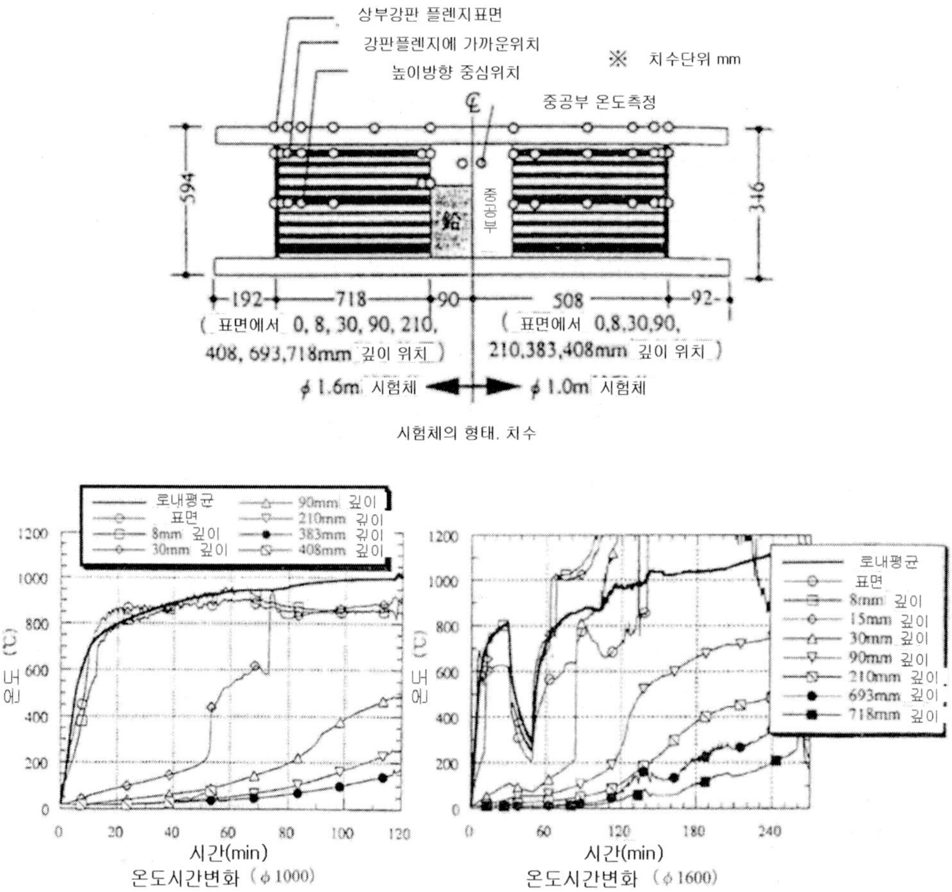

그림 6.5.8 ϕ1000, ϕ1600 적층고무의 내화시험(내화피복없음)[7]

6.5.3 면진 장치용 내화 피복

신축 및 개축에 따른 면진건물의 증가로 내화피복이 필요 없는 기초면진건물 뿐만 아니라 면진층의 유효이용을 도모한 중간면진을 채용하는 건물이 늘고 있다. 그 결과 면진 장치의 방화 피복에 대한 수요도 증가하고 있다. 면진장치의 내화 피복은 내화성능을 보장하는 것 외에 그 성능을 유지하기 위해 지진시의 수평방향 변위에 대해서 손상되니 않는 구조로 해야 한다. 따라서 각종 패널이나 블랑켓, 발포 시트 등의 신규 재료를 이용한 특징적인 피복 구조가 되고 있다. 또한 면진장치 중에서는 미끄럼지승[8),10)] 포함 적층고무 지승에 대해서는 내화시험의 방법이 정해져 있으며, 내화구조로서 장관인정을 취득한 것이 이미 있으므로 루트A에 의한 내화피복의 선정이 가능하다.

(1) 패널 방식

(a) 다단 슬라이드식[11)]

특별한 설치준비가 필요하지 않은 방식으로 미리 공장생산된 반원형 패널을 면진용 고무의 주위에 반복해서 고정시킬 뿐 이므로 현장 공사기간이 짧다. 단별로 반원형의 패널을 서로 버클로 고정해 나가는 구조이므로, 면진장치를 점검 할 때도 쉽게 탈착이 가능하다. 고무 지승이 변형된 때에는 각각의 단들이 고무를 따라 움직이기 때문에 변형중에도 화염이 침입하는 개구가 생기기 어렵다. 또한, 상부 적층고무의 크리프대를 보면 틈새에 가열팽창 시트가 배치되어 화재시에 열을 받아 팽창하여 틈새로부터의 열의 침입을 막는 구조가 되어 있다.

재료 구성을 그림 6.6.9에 나타낸다. 또한, 시공상황, 변위상황을 각각 사진 6.5.1, 6.5.2에 나타낸다.

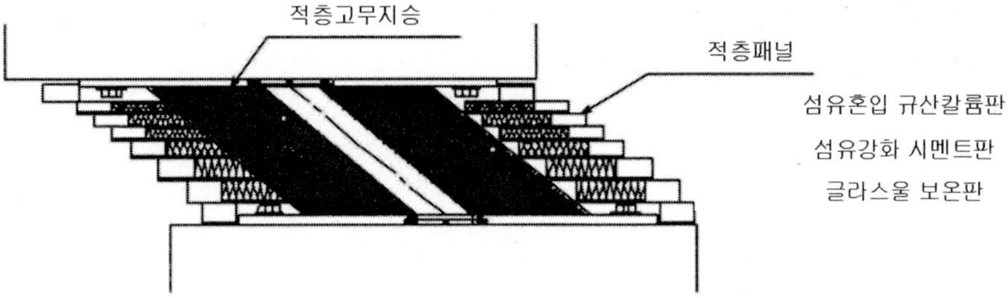

그림 6.5.9 다단슬라이드식 재료구성

사진 6.5.1 다단슬라이드식 시공후

사진 6.5.2 변형상황

(b) 상하 2분할 패널식[12)]

적층 고무의 주위를 위아래 2장으로 나눈 패널로 피복하는 공법이다. 고무가 변형되었을 때 패널이 접촉하지 않게 고무에서 떨어진 위치에 피복하는 동시에 고무높이의 중앙에 10~20mm 정도의 클리어런스로 상하간의 줄눈을 하여 메지부분에는 지진에 의해 메지가 어긋날 때도 탈락 · 파손하지 않는 면진메지재가 설치되어 화재시의 열을 차단하는 구조가 간단하며, 또한 기둥이 벽에 붙는 경우에도 벽의 움직임에 간섭받지 않기때문에 피복을 구성하는 것이 간단하다. 미끄럼지승, 구름지승의 피복에도 이 방식이 많이 사용된다. 패널 기초가 되는 금속물을 사전에 설치하여 패널을 볼트로 고정한다. 적층고무 점검시에는 패널을 제거할 필요가 있지만, 그 번거로움을 해소하기 위해 창이 붙어 있는 것도 있다. 재료 구성은 섬유혼입 규산칼슘판, 금속패널, 가열 팽창재이다.

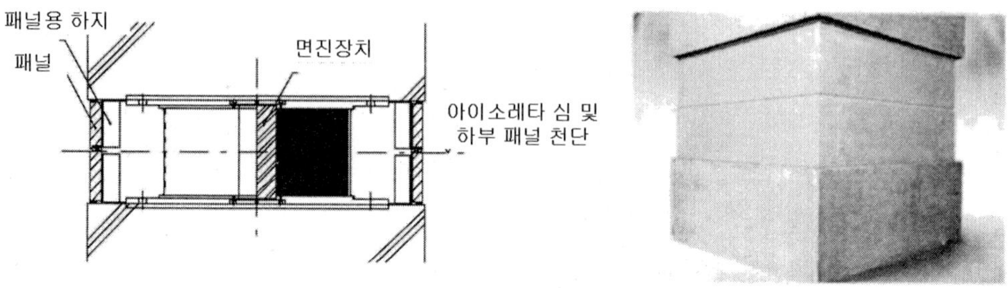

그림 6.5.10 상하2분할 패널식

(c) 접판 패널 방식

패널을 분할하지 않고 한 장으로 하여, 상부구조체에 힌지로 설치하고, 지진시의 변형에는 패널 자체가 개폐하여 변위를 피하는 공법이다. 재료 구성은 규산칼슘팜, 금속패널이다.(그림 6.5.11)

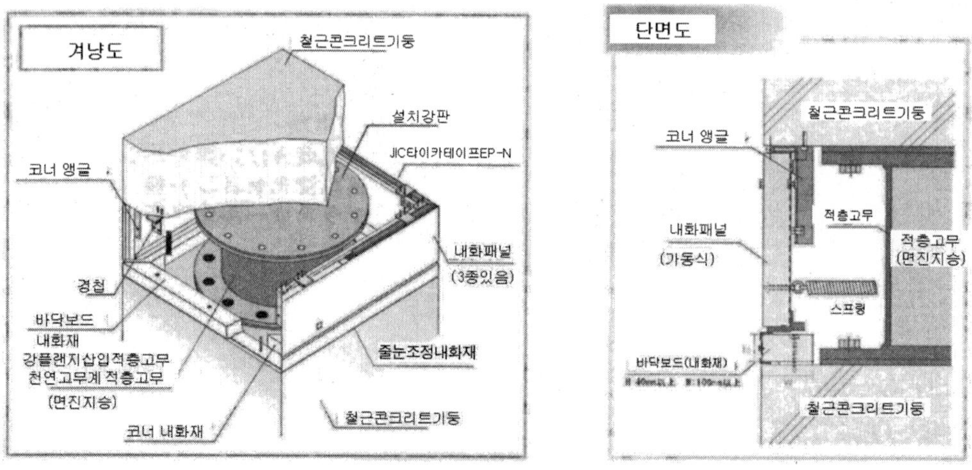

그림 6.5.11 접판 패널식

(2) 블랑켓방식

세라믹파이버 블랑켓을 실리카크로스 등으로 묶은 블랑켓을 고무의 변형영역 이상의 여유를 가진 치수로 만들어 면진고무의 주위에 연등형태로 설치한 것. 구조가 단순하고 유연성도 있다. 또한 변형 중에 화염이 침입할 균열이 생기지 않는다. 장식용 패널을 부착할 수도 있다. 최근 하부를 고정시키지 않는 스커트 형태의 타입도 나오고 있다. 재료 구성은 세라믹파이버, 실리카 크로스 등이다. (사진 6.5.3)

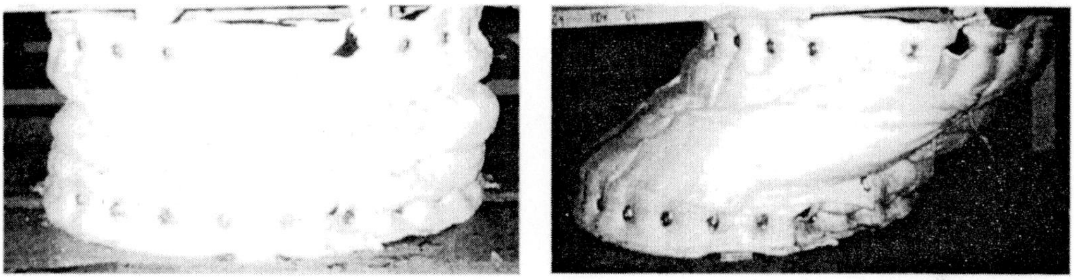

사진 6.5.3 브라켓 식

(3) 시트 방식 [13]

열발포 고무를 이용한 것으로 무기의 단열성을 가진 크로스와 조합한 3층구조로 되어 있다. 화재 시에는 외장의 열발포고무가 4배정도 발포하여 단열성을 발휘한다. 외피가 고무여서 마무리가 깔끔하다. 재료구성은 가열발포고무, 단열포이다. (그림 6.5.12)

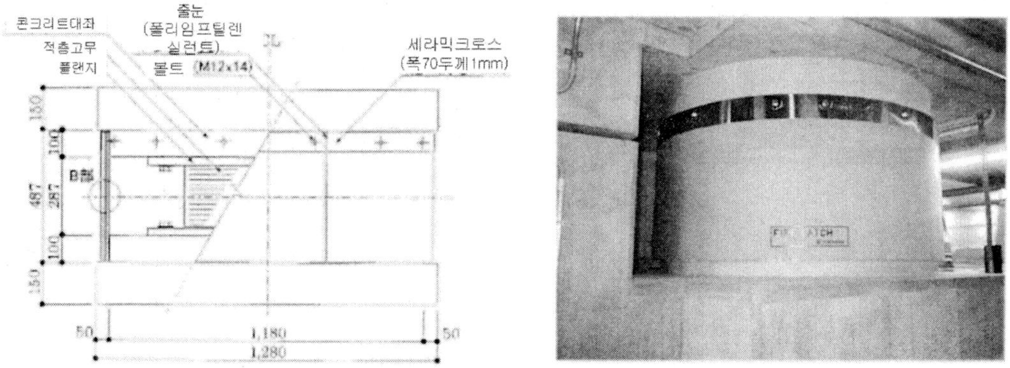

그림 6.5.12 시트방식

(4) 면진 줄눈

면진건물에는 면진장치 이외에도 면진 슬릿 이라 불리는 면진층부분에 몸체를 상하로 분할하기 위한 줄눈이 생긴다. 이러한 수평줄눈의 충전도 지진의 변위에 대해서 탈락하지 않고, 변위가 돌아왔을 때에 원래의 내화성능을 확보할 수 있는 것이 채용되는 경우가 많다. 줄눈은 내화구조에 대한 인정 대상이 아니기 때문에 벽의 내화성능평가 결과를 적용하고 있으며 일례로 다음과 같은 것이 있다.

- 세라믹파이버 브라켓을 알루미늄박포일 포함 유리크로스로 묶은 것
- 가열팽창시트를 이용하여 공간을 마련하여 접촉면을 없앤 것
- 록울 펠트와 가열팽창시트를 조합한 것

6.5.4 결언

면진용 적층고무는 강재와 고무로 구성되어 건물 중량을 지지하면서 지진시에는 고무가 부드럽게 변형되는 용도에 합치된 특성의 고무재료를 사용하고 있다. 적층고무지승, 미끄럼지승 모두 내화시험방법이 정해져 루트A에 의한 내화피복선정이 가능해 졌다. 따라서 면진용 적층고무를 중간계 면진구조로 채용할 경우는 장관인정을 취득한 내화피복을 설치하거나 혹은 무내화피복이더라도 전용 면진층을 설치하여 화재가 발생해도 가연물로부터의 이격거리를 충분히 확보하고, 면진장치는 고온에 노출되지 않는 것을 루트C에 의한 내화설계로 검증함으로써 대응할 수 있다. 또한 이 절의 기술에 대해서는 「면진건물의 내화설계가이드북」[14)]에 최신의 상세정보가 기재되어 있다.

고무재료의 고온사용온도는 재료에 따라 다르다. 또한 재료에 따라 기계적 성질과 내약품성, 내유성, 내후성이 다르기 때문에 온도조건뿐만 아니라 기타 사용환경도 고려하여 선정할 필요가 있다. 같은 종류의 재료에 대해서 용도에 따라 다른 특성의 재료를 복수품 갖추는 케이스도 있기 때문에 사용할 때에는 메이커에 상세정보를 확인하는 것이 중요하다.

인용・참고문헌

1) 日本ゴム協会　免震用積層ゴム委員会編：免震用積層ゴムハンドブック，p. 49，理工図書，2000
2) 日本ゴム協会　免震用積層ゴム委員会編：免震用積層ゴムハンドブック，p. 71，理工図書，2000
3) 日本ゴム協会　免震用積層ゴム委員会編：免震用積層ゴムハンドブック，p. 50，理工図書，2000
4) 株式会社ハギテックホームページ，技術資料（原料ゴム性能一覧表より抜粋），http://www.hagitec.co.jp/index.htm
5) 日本建築学会免震構造小委員会：「耐火試験」免震構造フォーラム資料，1988. 4
6) 光阪勇治，宮崎光生，有馬文昭：免震装置の耐火性能に関する研究，日本建築学会大会学術講演梗概集，p. 494，1989. 10
7) 道越真太郎，加藤朝郎，大場政章，小林裕，南輝弥：FBR 免震設計に関する研究　その 28　積層ゴムの載荷加熱実験，日本建築学会大会学術講演梗概集，B-2，p. 1215，1999. 9
8) 藤野宏道，馬場重彰，道越真太郎：弾性すべり支承耐火被覆工法の耐火性能，日本建築学会大会学術講演梗概集，p. 41，2013. 8
9) 森隆浩，加藤秀章，室田伸夫：繰り返し変形による疲労と温度上昇の効果を取り入れた高減衰積層ゴムの解析モデルの検討，日本建築学会構造系論文集，第 680 号，pp. 1517-1526，2012. 10
10) 山下平祐，西本俊郎，白岩昌幸：すべり支承免震装置の耐火性能評価における性能担保温度確認試験，日本建築学会大会学術講演梗概集，p. 39，2013. 8
11) 大西良広，伊澤清治，田中治，藤雅史，河合孝夫，宮内康宏：積層ゴム用多段スライド式耐火被覆の実験的研究，日本建築学会大会学術講演梗概集，B-2，p. 575，1998. 9
12) 小山実，長谷川治，横山隆太郎：耐火被覆を有する積層ゴムの耐火実験，日本建築学会大会学術講演梗概集，B-2，p. 573，1998. 9
13) 堀長生，高橋晃一郎，寺村彰：免震積層ゴム用耐火被覆システムに関する研究　その２　加熱発泡ゴムによる耐火被覆システムの性能，日本建築学会大会学術講演梗概集，A-2，p. 9，1999. 9
14) 免震建物の耐火設計ガイドブック，日本免震構造協会，2012. 3

6.6 폴리카보네이트

6.6.1 개요[1),2)]

폴리카보네이트는 주쇄에 탄산에스테르결합을 갖는 열가소성 수지로, 뛰어난 기계적성질, 내열 · 내한성, 투명성, 연소특성등을 가지고 있어 엔지니어링 플라스틱의 대표적인 것이다. 건축재료로서는 채광을 위해 지붕 등에 사용된다. 현재 공업적으로 생산되고 있는 것은 다음 식에 나타낸 비스페놀A부터의 방향족 폴리카보네이트이다.

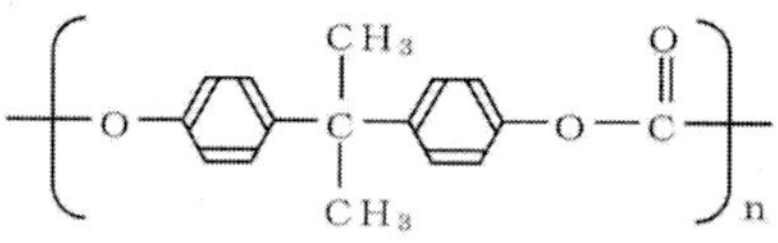

폴리카보네이트의 원료 및 제조공정은 그림 6.6.1과 같으며, 제법에는 포스겐법(용제법)과 에스테르교환법(용융법)의 두 가지 방법이 있다.

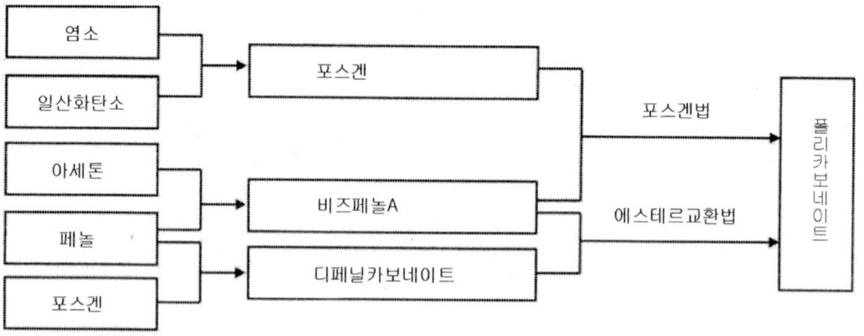

그림 6.6.1 제조공정

폴리카보네이트는 사출성형을 비롯한 열가소성 수지의 성형가공법을 거의 적용할 수 있지만 건축자재로 사용되는 폴리카보네이트판에 대해서는 위에서 얻어진 폴리카보네이트 수지의 원료를 사용하여 압출성형으로 만들어진다.

압출성형이란 가열가소화된 플라스틱 용융체를 압출기 내의 스크류 끝에서 밀어내어 대(압출성형용금형)를 통하여 일정단면의 형상으로 만들어 연속적으로 성형하는 방법이다.

압출성형기는 ① 플라스틱 하나를 가열혼재 시키고, 그것을 가압수송하는 압출기
② 스크류 끝에서 밀려나온 용융체에 소정의 단면형상을 부여하는 대
③ 정확하게 형상, 치수를 규제하면서 냉각시키고 인수하는 인수장치

등이 되어 대의 직선상 슬릿으로부터 시트가 밀려나와 폴리싱 롤로 광택 등을 주면서 냉각하고 트리밍을 하여 소정치수로 절단하여 제품으로 만들어진다. (그림 6.6.2 참고) 또한 폴리카보네이트의 성형가공 온도는 260~320℃ 정도이며 다른 수지와 비교해 높은 온도로 성형가공 되고 있다.

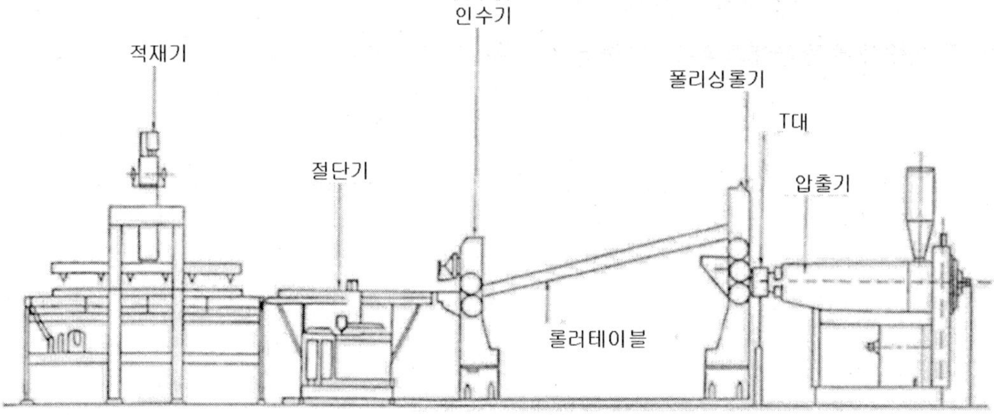

그림 6.6.2 압출성형기

6.6.2 폴리카보네이트의 일반적 성질

폴리카보네이트의 일반적 성질에 대해서는 표 6.6.1과 같다.

표 6.6.1 폴리카보네이트 판의 일반물성

항목		시험법	단위	대표값
물리적특성	비중	ASTMD792	-	1.20
기계적특성	인장강도	ASTMD638	MPa	64
	신율	ASTMD638	%	100
	휨 탄성률	ASTMD790	MPa	2350
	아이조드 충격강도	ASTMD256	J/m	784
열적특성	하중 처짐 온도 ※	ASTMD648	℃	140
	선팽창계수	ASTMD696	10^{-5}/℃	7.0
	열전도율	ASTMC177	W/(m · K)	0.19
	비열	-	10^{3}J/(kg · K)	1.26
광학적특성	전광선투과율	ASTMD1003	%	87

[주] 하중 처짐 온도란 합성수지의 내열성을 평가하는 시험 방법의 하나로, 규격으로 정해지는 하중을 준 상태로 (위 표에서는 1.82MPa) 시험편의 온도를 일정속도로 상승시켜, 소정의 처짐을 나타낼 때의 온도를 말한다.

6.6.3 고온특성

(1) 고온하의 물성변화와 거동

(a) 고온하 · 연소시의 물성치

폴리카보네이트판의 고온화 및 연소시의 물성치에 대해서는 표 6.6.2와 같다.

표 6.6.2 고온 · 연소시 물성치

유리 전이온도	145 ~ 150℃	모양이 유리형태에서 고무 형태로 전이하는 온도, 이를 넘으면 고무 탄성을 나타냄
융점	220 ~ 230℃	액체상태가 되는 온도
인화온도	480℃	
발화온도	580℃	
연소열	7,294 kcal/kg	

(b) 각 온도에 대한 인장 · 휨 특성[2)]

폴리카보네이트의 인장 · 휨 특성의 온도의존성에 대하여 그림 6.6.3, 6.6.4에 나타낸다.

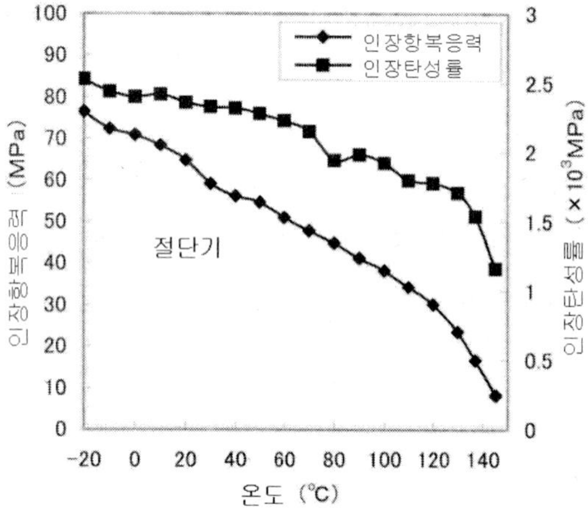

그림 6.6.3 인장특성의 온도의존성

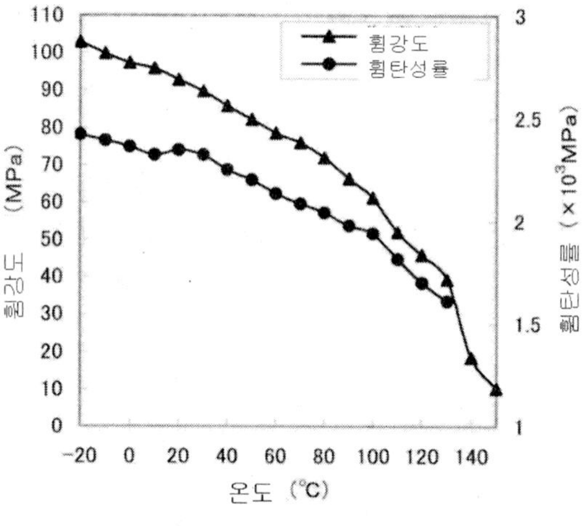

그림 6.6.4 휨특성의 온도의존성

(c) 폴리카보네이트판 표면온도와 처짐의 관계

폴리카보네이트판은 고온하에 노출되게 되면 강성을 유지할 수 없게 되어 자신의 하중에 의해 중앙부에서 변형이 생겨간다 (이하 드로 다운이라 칭함). 그림 6.6.5에 재료 온도와 드로 다운의 관계를 실측한 데이터를 나타낸다.

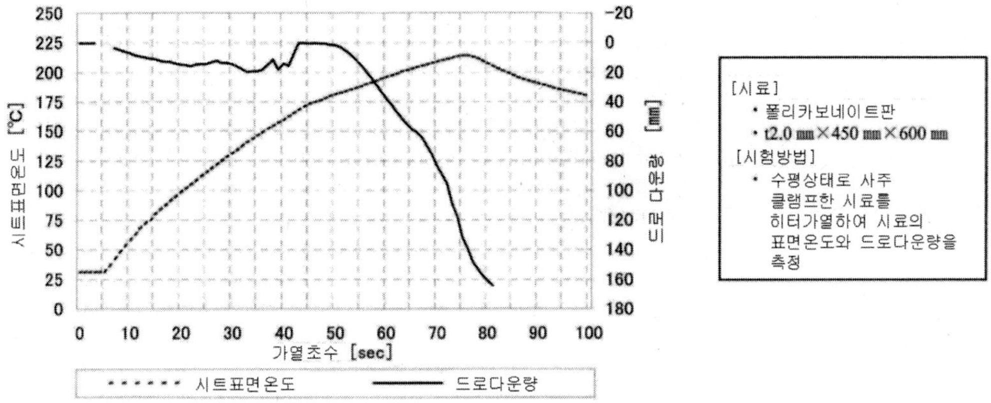

그림 6.6.5 폴리카보네이트판 표면온도와 드로다운의 관계

어디까지나 실험의 한 예이지만, 유리전이온도인 145~150℃를 넘은, 재료온도 170℃(가열 45sec)정도 까지에 있어서, 드로 다운량은 20mm정도로 작은 것으로, 가열됨으로써 탄성률이 작아지고 강성이 저하되어 자중처짐이 커지는 경향을 나타낸다. 하지만, 재료온도가 175℃(가열 50sec)를 넘은 정도부터 급격히 드로 다운량은 커지고 가열되어 강성을 유지하지 못해 변형이 크게 발생하고 있음을 알 수 있다.

따라서 화재 등으로 폴리카보네이트 판이 가열되는 것을 상정하면, 재료 온도가 160~170℃ 정도가 될 때까지는 그 형상을 거의 보유하고 있는 것으로 추측된다.

타까하시(高橋)는 사이즈 300×300mm인 폴리카보네이트 판을 구리판에 수평으로 고정하고 세라믹 히터로 하부면에서 가열했을 때의 온도와 변위량을 계측하고 있다.[3)] 파라미터는 폴리카보네이트판의 두께로 3mm, 5mm, 8mm 이다. 그림 6.6.에 재료온도와 처짐 변위의 관계를 나타낸다.

판의 두께와 관계없이 가열개시와 함께 아랫방향으로 볼록하게 휘지만, 비가열면 온도가 100℃ 전후가 되면 위쪽 방향으로 향하기 시작하고, 비가열면 온도가 130℃ 정도가 되면 다시 아래쪽으로 처짐이 진행된다. 이 처짐 방향 변화의 원인은 가열 개시 직후에는 가열면측(하면)의 열팽창이 현저하여 아래쪽으로 처짐이 생기고 가열이 계속되어 온도 상승에 의해 하면의 강성이 저하되면 열팽창이 폴리카보네이트판 내의 상부면 방향으로 이행 해 오기 때문에 이번에는 상부면 방향으로 볼록하게 변형된다.

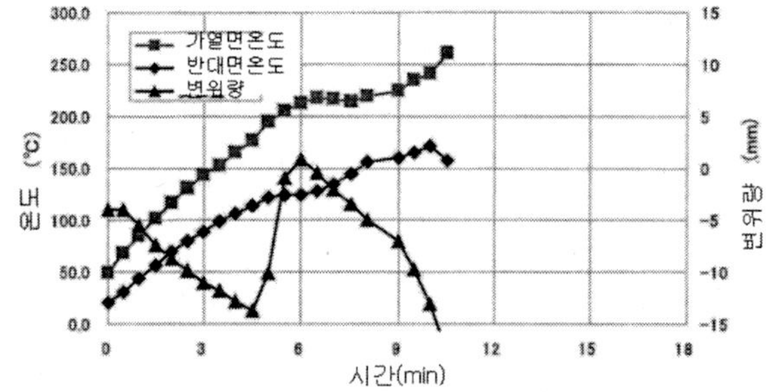

〈 실험결과 3.0mm 〉

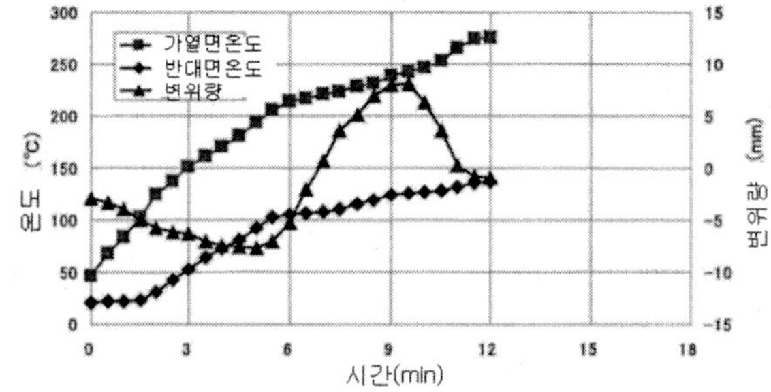

〈 실험결과 5.0mm 〉

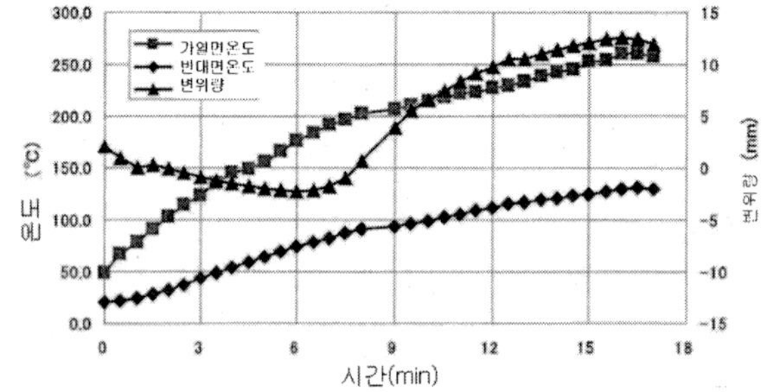

그림 6.6.6 폴리카보네이트판 표면온도와 드로다운의 관계[3)]

더 가열하면 폴리카보네이트판 전체의 강성이 낮아져 연화하기 때문에 다시 아래방향으로 처지게 된다. 또한, 모든 시험체에서 균열이나 용융은 발생하지 않았다고 보고되고 있다.

(2) 각종 연소성 평가[4),5)]

폴리카보네이트판에 대해 기초 연소특성과 실제 화재시의 성상을 파악하기 위해 재료 연소실험과 사용 형태를 고려한 공법모형실험을 실시한 결과가 보고되고 있다.

(시험항목) • 산소지수법 시험 · 착화성시험 · 방염성 시험 · 표면시험 · 모형박스법시험
• 화염전파성 시험 · 복사가열시험

여기서는 이 평가시험을 아래와 같은 관점에서 고찰하고 있다.

폴리카보네이트의 융점은 다른 플라스틱재료와 마찬가지로 230℃ 전후이지만 인화점(480℃)이나 발화점(580℃)이 고온도역이며, 또한 산소지수도 26으로 높기 때문에 다른 플라스틱 재료보다 연소되기 어려운 성상을 나타낸다. 폴리카보네이트 판을 지붕재로로 이용한 경우 등 개방공간에서의 화재위험은 융점과 착화온도의 차이가 큰 점과 가열에 의애 용융 관통하는 것, 재료의 자기 소화적인 특성이 영향을 주어 연소확대는 볼 수 없다. 플래시오버(F · O) 위험에 대해서는 두께 8mm이하의 것은 화원의 접염부에서 용융 · 관통하여 F · O에는 이르지 못하지만, 두께 12mm에서 F · O 현상이 확인 되어, 사용할 경우에는 용도, 규모, 공간구성 및 실내 가연물의 종류 · 양 등에 주의해야 할 필요가 있다.

또한 이것들은 (재) 일본건축센터 「폴리카보네이트판 연구위원회 방화분과회」의 활동의 일환으로서 실시된 것으로 이 결과를 근거로 하여, 구 건축기준법 제 38조의 규정에 의거, 1989년에 폴리카보네이트판의 장관인정을 받았다.

6.6.4 폴리카보네이트와 관련 법규

폴리카보네이트판에 대해서는 구법 제38조의 규정에 근거한 장관인정(「지붕등에 폴리카보네이트판을 이용한 건축물」)에 의해, 일정한 조건을 만족하는 경우에 대해서는 내화건축물 등에서도 사용 가능한 부분이 있었다. 그러나 법 개정에 따른 구법 38조의 삭제로 상기의 장관인정은 효력을 잃어, 현행 법규상으로는 이하의 범위에서 폴리카보네이트판을 사용할 수 있게 되어 있다.

(1) 간이한 구조의 건축물에 대한 제한 완화

• 법적근거 : 건축기준법 제84조의2 및 동법시행령 제 136조의 9,10
건설성 고시 제 1446호 「방화상 지장이 없는 외벽 및 지붕의 구조」

• 사용가능한 범위

표 6.6.3 간단한 구조의 건축물에 대한 제한 완화

효 력	법 제22조에서 제26조, 제27조 제2항, 제35조의 2, 제61조에서 제64조와 동등이상
적용부위	외벽 및 지붕
건축물의 형태	벽이 없거나 높은 개방성을 가진 건물 (의 부분) ※ 건설성 고시 제1427호
방화구획	건축물의 부분에 있어서 준내화구조의 벽 또는 령126조의 제2항에 규정하는 방화 설비로 구획된 부분에 한한다.
연소규정	연소의 우려가 있는 부분 이외의 부분에서 사용 가능
규 모	층수가 1층이고 연면적이 3,000m^2 이내
용 도	① 150m^2 미만의 자동차 차고 ② 스케이트장, 수영장, 스포츠 연습장, 그 외 이와 비슷한 운동시설 ③ 불연성 물품의 보관, 기타 이와 동등이상의 화재가 발생할 우려가 적은 용도 ④ 축사, 퇴비사, 수산물증식장 및 양식장
사용가능한 재료	JISK6719 및 JISK6735에 적합한 폴리카보네이트 판으로 두께 8mm 이하인 것
기 타	주요구조부인 기둥 및 보가 령 136조의 10으로 정해진 기준을 충족시킬 것

(2) 방화지역 또는 준방화지역 내의 건축물의 지붕(불연성 물품을 보관하는 창고 등에 한함)

• 법적근거 : 건축기준법 제63조 및 동 시행령 136호의 2의2 제1호
• 인정번호 : DW-9054 (폴리카보네이트 판을 이용한 지붕)
• 피 인정자 : 폴리카보네이트판 제조업체 7곳
• 사용가능한 범위

표 6.6.4 방화지역 또는 준 방화지역 내의 지붕

적용구분	법 제22조제1항, 제25조, 제63조에 의해 요구되는 지붕
연소규정	제한없음
규 모	제한없음
용 도	불연성의 물품을 보관하는 창고, 기타 이와 유사한 것으로 장관이 정하는 용도 [장관이 정하는 용도(건설성고시 제 1434호)] ① 스케이트장, 수영장, 스포츠 연습장, 그 외 이와 유사한 운동시설 ② 불연성 물품을 취급하는 화물창고, 기타 이와 동등이상의 화재발생 우려가 적은 용도 ③ 축사, 퇴비사, 수산물증식장 및 양식장
사용가능한 재료	인정을 받은 제조회사에 의한 폴리카보네이트판 (두께 8mm이하인 것)
기 타	지붕이외의 주요 구조부는 준불연재료로 한다.

(3) 내화건축물의 지붕(불연성의 물품을 보관하는 창고 등 기타 이와 유사한 것으로 한다.)

- 법적근거 : 건축기준법 시행령 제108조의3 제1항 제2호
- 인정번호 : NFNN-9932 (폴리카보네이트 판을 이용한 지붕)
- 피 인정자 : 폴리카보네이트판 제조업체 7곳
- 사용가능한 범위

표 6.6.5 내화건축물의 지붕

구조	용도	방화상의 조치		
		설치 가능한 바닥으로부터 최저높이		비고
개방형	●수영장 · 테니스 연습장 · 스케이트장, 이와 동등이상의 화재 발생위험이 현저히 적은 스포츠 연습장 ●통로 · 휴게소 ●자전거 주차장	PC판 두께	최저높이	(폴리카보네이트절판의 경우는 판자 면적에 대한 등가 두께로 환산한다)
		1.5mm≦ t 〈2mm	3.7m	
		2mm≦ t 〈3mm	3.5m	
		3mm≦ t 〈5mm	3.3m	
		5mm≦ t 〈8mm	2.9m	
		8mm	2.7m	
	●불연성 물품을 취급하는 작업장 ●공연 · 이벤트 회장 ●정류소 · 오토바이 주차장	PC판 두께	최저높이	(폴리카보네이트절판의 경우는 판자 면적에 대한 등가 두께로 환산한다)
		1.5mm≦ t 〈2mm	7.5m	
		2mm≦ t 〈3mm	7.0m	
		3mm≦ t 〈5mm	6.5m	
		5mm≦ t 〈8mm	5.5m	
		8mm	5.0m	
폐쇄형	●수영장 · 테니스 연습장 · 스케이트장, 이와 동등이상의 화재 발생위험이 현저히 적은 스포츠 연습장	PC판 두께	최저높이	(폴리카보네이트절판의 경우는 판자 면적에 대한 등가 두께로 환산한다)
		1.5mm≦ t 〈2mm	3.7m	
		2mm≦ t 〈3mm	3.5m	
		3mm≦ t 〈5mm	3.3m	
		5mm≦ t 〈8mm	2.9m	
		8mm	2.7m	
	●통로 · 수납가연물이 적은 로비	PC판 두께	최저높이	(폴리카보네이트절판의 경우는 판자 면적에 대한 등가 두께로 환산한다) 폴리카보네이트 판 등의 부분이 연소의 우려가 있는 부분 이외의 부분에 설치되어 있는 것
		1.5mm≦ t 〈2mm	7.5m	
		2mm≦ t 〈3mm	7.0m	
		3mm≦ t 〈5mm	6.5m	
		5mm≦ t 〈8mm	5.5m	
		8mm	5.0m	

6.5.5 결언

구 건축기준법 제38조에 의거한 인정으로 사용 가능했던 부분이 현행법규의 사용범위에는 정리되어 있지 않은 부분도 있어 내화건축물 등으로 사용하는 경우에 대해서는 법개정에 의해 제한된 부분이 발생하고 있다. 내화성능검증법을 적용하는 것 등에 의해 내화건축물에 대한 사용범위를 확대할 수 있는 가능성이 있지만, 구법38조 인정이 취득되는 배경에 있던 개념(소재 자체가 연소확대하기 어려운 폴리카보네이트에서 화염으로 인한 관통이 발생하기 때문에 플래시오버나 배연의 문제가 발생하기 쉽고 또한, 용도제한을 가하고 있기 때문에 내부화재가 발생할 가능성이나 주변건물을 연소시킬 화원이 될 가능성은 낮다)을 참고하여, 재료의 특성을 고려한 형태로 방화상의 설계가 이루어져야 할 것이다.

인용 · 참고문헌

1) 大阪市立工業研究所プラスチック読本編集委員会, プラスチック技術協会：プラスチック読本, pp. 170-173, p. 247, プラスチックス·エージ
2) ポリカーボネート樹脂ハンドブック, pp. 239-246, p. 547, 日刊工業新聞社, 1992
3) 高橋済：ポリカーボネート板の高温時性状, 日本建築学会大会学術講演梗概集, A-2, pp. 161-162, 2006. 7
4) 棚池裕, 菅原進一, 小國勝男, 高田司：建築用途における合成高分子材料の防火性　その 1, その 2, 日本建築学会大会学術講演梗概集, pp. 787-790, 1986. 8
5) ポリカーボネート板研究委員会報告書, 日本建築センター, pp. 134-138, 1988. 3

07

철골계 구조의 내화 피복

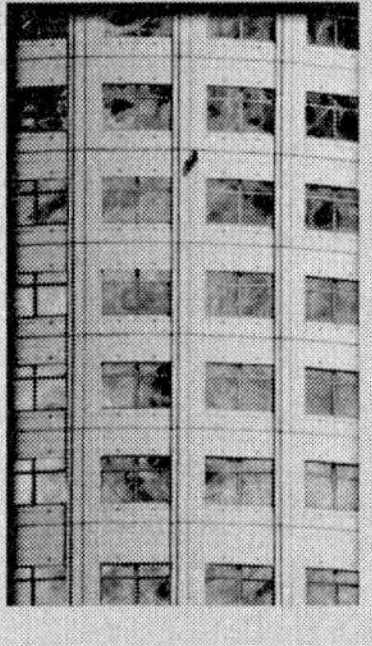

7.1 주요 내화 피복 공법

7.1.1 내화 피복 공법의 개요

a. 내화 피복의 정의

3장에서 서술한 바와 같이 강재는 온도 상승에 의해 강도나 탄성계수 등 기계적 성질이 상온 시보다 크게 저하된다. 내화 피복은 화재 시에 철골조 건축물의 기둥이나 보 등의 하중지지 부재의 온도 상승을 억제하기 위해 설치, 시공된다. 내화구조의 경우, 화재가 종료되기까지 하중지지 부재의 내화 성능을 확보하는데 중요한 역할을 담당한다. 일본에서는 내화건축물에 이용되는 내화 피복 철골구조부재가 건축기준법 제2조 제7호 '내화구조'의 관련 규정에 적합한 구조방법이 이용되고 있다. 철골 구조의 기둥 · 보에는 2000년 건설성 고시 제1399호(내화구조의 구조방법을 정하는 건)에 예시된 시방보다 각종 내화 피복재로 시공된 주요 구조부에 대하여 국토교통장관의 인증을 받은 구조방법이 일반적으로 이용되고 있다.

내화구조의 역사적 경위를 보면 건축기준법 제정 당시의 내화구조는 철근 콘크리트조, 철골 철근 콘크리트조, 철골 콘크리트 구조가 주류를 이루고 있었고, 철골조와 관련해서는 철골을 7cm 이상 벽돌이나 돌 등으로 덮은 것이 예시된 이외에는 최상층으로부터 2층 이상의 부분이나 4층 이하 건축물의 철골조 기둥 및 보로 5cm 이상의 철망 모르타르 등으로 피복한 '인정 내화구조'로 규정된 정도였다. 그러나 고층건축의 대두와 함께 철골조 건축물이 많아지면서 현재 사용되고 있는 내화 피복이 필요해지게 되었다.

현재, 일반적으로 내화 피복으로 불리는 재료는 마무리 표면으로부터 구조용 강재의 외측면까지의 재료로 방화 피복이라고 하는 용어로 시작된다[1),2)]. 또한 방화 피복은 JIS A 1302:1951(철근 콘크리트조, 철골 철근 콘크리트조 및 철골 콘크리트 구조의 방화 피복 시험방법)에도 정의되었다. 건축기준법에서도 본 가이드 북에서 말하는 내화 피복에 방화 피복이라는 용어가 이용되고 있다.

JIS A 1302:1951의 해설[3)]에서 나타낸바와 같이 내화구조는 화재 후에도 내진성이 확보되거나 재사용이 가능하도록 '충분한 방화력을 부여해 두어야 한다'고 되어 있었다. 동 해설에서는 강재의 장기 하중에 대한 허용 인장 응력의 한계 온도가 약 460℃ 이하인 점이나 주로 강재가 내력을 부담하는 철골 콘크리트 구조의 경우, 내력 저하를 고려해 대체로 500℃를 강재의 한계 온도로 하는 점 등이 기술되어 있다. 아울러 JIS A 1302는 이후 개정되어 JIS A 1302:2011(건축물의 불연 구조부분의 방화 시험방법)로서 2015년 폐지되었다.

1960년경부터 철골 콘크리트 구조가 아닌, 순수한 철골 구조가 대두되기 시작하자 강재의 한계 온도 규정에 대한 재검토가 이루어졌다. 철골조에서 화재시에 부재가 고온화되면, 프레임내 기둥 · 보에 작용하는 열응력 등의 영향으로 인해 철골 부재는 450℃ 이하의 온도에서도 붕괴에 이를 가능성이 지적되었고, 재사용성을 고려해 철골 구조에 대해 큰 여유도를 확보할 필요성에 대한 논의가 활발하게 이루어졌다. 최종적으로 장기 허용 응력도 하에서는 강재 온도를 350℃ 이하로 억제함으로써 재료로서의 안전을 담보할 수 있다는 결론을 얻었다. 이를 배경으로 JIS A 1304:1959 '건축물의 내화구조부분의 내화시험방법'(JIS A 1304:2011 '건축 구조 부분의 내화시험방법', 1969년 건설성 고시 제2999호에서 철골 부재(기둥 · 보)의 온도를 평균 온도 350℃ 이하, 최고 온도 450℃ 이하로 하는 것이 규정되었다. 이 온도 규정은 건축기준법 등의 법령에 근거하는 지정 성능평가기관의 내화성능시험 · 평가방법의 업무 방법서에서 비재하 가열시험에 한정되었는데 2016년 현재에도 적용되고 있다.

건축기준법의 성능 규정화에 이르기까지의 장기간, 내화구조의 내화설계는 표준 화재를 규정시간(기둥, 보 : 1, 2, 3시간)을 받았다 하더라도 강재 온도가 350℃ 이상에 이르지 않도록 하는 내화 피복 두께를 설정하는 것이었다. 구조 내화 설계가 체계화[4),5)] 되어 가는 가운데, 이렇게 일률적으로 한계 온도나 내화 시간을 규정하는 방법은 다양한 용도나 구조의 건축물 설계에 있어서 단순 명쾌하지는 않지만 과학적 논리성이 결여되거나 부재에 과잉 내화 피복을 필요로 하는 등 합리성이 결여된 부분도 있다는 인식이 있었다. 성능 설계에 대해서는 건축물이나 부재의 내화 성능이 작용하중이나 프레임의 조건 등 프레임의 구조 특성, 가연물량이나 개구 인자 등에 의해 정해지는 구획화재 성질과 상태, 화염으로부터 강재에 대한 열입력을 저감하는 내화 피복재의 열전달 특성에 근거해 설계되도록 되어 있다.

한편, 내화시험과 관련해서는 건축기준법의 성능 규정화와 시험방법의 국제 조화를 배경으로 ISO 834 에 규정된 가열 온도나 재하 가열 시험 등이 부재의 내화 성능을 평가하기 위한 표준적 시험방법으로 이용되고 있다. 준 내화구조나 1시간 준 내화구조 등에 관한 재하 가열 시험에서는 장기 허용 응력도에 상당하는 하중을 구조 부재에 재하하여, 요구 내화 시간의 가열 중에 부재 온도가 상승하면서 하중지지 능력을 상실함으로써 붕괴되지 않는 등의 성능을 확인한다. 이 시험방법은 국제적으로도 일반적인 방법으로 채택되고 있다. 그러나 일본에서는 내화구조와 관련해서는 화재가 종료될 때까지의 성능을 담보하기 위해 요구 내화 시간에 정확하게 표준 가열 곡선에 따른 가열을 정지하고, 그 후 부재 온도의 상승에 의해 부재가 붕괴하지 않음을 확인하도록 시험 시의 조건을 일부 추가하고 있다. 그렇지만 구조 내화 설계에 필요한 부재의 종국 성능을 파악되지 않는 등 성능 설계의 관점에서는 불합리한 측면도 있다. 또한 시험방법 자체를 보면, 시험 조건을 단순화하기 위해 가구 안에서 부재에 발생할 수 있는 열응력이나 다른 부재의 변형 등을 무시한 조건하에서의 성능 파악에 그치고 있다. 즉, 비교적 큰 하중을 설정하면서도 화재 가열을 받는 프레임 중의 기둥으로 인한 보의 변형이나 열응력 등의 영향은 충분히 재현되지 못하는 등의 과제가 있다.

따라서 설계자 등은 내화시험에서 화재 시에 부재에 필요한 내화 성능의 일면을 실험적으로 검증하는데 불과하다는 점을 충분히 유의할 필요가 있다. 아울러 EN 규격이나 UL 규격에서는 편심 하중을 주는 시험방법이나 열 신장 등을 구속한 조건에서의 시험방법도 규정되어 있다. 강구조의 내화 설계에서는 부재에 소정의 하중을 재하한 상태에서 화재시에 붕괴하지 않는 것을 확인하는 「부재 레벨」 설계에서 일부 부재가 내력을 상실하더라도 주변 부재가 응력 재배분에 의해 프레임의 안정성을 확보하는 「골조 레벨」의 설계도 실시되고 있으며, 내화 피복의 성능 평가에서도 그러한 설계 레벨에 따른 시험방법이 향후 필요할 것으로 생각된다.

내화구조의 장관 인증과 관련해서는 법 준수나 철저한 품질관리 등 다양한 사회 정세를 배경으로 인증 조건의 엄격화가 진행되면서, 구조 방법의 시방 변경이나 추가 시마다 시험에 의한 확인이 필요한 케이스가 많아졌다. 방내화성능의 성능 평가는 인증 시점에 존재하는 재료나 부재의 조건 중 공학적으로 가장 위험하다고 생각되는 조건을 가정해 실시되며 그 결과에 근거해 장관 인증이 이루어진다. 이 때문에 인증이 이루어진 이후에 재료 개발 등이 실시되고 실용화된 신재료 등을 동등성에 관한 확인이나 검증 없이 이용하는 것은 공학적으로 위험을 수반할 우려가 있다. 내화 성능의 판단은 실험적으로 검증하는 것이 원칙이지만, 기 인증품의 요구 내화 시간이나 한계 온도에 대해서 충분한 여유도가 있다면 재료 레벨이나 해석적 검증으로 확인하는 것도 가능할 것으로 생각된다.

건축물의 한계 상태나 설계 한계를 어떻게 규정하고 부재에 어느 정도의 여유도를 부가할지는 화재시에 인명의 확보나 주위에 미치는 영향 등을 달성할 수 있다면 그 범위에서 건축물의 소유자 등이 선택할 수 있다. 2015년 6월 시행된 개정 건축기준법에서는 법 제27조와 관련해 특정 대피시간 도괴 등 방지 건축물이 규정되어 종래 내화건축물이나 준 내화건축물의 규정보다, 건축물이 본질적으로 담보해야 할 인명 안전의 확보라고 하는 최소한 확보해야 하는 성능이 명확해졌다. 이 규정은 재관자 건축물의 도괴 등이 법률상의 한계임을 의미하고 있다. 현행 철골 구조의 내화 설계는 일정한 안전율을 포함하고는 있으나, 부재의 종국 상태가 설계 한계로 규정되어 있다. 또한 예전의 온도 규정이 대체로 부재의 재사용 한계이다. 이들을 감안해 설계자는 종합적으로 건축물의 라이프 사이클 비용을 검토한 후, 내화 피복을 설계할 필요가 있다.

b. 각종 내화 피복 공법의 일반적 사용 부위

각종 내화 피복 공법은 내화 피복재 자체가 아닌 내화 피복재를 사용한 철골조의 부재 · 골조로서 요구 성능을 만족할 필요가 있다. 내화 피복재는 주로 기둥이나 보에 사용하는 것인데, 건축물을 구성하는 부위로서는 외벽이 설치되는 기둥이나 보, 기둥 · 보의 접합부 등 복수의 부재가 접합되는 부위도 있다. 각 부의 상세한 내용은 다음 절 이후에 해설하기로 한다. 아울러 외벽과 기둥 ·

보가 서로 접합하는 부분에서 외벽을 강재 피복의 일부로 취급하는 경우에는 합성 내화 피복 공법[6]으로서 내화시험에 의한 내화 성능 확인이 필요하다.

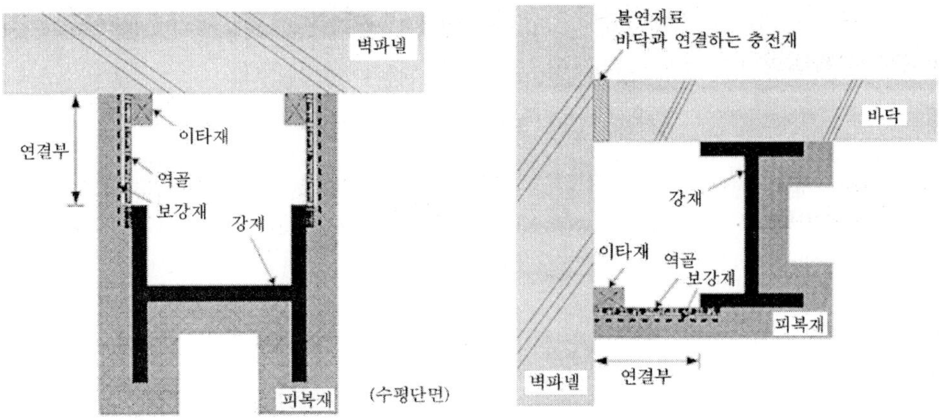

(a) 외벽과 기둥의 합성 내화 피복 (b) 외벽과 보의 합성 내화 피복[6]

그림 7.1.1 합성 내화 피복의 개요

7.1.2 내화 피복의 동향

내화 피복 재료는 철골조의 발전과 함께 개발되면서 초기의 내화 피복인 철망 모르타르부터 분사 암면(Rock wool), 규산 칼슘판, 무기섬유 펠트, 내화 도료 등 다양한 재료가 탄생했다. 자세한 내화 피복재료의 종류는 7.2절 이후에 서술하기로 하며, 현재 일반적으로 자리잡고 있는 공법별로 크게 나누면 표 7.1.1에 나타낸바와 같이 ① 분사 · 도장 공법, ② 성형판 공법, ③ 라이닝 공법으로 분류되며, 또한 재료에 따라 약 11종류이다.

그림 7.1.2는 주요 공법 가운데 시공 실적이나 출하량을 확인할 수 있는 내화 피복재의 시장 점유율 개요이다. 또한 출하량 등의 정보를 얻을 수 없는 공법 · 재료의 경우, 그래프에 포함되지 않았다. 건축 착공 통계조사보고(국토교통성)에서 2013년도 구조별 바닥 면적으로부터 각 재료의 시공 면적을 산출해 시장 점유율을 나타낸 것이다. 또한 산출에 대해서는 각 재료 공업회 · 협회의 통계정보[7]을 토대로 철골조의 바닥 면적 중 약 40%가 내화구조로 되어 있고, 내화 구조 바닥 면적이 내화 피복재 시공 면적이 동일한 것으로 하였다. 또한, 그림 7.1.3은 각종 내화 피복재료의 출하 · 시공 면적에 관한 성장률(2015년 기준)이다. 그림 7.1.2에 나타낸바와 같이 약 4분의 3이 분사 암면이 차지하고 있는 것을 알 수 있다. 무기 섬유 펠트가 약 5분의 1, 규산 칼슘판(각 사 인증품 제

외)이 약 3%, 습식 분무재 공법, 내화 도료 등이 약 3%이다. 그림 7.1.3을 보면 2015년을 베이스로 전반적으로 2010년에 차이가 보이는데, 내화 도료와 라이닝용 무기섬유 펠트는 증가 경향을 보이고 있다. 분사 암면은 2000년부터 2005년경까지 크게 감소했지만 그 이후는 비교적 안정된 출하를 보이고 있으며, 계속적으로 높은 점유율을 유지하고 있다. 또한 규산 칼슘판은 2007년을 정점으로 일시적 증가가 보이지만 장기적으로 큰 변동은 없다.

표 7.1.1 내화 피복 공법과 재료의 개요

분사 및 도장 공법	성형판 공법	라이닝 공법
분사 암면 수산화 알루미늄 혼입 습식 분사 모르타르 석고계 분사 경량 시멘트 모르타르 도장 공법(내화 도료)	규산 칼슘판 ALC 석고보드 GRC	무기섬유 펠트 발포 시트(열팽창 시트)

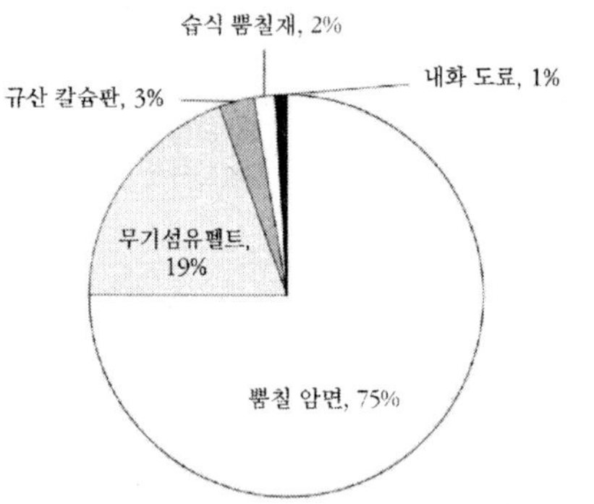

그림 7.1.2 내화 피복공법의 시장 점유율 개요도

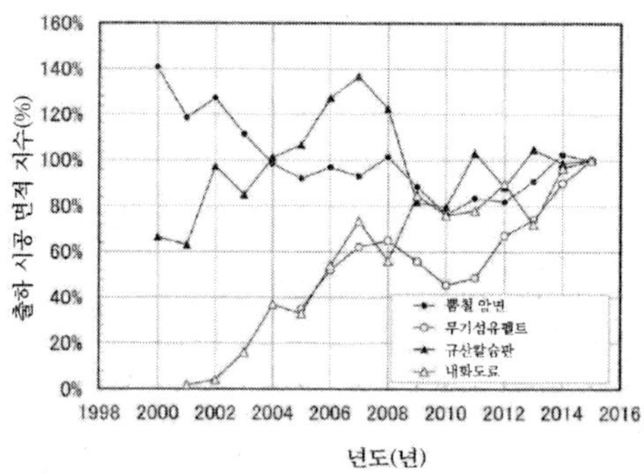

그림 7.1.3 각종 내화 피복의 성장률(2015년 베이스)

인용 · 참고문헌

1) 藤田金一郎：耐火造建物内火災の火災主要期時間と防火被覆厚, 日本建築學會研究報告, 巻号(7), pp.303-306, 1950.8
2) 藤田金一郎：耐火造建物の防火被覆厚さの理論的検討, 日本建築學會研究報告, 巻号(6), pp.425-428, 1950.5
3) 日本建築学会：建築基準法に関係ある防火規格とその解説 JIS A 1302, 1950
4) 国土開発技術研究センター：建築物の総合防火設計法 第 4 巻 耐火設計法, 日本建築センター, 1989.4
5) 日本建築学会：鋼構造耐火設計指針, 1999
6) 日本建築学会 防火委員会 合成耐火被覆小委員会：合成耐火被覆材を施した柱・梁の耐火性能, 2010.5
7) 日本建材・住宅設備産業協会建材：2015/2016 年版 住宅設備統計要覧, 2015

7.2 뿜칠 공법

7.2.1 공법의 특징

뿜칠 공법이란 펌프나 분사기를 이용해 내화 피복재료를 시공 장소까지 압송해 내뿜는 공법이다. 부정형의 재료를 대상물에 뿜칠함으로써 복잡한 형상의 기초에도 빈틈없이 연속된 내화 피복층을 형성할 수 있다는 특징이 있어 가장 많이 사용되는 내화 피복공법이다.

분사 공법을 크게 나누면 건식 분무공법, 반건식 분무공법, 습식 분사공법으로 나눌 수 있다. 건식 분무공법 및 반건식 분무공법은 분사 암면 특유의 공법이지만 현재 넓게 이용되고 있는 분사 암면은 그 대부분이 반건식 분무공법이다. 건식 분무공법은 소규모 현장이나 보수 용도로 사용되며 일반 현장에서는 그다지 사용되지 않는다. 또한 분사암면에는 습식 분사공법을 이용한 습식 분사 암면도 있지만, 지금은 출시되고 있는 것은 없다. 현재 습식 분사공법은 사용 재료에 따라 시멘트계, 석고계 등이 있으며 나아가 흡열 재료로 금속 수산화물을 첨가한 것이나 경화 촉진제를 첨가한 것도 있다. 각 공법의 특징을 표 7.2.1 및 그림 7.2.1 ~ 7.2.3에 나타낸다.

표 7.2.1 주요 분사 공법과 특징 [1)~5)]

공법 분류	재료 분류	주원료	부피비중 (g/cm^3)	특징
반건식 분사공법	분사 암면	시멘트 암면	0.28 이상	반송 거리가 길고 시공 효율이 높음 범용성이 높아 대부분의 구조에 대응 가능하여 가장 많이 보급되어 있는 공법 및 재료 표면에 시멘트 슬러리를 도장함으로써 방진성을 부여할 수 있음
건식 분사공법				소형기기로 시공함으로써 기동성이 높음 보수 용도나 소규모 공사에 적합
습식 분사공법	수산화 알루미늄 혼입분사 모르타르	시멘트 무기섬유 질석 펄라이트 수산화 알루미늄 탄산칼슘 칼슘 알루미네이트	0.5~1.6	흡열 재료(수산화 알루미늄)의 첨가로 피복 두께를 저감 시공 장소에서 분진 발생이 없음 요철 마무리로 표면 평활화가 가능 재료 강도가 높고 시공 후 분진 발생이 없음
	경량 시멘트 모르타르	시멘트 펄라이트 유기질 골재	0.5~1.3	시공 장소에서 분진 발생이 없음 표면 경도가 높고 시공 후 분진 발생이 없음
	석고계 습식분사	석고 목질섬유 탄산칼슘 유기질 골재 황산 알루미늄	0.24~0.3	경화제(황산 알루미늄)를 동시에 뿜칠해 발포 · 경화를 촉진시킴 광물 섬유가 포함되어 있지 않음

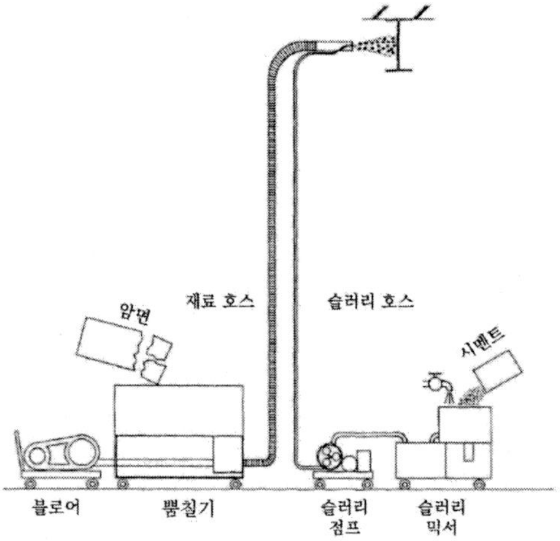

그림 7.2.1 반건식 뿜칠공법 4)

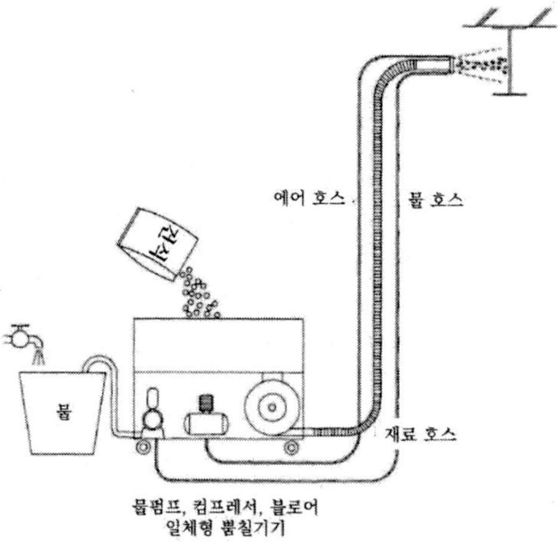

그림 7.2.2 건식 분무뿜칠 4)

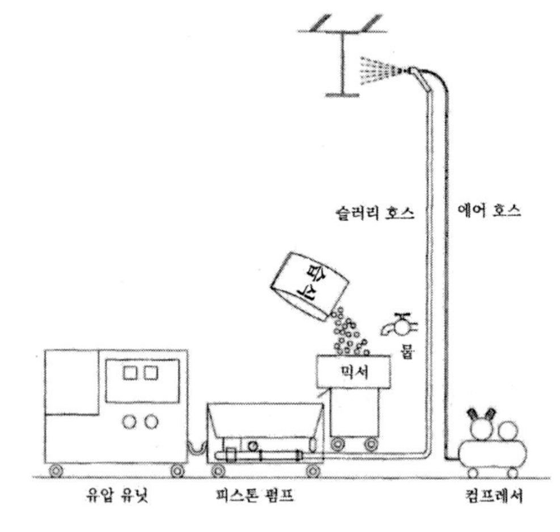

그림 7.2.3 습식 뿜칠 공법 4)

7.2.2 뿜칠 암면

반건식 분무 공법 시공 시 기계는 전용 분사기와 블로어 및 시멘트 슬러리용 믹서와 슬러리 펌프 4대를 1세트로 구성한다(그림 7.2.1, 7.2.4). 사용하는 시멘트의 형태가 프레콘백인 경우에는 여기에 시멘트 자동 계량 투입기가 부가된다.

암면은 분사기에 따라 개면되며 블로어를 통해 시공 장소의 노즐 입구까지 일정량이 공기 반송된다. 시멘트는 믹서에서 물과 혼합되어 슬러리화한 후, 슬러리 펌프에 의해 암면의 토출량에 따른 양이 노즐입구까지 보내진다. 사용 재료 중 절반이 말린 상태에서 보내지는 점에서 반건식 분무공법이라 부른다(그림 7.2.5).

암면과 시멘트를 따로따로 각각 적합한 방법으로 반송함으로써 반송성이 200m 이상까지 반송이 가능해져 초고층 건축물에서도 1층의 분사 기계 설치 플랜트로부터 직접 최상층까지 내뿜을 수 있다. 또한 공장이나 창고 등 잘 보이지 않는 경우나 천장 안쪽이 공조의 리턴 챔버가 되는 경우 등 필요에 따라 요철을 메운 후 표면에 시멘트 슬러리를 내뿜어 표면의 발진 방지나 경질화를 실시할 수도 있다.

a. 원재료 및 조성

분사 암면은 아래의 재료를 사용한다. 각각의 재료는 직접 현장에 반입해 표 7.2.2의 배합 비율이 되도록 토출량을 조정하여 시공한다.

표 7.2.2 분사 암면 배합 비율 [5)]

재료명	배합 비율 Wt%
암면	60±5
시멘트	40±5

* 암면 : JIS A 9504 암면 보온재에 규정하는 wool로 불연 NM-8600의 해당품
* 시멘트 : JIS R 5210 포틀랜드 시멘트 또는 JIS R 5211 고로 시멘트 혹은 백색 시멘트

b. 시공

시멘트는 미리 시멘트 질량의 2배의 물과 혼합하여 시멘트 슬러리(농도 33.3%)를 제작한다. 시공 개시 시에 노즐 입구에서 암면과 시멘트 슬러리의 토출량을 각각 측정(그림 7.2.6, 7.2.7)하여, 표 7.2.2의 배합 비율이 되도록 각각의 토출량을 조정한다. 암면과 시멘트 슬러리의 토출량은 1:2(중량비)을 표준으로 한다.

분사는 적절하게 두께를 측정하면서 실시하며, 분사 후에는 표면에 기포가 생기지 않도록 요철을 정리한다.

그림 7.2.4 반건식 뿜칠 기계 설치 플랜트 [5)]

그림 7.2.5 반건식 뿜칠 공법 [5)]

그림 7.2.6 암면 토출 측정 [5)]

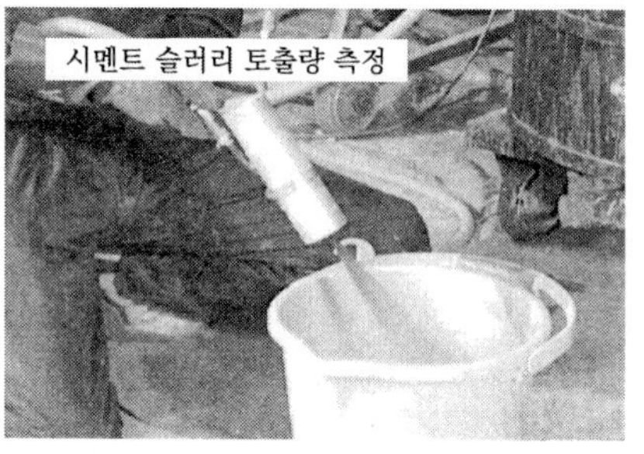

그림 7.2.7 시멘트 슬러리 토출 측정 [5)]

c. 품질관리

두께와 부피 밀도에 대해 관리한다.

(1) 두께

시공 중에는 적절히 두께를 확인하면서 분사를 실시한다. 시공 후에는 소정의 두께가 확보되었는지 확인하기 위해 두께 확인 핀(그림 7.2.8)을 설치한다. 핀을 설치하는 빈도는 각 부재 마다 기둥은 1면에 1개, 보는 웨브 양측에 각 1개, 하부 플랜지 아래면에 1개, 하부 플랜지 양측 선단에 각 1개를 표준으로 한다. 또한 지정된 두께 측정기(그림 7.2.9)로 대표적인 부위의 두께를 측정한다.

(2) 부피밀도

시공 후 그림 7.2.10의 부피 밀도 샘플링기로 피복재를 잘라낸 후 건조해 부피 밀도를 측정한다. 시공 중의 관리 시에는 분사 후 4시간 이내에 잘라낸 샘플 질량으로부터 건조 후 부피 밀도를 계산하는 조기 판정 방법을 병용한다.

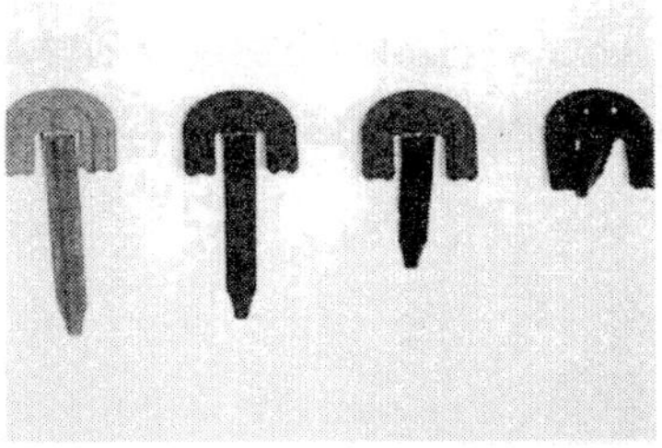

그림 7.2.8 두께 확인 핀의 예[5]

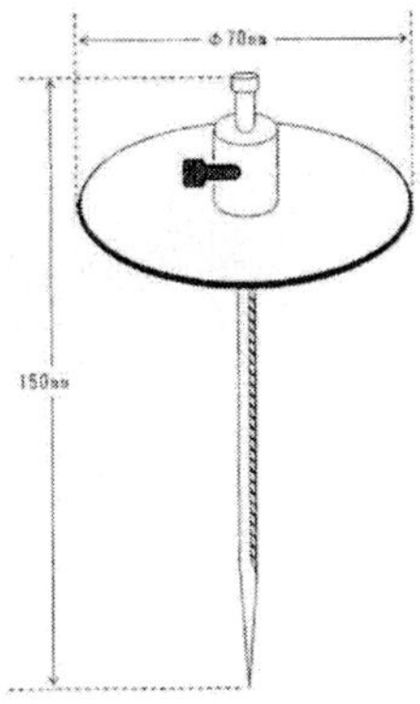

그림 7.2.9 두께 측정기

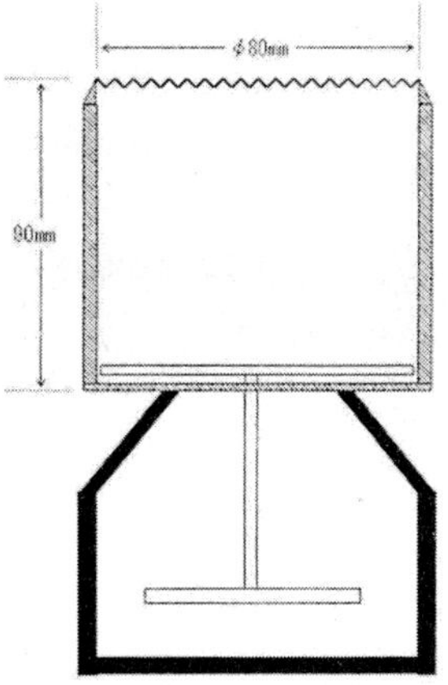

그림 7.2.10 비중 샘플링기

7.2.3 습식 뿜칠 공법

공장 배합한 재료를 물과 믹싱하여 슬러리화하는 믹서와 슬러리를 압송하는 펌프로 이루어지며, 시공 장소까지 압송된 슬러리는 노즐 입구에서 압축공기에 의해 분무된다(그림 7.2.3). 분사기로부터 노즐 입구까지의 모든 재료가 젖은 상태로 보내진다고 해서 습식 분사 공법이라 부른다. 습식 분무재는 모든 재료를 혼련해 슬러리화하기 때문에 균질적으로 안정된 품질을 얻을 수 있으며 시공 중 및 시공 후의 분진 날림이 적다.

a. 수산화 알루미늄 혼입 습식 뿜칠 모르타르

흡열 재료로서 수산화 알루미늄을 사용하여 피복 두께를 저감한 습식 분무재이다. 비교적 부피 밀도가 높은 것이 많고, 재료 강도나 표면 경도가 높으며, 쇠 흙손을 이용해 표면 평활성을 기대할 수 있으므로 요철의 마무리 또는 표면에 도장이나 크로스 마무리가 가능한 것도 있다.

(1) 원재료 및 조성

시멘트, 수산화 알루미늄, 무기섬유, 질석, 펄라이트, 탄산칼슘, 칼슘 알루미네이트 등

(2) 시공

공장 배합된 재료를 믹서로 소정의 물과 믹싱하여 슬러리화한다. 슬러리화된 재료는 유압식 피스톤 펌프 또는 스네이크식 등의 펌프에 보내져 시공 층까지 압송된 후 압축 공기에 의해 분무된다

(그림 7.2.11에 시공 기계의 예를 나타낸다). 분사는 적절히 두께를 측정하면서 실시하며 표면은 필요에 따라 쇠흙손을 이용해 마무리한다. 시공 후 두께 확인 핀을 설치한다.

시공 면적이 매우 작은 경우나 건으로 분사하기가 어려운 경우에는 믹서로 혼련한 슬러리를 직접 대상물에 바르기도 하는데 이 경우에는 분사 시보다 부착력이 저하될 우려가 있으므로, 필요에 따라 기초에 라스를 달거나 프라이머 처리를 실시하는 등의 대책을 고려한다. 1회 분사 두께는 15~30mm 정도를 한도로 하며, 그 이상인 경우에는 12시간 이상의 간격을 두고 2번 분사한다. 첫 번째 분사 시 너무 두꺼우면 부분 처짐이 발생해 경화 후 균열이나 박리로 이어지므로 주의가 필요하다.

또한 시공 시의 슬러리 압송에서는 호스가 고압이므로 열화된 호스를 사용하지 않는 등 안전 대책에 주의할 필요가 있다.

모르타르 펌프 압축기 모르타르 믹서

그림 7.2.11 시공 기계의 예

그림 7.2.12 습식 분사 모르타르의 뿜칠

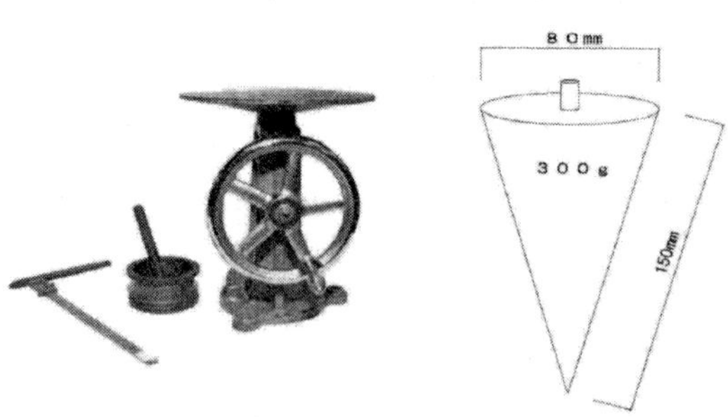

그림 7.2.13 모르타르 플로우 시험기 · 낙추식 점도계

(3) 품질관리

습식 분무재는 혼련한 슬러리의 성질과 상태에 따라 압송성이나 부착성, 나아가 경화된 피복재의 부피 밀도 등에 영향을 미치므로 비빔 수 비나 비빔 시간을 충분히 관리할 필요가 있다. 또한 시공 후의 품질관리 시에는 부피 밀도와 두께가 기본이지만, 그 관리방법이나 관리 기준에 대해서는 각 사의 규정에 따른다. 또한 슬러리의 유동성은 그림 7.2.13의 모르타르 플로우 시험기 또는 낙추식 점도계로 측정할 수 있다.

b. 경량 시멘트 모르타르

경량 시멘트 모르타르는 특정 비영리 활동 법인인 습식 마무리 기술센터가 인증을 보유한 구 통칙적인 지정이며, 보통포틀랜드시멘트와 펄라이트를 주성분으로 한 습식 분무재이다.

(1) 원재료 및 조성

시멘트, 펄라이트, 유기질 골재, 혼화제 등

(2) 시공

공장 배합된 재료와 소정의 물을 모르타르 믹서로 비빔한다. 상태는 JIS A 1171(폴리머 시멘트 모르타르의 시험방법)에 규정하는 소형 슬럼프 콘으로 확인한다.

분사 작업은 a) 수산화 알루미늄 혼입 습식 분사 모르타르와 마찬가지로 시공 층까지 압송된 재료를 압축공기로 내뿜는데, 원칙적으로 2~3회로 나누어 뿜칠한다. 또한 시공 면적이 적은 경우나 분사 작업이 곤란한 경우, 혹은 표면 마무리를 실시하는 경우는 흙손으로 바른다. 그 경우는 분사 작업보다 재료의 혼련 상태를 딱딱하게 조정한다. 시공 시는 적절히 두께를 측정하면서 실시하며 시공 후 두께 확인 핀을 꽂아 설치한다.

(3) 품질관리

수산화 알루미늄 혼입 습식 뿜칠 모르타르와 마찬가지로 시공 시 비빔 수비나 비빔 시간, 시공 후의 부피 밀도와 두께 관리가 중요하며 그 관리 방법이나 관리 기준에 대해서는 각 사의 규정에 따른다.

c. 석고계 습식 뿜칠

석고, 목질 섬유, 유기질 골재 등을 주성분으로 한 경화제 첨가형 습식 뿜칠재, 공장 배합한 주재료를 물과 비빔하여 슬러리화한 믹서와 슬러리를 압송하는 펌프, 경화제용 믹서와 펌프로 이루어진다. 시공 장소까지 압송된 슬러리에 노즐 입구에서 경화제 용액을 혼합해 압축 공기로 뿜칠한다. 이 때 경화제를 첨가하여 발포 경량화 한다. 경화제에 의한 초기 경화로 부착성을 부여할 수 있으므로 원료 슬러리의 유동성이 좋고, 압송 펌프를 소형 경량화 할 수 있다. 다른 습식 분무재와 마찬가지로 분진의 비산이 없고, 또 장래적으로 건강 영향이 우려되는 광물 섬유를 사용하지 않으므로 의료 시설 등에 채택되는 예가 있다.

(1) 원재료 및 조성

석고, 목질 섬유, 탄산칼슘, 황산알루미늄(경화제) 등

(2) 시공

공장 배합된 주원료를 믹서로 물과 혼련해 소형의 압송 펌프 등으로 시공 층까지 압송한다. 주원료에 대해 7% 정도의 경화제 용액을 노즐 부근에서 주원료 슬러리 안에 주입 혼합하면서 압축 공기로 취부한다. 경화제의 첨가량에 따라 경화 속도나 발포 정도가 바뀌므로 주의한다. 분사는 1회째에 두께 15mm 정도로 하며 경화 후 소정의 두께까지 취부한다.

(3) 품질관리

수산화 알루미늄 혼입 습식 분사 모르타르와 마찬가지로 시공 시 혼련 수 비나 혼련시간, 시공 후의 부피 밀도와 두께 관리가 중요하며, 그 관리방법이나 관리 기준에 대해서는 각 사의 규정에 따른다.

7.2.4 합성 내화구조

외벽이 내화 피복의 일부를 구성하는 합성 내화 구조의 예를 그림 7.2.14에 나타낸다. 구성하는 외벽재 마다 내화 구조 인증을 취득했으며 ALC패널, PC판, 압출 성형 시멘트판(ECP)이나 샌드위치 패널 등 각종 외벽재와의 합성 내화구조 인증이 있다.

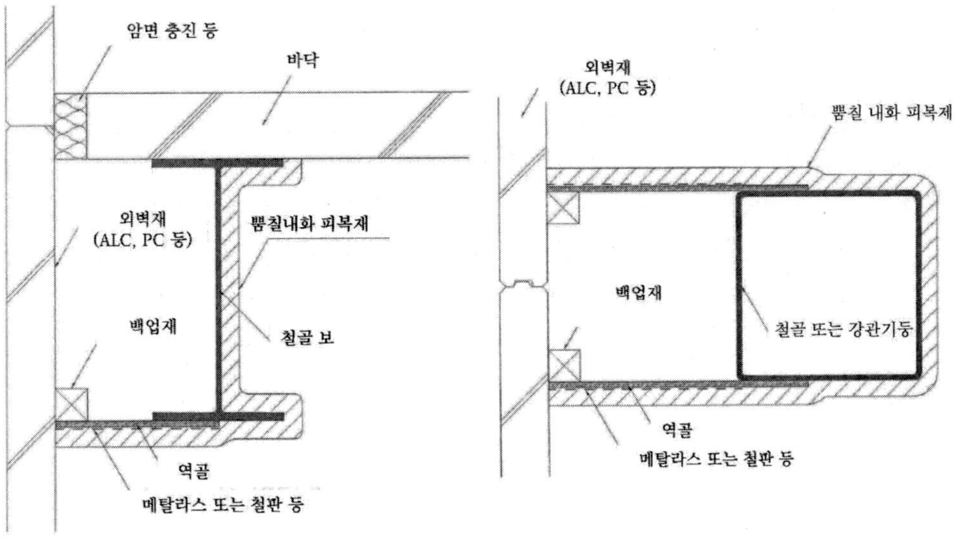

(a) 보　　　　(b) 기둥

그림 7.2.14 뿜칠 내화 피복재의 합성 내화구조 예

인용 · 참고문헌

1) 日本建築学会：建築工事標準仕様書　JASS6　鉄骨工事, 2007

2) 日本建築学会：鉄骨工事技術指針・工事現場施工編, 2007

3) 日本鋼構造協会：鉄骨造建築の耐久性設計ガイドブック　露出型鉄骨の防錆・防食技術とその考え方, JSSC テクニカルレポート, No.52, 2002.2

4) コンクリート工学協会：コンクリート工学, VOL.45, No.9, 2007.9

5) ロックウール工業会：吹付けロックウール被覆耐火構造施工手順, 2008.7

7.3 라이닝 공법

7.3.1 공법의 특징[1)]

라이닝 내화 피복재는 공장 생산품이므로 품질이 안정적이며, 재료는 커터 나이프나 재봉 가위로 간단하게 가공할 수 있다. 시공은 철골에 후 시공 용접핀으로 고정하는 간편 공법으로 분사와 같이 바탕재 방청 도료의 종류에 구애받지 않고, 분진이 거의 없으므로 병행 공사도 가능하다. 또한 재료에 유연성이 있으므로 진동에 유연하게 대응하여 균열의 발생, 박리, 탈락도 발생하기 어렵다. 공장에서 프리 커팅을 실시함으로써 폐재를 감량할 수 있다. 또한 선행 내화 피복도 가능하다.

7.3.2 무기 섬유 펠트

라이닝 공법의 보 구조 예를 그림 7.3.1에, 기둥 구조 예를 그림 7.3.2에 나타낸다. 피복재의 이음 부분은 반턱쪽매이음(shiplap joint) 가공되는 것이 주류를 이루며, 가열 수축에 의한 이음부 벌어짐의 영향을 저감하였다.

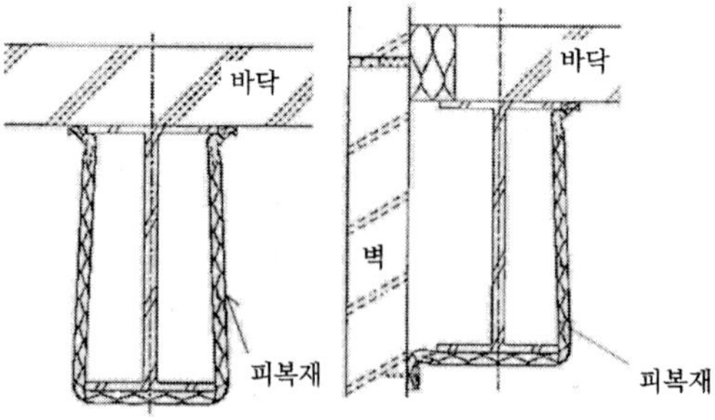

그림 7.3.1 보 단면도

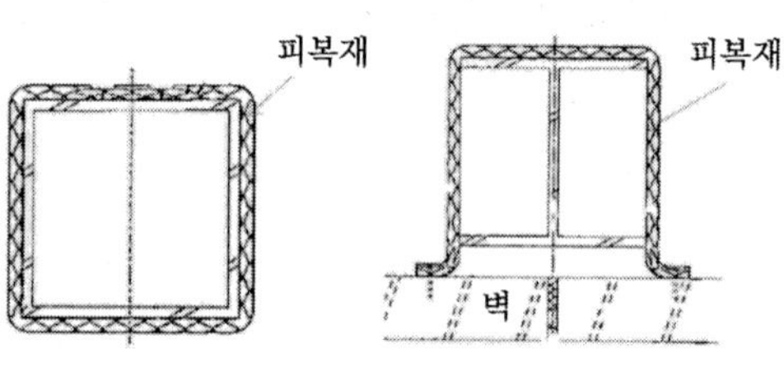

그림 7.3.2 기둥 단면도

a. 재료 조성

단열재는 무기 섬유를 성형한 것으로 고내열 암면을 사용하는 것이 주류이다. 표면은 부직포 등의 표면재로 덮여 있다. 모두 각 회사의 개별 인증이므로 각각의 인증에 적합한 것을 사용한다. 통상의 암면은 800℃ 이상의 고온이 되면 현저하게 수축하지만 고내열 암면은 800℃ 이상의 고온에서도 현저하게 수축되지 않는다. 1050℃의 환경 중에 3시간 방치했을 때의 수축 상황을 그림 7.3.3에 나타낸다.

(a) 고내열 암면

(b) 통상 암면

그림 7.3.3 수축 비교

라이닝 내화 피복을 시공하기 위한 부구성재료는 주로 용접 핀이 이용된다. 선단이 예리한 핀에 와셔가 장착되어 있으며, 이를 핀 용접기를 이용해 스폿 용접한다. 또한 내화 접착제를 이용하여 시공하는 공법도 있다. 이에 대해서도 각 회사의 개별 인증이므로 각각의 인증에 적합한 것을 사용한다.

b. 품질관리

공장 제조 단계에서 무기 섬유 펠트의 원료 배합 비율, 두께, 외관 비중을 관리한다.

c. 시공

시공은 아래의 순서 · 방법에 따라 적절히 실시한다.

① 현장 반입 및 보관

재료는 트럭 등으로 반입하며 운반은 인력, 지게차 등으로 실시한다. 반입된 재료는 각각의 인증에 적합한지 여부, 두께나 수량 여부가 지정한 바와 같은지를 확인한다. 물성 확인은 검사 성적서로 대신한다. 확인 후 지게차 등의 양중기를 사용해 필요한 재료를 시공 층까지 양중하며 시공 층에서의 수평 이동은 손수레 또는 지게차 등을 이용한다.

재료는 옥내에서 빗물에 노출되지 않는 곳에 보관하며 그 주위에 안전 통로를 확보하여 다른 작업에 지장이 없게 한다. 보관 공간은 재료에 따라서도 차이가 있는데 내화 1시간의 경우는 100m^2 시공 분당 5~7m^2 이 필요하다.

② 시공 순서

비계 등의 설치는 암면의 분사 공법에 준한다. 바탕 처리는 시공에 지장을 초래할 우려가 있는 들뜸, 녹 및 기름 등은 시공에 앞서 충분히 제거한다. 재료의 절단은 미리 시공도에 따라 가공 공장에서 실시하거나 시공자 등과 가공 장소를 선정하여 현장 내에서 실시한다. 재료의 현장 내에서 절단 가공은 커터, 가위 등을 이용한다.

설치 시에는 재료의 느슨해짐이 발생하지 않았는지, 핀의 용접에 하자는 없는지, 각 줄눈부의 접합부에 간극이 발생하지 않았는지 등에 주의하며 시공한다. 자세한 것은 각 회사의 시공 요령서를 따른다.

d. 시공 관리

① 검사항목 및 검사방법

육안으로 외관의 느슨해짐, 뒤틀림, 결손이 없는지, 줄눈부에 간극이 없는지를 확인한다. 강제 줄자, 직각자 등을 이용해 고정 핀의 간격이 규정치 이하임을 확인한다. 자세한 것은 각 회사의 검사 요령서에 따른다.

② 보정

외관의 느슨해짐, 뒤틀림, 결손이 발생한 경우, 줄눈에 큰 간극이 있는 경우에는 새로 시공하거나 수정한다. 소규모 결손, 줄눈에 근소한 간극이 있는 경우에는 피복재와 같은 재료를 충진한다. 고정 핀의 간격이 기준치 이상인 경우는 그 중간에 1개 더 타정한다.

③ 시공 완료 후의 조치

시공 완료 후, 현장 감리자의 검사를 받는다.

④ 양생

시공 후는 빗물 및 충격 등에 노출되지 않도록 양생한다.

인용・참고문헌

1) 日本建築学会：建築工事標準仕様書　JASS 6　鉄骨工事, 2007

7.4 성형판 부착 공법

7.4.1 공법의 특징 [1)]

재료는 공장 제조품이므로 내화구조 인증의 요건인 배합 비율, 제품 두께, 비중 등 제품 품질은 안정적이다. 건식 공법이기 때문에, 재료 양생 기간이 불필요하고, 시공 시의 분진도 적기 때문에 비산 양생도 불필요하며, 타업종과의 병행 작업도 가능하다. 시공 후의 분진이 지극히 적다는 이점도 있다. 그대로 마무리를 실시할 수 있다는 점에서 실내의 밖으로 노출되는 부분에 사용되는 경우가 많다. 보의 슬리브 부분이나 노치 부분 등의 시공은 마무리나 시공법에 유의할 필요가 있다.

본 절에서는 규산 칼슘판, 강화 석고보드, ALC 패널 및 GRC 패널에 대해 서술한다.

7.4.2 규산 칼슘판[2)]

섬유 강화 시멘트판 협회 가맹 각 사의 연명 인증 재료(구 통칙 인증품)와 각 사가 개별적으로 인증(이하, 개별 인증)을 받은 규산 칼슘판이 있는데, 개별 인증을 받은 규산 칼슘판의 점유율이 과반 이상을 차지하는 추세이다.

a. 원재료 및 조성

내화 피복판을 구성하는 규산 칼슘 수화물에는 주로 토버머라이트(Tobermorite)계와 제노트라이트(xonotlite)계 2종류가 있는데 내화 피복판은 주로 내열성이 높은 제노트라이트계가 사용되고 있다.

JIS A 5430:2013 에 규정되는 물성은 표 7.4.1과 같으며, 내화 피복에는 타입 3이 이용되고 종류로 0.5TK와 0.2TK가 있는데 관례적으로 각각 1호품, 2호품으로 호칭한다. 부피 밀도(g/cm^3)가 큰 것이 1호품(0.35 이상, 0.70 미만)으로 주로 기둥에 사용되며 작은 것이 2호품(0.15 이상, 0.35 미만)으로, 주로 보에 사용된다.

내화 피복에 사용되는 타입 3의 제조 방법은 규산질 원료와 석회질 원료에 물을 더해, 교반기 오토클레이브에 공급해 고온 고압으로 수열반응합성을 하고, 생성된 규산 칼슘 수화물 슬러리에 보강 섬유를 혼입해 프레스로 성형 후, 건조하여 제조한다(그림 7.4.1을 참조. 타입 2의 제조 방법은 상이하다).

표 7.4.1 규산 칼슘판의 물성

종류		부피밀도 (g/cm^3)	휨강도 (N/mm^2)	열전도율 (W/m · K)	주요용도
타입 2	0.8 TK	0.60 이상 0.90 미만	10.0 이상	0.18 이하	내장용
	1.0 TK	0.90 이상 1.20 미만	13.0 이상	0.24 이하	내장용
타입 3	0.5 TK	0.35 이상 0.70 미만	1.5 이상	-	내화 피복용
	0.2 TK	0.15 이상 0.35 미만	0.39 이상	-	내화 피복용

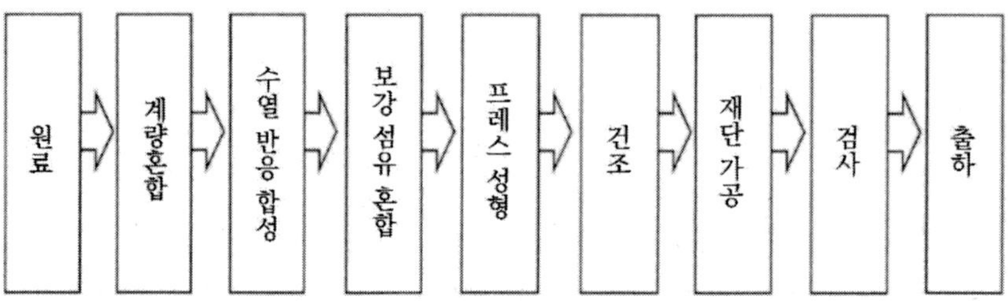

그림 7.4.1 제조 공정(규산 칼슘판 타입)[3)]

b. 시공

규산 칼슘판의 시공 순서는 그림 7.4.2와 같다. 부착은 보의 경우, 그림 7.4.3, 기둥은 그림 7.4.4와 같이 시공한다. 동질의 리브재를 철골에 내화 접착제를 이용하여 접착하고, 규산 칼슘판을 상자 모양으로 쌓아 전용볼트로 고정하여 시공한다. 내화 접착제는 규산 나트륨이 주원료로 내수성이 부족하므로 반드시 전용볼트로 내화판을 고정하도록 한다. 최근에는 그림 7.4.5와 같이 환형 강관 기둥용 내화 피복재도 많이 사용되고 있다. 그림 7.4.6~7.4.8에 시공 예를 나타낸다.

전동 톱, 커터, 타정기 등 비교적 소형의 전동 공구로 시공할 수 있으므로 분사 공법과 같은 특정 장소는 필요치 않지만, 전동 공구 등을 사용할 때는 집진기가 부착된 것을 이용하여 주위에 대한 비산을 방지한다. 창고, 공장에서는 바탕재 그대로 마무리하는 경우가 많고, 사무소나 점포의 기둥, 보 중에서 밖으로 노출되는 부분의 경우 함침형 실러를 처리해 도장 또는 크로스처리로 마무리하는 경우가 많다.

브레이스나 부속 철물과의 접합부의 경우, 현장 가공이 가능하나 커다란 간극이 생기지 않도록 주의하며, 간극이 생겼을 경우에는 Alkaline Earth Silicate Wool 등 내화성이 있는 무기 섬유 또는 동질재의 퍼티로 메우는 등의 조치를 한다. 또한 Alkaline Earth Silicate Wool 은 유럽에서 EN 1094-1:2008[3)]으로 규격화되어 있다. 일본에서도 생체 용해성이 기대되는 Alkaline Earth Silicate는 Refractory ceramic fiber(RCF)의 대체품으로 활용 추진되고 있다.

재료는 가공이 쉬우므로 현장에서 실제 철골 치수에 맞추어 표준 사이즈의 재료를 절단하여 시공할 수 있는데, 폐재의 극소화를 위해 설치용 리브재 등은 공장에서 프리커팅하는 경우가 많다.

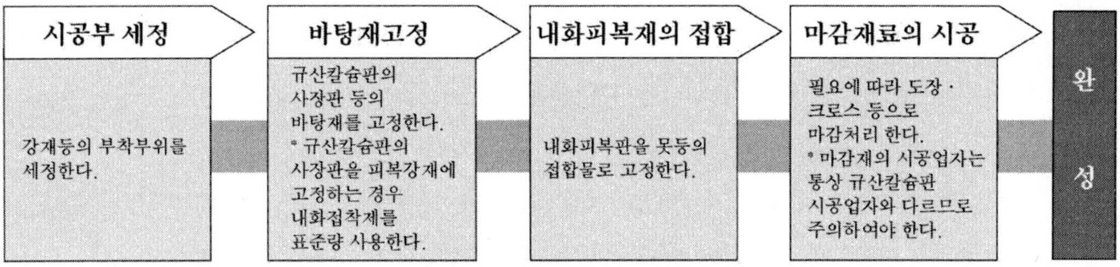

그림 7.4.2 시공 공정

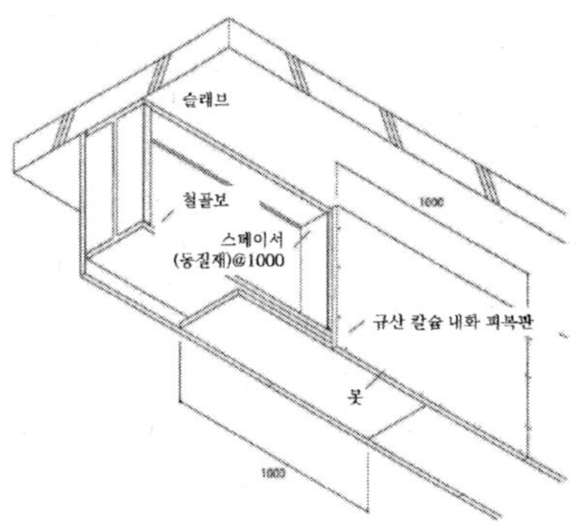

그림 7.4.3 보 시공도(스페이서 공법)
(치수 단위 : mm)

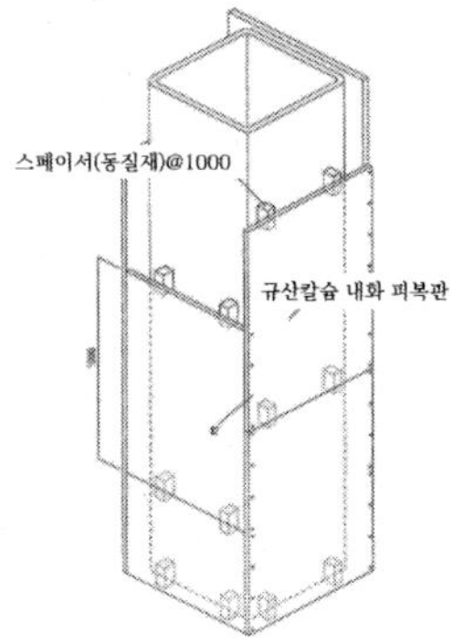

그림 7.4.4 기둥 시공도
(치수 단위 : mm)

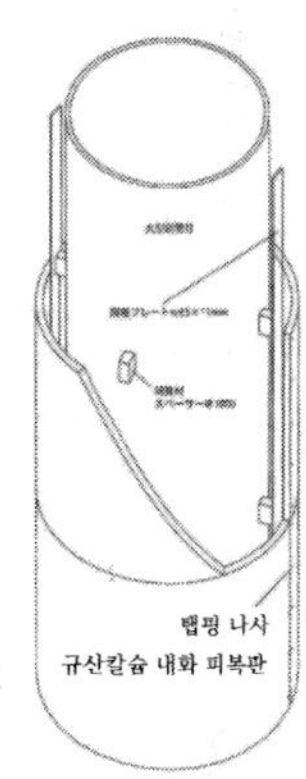

그림 7.4.5 둥근 기둥 시공도
(치수 단위 : mm)

c. 품질관리

공장 제조 단계에서 내화구조 인증의 요건인 원료 배합 비율 · 두께 · 부피밀도를 관리하므로 시공 현장에서의 시공 관리 항목은 못 고정 간격과 줄눈의 간극을 육안으로 확인한다. 또한 시공 현장 수용 단계에서 납품서에 의한 검사를 실시한다. 또한 내화구조 인증의 시방에 적합한지를 확인한다.

d. 기타

(1) 철골의 부식 억제 효과

규산 칼슘판으로 피복된 철골은 방청 도장을 하지 않아도, 반건식 분무 암면과 동일한 정도의 부식량이며, 방청 도장을 생략할 수 있다는 보고가 있다[4]. 이 부식의 억제 효과는 규산 칼슘재가 가지는 단열성, 흡방습성 등의 작용에 의한 것으로 판단된다.

(2) 환경상의 배려

리브재 이외의 규산 칼슘판도 미리 시공 치수를 산출하여 공장에서 소정 사이즈로 절단한 재료를 반입하는 공장에서 프리 커팅 하는 경우가 있다. 잔재가 거의 발생하지 않고, 또한 가공 수고도 줄어드는 이점이 있지만 사전에 치수 잡기가 어려워 약간 여유있게 프리 커팅 할 필요가 있다.

또한 환경장관의 산업 폐기물 광역 인증에 따른 리사이클도 일부에서 이루어지고 있다.

그림 7.4.6 규산 칼슘 내화 피복판 시공 예 (보, 기둥)

그림 7.4.7 동 시공 예 (원형 기둥)

그림 7.4.8 규산 칼슘 내화 피복판의 시공 (보)

(3) 내화 설계법에서의 적용 예

최근 대규모 개발에서 C 내화 설계법이 적용되는 경우, 3시간 이상의 장시간 내화 피복의 실시 예가 보고된 바 있다.

(4) 합성 내화구조

벽 부의 보 · 기둥의 경우, 외벽과 규산 칼슘 내화 피복판을 배합하여 내화구조를 구성할 수 있는 인증이 있다(그림 7.4.9, 7.4.10). 규산 칼슘 내화 피복판은 외벽을 ALC 패널, PC 판, 압출 성형 시멘트판 및 스팬크리트(spancrete) 패널로 하는 경우의 내화구조 인증을 가지고 있어 폭 넓은 범위에서 대응 가능하다.

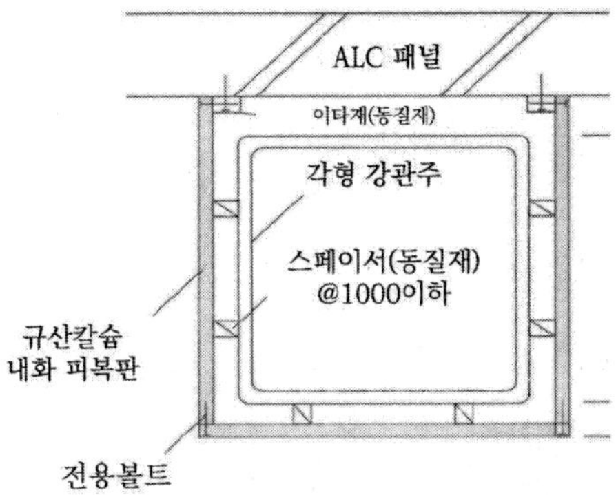

그림 7.4.9 벽부 기둥의 합성 내화구조 예
(규산 칼슘 내화 피복판과 ALC 외벽)
(치수 단위 : mm)

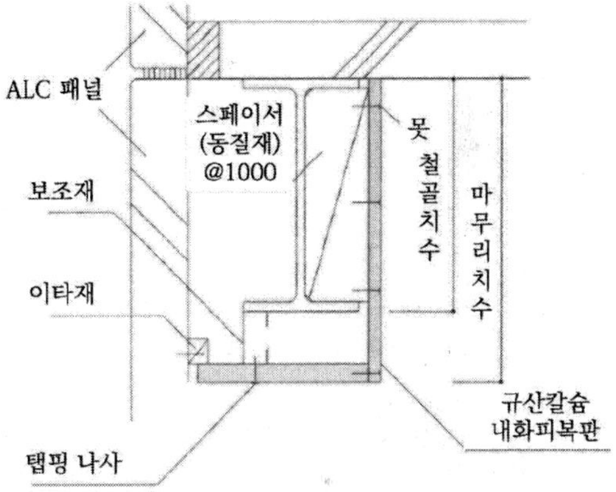

그림 7.4.10 벽부 들보의 합성 내화구조 예
(규산 칼슘 내화 피복판과 ALC 외벽)
(치수 단위 : mm)

(5) 알루미늄 커튼월의 스팬드럴 부분의 내화구조

알루미늄 커튼월의 스팬드럴 부분에는 규산 칼슘판이 이용되는 경우가 많다. 2008년 5월자로 국토교통성 주택국 건축지도과장으로부터 유관 부서에 통지된 「커튼월의 구조방법에 대하여(기술적 조언)」(2008년 국주지 제619호)에서 스팬드럴, 기둥형 기타 이들과 비슷한 부분 중 방화 구획에 접하는 부분에 대해서는 상하층 상호 또는 외벽간 상호간에 연소를 방지한다는 관점에서 내화성능 등이 요구되는 부분이라는 점에서 스팬드럴, 기둥형 기타 이들과 유사한 부분을 구성하는 재료는 화재 시에 용이하게 파손, 탈락 등을 일으키는 것이 없도록 하기 위해 파티칼벽, 가로 빔 등으로부터 구조적으로 분리하고 기둥, 바닥 또는 보에 고정하도록 지도가 이루어졌다. 이에 대응해 (사단법인) 커튼월 방화개구부 협회에서 해당 기술적 조언의 보충 자료[5]로 구조 설명도(그림 7.4.11)를 제시하였다. 구체적인 설치 공법 예를 그림 7.4.12에 나타낸다.

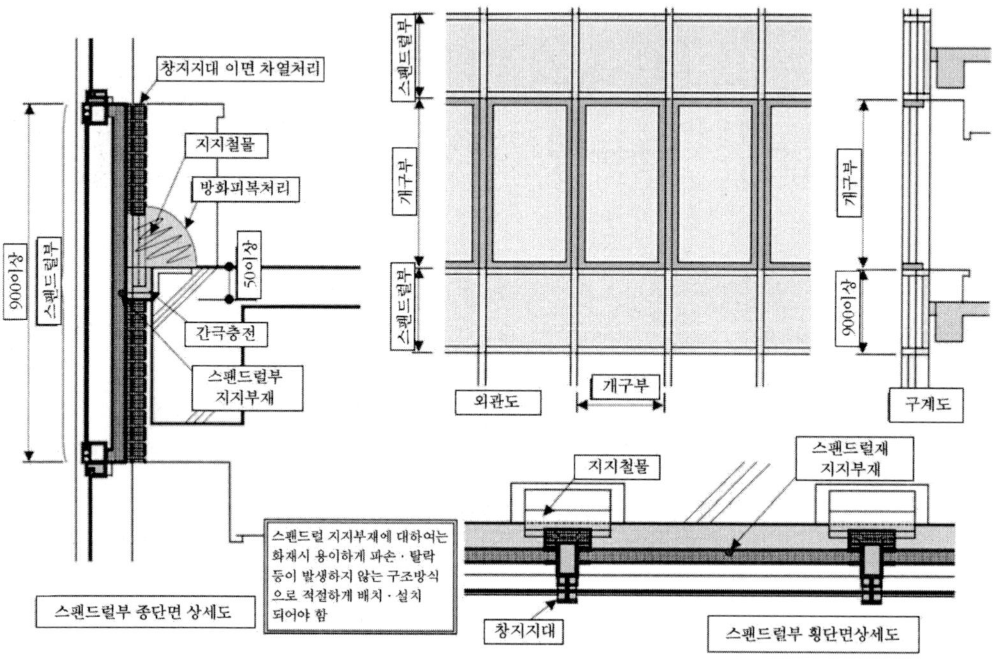

그림 7.4.11 메탈 커튼월의 스팬드럴부 구조 설명도[7]

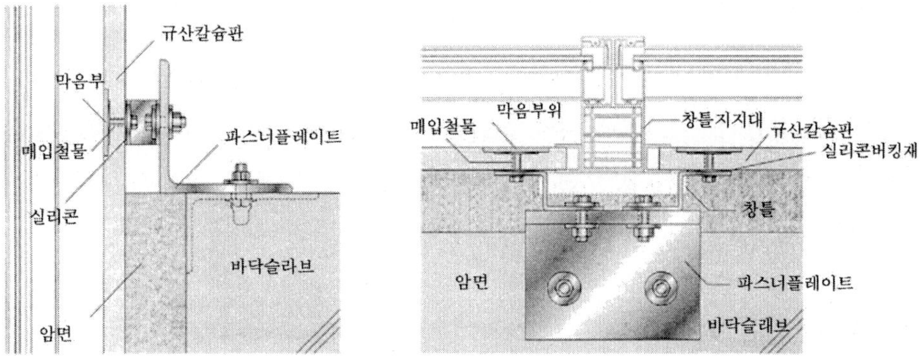

(파스너 플레이트와 매입 철물로 설치한 예)

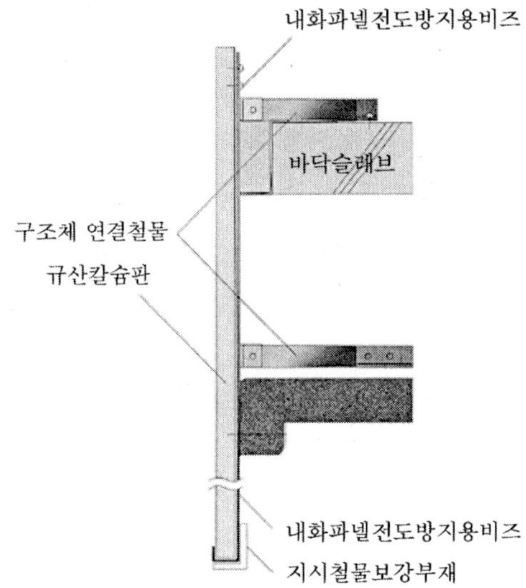

(바닥판 상부에 철물을 노출시켜 철물을 내화 피복하는 방법)

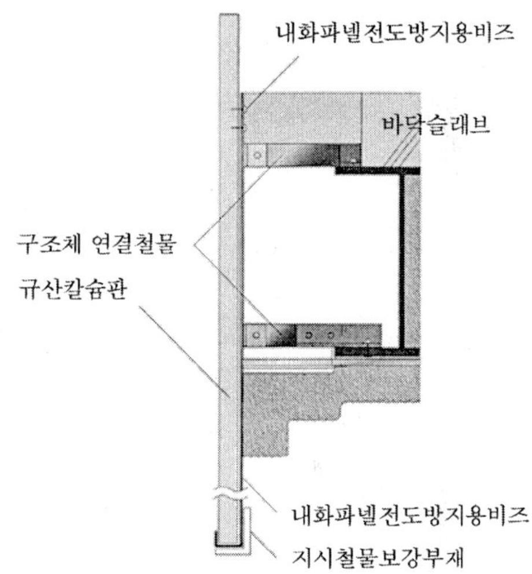

(바닥 슬래브에 금속구를 묻는 방법)

(구조체 결착철물에 의한 접착에 의한 접합 예)

그림 7.4.12 기술적 조언에 대응한 내화 패널의 설치 부분 상세(예)

7.4.3 강화 석고보드

천장 · 칸막이 벽 등의 내장에 사용되는 것과 마찬가지로 종이 석고보드 이므로 치수 안정성도 좋고, 벽과 일원화된 마무리 방법을 취할 수 있는 것이 특징이다. 다만, 석고이기 때문에 물에 젖거나 곰팡이에 약하다는 결점이 있다. 벽 · 천장 부위의 방내화구조 용도가 많고, 기둥 · 보에는 그다지 사용되지 않는다.

a. 재료 조성

석고보드는 석고를 심재로서 양면을 보드용 원지로 피복한 후 판 모양으로 성형한 내장재로 강화 석고보드는 심재가 되는 석고에 무기질 섬유 등을 혼입해 내화성, 내충격성의 향상을 도모한 것이다. 석고가 갖는 대략 21%의 결정수가 화재 시에는 전열방지, 연소 억제에 효과가 있다.

내화 피복에는 강화 석고보드가 사용된다. JIS A 6901:2014에 규정된 강화 석고보드의 물성은 표 7.4.2와 같다.

표 7.4.2 강화 석고보드의 물성 [6)]

두께(mm)		12.5	15.0	16.0	18.0	21.0	25.0
휨파괴 하중(N)	길이 방향	500 이상	650 이상	680 이상	750 이상	850 이상	1000 이상
	축 방향	180 이상	220 이상	230 이상	270 이상	320 이상	380 이상
열저항($m^2 \cdot K/W$)		0.052 이상	0.063 이상	0.067 이상	0.075 이상	0.088 이상	0.104 이상
단위면적당 질량 (kg/m^2)		9.4~12.4	11.3~14.7	12.0~15.7	13.5~17.6	15.8~20.4	18.8~24.2

b. 공법 개요

접합은 그림 7.4.13~7.4.15 와 같이 경량 철골 기초에 드릴링 탭핑 나사로 고정한다. 기둥, 보의 경우 내화 시간이 길어지면 겹쳐서 결착한다. 그림은 석고보드 공업회 가맹 각 사의 연명 인증 구조를 가맹 기업의 홈페이지를 참고로 작성한 것이다.

내화간 칸막이 벽과 일체적으로 기둥형 내화 피복을 실시하는 경우 등은 공정이 간단해지는 이점이 있다.

c. 품질관리[7)]

공장 제조 단계에서 내화구조 인증 시 두께 · 외관 비중을 관리한다. 자세한 내용은 석고보드 공업회나 각 사의 매뉴얼을 참조하기 바란다.

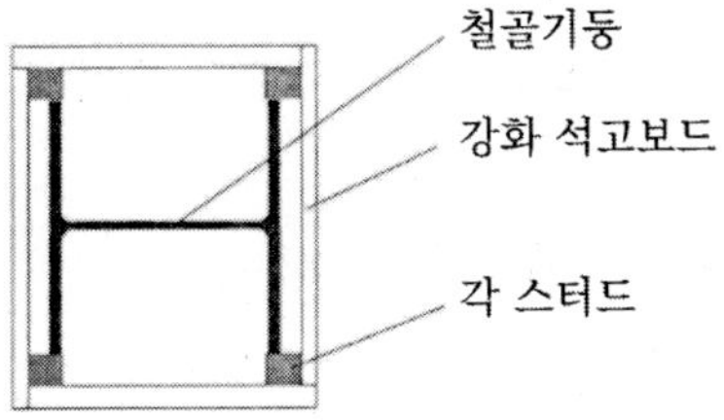

그림 7.4.13 강화 석고보드 내화 피복 시공도(기둥)
(내화 1시간)

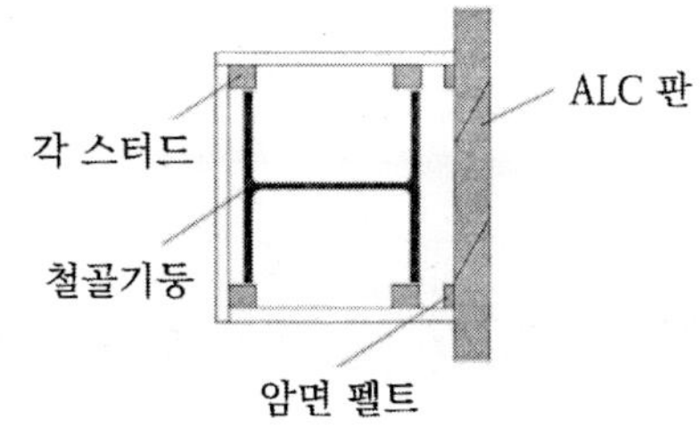

그림 7.4.14 강화 석고보드와 ALC 패널의 합성 내화구조의 예(기둥) (내화 1시간)

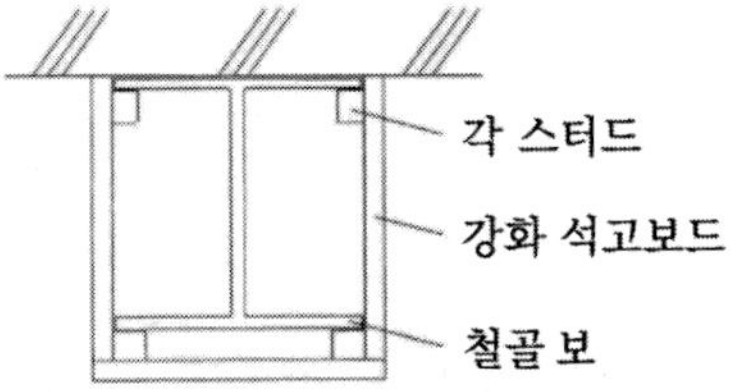

그림 7.4.15 강화 석고보드 내화 피복 시공도(들보)
(내화 1시간)

7.4.4 ALC 패널 8)~13)

ALC 패널은 내화성이 매우 뛰어나며 내화구조로 외벽 · 지붕 · 바닥 · 칸막이 벽의 방내화구조 용도에 사용할 수 있다. 외벽에 가장 많이 사용되며 기둥 · 보의 내화 피복으로 사용함으로써 외벽과의 일체감을 얻을 수 있다. 또한 ALC 패널은 벽부 철골 기둥 · 들보 합성 피복의 내화구조 인증도 많이 취득하였다.

a. 재료 조성

ALC 패널은 시멘트, 석회질 원료 및 규산질 원료를 주원료로 하며, 보강재로 특수 방수처리를 한 철근 매트나 메탈라스가 삽입되며 고온 고압 증기 양생을 실시하여 제조된다. 위 과정에서 규산 칼슘 수화물의 하나인 토버모라이트가 생성된다. 또한 제조 과정에서 혼입되는 알루미늄 분말의 반응에 의한 독립 기포가 부피의 약 70%를 차지하며 보통 콘크리트의 약 4분의 1 중량이다.

ALC 패널은 JIS A 5416:2017(경량 기포 콘크리트 패널(ALC 패널))[10]에 규정이 되어있으며, 두께는 75mm 이상의 후형 패널과 75mm 미만의 박형 패널로 분류된다. 물성은 표 7.4.3과 같다.

표 7.4.3 ALC 패널의 물성(JIS A 5416:2007 규정치)

항목	물성치
압축강도(N/mm^2)	3.0 이상
밀도(kg/m^3)	450 이상 500 미만
열저항치(m^2 · K/W)	5.3 t (t = 패널 두께 m)

b. 품질

ALC 패널의 품질은 JIS A 5416:2007(경량 기포 콘크리트 패널(ALC패널))의 품질 규정을 만족해야 한다.

c. 공법 개요

접합은 표 7.4.4, 7.4.5 와 같이 경량 철골 기초에 붙여서 시공한다. 부착은 경량 철골 기초에 탭핑 나사로 부착한다. 내화 시간이 2시간 이상인 경우는 ALC 패널 상호간의 접합 줄눈부에 내화 충진재(시멘트계 또는 규산질계 등의 불연성)를 이용한다.

표 7.4.4 ALC 패널 내화 피복(기둥)

부위	내화 피복중공기둥		
패널	ALC		
내화 시간	1시간	2시간	3시간
지정 번호	FP060CN-9405	FP120CN-9406	FP180CN-9407
품목	ALC 패널 35 · 37mm 두께	ALC 패널 50mm 두께	ALC 패널 75mm 두께
구조/형상	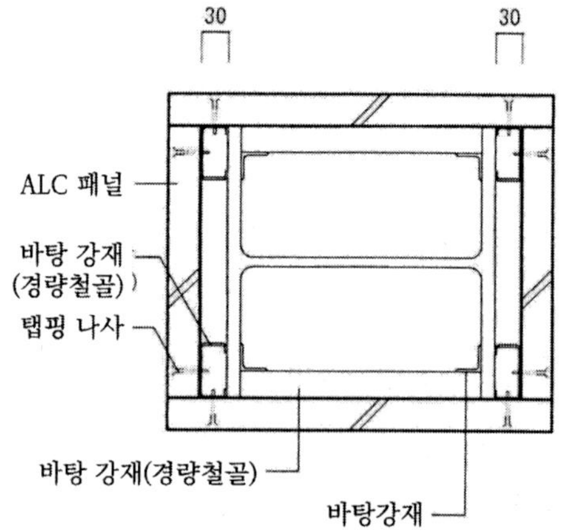		
	※ 내화시간이 2시간 이상인 경우에는 패널 상호간의 접합 줄눈부에 내화 충진재가 필요		

표 7.4.5 ALC 패널 내화 피복(보)

부위	내화 피복중공기둥		
패널	ALC		
내화 시간	1시간	2시간	3시간
지정 번호	FP060BM-9352	FP120BM-9353	FP180BM-9354
품목	ALC 패널 35 · 37mm 두께	ALC 패널 50mm 두께	ALC 패널 75mm 두께
구조/형상	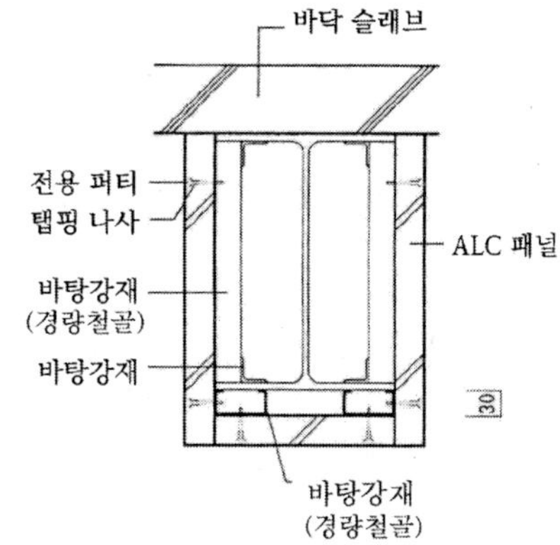		
	※ 내화시간이 2시간 이상인 경우에는 패널 상호간의 접합 줄눈부에 내화 충진재가 필요		

7.4.5 GRC 패널[14)–21)]

GRC는 Glass Fiber Reinforced Cement 의 앞 글자로 시멘트 모르타르와 내알칼리 유리섬유를 혼합한 복합재료이다. 1973년에 영국 필킨톤사로부터 기술을 도입함과 동시에 일본 각 사에서도 연구개발이 이루어져 다양한 상품이 판매되고 있다. GRC로 구성 · 제조된 건축용 패널은 주로 커튼월이나 외장재로서 마무리재로 사용되고 있다.

내화 피복재로는 GRC 패널+수산화 알루미늄계 내화 피복재로 기둥 · 보 내화구조를 전시간 개별 인증되며, 합성 내화구조도 GRC 패널과 분사 록월의 조합으로 기둥 · 보 내화구조의 전시간이 인증되고 있다. 외장재가 주를 이루며 내화 피복재라고 하기 보다는 내화 피복 성능을 가진 외장재로 사용되고 있다. 임의의 형상이 제작 가능하다는 점에서 수주 생산되며, 내화 피복으로서의 사용량은 매우 적지만, 최근 내화 성능을 보유한 의장적 외부 기둥 · 보재로 사용되고 있다.

a. 재료[18)]

주원료는 모르타르와 내알칼리 유리 섬유이며, 모르타르는 시멘트와 세골재 및 배합에 따라 혼화 재료를 더한다. 내알칼리 유리 섬유는 산화 지르코늄(ZrO_2)을 16% 이상 함유하는 성분으로, 연속 섬유의 로빙과 절단된 chopped strands 로 공급되고 있다. 시멘트는 보통 포틀랜드 시멘트와 GRC 전용 시멘트를 용도 등에 따라 구분하여 사용하고 있다.

조합은 주로 3종류의 기본적인 조합이 있으며, 그 중 하나가 영국으로부터 기술 도입했을 때의 조합을 개량한 보통 포틀랜드 시멘트(OPC) 특수 조합이다. 다른 하나는 일본에서 개발된 GRC 전용 시멘트 조합으로 일반(GRC)과 경량 타입이 있다.

b. 제조 [14)]

제조 방법의 경우 하나는 모르타르를 펌프로 압송해 공기압으로 미스트 상으로 만들어 뿜칠, 동시에 로빙을 소정 치수로 절단하면서 같이 뿜칠한 후, 거푸집상에서 혼합하는 다이렉트 스프레이(DS) 제법이 있다(그림 7.4.16). 다른 하나는 모르타르에 chopped strands를 미리 혼입 · 교반하여 거푸집에 흘려 넣는 프리 믹스(PM) 제법이다(그림 7.4.17). 표 7.4.6 에 제법별 각종 물성을 나타낸다.

패널 구성은 리브 구성과 SF(스틸 프레임) 구성이 있으며, 리브 구성은 판부와 주변의 리브로 구성하는 것으로 GRC만으로 제작된다. SF구성은 GRC의 판부와 철골의 프레임을 합체한 구성으로, 패널 강도는 프레임이 부담한다. 판부는 싱글 스킨=단층이며, DS 제법이 10~30mm 정도, PM 제법이 20~50mm 정도이다. 각 구성에서의 단면은 그림 7.4.18, 7.4.19와 같다.

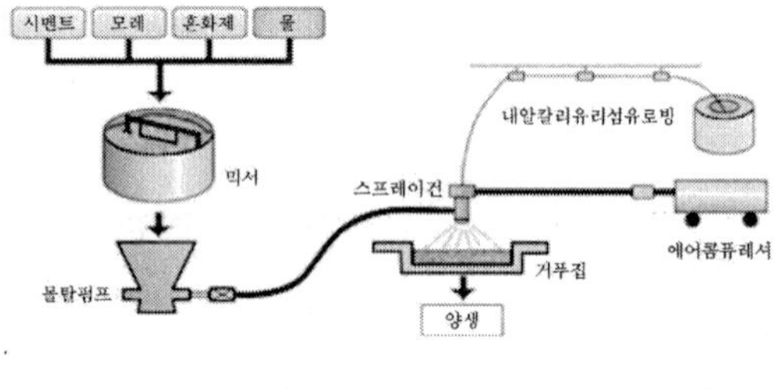

그림 7.4.16 다이렉트 스프레이(DS) 제법 [14)]

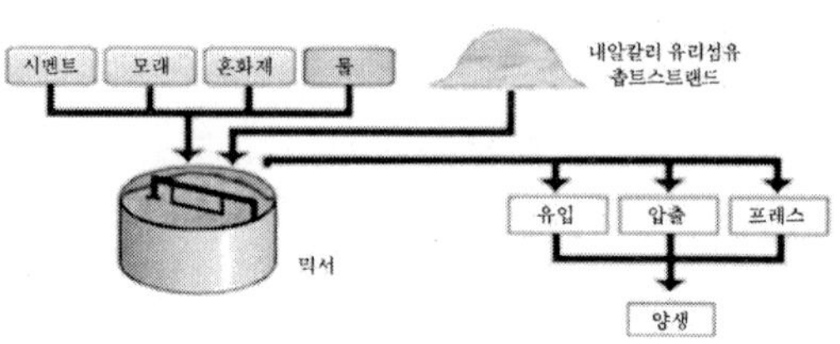

그림 7.4.17 프리믹스(PM) 제법 [14)]

표 7.4.6 GRC의 물성(제법별) [14)]

물성	DS 제법	PM 제법	경량 PM 제법
기건 비중	1.8~2.3	1.8~2.3	1.8~2.3
영계수	21,000 N/mm^2	18,000 N/mm^2	9,000 N/mm^2
선 팽창계수	10×10^{-6}/℃		
휨 강도 〈기준강도〉	15 N/mm^2	8 N/mm^2	5 N/mm^2

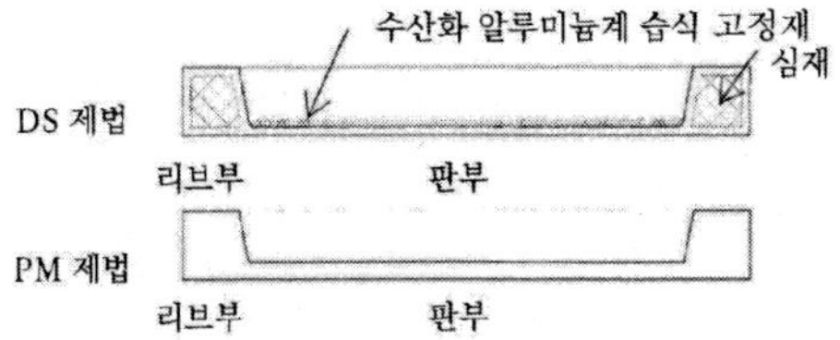

그림 7.4.18 리브 구성 패널의 단면

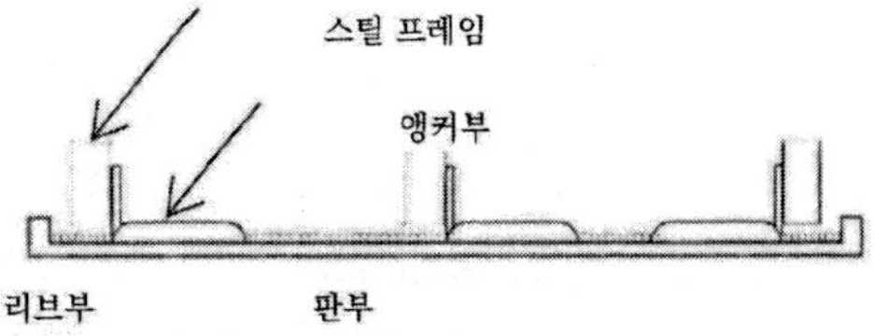

그림 7.4.19 SF 구성 패널의 단면

c. 공법

내화구조 개별 인증 GRC 패널에는 OPC 특수 조합 · DS 제법 · 리브(상자)구성, 싱글 스킨 · 수산화 알루미늄계 내화 피복재 분사 타입과 경량 조합 · PM 제법 · 리브(무크) 구성 싱글 스킨 타입이 있다. 전자는 외벽(비내력)과 기둥 · 보 내화 피복으로 장관 인증이 있으며, 후자는 외벽(비내력)과 합성 구조를 취득하였다.

표 7.4.7 내화 시간과 필요 내화 피복 두께(mm)

부위	기둥		보	
내화시간	GRC 후판	수산화 알루미늄계 습식 뿜칠재	GRC 후판	수산화 알루미늄계 습식 뿜칠재
1시간	15 mm	15 mm	10 mm	15 mm
2시간	20 mm	30 mm	(10 mm)	(30 mm)
3시간	20 mm	45 mm	10 mm	45 mm

( ) 안은 구 인증 시의 것

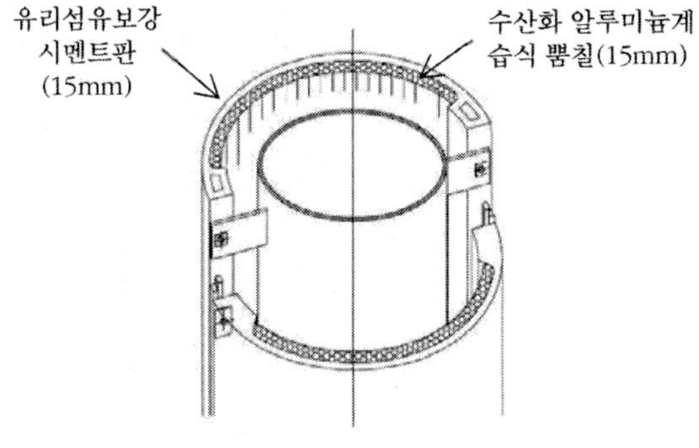

그림 7.4.20 기둥 내화 피복 1시간의 단면[14)]

그림 7.4.21 간사이 공항 터미널[14)]

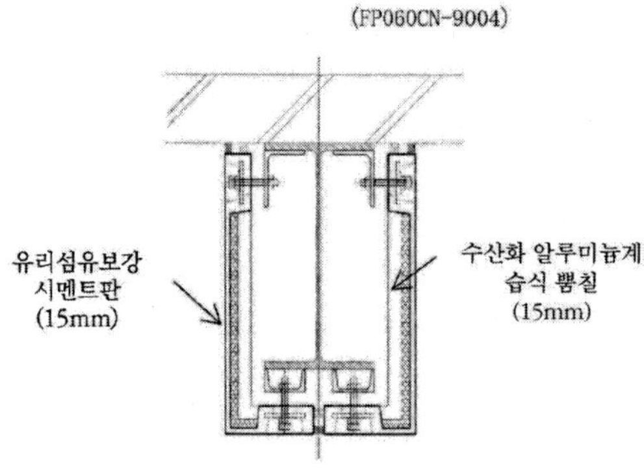

그림 7.4.22 보 내화 피복 1시간의 단면[14)]
(FP060BM-9008)

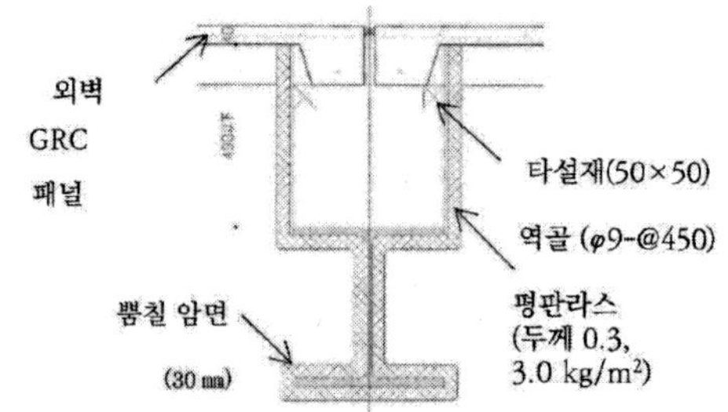

그림 7.4.23 기둥 합성 내화 피복 1시간의 단면[14)]
(FP060CN-9083)

최근 건축물 외주의 기둥 · 보를 실내가 아닌 외부에 배치하는 경우도 있다. 이에 대응하기 위하여 기둥 · 보 내화 피복으로서의 성능을 유지하면서, 외장재로서의 성능도 겸비하는 시방의 사용이 증가하고 있다. 아래에 그 사례를 소개한다.

그림 7.4.24는 옥외 측이 외장재를 겸한 GRC 패널, 옥내 측이 부정형 내화 피복재(분사 암면)로 구성되는 이종 재료를 조합한 공법의 실제 예이다. 여기에서는 외장상의 요청에서 기둥 측면 폭을 최대한 작게 함과 동시에 분사 암면의 시공 및 공사기간의 단축 등에 대한 요청에 대응하였다.

그림 7.4.25는 내화구조 장관 인증에 의한 구조 방법은 아니며, 부재 등의 성능 확인 시험을 실시하여 건축물의 종합 평정을 통해 대신 인증된 옥내 측에 부정형 내화 피복재가 없는 GRC 패널만의 시공 예이다.

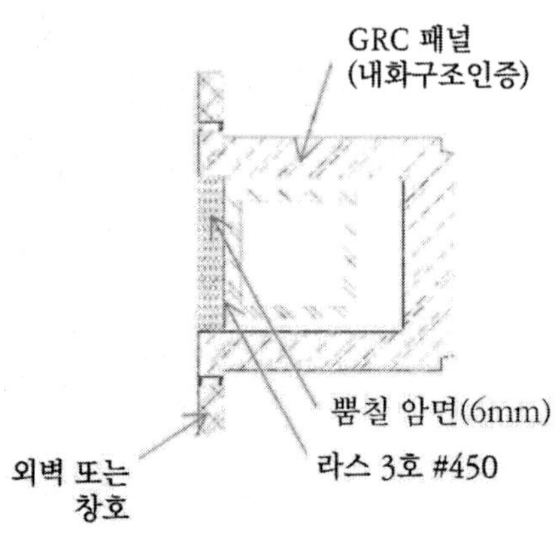

(a) 수평 단면도

(b) 바깥 기둥 및 보의 외관

그림 7.4.24 외측 : 기둥형 GRC 패널 + 내측 : 내화 피복재[14)]

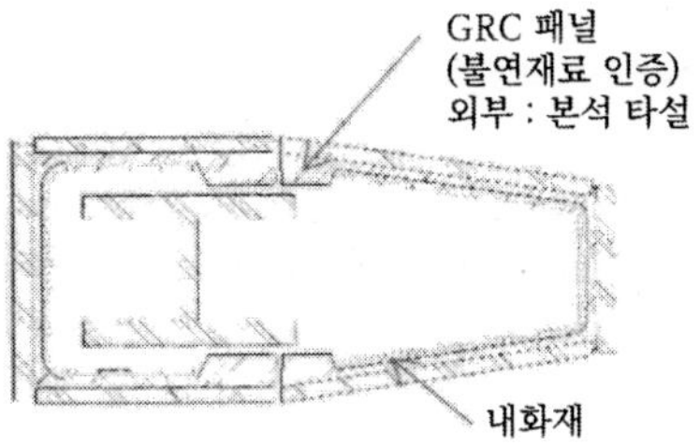

(a) 수평 단면도

(b) 외부 기둥의 외관

그림 7.4.25 기둥 내화 피복의 단면(외벽과 별도의 독립 기둥)[14)]

d. 품질관리

일본 GRC 공업회는 구 통칙 인증(불연재료 제 1005호)의 관리 단체이며, GRC에 관한 설계 · 제조에 관한 제반 규격을 제정한다. GRC '시험 규격', '품질관리 규격'을 규정하고 또한 커튼월 패널용 '설계지침', '제조요령'을 제정하였다. 내화 구조 인증은 회원 회사의 개별 인증이지만, GRC에 대해서는 공업회 규격에 준하여 운용되고 있다.

인용 · 참고문헌

1) 田辺誠一：パネル系耐火材-建築系-，コンクリート工学 Vol45　p.97，2007.9
2) せんい強化セメント板協会：技術資料耐火被覆板　2015.4
3) EN1094-1:2008 : Insulating refractory products Part1: Terminology, classification and methods of test for high temperature insulation wool products, European committee for standardization, 2008.7
4) 柘植健一，土井康生，山口貴嗣，髙野敏克：ゾノトライト系けい酸カルシウム板によって耐火被覆された鉄材の腐食傾向，日本建築学会東海支部研究報告集，第 42 号　p.17，2004.2
5) カーテンウォール・防火開口部協会：「カーテンウォールの構造方法について（技術的助言）」に係る構造説明図等, 2008.7
6) 日本規格協会：JIS A 6901：2014, せっこうボード製品
7) 石膏ボード工業会：石膏ボードハンドブック, 2016.4
8) 日本建築学会：建築工事標準仕様書・同解説　JASS 21　ALC パネル工事,2005
9) 日本建築学会：建築工事標準仕様書・同解説　JASS 27　乾式外壁工事，2011
10) 日本規格協会：JIS A 5416:2007 軽量気泡コンクリートパネル（ALC パネル）
11) ALC 協会：ALC パネル構造設計指針・同解説　2013.12
12) ALC 協会：ALC パネル取付け構法標準　2013.12
13) ALC 協会：ALC 協会ホームページ, http://www.alc.gr.jp/, 2016.9 時点
14) 日本 GRC 工業会：日本 GRC 工業会ホームページ, http://www.grc.gr.jp/, 2016.9 時点
15) 日本建築学会：建築工事標準仕様書・同解説　JASS 14　カーテンウォール工事，付録 GRC パネル構法の設計・施工上のガイドライン(案), 2012
16) 日本建築学会：建築工事標準仕様書・同解説　JASS 27 乾式外壁工事，5 節 GRC パネル工事, 2011
17) 日本建築学会：外壁改修工事の基本的な考え方(乾式編), 2002
18) 日本 GRC 工業会：GRC 工業会規格集, 1998.10
19) 日本 GRC 工業会：リブ付きシングルスキンカーテンウォールパネル　GRC 部材の設計指針, 2013.4
20) 日本 GRC 工業会：リブ付きシングルスキン　GRC 部材の製造要領, 1997.3
21) 日本建築学会：建築工事標準仕様書　JASS6　鉄骨工事, 2007

7.5 발포계 내화 피복공법

7.5.1 공법의 특징

화재 시에 고온이 되면 발포하는 재료를 이용한 내화 피복공법으로, 공법으로는 도장 공법과 시트 공법(라이닝, 부착)으로 크게 나눌 수 있다. 아래에 각 재료 · 공법의 자세한 내용을 소개한다.

7.5.2 내화 도료[1)]

내화 도료를 철골의 내화 피복으로 하는 경우, 도장 공법에 따라 시공하는 것이 일반적이다. 내화 도료는 열을 받으면 발포하면서 탄화층을 형성하여 철골을 화재로부터 보호하는 열 의존성이 높은 내화 피복재이며, 그 성상으로부터 박막형과 후막형으로 나눌 수 있다.

박막형은 통상 1~3mm 정도의 도막 두께 범위이며, 주로 철골조 건축물의 내화 피복에 사용되어 일반적으로 '내화 도료'라 불린다. 또한 '내화 도료'에는 용제계 · 수계가 있고 나아가 실내 · 실외용 두 시방이 있다. '내화 도료'의 내화 성능은 도막 두께에 따라 정해진다. 따라서 시공 후, 소정의 도막 두께를 확보하기 위한 정밀한 막 두께 관리가 반드시 필요하다. 아울러 건물이 존재하는 한 내화 도료의 내화성을 계속해서 유지하기 위한 유지관리가 필요하다.

한편, 후막형은 수 mm~30mm 정도의 도막 두께이며, 주로 석유 화재 등 고온의 격렬한 화재 조건에 대한 강철 구조물의 내화 피복에 이용된다. 통상 '후막형 내화 도료', '내화 매스틱' 등으로 불린다. 그렇지만 일본 내에서 실적은 적다. 이에 본 고에서는 박막형 '내화도료'의 상세한 내용에 대하여 아래에 소개한다.

a. 재료

(1) 재료 조성

내화 도료는 아래 3층으로 구성되며, 각각 다음의 기능과 성질을 갖는다.

- 하 도 : 철골 방청 · 주재료의 철골에 대한 부착성 향상
- 주재료 : 내화 성능을 발휘함
- 상 도 : 주재료 보호 · 의장성
- 하도와 상도에는 각각 위의 기능과 성질을 갖는 일반 도료가 사용됨

주재료는 상온에서는 완전히 안정된 도막이지만, 열을 받으면 발포·팽창하여 탄화층을 형성하면서 뛰어난 단열성을 발휘한다. 이 발포를 일으키는 주재료는 다음 4종류의 재료로 이루어진다.

가) 촉 매 : 일반적으로 폴리 인산 암모늄

나) 탄소원 : 다가 알코올류

다) 수지 또는 바인더

라) 발포제

이 발포가 일어나는 메커니즘은 다음과 같다(그림 7.5.1). 열을 받으면 촉매로부터 유리된 무기산(일반적으로는 인산)에 의해 다가 알코올류가 분해해 탈수 작용에 의해 탄화층을 형성한다. 한편, 바인더가 용해함과 동시에 발포제는 분해를 일으켜 탄산 가스, 암모니아, 수증기 등의 가스가 발생하면서 바인더를 폼상으로 만들고, 탄화층이 부풀어 주재료의 초기 도막 두께의 몇 십배나 되는 단열층을 형성한다. 이들은 제어된 시퀀스에 따라 상호작용하면서 이루어진다.

발포 정도가 큰 조밀한 탄화층은 단열성이 뛰어나 화염에 노출된 격렬한 가스 흐름 안에서도 붕괴되지 않고 확실히 내화 성능을 장시간 유지하여 철골을 보호한다.

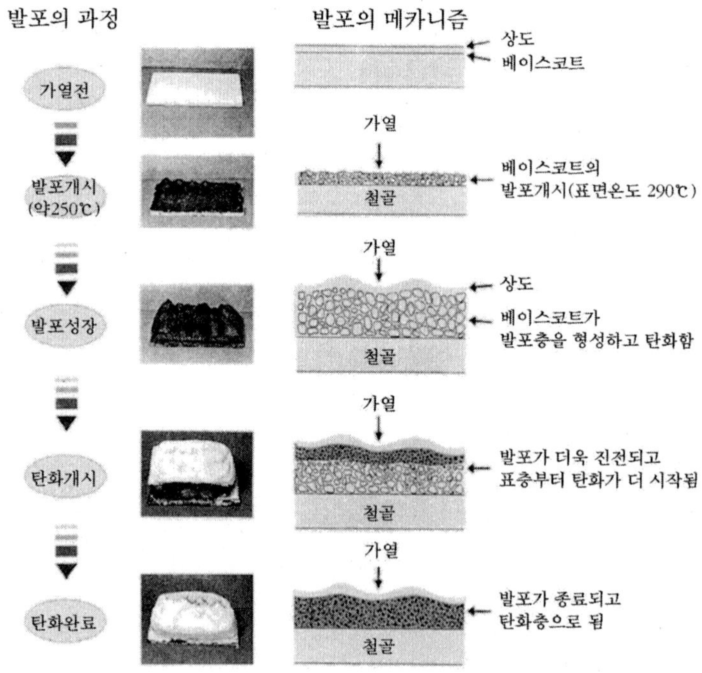

그림 7.5.1 발포의 메카니즘

(2) 재료의 품질관리

재료의 품질관리는 제조시, 시공시, 보관시 각 단계에서 요구된다.

제조 단계에 있어서 품질관리의 일례

ISO 9002:1994 '제조 과정에 있어서 품질관리규정'에 근거하여 이루어진다.

가) 원재료 수입 검사

나) 제조품의 물리적 성질과 상태 검사(점도, 비중, 가열잔재 등)

다) 내화성능 확인시험

라) 제품의 배치(batch)별 제품 번호 부여

마) 보관중의 품질관리의 일례

보관 장소의 온도 관리 : 보관 온도 범위

바) 출하 시 사용 가능기한의 체크

b. 시공 및 시공관리

박막으로 미관이 뛰어난 내화 도료는 보이는 외관 부위에 적용된다는 점에서 일반적으로 내화 피복 공사에 비해 마무리가 깔끔해야 한다. 또한 철골조 건축물의 내화 성능을 담보하는 것을 목적으로 한 내화 도료의 시공은 일반 도장 공사의 관리와는 상당부분 다르다.

내화 도료의 1시간 내화 도막 두께는 1~5mm 전후이며, 종래 내화 피복재의 피복두께 10~30mm에 비해 단위 두께에 대한 내화 성능이 크다. 따라서 시공 시에는 정밀도가 높은 도막 시공 · 관리가 요구된다. airless spray, 브러시, 롤러 모두 사용할 수 있고 시공 시의 온도, 습도 조건은 일반 도장과 같다.

주재료는 점도가 높고, 후막이므로 1회당 분사량이 많은 airless spray(그림 7.5.2, 7.5.3)를 이용하는 것이 바람직하다. 그러나 시공 환경 등의 제약상 주변으로의 비산이 적은 롤러나 브러시 시공도 실시하지만 airless spray에 비해 마무리 면에서 뒤떨어진다.

후자의 경우, 덧 칠의 회수가 많아져 각 회 건조 기간도 그에 따라 증가하기 때문에 도장 시공 기간이 길어진다. 또한 표 7.5.1에 실내 · 실외의 시공 시방 예를 소개한다.

표 7.5.1 실내 · 실외 시공 시방 예

	공정	실내 시방	실외 시방
공장※	바탕 조정	2종	1종 B
	밑칠 1	-	징크리치 프라이머
	밑칠 2	변성 에폭시 수지도료	
현장	보수칠	접합부 및 결손부를 변성 에폭시 수지도료로 보수칠	
	주재료칠	발포성 내화도료 주재료	
	중간칠	-	중간칠 재료
	마무리칠	옥내용 마무리칠	옥외용 마무리칠

※ 공장 : 철골제작공장

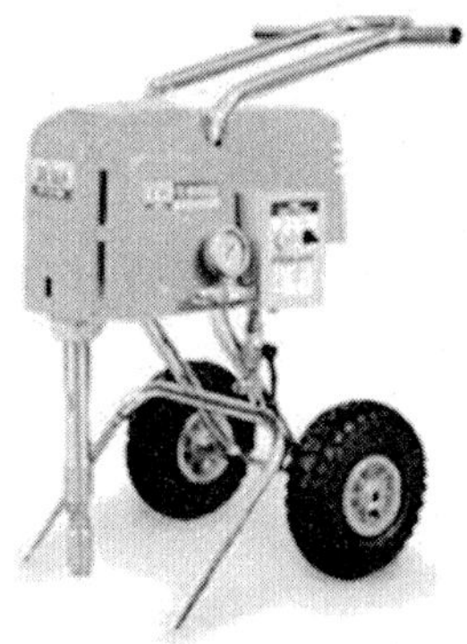

그림 7.5.2 에어리스 스프레이

그림 7.5.3 주재료 스프레이

c. 검사 항목 및 검사 방법

(1) 외관 검사

각 도장 공정 별로 도막의 외관을 육안으로 조사하여 결함 여부를 검사한다. 결함이 인정될 경우에는 부분도장(터치업) 등으로 보수한다.

(2) 막 두께 검사

주재료 건조 후, 사전에 정한 막 두께 측정 부위에서 주재로의 건조 막 두께를 측정하여 체크 시트에 기록한다. 주재료 막 두께는 밑칠의 막 두께를 뺀 수치이므로 그 값이 규정치에 달하지 않는 경우에는 주재료를 다시 도포하여야 한다.

[측정점]

측정 로트는 주재료의 건조 막 두께별, 부재의 용도(기둥 · 보)별로 설정한다. 1로트는 크기는 $200m^2$ 로 한다. 로트당 측정 수는 25 곳으로 한다. 측정 부위는 부재의 면 별로 설정한다. 각 부위의 측정은 5 포인트씩, 그 평균값을 그 포인트의 측정값으로 한다.

[관리기준]

가) 전 측정치의 평균치는 규정 건조 막 두께의 100% 이상일 것

나) 각 측정 부위의 측정치는 규정 건조 막 두께의 80% 이상일 것

다) 측정치 안에 규정 건조 막 두께의 80% 미만의 측정치가 있는 경우에는 그 측정치 중에서 규정 건조 막 두께의 80% 미만의 점으로부터 반경 300mm 의 범위에서 추가로 3 포인트를 측정한다. 만약 이 추가 측정치 1 포인트에서도 규정 건조 막 두께의 80% 미만인 포인트가 있는 경우에는 추가로 측정하여 규정 건조 막 두께 미만의 범위가 어디인지를 확인해 모든 범위가 규정 건조 막 두께 이상이 되도록 도장한다.

(3) 유지 관리

내화 도료의 주재료는 마무리칠로 보호되고 있다면 장기에 걸쳐 성능 열화는 발생하지 않는다. 마무리 칠은 특히 실외 등에서 장기간 폭로될 경우, 그 종류나 시공 환경 등에 따라서는 일반 도료와 마찬가지로 마무리칠에 백아화 등의 열화가 생기며 방치해 둘 경우, 주재료 도막까지 열화해 내화 성능이 저하될 가능성이 있다. 따라서 도막의 열화가 주재료층까지 진행되지 않는 동안에 적절히 마무리칠의 보수 또는 덧칠을 할 필요가 있다. 또한 자세한 것은 각 업체의 유지관리 요령서에 따른다. 아래는 유지관리의 개요이다.

(4) 점검요령

표 7.5.2 점검 요령

점검 종류	점검 항목	방법	점검 시기	실시자
일상 점검	외관 주변 환경	육안 관찰	1년마다 1회	건물 관리자
정기 점검	외관	육안 관찰	5년에 1회	전문 기술자
임시 점검	외관	육안 관찰	일상점검에서 이상이 인정되었을 때 침수, 지진, 화재 등의 영향을 받았을 때	전문 기술자

[주] 5년에 1회 실시하는 정기 점검 시 외관 점검은 (재) 일본도료검사협회가 발행하는 도막의 평가기준에 근거하여 실시한다.

(5) 진단

진단은 점검 결과에 근거하여 실시한다. 도막의 열화 상태를 정리하여 내화성능, 방청 성능, 마무리칠(상도)의 보호 성능이나 미관성에 미치는 영향을 판단하여 다음 중에서 진단 결과를 선택한다.

가) 마무리칠이 갈라지고 벗겨지는 등 열화에 의해 도막의 연속성이 상실된 경우에는 마무리칠을 다시한다.

나) 현장 채취 시료의 발포 검사에서 발포성 등에 지장이 있는 경우는 주재료의 재도장 및 마무리칠을 다시한다.

다) 방청 성능에 지장이 생겨 녹이 발생한 경우는 밑칠(하도), 주재 및 마무리칠을 다시 실시하는데, 녹의 발생은 밑칠의 시공에 원인이 있으므로 시공을 철골 가공 업자가 실시했을 경우에는 녹 부분과 관련해서는 철골 가공 업자가 대응하고, 내화 도료 부위와 관련해서는 전문 기술자가 협력한다.

라) 주재료의 내화 성능, 도막의 방청 성능, 마무리칠의 보호 성능에 문제가 인정되지는 않으나 미관상 다시 칠할 필요가 있는 경우는 마무리칠을 다시 실시한다.

마) 주재료의 내화 성능, 도막의 방청 성능, 마무리칠의 보호 성능이나 미관성에 문제가 인정되지 않는 경우는 일상 점검, 정기 점검을 계속한다.

임시 점검에 의한 육안 관찰, 현장 채취 시료의 발포 검사를 통해 내화 도료의 내화 성능에 지장이 발생하여 열화가 인정될 경우에는 보수 규모를 판정해 즉시 보수한다.

(6) 보수

가) 보수 시방, 보수 계획서 작성 시에는 내화 도료 시공관리요령에 준거한다.

나) 마무리칠(상도)를 다시 할 때에는 기존의 마무리칠을 전동 공구나 사포로 제거하거나 세정 및 치핑 후 실시한다.

다) 주재료에 도장을 할 때, 기존 주재료의 제거 두께, 도장 주재료의 도장 두께는 전문 기술자가 판단한다. 또한 기존의 주재료와 도장 주재료의 접착성을 사전에 확인한다.

7.5.3 내화시트

바인더가 유기계인 0.5~3.0 mm 정도의 팽창성 시트를 강재에 휘감는 공법을 시트 라이닝 공법이라 부른다. 대표적인 것으로 열팽창성 흑연을 함유하고 있어 화재 시에 10~30배 정도 팽창해 단열층을 형성함으로써 내화 성능을 발휘한다. 그 외에도 발포성 내화 도료를 시트화 한 타입도 출시되어 있다. 또한 절단 시, 시공 시에 섬유, 분진 등의 비산이 없고, 클린룸, 식품공장 등에 사용되는 경우가 많다. 시트의 종류는 부틸 타입과 에폭시 타입, 아크릴 타입이 있는데 철골 피복으로는 시공성의 관점에서 부틸 타입과 아크릴 타입이 이용되는 경우가 많다.

a. 재료

(1) 재료 조성

시트의 종류는 발포제로 열팽창성 흑연을 이용한 부틸 타입과 에폭시 타입, 폴리 인산 암모늄을 발포제로 이용한 아크릴 타입이 있다. 표 7.5.3에 조성표를 나타낸다.

표 7.5.3 조성표

	부틸 타입		에폭시 타입		아크릴 타입	
기재	알루미늄박 글라스크로스		PET 부직포		부직포형 글라스 메시	
조성 (wt%)	무기성분	65.8	무기성분	50.0	아크릴계 수지	27
	열팽창성 흑연	8.0	열팽창성 흑연	25.0	폴리 인산 암모늄	39
	유기성분	26.2	유기성분	2.5	다가 알코올계	17
	-	-	-	-	산화 티탄계	12
	-	-	-	-	유리섬유계	5

b. 품질관리

내화구조 인증 : 두께, 비중, 팽창 배율, 잔재 경도는 공장에서 관리한다.

c. 시공

(1) 시공방법(라이닝형 내화시트)

철골 치수에 인증 상 적합한 시트 두께를 선택한다.

H-400×200×8×13mm 이상의 단면 단독보의 경우 t = 1.5 mm
외벽 합성보의 경우 t = 1.0 mm
H-148×100×8×9mm 이상의 단면 단독보의 경우 t = 2.5 mm
외벽 합성보의 경우 t = 2.0 mm

아래에 부틸 타입의 시공 방법을 소개한다.

① 시트를 보 치수에 맞춰 치수를 커팅한다. 바닥면이나 벽에 20mm 이상 꺾임 공간도 마련한다.

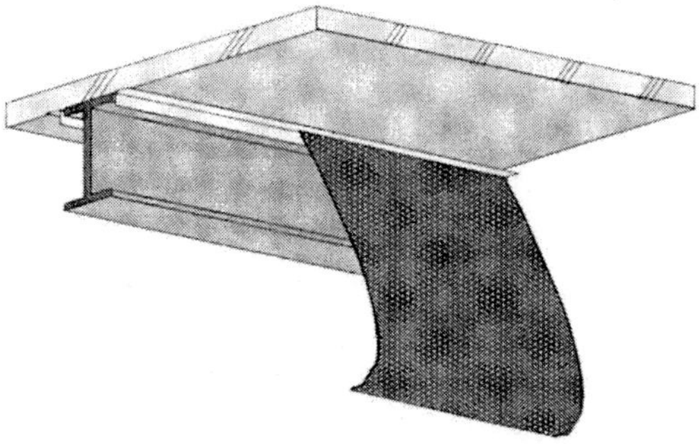

② 시트의 한쪽 면을 볼트와 와셔로 고정하거나 또는 단열 핀을 전용 용접기로 고정한다(@200mm 이하). 마찬가지로 안쪽도 고정한다.

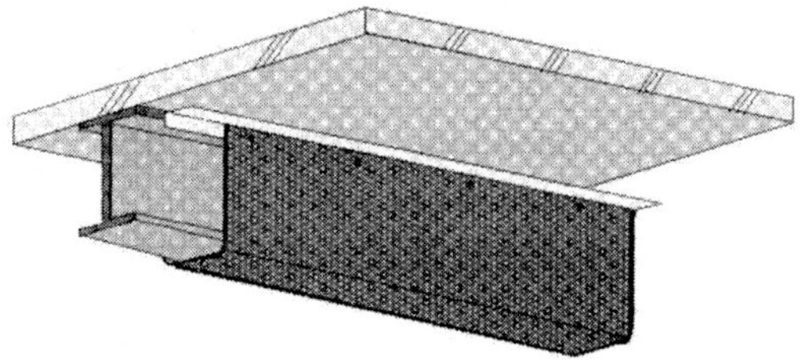

③ 외벽 합성의 경우는 위와 같은 방법으로 아래 그림과 같이 시공한다. 외벽의 종류는 콘크리트 외벽 두께 70mm 이상, ALC 외벽 100mm 이상, 압출 중공 시멘트판 60mm 이상이 적용 가능하다.

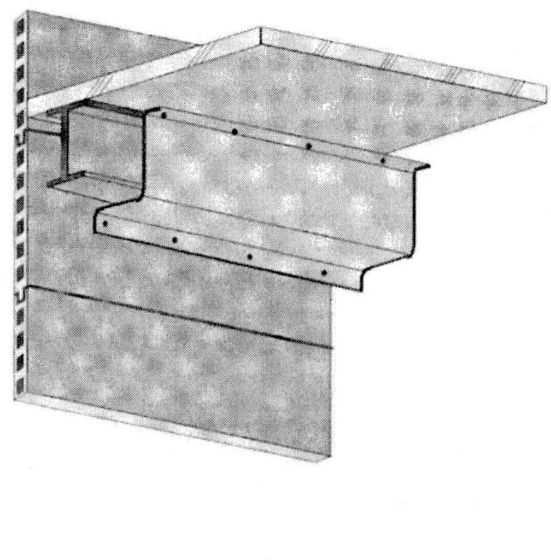

못 사이즈 : 지름 2.15 이상 길이 38mm 이상

와셔 : 지름 15 이상 두께 0.26mm 이상

단열 핀 사이즈 : 지름 2.15mm 이상 길이 10mm 이하

④ 시공관리

육안으로 외관의 처짐 등이 없는 것과 고정 피치가 규정치 이하임을 확인한다.

(2) 시공방법(부착형 내화시트)

* 철골치수에 적합한 시트의 두께를 선택한다.

H-400×200×8×13mm 이상의 단면	단독보의 경우	1시간 내화	t = 1.5 mm
H-400×200×12×22mm 이상의 단면	단독보의 경우	2시간 내화	t = 3.0(1.5mm×2)mm
□-100×100×4.5mm~□-300×300×9mm 의 단면(폭 두께비 제한 있음)	단독기둥의 경우	1시간 내화	t=3.0(1.5mm×2)mm
□-300×300×9mm~□-1000×1000×40mm 의 단면(폭 두께비 제한 있음)	단독기둥의 경우	2시간 내화	t=1.7mm
□-300×300×9mm 이상의 단면	단독기둥의 경우	1시간 내화	t = 3.0mm
□-300×300×19mm 이상의 단면	단독기둥의 경우	2시간 내화	t=3.0(1.5mm×2)mm

아래에 부착형 기둥에 대한 시공 방법을 나타낸다.

① 미리 방수제 도료를 도장한 철골에 접착제를 칠한다. 이 때, 접착제의 도부량을 엄수한다. 접착제의 점착성이 충분히 발현되기까지 건조 기간(수 시간)을 둔다.

② 시트를 기둥 치수에 맞추어 치수를 커팅해 붙인다. 인증 상 사이즈 및 부착 방향이 규정되어 있는 경우는 그에 준한다.

③ 2장을 붙이는 경우, ①과 ②의 공정을 반복한다. 이 때, 1장째의 목지와 2장째의 줄눈 위치가 겹치지 않도록 비스듬하게 한다(세로 줄눈 100mm 이상, 가로 줄눈 50mm 이상).

④ 줄눈 처리는 줄눈 벌어짐을 억제하기 위해 유리 메시 테이프(폭 35~50mm, 두께 0.12mm)를 묻어 퍼티로 마무리한다.

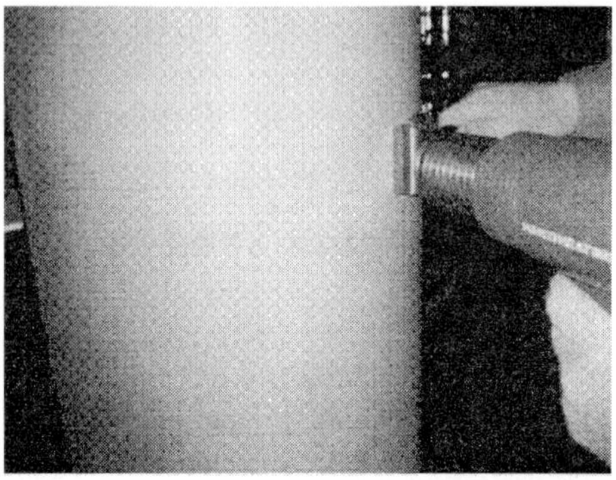

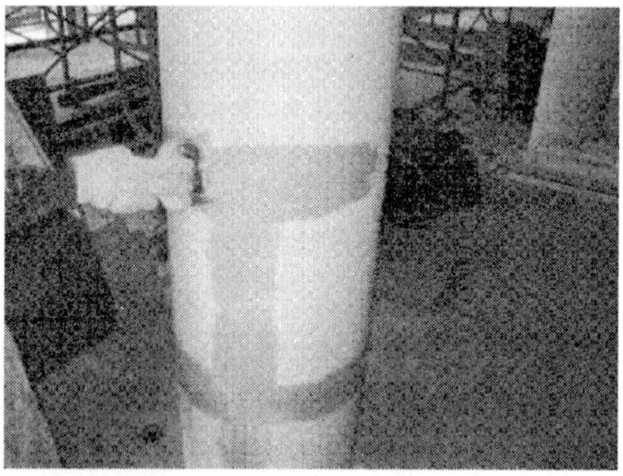

⑤ 마무리칠 도료를 도장한다.

⑥ 시공 관리

육안으로 외관에 들뜸 및 크랙 등이 없는지 확인한다.

인용 · 참고문헌

1) 日本鋼構造協会：耐火塗料の実用化に関する研究, JSSC テクニカルレポート No.41, 1998

7.6 내화 피복 재료의 고온 시의 열적 특성

내화 피복재 등의 성능은 피복재 유닛이 아닌 내화 피복된 부재로서 내화 성능시험 등에 근거하여 평가되므로 내화 피복재료의 고온 열 정수에 관한 데이터의 축적이 많지 않다. 그러나 내화 피복 재료 등의 고온 시 열적 특성은 강부재 등의 내화 성능을 상세하게 검토하는데 필요한 기술적 정보이다. 고온 시 비열이나 열전도율, 중량 감소 등의 열 물성 정보는 수치 계산 등에 있어 화재 외력에 따른 내화 피복된 부재의 강재 온도 등을 추정할 때 이용됨과 동시에 피복재의 적용 가능 온도 등을 파악하기 위해 이용된다. 본 절에서는 각 종 피복재 등의 열전도율, 비열(진비열, 가열시의 분해나 상변화 · 전위 등의 영향을 포함한 외관의 비열), 가열 시의 중량 감소에 대해 그림 7.6.1~7.6.5에 종래의 문헌을 정리하였다[1)-13)]. 또한 열전도율, 비열과 관련해서는 근사 곡선을 병기했다.

내화 피복의 열전도율 측정에는 열선법(JIS R 2616), 열류계법(HFM법, JIS A 1412-2) 등이 이용되고 있다. 비열에 관해서는 면상 발열체법에 의해 구한 열화산율을 열전도율과 기건 상태의 밀도로 나누어 구한다. 중량 감소는 열중량 분석(TG), 흡열 · 발열 반응을 포함한 비열은 단열법, DSC법 등에 의해 측정한다.

단, 여기에 소개하는 열 물성치는 화재 시 구조체의 변형이나 내화 피복재의 열열화에 수반해 생기는 균열이나 줄눈 등에 발생하는 간극의 영향은 포함되지 않으므로, 내화 설계에 이용하는 경우에는 내화 시험 등에 의한 확인이 필요하다. 또한 과거에 제조된 석면 함유품과 현재 제조되는 비함유품의 성능은 크게 다를 가능성이 있으므로 유의하여야 한다.

a. 뿜칠 암면 [1)-4)]

분사 암면의 열전도율은 상온 시에는 0.07 kW/m · K 정도인데, 고온 시일수록 커져 800℃에서는 상온 시의 4배 정도가 된다. 비중이나 공법에 따른 명확한 경향은 인정되지 않는다. 또한 비열은 경 비중의 반건식 공법의 것이 약간 높게 되어 있지만 여기에서는 대체로 평균적인 값을 근사하였다. 일반적으로는 내화시험의 강재 온도 상승은 비중이 높을 정도로 억제되는 경향이 인정되지만, 열전도율 상 명확한 차이는 인정되지 않는다. 분사 암면은 암면과 시멘트가 서로 섞여 일체화된 재료이지만 시공 관리 상, 시멘트와 암면의 비율이 일정하게 관리되고 있다면 비중은 흙손 누름 등에 의한 압축 정도에 의존한다. 이 때문에 비중이 높은 것은 압축되어 있어 고온 시에 열분해 등에 의해 발생하는 미세한 균열 등의 영향이 작아지기 쉬운 것으로 판단된다.

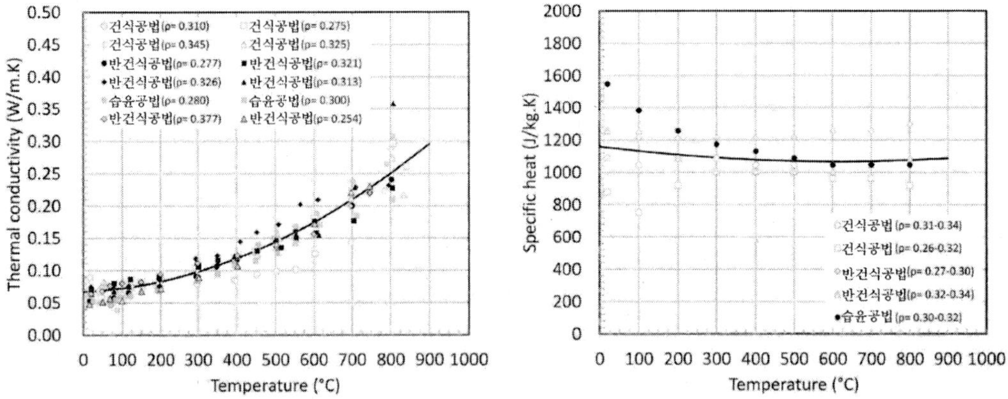

$k = 2.50\times10^{-7} - 7T^2 + 2.90\times10 - 5T + 0.067$ $c_p = 2.45\times10^{-4}T^2 - 3.01\times10^{-1}\ T + 1160$

(a) 열전도율 (b) 비열

그림 7.6.1 분사 암면

b. ALC 패널 3),4)

ALC는 트바모라이트계의 규산질 재료이며 ALC 패널의 열전도율은 고온일수록 커지며, 800℃에서 상온의 2배 정도가 된다. 비열은 온도에 관계없이 대체로 일정하다. ALC 패널은 고온에 노출되면, 배근의 열 성장 등의 영향으로 인해 가열 측으로 볼록하게 변형한다. 또한 가열을 받으면 패널에 미세한 균열이 발생해 패널의 강성이 저하된다.

가열에 의해 중량 감소가 발생하고, 1200℃에서 85% 정도로 저하되기도 한다. 흡열・발열 반응을 보면 100~400℃의 가열 상황에서 재료 중의 자유수나 결정수의 탈수에 의해 200℃ 정도에서 흡열 반응의 피크가 발생한다. 또한 830℃ 정도에서 발열 반응은 트바모라이트(5CaO・6SiO_2・5H_2O)가 규회석(wollastonite $CaSiO_3$)으로 변화함으로써 발생한다.

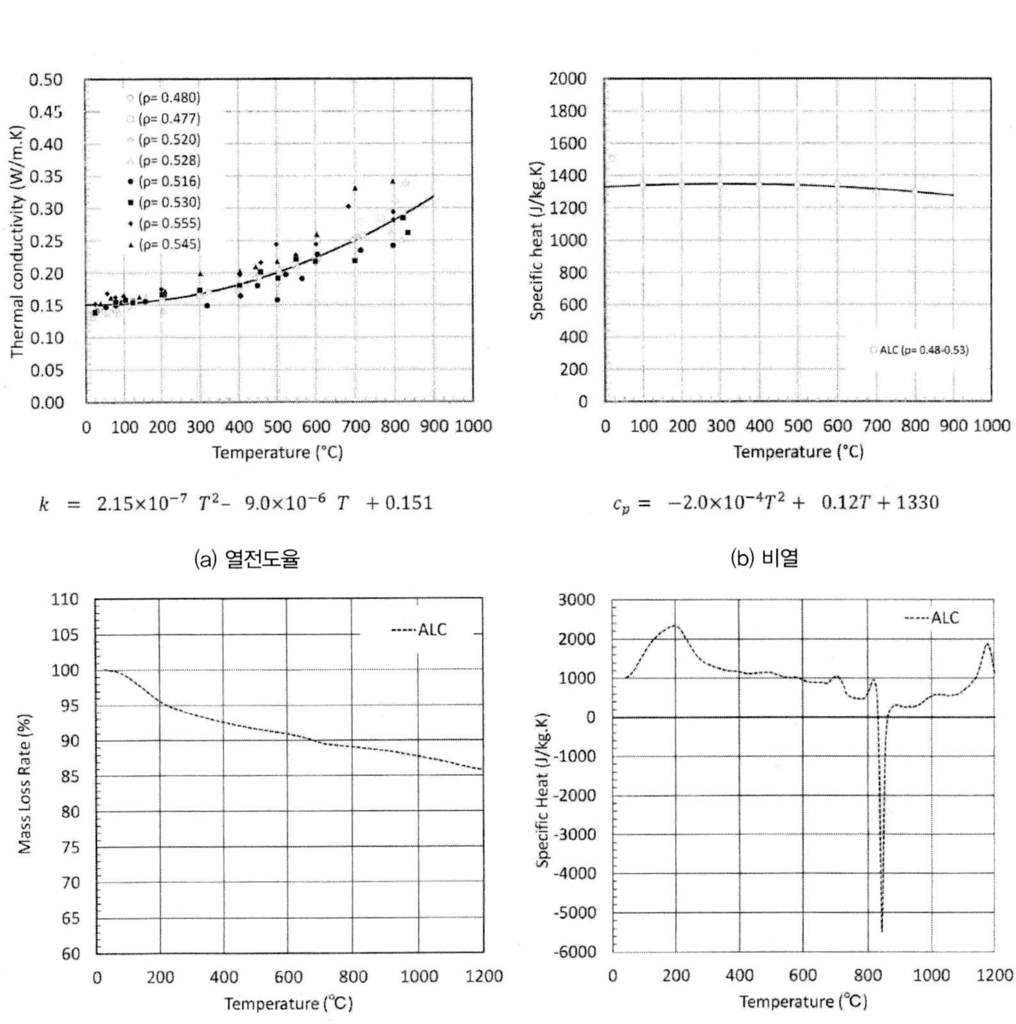

$k = 2.15\times10^{-7}\ T^2 - 9.0\times10^{-6}\ T + 0.151$ $c_p = -2.0\times10^{-4}T^2 + 0.12T + 1330$

(a) 열전도율 (b) 비열

(c) 중량 감소율 (d) 흡열 및 발열 반응을 포함한 비열

그림 7.6.2 ALC 패널

c. 내열 암면 펠트 [6)]

고내열 암면은 일반 암면보다 내열성이 향상된 단열재이다. 열전도율은 고온일수록 커지며 600℃에서 상온의 5배 정도가 된다. 비열은 온도 상승에 수반하여 선형적으로 증가하는 경향이 있다. 일반적인 암면은 표준 가열을 받으면 용해나 현저한 수축 등이 발생하는데, 고내열 암면은 가열을 받으면 수축하지만 가열면이 경화해 용융이 발생하기 어렵다. 중량 감소 및 외관의 비열을 보면, 전이 등의 영향을 받아 400~1150℃ 정도까지 발열 반응을 확인할 수 있다. 그 이상의 온도가 되면, 중량 감소 없이 흡열 반응이 발생한다는 점에서 용융이 발생함을 알 수 있다.

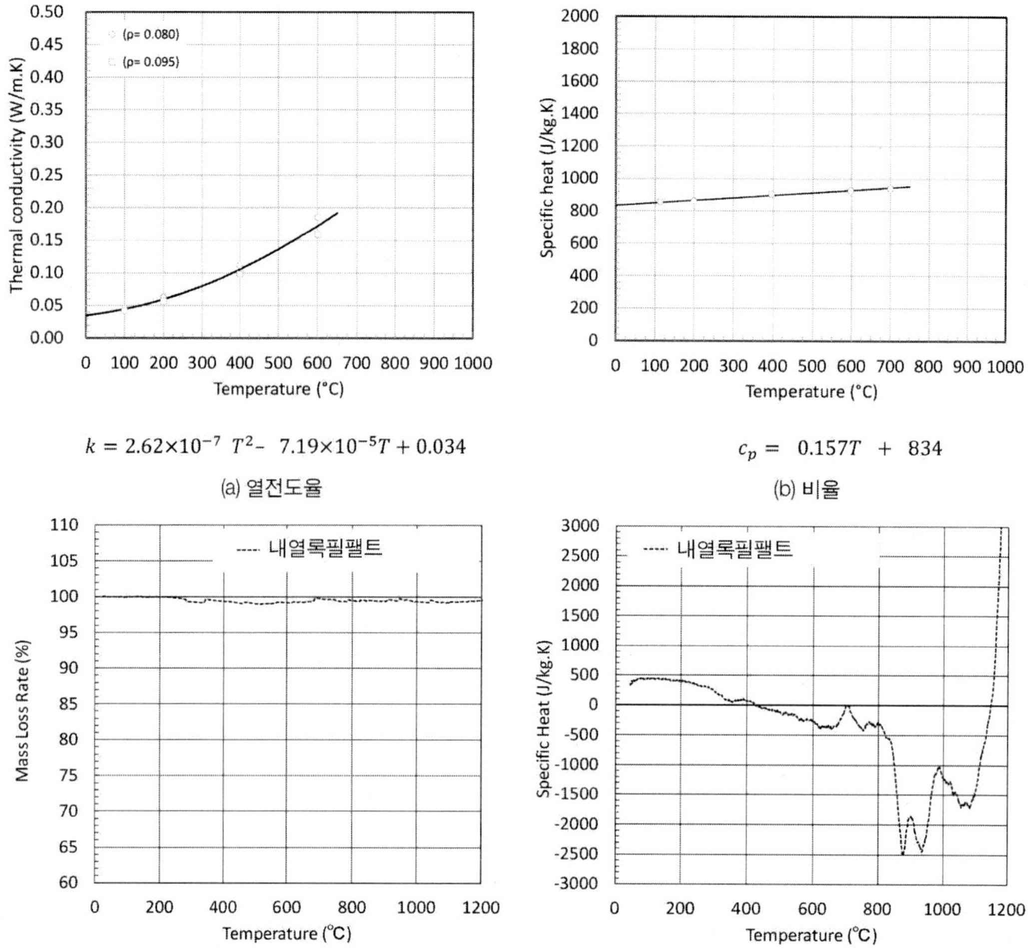

$k = 2.62\times10^{-7}\ T^2 - 7.19\times10^{-5}T + 0.034$ $c_p = 0.157T + 834$

(a) 열전도율 (b) 비율

(c) 중량감소율 (d) 흡열 및 발열 반응을 포함한 비열

그림 7.6.3 내열 암면

d. 규산 칼슘판 [13)]

내화 피복에 이용되는 규산 칼슘판은 JIS A 5430 섬유 강화 시멘트판(규산 칼슘판)의 타입 3으로 분류된다. 재질은 제노틀라이트계가 대부분이며, 토버머라이트계보다 내열성이 높다. 비중에 따라 0.5TK(1호), 0.2TK(2호)로 분류된다. 중량 감소를 보면 0.5TK는 1200℃에서 85%정도로 중량 감소한다. 내장재 등에 이용되는 0.8FK(타입2)의 경우 400℃ 미만에서의 시멘트질 분해, 700℃ 부근에서의 중량 감소가 크고, 75% 이하에서 중량이 감소한다.

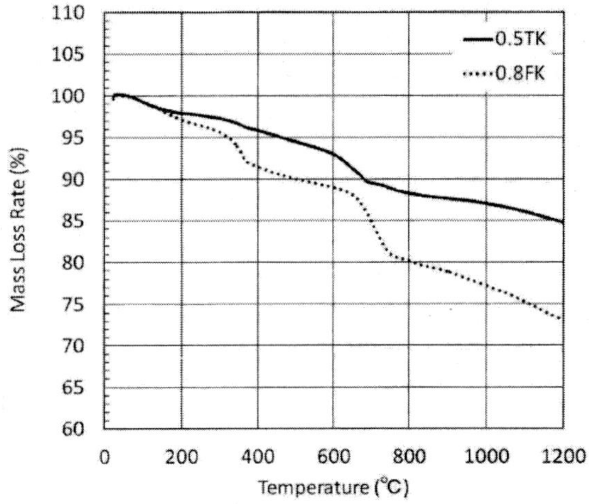

그림 7.6.4 규산 칼슘판의 중량 감소율

e. 석고보드, 강화 석고보드 [4),7)–13)]

석고보드, 강화 석고보드(석고보드 제품 JIS A 6901:2014)는 석고(이수 석고)를 주원료로 한 심재와 보드용 원지로 성형된다. 내화 피복이나 내장재용 석고보드는 보통 석고보드(GB-R)와 내화성이 있는 강화 석고보드(GB-F)로 크게 구별된다. 또한 강화석고보드는 유리 섬유를 포함한 GB-F, 또한 질석을 골재로 포함한 GB-F(V)가 있다. 일반적으로 내열성은 GB-F(V)가 뛰어나다. GB-R는 유리 섬유가 혼입되어 있지 않으므로 탈수 시 수축에 의해 균열이 생기기 때문에 보드로서의 형상을 유지할 수 없는 경우가 많다.

열전도율은 보드의 종류에 상관없이 400℃ 정도까지는 저하되는데, 그 이상의 온도에서는 증가한다. 특히 900℃ 이상에서는 균열등이 발생하면서 열전도율은 현저하게 커진다. 고온일수록 커지는데, 900℃에서 상온의 2배 정도이다. 비열은 열전도율과 마찬가지로 400~500℃ 정도에서 가장 작아진다. 중량 감소와 흡열 · 발열 반응을 포함한 비열을 보면, 100℃ 전후에서의 급격한 중량 감소 시에 비열의 증가(흡열 반응)가 일어나고 있다. 이는 이수 석고의 결정수가 분해되고 있기 때문이다. 400℃ 전후에서 전이에 의한 발열 반응이 보인다. 중량 감소는 GB-F 쪽이 크고, 1000~1100℃를 넘으면, 황산칼슘의 탈황 반응이 생기면서, 급격하게 중량이 감소한다. 내화 실험 후에 유황 냄새가 나는 것은 그 때문이다.

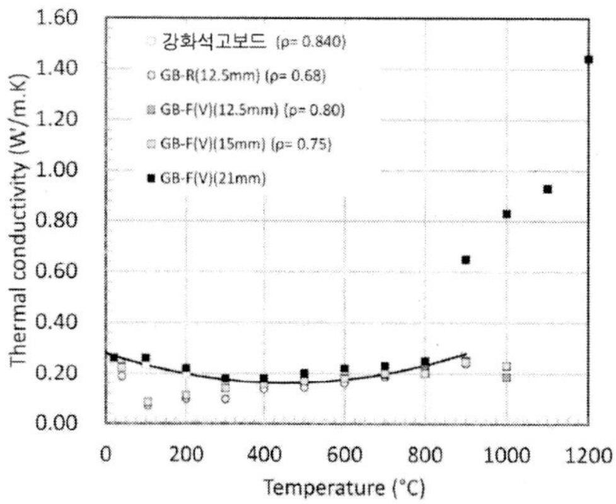

$$k = 5.81\times10^{-7}T^2 - 5.23\times10^{-4}T + 0.279$$

(a) 열전도율

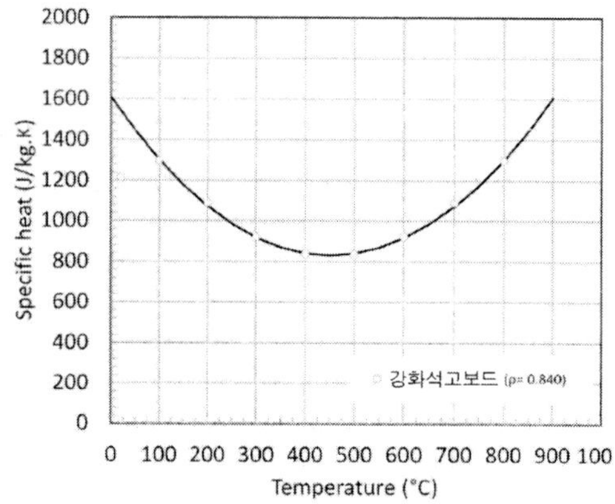

$$c_p = 3.84\times10^{-3}T^2 - 3.46T + 1610$$

(b) 비열

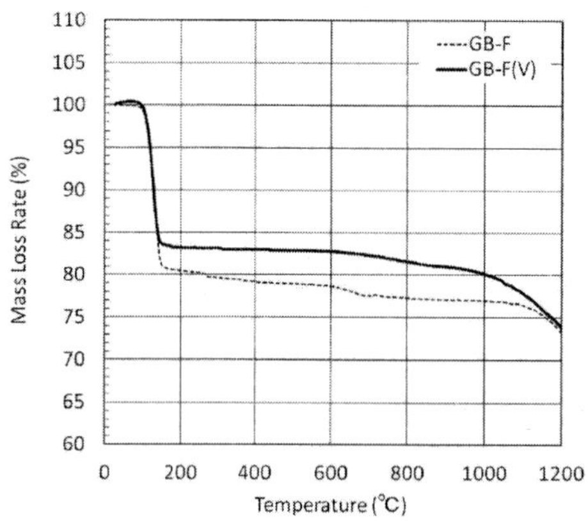

(c) 중량 감소율

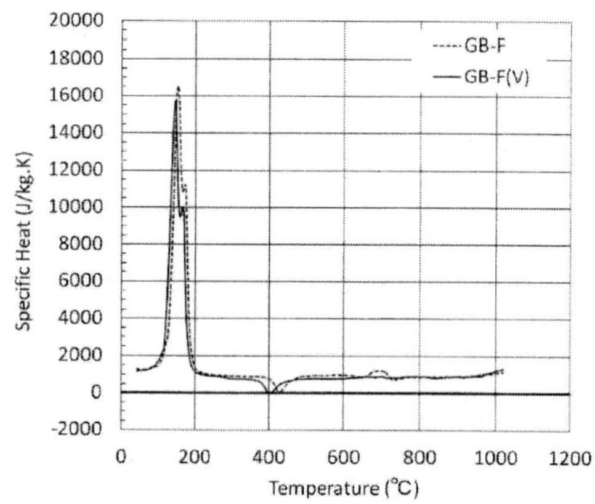

(d) 흡열 및 발열 반응을 포함한 비열

그림 7.6.5 석고보드, 강화 석고보드

인용 · 참고문헌

1) 大内富夫, 藤中英生, 中村賢一：耐火被覆材の高温時の熱伝導率 その１ 測定方法と測定結果の概要, 日本建築学会大会学術講演梗概集, pp.611-612, 1985.10

2) 藤中英生, 大内富夫, 中村賢一：耐火被覆材の高温時の熱伝導率 その 2 測定結果と考察, 日本建築学会大会学術講演梗概集, pp.613-614, 1985.10

3) 町田清, 大内富夫, 古平章夫：耐火被覆材の熱情数測定, 第８回 日本熱物性シンポジウム予稿集, pp.53-56, 1987

4) 国土開発技術研究センター：建築物の総合防火設計法（第４巻 耐火設計法）, 日本建築センター, 1989.4

5) 原田和典, 寺井俊夫, 早崎伸一, 「高温時のコンクリートの熱物性値に関する研究」, 日本建築学会近畿支部研究報告集, 第 29 号・計画系, pp. 29-32, 1989

6) 日本建築学会：構造材料耐火性シンポジウム 資料, 2013.3

7) 柳橋拓, 大宮喜文, 菅原進一 鈴木淳一, 山本弘樹：乾式間仕切壁構成材料の熱特性, 日本火災学会研究発表概要集, pp 68-69, 2013.6

8) 柳橋拓, 大宮喜文, 菅原進一, 鈴木淳一,山本弘樹：乾式間仕切壁構成材料の熱特性に着目した部材断面温度分布性状, 日本建築学会大会学術講演梗概集, A-2, pp. 11-12, 2013.8

9) 柳橋拓, 大宮喜文, 山本弘樹, 鈴木淳一, 鈴木弘之, 菅原進一：乾式間仕切壁の加熱性状 その１ 研究背景および素材実験, 日本建築仕上学会 2013 年度大会学術講演会研究発表論文集, pp.41-44, 2013.10

10) 藤田航平, 平山貴至, 鈴木淳一, 大宮喜文, 山本弘樹：多様な加熱を被るせっこうボード乾式間仕切り壁の温度上昇特性 その１ 実験概要と実験結果,, 日本建築学会大会学術講演梗概集, A-2, pp.375-376, 2014.9

11) 平山貴至, 藤田航平, 鈴木淳一, 大宮喜文,山本弘樹：多様な加熱を被るせっこうボード乾式間仕切り壁の温度上昇特性 その 2 非定常一次元熱伝導解析による温度予測モデル, 日本建築学会大会学術講演梗概集, A-2, pp.377-388, 2014.9

12) 大宮喜文, 鈴木淳一, 冨山涼, 王愈翔, 成瀬友宏：防火被覆の熱特性を考慮した区画構成部材の耐火性能, その１防火被覆の熱特性, 2015 年大会学術講演会研究発表論文集, 日本建築仕上学会, pp.59-63, 2015.10

13) 種子田翔一, 鈴木淳一, 富山涼, 王愈翔, 藤田航平, 成瀬友宏, 大宮喜文：多様な加熱温度における耐火被覆部材の温度上昇特性 ～その１ 耐火被覆材の高温熱物性～, 日本火災学会研究発表概要集, pp .142-143, 2015.5

7.7 결언

본 장에서는 강구조의 기둥 · 보를 내화구조로서의 내화 성능을 확보하기 위해 실시하는 내화 피복 공법 및 각종 내화 피복재료의 열적 성질에 대해 정리하였다.

내화 피복 재료의 성능 평가는 부재 유닛에 의한 내화시험을 통해 이루어지고 있는데, 실제로는 접합부나 다른 부재와의 접합부의 내화성 확보가 중요하다. 특히, 부재의 변형에 대한 추종성 또는 시공 방법에 대해서도 고려할 필요가 있다.

또한 최근 지진 후 화재에 대한 문제가 표면화되면서 지진동을 받는 철골 내화 피복재의 변형 추종성에 대해서도 지적되고 있다. 향후에는 단열성 확보뿐만 아니라 내구성이나 변형 추종성에 관한 검토도 바람직하다.

내화 성능 검증법(2000년 건설성 고시 1433호)에 의해 분사 암면(두께 25mm 이상, 비중 0.28 이상, 시멘트에 대한 암면의 중량비 1.5 이상)과 섬유 혼입 규산 칼슘판(두께 20mm 이상, 비중 0.35 이상)의 경우, 필요한 부재의 내화 시간에 따라 내화 피복 두께를 결정할 수 있도록 되어 있다. 또한 기타 내화 피복 공법으로의 적용 확대에 대해서는 기존의 내화 시험결과 등을 정리할 필요가 있지만, 공개된 정보가 적고 충분한 검토가 이루어지지 않았다.

내화 설계 등에 필요한 내화 피복재의 열적 성질에 대해서는 고온 열정수 데이터를 더욱 축적할 필요가 있으며, 아울러 설계 화재 외력이나 화재 온도와 피복재료의 적용 가능 온도 등을 신중하게 검토하면서 균열 영향 등을 고려한 일반화가 필요하다.

부록

부록 1 RILEM '고온 하에서의 콘크리트 역학시험방법'의 개요

RILEM(International Union of Laboratories and Experts in Construction Materials, Systems and Structures)에서는 고온 하 콘크리트의 역학 시험방법과 관련하여 다음의 위원회가 설치되어 작성이 이루어졌다.

- RILEM TC 129 MHT Test methods for mechanical properties of concrete at high temperatures (1993~2000)
- RILEM TC 200 HTC Mechanical Concrete Properties at High Temperature-Modelling and Applications (2001~2007)

그 성과로 부록 표 1.1의 11개 part로 이루어진 Recommendation of RILEM TC200-HTC: mechanical concrete properties at high temperatures -modelling and applications (이하, 지침이라 칭함)가 발행된 본 부록에서는 Part 1을 주로 인용해 RILEM 기술 위원회가 작성한 고온 하에서의 콘크리트 역학 시험방법의 개요를 소개하기로 한다. 또한 시험방법의 예로 Part3의 압축강도시험의 개요를 나타낸다. 또한 문헌 1)에 Part 2~11의 번역이 기재되어 있다.

부록 표 1.1 RILEM의 '고온 하에서의 콘크리트 역학시험방법' 일람

Title	게재 문헌
Part 1: Introduction-General presentation	Materials and Structures, Vol. 40, 2007 pp. 841-853
Part 2: Stress-strain relation	Materials and Structures, Vol. 40, 2007 pp. 855-864
Part 3: Compressive strength for service and accident conditions	Materials and Structures, Vol. 28, 1995, pp. 410-414
Part 4: Tensile strength for service and accident conditions	Materials and Structures, Vol. 33, M ay 2000, pp. 219-223
Part 5: Modulus of elasticity for service and accident conditions	Materials and Structures, Vol. 37, March 2004, pp. 139-144
Part 6: Thermal strain	Materials and Structures, Supplement March 1997, pp. 17-21
Part 7: Transient creep for service and accident condition	Materials and Structures, Vol. 31, June 1998 pp. 290-295 pp. 290-295
Part 8: Steady-state creep and creep recovery for service and accident conditions	Materials and Structures, Vol. 33, January-February 2000, pp. 13

Title	게재 문헌
Part 9: Shrinkage for service and accident conditions	Materials and Structures, Vol. 33, May 2000, pp. 224-228
Part 10: Restraint stress	Materials and Structures, Vol. 38, 2005, pp. 913-919
Part 11: Relaxation	Materials and Structures, Vol. 40, 2007, pp. 449-458

인용 · 참고문헌

1) 日本コンクリート工学会：「コンクリートの高温特性とコンクリート構造物の耐火性能に関する研究委員会」報告書, 2012.5

Part 1. 개론 – 일반사항

1. 서론

RILEM의 지침은 고온 하에서의 콘크리트에 관한 여러 가지 역학적 성질을 파악하기 위한 시험방법을 제시하고 있다. 고강도 콘크리트를 포함해 건설 분야에서 사용되고 있는 모든 종류의 콘크리트를 대상으로 하며, 내열 콘크리트는 제외한다.

2. 배경

콘크리트는 그 역할을 고려할 때, 다양한 역학적 및 열적 조건이나 환경조건에 노출된다. 고온 사용 시에는 통상적으로 한정된 온도(200℃ 이하)에 장시간 노출된다. 예를 들면, 가스 냉각형 원자로의 프리스트레스트 콘크리트 압력 용기는 고압 또한 65℃ 정도의 온도에 견딜 수 있도록 설계되어 있다.

고온 재해 시, 콘크리트 구조물은 매우 높은 온도에 노출될 가능성이 있는데, 이는 예를들면 화재와 같이 단시간의 일이다. 과거에는 주로 다음 2가지 분야에서 많은 연구가 이루어져 왔다.

- 건축물 및 터널의 내화성
- 사고 시 원자로 격납 용기의 거동

의도된 열적 조건에 대한 안전성이나 실제 사고 후의 안전성과 관련해 콘크리트 구조물을 설계 · 평가하기 위해서는 20℃에서 적어도 750℃까지의 온도 범위와 관련해 콘크리트의 성질에 관한 상세한 정보가 필요하다. 특별한 경우로 콘크리트의 성질이 용융 온도까지 필요할 수도 있다. 장래적으로도 새로운 혁신적 콘크리트를 개발할 때에는 화재나 고온도 등 다양한 환경조건에 있어서의 거동이나 성질에 대해 간결한 정보가 필요하게 된다.

콘크리트가 가열되면 물리적 변화나 화학적 변화가 생기게 되는데, 이러한 변화는 재료 조성, 하중 및 환경조건에 크게 의존한다. 온도 상승은 콘크리트 내부에 있어서의 온도 기울기나 수분 이동을 일으키게 한다. 한편, 수분 방출, 탈수 반응 및 결정 변태가 일어난다. 이러한 반응은 세공 구조나 투과성 등 콘크리트의 미시적 · 거시적 구조에 큰 변화를 가져온다.

또 콘크리트의 역학적 거동에서도 큰 변화가 관찰된다. 예를 들면 강도 저하나 열변형 등 각각의 구성 재료의 성질이 온도에 의해 변화한다. 고온 하에서의 콘크리트 구조물 거동의 정확한 예측을 가능케 하기 위해 종래 실제 크기의 실험적 검토가 이루어져 왔지만, 이러한 검토가 해석 모델 개발의 필요성이나 재료 특성의 파악으로 이끌었다. 탄성계수, 압축강도, 인장강도, 열변형, 크리프(creep) 등 재료 특성은 온도에 의해 변화하며, 이러한 파악에는 명확하게 규정된 시험방법이 필요하다. 본 지침은 고온 하에서의 콘크리트의 역학적 성질에 관한 표준시험방법의 개요를 제공하는 것이다.

3. 목적

Part 1에서는 구조용 콘크리트의 고온 상태에 있어서 사용 또는 재해 시에 있어서 고온 폭로를 가정해, 시험 환경이나 시험 조건을 나타낸 것이다. 지침은 20℃에서 적어도 750℃까지의 온도 범위에 있는 콘크리트에 적용할 수 있다. 또, Part1에서는 원주공시체를 이용한 1축시험에서 직접적 또는 간접적으로 측정되는 역학적 성질에 대해 서술하고자 한다. 고온 하에서 콘크리트의 성질을 결정하기 위한 자세한 내용은 아래에 열거한 각각의 시험방법과 같다.

- Part 2: 응력-변형 관계
- Part 3: 압축강도(공용 시 · 재해 시)
- Part 4: 인장강도(공용 시 · 재해 시)
- Part 5: 탄성계수(공용 시 · 재해 시)
- Part 6: 열변형
- Part 7: 천이 크리프(공용 시 · 재해 시)
- Part 8: 정상 크리프 및 크리프 회복(공용 시 · 재해 시)
- Part 9: 수축(공용 시 · 재해 시)
- Part 10: 구속 응력
- Part 11: 응력 완화

4. 시험 조건

고온 하에서의 콘크리트의 거동에 관한 시험 결과는 아래 열거한 시험 조건에 의존한다.

- 천이 가열 과정에서의 특성은 정상 상태에서의 특성과 다르다. 부록 표 1.2에 가열 조건에 따른 추천 시험방법을 나타낸다.
- 시험방법에 따라서는 측정치가 하중 온도의 작용 순서에 영향을 받는다. 예를 들면, 정상 크리프는 재하 전에 가열된 공시체 또는 가열전에 재하된 공시체 모두에서 얻을 수 있다.
- 몇가지 특성은 고온 상태 또는 가열 냉각 후의 상온 상태에서 시험된다(가열 냉각 후 상온 상태에서의 특성에 대해서는 '잔존'으로 구분한다). 다른 시험 조건에서 얻어진 결과는 동일하지 않다. 이는 응력-변형 관계, 압축강도, 인장강도 및 탄성계수 등의 특성이 그러하다.

- 시험중의 수분 이동은 재료 거동에 영향을 미친다. 콘크리트 구조체의 극단적인 수분 상태를 대표하는 것으로 다음의 2가지 경계 조건이 선정된다.
  - 경계 조건 'd': 건조(Unseal) 콘크리트
  - 경계 조건 'nd': 비건조(수면포화 또는 Seal) 콘크리트

  첫번째 케이스는 얇은 콘크리트 부재의 수분 상태 또는 두꺼운 콘크리트 부재의 표층 부분의 수분 상태로 특정된다. 한편, 두번째 케이스는 두꺼운 콘크리트 부재 핵부분의 수분 상태로 특정된다. 일반적으로 경계 조건 'd'는 공기중에서 건조되는 최대두께 d〈400mm의 구조체, 또는 공기에 노출되는 표면으로부터 200mm이내의 구조체 부분에 적용된다. 경계 조건 'nd'는 다음 습윤 상태의 구조체에 적용된다.
  - 치수와 상관없이 씰 된 구조체
  - 공기에 노출되는 면으로부터 200mm를 초과하는 구조체 내부
  - 수중의 구조체

  시험중의 수분 상태는 가열 전 함수율에도 관계한다. 재현성이 있는 결과를 얻기 위해 본 지침에서는 거푸집, 타설, 양생 및 보관의 시방 · 방법과 더불어 동일 조합이나 동일 양생 조건의 시험체 취급에 대하여 제안한다. 통상의 시험은 최초 가열중 또는 최초 가열 후에 실시되는 콘크리트가 고온에 노출되는 경우로 2가지 설계 조건을 설정한다.
  - 고온 사용 상태: 20~200℃의 장기 가열을 받아 수분 상태가 위 서술한 2개의 경계 조건 범위에 있는 경우
  - 고온 재해 상태: 20~750℃의 단기 가열을 받아 천이 수분 상태에 있는 경우

  이러한 상태는 부록 표 1.3에서 나타낸바와 같이 최고 온도의 범위, 가열 속도 및 수분 경계 상태와 관련이 있다.

부록 표 1.2 시험 내용과 가열 조건

가열온도 조건		비고
정상 상태	천이 상태	
응력-변형 관계	-	-
압축 강도	-	-
인장 강도	-	-
탄성계수	-	-
수축	열변형	무재하 상태에 있어서의 변형 변화
크리프 및 크리프 회복	천이 크리프	일정 응력 하에 있어서의 변형 변화
응력 완화	구속 응력	일정 변형 하에 있어서의 응력 변화

부록 표 1.3 지침에서 취급하는 시험 조건

상태	온도범위	온도 상태	가열속도 R	경계조건	
				건조상태	습윤밀폐 또는 포화상태
고온사용상태	20〈T〈200℃	천이	가정 상태에 맞는 R	d	nd
		정상	R=0		
고온재해상태	20〈T〈750℃	천이	가정 상태에 맞는 R	d	
		정상	R=0		

5. 기호와 표기 방법

시험 조건 및 측정치의 물리적 인자를 명확히 하기 위한 표기 방법을 나타낸다. 기호에 대해서 재료의 시험 인자와 특성을 정의하는 첨자를 부가한다(부록 표 1.4 참조). 위 첨자는 가열 기간에 있어서 시험 조건에 관한 것이며, 아래 첨자는 인자의 물리적 성질, 역학적 시험에 있어서의 특별한 조건, 온도 측정 위치 등에 관한 것이다.

부록 표 1.4 주요 기호와 표기 방법

위 첨자		
첨자 위치	기호	의미
첫번째	T	콘크리트 온도
	T_{max}	최고 참조 시험온도(일정 온도)
두번째	σ	가열중 또는 냉각중에 재하
	0	가열중 또는 냉각중에 무재하(σ=0)
세번째	$\dot{\varepsilon}$	변형 속도 제어
	$\dot{\sigma}$	응력 속도 제어
네번째	d	건조(수분이 건조되는 경계 조건), 언씰 콘크리트
	nd	비건조(수분이 건조되지 않는 경계 조건), 씰 콘크리트
아래 첨자		
첨자 위치	**기호**	**의미**
첫번째	co	일정 온도 조건
	tr	천이 온도 조건
	crl	시각 to에서 측정을 개시하는 정상 크리프, '1'는 무재하 가열을 의미한다
	$cr2$	시각 to에서 측정을 개시하는 정상 크리프 '2'는 재하 가열을 의미한다
두번째	cr	creep, 크리프
	el	elastic, 탄성
	r	Restraint, 구속
	rc	recovery, 회복
	res	residual, 잔존

위 첨자		
첨자 위치	기호	의미
	sh	shrinkage, 수축
	th	thermal, 열, 온도
	tot	total, 전, 총
세번째	t_k	정의된 시간, k=0, 1 , 2o r i (initial, 초기)
	(t_2-t_1)	대상으로 하는 변형에 대해 참조하는 시간 단계 $t=t_2-t_1$

부록 표 1.4 주요 기호와 표기방법(계속)

기호	의미	기호	의미
α	응력비	ε	변형 $(L-L_i)/L_i$
$\dot{\varepsilon}$	변형 속도	ε_{cl}	응력-변형 관계의 피크시 변형
ε_{cu}	응력-변형 관계의 하강 곡선에 있어서 종점 변형	$\Delta\varepsilon$	변형 증분
σ	응력 또는 응력 레벨	$\dot{\sigma}$	응력 속도
σ_0	초기 응력	$\Delta\sigma$	응력 증분
Ψ	응력 완화	A	가열전의 공시체 단면적
D	콘크리트의 열확산 계수	E	탄성계수
f	강도	f_t^T	온도 $T_{\max}$ 에 있어서의 인장강도
$f_{t,res}^T$	온도 $T_{\max}$ 로부터의 냉각 후 잔존 인장강도	f_c^T	온도 $T_{\max}$ 에 있어서의 압축강도
$f_{c,res}^T$	온도 $T_{\max}$ 로부터의 냉각 후 잔존 압축강도	$f_c^{\sigma,T}$	재하 상태에서 가열한 공시체의 온도 $T_{\max}$ 에서의 압축강도
$f_{c,res}^{\sigma T}$	재하 상태에서 가열한 공시체의 온도 $T_{\max}$ 로부터의 냉각 후 잔존 압축강도	F	작용 하중
$maxF$	강도 시험 중, 공시체에 작용한 최대 하중	$F_{r,tot}$	측정된 구속력
L	측정 길이(변수)	L_i	상온시 공시체의 초기 참조 길이(일정치)
r	가열전의 공시체의 반경	R	일정 가열 속도(dT_s/dt)
RH	상대습도	t	시간(변수)
t_i	시험 개시시각	t_b	수축 측정 개시시각
t_{Tmax}	T가 $T_{\max}$ 에 달한 시각	t_0	정상 상태의 개시시각(예: 정상 크리프의 개시시각)
t_1	제하시각	t_2	시험 종료 시각
T	참조 온도(변수, 압축강도 · 인장강도와 관련된 파트에서는 정수)	T_{ca}	공시체의 중심축온도(변수)
$T_{\max}$	최고 참조 온도(정수)	T_n	상온시의 표준 참조 온도
T_s	공시체 표면온도(변수)	T^*_s	dT_s/dt가 'R'에서 감소하기 시작하는 온도
ΔT	온도차 T_s-T_{ca}	TTP	과도 온도 기간

6. 개개 특성과 상호 관계에 관한 정의

6.1 응력–변형 관계(Part2)

응력-변형 관계는 부록 그림 1.1에 나타낸바와 같이 1축압축 응력의 증가(응력 속도 제어)에 수반하는 변형, 또는 변형의 증가(변형 속도 제어)에 수반하는 응력으로 측정되는 재료의 거동을 나타내는 토탈 실험 곡선이다. 고온 하에 있어서는 고온 응력-변형 관계가 얻어지며, 가열 냉각 후 상온 하에서는 잔존 응력-변형 관계가 얻어진다.

콘크리트의 응력-변형 관계는 시험에 앞서 재하해 가열 중에도 재하된 상태, 혹은 시험 전 및 가열중은 무재하로 한 상태에 대해 구할 수 있다. 가열중의 응력 레벨 σ은 콘크리트의 응력-변형 관계에 영향을 주므로 가열중 무재하 상태로 한 공시체와 가열중(일정 하중 레벨) 재하 상태로 한 공시체의 2개의 케이스를 구별하는 것을 제안한다.

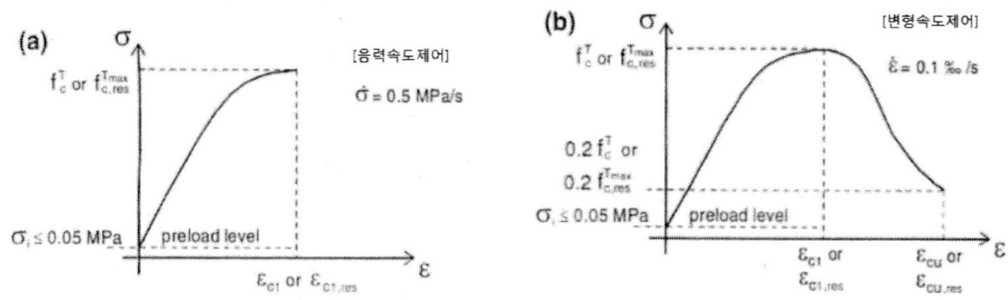

(a) 응력 속도 제어 (b) 변형 속도 제어

부록 그림 1.1 1 축압축 상태에서의 콘크리트의 응력–변형 관계

6.2 압축강도(Part3)

압축강도는 고온 시(시험온도 T) (f_c^T) 또는 가열 냉각 후의 상온 시($f_{c,res}^T$)에 있어 측정된다 ($f_{c,res}^T$: 가열 냉각 후의 상온 시 압축강도=잔존 압축강도).

최고 시험온도에 이른 후, 공시체내부 온도가 균일해지도록 공시체 온도가 규정된 시간을 일정하게 유지한다. 가열중 전 시간에 걸쳐 재하 상태 또는 무재하 상태로 한 공시체에 대해, 콘크리트의 압축강도를 측정한다. 재하레벨은 측정되는 콘크리트의 압축강도에 영향을 준다. 하중 레벨(상온시의 참조 강도에 대한 비율)은 가열중 또는 가열 냉각중 일정해야 한다($f_c^{T,\sigma}$ 또는 $f_{c,res}^{T,\sigma}$).

6.3 인장강도(Part4)

콘크리트의 인장강도는 직접적으로 축 인장이 되는 조건에서 측정되는 콘크리트의 강도이다. 콘크리트의 인장강도(f_t^T)는 고온 시(시험온도 T) 또는 가열 냉각 후의 상온 시($f_{t,res}^T$)에서 측정되는 통상 가열 중 또는 가열 냉각 중은 공시체에 대해 하중을 가하지 않는다.

6.4 탄성계수(Part5)

여기에서는 콘크리트의 탄성계수를 부록 그림 1.2와 같이 할선 탄성계수로 정의한다. 탄성계수는 고온시 또는 가열 냉각 후의 상온시에 측정된다. 가열 냉각 후의 상온시 탄성계수는 잔존 탄성계수라 칭한다. 가열중의 응력 레벨 σ은 콘크리트의 탄성계수에 영향을 주므로, 가열중 또는 가열 냉각 중에 무재하 상태로 한 공시체로부터 얻어지는 탄성계수(E^T 또는 E_{res}^T) 와 가열중 또는 가열 냉각중에 일정 하중을 재하한 공시체로부터 얻어지는 탄성계수($E^{T,\sigma}$ 또는 $E_{res}^{T,\sigma}$)는 구별된다.

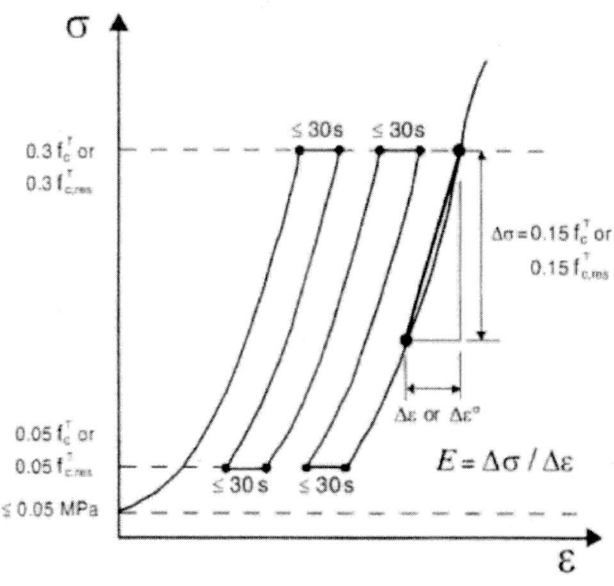

부록 그림 1.2 고온 탄성계수 또는 잔존 탄성계수의 측정에 관한 시험절차 모식도

6.5 열변형(Part6)

콘크리트의 열변형은 무재하 상태에서 가열되었을 경우의 변형으로 정의된다.

비건조 콘크리트의 열변형($\varepsilon_{tr,th}^{t,0,nd}$)는 외부 하중이 작용하지 않고 수분 손실이 없는 상태에서 측정되는 전변형($\varepsilon_{tr,tot}^{T,0,nd}$)이다($\varepsilon_{tr,th}^{T,0,nd}=\varepsilon_{tr,tot}^{T,0,nd}$).

천이 온도 상태 하에서는 변형의 일부인 건조 수축을 1회의 시험으로 간단하게 측정할 수 없다. 이 때문에 실제로는 열변형과 수축 변형은 함께 측정되며 통상 이들을 구별할 수가 없다. 실제는 건조 수축을 포함하고 있지만, 건조 콘크리트의 열변형($\varepsilon_{tr,th}^{T,0,nd}$)은 전변형($\varepsilon_{tr,tot}^{T,0,d}$)으로서 측정된다 ($\varepsilon_{tr,th}^{T,0,nd}=\varepsilon_{tr,tot}^{T,0,nd}$).

6.6 천이 크리프(Part7)

천이 크리프 변형은 재하 상태에 있어서 최초 가열시에 발생하는 크리프 변형으로 정의된다. 응력 레벨σ 상태 하에서 일정 가열 속도 R에서 가열되는 기간의 비건조 또는 건조 콘크리트의 천이 크리프는 재하 상태에 있어서 전변형에서 6.5절에 정의한 열변형과 탄성 변형을 차감함으로써 (1) 식 및 (2) 식과 같이 3개의 변형 요소로부터 간접적으로 구해진다.

- 비건조의 경우

$$\varepsilon_{tr,cr}^{T,\sigma,nd}=\varepsilon_{tr,tot}^{T,\sigma,nd}-\varepsilon_{tr,th}^{T,0,nd}-\varepsilon_{co,el}^{T,\sigma,nd} \tag{1}$$

- 건조의 경우

$$\varepsilon_{tr,cr}^{T,\sigma,d}=\varepsilon_{tr,tot}^{T,\sigma,d}-\varepsilon_{tr,th}^{T,0,d}-\varepsilon_{co,el}^{T,\sigma,d} \tag{2}$$

이들 식은 탄성 범위에 대해서만 유효하고, 만약 재하에 의해 소성 변형이 발생하는 경우에는 그 소성 변형을 측정해 전변형에서 빼야 한다.

탄성 변형은 6.4절에서 나타낸바와 같이 탄성계수에 관한 지침에 의해 결정된다.

6.7 정상 크리프와 크리프 회복(Part8)

정상 크리프는 재하개시시각 t_0의 전까지 $T_{\max}$에 가열된 공시체과 관련해 t_0에서 t_1의 시험 시간중에 발생하는 변형으로 정의된다(부록 그림 1.3, 1.4 참조).

하중-온도의 작용 순서에 따라 2개의 정상 상태 시험으로 구별된다. 이와 더불어 공시체의 건조 및 비건조 상태도 고려해야 한다.

- 케이스 1 (첨자 cr1): 공시체는 열변형 시험과 같이 $T_{\max}$까지 무재하 상태에서 최초 가열되며, 그 후 t_0에서 재하된다(부록 그림 1.3 참조). 정상 크리프는 (3) 식 및 (4) 식과 같이 구할 수 있다.

- 비건조의 경우

$$\varepsilon_{cr1(t_1-t_0)}^{T_{\max},\sigma,nd}=\varepsilon_{tot(t_1-t_0)}^{T_{\max},\sigma,nd}-\varepsilon_{el(t_0)}^{T,\sigma,nd} \tag{3}$$

- 건조의 경우

$$\varepsilon_{cr1(t_1-t_0)}^{T_{max},\sigma,d} = \varepsilon_{tot(t_1-t_0)}^{T_{max},\sigma,d} - \varepsilon_{sh(t_1-t_0)}^{T_{max},0,d} - \varepsilon_{el(t_0)}^{T,\sigma,d} \tag{4}$$

- 케이스 2 (첨자 cr2) 공시체는 천이 크리프 변형 시험과 같이 T_{max}까지 가열되기 전의 t_1에서 재하되며, 정상 크리프의 측정은 t_0에서 개시된다(부록 그림 1.4 참조). 정상 크리프는 (5) 식 및 (6)식과 같이 구할 수 있다.

  - 비건조의 경우

$$\varepsilon_{cr2(t_1-t_0)}^{T_{max},\sigma,nd} = \varepsilon_{tot(t_1-t_0)}^{T_{max},\sigma,nd} \tag{5}$$

  - 건조의 경우

$$\varepsilon_{cr2(t_1-t_0)}^{T_{max},\sigma,d} = \varepsilon_{tot(t_1-t_0)}^{T_{max},\sigma,d} - \varepsilon_{sh(t_1-t_0)}^{T_{max},0,d} \tag{6}$$

크리프 회복은 온도 T_{max}를 유지한 상태에서, t_1에서 공시체를 제하한 후에 발생하는 변형이다. 크리프 회복은 제하과정에서 발생하는 탄성 변형은 포함하지 않고, (7)식 및 (8)식과 같이 결정된다.

- 비건조의 경우

$$\varepsilon_{cr,rc(t_2-t_1)}^{T_{max},0,nd} = \varepsilon_{tot,rc(t_2-t_1)}^{T_{max},0,nd} - \varepsilon_{el(t_1)}^{T,\sigma,nd} \tag{7}$$

- 건조의 경우

$$\varepsilon_{cr,rc(t_2-t_1)}^{T_{max},0,d} = \varepsilon_{tot,rc(t_2-t_1)}^{T_{max},0,d} - \varepsilon_{el(t_1)}^{T,\sigma,d} \tag{8}$$

6.8 수축(Part9)

수축은 일정 온도 하에서 무재하 상태의 공시체의 건조로 인해 생기는 변형이다. 건조 콘크리트의 수축((9)식 및 (10)식)은 외부 하중이 작용하지 않는 상태에서 온도가 T_n로부터 T_{max}로 변화하는 공시체에서 시험 시간 t_i로부터 t_2 사이에 발생하는 변형으로부터 구한다(부록 그림 1.5 참조).

$$\varepsilon_{sh(t_2-t_0)}^{T_{max},0,d} = \varepsilon_{tot(t_2-t_b)}^{T,0,d} - \varepsilon_{sh(t_i-t_b)}^{T_n} - \varepsilon_{th(t_0-t_i)}^{(T_{max}-T_n),0,d} \tag{9}$$

시험 개시전의 공시체의 수축을 모르는 경우는 식(10)에 의해 수축이 결정된다.

$$\varepsilon_{sh(t_2-t_0)}^{T_{max},0,d} = \varepsilon_{tot(t_2-t_i)}^{T,0,d} - \varepsilon_{th(t_0-t_i)}^{(T_{max}-T_n),0,d} \tag{10}$$

비건조 콘크리트에서는 수축을 고려하지 않는다.

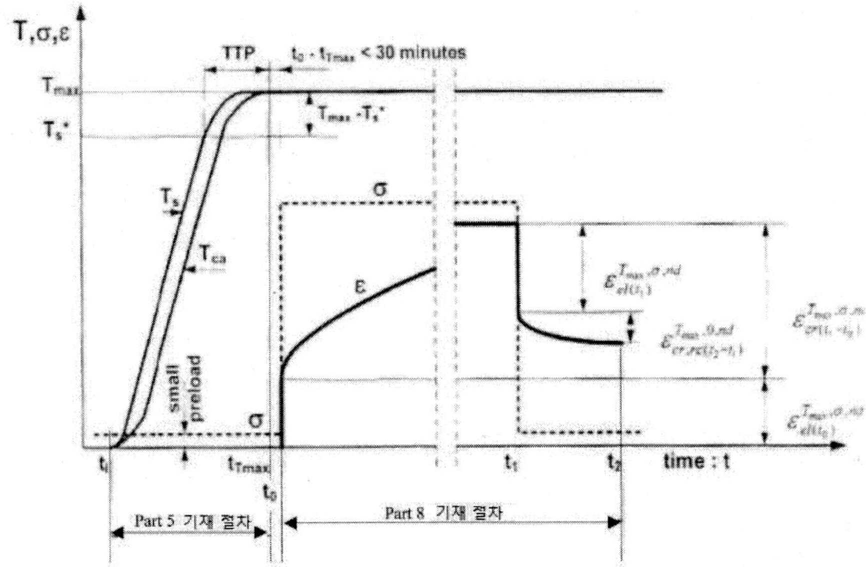

부록 그림 1.3 정상 크리프 시험의 정의: 케이스 1 (비건조 콘크리트)

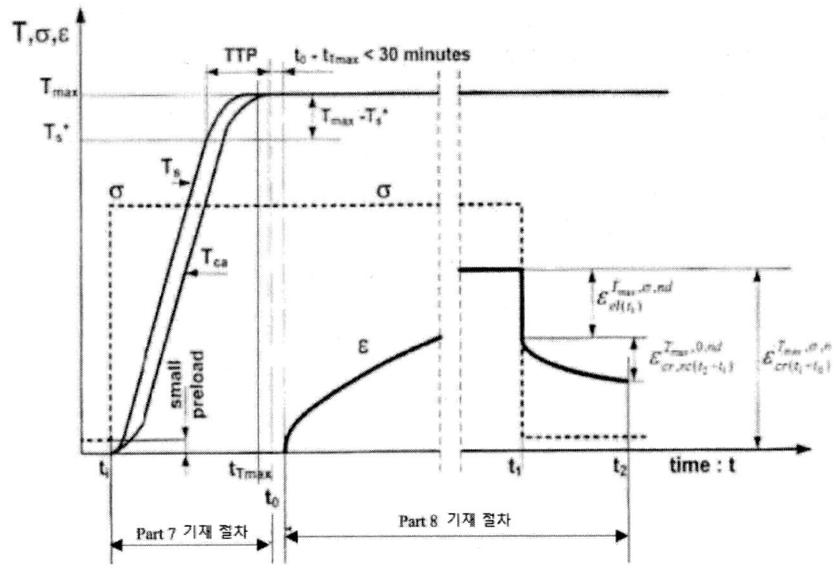

부록 그림 1.4 정상 크리프 시험의 정의: 케이스 2 (비건조 콘크리트)

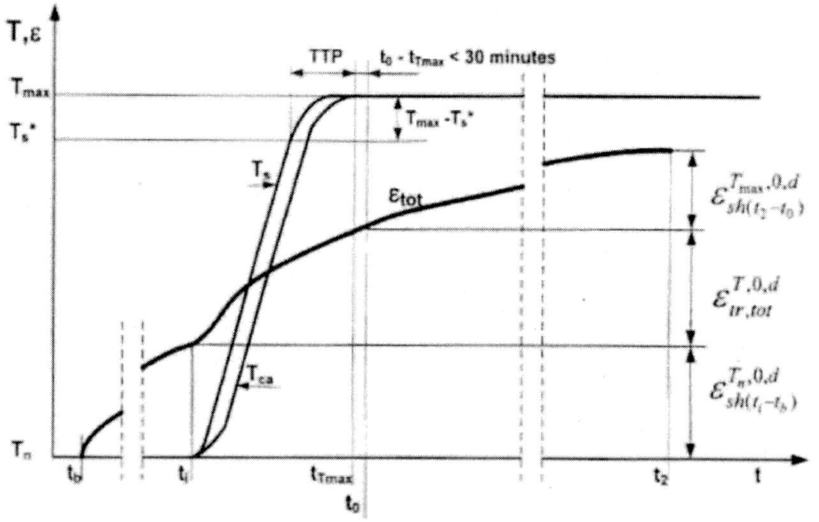

부록 그림 1.5 건조 콘크리트에 관한 등온 또는 천이 시험에서의 수축의 정의

6.9 구속 응력(Part10)

콘크리트의 구속 응력은 임의의 초기 응력 상태(αi)로부터 일정 속도로 최초 가열되는 공시체의 재료 축방향의 변형을 구속함으로써 발생하는 응력으로 정의된다. 구속 응력은 가열 과정에서 측정되는 콘크리트 공시체의 길이를 일정하게 유지함으로써 생기는 것이다(부록 그림 1.6 참조). 구속 응력은 (11)식 및 (12)식을 이용해 구할 수 있다.

-비건조의 경우

$$\sigma_r^{T,\alpha_i,nd} = \frac{F_{r,tot}}{A} \tag{11}$$

-건조의 경우

$$\sigma_r^{T,\alpha_i,d} = \frac{F_{r,tot}}{A} \tag{12}$$

6.10 응력 완화(Part11)

콘크리트의 응력 완화는 일정 온도, 일정 변형 하에서 생기는 시간 의존의 응력 감소로 정의된다. 응력완화시험의 결과는 하중-온도의 작용 순서에 의존한다. 시험은 3개의 방법으로 구분된다(부록 그림 1.7 참조).

- 방법1: 재하되지 않은 상태에서 ti에서 공시체를 T_{max}까지 가열해, T_{max}에 이른 직후에 소정의 응력 레벨까지 재하를 실시하여, t0로부터 정상 상태의 응력 완화의 측정을 개시한다.
- 방법 2: T_{max}를 향해 가열하기 전의 ti에서 공시체에 일정 하중을 작용시켜, t0로부터 정상 상태의 응력 완화의 측정을 개시한다.
- 방법 3: T_{max}를 향해 가열하기 전의 ti에서 공시체에 소정의 변형을 주어 변형을 일정하게 유지한 상태에서 T_{max}까지 가열해, t0로부터 정상 상태의 응력 완화의 측정을 개시한다.

건조 및 비건조 콘크리트의 응력 완화는 (13)식 및 (14)식에 의해 구할 수 있다.

-비건조의 경우:

$$\Psi_{(t-t_0)}^{T_{max},\alpha_0,nd} = \frac{\Delta\alpha_{(t-t_0)}^{T_{max},nd}}{\alpha_0} = \frac{\Delta\sigma_{(t-t_0)}^{T_{max},nd}}{\sigma_0} \tag{13}$$

-건조의 경우:

$$\Psi_{(t-t_0)}^{T_{max},\alpha_0,d} = \frac{\Delta\alpha_{(t-t_0)}^{T_{max},d}}{\alpha_0} = \frac{\Delta\sigma_{(t-t_0)}^{T_{max},d}}{\sigma_0} \tag{14}$$

여기에서

$$\Delta\sigma_{(t-t_0)}^{T_{max}} = \sigma_0 - \sigma_t^{T_{max}} \tag{15}$$

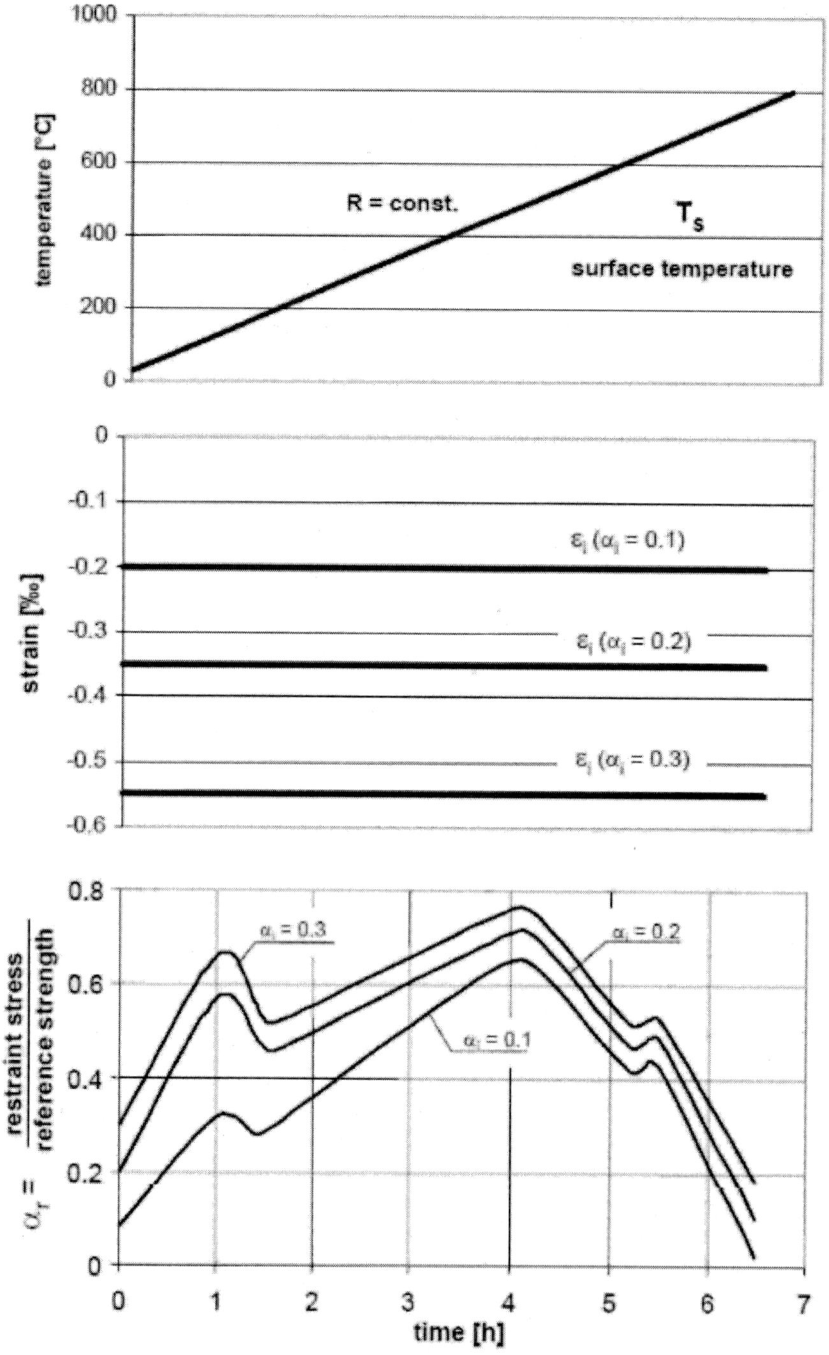

부록 그림 1.6 구속응력시험의 시험 절차에 관한 모식도

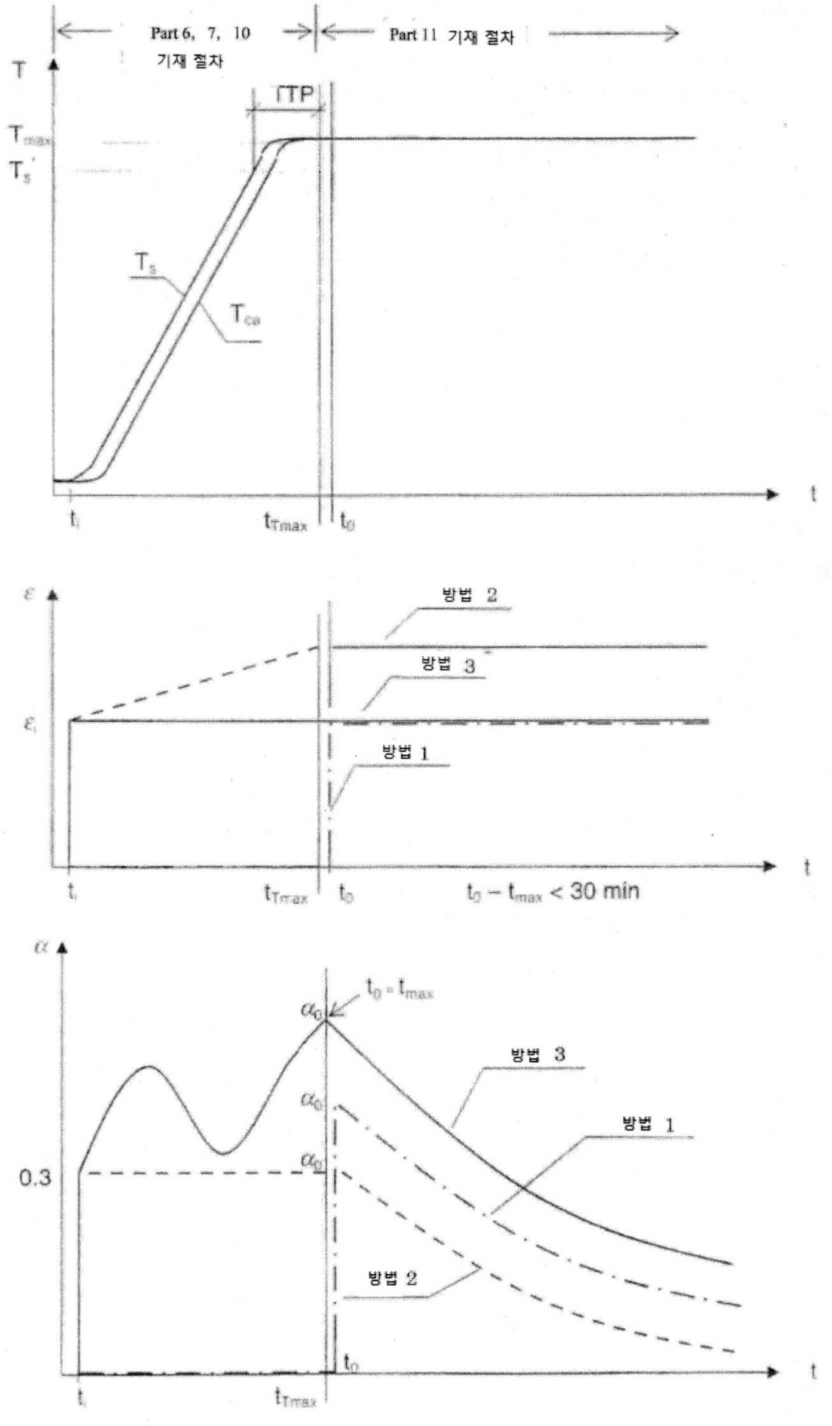

부록 그림 1.7 응력완화시험의 시험 절차에 관한 모식도

7. 시험의 취급

7.1 표준적 시험 인자의 개념

각각의 지침은 시험 인자, 시험 순서 및 측정치의 정밀도 기준을 나타내고 있다. 그러나 특수한 적용 조건에 대한 정보가 필요할 때에는 시험 인자나 방법을 달리 해도 좋다. 권장되는 시험 인자나 방법과 다른 경우에는 비표준 시험으로 보고되어야 한다.

7.2 재료

콘크리트의 거동은 주로 골재의 종류, 치수 및 형상이나 시멘트의 타입과 조성에 의존한다. 콘크리트의 조합은 실제 콘크리트의 설계 조건에 근거해 결정되어야 한다. 보통 콘크리트의 최대 골재 치수는 8mm미만이어서는 안 된다. 지침은 건설 분야에서 사용되는 모든 타입의 콘크리트 및 시멘트 모르타르에 대해 적용할 수 있다.

7.3 시험 실시

시험 취급 및 실시 순서를 부록 표 1.5에 나타낸다.

부록 표 1.5 실험 제어 리스트

단계	실시	개요
1	기본적인 선택과 제어	• 시험 장치의 제어 • 경계 조건 건조 콘크리트 또는 밀폐 콘크리트 • 공시체의 아스펙트 비(aspect ratio) 3~5 • 공시체의 온도 측정 위치
2	참조 시험, 시험 준비	• 시험전, 공시체는 지침에 따라 양생 · 보관되어야 한다. • 참조 물성의 측정을 실시한다(압축강도, 함수율 등) • 지침에 따른, 시험 장치에 대한 공시체 세트(축 정렬(alignment), 사전의 재하 등)
3	Tn에 있어서의 재하	• 지침에 따른, 가열전의 사전 재하 또는 결정된 변형의 적용
4	(가열을 수반하는) 천이 시험	• 제1단계: 규정된 값까지 서서히 가열 속도를 올린다 • 제2단계: 가열 속도를 일정하게 한다. • 제3단계: 일정 온도 T_{max}를 유지하기 위해 서서히 가열 속도를 내린다. • 이 기간을 TTP (Transitional Thermal Period)라 한다. • 제4단계: 공시체 내부 중심축의 온도가 T_{max}에 이를 때까지 T_{max}를 유지한다.

단계	실시	개요
5	T_{max} 에 있어서의 재하	• 지침에 따른다.
6	일정 온도 T_{max} 에 있어서의 정상상태시험	• 측정, 기록 장치의 제어
7	T_{max} 에 있어서의 제하	• 지침에 따른다.
8	냉각	• 잔존 시험에 제공하는 공시체는 열응력에 의한 현저한 균열이나 현저한 흡습을 피하기 위해 가열로내에서 적당한 속도로 냉각한다.
9	잔존 시험	• 냉각 후의 시험

Part 3. 공용 시 및 재해 시의 압축강도

1. 적용 범위

본 지침은 공용 및 재해 상태에서 구조체의 콘크리트에 관하여 유효하다. 본 지침에서는 시험 인자(재료 및 환경)와 최초 가열시 및 냉각시에 있어서 원주형 콘크리트 공시체의 압축강도를 측정하는 시험 순서를 소개하고 있다. 시험온도는 시험 장치의 능력에 의존하지만, 20℃에서 750℃ 또는 이를 초과하는 범위로 한다.

2. 공용 및 재해 상태

2.1 사용 상태

고온 사용 상태는 통상적으로 20~200℃의 시험온도를 범위로 하며, 수분 상태는 다음 2가지 경계 조건 사이에 있다.

- 경계 조건 'd': 건조 콘크리트(언씰)
- 경계 조건 'nd': 비건조 콘크리트(씰)

일반적으로, 경계 조건 'd'는 공기중에서 건조한 최대두께400 mm미만의 구조체 혹은 구조체의 공기에 접하는 표면으로부터 200 mm이내의 부분에 적용된다. 경계 조건 'nd'는 다음 습윤 상태의 구조체에 적용된다.

- 치수와 관계없이 씰 된 구조체
- 구조체에서 공기에 접하는 면으로부터 200 mm를 초과하는 영역
- 수중의 구조체

2.2 재해 상태

고온 재해 상태는 통상적으로 20~750℃ 또는 이를 초과하는 온도에서 수분이 천이 상태가 되는 것, 즉 언쎌로 가열중 건조를 허용하는 콘크리트 공시체에서 시험이 이루어진다. 이 경우, 수분의 경계 조건은 상술한 경계 조건 'd'와 같다.

3. 정의

콘크리트의 압축강도는 최고 시험온도 T의 고온 상태에서 시험되거나 또는 상온에 냉각된 상태에서 시험이 이루어진다. 즉 콘크리트의 강도는 고온시에 있어서의 압축강도, 또는 고온 상태로부터 냉각된 후의 잔존 강도로 한다.

콘크리트의 압축강도는 고온 폭로 기간 전반에 걸쳐 재하 또는 무재하 상태에 있는 공시체에서 측정된다. 가열 기간 중의 하중 레벨σ은 콘크리트의 압축강도에 영향을 미치므로 다음의 2개의 압축강도는 구별됨이 바람직하다.

- 무재하 상태에서 고온 폭로된 시험체의 압축강도 및 잔존 압축강도
- 재하 상태에서 고온 폭로된 시험대의 압축강도 및 잔존 압축강도

무재하 상태에서 고온 폭로된 콘크리트의 압축강도는 (1)식 및 (2)식에서 산정된다.

$$f_c^{\,T} = \max F/A \quad \text{(MPa)} \qquad (1)$$

$$f_{c,res}^{T} = \max F/A \quad \text{(MPa)} \qquad (2)$$

재하 상태에서 고온 폭로된 콘크리트의 압축강도는 (3)식 및 (4)식에서 산정된다.

$$f_c^{\sigma,T} = \max F/A \quad \text{(MPa)} \qquad (3)$$

$$f_{c,res}^{\sigma,T} = \max F/A \quad \text{(MPa)} \qquad (4)$$

4. 재료

4.1 재료의 타입

이 시험방법은 고기능 콘크리트를 포함한 건설용 모든 콘크리트에 적용된다.

4.2 배합

조합은 다음 2항목을 고려한 다음, 실제로 사용되는 콘크리트의 설계에 근거해 결정된다.

- 조골재의 최대 치수는 공시체 직경의 25%를 초과해서는 안 되며, 공시체 형틀에 타설하는 경우에는 20%를 한도로 하는 것이 바람직하다.

- 실제 구조물에 사용되는 조골재의 최대 치수보다 작은 조골재를 시험으로 사용해야 하는 경우, 조골재의 최대 치수는 8 mm미만이어서는 안 된다.

[주] 압축강도는 조골재의 종류와 조골재의 용적(통상, 콘크리트의 부피에 대해서60%에서80% 사용된다)에 의존하는 골재량의 차이는 에 크게 영향을 준다. 같은 조건에서 비교하는 경우에는 조골재의 용적은 콘크리트에 대해 70±5%인 것이 바람직하다.

5. 공시체

5.1 개요

아래와 같은 공시체는 시험실에서 제작한 것, 현장에서 제작한 것, 또는 코어 채취한 것을 가정한 것으로, 아래 사항을 확인할 필요가 있다

5.2 공시체의 형상과 치수

콘크리트 공시체는 높이/직경 비가 3에서 4의 사이의 세장형 원주로 한다(역자 주: 후술하는 부록 그림 1.8 참조, 시험에 따라 높이/직경의 비가 다르다. 탄성계수 시험에서는 압축강도시험과 같은 3~4이지만, 천이 크리프 시험, 구속응력시험, 응력완화시험에서는 3~5). 공시체의 최소 입령은 코어 공시체와 관련해 조골재 최대 치수의 4배, 거푸집에 타설한 시험체에 관해서는 5배로 한다. 공시체의 최대지름은 6.3절의 부록 표 1.6에서 보듯이 가열 및 냉각 속도에 근거해 결정된다.

5.3 거푸집, 타설, 양생 보관

거푸집은 원주형으로, RILEM의 일반 지침에 합치하는 것으로 한다. 타설 및 공시체의 양생에 대해서도 마찬가지이다. 거푸집은 강제 또는 폴리머제로, 충분히 강인 원주형 또는 준원주형인 것이 바람직하다. 조립식 거푸집은 타설 시에 시멘트 페이스트나 물이 세지 않도록 수밀성이 있는 것으로 한다. 폴리머제 거푸집을 사용하는 경우는 폴리머가 흡수성이 아닌 것으로 한다.

거푸집 내 콘크리트를 채울 때에는 테이블형 진동기를 사용한다. 타설은 2 혹은 3 단계로 나누어 실시한다.

모든 공시체는 다음 조건에서 타설 후 7일간은 20±2℃의 온도에서 보관해야 한다.

- 거푸집 내　　　　　　　　　타설 후 최초 24시간4시간
- 수분의 유출입이 없는 상태　　나머지 6일간

이 상태는 몇 가지 방법으로 만들 수 있다. 권장되는 방법은 거푸집의 표면에 기밀성이 높은 캡을 하고 거푸집 내에 공시체를 존치하는 방법이다. 기타 방법으로는 아래의 것이 있다.

- 수증기가 포화 상태에 있는 환경의 실내에서 양생하는 방법(상대습도>98%)
- 상대습도100%를 유지할 수 있는 충분한 물을 채운 플라스틱제 백 안에서 양생하는 방법
- 자기 점착성 알루미늄 시트로 랩핑하여 수중(수산화 칼슘이 포화 상태에 있는 물이 바람직)에서 양생하는 방법.

시험 개시까지 시험체의 보관 상태는 실제 사용 상태에서 콘크리트의 수분 상태를 모의하는 방법을 선정한다. 다음 2가지 보관 상태를 제안할 수 있다.

- 수분 상태 'd' (건조 콘크리트): 온도가 20±2℃에서 상대습도가 50±5%의 공기중에서 보관.
- 수분 상태 'nd'(비건조 콘크리트): 온도가 20±2℃에서 씰된 용기 또는 거푸집 내에 보관하는 방법, 혹은 확산에 대해 기밀성이 높고 비부식성 호일로 랩핑해 수중에 보관하는 방법

두 경우 모두 보관 기간에 있어서 수분의 손실은 중량 측정에 의해 결정한다. 씰 공시체에 대해서는 중량 손실이 0.5%를 넘어서는 안 된다.

5.4 공시체의 준비

공시체의 길이 · 지름 · 중량을 시험전에 측정한다. 콘크리트 공시체는 공시체의 양단이 평행, 평활해하고 재료의 축에 직교하도록 준비한다. 이 준비는 최소 재령 28일 경과 시점, 동시에 시험 2개월 이상 전에 실시한다. 다른 선택사항으로 sand box method로 시험할 수도 있다.

비건조 콘크리트를 가정한 공시체는 최고 시험온도에 따라 폴리머 레진, 금속 호일, 폴리머 호일 또는 적당한 쉬스관(encasement)으로 씰한다. 쉬스관은 공시체의 변형이나, 공시체와 변형 측정 장치와의 접촉을 방해하지 않는 것으로 한다. 시험실 환경 하에서 씰 공시체의 준비에 드는 시간은 4시간을 넘어서는 안 된다.

5.5 시험재령

시험시에 있어서 공시체의 재령은 90일 이상 경과해야 한다.

6. 시험방법 및 변수

6.1 서론

다음의 시험 변수는 모순이 없는 출력과 시험 결과의 비교를 얻기 위해 '표준'으로서 권장된다. 단, 특정 적용 조건에 관한 정보가 요구되는 경우에는 아래의 관계를 유의하면서 시험 변수를 바꿔도 좋다. 비표준(non-standard) 시험에 대해서는 그 상황을 시험 보고에 상세하게 기재해야 한다.

6.2 시험 순서

언씰 공시체의 경우 2시간 이상, 씰공시체는 4시간 이상, 시험 개시전에 양생 환경으로부터 다른 환경으로 옮겨서는 안 된다.

1축 압축 하중은 참조 강도(6.3절 참조)의 하중 레벨σ을 상한으로 하는 일정 하중까지, 가열에 앞서 20℃ 상태에서 신속하게 0.5 MPa/초의 속도로, 공시체의 재료 축방향으로 계속적으로 가한다. 하중 레벨은 일정하게 유지되어야 하며, 보고서에 특기해야 한다. 재하 또는 비재하 공시체의 가열은 적당한 가열 속도에서 계속적 또는 단계적으로 요구되는 최고 시험온도까지 실시한다. 최고 시험온도에 이른 후에는 정해진 시간(6.3.2항 참조) 시험체 온도를 일정하게 유지한다. 그 후, 공시체에 대해 0.5 MPa/초의 속도로 파괴까지 재하한다.

잔존 압축강도의 시험에 이용하는 공시체의 냉각은 시험 결과에 영향을 미치는 열응력에 의한 균열이나 흡습을 피하기 위해 적당한 속도(부록 표1. 6 참조)로 시험기내에서 실시하는 것으로 한다.

6.3 시험 변수

6.3.1 재하조건

하중은 ±1%의 정밀도로 부여한다. 가열중 재하하는 공시체의 경우 하중 레벨σ을 가열 중(냉각 중) 일정하게 유지해야 한다. 만약, 변형 속도로 제어하는 경우에는 비표준시험으로서 그 상세를 기술해야 한다. 이 경우, 가능하면 최초 재하 시의 초기 변형을 측정한다.

6.3.2 가열 및 냉각의 조건

가열 속도와 냉각 속도 및 최고 시험온도는 모의하는 상태에 대해서 적당한 것으로 해야 한다. 그러나 반경 방향의 온도차가 20℃이상이 되는 것을 피하기 위해서 부록 표 1.6의 공시체 직경에 따른 속도가 권장된다.

부록표 1.6 공시체 표면에 있어서 가열 속도 및 냉각 속도의 권장치

직경(mm)	속도(℃/분)
150	≤0.5
100	≤1.0
75	≤2.0
50	≤4.0

온도 측정은 가열 기간 중에 대하여 실시하는 것으로 하며, 만약 필요가 있으면 냉각기간 중에도 실시한다. 측정 위치는 공시체 표면의 재료 축방향의 3곳(중앙 및 표면 · 저면의 각각으로부터 25~50mm)로 하며, 직접적인 방사로부터 보호된 열전대 등의 온도측정기기로 온도를 측정한다. 온도 측정 정밀도는 최저 ±0.5℃ 또는 측정치의 1% 이내 중 큰 쪽의 값으로 한다.

평균표면온도는 공시체 표면에 있어서 3곳의 측정치 평균 온도로 한다. 온도를 기록하는 시간 간격은 가열 속도 및/또는 냉각 속도에 대해서 적당한 것으로 한다. 콘크리트 공시체의 가열은 공시체의 분위기가 균일 온도가 되는 가열 장치에 의해 실시한다. 공시체 전체 길이에 걸쳐 재료 축방향의 온도차는 20℃에서 1℃, 100℃에서 10℃, 750℃에서 20℃를 초과해서는 안 된다. 이들 3곳 이외의 온도에 관한 재료 축방향의 온도차 허용치는 직선 보간으로 구한다.

평균표면온도가 최고 시험온도에 이른 후, 그 온도를 60±5분간 유지한다. 혹시 이 보존 기간이 60±5분간에서 벗어나는 경우에는 비표준 시험 조건으로 참조할 수 있다.

[주] 가열시에 콘크리트가 폭발적으로 폭열하는 경우가 있다. 피해나 부상을 피하기 위해서는 사전의 주의가 필요하다.

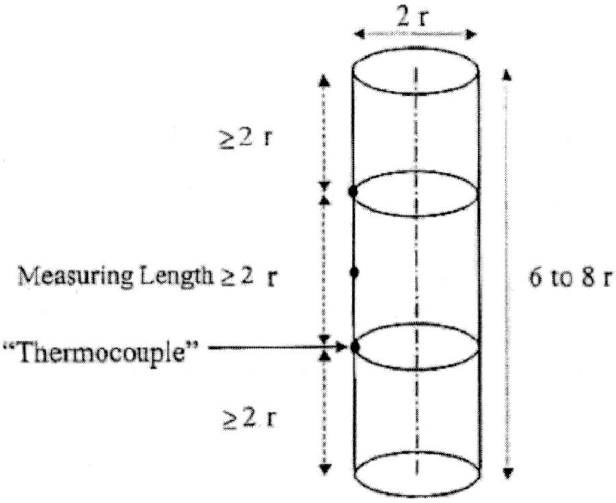

부록 그림 1.8 시험체의 형상 · 치수 및 온도 측정 위치

(본 도면은 Part5 탄성계수 시험으로부터 인용했으므로 온도 측정 위치가 압축강도시험의 경우와 다른 점에 유의하여야 한다.)

6.3.3 수분의 조건

초기 함수량은 시험용 공시체와 같은 조건에서 양생된 참조 공시체(씰 또는 언씰)를 이용해 측정한다. 증발 가능한 함수량은 일정 중량(24±2시간 사이, 공시체 중량의 0.1%를 넘는 수분 감소를 일으키지 않는 상태)이 될 때까지 105℃에서 건조시켜, 최대 중량 감소량을 측정한 후 결정한다.

언씰 공시체의 가열은 공시체 및 시험 장치로부터 자유롭게 수분이 방출되는 가열 장치로 실시한다. 씰 공시체의 가열 및 시험은 시험 중의 총 수분 손실량이 중량의 0.5%를 넘지 않도록 한다. autoclave 시험의 경우, 가열 과정에서 공시체로부터 수분이 없어지지 않도록 충분한 수분이 공급되어야 한다.

[주] 온도차 및 콘크리트 공시체의 부피에 대한 폭로 표면적의 비율과 관련해 가열 중에 수분 기울기가 발생한다.

[주] 시험 후 수분 손실량의 측정은 시험온도범위가 20℃에서 150℃의 언씰 콘크리트 공시체인 경우에 권장된다. 이는 1시간의 온도 일정 유지시간의 사이에 증발 가능한 수분 모두가 공시체로부터 방출되는 경우가 없기 때문이며, 이 온도 범위에서는 절대 수분량이 다른 수분 경계 조건 "d"가 있을 수 있기 때문이다. 보다 높은 온도에서는 1시간의 온도 일정 유지시간에 95%의 수분 손실이 발생하는 것으로 생각된다.

6.3.4 시험 회수

1개의 시험 인자에 대하여 최소 3개의 공시체에 대해 시험을 실시한다. 각각의 배치에 대해서는 최소 2개의 공시체에 대해 시험을 실시한다. 시험에 제공하는 공시체의 총수는 최소 1배치당 3개, 1 배치를 넘는 경우에는 4개로 한다.

6.4 컨트롤 시험(기준 시험)

정육면체 또는 원주의 상온에서의 표준 강도는 각각의 국가 요구 기준에 준거해 시험 시에 측정한다. 또한 공시체의 압축강도 측정은 재령 28일 및 시험 시에 실시한다.

[주] 조골재 치수를 변경한 경우, 실제로 사용되는 조골재 치수에 대해서도 상온에서 기준 시험을 실시한다.

7. 시험 장치

시험 장치는 통상적으로 가열 장치, 가력 장치 및 온도·하중·변형을 측정하는 기기로 구성되며, 6장에서 나타낸바와 같이 시험 변수와 정밀도 레벨에 관한 기준을 충족해야 한다.

8. 평가 및 결과의 보고

8.1 강도 결과의 평가

권장되는 시험 인자로부터 벗어나는 경우도 포함해 시험온도, 가열 속도, 재하속도, 가열중 · 냉각중의 재하레벨 등 공시체의 강도 평가 방법을 기술한다. 측정된 강도에 대해 아래의 점을 명기한다.

- 무재하 상태에서 가열된 공시체:
  압축강도 f_c^T 또는 잔존압축강도 $f_{c,res}^T$
- 재하 상태에서 가열된 공시체:
  압축강도 $f_c^{\sigma,T}$ 또는 잔존압축강도 $f_{c,res}^{\sigma,T}$

이들과 더불어 "d" 또는 "nd"의 지표를 이용해 수분 상태에 대해서도 나타낸다. 가령 $f_c^{\sigma,T,d}$와 같이 표기한다.

8.2 결과의 보고

8.1절에서 서술한 모든 사항과 더불어 보고서에는 다음의 6개 카테고리로 분류되는 정보가 있는 경우 기재한다.

8.2.1 배합

시멘트량, 물시멘트비, 조골재량, 조골재 그레이드, 광물학상의 조골재 종류, 시멘트 종류와 원료, 시멘트 치환재, 첨가제

8.2.2 프레시 콘크리트의 데이터

공기량, 부피 밀도, 슬럼프(또는 그와 유사한 것)

8.2.3 경화 콘크리트와 공시체의 데이터

표준 입방체 강도 또는 표준 원주 공시체 강도, 참조 강도, 양생 상황, 공시체의 직경 · 길이, 공시체의 윗면과 아래면의 준비 방법), (씰한 경우에는) 씰 방법, 시험재령, 함수량

8.2.4 장치

만약 기준에 준한 것이 아니라면 사용한 장치에 대해 기술한다.

8.2.5 시험 인자

양생 환경으로부터 가열 장치에 이르기까지, 설치까지의 공시체의 이동 시간, 가열 장치에 대한 설치에서 재하 및 가열 개시까지의 시간, 재하 상태에서 가열했을 경우의 하중 레벨, 평균 표면 시험온도와 경시 변화, 가열 속도와 냉각 속도. 비표준시험 조건에 대해서는 구별해서 기재한다.

8.2.6 장소, 월일, 시험 실시자

국가, 시 및 시험실시기관, 시험일, 시험 실시자의 성명

부록 2 콘크리트의 고온 시험방법

콘크리트의 고온 특성을 적절히 파악하기 위해 다양한 방법으로 시험이 시행되어 왔다. 시험 장치를 계획할 때 배려할 점에 대해 서술하고 지금까지 제안된 시험방법을 소개한다.

(1) 변형 측정 방법

실험 예의 대부분은 상온의 구조·재료 실험에서 사용되는 변위계측기기로 공시체 변형을 측정하고 있다. 계측 기기 자체는 고온에 견딜 수 없기 때문에 공시체로부터 떨어진 위치에 설치해, 그 사이에 봉 등을 통해 측정한다. 변위계측기기가 공시체로부터 떨어질수록 측정 정밀도가 떨어지며, 가까워질수록 측정에 고온에 의한 측정 장애 위험이 커진다. 중개 역할을 하는 봉은 그 자체의 열팽창을 예측할 수 있어야 하며, 동시에 열을 전달하기 어려운 재료가 적합하다. 이 분야에서 선구적인 실험을 실시한 Anderberg와 Thelandersson는 열팽창율·열전도율이 모두 작은 석영관을 사용하고 있으며, 일본내에서도 이를 모방하는 케이스가 많다. 또, 공시체의 측정 구간은 온도가 균일한 것이 바람직하다. 이를 위해서는 공시체의 상하단보다 중심에서 가까운 위치의 변위를 측정해야 하는데, 그 경우에는 변위의 추출을 위해 특수링 등 특수한 치구를 공시체에 장착할 필요가 있다

(2) 가열로 내외의 단열

가열로의 안쪽과 바깥쪽은 공시체 온도를 안정시켜, 측정 기기를 고온으로부터 격리시키기 위해 적절히 단열될 필요가 있다. 공시체에 재하할 때에는 가력 장치 및 하중측정장치에 연결되거나 또 공시체와 접촉하는 가력 치구가 필요하며, 이를 통한 열유출을 충분히 배려해야 한다. 이 열유출이 크면 공시체의 접촉면 부근의 온도가 낮아짐과 동시에 계측기기 등에는 고온에 의한 장해가 생길 우려가 있다. 가력 치구의 단면적을 작게 억제하면 열유출을 억제할 수 있지만, 강성이 저하되어 변위 제어가 불안정해지면서 재하 하중이 한정되게 된다.

단, 단열 방법에 따라서는 공시체에 예상치 못한 온도 기울기가 발생하는 경우도 있다.

(3) 공시체의 온도 분포

일정 온도에서 압축강도를 측정하는 경우, 공시체 내부의 온도가 균일한 것이 바람직하다. 공시체 내부의 온도 분포가 열응력의 편재를 발생하게 한 실험 결과에 영향을 주는 것도 고려할 수 있다. 그러나 콘크리트는 열전도율이 낮은 재료임과 동시에 소재 실험의 공시체는 골재 치수에 대해

어느 정도 부피가 필요하기 때문에 균일한 온도 상태를 유지한 채로 가열하기에는 긴 시간이 필요하다. 또한 가열과 동시에 재하나 변위 측정을 실시하는 경우는 아무리 시간을 들여도 공시체 온도가 부분적 혹은 전체적으로 불균형질 것으로 예상된다. 일정 온도로 정상 상태가 될 때까지 가열을 실시해 이 때 걸린 시간으로 최종적 온도 분포를 파악해 두어야 한다.

이상 배려해야 할 점 및 기타 검토 포인트를 부록 표 2.1에 제시한다.

부록 표 2.1 시험방법의 검토 포인트

검토사항	포인트
공시체의 형상 · 제작순서	• 범용성 · 보급 효율의 관점에서 JIS (A 1108, A 1132)의 강도 확인 필요 공시체를 그대로 사용할 수 있는 것이 바람직하다
공시체의 양생 관리	• 표준 상태로 재령, 함수율에 관한 규정 • 열전대 등의 부착 가공에 관한 규정
시험 장치	• 가열 기능(열원, 최고 온도, 가열 속도, 내부 온도의 균일성, 컨트롤 정밀도, 유지 관리성) • 재하기능(축의 직선성, 반력재 강성, 교정 · 미조정 용이성)
계측 장치	• 공시체 온도(측정 위치, 열전대의 종류와 설치 방법) • 축방향 재하응력(고온에 대한 측정기 보호) • 축방향 변형(측정 위치, 고온에 대한 측정기 보호, 정상 온도 or 비정상 온도) • 반경 방향 변형(필요에 따라) • 질량 변화(수분 증발의 정도 확인)
가열 방법	• 가열 속도, 일정 온도 유지시간, 가열중의 응력도
재하 방법	• 재하속도(응력 제어/변형 제어) • 반경 방향의 구속력(필요에 따라)
시험 후 공시체 관찰	• 색, 균열, 질량, 치수, 세공 분포, 시멘트 · 광물 등의 성분 분석

(4) 시험 장치의 예

구체적인 시험 장치의 예를 아래에 소개한다.

a) Anderberg, The1andersson [1]: 부록 그림 2.1

b) 후로무라(古村) [2]: 부록 그림 2.2

c) Shi 외 [3]: 부록 그림 2.3

d) Phan 외 [4]: 부록 그림 2.4

e) Sullivan, Khoury 외 [5]: 부록 그림 2.5

f) 도코요다(常世田) 외 [6]: 부록 그림 2.6

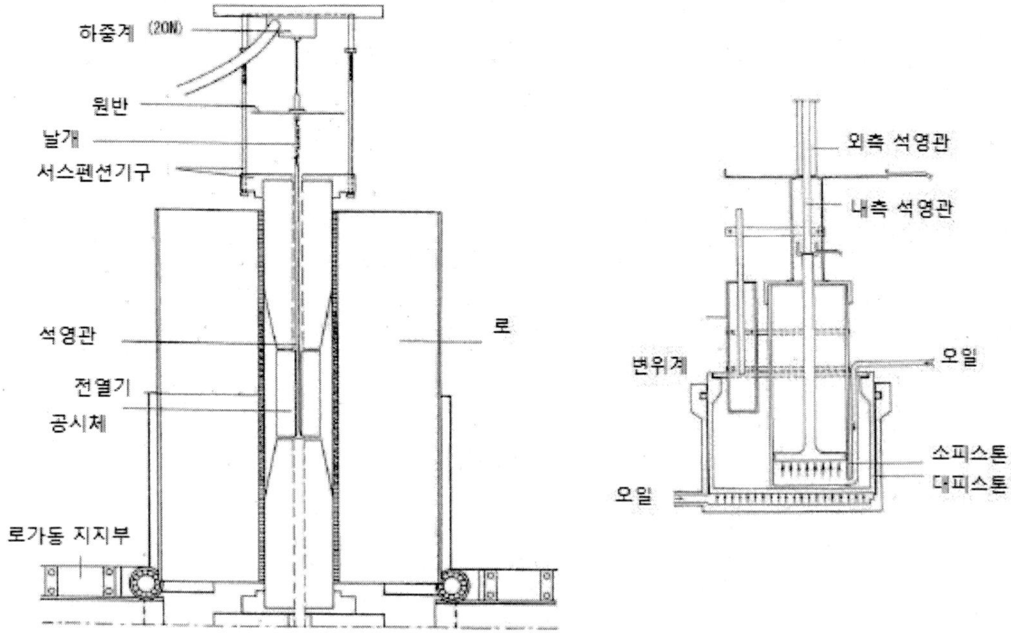

부록 그림 2.1 Anderberg 등에 의한 시험 장치 [1]

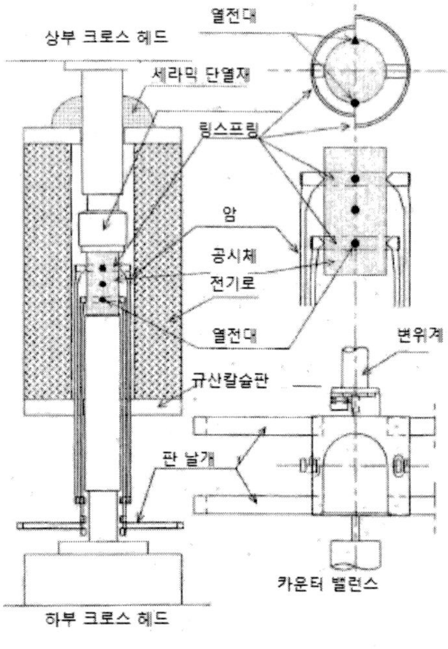

부록 그림 2.2 후로무라(古村)에 의한 시험 장치 [2]

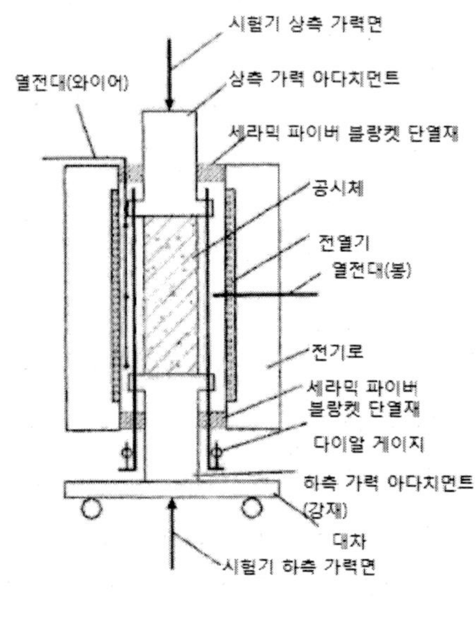

부록 그림 2.3 Shi 등에 의한 시험 장치 [3]

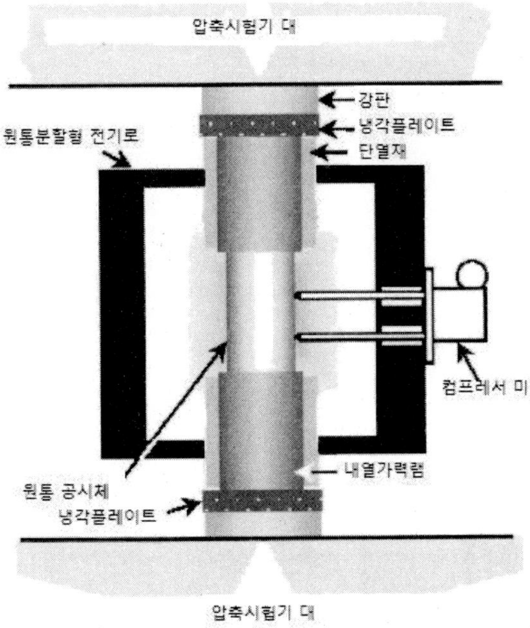

부록 그림 2.4 Long T. Phan(NIST) 등에 의한 시험 장치[4)]

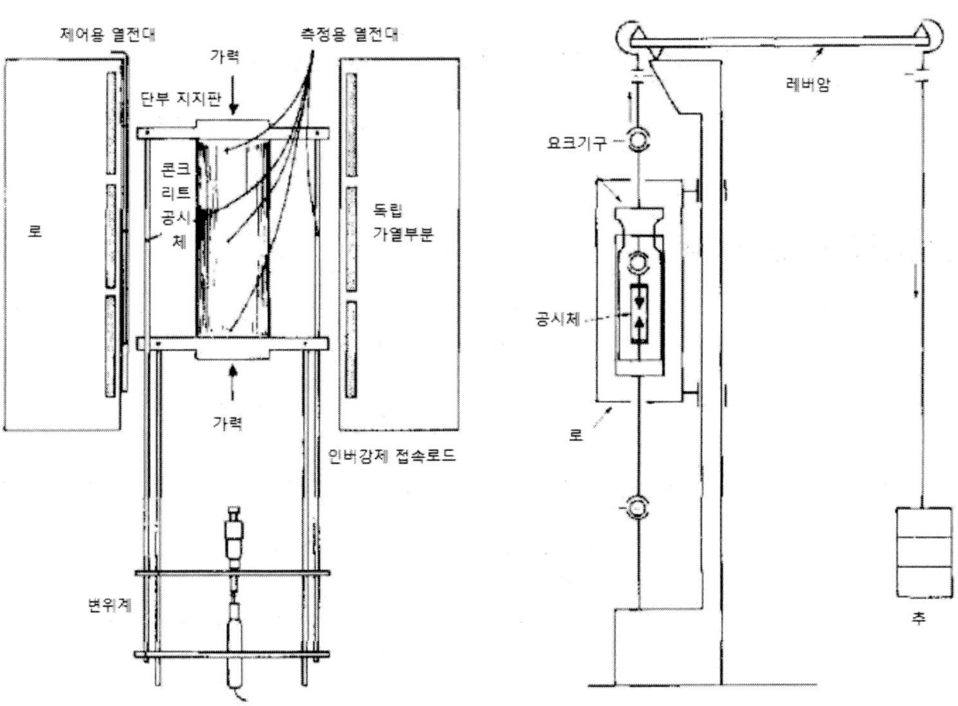

부록 그림 2.5 G. Sullivan 등에 의한 시험 장치[4)]

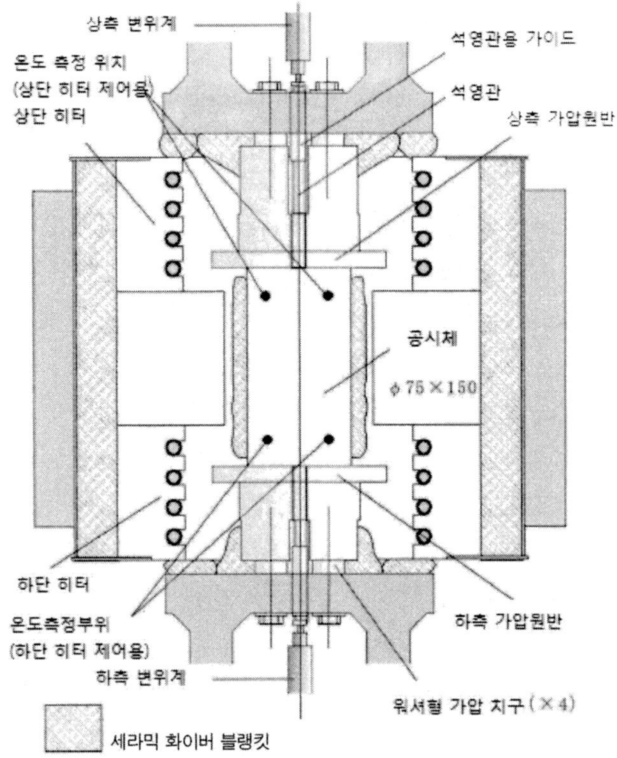

부록 그림 2.6 도코요다(常世田) 등에 의한 시험 장치[4)]

인용 · 참고문헌

1) Anderberg, Y., Thelandersson, S. : STRESS AND DEFORMATION CHARACTERISTICS OF CONCRETE AT HIGH TEMPERATURES, LUND INSTITUTE OF TECHNOLOGY LUND SWEDEN 1976 DIVISION OF STRUCTURAL MECHANICS AND CONCRETE CONSTRUCTION, Aug.1976

2) 古村福次郎 : 高温度におけるコンクリートの力学的性質に関する研究（その１），日本建築学会論文報告集，第 172 号 pp.11-18, 1970.6

3) Shi, X., et al., : Concrete Constitutive Relationships Under Different Stress- Temperature Paths, JOURNAL OF STRUCTURAL ENGINEERING, Dec.2002

4) Phan, L.T. : High-Strength Concrete at High Temperature: An Overview, Utilization of High Strength/High Performance Concrete, 6th International Symposium. Proceedings. Vol.1, pp.501-518, Jun.2002

5) Sullivan, P.J.E., Khoury, G.A., et al. : Apparatus for measuring the transient thermal strain behaviour of unsealed concrete under constant load for temperaturus up to 700°C., Magazine of Concrete Research 35 No.125, pp.229-236, Dec.1983

6) 常世田昌寿ほか : 普通コンクリートの過渡ひずみに関する実験的研究，構造工学論文集，Vol.48B，pp.149-154，2002.3

부록 3 폴리머 시멘트 모르타르(PCM)

1. 개요

철근 콘크리트 구조물의 보수에서는 표면 피복이나 단면 결손의 복구에 폴리머 시멘트 모르타르가 사용되는 경우가 많다. 이 폴리머 시멘트 모르타르는 프리믹스 모르타르이며, 시멘트, 골재, 각종 혼화 재료와 5~20% 정도의 유기계 폴리머를 혼입한 재료로, 화재 시 등의 고온 영향을 받았을 경우에는 보통 모르타르와는 다른 물성을 나타내는 것이 알려져 있다.[1)]

피복두께의 보수에 이용하는 재료는 2001년 국토교통성 고시 제 1372호에서 건축기준법 시행령 제 79조 제 1항을 적용하지 않는 철근 콘크리트 부재에 대해 정해져 있으며, 이 안에서 폴리머 시멘트 모르타르 등 콘크리트 이외의 재료를 사용하는 부재의 구조방법이 정해져 있다. 또, 내화구조가 요구되는 경우에는 2000년 건설성 고시 제1399호에 규정되어 있듯이 방화상 지장이 없어야 한다. 그렇지만 '방화상 지장이 없는 것'의 판단 기준 및 불연성 평가방법은 제시되어 있으나[2)], 시판 폴리머 시멘트 모르타르 중 평가된 재료는 적다.

여기에서는 보수 재료로 이용되는 폴리머 시멘트 모르타르의 고온 시 물성에 대해 콘크리트의 고온 시 물성에 관한 항목을 참고로 기존의 연구를 정리하기로 한다. 또한 폴리머 종류의 대부분은 에틸렌 · 초산비닐 공중합 수지를 EVA, 초산 비닐 바사테이트 공중합 수지를 VVA, 아크릴산 에스테르 공중합 수지를 PAE, 스틸렌 부타디엔 고무를 SBR, 없음을 NON, 폴리머 시멘트비(중량비)를 P/C로 약기했다.

2. 화학적 성질과 상태

(1) 폴리머 종류와 흡발열 특성의 관계

스즈키(鈴木) 등[3)]은 폴리머 시멘트 모르타르의 종류 및 첨가율이 다른 시차열 곡선과 열변화량에 비례하는 발열 피크 면적으로부터, 폴리머 시멘트의 발열 피크 패턴을 제시하였다. 부록 그림 3.1에 조합 기존의 시차 열곡선을 나타낸다. 폴리머 없음 N에 발열 측의 반응이 거의 인정되지 않는 점에서 230~470℃에 걸친 발열 반응은 폴리머의 산화 · 연소에 의한 것으로 생각된다. 또한 폴리머량의 차이나 폴리머 종류의 차이에 따라 피크 패턴이나 면적이 다르다.

3. 물리적 성질과 상태

3.1 질량 변화

고온시의 질량 변화는 시멘트 모르타르에 있어서 질량 감소에 폴리머의 연소에 의한 질량 감소가 더해지므로 커지는 것으로 보고된 바 있다. 왕(王) 등[4), 5)]은 가열 온도와 질량 감소율의 관계를 부록 그림 3.2, 3.3에 나타내고 있다. 질량 감소는 가열 온도가 높을수록 커지지만, 폴리머 종류에 의한 현저한 차이는 찾아볼 수 없다. 가열 온도 200℃까지는 급격한 질량 감소를 보이며 200℃ 이상에서는 약간 완만한 감소를 나타낸다.

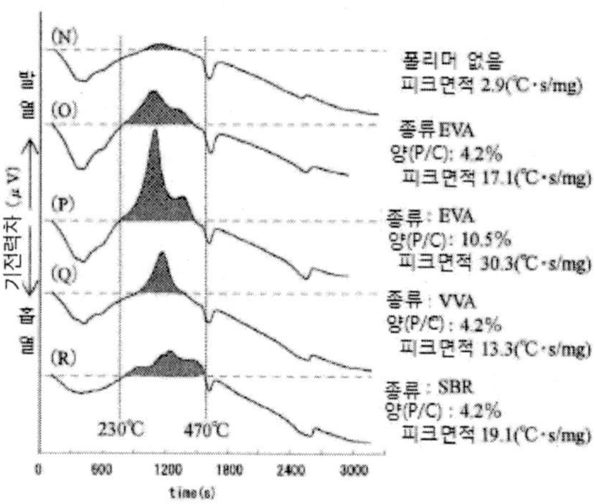

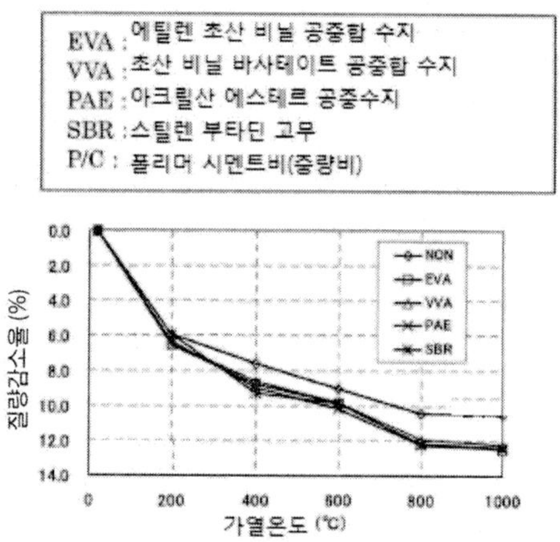

부록 그림 3.1 기존배합의 시차 열곡선 그림 3.2 가열온도와 질량 감소율의 관계(열간시험)

하마사키(濱崎)[1)] 등은 부록 그림 3.4에서 보듯이 불연성 시험에서 폭열을 일으키지 않은 각 폴리머 시멘트 모르타르의 가열 후 질량 감소율을 보고했다. 단위 폴리머량의 증가와 함께 질량 변화율은 직선적으로 증가한다. 또, 폴리머의 종류, 단위 폴리머량 및 물시멘트비와 상관없이 폴리머 시멘트 모르타르의 질량 변화율은 모두 30% 이하라고 했다. 불연성 시험에서도 폴리머의 종류에 따라 분해 용이성에 차이가 있고, 특히 SBR의 경우는 내부의 폴리머가 연소하기 쉬운 경향이 있다고 고찰했다.

3.2 열전도율

왕(王)[4)] 등은 폴리머 종류가 다른 모르타르의 가열 온도와 열전도율의 관계 및 유로 코드의 계산식에서 나타나는 콘크리트의 열전도율의 상한치 및 하한치에 대해 보고했다. 부록 그림 3.5에 가열 온도와 열전도율의 관계를 나타낸다. 각 수준의 시험체 열전도율은 가열 온도가 높아짐에 따라 작아지는 경향을 나타내고 있다. 보통 모르타르는 유로 코드의 범위 내이지만, 폴리머 시멘트 모르타르는 가열 온도 200℃에서 급격하게 열전도율이 저하하면서, 유로 코드의 하한치보다 작은 값을 나타낸다고 보고했다.

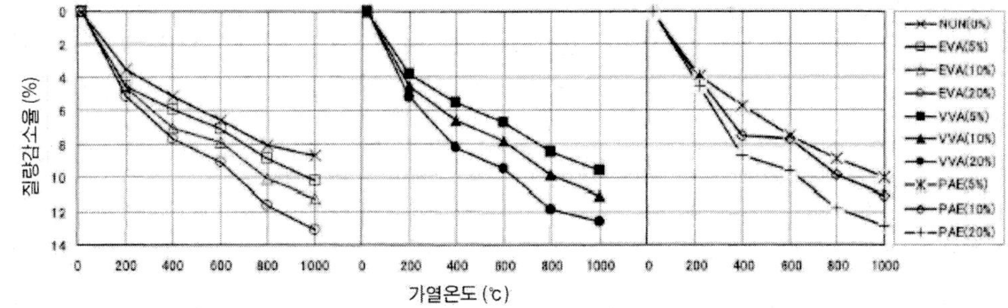

부록 그림 3.3 가열온도와 질량감소율의 관계(냉간시험)[5]

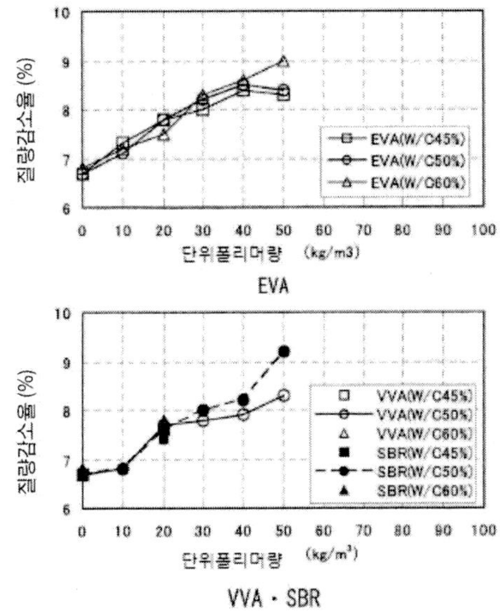

부록 그림 3.4 단위 폴리머와 질량감소율의 관계[1]

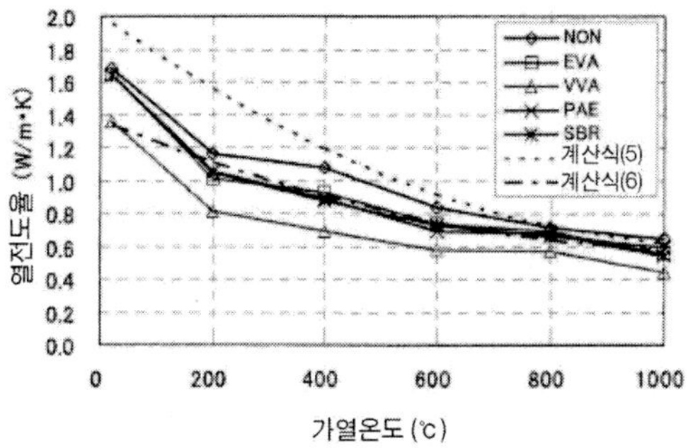

부록 그림 3.5 가열온도와 열전도율의 관계[4]

4.역학적 성상

4.1 압축강도

(1) 열간시험

폴리머 시멘트 모르타르의 열간시험은 김(金) 등[6]의 연구에서 보고된 바 있다. 부록 그림 3.6에 폴리머 종류별 온도와 압축강도의 관계를, 부록 그림 3.7에 가열 온도와 잔존 강도비의 관계를 나타낸다. 여기서 잔존비는 20℃에서 압축강도에 대한 각 가열 온도에서의 압축강도 비로 나타내고 있다. 가열 온도 200℃까지는 폴리머의 종류에 상관없이 폴리머 시멘트비가 클수록 급격한 압축강도의 저하를 보였다. 또한 200℃에서 400℃까지의 가열 구간에서는 EVA10이 압축강도가 회복되는 경향을 나타냈는데, 200℃에 비해 EVA, VVA 및 PAE에서는 폴리머 시멘트비와 상관없이 압축강도는 완만한 저하를 나타내고 있다. 또한 400℃에서 600℃까지의 가열 구간에서는 보통 시멘트 모르타르(NON)의 압축강도가 급격한 강도 저하를 나타내고 있어 200~400℃구간에 비해 EVA, VVA 및 PAE에서는 시멘트 폴리머비 10%까지 압축강도가 저하되지만, 시멘트 폴리머비 20%에서는 압축강도가 완만하게 저하되는 경향을 나타내고 있다. 이는 가열 온도 400℃ 이상의 영역에서는 콘크리트와 같이 수산화 칼슘의 분해, 세골재와의 부착력 저하에 의한 압축강도 저하가 발생하기 때문으로 생각된다고 보고했다.

(2) 냉간시험

왕(王) 등과 하마자키(濱崎) 등[7)]은 냉간시험에 의한 압축강도 잔존비를 보고했다. 부록 그림 3.8에 가열 온도와 압축강도 잔존비(상온시의 압축강도에 대한 각 가열 온도에 있어서 압축강도의 비)의 관계를 나타낸다. 가열 온도 200℃까지는 PAE 시리즈의 압축강도가 온도의 상승에 수반해 약간 증대하고 있다. 시험체는 폴리머 시멘트비가 클수록 급격한 압축강도의 저하를 나타냈다. 가열 온도 600℃ 이상에서는 폴리머의 종류 및 폴리머 시멘트비에 따른 현저한 차이는 없었다.

부록 그림 3.9에 물시멘트비의 차이(EVA) 및 폴리머 종류(EVA, VVA, SBR)가 다른 폴리머 시멘트 모르타르의 가열 온도와 잔존 압축강도비의 관계를 나타낸다. 잔존 강도비는 상온시의 강도와의 비로 나타내고 있다. 또한 그림 중에는 Eurocode 4에 나타난, 콘크리트를 가열 후 상온까지 냉각했을 경우의 최고 온도와 잔존 압축강도비의 관계(그림 중 EC4)를 부가했다.

압축강도는 가열 온도에 대해 거의 직선적으로 저하되고 있으며, 폴리머의 종류, 물시멘트비에 상관없이 대체로 같은 경향을 나타낸다. 폴리머량에 대해서는 폴리머량이 많은 100kg/m^3 의 조합에서는 전체적으로 낮은 경향을 보이지만, 50 kg/m^{3}이하의 폴리머량에 대해서는 명확한 경향은 볼 수 없었다.

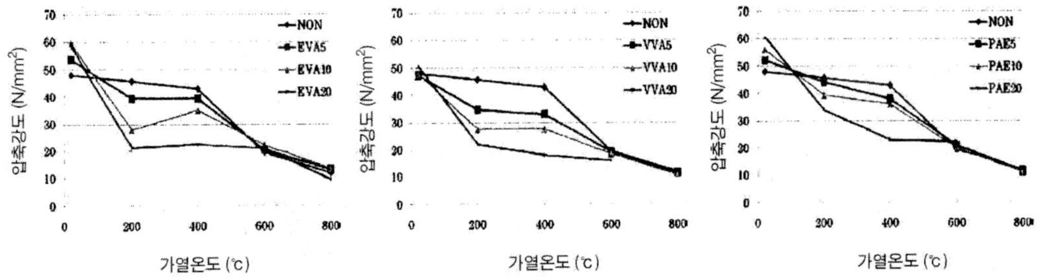

EVA의 경우 VVA의 경우 PAE의 경우

부록 그림 3.6 가열온도와 압축강도의 관계(열간시험)

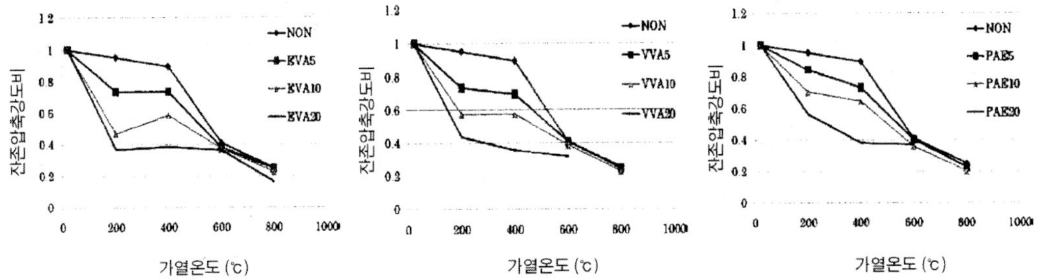

EVA의 경우 VVA의 경우 PAE의 경우

부록 그림 3.7 가열온도와 잔존강도비의 관계(열간시험)

가열 온도와의 관계에 주목하면, Eurocode 4에 제시된 콘크리트의 경우와 비교했을 경우, 각 온도의 압축강도 잔존비에 대해20% 정도 낮은 값을 기록하고 있다. 또 콘크리트와 비교하면, 특히 가열 온도가 200~400℃의 영역에 있어서 강도 저하가 큰 경향이 있다고 했다.

하마자키(濱崎) 등은 400℃가열 후 및 1000℃가열 후의 경과일수에 의한 압축강도의 경시 변화를 나타내고 있다. 부록 그림 3.10에 가열 후 경과일수와 압축강도 잔존비를 나타낸다. 압축강도 잔존비는 각각 상온시의 값과의 비로 나타내고 있다. 일반적으로 말하듯이 가열 직후보다 28일까지는 일단 저하되고, 그 후 시간 경과에 따라 회복 경향에 있다. 그렇지만, 회복 정도는 가열 직후와 같거나 1년 경과 시점에서도 잔존비 0.1 이하의 회복에 그쳐 회복은 완만하다는 점에서 그 후의 큰 회복은 기대할 수 없는 것으로 보고하고 있다.

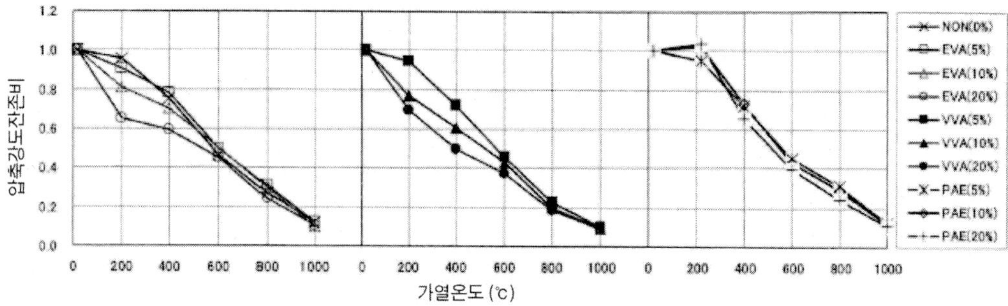

부록 그림 3.8 가열온도와 잔존강도비의 관계(냉간시험)

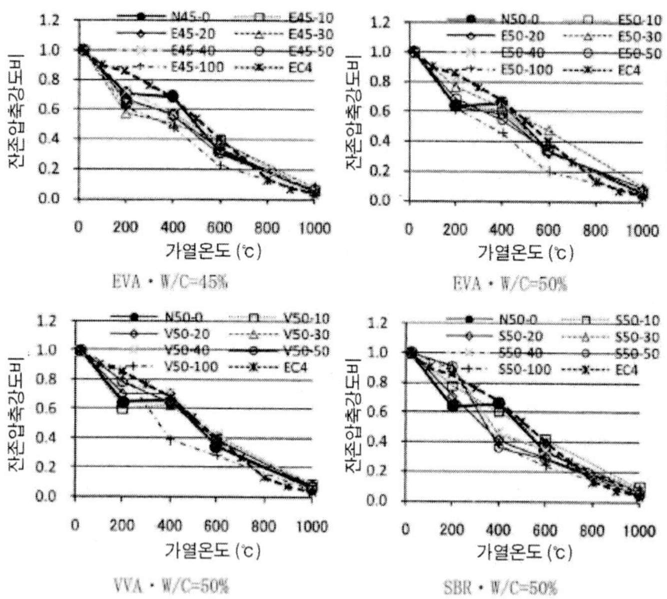

부록 그림 3.9 가열온도와 잔존강도비의 관계(냉간시험)

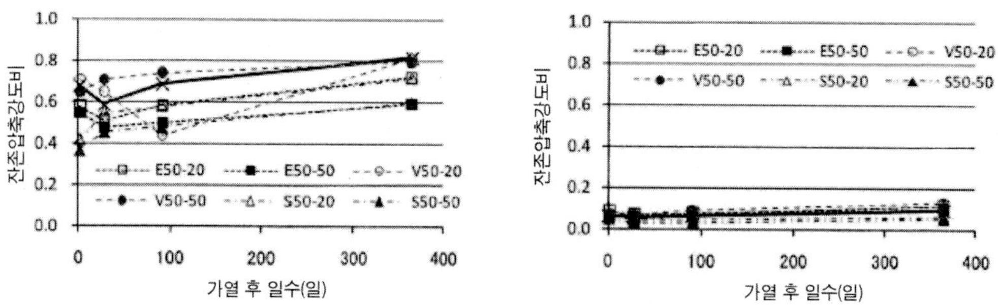

부록 그림 3.10 가열 후 경과일수와 잔존강도비(열간시험)

4.2 영계수

(1) 열간시험

김(金) 등은 부록 그림 3.11와 같이 폴리머 종류(EVA, VVA, PAE)가 다른 모르타르의 가열 온도와 영계수의 관계를 보고했다. 여기서의 잔존비는 상온 시(20℃)의 정 영계수에 대한 각 가열 온도에 있어서 영계수의 비로 나타내고 있다. 정영계수는 폴리머의 종류와 상관없이 폴리머 시멘트비의 증가와 함께 저하하는 경향을 나타내고 있다. 가열 온도 200℃까지의 정 영계수는 폴리머의 종류와 상관없이 폴리머 시멘트비가 클수록 급격한 저하를 나타냈다. 특히, EVA에서는 폴리머 시멘트비에 따라 정 영계수의 급격한 저하를 나타내고 있다. 또, 200℃에서 400℃까지의 가열 구간에서는 200℃에 비해, VVA 및 PAE에서는 폴리머 시멘트비10%까지는 폴리머 시멘트비에 따라 정 영계수가 저하를 띤다. 또, EVA 10% 및 EVA 20%에서는 정영계수가 일정한 경향을 나타냈지만, 다른 시험체에서는 가열 온도 600℃까지의 범위에서 폴리머의 종류 및 폴리머 시멘트비에 의해 급격하게 저하하는 경향을 나타냈다. 특히 VVA에서는 폴리머 시멘트비의 증가와 함께 저하하는 경향도 지적했다. 또, 600℃의 가열을 받으면 정영계수는 모든 시험체에서 거의 동일하게 존재했다. 정영계수 저하의 원인은 압축강도 저하의 원인과 동일하다고 생각된다고 보고했다.

(2) 냉간시험

왕(王) 등은 부록 그림 3.12와 같이 가열 온도와 영계수 잔존비(상온시의 영계수에 대한 각 가열 온도에 있어서 영계수의 비)의 관계를 보고했다. 전체적으로 영계수 잔존비는 가열 온도와 더불어 거의 직선적으로 저하하고 있다. 가열 온도 200℃까지는 PAE 5% 및 10%에서는 온도의 상승에 수반해 완만한 영계수의 증가를 나타냈지만, 다른 것은 급격하게 저하하는 경향이었다. 이는 PAE 시험체로부터의 수분 증발이 억제되고 있기 때문으로 추측된다. 가열 온도가 200~600℃의 범위에서는 시험체가 급격한 영계수 저하를 띠며, 600~1000℃의 범위에서는 완만한 저하를 나타냈다. 폴리머의 종류 및 폴리머 시멘트비의 차이에 따라 영계수 잔존비에 큰 차이가 생겼지만, 전체적으로 폴리머 시멘트비가10% 이하이면, 보통 시멘트 모르타르와 동등하거나 또는 약간 큰 값을 기록했다.

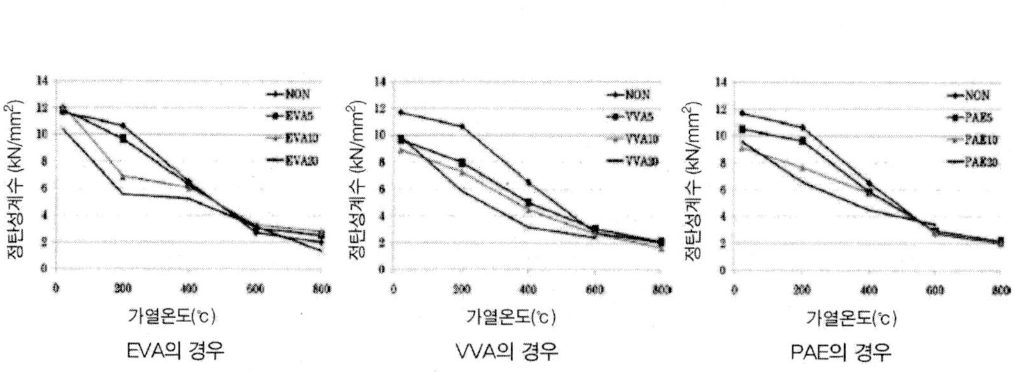

부록 그림 3.11 가열온도와 영계수의 관계(열간시험)

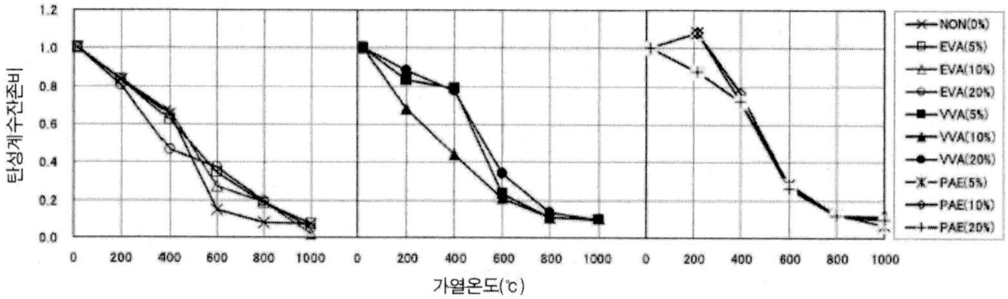

부록 그림 3.12 가열온도와 영계수 잔존비의 관계(냉간시험)

하마자키(濱崎) 등은 물시멘트비의 차이(EVA) 및 폴리머 종류(EVA, VVA, SBR)가 다른 폴리머 시멘트 모르타르의 가열 온도와 영계수 잔존비의 관계를 보고했다. 부록 그림 3.13에 가열 온도와 영계수 잔존비의 관계를 나타낸다. 여기서의 잔존비는 상온시에 있어서 정영계수와의 비로 나타낸다. 정영계수의 저하는 600℃까지의 범위에서 급격하게 저하해 600℃ 가열에 의해 영계수 잔존비는 0.1~0.2 정도까지 저하된다. EVA의 경우는 특히 400~600℃에서의 저하가 현저하고, SBR의 경우는 온도에 대해 거의 직선적으로 저하하고 있다. VVA의 경우는 폴리머량 100 kg/m^{3}의 조합 이외는 EVA와 같은 저하 경향을 나타낸다. 또, 폴리머량이 100kg/m^{3}인 경우의 저하가 크고, 그 이외는 대체로 보통 모르타르와 동등한 SBR는 EVA, VVA에 비해 발화하기 쉽고, 보다 낮은 온도에서 폴리머의 연소가 일어나는 것이 400℃정도 가열에서의 저하 요인이라고 추측된다.

하마자키(濱崎) 등은 부록 그림 3.14와 같이 400℃가열, 1000℃가열 후의 경과일수에 의한 영계수 잔존비의 변화를 보고했다. 영계수 잔존비는 각각 상온 시 값과의 비로 나타내고 있다. 가열 직후보다 28일까지 일단 저하되고, 그 후의 시간 경과에 따라 회복 경향에 있다. 그렇지만 회복의 정도는 가열 직후와 같거나 1년이 경과한 시점에도 잔존비가 0.1 이하의 회복에 그쳐, 회복은 완만한 점에서 그 후의 큰 회복은 기대할 수 없을 것으로 생각된다. 또한 폴리머를 포함하지 않는 보통 모르타르도 대체로 같은 경향을 나타낸다. 특히 1000℃의 가열을 가할 경우에는 조직이 붕괴해 이들이 회복될 수는 없을 것으로 판단된다.

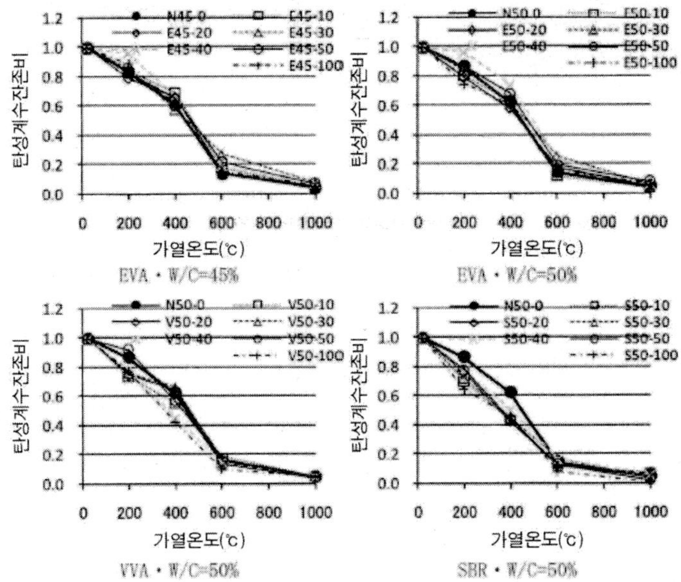

부록 그림 3.13 가열온도와 영계수 잔존비의 관계(냉간시험)

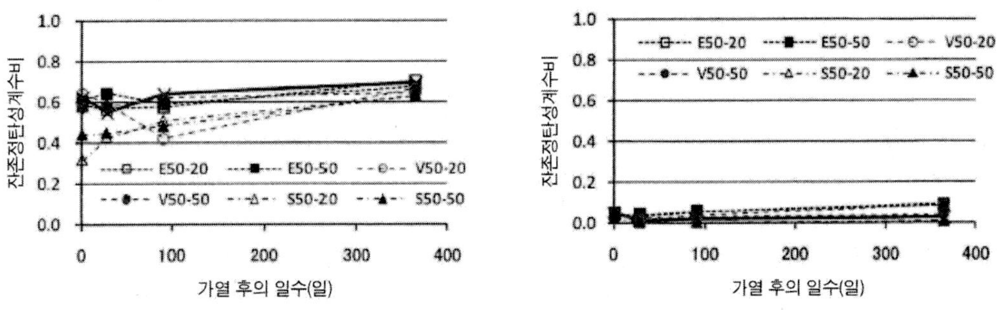

부록 그림 3.14 가열 후 경과일수와 영계수 잔존비(냉간시험)

4.3 응력-변형 관계

김(金)[6] 등은 부록 그림 3.15와 같이 폴리머 시멘트비10%의 응력-변형 곡선을 보고했다. 200~600℃에서 재하초기의 저 응력시에 변형이 증가하는 경향을 나타냈다. 이는 200℃ 정도부터 시험체내의 폴리머가 가열에 의한 열분해 반응을 일으켜 공극이 증대된 원인으로 생각된다.

왕(王)[5] 등은 부록 그림 3.16과 같이 폴리머 시멘트비 5% 및20%(VVA)의 응력-변형 곡선을 보고했다.

폴리머 시멘트비20%의 경우, 가열 온도가 200~600℃에서 재하초기의 저 응력시에 변형이 증가하는 경향을 나타냈다. 800℃를 넘으면 시험체의 강도가 지극히 작기 때문에 폴리머의 혼화량과 상관없이 파상의 응력-변형 곡선을 나타낸다고 보고하였다.

4.4 부착 강도

하마자키(濱崎) 등은 부록 그림 3.17와 같이 폴리머 시멘트 종류별로 가열 온도와 부착 강도의 관계를 나타내고 있다. EVA의 50 kg/m^3 및 PAE의 20 kg/m^{3}를 제외하고, 가열 온도에 대해서 부착 강도는 완만하게 저하된다. 또, 가열 온도가 500℃ 정도까지는 0.5 N/mm^2 이상의 부착 강도가 잔존하고 있어, 보수 부재로서의 일체성도 기대할 수 있을 것으로 생각된다. 보통 모르타르는 급격한 저하는 아니나, 200℃에서 0.3 N/mm^2 정도까지 저하된다고 한다. 하마자키 등은 부록 그림 3.18과 같이 인장 부착력의 온도 의존성을 보고했다. EVA 혼입 폴리머 시멘트 모르타르는 온도 상승과 더불어 인장 부착력이 저하한다. 200℃ 이하의 온도역에서는 보통 모르타르에 비해 크고, 300~400℃ 정도에서는 폴리머의 혼입량이 많을수록 부착력이 작은 경향이 보이나, 자중을 지지할 수 있는 정도의 부착력은 잔존하고 있다. 600℃를 초과하면, 인장 부착력은 거의 0이 된다. EVA의 경우에는 450℃부근까지의 온도역을 초과한 경우에는 폴리머 간의 접착력은 기대하기 어렵다고 보고하였다.

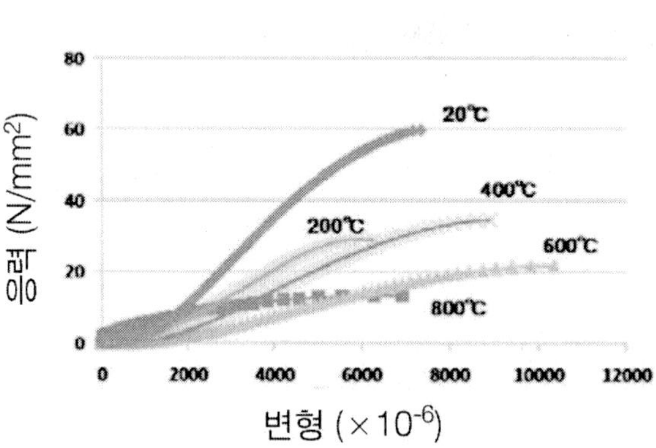

부록 그림 3.15 응력-변형곡선(EVE 10%의 경우)(열간시험)

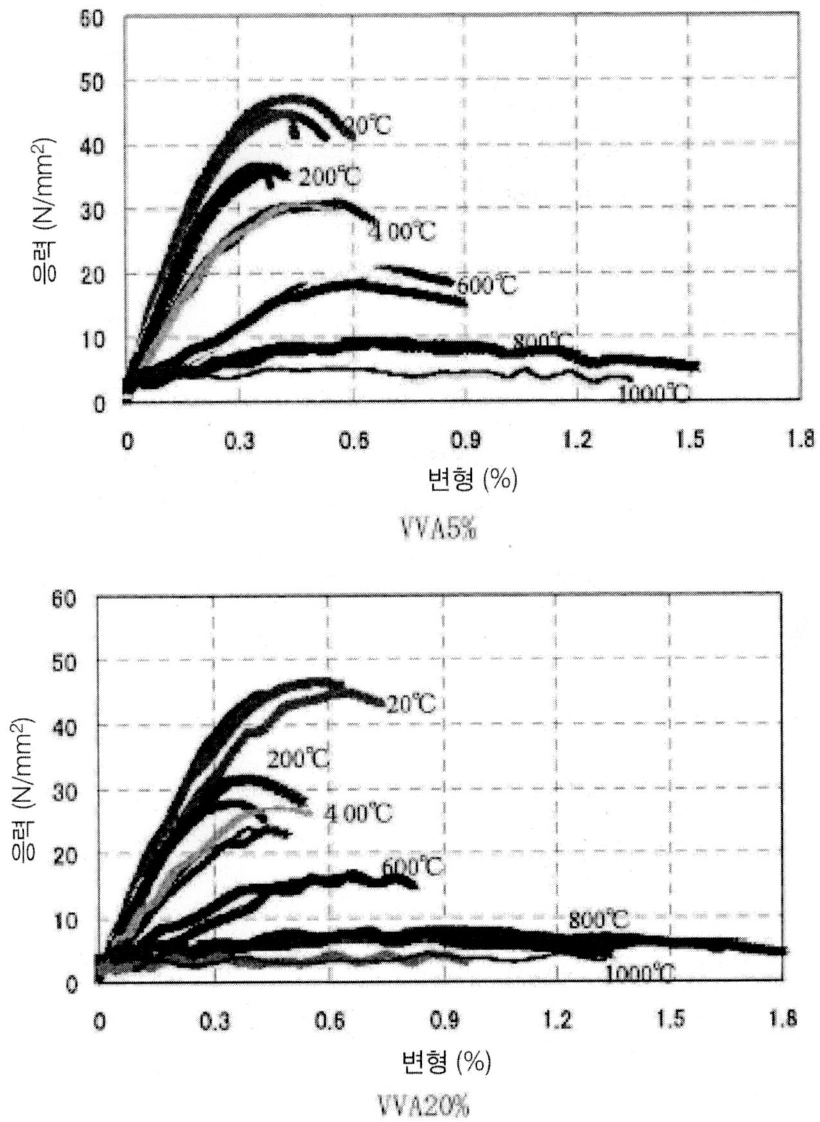

부록 그림 3.16 응력-변형곡선(냉간시험) 5)

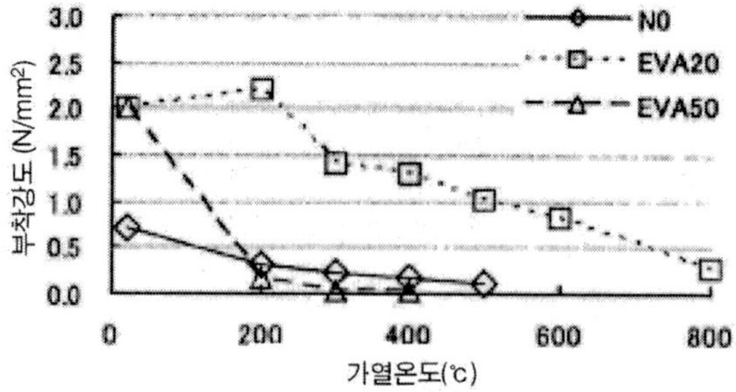

EVA

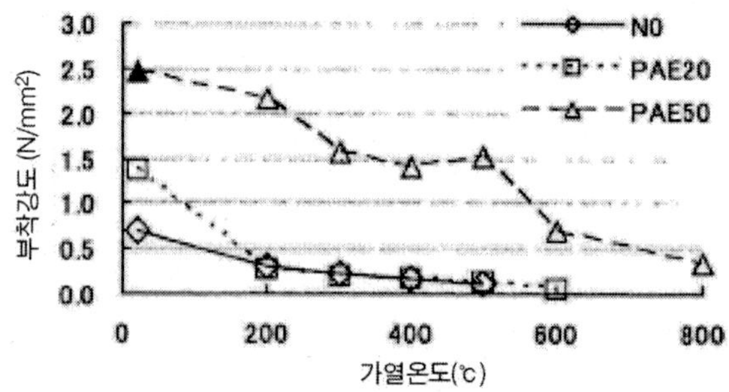

PAE

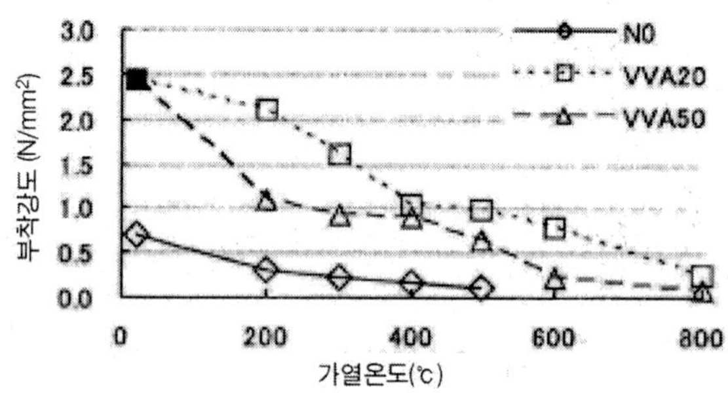

VVA

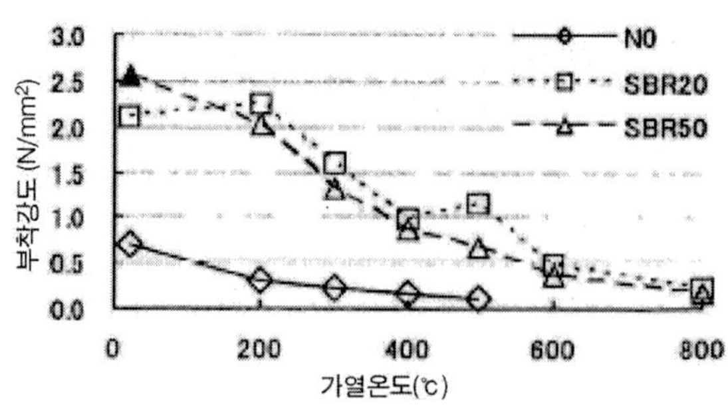

SBR

부록 그림 3.17 가열온도와 부착강도의 관계(냉간시험)[8]

4.5 휨강도

하마자키(濱崎)[7] 등은 부록 그림 3.19와 같이 가열 온도와 잔존 휨강도비의 관계를 보고했다. 휨강도의 저하에 대해서는 대체로 직선적으로 저하되고 있어 폴리머 혼입에 의한 부착력 증가에 기인하는 휨강도의 증가분이 없어졌기 때문에 상대적으로 강도 저하가 커진 것으로 추측했다.

왕(王) 등은 부록 그림 3.20와 같이 가열 온도와 휨강도 잔존비(상온 시의 휨강도에 대한 각 가열 온도에 있어서 휨강도의 비)의 관계를 보고했다. 휨강도 잔존비는 폴리머의 여부와 상관없이 가열 온도의 상승과 함께 저하된다. 전체적으로 폴리머 시멘트비가 클수록 휨강도 잔존비는 작아진다고 보고했다.

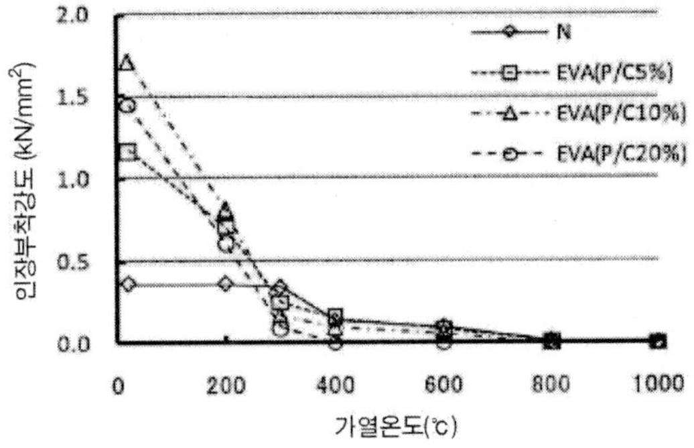

부록 그림 3.18 인장부착력의 온도 의존성(냉간시험)[9]

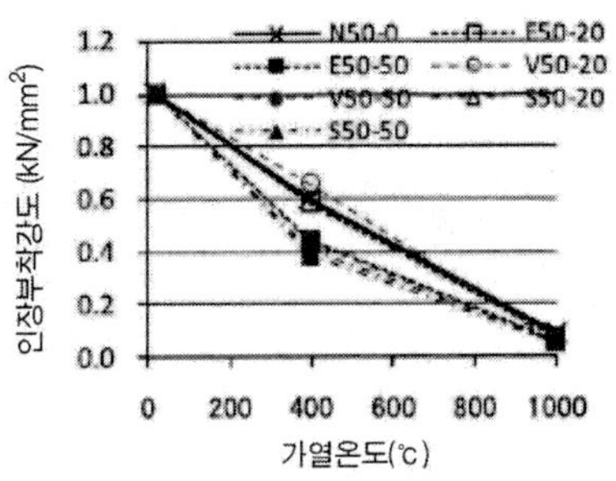

부록 그림 3.19 가열온도와 잔존 휨강도비(냉간시험)[5]

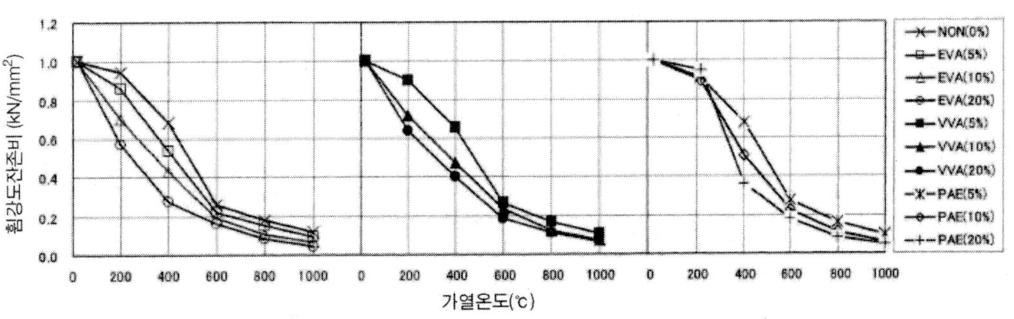

부록 그림 3.20 가열온도와 휨강도 잔존비의 관계[5]

5. 폭열 성상

5.1 온도

하마자키(濱崎) 등은 부록 그림 3.21와 같이 가열 개시 후 420분까지의 로내 온도 및 부재 내부의 온도 변화에 대해 보통 모르타르, E50의 결과를 보고했다. 또, 부록 표 3.1에 피복위치(깊이 30mm)와 보수재 계면위치(깊이 60mm)의 최고 온도와 가열 개시 후 최고 온도에 이르기까지의 시간을 나타냈다.

온도의 경시 변화는 표층에 가까운 깊이 15 mm의 경우, 로내 온도에 추종하도록 급격하게 온도가 상승하며, 각부의 온도는 깊이가 깊어질수록 완만하게 상승했다. 보수 재료에 의한 온도 상승의 차이를 보면, 폴리머 시멘트 모르타르로 보수한 부분의 온도 상승은 모든 깊이에서 모재 콘크리트(건전부) 혹은 보통 모르타르와 비교해 동등하거나 그 이하였다.

폴리머 시멘트 모르타르는 함유하는 폴리머의 연소에 의해 콘크리트 또는 보통 모르타르보다 온도가 높아지는 것이 우려되었으나, 본 실험 결과에서는 모든 폴리머 시멘트 모르타르가 온도 상승은 억제되었다. 한정된 결과이지만, 보수부의 일체성이 확보되었다는 전제 조건을 충족한다면, 철근 온도의 상승이라고 하는 관점에서 보았을 경우, 폴리머 시멘트 모르타르를 단면 수복재로서 사용함으로써 화재 시 구조 안전성이 극단적으로 저하되지는 않을 것으로 보고하였다.

5.2 부재 레벨

가지타(梶田) 등은 시판 폴리머 시멘트 모르타르를 대상으로 1100×1100mm 벽시험체의 가열실험 결과를 보고했다. 부록 표 3.2에서는 폴리머 시멘트 모르타르의 손상 상황과 폭열이 발생한 가열 시간과 이 때 폴리머 시멘트 모르타르 표면 온도를 나타낸다. 폴리머 시멘트 모르타르의 손상 상황 분류를 부록 그림 3.22에 나타냈다.

ISO 834에 규정되는 표준 가열 곡선으로 가열 실험을 실시한 결과, 폭열이 발생한 폴리머 시멘트 모르타르 시험체의 경우, 빠른 시험체에서는 2, 3분부터, 늦은 시험체라도 12분부터 폭열이 시작되어 25분 정도까지 계속된 시험체도 있었다. 이전의 로내 온도는 약 450~800℃로, 폭열이 발생한 폴리머 시멘트 모르타르 표면의 온도는 보수 두께 30mm의 P5를 제외하고 손상 발생시간에는 180℃를 초과했다.

- N(NON): 없음
- V(VVA): 초산 비닐 바사테이트 공중합 수지
- S(SBR): 스틸렌 부타디엔 고무
- E(EVA): 에틸렌 초산 비닐 중공합 수지
- P(PAE): 아크릴산 에스테르 중공합 수지

표 3.1 피복위치 및 부착계면 위치에서 최고온도와 경과시간 [9)]

측정대상	피복 위치(30mm)		부착계면(60mm)	
	최고온도 (℃)	경과시간 (h:mm)	최고온도 (℃)	경과시간 (h:mm)
보통콘크리트	506.9	2:11	389.8	2:21
NO	470.8	2:13	356.8	2:24
E50	414.5	2:16	304.6	2:39
V50	463.5	2:15	299.7	2:35
S30	468.4	2:12	333.9	2:24

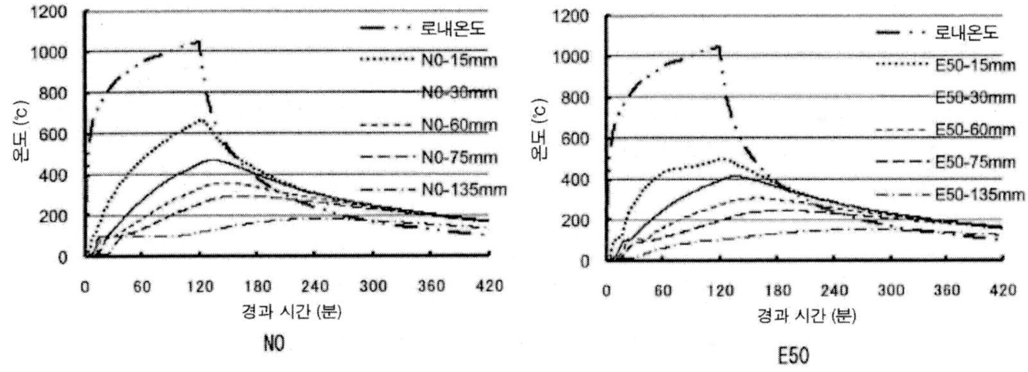

부록 그림 3.21 부재 내부의 온도 변화 [9)]

표 3.2 폴리머시멘트 모르타르의 손상상황 [10)]

기호	폴리머 종류	보수깊이 10mm		손상 발생시간 30mm	
		손상상태	손상발생시간 min(온도℃)	손상상태	보수깊이 min(온도℃)
P1	PAE	I	-	I	-
P2	PAE	III	8(197)	IV	4(×)
P3	PAE	I	-	I	-
P4	PAE	I	-	V	6(220)
P5	PAE	I	-	V	2(73)
P6	PAE	II	7(×)	V	5(224)
P7	PAE	I	-	I	-
P7H	PAE	I	-	III	6(180)
E1	EVA	I	-	III	5(187)
E1S	EVA			I	-
E2	EVA	I	-	II	12(×)
E2S	EVA			III	8(213)
E3	EVA	IV	10(283)	V	6(187)
E4	EVA	I	-		
V1	VVA	V	8(184)	V	5(185)

주) (×)는 온도계측불량

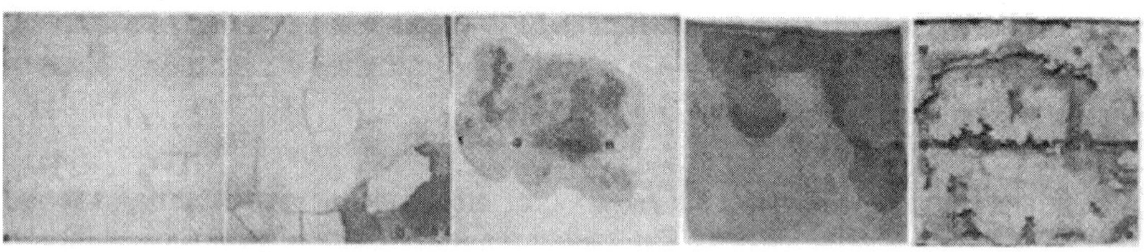

상태1: 균열 | 상태2: 철망에서 표층만 박리 | 상태3: 철망에서 표층만 박리, 폭열 | 상태4: 부분적 내부폭열 | 상태5: 전면적 내부폭열

부록 그림 3.22 폴리머 시멘트 모르타르의 손상 상황 [10)]

가열 실험시에 있어서 폴리머 시멘트 모르타르의 폭열은 열응력, 열분해 가스압이나 그 증가 속도, 공극량의 증가 속도, 대기중의 산소 유무, 세공경 분포의 변화 등이 관계하는 것으로 생각된다. 그리고 폴리머 시멘트 모르타르 표면이 섬유의 융점이나 폴리머의 용해 · 열분해 온도에 이르러 내부 압력이 상승한 폴리머 시멘트 모르타르는 표면으로부터 폭열 등의 손상이 시작되며, 온도상승에 수반해 폭열이 진행한 것으로 생각된다. 이 때문에 폴리머량이 많은 보수 두께 30 mm의 경

우, 보수 두께 10 mm보다 폴리머의 열분해에 의한 가스가 많아지므로 폴리머 시멘트 모르타르의 폭열의 발생이 많아진 것으로 생각된다.

모리타(森田)[11] 등은 폴리프로필렌 단섬유를 혼입해 폴리머 시멘트 모르타르의 내폭열 성능 향상을 목표로, P/C 와 PP섬유 혼입율을 변수로 폴리머 시멘트 모르타르의 차열 성능, 폭열의 간이 평가방법 및 폭열 방지용 PP섬유의 최적 혼입량에 관해 보통 콘크리트판에 폴리머 시멘트 모르타르를 시공한 것과 폴리머 시멘트 모르타르의 각주로 검토한 결과를 보고한 바 있다. 가열 후의 판형 시험체의 상황을 부록 그림 3.23에 나타냈다. 최대 폭열 깊이는 P/C가 높을수록 깊고, PP섬유 혼입율이 높을수록 얕아지는 경향을 볼 수 있었다. P/C=2.5, 5.0wt%는 PP섬유 혼입율0.1vol%에서, P/C=7.5wt%는 0.2 vol%에서 폭열을 방지할 수 있었지만, P/C=10wt%는 0.2 vol%에서도 폭열이 방지되지 않았다. 부록 그림 3.24에 가열 후 각주 시험체의 상황을 나타낸다. 판형 시험체와 마찬가지로 PP섬유 혼입율이 높을수록 폭열이 억제되는 경향을 보였고, P/C=2.5, 5.0wt%에서는 PP섬유 혼입율이 0.1 vol%, P/C=7.5 wt%에서는 0.2 vol%에서 폭열이 방지되었다. 그러나 P/C=10wt%의 경우, PP 섬유 혼입율이 0.2 vol% 에서도 폭열이 발생했다. P/C=0.0wt%에서는 PP 섬유 혼입율이 0.0vol%에서도 폭열은 발생하지 않았다.

판형 시험체의 실험 결과를 기본으로, P/C 와 폭열 깊이의 관계를 PP섬유 혼입율로 정리해 플롯한 후 회귀식을 구한 결과를 보고했다. 부록 그림 3.25에 P/C, PP섬유 혼입율과 폭열 깊이의 관계를 나타낸다. 부록 그림 3.25에서 흰색 도형은 실험 결과이며, 검정색 도형은 실험 결과 중 회귀 분석에 이용한 데이터를 나타낸다. 회귀식의 상관계수가 높다는 점에서 P/C가 작고, PP섬유 혼입율이 클수록 폭열 깊이가 작아지는 경향을 정량적으로 정리할 수 있는 것으로 보고하였다.

부록 그림 3.23 가열 후 판형 시험체의 상황

부록 그림 3.24 각주 시험체의 가열 후 상황 (가열 시에 버너 화염에 정면으로 접하는 면에서 촬영)

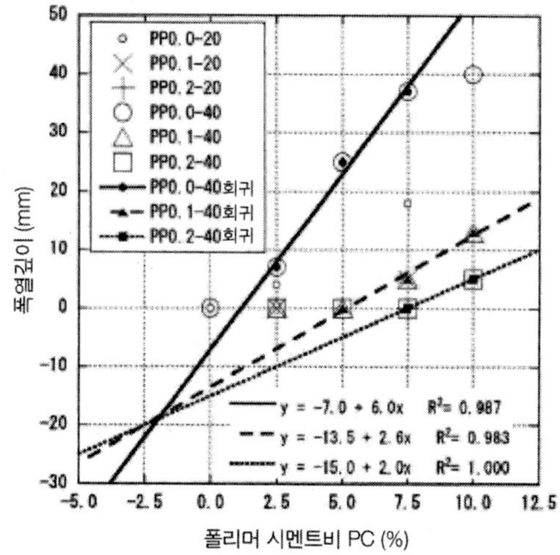

부록 그림 3.25 P/C, PP 섬유 혼입율과 폭열 깊이의 관계

5.3 내폭렬성

(1) 서론

일본건설업연합회, 피복두께 확보 연구회에서는 보수 재료로 이용하는 폴리머시멘트 모르타르(이하, 폴리머 시멘트 모르타르)의 큰 손상이나 탈락이 없으면, 보수 부재의 내화성을 확보할 수 있는 것으로 확인 되었다. 따라서, 재료 자체가 과도한 발열이나 폭렬 등의 손상을 입지 않는 것이 보수재료에 요구되는 요건이다. 간이폭렬평가 시험을 통해 폴리머 시멘트 모르타르의 내폭렬성을 평가할 수 있는 가능성이 있다고 보고된 바 있다[12].

여기서는 폴리머 시멘트 모르타르의 내폭렬성을 되도록 간단하게 평가하여 재료개발이나 보수재료 선정에 있어서 1차적인 스크리닝으로 적용할 수 있는 내폭렬성 평가시험방법을 확립하기 위한 검토를 실시하였다.

(2) 실험개요

간이폭렬평가시험은 부록 표3.3에 나타낸 시험조건으로 실시하였다. 여기서 전기로 내의 온도 조건(800℃)은 가열실험에서 재료의 폭렬이 많이 발생하는 시간대(가열개시 후 5분~25분 정도)에서의 내화로 내의 온도를 고려하여 결정하였다. 또한, 시험체의 내부 구속이한, 박락 방지를 위해 사용하고 있는 SUS304제 평직 철망을 시험체 중앙부에 세로 방향으로 삽입한 것이다.

표 3.4에 간이폭렬시험, 열분석 결과 및 벽체 가열실험에서의 폭렬상황 일람을 나타냈다. 간이폭렬평가시험에서의 손상상황으로는 폭렬에 의한 분쇄, 크랙, 부러짐 및 폭렬을 동반하지 않은 크랙 등이 확인 되었다. 시험체 치수의 영향에 대해서는, 큰 차이는 없으나 100mm가 더 손상이 발생하기 쉬운 경향이 확인 되었다. 또한, 내부 구속의 유무에 의한 영향은 내부 구속이 있는 시험체가 쉽게 갈라지는 경향이 있으며 구속으로 인해 크랙이 발생하기 쉬워지는 것이 확인되었다. 단, 벽체 가열시험에서 표층부만 박락 · 폭렬 등의 손상상황(손상상태 II ,III)과의 상관관계에 대해서는 이번 결과에서는 확인할 수 없었다고 보고하였다.

간이폭렬평가시험의 결과와 벽체가열실험의 결과를 비교했을 경우, 벽체가열실험에서 전면적인 폭렬(손상상태 V이 발생한 시료에 대해서는 간이폭렬시험에서도 폭렬이나 휘어짐, 크랙등의 손상이 발생하고 있어, 대체로 재현되어 있는 것으로 생각된다. 단, P4에 대해서는 간이폭렬평가시험에서는 폭렬 등의 큰 손상이 확인되지 않았다고 보고하였다.

부표 3.3 간이폭렬평가시험 조건 [12)]

시험체	형상 및 치수 : ∅50×100mm 및 ∅50×500mm 내부구속 : 구속 없음 및 1방향 구속
양생조건	타설 ~ 재령 2일 : 20℃ · 90% R.H 이상 습공 양생 탈형 재령2일 ~ 7일 : 표준양생(표건상태 질량측정) 재령7일 ~ 28일 : 공기중 건조 (20℃ · 60% R.H) → 각 조합의 흡수율을 측정(각 조합 3개씩 105℃ 에서 건조) 이후, 20℃~40℃로 조정한 항온항습조 내에서 목표 함수율(5.0±0.5%)이 되도록 함수율 조정 (함수율은 재령 7일의 질량 및 흡수율에서 추측)
시험조건	미리 800℃로 가열한 전기로 내에 시험체를 넣고 20분 경과 후 시험체를 꺼내 폭렬이나 손상 여부를 육안으로 확인. ※ 시험체가 서로 접촉하지 않고, 폭렬에 의한 영향을 받지 않도록 시험체를 철망등으로 보호하여 시험체를 각각 구분하여 설치한다.

부표 3.4 시험결과 일람 [12)]

기호	소형벽의 PCM손상상태 30mm	간이폭렬시험결과				TG-DTA 열분석 시험결과	
		내부구속없음		내부구속있음		발열범위질량 감소율(%)	발열피크면적 (℃·℃/mg)
		∅50-100	∅50-500	∅50-100	∅50-500		
P1	I	-	-	△	-	3.00	16.0
P2	IV	-	-	▲	△	2.77	4.8
P2-개량		-	-	-	-	3.00	5.3
P3	I	-	-	▲	-	2.88	7.1
P4	V	-	-	△	△	2.51	11.4
P4-개량		-	-	-	-	2.38	8.0
P5	V	○	-	-	-	3.06	14.1
P6	V	○	●	○△	○	2.20	14.7
P6-개량		-	-	▲	▲	4.31	18.5
P7	I	△	-	▲	▲	2.54	7.6
E1	II	-	-	▲	-	3.13	4.4
E2	III	-	-	-	-	2.98	8.7
E3	V	○	●	●	△	3.47	11.5
E3-개량		▲	-	▲	-	4.52	17.8
V1	V	●	○	○	○	2.99	6.8
V1-개량		○	-	○	○	1.49	2.2

〈간이폭렬시험 기호의 의미〉
●: 2개 모두 폭렬, 휘어짐, 크랙 등의 큰 손상, ○: 어느 하나만 폭렬, 부러짐, 크랙 등의 큰 손상
▲: 2개 모두 크랙등의 경미한 손상, △: 어느 하나만 크랙 등의 경미한 손상, -: 손상 등 없음
(음영): ●또는 ○의 손상

6. 기타 시험방법

6.1 발열성 시험 (콘칼로리미터)

오하마(大濱)등[13)]은, 그림3.26,3.27에 나타낸 것처럼 발열성 시험을 통해 얻은 폴리머 시멘트 모르타르의 총 발열량 및 발열 속도와 가열시간의 관계를 보고하였다. 폴리머 시멘트 비 5% 및 10%에서는 어느 폴리머 시멘트 모르타르의 총 발열량도 방화성능 판정 기준인 8MJ/m^{2}를 초과하지 않는다. 폴리머 시멘트 비 15%에서는 SBR 혼입 폴리머 시멘트 모르타르의 총 발열량만이 가열개시시간 5~10분 사이에 8MJ/m^{2}를 초과한다. 폴리머 시멘트 비 20%에서는 SBR 및 PAE혼입 폴리머 시멘트 모르타르의 총 발열량이 가열개시시간 5~10분 사이에 8MJ/m^{2}를 초과하고, EVA혼입 폴리머 시멘트 모르타르는 가열시간 5분 이내에 큰 폭렬을 일으켜 파괴된다. 다음으로, 시험체의 손상 상황이나 폴리머 시멘트 비 20%의 EVA혼입 폴리머 시멘트 모르타르를 제외하면 방화상 유해

한 변형, 용융, 균열 등은 확인되지 않았다. 폴리머 시멘트 모르타르의 발열 속도에 대해서는 모든 폴리머 시멘트 비에서 방화성능 판정 기준인 200kW/m^{2}를 초과하지 않는다고 하였다.

하마자끼(濱崎)등[1]은, 그림 3.28,3.29에 나타낸 것처럼 폴리머 시멘트 모르타르의 가열 개시 후 20분간의 총 발열량 및 발열 속도를 보고하였다. EVA모르타르 및 VVA모르타르의 단위 폴리머 양의 증가와 함께 총발열량이 직선적으로 증가하였으며, 물 시멘트 비의 차이에 의한 현저한 영향은 보이지 않는다. SBR모르타르는 모르타르의 착화가 발생하는 단위 폴리머양 40kg/m^{3}이상인 경우에 총 발열량이 증가하여 40kg/m^{3}에서 8MJ/m^{2}를 넘고, 이후에는 폴리머양과 거의 비례관계가 나타났다. 전체 시험체에서 최대 발열속도는 200kW/m^{2}를 초과하지 않았다.

하마자끼(濱崎)등[14]은, 그림 3.30, 3.31에 나타낸 것처럼 단위 폴리머양과 총 발열량의 관계, 최대 발열량의 관계를 보고하였다. 총 발열량 및 최대 발열속도로부터 본 실험의 범위에서 불연재료로 판단되는 것은 단위 폴리머량이 75kg/m^{3}이하인 EVA모르타르, 40kg/m^{3}이하인 PAE모르타르, 30kg/m^{3}이하인 SBR모르타르이다. 단위 폴리머양과 총 발열량의 관계를 봤을 때, PAE 및 SBR모르타르에서는 양자의 관계가 착화의 유무에 따라 각각 단위 폴리머량에 대하여 비례관계를 나타낸다고 보고하였다.

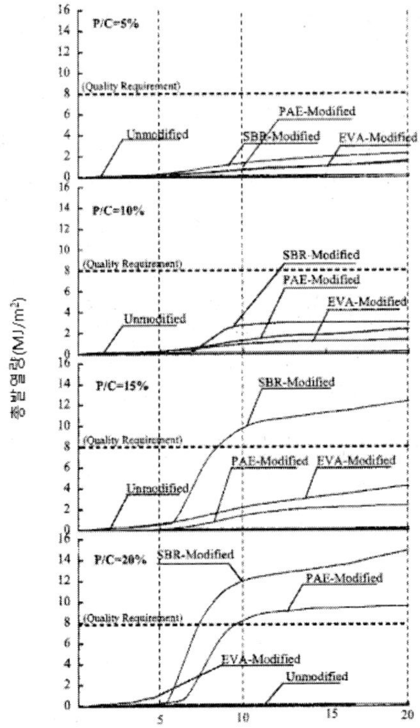

부록 그림 3.26 총발열량과 가열시간의 관계 [13]

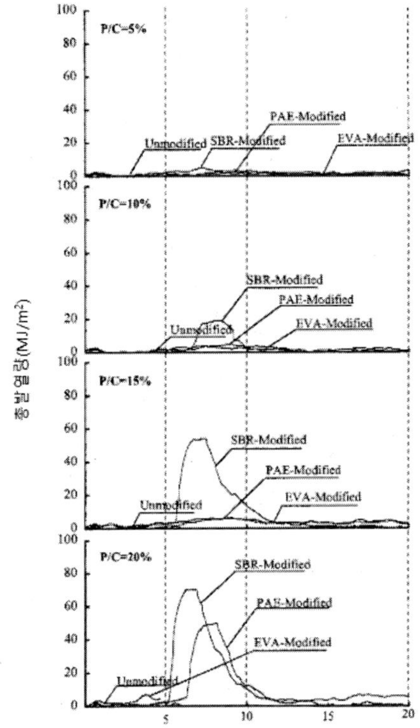

부록 그림 3.27 발열속도와 가열시간의 관계 [13]

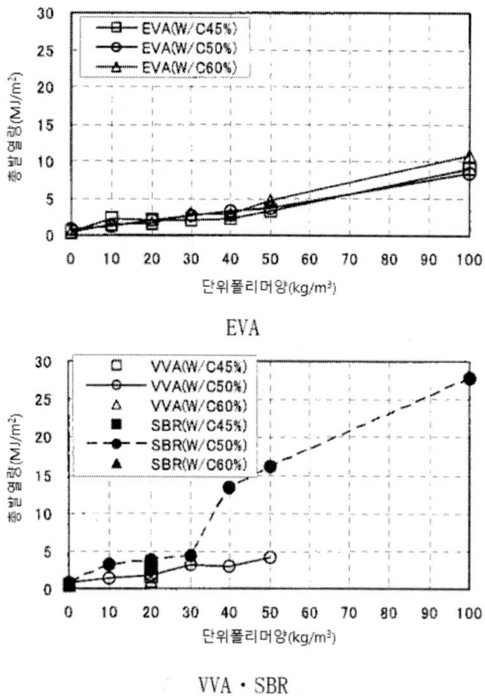

부록 그림 3.28 폴리머양과 총발열량의 관계 [1)]

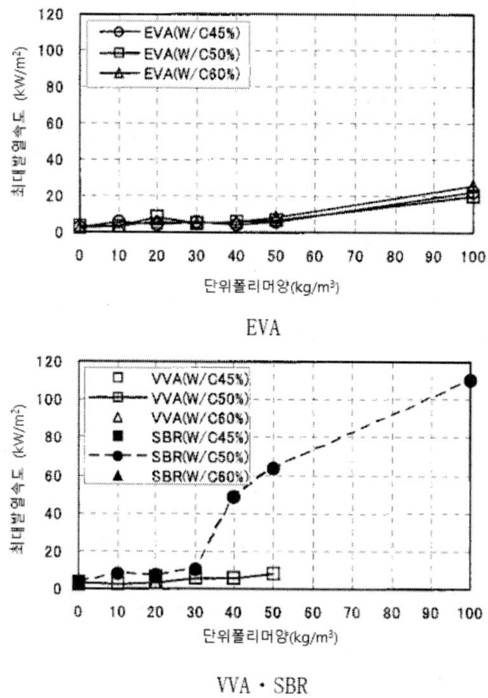

부록 그림 3.29 폴리머양과 최대발열속도의 관계 [1)]

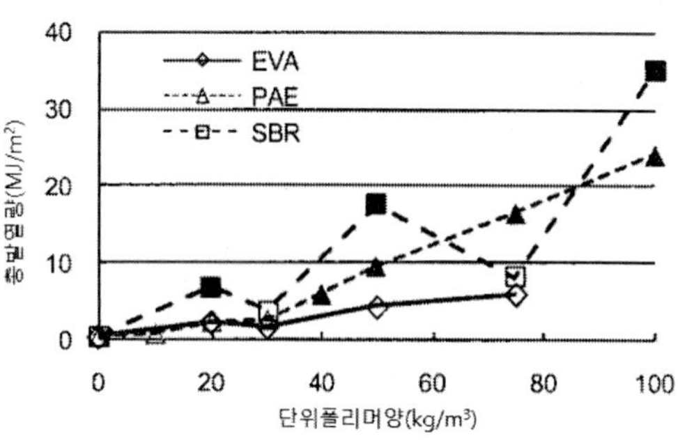

부록 그림 3.30 폴리머양과 총발열량의 관계 [14)]

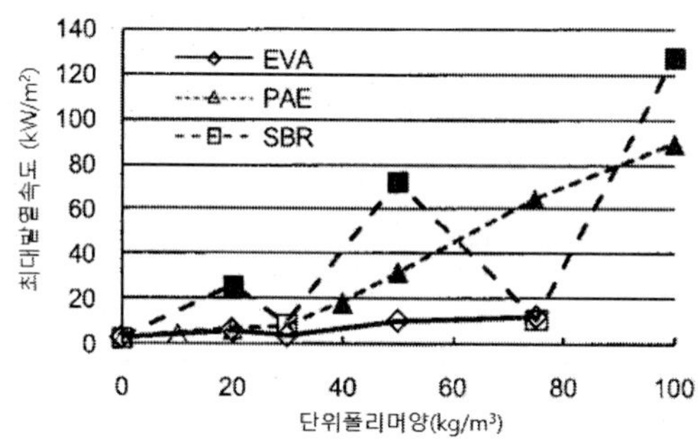

부록 그림 3.31 단위 폴리머양과 최대발열속도의 관계 [14)]

6.2 불연성 시험 (기재가열로)

(1) 불연성 시험

오하마(大濱)등[13]은 그림 3.32에 나타낸 것처럼 불연성 시험을 통해 얻어진 폴리머 시멘트 모르타르의 로내 온도곡선을 보고하였다. 폴리머 시멘트 비 5%에서는 어느 폴리머 시멘트 모르타르도 큰 로내온도 상승의 피크(peak)는 보이지 않는다. 그러나, 폴리머 시멘트 비 10%에서는 SBR혼입 폴리머 시멘트 모르타르, 폴리머 시멘트 비 15% 및 20%에서는 전 폴리머 시멘트 모르타르에서 가열 개시 후 5분 이내에 큰 로내온도 상승의 피크(peak)가 나타난다고 보고하였다.

질량 감소율은 폴리머 시멘트 비와 관계없이 모든 폴리머 시멘트 모르타르에서 5~6%범위 내였다.

(2) 로내온도

하마자끼(濱崎)[1]등은 그림 3.33에 나타낸 것처럼 로내 온도의 예로서 물 시멘트 비 50%의 보통 모르타르(NON) 및 단위 폴리머 양 50kg/m^{3}의 3종류의 폴리머 시멘트 모르타르의 불연성 시험에 대한 로내온도의 경시변화를 보고하였다. 공시체를 로내에 투입하면 로내의 열을 흡수 하므로 로내 온도가 급격히 600℃부근까지 떨어졌다가 30초 전후로 재상승한다. 이 예의 경우, SBR모르타르는 폴리머의 연소에 의해 다른 모르타르에 비해 급격한 온도 상승을 보이고, 격렬한 연소 후, 로내온도 750℃부근까지 저하된 후에는 다른 공시체와 마찬가지로 완만하게 상승한다. VVA모르타르도 SBR모르타르와 같은 곡선을 보이지만 폴리머의 연소가 늦기 때문에 로내의 피크(peak)온도가 되는 시간이 SBR모르타르보다 늦다. EVA모르타르는 연소되지 않았기 때문에 현저한 피크(peak)는 보이지 않는다. 보통 모르타르에는 폴리머가 함유되어 있지 않기 때문에 폴리머 시멘트 모르타르에 비해 명확하게 온도상승이 느리다. 이에 따라 폴리머의 종류에 따라 연소 시간 및 피크(peak)온도가 다르다는 것을 알 수 있다.

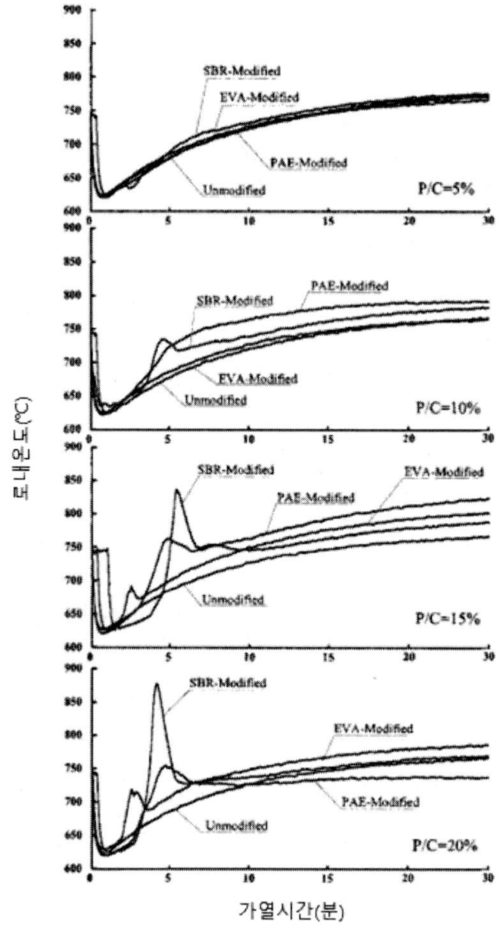

부록 그림 3.32 불연성시험을 통해 얻은 폴리머 시멘트 모르타르의 로내온도곡선 [13)]

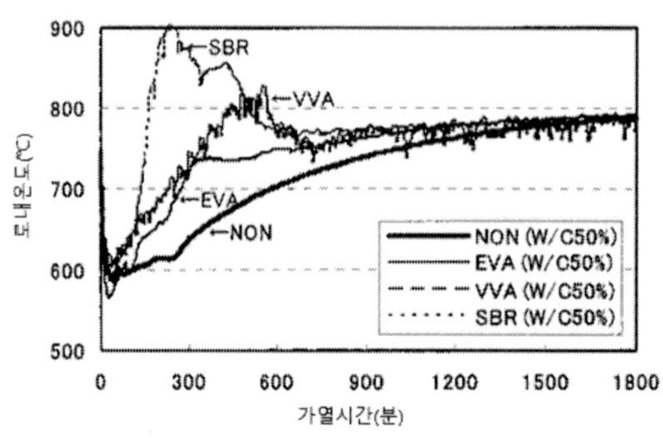

부록 그림 3.33 로내온도 측정 예 (폴리머 양 $50kg/m^3$) [1)]

인용 · 참고문헌

1) 濱崎仁，野口貴文，王徳東，金亨俊，吉田正志，成瀬友宏：ポリマーセメントモルタルの燃焼特性および熱伝導率に関する研究　その1　発熱性試験の結果　その2　不燃性試験の結果，日本建築学会大会学術講演梗概集（中国），pp.159-162，2008. 9
2) 日本建築学会：コンクリートポリマー複合体の施工指針・同解説，pp.76-83，2001
3) 鈴木好幸，濱崎仁，閑田徹志，安田正雪，小島正朗，野中英，山田人司：補修用ポリマーセメントモルタルの耐久性実験および吸発熱特性に関する実験　その3　熱分析の結果，日本建築学会大会学術講演梗概集（関東），pp.281-282，2011.8
4) 王徳東，野口貴文，濱崎仁，成瀬友宏，長井宏憲，金亨俊：ポリマーセメントモルタルの燃焼特性および熱伝導率に関する研究，その3　熱伝導率の温度依存性，日本建築学会大会学術講演梗概集（中国），pp.163-164，2008.9
5) 王徳東，野口貴文，濱崎仁，朴同天：高温を受けた補修材料の残存強度，コンクリート工学年次論文集，pp.571-576，Vol.30，No.2，2008
6) 金亨俊，濱崎仁，野口貴文，長井宏憲：予熱炉を用いた高温加熱下におけるポリマーセメントモルタルの力学性状，コンクリート工学年次論文集，Vol.32，No.1，pp,1631-1636，2010
7) 濱崎仁, 野口貴文, 王徳東, 金亨俊:高温を受けたポリマーセメントモルタルの力学性状, コンクリート工学年次論文集, Vol.31，No.1，pp.1927-1932，2009
8) 濱崎仁，金亨俊，野口貴文，王徳東，長井宏憲：高温を受けたポリマーセメントモルタルとコンクリートの付着特性，日本火災学会研究発表会梗概集，pp.326-327，2009.5
9) 濱崎仁，茂木武，野口貴文，王徳東，金亨俊：ポリマーセメントモルタルを用いて補修した部材の耐火性能に関する研究　その1　耐火試験における補修部の損傷および温度分布，日本建築学会構造系論文集,第75巻 第652号，pp.1065-1071，2010.6
10) 梶田秀幸，起橋孝徳，梅本宗宏，山田人司，山岸直樹，濱崎仁，茂木武，根本かおり，閑田徹志，安田正雪：補修用ポリマーセメントモルタルの耐火性評価に関する実験　その1 実験概要および加熱前試験体の状況　その2 壁試験体の加熱実験結果　その3 耐爆裂性の評価方法の検討，日本建築学会大会学術講演梗概集（東海），pp.1105-1110，2012.9
11) 森田武，元売正美：鉄筋コンクリート造部材の補修に用いるポリマーセメントモルタルの耐火性に関する検討，−爆裂の簡易評価方法および爆裂防止用ポリプロピレン短繊維の最適混入量−，日本建築学会大会学術講演梗概集（関東），pp.33-36，2015.9
12) 日本建設業連合会，かぶり厚さ確保研究会：RC 建築物のかぶり厚さ信頼性向上に関する研究，日本建設業連合会，pp.52-56，2012.9
13) 大濱嘉彦，國分有貴，白井篤：建築用ポリマーセメントモルタルの防火性能およびその試験方法の提案，日本建築学会構造系論文集，第73巻，第631号，pp.1449-1457，2008.9
14) 濱崎仁，野口貴文，金亨俊，王徳東，吉田正志：ポリマーセメントモルタルの発熱性に関する研究　その1　ポリマー量および調合条件の影響　その2　試験体の厚さの影響，日本建築学会大会学術講演梗概集（東北），pp.435-438，2009.8

부록 4 강 · 내화 피복의 열물성 등에 관한 시험법

부록 표 4.1~4.3에 내화 피복된 강구조 부재에 관한 시험방법 등의 일람을 게재한다. 부록 표 4.1은 피복재료의 열물성에 관한 시험방법 등, 부록 표 4.2는 강재의 열물성 · 기계적 성질에 관한 시험방법이다. 또 내화시험의 규격 등으로 JIS, ISO, EN, ASTM, UL의 규격 일람과 개요를 부록 표 4.3에 나타냈다. 부록 그림 4.1, 4.2는 각종 내화시험에서의 표준 가열 온도 곡선이다.

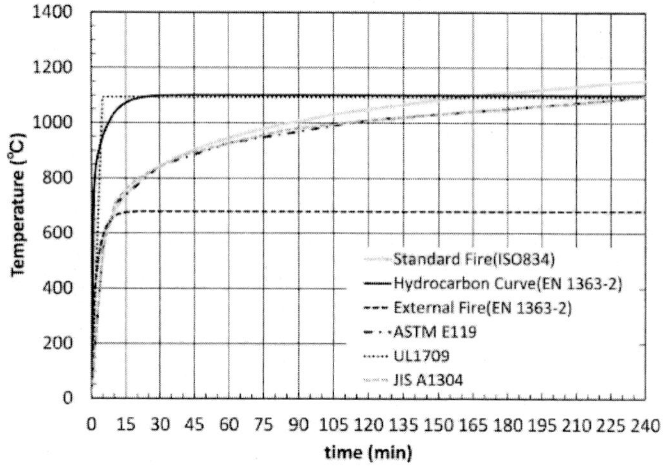

부록 그림 4.1 표준 가열온도 등

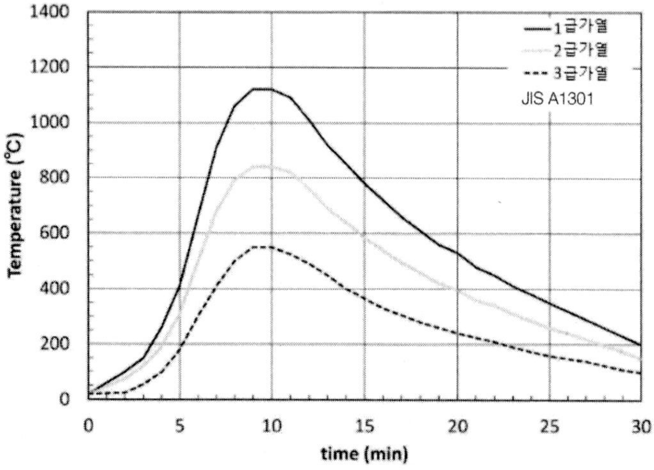

부록 그림 4.2 JIS A1301 가열시험온도

부록 표 4.3 부재의 내화성능 등에 관한 시험방법

규격번호	최신년도	규격명	대상부위	시험방법	비고
JIS A1304	2011	건축구조부분의 내화시험방법 Method of fire resistance test for structural parts of buildings	기둥, 보, 벽 바닥, 지붕	가열시험 재하가열시험 주수시험 충격시험	가열 등급: 30분, 1, 2, 3, 4시간 하중: 장기 허용 응력도의 1.2배 거리 5 m, 통 끝 구경 12.7 mm 통끝 압력 1.4kg/cm² 추: 질량 1, 5 또는 10 kg의 가지형 추, 높이 1, 2m
JIS A 1301	2011	건축물 목조부분의 방화시험방법 Method of fire test for wooden structural parts of buildings	목조의 벽, 기둥 보, 바닥(천정 포함) 등	가열시험 충격시험 주수시험	가열 등급: 1급, 2급, 3급 추: 질량 1 kg의 가지형 추, 높이 1.5 거리 5 m, 통끝 구경 12.7 mm 통끝 압력 1.4kg/cm²
JIS A 1311	2011	건축용 방화호의 방화시험방법 Method of fire protecting test of fire door for buildings	개구부의 방화문	가열시험 충격시험 차연시험	방화용 1급, 2급, 3급, 내화용 30분, 1시간, 2시간 질량 10 kg, 직경 20 cm의 구상 모래 주머니, 수직 거리 50 cm의 높이로부터 낙하 시험체 양면에 있어서 공기의 압력차이가 9.8, 19.6 및 29.4 Pa 때의 환기량
JIS A 1314	2014	방화 댐퍼의 성능시험방법 Performance test methods for fire damper	방화 댐퍼	차연성능시험 작동성능시험 내화성능시험 신뢰성능시험	시험체 전후의 압력차이를 10 Pa, 20 Pa, 30 Pa, 40 Pa 및 50 Pa로 하고, 각각에서의 환기량 작동 시험 온도에 있어서 자동 폐쇄 장치의 온도 퓨즈 등 작동 시험, 부작동 온도에서의 부작동시험 ISO 834-1의 표준 가열에 의한 1시간 가열 내부식 내열 · 내습성 절연성 등
ISO834-1	2012	Fire-resistance tests -Elements of building construction – -Part 1: General requirements	-	가열시험	시험 조건(내화 로의 사양 가열 온도, 노내 압력 등), 판단 조건 등의 내화 시험의 일반적 조건에 대해 규정
ISO/TR 834-2	2009	Part 2: Guidance on measuring uniformity of furnace exposure on test samples	-	가열 균일성	시험 노에 있어서 가열의 균일성에 대해 다양한 위치에서 온도, 기류속, 산소 농도를 측정 방법에 대해 규정
ISO/TR 834-3	2012	Part 3: Commentary on test method and guide tothe application of the outputs	-	시험방법 등의 해설	시험 조건, 판단 조건의 해설과 내화 시험 결과의 적용에 대한 배경과 해설에 대해 기술
ISO 834-4	2000	Part 4: Specific requirements for loadbearing vertical separating element	내력벽	재하가열시험	구획을 구성하는 내력벽의 내화 시험의 조건(시험체, 하중 등), 크라이테리어 등의 특기 사항에 대해 규정
ISO 834-5	2000	Part 5: Specific requirements for loadbearing horizontal separating elements	바닥, 지붕	재하가열시험	구획을 구성하는 마루나 지붕 등의 내화 시험 조건(시험체, 하중 등), 크라이테리어 등의 특기 사항에 대해 규정
ISO 834-6	2000	Part 6: Specific requirements for beam	보	재하가열시험	대들보의 내화 시험의 조건(시험체, 하중 등), 크라이테리어 등의 특기 사항에 대해 규정
ISO 834-7	2000	Part 7: Specific requirements for column	기둥	재하가열시험	기둥의 내화 시험의 조건(시험체, 하중 등), 크라이테리어 등의 특기 사항에 대해 규정
ISO 834-8	2009	Part 8: Specific requirements for non-Loadbearing verticals pirating elements	비내력벽	가열시험	구획을 구성하는 비내력벽의 내화 시험의 조건(시험체, 하중 등), 크라이테리어 등의 특기 사항에 대해 규정
ISO 834-9	2009	Part 9: Specific requirements for non-loadbearing ceiling elements	천정	가열시험	멤브레인 천정의 내화 시험의 조건(시험체, 하중 등), 크라이테리어 등의 특기 사항에 대해 규정
ISO 834-10	2014	Part 10: Specific requirements to determine the contribution of applied fire protection materials to structural steel elements	기둥 및 보	가열시험 재하가열시험	복수의 시험 결과를 이용해 성능 평가하기 위한 내화시험 내화 피복된 강구조기둥 및 보의 내화 시험의 조건(시험체, 하중 등)에 대해 규정
ISO 834-11	2014	Part 11: Specific requirements for the assessment of fire protection to structural steel elements	기둥 및 보	-	ISO834-10에 의해 얻어진 시험 결과에 근거해 내화 성능 평가를 하기 위한 방법에 대해 규정
ISO/ TR 15655	2003	Fire resistance--Tests for thermo-physical and mechanical properties of structural tertials at elevated temperatures for fire engineering design	-	-	내화 설계에 이용하는 구조재료의 열적 · 기계적 특성을 측정하기 위한 시험 방법 등에 대해 규정
UL 263	2011	Standard for Fire Tests of Building Construction and Materials	기둥, 보, 벽, 바닥, 지붕	가열/재하가열시험	건축용 하중 지지 부재, 구획부재의 내화시험방법에 대해 규정, 보와 관련해서는 구속을 받는 경우와 그렇지 않은 경우에 대해 시험방법에 대해 규정
UL1709	2011	Standard for Rapid Rise Fire Tests of Protection Materials for Structural Steel	강부재	가열시험	탄화수소 화재에 관한 가열 온도를 재현한 시험 방법에 대해 규정
ASTM E119	2016	Standard Test Methods for Fire Tests of Building Construction and Materials	기둥, 보, 벽, 바닥, 지붕	가열/재하가열시험	건축용의 하중 지지 부재, 구획 부재의 내화 시험 방법에 대해 규정
ASTM E 1529	2015	Standard Test Methods for Determining Effects of Large Hydrocarbon Pool Fires on Structural Members and Assemblies	기둥, 보, 벽 등	가열시험 재하가열시험	탄화수소 화재에 관한 가열 온도를 재현한 시험 방법에 대해 규정
EN 1363-1	2013	Fire resistance tests, General requirements	-	가열시험	시험 조건(내화 노의 사양 가열 온도, 노내 압력 등), 크라이테리어 등의 내화 시험의 일반적 조건에 대해 규
EN 1363-2	1999	Fire resistance tests, Alternative and additional procedures	-	가열시험	대체 시험 온도로서 탄화수소 화재나 옥외 가열 곡선에 대해 규정
EN 1364-1	2015	Fire resistance tests for non-loadbearing elements Wall	비내력벽	가열시험	구획을 구성하는 비내력벽의 내화 시험의 조건(시험체, 하중 등), 크라이테리어 등의 특기 사항에 대해 규정
EN 1364-2	1999	Fire resistance tests for non-loadbearing elements ceilings	천정	가열시험	멤브레인 천정의 내화 시험의 조건(시험체, 하중 등), 크라이테리어 등의 특기 사항에 대해 규정
EN 1364-3	2014	Fire resistance tests for non-loadbearing elements, Curtain walling, Full configuration (complete assembly)	커튼월	가열시험	커튼월의 내화 시험에 관해서 규정
EN 1364-4	2014	Fire resistance tests for non-loadbearing elements, Curtain walling, Part configuration	커튼월	가열시험	커튼월 부분의 내화 시험에 관해서 규정
EN 1365-1	2012	Fire resistance tests for loadbearing elements Wall	내력벽	재하가열시험	구획을 구성하는 내력벽의 내화 시험의 조건(시험체, 하중 등), 크라이테리어 등의 특기 사항에 대해 규정
EN 1365-2	2014	Fire resistance tests for loadbearing elements, Floors and roofs	바닥, 지붕	재하가열시험	구획을 구성하는 바닥이나 지붕 등의 내화 시험의 조건(시험체, 하중 등), 크라이테리어 등의 특기 사항에 대해 규정
EN 1365-3	2000	Fire resistance tests for loadbearing elements, Beams	보	재하가열시험	보의 내화 시험의 조건(시험체, 하중 등), 크라이테리어 등의 특기 사항에 대해 규정
EN 1365-4	1999	Fire resistance tests for loadbearing elements, Columns	기둥	재하가열시험	기둥의 내화 시험의 조건(시험체, 하중 등), 크라이테리어 등의 특기 사항에 대해 규정
EN 1365-5	2004	Fire resistance tests for loadbearing elements, Balconies and walkways	발코니 및 통로	재하가열시험	발코니나 통로의 비손상성에 관한 내화 시험에 대해 규정
EN 1365-6	2004	Fire resistance tests for loadbearing elements, Stairs	계단	재하가열시험	계단의 비손상성에 관한 내화 시험에 대해 규정

부록 표 4.2 강재의 고온재료 특성시험 규격 등

측정 종류	규격 번호	최신 년도	규격명	시험방법	시험편	비고
인장특성	JIS G 0567	2012	철강재료 및 내열합금의 고온인장 시험방법	-	JIS Z 2241에 따른다 통상: II-10 시험편 직경 10mm, 표점 거리 50mm	시험편을 시험 온도로 가열해 약 15분간 유지한 후, 인장력이 파단할 때까지 부하한다. 시험편 평점간 변형 속도는 통상 0.3%/min으로 한다.
	ISO 783	1999	Metallic materials - Tensile testing at elevated temperature	-	대상으로 하는 제품에 따라 다름 ANNEX A~D로 정의	시험편을 시험 온도로 가열해 적어도 10분간 유지한다. 시험편 평점간 변형 속도: 항복 내력까지 0.1%/min~0.5%/min, 항복 내력 이후 2%/min~20%/min
	ASTM E21	2009	Standard Test Methods for Elevated Temperature Tension Tests of Metallic Materials	-	권장 환봉시험편, 표점/직경은 4 이상	
탄성계수	JIS Z 2280	1993	금속재료의 고온 영률 시험방법	동적 영률 시험방법 가로공진법 세로공진법 초음파 펄스법	판상 시험편(직방체) 길이 40mm 이상, 폭 5mm 이상 두께 1.0mm이상, 길이/두께는 20이상	발진기로 시험편에 진동을 주어 측정한 진동수로부터 신장 탄성률을 산정한다
					원주체 길이 100mm이상, 직경 5mm이상 길이/직경은 15이상	
					원칙적으로 0mm각 이상의 원주 또는 직경 10mm 이상의 원주	시험편에 펄스파를 가해 측정한 음속으로부터 신장 탄성률을 산정한다
				정적 영률 시험방법 변형 게이지법 플러시 변위계법	JIS G 0567에 준함	시험 그 자체는 고온 인장(JIS G 0567)과 같다
비열	-	-	-	레이저 플러시법	원반상 시험편 직경 8~10mm, 두께 0,5~3mm	시험편에 레이저광을 조사해 이면의 온도 이력 곡선을 해석함으로써 비열을 구한다
				단열형 열류법	-	시험편에 연속 가열을 실시해 온도상승속도, 전력, 시험편 중량으로부터 비열을 구한다
				DSC법	-	기준 물질과 시료 사이에 온도차가 생겼을 때의 히터 입력 전력 차이를 열류차로 출력(DSC 곡선)한다
열전도율	-	-	-	레이저 플러시법	원반상 시험편 직경 8~10mm, 두께 0,5~3mm	시험편에 레이저광을 조사해 이면의 온도 이력 곡선을 해석함으로써 구한 열확산율 · 비열로부터 열전도율을 구한다
				열선법	-	무한대를 가정한 시료 안에 직선 모양의 히터를 두고 거기에 일정한 직류 전류를 흘렸을 때의 히터 자체의 온도 상승으로부터 시료의 열전도율을 구한다
				열통계법	-	가열판과 냉각열판의 사이에 세ㅌ이한 시험체 양측의 온도차, 열류계로 측정한 시험체를 통과한 열류밀도 및 시험체의 두께로부터 산출한다
선팽창계수	JIS Z 2285	2003	금속재료의 팽창계수 측정방법	연속승온 측정방법	길이 10-20mm, 단편이 일변 5mm이상의 각주 또는 직경 5mm의 원주	시료를 5K/min 이하의 일정 온도상승 속도로 가열하면서 충분히 짧은 시간 간격으로, 길이 또는 그 변화량 및 온도를 측정한다
				고온유지 측정방법		시료를 5K/min 이하의 일정 온도상승 속도로 가열해 소정의 항온 유지 온도에 달한 후 그 온도 로 유지. 온도상승시 및 항온 유지시에 충분히 짧은 시간 간격으로 길이 또는 그 변화량 및 온도를 측정한다
	-	-	-	압축하중법	원통상 시험편	일정한 하중 하에서의 온도에 의한 시료 치수의 변화를 측정한다
				누름봉식 측정법	-	시료의 치수 변화를 시료 단면에 접촉시킨 누름봉을 통해 외부에 놓인 변위 검출기로 검출한다
크리프특성	JIS Z 2271	2010	금속재료의 크리프 및 크리프 파단시험방법	-	통상적으로는 원형 단면의 비례 시험편	규정된 온도에 시험편을 가열해 시험편의 긴 방향으로 일정한 인장 응력으로 시험편을 변형시켜 크리프 파단까지의 시간을 측정한다
	ISO 204	2009	Metallic materials—Uniaxial creep testing in tension —Method of test	-	-	-
	ASTM E139	2011	Standard Test Methods for Conducting Creep Creep-Ruptur, and Stress-Rupture Tests of Metallic Materials	-	-	-
	ASTM E292	2009	Standard Test Methods for Conducting Time-for-Rupture Notch Tension Tests of Materials	-	-	-

부록 표 4.3 부재의 내화성능 등에 관한 시험방법

규격번호	최신년도	규격명	대상부위	시험방법	비고
JIS A1304	2011	건축구조부분의 내화시험방법 Method of fire resistance test for structural parts of buildings	기둥, 보, 벽 바닥, 지붕	가열시험 재하가열시험 주수시험 충격시험	가열 등급: 30분, 1, 2, 3, 4시간 하중: 장기 허용 응력도의 1.2배 거리 5 m, 통 끝 구경 12.7 mm 통끝 압력 1.4kg/cm² 추: 질량 1, 5 또는 10 kg의 가지형 추, 높이 1, 2m
JIS A 1301	2011	건축물 목조부분의 방화시험방법 Method of fire test for wooden structural parts of buildings	목조의 벽, 기둥 보, 바닥(천정 포함) 등	가열시험 충격시험 주수시험	가열 등급: 1급, 2급, 3급 추: 질량 1 kg의 가지형 추, 높이 1.5 거리 5 m, 통끝 구경 12.7 mm 통끝 압력 1.4kg/cm²
JIS A 1311	2011	건축용 방화호의 방화시험방법 Method of fire protecting test of fire door for buildings	개구부의 방화문	가열시험 충격시험 차연시험	방화용 1급, 2급, 3급, 내화용 30분, 1시간, 2시간 질량 10 kg, 직경 20 cm의 구상 모래 주머니, 수직 거리 50 cm의 높이로부터 낙하 시험체 양면에 있어서 공기의 압력차이가 9.8, 19.6 및 29.4 Pa 때의 환기량
JIS A 1314	2014	방화 댐퍼의 성능시험방법 Performance test methods for fire damper	방화 댐퍼	차여성능시험 작동성능시험 내화성능시험 신뢰성능시험	시험체 전후의 압력차이를 10 Pa, 20 Pa, 30 Pa, 40 Pa 및 50 Pa로 하고, 각각에서의 환기량 작동 시험 온도에 있어서 자동 폐쇄 장치의 온도 퓨즈 등 작동 시험, 부작동 온도에서의 부작동시험 ISO 834-1의 표준 가열에 의한 1시간 가열 내부식 내열 · 내습성 절연성 등
ISO834-1	2012	Fire-resistance tests -Elements of building construction – -Part 1: General requirements	-	가열시험	시험 조건(내화 로의 사양 가열 온도, 노내 압력 등). 판단 조건 등의 내화 시험의 일반적 조건에 대해 규정
ISO/TR 834-2	2009	Part 2: Guidance on measuring uniformity of furnace exposure on test samples	-	가열 균일성	시험 노에 있어서 가열의 균일성에 대해 다양한 위치에서 온도, 기류속, 산소 농도를 측정 방법에 대해 규정
ISO/TR 834-3	2012	Part 3: Commentary on test method and guide tothe application of the outputs	-	시험방법 등의 해설	시험 조건, 판단 조건의 해설과 내화 시험 결과의 적용에 대한 배경과 해설에 대해 기술
ISO 834-4	2000	Part 4: Specific requirements for loadbearing vertical separating element	내력벽	재하가열시험	구획을 구성하는 내력벽의 내화 시험의 조건(시험체, 하중 등), 크라이테리어 등의 특기 사항에 대해 규정
ISO 834-5	2000	Part 5: Specific requirements for loadbearing horizontal separating elements	바닥, 지붕	재하가열시험	구획을 구성하는 마루나 지붕 등의 내화 시험 조건(시험체, 하중 등), 크라이테리어 등의 특기 사항에 대해 규정
ISO 834-6	2000	Part 6: Specific requirements for beam	보	재하가열시험	대들보의 내화 시험의 조건(시험체, 하중 등), 크라이테리어 등의 특기 사항에 대해 규정
ISO 834-7	2000	Part 7: Specific requirements for column	기둥	재하가열시험	기둥의 내화 시험의 조건(시험체, 하중 등), 크라이테리어 등의 특기 사항에 대해 규정
ISO 834-8	2009	Part 8: Specific requirements for non-Loadbearing verticals pirating elements	비내력벽	가열시험	구획을 구성하는 비내력벽의 내화 시험의 조건(시험체, 하중 등), 크라이테리어 등의 특기 사항에 대해 규정
ISO 834-9	2009	Part 9: Specific requirements for non-loadbearing ceiling elements	천정	가열시험	멤브레인 천정의 내화 시험의 조건(시험체, 하중 등), 크라이테리어 등의 특기 사항에 대해 규정
ISO 834-10	2014	Part 10: Specific requirements to determine the contribution of applied fire protection materials to structural steel elements	기둥 및 보	가열시험 재하가열시험	복수의 시험 결과를 이용해 성능 평가하기 위한 내화시험 내화 피복된 강구조기둥 및 보의 내화 시험의 조건(시험체, 하중 등)에 대해 규정
ISO 834-11	2014	Part 11: Specific requirements for the assessment of fire protection to structural steel elements	기둥 및 보	-	ISO834-10에 의해 얻어진 시험 결과에 근거해 내화 성능 평가를 하기 위한 방법에 대해 규정
ISO/ TR 15655	2003	Fire resistance–Tests for thermo-physical and mechanical properties of structural tertials at elevated temperatures for fire engineering design	-	-	내화 설계에 이용하는 구조재료의 열적 · 기계적 특성을 측정하기 위한 시험 방법 등에 대해 규정
UL 263	2011	Standard for Fire Tests of Building Construction and Materials	기둥, 보, 벽, 바닥, 지붕	가열/재하가열시험	건축용 하중 지지 부재, 구획부재의 내화시험방법에 대해 규정, 보와 관련해서는 구속을 받는 경우와 그렇지 않은 경우에 대해 시험방법에 대해 규정
UL1709	2011	Standard for Rapid Rise Fire Tests of Protection Materials for Structural Steel	강부재	가열시험	탄화수소 화재에 관한 가열 온도를 재현한 시험 방법에 대해 규정
ASTM E119	2016	Standard Test Methods for Fire Tests of Building Construction and Materials	기둥, 보, 벽, 바닥, 지붕	가열/재하가열시험	건축용의 하중 지지 부재, 구획 부재의 내화 시험 방법에 대해 규정
ASTM E 1529	2015	Standard Test Methods for Determining Effects of Large Hydrocarbon Pool Fires on Structural Members and Assemblies	기둥, 보, 벽 등	가열시험 재하가열시험	탄화수소 화재에 관한 가열 온도를 재현한 시험 방법에 대해 규정
EN 1363-1	2013	Fire resistance tests, General requirements	-	가열시험	시험 조건(내화 노의 사양 가열 온도, 노내 압력 등), 크라이테리어 등의 내화 시험의 일반적 조건에 대해 규
EN 1363-2	1999	Fire resistance tests, Alternative and additional procedures	-	가열시험	대체 시험 온도로서 탄화수소 화재나 옥외 가열 곡선에 대해 규정
EN 1364-1	2015	Fire resistance tests for non-loadbearing elements Wall	비내력벽	가열시험	구획을 구성하는 비내력벽의 내화 시험의 조건(시험체, 하중 등), 크라이테리어 등의 특기 사항에 대해 규정
EN 1364-2	1999	Fire resistance tests for non-loadbearing elements ceilings	천정	가열시험	멤브레인 천정의 내화 시험의 조건(시험체, 하중 등), 크라이테리어 등의 특기 사항에 대해 규정
EN 1364-3	2014	Fire resistance tests for non-loadbearing elements, Curtain walling, Full configuration (complete assembly)	커튼월	가열시험	커튼월의 내화 시험에 관해서 규정
EN 1364-4	2014	Fire resistance tests for non-loadbearing elements, Curtain walling, Part configuration	커튼월	가열시험	커튼월 부분의 내화 시험에 관해서 규정
EN 1365-1	2012	Fire resistance tests for loadbearing elements Wall	내력벽	재하가열시험	구획을 구성하는 내력벽의 내화 시험의 조건(시험체, 하중 등), 크라이테리어 등의 특기 사항에 대해 규정
EN 1365-2	2014	Fire resistance tests for loadbearing elements, Floors and roofs	바닥, 지붕	재하가열시험	구획을 구성하는 바닥이나 지붕 등의 내화 시험의 조건(시험체, 하중 등), 크라이테리어 등의 특기 사항에 대해 규정
EN 1365-3	2000	Fire resistance tests for loadbearing elements, Beams	보	재하가열시험	보의 내화 시험의 조건(시험체, 하중 등), 크라이테리어 등의 특기 사항에 대해 규정
EN 1365-4	1999	Fire resistance tests for loadbearing elements, Columns	기둥	재하가열시험	기둥의 내화 시험의 조건(시험체, 하중 등), 크라이테리어 등의 특기 사항에 대해 규정
EN 1365-5	2004	Fire resistance tests for loadbearing elements, Balconies and walkways	발코니 및 통로	재하가열시험	발코니나 통로의 비손상성에 관한 내화 시험에 대해 규정
EN 1365-6	2004	Fire resistance tests for loadbearing elements, Stairs	계단	재하가열시험	계단의 비손상성에 관한 내화 시험에 대해 규정

부록 5 목질계 부재의 방내화 시험방법

이 부록에서는 목질계 재료에 의한 구조 부재의 방내화 시험방법이나 목질계 방화재료의 시험방법에 대해 정리했다. 방내화 시험방법은 구조재료의 종류에 따라 기본적으로 다른 것은 없지만, 가연 재료인 목재를 구조재료로 적용하기 위해서는 고려해야 할 점이 있으므로 이 부록을 참고로 하면 유용할 것이다.

(1) 목질계 구조 부재의 시험방법(장관 인증과 관련된 성능 평가)

목질계 구조 부재의 내화 가열 시험방법은 국제적으로는 ISO가 정한 ISO/834-1에 규정되어 있다. 이 시험방법은 목질부재 뿐만이 아니라 강재 등의 불연 재료로 만들어진 부재에도 적용되며 재료의 종류를 불문하고 동일한 시험방법을 적용할 수 있게 되어 있다. 일본에서는 국토교통장관의 인증을 얻기 위한 성능 평가를 수반하는 시험방법으로 채택되고 있다.

가열 방법의 개요는 아래와 같다.

① 시험체의 재료 및 구성은 실제와 동일 시방으로 하며, 목지부 등 취약 부분을 포함한 시험체를 제작해 시험에 사용한다.

② 벽부재에서는 폭, 높이 모두 3 m이상으로 한다.

③ 바닥・지붕 부재의 경우, 폭 3 m, 길이 4 m이상으로 한다.

④ 보 부재의 경우, 길이 4 m이상, 기둥 부재는 길이 3 m이상으로 한다.

⑤ 계단에서는 폭 1.2 m이상, 단수 5단 이상으로 한다.

⑥ 가열은 시험체의 가열온도 T(℃)와 시간(t)의 관계를, $T=345\log_{10}(8t+1)+20$으로 나타나는 곡선을 이용한다. 가열 시의 시간 및 온도곡선을 그림 5.1에 나타낸다.

가열 온도의 허용 오차는 아래와 같다.

가) 5분~10분 이하 : 오차 15% 이하

나) 10분~30분 이하 : 오차 {15-0.5(t-10)}% 이하

다) 30분~60분 이하 : 오차 [5-0.083 (t-30)]% 이하

라) 60분 이상 : 오차 2.5% 이하

단, 대량의 가연 재료를 포함한 경우는 가연 재료의 발화로 인한 노내의 온도 상승은 이 범위를 초과할 수 있다.

⑦ 재하 가열시험

상시 하중을 받는 부재에 대해서는 시험체에 일정한 시험 하중을 재하 하면서 내화 가열 표준 곡선에 따라 가열한다.

⑧ 평가 기준

시험체의 이면 온도(차열성), 이면에 이르는 균열의 여부(차염성)나 하중 지지 능력(비손상성)을 평가한다. 단 목조 내화구조 시험의 경우는 벽, 바닥, 지붕 및 계단에서는 원칙적으로 연직 하중을 부담하는 주요 구조 부재(프레임 벽공법은 수평력을 부담하는 부재를 포함한다)에 화재 종료 후(시험 종료 후)에도 탄화가 인정되지 않아야 하며, 기둥 및 보 부재의 경우, 하중 지지 부재에 탄화가 인정되지 않아야 한다.

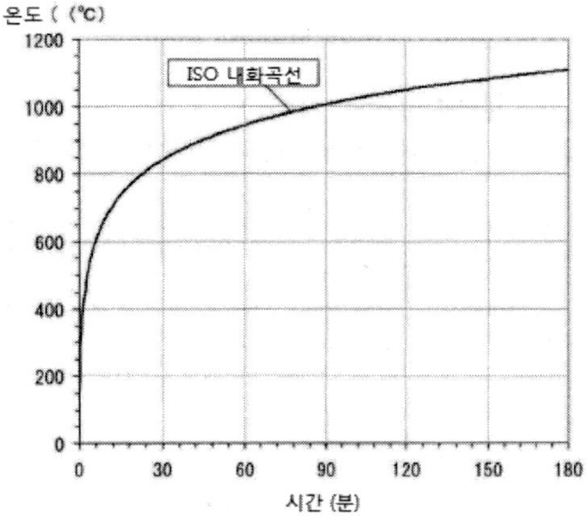

부록 그림 5.1 내화가열 표준곡선(ISO/834-1)

⑨ 가열 시간

각 부재에 요구되는 내화 시간에 따라 가열 시간을 설정한다. 단, 내화구조를 평가하는 경우는 요구 시간의 재하가열 후 가열을 종료한 후에도 요구 시간의 3배 이상의 시간까지 시험을 실시해 차열성, 차염성, 비손상성 및 탄화 상황을 측정한다.

a) 기둥

① 시험체 치수 등

기둥의 시험은 단면 형상 및 크기는 실제와 동일하게 하고, 길이 3 m이상으로 실시한다. 기둥 가열 장치의 개요를 부록 그림 5.2에 나타낸다.

② 재하하중

시험체의 기둥 단면에 장기 허용 응력도에 상당하는 압축 응력이 발생하는 하중을, 기둥의 중심부에 재하한다. 목조 부재의 장기 허용 응력도는 2000년 건설성 고시 제1452호에 침엽수 제재의 기준 강도가 정해져, 일본 농림 규격에 적합한 구조용 집성재 및 구조용 단판적층재(LVL)의 허용 응력도는 2001년 국토교통성 고시 제1024호에 정해져 있으며, 압축 기준 강도의 1.1/3배의 값을 재하하중으로 한다. 또, 이

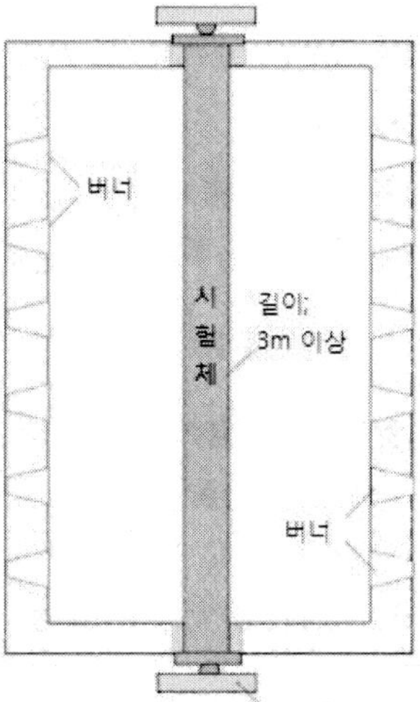

부록 그림 5.2 기둥 가열장치

값은 기둥의 세장비에 따라 수치가 정해진다.

③ 평가 기준

하중 지지 능력은 최대 축방향 수축량(mm)이 h/100 이하, 최대 축방향 수축 속도(mm/분)가 3 h/1000 이하여야 한다. 여기에서 h는 시험체의 길이(mm)를 나타낸다.

b) 보

① 시험체 치수 등

보의 길이는 단면 형상 및 치수는 실제와 동일하게 하며, 길이 4 m이상으로 실시한다. 수평로의 개요를 부록 그림 5.3에 나타낸다.

② 재하하중

시험체의 보 단면에 장기 허용 응력도에 상당하는 휨 응력이 생기는 하중을 보에 재하한다. 재하위치는 원칙적으로 보 스팬의 3등분점 2선 하중으로 한다. 목조 부재의 휨 장기 허용 응력도는 a) 기둥과 마찬가지로 휨 기준 강도가 정해져 있어 휨 기준 강도의 1.1/3배의 값을 재하하중으로 한다.

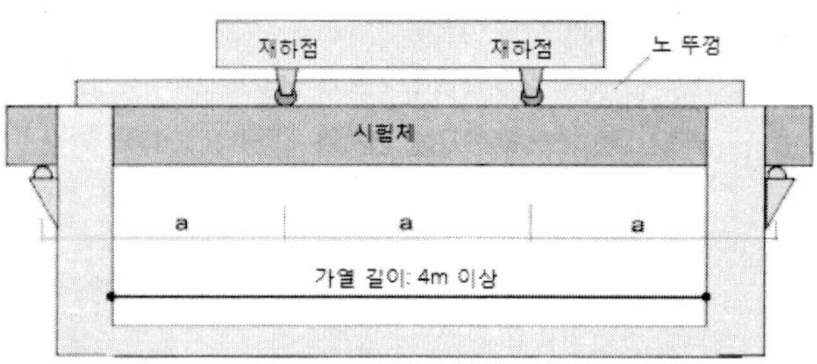

부록 그림 5.3 보 가열장치

③ 평가 기준

하중 지지 능력(비손상성)은 최대 처짐(mm)이 $L^2/400d$이하, 최대 처짐 속도(mm/분)가 $L^2/9000d$이하여야 한다. 여기에서 L은 보의 지점간 거리(mm)를, d는 보 시험체의 보 높이(mm)를 나타낸다.

c) 바닥

① 시험체 치수 등

바닥의 크기는 바닥의 시방이나 시공 방법 등이 실제와 동일하게 하며, 바닥 아래(천정면) 가열에 대해서는 원칙적으로 폭 3 m이상, 길이 4 m이상으로 실시한다. 바닥 위 가열에 대해서는 길이 2 m이상, 폭 1.8 m이상으로 실시한다.

② 재하하중

시험체의 바닥 구조에 장기 허용 응력도에 상당하는 휨 응력이 생기는 하중을 바닥에 재하하거나 사용하는 건축물의 룸의 용도가 특정되는 바닥에는 건축기준법 시행령 제85조의 규정에 근거하는 적재 하중을 바닥에 재하한다. 재하위치는 원칙적으로 등분포 하중으로 한다. 단, 바닥 위를 가열하는 경우는 무재하로 한다

③ 가열면

수평 가열로를 이용해 바닥 아래(천정면)을 가열하는 경우는 바닥 윗면에 하중을 재하한다. 바닥의 표면을 가열하는 경우는 수평 가열로 가운데에 시험체를 설치한다.

④ 평가 기준

비가열측 표면에 화염 등이 발생하는 균열 등이 생기지 않는 것(차염성)이나 비가열측 표면 온도가 평균 온도로 초기 온도+140℃ 이하 또는 최고 온도가 초기 온도+180℃ 이하여야 (차열성)한다. 또, 하중 지지 능력(비손상성)의 평가 기준은 b) 보와 같다.

d) 벽

① 시험체 치수 등

벽의 크기는 벽의 시방이나 시공 방법 등이 실제와 동일하게 하고, 원칙적으로 폭 3 m이상, 높이 3 m이상으로 실시한다. 다만, 기본적 치수가 정해져 있는 경우에는 그 치수에 맞추어 시험체를 제작한다.

② 재하하중

벽 구조 시험체의 하중 지지 부재에 장기 허용 응력도에 상당하는 압축 응력이 생기는 하중을 벽에 재하한다. 재래식 축조구법의 경우, 벽시험체의 가열 부분에 포함되는 기둥 부재에 직접 재하하고, 거푸집 벽공법의 경우, 벽 시험체의 가열 부분에 포함되는 스터드의 개수에 대응하는 윗 틀에 하중을 재하하며, 목질 프리패브 공법의 경우에는 가열하는 벽의 폭에 대응한 형식 인증을 통해 인정된 장기 설계 하중을 재하한다.

③ 평가 기준

벽의 비가열 측에 화염이 발생하는 균열이나 10초 이상 계속되는 화염의 분출, 발염이 없어야 하며, 벽 비가열 측의 표면 온도가 평균 온도로 초기 온도+140℃ 이하 또는 최고 온도가 초기 온도+180℃ 이하여야 한다. 또 하중 지지 능력의 평가 기준은 a) 기둥과 같다.

e) 지붕(실내측)

① 지붕의 시방 등이 실제와 동일하게 하고, 지붕의 크기는 원칙적으로 폭 3 m이상, 길이 4 m이상으로 실시한다.

② 재하하중

지붕 $1m^2$ 마다 구분하고 구분된 각각의 중앙부에 65 kg의 추를 실어 재하하면서 가열을 실시한다.

③ 가열면

수평 가열로를 이용해 지붕의 실내측부터 가열한다.

④ 평가 기준

지붕의 비가열 측에 화염이 발생할 수 있는 균열이나 10초 이상 계속되는 화염의 분출, 발염이 없어야 한다. 또 하중 지지 능력의 평가 기준은 b) 보와 같다.

* 준 내화구조의 지붕에 대해서는 여기에 제시한 실내측 가열과 실외 측 지붕 이음재의 비화 시험으로 평가된다. 지붕 이음재의 시험 개요에 대해서는 방화재료 항에서 그 개요를 해설한다.

f) 계단

① 계단의 단판, 단판을 지지하는 빔의 단면 형상 등의 시방은 실제와 동일하게 하며, 원칙적으로 폭 1.2 m이상, 단판은 5단 이상으로 실시한다. 화재 가열을 받을 것으로 생각되는 모든 면을 가열할 수 있도록 시험체를 제작한다.

② 재하하중

단판의 중앙부에 65 kg의 추를 실어 재하하면서 가열을 실시한다.

③ 평가 기준

단판의 최대 처짐량이 단판 지지 길이의 30분의 1을 초과해서는 안된다.

g) 개구부재(방화 설비, 특정 방화 설비)

① 개구부의 크기는 개구부의 시방 등이 실제와 동일하게 하며, 원칙적으로 가정하는 벽구조에 장착해 실시한다.

② 부재료인 문틀, 쇠장식, 문지방, 힌지, 도어 클로저 등도 동일 시방을 이용한다.

③ 평가 기준

개구부의 비가열 측에 화염이 발생할 수 있는 균열이나 10초 이상 계속되는 화염의 분출, 발염이 없어야 한다.

h) 목질계 구조 부재의 기둥 · 보 접합부 등에 관한 시험의 소개

전술한 내화시험방법의 경우, 부재 유닛에 대한 내화 성능을 확인하는 시험방법으로, 이들 부재에 대해서는 서로 접합부를 통해 구조물의 응력을 전달해 건물의 구조 안정성을 확보하고 있다. 건물 전체의 내화 성능을 확보하기 위해서는 부재 유닛의 내화 성능 뿐만 아니라, 접합부의 내화 성능에 대해서도 확인할 필요가 있다. 그렇지만 접합부에 대한 내화 성능을 확인하는 평가 · 시험방법은 확립되어 있지 않고, 현재 상태로서는 내화 성능이 있는 부재간 편성을 통해 종합적으로 접합부의 내화 성능을 판단하고 있다.

내화 성능을 보유한 기둥 · 보 부재(장관 인증을 취득한 부재)에 대해 실제 현장에서의 접합부의 상황을 재현한 시험체를 이용한 내화시험은 몇 가지 소개하였다. 화재시에 있어서 기둥 · 보 접합부의 응력 전달을 확인하기 위한 1시간 재하가열 실험을 실시한 실험이나, 기둥 · 보 접합부로부터의 열진입에 의한 하중 지지 부재의 탄화 여부를 확인하기 위한 1시간 및 2시간의 가열 실험[2)3)]에 대해 보고했다. 또한 기둥 · 보 접합부 뿐만 아니라 구획 부재(벽 · 바닥)와 가구 부재(기둥 · 보) 접합 부분의 실험에 대해서도 보고되고 있으므로, 향후에는 부재 유닛의 시험방법과 더불어 이들 접합 부분의 내화 성능에 대해서도 검토해 나갈 필요가 있을 것으로 평가된다.

i) 목질계 구조부재에 있어서 내화시험의 문제점

목조 부재의 내화시험에서는 목재의 장기 허용 응력도에 상당하는 응력이 생기는 하중을 재하 하는데, 기둥의 시험에서는 길이 3 m이상으로 시험을 실시하는 경우, 적어도 30cm각 이상이 아니면 세장비가 100 이내가 되지 않는다. 보 부재의 경우, 제재와 집성재는 보폭의 18배, 단판적층재는 보폭의 21배에 해당하는 스팬으로 강도 시험을 실시하는 것이 JAS에 정해져 있으므로 가열 길이가 4 m를 초과하는 경우의 보 키는 집성재가 25 cm이상, 단판적층재 22 cm이상이 필요하다. 목질 구조 부재는 가열 중에 단면의 결손이 진행되면서 세장비나 스팬-보폭의 비가 가열 시간의 경과와 함께 목질부재에서 불리해진다. 이들에 대해서는 내화 성능으로 불리한 측에서 시험을 실시하므로 관계없을 것으로 생각되나, 기둥의 치수가 30cm이하의 경우는 가열중 세장비가 150을 초과하는 경우도 생긴다. 적어도 가정 시간 내에 세장비가 150을 초과하지 않는 길이나 스팬-보폭의 비가 커지지 않는 치수나 스팬으로 시험을 실시하는 등의 고려가 필요할 것으로 생각된다.

내화구조 시험의 경우, 목조 부재는 구조 주요부에 연소가 생기지 않아야 한다. 이는 내화구조의 정의가 건축기준법 제2조 9의 2 가(ii)에서 '해당 건축물의 주위에 발생하는 통상의 화재에서 발생이 예측되는 화재에 의한 가열에 해당 화재가 종료될 때까지 견디는

것'으로 규정되어 있다는 점에서 그 해석으로 시험 종료 후에 목질 구조 부재가 연소하고 있다면, 머지않아 연소에 의한 단면 결손으로 도괴에 이를 것으로 생각되기 때문이다. 즉, 내화구조는 화재가 종료하더라도 계속 유지되어야 한다고 해석된다. 이에 요구 내화 시간의 가열 후에도 그 3배 이상의 시간 내에 비손상성이나 차열성, 차염성 및 구조 주요부가 탄화하지 않아야 한다. 1996년에 실시된 시가지 건축을 가정한 목조 3층건물 공동주택의 실제 대화재 실험에서는 도괴까지 약 3시간이 걸려 도시 화재에서 유소를 억제하는 효과가 실증되었으며, 내화구조에서도 유소 억제 효과가 인정되면 반드시 도괴되지 않는 것을 전제로 할 필요는 없다고 생각되므로 반드시 장시간의 가열 시험을 실시해야 한다는 것 등에 대한 향후 논의가 필요할 것으로 생각된다.

종래 탄화 정지 성능이 있는 부재 개발 기술의 진보와 더불어 목재에 대한 난연 약제 주입을 통해 탄화 정지 성능이 발휘되는 구조도 출현했다. 지금까지는 목재 자체의 재료 특성을 파악해 그 범위에서 방내화상의 안전성을 내화시험을 통해 확인해 왔지만, 이들 난소성능 향상을 위한 약제를 목재에 첨가함으로써 이들 난연 약제를 포함한 목재 자체의 재료 특성을 파악할 필요가 있다.

최근에는 목질 내화구조의 2시간 내화 시방에 대한 개발도 진행되고 있어 법률적으로는 14층건물 가운데 · 고층건축물도 설계 가능한 점을 감안하면, 현행 제도로는 확인이 어려운 접합부 등의 안전성에 대한 검토, 목질 구조 부재의 내화시험방법에 대한 검토, 그리고 내화시험에 제공하는 시험체는 물론, 목질 내화건축물에 있어서의 목재 자체의 재료 품질(정밀도 확보 · 정밀도 향상) 및, 난연 처리 약제 등의 난소성 향상에 기여하는 재료의 품질에 대해서도 유의하면서 내화시험을 실시해 나가야 할 것이다.

(2) 목질계 방화재료의 시험방법

a) 방화재료에 요구되는 성능

방화재료는 화재가 발생했을 때 대피에 지장을 초래하지 않는 성능과 화재의 연소 확대를 지연시키는 성능이 필요하다. 이를 위해서는 대피를 어렵게 하는 연기나 가스의 발생이 적은 것이나 화재의 확대를 막기 위해 연소가 지속되지 않아야 한다.

건축기준법에서는 건물의 용도나 규모에 따라 이용되는 재료가 규정되어 있는데, 그 성능으로 연소하지 않는 것, 용융되지 않을 것 및 연기나 가스의 발생이 적어야 한다. 연소되지 않을 것, 용융되지 않을 것에 대해서는 재료의 발열량이나 발열 속도로 평가할 수 있고, 연기나 가스에 대해서는 일반적인 재료인 목재와 비교해 발생량이 적은 것으로 평가된다. 성능평가기관이 실시하고 있는 시험에는 ISO에 근거하는 시험방법이 이용되고 있다. 그 개요는 다음과 같다.

b) 방화재료의 종류

건축기준법에 근거하는 방화재료의 정의에서는 불연 재료, 준불연 재료 및 난연 재료로 분류되며, 이들에 요구되는 성능은 불연 재료가 20분간, 준불연 재료가 10분간, 난연 재료가 5분간, 연소를 지속하게 하는 발열이 없어야 한다. 또한 이러한 성능을 평가할 수 있는 방법은 특별히 정해지지 않았으므로, 적절한 방법이면 어떠한 시험방법도 가능하지만, 실제적으로는 ISO에 정해진 시험방법이 채택되고 있다.

c) 방화재료 시험방법

방화재료의 성능을 평가하기 위해서는 아래와 같은 시험방법이 이용되고 있다.

① 불연성 시험

ISO/1182에 규정되는 장치를 이용해 가열 시험을 실시한다(부록 그림 5.4 참조). 본 장치는 750℃로 유지한 가열로 가운데에 원주형 시험체를 삽입해, 로내의 온도 상승을 측정해 연소 상황을 확인하는 방법으로, 시험 개시 후 20분간, 로내 온도가 최종 평형온도를 20 K를 초과해 상승하지 않을 것, 시험체의 중량 감소율이 30%를 초과하지 않아야 한다.

② 발열성 시험(콘칼로리 미터 시험)

ISO/5660에서 규정하는 부록 그림 5.5의 콘칼로리 미터 시험 장치가 이용된다.

③ 모형박스시험

ISO/TS17431에 규정하는 부록 그림 5.6의 중간규모 모형 박스 시험장치가 이용된다.

④ 가스 유해성 시험

가스 유해성을 평가하기 위해 부록 그림 5.7의 1976년 건설성 고시 제1231에 준한 마우스를 이용한 시험 장치가 이용되고 있다.

⑤ 룸코너 시험

발열량이나 발열 속도를 측정하는 방법으로는 ISO/9705에 규정되어 있는 부록 그림 5.8의 룸 코너 시험 장치로도 평가가 가능하지만, 일본 내 성능평가기관에는 이 장치가 없어 현재로서는 이 장치에 의한 평가는 이루어지지 않고 있다.

⑥ 평가 기준

불연 재료는 ISO/1182에 의한 시험 ① 또는 ISO/5660에 의한 발열성 시험 ②와 가스 유해성 시험 ④의 조합으로 평가된다. 준불연 재료 및 난연 재료는 ISO/5660에 의한 발열성 시험 ② 또는 ISO/TS17431에 의한 모형박스시험 ③과 가스 유해성 시험 ④의 조합으로 평가된다. 각 방화재료의 종류와 평가 시험방법의 관계를 부록 표 5.1에 나타낸다. 또 각 시험방법에 따른 평가를 위한 판정 기준을 부록 표 5.2에 나타낸다. 이러한 시험방법은 방화재료의 성능평가기관이 규정하는 업무 방법서에 그 상세한 내용이 기재되어 있다.

d) 지붕 구성재료(지붕 이음재)

지붕이음재료의 성능을 평가하기 위해서는 아래와 같은 시험방법이 이용되고 있다.

① 지붕 재료의 시방 등은 실제와 동일하게 하고 실제 시공을 재현할 수 있는 시험체로 한다. 지붕의 크기는 원칙적으로 폭 1.2 m, 길이 2 m, 두께 25 cm이하로 한다. 장치의 개요를 부록 그림 5.9에 나타낸다.

② 화종은 부록 그림 5.10에 나타낸바와 같이 법 22조 대응에서는 40mm×40mm×40mm의 너도밤나무재를 이용하고 법 63조 대응에서는 19mm×19mm×80mm의 너도밤나무재를 교대로 3단으로 겹쳐 쌓아 전체를 80mm×80mm×60mm의 크리브로 한다.

③ 성능은 화종을 시험체에 올린 후 30분 이내에, 시험체의 각 변에 이르는 화염 확대가 없는 점 및 과연소침식이 없는 점을 평가한다.

표 5.1 재료의 종류와 평가방법

요구성능 / 시험종류	불연재료 (20분)	준불연재료 (10분)	난연재료 (5분)
불연성시험	○	-	-
발열성 시험	○	○	○
모형박스 시험	-	○	○
가스유해성 시험	◎	◎	◎

주) a나 b의 어떤 것을 만족하면 합격

a ○의 어떤 것에 합격하고, ◎에 합격한다.

b ○의 어떤 것에 합격하고, 규정된 범위내에서 재료의 바탕재에 치장을 실시한다.

표 5.2 각시험방법과 판정기준

시험종류	판정기준
불연성시험	• 로내온도가 최종 평형온도로부터 20k를 넘는 상승을 하지 않음 • 질량감소율이 30% 이하
발열성 시험	• 총발열량 8MJ/m^2 이하 • 방화상 유해한 이면까지 관통하는 균열이나 구멍이 없음 • 최고발열속도가 200kw/m^{2}를 넘지 않음
박스형태의 박스시험	• 총발열량 30MJ 이하 • 방화당 유해한 이면까지 관통하는 균열이나 구멍이 없음 • 최고발열속도가 10초 이상 연속하여 140kW를 넘지 않음
가스유해성 시험	• 8마리 쥐의 평균행동 정지시간이 68분 이상

주) 요구성능별 시험시간은 상이함

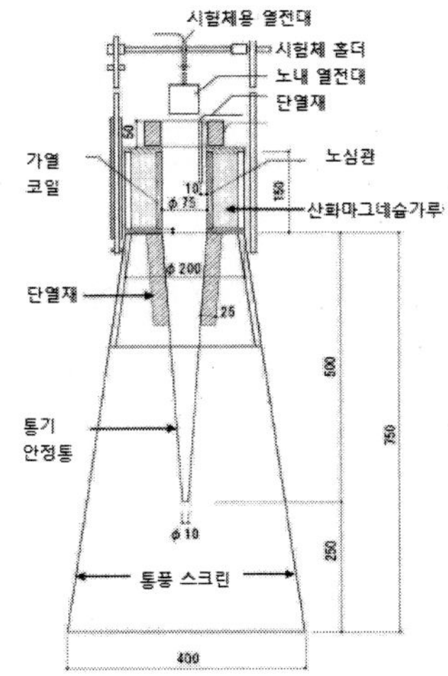

부록 그림 5.4 불연성 시험장치 개요도

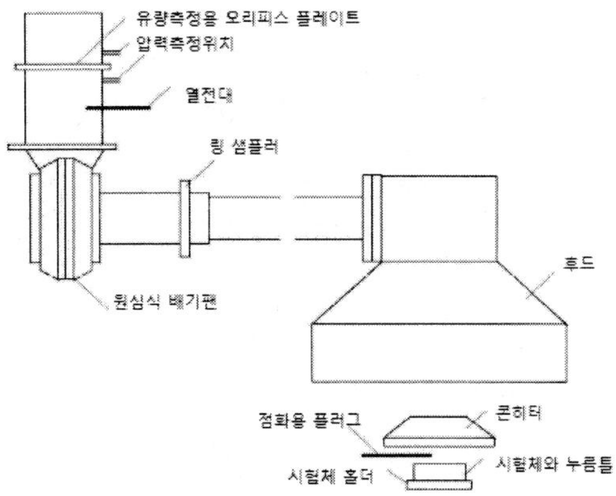

부록 그림 5.5 콘칼로리 미터 시험장치

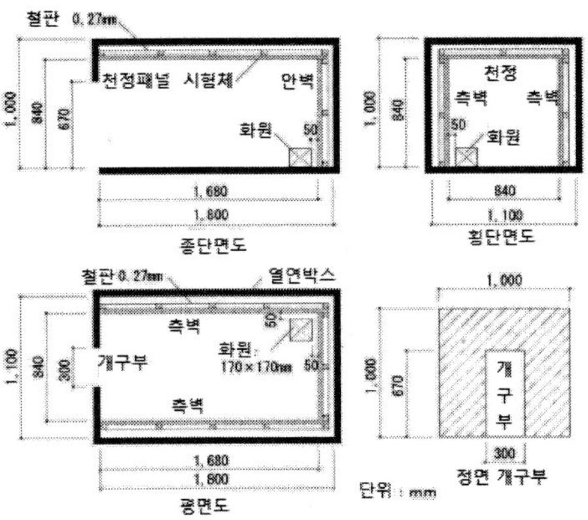

부록 그림 5.6 중간규모모형 박스 시험장치 개요도(ISO/TS17431 : 2006)

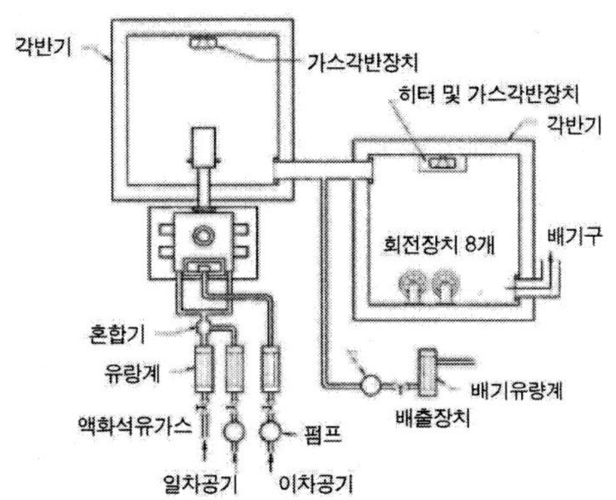

부록 그림 5.7 가스유해성 시험장치 개요도 (1976년 건설성 고시 제1231호에 준거)

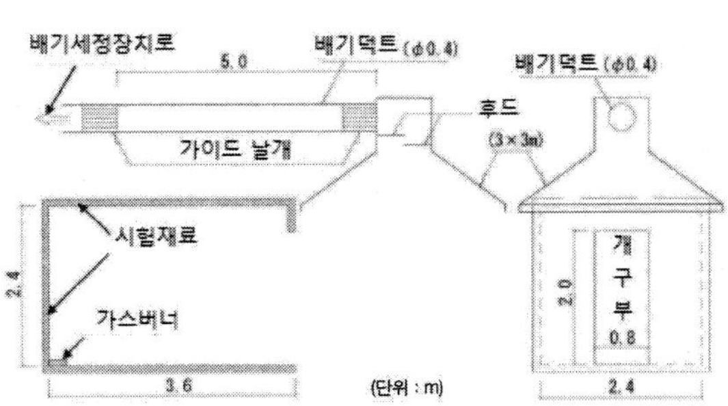

부록 그림 5.8 룸 코너 시험장치 개요도(ISO 9705 : 1993)

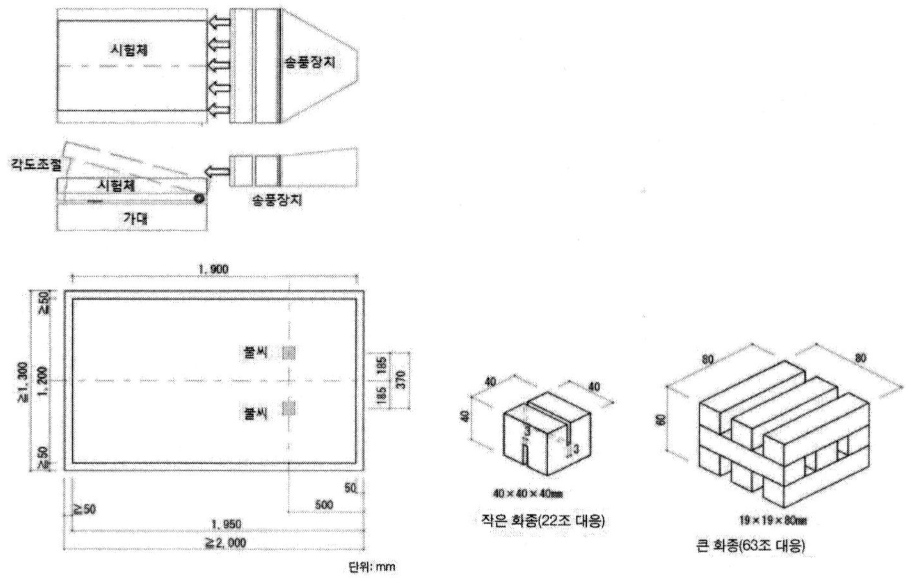

부록 그림 5.9 지붕 비화 시험장치

인용 · 참고문헌

1) 大橋宏和, 永盛洋樹, 長岡勉, 大野正人, 五十嵐信也, 遊佐秀逸, 吉川利文, 金城仁: 耐火木造部材の耐火性能に関する研究 その3 柱梁接合部の載荷加熱実験, 日本建築学会大会学術講演梗概集 (北海道), pp. 141-142, 2013. 8

2) 西村光太, 宮本圭一, 抱憲誓, 服部順昭, 安藤恵介, 石垣弘之, 原田寿郎, 上川大輔, 宮林正幸, 大内富夫: 耐火集成材の開発 その8 ラミナの部分的薬剤処理により作製したスギ耐火集成材柱・梁接合部の加熱実験, 日本建築学会大会学術講演梗概集 (東北), pp. 325-326, 2009. 8

3) 西村光太, 宮本圭一, 抱憲誓, 服部順昭, 安藤恵介, 原田寿郎, 上川大輔, 宮林正幸: 耐火集成材の開発 その11 ラミナの部分的薬剤処理により作製したスギ耐火集成材柱・梁接合部の2時間加熱実験, 日本建築学会大会学術講演梗概集 (北陸), pp. 111-112, 2010. 9

4) 西村光太, 宮本圭一, 抱憲誓, 服部順昭, 安藤恵介, 原田寿郎, 上川大輔, 宮林正幸: 耐火集成材の開発 その14 ラミナの部分的薬剤処理により作製したスギ耐火集成材梁と天井床接合部の1時間加熱実験, 日本建築学会大会学術講演梗概集 (関東), pp. 111-112, 2011. 8

5) 西村光太, 宮本圭一, 抱憲誓, 服部順昭, 安藤恵介, 原田寿郎, 上川大輔, 宮林正幸: 耐火集成材の開発 その17 異なる施工方法作製した複数のスギ耐火集成材柱と壁接合部の1時間加熱実験, 日本建築学会大会学術講演梗概集 (東海), pp. 361-362, 2012. 9

6) 石川敬, 板垣直行, 原田浩司, 長谷見雄二, 櫛田紘敬, 泉潤一, 江田健一郎, 市原卓磨, 飯島泰男: スギ間伐材を用いた木質耐火構造部材の開発 その1 軸組架構の接合部および床・屋根との構成部分の耐火性能試験, 日本建築学会大会学術講演梗概集 (東海), pp. 363-364, 2012. 9

부록 6 목질계 구조의 해외 설계법

(1) 미국의 기준

American Wood Council(AF&PA) Technical Report No. 10

'CALCULATING THE FIRE RESISTANCE OF EXPOSED WOOD MEMBERS' 발췌

Part Ⅲ 목질부재의 내화 설계 절차

§3.1 목질부재의 설계 절차

화염에 의해 가열되어 소실한 목질부재에 내하중 능력을 초과하는 하중이 재하 되면 부재의 파괴가 발생한다. 역학에 근거하는 이 새로운 설계 절차는 기초적인 목재 공학을 사용해 화염에 의해 가열된 목질부재의 내하중 능력을 계산해 2시간 이내의 내화 성능 계산에 관하여 2001년판의 NDS에 포함되었다.

목재의 기계적이나 물리적인 특성을 사용해 부재의 내하중 능력은 주어진 내화시간으로부터 직접 계산된다. 단면 성능은 주어진 시간 t와 유효 탄화 속도 β_{eff} 가정하는 것으로 계산된다.

탄화층에 인접하는 목재의 강도와 강성의 강도 감소는 탄화 속도를 20% 늘리는 것으로 대응한다. 부재의 평균적인 강도 특성은 설계 특성을 계산하기 위해 사용되는 기존의 용인된 절차로부터 대략 계산할 수 있다. 최종적으로 목질부재는 NDS에서 인정되는 공학적 절차를 사용해 설계되어 있다.

§3.1.1 탄화 속도

이 절차 중에서 사용되는 유효 탄화 속도는 다음의 식을 사용해, 공표되어 있는 공칭 1시간의 탄화 속도 데이터로부터 예측할 수 있다:

$$\beta_{eff} = \frac{1.2 \cdot \beta_n}{t^{0.187}}$$

여기에서

β_{eff} = 내화 시간 t에 맞추어 조정한 유효 탄화 속도(인치/시)

β_n = 공칭 탄화 속도(1시간 가열에 근거하는 선형 탄화 속도)

t = 내화(가열) 시간

공칭 탄화 속도 β_n는 침엽수 제재 및 구조용 집성재에 대해서 일반적으로 1 시간당 1.5인치로 간주된다.

β_n = 1.5inch/시에 대한 각각의 가열면의 유효 탄화 속도 β_{eff}와 유효 탄화 깊이 α_{char}는 다음과 같다:

부록 표 6.1 3.1-1 유효 탄화 속도와 탄화 깊이 (β_n = 1.5inch/시에 대하여)

요구내화시간 (시간)	유효 탄화 속도 β_{eff} (inch/시간)	유효 탄화 깊이 α_{char} (inch)
1시간	1.8	1.8
1시간 30분	1.67	2.5
2시간	1.58	3.2

단면 성능은 잔존 단면 치수를 이용해 단면적, 단면 계수 및 단면2차 모멘트에 관한 공식으로 계산할 수 있다. 단면 치수는 가열을 받는 각 표면에 대해 유효 탄화 깊이에 의해 감소한다.

§3.1.2 부재의 강도와 허용 하중의 추정

내화 설계에서는 예측되는 부재의 허용 하중이 화염에 의해 가열된 결과에 의한 단면 치수와 기계적 성질의 감소로부터 평가된다. 단면 치수와 기계적 성질의 감소는 유효 탄화 깊이를 사용해 단면 성능의 감소로부터 대응하며, 평균적인 부재 강도 특성은 공표된 허용 응력도로부터 결정된다. 주어진 시간(t), 화재에 의한 화열을 받은 목질부재의 평균 허용 하중은 감소한 단면 성능과 부재의 평균 강도로부터 평가할 수 있다.

제재, 구조용 집성재 및 구조용 목질복합 부재에 대한 평균적인 부재의 허용 하중은 다음의 조정인자(K)를 허용 응력도에 곱함으로써 근사할 수 있다.

부록 표 6.2~3.1-2 허용 응력도에 대한 평균 종국강도 조절계수

부재의 허용 하중	K
허용 휨모멘트	2.85
허용 인장하중	2.85
허용 압축하중	2.58
보 허용 횡좌굴하중	2.03
기둥 허용 좌굴능력	2.03

축력과 휨의 복합 작용 또한 이 순서를 사용해 계산할 수 있다. 모든 부재 강도와 단면 성능은 모두 복합 작용의 계산에 앞서 조절해야 한다. 그 후, 상호작용 계산은 적절한 NDS 조건에 따라 도출해야 한다.

§3.1.3 부재의 설계

부재의 허용 하중이 3.1.1항의 유효한 단면 성능과 3.1.2항의 부재 강도 근사치를 사용해 결정되면, 목질부재는 다음의 하중 조건에 대한 용인된 NDS의 설계 절차를 사용해 설계할 수 있다.

$$D + L \leq K \cdot R_{ASD}$$

여기에서

D = (설계) 고정 하중

L = (설계) 적재 하중

R_{ASD} =공칭 설계 허용 하중

K = 평균 종국 강도 조절 계수

§3.2 목제 데크재의 설계법

목제 데크재는 적어도 두께 2인치의 판재로 구성된다. 판재는 지지하는 보 사이에 걸쳐 유효 길이에 따라 다른 시공법으로 할 수 있다. 통상은 인접한 판을 접합하기 위해 1곳 또는 2곳의 이음이 이용되고 있다. 그러나 딴혀쪽매(spline joint)나 맞댐이음(butt joint)도 일반적으로 이용된다.

주어진 내화 시간의 요구를 충족하기 위해 목제 데크재는 표준 가열을 받는 동안, 차열성을 유지하면서 하중을 지지하는 능력을 유지할 필요가 있다. 차열성의 요건은 비가열면 전체적으로 평균 ℉ 250도, 최고 온도가 ℉ 325도의 온도 상승을 한계로 한다. 데크재만으로 한계를 충족할 수 없는 경우, 파열 시간을 늘리기 위해 추가로 바닥재 마무리재를 사용할 수 있다.

이 보고서의 계산 절차는 차열성 여부를 취급하는 것은 아니다. 요구되는 내화 시간에 대해 데크재가 지정된 하중을 지지하는 하중 지지 능력이 요구된다. 3.1항에 기재된 구조 설계의 절차는 목제 데크재와도 합치된다. 돌출 부분이 1곳 또는 2곳의 데크재는 한 면만 전면 가열을 받는 목제 들보재의 집합체로 설계되어야 한다. 맞댐이음의 목제 데크재는 측면이 부분 가열을 받아 아래쪽 면이 전면 가열을 받는 목제 들보재의 집합체로 설계되어야 한다. 데크재 측면의 부분적 가열의 영향을 계산하기 위해 이 한정된 가열 부분의 탄화 속도는 유효 탄화 속도를33% 감소시킨 값으로 해야 한다.

§3.3 구조용 집성재의 보에 대한 특별한 조건

내화 1시간의 구조용 집성재 보에 비해 비대칭 구성 들보의 경우는 1장의 내층 박판을 인장측 외층 박판으로, 대칭 구성 들보의 경우는 들보의 양측 각 1장의 인장 외층 박판으로 대체해야 한다. 내화 1시간 30분 및 내화 2시간의 구조용 집성재 보에 비해 비대칭 구성 보의 경우는 2장의 내층 박판을 2장의 인장측 외층 박판으로, 대칭 구성 보의 경우는 보의 양측 각 2장의 인장층 박판으로 대체해야 한다.

§3.4 접합부

1시간의 내화성이 요구되는 경우, 접합 철물이나 접합도구는 목재, 내화성이 알맞은 석고보드, 혹은 요구 내화 시간에 인증된 내화 도료로 화재의 가열로부터 보호되어야 한다.

목조 골조에 사용되는 일반적으로 이용되는 접합 철물과 접합도구의 표준 디테일은 그림 3.4-7(화재에 의한 가열을 받지 않는 기둥 · 보 접합부), 그림 3.4-8(화재에 의한 가열을 받는 기둥 · 보 접합부: 외관도 고려되는 경우)(부록 그림 6.1 참조), 그림3.4-9(천정의 구조), 그림3.4-10(화재에 의한 가열을 받는 기둥 · 보 접합부: 외관은 고려되지 않는 경우), 그림3.4-11(피복된 기둥의 접합부) 및 그림 3.4-12(피복된 보와 작은보의 접합부)(부록 그림 6.2 참조)에 제시되어 있다.

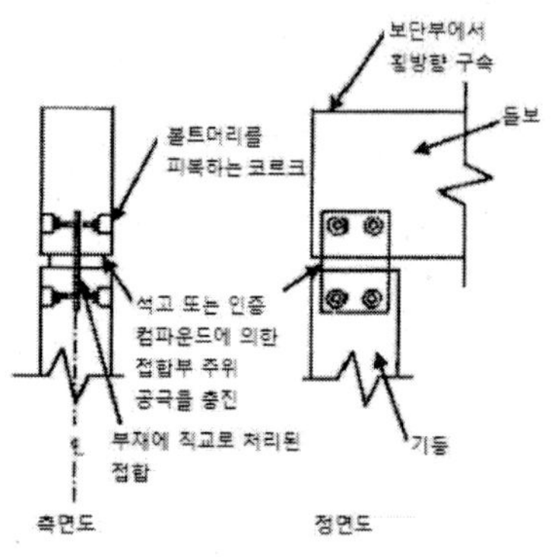

부록 그림 6.1 3.4-8 화재에 의한 가열을 받는 기둥 및 보 접합부 (외관도 고려되는 경우)

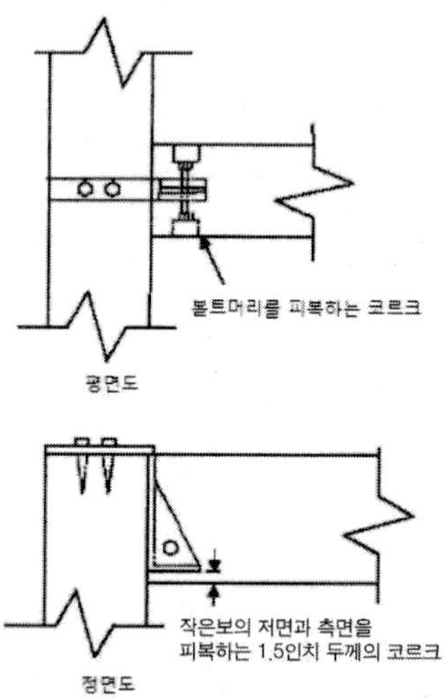

부록 그림 6.2 3.4-12 피복된 보와 작은보의 접합부

§3.5 목질부재에 대한 적용 가이드 라인

주어진 부재 치수에 대해 다른 내화 시간은 부재에 적재되는 최대 설계 하중에 대한 다양한 비율을 변경함으로써 다른 내화 시간을 달성할 수 있다. 단면 사이즈, 하중 비율 및 내화 시간의 관련성에 관한 예는 다음 장에서 제공하기로 한다.

설계 지원을 위한 작업도가 몇 가지 일반적 설계상 개발되었으며, 부록에 소개하였다.

(2) 유럽의 기준

EUROCODE 5 (CEN) DESIGN OF TIMBER STRUCTURE Part 1.2

'GENERAL RULES SUPPLEMENTARY RULES FOR STRUCTURAL FIRE DESIGN'에서 발췌

Section 3 재료

§3.1 탄화 깊이

1) 표준 화재에 대한 탄화 깊이는 다음 식으로 산출된다.

$$d_{char} = \beta_0 \cdot t \qquad (3.1)식$$

여기에서 β_0은 탄화속도를 나타낸다.

2) prEN338 및 prEN1194에 따른 강도 등급의 목재는 표 3.1(부록 표 6.3 참조)에 따른 탄화 속도를 적용해야 한다. 너도밤나무의 탄화 속도는 침엽수 제재의 탄화 속도로 동일하게 한다. 밀도가 290~450kg/m^3에 포함되는 광엽수 제재의 중간값은 선형 보간으로 구할 수 있다.

최소 치수가 35mm로 밀도가 290kg/m^3미만의 침엽수 제재에 대한 탄화 속도는 다음 식으로 결정되는 계수 k_p를 곱해야 한다.

$$k_p = \sqrt{\frac{290}{\rho_k}} \qquad (3.2)식$$

두께가 20mm 이외로 밀도가 450kg/m^3 이외의 목질 패널의 탄화 속도는 3.1(3)에 따라야 한다.

부록표 6.3 §3.1-1 목재의 탄화속도 β_0

	$\beta_0$mm/min
a) 침엽수	
밀도가 290 kg/m^3이상으로 최소 두께가 35mm인 침엽수 제재	0.8
밀도가 290 kg/m^3이상의 구조용 집성재	0.7
밀도가 450 kg/m^3로 치수가 20mm의 목질 패널	0.9
b) 밀도가 450 kg/m^3이상의 광엽수 제재 혹은 구조용 집성재와 참나무	0.5
c) 밀도가 290 kg/m^3이상의 광엽수의 제재 혹은 구조용 집성재	0.7

3) EN309, EN313-1, prEN300 및 prEN316에 따른 밀도가 450 kg/m^3로 판두께가 20mm의 목질 패널은 다음의 설계 탄화 속도를 적용해야 한다.

합판에 대한 값은 β_0=1.0 mm/min.

합판 이외의 목질 패널은 β_0=0.9 mm/min.

다른 밀도와 두께의 패널에 대해 탄화 속도는 다음 식에 따라 계산해야 한다.

$$\beta_{0,\rho,t} = \beta_{0,450,20} \cdot k_\rho \cdot k_t \qquad (3.3)식$$

여기에서

$$k_p = \sqrt{\frac{450}{\rho_k}} \qquad (3.4)식$$

$$k_t = \min\left\{\sqrt{\frac{20}{t_p}}, 1.0\right\} \qquad (3.5)식$$

ρ_k는 kg/m^3, t_p는 mm로 나타낸다.

4) 목재의 표면에 단층 또는 다층으로 밀착되어 있는 경우는 탄화 속도는 목재(부재)와 층의 전체 두께라고 봐도 좋다.

5) 탄화는 직접 화염에 해당하는 모든 표면에 대해 고려되어야 한다.

6) 고정된 부재의 접합에 고정 효과를 신뢰할 수 있는 경우, 적절한 화염에 노출되는 시간을 통해 다른 부재에 의해 보호되고 있는 부재 표면의 탄화는 고려하지 않아도 좋다.

7) 3.22에 의한 방화 피복된 부재 표면의 탄화는 다음 식을 충족하는 경우는 고려하지 않아도 좋다.

$$t_{pr} \geq t_{fr.req} \qquad (3.6)식$$

여기에서 t_{pr}은 피복 보드 또는 다른 피복재의 파손 시간이다. 바꾸어 말하면, 직접적인 화염에 대해서 유효한 보호 지속 시간이다.

$t_{fr.req}$는 표준 화재에 있어서 요구되는 내화 시간이다.

8) 부재의 표면이 내화 피복으로 덮여 있거나 파손시간이 요구되는 내화 시간 t_{pr} 보다 짧은 다른 구조재와 합쳐져 있는 경우, 부재의 탄화는 피복재가 파손했을 때부터 시작된다.

§3.2 내화 피복(생략)

§3.3 접착재(생략)

Section 4 내화 설계

§4.1 유효 단면 산정법

1) 유효 단면은 유효한 탄화 깊이를 초기 단면으로부터 줄임으로써 계산해야 한다(4.1-1(부록 그림 6.3) 참조).

$$d_{ef} = d_{char} + k_0 \cdot d_0 \qquad (4.1)식$$

여기에서 d_0= 7mm

d_{char}는 (3.1)식에 의한다.

$k_0 \le 1.0$은 표 4.1에 의한다.

2) 유효 단면적의 설계 강도와 탄성계수는 $k_{\mathrm{mod}.fi}$=1.0을 이용해 (2.1)~(2.3)식에서 구한다.

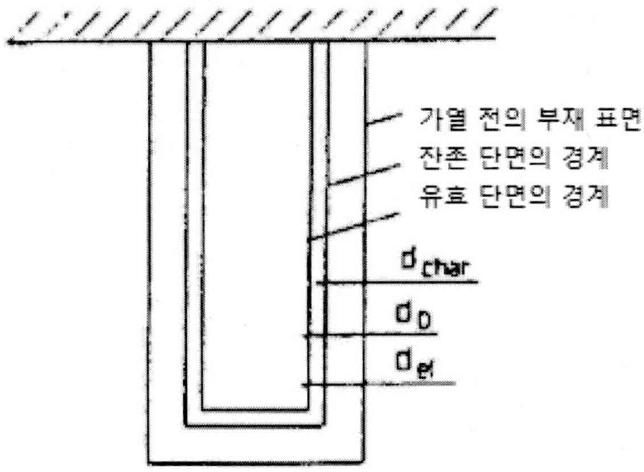

부록 그림 6.3 §4.1-1 잔존 단면과 유효 단면의 정의

§4.2 강도와 강성의 저감에 의한 산출법

1) 표준 화재에 대한 방법은 부칙 A에 제시하였다. (기준)

§4.3일반적인 계산방법

통상의 경우 단면의 내하중 능력과 강성은 다음을 적용해 계산해야 한다.

1) 부칙 A에 의한 탄화 깊이 혹은 일반적 탄화 모델

- 잔존 단면에 있어서 온도의 윤곽선
- 잔존 단면에 있어서 함수율의 윤곽선
- 온도와 함수율에 의존하는 강도와 강성율의 특성

부록 표 6.4 §4.3-1 계수 k_0의 결정

무피복의 표면	$t_{fi.req} < 20\,\text{min}.$	$k_0 = \frac{t_{fi.req}}{20}$
	$t_{fi.req} \geq 20\,\text{min}.$	$k_0 = 1.0$
목질 패널로 피복된 표면	$t_{fi.req} - t_{pr} < 20\,\text{min}$	$k_0 = \frac{t_{fi.req} - t_{pr}}{20}$
	$t_{fi.req} - t_{pr} < 20\,\text{min}$	$k_0 = 1.0$
석고보드로 피복(내부층)된 표면	$t_{fi.req} - t_{pr} < 10\,\text{min}$	$k_0 = \frac{t_{fi.req} - t_{pr}}{10}$
	$t_{fi.req} - t_{pr} < 10\,\text{min}$	$k_0 = 1.0$

§4.4 특별한 규정

§4.4.1 개요

1) 섬유 방향에 대해 직교하는 압축력은 무시해도 좋다.
2) 부재 횡단면의 전단력은 무시해도 좋다. 노치 보에 대해 산형 부분 가까이의 잔존 단면은 적어도 상온에서 요구되는 단면의 60%임을 확인해야 한다.

§4.4.2 보

관련 화재에 의해 가열되면서 수평관계 지주(브레이스)가 파손되는 곳에서는 횡좌굴은 구속이 없는 부재로 간주해야 한다.

§4.4.3 기둥

1) 관련 화재에 의해 가열되면서 경사 지주가 파손되는 곳에서는 좌굴은 지주가 없는 부재로서 고려해야 한다.
2) 상온에서의 설계와 비교해 더욱 유리한 경계 조건은 횡방향으로 이동하지 않는 가구에서 연속된 기둥의 일부가 화재 구획의 기둥으로 가정할 수 있을지도 모른다. 그림 4.4-1(부록 그림 6.4)에서 보듯이 단부는 완전하게 고정되고 있다고 볼 수 있어, 구획 전체의 내화 성능은 기둥의 내화 성능보다 뒤떨어질 수 없다고 규정할 수 있다.

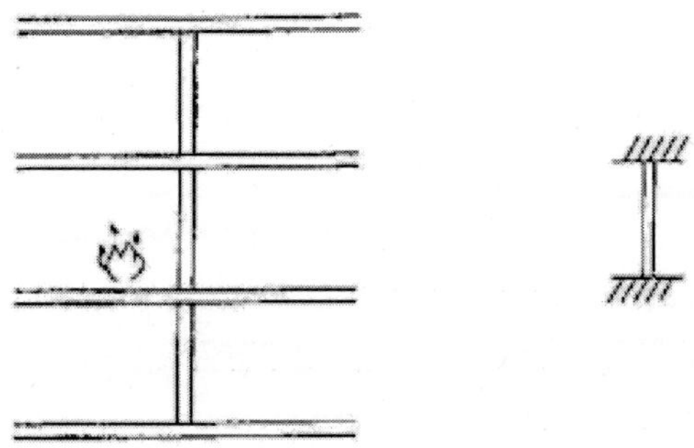

부록 그림 6.4 § **4.4-1** 연속된 기둥

§4.4.4 접합부

1) 접합부에서는 미끄럼 계수가 상온에서 설계 상태에 관한 것일 수 있으므로 접합부의 설계에 관해서는 4.5를 참조할 것.

§4.4.5 지주

1) 압축 또는 휨을 받는 부재가 brace의 효과를 고려해 설계하는 경우, brace가 요구되는 내화시간 동안, 파손되지 않음을 확인해야 한다. 잔존 단면적이 상온에서 설계에 대해 요구되는 단면적의 60%인 경우, brace는 파손되지 않을 수도 있다.
2) 접합 철물은 4.5.2(2)~(4)에서 주어진 판단 조건만을 충족할 필요가 있다.
3) 4.4.5(1) 대신 상온의 경우와 화재 시에 다른 구조 모델이 존재하는 것을 가정해야 한다.

§4.4.6 바닥과 벽

1) 격벽은 동시에 일면으로부터의 화재에 의한 가열을 고려해야 한다.
2) 격벽 이외의 벽은 각면으로부터의 화재에 의한 가열을 고려해야 한다.
3) 제재의 골조로 만들어져 그림 §4.4-2(부록 그림 6.5 참조)에 따른 패널로 덮인 벽과 바닥에 대해 그 적용 기준은 부칙 C에 정해져 있다

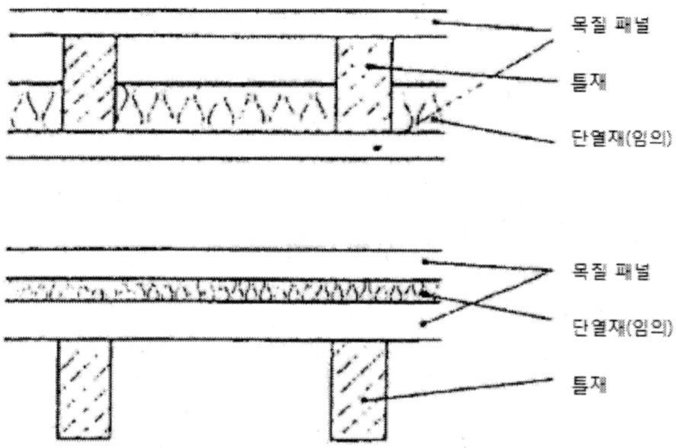

부록 그림 6.5 4.4-2 벽과 바닥의 기본 구조

§4.5 접합부(생략)

인용 · 참고문헌

1) 大内富夫　常世田昌寿：ユーロコードにおける耐火設計　その５　木構造物の耐火設計，火災，55(4)，pp. 43-48，2005

일본건축학회의 개정 개요

2017년 2월 개정판

2000년 6월에 시행 된 개정 건축기준법으로부터 내화설계시 적합 루트로서, 예시 시방에 따라 설계를 행하는 시방루트뿐만 아니라 성능검증방법을 이용하여 설계를 수행하는 성능루트가 정비되었다. 이러한 배경으로 내화설계에 필요한 기술자료의 제공을 목적으로 일본건축학회 방화위원회의 재료 · 구조 내화성 소위원회(당시)는 건축에 사용되는 구조재료를 콘크리트 재료, 강재, 목질 계 재료, 알루미늄 합금 및 신소재(FRP, 유리, 막재료 등)의 5 가지로 대분류하고 화재 시 및 화재 이후를 상정 한 재료의 고온성상에 관한 문헌조사를 실시한 후, 조사로부터 얻은 지식의 체계적인 정비를 수행하였다. 2004년 11월, 그 활동 결과를 집대성 한 「구조재료의 내화성 가이드북」(제1판)을 간행하였다.

가이드북의 제1판은 호평 속에 완판되었으며, 증쇄가 요청되어 2005년 4월부터 개정 작업에 착수하여, 5년간에 걸쳐 새로운 정보를 추가하거나 구성의 보완을 진행했다. 그리고 2009년 3월에 「구조 재료의 내화성 가이드북」(제2판)을 발간했다.

2009년 4월부터는 소위원회의 명칭을 구조 재료 내화성 소위원회로 개정하여, 개정판 가이드북의 면밀한 검토를 위하여 활동을 시작했다. 그간에는 제2판도 호평 속에 매진이라는 실적을 올리고, 본 가이드북에 대한 관심이 높아짐과 동시에, 소위원회 및 산하 5개의 워킹 그룹 (콘크리트 내화 WG, 강 · 내화 피복 WG, 목질 재료 내화성 WG, 알루미늄 내화성 WG, 신소재 내화성 WG)에서 개정 작업이 요구되었다. 더 나아가 2013년 3월에 「구조 재료 내화성 심포지엄」을 개최하여, 2009년 4월부터 4년간의 활동에서 얻어진 최신 연구 결과를 소개하고 가이드북을 활용하는 분들과 협의를 진행하였다. 그 결과로 이번에 독자들에게 최신의 유용한 정보를 제공하기 위해 8년을 걸쳐 개정 작업을 진행한 「구조 재료의 내화성 가이드북」(제3판)이 간행하기에 이르렀다.

가이드북(제3판)은 구성 변경과 2009년부터 2015년까지 (일부, 2016년도 포함)의 최신 데이터와 지식을 추가함과 더불어 구성을 크게 변경했다. 제2판까지의 구성은 「제1장 총론」, 「제2장 각종 구조 내화 설계 현황」, 「제3장 각종 구조 재료의 화재시의 성상」, 「제4장 강구조 부재의 내화 피복」으로 하였으나, 제3판은 각종 재료별로 장을 만들어 「제1장 총론」, 「제2장 콘크리트 재료」, 「제3장 강재」, 「제4장 목질 계 재료」, 「제5장 알루미늄 합금」, 「제6장 신재료」, 「제7장 철골계 구조의 내화 피복」으로 하였다. 각종 재료별로 개정 및 추가된 개요는 다음과 같다.

제2장 콘크리트 재료

- 고온 시 및 가열 냉각 후의 압축 강도와 탄성계수의 정식화의 재검토를 실시했다.
- 압축 응력 하에서 열 변형률을 설명하는 부분에서, 열응력 변형 해석 결과와의 비교를 추가했다.
- 양생에 의한 철근의 부착 강도의 회복 사례를 추가했다.
- 폭열에 관해서 메카니즘의 설명을 추가했다. 부재 레벨에서의 폭열에 대해, 보 부재 및 토목 구조물을 추가했다.
- 폴리머 시멘트 모르타르의 화재 시의 성상에 관한 지식을 부록에 추가했다.

제3장 강재

- 장관 인정 강재, PC 강 케이블선, F14T 등의 고온 시 기계적 특성 데이터를 추가했다.
- 각종 강재의 데이터를 추가하고, 각종 강재마다 비교가 쉽도록 구성을 검토하고 그림을 정리했다.

제4장 목질 계 재료

- 직교 집성판 (CLT) 정보 등, 고온 시 기계적 특성의 변화, 고온 시의 열 특성의 변화에 대하여, 최신 연구 결과와 실험 데이터를 추가했다.
- 목조 3층 학교의 실대 화재 실험에 따른 새로운 지식 및 목조 칸막이 벽과 외벽에 대한 내화 구조의 고시가 추가 된 것을 설명했다.
- 접착제의 종류가 집성재의 내화성능에 미치는 영향을 추가했다.
- 연소 정지의 메카니즘에 대한 새로운 정보를 추가했다.

제5장 알루미늄 합금

- 알루미늄 합금 구조의 설계 사례를 추가하였다.
- 알루미늄 합금 구조 부재의 열 특성에 관한 최근의 연구 사례로서, 붕괴 온도에 관한 연구, 접합에 관한 연구, 비등수냉식 부재에 관한 연구, 외부 피복 및 내부 충전형 피복 부재에 관한 연구 등의 정보를 추가했다.

제6장 신재료

- 탄소섬유 강화플라스틱 (CFRP)에 대하여, CFRP로 보강한 RC부재의 실험 데이터를 추가하고, 각종 유리에 대해서도 최신의 가열 실험 데이터를 추가했다.
- 막재료에 관하여, 실리콘 수지 막의 발열 시험 데이터 및 에틸렌 · 사 불화 에틸렌 공중합 수지 (ETFE) 막의 발열 시험 데이터와 비화 시험 데이터를 추가했다.

제7장 철골 계 구조의 내화 피복

- 최신 데이터로 대체 또는 추가했다.

본 개정판이 많은 설계자와 기술자 및 연구자에게 활용되어 새로운 건축 기술의 개발, 구조물의 화재 안전성 향상 및 내화성능설계분야가 더욱 활성화되기를 기대한다.

2017년 2월
일본건축학회

本書作成関係委員

－50音順・敬称略－

□防火本委員会

委員長　萩原一郎

幹　事　森田　武　山田　茂

委　員　（省略）

□構造材料耐火性小委員会

主　査　森田　武

幹　事　梶田秀幸　平島岳夫

委　員　梅本宗宏　浦川和也　相模裕輝　鈴木淳一　染谷朝幸　津村千香子　常世田昌寿　西村光太　原田寿郎　松戸正士
道越真太郎　遊佐秀逸

□コンクリート耐火性ワーキンググループ

主　査　梅本宗宏

幹　事　常世田昌寿

委　員　一瀬賢一　小澤満津雄　加藤雅樹　唐澤智之　小林利充　西村俊彦　野中　英　松戸正士　宮野和樹　森田　武
山下平祐　李　柱国
（途中退任　梶田秀幸）

□鋼・耐火被覆ワーキンググループ

主　査　遊佐秀逸

幹　事　鈴木淳一

委　員　相子恒夫　金子一郎　相模裕輝　清水玄宏　馬場重彰　平島岳夫　藤　雅史　藤原武士　村上行夫
（途中退任　伊神健三　木村　麗）

□木質材料耐火性ワーキンググループ

主　査　原田寿郎

幹　事　津村千香子

委　員　門岡直也　金城　仁　関根章義　右田周平　宮林正幸　安井　昇　山口純一　山田　誠

□アルミニウム耐火性ワーキンググループ

主　査　染谷朝幸

幹　事　浦川和也

委　員　石井久史　泉　正史　大久保昌治　北岡山治

□新材料耐火性ワーキンググループ

主　査　道越真太郎

幹　事　西村光太

委　員　大久保　篤　佐合　理　鈴木一幸　高橋　済　長尾覚博　畠山孝宏　久田隆司　森　隆浩

執筆担当

第1章　構造材料耐火性小委員会

第2章　コンクリート耐火性ワーキンググループ

第3章　鋼・耐火被覆ワーキンググループ

第4章　木質材料耐火性ワーキンググループ

第5章　アルミニウム耐火性ワーキンググループ

第6章　新材料耐火性ワーキンググループ

第7章　鋼・耐火被覆ワーキンググループ

付　録　コンクリート耐火性ワーキンググループ，鋼・耐火被覆ワーキンググループ，木質材料耐火性ワーキンググループ

PBD 및 화재안전진단을 위한

구조재료의 내화성능 가이드

초판 1쇄 인쇄 | 2021년 03월 05일
초판 1쇄 발행 | 2021년 03월 10일

인지 생략

저 자 | 일본건축학회
역 자 | (사)한국시설물안전진단협회
펴 낸 이 | 정헌준
펴 낸 곳 | 태림문화사

등 록 | 1979. 3. 27 (2-679)
주 소 | 서울시 영등포구 문래동1가 39번지 센터플러스 1022호
전 화 | (02) 714-2478 / 716-2473
팩 스 | (02) 718-4580
전자우편 | taerim79@hanmail.net

ISBN 978-89-8205-243-9 93540
가 격 35,000원